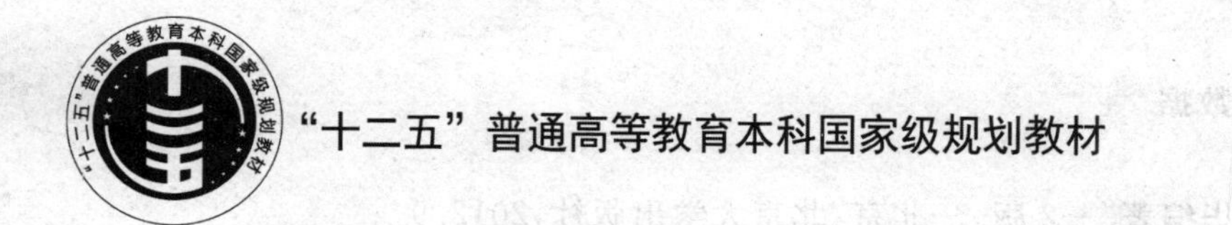

现代光学基础

（第二版）

钟锡华　编著

图书在版编目(CIP)数据

现代光学基础/钟锡华编著.—2版.—北京:北京大学出版社,2012.9
ISBN 978-7-301-17469-2

Ⅰ.①现… Ⅱ.①钟… Ⅲ.①光学-高等学校-教材 Ⅳ.①O43

中国版本图书馆CIP数据核字(2012)第205650号

书　　　名:现代光学基础(第二版)
著作责任者:钟锡华　编著
责 任 编 辑:顾卫宇
标 准 书 号:ISBN 978-7-301-17469-2
出 版 发 行:北京大学出版社
地　　　址:北京市海淀区成府路205号　100871
网　　　址:http://www.pup.cn　电子信箱:zpup@pup.pku.edu.cn
电　　　话:邮购部62752015　发行部62750672　理科编辑部62752021　出版部62754962
印　刷　者:河北滦县鑫华书刊印刷厂
经　销　者:新华书店
787mm×960mm　16开本　29.75印张　670千字
2003年8月第1版
2012年9月第2版　2025年6月第12次印刷
印　　　数:37001—40000册(总55001—58000册)
定　　　价:79.00元

内容简介

全书内容九章：费马原理与变折射率光学、波动光学引论、介质界面光学与近场光学显微镜、干涉装置与光场的时空相干性和激光、多元多维结构的衍射与分形光学、傅里叶变换光学与相因子分析方法、光全息术、光在晶体中的传播、光的吸收、色散和散射。全书含有图和照片超过600幅，精心编配例题71道、习题186道，且习题另配有作者编写的《〈现代光学基础〉题解指导》一书。

本书系统而深入地论述了从经典波动光学到现代变换光学的基本概念和规律、典型现象和重要应用，系作者近三十多年来，在北京大学物理系讲授光学课程所积淀的学识和经验的新总结。概念清晰、图像丰富、推演简洁、内容新颖和语言明净，是本书的一个显著特色。

本书是一本颇有广度和深度的基础光学著述，可作为高等院校物理类专业光学课程的教科书，也可供与光学学科相关的各科学技术领域的研究生和科技人员学习参考。

第二版前言

本书首版于2003年。翌年被评为首批北京高等教育精品教材。以本书为主教材的北京大学物理学院光学课程，于2005年被评为国家精品课程，课程建设成果获第六届国家教学成果奖(2009年)。首版重印六次，累计18000册。这第二版的主要变动在于删去若干节段，计有6.9节“泽尼克的相衬法”(部分)，6.10节“相位物可视化的其他光学方法”(部分)，6.12节“傅里叶变换和δ函数”，6.13节“准确获得物频谱的三种系统”(部分)，7.1节“全息术原理”(部分)。未能做到大刀阔斧忍痛割爱，对此作者不无内疚，时感歉意。也许这源自作者在教学上的一种经验主张，即教材要丰满些，讲授当精简些，而课程基本要求应随时向学生交代清楚。

对于本书名《现代光学基础》的真义，可能有两种解读，“现代光学的基础”，或是“现代的光学基础”。这抑或正是汉语的一种微妙之处。其实，这书名的原意是后者，即：现代的光学基础，其英文译名，Modern Fundamentals of Optics，倒准确地表达了这个含义。本书中所阐述的诸如，变折射率光学，波前光学及波前相因子分析、近场光学扫描显微镜、相衬法、全息术、激光、强度相关仪、多元多维衍射和分形光学、光学传递函数、傅里叶光学和光学信息处理，等等篇章，本身就是现代光学尤其是现代波动光学的主要内容。故，本书不是为现代光学的学习提供某种基础，而是一本具有现代波动光学的理论脉络和内容的基础光学著述。

感谢广大师生对本书的好评和厚爱。拟将此书比游子，我当送行予勉励，莫愁前路无知己，天下谁人不识君。

钟锡华

2012年8月23日处暑

第一版序

波动光学　风光无限

在物理学的几门基础学科中，光学几乎与力学一样地古老，相对而言电磁学要年轻得多。然而，从 20 世纪 40 年代开始，光学在理论、方法和应用方面，均有一系列重大的突破和进展。因此，现代光学这一称谓颇为人们所共识。1948 年全息术的发明，1955 年作为像质评价标准的光学传递函数的确立，1960 年新型光源激光器的诞生，连同 1942 年第一台相衬显微镜的问世，以及后来的傅里叶变换光学理论的形成和光学信息处理技术的兴起，它们正是现代光学发展中具有标志性的几项成就。尤为使人激动的是，这些振奋人心的一个个重大成就，究其基本思想、理论基础和概念要点，均与经典波动光学息息相关，均植根于波动光学这方沃土，是对波动光学传统成果的一种创造性的综合和提高。波动光学的现代发展使人们获得启迪——对已有理论和成果的综合和提高，也将导致科学技术的重大创新乃至一场科技革命。作者相信在 21 世纪这种重大创新或革命还将出现于波动光学这片广阔的天地中。波动光学，风光无限。

另一方面，光对于人类有着特殊的亲切感。假如不是我们的眼睛像太阳，谁还能欣赏光亮——这是前苏联科学院院长瓦维洛夫，在其名著《眼睛与太阳》的引论中，首引德国诗人歌德的一诗句。固然，光频极高，远远超过人眼的时间分辨能力，这使人们不能如观察水波那样，直观地看到光行波的运动图像。然而，又有什么波，能有光波的干涉条纹、衍射花样或显色偏振图样，那么稳定，那么一目了然，那么绚丽多彩。在揭示波的叠加和干涉效应以及波传播的行为特征方面，可以说，光波要比水波、声波或无线电波，显得更为优越。这里的部分原因就在于光频极高，光波长极短；或者说，人类对于光具有独特的视觉功能，有十分敏感的色度效应。再从理性的方面思考，有关波动的许多带有共性的重要概念、基本规律和处理方法，乃至波传播的行为特征，我们和我们的大学生们主要是通过波动光学的学习而获得充分认知的，这将使他们今后在工作和研究中，与其他类型的波打交道时，处于一种非常主动的地位。再者，如果联系到这样一个客观事实，即物质世界中的物理运动，其最基本的运动形式就是两种，一种是粒子运动，一种是波动，那就更能意识到学习波动光学所具有的普遍性价值。

篇章结构　内容提要

基于以上感受和认识，作者对于波动光学情有独钟，决定将本书著述为一本纯粹波动光学的教科书；也是由于学时的缩减和篇幅的限制，将以往基础光学教材中通常包含的非主体内容，比如，几何光学、辐射度量学和量子光学简介，从本书中剥离出去。本书系统且深入地论述了从经典波动光学到现代变换光学的基本概念和规律、典型现象和应用，以及诸多方面的新进展。对于本书曾先后草拟过几个书名，比如，波动光学，或现代波动光学，或波前光学——从经典波动光学到现代变换光学，犹豫再三，或因之不甚贴切，或以其字数过多，或不够特色，只好不无遗憾地放弃了。

第 **1** 章是一小章，它以费马原理作为光线光学的理论基础，去分析或追寻光线径迹。从波动光学的眼光看，光射线反映了光能流的传播路线。费马原理的限度表明了光线光学表述的正是光波长趋于零条件下的光传播行为。虽然本章的兴趣在于建立和求解在变折射率介质中的光线方程或光线径迹，仍然以相当篇幅讨论了费马原理与成像的关系，其部分原因来自教学上的考虑。教学经验表明，人们接受费马原理及其数学形式并不困难，难点在于对它的实际运用；只有在实际运用中才能领悟到变分法处理问题的微妙和窍门。

第 **2** 章波动光学引论，这是一大章，它对光波的电磁性质、数学描写、波前分析、光波的干涉、衍射、偏振的现象和原理，作了全面的论述，它是后续若干章更为专门更为深入内容的理论基础。面对波动光学这么丰富、这么综合的内容，设置这一章作为全书理论框架的第一级平台，是有着明显优点的。假如以本章内容为主体，再撷取后续几章中的感兴趣的某些节段，便可单独构成一个短课程(20～30 学时)。

第 **3** 章是一小章，仿照金属光学中的术语，这一章被定名为介质界面光学，它以菲涅耳公式为基础，全面考察了光在介质界面反射折射时的传播特性，即传播方向、能流分配、相位变更和偏振态变化的主要性质。过临界角时透射场出现的隐失波，开阔了人们对光波场性质的认识；近场光学扫描显微镜的介绍，为这一章增添了现代气息。

第 **4** 章是一大章，结合几种典型的干涉装置，一方面介绍它们的实际应用，另一方面由此展开讨论光场的时空相干性。将光场的相干性分解为两个侧面，即空间相干性和时间相干性，分别给以阐述并建立相应的物理图像，这种处理方式不仅对基础光学的教学是恰当的，而且对理论光学中的互相关函数、复相干度和相干度的学习也是必要的。激光，作为一大节被安排在这一章，这是因为激光器和激光束基本性质的诸多方面，比如谐振腔的作用、高度单色性、高度相干性和高度定向性，均与本章内容息息相关；至于激活介质受激辐射光放大原理，可作为量子物理学的一般性知识予以介绍，这在本课程的教学上是可行的。新型的傅里叶变换光谱仪、强度相关实验和中子束干涉实验的介绍，为本章增添了新气象。

第 **5** 章正如其标题所表明的，关于衍射场与物结构之关系的论述在本章被显著地加强了，而并非仅限于一维光栅的衍射和光栅光谱仪。从一维、二维、三维周期结构，到自相似分形结构和无规分布的结构，它们各自的衍射场均被详细地论述；再三地运用了研究多元多维结构衍射场的数理方法，即位移-相移定理，并倡导了单元编组思想和逐维分析方法。衍射手段一直是人类认识微结构的重要途径。X 射线衍射用于分析晶体结构，产生了几位诺贝尔物理学奖得主；50 年前凭借 X 射线衍射图确认了 DNA 双螺旋结构，开创了分子生物学新时代；20 年前凭借电子衍射图而发现准晶体，开拓了凝聚态物理学、化学和材料科学研究的新领域。这些历史背景,激励着作者决心在基础光学课程中加强多元多维结构衍射的教学,以适应当前人工微结构研究和纳米材料研究兴旺发展的需要。

第 **6** 章是一大章,系统地论述了傅里叶变换光学,这并非完全出于作者的偏爱和研究。光学界普遍认为,现代波动光学最重要的进展是引入光学变换的概念,并由此导致空间频谱概念和空间滤波技术,即以频谱被改变的眼光去评价成像系统的像质,用改变频谱的手段对图像实施信息处理。本书以独特的概念体系和所倡导的波前相因子分析方法,阐述了傅里叶变换光学,显得物理图像清晰、数学推演简洁。另外,有了这一章所提供的有关光学变换的概念、思想基础和数理能力,学生即便今后在工作中遇到其他种类的变换,比如,普遍光学变换,分数傅里叶变换和小波变换等,也有信心能较快地掌握它们。本章专列一大节在数学上全面地介绍了傅里叶变换和 δ 函数,旨在供学生们今后学习查考,在教学上并不需要一一讲授。当然,以光学尤其以变换光学为背景,最有利于领会和掌握傅里叶变换和 δ 函数这一得力的数学工具。本章共 13 节,建议可重点讲授 6.1—6.9 节,约占全章篇幅 60%。

第 **7** 章光全息术是一小章,虽然增加了各种全息图的介绍,其实,需要重点讲授的只有第一节全息术原理,从中可以看到崭新的全息术正是波的干涉术和衍射术的综合,也充分展现了波前相因子分析法,在揭示全息图衍射场特征方面的有效功能。

第 **8** 章光在晶体中的传播,系波动光学的传统内容,即使学时缩紧,也应当保证本章的讲授。

第 **9** 章光的吸收、色散和散射,增添了若干比较深入的新内容。在色散部分,不仅论及一阶色散效应下的波包群速,而且考量了二阶色散效应下的波包展宽,并由此讨论了波包中心速度和波包前沿的讯号速度,以及波包的寿命。在散射部分,不仅注意到了散射微粒自身的线度,而且还注意到微粒之间的平均距离;前者决定了单元散射因子,后者决定了大量单元散射场叠加的宏观效果;对瑞利散射的频率特性 ω^4 正比律,本章作了进一步的阐释。由脉冲星辐射的射频讯号和光频讯号到达地球的时差,去估算宇宙中自由电子的数密度,或估算光子可能有的非零质量的上限,这是一个颇有兴味的问题。

本书特色 自评自勉

作者为北京大学物理系和地球物理系讲授光学课程,自 1978 年起算,不觉也竟有 25 年了。辛勤耕耘、用心积累、潜心研究、激情饱满、时有灵感,是对这一历程的自评,也是自勉。这回得到了由北京市教委推出的精品教材建设这一举措的适时促进和有力支持,使本书的撰写得以圆满完成。在立项申报表“本教材特色”一栏中,作者写了以下三点:淀积最近二十多年来申请者的教学实践和科学研究的学识和经验,吸纳波动光学学科发展的新成果,形成了一个由经典波动光学走向现代变换光学的理论结构和概念体系,将承袭传统和开拓创新两者和谐统一之;多处吸收申请者在波动光学方面的教学研究和科学研究的主要成果于本书中;继续发扬申请者撰写物理学教科书所一贯追求的风格——概念清晰流畅、物理图像丰富、数学推演简洁和语言明净生动。

二十多年的积累，十八个月的挥洒，终成此书。此时此刻，不禁想到本光学课程的改革和建设，长期以来得到了各级部门的支持和奖励，从国家教育部、北京市教委，直到北京大学教务部、物理学院和基础物理教学中心，2000 年本课程被教育部确定为国家创建名牌课程；不禁想到本课程的讲授得到了历届学生们的好评和赞赏，这使作者得以莫大的欣慰和激励，2002 年作者被北京大学学生会和研究生会评选为十佳教师之一；也不禁想到与作者共事合作十几年的周岳明教授，作为助手和搭档，他为全面提高本光学课程的教学质量作出了可贵的贡献，在 1992—1998 年期间他主讲了物理系或地球物理系的光学课程，兹因行政事务繁重，他未能参与本书的编写，此乃实属遗憾。在此作者对他们一并表示深深的敬意和谢意。也要感谢北京大学出版社，在今年春天北京非常时期，抓紧工作，精心编辑，使本书得以高质量地适时面世。

一本 70 万字的书，其中不妥或错误之处在所难免，祈请读者批评和指正。

钟锡华

于北京大学物理学院

2003 年 5 月 5 日

目　录

1

费马原理与变折射率光学

1.1　惠更斯原理

·原理内容　·评价　·导出折射定律　·折射定律与光速比

● 原理内容

距今三百多年前，惠更斯提出了一个关于光波传播的理念，如图 1.1 所示，其大意如下：光扰动同时到达的空间曲面被称为波面或波前，波前上的每一点可以被看作一个新的扰动中心，称其为子波源或次波源，次波源向四周激发次波；下一时刻的波前应当是这些大量次波面的公共切面，也称其为包络面；次波中心与其次波面上的那个切点的连线方向，给出了该处光传播方向，亦即光射线方向. 根据惠更斯原理，人们可以由某一时刻(t)的波前，用作图法导出下一时刻$(t+\Delta t)$的波前，并确定波前上各点的光射线. 这就是说，该原理解决了波前随时间在空间的传播问题. 图 1.2 显示了光在非均匀介质中波前的推移，以及相应的光线弯曲，在这里上方介质中的波速大，下方介质中的波速小.

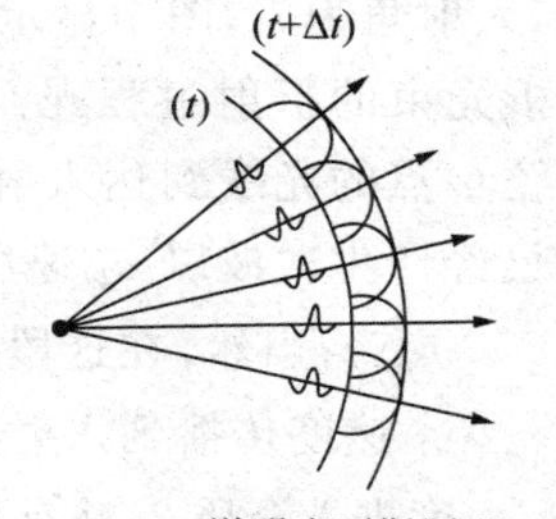

1.1　说明惠更斯原理

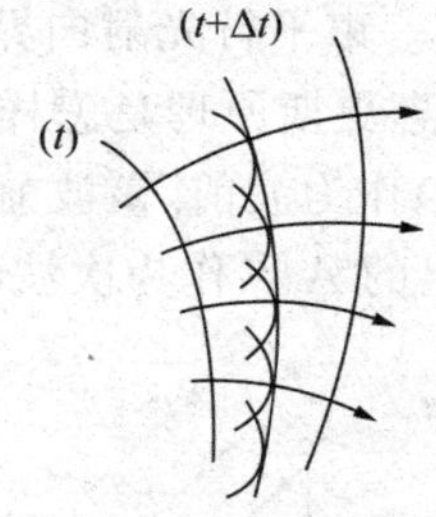

图 1.2　非均匀介质中光线弯曲

● 评价

惠更斯(Christian Huygens，1629—1695)，荷兰物理学家、天文学家和数学家. 青年时期与 R. 笛卡尔(1596—1650)等学界名流交往甚密. 他在 1679 年向法国科学院的报告，和

图 1.3　惠更斯(C. Huygens, 1629—1695)

1690 年出版的《论光》中，提出了光的波动理论，从几何学上给出了寻求光传播方向的普遍方法——被后人演绎并命名为惠更斯原理，如前面所述. 惠更斯原理毕竟是历史上第一个关于波传播的原理，自然地有着许多重大的不足. 比如，它不能回答光振幅或光强度的传播问题，它也不能回答光相位的传播问题，这是因为当时在惠更斯关于光波动的论述中，尚无空间周期性概念，即尚无光波长概念. 对这些问题的进一步研究最终导致了光波衍射理论的形成. 然而，惠更斯原理的精华是其次波概念——波场中的任意一点均可以被看作一个点源，它具有永恒的科学价值，至今依然被不时地引用，且适用于一切波场，包括光波、声波、水波，等等. 图 1.4 是一张水波盘实验照片，在浅水表面波传播的前方，设置一个狭缝；当狭缝足够窄时，凸显出狭缝小孔处成为一个次波源，以此为中心向前激发一个发散型波前.

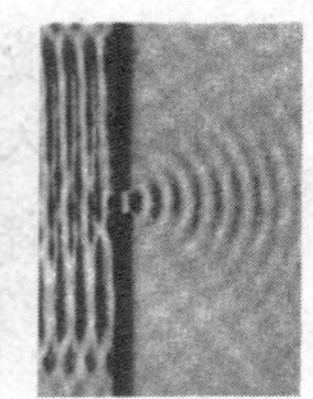

水波盘实验

图 1.4　显示次波源的存在

● 导出折射定律

我们知道，作为几何光学基础的是三个实验定律，即，光在均匀介质中的直线传播定律，光在介质界面的反射定律和折射定律. 而应用惠更斯原理，可以粗略地说明直线传播定律，可以成功地解释反射定律和折射定律. 这里，我们仅给出惠更斯原理对折射定律的解释.

如图 1.5 所示，设两种介质的界面为平面，在上方介质中光速为 v_1，在下方介质中光速为 v_2；一束平行光射向界面，入射角为 i_1，图中显示的这一组光线，其入射面是重合的，均为纸面. 惠更斯原理是怎样分析光束的折射过程呢？首先，任选一个与入射光束正交的平面 (ABC) 作为波前. 该波前上经 C 点的光线到达入射点 C' 所需的时间为 $\Delta t=\overline{CC'}/v_1$；同时，波前上的 A 点作为次波源，已经产生次波以 v_2 速度进入介质 2，故该次波面的半径为 $\rho_A=v_2\Delta t$；当然，在这段 Δt 时间中，波前上经 B 点的光线，先以 v_1 速度传播到入射点 B_0，再以 B_0 点为源产生次波，以 v_2 速度进入介质 2，并有相应地按比例缩小了的次波球面半径 ρ_B. 接着，对这一系列同时出现的次波面作一个公切面 ($A'B'C'$)，它便是存在于介质 2 中的一个宏观波前. 几何上不难证明，由 C' 点向半径为 ρ_A 的半圆周所作的切线 $C'A'$，必定也相切于那些按比例缩小了的一系列半圆周. 回归到三维空间中，图中的那些半圆周实际上代表的是一个半圆柱面，公切线 ($A'B'C'$) 实际上代表的是垂直纸面的一个平面波前. 最后，

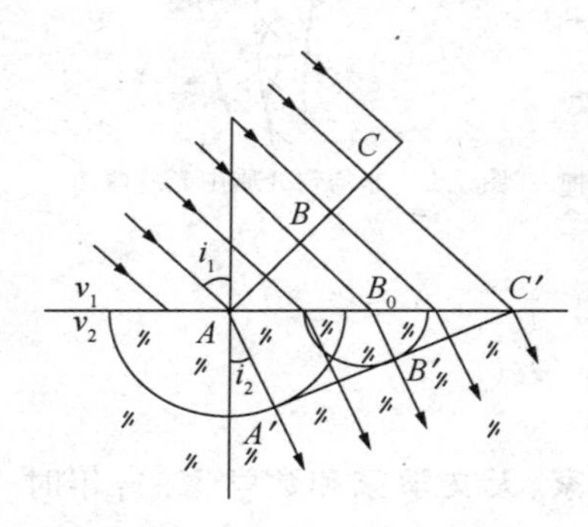

图 1.5　导出折射定律

连接次波中心与相应的切点，分别得到折射光线 AA'，B_0B'，…形成了一束平行折射光束，相应的折射角为 i_2. 现在，让我们定量考察折射角 i_2 与入射角 i_1 的关系：$\sin i_1 = \dfrac{\overline{CC'}}{\overline{AC'}}$，$\sin i_2 = \dfrac{\rho_A}{\overline{AC'}}$，注意到 $\overline{CC'} = v_1\Delta t$，$\rho_A = v_2\Delta t$，于是

$$\frac{\sin i_1}{\sin i_2} = \frac{v_1}{v_2} = \text{const.} \tag{1.1}$$

这表明，入射角正弦与折射角正弦之比值等于波速之比值，与入射角的大小无关，这也正是实验上确立的折射定律的结果.

- **折射定律与光速比**

基于波动理念的惠更斯原理对光的折射理论的新贡献是，将光线方向的偏折与光速的变化联系起来. 当光束从空气射向水面或玻璃表面时，折射角变小，即折射光束更靠近法线，按(1.1)式，这表明光在这类介质中的波速小于在空气中的传播速度，即 $v_1 > v_2$. 这时通常称介质 2 为光密介质(相对于介质 1)，介质 1 为光疏介质(相对于介质 2). 历史上，当时盛行的光的微粒说也解释了折射定律，且与速度比联系起来. 按微粒说，当光粒子流射向光密介质时，受到一个与界面正交的法向力且指向光密介质. 于是，光粒子的水平速度分量不变，$v_{2x} = v_{1x}$，而垂直速度分量增加了，$v_{2y} > v_{1y}$，致使折射方向更靠近法线，即折射角 i_2 小于入射角 i_1，进而利用矢量图可容易地导出

$$\frac{\sin i_1}{\sin i_2} = \frac{v_2}{v_1} = \text{const.}$$

可见，在折射定律与速度比的关系上，波动说与微粒说的结论正巧相背. 波动说是 v_1/v_2，微粒说是 v_2/v_1. 那么，在折射角变小的光密介质中，光速究竟是变大了还是变小了？这只能由光速测量的实验加以判决. 两位法国实验物理学家，傅科和斐索于 1850 年前后采用旋转镜法，比较了光在空气和在水中的速度，两人几乎同时宣布：空气中的光速大于水中的光速. 无疑，光的波动理论的正确性又一次得到实验的证认.

1.2 折 射 率

· 定义 · 夫琅禾费谱线 · 色散 · 正常色散 · 折射率与光速比
· 折射率与波长比 · 讨论——关于色视觉

- **定义**

折射率是一个关于介质材料光学性能的重要参数，它源于折射定律，参见图 1.6，

$$\frac{\sin i_1}{\sin i_2} = n_{12} = \frac{n_2}{n_1}, \tag{1.2}$$

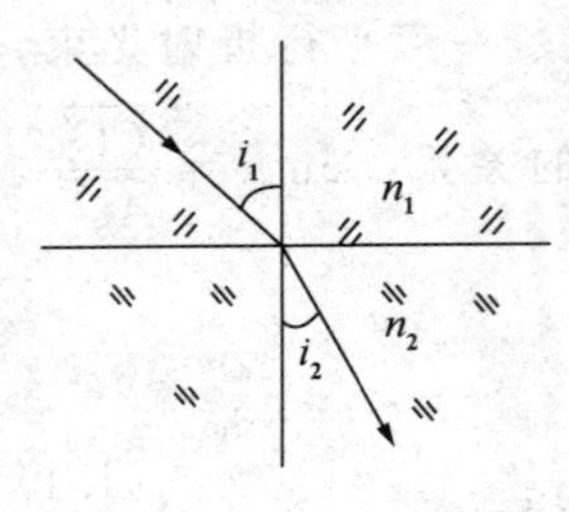

图 1.6　折射定律

人们更喜欢写成不变量形式如下，

$$n_1 \sin i_1 = n_2 \sin i_2. \tag{1.3}$$

这里，n_{12} 称作介质 2 对于介质 1 的相对折射率，n_1 是介质 1 对真空的相对折射率，n_2 是介质 2 对真空的相对折射率. 通常省略“相对”一词，直呼折射率. 当然，真空折射率为 1. 比如，

冕牌玻璃 $n = 1.520$，　水 $n = 1.333$，　空气 $n = 1.000$，

对空气折射率的精确测量结果是，在标准状态下空气折射率为 1.000 292.

- **夫琅禾费谱线**

表 1.1 列出被广泛引用的几条夫琅禾费特征谱线——包括其标识符号、发光元素、波长、色视觉以及其相对于四种光学玻璃的折射率.

表　1.1

标识符号	化学元素	波长/nm	色视觉	冕牌玻璃	轻火石	重火石	特重火石
C	H	656.3	红	1.520 42	1.572 08	1.666 50	1.713 03
D	Na	589.2	黄	1.523 00	1.576 00	1.670 50	1.720 00
F	H	486.1	蓝	1.529 33	1.586 06	1.680 59	1.737 80
G	H	434.0	紫	1.534 35	1.594 41	1.688 82	1.753 24

- **色散**

从表 1.1 中，我们注意到，一种介质对不同波长的光具有不同的折射率，这被称作色散(color dispersion). 因此，一束白光经界面折射，就被分散为不同颜色的光束，如图 1.7 所示. 棱镜分光是先后两次折射的色散效应. 大气中出现的虹霓是阳光经大量水滴的折射而产生的色散现象. 在家庭居室中也有可能出现色散现象. 比如，当晨光照射居室，你可能发觉墙壁上某处呈现一彩色光带，那可能是哪块磨边镜面引起的色散，因为镜面的棱形边缘就是一块背面为反射面的棱镜，阳光经折射、反射再折射而返回，二次折射产生更为明显的色散效应. 又比如，装饰灯具上悬挂着的一组多面水晶球，在灯光的映照下，呈现五光十色，斑斓闪烁，十分美观. 水晶的色散明显地强于玻璃或有机玻璃. 是否有耀眼的彩色光斑，可以作为辨认真假水晶体的一种方法.

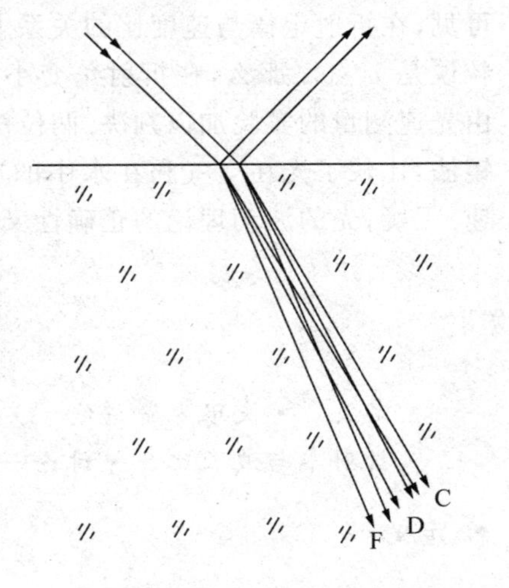

图 1.7　折射导致色散，反射无色散，图中 F,D,C 表示不同的光波长，见表 1.1

- **正常色散**

在表 1.1 中我们也注意到，介质折射率随波长的变

化是：随波长增加而折射率减少，如图 1.8 所示．一般透明介质在可见光波段均是如此，这被称作正常色散(normal dispersion)．图 1.9 显示石英的正常色散曲线．

度量色散效应大小的物理量是色散本领(dispersive power)，它被定义为

$$\Delta=\frac{n_F-n_C}{n_D-1}, \tag{1.4}$$

其中下标 F、D、C 表示夫琅禾费特征谱线．比如，对于冕牌玻璃，其色散本领为

$$\Delta=\frac{1.52933-1.52040}{1.52300-1}=\frac{0.00893}{0.523}\approx\frac{1}{59},$$

对于轻火石、重火石和特重火石，其色散本领分别为 $\Delta_1\approx\frac{1}{42}$，$\Delta_2\approx\frac{1}{48}$，$\Delta_3\approx\frac{1}{29}$．看来，选取高折射率、高色散本领的特重火石玻璃制作棱镜，应用于棱镜光谱仪是有利的．有些文献上，取色散本领的倒数值来度量色散，它被称作色散率(dispersive index)．

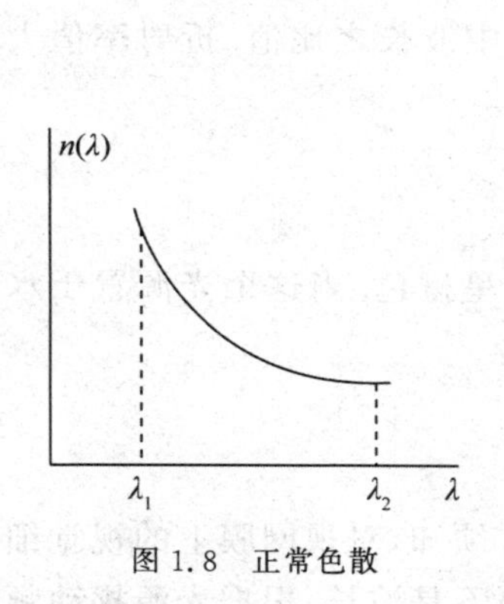

图 1.8 正常色散

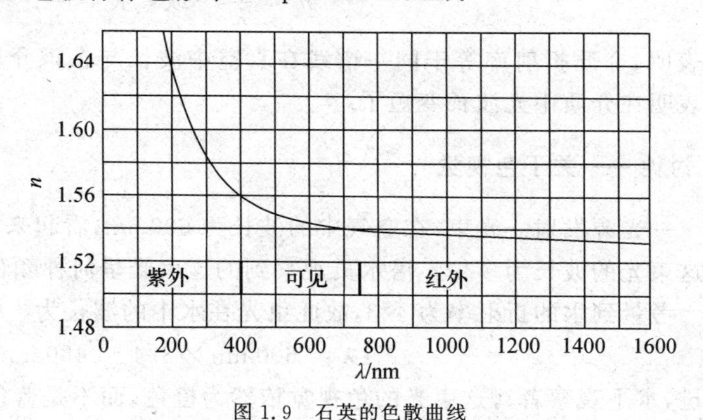

图 1.9 石英的色散曲线

● 折射率与光速比

基于波动理念而形成的惠更斯原理，将赋予折射率以更为丰富的物理意义．让我们联系由惠更斯原理导出的折射定律(1.1)式与折射定律的原始形式(1.2)，

$$\frac{\sin i_1}{\sin i_2}=\frac{v_1}{v_2},\quad \frac{\sin i_1}{\sin i_2}=\frac{n_2}{n_1},$$

得到 $n_2/n_1=v_1/v_2$．设入射方为真空，则 $n_1=1, v_1=c$（真空中的光速）．于是，有

$$n=\frac{c}{v}\quad 或\quad v=\frac{c}{n}. \tag{1.5}$$

这表明，介质折射率等于真空中光速与该介质中光速之比值，或者说，介质中光速值等于真空中光速值除以折射率．比如，光在水中的传播速度 $v=3\times10^8\ \mathrm{m/s}\times3/4\approx2.25\times10^8\ \mathrm{m/s}$．因此，前面论及的色散关系 $n(\lambda)$ 也可以表达为 $v(\lambda)$，即不同波长的光在同一介质中的传播速度是不同的．红光速度大于蓝光速度，这是正常色散．

● 折射率与波长比

我们知道，扰动在空间传播而形成波动．波速 v 值等于扰动的时间频率 f 与波动的空间

周期即波长 λ 的乘积，$v=f\lambda$. 关于波速的这个关系式是一个运动学意义上的公式，与波形成和传播的动力学机制无关，它适用于一切波动. 对于光波，真空中的光速被表示为 $c=f_0\lambda_0$，介质中的光速被表示为 $v=f\lambda$. 这里，λ_0，λ 分别是光源发射的某一特征谱线在真空中或介质中的波长. 据此，关系式(1.5)被进一步表示为

$$n=\frac{f_0\lambda_0}{f\lambda},$$

问题是，介质中的光频 f 是否等于真空中的光频 f_0？在线性介质的光场中，光扰动的时间频率仅由光源决定，它与波赖以传播的介质无关. 这就是说，同一谱线的光波在不同介质中虽然有不同的速度，但其频率是不会改变的，均同于真空中的光频，即 $f=f_0$. 因此，人们也称扰动频率为光源的本征频率. 于是，在上式中消去光频，我们得到

$$n=\frac{\lambda_0}{\lambda}\quad 或\quad \lambda=\frac{\lambda_0}{n}. \tag{1.6}$$

这表明，介质折射率等于同一谱线在真空中波长与在该介质中波长之比值. 折射率值大于1，表明在介质中光波长变短了.

- **讨论——关于色视觉**

一光源发射一光束，在空气中的波长为 600 nm，看起来它呈橙色. 当这个光源置于水中时这束光的波长为多少？潜水员观察到的这束光呈何种颜色？

考量到水的折射率为 4/3，故此束光在水中的波长为

$$\lambda=600\,\mathrm{nm}\times 3/4=450\,\mathrm{nm}.$$

不过，水下观察者对这束光的色视觉依然为橙色，而不是蓝色. 须知，对视网膜上的视觉细胞直接地起作用的是光扰动，因此，决定色视觉的是扰动频率，而不是波长. 根据光源扰动频率的本征性，水下这束光作用于视网膜上的频率与空气中的情形是相同的，故色视觉不会被改变. 如果一定要以波长语言间接地理解这一点，那也应该是眼球腔中的光波长，而不是水中的光波长. 显然，眼球腔中的介质没有变化，故球腔中的光波长不变、色视觉不变. 总之，光与物质的相互作用、光与一切接收器的相互作用，归根结底，是光扰动与物质的相互作用. 这一概念具有普遍意义.

1.3　光　　程

· 定义　· 光程与相位差　· 光程与时差　· 反射光束、折射光束的等光程性

- **定义**

普遍地说，光线路径的几何长度与所经过的介质折射率的乘积，被定义为光程(optical path). 视不同场合，给出光程的定量表达式如下. 参见图 1.10 所示，在均匀介质中，光线经 Q 点到达 P 点的光程为

$$L(QP)=nl. \tag{1.7}$$

在介质分区均匀的场合，比如透镜或透镜组，光程为

$$L(QP)=n_1l_1+n_2l_2+\cdots=\sum n_il_i. \tag{1.8}$$

在变折射率介质中，光线弯曲，其光程计算从上式求和表示过渡到积分表达式，

$$L(QP)=\int_{Q\,(l)}^{P}n(\boldsymbol{r})\,\mathrm{d}s, \tag{1.9}$$

这是一个路径积分，其中 $\boldsymbol{r}$ 是空间点的位置矢量，$n(\boldsymbol{r})$是随位置而变化的介质折射率.

光程的物理意义，可以从光程与相位差、光程与时差的关系中获得初步认识.

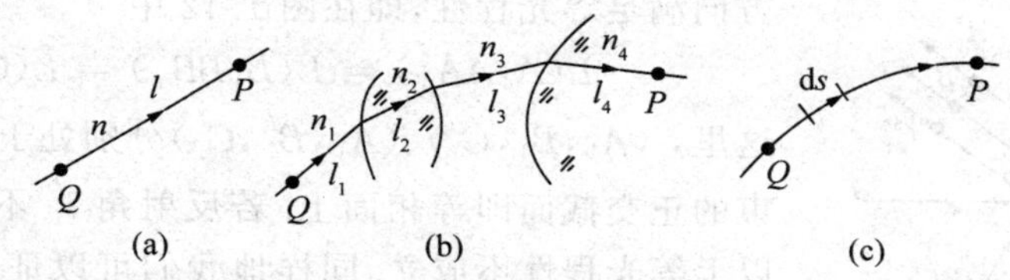

图 1.10 各种场合下的光程计算.(a) 均匀介质，(b) 介质分区均匀，(c) 变折射率场合

- **光程与相位差**

如图 1.11 所示，考察一列光波，其经 Q 点的光线先后通过 $M,N,\cdots$ 而到达 P 点.我们知道，沿波传播方向，各点扰动的相位是逐点落后的，其倍率为 $2\pi/\lambda$.于是，P,Q 两点扰动的相位差为

$$\varphi(P)-\varphi(Q)=-\left(\frac{2\pi}{\lambda_1}l_1+\frac{2\pi}{\lambda_2}l_2+\cdots\right)=-2\pi\sum\frac{l_i}{\lambda_i},$$

借用(1.6)式，将不同介质中的波长 λ_i 统统换算为真空中的光波长 λ_0，于是上式简缩为

$$\varphi(P)-\varphi(Q)=-\frac{2\pi}{\lambda_0}\sum n_il_i,$$

这里求和项正是光程 $L(QP)$，最后写成

$$\varphi(P)-\varphi(Q)=-\frac{2\pi}{\lambda_0}L(QP). \tag{1.10}$$

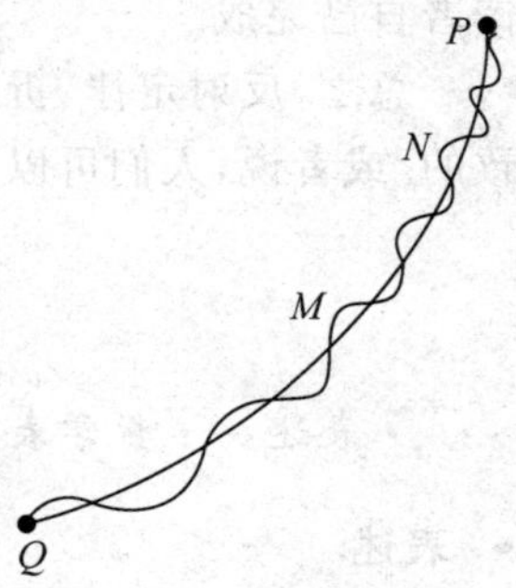

图 1.11 由光程导出相位差

这是一个由光程表达相位差的最简洁且普遍适用的公式.

- **光程与时差**

光速有限，光传播需要时间.光扰动经 Q 到达 P 点的时间为

$$t_P-t_Q=\sum\Delta t_i=\sum\frac{l_i}{v_i},$$

借用(1.5)式，将介质中的光速 v_i 统统换算为真空中的光速 c，于是上式简缩为

$$t_P-t_Q=\frac{1}{c}\sum n_il_i,$$

其中求和项正是光程 $L(QP)$，最后写成

$$t_P - t_Q = \frac{1}{c}L(QP) \quad 或 \quad L(QP) = c(t_P - t_Q). \tag{1.11}$$

这是一个由光程表达时差即传播时间的简洁公式. 由此，我们可以从另一角度认识光程——光线经历 Q,P 两点的光程，等于传播时间 Δt 乘以真空光速 c，虽然光线实际上传播在介质中.

● **反射光束、折射光束的等光程性**

如果，我们采用光程语言审视反射定律和折射定律，则发现反射定律给出的反射光束的方向满足等光程性，即在图 1.12 中

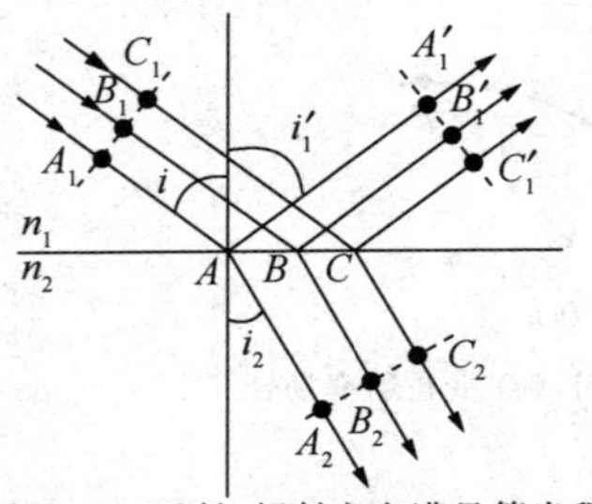

图 1.12　反射、折射方向满足等光程性

$$L(A_1AA_1') = L(B_1BB_1') = L(C_1CC_1'), \tag{1.12}$$

这里，(A_1,B_1,C_1)、(A_1',B_1',C_1')分别处于入射光束、反射光束的正交截面即等相面上. 若反射角 i_1' 不等于入射角 i，则以上等光程性不成立. 同样地我们可以证明，满足折射定律的折射光束的方向也具有等光程性，即

$$L(A_1AA_2) = L(B_1BB_2) = L(C_1CC_2), \tag{1.13}$$

这里(A_2,B_2,C_2)处于折射光束的正交截面上. 若折射角 i_2 不满足折射定律 $n_2 \sin i_2 = n_1 \sin i_1$，则以上等光程性不成立. 等式(1.12)和(1.13)的证明留给读者自己完成.

总之，反射定律、折射定律给出的反射光束或折射光束的方向，与等光程性的要求是一致的. 或者说，人们可以从等光程要求出发，导出反射定律和折射定律.

1.4　费 马 原 理

·表述　·数学表达式　·导出反射定律　·导出折射定律

● **表述**

费马原理是一个描述光线传播行为的原理. 参见图 1.13，光场中从 Q 点到 P 点有一条实际光线(l_0)，如果从纯几何的眼光看，从 Q 点到 P 点有各种可能的路径，姑且称其为虚拟路径(l). 可以想见，唯一的光线路径与其邻近众多的虚拟路径相比较，一定有其特殊的品性. 这个特性由费马原理给予表述：光线沿光程为平稳值的路径而传播，即

$$\int_{Q \atop (l_0)}^{P} n(\boldsymbol{r})\mathrm{d}s \text{—— 平稳值.}$$

我们知道，路径积分为平稳值概念，是与邻近路径积分值相比较而言的. 这有三种基本涵义：

极小值——这是常见情形；　极大值——这是个别情形；

常数——成像系统中物像关系属此情形.

图 1.14 前面三个图是平稳值三种基本涵义的示意图，第四个图表示上述基本状态的某

种混合.

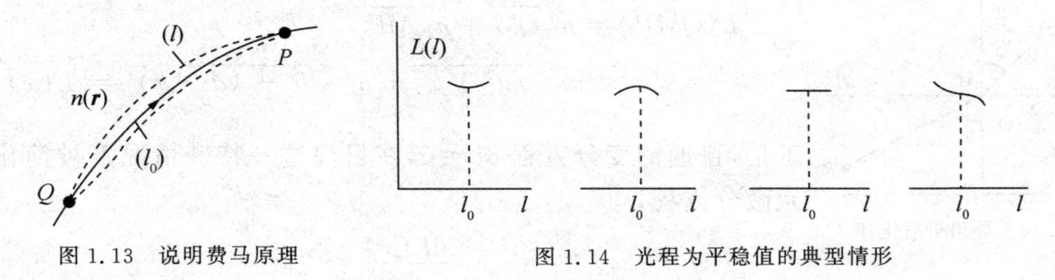

图 1.13 说明费马原理　　图 1.14 光程为平稳值的典型情形

- **数学表达式**

路径积分

$$L(QP)=\int_{\substack{Q\\(l)}}^{P}n(\boldsymbol{r})\mathrm{d}s=L(l)$$

是路径(l)的函数,这在数学上被称为泛函或程函.泛函为平稳值要求其"变分为零",即

$$\delta\int_{Q}^{P}n(\boldsymbol{r})\mathrm{d}s=0\quad 或\quad \delta L(l)=0. \tag{1.14}$$

它是变分方程,旨在求出平稳值路径.费马原理的数学表达式就是它.这里δ是变分算符,其运算功能类似于一元函数中的微分算符.

- **导出反射定律**

由费马原理可轻易地导出光在均匀介质中的直线传播定律,因为在欧氏空间中两点之间以直线路径为最短,乘以常数折射率成为最短光程,故满足费马原理.借助图 1.15 用以导出光的反射定律.其中入射点 M 为待求的位置,以满足光程 $L(QMP)$为极值.为此,引入 Q 点的镜像对称点 Q',于是,角 $\alpha=\beta$.光程 $L(QM)=L(Q'M)$,故光程 $L(QMP)=L(Q'MP)$.显然,此光程成为极小值的条件是 $Q'MP$ 为一条直线而不是折线.由此导出 $\alpha'=\beta=\alpha$,进而有 $i'=i$,即反射角等于入射角.这是 Q,M,P 同处于一个入射面内的情况.如果选择入射点 M'在此入射面以外,则不难从几何上论证,光程 $L(QM'P)$总是大于光程 $L(QMP)$.换句话说,与此入射面以外的所有路径相比较,入射面内的光程为最短光程.总之,由费马原理可以导出关于反射定律的两个要点:反射线与入射线同在一个入射面内;反射角等于入射角.且知,符合反射定律的光线为最短光程.

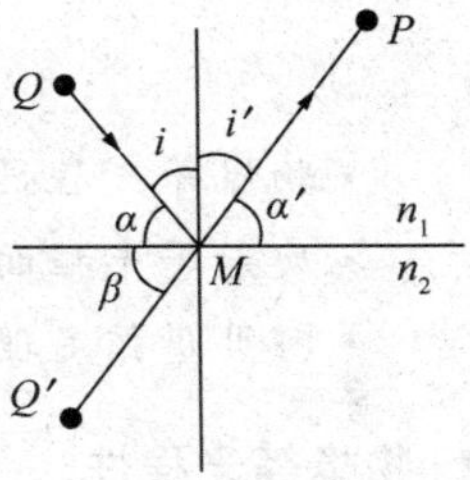

图 1.15 导出反射定律

- **导出折射定律**

如图 1.16 所示,设定 Q 点和 P 点,待求入射点 M 的位置以满足光程 $L(QMP)$为极值的要求.首先,由 Q,P 出发分别向界面作垂线,相应的垂足为 A,B,高度为 a,b.于是,$\overline{QA}$与 $\overline{PB}$ 两条平行线构成一个平面,且垂直于界面.接着,在 AB 线上选择一个动点 M 作为待

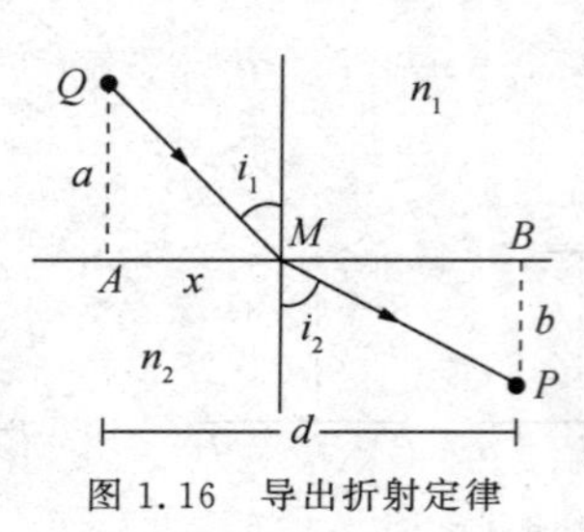

图 1.16　导出折射定律

定的入射点，设 $\overline{AM}=x$，于是，$\overline{MB}=d-x$. 考察光程

$$L(QMP)=n_1\overline{QM}+n_2\overline{MP}$$
$$=n_1\sqrt{a^2+x^2}+n_2\sqrt{b^2+(d-x)^2}=L(x),$$

于是，普遍的变分方程 $\delta L=0$，在目前这一特殊情况下被简化为一元微分方程，

$$\frac{\mathrm{d}L(x)}{\mathrm{d}x}=0,$$

即

$$\frac{1}{2}n_1\frac{1}{\sqrt{a^2+x^2}}\cdot 2x-\frac{1}{2}n_2\frac{1}{\sqrt{b^2+(d-x)^2}}\cdot 2(d-x)=0,$$

有
$$n_1\frac{x}{\sqrt{a^2+x^2}}=n_2\frac{(d-x)}{\sqrt{b^2+(d-x)^2}},$$

在图 1.16 中，我们注意到 $\sin i_1=x/\sqrt{a^2+x^2}$，$\sin i_2=(d-x)/\sqrt{b^2+(d-x)^2}$，故上式给出

$$n_1\sin i_1=n_2\sin i_2,$$

这正是实验上总结出来的光的折射定律.

综上所述，由费马原理可以导出关于几何光学的三个实验定律. 在这个意义上说，费马原理是这三个实验定律在理论上的最高概括. 可以预料，凡是基于这三个实验定律而推演并研究的各种光线传播问题，比如成像问题，皆可以由费马原理出发而得以解决.

1.5　费马原理与成像

- 物像等光程性　· 导出球面折射傍轴成像公式
- 反射等光程面——椭球面、抛物面、双曲面　· 齐明点
- 阿贝正弦定理　· 例题——双曲透镜聚焦平行光

● 物像等光程性

成像光学系统有放大镜、目镜、望远镜和显微镜等一类助视光学仪器，以及照相机、投影机和摄像机等. 成像是光传播研究中的基本问题之一. 图 1.17 是一个抽象化的成像系统，借此给出普遍的成像概念(image formation). 由物点 Q 发出一列球面波或称之为同心光束，经系统变换成为另一列球面波或另一个同心光束，则出射同心光束的中心被定义为像点. 因此，我们说，成像过程是一个对同心光束实现共轭变换的过程，即

光线$(QM_1)\longrightarrow$光线(N_1Q')，光线$(QM_2)\longrightarrow$光线(N_2Q')，…，光线$(QM_i)\longrightarrow(N_iQ')$.

这一系列连续密集的光线，(QM_1N_1Q')，(QM_2N_2Q')，…，(QM_iN_iQ')，起始于同一物点 Q，会聚于同一像点 Q'，其中每条光线均遵循费马原理，其光程均为平稳值. 平稳值三种基本状态中的极小或极大情形，在目前是不可能出现的. 因为，如果，其中某条光线光程是极小或

极大,则意味着其邻近那些实际上已经存在的众多光线不处于平稳值,这是违背费马原理的.因此,结论只能是,从物点到像点的各光线的光程是彼此相等的.即

$$L(QM_1N_1Q') = L(QM_2N_2Q') = \cdots = L(QM_iN_iQ'). \tag{1.15}$$

这被称为物像等光程性,它是费马原理的一个重要推论.以上我们采用反证法得到这个结论.我们也可以采用球面波概念以证明物像等光程性.参见图 1.17,注意那两个分别以物点 Q 和像点 Q' 为中心的辅助球面 Σ_0 和 Σ',它俩均为等相面,设 Σ_0 上各点相位为 φ_0,Σ' 上各点相位为 φ'.不管从 Σ_0 面到 Σ' 面的各条光线的路径是多么曲折,利用光程与相位差之间的对应关系,可以肯定其间各光线的光程是相等的,即

$$L(M_{10}M_1N_1N_1') = L(M_{20}M_2N_2N_2') = \cdots = L(M_{i0}M_iN_iN_i'),$$

再加上前、后两段光程,由于系同一球面 Σ_0 或 Σ',故前段各光程是相等的,后段添加的各光程也是彼此相等的.最终导致全光程彼此相等.

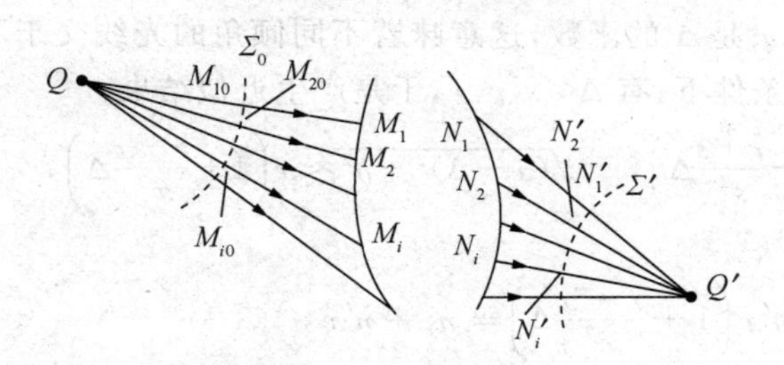

图 1.17 物像等光程性

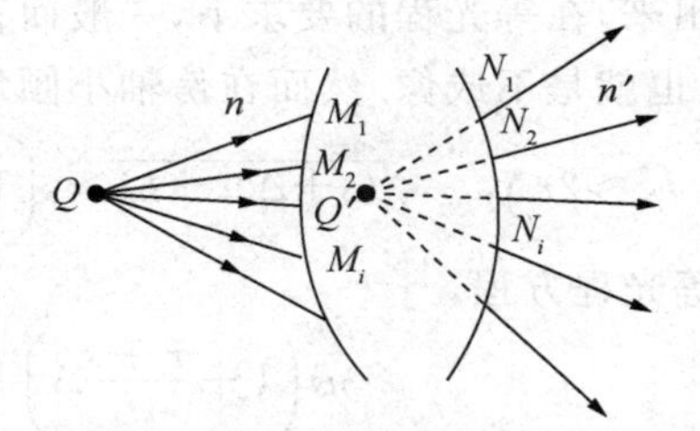

图 1.18 虚光程的计算

物像等光程性将是否成像与是否等光程两者对应起来,即

严格等光程 $\Longleftrightarrow$ 严格成像; 近似等光程 $\Longleftrightarrow$ 近似成像; 非等光程 $\Longleftrightarrow$ 不成像.

换句话说,有了物像等光程性这个结论,人们便将"成像"问题的研究推进到实际上可运算可操作的理论境界.随后讨论的球面折射、反射成像问题将清楚地显示这一点.

最后尚须说明一点,关于出现虚像情形时的物像等光程性的表达式,参见图 1.18,这应当是

$$L(QM_1N_1) - L(N_1Q') = L(QM_2N_2) - L(N_2Q') = \cdots = L(QM_iN_i) - L(N_iQ'), \tag{1.16}$$

这就是说,在物像等光程性表达式中,那段由出射点 N_i 向像点 Q' 后延的虚光程应取负值,且光程计算中的折射率应取像方折射率 n',即 $L(N_iQ') = n' \cdot \overline{N_iQ'}$.这些结论不妨留给读者自己推证.

● 导出球面折射傍轴成像公式

如图 1.19 所示,物方折射率为 n,像方折射率为 n',界面为球面,球心在 C 点,半径为 r.设一点源 Q 发出一同心光束.根据轴对称性,Q 点与球心 C 点的连线是一条实际存在的光线(轴光线).考察出射倾角为 u 的任一斜光线,经界面折射与轴光线相交于 Q' 点.一般说

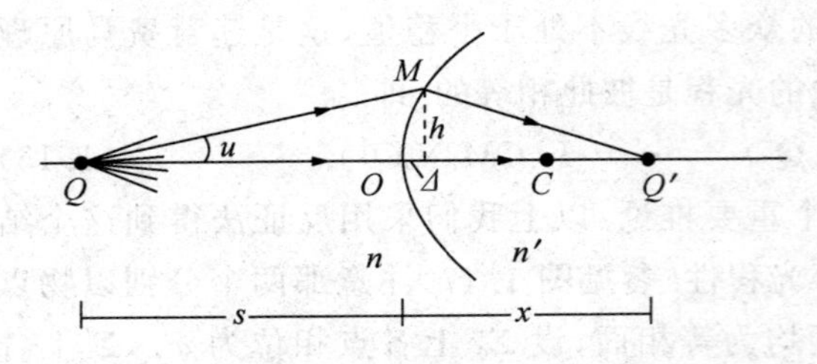

图 1.19　由物像等光程性导出球面折射傍轴成像

来，光程 $L(QMQ')$ 是 Δ 和 x 的函数，表示成 $L(\Delta,x)$. 这里 Δ 是入射点 M 对轴光线的垂足与球面顶点 O 的距离，它与倾角 u 或垂线长度 h 值一一对应；x 是交点 Q' 与顶点的距离. 眼下我们还不能轻易地肯定 Q' 点是像点. 只有当光程 $L(\Delta,x)$ 与 Δ 无关，即满足等光程要求

$$L(QMQ')=L(QOQ'),$$

Q' 才成为像点，x 也就成为像距. 为此，考量光程

$$L(QMQ') = n\overline{QM}+n'\overline{MQ'} = n\sqrt{(s+\Delta)^2+h^2}+n'\sqrt{(x-\Delta)^2+h^2},$$

$$L(QOQ') = ns+n'x,$$

看得出来，在等光程的要求下，一般而言 x 是 Δ 的函数，这意味着不同倾角的光线交于不同位置，也就是不成像. 然而在傍轴小倾角条件下，有 $\Delta \ll s,r,x$，于是产生近似结果，

$$h^2\approx 2r\Delta,\quad \sqrt{(s+\Delta)^2+h^2}\approx s\left(1+\frac{r+s}{s^2}\Delta\right),\quad \sqrt{(x-\Delta)^2+h^2}\approx x\left(1+\frac{r-x}{x^2}\Delta\right),$$

代入等光程方程，

$$ns\left(1+\frac{r+s}{s^2}\Delta\right)+n'x\left(1+\frac{r-x}{x^2}\Delta\right)=ns+n'x,$$

$$n\frac{r+s}{s}\Delta=-n'\frac{r-x}{x}\Delta\quad(\Delta\text{ 恰巧被消除！}),$$

$$n\frac{r+s}{s}=-n'\frac{r-x}{x},$$

$$\frac{n}{s}+\frac{n'}{x}=\frac{n'-n}{r},$$

至此，我们终于发现，在傍轴条件下由物点发出的一窄光束，经单球面折射可近似成像于 Q' 点，其坐标 x 就成为像距，表示为 s'，即物像距公式为

$$\frac{n}{s}+\frac{n'}{s'}=\frac{n'-n}{r}.\tag{1.17}$$

令物距 $s\to\infty$，相当于平行光束入射，对应的像距就是单球面折射时的像方焦距或称后焦距 f'，

$$f'=\frac{n'}{n'-n}r,\tag{1.18}$$

令像距 $s'\to\infty$，相当于平行光束出射，我们得到物方焦距或称前焦距公式

$$f=\frac{n}{n'-n}r,\tag{1.19}$$

前后焦距之比值为

$$\frac{f'}{f}=\frac{n'}{n}.\tag{1.20}$$

在运用(1.17)—(1.20)诸公式时，应当注意其中每个几何量均含正负号. 我们对正负号的约

定是，物点在左方时 $s>0$，物点在右方即虚物时 $s<0$；像点在右方时 $s'>0$，像点在左方即虚像时 $s'<0$；折射球面的球心在右方时 $r>0$，在左方时 $r<0$. 当然这种约定本身已隐含着一个前提——光路主体方向自左向右.

最后还有两点值得指出.(1) 以上我们得到单球面折射傍轴成像的结论，是基于物像等光程性，始终没有涉及折射定律，其结果是与从折射定律出发得到的结果是一致的. 这样处理更能体现费马原理、物像等光程性的理论价值，且具体运算也更显理论化和简便.(2) 傍轴条件的精确含义是什么. 直观地说，傍轴是指倾角 $u\ll 1$ rad，即所谓的小倾角窄光束. 其实这样限定是不精确的，不应该只顾及物点这一方，还应该顾及界面半径的大小. 以上正文推演中已经给出傍轴条件的精确表示，即 $\Delta\ll s, r, s'$. 尤其对于那些小镜头，虽然物点发出的光束很窄，但对应的线段 Δ 值却可以与半径 r 相比，此时傍轴条件不被满足.

用同样的方式，我们可以由物像等光程性导出球面反射傍轴成像，以及相应的物像距公式. 这一问题留给读者自己解决.

- **反射等光程面——椭球面、抛物面、双曲面**

诚如前述，球面折射或球面反射只能在傍轴条件下近似成像，而不能实现严格成像或理想成像. 所谓理想成像系统，是对物空间所有物点发出的同心光束均能实现严格成像的光学系统. 不幸的是，人们至今发现的理想成像系统只有一个，那就是平面镜，可惜它的放大率总是等于 1，无缩放功能，故其应用范围十分有限. 不过，如果只要求有一对严格意义的共轭点 Q, Q'，即从 Q 点发出的任意宽光束，经某一特殊曲面的反射或折射，而成为以 Q' 为中心的同心光束，倒是可以实现的. 根据物像等光程原理，这些特殊形状的曲面概被称为等光程面.

反射等光程面有三种，旋转椭球面、旋转抛物面和旋转双曲面，如图 1.20 所示. 对于(a)，椭球面的两个焦点是一对共轭点，显然满足等光程性$(\overline{QM}+\overline{MQ'})=\text{const}$. 对于(b)，旋转抛物镜面的一对共轭点是其焦点和无穷远点，即平行宽光束入射经抛物镜面反射而聚焦于一点，这是因为等光程性得以满足，即$(\overline{QM}+\overline{MQ'})=\text{const}$. 对于(c)，旋转双曲面几何上的两个焦点也是光学上的一对共轭点，因为这里$(\overline{QM}-\overline{MQ'})=\text{const}$. 满足了等光程性，其中负号正意味着 $\overline{MQ'}$ 一段是虚光程，即 Q' 是虚像.

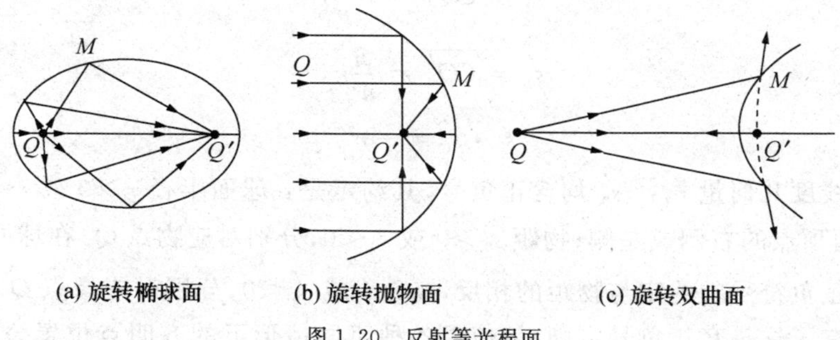

图 1.20 反射等光程面

抛物镜面广泛地用于天文望远镜(astronomical telescope). 这种场合的大口径抛物镜

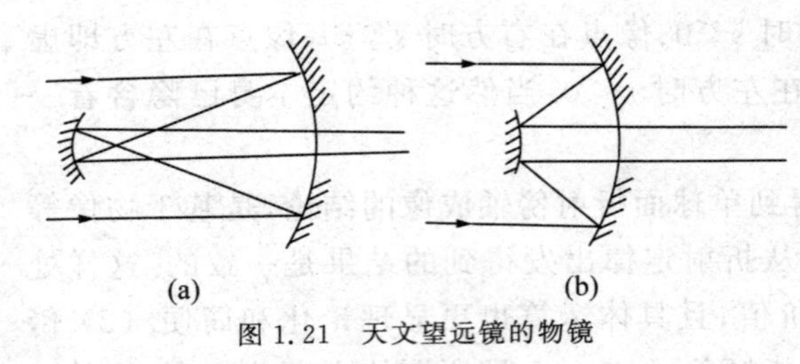

图 1.21　天文望远镜的物镜

面，通常其中心部分留有一个光孔，在其前面适当距离处置放一个小镜面，如图 1.21 所示. 于是，由遥远星体发来的平行光束，先经抛物镜面聚焦，由聚焦点发出的同心光束再经小镜面反射，通过中心光孔，最后射入接收器，供观测者观察、采集和分析. 图(a)中小镜面为凹面镜，图(b)中小镜面为凸双曲面. 还有一点值得指出，因为反射无色散，故在天文望远镜中的光学元件，比如集光元件和变换光路元件，均采用反射镜，虽然其形状有所不同. 这对望远镜输出的图像质量和光谱分析都是有利的.

- **齐明点**

对于单球面折射，一般而言只能实现傍轴成像，但也存在一对特殊共轭点(Q_0, Q_0')，可以宽光束严格成像，如图 1.22 所示. 这一对共轭点称为齐明点(aplanatic points). 显微镜就工作于齐明点——调节镜头与样品的工作距离，以使样品台上的小物处于齐明点.

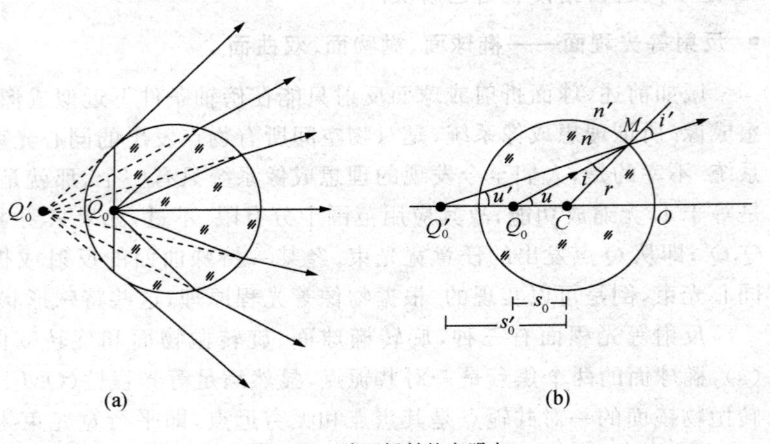

图 1.22　球面折射的齐明点

如果以折射面球心 C 为参考，则齐明点的位置被确定为

$$s_0 = \overline{CQ_0} = -\frac{n'}{n}r,$$

$$s_0' = \overline{CQ_0'} = \frac{n}{n'}r, \tag{1.21}$$

$$s_0 \cdot s_0' = -r^2. \tag{1.22}$$

当然，这里的线度几何量 r, s_0, s_0' 均含正负号，其约定是：球面半径 $r>0$ 或 $r<0$，分别对应球心 C 在球面顶点的右侧或左侧；物距 $s_0>0$ 或 $s_0<0$，分别对应物点 Q_0 在球心 C 的左方或右方；像距的正负符号的约定与物距的相反，$s_0'>0$ 或 $s_0'<0$，分别对应像点 Q_0' 在球心 C 的右方或左方. 有了这一套正负号定则，就使得各种不同情形下的齐明点位置公式，归结为一个通用的公式(1.21). 比如，对于图中显示的那种情况，$r<0$，物方介质折射率设为 $n=1.5$，像方空气折射率 $n'=1.0$，代入(1.21)式，得到 $s_0=-2/3\cdot r>0$，$s_0'=3/2\cdot r<0$，这表明

Q_0，Q_0'点均在球心左侧，显然，这是一个实物形成虚像的情形.

另外，这一对特殊位置的共轭点，联系着若干几何学上的特殊性质，参见图1.22(b). 从齐明点 Q_0 发出一入射线，倾角为 u，对应的折射角为 i'，两者恰好相等，$i'=u$；同时，对应的出射光线的倾角为 u' 与入射角 i 也相等，$u'=i$；当入射线倾角 $u=\pi/2$ 时，其入射角恰好等于全反射临界角，此时折射角为 $\pi/2$，即折射光线恰好沿球面在该点的切线方向. 对于这些结论，以及(1.21)式相联系的等光程性 $L(Q_0MQ_0')=L(Q_0OQ_0')$，以上论述并未给出证明和推导，留给读者不妨自己练习之.

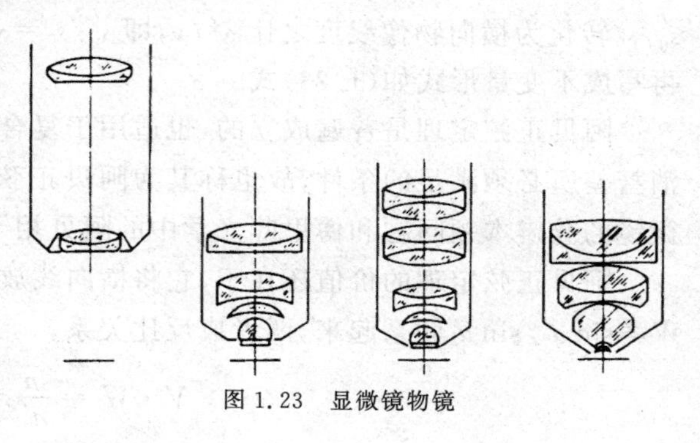
图 1.23 显微镜物镜

图 1.23 为显微镜物镜列举，复合镜头是为了消色差.

- **阿贝正弦定理**

显微镜的观察对象，不是一个点而是一个小物，如图 1.24 所示. 小物上各点是否均处于齐明点位置，均能以宽光束出射而严格成像呢？利用球体的中心对称性，我们不妨让轴光线 QCO 绕球心转一角度，显然，与齐明点(Q,Q')同在一圆弧上的各点，比如(P,P')，均是一对齐明点(这里省略标记齐明点的符号下角零). 这就是说，弧形线 $\overset{\frown}{PQ}$确能严格成像于 $\overset{\frown}{P'Q'}$. 当圆弧很短时被很好地近似为一直线段，即 $\overset{\frown}{PQ}\approx\overline{PQ}$，$\overset{\frown}{P'Q'}\approx\overline{P'Q'}$，这表明置于齐明点位置的傍轴小物可以宽光束严格成像. 用像差语言表达为，工作于齐明点位置的傍轴小物，既消除了一般轴上物点产生的球差(spherical aberration)，也消除了一般轴外小物产生的彗差(comatic aberration). 更有意思的是，入射光线倾角 u、小物线度 y 和物方折射率 n 三者(n,y,u)，与像方对应量(n',y',u')之间有一个关系式

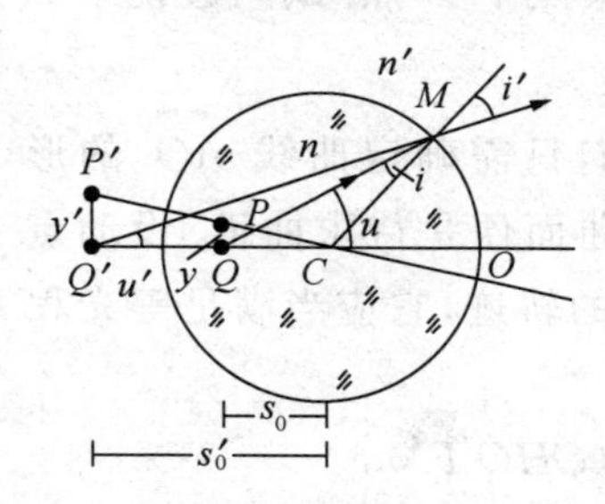

图 1.24 导出阿贝正弦定理

$$ny\sin u = n'y'\sin u', \tag{1.23}$$

这是德国物理学家阿贝，在蔡司公司工作期间为研究改善显微镜成像质量而发现的一个重要定理，现今依然是光学设计的基本依据之一，被称为阿贝正弦定理(Abbe sine theorem). 兹证明如下(参见图 1.24).

在$\triangle QCM$和$\triangle MCQ'$中，分别利用三角正弦定理，得

$$\frac{\sin u}{r}=\frac{\sin i}{s_0},\quad \frac{\sin u'}{r}=\frac{\sin i'}{s_0'},$$

故有

$$\frac{\sin u}{\sin u'}=\frac{\sin i}{\sin i'}\cdot\frac{s_0'}{s_0},$$

再利用折射定律，改写为 $\sin i/\sin i' = n'/n$；利用相似三角形定理，将轴向的物像距之比 s_0'/s_0 转化为横向物像线度之比 y'/y，即 $s_0'/s_0 = y'/y$. 于是，上式成为 $\sin u/\sin u' = n'y'/ny$，再写成不变量形式如(1.23)式.

阿贝正弦定理是普遍成立的，也适用于复合透镜，它是傍轴小物很好成像，以消球差和消彗差所必须满足的条件，故也称其为阿贝正弦条件(Abbe sine condition). 在本书论述显微镜的分辨本领问题和傅里叶光学中的阿贝相干成像原理时将要用到阿贝正弦条件.

阿贝正弦定理的价值还在于，它将横向线放大率 $V \equiv y'/y$ 与光锥孔径角正弦值之比值 $W \equiv \sin u'/\sin u$ 联系起来，两者成反比关系，

$$V \cdot W = \frac{n}{n'} = \text{const.} \tag{1.24}$$

它表明，如果像被放大了，则光束聚散角要变小. 在露天电影场合，人们可以发觉一束束细锐光束，从放映机中发出而扫射于屏幕上，就是这个道理.

● 例题——双曲透镜聚焦平行光

如图 1.25 所示，一宽平行光束入射于一透镜，要求被严格聚焦于 F' 点. 试问透镜第二曲面 Σ 应当是何形状？

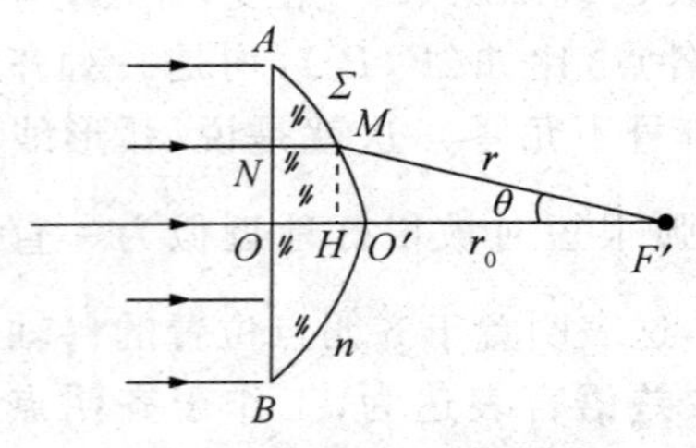

图 1.25　宽平行光束被聚焦

根据系统的轴对称性，我们只需确定曲线 $\overset{\frown}{AO'}$ 的形状，再绕 $\overline{OF'}$ 轴旋转而形成的曲面便是待求曲面. 设动点为 M，取极坐标 $r(\theta)$ 描述动点的轨迹，它应当满足等光程性，即

$$L(NMF') = L(OHO'F'),$$

其中 H 点是 M 点对轴光线的垂足. 由图可知，光程 $L(NM) = L(OH)$，故上式化为

$$L(MF') = L(HO') + L(O'F'),$$

即

$$r(\theta) = n(r\cos\theta - r_0) + r_0,$$

解出

$$r(\theta) = \frac{(1-n)r_0}{1-n\cos\theta} = \frac{n\left(\dfrac{1}{n}-1\right)r_0}{1-n\cos\theta}, \tag{1.25}$$

其中 r_0 为 $\overline{O'F'}$ 长度，它作为设计参数，可事先由焦距要求给出. 我们知道，用极坐标表示的二次曲线的标准形式为

$$r(\theta) = \frac{ep}{1-e\cos\theta},$$

可见，(1.25)式符合这标准形式，且离心率 $e = n > 1$，这表明(1.25)式确定的动点轨迹应当是一条双曲线，即待求的曲面是旋转双曲面.

下面让我们拟作一数值计算. 设计要求是, 透镜材料 $n=1.5$, 第一表面即圆形平面的半径为 $R=5.0$ cm, 焦点 F' 离 O 点的距离为 $D=10.0$ cm, 参见图 1.26. 根据(1.25)式, 将 $n=1.5$ 代入, 得到极坐标方程的具体形式为

$$r(\theta)=\frac{1}{3\cos\theta-2}r_0=k(\theta)r_0,$$

$$k(\theta)=\frac{1}{3\cos\theta-2}.$$

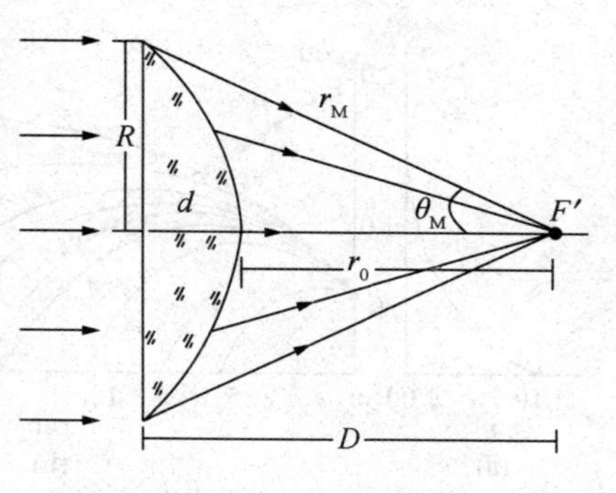

图 1.26 一个满足设计要求的双曲透镜

据此, 首先算得若干特征量如下,

最大会聚角 $\theta_M=\arctan\left(\frac{R}{D}\right)\approx26.6°$, 最大矢径长度 $r_M=\sqrt{R^2+D^2}\approx11.2$ cm,

最短矢径长度 $r_0=(3\cos\theta_M-2)r_M\approx7.64$ cm, 透镜中心厚度 $d=D-r_0\approx2.36$ cm.

接着算出一系列 $r(\theta)$ 值, 列表如下,

θ	0°	6°	12°	18°	24°	26°
k	1.000	1.017	1.070	1.172	1.350	1.436
r/cm	7.64	7.77	8.17	8.95	10.31	11.0

按上列数据, 精确绘制如图 1.26.

1.6 自然变折射率

·海市蜃楼 ·沙洲神泉 ·大气电离层(D 区) ·声线弯曲——夜半隔山钟

● 海市蜃楼

在寒冷海面上空, 温度梯度大, 随高度增加大气温度有明显的上升, 从而使大气折射率有明显的减少, 如图 1.27(a)所示. 对于介质折射率随温度上升而减少的事实可以作如下定性的理解. 我们知道, 光学折射率由介质的介电常数所决定, 介电常数反映的是, 大量的介质分子偶极矩在电场作用下作定向有序排列的一种性能, 而与温度相联系的却是分子的无规热运动, 它是有序排列的对立面, 是对定向排列效应的一种削弱; 此外, 大气是个开放系统, 温度高处的大气密度低, 这也导致折射率要减少. 大气折射率随海面上空高度 y 的变化函数被表示为

$$n^2(y)=n_o^2+n_p^2e^{-\alpha y}, \tag{1.26}$$

其典型数据为 $n_o\sim1.000\,233$, $n_p\sim0.458\,36$, $\alpha\sim2.303$/m.

由于折射率的连续变化, 光线将弯曲, 如图 1.27(b)所示. 对于 A 处的观察者, 由于其瞳孔很小, 可以接收到这复杂光场中的窄光锥, 其视觉效果相当于 P' 点所发出的光束. 或者

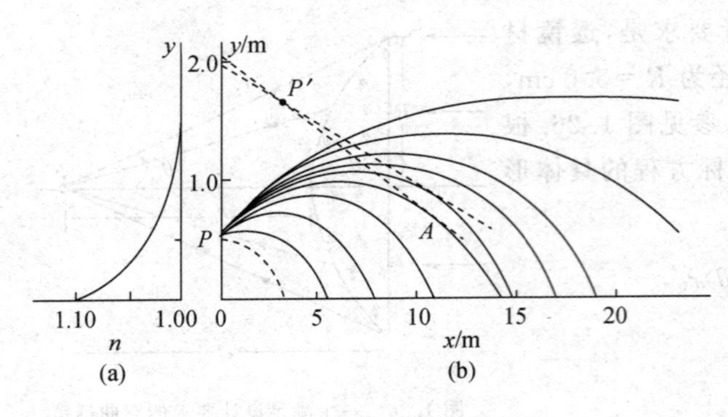

图 1.27　海市蜃楼现象的生成

说，真实物点 P“成像”于 P' 点. 当然，这是一个有严重像散的情况. 如果变换观察方位，这窄光锥的中心 P' 点也将随之改变. 如果我们再追踪从 P 点下方另一物点 Q 发出的光线径迹，观察者 A 将发现有一像点 Q' 位于 P' 点下方. 这就是说，观察者 A 看到了一个正置的景象出现于真实物体的上方，虽然其像质较差，且若隐若现似幻似真. 这一奇特的海面大气光学现象，在中国被称作海市蜃楼，其英语名为 mirage 或 looming，意为幻景或隐象. 中国在地球上属中纬地带，在夏季白昼海气之间有更大的温差，因而在海面附近有更大的折射率梯度，从而更易产生海上幻景，尤其在中国北方. 据报道，1981 年 7 月 10 日下午，登临山东省境内蓬莱阁的数百名游人，观赏到海市蜃楼的奇异景象. 那一天，天空晴朗，微风在渤海湾海面掀起层层浪花，远处淡淡薄雾为大海笼罩上一层神秘的面纱. 大约 14 时 40 分，忽见在相传八仙过海的庙岛南侧海面上，隐隐约约出现了两个岛. 十分钟后，它们的轮廓越来越清楚，小岛显得虚幻缥缈，而岛上的道路、树木、山峰却清晰可辨，建筑各异的亭台楼阁显而易见，行人车辆时隐时现. 观赏者大有身临仙境之感. 这次“海市蜃楼”持续时间达 40 分钟，其时间之久为历史上少见.

- **沙洲神泉**

炽热地面上空，如烈日光照下的沙漠或水泥公路上空，存在明显的温度梯度，随高度上升而温度下降，因而折射率增加，情况正好相反于海面上空的变化，如图 1.28(a)所示. 这时，观察者 A 将看见一“像点”P' 位于地面下方，如图(b)所示；如果另有一物点 Q 在 P 点下方，则相应的也有个“像点”Q' 在地面下方且更靠近地面. 换言之，由于光线弯曲，有一个真实物体的倒像出现于地面下方，如同当地似有一个水面映射出其上方物体的倒像于水中. 行走于烈日大漠中的人们，渴望见到一水源，当他们发觉一倒像隐现于前方时，就凭经验以为前方有个水源，一旦走近时却消失了，而前方似乎又出现个水源. 人们将这一幻景隐象称为沙洲神泉. 作者于某年仲夏午夜，骑车行于北京长安街上，就曾亲眼目睹到这一景象，当时还误以为路面上洒有一层水. 在图 1.28(b)

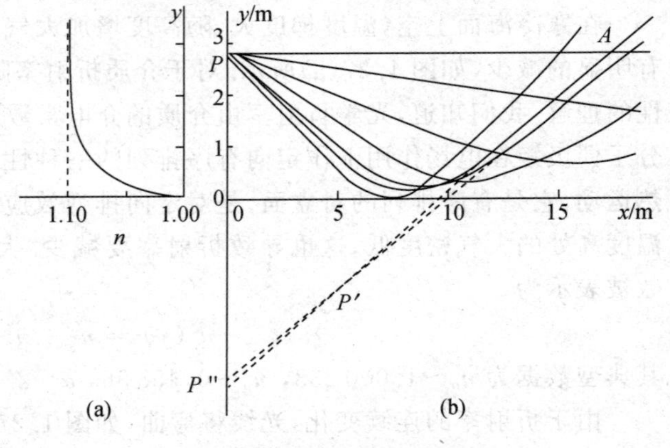

图 1.28　沙洲神泉现象的生成

中，我们注意到由于真实物体发出的光线向上弯曲，致使地面上某些区域无光线到达，而成为阴区或盲区. 炽热地面上空折射率变化函数被表示为

$$n^2(y) = n_o^2 + n_p^2(1 - e^{-\alpha y}). \tag{1.27}$$

这里值得一提的是，无论海市蜃楼幻景，还是沙洲神泉隐象，即使天气条件上佳，能产生明显的折射率梯度而使光线弯曲，也不是在任何方位都能被观察到的，即存在一个最佳观察高度和视角的问题.

- **大气电离层(D区)**

高空大气中的气体分子和原子，在太阳电磁辐射和微粒辐射作用下，被电离为离子和自由电子. 这个含有大量离子和自由电子的大气层称作电离层，约位于 60—500 km 的高空. 电离层又按不同物性自下而上被分为D区、E区和F区. D区在 60—90 km 之间，只在白天出现，其电子浓度约为 $10^3/\text{cm}^3$；D区最接近地面，空气密度大，含中性分子较多. D区是个变折射区，其折射率变化函数被表示为

$$n^2(y) = n_o^2 - \alpha y^2,$$

其中 y 为由D区底部起算的高度. 当 $\alpha y^2 \ll n_o^2$ 时，折射率函数近似为

$$n(y) \approx n_o\left(1 - \frac{\alpha}{2n_o^2}y^2\right), \tag{1.28}$$

呈现抛物型函数. 可见，在D区自下而上，折射率渐减，从地面发射来的光波或电磁波，当射入D区后其射线径迹是弯曲向下的，又回到地面另一处，借此原理而实现了短波无线电通信.

大气中变折射光学越来越引起当代科学家的关注，因为它直接关系到大地远程测量、宇航通信以及卫星光通信或卫星微波通信.

- **声线弯曲——夜半隔山钟**

声波在声速连续变化的大气中传播时，声射线也将弯曲，如图 1.29 所示. 在地面附近，声速 v 与温度 t(℃)的关系式近似为

$$v = (331.45 + 0.61t)\text{m/s}. \tag{1.29}$$

在白昼，地面温度高于上空温度，故声速随高度而降低，声线弯曲向上，且存在一个静区. 夜间情况相反，地面温度低于上空温度，声线弯曲向下. 可以设想，如果在声源与接收者之间有一座高楼或一座山头，若声线直线传播就不会有声音到达接收者，那些障碍物就是巨大的"音障"；而实际上，由于声线的弯曲，声音跨越了这类音障到达接收者. 这与人们的生活感受——夜间声音传得更为清明致远，是一致的. 中国古诗中，就有不少这类半夜钟声、夜半笛声、午夜琴声等词句. 可见，诗人

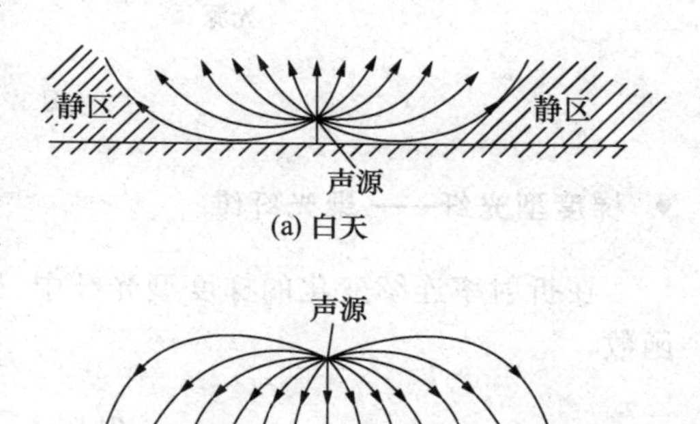

图 1.29　白天和夜间的声线

的感受是可以得到科学佐证的.

1.7　人工变折射率　强光变折射率

· 阶跃型光纤　· 梯度型光纤——聚光纤维　· 自聚焦与自散焦

● 阶跃型光纤

最先制造并应用的光纤(optical fibers),是阶跃型的,它用高折射率材料做芯线,外包一层低折射率的皮.由于芯、皮界面的全反射,光线在芯线内的径迹是锯齿型的折线.对于入射面包含光纤轴线的光线(子午光线),其径迹是平面折线;对于入射面不包含光纤轴线的光线(偏射线),其径迹是空间折线,传播特性较为复杂.单根阶跃型光纤可以传光但不能传像(conduct image).若要传像,可以将众多光纤集束为光缆.比如,横截面为 1 cm^2 的一光缆,内容 50 000 根光纤,这相当于每一单根光纤的直径约 50 μm.光纤的集光能力被数值孔径所反映.数值孔径被定义为 $n_0 \sin\theta_0$,其中 n_0 是光纤端面外界的折射率,θ_0 是外界入射光束与轴线之间的最大孔径角,其含义是若入射角大于 θ_0 的入射光线,则进入光纤后在芯皮界面将不发生全反射,参见图 1.30.据此导出阶跃型光纤的数值孔径公式为

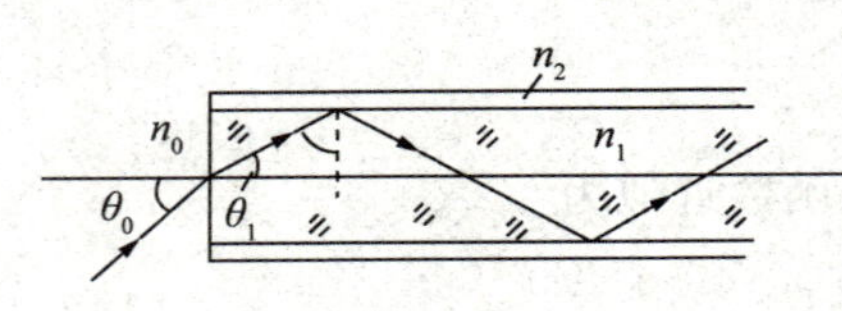

图 1.30　光纤数值孔径

$$\text{N. A.} = n_0 \sin\theta_0 = \sqrt{n_1^2 - n_2^2}, \tag{1.30}$$

其中,n_1,n_2 分别为芯线折射率和皮层折射率.图 1.31 显示实用上的一台光纤仪——柔性光纤镜(flexible fiberscope).

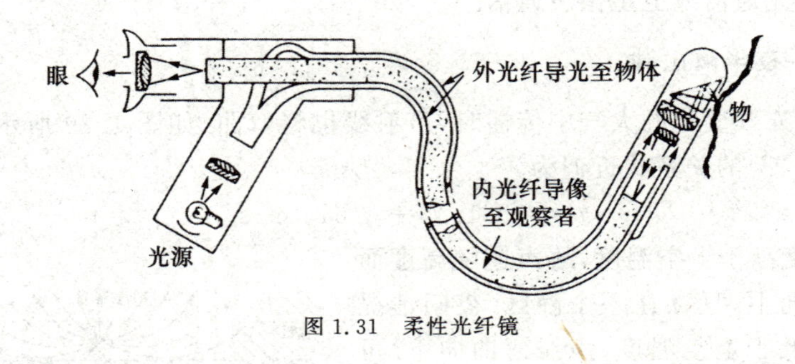

图 1.31　柔性光纤镜

● 梯度型光纤——聚光纤维

在折射率连续变化的梯度型光纤中,聚光纤维的应用最为广泛,其折射率变化呈抛物型函数,

$$n(r) = n_0\left(1 - \frac{1}{2}\alpha r^2\right), \tag{1.31}$$

如图 1.32(a)所示.聚光纤维的主要优点是单根可以传像,参见图 1.32(b).端面轴上像元 A 发出的光束中的傍轴光线,经过一段空间周期后,重又聚于一点 A' 即成像;轴外像元 B 发出

的窄光束,在聚光纤维中的径迹比较复杂,其中子午光线的径迹是相同空间周期的简谐曲线,也可以重又聚焦于一点 B'. 聚光纤维可以被切割为薄片而成为一个微透镜,如图 1.32(c)所示,其中厚度 $d \ll$ 截面半径 a,比如 $d \sim 10\ \mu\text{m}$,$a \sim 100\ \mu\text{m}$. 平行光束经微透镜被聚焦于一点 F'. 决定 F' 位置的焦距公式为

$$f' = \frac{1}{n_0 \alpha d} \quad \text{或} \quad f' = \frac{a^2}{2(n_0 - n_a)d}. \tag{1.32}$$

其相对孔径

$$\left(\frac{D}{f'}\right) = \left(\frac{2a}{f'}\right) = 4(n_0 - n_a)\frac{d}{a}. \tag{1.33}$$

这种微透镜可以组合成微透镜列阵,有望应用于集成光学中的光耦合或光互连,也可以与光电元件搭配实现图像的光电转换.

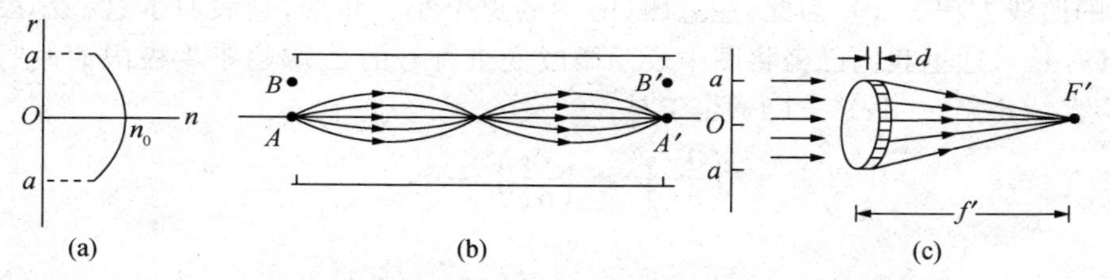

图 1.32 聚光纤维.(a) 折射率变化,(b) 聚光性能,(c) 制成微透镜

- **自聚焦与自散焦**

当在介质棒中传输的光强过大,比如达 $10^8\ \text{W/cm}^2$ 量级时,将出现非线性光学现象,介质折射率不再保持为常数,而是与光强有关,表示为 $n(I)$. 而同时,当光束被限制在介质棒中传播时,将出现衍射效应,衍射光强分布 $I(r)$ 通常是轴上光强最大,离轴光强递减. 综合以上两方面效应,导致 $n(r)$,即介质折射率随轴距 r 而变,虽然介质棒的化学成分是均匀的,在强光条件下其光学折射率却非均匀了.

非线性效应 $n(I)$ 变化特性粗分为两类,视介质材料性能而定. 一类是正效应,折射率随光强增加而提高,于是出现如图 1.33(a)情形,轴上为高折射率,类似为聚光纤维,产生自聚焦效应. 另一类是负效应,折射率随光强增加而降低,于是出现如图(b)的情形,轴上的折射率低,这类似于凹透镜,产生自散焦效应.

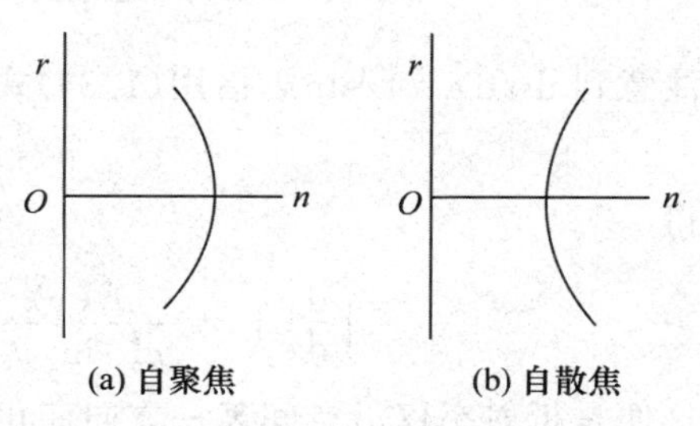

图 1.33 非线性效应

在激光核聚变研究和激光武器研究中,要用晶体介质棒作为光放大器以获得巨大光强. 于是,强光在晶体棒中的传播问题就成为这一领域的一项基础应用研究课题. 比如,上述论及的自聚焦现象就十分值得关注. 本来就是一强光光束,再聚焦就可以产生局域高温,以致烧毁晶体棒.

1.8 光线方程

· 特殊情形 $n(y)$　· 导出聚光纤维子午光线的径迹　· 例题——机场跑道可见距离
· 普遍情形 $n(\boldsymbol{r})$

● **特殊情形 $n(y)$**

首先,让我们考察光线在折射率分层均匀介质中的偏折行为,参见图 1.34(a). 根据折射定律的不变量形式(1.3)式,有

$$n_0 \sin\theta_0 = n_1 \sin\theta_1 = \cdots = n_4 \sin\theta_4. \tag{1.34}$$

如果将层厚压缩为微分量 dy,就过渡到折射率连续变化的情形,参见图(b). 我们寻求的是光线径迹的曲线方程 $y(x)$. 为此,注意图(b)中的那个小三角形,它表明了这一小段光线的取向 d$\boldsymbol{s}$(dx,dy),这里我们已经将图中表示微改变量符号的 Δ 取趋于零极限而改写为微分符号 d. 显然,$(\mathrm{d}s)^2=(\mathrm{d}x)^2+(\mathrm{d}y)^2$,于是,

$$\left(\frac{\mathrm{d}y}{\mathrm{d}x}\right)^2 = \left(\frac{\mathrm{d}s}{\mathrm{d}x}\right)^2 - 1,$$

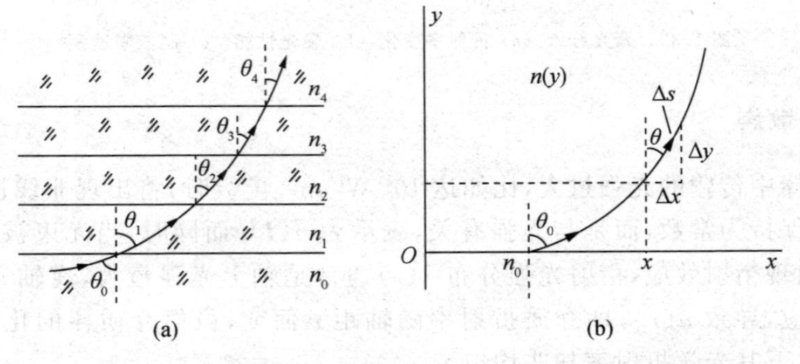

图 1.34　光线径迹.(a) 折射率分层均匀,(b) 折射率连续变化

注意到 $\mathrm{d}s/\mathrm{d}x=1/\sin\theta$,借用(1.34)式,有

$$n(y)\sin\theta(y) = n_0 \sin\theta_0,$$

得

$$\left(\frac{\mathrm{d}y}{\mathrm{d}x}\right)^2 = \frac{n^2(y)}{n_0^2 \sin^2\theta_0} - 1 \quad 或 \quad \frac{\mathrm{d}y}{\mathrm{d}x} = \sqrt{\frac{n^2(y)}{n_0^2 \sin^2\theta_0} - 1}. \tag{1.35}$$

这便是折射率仅沿空间某一方向变化时的光线方程. 我们也可以将上式一阶非线性微分方程,对 x 再求导一次,而将它转变为一个二阶微分方程,

$$\frac{\mathrm{d}^2 y}{\mathrm{d}x^2} = \frac{1}{2n_0^2 \sin^2\theta_0} \cdot \frac{\mathrm{d}(n^2)}{\mathrm{d}y}. \tag{1.36}$$

原则上,我们可根据变折射率函数 $n(y)$ 求解以上微分方程,再由边条件(x_0, y_0, θ_0),最终获得特定的光线径迹(曲线),或者从微分方程分析中得到相应的光线的某些特性. 这里,

(x_0, y_0)是光线入射点的位置坐标，θ_0 是入射点光线方向的倾角.

- **导出聚光纤维子午光线的径迹**

先考察聚光纤维轴上点发出的光线径迹.由于轴对称性，可将空间三维问题退化为二维(xy)问题，于是，聚光纤维的折射率函数(1.31)式 $n(r)$被简写为

$$n(y)=n_0\left(1-\frac{1}{2}\alpha y^2\right),\quad 即\quad n^2(y)=n_0^2\left(1-\frac{1}{2}\alpha y^2\right)^2,$$

当折射率函数为慢变时，$\alpha y^2 \ll 1$，上式被近似为

$$n^2(y)=n_0^2(1-\alpha y^2),\qquad 有\qquad \frac{\mathrm{d}(n^2)}{\mathrm{d}y}=-2\alpha n_0^2 y,$$

代入微分方程(1.36)，得

$$\frac{\mathrm{d}^2 y}{\mathrm{d}x^2}=-\frac{\alpha}{\sin^2\theta_0}y. \tag{1.37}$$

这与力学中的一维谐振子的运动方程 $\mathrm{d}^2x/\mathrm{d}t^2=-\omega_0^2 x$，在数学形式上完全相同，这表明(1.37)式的通解为简谐函数，写成

$$y(x)=C\cos\left(\frac{\sqrt{\alpha}}{\sin\theta_0}x+\varphi_0\right), \tag{1.38}$$

其中待定常数(C, φ_0)由边条件——光线出发点的位置坐标(x_0, y_0)和光线斜率$(\mathrm{d}y/\mathrm{d}x)_{x_0}$来确定.可见，聚光纤维轴上点发出的光束，其中各光线的径迹均系简谐曲线，如图 1.35 所示，其空间周期为

$$L=\frac{2\pi\sin\theta_0}{\sqrt{\alpha}},$$

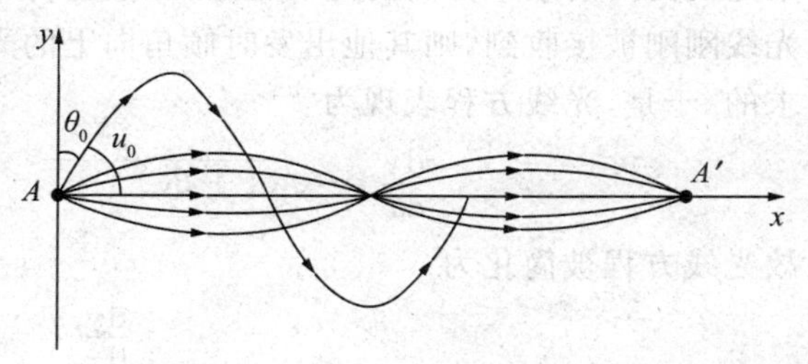

图 1.35 聚光纤维子午光线径迹为简谐曲线

这表明空间周期 L 与倾角 θ_0 有关.若以光纤轴线作参考轴来标定入射光线的倾角，并用角 u_0 表示，则 $\sin\theta_0=\cos u_0$，于是周期公式表示为

$$L=\frac{2\pi\cos u_0}{\sqrt{\alpha}}. \tag{1.39}$$

可见，大倾角入射的光线，其周期短；小倾角入射的光线，其周期长.

当傍轴条件 $u_0<0.5\,\mathrm{rad}$ 得以满足，有 $\cos u_0\approx 1$，则简谐型径迹的周期为一常数，

$$L_0=\frac{2\pi}{\sqrt{\alpha}}. \tag{1.40}$$

这表明，轴上 A 点发出的傍轴光束经同一周期 L_0 重又聚于一点 A'.

以上所有结果也适用于轴外点发出的子午光线.轴外点与光纤轴构成一个平面，凡从该点发出的限于此平面内的光线称作子午光线，与此平面相交的光线称作偏射线.以此定义看，轴上点发出的所有光线均系子午光线.无论轴上或轴外子午光线，在聚光纤维中的径迹

均为平面简谐曲线.而轴外偏射线的径迹相当复杂,对此本课程不予深究.

最后尚须说明一点.上述关于聚光纤维光线径迹的分析是基于折射定律的应用,这是有条件的.如果光纤太细,则光波衍射效应明显,此时折射定律失效,故上述关于光线的径迹方程不再成立.考量到可见光波长约在 1 μm,一般将其界限定于 10—100 μm,即当光纤横向线度在 100 μm 以上时,基于折射定律的理论分析可获很好的近似;若横向线度在 10 μm 以下,这种分析就不允许了,这时应当从光的电磁理论麦克斯韦方程组出发,分析传播于光纤中的光波可能存在的各种模式.总之,凡是光的波前被限制于局域范围,衍射效应不可忽略时,基于折射定律或广义上说基于费马原理对光线径迹的分析将失效.

- **例题——机场跑道可见距离**

机场跑道上方,温度梯度大,尤其在夏日,这导致空气折射率的变化.折射率函数可近似地表示为

$$n(y) = n_0(1+\beta y),\quad \beta \approx 1.5\times 10^{-6}/\text{m}.$$

其结果使机场地勤人员注视跑道时可见的最远距离 x_0 受到限制,参见图 1.36.试求 x_0 值?

应用(1.35)式给出的微分方程,并注意到眼下应取 $\theta_0=\pi/2$, $\sin\theta_0=1$,即只考量跑道上某处发出的沿水平方向的光线径迹,虽然它将弯曲向上,但毕竟是最靠近地面的;如果这条光线刚刚被接收到,则其他出发时倾角向上的光线不能被接收,这正是"最远可见距离"所要求的.于是,光线方程表现为

$$\frac{\mathrm{d}y}{\mathrm{d}x} = \sqrt{(1+\beta y)^2 - 1},\quad (1+\beta y)^2 \approx 1 + 2\beta y,$$

故光线方程被简化为

$$\frac{\mathrm{d}y}{\mathrm{d}x} = \sqrt{2\beta y},$$

解出

$$y = \frac{\beta}{2}x^2. \tag{1.41}$$

可见,光线径迹为一抛物线,如图 1.36 所示.

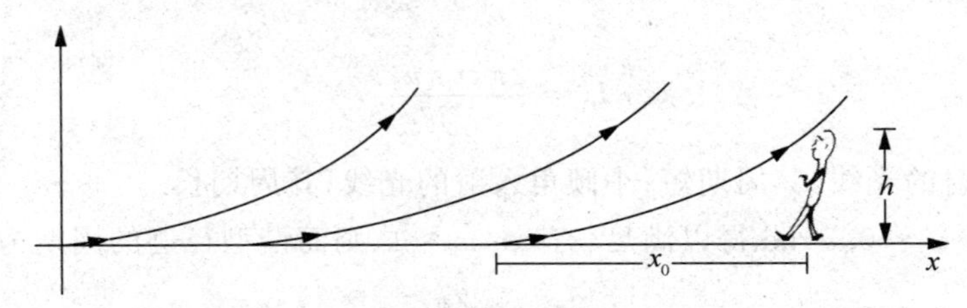

图 1.36　光线弯曲导致跑道可见距离受限

令 $y=h$(人高),得此人可见跑道的最远距离为

$$x_0 = \sqrt{\frac{2h}{\beta}} = \sqrt{\frac{2\times 1.75\ \text{m}}{1.5\times 10^{-6}/\text{m}}} \approx 1.5\times 10^3\ \text{m}.$$

这就是说,即使天气条件上佳,由气象台获悉当日能见度可达 10 km,由于大气变折射率光

学现象，跑道可见距离仅 1.5 km. 中国上海浦东新机场，建成一条跑道长度 2000 m. 从光学眼光看，这个跑道长度的设计还是合理的；机场跑道过长将有隐患.

- **普遍情形 $n(\boldsymbol{r})$**

空间折射率连续变化的普遍情形由函数 $n(\boldsymbol{r})$ 表示，这里 $\boldsymbol{r}$ 为位置矢量，参见图 1.37. 在波长很短、波长的影响可以忽略的近似条件下，经推导得到光线方程为

$$\frac{\mathrm{d}}{\mathrm{d}s}\left(n\frac{\mathrm{d}\boldsymbol{r}}{\mathrm{d}s}\right)=\nabla n(\boldsymbol{r}). \tag{1.42}$$

这是一个矢量微分方程，其右端是折射率标量场的梯度，它是一个矢量场；左端微分是对光线径迹函数 $\boldsymbol{r}(s)$ 操作的，这里取光线的自然长度 s 为变量，如同力学中以自然坐标表达质点运动的轨道. 其实，人们要追寻的光线径迹，就相当于摆弄一条柔软的绳子，参见图上方的那根软绳，先将软绳分割为一系列小段，用长度 s—$s+\Delta s$ 表示，且标明其方向而成为一个小矢量 $\Delta\boldsymbol{r}$，若每段小矢量 $\Delta\boldsymbol{r}$ 依次变化的取向被确定，则整条光线径迹就显示出来了. 方程(1.42)式给出了小矢量 $\Delta\boldsymbol{r}$ 依次变化的规则. 如果试图借助计算机描绘光线径迹，其编程的基本思路是，将连续曲线作离散化处理而成为一系列小矢量，再依据光线方程依次确定位移矢量 $\Delta\boldsymbol{r}$ 的取向.

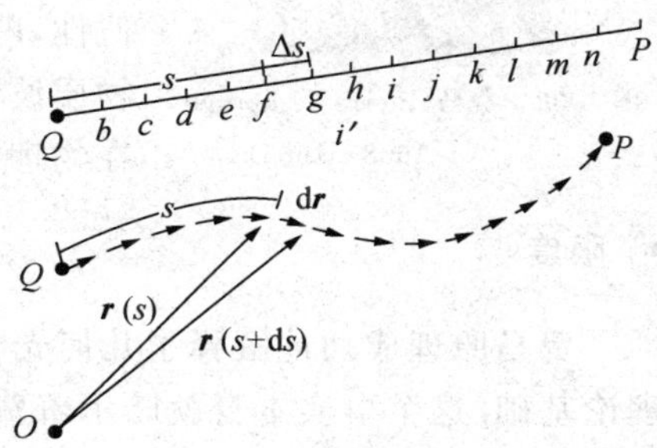

图 1.37 以自然坐标表示光线径迹

1.9 评述费马原理

- 在物理学发展史上的贡献 · 限度 · 释俗——生活中的费马原理
- 从 ℱermat 到 ℱeynman

- **在物理学发展史上的贡献**

费马是当时法国的一位著名数学家，他的职业是律师，还是法国南部城市图芦兹议会的王室评议员. 费马生前提出了若干未加证明的重要定理，比如，数论中的费马最后定理，光学中的最短光程原理. 他于 1657 年给友人德 · 拉 · 尚布尔的信中，表达了这样一个观念：

Nature always acts by the shortest course.

（自然界总是按最短途径而运行.）

将这一观念应用于光的传播，并经后人进一步研究，对此给出了一个更为普遍的表述——实际光线取道光程为平稳值的路径而传播.

费马原理的价值不仅存在于光学领域. 它在物理学发展史上的贡献在于，开创了以“路径积分，变分原理”表述物理规律的一种研究路线和思维方式，这有别于随后不久建立的牛顿力学规律的表达方式——由此时的运动状态导出邻近时刻的运动状态，即以逐点渐进的

图 1.38　费马(Pierre de Fermat，1608—1665)

方式和微分方程的形式表达物体运动规律.尔后一百多年到 18 世纪 80 年代，J. L. 拉格朗日建立了分析力学，其中有一个所谓最小作用原理或哈密顿原理占有重要地位，它具有与费马原理相同的数学形式，即以路径积分、变分原理表达力学规律的一种新的理论体系.历史进入 20 世纪 20 年代，这是量子力学初创阶段，其间 L. 德布罗意提出的物质波假说是代表性工作之一.德布罗意仔细分析了光的微粒说与波动说发展的历史，并注意到了哈密顿曾经阐述过的几何光学与经典粒子力学的相似性，即最短光程原理与最小作用原理的相似性，提出了他的物质波假说——运动粒子同时具有波动性.可以说，费马原理在物理学发展的历史长河中，几度大放异彩.

- **限度**

费马原理成功地解释了几何光学的三个实验定律，因此可以说，费马原理是几何光学的理论基础.这个事实本身就暗示着费马原理的限度，因为几何光学是有其限度的.

比如，传播于均匀介质中的一束光，遭遇一个孔型障碍物，当光孔线度与光波长可比拟时，就有显著的衍射现象，衍射场中的光线显然地弯曲了，俗称绕射，偏离了几何光学的直线传播定律，虽然衍射空间中的介质是均匀的.同样道理，当一束平行光入射于两种介质的界面，且其波前不是无限大而是受到一光阑限制时，也要发生衍射现象.反射光场不再是反射定律指出的那一束平行光，透射光场也不再是折射定律指出的那一束平行光.当然，此时由费马原理指出的反射等光程方向和折射等光程方向(参考 1.3 节)，正是复杂衍射场中零级主极强方向.

按衍射效应的强弱来考量，波长很短与光孔很大，两者是等效的.让我们用光波长语言，概括费马原理的限度和适用范围.

(1) 当 $\lambda\to 0$，即使折射率分布 $n(\boldsymbol{r})$ 非均匀，这时光波无衍射效应，费马原理完全适用，可能出现的光线弯曲可称其为纯几何光学的光线弯曲.

(2) 当 $\lambda\neq 0$，而折射率分布均匀，这时衍射效应不可忽略，于是费马原理不适用.由衍射引起的光线弯曲可称其为波动光学的光线弯曲.在这里费马原理作出的贡献是给出了复杂衍射场中的零级衍射波的方向.不过，这种场合下的研究路线是直接求解衍射场的波前函数，并不去追迹衍射波等相面的形态及衍射光线的径迹(详见第 2 章光波衍射引论部分).

(3) 当 $\lambda\neq 0$，且折射率分布非均匀 $n(\boldsymbol{r})$，这时情况就更为复杂了，其主题归结为在非均匀介质中衍射波的传播问题.至今对这一课题的研究路线是，从光的电磁理论即麦克斯韦方程组出发，根据边条件求解特定区域中的光场分布，或分析出光波的某些特征.比如，对光在纤维或薄膜中传输特性的研究，形成了理论光学的一个新分支——导波光学(guide optics).又比如，微腔激光器(线度～10 μm)中的光场特性的研究，也属于时下这一大主题下的应用基础研究课题.

● **释俗——生活中的费马原理**

在爬山、涉水、攀岩等运动中，如何选择一条路线从定点出发用最短时间到达目标地？有经验者是不会简单地选择直线途径的，而是将沿途行走难度与路程长度两者综合考量，选择一条最佳路径——路径积分为极小值，这符合费马原理. 这里，沿途各点的难度系数相当于光程中的折射率. 而沿途难度系数又是坎坷、荆棘、陡峭、水深、水浪等诸多因素决定的. 有兴趣者，不妨设计一实例，建立一个数学模型，进行一次数值模拟实验，也是不无价值的.

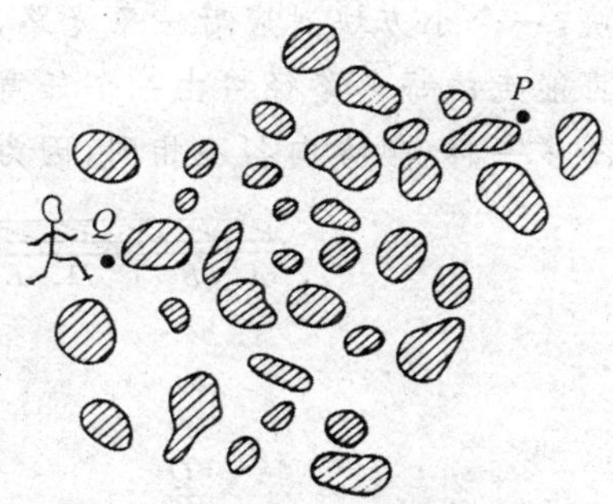

图 1.39 行走于分布水坑的泥泞路上

● **从 $\mathscr{F}$ermat 到 $\mathscr{F}$eynman**

费恩曼，Richard Phillips Feynman(1918—1988)，美国物理学家，他于 20 世纪 40 年代发展了用路径积分表达量子振幅的方法，进而在 1948 年提出量子电动力学(QED)新的理论形式、计算方法和重正化方法，由于这一贡献，他和美国人 J. S. 施温格、日本人朝永振一郎，共同获得 1965 年诺贝尔物理学奖. 理查德 · 费恩曼以他看待世界的独特方式在物理学界成为传奇式人物；他经常能对自然界的行为得到一种新颖而深刻的理解，而且以令人耳目一新的简洁优美的方式表达出来.

图 1.40 费恩曼
(R. P. Feynman，1918—1988)

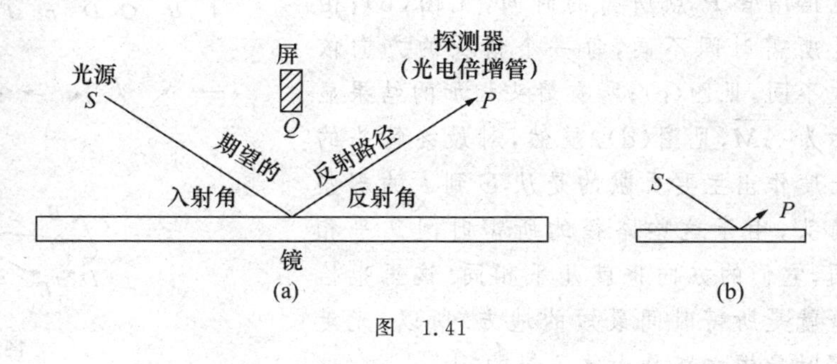

图 1.41

现在让我们看一看，费恩曼是以怎样独特的方式看待镜面反射现象，诚然我们曾经采取两种方式——惠更斯原理和费马原理，而成功地解释了镜面反射现象. 费恩曼的阐述如下.

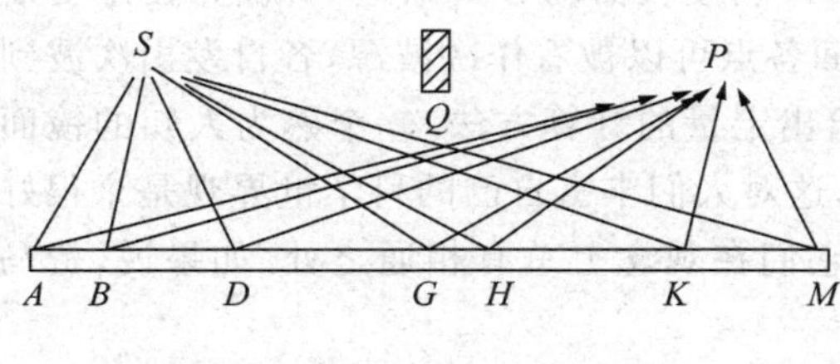

图 1.42

经典世界观认为，镜子反射光是从镜面上能使光的入射角与反射角相等的地方反射的，即使光源与探测器位于不同的水平高度时也是这样，见图 1.41. 量子世界观认为，光从镜面上任何部分(自 A 至 M)反射的振幅都相等，见图 1.42. 为了比较容易地计算出光走到何处，我们暂时只考虑一长条镜子，把它分割为许多小方块，一个小方块对应着一条光路，见图 1.43(a). 这种简化绝对无损于对情况的精确分析. 光可能走的每条路径将由一个任意标准长度的箭头代表，见图(b). 所有这些箭头长度虽然差不多一样，但方向各不相同，因为光子走不同的路径所需时间不同，走经 A 至 P 的路显然比

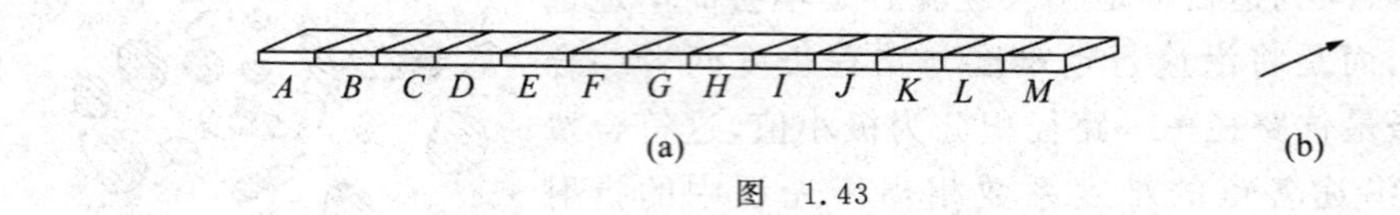

图　1.43

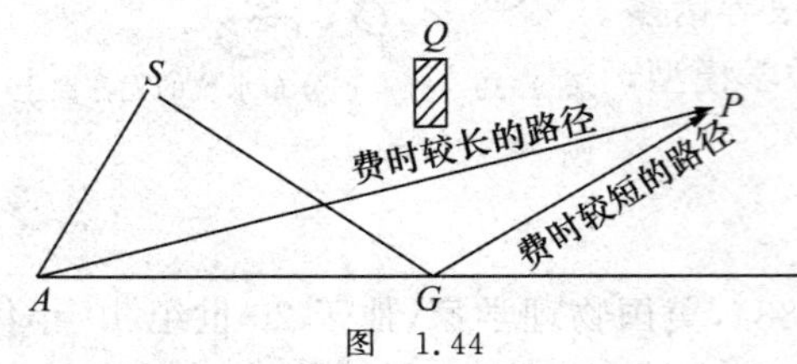

图　1.44

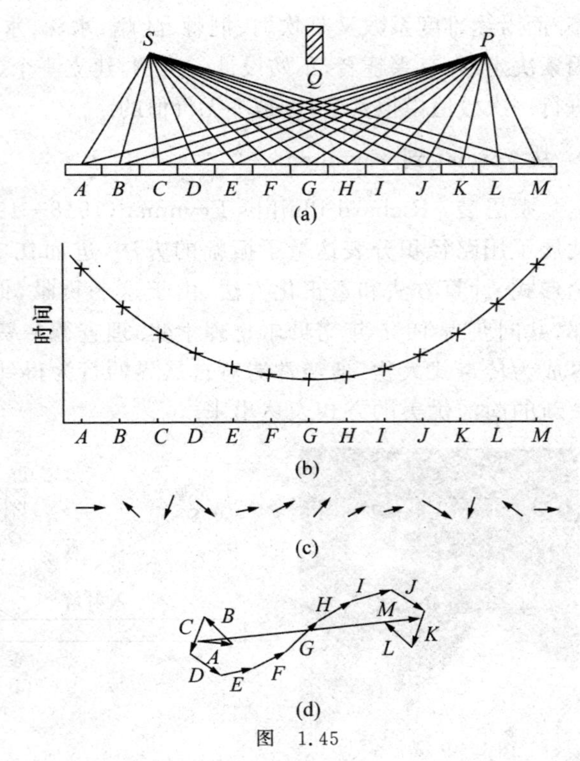

图　1.45

经 G 至 P 的路需要的时间长，见图 1.44. 光可能走的所有路径（在这个简化情况下）见图 1.45(a)；图上各点的正下方，标出一个光子从光源途径镜上该点到达光电倍增管 P 点所需的时间，见图(b)；由于所需时间不同，每一个箭头的方向依次不同，见图(c)；所有箭头相加的结果显示为 $\overrightarrow{AM}$，见图(d). 显然，对最终箭头的长度作出主要贡献的是从 E 到 I 的那些箭头，由于这些路径的所需时间几乎相同，它们的方向也就几乎相同. 这里也恰好就是所需时间最短的地方. 所以，光走需时最短之路是大体不错的. ①

于是，费恩曼基于他提出的量子振幅矢量的概念，用大量这类小矢量合成的方法，说明了镜面反射现象或广义上的光的传播. 从这一全新的理论即量子光学的眼光回头看，费马原理指出的最短光程只不过是，从这条路径及其邻近路径来的光对最终的光振幅的贡献最大或最有效. 另一方面，费恩曼认定的镜面上各点对 P 点接收器均有贡献这一概念，在惠更斯原理看来也是可以接受的，因为光源照明下的镜面各点可以被看作次波源，各自发出次波到达 P 点，不过其总的结果怎样，惠更斯原理没有给出定量的计算方法. 一个熟为人知的镜面反射现象，竟有三种不同的眼光或理论给以解释，这对人们丰富自己的科学世界观是个很好的启示. 只要是科学，无论是现代的或是经典的，它们在观念上总有相通之处. 如果说，费马

① 这段仿宋文字和这几张图均引自理·费恩曼著 *QED: The Strange Theory of Light and Matter* 一书的中译本《光和物质的奇异性》，张仲静译，商务印书馆出版，1996.

原理是与光行为的粒子图像相联系，惠更斯原理是与光行为的波动图像相联系，那么费恩曼的光量子理论则是与光行为的粒子波动图像相联系．本书并不论述量子光学，它一般属于大学本科高年级课程；本书是以经典波动光学论述光传播规律作为主体内容．有意思的是，在费恩曼的光量子理论中，经常出现大量小箭头及其取向、衔接和合成结果，这被他称之为量子振幅及振幅结构．在一次讲座上，费恩曼风趣地说，"你们会发现为使用量子电动力学这个新体系来做出合乎逻辑的预言，非得在纸上画出多得吓人的小箭头不可，这需要七年时间——四年大学和三年研究生，才能把我们物理系的研究生训练得会用这个复杂微妙而有效的方式进行计算．"值得一提的是，在本课程即将学习的干涉光学，尤其在衍射光学中，我们也将与大量的小箭头打交道．言下之意，经典波动光学给予我们的基本规律、概念和基本方法，即使在更为高深的学科研究领域中仍有它的价值．

习　题

1.1　可见光谱区在真空中的波长范围一般认定为 380 — 760 nm，现针对其紫端 $\lambda_1=380$ nm、中部 $\lambda_2=550$ nm 和红端 $\lambda_3=760$ nm，

(1) 算出这三种光波的时间频率 f_1，f_2 和 f_3．

(2) 当它们传播于折射率为 1.33 的水中时，光波长 λ_1'，λ_2' 和 λ_3' 各为多少？其光速 v' 为多少？（忽略色散）

(3) 当它们传播于折射率为 1.58 的玻璃中时，光波长 λ_1''，λ_2'' 和 λ_3'' 各为多少？其光速 v'' 为多少？（忽略色散）

1.2　试从具体考察光程出发，论证：(1) 反射定律给出的反射光束方向满足等光程性．(2) 折射定律给出的折射光束方向满足等光程性．提示：参考正文图 1.12．

1.3　巨蟹星座中心有一颗脉冲星其辐射的光频讯号和射频讯号到达地球有 1.27 s 的时差，且光波快于射电波．

(1) 求这两种电磁波从脉冲星到地球的光程差 ΔL．

(2) 试估算这两种电磁波传播于宇宙空间中的折射率之差 Δn 的数量级，以及相应的速度差 $\Delta u/c$ 之数量级．已知这颗脉冲星与地球之距离为 $D\approx 6300$ 光年 $\approx 6\times10^{16}$ km．

1.4　如图所示，一透明平板其厚度为 h、折射率为 n．一光线从空气射向平板，经其上、下表面反射而分成两条光线，再经透镜而相交于 P 点，试导出光程差公式

$$L(QABCP)-L(QAP)=2nh\cdot\cos i,$$

这里，i 为折射角．

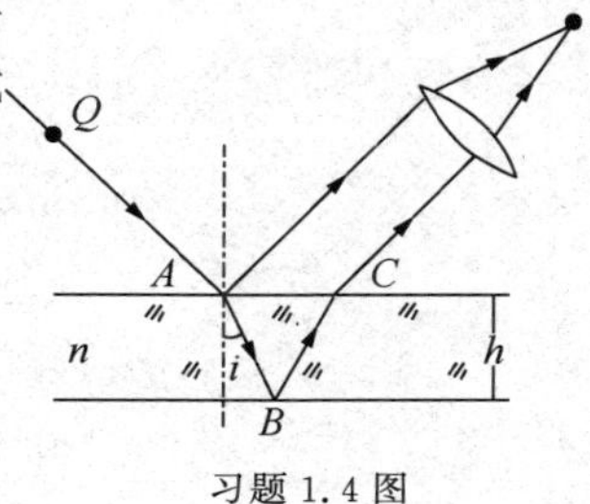

习题 1.4 图

1.5　试从费马原理出发导出球面镜反射傍轴成像公式，

$$\frac{1}{s'}+\frac{1}{s}=-\frac{2}{r}\quad（要求作出示意图）.$$

1.6　如图所示，宽度为 d 的一玻璃块其折射率随高度 y 而变化，

$$n(y)=\frac{n_0}{1-\dfrac{y}{r_0}},$$

其中 $n_0=1.2$，$r_0=13$ cm．一光线沿 x 轴射向原点而进入这玻璃块，最终从 A 点出射其倾角为 $\alpha=$

30°. 试求：(1) 这条光线在玻璃块中的径迹；(2) 玻璃块在出射点 A 处的折射率 n_A；(3) 玻璃块的宽度 d.

·答·(1) 以 $(0,r_0)$ 为圆心、半径为 r_0 的圆弧，(2) $n_A\approx 1.3$，(3) $d=5$ cm.

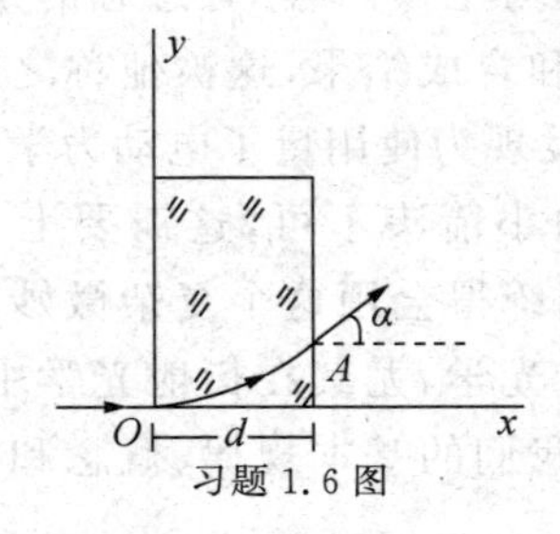

习题 1.6 图

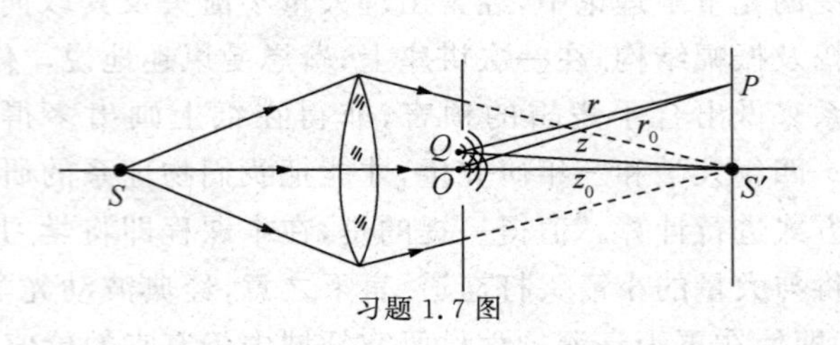

习题 1.7 图

1.7　如图所示，一点源 S 发出球面波，经透镜聚焦于 S' 点. 一光阑插入此光场，光阑上开有两个小孔 O 和 Q，它俩作为次波源发出次波而到达像面. 距离 $\overline{OS'}$，$\overline{QS'}$ 分别表示为 z_0 和 z；距离 $\overline{OP}$，$\overline{QP}$ 分别表示为 r_0 和 r. 设光程差 $(z-z_0)=\lambda/6$，光程差 $(r_0-r)=10\dfrac{1}{4}\lambda$. 问：

(1) 两个次波源 O 与 Q 之间是否有相位差？如是，试求之；

(2) 到达 P 点的两个次级扰动之间是否有相位差？如是，试求之.

·答·(1) $\varphi(Q)-\varphi(O)=+\pi/3$，(2) $\varphi_O(P)-\varphi_Q(P)=-5\pi/6-20\pi$.

1.8　如图所示，由变折射率材料制成的微透镜被用以聚焦平行光束，其折射率分布 $n(r)$ 关于 z 轴对称. 现要求其焦距为 f，且 f 值远大于微透镜之孔径 a，而 a 又远大于微透镜之厚度 d.

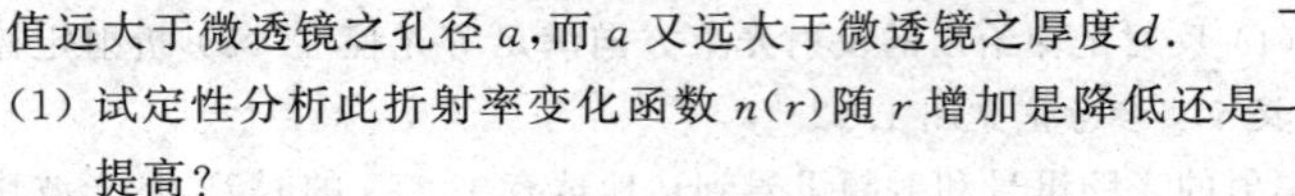

(1) 试定性分析此折射率变化函数 $n(r)$ 随 r 增加是降低还是提高？

(2) 试定量导出 $n(r)$ 函数，设轴上折射率值为 n_0.

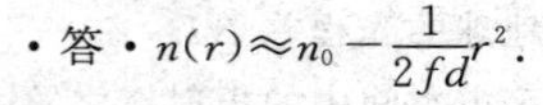

·答·$n(r)\approx n_0-\dfrac{1}{2fd}r^2$.

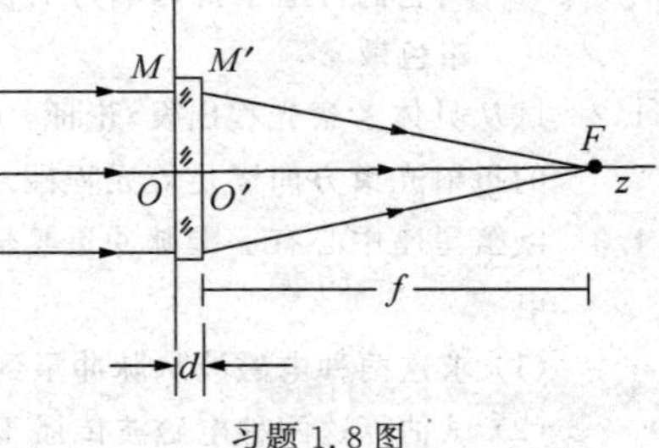

习题 1.8 图

2

波动光学引论

2.1　光是一种电磁波

· 特定波段的电磁波　· 主要的电磁性质　· 光强——平均电磁能流密度
· 自然光的偏振结构

● 特定波段的电磁波

光的波动性由大量的光的干涉、衍射和偏振现象和实验所证实，这是19世纪上半叶的事.到了19世纪下半叶，麦克斯韦电磁场理论建立以后，光的电磁理论便随之诞生.光是一种特定波段的电磁波.可见光的波长 λ 在 380 — 760 nm，相应的光频按 $f=c/\lambda$ 计算约为 8×10^{14} — 4×10^{14} Hz.虽然在整个电磁波谱中光波仅占有一很窄的波段，它却对人类的生命和生存、人类生活的进程和发展，有着巨大的作用和影响，还由于光在发射、传播和接收方面具有独特的性质，以致很久以来光学作为物理学的一个主要分支一直持续地蓬勃发展着.

● 主要的电磁性质

光的电磁理论全面地揭示了光波的主要性质，现扼要分列如下，在以后的章节中不免时有引用这其中的某些性质.

(1) 光扰动是一种电磁扰动.　光扰动随时间变化和随空间分布的规律，遵从麦克斯韦电磁场方程组，

$$\begin{cases} \nabla\cdot \boldsymbol{E}=0, \\ \nabla\times \boldsymbol{E}=-\mu\mu_0\dfrac{\partial \boldsymbol{H}}{\partial t}, \\ \nabla\cdot \boldsymbol{H}=0, \\ \nabla\times \boldsymbol{H}=\varepsilon\varepsilon_0\dfrac{\partial \boldsymbol{E}}{\partial t}. \end{cases} \tag{2.1}$$

这是普遍的麦克斯韦方程组在介质分区均匀空间中的表现形式,这里没有自由电荷,也没有传导电流,人们称其为自由空间.其中,ε 是介质的相对介电常数,μ 是介质的相对磁导率;$\boldsymbol{E}(\boldsymbol{r},t)$表示电场强度矢量,$\boldsymbol{H}(\boldsymbol{r},t)$表示磁场强度矢量.

(2) 光波是一种电磁波.　由方程组(2.1)按矢量场论运算规则,推演出以下方程,

$$\begin{cases} \nabla^2\boldsymbol{E}-\varepsilon\varepsilon_0\mu\mu_0\dfrac{\partial^2 \boldsymbol{E}}{\partial t^2}=0, \\ \nabla^2\boldsymbol{H}-\varepsilon\varepsilon_0\mu\mu_0\dfrac{\partial^2 \boldsymbol{H}}{\partial t^2}=0, \end{cases} \tag{2.2}$$

这里,∇^2 称为拉普拉斯算符,其运算功能在直角坐标系中表现为

$$\nabla^2=\nabla\cdot\nabla=\left(\frac{\partial}{\partial x}\boldsymbol{i}+\frac{\partial}{\partial y}\boldsymbol{j}+\frac{\partial}{\partial z}\boldsymbol{k}\right)\cdot\left(\frac{\partial}{\partial x}\boldsymbol{i}+\frac{\partial}{\partial y}\boldsymbol{j}+\frac{\partial}{\partial z}\boldsymbol{k}\right)=\left(\frac{\partial^2}{\partial x^2}+\frac{\partial^2}{\partial y^2}+\frac{\partial^2}{\partial z^2}\right).$$

由此可见,(2.2)式正是波动方程的标准形式,这表明自由空间中交变电磁场的运动和变化具有波动形式,而形成电磁波.不论它是多么复杂的电磁波,其传播速度 v 已被方程制约为

$$\varepsilon\varepsilon_0\mu\mu_0=\frac{1}{v^2},\quad 即\quad v=\frac{1}{\sqrt{\varepsilon\varepsilon_0\mu\mu_0}}, \tag{2.3}$$

由此获得真空中的电磁波速度公式为

$$c=\frac{1}{\sqrt{\varepsilon_0\mu_0}}, \tag{2.4}$$

这里,ε_0,μ_0 是两个可以由实验确定的常数,故真空电磁波速是一个恒定常数.按数据 $\varepsilon_0\approx 8.85\times10^{-12}\ \mathrm{C^2/N\cdot m^2}$,$\mu_0\approx4\pi\times10^{-7}\ \mathrm{N/A^2}$,得真空电磁波速 $c\approx3\times10^8\ \mathrm{m/s}$.如此巨大的波速惟有光速可以相比且惊人地相近.莫非光就是一种电磁波! 由(2.3)式和(1.5)式,得到材料光学折射率 n 与电磁参数 ε,μ 的关系为

$$n=\sqrt{\varepsilon\mu}, \tag{2.5}$$

迄今为止关于折射率的深层微观机制和性质的研究,均从该式出发而展开.

(3) 平面电磁波是自由空间电磁波的一基元成分.　平面电磁波函数

$$\boldsymbol{E}(\boldsymbol{r},t)=\boldsymbol{E}_0\cos(\omega t-\boldsymbol{k}\cdot\boldsymbol{r}+\varphi_E),$$
$$\boldsymbol{H}(\boldsymbol{r},t)=\boldsymbol{H}_0\cos(\omega t-\boldsymbol{k}\cdot\boldsymbol{r}+\varphi_H),$$

是满足波动方程(2.2)式的,其中 $\boldsymbol{k}$ 称作波矢,其方向与平面等相面正交,即 $\boldsymbol{k}$ 指向波法线方向,其大小 k 与平面波的空间周期即波长 λ 相对应,

$$\lambda=\frac{2\pi}{k}\quad 或\quad k=\frac{2\pi}{\lambda}. \tag{2.6}$$

(4) 光是横波. 将平面波函数代入散度为零的那两个方程，$\nabla\cdot\boldsymbol{E}=0,\nabla\cdot\boldsymbol{H}=0$，可以得到$\boldsymbol{E}\perp\boldsymbol{k}$，$\boldsymbol{H}\perp\boldsymbol{k}$，这表明，电磁场振荡方向与波矢方向正交，沿等相面的切线方向，在与波矢正交的横平面中振动. 换言之，自由空间中光波是横波.

(5) 电场与磁场之间的正交性和同步性. 将平面波函数代入旋度方程$\nabla\times\boldsymbol{E}=-\mu\mu_0\dfrac{\partial\boldsymbol{H}}{\partial t}$，可以导出

$$\mu\mu_0\boldsymbol{H}=\frac{1}{\omega}\boldsymbol{k}\times\boldsymbol{E},\tag{2.7}$$

进而得

$$\boldsymbol{H}\perp\boldsymbol{E},\quad \varphi_H=\varphi_E,\quad \sqrt{\mu\mu_0}H_0=\sqrt{\varepsilon\varepsilon_0}E_0.\tag{2.7$'$}$$

这表明，振荡着的电场与磁场，彼此之间在方向上是时时正交的，$\boldsymbol{E},\boldsymbol{H},\boldsymbol{k}$三者方向构成一个右手螺旋，即$(\boldsymbol{E}\times\boldsymbol{H})/\!/\boldsymbol{k}$，如图 2.1 所示；相位是相等的，两者变化步调是一致的；振幅之间有一个简单的比例关系.

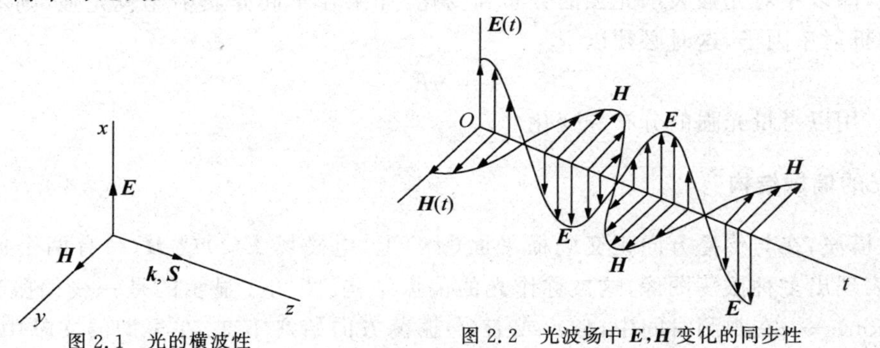

图 2.1 光的横波性

图 2.2 光波场中 $\boldsymbol{E},\boldsymbol{H}$ 变化的同步性

(6) 电磁波能流密度——坡印亭矢量. 伴随着波的传播必定有能量的传输，电磁波或光波也是如此，即光波携带能量离开光源而向外辐射. 人们称这种有定向能流离源远行的电磁场或光场为辐射场或电磁辐射. 经推导，电磁波能流密度矢量为

$$\boldsymbol{S}(\boldsymbol{r},t)=\boldsymbol{E}(\boldsymbol{r},t)\times\boldsymbol{H}(\boldsymbol{r},t),$$

简写为

$$\boldsymbol{S}=\boldsymbol{E}\times\boldsymbol{H},\tag{2.8}$$

称为坡印亭矢量(Poynting vector)，其单位是 $\mathrm{W/m^2}$. 可见，电磁能流方向与波法线方向一致，即$\boldsymbol{S}/\!/\boldsymbol{k}$. 上述$\boldsymbol{E},\boldsymbol{H}$相位一致性保证了$\boldsymbol{S}$方向的不变性，即当$\boldsymbol{E}$反向时，$\boldsymbol{H}$也随之反向，故维持了$\boldsymbol{S}$方向始终不变地沿$z$方向辐射. 换言之，$\boldsymbol{E}(t),\boldsymbol{H}(t)$相位的一致性，保证了$(\boldsymbol{E}(t)\times\boldsymbol{H}(t))$方向总是指向$\boldsymbol{k}$方向，这是辐射场应当具备的一个基本性质，如图 2.2 所示.

- **光强——平均电磁能流密度**

理论上或实际上，人们更关心平均电磁能流密度值，况且对于光波，其频率极高，难以观测其瞬时能流密度值. 现在我们来推导平均能流密度值$\bar{S}$与电磁振荡幅值E_0,H_0的关系，

$$\overline{S}=\frac{1}{T}\int_0^T |\boldsymbol{E}\times\boldsymbol{H}|\,\mathrm{d}t=\frac{1}{T}\int_0^T EH\,\mathrm{d}t \quad (\text{利用 } \boldsymbol{E},\boldsymbol{H} \text{ 的正交性})$$

$$=\frac{1}{2}E_0H_0=\frac{1}{2}\sqrt{\frac{\varepsilon\varepsilon_0}{\mu\mu_0}}E_0^2. \tag{2.9}$$

这最后一步合并是利用了 E_0 与 H_0 之间有个比例关系(2.7′)式. 在光学,平均电磁能流密度称作光强,记为 I. 光强是波动光学中一个十分重要的物理量,一个基本原因在于它是一个可观测量. 考虑到在光频段,介质分子的磁化机构几乎冻结,磁导率 $\mu\approx1$,于是折射率 $n\approx\sqrt{\varepsilon}$,故光强与电磁场振幅的关系表示为

$$I=\frac{1}{2}\sqrt{\frac{\varepsilon_0}{\mu_0}}nE_0^2\propto nE_0^2, \tag{2.10}$$

如果在同一介质中研究光强的空间分布,人们干脆就以

$$I=E_0^2, \tag{2.10′}$$

度量光强,即以相对光强表示光强的分布和变化. 如果在不同介质中比较光强,则不应当忘记前面的折射率因子,这时必须以

$$I=nE_0^2, \tag{2.10″}$$

度量光强,用以考量光强的分布和变化.

● 自然光的偏振结构

光是横波,在与传播方向正交的横平面(xy)上,电磁场 $\boldsymbol{E}(t)$ 或 $\boldsymbol{H}(t)$ 有两个振荡自由度,可以表现出多种振荡图像,这被称作光的偏振结构. 图 2.2 显示的是一线偏振光(linear polarization)——在观测时间中,$\boldsymbol{E}(t)$ 或 $\boldsymbol{H}(t)$ 振荡方向始终不变. 在早期的文献中,将电场矢量 $\boldsymbol{E}$ 与传播方向 $\boldsymbol{k}$ 组成的平面称为偏振面. 显然,对线偏振光而言,其偏振面的空间取向是始终不变的. 在概念上,线偏振光可以被看作光偏振结构的基元成分,其他复杂的偏振结构被看作某些线偏振光的组合或合成. 而实际上,各种光源比如太阳、钠光灯、汞灯和各种火焰,发射的光波是一种偏振随机波,其在观测时间中表现出来的偏振结构如图 2.3 所示,它被称作自然光(natural light). 概括地说,自然光是大量的、不同取向的、彼此无关的、无特殊优越取向的线偏振光的集合. 自然光具有轴对称性. 这里所谓"彼此无关"是指,自然光中那些不同取向的线偏振光之间无确定的相位差,或者说,它们之间的相位关联也是完全随机的. 这一点在考察自然光的光强问题时必须注意到. 设自然光的总光强为 I_0,微观上看每个线偏振光的光强均为 i_0,则 $I_0=Ni_0$,这里 N 是个大数. 我们也可以将自然光中所包含的大量线偏振光作正交分解,如图 2.4 所示,得到两个正交方向的光强 I_x,I_y,则总光强 I_0 与正交光强 I_x,I_y 的关系为

$$I_x+I_y=I_0,\quad I_x=I_y,$$

故

$$I_x=I_y=\frac{1}{2}I_0. \tag{2.11}$$

这表明,对自然光而言,任意两个正交之分光强 I_x 或 I_y 是其总光强 I_0 的一半,而且,那两个

正交扰动 $E_x(t)$ 与 $E_y(t)$ 之间无确定的相位差. 这些结论在随后论及光波叠加的相干条件和标量波衍射理论时将要用到，至于光的其他偏振结构、基本性质和偏振元件等内容将在 2.14 节偏振光引论中介绍.

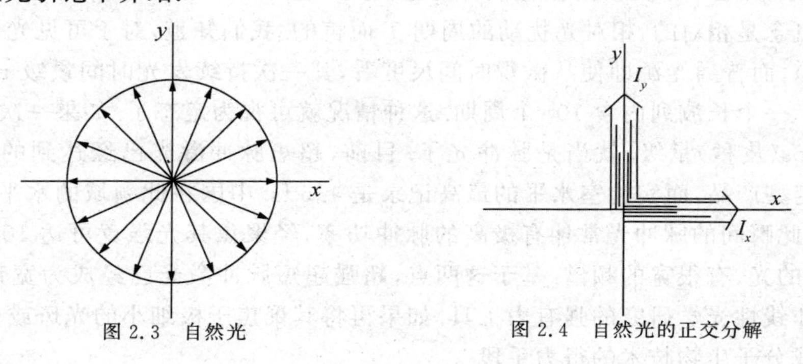

图 2.3 自然光　　图 2.4 自然光的正交分解

2.2 定态光波 复振幅描述

· 定态波与脉冲波 · 定态光波的标量表示 · 波函数的复数表示 · 复振幅概念
· 平面波复振幅及其特点 · 球面波复振幅及其特点 · 光强与复振幅的关系

● 定态波与脉冲波

广义上说，扰动在空间的传播即运动状态在空间的传播，形成波动. 扰动同时到达的空间各点形成一个等相面. 按等相面的形貌特点，产生各种对波的称谓，比如平面波，对应平行光束；球面波对应同心光束；还有更复杂的波，例如激光腔发射的高斯光束，在其细腰处其等相面是平面，在远场处其等相面近似为球面，而在中间地带其等相面就是一个由平面逐渐向球面过渡的曲面.

按时间尺度衡量，波可分为定态波与脉冲波. 凡在观测时间中，光源持续且稳定地发光，则波场中各点皆以同一频率作稳定的振荡，这种波称为定态波(stationary wave)，其传播的时空图像如图 2.5(a)所示，是一个长长的波列随时间在空间推移. 简言之，定态波场中各点

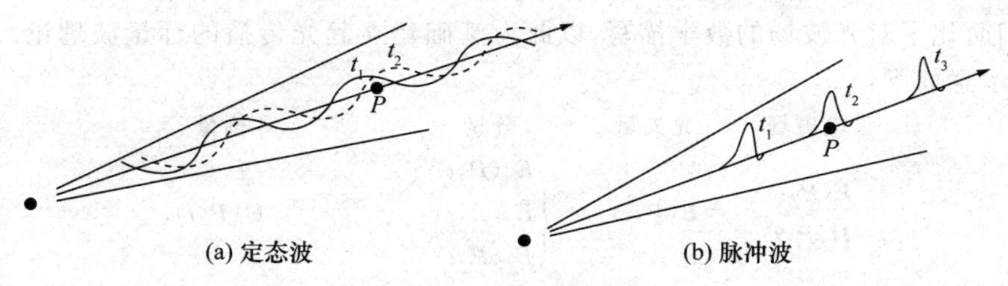

图 2.5 波动图像

扰动具有两个特点——频率单一，振幅稳定. 与定态波相比较而存在的是脉冲波——光源在极短时间中发光，以致波形局限于一小区域，称其为波包(wave packet)，其传播的时空图像如图 2.5(b)所示，是一个尖锐的波包按一定重复频率随时间在空间推移. 当然，上述持续或短暂的时间概念是相对的，相对光扰动的周期 T 而言的. 我们知道，对于可见光，$T\approx10^{-14}$ s $=10$ fs(飞秒)，而普通光源即使从微观时间尺度看，其一次持续发光时间量级 $\tau\approx10^{-8}$ s，这相当于激发了一个长波列内含 10^6 个周期. 这种情况就可视为定态了. 如果一次发光时间在 10^{-12} s，即 1 ps(皮秒)量级，就当是脉冲光了. 目前，超短脉冲激光已经达到的国际水平是 100 fs，已有定型产品，而实验室水平的最高记录是 4.5 fs. 中国在此领域的水平与国际先进水平相近. 如此瞬间的脉冲光常伴有极高的脉冲功率，经聚焦其光强竟可达 10^{16} W/cm^2 量级；如此短暂的光，有很宽的频谱. 基于这两点，超强超短脉冲激光已经成为宽带谱研究、瞬态谱研究和非线性光学研究的强有力工具. 如果再将其聚焦于极细小的光斑或光束，有望成为细胞手术或分子生物技术的得力手段.

● **定态光波的标量表示**

光是电磁波，涉及两个交变的矢量场 $\boldsymbol{E}(P,t)$，$\boldsymbol{H}(P,t)$的变化和分布，故光的传播理论应当是矢量波的形式. 鉴于 $\boldsymbol{E}$ 与 $\boldsymbol{H}$ 之间在相位、振幅和偏振方向上有确定的关系，允许人们选其一为代表作为光矢量，通常选择电场强度矢量 $\boldsymbol{E}$ 为光矢量，这其中还有一个实际背景，那就是光与物质相互作用过程中扮演主角的是电场，比如光合作用、视觉效应、光电效应和光热效应等等，其中发生的物理过程主要是电场与分子、原子或电子的相互作用，这是因为光频极高，介质的磁化机构几乎冻结. 这样，光波传播行为就被简化为以单一矢量波 $\boldsymbol{E}(P,t)$ 来描述. 再考量到 $\boldsymbol{E}$ 有三个分量(E_x,E_y,E_z)，各分量遵从的是同一形式的波动方程(2.2)，比如对 $E_x(P,t)$，其波动方程形式为

$$\frac{\partial^2 E_x}{\partial x^2}+\frac{\partial^2 E_x}{\partial y^2}+\frac{\partial^2 E_x}{\partial z^2}-\varepsilon\varepsilon_0\mu\mu_0\frac{\partial^2 E_x}{\partial t^2}=0.$$

于是，又允许我们选择其中一个分量作为代表，将矢量波动方程(2.2)形式转化为标量波动方程

$$\nabla^2 U-\frac{1}{v^2}\frac{\partial^2 U}{\partial t^2}=0, \tag{2.12}$$

其中标量符号 U，可以理解为电场矢量中的任一分量. 综上所述，经过以上若干方面的物理考虑，我们简化了对光波场的数学描写，以此为基础建立起光传播的标量波理论. 现将上述简化处理示意如下：

电磁场	光矢量	分量	标量
$\boldsymbol{E}(P,t)$, $\boldsymbol{H}(P,t)$	$\Rightarrow\boldsymbol{E}(P,t)$	$\begin{cases}E_x(P,t)\\E_y(P,t)\\E_z(P,t)\end{cases}$	$\Rightarrow$ $U(P,t)$.

光传播的标量波理论或标量波处理方法，是一个初级理论而适用于很多场合. 在某些情况下，比如论述光波叠加的相干条件、偏振光学等问题时，我们自然要注意到光的横波性.

我们选择简谐波为定态光波的基元成分,其标量波函数的最为一般的形式为

$$U(P,t)=A(P)\cos(\omega t-\varphi(P)). \tag{2.13}$$

它体现了定态波振幅稳定、频率单一的特点.不过振幅 $A(P)$ 虽然不随时间改变,却可能是场点 P 位置的函数.相位函数 $\varphi(P)$ 自然随场点位置而变化,正是相位函数体现了波动性.

• 波函数的复数表示

为了运算和理论分析上的方便,常将简谐波函数的实数形式(2.13)变换为复数形式,两者的对应关系是

$$U(P,t)=A(P)\cos(\omega t-\varphi(P))$$

$$\updownarrow$$

$$\tilde{U}(P,t)=A(P)\mathrm{e}^{\pm\mathrm{i}(\omega t-\varphi(P))}=A(P)\mathrm{e}^{-\mathrm{i}(\omega t-\varphi(P))} \tag{2.14}$$

即复数的模对应振幅,复数的辐角对应正相位 $\omega t-\varphi$ 或负相位 $-(\omega t-\varphi)$,可以自由选择,本书选择后者,这有些优点,但也带来一些不便,比如,相位落后表现为复数形式中的辐角上便是正的.值得指出的是,对应关系不是相等关系.泛论之,在对应关系或对应表示中,量的对应服务于运算的对应,只有在对应的运算操作及其结果中,才能显示当初建立对应关系的合理性和优越性.目前,简谐波函数的复数表示,将运用于光波干涉和衍射理论中,而体现出其价值来.下面让我们写出三种典型的波——平面简谐波,球面简谐波和柱面简谐波的波函数及其复数形式:

平面简谐波

$$U(\boldsymbol{r},t)=A\cos(\omega t-\boldsymbol{k}\cdot\boldsymbol{r}-\varphi_0),$$

$$\tilde{U}(\boldsymbol{r},t)=A\mathrm{e}^{\mathrm{i}\boldsymbol{k}\cdot\boldsymbol{r}}\cdot\mathrm{e}^{-\mathrm{i}\omega t};\ (\text{设 }\varphi_0=0) \tag{2.15}$$

球面简谐波

$$U(\boldsymbol{r},t)=\frac{a_1}{r}\cos(\omega t-kr-\varphi_0),$$

$$\tilde{U}(\boldsymbol{r},t)=\frac{a_1}{r}\mathrm{e}^{\mathrm{i}kr}\cdot\mathrm{e}^{-\mathrm{i}\omega t};\ (\text{设 }\varphi_0=0) \tag{2.16}$$

柱面简谐波

$$U(r,t)=\frac{b_1}{\sqrt{r}}\cos(\omega t-kr-\varphi_0),$$

$$\tilde{U}(r,t)=\frac{b_1}{\sqrt{r}}\mathrm{e}^{\mathrm{i}kr}\cdot\mathrm{e}^{-\mathrm{i}\omega t}.\ (\text{设 }\varphi_0=0) \tag{2.17}$$

对于这几个表达式或其中某些符号的意义不大熟悉的读者可参阅大学力学教科书①,在这里罗列它们的意图在于让我们熟悉这三种典型波函数的复数形式.

• 复振幅概念

对于定态波,时间频率单一,在波函数表达式中 $\mathrm{e}^{-\mathrm{i}\omega t}$ 靠边陪立,这在(2.15),(2.16)和

① 钟锡华、周岳明,《力学(第二版)》(大学物理通用教程),北京大学出版社,2010 年,188 页.

(2.17)三个式子中显而易见. 而振幅的空间分布 $A(P)$和相位的空间分布 $\varphi(P)$,正是我们关注的重点,因为它俩体现了定态波场的主要特征,从而反映出定态波场的多样性. 为此,人们引入复振幅(complex amplitude),定义为

$$\widetilde{U}(P)=A(P)\mathrm{e}^{\mathrm{i}\varphi(P)},\tag{2.18}$$

用以统一地概括波场的振幅分布和相位分布. 凡是分析定态波场就是分析复振幅分布,今后我们将经常与复振幅一量打交道.

- **平面波复振幅及其特点**

按复振幅定义,由(2.15)式便可确定平面波复振幅表达式为

$$\widetilde{U}(\boldsymbol{r})=A\mathrm{e}^{\mathrm{i}\boldsymbol{k}\cdot\boldsymbol{r}}=A\mathrm{e}^{\mathrm{i}(k_x x+k_y y+k_z z)}=A\mathrm{e}^{\mathrm{i}k(\cos\alpha\cdot x+\cos\beta\cdot y+\cos\gamma\cdot z)},\tag{2.19}$$

可见,平面波复振幅具有两个特点: 振幅为常数,与场点位置无关;相位分布是场点位置的线性函数,简称为线性相因子. 而线性相因子的系数(k_x,k_y,k_z)或($\cos\alpha,\cos\beta,\cos\gamma$)与平面波的传播方向一一对应,即

线性相因子系数 $\Longleftrightarrow$ 传播方向.

这里(k_x,k_y,k_z)是平面波特征矢量 $\boldsymbol{k}$ 的三个分量,于是

$$\sqrt{k_x^2+k_y^2+k_z^2}=k=\frac{2\pi}{\lambda}.\tag{2.20}$$

我们强调平面波复振幅的两个特点,尤其具有线性相因子的特点,是为了运用于今后对复杂波场的分析. 这就是说,一旦在复杂波场的理论分析中,出现了常数振幅且带有线性相因子的复振幅成分,便可断定它代表着一种平面波成分,其传播方向可由相因子的线性系数予以确定. 图 2.6 图示了作为平面波特征矢量的波矢 $\boldsymbol{k}$.

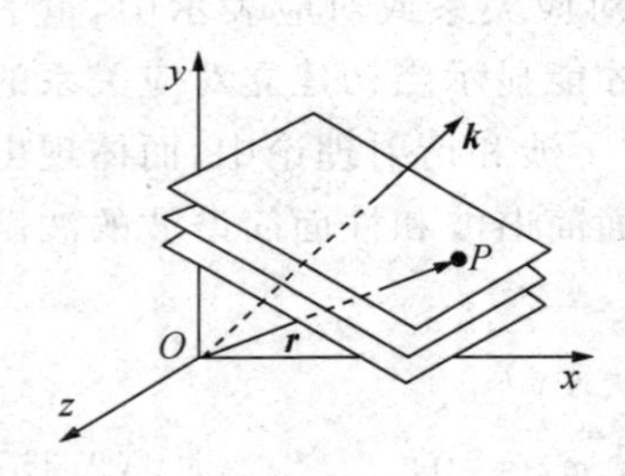

图 2.6 平面波特征矢量——波矢 $\boldsymbol{k}$

- **球面波复振幅及其特点**

(1) 发散球面波

如图 2.7(a)所示,其复振幅表达式为

$$\widetilde{U}(P)=\frac{a_1}{r}\mathrm{e}^{\mathrm{i}kr}=\frac{a_1}{\sqrt{x^2+y^2+z^2}}\mathrm{e}^{\mathrm{i}k\sqrt{x^2+y^2+z^2}}.\tag{2.21}$$

可见,对于球面波,其振幅系数和相因子均是场点位置(x,y,z)的较为复杂的函数.

(2) 会聚球面波

如图 2.7(b)所示,会聚球面波的复振幅表达式为

$$\widetilde{U}(P)=\frac{a_1}{r}\mathrm{e}^{-\mathrm{i}kr},\quad r=\sqrt{x^2+y^2+z^2}.\tag{2.22}$$

与发散球面波的区别仅在相因子由正号改为负号. 这一点可以这样理解. 对于球面波,虽然不像平面波那样有一个恒矢量 $\boldsymbol{k}$,但可以引入局域波矢 $\boldsymbol{k}$,代表 P 点及其邻近小面元的法线

方向或能流方向.于是,我们就可以借用平面波的相因子函数形式 $e^{i\boldsymbol{k}\cdot\boldsymbol{r}}$,对于发散球面波,场点 P 的位矢 $\boldsymbol{r}$ 与波矢 $\boldsymbol{k}$ 平行,故 $\boldsymbol{k}\cdot\boldsymbol{r}=kr$;对于会聚球面波,$\boldsymbol{r}$ 与 $\boldsymbol{k}$ 反平行,故 $\boldsymbol{k}\cdot\boldsymbol{r}=-kr$.这与物理图像上的直观理解是一致的,因为对于会聚于 Q 点的球面波来说,越靠近点源即 r 越小,相位应当越落后,这与(2.22)式给出的结果是相符的.

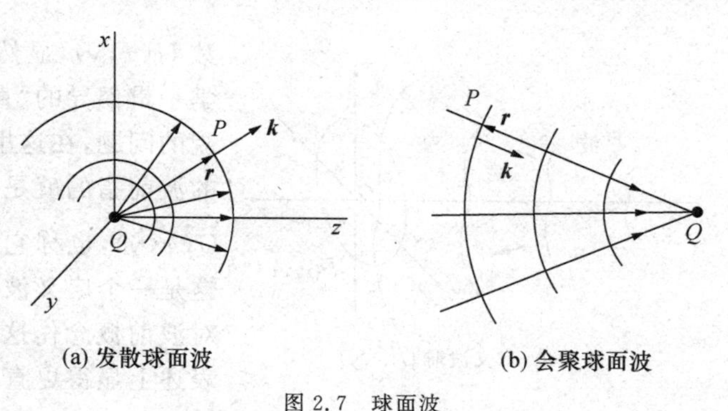

图 2.7 球面波

(3) 轴外点源情形

在多个点源同时存在的情况下,显然只能有一个点源可以选择为坐标系的原点,即轴外点源是更为一般的情况.在直角坐标系中,场点 $P(x,y,z)$,设点源 $Q(x_0,y_0,z_0)$,于是,球面波复振幅表达为

$$\widetilde{U}(P)=\frac{a_1}{r}e^{\pm ikr},\quad r=\sqrt{(x-x_0)^2+(y-y_0)^2+(z-z_0)^2}. \tag{2.23}$$

其中,相因子的±号反映了球面波的聚散性,+号对应发散球面波,−号对应会聚球面波;聚散中心位置为 (x_0,y_0,z_0).

- **光强与复振幅的关系**

当我们从理论上知道了复振幅函数 $\widetilde{U}(P)$,就可以获得可观测量光强的空间分布,

$$I(P)=\widetilde{U}(P)\cdot\widetilde{U}^*(P)=A^2(P), \tag{2.24}$$

这里,$\widetilde{U}^*$ 是 $\widetilde{U}$ 的复共轭

$$\widetilde{U}^*(P)=A(P)e^{-i\varphi(P)}. \tag{2.25}$$

2.3 波前函数

·广义波前概念 ·波前光学概述 ·平面或球面波前函数及其共轭波前 ·提示

- **广义波前概念**

波场中存在一系列等相面或称作波面,最初人们将跑在最前面的那个波面称为波前(wavefront).其实,对于定态波无所谓跑在最前面的波面.更为重要的一点是,决定光波被接收的效果的,是那个到达接收平面(xy)上的光场 $\widetilde{U}(x,y)$,如图 2.8 所示.接收面可能是屏幕、感光胶片、全息干版,或光电管列阵、光纤面板,或视网膜,或紧贴于透镜的前后两个平面,等等,总之,与接收面上的物质材料或元件直接发生相互作用的光扰动是复振幅分布函

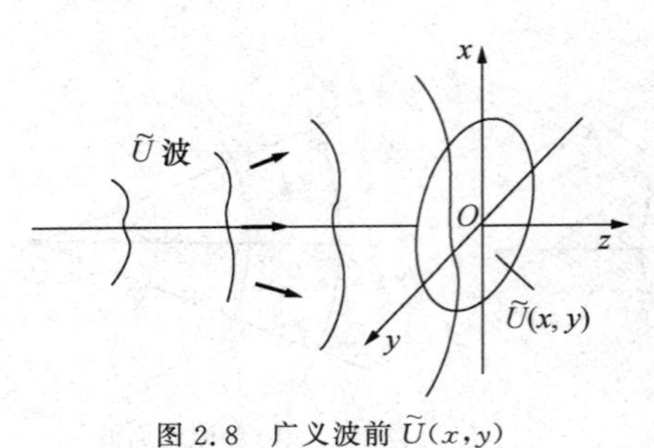

图 2.8　广义波前 $\tilde{U}(x,y)$

数 $\tilde{U}(x,y)$，显然(xy)平面通常不是等相面. 从物理学一贯倡导的"直接作用"的观点看，等相面是何种形貌的问题，在这里已经不重要了. 在现代光学中，所谓的波前指的就是那个与接收平面直接打交道的光场 $\tilde{U}(x,y)$，也称它为波前函数. 与经典波前概念不同，这是一个广义波前概念. 在波动光学的现代发展中，对波前概念作这样的推广是十分必要的，至少在语言表述上显得更直截了当.

• 波前光学概述

波前分析贯穿于本书而成为一条主线或主脉络，这包括：

波前的描述与识别，description & recognition of wavefront；
波前的叠加与干涉，superposition & interference of wavefront；
波前的变换与分解，transformation & resolution of wavefront；
波前的记录与再现，holograph & reconstruction of wavefront.

在 20 世纪 90 年代，兴起了波前工程学，wavefront engineering；其中光束整形术，beam shaping，就属于波前工程中的一项课题.

总之，从现代光学的眼光审视，波动光学就是波前光学. 有了 2.1 节和 2.2 节在概念上和数学上的准备，从现在开始我们可以切入波前分析的主题.

• 平面或球面波前函数及其共轭波前

(1) 某一列平面波，其传播方向平行(xz)平面，且与 z 轴夹角为 θ，参见图 2.9. 试写出其波前函数.　先分析波矢 $\boldsymbol{k}_1$ 的三个分量，

$$k_{1x} = k\sin\theta,\quad k_{1y} = 0,\quad k_{1z} = k\cos\theta.$$

再根据(2.19)式确定该列平面波在 $z=0$ 平面上的波前函数为

$$\tilde{U}_1(x,y) = A\mathrm{e}^{\mathrm{i}k\sin\theta x}. \tag{2.26}$$

(2) 试分析与 $\tilde{U}_1$ 波共轭的是一列怎样的波？

首先写出待分析波的波前函数为

$$\tilde{U}_2(x,y) = \tilde{U}_1^*(x,y) = A\mathrm{e}^{-\mathrm{i}k\sin\theta x},$$

即

$$\tilde{U}_2(x,y) = A\mathrm{e}^{\mathrm{i}k\sin(-\theta)x}, \tag{2.27}$$

从其波前函数的特征，我们可以断定，$\tilde{U}_2$ 波是一列平面波，其波矢平行(xz)平面，且与 z 轴夹角为$(-\theta)$，即它是一列向下倾斜的平面波，如图 2.9 所示. 可见，一对波矢以 z 轴为对称的平面波是互为共轭的. 当然，这里已经约定，在我们作波前分析的场合，若无特殊声明，光传播的主方向均由左向右，即波矢 z 分量 k_z 总是正的，并不反号.

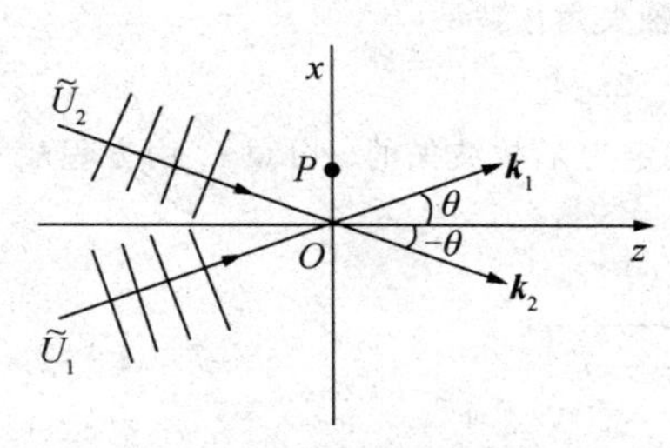

图 2.9 平面波及其共轭波前

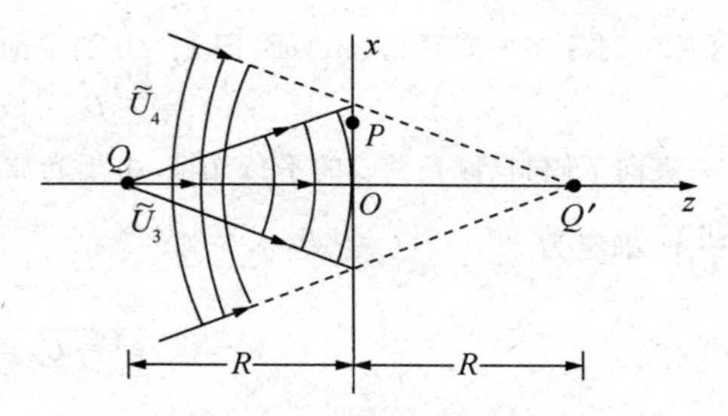

图 2.10 球面波及其共轭波前

(3) 轴上有一个点光源 Q,其位置坐标为$(0,0,-R)$,参见图 2.10. 试写出相应的球面波前函数.

这是一列发散球面波,根据(2.23)式,并注意到目前,

$$x_0=y_0=0,\quad z_0=-R,\quad z=0,$$

写出其波前函数为

$$\widetilde{U}_3(x,y)=\frac{a_1}{r}\mathrm{e}^{\mathrm{i}kr},\quad r=\sqrt{x^2+y^2+R^2}. \tag{2.28}$$

(4) 试分析与 $\widetilde{U}_3$ 波共轭的是一列怎样的波?

首先,我们容易地写出待求的波前函数为

$$\widetilde{U}_4(x,y)=\widetilde{U}_3^*=\frac{a_1}{r}\mathrm{e}^{-\mathrm{i}kr},\quad r=\sqrt{x^2+y^2+R^2}. \tag{2.29}$$

由其相因子的负号,可断定 $\widetilde{U}_4$ 波是一列会聚球面波;由 r 的表达式,可断定其会聚中心 Q' 位于轴上,位置坐标为$(0,0,R)$,如图 2.10 所示. 可见,Q,Q'是以平面(xy)为镜像对称的. 普遍地说,凡以(xy)面为镜像对称的一对点源,它们的波前函数是互为共轭的. 当然,光波传播的主方向已被约定为自左向右.

- **提示**

上述十分简朴的四个例题,不仅其具体结果具有一定的普遍意义,而且其提问的方式正体现了"波前的描述与识别"大意,这就是,给定波的类型和特征,要求能写出其波前函数;反过来从已知波前函数中,分析出相应的波的类型和特征. 示意如下,

$$\text{波的类型和特征} \Longleftrightarrow \text{波前函数}.$$

例题 已知一列波长为 λ 的光波,在(xy)接收面上的波前函数为

$$\widetilde{U}(x,y)=A\mathrm{e}^{-\mathrm{i}2\pi fx},$$

其中常量 f 的单位为 mm^{-1},试分析与该波前函数相联系的波的类型和特征.

一眼看出该波前相因子是一个线性相因子,故可断定它代表了一列平面波;为了进一步确定该平面波的传播方向,现将波前函数改写为含波数 k 的形式,以便与平面波前函数的标准形式(2.19)式对照,

$$\widetilde{U}(x,y)=A\mathrm{e}^{-\mathrm{i}\frac{2\pi}{\lambda}f\lambda x}=A\mathrm{e}^{-\mathrm{i}k(f\lambda x)},$$

可见,这是一列传播方向平行(xz)面,即 $k_y=0$ 的平面波,与 z 轴夹角 θ 满足

$$\sin\theta=-f\lambda \quad 或 \quad k_x=-2\pi f,$$

它表示一束向下倾斜、倾角为 θ 的平行光束.由于光波长已被确定为 λ,故波矢的 z 分量 k_z 由方程 $k_x^2+k_z^2=k^2=\left(\frac{2\pi}{\lambda}\right)^2$ 确定为

$$k_z=\sqrt{k^2-k_x^2}=2\pi\sqrt{\frac{1}{\lambda^2}-f^2}.$$

2.4　球面波向平面波的转化

· 概述——球面波、平面波的理论地位　· 傍轴条件或振幅条件——$z^2\gg\rho^2$
· 远场条件或相位条件——$z\lambda\gg\rho^2$　· 两个条件的比较　· 轴外点源情形

● 概述——球面波、平面波的理论地位

从定态波的标量表示开始,历经复数波函数、复振幅,直到目前的波前函数,我们一直将平面简谐波和球面简谐波作为对象,给予认真的描述和定量分析,这不仅只具有演练的意义,实际上在我们心目中已经选定平面简谐波或球面简谐波,作为复杂波场的基元成分.球面波,或来自实际的点源,或来自波前上的次波源.点源在波动光学中的地位,如同质点模型在力学、点电荷模型在电学中的地位那样,是构建整个理论体系的基石.如此看来,选择球面波作为基元成分倒是自然的,经典波动光学就基于这一思想方法,研究波的叠加和干涉,并形成了球面波衍射理论.而在现代光学中,选择平面波为基元成分,将任意复杂的波前分解为一系列平面波前的叠加,从而形成了平面波衍射理论.这些内容在随后的章节中将详加论述.

平面波与球面波,在一定条件下是可以互相转化的.比如,平面波经透镜聚散,可以转化为球面波;球面波在一定远距离以外,可具有平面波的特点.这后一个问题,正是本节主题.

● 傍轴条件或振幅条件——$z^2\gg\rho^2$

参见图 2.11,左侧(x_0y_0)平面称为源面,其上可能存在若干乃至大量的点源;右侧(xy)平面称为场面,正是人们感兴趣的接收平面;从源面至场面的纵向距离为 z,这中间无透镜或其他光学元件.故本图是研究光波在自由空间传播的一个典型构图.

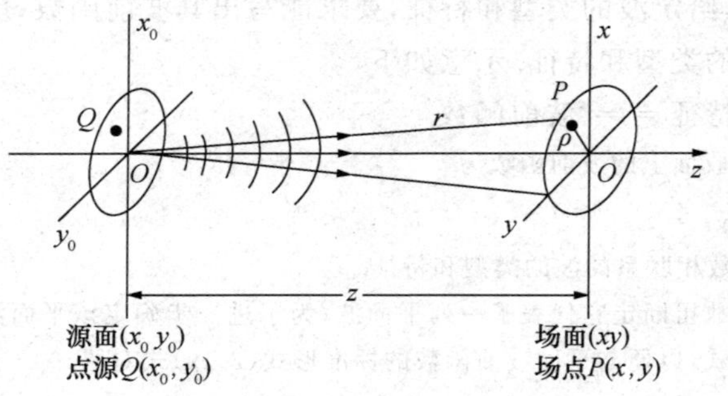

图 2.11　考察球面波向平面波的转化

考量一点源 O 位于轴上,即 $O(0,0)$,发出的球面波到达(xy)面的情况,其波前函数为

$$\tilde{U}(x,y)=\frac{a_1}{r}\mathrm{e}^{\mathrm{i}kr},$$

这里，

$$r=\sqrt{z^2+x^2+y^2}=\left(z+\frac{x^2+y^2}{2z}-\frac{(x^2+y^2)^2}{8z^3}+\cdots\right),\tag{2.30}$$

其中，$(x^2+y^2)=\rho^2$ 的几何意义是横向接收范围的量度. 若横向接收范围远小于纵向距离 z,即

$$z^2\gg\rho^2,\tag{2.31}$$

则波前函数中的振幅系数可近似为

$$\frac{a_1}{r}\approx\frac{a_1}{z},$$

而相因子函数不许可轻易丢弃 r 展开式中的二次项,它应当被保留下来,即

$$\mathrm{e}^{\mathrm{i}kr}\approx\mathrm{e}^{\mathrm{i}k\frac{x^2+y^2}{2z}}\cdot\mathrm{e}^{\mathrm{i}kz}.$$

于是,在(2.31)式得以满足的条件下,轴上点源发射的球面波,传播到接收面的波前函数为

$$\tilde{U}(x,y)\approx\frac{a_1}{z}\cdot\mathrm{e}^{\mathrm{i}k\frac{x^2+y^2}{2z}}\cdot\mathrm{e}^{\mathrm{i}kz}.\tag{2.32}$$

显然,它具有平面波前的振幅特点,即振幅为一常数,与场点(x,y)无关;但不具备平面波的线性相因子特点,现在保留下来的是一个二次相因子. 故称(2.31)式为傍轴条件或振幅条件.

- **远场条件或相位条件——$z\lambda\gg\rho^2$**

在相因子中,多大的量 $\Delta\varphi$ 才可以看为小量而被忽略呢? 这要考量到相因子对物理状态的影响具有周期性,周期为 2π. 比如, $\varphi_1=\pi$ 与 $\varphi_2=101\pi$ 所决定物理状态是完全相同的,而与 $\varphi_3=101.5\pi$ 对应的状态就有明显的不同. 换句话说,不能根据 $0.5\pi\ll101\pi$,就以为 $\varphi_3\approx\varphi_2$. 如此看来,相因子中可忽略的小量 $\Delta\varphi$ 应该是远小于 2π 或 π,即

$$\text{当 }\Delta\varphi\ll\pi,\quad\text{有 }\Delta\varphi\approx0.\tag{2.33}$$

这是一般原则. 结合目前情况,当

$$k\frac{x^2+y^2}{2z}\ll\pi,$$

相因子许可近似为

$$\mathrm{e}^{\mathrm{i}kr}\approx\mathrm{e}^{\mathrm{i}kz},$$

但是,为谨慎起见,振幅系数仍须保留二次项,即

$$\frac{a_1}{r}\approx\frac{a_1}{z+\dfrac{x^2+y^2}{2z}}\ \mathrm{e}^{\mathrm{i}kz}.$$

可见,此时波前函数的相因子与横向位置(x,y)无关,相当于一列正入射的平面波,这是点源处于轴上的特例;而振幅系数并不保持为一常数. 故以上不等式被称作远场条件或相位条

件. 考量到 $k=2\pi/\lambda, x^2+y^2=\rho^2$，改写远场条件为更简洁的形式

$$z\lambda \gg \rho^2. \tag{2.34}$$

其中显示出波长一量，这说明远场条件真正体现出了波动性.

综合以上两方面，只有当傍轴条件和远场条件同时得以满足时，波前函数才成为

$$\widetilde{U}(x,y)=\frac{a_1}{z}\mathrm{e}^{\mathrm{i}kz},$$

代表一列正入射的平面波，或者说，这时球面波才完全转变为平面波.

- **两个条件的比较**

在横向接收范围 ρ 给定情况下，既然傍轴条件和远场条件都是对纵向距离 z 提出了要求，那就可以比较两者的远近，看看哪个条件要求 z 更远，从而也就包含了另一个条件. 先看两个例子.

例题 1 对于光波，设波长 $\lambda\sim500\ \mathrm{nm}$，横向范围 $\rho\sim1\ \mathrm{mm}$，约定"$\gg$"取为 50 倍，试分别求出傍轴条件下的纵向距离 z_{p} 和远场条件的 z_{f}. 根据(2.31)式和(2.34)式，分别得

$$z_{\mathrm{p}}\approx\sqrt{50}\rho=\sqrt{50}\times1\ \mathrm{mm}\approx1\ \mathrm{cm},$$

$$z_{\mathrm{f}}\approx50\,\frac{\rho^2}{\lambda}=50\left(\frac{\rho}{\lambda}\right)\rho=50\times(2\times10^3)\times1\ \mathrm{mm}=100\ \mathrm{m}.$$

显然，此时 $z_{\mathrm{f}}\gg z_{\mathrm{p}}$，这源于光波长极短，以致 ρ/λ 带来了高倍率.

例题 2 对于声波，设波长 $\lambda\sim1\ \mathrm{m}$，横向范围 $\rho\sim10\ \mathrm{cm}$，则纵向距离 z_{p} 和 z_{f} 分别为

$$z_{\mathrm{p}}\approx\sqrt{50}\rho\approx70\ \mathrm{cm},\quad z_{\mathrm{f}}\approx50\,\frac{\rho^2}{\lambda}=50\left(\frac{10}{100}\right)\times10\ \mathrm{cm}=50\ \mathrm{cm},$$

可见，此时 $z_{\mathrm{p}}>z_{\mathrm{f}}$，傍轴条件包含了远场条件，这源于声波长较长，以致 ρ/λ 小于 1.

于是，我们可以作出一般性结论如下：

(1) 比较傍轴条件与远场条件下的纵向距离 z_{p} 与 z_{f}，谁对纵向距离要求更远，这取决于 ρ/λ 即横向接收范围与波长之比.

(2) 鉴于光波长很短，通常有 $\rho/\lambda\gg1$，故 $z_{\mathrm{f}}\gg z_{\mathrm{p}}$. 就是说，对于光波，远场距离远大于傍轴距离，当远场条件得以满足，则傍轴条件自然地也得以满足，此时球面波将完全地转化为平面波.

例题 3 一台天文望远镜，其物镜口径为 2160 mm，用以观察远方的星体，问多远的星体其星光射到该望远镜，可以被看成是一束平行光？

这是一个求远场距离的问题. 设光波长为 550 nm，即 550×10^{-6} mm，于是，远场距离应当是

$$z_{\mathrm{f}}\approx50\,\frac{\rho^2}{\lambda}=50\times\frac{2160}{550\times10^{-6}}\times2.16\ \mathrm{m}\approx4.24\times10^5\ \mathrm{km}.$$

这个距离与月球距离 3.8×10^5 km 相近.

- **轴外点源情形**

点源在轴外是更一般的情形. 设点源位置 $Q(x_0,y_0)$，场点位置 $P(x,y)$，展开传播距离

$$r=\overline{QP}=\sqrt{z^2+(x-x_0)^2+(y-y_0)^2}=\left(z+\frac{(x-x_0)^2+(y-y_0)^2}{2z}+\cdots\right),$$

为考量在傍轴条件或远场条件下,波前函数 $\tilde{U}(x,y)$ 的特征,拟分以下三种情况明示之.

(1) 若两者(源点和场点)均满足傍轴条件, $z^2 \gg \rho_0^2, \rho^2$,则波前函数为

$$\tilde{U}(x,y) = \frac{a_1}{z} e^{ik\frac{(x-x_0)^2+(y-y_0)^2}{2z}} \cdot e^{ikz} \propto e^{ik\frac{x_0^2+y_0^2}{2z}} \cdot e^{ik\frac{x^2+y^2}{2z}} \cdot e^{-ik\frac{xx_0+yy_0}{z}}. \tag{2.35}$$

我们关注相因子的特点.上式包含的三个相因子分别是,源点的二次相因子、场点的二次相因子和交叉线性相因子.

(2) 若源点满足远场条件,而场点仍然只满足傍轴条件,即

$$z\lambda \gg \rho_0^2, \quad z^2 \gg \rho^2,$$

则可以忽略源点二次相因子,波前函数变成

$$\tilde{U}(x,y) \propto e^{ik\frac{x^2+y^2}{2z}} \cdot e^{-ik\frac{xx_0+yy_0}{z}}, \tag{2.36}$$

注意到与源点位置 (x_0, y_0) 有关的相因子是一个线性相因子,它代表着斜出射于源面的一列平面波.当然,前面还有一个关于场点的二次相因子.

(3) 若场点满足远场条件,而源点仍然只满足傍轴条件,即

$$z\lambda \gg \rho^2, \quad z^2 \gg \rho_0^2,$$

则波前函数变成

$$\tilde{U}(x,y) \propto e^{ik\frac{x_0^2+y_0^2}{2z}} \cdot e^{-ik\frac{x_0x+y_0y}{z}}. \tag{2.37}$$

显然可见,这种情形下,与场点位置 (x,y) 有关的相因子仅是一个线性相因子,它表示一列平面波,其传播方向由线性系数 (x_0, y_0) 来决定,即源点位置决定了到达接收面的平面波的传播方向,这从图像上是容易理解的.

以上论述和结果具有深远理论意义,现代变换光学中的傅里叶光学(Fourier optics),追溯其思想渊源,这里是其概念生长点.以后介绍傅里叶光学基本原理时将引用这里的结果.

例题 4 已知一列光波的波数为 k,观测平面 (xy) 上的波前函数为 $\tilde{U}(x,y) \propto e^{-ik\left(4\frac{x^2+y^2}{D}\right)}$,试分析与此波前函数相联系的波场的类型和特征.

一眼看出此波前仅含二次相因子,故可断定它代表了一列傍轴球面波,中心在 z 轴上;由相因子中的负号,断定它是会聚球面波.为了确定会聚中心的位置,应将波前函数改写为与标准形式(2.32)式类似的形式,

$$\tilde{U}(x,y) \propto e^{-ik\frac{x^2+y^2}{2\left(\frac{D}{8}\right)}},$$

于是,断定该傍轴会聚球面波的中心位置坐标为 $(0,0,D/8)$.

2.5 光波干涉引论

· 波叠加原理 · 波叠加的相干条件及其针对性 · 双光束干涉强度公式

· 干涉场的衬比度

· 相干叠加的两个补充条件——论标量波描述自然光干涉的合理性
· 线性光学系统

● 波叠加原理

前面几节研究的对象均为一列行波，而几列行波的叠加将出现丰富多彩的光学现象，并导致许多重要的应用. 如图 2.12，有两列波同时存在，其交叠区域中任一场点 P 将含有两个扰动成分. 现在的问题是：

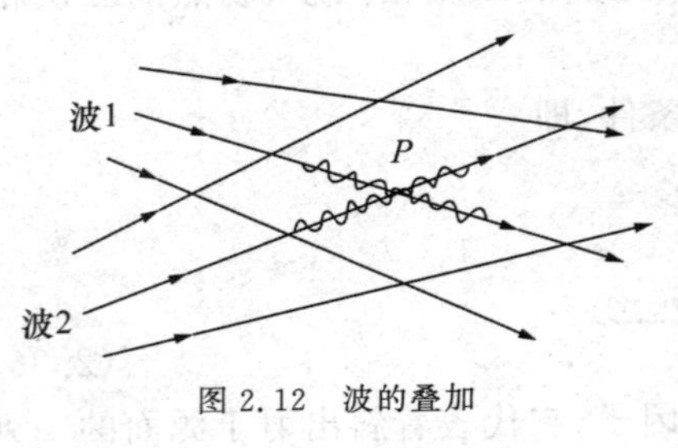

图 2.12　波的叠加

若独有波 1 ⟶ 扰动 $\boldsymbol{U}_1(P,t)$，

若独有波 2 ⟶ 扰动 $\boldsymbol{U}_2(P,t)$，

若同时存在波 1 和波 2 ⟶ 总扰动 $\boldsymbol{U}(P,t)$，

那么，总扰动 $\boldsymbol{U}$ 与分扰动 $\boldsymbol{U}_1$，$\boldsymbol{U}_2$ 是什么关系？这要在概念上分两种情况区别对待.

(1) 总扰动等于各分扰动的线性叠加，即

$$\boldsymbol{U}(P,t)=\boldsymbol{U}_1(P,t)+\boldsymbol{U}_2(P,t),\tag{2.38}$$

这被称为波满足叠加原理，简称为波叠加原理(superposition principle of waves).

(2) 总扰动不等于各分扰动的直接相加，即

$$\boldsymbol{U}(P,t)\neq\boldsymbol{U}_1(P,t)+\boldsymbol{U}_2(P,t),\tag{2.39}$$

这被称作波叠加不遵从叠加原理，或者说，叠加原理遭到了破坏——这种措辞多少反映人们对叠加原理的偏爱.

事实上，在通常介质与通常光强条件下，波叠加原理是成立的，这意味着波具有独立传播性质——一列波的传播及其对场点的贡献，不受另一列波存在与否的影响. 波的叠加原理是波独立传播实验定律的理论表述. 基于波叠加原理而建立的理论是线性波动理论. 若无特别声明，本书均在线性波动理论框架中研究波动光学. 在超强光作用下或在某些非线性介质中，波叠加原理不再成立，由此展开的是非线性波动光学.

● 波叠加的相干条件及其针对性

在波叠加原理成立的条件下，考察交叠区中的光强分布时，还应区分两种情况.

(1) 非相干叠加——在观测时间中总光强是各分光强的直接相加，即

$$I(P)=I_1(P)+I_2(P).\tag{2.40}$$

比如，分光强 I_1 或 I_2 几乎均匀地分布在接收屏幕上，若两列波同时存在时，屏幕上依然是照度均匀一片，这就属于非相干叠加.

(2) 相干叠加——在观测时间中总光强不等于各分光强的直接相加，可表达为

$$I(P)=I_1(P)+I_2(P)+\Delta I(P).\tag{2.41}$$

通常表现为在交叠区中出现明暗相间的干涉条纹(interference fringe)，或者说，光强有了一个重新分布. 上式右端第三项 ΔI 可称做干涉项. 当干涉项 $\Delta I(P)>0$，则 $I(P)>I_1(P)+$

$I_2(P)$；当干涉项 $\Delta I(P')<0$，则 $I(P')<I_1(P')+I_2(P')$.

非相干叠加平淡无奇，相干叠加多彩多姿——出现的各种形状和色彩的干涉条纹或干涉花样，将有助于揭示光行波的性质，且有望导致许多精妙的应用. 关于光波叠加的相干条件可概括为三条，现分别给予说明和证明.

(1) 两列波的扰动方向若是正交，则必然为非相干叠加；即振动方向一致或有方向一致的平行振动分量，是相干条件之一. 兹证明如下，参见图 2.13.

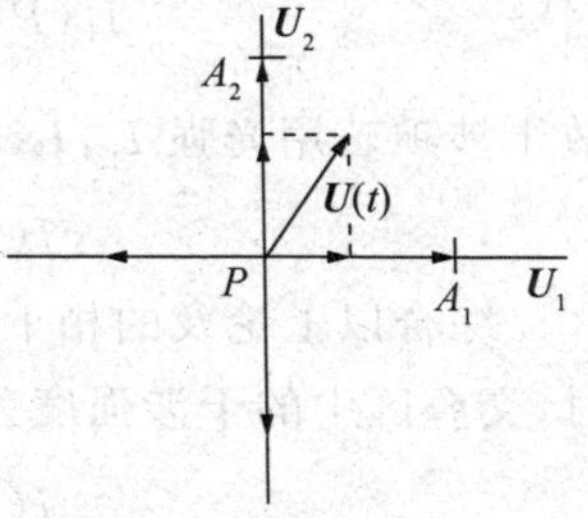

设 $\boldsymbol{U}_1(P)\perp\boldsymbol{U}_2(P)$，则总扰动 $\boldsymbol{U}$，其瞬时值 $U(t)$ 与分扰动的瞬时值 U_1，U_2 的关系为

$$U^2(t)=U_1^2(t)+U_2^2(t),$$

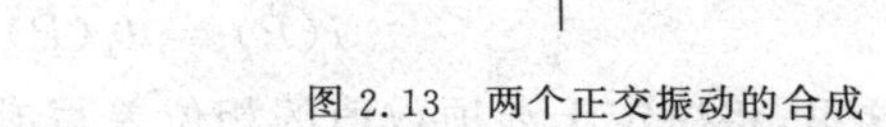

图 2.13 两个正交振动的合成

取时间平均值，

$$\langle U^2(t)\rangle=\langle U_1^2(t)\rangle+\langle U_2^2(t)\rangle, \tag{2.42}$$

根据光强 I 的原始含意——平均电磁能流密度值，在标量波理论中，它应该以扰动瞬时值 $U(t)$ 的平方平均值作相对量度，记作 $\langle U^2(t)\rangle$，即光强表示为

$$I=\frac{1}{\Delta t}\int_0^{\Delta t}U^2(t)\,\mathrm{d}t=\langle U^2(t)\rangle. \tag{2.43}$$

这里 Δt 为观测时间，对于简谐波，Δt 可取为周期 T. 据此，(2.42)式表达的光强关系为

$$I(P)=I_1(P)+I_2(P),$$

这正是非相干叠加. 值得强调指出的是，上述证明不涉及那两个正交扰动是否同频率、是否有稳定的相位差. 换句话说，凡是两个正交振动必定是非相干的，要想产生相干叠加其必要条件之一是，振动方向一致，或者存在方向一致的平行振动分量，这时另一个垂直振动分量作为非相干成分而存在着.

(2) 两列波若频率不同，则必然为非相干叠加；即频率相同是相干条件之二. 兹证明如下.

设交叠区中场点 P 的两个扰动为

$$U_1(P,t)=A_1\cos(\omega_1t-\varphi_1(P)),\quad U_2(P,t)=A_2\cos(\omega_2t-\varphi_2(P)),$$

则总扰动遵从波叠加原理，

$$U(P,t)=U_1(P,t)+U_2(P,t),$$

光强为

$$\begin{aligned}I(P)&=\langle U^2\rangle=\langle(U_1+U_2)^2\rangle=\langle(U_1^2+U_2^2+2U_1U_2)\rangle\\&=\langle U_1^2\rangle+\langle U_2^2\rangle+\langle 2U_1U_2\rangle=I_1(P)+I_2(P)+\Delta I(P),\end{aligned}$$

让我们仔细审视其中交叉项 $\Delta I(P)$ 不为零的可能性，

$$\begin{aligned}\Delta I(P)&=\langle 2U_1U_2\rangle=\langle 2A_1A_2\cos(\omega_1t-\varphi_1)\cos(\omega_2t-\varphi_2)\rangle\\&=A_1A_2\langle\cos((\omega_1+\omega_2)t-(\varphi_1+\varphi_2))\rangle+A_1A_2\langle\cos((\omega_1-\omega_2)t-(\varphi_1-\varphi_2))\rangle,\end{aligned}$$

其中第一项为和频项，其时间平均值显然为零；第二项是差频项，在频率不同，$\omega_1\neq\omega_2$ 时，其

时间平均值也为零；惟独同频条件 $\omega_1=\omega_2$ 时，交叉项不为零，

$$\Delta I(P)=A_1A_2\cos\delta(P),\quad \delta(P)=\varphi_1(P)-\varphi_2(P).$$

注意到

$$I_1(P)=\langle U_1^2\rangle=\frac{1}{2}A_1^2,\quad I_2(P)=\langle U_2^2\rangle=\frac{1}{2}A_2^2,$$

故干涉项若用光强 I_1, I_2 表示应当写成

$$\Delta I(P)=A_1A_2\cos\delta(P)=2\sqrt{I_1I_2}\cdot\cos\delta(P).$$

综合以上论及的相干条件之一和之二，我们获得在同振动方向和同频率条件得以保证时，交叠区中的干涉强度公式为

$$I(P)=I_1(P)+I_2(P)+2\sqrt{I_1I_2}\cos\delta(P).$$

这里，将决定干涉项数值的相位差写成 $\delta(P)$，旨在强调它是场点位置的函数，正是 $\delta(P)$ 的空间变化决定了干涉条纹的形状和分布，这一点在今后的干涉装置或干涉仪中将充分表现出来.

(3) 两列波，若其交叠区中场点的相位差 $\delta(P)$ 是不稳定的，则根据上式必然出现一幅不稳定的干涉条纹. 即，为了获得稳定的干涉场，必须保证场点有稳定的相位差，这一点被列为相干条件之三.

三个相干条件有着不同的针对性. 第一条，同振动方向是针对矢量波而言的，对标量波不存在振动方向是否一致的问题，当然光波是矢量波且是横波，这一条的必要性是显然的. 第二条，同频率是对任何波均适用的. 第三条，场点相位差的稳定性是直接关系着干涉场的稳定性. 对于宏观波源发出的波，如声波、水波或无线电波，这稳定性不成问题；但是对于光波，它是原子分子世界中发出的电磁波. 相位差的稳定性就是一个十分突出的问题. 当然，稳定与否、不稳定造成的后果如何，还与探测器的时间响应能力有关. 这些问题将在下一节展开深入的分析.

● 双光束干涉强度公式

双光束干涉是光波干涉的基础，双光束干涉强度公式在今后很多场合将以不同形式出现，现将它们罗列于下，以便查考和选用.

以光强表达的双光束干涉强度公式

$$I(P)=I_1+I_2+2\sqrt{I_1I_2}\cos\delta(P);\tag{2.44}$$

以振幅表达的双光束干涉强度公式

$$I(P)=A_1^2+A_2^2+2A_1A_2\cos\delta(P);\tag{2.45}$$

以复振幅表达的双光束干涉强度公式

$$I(P)=(\tilde{U}_1+\tilde{U}_2)(\tilde{U}_1+\tilde{U}_2)^*,\tag{2.46}$$

或

$$I(P)=\widetilde{U}_1\widetilde{U}_1^*+\widetilde{U}_2\widetilde{U}_2^*+\widetilde{U}_1\widetilde{U}_2^*+\widetilde{U}_1^*\widetilde{U}_2. \qquad (2.47)$$

- **干涉场的衬比度**

通常情况下,出现于干涉强度公式中的分光强 I_1 和 I_2,或分振幅 A_1 和 A_2,是场点位置的慢变函数,可作常数近似;引起干涉强度起伏变化的决定因素是相位差函数 $\delta(P)$. 图 2.14 显示了 I-δ 变化曲线,虽然这三种情况均呈现余弦函数型的变化,但强度起伏程度是不同的,这直接关系到条纹的清晰度或显示度. 为此,引入衬比度(contrast),它是一个对干涉场强度起伏作出定量描述的物理量,被定义为

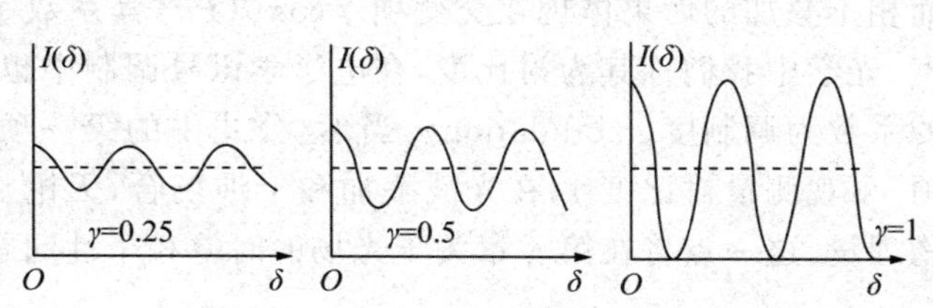

图 2.14 干涉场强度起伏程度由衬比度描述

$$\gamma=\frac{I_\mathrm{M}-I_\mathrm{m}}{I_\mathrm{M}+I_\mathrm{m}}. \qquad (2.48)$$

这里,I_M,I_m 分别表示干涉场中实际观测到的光强极大值和极小值. 这个定义式是普遍的,不限于双光束干涉.

对于双光束干涉场,若无其他背景光作为非相干成分掺和,则决定衬比度 γ 值的 I_M 和 I_m 由(2.44)式给出,

$$I_\mathrm{M}=I_1+I_2+2\sqrt{I_1I_2},\quad 当\ \delta=2k\pi;$$

$$I_\mathrm{m}=I_1+I_2-2\sqrt{I_1I_2},\quad 当\ \delta=(2k+1)\pi,\quad k=0,\pm1,\pm2,\cdots$$

于是,衬比度 γ 值同参与相干叠加的两个分光强的关系为

$$\gamma=\frac{2\sqrt{I_1I_2}}{I_1+I_2}. \qquad (2.49)$$

考量到 $I_1=A_1^2$,$I_2=A_2^2$,进一步将衬比度表达为振幅比的函数,

$$\gamma=\frac{2\dfrac{A_1}{A_2}}{1+\left(\dfrac{A_1}{A_2}\right)^2}\quad 或\quad \gamma=\frac{2\dfrac{A_2}{A_1}}{1+\left(\dfrac{A_2}{A_1}\right)^2}. \qquad (2.50)$$

这里要强调指出,该式中的振幅比必须是,参与相干叠加的即振动方向一致的那两个振幅之比值,而不能将振动方向正交的那个振幅分量计算进去. 现在让我们看一组数据:

$$当\frac{A_1}{A_2}=1,则\ \gamma=1;\quad 当\frac{A_1}{A_2}=3,则\ \gamma=0.6;\quad 当\frac{A_1}{A_2}=10,则\ \gamma\approx0.2.$$

由此,我们得到一个结论——参与相干叠加的两束光的振幅越接近,则衬比度 γ 值越大;γ 最大值为 1,最小值为 0. 即

$$0\leqslant\gamma\leqslant1. \qquad (2.51)$$

衬比度为零,意味着交叠区中,光强均匀无起伏,不出现干涉条纹,这应当归结为完全非相干

叠加.

借用衬比度一量,进一步改写双光束干涉强度公式为

$$I(P) = I_0(1 + \gamma\cos\delta(P)).\tag{2.52}$$

这里,$I_0 = I_1 + I_2$,正是双光束光强的非相干叠加,目前它仅作为一个系数或参考值而陪立,而相干叠加的后果体现在交变项 $\gamma\cos\delta(P)$,其系数 γ 值反映了干涉强度在空间的起伏程度,光学中我们称其为衬比度,在电子学讯号调制中也有类似的一个公式,在那里称交流项的系数为调制度(modulation).当然,公式中的第一项均是1,即归一化了的常数项或直流项.可观测量衬比度 γ,在光波叠加和干涉场合,无论从理论上或实验上看都是一个重要的物理量,这一点将在第4章关于光场的时空相干性问题中有更深入的论述.

- **相干叠加的两个补充条件——论标量波描述自然光干涉的合理性**

在保证了相干叠加的三个必要条件,从而出现了光强在空间重新分布的基础上,为了获得有足够高的衬比度 γ 值的干涉场可供观测,人们又补充了两个条件:

(1) 参与相干叠加的两束光的振幅尽可能地接近.

(2) 参与相干叠加的两束光的传播方向之夹角不要太大.

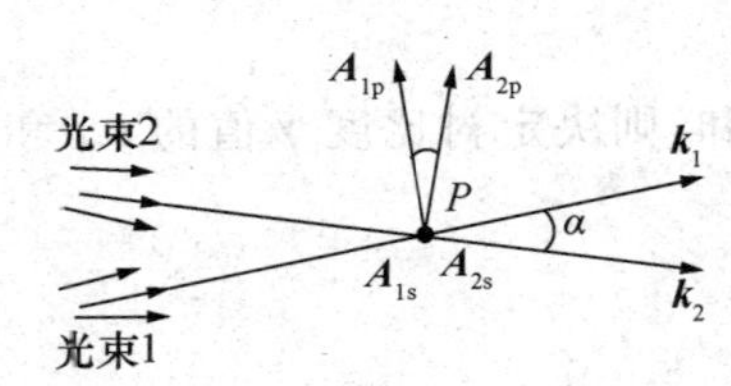

图 2.15　考察自然光干涉的衬比度

这第1条有利于提高 γ 值的理由是显然的.这第2条是针对自然光干涉实验而提出的,也是为了提高 γ 值.先让我们分析一个实例,参见图2.15.一束自然光经分束器被分为两束自然光,并发生交叠,彼此传播方向的夹角为 α,光强均为 I_0,试求交叠场中光强分布的衬比度 γ.

由于这两束光来自同一光源,故同频条件和相位差稳定性得到了保证,然而振动方向的一致性问题较为复杂,尚须仔细分析.考量到光是横波,现将每束自然光的光矢量作正交分解,分别得到每束光扰动的平行纸面分量和垂直纸面分量,记作($\boldsymbol{A}_{1p}$,$\boldsymbol{A}_{1s}$)和($\boldsymbol{A}_{2p}$,$\boldsymbol{A}_{2s}$),且振幅值 $A_{1p}^2 = A_{1s}^2 = A_{2p}^2 = A_{2s}^2 = \frac{1}{2}I_0$.显然,$\boldsymbol{A}_{1s}$,$\boldsymbol{A}_{2s}$ 两个扰动方向是一致的,其相干叠加结果得

$$\text{干涉极大光强 } I_{\mathrm{Ms}} = 4\times\frac{1}{2}I_0 = 2I_0,\quad \text{干涉极小光强 } I_{\mathrm{ms}} = 0.$$

再看两个扰动 $\boldsymbol{A}_{1p}$ 和 $\boldsymbol{A}_{2p}$,显然两者之夹角为 α.为此我们将其中之一 $\boldsymbol{A}_{2p}$ 再分解为两个分量,一个平行 $\boldsymbol{A}_{1p}$,振幅为 $A_{21} = A_{2p}\cos\alpha$,另一个垂直 $\boldsymbol{A}_{1p}$,振幅为 $A_{21}' = A_{2p}\cdot\sin\alpha$.前者与 $\boldsymbol{A}_{1p}$ 发生相干叠加,产生

$$\text{干涉极大光强 } I_{\mathrm{Mp}} = (A_{1p} + A_{21})^2 = \frac{1}{2}I_0(1+\cos\alpha)^2,$$

$$\text{干涉极小光强 } I_{\mathrm{mp}} = (A_{1p} - A_{21})^2 = \frac{1}{2}I_0(1-\cos\alpha)^2;$$

后者 A_{21}',由于其方向与 $\boldsymbol{A}_{1p}$ 正交,它作为一个非相干成分而成为一个均匀背景光,其光强为

$$\bar{I} = (A'_{21})^2 = (A_{2p} \sin\alpha)^2 = \frac{1}{2} I_0 \sin^2 \alpha,$$

正是 $\bar{I}$ 导致干涉场衬比度 γ 的降低.

综上分析,观测者在交叠场中测量到的光强极大值和极小值分别为

$$I_M = I_{Ms} + I_{Mp} + \bar{I} = 2I_0 + \frac{1}{2} I_0 (1+\cos\alpha)^2 + \frac{1}{2} I_0 \sin^2 \alpha,$$

$$I_m = I_{ms} + I_{mp} + \bar{I} = \frac{1}{2} I_0 (1-\cos\alpha)^2 + \frac{1}{2} I_0 \sin^2 \alpha.$$

简化为

$$I_M = \frac{1}{2} I_0 (6 + 2\cos\alpha), \quad I_m = \frac{1}{2} I_0 (2 - 2\cos\alpha),$$

根据衬比度定义式(2.48),得

$$\gamma = \frac{1}{2}(1+\cos\alpha), \tag{2.53}$$

这表明两束相干自然光交叠场中的衬比度 γ 随光束夹角 α 增大而减少. 现在让我们看一组数据:

当 $\alpha = \frac{\pi}{20} \approx 10°$, 则 $\gamma \approx 0.99$;　　当 $\alpha = \frac{\pi}{10} = 18°$, 则 $\gamma \approx 0.98$;

当 $\alpha = \frac{\pi}{6} = 30°$, 则 $\gamma \approx 0.93$;　　当 $\alpha = \frac{\pi}{3} = 60°$, 则 $\gamma \approx 0.75$.

由此可见,在傍轴条件 $\alpha \approx 25°$ 范围内,衬比度 γ 值与 1 的差别仅为 5%. 这是认真地考量了光波作为矢量波而得到的一个结论. 这个结论还将在今后用以说明光的标量波衍射理论在傍轴条件下的合理性.

当然,(2.53)式仅适用于自然光的情形. 如果是其他偏振光的干涉场,其衬比度 γ 与传播方向之夹角 α 的关系需要重新考查. 自然,这里提供的分析方法是有普遍价值的.

• 线性光学系统

一个光学系统,比如光学成像系统、光学信息处理系统,等等,从变换的眼光看,它有一个输入平面和一个输出平面,它将输入面上的光信息变换为输出面上的光信息,当然在其内部传播的是光波,参见图 2.16. 当波的叠加原理成立时,光学系统就是一个线性系统. 光学线性系统首先被区分为两类如下.

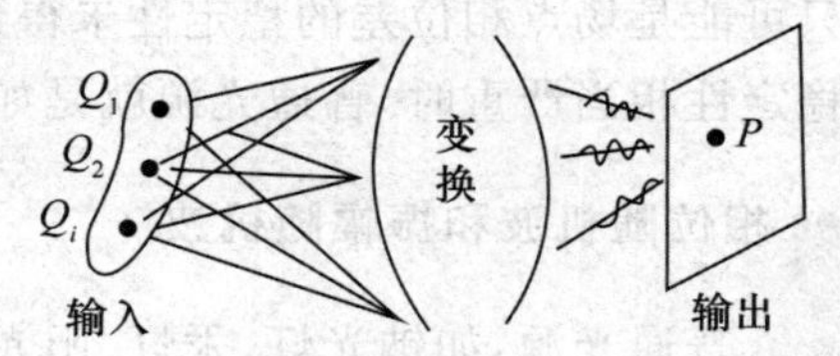

图 2.16 光学系统框架图

(1) 非相干线性系统. 当输入面上各点源 Q_1, Q_2, …, Q_i 系非相干点源,比如普通光源,或普通光源照明下的反射面或透射面,就是如此,则输出面上的光强分布等于输入面上各点源贡献的分光强的直接相加,即

$$I(P) = \sum I_i(P), \tag{2.54}$$

这就是说，非相干光学系统是一个光强线性系统.

(2) 相干系统.　当输入面上各点源 $Q_1, Q_2, \cdots, Q_i$ 系相干点源，比如激光束截面上各次波点源，或一列光波波前上各次波点源，就是如此，则输出波前上的复振幅分布等于输入波前上各点源贡献的复振幅的直接相加，即

$$\tilde{U}(P) = \sum \tilde{U}_i(P), \tag{2.55}$$

这就是说，相干光学系统是一个复振幅线性系统.

2.6　两个点源的干涉场　杨氏实验

· 光波叠加的特殊性　· 相位随机波和振幅随机波　· 关注四个时间尺度
· 杨氏双孔干涉实验　· 干涉条纹间距公式　· 杨氏干涉实验的经典意义和现代意义

● 光波叠加的特殊性

首先让我们看一个实验现象，参见图 2.17. 一个光阑比如一张厚黑纸，其上开有两个小孔并贴近钠光灯，以提取两个点源 Q_1 和 Q_2；在它们发出的两列球面波的交叠区中置放一屏幕，试图观察生成的干涉条纹. 结果却令人失望，屏幕上依然均匀照明，并未出现干涉条纹，如同两列波非相干叠加那样. 究竟波叠加相干条件中哪一条在目前不被满足？显然，这两个点源或这两列球面波同出于一个光源，两处发光的光谱是相同的，故同频条件得以保证是无需怀疑的. 虽然到达场点 P 的两列波的方向是不同的，但对自然光来说，同振动方向产生的相干成分是主要的，作为非相干成分的均匀背景光是次要的，这一点在 2.5 节中已作了充分论述，并由(2.53)式给出了可观的衬比度 γ 值. 想来，目前条件下提取的双点源系非相干点源的原因，只可能是场点相位差的稳定性未得到保证. 相位差的不稳定可以导致干涉项为零，当这种不稳定性相当严重时. 普通光源就是如此.

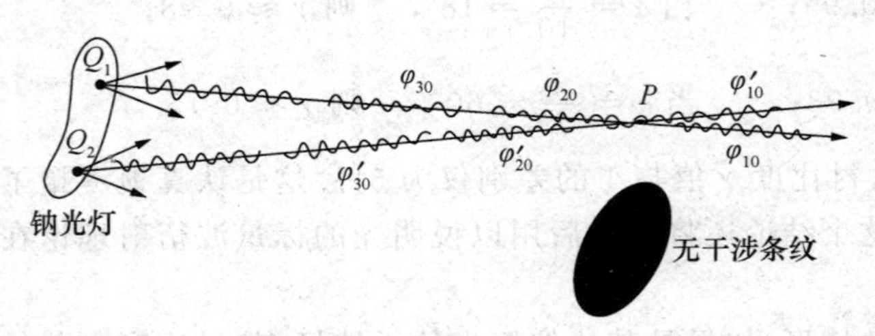

图　2.17

● 相位随机波和振幅随机波

普通光源，如钠光灯、汞灯、阳光和烛光，等等，其发光是由大量微观粒子比如原子和分子内部的自发辐射所造成的，这是个随机过程，表现为发光的断续性、无规性和独立性. 兹分述如下.

(1) 发光断续性.　从微观上看，光源持续发光的时间 τ_0 是有限的，约在 $\tau_0 \sim 10^{-8}$ s，10^{-9} s 量级. 当然，这个时间尺度还是远大于光扰动周期 $T \sim 10^{-14}$ s，由此建立起准单色光

概念(quasi-mono chromatic light),它有一个中心波长λ和一很窄的谱线宽度$\Delta\lambda$,$\Delta\lambda\ll\lambda$.既然发光断断续续,在空间展开的波列就是一段段有限长波列,波列长度$l\sim c\tau_0$,如图2.17所示.

(2) 相位无规性. 值得注意的是,相邻波列之间的相位不是连续衔接的,或者说,它们各自的初相位是不同的.比如,与点源Q_1相联系的各时段扰动的初相位$\varphi_{10}\neq\varphi_{20}\neq\varphi_{30}\neq\cdots$;与点源$Q_2$相联系的各时段扰动的初相位$\varphi'_{10}\neq\varphi'_{20}\neq\varphi'_{30}\neq\cdots$.而且,初相位值作无规高频跃变,一秒钟内变化约有$10^8$次,人们称这类波为相位随机波(phase random wave).当然,与此相联系,每段波列的振幅大小也是有涨落的,以某一振幅值为参考,在一小幅度范围内上下起伏,这被称为振幅随机波(amplitude random wave).

(3) 各点源发光的独立性. 这主要指各点源发光的初相位变化的无规性,彼此是独立的,互相是不相关的.比如,彼此间的初相位差$(\varphi_{10}-\varphi'_{10})\neq(\varphi_{20}-\varphi'_{20})\neq(\varphi_{30}-\varphi'_{30})\neq\cdots$.换句话说,彼此相位差$\delta(t)=(\varphi_0-\varphi'_0)$也是无规高频跃变的,一秒钟变化约$10^8$次量级.

对于理想单色光,其振动函数表达为

$$u(t)=a\cos(\omega t+\varphi_0),$$

对于实际准单色光,其振动函数可以表达为

$$u(t)=a(t)\cos(\omega t+\varphi_0(t)),$$

这里,ω是准单色中心圆频率,$\varphi_0(t)$,$a(t)$分别表示相位随机性和振幅随机性.不过,在我们目前研究的众多传统干涉装置或干涉仪中,更关注初相位随机量$\varphi_0(t)$,这是因为相位差$\delta(P,t)$决定了干涉项ΔI,从而决定了干涉强度的空间分布.这里可能有个疑问,初相位随时在变是什么意思;实验时计时零点只有一个,那不是仅有一个初相位吗?图2.18有助于解开这个疑惑.相位φ作为时间t的线性函数,其斜率为圆频率ω,其与纵轴φ的截距为初相位φ_0值.图中显示的那一次次持续扰动的相位函数是一段段彼此平行的直线段,但其数值忽高忽低、无规跃变,结果导致每段直线延伸到纵轴得到的截距即φ_0值,忽高忽低、无规跃变.这就是说,斜线延伸得到的φ_0值就是那一段时间光扰动的等效初相位值.图中显示等效初相位值在$(\pi—-\pi)$间无规跃变,如果将初相位值从大到小依次编序号为1,2,3,…,11,而光扰动时段先后次序为$\tau_1,\tau_2,\tau_3,\cdots,\tau_{11}$,那么与时段序列对应的初相位序号为4,1,3,9,7,5,8,10,6,2,11,这正反映了初相位$\varphi_0(t)$作无规跃变的随机性.图中还顺便在每条直线段上画出振幅不等的振荡曲线,以形象地显示与相位随机波相伴随的也是一列振幅随机波.其实,每次波列的偏振方向也是不断变化的,表现为偏振随机波,这一点在2.1节自然光的偏振结构中已经述及.

总之,普通光源内部大量原子分子体系自发辐射的随机性,导致了外部光波的断续性、无规性和独立性,这三者同出于一个根源——微观上持续发光时间τ_0有限.如果τ_0无限,则波列无限长,初相位单一、振幅单一、偏振方向也单一,这就是理想单色光(ideal monochromatic light).

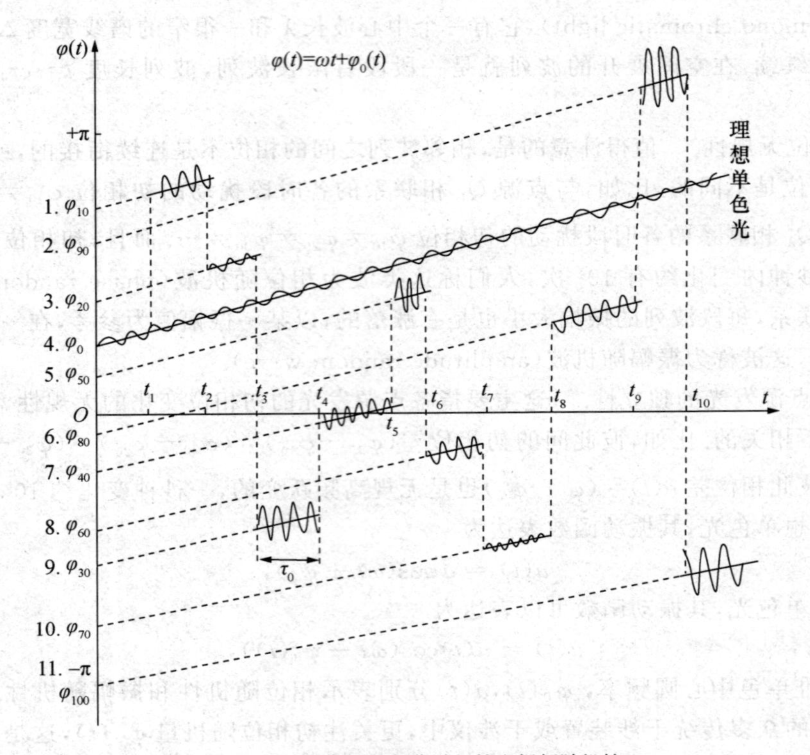

图 2.18　准单色光的相位随机性和振幅随机性

- **关注四个时间尺度**

现在回头分析图 2.17 所示实验，在同频率同振动方向得以保证的条件下，叠加场中的干涉强度分布由(2.44)式给出，不过由于点源 Q_1 与 Q_2 彼此独立、相位变化互不关联，以致干涉项中的场点相位差 δ 随时间作无规跃变，写成 $\delta(P,t)$，从而干涉强度 I 也随时间作无规跃变，写成 $I(P,t)$，即

$$I(P,t)=I_1(P)+I_2(P)+2\sqrt{I_1I_2}\cos\delta(P,t),$$

它将导致怎样的观测结果，这还取决于接收者或探测器的时间响应能力 τ——接收器可分辨的两个光脉冲的最小时间间隔. 这里有必要区分以下两种情况.

(1) 当 $\tau\gg\tau_0$.　例如，人眼 $\tau\sim10^{-1}$ s，高级照相机 $\tau\sim10^{-3}$ s，显然远远大于 $\tau_0\sim10^{-8}$ s. 当然，观测时间 Δt 总应当大于 τ，还有一个光扰动周期 T 是远小于 τ_0 的. 故目前情况下这四个时间尺度的大小顺序为 $\Delta t>\tau\gg\tau_0\gg T$，因此，观测到的光强 $I(P)$ 实际上是 $I(P,t)$ 的时间平均值，

$$I(P)=\langle I(P,t)\rangle_\tau=I_1(P)+I_2(P)+2\sqrt{I_1I_2}\langle\cos\delta(P,t)\rangle_\tau.$$

在 τ 时间中，相位差 δ 作无规跃变的次数高达 10^5 以上，以致

$$\langle\cos(P,t)\rangle_\tau=0,$$

其结果是

$$I(P) = I_1(P) + I_2(P).$$

这表明，形式上出现的干涉项，由于场点相位差的极端不稳定而不复存在，回归到非相干叠加的结果.

(2) 当 $\tau < \tau_0$. 一方面设法延长 τ_0，比如激光那样，$\tau_0 \sim 10^{-3}$ s；或者一方面设法缩短 τ，比如纳秒光电器件那样，$\tau \sim 10^{-9}$ s. 总之，在当今科技条件下，实现 $\tau < \tau_0$ 是可行的. 这时有可能每当 $\delta(P,t)$ 变动一次就拍摄到一幅干涉图，快门开关多次操作，就拍摄到一幅幅干涉图，将它们比对便发现彼此间略有位移，条纹的其他特征均无变化，如图 2.19 所示. 须知，条纹位移源于场点相移——由于点源 Q_1，Q_2 相位差的无规跃变，导致场点相位差 $\delta(P,t)$ 也作无规跃变(相移)，只因为目前探测器的时间响应能力很高，跟踪记录了这瞬变相移引起的条纹位移.

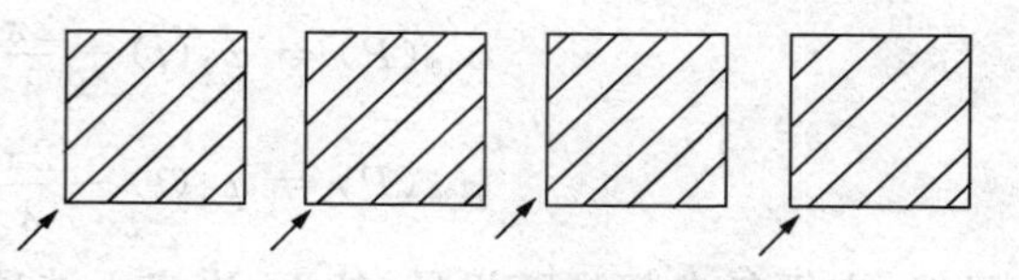

图 2.19 场点的相移导致条纹的位移

• 杨氏双孔干涉实验

其装置如图 2.20(a)所示，在准单色面光源比如钠光灯前面，置放开有一小孔的光屏，在面光源照明下这小孔成为一个点光源，发出球面光波；在其波前上再置放一个开有两个小孔的光屏，这两个小孔作为次波点源，分别发出球面波，在空间形成一交叠区；在稍远距离处置放一屏幕(xy)，其上便出现清晰可见的直条纹.

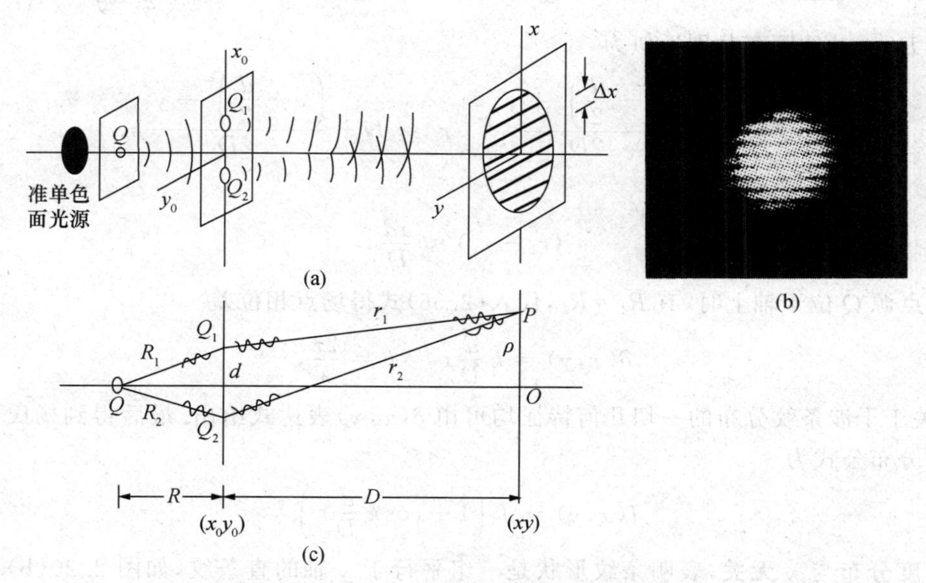

图 2.20 杨氏双孔干涉实验. (a) 装置，(b) 干涉条纹照片，(c) 光程差分析

双孔干涉实验的典型数据如下：

双孔间距 $d \sim$ mm，接收范围 $\rho \sim$ cm，双孔至屏幕距离 $D \sim$ m，所得条纹间距 $\Delta x \sim$ mm.

杨氏双孔干涉实验中，相位差的稳定性是这样被保证的. 设中心点源 Q 的初相位为 $\varphi_0(t)$，它是个随机量，因为它直接处于非相干面光源的照明空间中. 那么，如图 2.20(c)，场点 P 接收来自(QQ_1P)与(QQ_2P)的两个扰动的初相位分别为

$$\varphi_{10}(P)=\varphi_0(t)-\frac{2\pi}{\lambda}(R_1+r_1)=\varphi_{10}(P,t),$$

$$\varphi_{20}(P)=\varphi_0(t)-\frac{2\pi}{\lambda}(R_2+r_2)=\varphi_{20}(P,t),$$

显然，它俩各自都是随机量. 然而，决定干涉项的是相位差

$$\delta(P)=\varphi_{10}(P,t)-\varphi_{20}(P,t)=\frac{2\pi}{\lambda}(R_2-R_1)+\frac{2\pi}{\lambda}(r_2-r_1),\tag{2.56}$$

它却是稳定的，仅决定于光程差. 这表明上述两个随机量 $\varphi_{10}(t)$ 与 $\varphi_{20}(t)$ 彼此是相关的，表现为同步的无规跃变，这根源于它们均受 $\varphi_0(t)$ 的指挥，它在相位差 δ 中恰巧被消除了，从而保证了场点相位差的稳定性. 因此，在该实验中处于实际光源与双孔之间的那个单孔(中心点源)是必不可少的.

为了弄清干涉场的具体性质，我们可以不必从波前函数及其叠加开始推演，而是直接引用上一节给出的双光束干涉强度公式(2.52)，

$$I(P)=I_0(1+\gamma\cos\delta(P)),$$

由实验提供的典型数据，可以确认目前无论是双孔间隔 d 或接收范围 ρ，均远小于纵向距离 D，即 $d,\rho\ll D$，这无疑是满足傍轴条件的，故，对比度 $\gamma\approx1$，且点源 $Q_1\left(\frac{d}{2},0\right)$，$Q_2\left(-\frac{d}{2},0\right)$ 至场点 $P(x,y)$ 的距离分别近似为

$$r_1\approx D+\frac{\left(x-\frac{d}{2}\right)^2+y^2}{2D},\quad r_2\approx D+\frac{\left(x+\frac{d}{2}\right)^2+y^2}{2D},$$

于是

$$(r_2-r_1)\approx\frac{xd}{D},$$

当中心点源 Q 位于轴上时，有 $R_1=R_2$，代入(2.56)式得场点相位差

$$\delta(x,y)=k\frac{d}{D}x,\quad k=\frac{2\pi}{\lambda},\tag{2.57}$$

须知，关于干涉条纹分布的一切几何特征均可由 $\delta(x,y)$ 表达式给出. 最后得到杨氏双孔干涉强度分布公式为

$$I(x,y)=I_0\left(1+\cos k\frac{d}{D}x\right).\tag{2.58}$$

鉴于强度分布与 y 无关，表明条纹形状是一组平行于 y 轴的直条纹，如图 2.20(b)照片所示. 从理论上严格地考察，两点源产生的干涉场，其等相位差的场点轨迹是一族旋转双曲面，被位于与点源连线成正交方向的屏幕截取的是一组双曲线. 这一组双曲线在傍轴条件下近乎一组平行直线，目前双孔干涉场的傍轴接收，就是如此.

- **干涉条纹间距公式**

相邻亮纹或相邻暗纹之间的距离称作条纹间距 Δx，由相位差 δ 公式(2.57)可以求得条纹间距，只要令 δ 改变量 $\Delta\delta=2\pi$，对应的 Δx 便为所求的条纹间距，即

$$\Delta\left(k\frac{d}{D}x\right)=2\pi,\quad 或\quad k\frac{d}{D}\Delta x=2\pi,$$

得杨氏双孔干涉条纹间距公式

$$\Delta x=\frac{\lambda D}{d}. \tag{2.59}$$

这表明，双孔间隔越小、或纵向距离越远，则条纹间距越大；波长越长，则条纹间距越大——干涉导致分光，这是第一例. 当用白光光源比如白炽灯作双孔干涉实验时，就将出现彩色条纹对称地分布于零级亮纹两侧，其色调依次为蓝、绿、黄、红，从短波到长波，而零级亮纹的色调不变，依然为白光，因为波程差为零处，对哪一个波长而言均为相位差 $\delta=0$，相干相长均呈现光强极大. 对于杨氏双孔干涉实验，还有两点说明.

(1) 若中心小孔 Q 移至轴外，则将引起条纹的移动，但不改变条纹间距，它依然由(2.59)式确定，这是因为前场波程差(R_1-R_2)是一常数，在差值运算 Δ 操作下贡献为零.

(2) 杨氏最初确实用双孔作干涉实验，后来改进为双缝干涉实验，旨在提高条纹的亮度，因为小孔毕竟光功率太小. 为了提高亮度而又不降低衬比度，这三个缝应当严格平行且与 x_0 轴正交. 当然，这种调节总是借助干涉场的亮度和衬比度的变化来指导的. 对杨氏双缝干涉的分析依然以双孔干涉模型为基础. 当代有了高亮度、高相干性的激光束，可用以直接照明双孔而产生干涉条纹，这时前面那个单孔或单缝便可省略.

例题 在双孔干涉实验中，采用氦氖激光束，其波长为 633 nm，双孔间隔 $d\sim1$ mm，纵向距离 $D\sim2$ m，求条纹间距.

代公式(2.59)得条纹间距为

$$\Delta x=\frac{\lambda D}{d}=\frac{2\times10^3}{1}\lambda=2\times10^3\times(633\times10^{-6})\,\mathrm{mm}\approx1.3\,\mathrm{mm}.$$

它是波长的 2×10^3 倍. 我们知道，波长一量反映了光行波的空间周期性. 而条纹间距一量反映了光波叠加场中光强分布的空间周期性. 这两种周期性互为表里. 由于光波长极短、光行波的速度极快，人们无法像观察水波那样直接观测光波的空间周期性. 而通过光波干涉技术，将行波的空间周期性转化并放大为干涉强度的周期性，以稳定的干涉图样呈现出来供人们观测，而且后者周期性 Δx 一量是光波长的 $(D/d)\sim10^3$ 倍，更便于测量. 历史上，杨氏基于他发明的干涉实验第一个提出了光波长概念，并测量了七种颜色光的波长.

- **杨氏干涉实验的经典意义和现代意义**

杨氏干涉实验，以其装置之质朴、设计之精妙而实现了普通光源照明下光波的干涉，在光学发展史上作出了卓绝的贡献. 尔后相继出现的各种分波前干涉装置，均可归结为杨氏双孔或双点源干涉模型；双孔干涉实验的成功，证认了惠更斯原理中提出的次波概念的实在性，并进一步证认了波前上各次波源的相干性，这为光波衍射理论的形成准备了思想基础；

在现代光学中的若干场合，比如，光场的空间相干性，光学传递函数，光学全息术等等，或者以杨氏双孔干涉模型为基础而展开论述，或者以这模型为借鉴而加深理解某些新概念.

图 2.21 杨 (Thomas Young，1773—1829)

托马斯·杨，英国物理学家、考古学家、医生. 他遵父命就读于医学院，毕业后开业从医，但不景气，因为他的兴趣始终在物理学. 他在光学领域的贡献有：发现眼睛中晶状体的聚焦功能和眼睛散光的原因；提出人眼色视觉中的三原色理论；1801 年做了双孔和双缝干涉实验，进而首次提出波干涉与波长概念，论证了光的波动性，解释了牛顿环和薄膜颜色，测量了七种颜色的波长. 托马斯·杨多才多艺，在绘画音乐方面颇有造诣，尤其极具语言天赋. 他 14 岁就通晓希腊、拉丁、法、意、希伯来、波斯和阿拉伯等多种语言. 他破译了埃及罗塞达城出土的一块石碑的文字而成为一著名的考古学家. 这块罗塞达石碑，黑色玄武岩，尺寸为 28 cm×72 cm×114 cm，系公元前 2 世纪埃及祭司为国王歌功颂德立传树碑之作，其上部有 14 行象形文字，中部有从未见过的 32 行世俗体文字，下部有 54 行古希腊文字. 杨的贡献是释读了 86 个世俗体文字词汇；破译了王室成员 13 位中的 9 位人名；根据碑文中鸟和动物的朝向，发现了象形文字符号的读法. 这大约是在 1816 年前后的事. 当时杨对光学研究失去了信心，因为他的干涉理论遭到学界非议，甚至有人讥讽他为疯子，以致他十分沮丧. 他便利用其丰富的语言学知识，转向考古学研究，埋头于释读罗塞达石碑碑文的工作. 由于杨的这一成果，诞生了一门研究古埃及文明的新学科. 1829 年杨去世时，让人在他的墓碑上刻上这样的文字——“他最先破译了数千年来无人能解读的古埃及的象形文字”.

2.7 两束平行光的干涉场

· 干涉条纹间距公式　· 空间频率概念

· 两种典型光路——高频大角度与低频小角度

● 干涉条纹间距公式

无论从概念上或应用上看，两束平行光的干涉均有重要意义. 利用高亮度、高相干性的激光束，实现两束平行光的干涉，在当今已是平常的事了. 通常的做法是，先让细激光束经显微镜头聚焦于一针孔上，以获取较理想的点光源；通过扩束镜或准直系统成为一束宽截面的平行光；再通过一分束器得到反射平行光束和透射平行光束；最后让这两束平行光产生交叠，而出现了干涉条纹，如图 2.22 所示.

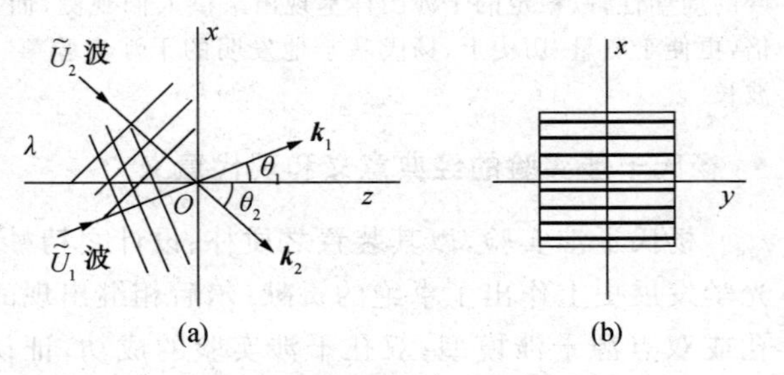

图 2.22 两束平行光的干涉(a)及其条纹(b)

设其中一束 $\widetilde{U}_1$ 波传播方向为 θ_1（向上），另一束 $\widetilde{U}_2$ 波传播方向为 θ_2（向下），

则其波前函数分别为

$$\widetilde{U}_1(x,y)=A_1\mathrm{e}^{\mathrm{i}(k\sin\theta_1\cdot x-\varphi_{10})},\quad \widetilde{U}_2(x,y)=A_2\mathrm{e}^{\mathrm{i}(-k\sin\theta_2\cdot x-\varphi_{20})},$$

交叠场中干涉强度分布为

$$I(x,y)=I_0(1+\gamma\cos\delta(x,y)),$$

其中,衬比度 γ 值决定于两束光的振幅比和偏振结构,但它不影响干涉条纹的形状和间距,后者仅取决于相位差函数

$$\delta(x,y)=\varphi_1(x)-\varphi_2(x)=k(\sin\theta_1+\sin\theta_2)x-(\varphi_{10}-\varphi_{20}),$$

可见,相位差分布与 y 无关,这意味着两束平行光的干涉条纹是严格地平行于 y 轴的直条纹. 再令相位差改变 2π,即

$$\Delta\delta=2\pi,\quad 即\quad k(\sin\theta_1+\sin\theta_2)\Delta x=2\pi,$$

得到条纹间距公式为

$$\Delta x=\frac{\lambda}{\sin\theta_1+\sin\theta_2}.\tag{2.60}$$

可见,两束平行光之夹角越小,则条纹间距越大;两束平行光之夹角越大,则条纹间距越小,条纹显得越密;当 $\theta_1\approx\theta_2\approx\pi/2$,即两列平行光对头碰时,条纹间距最小,数值为半波长,$\Delta x=\lambda/2$.

- **空间频率概念**

条纹间距的倒数被定义为空间频率(spatial frequency),记作 f,常用单位 mm^{-1},

$$f=\frac{1}{\Delta x}.\tag{2.61}$$

空间频率是个普遍性概念,凡具有空间周期性的场合,均可采取空间频率一量给予描述. 目前论及的干涉强度分布的周期性,既可以用条纹间距 Δx 描述之,也可以用空间频率描述之,与(2.60)式对应的空间频率公式为

$$f=\frac{\sin\theta_1+\sin\theta_2}{\lambda}.\tag{2.61$'$}$$

在现代波前光学中更喜欢采用空间频率一量,描述波前复振幅分布的周期性或光强分布的周期性. 比如,上述干涉强度分布公式可改写为以下形式

$$I(x,y)=I_0(1+\gamma\cos(2\pi fx+\varphi_0)).\tag{2.62}$$

当然,波前是二维的,相应的空间频率应是二元的,表示为(f_x,f_y). 这一点将在第 6 章中展开进一步的论述.

例题 1 两束相干的平行光束,传播方向角为 $\theta_1=\pi/6$,$\theta_2=\pi/4$,参见图 2.22,光波长为 633 nm,求条纹间距和空间频率.

代公式(2.60),得到条纹间距为

$$\Delta x=\frac{633\ \mathrm{nm}}{\sin\dfrac{\pi}{6}+\sin\dfrac{\pi}{4}}\approx 0.53\ \mu\mathrm{m},$$

相应的空间频率为

$$f=\frac{1}{0.53\,\mu\text{m}}\approx 1896\ \text{mm}^{-1}.$$

这是一个相当高的频率了，在 1 mm 间隔中布有近 2000 线条纹. 普通相机的胶片，其空间分辨率仅有 200 线/mm，这是不足以记录如此高频的干涉条纹的.

例题 2　欲想获得低频 $f\approx 20\ \text{mm}^{-1}$ 的干涉条纹，试问两束平行光之夹角为多少？设光波长为 633 nm.

在两平行光束之夹角 $\Delta\theta$ 较小条件下，空间频率公式(2.61′)可近似表达为

$$f=\frac{\sin\theta_1+\sin\theta_2}{\lambda}\approx\frac{\sin\Delta\theta}{\lambda}\approx\frac{\Delta\theta}{\lambda},$$

于是

$$\Delta\theta\approx f\lambda=20\times 633\ \frac{\text{nm}}{\text{mm}}\approx 0.013\ \text{rad}\approx 45'.$$

这是一个很小的夹角.

● 两种典型光路——高频大角度与低频小角度

如图 2.23，参与交叠的两平行光束之夹角可以很大，以获取高频的干涉条纹，其中 G 为分束器，通常为镀银的玻璃平晶，有半反半透性能. M_1，M_2 是两个反射镜，其背后有两个调节螺丝，以改变其倾角，从而改变平行光束的倾角. H 为记录介质.

如果要求获取低频干涉条纹，比如上一例题中给出的夹角 $\Delta\theta$ 还不到 1°，那装置图 2.23 就很难实现这一要求，这时宜采用图 2.24 所示的装置，两个分束器 G_1，G_2 和两个反射镜 M_1，M_2 分居东南西北四角，使得最终射向记录介质 H 的两束平行光几乎平行，即可以调节它俩之夹角至任意小. 若要准确地实现理论上要求的小夹角 $\Delta\theta$，简易的实验手段是，借助一个长焦距透镜，先将它替代 H 以接收两束平行光，在后焦面上获得两个分离的焦点，线间隔为 $\delta l\approx F\cdot\Delta\theta$，通过对 Δl 的鉴测而确定夹角 $\Delta\theta$ 是否达到要求. 比如，上例 $\Delta\theta\approx 0.013$ rad，选焦距长 $F\approx 200$ mm，则 $\delta l\approx 2.6$ mm，这个量值用肉眼就可以在标尺上辨认.

我们如此重视两束平行光的干涉场及其记录光路，是因为它们在光学信息处理中有重要应用，届时将直接引用这里某些结果. 在那里，将这里记录下来的干涉条纹称作余弦光栅.

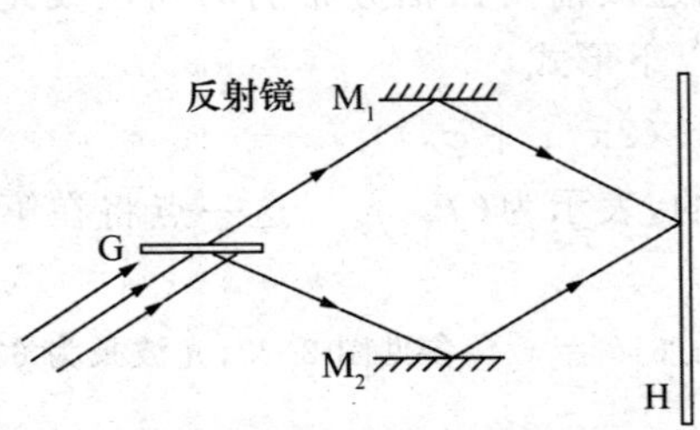

图 2.23　大角度相干以获得高频余弦光栅

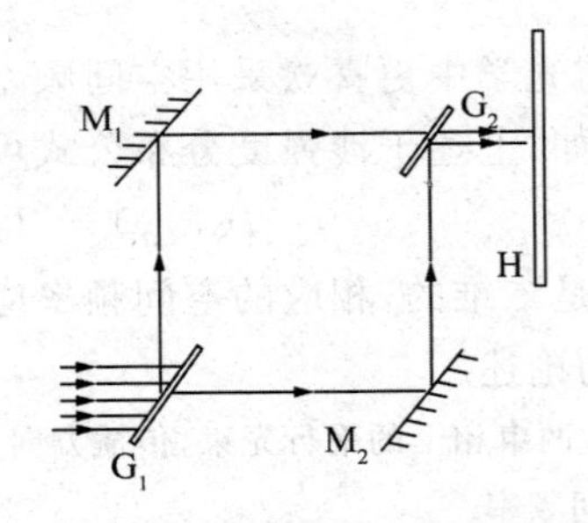

图 2.24　小角度相干以获得低频余弦光栅

2.8 光波衍射引论

· 光波衍射现象——衍射程度的三个等级 · 惠更斯-菲涅耳原理及其数学形式
· 基尔霍夫衍射积分式 · 基尔霍夫边界条件与傍轴衍射积分公式
· 衍射系统及其分类——菲涅耳衍射与夫琅禾费衍射 · 衍射巴比涅原理

● 光波衍射现象——衍射程度的三个等级

当光波遇到障碍物，将或多或少地偏离几何光学的直线传播而绕行，这种现象统称为光的衍射(diffraction of light). 衍射使光强可以波及几何阴影区内，衍射也可以使几何照明区内出现暗纹或暗斑. 总之，衍射效应使屏障以后的空间光强分布，既区别于几何光学给出的光强分布，又区别于光波自由传播时的光强分布，衍射光强有了一种重新分布.

衍射是一切波动均具有的传播行为. 先闻其声，未见其人，这是声波的衍射. 的确，在人们的日常生活中，声波衍射、水波衍射乃至广播段无线电波的衍射，随时随地发生着. 然而，光波衍射却不易为人们所觉察. 这有两点原因，一是可见光的波长极短，二是普通光源是非相干的面光源. 当我们用一束高亮度的光束，照射各种形状且线度较小的开孔或屏障时，在较远的屏幕上，将呈现一幅幅不同的衍射图样(diffraction pattern).

图 2.25 显示了各种光孔产生的衍射图样. 既要求光源是足够小的"点"，又要求在远处有足够的光强，这条件是苛刻的. 过去，人们采用炭弧灯这类强点光源，以拍摄清晰的衍射图样；当今广泛采用氦氖激光束来显示衍射现象，收到了良好的效果.

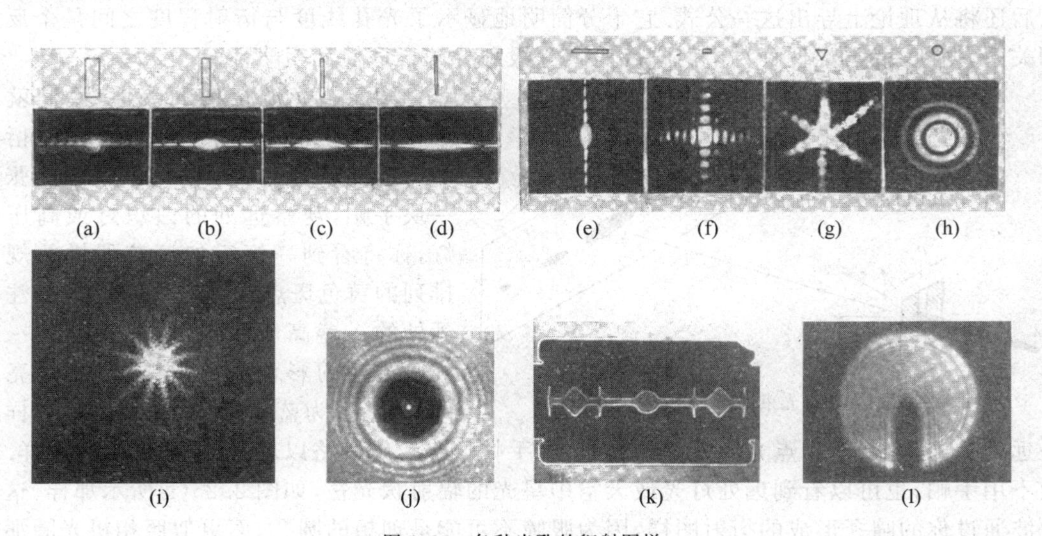

图 2.25 各种光孔的衍射图样

(a)—(d) 可调单狭缝远场衍射图样；(e)—(h) 从矩孔到圆孔远场衍射图样；(i) 多边孔(相机光圈)远场衍射图样；(j) 圆屏近场衍射图样；(k) 刮胡刀片近场衍射图样；(l) 圆孔中有尖钉近场衍射图样

衍射现象具有两个鲜明的特点. 一是，限制与扩展——当光束在衍射屏上的某一方位受到限制，则远处屏幕上的衍射光强就沿该方向扩展开来，即波具有顽强的反限制的行为特征. 二是，光孔线度 ρ 与光波长 λ 之比是一个敏感因素，它直接决定着衍射效应的强弱程度. 这大致可分为三个等级：

(1) $\rho>10^3\lambda$，衍射效应很弱，衍射现象很不明显，光近乎直线传播. 不过，影界边缘的衍射效应仍不可忽略. 衍射的边界效应总是格外明显，即使在目前光孔线度远大于光波长的情形，也是这样，它使一切几何影界失去了明锐的边缘.

(2) $10^3\lambda>\rho>\lambda$，衍射现象显著，出现了与光孔形状对应的衍射图样.

(3) $\rho\leqslant\lambda$，衍射效应过于强烈，衍射现象过于明显，向散射过渡.

其中最令人感兴趣的是(2)，这不仅因为它展现了一幅幅多姿多彩的衍射图样，可供人们观赏，而且更为重要的是这些图样与衍射屏结构一一对应，结构越细微，相应的衍射图样越扩大. 基于此而形成了“衍射结构分析学”，

微结构 ⟺ 衍射图样

上世纪 50 年代，凭借 X 光衍射而揭示出 DNA 双螺旋结构，从而诞生了分子生物学，这从物理学上看也归系为衍射结构分析学.

其实，以上对衍射程度三个等级的划分，可以用一个公式统一地理解. 参见图 2.26 所示的光衍射实验——光波长为 λ 的激光束被宽度为 ρ 的狭缝所限制，在远处接收屏上出现了衍射图样，其中心衍射斑的角宽度为 $\Delta\theta$(从狭缝处起算)，也称其为衍射发散角，它体现了衍射效应强弱的程度. 实验上发现了($\lambda,\rho,\Delta\theta$)三者的关系为

$$\rho\cdot\Delta\theta\approx\lambda. \tag{2.63}$$

以后还将从理论上导出这一公式. 它十分简明地显示了光孔线度与衍射程度之间是个反比例关系，据此，就不难理解对衍射程度三个等级划分的合理性和粗略性.

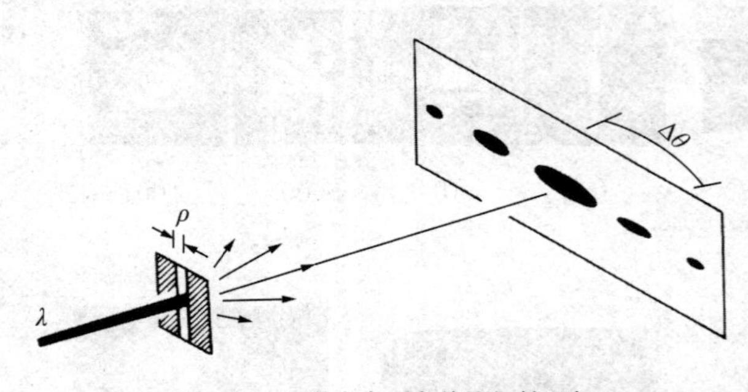

图 2.26　用激光束观察单缝衍射现象

知悉了光波衍射的秉性，我们就不难在日常生活中，捕捉到若干光波衍射的有趣现象. 比如，晚间你试在眼前张开一块手帕，观察远处的白炽灯或高压钠灯，你将看到一组宛如葵花那样的规则排列的黄色斑点. 如果你通过手帕，注视远处的一盏高压水银灯，你将看到一组规则排列的彩色斑点，自中心白色亮斑向外，依次为蓝、绿、黄色序. 这些图样都是远处的光，它近乎为点光源发出的光波，经手帕这张二维网格以后，而形成的衍射图样. 即使不用手帕，也可以看到远处灯光或天空中星光的辐射状光芒，如图 2.25(i)所示那样，这是光波通过你的瞳孔形成的衍射图样，因为眼瞳不可能是理想的圆孔，而更似照相机光圈那样的多边孔. 当你眯起眼睛收缩瞳孔时，出现的衍射光芒必定更多. 当然，面对日光灯、月亮、太阳等一类非相干面光源时，你是不可能看到它们有辐射状的衍射光芒，这是因为这些面光源上不同位置的点源形成的衍射光芒，彼此错开，非相干叠加的结果导致光强均匀化. 红太阳光芒万丈，这不是自然真实，这只是一种漫画手笔，抑或是人们心态的一种意象.

● 惠更斯-菲涅耳原理及其数学形式

历史上第一个给出求解衍射场分布理论形式的学者，是法国物理学家菲涅耳(A. J. Fresnel，1788—1827). 那是1818年的事，当时巴黎科学院举行了一次规模很大的有奖科学竞赛，以对光衍射现象的解释为这次竞赛的主题. 年轻学者菲涅耳出人意料地夺得了竞赛的优胜. 他汲取了惠更斯原理中的次波概念，并以光波干涉的思想补充了惠更斯原理，提出了"次波相干叠加"的理念，据此成功地解释了衍射现象，它为衍射现象的分析确立了一个统一的理论框架，从此光波衍射研究进入了正确轨道. 后人称之为惠更斯-菲涅耳原理的内容，可表述如下：波前上的每个面元可以看为次波源，它们向四周发射次波；波场中任一场点的扰动，是所有次波源所贡献的次级扰动的相干叠加，见图 2.27(b).

参见图 2.27(c)，设波前上任一面元 $\mathrm{d}S$ 对场点 P 贡献的次级扰动为 $\mathrm{d}\widetilde{U}(P)$，则场点的总扰动 $\widetilde{U}(P)$ 按惠更斯-菲涅耳原理应当表达为

$$\widetilde{U}(P)=\oiint_{(\Sigma)}\mathrm{d}\widetilde{U}(P). \tag{2.64}$$

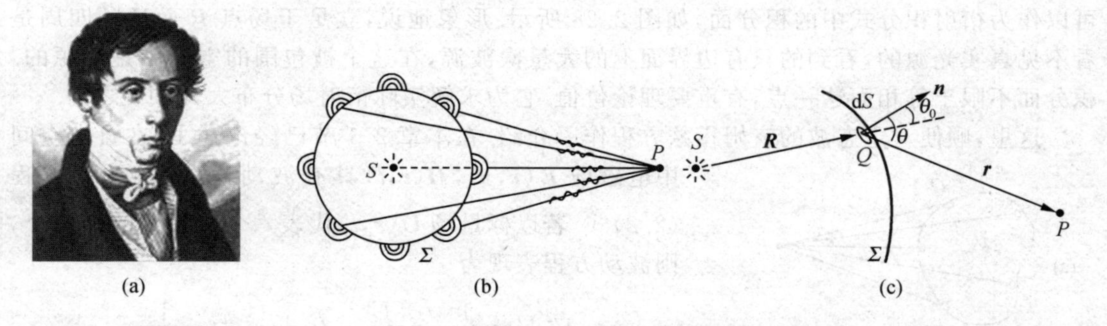

图 2.27 (a) 菲涅耳(A. J. Fresnel，1788—1827)，(b) 惠更斯-菲涅耳原理图示，(c) 对衍射积分表达式中各量的说明

基于物理上的若干基本考虑，菲涅耳进一步给出了决定 $\mathrm{d}\widetilde{U}$ 之诸多因素：

$\mathrm{d}\widetilde{U}(P)\propto \mathrm{d}S$ —— 波前上作为次波源的微分面元；

$\propto \widetilde{U}_0(Q)$ —— 次波源自身的复振幅；

$\propto \dfrac{1}{r}\mathrm{e}^{\mathrm{i}kr}$ —— 次波源发射球面波到达场点；

$\propto f(\theta_0,\theta)$ —— 倾斜因子用以表明次波面源的发射并非各向同性.

最后引入一个比例常数而写成如下形式，

$$\widetilde{U}(P)=K\oiint_{(\Sigma)}f(\theta_0,\theta)\,\widetilde{U}_0(Q)\,\frac{\mathrm{e}^{\mathrm{i}kr}}{r}\mathrm{d}S. \tag{2.65}$$

称其为菲涅耳衍射积分式，它可以作为惠更斯-菲涅耳原理的数学表达式. 这里值得一提的是，为了使得作为次波源的波前函数 $\widetilde{U}_0(Q)$ 具有广泛的普适性，我们并没有在(2.65)式中

将它写成 $\mathrm{e}^{\mathrm{i}kR}/R$ 形式，虽然这对中心光源是点源时是对的.

● 基尔霍夫衍射积分式

约六十年后的1880年，德国物理学家基尔霍夫(G. R. Kirchhoff, 1824—1887)，从定态波场的亥姆霍兹方程出发，利用矢量场论中的格林公式，在 $kr\gg1$ 即 $r\gg\lambda$ 条件下，导出了无源空间边值定解的表达式，

$$\tilde{U}(P)=\frac{-\mathrm{i}}{\lambda}\oiint_{(\Sigma)}\frac{1}{2}(\cos\theta_0+\cos\theta)\tilde{U}_0(Q)\frac{1}{r}\mathrm{e}^{\mathrm{i}kr}\,\mathrm{d}S. \tag{2.66}$$

与菲涅耳凭借朴素的物理思想所构造的衍射积分式(2.65)比较，两者主体结构是相同的. 基尔霍夫的新贡献是：

(1) 明确了倾斜因子，$f(\theta_0,\theta)=\frac{1}{2}(\cos\theta_0+\cos\theta)$. 据此，那些 $\theta>\pi/2$ 的次波面元依然对场点扰动有贡献，即闭合波前面上的各次波源均对场点扰动有贡献.

(2) 给出了比例系数，$K=-\frac{\mathrm{i}}{\lambda}=\frac{1}{\lambda}\mathrm{e}^{-\mathrm{i}\pi/2}$.

(3) 指出波前面(Σ)并不限于等相面，凡是隔离实在的点光源与场点的任意闭合面，都可以作为衍射积分式中的积分面，如图2.28所示. 形象地说，立足于场点 P 而环顾四周是看不见真实光源的，看到的只有边界面上的大量次波源，在这个被包围的空间中是无源的. 积分面不限于等相面这一点，有重要理论价值. 它为求解实际衍射场分布大开方便之门.

这里，顺便对定态波的亥姆霍兹方程作一介绍. 在本章2.1节已经论述了，在自由空间中电磁场 $\boldsymbol{E}(\boldsymbol{r},t)$，$\boldsymbol{H}(\boldsymbol{r},t)$ 具有波动性，满足波动方程(2.2)式. 若以标量场 $\tilde{U}(\boldsymbol{r},t)$ 代表六个分量中的任一个，则波动方程表现为

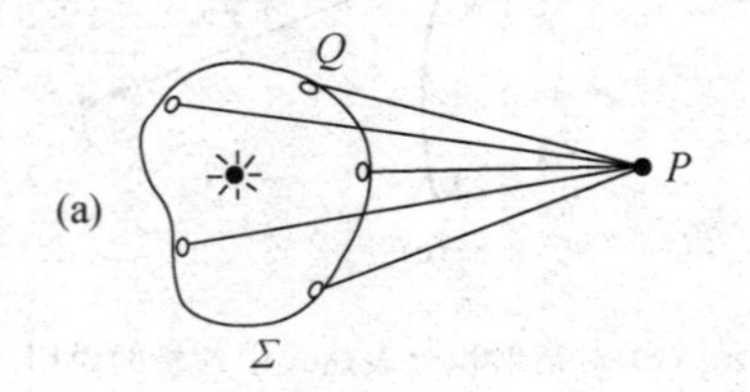

$$\nabla^2\tilde{U}-\frac{1}{v^2}\cdot\frac{\partial^2\tilde{U}}{\partial t^2}=0,\quad v^2=\frac{1}{\varepsilon\varepsilon_0\mu\mu_0}.$$

而定态波函数的一般形式为

$$\tilde{U}(\boldsymbol{r},t)=\tilde{U}(\boldsymbol{r})\mathrm{e}^{-\mathrm{i}\omega t},$$

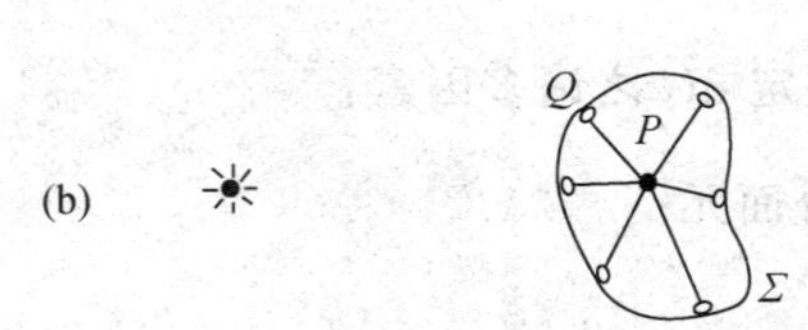

这意味着，定态波场中每点均作谐振动且各点频率相同，而复振幅 $\tilde{U}(\boldsymbol{r})$ 是稳定的，仅与位置有关，而与时间无关. 代入以上波动方程，得到

$$\left(\nabla^2\tilde{U}(\boldsymbol{r})+\frac{\omega^2}{v^2}\tilde{U}(\boldsymbol{r})\right)\mathrm{e}^{-\mathrm{i}\omega t}=0,$$

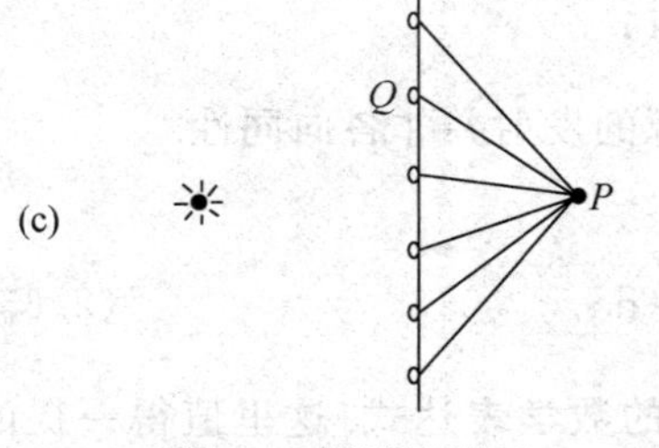

图2.28　衍射积分面——闭合波前的几种选择

考量到波速 $v=\omega/k$，上式简化为 $(\nabla^2\tilde{U}+k^2\tilde{U})=0$，人们更喜欢写成以下形式

$$(\nabla^2+k^2)\tilde{U}=0. \tag{2.67}$$

这便是经常被提到的亥姆霍兹(Helmholtz)定态波方程. 据此，可以进一步确认

平面波形式解 $\widetilde{U}(\boldsymbol{r},t)=A\mathrm{e}^{\mathrm{i}\boldsymbol{k}\cdot\boldsymbol{r}}\cdot\mathrm{e}^{-\mathrm{i}\omega t}$， 球面波形式解 $\widetilde{U}(\boldsymbol{r},t)=\frac{a_1}{r}\mathrm{e}^{\mathrm{i}kr}\cdot\mathrm{e}^{-\mathrm{i}\omega t}$，均满足亥姆霍兹方程.

- **基尔霍夫边界条件与傍轴衍射积分公式**

菲涅耳提出的次波相干叠加的衍射原理,显然不是为了给出自由传播的光场,而是为了求解光通过屏障以后的衍射场. 为了将衍射积分面为闭合波前转换为有限的光孔面,基尔霍夫提出了关于边界条件的假设,参见图 2.29,取闭合面

$$(\Sigma)=\Sigma_0+\Sigma_1+\Sigma_2,$$

其中 Σ_0 为光孔面,Σ_1 为光屏面,Σ_2 为无穷远半球面. 基尔霍夫提出:

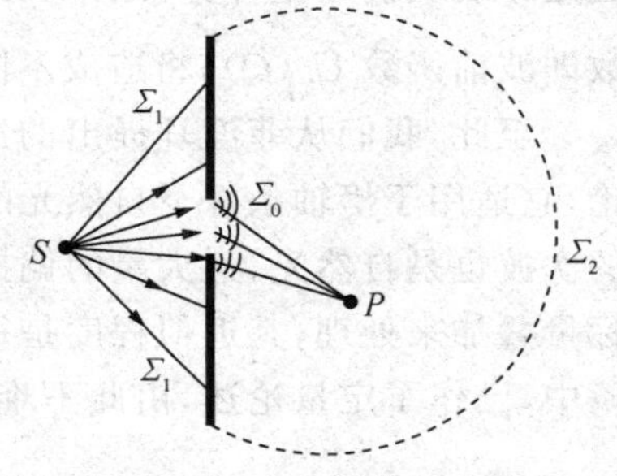

图 2.29 说明基尔霍夫边界条件

(1) 无穷远面(Σ_2)上的波前对场点的贡献为零,即 $\widetilde{U}_2(P)=0$.

(2) 光屏面(Σ_1)是对光的反射和吸收,其上波前函数为零,它对场点无贡献,即 $\widetilde{U}_1(P)=0$.

(3) 只有光孔面(Σ_0)的波前对场点有贡献,且假设其波前函数 $\widetilde{U}'_0(Q)$ 等于无屏障时自由传播的光场 $\widetilde{U}_0(Q)$,即 $\widetilde{U}'_0(Q)=\widetilde{U}_0(Q)$.

据此,衍射积分面便只限于光孔面(Σ_0),衍射积分式简化为

$$\widetilde{U}(P)=\frac{-\mathrm{i}}{\lambda}\iint_{(\Sigma_0)}f(\theta_0,\theta)\,\widetilde{U}_0(Q)\,\frac{1}{r}\mathrm{e}^{\mathrm{i}kr}\,\mathrm{d}S. \tag{2.68}$$

基尔霍夫边界条件的假设,其内容的主要方面是合理和正确的,但从严格的电磁波理论审视,它有不自洽和不严格之处. 比如,光屏面上的光场为零,而一旦过边缘进入光孔就有了光场,这种场的突变,是不满足电磁场边值关系的;与此相关,屏障材料或是金属或是介质,不可能不影响光孔面上的光场分布,认为此时的光场依然是无屏障时的自由光场,这就欠妥了;还有,无穷远处那里的波前函数虽然趋于零,但其积分面也是无穷大,积分结果对场点的贡献是否为零,结论并不显然.

严格的光波衍射理论应当是高频电磁场的矢量波衍射理论. 严格理论下的边界情况与基尔霍夫边界条件给出的场分布的显著差别,仅局限于光孔边缘邻近区域、波长量级的范围内. 由于光波长往往远小于光孔线度,故采用基尔霍夫边界条件计算远处 $r\gg\lambda$ 区域的衍射场,与实际情况的偏差不大,实验观测也证认了这一点.

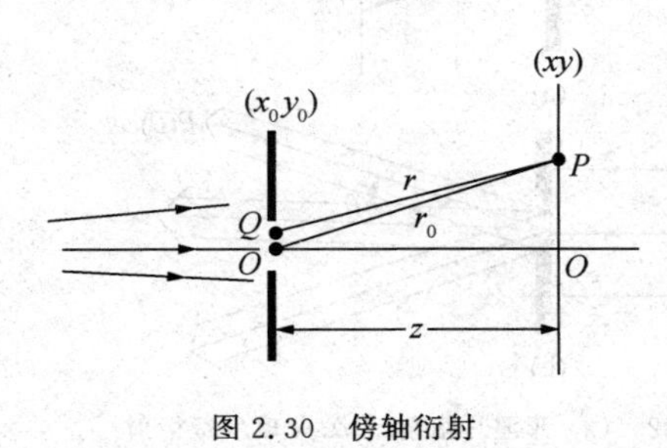

图 2.30 傍轴衍射

更常见的情况是在傍轴条件下求解衍射场,参见图 2.30. 设光屏面(x_0y_0)的坐标原点为 O,其上次波源

$Q(x_0, y_0)$，场点 $P(x,y)$. 所谓傍轴条件是指倾角 $\theta_0, \theta \leqslant 0.5\,\text{rad}$，于是

$$\text{倾斜因子}\ \frac{1}{2}(\cos\theta_0 + \cos\theta) \approx 1, \qquad \text{球面次波函数}\ \frac{1}{r}\mathrm{e}^{\mathrm{i}kr} \approx \frac{1}{r_0}\mathrm{e}^{\mathrm{i}kr},$$

得到傍轴条件衍射积分公式，

$$\widetilde{U}(P) = \frac{-\mathrm{i}}{\lambda r_0} \iint_{(\Sigma_0)} \widetilde{U}_0(Q)\mathrm{e}^{\mathrm{i}kr}\,\mathrm{d}S. \tag{2.69}$$

这是今后我们定量计算衍射场的常用公式. 此式表明，不同的光孔形状(Σ_0)，或不同的瞳函数即波前函数 $\widetilde{U}_0(Q)$，将造成不同的衍射场，而积分核 $\mathrm{e}^{\mathrm{i}kr}$ 总是这个形式.

至此，我们从菲涅耳提出的次波相干叠加的衍射原理出发，建立了光的标量波衍射理论，它适用于傍轴条件下自然光的衍射. 按理说，若光源发射自然光，则其波前上次波源发射的次波也是自然光，这大量的偏振结构为自然光的次波，在傍轴条件下的相干叠加，可以用标量叠加来处理，其近似程度是很好的，这一点，在 2.5 节关于相干叠加的两个补充条件一段中，已作了定量论述，由此不难理解标量波衍射理论的适用条件.

- **衍射系统及其分类——菲涅耳衍射与夫琅禾费衍射**

凡是使波前上的复振幅分布发生改变的物结构，统称为衍射屏. 衍射屏的品种是多种多样的，有透射屏，也有反射屏；有诸如单缝、矩孔、圆孔等一类中间开孔型的，也有小球、细丝、墨点、颗粒等一类中间闭光型的；有光栅、波带片等一类周期结构，也有包含景物、数码、字符等信息的黑白底片这类复杂的非周期结构；还有如透镜等一类相位型的衍射屏.

以衍射屏为界，整个衍射系统分成前后两部分，如图 2.31 所示. 前场为照明空间，充满照明光波；后场为衍射空间，充满衍射光波. 照明光波比较简单，常用球面波或平面波，这两种波的等相面与等幅面是重合的，属于均匀波，其波场中没有因光强起伏而出现的图样. 衍射光波比较复杂，它不是单纯的一列球面波或一列平面波，其等相面与等幅面一般不重合，属于非均匀波，其波场中常有光强起伏而形成衍射图样.

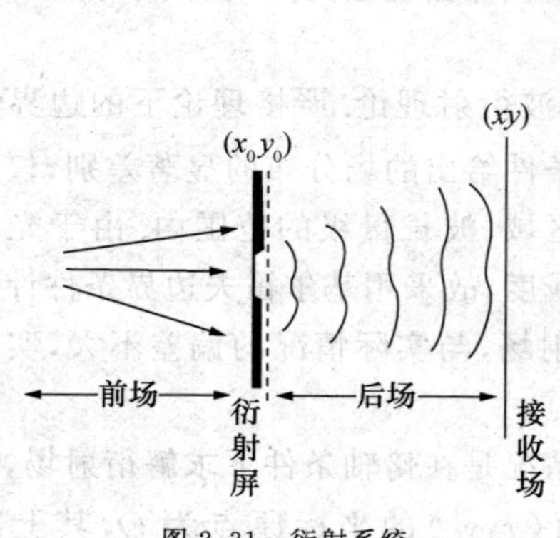

图 2.31 衍射系统

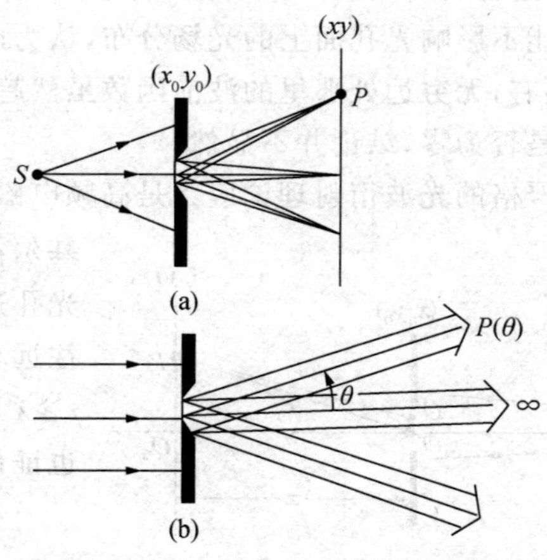

图 2.32 (a) 菲涅耳衍射，(b) 夫琅禾费衍射

在无成像的衍射系统中，通常按光源、衍射屏、接收屏三者之间距离的远近而将衍射(系统)分为两大类，参见图 2.32. 一类是菲涅耳衍射(Fresnel diffraction)，指的是光源—衍射屏、衍射屏—接收屏之间的距离均为有限远，或其中之一是有限远的场合，或者说，球面波照明时在有限远处接收的是菲涅耳衍射场. 另一类是夫琅禾费衍射(Fraunhofer diffraction)，指的是衍射屏与两者的距离均是无限远的场合，或者说，平面波照明时在无穷远接收的是夫琅禾费衍射场. 概略地看，菲涅耳衍射是近场衍射，而夫琅禾费衍射是远场衍射. 不过，在成像衍射系统中，与照明用的点光源相共轭的像面上的衍射场也是夫琅禾费衍射场，此时，衍射屏与点光源或接收屏之距离在现实空间看，都是很近的. 这一结论将在第 6 章 6.11 节中给出证明. 从理论上看，夫琅禾费衍射显然是菲涅耳衍射的一种特殊情形，而实际上却更为人们所重视，这是因为夫琅禾费衍射场的理论计算较为容易、应用价值又很大，而实验上又不难实现. 尤其是，现代变换光学中傅里叶光学的兴起，赋予经典夫琅禾费衍射以新的现代光学的意义——傅里叶光学是以夫琅禾费衍射为枝杈而生长出来的.

图 2.33 显示了方孔衍射图样及其变化.

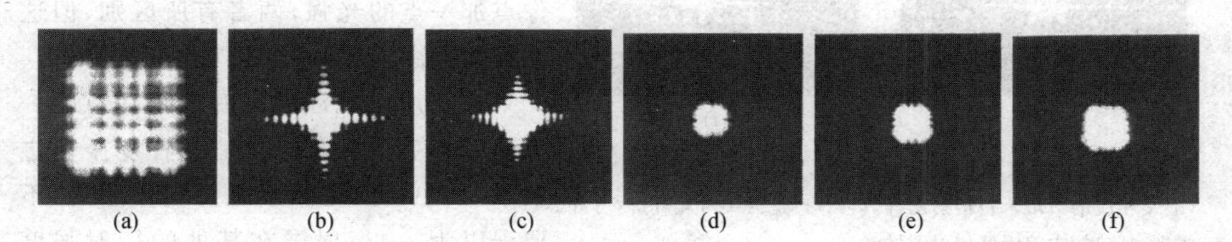

图 2.33 (a) 一个典型的方孔菲涅耳衍射花样；(b)—(f) 方孔由小变大的衍射花样——表现出由夫琅禾费衍射到菲涅耳衍射直至几何光学近似的过渡

- **衍射巴比涅原理**

如图 2.34 所示，Σ_a 与 Σ_b 是一对透光率互补的屏面，现将它们作为衍射屏先后插置于衍射系统中. 设 Σ_a 屏造成的衍射场为 $\widetilde{U}_a(P)$，其互补屏 Σ_b 造成的衍射场为 $\widetilde{U}_b(P)$，而光波通行无阻时全波前 Σ_0 对应的自由光场为 $\widetilde{U}_0(P)$. 因为

$$\Sigma_a + \Sigma_b = \Sigma_0,$$

根据衍射积分(面积分)公式得

$$\widetilde{U}_a(P) + \widetilde{U}_b(P) = \widetilde{U}_0(P), \qquad (2.70)$$

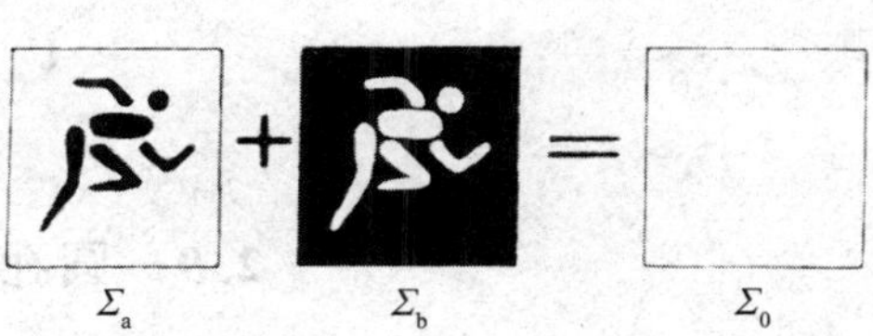

图 2.34 巴比涅原理中的一对互补屏

这一反映两个孔型互补屏产生的两个衍射场之关系的方程，称作巴比涅原理(Babinet principle). 该原理的理论价值在于，如果已经求得某一孔型屏的衍射场，则应用巴比涅原理，就能直接求得其互补屏的衍射场，而不必从原始的衍射积分公式出发，这是因为自由光场 $\widetilde{U}_0(P)$事先是容易知道的. 据此，我们可以由单缝衍射场，直接导出细丝衍射场；由圆孔衍射场，直接导出圆屏衍射场；等等.

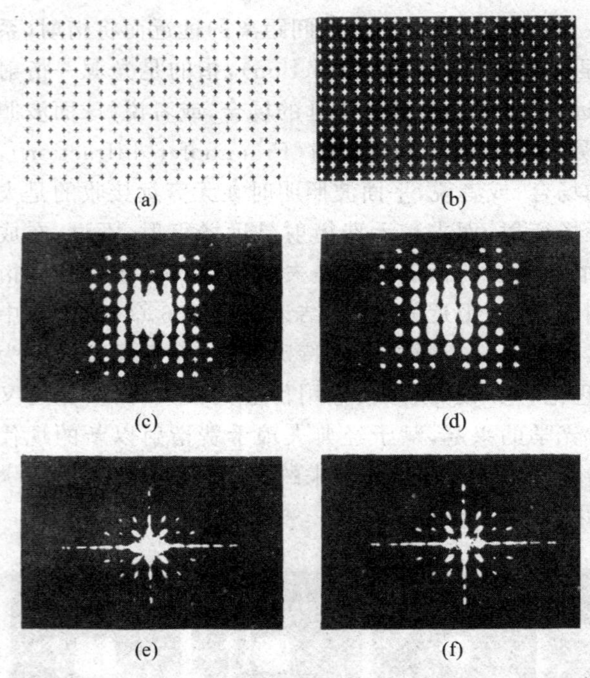

图 2.35　巴比涅原理的实验显示，(a)，(b)是一对互补屏，(c)，(d)是相应的夫琅禾费衍射图样，(e)，(f)是另一对互补屏(方孔规则列阵)的夫琅禾费衍射图样

应用巴比涅原理于夫琅禾费衍射尤显其优越. 在平行光照明时，其自由光场聚焦于透镜的后焦点，即轴外自由光场为零，$\widetilde{U}_0(P)=0$. 根据巴比涅原理(2.70)式，此时两个互补屏的光场关系为

$$\widetilde{U}_a(P)=-\widetilde{U}_b(P),$$

即

$$I_a(P)=I_b(P),$$

这表明在平行光照明下，两个互补屏在后焦面上产生的夫琅禾费衍射强度分布是完全相同的，看起来是两幅相同的衍射图样，如图 2.35 所示；不同的仅仅是像点那一点的光强，两者有所区别，但这无损大局.

在应用巴比涅原理时值得注意的一点是，(2.70)式给出的是三者复振幅之关系，其中相位差因素是要起作用的. 不要误以为，一衍射屏在某处的衍射强度是亮的，其互补屏在该处的衍射强度就是暗的. 实际上两者在同一点产生的衍射光强均为亮，或均为暗，都是可能的，这不违背巴比涅原理. 图 2.36 以矢量图解方法，形象地显示了巴比涅原理——三者是三角关系.

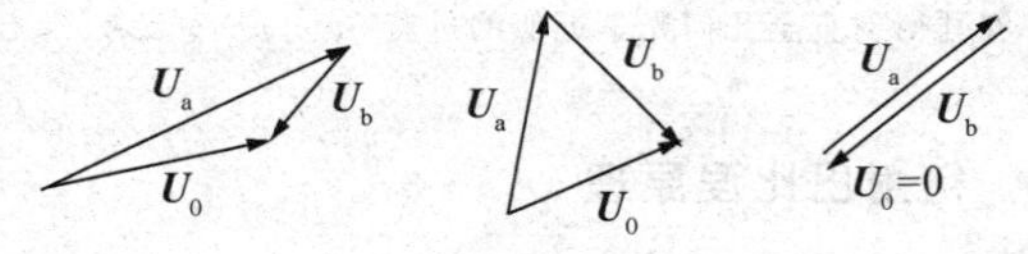

图 2.36　巴比涅原理的矢量图解

$$\boldsymbol{U}_a+\boldsymbol{U}_b=\boldsymbol{U}_0. \tag{2.71}$$

2.9　圆孔和圆屏菲涅耳衍射

- 衍射图样及其特征　• 半波带方法——对波前次波源的一种特殊编组方式
- 对圆孔衍射现象的说明　• 半波带半径 ρ_k 公式　• 细致的矢量图解——螺旋式曲线
- 对圆屏衍射泊松斑的说明　• 泊松斑成像——无透镜成像术
- 特例验证——菲涅耳原理和基尔霍夫衍射积分式
- 圆孔菲涅耳衍射轴上光强变化函数

• 衍射图样及其特征

显示圆孔、圆屏菲涅耳衍射的实验装置如图 2.37. 其中三个几何量的典型数据为

$$\rho \sim \mathrm{mm}, \quad R \sim \mathrm{m}, \quad b \sim 1\text{—}10\,\mathrm{m}.$$

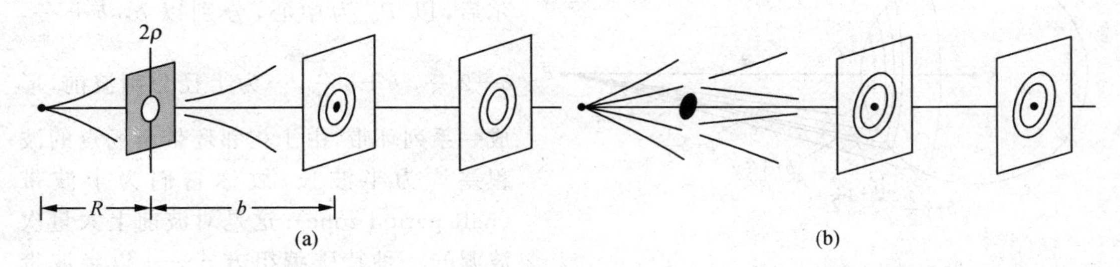

图 2.37 (a) 圆孔菲涅耳衍射，(b) 圆屏菲涅耳衍射

正如预料的那样，呈现的衍射图样均为同心环，这是因为该系统具有轴对称性. 对于圆孔，其轴上光强 $I(P_0)$ 的变化特点是，当圆孔半径 ρ 由小扩大而保持接收屏距离 b 不变时，则 $I(P_0)$ 作周期性变化，时暗时亮，对 ρ 变化反应极其敏感，见图 2.38；若 ρ 不变而 b 由近及远，则 $I(P_0)$ 也发生周期性变化，但对 b 变化的反应相当迟钝，也许屏幕移远 1.2 m 才注视到中心强度由暗变亮；当 b 很大时，$I(P_0)$ 不再起伏. 令人惊奇的是，圆屏衍射不论 ρ 变或 b 变，中心总存在一个亮斑. 正是这个亮斑，使菲涅耳衍射原理由被怀疑转而被信服. 1818 年，法兰西科学院发起的悬赏征文，主题是“对光的衍射现象的说明”，评委由拉普拉斯、毕奥、泊松、阿拉戈和盖-吕萨克组成，前三位均信奉光的微粒说. 在菲涅耳提出以“次波相干叠加”说明光波衍射之后，数学家泊松立即据此原理计算出，圆屏衍射中心竟会是一亮斑，这不可思议，以此否定菲涅耳原理的正确性. 实验物理学家阿拉戈立即作了实验，发现了圆屏衍射图样中心确有亮斑. 理论与实验出乎意料的一致，使菲涅耳关于光波概念和光波衍射原理，得到了普遍的承认和赞赏，菲涅耳因此而获头奖. 这个历史上曾引人注目的亮斑，被后人称作泊松斑(Poisson spot)，见图 2.25(j).

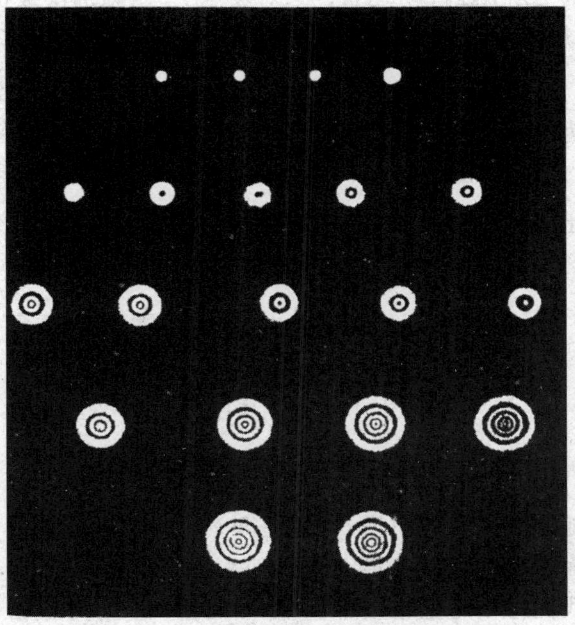

图 2.38 圆孔半径自小变大的菲涅耳衍射图

● **半波带方法——对波前次波源的一种特殊编组方式**

如图 2.39 所示，以点源 S 为中心，以 R 为半径作一个闭合球面作为波前，点源与场点 P_0 的连线通过该波前 M_0 点，$\overline{M_0P_0}=b$；尔后，以 P_0 为中心，分别以 b，$b+\frac{\lambda}{2}$，$b+2\frac{\lambda}{2}$，$b+3\frac{\lambda}{2}$，…为半径分割波前，形成一系列环带，由于相邻环带至场点的波程差均为半波长，故称它们为半波带(half-period zone). 这是对波前上大量次波源的一种特殊编组方式——以半波带为单元处理相干叠加. 设半波带面积依次为 $\Delta\Sigma_1,\Delta\Sigma_2,\cdots,\Delta\Sigma_k,\cdots$，对场点 P_0 贡献的次级扰动依次为 $\Delta\tilde{U}_1,\Delta\tilde{U}_2,\cdots,\Delta\tilde{U}_k,\cdots$，则总扰动为

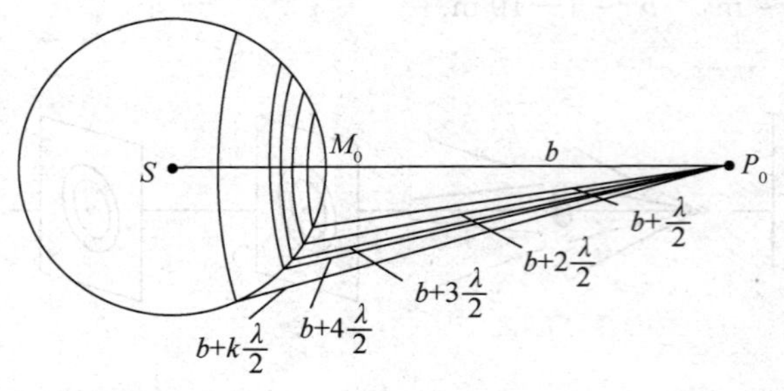

图 2.39　分割波前的半波带方法

$$\tilde{U}(P_0)=\sum\Delta\tilde{U}_k.$$

为此，需要分析各半波带所贡献的各次级扰动之间的相位关系和振幅关系.

(1) 相位关系.　考量到各半波带(次波源)至 P_0 点的波程差递增 $\lambda/2$，且各半波带均处于一等相面上，故它们贡献的场点扰动的相位依次递增 π. 设 $\Delta\tilde{U}_1=A_1$，则

$$\Delta\tilde{U}_2=-A_2,\ \Delta\tilde{U}_3=A_3,\ \cdots,\ \Delta\tilde{U}_k=(-1)^{k+1}A_k,$$

$$\tilde{U}(P_0)=A_1-A_2+A_3-\cdots+(-1)^{k+1}A_k+\cdots$$

(2) 振幅关系.　根据菲涅耳的衍射原理，

$$A_k\propto f(\theta_k)\cdot\frac{\Delta\Sigma_k}{r_k},\quad f(\theta_k)=\frac{1}{2}(1+\cos\theta_k),\quad \cos\theta_0=1,$$

其中，第 k 个半波带与场点的距离 $r_k=b+k\frac{\lambda}{2}$，随序数 k 增加而增长，这是显然的，但是半波带面积 $\Delta\Sigma_k$ 随 k 的变化趋势，就不那么直观了. 让我们仔细考量半波带面积，参见图 2.40，对球帽面积作一微分运算，从而导出环带面积 $\mathrm{d}\Sigma$：

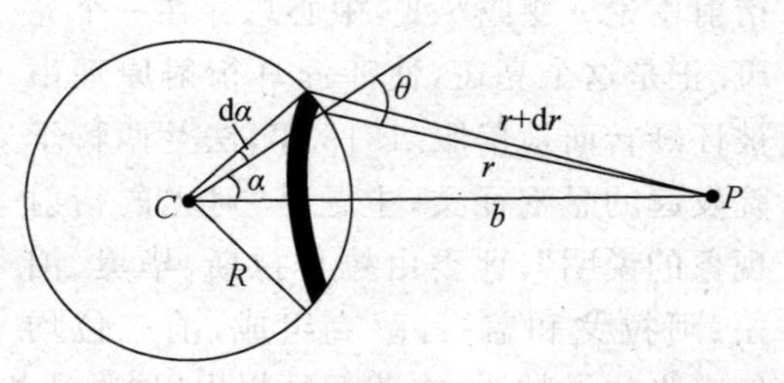

图 2.40　考量环带面积

由球帽面积公式 $\Sigma=2\pi R^2(1-\cos\alpha)$，和三角形余弦定理 $\cos\alpha=\dfrac{R^2+(R+b)^2-r^2}{2R(R+b)}$，得到

$$\mathrm{d}\Sigma=2\pi R^2\sin\alpha\,\mathrm{d}\alpha,\quad \sin\alpha\,\mathrm{d}\alpha=\frac{r\mathrm{d}r}{R(R+b)},$$

于是 $\mathrm{d}\Sigma=\dfrac{2\pi R}{(R+b)}r\mathrm{d}r\propto r$，竟与距离 r 成正比，这是始料不及的. 不过，我们更关注

$$\frac{d\Sigma}{r} = \frac{2\pi R}{(R+b)}dr, \tag{2.72}$$

恰与 r 无关. 当然实际上的半波带分割,不是严格数学意义上的微分操作,不过,由于 $R,b \gg \lambda$,几乎是光波长的 10^6 倍,故以 $\Delta r = \lambda/2$ 代入 dr 的近似程度是很好的,于是有

$$\frac{\Delta\Sigma_k}{r_k} \approx \frac{\pi R\lambda}{R+b}, \quad 与 k 无关. \tag{2.73}$$

剩下影响振幅的因素仅是倾斜因子$(1+\cos\theta_k)$. 结论是,A_k 随序数 k 增加,按$(1+\cos\theta_k)$函数而极其缓慢地下降. 其下降缓慢之程度,通过一个数值计算的实例便可了然. 设

$$\lambda \sim 600\,\text{nm}, \quad R \sim 1\,\text{m}, \quad b \sim 1\,\text{m}, \quad k = 10^4,$$

则 $k\dfrac{\lambda}{2} = 3\,\text{mm} \ll R,b$,

$$\cos\theta_k = \frac{(R+b)^2 - R^2 - \left(b + k\dfrac{\lambda}{2}\right)^2}{2R\left(b+k\dfrac{\lambda}{2}\right)} \approx \frac{1-\dfrac{k\lambda}{2R}}{1+\dfrac{k\lambda}{2b}} \approx 1 - \frac{k\lambda}{2}\left(\frac{1}{R}+\frac{1}{b}\right) = 1 - 0.006.$$

与第一个半波带相比,$\cos\theta_1 = 1$,$f(\theta_1) = 1$;而 $f(\theta_k) \approx 1 - 0.003$. 这就是说,第 10^4 个半波带所贡献的 A_k,比第 1 个半波带贡献的 A_1,仅少 0.3%. 这是一个多么慢变的趋势.

根据以上相位分析和振幅分析,画出相干叠加矢量图 2.41,本来这些振幅矢量是从 O 点出发,直上直下地取向,为了画面能清晰地显示叠加过程,该图有意沿水平方向平移展开. 现在的情形是未有圆孔屏障,波前是完整的,系自由传播,由矢量图可得自由光场的振幅

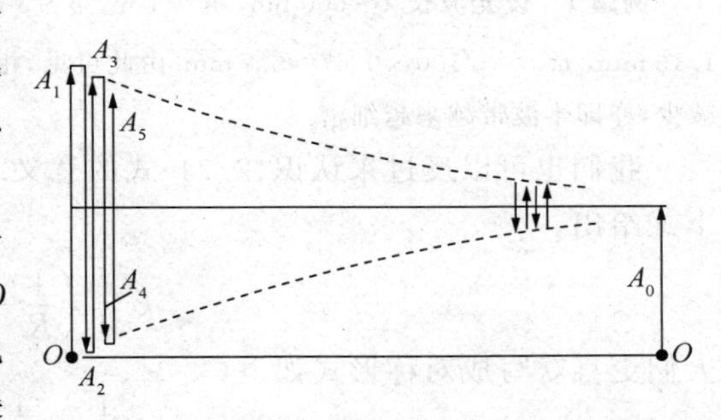

图 2.41 采取半波带方法时的相干叠加矢量图解

$$A_0 = \frac{1}{2}A_1, \quad 或 \quad A_1 = 2A_0.$$

今后,我们选自由光场的光强 $I_0 = A_0^2$ 作为参考值,用以度量衍射光强.

- **对圆孔衍射现象的说明**

设圆孔露出 k 个半波带. 若 k 为偶数,则

$$\widetilde{U}(P_0) = A_1 - A_2 + A_3 - A_4 + \cdots - A_k \approx 0, \quad I(P_0) \approx 0,$$

即轴上衍射光强为零,中心为暗斑;若 k 为奇数,则

$$\widetilde{U}(P_0) = A_1 - A_2 + A_3 - A_4 + \cdots + A_k \approx A_k \approx A_1 = 2A_0,$$
$$I(P_0) = 4A_0^2 = 4I_0,$$

即轴上衍射光强 4 倍于自由光强,中心为亮斑. 比如,圆孔只露出一个半波带,其产生的衍射光强竟是全部半波带贡献的 4 倍. 局部效应可能大于整体效应——这是相干叠加的特有性质.

- **半波带半径 ρ_k 公式**

参见图 2.42,由几何三角关系,

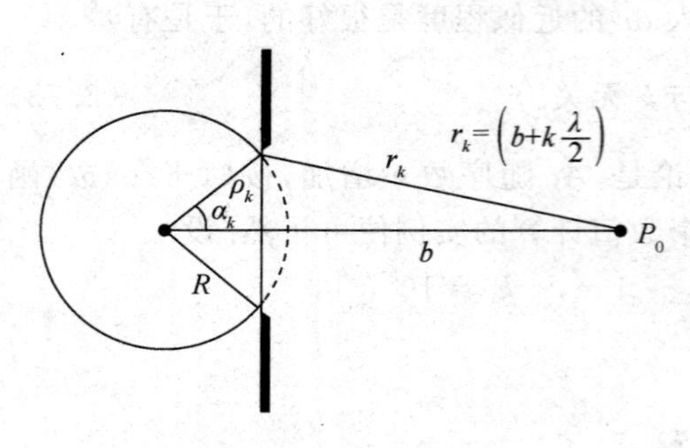

图 2.42　导出半波带半径公式

$$\rho_k = R\sin\alpha_k = R\sqrt{1-\cos^2\alpha_k},$$

$$\cos\alpha_k = \frac{R^2+(R+b)^2-\left(b+k\dfrac{\lambda}{2}\right)^2}{2R(R+b)},$$

考量到 $k\lambda \ll R, b$,相应地 $\rho \ll R, b$,在余弦函数展开式中,忽略 $(k\lambda)^2$ 项,求得圆孔半径 ρ_k 公式为

$$\rho_k = \sqrt{k\frac{Rb\lambda}{R+b}} = \sqrt{k}\,\rho_1,\quad \rho_1 = \sqrt{\frac{Rb\lambda}{R+b}}. \tag{2.74}$$

其实,该式并不限于 k 是整数,它表明圆孔半径 ρ 与 k 数的关系,也适用于 k 为任意非整数.

例题 1　设光波长 $\lambda \sim 600$ nm, $R\sim 1$ m, $b\sim 3$ m,应用(2.74)式得 $\rho_1 \approx 0.67$ mm, $\rho_3 = \sqrt{3}\times 0.67 \approx 1.16$ mm, $\rho_{100} = \sqrt{100}\times 0.67 \approx 6.7$ mm. 由此可见,相邻两个半波带半径之差 $\Delta\rho_k = \rho_{k+1} - \rho_k$,随 k 数增加而减少,亦即半波带越来越细密.

我们也可以反过来认识(2.74)式的意义. 当圆孔半径 ρ 给定,它所含的半波带数目 k 由下式给出,

$$k = \left(\frac{1}{R}+\frac{1}{b}\right)\cdot\frac{\rho^2}{\lambda}, \tag{2.75}$$

人们更喜欢写成对称形式如下,

$$\frac{1}{R}+\frac{1}{b} = k\frac{\lambda}{\rho^2}. \tag{2.76}$$

据此,可以说明,当屏幕由近及远即 b 值增加时,则 k 数减少,时而为奇数、时而为偶数,即轴上光强时而亮、时而暗,沿纵向衍射场呈现周期性变化. 那么,当 b 越来越远而趋向无穷远时,是否 k 数越来越小,以至 $k<1$,甚至 $k\to 0$. 试看以下例题将有助于理解这个问题.

例题 2　设 $\lambda\sim 600$ nm, $\rho \sim 2.00$ mm, $R\sim 1$ m. 试问该圆孔包含的半波带数目最少是几个?

利用(2.75)式且令 $b\to\infty$,得最少半波带数为

$$k_{\mathrm{m}} = \frac{\rho^2}{R\lambda} = \frac{(2.0)^2}{(1\times 10^3)\times(600\times 10^{-6})} \approx 6.7,$$

这个数接近一奇数 7. 该圆孔严格地包含 7 个半波带时的纵向距离应为

$$b_7 = \frac{R\rho^2}{7\lambda R-\rho^2} = \frac{10^3\times 4}{7\times 600\times 10^{-6}\times 10^3 - 4}\ \mathrm{mm} \approx 20\ \mathrm{m}.$$

这说明,在 20 m 远接收时,中心为亮斑;此后,即使屏幕移开很远很远,k 数只是从 7 减为 6.7,中心还近乎是一个亮斑. 如此想来,k_{m} 数是个偶数或接近偶数的情形也是可能. 如是,则屏幕在足够远以外开始,中心处出现暗斑,且这样的暗斑一直存在. 这些特性均根源于 R 有限,即球面波照明圆孔. 若用平行光照明圆孔,即 $R\to\infty$,则 $k_{\mathrm{m}}=0$,不论圆孔半径 ρ 的大小. 这说明此时在 b 足够远处,圆孔上各次波源到场点的光程差,远远小于一个波长,直至 $b\to\infty$ 成为等光程,圆孔菲涅耳衍射过渡到夫琅禾费衍射. 以上分析是定性

的，因为我们并未计较自由光强随轴距 b 的变化，它将随 b 的增加而下降. 本节最后一段将对圆孔衍射轴上强度 $I(b)$ 函数给出解析表示.

● 细致的矢量图解——螺旋式曲线

半波带分割，是对波前大量次波源的一种特殊编组方式，也是一种粗视化处理方式，它对于圆孔包含整数个半波带情形是有用的. 对于更为一般的 k 为非整数情形，我们可以仿效半波带方法，将每个半波带再细分为 N 个环带；每个细环带上的次波源对场点贡献的小扰动，可由一个小矢量表示；这 N 个小矢量长度相等，取向渐变以反映彼此间的相位差，故头尾衔接而形成半个正多边形，其极限过渡为半圆；于是，波前上全部次波源在轴上场点 P_0 贡献的扰动小矢量，形成一个个半径极其缓慢收缩的螺旋式曲线，如图 2.43(a). 借此，可以求得 k 为非整数时的衍射强度 $I(P_0)$，参见图(b). 比如，$k=1.5$，由图(b)可知，振幅 $A_{1.5}=\sqrt{2}A_0$，故光强 $I(P_0)=2I_0$. 又比如，$k=2.25$，由图(b)可知，$A'_{2.25}=2A_0\sin(\pi/8)$，故光强 $I(P_0)=4I_0\sin^2(\pi/8)\approx 0.6I_0$. 由螺旋式矢量图，也可以求得相位差 δ. 比如光场 $\tilde{U}_{1.5}$ 与自由光场 $\tilde{U}_0$ 之间，$\delta=\pi/4$；$\tilde{U}_{2.25}$ 与 $\tilde{U}_0$ 之间，$\delta=-3\pi/8$.

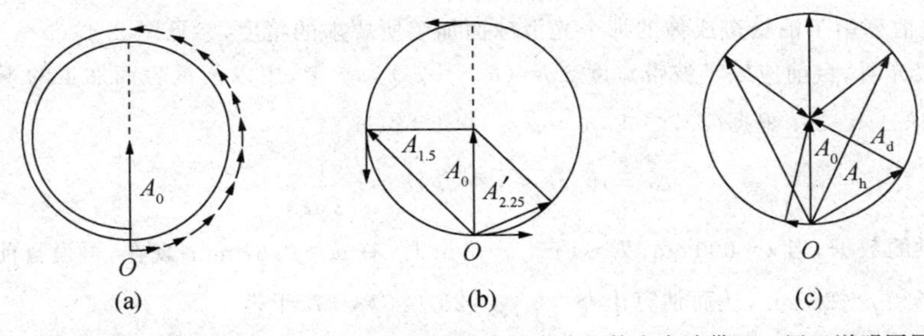

图 2.43 圆孔衍射轴上光场的矢量图解(a)，用于圆孔包含非整数个半波带(b)，用于说明圆屏衍射(c)

● 对圆屏衍射泊松斑的说明

应用衍射巴比涅原理，圆屏衍射场 $\tilde{U}_d$ 与其互补的圆孔衍射场 $\tilde{U}_h$ 之和等于自由光场 $\tilde{U}_0$，即

$$\tilde{U}_d+\tilde{U}_h=\tilde{U}_0,$$

在矢量图上表现为

$$\boldsymbol{A}_d+\boldsymbol{A}_h=\boldsymbol{A}_0,\quad \text{或}\quad \boldsymbol{A}_d=\boldsymbol{A}_0-\boldsymbol{A}_h,$$

图(c)显示，不论圆孔衍射的振动矢量 $\boldsymbol{A}_h$ 是大还是小甚至为零，圆屏衍射的振动矢量 $\boldsymbol{A}_d$，其起点总在螺旋线上，其端点总指向螺旋中心以与 $\boldsymbol{A}_0$ 端点相合. 结论是，随圆屏半径 ρ 增加，轴上振动矢量 $\boldsymbol{A}_d$ 长度极其缓慢地收缩. 当 ρ 不太大时，$A_d\approx A_0$，则轴上衍射强度 $I(P_0)\approx I_0(P_0)$——自由光强，而生成泊松斑. 就是说，圆屏衍射花样是在一圆盘状暗场背景中，出现了一个泊松亮斑，其光强正是无圆屏时的自由光强. 这一点可用于成像技术.

- **泊松斑成像——无透镜成像术**

为了研究高亮度强光源发光区的形貌，可以采取图 2.44 所示的装置——在光源与接收屏之间置放一个光滑球体.这球体对光源上不同点源来说，其截面均为一圆屏，由此产生衍射，在点源与球心的轴线上产生一泊松斑.泊松斑与物点一一对应，泊松斑的集合形成像.与镜头聚焦成像作比较，泊松斑成像特别适宜于对高亮度的物体；若用镜头聚焦于这种物体，将因像面光强过大而烧毁底片；泊松成像无景深限制，$A'B'$ 是 AB 的像，$A''B''$ 也是 AB 的像，借此可移动接收屏幕以调整像的尺寸；不存在如透镜色散引起的色像差，这是所有无透镜成像术的共同特点.

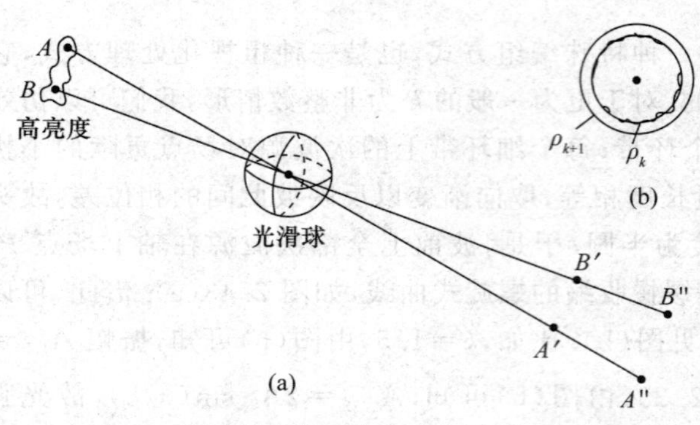

图 2.44　泊松斑成像(a)与光滑球表面光洁度(b)

例题 3　试估算用于泊松斑成像的那个光滑球面加工所要求的精度，参见图 2.44(b).

以粗视化眼光看，目前应以半波带宽度 $\Delta\rho=(\rho_{k+1}-\rho_k)$ 为参考，用以衡量表面加工的不平整程度即光洁度 $\tilde{\Delta}$，应当要求 $\tilde{\Delta}\ll\Delta\rho$，根据(2.74)式，$\rho_k=\sqrt{k}\rho_1$，得

$$\Delta\rho=(\sqrt{k+1}-\sqrt{k})\rho_1\approx\frac{1}{2\sqrt{k}}\rho_1.$$

借用例题 1 提供的数据，当 $\lambda\sim600$ nm，$R\sim1$ m，$b\sim3$ m 时，有 $\rho_1\approx0.67$ mm；现在，再设目前用于泊松斑成像的光滑球体半径 $\rho\sim25$ mm，从而估算出 $\sqrt{k}\approx\rho/\rho_1=25/0.67\approx37$.于是

$$\Delta\rho\approx\frac{670\ \mu\text{m}}{2\times37}\approx9\ \mu\text{m},$$

最后取光洁度 $\tilde{\Delta}\sim1\ \mu$m 是合理的.从以上推演过程中，我们明白，光滑球半径大，则对加工光洁度要求就要高.当然，球体大亦即圆屏大，泊松斑宽度较小，成像质量较好.

- **特例验证——菲涅耳原理和基尔霍夫衍射积分式**

鉴于我们没有给出定态亥姆霍兹方程的求解过程，不免觉得菲涅耳原理和基尔霍夫积分式不易理解，尤其是积分号外的那系数 $K=-\mathrm{i}/\lambda$，颇令人费解.为此，现以自由传播的球面波为例验证前述衍射理论的正确性.

参见图 2.27，取波前为包围点源 S、半径为 R 的球面，场点 P 与球面距离为 b，即它与点源距离为 $(R+b)$.显然，实际点源 S 引起场点扰动的复振幅，可直接表达为

$$\tilde{U}_0(P)=\frac{a_1}{r}\mathrm{e}^{\mathrm{i}kr}=\frac{a_1}{(R+b)}\mathrm{e}^{\mathrm{i}k(R+b)}.$$

若据菲涅耳的衍射原理——以波前上大量次波源的集体贡献，去求 $\tilde{U}(P)$，看结果如何？由半波带法已知，自由传播时次波相干叠加的总扰动是第一个半波带贡献的扰动之一半，即

$$\tilde{U}(P)=\oiint \mathrm{d}\tilde{U}=\frac{1}{2}\Delta\tilde{U}_1(P)=\frac{1}{2}K\iint\limits_{(\Delta\Sigma_1)} f(\theta_0,\theta)\,\tilde{U}_0(Q)\,\frac{1}{r}\mathrm{e}^{\mathrm{i}kr}\,\mathrm{d}\Sigma,$$

其中，

$$f(\theta_0,\theta)\approx 1,\quad \tilde{U}_0(Q)=\frac{a_1}{R}\mathrm{e}^{\mathrm{i}kR},\quad \frac{\mathrm{d}\Sigma}{r}=\frac{2\pi R}{R+b}\mathrm{d}r,$$

（这里 r 是波前次波源到场点的距离）.

代入，得积分算式为

$$\begin{aligned}\tilde{U}(P)&=\frac{1}{2}K\cdot\frac{a_1 2\pi}{R+b}\mathrm{e}^{\mathrm{i}kR}\cdot\int_b^{b+\lambda/2}\mathrm{e}^{\mathrm{i}kr}\,\mathrm{d}r=\frac{1}{2}K\cdot\frac{a_1 2\pi}{R+b}\mathrm{e}^{\mathrm{i}kR}\cdot\left(\frac{-2}{\mathrm{i}k}\mathrm{e}^{\mathrm{i}kb}\right)\\&=K\left(\frac{-\lambda}{\mathrm{i}}\right)\frac{a_1}{(R+b)}\mathrm{e}^{\mathrm{i}k(R+b)}=K\left(\frac{-\lambda}{\mathrm{i}}\right)\tilde{U}_0(P)\\&\xlongequal{\text{当 } K=\frac{-\mathrm{i}}{\lambda}}\tilde{U}_0(P).\end{aligned}\tag{2.77}$$

至此完成验证.从中可以看到 K 来源于积分. K 中含有相位差$(-\pi/2)$，对此从物理上似难理解.其实，这个 i 既然源于积分，就意味着这是大量次波相干叠加的必然结果，使合成的总扰动与由实际点源 S 直接到达的扰动之间产生相位差 $\pi/2$.由于有了 K，补偿了相干叠加引起的附加相位差，从而保证了惠更斯-菲涅耳原理在定量上的完全正确性.这就是说，在概念上我们不应该将相位差$(-\pi/2)$计在单独一个次波源 $\tilde{U}_0(Q)$身上，虽然在数学上这样看并无不可，但在物理上这是不合理的.

- **圆孔菲涅耳衍射轴上光强变化函数**

参见图 2.42，在圆孔衍射实验中，固定圆孔半径 ρ，试求轴上衍射光强随纵向距离而变化的函数 $I(b)$，设 $\rho\ll R,b$，即傍轴条件得以满足.

这一推导并不难，预料它与上一段求得(2.77)式过程相近，只要将那里的积分上限，从第一个半波带的边缘距离$(b+\lambda/2)$改写为圆孔边缘到场点的距离$(b+m\lambda/2)$.现作系统的推导如下.

根据基尔霍夫积分式

$$\tilde{U}(b)=K\iint\limits_{(\Sigma_0)} f(\theta_0,\theta)\,\tilde{U}_0(Q)\,\frac{1}{r}\mathrm{e}^{\mathrm{i}kr}\,\mathrm{d}S,$$

这里，积分区间(Σ_0)是以圆孔平面为底的球帽；由于傍轴条件得以保证，倾斜因子 $f(\theta_0,\theta)\approx 1$ 是个很好的近似；球帽状波前函数 $\tilde{U}_0(Q)=a_1\mathrm{e}^{\mathrm{i}kR}/R$，这里常数 a_1 与照明点光源的发光强度相对应；$\mathrm{d}S$ 是球帽上微分环带的面积，根据(2.72)式，

$$\frac{\mathrm{d}S}{r}=\frac{2\pi R}{(R+b)}\mathrm{d}r,$$

有了这个关系式，就将上述面积分简化为一元积分，

$$\tilde{U}(b)=K\cdot\frac{2\pi a_1}{(R+b)}\mathrm{e}^{\mathrm{i}kR}\int_b^{b+m\lambda/2}\mathrm{e}^{\mathrm{i}kr}\,\mathrm{d}r,$$

我们将积分上限写成$(b+m\lambda/2)$,意味着以半波长$\lambda/2$为尺度,考量圆孔边缘到场点的距离与纵向距离b之差别,这里m数由(2.75)式给出

$$m=\left(\frac{1}{R}+\frac{1}{b}\right)\cdot\frac{\rho^2}{\lambda},$$

它可以是任意整数或非整数. 完成积分运算,结果如下,

$$\widetilde{U}(b)=-\frac{a_1}{(R+b)}e^{ik(R+b)}\cdot(e^{im\pi}-1),$$

于是,衍射强度为

$$I(b)=\widetilde{U}(b)\cdot\widetilde{U}^*(b)=\frac{a_1^2}{(R+b)^2}\cdot 2(1-\cos m\pi)=\frac{a_1^2}{(R+b)^2}4\sin^2\left(m\frac{\pi}{2}\right). \tag{2.78}$$

如果将决定m数的诸因素显示出来,则轴上衍射强度公式为

$$I(b,\rho,R,\lambda)=\frac{a_1^2}{(R+b)^2}4\sin^2\left(\left(\frac{1}{R}+\frac{1}{b}\right)\frac{\rho^2}{\lambda}\cdot\frac{\pi}{2}\right), \tag{2.79}$$

当$m=2,4,6,\cdots$偶数时,$I(b)=0$;当$m=1,3,5,\cdots$时,$I(b)=4I_0$,这里I_0就是自由光强$a_1^2/(R+b)^2$. 这与半波带方法的结果一致. 当然,(2.78)和(2.79)两式表达了衍射光强沿轴向连续变化或随孔径连续变化的普遍规律.

※ ※ ※

这一节,我们应用菲涅耳衍射原理和衍射积分公式,研究了圆孔、圆屏衍射所表现的多方面特性,这对我们更加深刻地感受光波衍射、更加灵活地掌握处理相干叠加的方法,是很有价值的,虽然定量计算仅限于轴上. 关于轴外的衍射场分布,将涉及菲涅耳积分,数学上较繁杂,本课程不予深究.

2.10 波 带 片

- 经典菲涅耳波带片 · 菲涅耳波带片的衍射场——若干实焦点和若干虚焦点
- 波带片衍射成像——类透镜物像公式 · 现代新型波带片
- 从经典波带片到现代波前工程

● 经典菲涅耳波带片

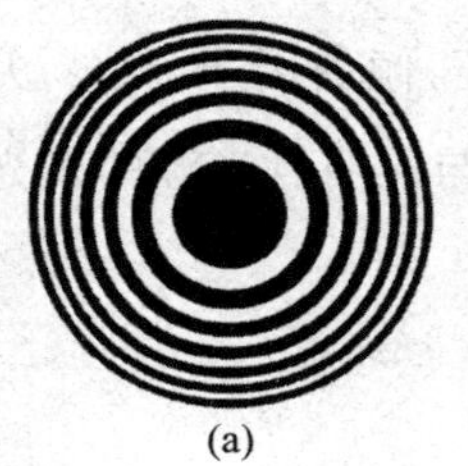
(a)

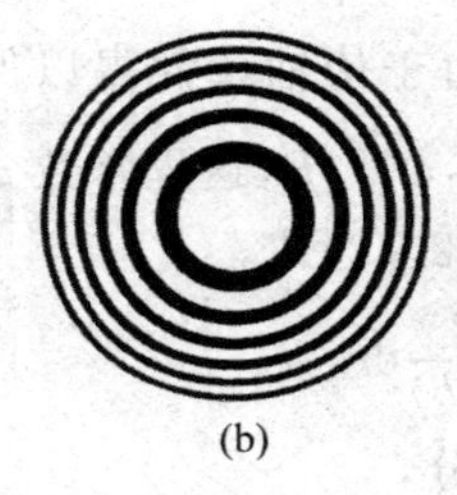
(b)

图 2.45 菲涅耳波带片. (a) 开放偶数半波带,(b) 开放奇数半波带

经典菲涅耳波带片如图 2.45 所示,其制作程序可以是这样,在一张白纸上,按半径$\rho=\sqrt{k}\rho_1$规则,画出一系列同心圆,ρ_1值可自选;将奇数(或偶数)半波带涂黑,仅开放偶数(或奇数)半波带;通过照相机精缩二次于胶片上,像制作印刷电路版那样,便制成一张小巧的包含很多个半波带的菲涅耳波带片(zone plate). 当然,目前借

助电脑绘图软件制作波带片也是可行的.

这张波带片具有强大的聚焦功能,因为它将相邻半波带因相位差 π 而导致的干涉相消后果排除了. 比如,一张波带片,在其有效尺寸内包含了 100 个半波带,当用一束平行光照明时,它在轴上相应点的衍射振幅和光强为

$$A(P_0) = A_1 + A_3 + A_5 + \cdots + A_{99} \approx 50A_1 \approx 100A_0,$$

$$I(P_0) \approx (100A_0)^2 \approx 10^4 I_0,$$

即其衍射光强是自由光强的一万倍.

- **菲涅耳波带片的衍射场——若干实焦点和若干虚焦点**

实验上发现,当用平行光照明一张菲涅耳波带片时,发现其轴上有若干实焦点 F_1, F_2, F_3,且焦距为 $f_1, f_2 = f_1/3, f_3 = f_1/5$;借用透镜,还进一步确认了轴上有若干虚焦点 F_1', F_2', F_3',且焦距 $f_1' = -f_1$, $f_2' = -f_2$, $f_3' = -f_3$,即虚、实焦点位置以波带片为镜面而对称,如图 2.46 所示.

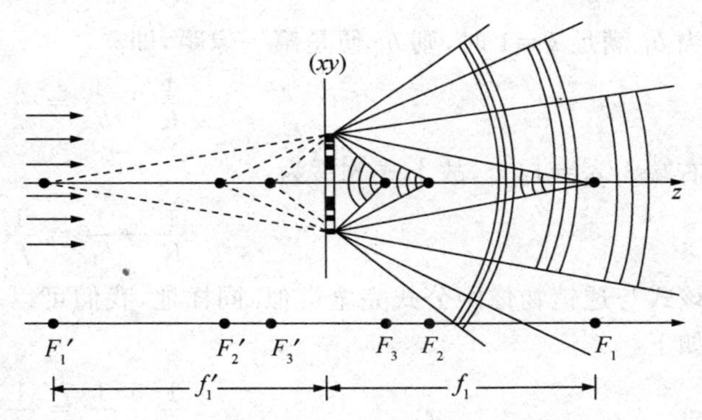

图 2.46 菲涅耳波带片衍射产生实焦点和虚焦点

理论上可以导出焦距公式. 为此,在(2.76)式中令 $R \to \infty$,即平行光照明;让 $\rho = \rho_1$,制作波带片时确定了的第一个圆半径;令 $k=1$,表示波带片中的中央圆孔恰成为第一个半波带,此时对应的轴距 b_1 正是第一焦距,

$$f_1 = \frac{\rho_1^2}{\lambda}. \tag{2.80}$$

人们正是根据该式,由焦距 f_1 的设计要求而确定 ρ_1. 如果,在(2.76)式中,令 $k=3$ 而确定的轴向距离 b_2 正是第二焦距

$$f_2 = \frac{1}{3} \cdot \frac{\rho_1^2}{\lambda} = \frac{1}{3} f_1. \tag{2.81}$$

为什么以 ρ_1 为半径的圆面中包含 3 个半波带时,也会出现一个焦点? 原来,序号为第 1、第 3、第 5 个半波带,现在对轴距为 b_2 的观察点而言,变成序号为(1,2,3)、(7,8,9)、(13,14,15)等 9 个半波带,其中相邻两个(2,3)或(8,9)或(14,15)对场点的贡献彼此抵消,剩下来的是(1),(7),(13)半波带,彼此对场点的光程差为 $6(\lambda/2)$,相位差为 6π,相干叠加是彼此加强而产生一个焦点. 可见,对第二焦点 F_2 而言,其一个有效半波带的面积,是第一焦点时的 1/3. 这是否意味着第二焦点的光强 I_2 是 I_1 的 $1/3^2$? 其实不然,因为这时波前到场点 F_2 的距离也缩短为原来的 1/3,两个因素恰巧抵消,即第二焦点光强接近第一焦点光强,$I_2 \approx I_1$. 如果说,I_2 稍稍小于 I_1 也不无道理,那是因为对观察点 F_2 而言,波前的倾角大了,故倾斜因

子值略有下降. 仿照以上分析方法，可以证明虚焦点的存在，且位于镜像对称点，这个问题留给读者自己练习.

若干实焦点和虚焦点存在的事实表明，光波经波带片以后的衍射场是复杂的；这复杂的衍射场，可以被看作若干会聚球面波和若干发散球面波的叠加场. 这样看在认识上就明朗多了，这在衍射场的理论分析上也就前进了一大步.

● 波带片衍射成像——类透镜物像公式

菲涅耳波带片有若干实焦点和虚焦点，表明它既有类似会聚透镜的功能，又有类似发散透镜的功能. 所以，当物点发射球面波照明波带片时，就能产生若干像点. 由(2.76)式

$$\frac{1}{R}+\frac{1}{b}=k\,\frac{\lambda}{\rho^2},$$

当 b_1 满足 $k=1$ 时，则 b_1 便是第一像距，即

$$\frac{1}{R}+\frac{1}{b_1}=\frac{\lambda}{\rho_1^2},$$

右端 $\lambda/\rho_1^2=1/f_1$，故上式改写为

$$\frac{1}{R}+\frac{1}{b_1}=\frac{1}{f_1}. \tag{2.82}$$

该式与透镜物像距公式完全类似. 同样地，我们可以获得第二个像距 b_2 与物距 R 的关系式如下

$$\frac{1}{R}+\frac{1}{b_2}=\frac{1}{f_2}. \tag{2.83}$$

● 现代新型波带片

经典菲涅耳波带片，作为集光元件与透镜相比具有很多优点. 它轻便，可制成大面积且可折叠，特别适用于长程光通信、卫星激光通信和宇航器上对太阳光能的集收. 它的焦距 $f\propto 1/\lambda$，即长波焦距短，这恰好与透镜红光焦距长于蓝光焦距的色散性能相反，所以波带片与透镜联合一起用于成像，可消除色差. 但是，经典菲涅耳波带片在充分利用光通量（光能流）方面，存在两个缺点：它采取排除异己的方式，让偶数半波带或奇数半波带闭光，而使入射于半波带片上的光通量损失了一半；此外，出现若干焦点或像点，这无疑是对光能量的一种分散和浪费，因为实用上一般仅利用其中一个焦点或像点. 下面介绍的两种新型波带片正是为了克服那两个缺点而发明的.

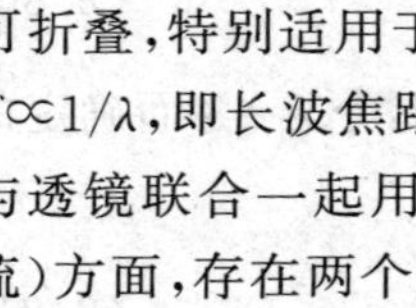

(1) 全透明浮雕型波带片.　正如图 2.47 所示，这种波带片让原来闭光的偶数半波带透明，但增加一微小厚度 d，以满足相位值附加 π，即附加光程差

图 2.47　浮雕型波带片

$$(n-1)d=(2k+1)\,\frac{\lambda_0}{2},\quad k=0,1,2,\cdots$$

于是，在轴上焦点处的相干叠加的复振幅系列变为

$$\widetilde{U}(P_0) = A_1 + A_2 + A_3 + \cdots + A_{100},$$

入射光通量无损失,焦点或像点的光强是同样尺寸的经典菲涅耳波带片的 4 倍.现如今,光蚀刻技术、相移技术和模压技术业已成熟,可以制作这样一张全透明浮雕型波带片(母版),并能重复批量生产.

(2) 余弦式环形波带片. 它是通过平面波和球面波的干涉技术而制成的,其受光照时的透过率函数呈现正弦式或余弦式,而不是经典菲涅耳波带片那样的阶跃式透过率函数——非 0 即 1.它具有更为优越的聚焦性能,当平行光照射时,这张余弦式波带片只出现一个实焦点 F_1,和一个虚焦点 F_1'.关于它的制作和理论说明将在第 6 章 6.4 节中详细给出.

例题 对一张经典菲涅耳波带片的制作,提出两点设计要求:

① 对波长为 633 nm 的氦氖激光,其第一焦距为 400 mm.

② 主焦点的光强为自由光强的 10^4 倍.

问:

(1) 待制作的波带片,其第一个半波带的半径为多少?

(2) 这张波带片至少应有多大的有效半径?

(1) 根据第一焦距公式 $f_1=\rho_1^2/\lambda$,得第一个半波带半径为

$$\rho_1 = \sqrt{f_1\lambda} = \sqrt{400 \times 633 \times 10^{-6}}\ \text{mm} \approx 0.50\ \text{mm}.$$

(2) 设焦点光强 I 为自由光强 I_0 的 N 倍,即 $I=NI_0$,相应的振幅倍率为 $A=\sqrt{N}A_0=\sqrt{10^4}A_0=10^2A_0=50A_1$,由于有半数的半波带被遮蔽,故应当露出的半波带序号为 1,3,5,…,99,亦即最外围的半波带序号是 99 或 100,它决定了这张半波带的有效尺寸

$$\rho_{100} = \sqrt{k}\rho_1 = \sqrt{100} \times 0.50\ \text{mm} \approx 5.0\ \text{mm}.$$

• 从经典波带片到现代波前工程

古老的菲涅耳波带片一度曾为人们所淡忘.现代变换光学的兴起,重新唤起了人们对它的兴趣.从现代眼光看,经典菲涅耳波带片的发明,开创了人们利用衍射规律、有意改变波前以控制光场分布而满足各种实际需求的光学新方向.现代波带片的设计、制造和应用已成为光学研究的新领域,相继出现若干新名词术语——全息透镜(holographic lens)、全息光学元件(holographic optical elements)、衍射光学(diffractive optics),到了 20 世纪 90 年代正式提出了波前工程(wavefront engineering).

现代波带片的品种相当丰富,有振幅型或相位型的,有阶跃式或余弦式的,有条状或环状的,等等.除光学外,还有声波波带片和微波波带片.广义上看,今后将要学习的光学空间滤波器和全息图,也是一种波带片.

2.11 单缝夫琅禾费衍射

- 实验装置与现象 • 矢量图解法——衍射强度 $I(\theta)$
- 衍射积分法——衍射场 $\widetilde{U}(\theta)$ • 衍射图样的主要特征

· 关于振幅系数 $\frac{1}{r_0} \to \frac{1}{f}$ 的说明

● **实验装置与现象**

实验装置如图 2.48(b)所示，平行光照射单缝，在透镜后焦面 $\mathscr{F}'$ 上接受夫琅禾费衍射场. 设单狭缝的宽度 $\Delta x_0 = a \ll$ 长度 $\Delta y_0 = b$. 实验表明，其衍射强度显著地沿 x 轴扩展. 若无单缝限制波前，则入射的平行宽光束将聚焦于透镜后焦点 F'. 目前应用高亮度的激光束，经准直系统后，可直接照射单缝而获得清晰的衍射图样，如图 2.25(a)—(d)照片所示. 早期用钠光灯或水银灯这类普通的低亮度光源，往往先将这类面光源经透镜聚焦而成像于一个单狭缝上，以获得一个较高亮度的缝光源，再通过准直系统产生一系列不同方向的平行光束，其中每束平行光经单缝衍射而铺展开一组衍射斑，这一组组衍射斑串接起来而形成衍射条纹，条纹取向平行 y 轴. 当我们调节作为光源的那个单缝很好地平行作为衍射屏的这个单缝时，效果最好.

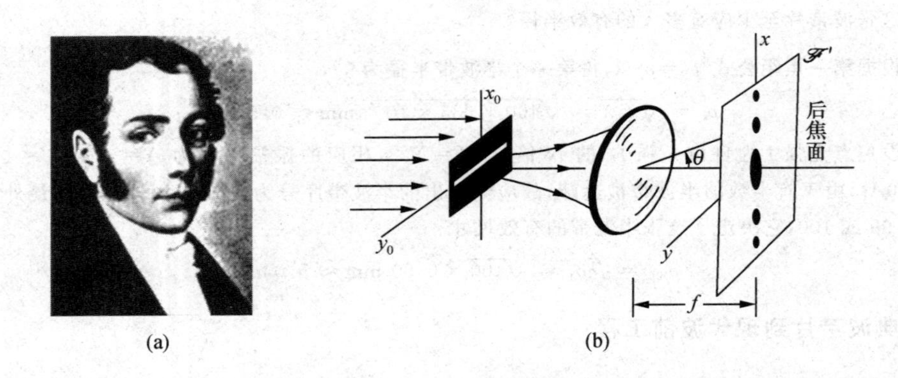

图 2.48　(a) 夫琅禾费 (Joseph von Fraunhofer，1787—1826)，(b) 单缝夫琅禾费衍射实验装置

● **矢量图解法——衍射强度 $I(\theta)$**

现在，让我们分析后焦面上的衍射强度分布 $I(\theta)$，这里 θ 是衍射角，用以标定场点 P 的位置，参见图 2.49(a). 我们知道，像空间后焦面上的一个点对应于物空间的一个方向，即从单缝出发衍射角为 θ 的一束平行次波线才能会聚于 P 点，发生相干叠加而决定了衍射强度. 为此，将单缝从其上边 A 开始，划分为一系列细缝，直至其下边 B. 每个细缝作为次波源对场点贡献一个小扰动，用一个小矢量表示；这一系列小矢量，长度相等，但取向依次变动，形成一段圆弧；这段圆弧 $\overset{\frown}{AB}$ 起点 A 与终点 B 的两条切线之夹角 δ 是确定的，因为它代表了 A 边与 B 边贡献的两个小扰动之间的相位差 δ_{AB}；而 δ_{AB} 又决定于光程差，

$$\Delta = L(BP) - L(AP) = n\,\overline{BC} = na\sin\theta,\quad \delta_{AB} = \frac{2\pi}{\lambda_0}\Delta = \frac{2\pi}{\lambda}a\sin\theta.$$

由矢量图解 2.49(b)的几何关系，可知 $\overset{\frown}{AB} = A_0$，$\angle AOB = \delta$，$R = \frac{\overset{\frown}{AB}}{\delta}$，求得相干叠加的合

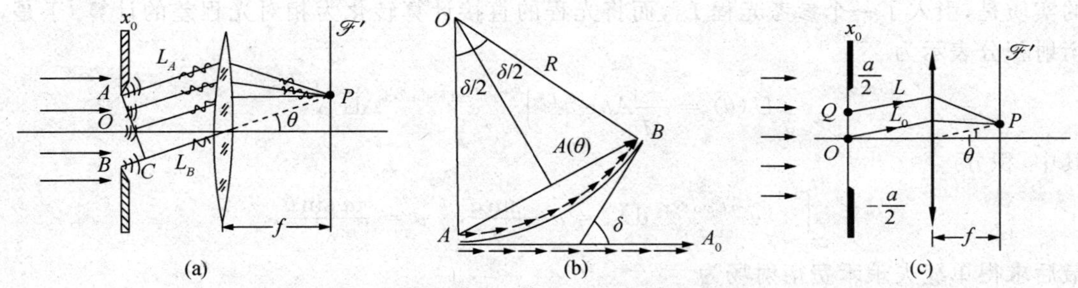

图 2.49 单缝夫琅禾费衍射.(a) 光程差分析,(b) 矢量图解法,(c) 衍射积分法

成振幅

$$A(\theta)=2R\sin\frac{\delta}{2}=2\,\frac{\overset{\frown}{AB}}{\delta}\sin\frac{\delta}{2}=A_0\,\frac{\sin\dfrac{\delta}{2}}{\left(\dfrac{\delta}{2}\right)},$$

引入宗量

$$\alpha=\frac{\delta}{2}=\frac{\pi a\sin\theta}{\lambda},\tag{2.84}$$

最后得单缝夫琅禾费衍射场的振幅分布与强度分布为

$$A(\theta)=A_0\,\frac{\sin\alpha}{\alpha},\tag{2.85}$$

$$I(\theta)=I_0\left(\frac{\sin\alpha}{\alpha}\right)^2,\tag{2.86}$$

这里,$I_0=A_0^2$,而 A_0 是圆弧 $\overset{\frown}{AB}$ 被拉直了的长度,也正是一系列振动小矢量取向一致时的合成振幅,它就是等光程方向的次波束相干叠加的衍射振幅,它在公式中作为一个参考值,用以度量非等光程方向的衍射振幅.

- **衍射积分法——衍射场 $\tilde{U}(\theta)$**

曾记得,傍轴衍射积分公式(2.69):

$$\tilde{U}(P)=\frac{-\mathrm{i}}{\lambda r_0}\iint\tilde{U}_0(Q)\mathrm{e}^{\mathrm{i}kr}\,\mathrm{d}S,$$

结合目前情况,具体化为:

次波点源 $Q(x_0)$,积分面元 $\mathrm{d}S=b\mathrm{d}x_0$,平行光正入射 $\tilde{U}_0(x_0)=A$,

经透镜变换,振幅系数$\dfrac{1}{r_0}\to\dfrac{1}{f}$,这一点稍后给出证明.

我们要重点处理的是相位因子 $\mathrm{e}^{\mathrm{i}kr}$,参见图 2.49(c),有

$$kr\to k_0L=k_0(L-L_0)+k_0L_0=-k_0nx_0\sin\theta+k_0L_0=-kx_0\sin\theta+k_0L_0,$$

这里,$k_0=2\pi/\lambda_0$,真空中波数;$k=2\pi/\lambda$,介质中波数;L_0 是坐标原点 O 出发沿 θ 方向到达场点 P 的光程 $L_0(OP)$,作为参考光程,它在衍射积分过程中是不变的常量;以上推演过程

的实质是，引入了一个参考光程 L_0，而将光程的直接计算转化为相对光程差的计算. 于是，衍射积分表示为

$$\tilde{U}(\theta)=\frac{-\mathrm{i}}{\lambda f}Ab\,\mathrm{e}^{\mathrm{i}k_0L_0}\int_{-a/2}^{a/2}\mathrm{e}^{-\mathrm{i}k\sin\theta\cdot x_0}\,\mathrm{d}x_0,$$

其中，积分

$$\int_{-a/2}^{a/2}\mathrm{e}^{-\mathrm{i}k\sin\theta\cdot x_0}\,\mathrm{d}x_0=a\cdot\frac{\sin\alpha}{\alpha},\quad \alpha=\frac{\pi a\sin\theta}{\lambda},$$

最后求得单缝夫琅禾费衍射场为

$$\tilde{U}(\theta)=\tilde{c}\,\mathrm{e}^{\mathrm{i}k_0L_0}\cdot\frac{\sin\alpha}{\alpha},\quad I(\theta)=\tilde{U}\tilde{U}^*=I_0\left(\frac{\sin\alpha}{\alpha}\right)^2,\tag{2.87}$$

$$\tilde{c}=\frac{-\mathrm{i}}{\lambda f}(ab)A,\quad I_0=\tilde{c}\tilde{c}^*=\frac{(ab)^2}{(\lambda f)^2}A^2.$$

其中，ab 正是单狭缝的面积，A^2 表示照明平行光的光强，f 是透镜后焦距. 上述结果与矢量图解法所得结果(2.86)式比较，两者主体部分是一致的，不过(2.87)式给出了更为丰富精细的物理内容.

- **衍射图样的主要特征**

由(2.86)式或(2.87)式，绘制单缝夫琅禾费衍射振幅分布与强度分布曲线于图 2.50. 在这本光学书中多次出现$(\sin x/x)$型函数，记作 $\mathrm{sinc}(x)$，它具有若干特征，兹分述如下：

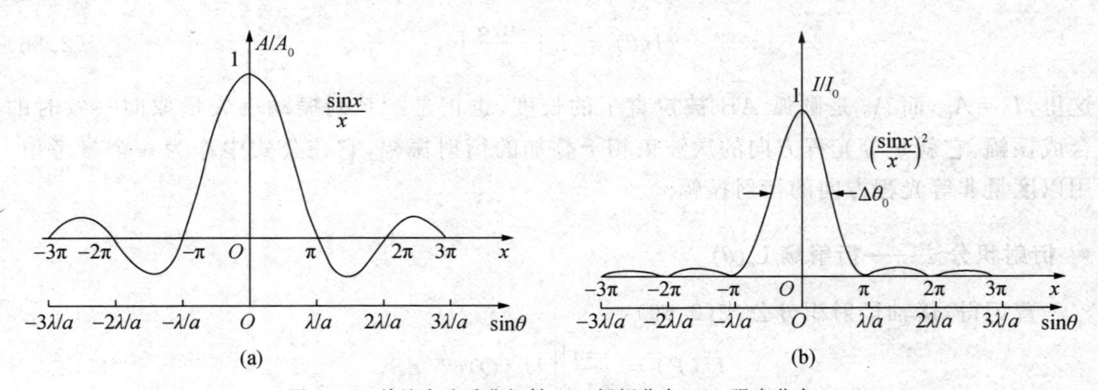

图 2.50　单缝夫琅禾费衍射. (a) 振幅分布，(b) 强度分布

(1) 最大值.　当 $x=0$，$\mathrm{sinc}(x)=\dfrac{\sin x}{x}=1$，为最大值. 这在单缝衍射中，表现为 $\theta=0$ 时，衍射强度 $I(0)=I_0$ 为最大值，称其为零级衍射峰，其位置正是几何光学像点位置——等光程方位.

(2) 零点位置.　sinc 函数存在一系列零点. 当 $x=k\pi$，$k=\pm1,\pm2,\cdots$，$\mathrm{sinc}(x)=0$. 这在单缝衍射中，表现为当

$$a\sin\theta=k\lambda,\quad k=\pm1,\pm2,\cdots,\tag{2.88}$$

衍射强度 $I(\theta)=0$，出现暗点. 上式称为单缝衍射零点条件.

(3) 次极大． sinc 函数在相邻两个零点之间存在一个极大值，其位置和数值可由微分方程 $\mathrm{d}(\mathrm{sinc}(x))/\mathrm{d}x=0$ 导出，结果引出一个三角方程 $\tan x=x$，这可由作图法定解．数值结果列表如下．

x $\sin\theta$	$\pm1.43\pi$ $\pm1.43\,\dfrac{\lambda}{a}$	$\pm2.46\pi$ $\pm2.46\,\dfrac{\lambda}{a}$	$\pm3.47\pi$ $\pm3.47\,\dfrac{\lambda}{a}$
$\mathrm{sinc}(x)$ $I(\theta)/I_0$	0.22 4.7%	0.13 1.7%	0.09 0.8%

(4) 半角宽度 $\Delta\theta_0$． 零级衍射斑的角范围，由零级衍射峰与其邻近暗点之间的角方位之差值给以度量，称其为零级衍射的半角宽度，即 $\Delta\theta_0=\theta_1-\theta_0$．在平行光正入射条件下，$\theta_0=0,\theta_1\approx\sin\theta_1=\lambda/a$，故得单缝夫琅禾费衍射的零级衍射半角宽度为

$$\Delta\theta_0=\frac{\lambda}{a},\quad 或\quad a\cdot\Delta\theta_0\approx\lambda. \tag{2.89}$$

我们特别重视零级衍射斑的半角宽度 $\Delta\theta_0$ 一量，这是因为零级斑集中了全部入射光功率的 80% 以上，而 $\Delta\theta_0$ 定量地体现了衍射效应的强弱程度，$\Delta\theta_0$ 越大，意味着经单缝以后衍射波越加发散．因此，人们也将这个在后焦面上零级斑扩展的半角宽度 $\Delta\theta_0$，称为衍射发散角——从单缝这一侧物空间中看待衍射波的弥漫．

(5) 单缝宽度的影响． 表现为两方面：一是影响半角宽度 $\Delta\theta_0$，比如，缝宽 a 扩大为 $2a$，则 $\Delta\theta_0$ 压缩为 $\Delta\theta_0/2$；二是影响零级衍射峰值 I_0，这是因为峰值即光强参考值 I_0，正比于面积 $(a\times b)$ 的平方，比如，缝宽 a 扩大为 $2a$，则 I_0 增强为 $4I_0$．图 2.51 显示了这种演变．

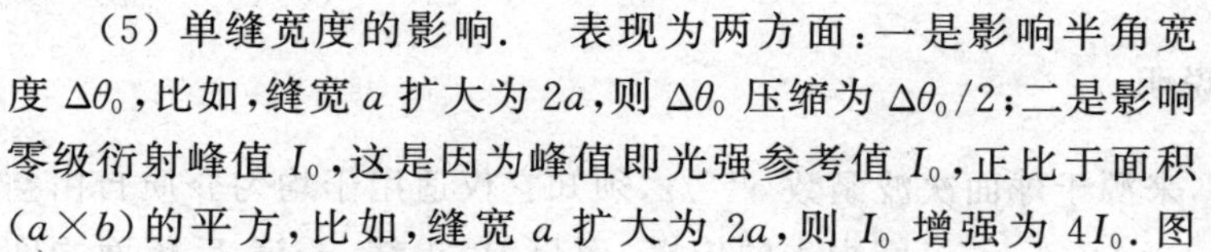

图 2.51 零级衍射斑随缝宽的演变

(6) 波长的影响． 表现为两方面，一是影响半角宽度 $\Delta\theta_0$，长波对应的 $\Delta\theta_0$ 大，亦即长波衍射效应更强烈；二是影响衍射峰值 I_0，这是因为峰值 $I_0\propto1/\lambda^2$．因此，红光与蓝光相比较，红光衍射的半角宽度大，且红光衍射峰低．波长影响衍射峰值这一点，常为人们忽视，以为白光照射单缝发生衍射时像点依然是白光，这是一个误会．根据衍射理论，衍射分光，不仅改变了非像点处的光谱成分，也改变了像点处的光谱成分．用色度学语言说，衍射也改变了像点即零级峰位置的色调．

(7) 关于参考光程决定的相因子 $\mathrm{e}^{\mathrm{i}k_0L_0}$． 在衍射积分过程中它是个常数而提到积分号外，然而它是与场点 $P(\theta)$ 有关的，因为参考光程 $L_0(OP)$ 是从坐标原点 O 到场点 P 的光程，故相因子应当明确表示为 $\mathrm{e}^{\mathrm{i}k_0L_0(P)}$，虽然在目前我们关心的衍射强度分布 $I(\theta)$ 中，它并无作用．在以后涉及相干光学信息处理的场合，这个与场点位置有关的相因子将被关注．

上述(5),(6),(7)所涉及的对衍射场分布的几个影响因子,只有当我们运用衍射积分法时才被揭示出来,若用矢量图解法它们就被埋没了.

例题 1　在单缝夫琅禾费实验中,光波长 $\lambda\sim600\ \mathrm{nm}$,透镜焦距 $f\sim200\ \mathrm{mm}$,单缝宽度 $a\sim15\ \mu\mathrm{m}$,求零级斑的半角宽度和屏幕上显示的零级斑的几何线宽.

根据半角宽度公式(2.89)得

$$\Delta\theta_0=\frac{\lambda}{a}=\frac{600\times10^{-3}}{15}=0.04\ \mathrm{rad},$$

考量到任何接收器包括屏幕和眼睛,总有一定的灵敏度,对于衍射零点附近的很小强度,是无反应的.因此,在光学测量学中,度量光斑尺寸的是半值宽度——峰值一半的那两个位置间的距离.从图 2.50(b)中可以看到,这半值角宽度 $\Delta\theta_h$ 十分接近半角宽度 $\Delta\theta_0$,即 $\Delta\theta_h\approx\Delta\theta_0$,因此,用半角宽度估算屏幕上零级斑的几何线宽 Δl,实际上更合理,

$$\Delta l\approx f\Delta\theta_0=200\times0.04\ \mathrm{mm}=8\ \mathrm{mm}.$$

例题 2　在单缝夫琅禾费衍射实验中,入射的平行光中含有两种波长成分,红光 $\lambda_1\sim600\ \mathrm{nm}$,蓝光 $\lambda_2\sim400\ \mathrm{nm}$,且设两者光强相等,即 $I_1/I_2=A_1^2/A_2^2=1$.试分析这二色光衍射图样的主要区别.

主要区别有两点.一是红光与蓝光各自展开的衍射半角宽度不等,

$$\frac{\Delta\theta_{10}}{\Delta\theta_{20}}=\frac{\lambda_1/a}{\lambda_2/a}=\frac{\lambda_1}{\lambda_2}=\frac{600}{400}=1.5\ 倍,$$

即红光图样更为扩展.二是红光与蓝光衍射斑中心的强度不等,

$$\frac{I_{10}}{I_{20}}=\frac{A_1^2/\lambda_1^2}{A_2^2/\lambda_2^2}=\frac{\lambda_2^2}{\lambda_1^2}=\left(\frac{400}{600}\right)^2=45\%,$$

即红光衍射斑中心的强度比蓝光的小几乎一半,虽然入射光中两者是等强度的.这时,衍射斑中心的色调偏蓝色.进一步思考,我们还可以问,在什么衍射角时,两色衍射强度恰巧相等,即 $I_1(\theta)=I_2(\theta)$.这个问题留给读者自己练习.

● 关于振幅系数 $\frac{1}{r_0}\rightarrow\frac{1}{f}$ 的说明

傍轴衍射积分式中 $1/r_0$,来源于球面次波函数 $\mathrm{e}^{\mathrm{i}kr}/r$,须知它仅适用于均匀介质自由空间中光的传播.而目前,单缝-透镜-后焦面之间是非自由空间,次波源发出的发散型球面波,经透镜成为一会聚球面波,此时不能简单应用那个表达式,况且 r 一量目前也已失去明确意义.我们可以分别在物空间(它是自由空间)与像空间(它也是自由空间),应用 $1/r$ 关系,重新考察振幅传播规律,为此构图 2.52.单缝上一点源 O 发出球面波,通过透镜成像于 O' 点.在傍轴条件下,

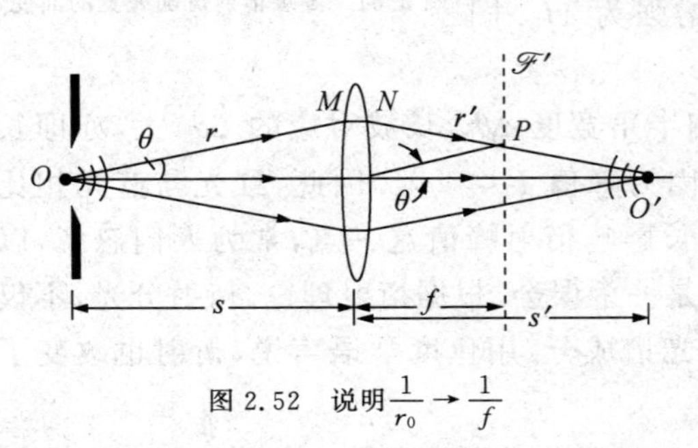

图 2.52　说明 $\frac{1}{r_0}\rightarrow\frac{1}{f}$

$$入射点\ M\ 振幅\ A_M=\frac{a}{r}\approx\frac{a}{s},\quad 出射点\ N\ 振幅\ A_N=\frac{a'}{r'}\approx\frac{a'}{s'},$$

对场点 P 贡献的振幅为 A_P,满足 $1/r$ 关系,即

$$\frac{A_P}{A_N}=\frac{\overline{NO'}}{\overline{PO'}}\approx\frac{r'}{s'-f}\approx\frac{s'}{s'-f},$$

在这里,我们忽略透镜对光能的损耗,$A_N\approx A_M$,于是

$$A_P\approx\frac{s'}{s'-f}A_M=a\,\frac{s'}{s'-f}\cdot\frac{1}{s},$$

利用薄透镜物像距公式

$$\frac{1}{s}+\frac{1}{s'}=\frac{1}{f},\quad 即\quad \frac{1}{s}=\frac{1}{f}-\frac{1}{s'}=\frac{s'-f}{s'f},$$

代入,便可确定

$$A_P=\frac{a}{f}\propto\frac{1}{f}. \tag{2.90}$$

以上推演与单缝所在位置无关,只要是在后焦面上接收衍射场,这个结果总是正确的.

2.12 矩孔和三角孔夫琅禾费衍射

- 实验装置与场点定位
- 衍射积分运算——衍射场 $\tilde{U}(\theta_1,\theta_2)$
- 衍射图样的主要特征
- 衍射反比律及其意义
- 三角孔夫琅禾费衍射场

● 实验装置与场点定位

显示矩孔夫琅禾费衍射的实验装置与单缝的一样,平行光照射矩孔,在后焦面接收衍射场.然而,矩孔衍射是二维衍射,其图样铺展于二维平面(xy)上,如图 2.25(f),图 2.33(b)照片所示.因此,我们首先要明确场点 P 位置的标定,参见图 2.53(a).我们可以用接收平面上的二维坐标来标定场点,比如 $P(x,y)$;或者,取透镜中心 C 为参考点,用位置矢量 $\boldsymbol{r}_P=\overrightarrow{CP}$ 来标定场点;而在衍射问题中,人们更喜欢用衍射角(θ_1,θ_2)来标定场点,即 $P(\theta_1,\theta_2)$.这里,θ_1 是 $\overline{O'x}$ 线段对 C 点所张的角,相当于循 x 轴方向的偏向角;θ_2 是 $\overline{O'y}$ 线段对 C 点所张的角,相当于循 y 轴方向的偏向角.当然,直角坐标(x,y)与衍射角坐标(θ_1,θ_2)两者一一对应.在傍轴条件下,

$$\sin\theta_1=\frac{x}{\sqrt{x^2+f^2}}\approx\frac{x}{f}\approx\cos\alpha_1,\qquad \sin\theta_2=\frac{y}{\sqrt{y^2+f^2}}\approx\frac{y}{f}\approx\cos\alpha_2, \tag{2.91}$$

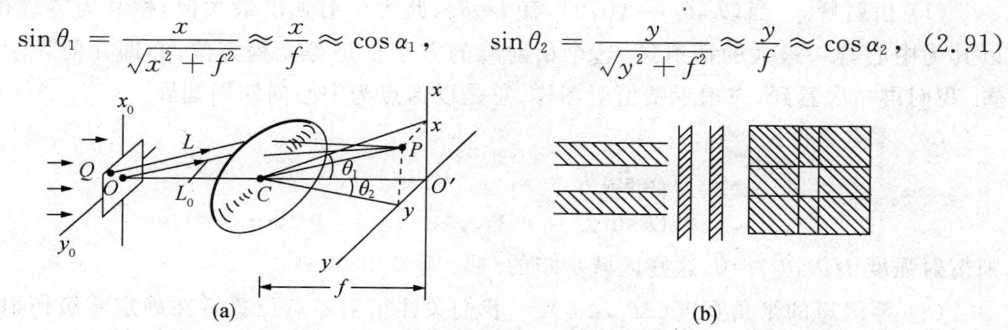

图 2.53 矩孔夫琅禾费衍射.(a) 场点定位,(b) 矩孔看作两个正交单缝的相叠

这里的(α_1,α_2)就是解析几何中关于一个矢量的方向余弦角.

- **衍射积分运算——衍射场 $\widetilde{U}(\theta_1,\theta_2)$**

应用傍轴衍射积分公式(2.69),其中,积分面元 $\mathrm{d}S=\mathrm{d}x_0\mathrm{d}y_0$;瞳函数 $\widetilde{U}_0(x_0,y_0)=A$,平行光正入射;振幅系数中$\frac{1}{r_0}\to\frac{1}{f}$.重点依然是分析积分核 $\mathrm{e}^{\mathrm{i}kr}$ 中的相位因子kr——相干于场点$P(\theta_1,\theta_2)$的是从矩孔发出的衍射角为(θ_1,θ_2)的一束次波线,我们引入参考光程$L_0(OP)$,将光程$L(QP)$的计算转化为光程差的计算,即

$$kr\to k_0L(QP)=k_0(L-L_0)+k_0L_0=-k\Delta r+k_0L_0,$$

这里,Δr是两条射线$\boldsymbol{L}_0$与$\boldsymbol{L}$之间的光程差,从几何上看,它等于Q点向$\boldsymbol{L}_0$射线作垂线的垂足至O点的距离,故Δr应该等于$\overrightarrow{OQ}$在$\boldsymbol{L}_0$方向的投影值,我们将$\boldsymbol{L}_0$方向的单位矢量记作$\boldsymbol{l}_0(\cos\alpha_1,\cos\alpha_2)$,而$\overrightarrow{OQ}(x_0,y_0)$,故投影值$\Delta r$表达为

$$\Delta r=\overrightarrow{OQ}\cdot\boldsymbol{l}_0=x_0\cos\alpha_1+y_0\cos\alpha_2=x_0\sin\theta_1+y_0\sin\theta_2,\tag{2.91$'$}$$

于是,傍轴衍射积分公式中的积分部分在矩孔情形下表达为

$$\mathrm{e}^{\mathrm{i}k_0L_0}\int_{-b/2}^{b/2}\mathrm{d}y_0\int_{-a/2}^{a/2}\mathrm{e}^{-\mathrm{i}k(\sin\theta_1x_0+\sin\theta_2y_0)}\mathrm{d}x_0=\mathrm{e}^{\mathrm{i}k_0L_0}\left(a\frac{\sin\alpha}{\alpha}\right)\left(b\frac{\sin\beta}{\beta}\right),$$

这里,两个宗量(α,β)与衍射角(θ_1,θ_2)的关系为

$$\alpha=\frac{\pi a\sin\theta_1}{\lambda},\quad \beta=\frac{\pi b\sin\theta_2}{\lambda}.\tag{2.92}$$

最后得到矩孔夫琅禾费衍射场和强度分布为

$$\widetilde{U}(\theta_1,\theta_2)=\tilde{c}\mathrm{e}^{\mathrm{i}k_0L_0}\left(\frac{\sin\alpha}{\alpha}\right)\left(\frac{\sin\beta}{\beta}\right),\quad I(\theta_1,\theta_2)=I_0\left(\frac{\sin\alpha}{\alpha}\right)^2\cdot\left(\frac{\sin\beta}{\beta}\right)^2,\tag{2.93}$$

$$\tilde{c}=\frac{-\mathrm{i}}{\lambda f}(ab)A,\quad I_0=\tilde{c}\tilde{c}^*=\frac{(ab)^2}{(\lambda f)^2}A^2.$$

- **衍射图样的主要特征**

(1) 衍射峰. 当$(\theta_1,\theta_2)=(0,0)$,有$I=I_0$,此为衍射强度最大值,称其为零级衍射峰,以其为中心有一最大的衍射斑.这个衍射峰的方位正是等光程方位,亦即几何光学像点位置.我们再一次看到,夫琅禾费衍射图样,总是以像点为中心向四周铺展.

(2) 零点条件. 当

$$\begin{cases}a\sin\theta_1=k_1\lambda, & k_1=\pm1,\pm2,\cdots\\ b\sin\theta_2=k_2\lambda, & k_2=\pm1,\pm2,\cdots\end{cases}\tag{2.94}$$

则衍射强度$I(\theta_1,\theta_2)=0$,这些区域是暗的.

(3) 零级斑的半角宽度$(\Delta\theta_1,\Delta\theta_2)$. 我们关注衍射零点位置旨在确定零级衍射斑的半角宽度,因为它体现了衍射效应强弱程度.由上式不难确定,矩孔衍射的半角宽度为

$$\begin{cases}\Delta\theta_1 \approx \dfrac{\lambda}{a}, & \text{沿 } x \text{ 方向的扩展;}\\[2ex] \Delta\theta_2 \approx \dfrac{\lambda}{b}, & \text{沿 } y \text{ 方向的扩展.}\end{cases} \tag{2.95}$$

须知,像空间后焦面上的零级斑半角宽度,体现了物空间零级衍射波的发散角.这就是说,入射平行光经矩孔限制,便发生衍射弥漫,其弥漫程度用衍射发散角($\Delta\theta_1,\Delta\theta_2$)给予度量.根据以上理论要点,手工绘制矩孔夫琅禾费衍射图样于图2.54,这与实拍照片图样是一致的.

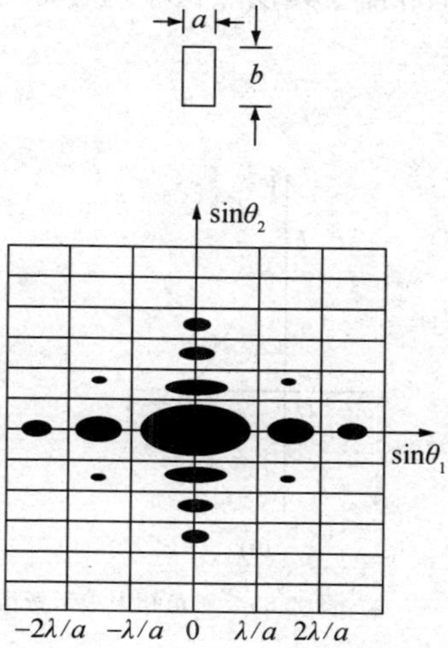

图 2.54 绘制矩孔夫琅禾费衍射图样

- **衍射反比律及其意义**

衍射发散角($\Delta\theta_1,\Delta\theta_2$)与光孔线度和波长的关系,往往写成反比规律形式,

$$a\cdot\Delta\theta_1\approx\lambda,\quad b\cdot\Delta\theta_2\approx\lambda. \tag{2.96}$$

这一反比律具有普遍意义,并不限于矩孔.若限制波前的光孔在某方向的几何线度为 ρ,则光波在该方向的衍射发散角 $\Delta\theta$,可由反比律公式估算,

$$\rho\cdot\Delta\theta\approx\lambda. \tag{2.97}$$

衍射反比律简明而深刻地揭示了光波乃至一切波动的传播本性,它蕴含多重物理意义.

(1) 衍射反比律指明了几何光学的限度. 若衍射发散角为零,则意味着光波经光孔无衍射,光波沿直线传播,这是几何光学的基础.衍射反比律正确地给出了 $\Delta\theta\to0$ 的条件,

$$\lim_{\lambda\to0}\Delta\theta=\lim\frac{\lambda}{\rho}=0,\quad \text{或}\quad \lim_{\rho\to\infty}\Delta\theta=\lim\frac{\lambda}{\rho}=0, \tag{2.98}$$

于是,人们说,几何光学是光波在波长趋于零时的传播行为.事实上,光波长即使甚短,那也不为零.此时,从(2.98)式得到有实际意义的结论是,当波长远远小于光孔线度时,光波衍射效应甚弱,几何光学是一很好的近似.这不仅指均匀介质中的直线传播定律,也包括界面反射定律和折射定律.当界面有限或入射光束截面受限时,反射光场或折射光场就是光波经光孔以后的较为复杂的衍射场,其零级衍射峰方向正是反射定律或折射定律给出的等光程方向.

(2) 衍射反比律蕴含一种放大原理. 当光孔几何线度越小,或广义上说,当结构越细微,则光波的衍射发散越强烈,在远处生成的衍射图样越宽大.人们可以通过对衍射图样的测量,进行反演而获得小孔或微结构的信息.当然,这是一种衍射放大,而不是像投影仪或电影放映机那样的几何相似放大.衍射放大本质上是一种光学变换,只要我们掌握了这种变换规律,就能从衍射图样,反演即逆变换而求得微结构的特征信息.比如,如图2.54花样中的零级斑的尺寸,可以确定矩孔的两个边长,当然,矩孔短边对应谱斑长边,矩孔长边对应谱斑短边.

- **三角孔夫琅禾费衍射场**

我们选择一直角形三角孔作为基元三角孔,其沿坐标轴的两条直角边的长度分别为 a

和 b,且令其顶点位于坐标原点,如图 2.55(a). 于是,这基元三角孔斜边的直线方程为

$$y = cx + b, \quad c = -\frac{b}{a}.$$

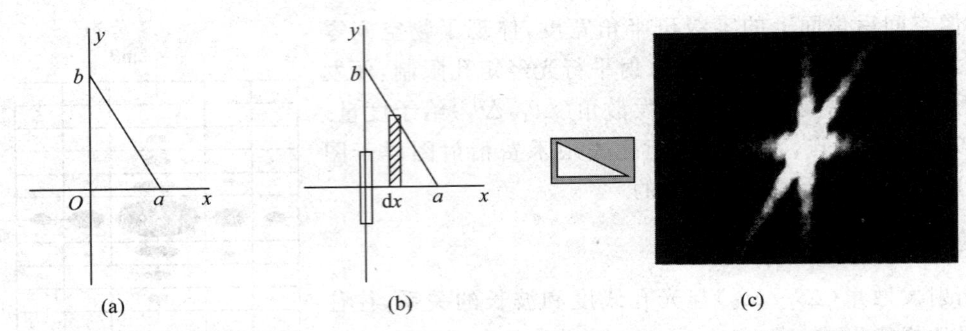

图 2.55　三角孔夫琅禾费衍射.(a) 基元三角孔,(b) 借鉴矩孔衍射,(c) 三角孔和对应的衍射光芒

借鉴矩孔衍射结果,我们将三角孔划分为一系列细窄矩孔条,其长度为 y,宽度为 $\mathrm{d}x$,如图 2.55(b)所示. 注意到这些矩孔条的中心位置是不同的,其坐标为

$$(x,\ y/2) = \left(x,\ \frac{c}{2}x + \frac{b}{2}\right).$$

设想中心位于原点(0,0)的那个矩孔条的夫琅禾费衍射场为

$$\mathrm{d}\tilde{u}_0(\theta_1,\theta_2) = \tilde{c}(y\mathrm{d}x)\,\frac{\sin\alpha_0}{\alpha_0}\cdot\frac{\sin\beta_0}{\beta_0},$$

这里 $\alpha_0 = \dfrac{\pi \mathrm{d}x\sin\theta_1}{\lambda} \to 0$,故 $\dfrac{\sin\alpha_0}{\alpha_0} \to 1$;$\beta_0 = \dfrac{\pi y\sin\theta_2}{\lambda} = \dfrac{\pi(cx+b)\sin\theta_2}{\lambda}$.

于是
$$\mathrm{d}\tilde{u}_0(\theta_1,\theta_2) = \tilde{c}y\,\frac{\sin\beta_0}{\beta_0}\mathrm{d}x.$$

那么,三角孔中这相应的矩孔条的夫琅禾费衍射场就应当是

$$\mathrm{d}\tilde{u}(\theta_1,\theta_2) = \mathrm{e}^{\mathrm{i}(\delta_1+\delta_2)}\cdot\mathrm{d}\tilde{u}_0(\theta_1,\theta_2),$$

这里,δ_1 和 δ_2 是与中心位移相对应的两个相移因子,①

$$\delta_1 = -k\sin\theta_1\cdot x, \quad \delta_2 = -k\sin\theta_2\cdot\frac{y}{2} = -k\sin\theta_2\cdot\left(\frac{c}{2}x + \frac{b}{2}\right). \tag{2.99}$$

经化简,得

$$\mathrm{d}\tilde{u}(\theta_1,\theta_2) = \tilde{c}\mathrm{e}^{-\mathrm{i}k\sin\theta_2\cdot\frac{b}{2}}\,\frac{1}{\pi\sin\theta_2/\lambda}\mathrm{e}^{-\mathrm{i}k\left(\sin\theta_1+\frac{c}{2}\sin\theta_2\right)x}\cdot\sin\beta_0\,\mathrm{d}x,$$

引入缩写符号(宗量)$\beta = k\sin\theta_2\cdot\dfrac{b}{2} = \dfrac{\pi b\sin\theta_2}{\lambda}$, 于是

① 图像位移将导致夫琅禾费衍场的相移,这一点将在第 5 章 5.1 节给出证明(见 226 页).

$$\mathrm{d}\tilde{u}(\theta_1,\theta_2)=\tilde{c}\mathrm{e}^{-\mathrm{i}\beta}\frac{b}{\beta}\mathrm{e}^{-\mathrm{i}k\left(\sin\theta_1+\frac{c}{2}\sin\theta_2\right)x}\cdot\sin\beta_0\,\mathrm{d}x.$$

基元三角孔的总的夫琅禾费衍射场被表达为

$$\widetilde{U}(\theta_1,\theta_2)=\int_0^a\mathrm{d}\tilde{u}=\tilde{c}\mathrm{e}^{-\mathrm{i}\beta}\frac{b}{\beta}\int_0^a\mathrm{e}^{-\mathrm{i}k\left(\sin\theta_1+\frac{c}{2}\sin\theta_2\right)x}\cdot\sin\beta_0\,\mathrm{d}x,$$

为了完成上述积分运算,可利用尤拉公式,$\sin\beta_0=\dfrac{\mathrm{e}^{\mathrm{i}\beta_0}-\mathrm{e}^{-\mathrm{i}\beta_0}}{2\mathrm{i}}$,$\beta_0=k\left(\dfrac{c}{2}x+\dfrac{b}{2}\right)\sin\theta_2$,这样处理,上述积分便含有两项,其中第一项积分结果为

$$F_1=\frac{1}{2\mathrm{i}}\mathrm{e}^{\mathrm{i}\beta}\mathrm{e}^{-\mathrm{i}\alpha}\cdot a\,\frac{\sin\alpha}{\alpha};$$

第二项积分结果为

$$F_2=-\frac{1}{2\mathrm{i}}\mathrm{e}^{-\mathrm{i}\beta}\mathrm{e}^{-\mathrm{i}(\alpha-\beta)}\cdot a\,\frac{\sin(\alpha-\beta)}{(\alpha-\beta)},$$

这里已引入另一个缩写符号(宗量)

$$\alpha=k\sin\theta_1\cdot\frac{a}{2}=\frac{\pi a\sin\theta_1}{\lambda}.$$

最后得到基元三角孔的夫琅禾费衍射场为

$$\begin{aligned}\widetilde{U}(\theta_1,\theta_2)&=\tilde{c}\,\frac{b}{\beta}\mathrm{e}^{-\mathrm{i}\beta}(F_1+F_2)\\&=\frac{\tilde{c}}{\mathrm{i}}\left(\frac{1}{2}ab\right)\cdot\left(\mathrm{e}^{-\mathrm{i}\alpha}\cdot\frac{\sin\alpha}{\beta\alpha}-\mathrm{e}^{-\mathrm{i}(\alpha+\beta)}\cdot\frac{\sin(\alpha-\beta)}{\beta(\alpha-\beta)}\right),\end{aligned}\tag{2.100}$$

看起来这个式子似乎对 α 与 β 是不对称的.其实,如果当初我们沿水平方向划分三角孔为一系列矩孔条($x\mathrm{d}y$),其结果应当将上式作如下变量替换:$\alpha\to\beta,\beta\to\alpha$,即得衍射场,

$$\widetilde{U}'(\theta_1,\theta_2)=\frac{\tilde{c}}{\mathrm{i}}\left(\frac{1}{2}ab\right)\cdot\left(\mathrm{e}^{-\mathrm{i}\beta}\cdot\frac{\sin\beta}{\alpha\beta}-\mathrm{e}^{-\mathrm{i}(\beta+\alpha)}\cdot\frac{\sin(\beta-\alpha)}{\alpha(\beta-\alpha)}\right),$$

两者 $\widetilde{U},\widetilde{U}'$ 相等,故衍射场又可以表达为如下形式,

$$\begin{aligned}\widetilde{U}(\theta_1,\theta_2)&=\frac{1}{2}(\widetilde{U}+\widetilde{U}')\\&=\frac{\tilde{c}}{2\mathrm{i}}\left(\frac{1}{2}ab\right)\cdot\left(\frac{1}{\beta}\mathrm{e}^{-\mathrm{i}\alpha}\,\frac{\sin\alpha}{\alpha}+\frac{1}{\alpha}\mathrm{e}^{-\mathrm{i}\beta}\,\frac{\sin\beta}{\beta}-\left(\frac{1}{\beta}+\frac{1}{\alpha}\right)\mathrm{e}^{-\mathrm{i}(\alpha+\beta)}\,\frac{\sin(\alpha-\beta)}{(\alpha-\beta)}\right).\end{aligned}\tag{2.101}$$

三角孔的衍射图样如图 2.55(c)所示,它有三对明显的衍射光芒,其取向分别正交于 x 轴、正交于 y 轴和正交于三角孔斜边方向,它们也正是(2.101)式中 $\alpha=0,\beta=0$ 和 $(\alpha-\beta)=0$ 所决定的三个特殊方向.

2.13 圆孔夫琅禾费衍射 成像仪器分辨本领

- 圆孔夫琅禾费衍射与艾里斑
- 成像仪器分辨本领概念与瑞利判据
- 人眼分辨本领与瞳孔直径
- 例题 1——估算人眼感光细胞密度
- 望远镜分辨本领与物镜口径
- 哈勃太空望远镜

· 显微镜分辨本领与物镜数值孔径　· 像记录介质的空间分辨率

● 圆孔夫琅禾费衍射与艾里斑

实验装置如图 2.56(a)所示，物空间小圆孔直径为 $2a$，在像空间后焦面上呈现若干同心衍射环，中心的那个亮斑称作艾里斑(Airy disk). 在夫琅禾费衍射积分式中，当积分区间为一圆面时，计算较复杂，还涉及某一特殊函数的积分表示，对此积分演算过程本课程不予深究. 其积分结果被表达为

$$\widetilde{U}(\theta)=\tilde{c}\mathrm{e}^{\mathrm{i}k_0L_0}\cdot 2\frac{\mathrm{J}_1(x)}{x},\quad I(\theta)=I_0\left(\frac{2\mathrm{J}_1(x)}{x}\right)^2, \tag{2.102}$$

其中 $\mathrm{J}_1(x)$ 为一阶贝塞耳(Bessel)函数，

$$\text{宗量 } x=\frac{2\pi a\sin\theta}{\lambda},\quad \text{艾里斑中心强度 } I_0=\frac{(\pi a^2)^2}{(\lambda f)^2}A^2. \tag{2.103}$$

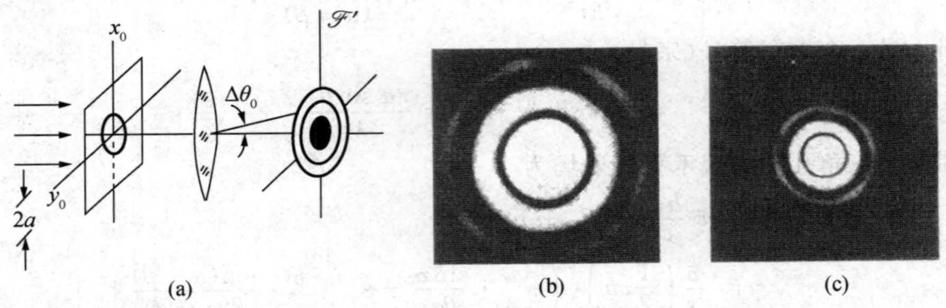

2.56　圆孔夫琅禾费衍射. (a) 实验装置，(b) 艾里斑(孔径 0.5 mm)，(c) 艾里斑(孔径 1.0 mm)

一阶贝塞耳函数曲线与单缝衍射 $\mathrm{sinc}(x)$ 函数类似，有一系列零点，如图 2.57 所示，其中第一个零点位置为

$$x_0=1.22\pi,$$

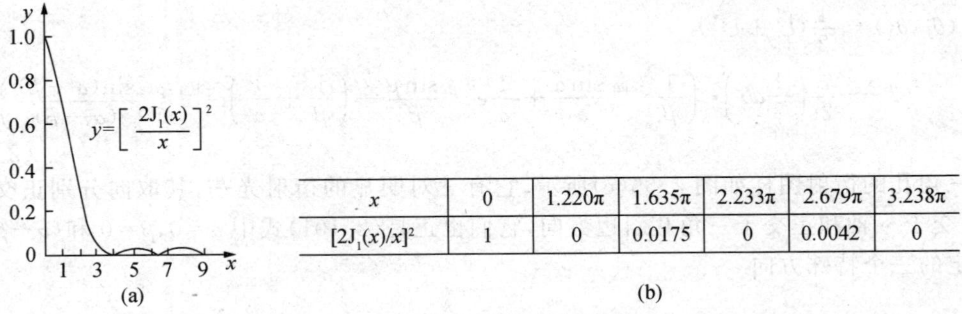

x	0	1.220π	1.635π	2.233π	2.679π	3.238π
$[2\mathrm{J}_1(x)/x]^2$	1	0	0.0175	0	0.0042	0

图 2.57　圆孔夫琅禾费衍射. (a) 强度分布曲线，(b) 零点位置和次极大强度相对值

即第一个暗环的角方位 θ_{10}，满足

$$\frac{\pi D\sin\theta_{10}}{\lambda}=1.22\pi,\quad \text{孔径 } D=2a,$$

于是

$$\sin\theta_{10} = 1.22\,\frac{\lambda}{D}.$$

我们关注艾里斑的半角宽度 $\Delta\theta_0$，它体现了圆孔衍射效应强弱程度，它也就是圆孔衍射发散角，

$$\Delta\theta_0 \approx 1.22\,\frac{\lambda}{D}, \quad 或 \quad D\Delta\theta_0 \approx 1.22\lambda. \tag{2.104}$$

它与从单缝、矩孔情形下概括出来的衍射反比律公式(2.97)基本一致，区别仅在于系数由 1 变为 1.22.

- **成像仪器分辨本领概念与瑞利判据**

由于镜头对波前的限制而产生的衍射效应，使物点发射的光波在像面上不可能形成一个像点，而是以像点为中心扩展为一定的强度分布，集中了大部分光功率的中心光斑，就是圆孔夫琅禾费衍射的艾里斑. 这就是说，即使不计较镜头的所有几何像差，成像光学仪器也无法实现点物成点像的理想情况. 因此，物面上相距很近的两个物点，反映在像面上就是两个可能重叠的衍射斑，这两个衍射斑甚至可能过度重叠，变成模糊一团，以致观察者无法辨认物方两个物点的存在. 总之，物方图像是大量物点的集合，而变换到像面上的强度分布却是大量艾里斑的集合，它不可能准确地反映物面上的所有细节，参见图 2.58. 成像仪器分辨细节能力的定量表示称作分辨本领(resolving power)，也称为分辨率或分辨力. 这首先涉及一个是否可分辨的标准问题.

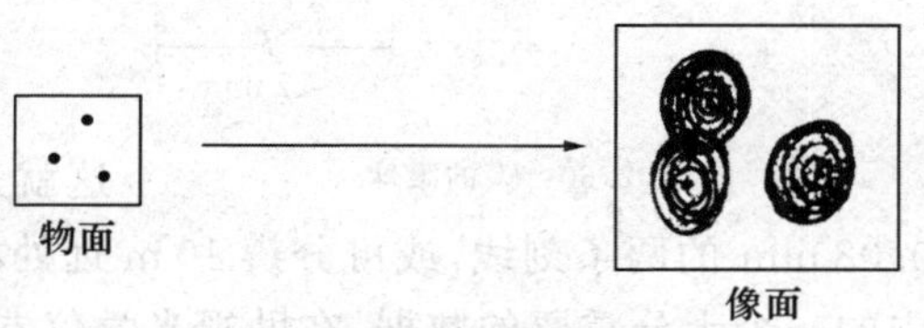

图 2.58　说明像分辨本领概念

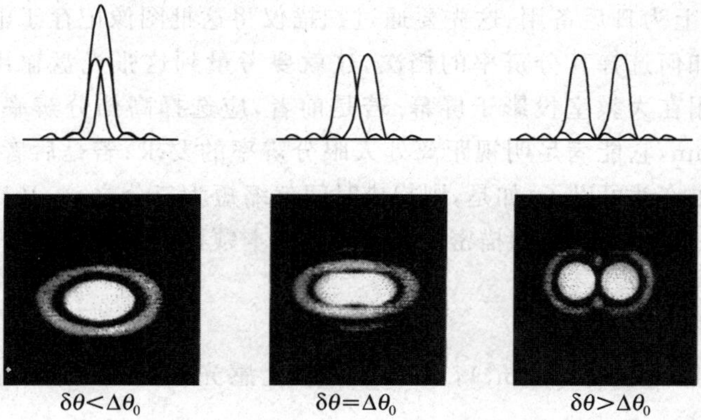

$\delta\theta<\Delta\theta_0$　　$\delta\theta=\Delta\theta_0$　　$\delta\theta>\Delta\theta_0$

图 2.59　说明作为像分辨本领定量标准的瑞利判据

通常采用瑞利判据(Rayleigh criterion)，作为像分辨本领的定量标准. 两个物点反映在像面上有两个艾里斑，设这两个艾里斑中心之角间隔为 $\delta\theta$，每个艾里斑自身有个半角宽度 $\Delta\theta_0$，瑞利提出的判据是

$$\begin{gathered}\delta\theta > \Delta\theta_0 \text{ 时，可分辨；} \delta\theta < \Delta\theta_0 \text{ 时，不可分辨；} \\ \delta\theta_{\mathrm{m}} = \Delta\theta_0 \text{ 给出可分辨的最小角间隔 } \delta\theta_{\mathrm{m}}.\end{gathered} \tag{2.105}$$

这就是说，瑞利判据规定，当一个像斑中心恰好落在另一像斑边缘暗环时，确认两个像斑刚刚可以分辨，参见图 2.59. 计算表明，此时两个像斑强度非相干叠加的结果呈现马鞍型，其中央光强起伏度约为 25%. 正常人眼恰能分辨这种光强差别. 当然，对于客观的光接收器，

比如乳胶底片、全息干版、光电管或其他传感器来说,也许并不苛求 25%的起伏量,作为它的可分辨的界限. 但瑞利判据仍不失之作为一个相对标准,用以估算或比较成像仪器的像分辨本领.

● 人眼分辨本领与瞳孔直径

人眼(图 2.60)的生理结构相当精巧微妙,而决定人眼分辨本领的是瞳孔的直径 D_e,它是可调的,白昼 D_e 小,黑夜 D_e 大,其正常范围是 2—8 mm. 据此,可以估算出人眼的最小可分辨角 $\delta\theta_e$,设 $\lambda\sim550\text{ nm}$, $D_e\sim2\text{ mm}$,物方为空气,则

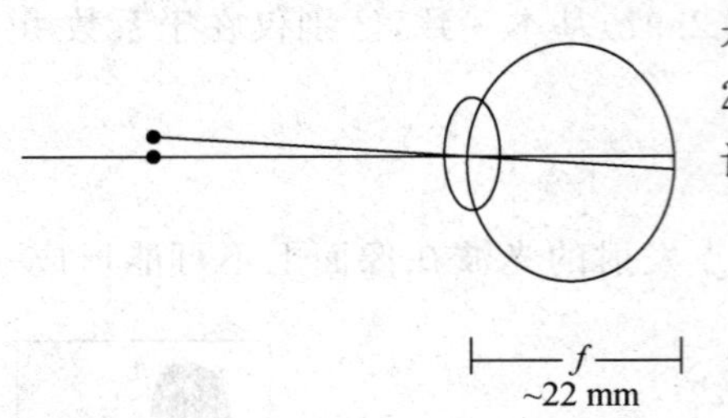

图 2.60　人的眼球

$$\delta\theta_e=1.22\frac{\lambda}{D_e}\approx1.22\frac{550\text{ nm}}{2\text{ mm}}$$
$$\approx3.3\times10^{-4}\text{ rad}\approx1'$$
$$\approx0.08\text{ mm}/25\text{ cm}\approx3.3\text{ mm}/10\text{ m}.\quad(2.106)$$

这就是说,正常人眼可分辨明视距离 25 cm 处相间 0.08 mm 的两条刻线,或可分辨 10 m 远处相间 3.3 mm 的两条刻线. 这一数据是生理光学中的一个十分重要的数据,在助视光学仪器、影视技术、图像识别、图像扫描等场合,它们的设计和性能指标的设定,均必须尊重生理光学中这一基本数据. 比如,我们搜集到了一批精美图像,准备将它们记刻在一张光盘上为日后备用,这先要通过扫描仪将这批图像记存于电脑硬盘中. 在使用扫描仪时,我们该如何选择其分辨率的档次,这就要考量到这张光盘输出图像的用场,是用来印刷成书,还是用在大教室投影于屏幕. 若是前者,应选择高档分辨率,比如 300 点/英寸,这相当于 12 点/mm,它能满足明视距离处人眼分辨率的要求;若是后者,选择 100 点/英寸≈4 点/mm 或更低也许就可以了,如是,则扫描时间就缩短为三分之一. 又比如,观看电视的最佳距离问题,也是一个屏幕尺寸、扫描密度与人眼分辨本领相匹配的问题.

● 例题 1——估算人眼感光细胞密度

试估算人眼球视网膜上感光细胞密度(个/mm²),以及视网膜上感光细胞的总数(量级).

借鉴生物学中的自然选择和自适应原则,估计感光细胞线度与艾里斑尺寸两者基本一致是合理的. 为此,先估算眼瞳衍射而产生的艾里斑的大小 d. 设光波长 $\lambda\sim550\text{ nm}$,眼瞳直径 $D_e\sim4\text{ mm}$,眼球直径即眼睛焦距 $f\sim20\text{ mm}$,于是,艾里斑半角宽度与线度分别为

$$\Delta\theta_0\approx1.22\frac{\lambda}{D_e}\approx1.22\frac{550\times10^{-6}}{4}\approx1.7\times10^{-4}\text{ rad},$$

$$d\approx f\Delta\theta_0\approx20\times(1.7\times10^{-4})\text{mm}\approx3.5\ \mu\text{m},\quad d^2\approx(3.5)^2\mu\text{m}^2\approx10^{-5}\text{ mm}^2,$$

由此可见,1 mm² 视网膜面元上,可容纳的艾里斑个数有 10^5 个,这应当是估算感光细胞密度的科学依据之一,即人眼视网膜上感光细胞密度约为 10^5 个/mm²,考量到黑夜环境中,眼瞳扩大为 8 mm,艾里斑线度缩小至上述的一半,则感光细胞密度增大为 4 倍,即达 4×10^5 个/mm²,取该值应当说更为合理. 让我们再来估算视网膜的面积,

$$S \approx \frac{1}{3} \times (\text{半眼球面积}) \approx \frac{1}{3}\left(\frac{1}{2}4\pi R^2\right) \approx 2R^2 = 2\left(\frac{20}{2}\right)^2 \text{ mm}^2 = 200 \text{ mm}^2,$$

故人眼视网膜上感光细胞的总数

$$N \approx 200 \text{ mm}^2 \times 4 \times 10^5 \text{个} / \text{mm}^2 \approx 10^8 \text{个}.$$

即有1亿个感光细胞，当然，这仅是一个大约的数量级. 据关于视觉研究的文献报道，视网膜含有1亿个感光细胞，通过100万条神经纤维向大脑发送信息. 这倒令人深思，10^8个细胞/10^6神经纤维，这等于说，10^2个细胞/神经纤维，一根神经纤维传导100个感光细胞的视觉信息，为什么不是一根神经纤维对应一个感光细胞？按10^2个细胞/神经纤维这一数据估算，视神经纤维的直径约30 μm.

- **望远镜分辨本领与物镜口径**

望远镜的观察对象是远物，其原理性结构如图2.61所示，它的特点是物镜为大口径且长焦距，物镜后焦点F_o'与目镜前焦点F_e几乎重合. 于是，物方两束夹角甚小的平行光经物镜聚焦，再经目镜变成两束夹角被放大了的平行光，而被眼瞳接收. 不难导出望远镜的角放大率公式为

$$M = \frac{f_o}{f_e}, \quad (2.107)$$

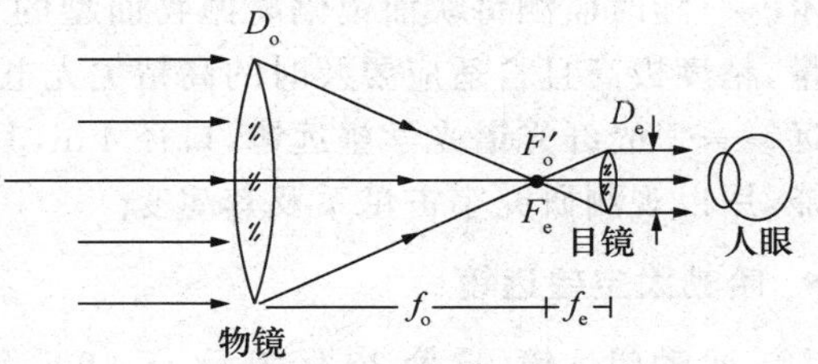

图2.61 望远镜原理性结构

即等于物镜焦距f_o与目镜焦距f_e之比值. 望远镜的角分辨本领决定于物镜口径D_o，因为望远镜的孔径光阑是物镜——凡是被物镜接收的正入射宽光束总能全部通过目镜而进入眼瞳. 故望远镜的最小分辨角为

$$\delta\theta_m \approx 1.22 \frac{\lambda}{D_o}. \quad (2.108)$$

例题2 一光学望远镜，物镜口径$D_o \sim 2000$ mm，则其最小分辨角为

$$\delta\theta_m \approx 1.22 \frac{550 \text{ nm}}{2000 \text{ mm}} \approx 3.3 \times 10^{-7} \text{ rad} \approx 0.001'.$$

望远镜的基本性能指标有两个，一是角放大率M，二是最小分辨角$\delta\theta_m$. 两者应当匹配. 合理的设计方案是，最小分辨角$\delta\theta_m$经放大M倍恰好等于人眼的分辨角$\delta\theta_e$. 满足这一要求的角放大率称作有效放大率(effective magnification)，记作M_{eff}，即

$$M_{eff} = \frac{\delta\theta_e}{\delta\theta_m} = \frac{D_o}{D_e}. \quad (2.109)$$

其意思是，过高的放大率设计是个浪费，试图分辨小于$\delta\theta_m$的角间隔是徒劳的. 比如，当$D_o \sim 2000$ mm，取$D_e \sim 2$ mm，则与此物镜口径相匹配的有效放大率$M_{eff} \approx 10^3$倍，设计时应选取焦距比值$f_o/f_e \approx 10^3$倍.

综上所述，由一台光学望远镜的物镜口径D_o数据，我们可获悉三点信息——最小分辨角$\delta\theta_m$、有效放大率M_{eff}和这台望远镜的集光本领，它等于$(D_o/D_e)^2$.

远方星光，长程传播，尤其是经地球大气层的扰动场，会发生波面畸变，以致望远镜的实际分辨本领要低于(2.108)式给出的理论分辨本领. 如何处理观测信息以修正大气扰动的影响，是天文观测学科中长期孜孜以求的研究目标.

我国目前口径最大的光学望远镜属北京天文台，其口径为 2160 mm，安置在河北省兴隆县，海拔 1000 m 以上，这里天气条件好、少污染、能见度高，一批年轻天文学家在这里开展卓有成效的工作，已经获得若干重大发现. 世界最大的光学望远镜，在 1999 年前当推前苏联的，其物镜口径为 8 m；目前，当推美国的，其物镜口径为 8.20 m，这块大镜面由 40 块六边形凹面拼成，在僻远山洞车间中研磨 4 年，于 1998 年 11 月得以完成，加工精度达 1 mm. 美国在夏威夷安装有一台红外望远镜，其物镜镜面口径为 3357 mm，地处海拔 4200 m 的山顶，它可用以观测几十亿光年远的天体，研究一般光学望远镜不易观测的天体分子结构和正在形成的星体外壳. 美国还有一台射电望远镜，口径达 100 m，由 $(2\times2)\,\mathrm{m}^2$ 分片拼成，共约 2500 片. 如此众多片镜面怎样被维持成为一块大的抛物面镜呢？这里应用了自适应光学技术——随时监测每块面镜偏离抛物面型的变形、并实时加以调整和恢复，这是一项多点测量、精度极高且自适应要及时的高精尖光电技术. 我国目前正在立项，设计制造一台新型望远镜——光纤光谱光学望远镜，口径 4 m，其特点是大口径、多目标、巡天，且有光谱分析功能，用以观测研究宇宙星系及其演变.

- **哈勃太空望远镜**

哈勃望远镜，造价 30 亿美元，于 1990 年 4 月 24 日发射上天，计划工作 15 年，可望延长工作至 2010 年，图 2.62 是其实体图. 兹将有关信息介绍如下.

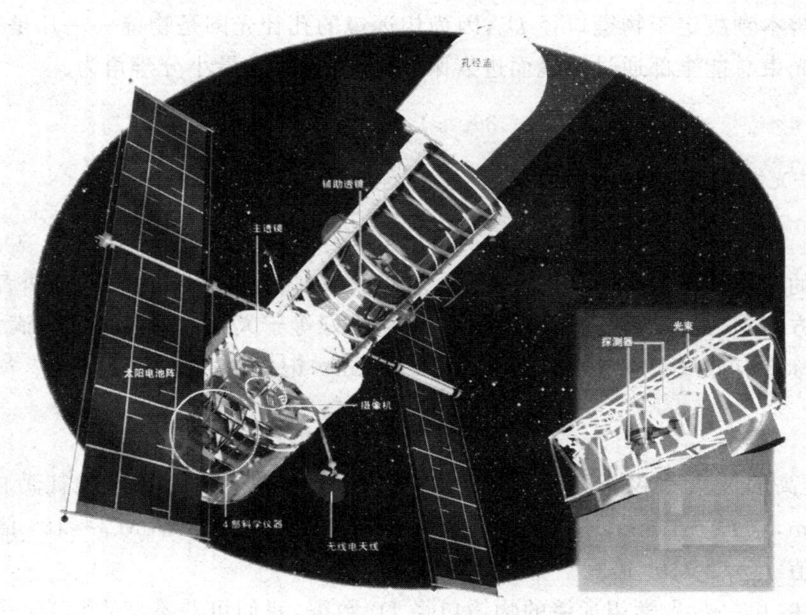

图 2.62　哈勃望远镜

（1）轨道．　运行于大气层之上，距地面 610 km，环绕地球一周需 97 分钟，运行速度 8 km/s．重量约 11 t，长 15.9 m．

（2）光学结构．　6.4 m 长，主透镜口径 2.4 m，还有若干辅助透镜，以获得 57.6 m 长焦距，它所拍图像的分辨率为 $0.1''\approx5\times10^{-7}$ rad，十分接近理论分辨率；若将它置于地面，则分辨率要降一个量级，达 $1''\approx5\times10^{-6}$ rad．

（3）任务．　探测宇宙深层结构及其演化，宇宙年龄有多大，范围有多大，特别关注宇宙膨胀速度，从而修订哈勃常数，判定宇宙膨胀速度是变慢了还是变快了，这关系到宇宙生死归宿．

（4）已获得举世瞩目的重大发现：

· 1995 年拍摄到的图像中的物体，是迄今所拍到的最遥远的天体，100 亿光年，含 3000 个天体．

· 观测数据表明，宇宙膨胀速度实际上并无减慢．

· 新摄谱仪揭示了 1987A 超新星的化学成分——氧、氮和氢．

· 近红外仪发现了“皮斯托”星，它是迄今发现的最大的一个天体．

· 海王星的光环通常模糊，而在哈勃望远镜的红外图像中却很明亮，且云层清晰可见．

· 拍到一张 γ 射线大爆发的照片，这使人联想到宇宙起源于这些令人费解的能量释放．

（5）数据传输途径：

哈勃望远镜 ⟶ 人造卫星 ⟶ 地面数据传输线路
⟶ 太空望远镜科学研究中心（巴尔的摩市）．

● 显微镜分辨本领与物镜数值孔径

显微镜的观察对象是近处细小物体或样品细节，其结构特点是，物镜小口径、短焦距，它将处于齐明点附近的小物放大成一个实像在中间像面上，再经右侧目镜放大成一个虚像，供人眼观测．对于显微镜，人们关注的是它的可分辨的最小线度，参见图 2.63．其中涉及三个线度，δy_0 为两个物点的线间隔，$\delta y'$ 是中间像面上对应的两个艾里斑中心的线间隔，Δy_0 是一个艾里斑自身的线宽度；涉及三个角度，u_0 是物点入射光束的最大孔径角，u' 是对应的最大会聚角，$\Delta\theta_0$ 是一个艾里斑对物镜中心所张开的半角宽度，式（2.104）同样适用于目前情形，即这里 $\Delta\theta_0\approx1.22\lambda/D$，这是因为像面衍射场也归结为夫琅禾费衍射场．作为考量像分辨本领的瑞利判据，在目前它表现为

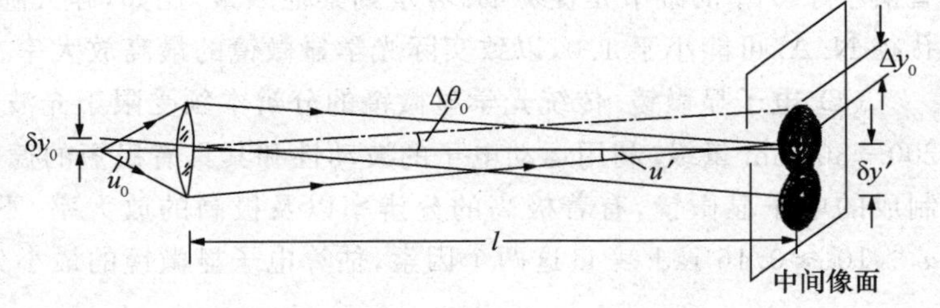

图 2.63　显微镜

$$\delta y_{\rm m}' = \Delta y_0,$$

这里，

$$\Delta y_0 = l\Delta\theta_0 = 1.22\,\frac{\lambda}{D}l = 1.22\,\frac{\lambda_0}{n'D}l,$$

注意到几何关系 $\sin u' \approx \frac{D/2}{l}$，得

$$\delta y_{\mathrm{m}}' \approx 0.61\,\frac{\lambda_0}{n'\ \sin u'}.$$

我们曾记得，工作于显微镜头齐明点附近的小物，满足 Abbe 正弦条件(参见 1.5 节)，

$$n_0\,\delta y_0\ \sin u_0 = n'\,\delta y'\ \sin u',$$

据此，由上式 $\delta y_{\mathrm{m}}'$ 换算为物空间的 δy_{m}，即最终求得显微镜可分辨的最小线度

$$\delta y_{\mathrm{m}} \approx 0.61\,\frac{\lambda_0}{n_0\ \sin u_0} = 0.61\,\frac{\lambda_0}{\mathrm{N.\,A.}}, \tag{2.110}$$

这里 $\mathrm{N.\,A.} = n_0\ \sin u_0$，称作显微镜头的数值孔径(numerical aperture). 现作几点讨论.

(1) 增大 N. A.，是提高显微镜分辨本领的途径之一. 为此，通过油浸和用广角镜头，便得以有较大的数值孔径值. 不过，N. A. 最大值仅有 1.5 左右，此时 $\delta y_{\mathrm{m}} \approx \lambda_0/2$，这是传统光学显微镜的极限分辨率——半波长，或者说，显微镜分辨率受光波长所限制.

(2) 选择短波长光源照明，是提高显微镜分辨本领的又一途径. 比如，选择红光，$\lambda\sim 700\,\mathrm{nm}$，则极限分辨率 $\delta y_{\mathrm{m}}\sim 350\,\mathrm{nm}$；若选择紫光，$\lambda\sim 400\,\mathrm{nm}$，则极限分辨率 $\delta y_{\mathrm{m}}\sim 200\,\mathrm{nm}$.

(3) 光学显微镜的有效放大率. 显微镜的两个性能指标，分辨率和线放大率，两者应当匹配. 合理的设计方案是，物镜头可分辨的最小线度 δy_{m}，经物镜、目镜放大 M 倍以后，恰达到人眼在明视距离处可分辨的最小线度 δy_{e}，即有效放大率

$$M_{\mathrm{eff}} \approx \frac{\delta y_{\mathrm{e}}}{\delta y_{\mathrm{m}}} \approx \frac{0.1\,\mathrm{mm}}{0.61\times 550\,\mathrm{nm}} \approx 300\ \text{倍}. \quad (\text{设 N. A.} = 1.0)$$

这样，既不浪费镜头具备的分辨本领，也不浪费仪器的放大倍数，超过 M_{eff} 的放大率以试图看清小于 δy_{m} 的细节是徒劳的. 考量到其他因素，比如，睁大瞳孔，可使 $\delta y_{\mathrm{e}}\sim 0.05\,\mathrm{mm}$；数值孔径 N. A. 可能小于 1.0，以致实际光学显微镜的最高放大率在 100 倍左右.

(4) 电子显微镜. 传统光学显微镜的分辨本领受限于光波长，以致其极限分辨率 δy_{m} 在 200—300 nm 量级. 利用运动电子的波动性和其具有极短的德布罗意波长 λ_{e}(1—10^{-3} nm)，制成的电子显微镜，有着极高的分辨率以及极高的放大率. 不过，电子束的发散角很小，约 $u_0\approx 10^0 \approx 0.16$ rad. 考量这两个因素，估算电子显微镜的最小分辨线度为

$$\delta y_{\mathrm{m}} \approx 0.61\,\frac{\lambda_{\mathrm{e}}}{\mathrm{N.\,A.}} \approx \frac{0.61}{0.16}\lambda_{\mathrm{e}} \approx 4\lambda_{\mathrm{e}}. \tag{2.111}$$

这里电子波长 λ_{e} 决定于加速电压 V，

$$\lambda_{\mathrm{e}} \approx \frac{h}{\sqrt{2meV}}. \tag{2.112}$$

其中，普朗克常数 $h = 6.63\times 10^{-34}$ J·s，电子质量 $m = 9.1\times 10^{-31}$ kg，电子电荷值 $e = 1.6\times 10^{-19}$ C，设电压 $V = 10^4$ V，则 $\lambda_{\mathrm{e}} \approx 1.2\times 10^{-2}$ nm. 现将一组典型数据列于表 2.1，仅供参考(数量级).

表 2.1 电子显微镜典型数据

加速电压 V	电子波长 λ_e	分辨本领 δy_m	有效放大率 M_{eff}
10^4 V	1.2×10^{-2} nm	5×10^{-2} nm	2×10^6
10^5 V	3.7×10^{-3} nm	1.5×10^{-2} nm	6×10^6

如表 2.1 所表明的如此高的分辨率和放大率足可以显示原子的立体图像和活动状态. 放大率高达 10^8 倍的电子显微镜,在目前也并不罕见.

一种测量原理迥然不同的新型光学显微镜——近场扫描光学显微镜,从 20 世纪 90 年代开始研制,它可将分辨本领再提高一个量级以上. 关于它的原理与特性,将在第 3 章 3.6 节中介绍.

● 像记录介质的空间分辨率

按接收方式划分,成像仪器有两类:一类是仪器生成一个放大的虚像,供人眼观察,比如放大镜、望远镜或显微镜;另一类是仪器生成一个实像于屏幕、乳胶介质或光纤面版上,比如投影仪、电影机、照相机或摄像机. 所有这类像记录介质,均由大量、大体规则排列的感光单元组成,如图 2.64 所示. 这就是说,记录介质有个空间分辨率 N(线/mm),这是记录介质的一个光学性能指标. 在考察或选择记录介质时,应使其 N 值与成像系统像方分辨率 $\delta y'_m$ 相匹配,这样就不至于浪费了仪器的分辨率,即

$$N \geqslant \frac{1}{\delta y'_m}. \qquad (2.113)$$

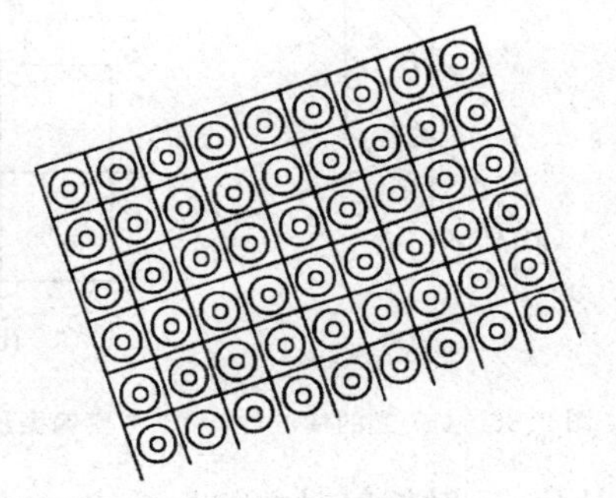

图 2.64 像记录介质面

例题 3 一照相机,选其光圈为 4.0,即相对孔径$(D/f)=1/4$. 据此算出其像方最小可分辨线度

$$\delta y'_m \approx f\cdot\Delta\theta_0 \approx 1.22\,\frac{\lambda}{D}\cdot f = 1.22\,\frac{\lambda}{(D/f)}$$
$$= 1.22\times4\lambda = 1.22\times4\times0.55\,\mu\text{m} \approx 2.7\,\mu\text{m},$$

与其匹配的胶卷的空间分辨率应当为

$$N \geqslant \frac{1}{2.7\,\mu\text{m}} \approx 370\ 线\ /\text{mm}.$$

目前市场上出售的胶卷,一般其分辨率在 200 线/mm,虽然低了些许,但也无关紧要,这毕竟是用于得到生活照片,不要求细节过分清晰,也许这样面部相貌显得反而柔和光滑. 但是,若用于鉴定文物、指纹或用于观测天体,进行科学研究,那就应当尊重(2.113)式给出的对记录介质空间分辨率的要求.

例题 4 哈勃太空望远镜,主透镜口径 2.4 m,整机焦距长 57.6 m,试问与其匹配的记录介质空间分辨率应当为多少(1/mm)?

在后焦面即输出像面上的可分辨的最小线间隔为

$$\delta y'_m \approx f\cdot\delta\theta_m = f\cdot1.22\,\frac{\lambda}{D_0} = 57.6\times1.22\times\frac{550\times10^{-9}}{2.4}\ \text{m} \approx 162\times10^{-4}\ \text{mm},$$

故记录介质的空间分辨率为

$$N \approx \frac{1}{\delta y_m'} \approx 62 \text{ 线 /mm}.$$

据实际鉴测，哈勃望远镜的实际角分辨率比上述理论上给出的要小一些，因此以上给出的 N 数是足够与其匹配的.

2.14　偏振光引论

· 概述　· 光的宏观偏振态　· 人造偏振片——马吕斯定律　· 自然光通过偏振片
· 部分偏振光通过偏振片　· 椭圆偏振光通过偏振片——偏振光干涉　· 偏振度

● 概述

作为特定波段的电磁波，光波自然也是一种横波，其电磁振荡方向均与光射线方向正交，从而出现各种偏振状态. 因此，在偏振光学中，我们经常打交道的是与光射线方向正交的横平面(xy)，也可称其为振动的横平面，如图 2.65 所示.

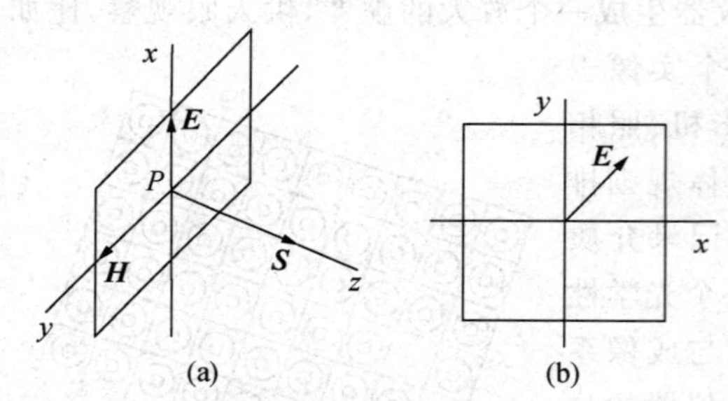

图 2.65　(a) 光的横波性，(b) 考察偏振结构的横平面

偏振光学研究的基本问题可归结为：

(1) 唯象描述或解析表示光的各种偏振态，以及各种偏振光的产生和检验.

(2) 研究凡能改变光偏振态的各种偏振元件或偏振效应，诸如人造偏振片、晶体棱镜、波晶片，反射折射时的偏振效应、光散射的偏振效应，等等. 显然，这类内容均属光与物质的相互作用.

(3) 偏振光的各种应用，比如偏振光干涉、光测弹性仪、偏振滤光器，等等.

● 光的宏观偏振态

一般将光的偏振态分为五种：线偏振光、自然光、部分偏振光、圆偏振光和椭圆偏振光. 兹分别描述如下.

(1) 线偏振光.　它在观测时间中，光矢量 $\boldsymbol{E}(t)$ 方向始终不变，如图 2.66(a)所示. 线偏振光的解析表示为

$$\boldsymbol{E}(t) = \boldsymbol{A}\cos\omega t,$$

或取分量表示为

$$E_x(t) = A_x \cos\omega t, \quad E_y(t) = A_y \cos(\omega t + \delta), \tag{2.114}$$

当两个正交振动之间的相位差 $\delta=0$，则线偏振于一、三象限；当这相位差 $\delta=\pi$，则线偏振于二、四象限；线偏振倾角 θ，显然取决于振幅比，即 $\tan\theta = A_y/A_x$.

(2) 自然光. 它是大量的、不同取向的、彼此无关的、无特殊优越取向的线偏振光的集合. 因此，自然光相对传播方向而言具有轴对称性，如图 2.66(b)所示. 各种普通光源发射的光，如阳光、烛光、钠灯光、汞灯光等，均系自然光. 虽然这些光源在微观持续发光时间 τ_0 内发射的一段波列是线偏振的，但不同时段内线偏振的方向是不同的，表现为偏振随机波，在宏观测量时间中等效于同时存在各种方向的线偏振成分，且它们之间无确定的相位差，或者说，它们之间的相位关系是随机的、完全不相关的.

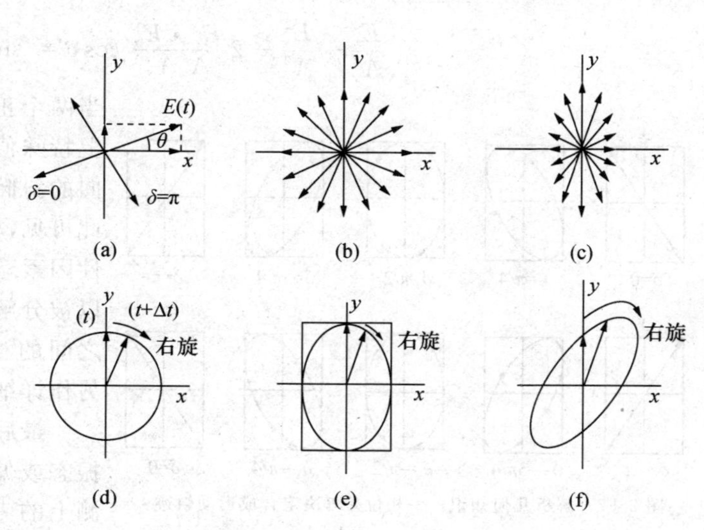

图 2.66 光的五种宏观偏振态

(3) 部分偏振光. 它与自然光的区别仅在一点——不具有轴对称性，它存在一优越方向，如图 2.66(c)所示. 自然光经界面反射或折射，一般将变为部分偏振光. 自然光经散射，一般也将变为部分偏振光，雨后初晴出现的虹或霓也是部分偏振光.

(4) 圆偏振光. 其光矢量 $\boldsymbol{E}(t)$随时间仅改变方向而不改变数值，即光矢量端点的轨迹是一圆周，如图 2.66(d)所示. 圆偏振光的解析表示为

$$\boldsymbol{E}(t) = E_x(t)\boldsymbol{i} + E_y(t)\boldsymbol{j},$$

其中，两个正交分量为

$$E_x(t) = A\cos\omega t, \quad E_y(t) = A\cos(\omega t \pm \pi/2), \tag{2.115}$$

即两者振幅相等；当相位差 $\delta=\pi/2$，则合成结果为右旋圆偏振光；当相位差 $\delta=-\pi/2$，则为左旋圆偏振光.

(5) 椭圆偏振光. 图 2.66(e)显示的是正椭圆偏振光及其光矢量 $\boldsymbol{E}(t)$的变化图像，它与圆偏振光的区别在于两个正交分量的振幅不相等，即

$$E_x(t) = A_x\cos\omega t, \quad E_y(t) = A_y\cos(\omega t \pm \pi/2). \tag{2.116}$$

图 2.66(f)显示的是任意斜椭圆偏振光及其光矢量 $\boldsymbol{E}(t)$的变化图像，它与正椭圆偏振光的区别在于，两个正交振动的相位差 $\delta\neq\pm\pi/2$，即

$$E_x(t) = A_x\cos\omega t, \quad E_y(t) = A_y\cos(\omega t + \delta). \tag{2.117}$$

其实，(2.117)解析表示式具有普遍意义，它可以将正椭圆光，圆偏振光和线偏振光概括起来：

当$(\delta=\pm\pi/2,\ A_x\neq A_y)$ ⟶ 正椭圆偏振光； 当$(\delta=\pm\pi/2,\ A_x=A_y)$ ⟶ 圆偏振光；

当$(\delta=0,\pi)$ ⟶ 线偏振光.

椭圆轨迹的普遍方程式，可由以上两个分量表示合成而得到，

$$\frac{E_x^2}{A_x^2}+\frac{E_y^2}{A_y^2}-2\frac{E_x\cdot E_y}{A_xA_y}\cos\delta=\sin^2\delta. \tag{2.118}$$

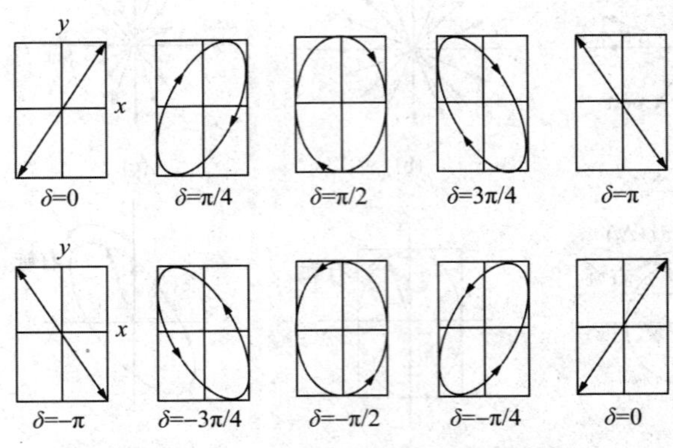

图 2.67　解析几何知识——相位差 δ 决定合成运动轨迹，注意 δ 约定为 $\delta=\varphi_y-\varphi_x$

当两个正交振动之间的相位差 δ 不取以上特殊值时，其合成结果表现为各种倾向的斜椭圆偏振光，如图 2.67 所示. 由此可见，相位差 δ 是影响偏振结构的决定性因素. 至于自然光或部分偏振光，也可以被分解为两个正交振动分量，这两者之间的相位关联问题留待下一节 2.15 另作详细讨论.

最后说明一点. 以上对光的宏观偏振态或偏振结构的划分，是基于实际观测上的考量，这种划分不是唯一的；而且，我们选择了线偏振光作为基元成分用以描述其余四种偏振结构，这种选择也不是唯一的，在某些场合，比如旋光晶体或原子物理中，便选择左、右旋圆偏振光作为基元成分，而将线偏振光看为右旋和左旋圆偏振光的合成.

● 人造偏振片——马吕斯定律

参见图 2.68(a)，在一张硝化纤维薄膜上，敷上一层超微晶粒（硫酸碘奎宁），经拉伸以后，这些晶粒定向有序排列而固化于薄膜基片上，成为一张偏振光. 它对入射光电矢量的吸收具有很强的方向性，一个方向可充分透射，另一个与其正交的方向被强烈吸收. 能让电矢量可充分透射的方向，我们称其为偏振片的透振方向，以免与光传播的透射方向混淆. 现在广泛使用的这种人造偏振片，是 1932 年兰德发明的. 经测定，其晶粒间距 $d\approx3.10$ Å[①].

任何一种偏振态的光束，经偏振片之后，皆变为线偏振光. 凡能产生线偏振光的器件，被称为起偏器（polarizer）. 目前在实验室中最易获得的起偏器，就是一张人造偏振片.

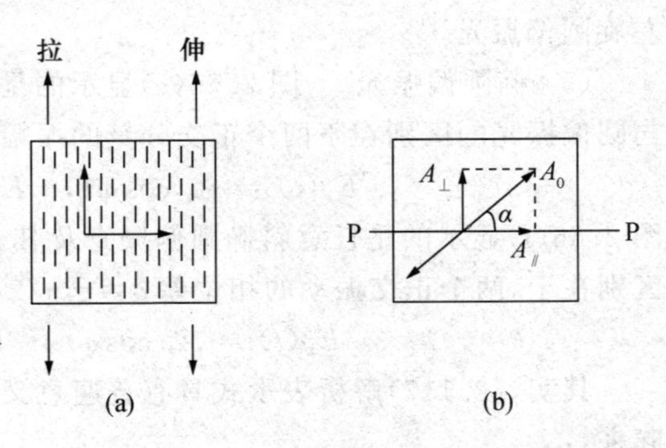

图 2.68　(a) 人造偏振片，(b) 方向选择性

图 2.68(b)显示，一束偏振方向为 $\boldsymbol{A}_0$ 的线偏振光入射于一张偏振片，其中与透振方向一致的平行分量 $A_{/\!/}$ 能透过 P（偏振片），而垂直分量 $A_\perp$ 被 P 吸收，故透射光强 $I_{\mathrm{P}}=A_{/\!/}^2=(A_0\cos\alpha)^2$，即

① $1\,\text{Å}=10^{-10}$ m.

$$I_{\mathrm{P}}(\alpha) = I_0 \cos^2 \alpha, \tag{2.119}$$

其中 $I_0 = A_0^2$ 为入射光强. 上式称作马吕斯定律(Malus law). 据此,当一个偏振片 P 面对一束入射的线偏振光而旋转时,透射光强的变化特点是

$$\alpha = 0 \text{ 或 } \pi \longrightarrow \text{透射光强最大} \quad I_{\mathrm{M}} = I_0;$$

$$\alpha = \frac{\pi}{2} \text{ 或 } \frac{3\pi}{2} \longrightarrow \text{透射光强最小} \quad I_{\mathrm{m}} = 0 \quad \text{— 消光.}$$

即,P 旋转一周,透射光强依次出现:最亮—消光—最亮—消光,彼此相隔 $\pi/2$ 角度. 若取一张偏振片用以检验五种偏振光,惟有线偏振光入射时才出现"消光"现象. 用于这种场合的偏振片被称作检偏器(analyzer). 下面分别考察其他四种偏振光通过一偏振片以后,透射光强的变化特点.

- **自然光通过偏振片**

参见图 2.69(a),设入射于一偏振片的自然光,其总光强为 I_0,它有各种取向的光矢量均匀地分布于横平面(xy). 其中与 P(透振方向)一致的,则全部光强透过;与 P 正交的,则全部光强被吸收;其他方向的光矢量,其光强按马吕斯定律以 $\cos^2 \theta$ 比率透过. 平均看,光强透过率为

$$\langle \cos^2 \theta \rangle = \frac{1}{2\pi}\int_0^{2\pi} \cos^2 \theta \, \mathrm{d}\theta = \frac{1}{2},$$

这对 P 取向为任意 α 角时皆成立,即透射光强为

$$I_{\mathrm{P}}(\alpha) = \frac{1}{2} I_0. \tag{2.120}$$

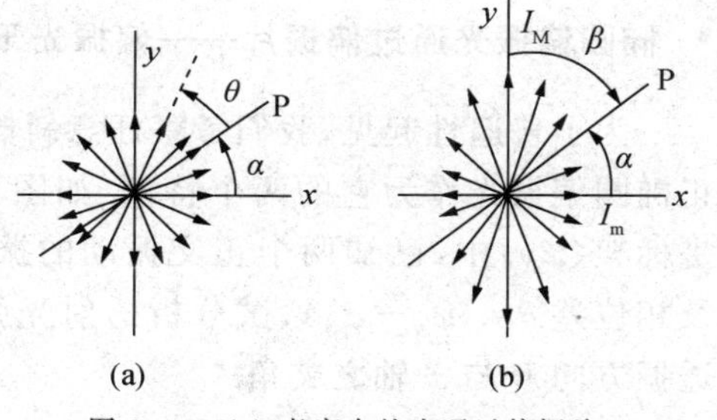

图 2.69 (a) 考察自然光通过偏振片,(b) 考察部分偏振光通过偏振片

这表明,当一偏振片面对一束自然光而旋转时,透射光强始终不变,其数值等于入射光强的一半. 这一现象与自然光偏振结构的轴对称性是一致的.

- **部分偏振光通过偏振片**

可以预料,当一偏振片面对一束部分偏振光而旋转时,透射光强必将变化,因为部分偏振光的偏振结构不具有轴对称性. 实验表明,当 P 旋转一周时,透射光强依次出现极大 I_{M}、极小 I_{m}、极大 I_{M} 和极小 I_{m},彼此相隔角度 $\pi/2$,值得注意的是极小光强 I_{m} 不为零,即无消光现象,参见图 2.69(b). 现以出现 I_{M}、I_{m} 时的透振方向建立正交坐标架(xy),用以标定任意透振方向角 α 或角 β. 我们可以将包含大量、不同取向的线偏光集合,分解为两个正交振动,两者的光强分别为 $I_x = I_{\mathrm{m}}$, $I_y = I_{\mathrm{M}}$,入射光总光强为 $I_0 = I_x + I_y = I_{\mathrm{m}} + I_{\mathrm{M}}$. 对准极大与极小光强透振方向的这两个正交振动之间,是完全不相干的,即两者之间的相位差是完全随机的. 于是,其他方向的透射光强 $I_{\mathrm{P}}(\alpha)$,等于 I_{M}、I_{m} 按马吕斯定律在 α 方向贡献之和(完全非相干叠加),即

$$I_P(\alpha) = I_m \cos^2\alpha + I_M \sin^2\alpha. \tag{2.121}$$

现将该式作如下改写，

$$I_P(\alpha) = I_m(\cos^2\alpha + \sin^2\alpha) + (I_M - I_m)\sin^2\alpha,$$

即

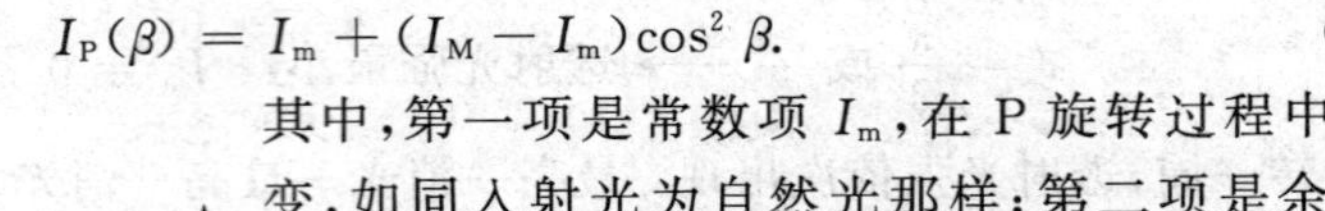

$$I_P(\beta) = I_m + (I_M - I_m)\cos^2\beta. \tag{2.122}$$

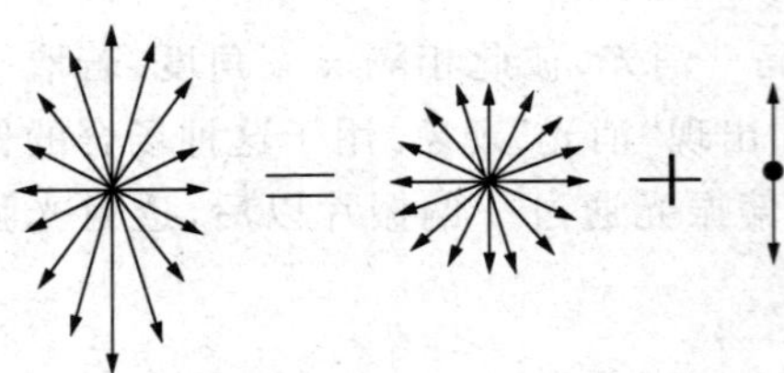

图 2.70　部分偏振光可看为自然光与线偏振光的混合

其中，第一项是常数项 I_m，在 P 旋转过程中保持不变，如同入射光为自然光那样；第二项是余弦平方项，具有入射光为线偏振光那样的马吕斯定律形式. 由此，我们获得一个对部分偏振结构的新认识——部分偏振光是一自然光与一线偏振光的混合，其中自然光的光强为 $2I_m$，线偏振光的光强为 $(I_M - I_m)$，其偏振方向沿出现 I_M 时的透振方向，如图 2.70 所示. 这样看有助于深刻理解和灵活分析部分偏振光的偏振结构.

● 椭圆偏振光通过偏振片——偏振光干涉

为了普遍性起见，我们考察任意斜椭圆偏振光通过偏振片的光强变化，而将圆偏振光和正椭圆偏振光作为它的两个特例. 如图 2.71 所示，在设定的坐标架 (xy) 中，已知两个正交振动的振幅分别为 A_x、A_y，以及相位差 $\delta = (\varphi_y - \varphi_x)$，试分析透射光强 $I_P(\alpha)$，这里角 α 为透振方向 P 与 x 轴之夹角.

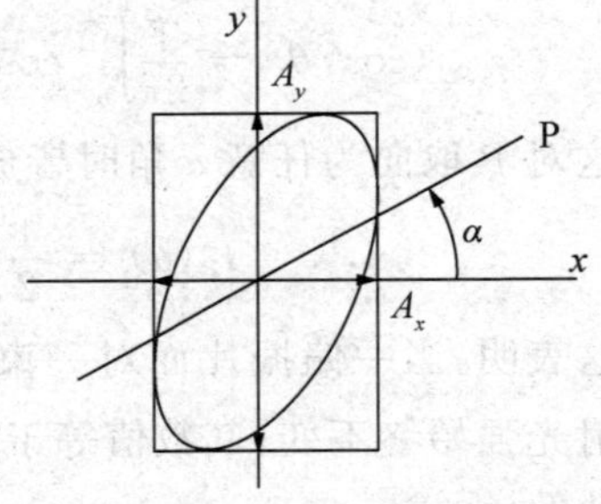

图 2.71　考察椭圆光通过偏振片

我们分别将两个光矢量 $\boldsymbol{E}_x(t)$，$\boldsymbol{E}_y(x)$ 向透振方向 P 投影，从而获得两个同方向、同频率的振动，其振幅分别为

$$A_x \cos\alpha, \quad A_y \sin\alpha,$$

这两个振动之间又有确定的相位差 δ，故它们完全满足相干条件. 就是说，透射光强等于这两个振动相干叠加的强度，

$$I_P(\alpha) = (A_x \cos\alpha)^2 + (A_y \sin\alpha)^2 + 2A_x \cos\alpha \cdot A_y \sin\alpha \cdot \cos\delta, \tag{2.123}$$

借用三角函数公式，

$$\cos^2\alpha = \frac{1}{2}(1 + \cos 2\alpha), \quad \sin^2\alpha = \frac{1}{2}(1 - \cos 2\alpha), \quad 2\cos\alpha \cdot \sin\alpha = \sin 2\alpha,$$

将上式化简为

$$I_P(\alpha) = \frac{1}{2}(I_x + I_y) + \frac{1}{2}(I_x - I_y)\cos 2\alpha + \sqrt{I_x I_y}\cos\delta \cdot \sin 2\alpha, \tag{2.124}$$

又利用三角函数中一公式

$$\begin{aligned} a\cos\theta + b\sin\theta &= \sqrt{a^2 + b^2}(\cos\theta_0 \cdot \cos\theta + \sin\theta_0 \sin\theta) \\ &= \sqrt{a^2 + b^2}\cos(\theta - \theta_0), \quad \tan\theta_0 = \frac{b}{a}, \end{aligned}$$

进一步化简上式为

$$I_P(\alpha) = \frac{1}{2}(I_x + I_y) + \frac{1}{2}\sqrt{(I_x - I_y)^2 + 4I_xI_y\cos^2\delta}\cdot\cos(2\alpha - \theta_0), \quad (2.125)$$

$$\theta_0 = \arctan\frac{2\sqrt{I_xI_y}\cos\delta}{(I_x - I_y)}, \quad (2.126)$$

或者表达为

$$I_P(\alpha) = \frac{1}{2}I_0 + \frac{1}{2}\sqrt{I_x^2 + I_y^2 + 2I_xI_y\cos 2\delta}\cdot\cos(2\alpha - \theta_0), \quad (2.127)$$

这里，$I_0 = (I_x + I_y)$，正是入射椭圆光的总光强.

当偏振片面对这束椭圆光旋转时，角 α 便是一变量. 从(2.125)或(2.127)式，不难得到下列结论：

$\alpha_M = \frac{\theta_0}{2}, \frac{\theta_0}{2} + \pi \longrightarrow$出现透射光强极大， $I_M = \frac{1}{2}I_0 + \frac{1}{2}\sqrt{I_x^2 + I_y^2 + 2I_xI_y\cos 2\delta}$；

$\alpha_m = \frac{\theta_0}{2} \pm \frac{\pi}{2} \longrightarrow$出现透射光强极小， $I_m = \frac{1}{2}I_0 - \frac{1}{2}\sqrt{I_x^2 + I_y^2 + 2I_xI_y\cos 2\delta}$.

由此可见，偏振片转动一周过程中，透射光强依次出现极大、极小，极大和极小方位彼此相隔 $\pi/2$ 角度，无消光现象，且 $I_M + I_m = I_0$. 透射光强的这一变化特点，与部分偏振光相同. 当然，与 I_M 或 I_m 对应的透振方向的具体值 α_M 或 α_m，取决于 θ_0 值，而它由(2.126)式确定，取决于(A_x, A_y, δ)值.

现将上述普遍公式应用于两个特例.

(1) 正椭圆偏振光. 直接应用(2.123)式，并令 $\delta = \pm\pi/2$，得

$$I_P(\alpha) = I_x\cos^2\alpha + I_y\sin^2\alpha = I_x + (I_y - I_x)\sin^2\alpha, \quad (2.128)$$

显然，当 $\alpha = 0, \pi$ 时，透射光强为极值，$I = I_x$；当 $\alpha = \pm\pi/2$ 时，透射光强为另一极值 $I = I_y$. 这与定性图像分析的结论一致.

(2) 圆偏振光. 应用(2.124)式，并令 $\delta = \pm\pi/2, I_x = I_y$，得

$$I_P(x) = \frac{1}{2}(I_x + I_y) = \frac{1}{2}I_0, \quad (2.129)$$

即偏振片旋转过程中，透射光强始终不变，且等于入射光强的一半，这与自然光的变化特点是相同的.

以上，我们采取一光学方法——偏振光干涉方法，解决了任意斜椭圆偏振光通过偏振片的光强及其变化特点，这也等效于解决了一个解析几何问题——进行坐标架转动操作以改变斜椭圆为正椭圆.

● 偏振度

光的五种宏观偏振态，纯系理念上的描述，它们是无法用仪器或眼睛给出直接显示或观察的. 所有对于光偏振态的判断，均凭借光通过偏振元件以后透射光强的变化特点而获得

的.这里,引入偏振度(degree of polarization),用以区分光的偏振态.设一偏振片面对一束光而旋转一周,获得透射光强极大值为 I_M,光强极小值为 I_m,则入射光的偏振度被定义为

$$p=\frac{I_M-I_m}{I_M+I_m}. \tag{2.130}$$

联系前面讨论的五种偏振态的光通过一偏振片后的光强变化特点,我们可以作出以下判断:

$p=1 \longrightarrow$ 入射光为线偏振光;

$0<p<1 \longrightarrow$ 入射光为部分偏振光或椭圆偏振光;

$p=0 \longrightarrow$ 入射光为自然光或圆偏振光.

这表明,凭借一偏振片作为检偏器,可以将五种偏振态区分为三种,但无法区别部分偏振光与椭圆偏振光,也无法区别自然光与圆偏振光.还要借助其他偏振元件(波晶片),才能完成这两种区别,这个问题留待第 8 章 8.4 节讨论.

偏振度 p 值也被用以检测厂家出产的偏振片的质量.比如,p 为 0.96 的偏振片性能优于 p 为 0.82 的偏振片.

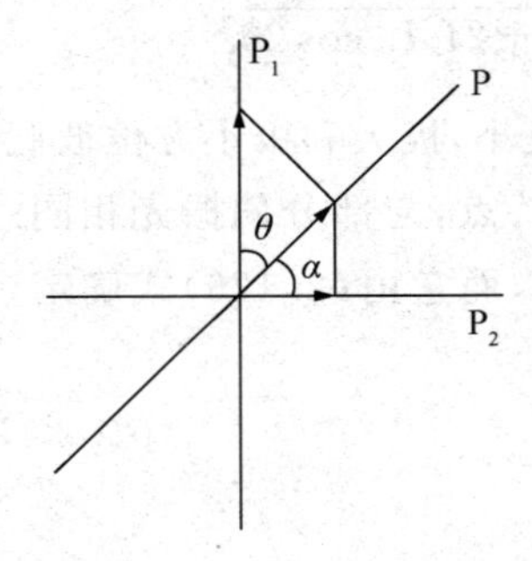

图 2.72 例题 1

例题 1 一对偏振片 P_1,P_2,其透振方向彼此正交,另有一偏振片 P 插入其间,透振方向为 $\theta=\pi/4$.若一束光强为 I_0 的自然光射入这个偏振系统,问最终的透射光强为多少?

若无中间那个偏振片,则透射光强为零;任何偏振光经一正交偏振片系统,最终透射光强总是为零(消光).现在,有了一个偏振片 P 置于其间,情况就不同了.见图 2.72,先是自然光通过 P_1,透射光强为 $I_1=I_0/2$;按马吕斯定律,通过 P 的光强为

$$I_P=I_1\cos^2\theta=\frac{1}{2}I_0\cos^2\theta;$$

再按马吕斯定律,最终通过 P_2 的透射光强为

$$I_2=I_P\cos^2\alpha=\frac{1}{2}I_0\cos^2\theta\cdot\sin^2\theta=\frac{1}{8}I_0(\sin 2\theta)^2.$$

当 $\theta=\pi/4$ 时,得

$$I_2=\frac{1}{8}I_0=12.5\%.$$

例题 2 一束光含两个同频线偏振成分,其振动方向之夹角为 α_0,彼此间的相位差是随机变化的.当一偏振片面对这束光旋转时,试分析透射光强的变化——出现光强极大或极小的透振方向角 α 值,以及相应的光强值.

参见图 2.73,分别将振幅矢量 $\boldsymbol{A}_1$,$\boldsymbol{A}_2$ 向 P 投影,然后非相干叠加,得透射光强函数为

$$\begin{aligned}I_P(\alpha)&=A_2^2\cos^2\alpha+A_1^2\cos^2(\alpha_0-\alpha)\\&=I_2\left[\frac{1}{2}(1+\cos 2\alpha)\right]+I_1\left[\frac{1}{2}(1+\cos(2\alpha_0-2\alpha))\right]\\&=\frac{1}{2}(I_1+I_2)+\frac{1}{2}(I_2\cos 2\alpha+I_1\cos(2\alpha_0-2\alpha)),\end{aligned}$$

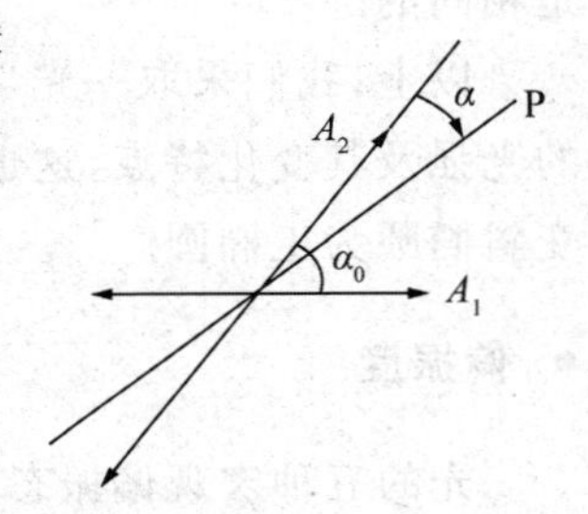

图 2.73 例题 2

其中第二项括号式展开为

$$I_2\cos 2\alpha+I_1\cos 2\alpha_0\cos 2\alpha+I_1\sin 2\alpha_0\sin 2\alpha$$
$$=(I_2+I_1\cos 2\alpha_0)\cos 2\alpha+I_1\sin 2\alpha_0\sin 2\alpha=I_0\cos(2\alpha-\theta_0),$$

这里,

$$I_0=\sqrt{(I_2+I_1\cos 2\alpha_0)^2+(I_1\sin 2\alpha_0)^2}=\sqrt{I_1^2+2I_1I_2\cos 2\alpha_0+I_2^2},$$
$$\theta_0=\arctan\left(\frac{I_1\sin 2\alpha_0}{I_2+I_1\cos 2\alpha_0}\right),$$

最后结果表示为

$$I_P(\alpha)=\frac{1}{2}(I_1+I_2)+\frac{1}{2}I_0\cos(2\alpha-\theta_0),$$

这表明,透射光强随 α 角作周期性变化,其周期为 π,即

当 $\alpha_M=\frac{\theta_0}{2},\frac{\theta_0}{2}+\pi$ 时,出现透射光强极大,$I_M=\frac{1}{2}(I_1+I_2)+\frac{1}{2}I_0$;

当 $\alpha_m=\frac{\theta_0}{2}+\frac{\pi}{2},\frac{\theta_0}{2}+\frac{3\pi}{2}$时,出现透射光强极小,$I_m=\frac{1}{2}(I_1+I_2)-\frac{1}{2}I_0$.

由此可见,不论两个非相干的线偏振光有怎样的偏振角和光强比,从而表现出各种式样的非轴对称性,其透射光强的变化特点依然是,极大、极小、极大、极小,彼此相隔角度 $\pi/2$.

现在让我们看几组具体数值:

(1) 当 $I_1=I_2$, $\alpha_0=\pi/4$,则

$$I_0=\sqrt{2}I_1,\quad \theta_0=\arctan 1=\frac{\pi}{4}=45°;$$
$$\alpha_M=22.5°\quad(\alpha_0\text{ 角平分线方向}),\quad I_M=\left(1+\frac{\sqrt{2}}{2}\right)I_1\approx 1.7I_1;$$
$$\alpha_m=112.5°,\quad I_m=\left(1-\frac{\sqrt{2}}{2}\right)I_1\approx 0.3I_1.$$

(2) 当 $I_2=4I_1$, $\alpha_0=\frac{\pi}{4}$,则

$$I_0=\sqrt{17}I_1,\quad \theta_0=\arctan\frac{1}{4}\approx 14°;$$
$$\alpha_M\approx 7°,\ I_M=\frac{5}{2}I_1+\frac{\sqrt{17}}{2}I_1\approx 4.56I_1;\quad \alpha_m\approx 97°,\ I_m=\frac{5}{2}I_1-\frac{\sqrt{17}}{2}I_1\approx 0.44I_1.$$

(3) 当 $I_2=4I_1$, $\alpha_0=\frac{\pi}{6}$,则

$$I_0=\sqrt{21}I_1,\quad \theta_0=\arctan\frac{\sqrt{3}}{9}\approx 11°;$$
$$\alpha_M\approx 5.5°,\ I_M=\frac{5}{2}I_1+\frac{\sqrt{21}}{2}I_1\approx 4.80I_1;\quad \alpha_m\approx 95.5°,\ I_m=\frac{5}{2}I_1-\frac{\sqrt{21}}{2}I_1\approx 0.20I_1.$$

2.15 部分偏振光的部分相干性

· 问题的提出 · 线偏振数密度概念 · 用以分析自然光 · 用以分析部分偏振光
· 部分偏振光的部分相干性 · 例题——偏振光干涉实验

● 问题的提出

在 2.14 节,关于五种偏振光通过偏振片后,其透射光强变化特点的研究中,我们不难发

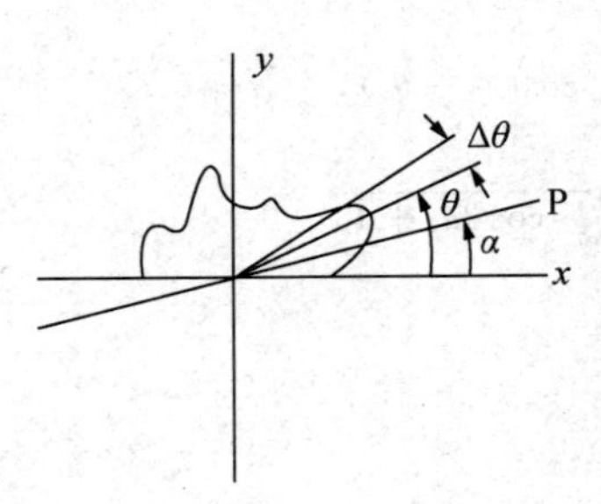

图 2.74 线偏振数密度函数 $\rho(\theta)$

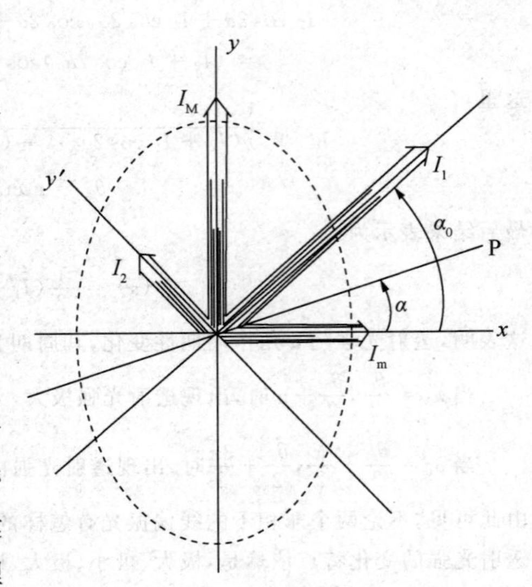

图 2.75 考察部分偏振光两个正交振动的相关性

现其中对于部分偏振光的理论分析，尚有两点存疑. 其一，部分偏振光中含有大量的线偏振光，其取向的分布可呈现多种多样的非轴对称性，如图 2.74 所示，为什么当偏振片面对它而旋转一周时，只出现两次极大 I_M、两次极小 I_m，且依次相隔角度 $\pi/2$？对此，上一节将它作为实验事实而予以确认，那么，理论上是否可以给出它的普遍论证. 其二，以 (I_M, I_m) 方向建立正交坐标架 (xy)，然后以完全非相干叠加处理其他任意方向的透射光强 $I_P(\alpha)$，这是上一节的求解程序. 那么，从部分偏振光中分解而组成的两个正交光扰动，彼此间是完全非相干的——这里专指两者相位关联程度，这个结论普遍吗？为此，我们取另一正交坐标架 $(x'y')$ 来分析透射光强，参见图 2.75. 审核结果是，

若以 (I_1, I_2) 向 P 投影作完全非相干叠加 $\longrightarrow I'_P(\alpha)$，

若以 (I_M, I_m) 向 P 投影作完全非相干叠加 $\longrightarrow I_P(\alpha)$，

$$I'_P(\alpha) \neq I_P(\alpha).$$

显然这个结果在物理上是不成立的，问题来自那两个光扰动 (I_1, I_2) 不是完全非相干的；要使等式成立，左端要添加一项 ΔI，即

$$I'_P(\alpha) + \Delta I = I_P(\alpha),$$

这 ΔI 项可谓相干项. 部分偏振光的部分相干性概念由此而来. 以上仅是概念提要，下面逐步给出论述和推演.

- **线偏振数密度概念**

引入线偏振数密度函数，反映非轴对称的角分布，有助于定量分析部分偏振光的偏振结构. 参见图 2.74，在角范围 θ—$\theta+\Delta\theta$ 内，含有线偏振数目 ΔN，于是

$$\Delta N \propto \Delta\theta, \quad \Delta N = \rho(\theta)\Delta\theta,$$

即

$$\rho(\theta) = \frac{\Delta N}{\Delta\theta}, \tag{2.131}$$

称 $\rho(\theta)$ 为线偏振数密度，即单位角范围中包含的线偏振的数目. 设其中每一线偏振提供光强均为 i_0，于是在 $\Delta\theta$ 角范围内的光强为

$$\Delta I_0 = i_0 \Delta N = i_0 \rho(\theta) \Delta\theta,$$

入射的部分偏振光的总光强被表示为

$$I_0 = \int \mathrm{d}I_0 = i_0 \int_0^{2\pi} \rho(\theta) \mathrm{d}\theta, \tag{2.132}$$

通过偏振片 P 的透射光强，是这些彼此无相位关联的线偏振成分独立贡献即非相干叠加的结果，

$$I_\mathrm{P}(\alpha) = \int \mathrm{d}I_\mathrm{P} = \int \mathrm{d}I_0 \cos^2(\theta - \alpha) = i_0 \int_0^{2\pi} \rho(\theta) \cos^2(\theta - \alpha) \mathrm{d}\theta. \tag{2.133}$$

• 用以分析自然光

自然光的偏振结构具有轴对称性，即其偏振线密度 $\rho(\theta)$ 为一常数，与 θ 无关，$\rho(\theta) = \rho_0$. 于是，据(2.132)，(2.133)式得，

$$I_0 = 2\pi i_0 \rho_0, \quad I_\mathrm{P}(\alpha) = i_0 \rho_0 \int_0^{2\pi} \cos^2(\theta - \alpha) \mathrm{d}\theta = \pi i_0 \rho_0,$$

由此获得两点结论：

(1) $I_\mathrm{P}(\alpha) = \frac{1}{2} I_0$，与 α 无关，即偏振片旋转过程中透射光强始终不变、且等于入射光强的一半，这一结果与上一节给出的一致. 从以上推演过程中，我们看到引入的微观量 i_0，ρ_0 只起中介作用，旨在求得宏观量 $I_\mathrm{P}(\alpha)$ 与 I_0 之关系.

(2) 自然光可被分解为两个正交振动，

$$\begin{cases} E_x(t) = \sum\limits_i E_{ix}(t) = A_x \cos(\omega t - \tilde{\varphi}_x(t)), \\ E_y(t) = \sum\limits_i E_{iy}(t) = A_y \cos(\omega t - \tilde{\varphi}_y(t)), \end{cases} \quad A_x = A_y.$$

其中，两个相位随机量 $\tilde{\varphi}_x$ 与 $\tilde{\varphi}_y$ 之间是否相关或相关程度如何，将体现在通过偏振片 P 透射光强 $I_\mathrm{P}(\alpha)$ 的一般表达式

$$I_\mathrm{P}(\alpha) = I_x \cos^2\alpha + I_y \sin^2\alpha + \Delta I, \tag{2.134}$$

看其中的干涉项 ΔI，是否为零，参见图 2.76. 对于自然光，$I_x = I_y = I_\mathrm{P}(\alpha) = \frac{1}{2} I_0$，故断定干涉项 $\Delta I = 0$. 这表明，由自然光包含的大量线偏振分解出来，而组成的两个正交光扰动 $E_x(t)$ 与 $E_y(t)$，其相位是完全非相关的，或者说，两者的相位差还是一个随机量，$\tilde{\delta} = (\tilde{\varphi}_x - \tilde{\varphi}_y)$，这个结论与正交坐标架的选择无关. 可以说，这一结论是结论 $I_\mathrm{P}(\alpha) = I_0/2$ 的一个推论.

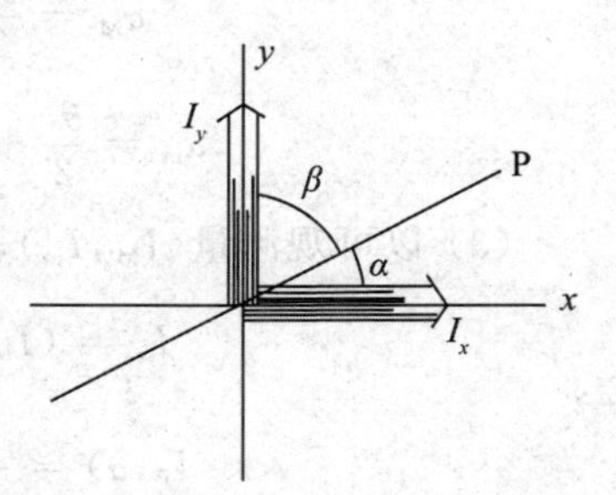

图 2.76 考察自然光两个正交振动之间的相关性

• 用以分析部分偏振光

对于部分偏振光，其所包含的大量线偏振的取向分布不具有轴对称性，即 $\rho(\theta)$ 可能是任意函数形式. 根据(2.133)式，透射光强为

$$I_{\mathrm{P}}(\alpha) = i_0\int_0^{2\pi}\rho(\theta)\cos^2(\theta-\alpha)\mathrm{d}\theta = i_0\int_0^{2\pi}\rho(\theta)\,\frac{1}{2}(1+\cos(2\theta-2\alpha))\mathrm{d}\theta = I_{1\mathrm{P}} + I_{2\mathrm{P}}(\alpha),$$

其中第一项为常数项，

$$I_{1\mathrm{P}} = \frac{1}{2}i_0\int_0^{2\pi}\rho(\theta)\mathrm{d}\theta = \frac{1}{2}I_0, \quad I_0\text{—— 入射的部分偏振光的总光强.}$$

第二项为

$$I_{2\mathrm{P}}(\alpha) = \frac{1}{2}i_0\int_0^{2\pi}\rho(\theta)\cdot\cos(2\theta-2\alpha)\mathrm{d}\theta,$$

展开 $\cos(2\theta-2\alpha) = \cos 2\alpha\cdot\cos 2\theta + \sin 2\alpha\cdot\sin 2\theta$，代入积分式，并应用积分中值定理，得

$$I_{2\mathrm{P}}(\alpha) = \pi i_0\rho(\bar\theta)\cos 2\bar\theta\cos 2\alpha + \pi i_0\rho(\bar\theta')\sin 2\bar\theta'\ \sin 2\alpha,$$

这样，中值角度 $\bar\theta,\bar\theta'$ 就独立于参量 α 角. 再应用三角函数公式，可将上式简并为

$$I_{2\mathrm{P}}(\alpha) = K\cos 2\alpha + K'\ \sin 2\alpha = \sqrt{K^2+K'^2}\cos(2\alpha-\theta_0), \tag{2.135}$$

其中

$$K = \pi i_0\ \cos 2\bar\theta\cdot\rho(\bar\theta), \quad K' = \pi i_0\ \sin 2\bar\theta'\cdot\rho(\bar\theta'),$$

$$\theta_0 = \arctan\left(\frac{K'}{K}\right) = \arctan\left(\frac{\sin 2\bar\theta'\cdot\rho(\bar\theta')}{\cos 2\bar\theta\cdot\rho(\bar\theta)}\right).$$

显然，K,K' 和 θ_0 具体数值决定于 $\rho(\theta)$ 函数形式，我们尚不清楚，但从(2.135)式中可以获得以下结论：

(1) 部分偏振光经偏振片后透射光强的表达式为

$$I_{\mathrm{P}}(\alpha) = \frac{1}{2}I_0 + \sqrt{K^2+K'^2}\cos(2\alpha-\theta_0). \tag{2.136}$$

(2) 当偏振片旋转一周过程中，出现两次光强极大、两次光强极小，相应的角方位和光强值为

$$\alpha_{\mathrm{M}} = \frac{\theta_0}{2}, \frac{\theta_0}{2}+\pi, \quad I_{\mathrm{M}} = \frac{1}{2}I_0 + \sqrt{K^2+K'^2};$$

$$\alpha_{\mathrm{m}} = \frac{\theta_0}{2}+\frac{\pi}{2}, \frac{\theta_0}{2}-\frac{\pi}{2}, \quad I_{\mathrm{m}} = \frac{1}{2}I_0 - \sqrt{K^2+K'^2}.$$

(3) 以可观测量($I_{\mathrm{M}},I_{\mathrm{m}}$)表达，

$$I_0 = (I_{\mathrm{M}}+I_{\mathrm{m}}), \quad \sqrt{K^2+K'^2} = \frac{1}{2}(I_{\mathrm{M}}-I_{\mathrm{m}}),$$

$$I_{\mathrm{P}}(\alpha) = \frac{1}{2}(I_{\mathrm{M}}+I_{\mathrm{m}}) + \frac{1}{2}(I_{\mathrm{M}}-I_{\mathrm{m}})\cos(2\alpha-\theta_0). \tag{2.137}$$

(4) 若选取出现 $I_{\mathrm{M}},I_{\mathrm{m}}$ 的方向而构成坐标架(xy)，则应令 $\theta_0=0$，这对应 x 轴沿 I_{M} 方向；或令 $\theta_0=\pi$，这对应 y 轴沿 I_{M} 方向，如图 2.77 所示. 相应的透射光强表达式为

x 轴沿 I_{M} 方向　$I_{\mathrm{P}}(\alpha) = \frac{1}{2}(I_{\mathrm{M}}+I_{\mathrm{m}}) + \frac{1}{2}(I_{\mathrm{M}}-I_{\mathrm{m}})\cos 2\alpha;$

y 轴沿 I_{M} 方向　$I_{\mathrm{P}}(\alpha) = \frac{1}{2}(I_{\mathrm{M}}+I_{\mathrm{m}}) - \frac{1}{2}(I_{\mathrm{M}}-I_{\mathrm{m}})\cos 2\alpha.$

现以第二表达式为准，借用三角函数公式 $\cos 2\alpha = 2\cos^2\alpha - 1$，将其转化为

$$I_P(\alpha) = I_M - (I_M - I_m)\cos^2\alpha = I_M\sin^2\alpha + I_m\cos^2\alpha, \tag{2.138}$$

与光强叠加标准形式(2.134)式对照，断定其中干涉项

$$\Delta I = 0.$$

这表明，对于任意部分偏振光，与光强极大与极小对应的两个正交振动之间，是完全非相干的，即两者相位是完全不相关的，相位差依然是个随机量.(2.138)式还表明，$I_P(\alpha)$ 随 α 角的变化特点与正椭圆光的相同，故对部分偏振光作图像描绘时，通常总是让不同取向的线偏振矢量端点形成一椭圆轮廓.

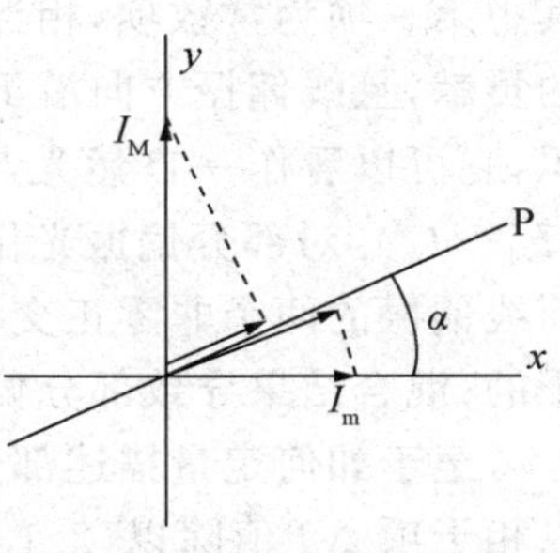

图 2.77　以(I_M,I_m)构成正交坐标架考量 $I_P(\alpha)$

- **部分偏振光的部分相干性**

若选择部分偏振光的两个正交振动为其他任意方向($x'y'$)，如图 2.75 所示，($x'y'$)相对(xy)的转角为 α_0. 那么，根据(2.138)式，且令 $\alpha=\alpha_0, \alpha_0+\pi/2$，得到这两个正交光扰动的光强值分别为

$$\begin{cases} I_1 = I_m\cos^2\alpha_0 + I_M\sin^2\alpha_0, \\ I_2 = I_m\sin^2\alpha_0 + I_M\cos^2\alpha_0, \end{cases}$$

然后，以(I_1,I_2)为参考值，表示通过偏振片 P 的透射光强

$$I_P(\alpha) = I_1\cos^2(\alpha_0-\alpha) + I_2\sin^2(\alpha_0-\alpha) + \Delta I, \tag{2.139}$$

这头两项是光强非相干叠加贡献的，第三项即干涉项 ΔI，我们尚不能确定它是否为零. 不过，(2.139)式与(2.138)式表达的是同一透射光强，理应相等，由此确定了相干项，

$$\Delta I = (I_m\cos^2\alpha + I_M\sin^2\alpha) - (I_1\cos^2(\alpha_0-\alpha) + I_2\sin^2(\alpha_0-\alpha)), \tag{2.140}$$

比如，选 $\alpha=\pi/6, \alpha_0=\pi/3$，按上式计算得

$$\Delta I = -\frac{3}{8}(I_M - I_m).$$

显然，这相干项 ΔI 的量值取决于多个因素，α_0，α 和极大光强 I_M 与极小光强 I_m 之比值 k. 但可以肯定的一个结论是，部分偏振光的两个正交振动，

$$\begin{cases} E_x(t) = \sum_i E_{ix}(t) = A_x\cos(\omega t - \tilde{\varphi}_x), \\ E_y(t) = \sum_i E_{iy}(t) = A_y\cos(\omega t - \tilde{\varphi}_y), \end{cases}$$

彼此不是完全非相干的，通常是部分相干，即两者的相位随机量 $\tilde{\varphi}_x$ 与 $\tilde{\varphi}_y$ 之间有一定的相关程度. 当然，选择(xy)正好沿光强极大和极小方向是个特例，此时相干项为零.

以上结论可以从更为直观的物理图像上给予理解. 由(2.138)式给出的透射光强表达式可以被改写为

$$I_P(\alpha) = I_m + (I_M - I_m)\cos^2\beta, \quad (\beta+\alpha) = \frac{\pi}{2},$$

其中第一项为常数项，相当于自然光的贡献；第二项符合马吕斯定律形式，相当于线偏振光的贡献，且线偏振方向沿 I_M 方向．据此，我们对部分偏振光的偏振结构就有了一个新的认识，它可以看作一自然光与一线偏振光的混合，自然光的强度为 $2I_m$，线偏振光的强度为 $(I_M - I_m)$．对部分偏振光作正交分解时，其中自然光的两个正交分量之间是完全非相干的，而线偏振的两个非零正交分量之间是有固定相位差的，投影到 P 方向的两个振动是完全相干的，混合结果导致部分偏振光的两个正交振动分量之间系部分相干．

至于如何定量描述部分相干程度，其方式可以有不同的选择．一种直观简便的方式是，以相干项 ΔI 值除以(2.139)式中的前二项非相干叠加之光强值，作为相干程度的度量，记作 γ，即

$$\gamma = \left| \frac{\Delta I}{I_{1P} + I_{2P}} \right|,$$

这里，

$$\begin{aligned} I_{1P} + I_{2P} &= I_1 \cos^2(\alpha_0 - \alpha) + I_2 \sin^2(\alpha_0 - \alpha) \\ &= \frac{1}{2}(I_m + I_M) + \frac{1}{2}(I_m - I_M)\cos 2\alpha_0 \cos(2\alpha_0 - 2\alpha), \end{aligned}$$

$$\Delta I = I_P(\alpha) - (I_{1P} + I_{2P}) = (I_m \cos^2 \alpha + I_M \sin^2 \alpha) - (I_{1P} + I_{2P}),$$

引入光强比 $k = I_M / I_m$，最终得部分相干程度的表达式为

$$\gamma = \left| \frac{2(\cos^2 \alpha + k \sin^2 \alpha)}{(1+k) + (1-k)\cos 2\alpha_0 \cos(2\alpha_0 - 2\alpha)} - 1 \right|. \tag{2.141}$$

讨论几个特例：

(1) $k=1$，自然光，α_0，α 角任意，则 $\gamma=0$．

(2) $\alpha_0=0$，即按(I_M, I_m)方向作正交分解，k，α 任意，则 $\gamma=0$．

(3) $k\to\infty$，即线偏振光，$\alpha=2\alpha_0$，则 $\gamma=1$．

(4) $k=2$，$\alpha_0=\frac{\pi}{4}$，$\alpha=\frac{\pi}{6}$，则 $\gamma\approx|0.83-1|\approx0.17$．

(5) $k=4$，$\alpha_0=\frac{\pi}{4}$，$\alpha=\frac{\pi}{6}$，则 $\gamma\approx|0.70-1|\approx0.30$．

(6) $k=4$，$\alpha_0=\frac{\pi}{6}$，$\alpha=\frac{\pi}{4}$，则 $\gamma\approx|1.35-1|\approx0.35$．

● 例题——偏振光干涉实验

图 2.78(a)，若无任何偏振光，它就是我们熟悉的杨氏双孔干涉实验，在准单色面光源照明下，单孔 Q 成为一准单色点光源，发出自然光，照明双孔(Q_1, Q_2)，使其成为一对相干点源，在屏幕上产生一组干涉条纹，其衬比度 $\gamma\approx1$．现在，分别在不同位置插入偏振片 P_0 或(P_1, P_2)或 P'，试就以下各种情况，观察和讨论屏幕上干涉场的变化．

(1) 仅有偏振片 P_0．

(2) 仅有(P_1, P_2)，且 $P_1 /\!/ P_2$，即透振方向一致．

(3) 仅有(P_1, P_2)，且 $P_1 \perp P_2$，即透振方向正交．

(4) 有(P_1,P_2)和P'，且$P_1\perp P_2$.

(5) 有P_0，(P_1,P_2)和P'，且$P_1\perp P_2$.

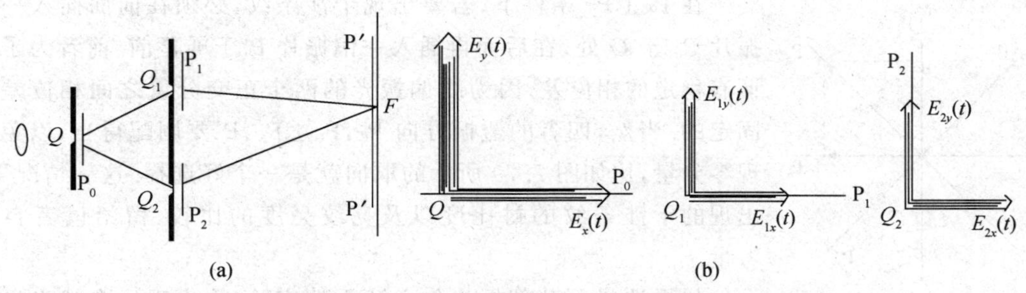

图 2.78 偏振光干涉实验. (a) 实验装置，(b) 分析的基本依据和图像

注意，要以无任何偏振片时的杨氏双孔干涉条纹为参考，从以下三方面考量干涉场的变化：是否出现干涉条纹；干涉场的衬比度γ值是否减少；亮纹的亮度是否降低.

分析上述一组偏振光干涉问题的基本依据或基本物理图像示于图 2.78(b). 须知，自然光的两个正交振动$E_x(t)$与$E_y(t)$之间是完全非相关的，即两者的相位差是个随机量，同理，由点源Q控制的两个点源(Q_1,Q_2)也是那样，即$E_{1x}(t)$与$E_{1y}(t)$之间、$E_{2x}(t)$与$E_{2y}(t)$之间的相位差是随机量，但是，$E_{1x}(t)$与$E_{2x}(t)$之间、$E_{1y}(t)$与$E_{2y}(t)$之间的相位差是稳定的. 据此，我们对原先无任何偏振片时，杨氏实验干涉条纹的生成机制可作如下理解，

$$\left.\begin{array}{l} E_x(t)\longrightarrow(E_{1x}(t),E_{2x}(t))\longrightarrow \text{相干叠加于屏幕} \\ E_y(t)\longrightarrow(E_{1y}(t),E_{2y}(t))\longrightarrow \text{相干叠加于屏幕} \end{array}\right\}\Rightarrow \text{非相干叠加.}$$

最终出现于屏幕上的是这两套分布完全相同的干涉条纹的非相干叠加，结果是衬比度依然保持为 1，但亮纹亮度增加了一倍. 这里，我们已经考量到傍轴条件，即忽略了作为均匀背景光的非相干成分，以下分析均含此近似.

若只有偏振片P_0，这相当于只保留了上述一套干涉条纹，故衬比度依然为 1，但亮纹亮度减弱为一半. 或者说，因为有了P_0，只提取了自然光总光强的一半进入干涉系统，致使后场的所有光强效应也减弱一半.

若仅有(P_1,P_2)，且$P_1/\!/P_2$，其干涉效果与(1)相同，有干涉条纹，$\gamma\approx1$，但亮纹亮度减弱一半；若$P_1\perp P_2$，单凭正交振动必定是非相干叠加这一条，就可以断定屏幕上亮度均匀，干涉条纹消失；据此，可预测，当其中一偏振片旋转一周过程中，屏幕上干涉场衬比度依次作$\gamma=1,0,1,0$交替周期变化.

那么，在$P_1\perp P_2$条件下，若在屏幕前面加一偏振片P'，以提取两个振动方向一致的成分，是否就可以发生相干叠加而生成干涉条纹呢？实验结果显示，屏幕上亮度依然均匀而无干涉条纹. 这时，同频同振动方向这两条相干条件，虽然得以保证，但稳定相位差这一条件未能实现，因为从P_1，P_2透射过来的是自然光的两个正交振动，比如$E_{1x}(t)$，$E_{2y}(t)$，两者之间的相位差是一随机量，即使各自向P'投影获得同方向的两个分量，其间相位差显然还是随机量，不满足相干条件. 这一现象就是历史上著名的阿拉戈偏振光干涉实验所显示的. 英国物理学家和天文学家 D. F. J. 阿拉戈(Arago，1786—1853)，精于光学和电磁学实验，他与菲

涅耳共同研究了偏振光的干涉，于 1816 年发现，从自然光中提取的偏振方向互相垂直的两束光不干涉，即使外加一偏振片在其交叠区中.

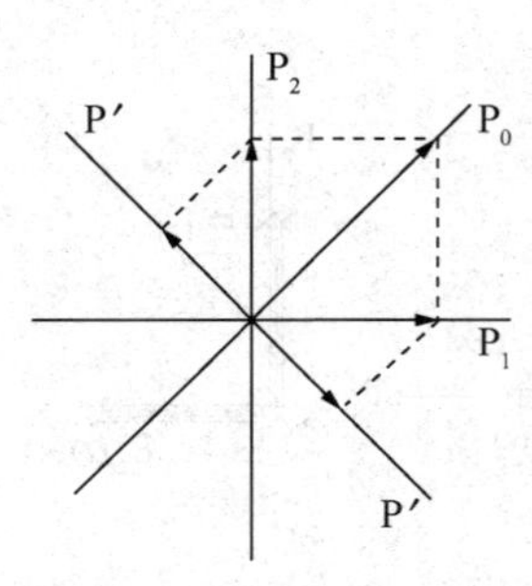

图 2.79 四个偏振片透振方向的恰当选择

在 $P_1 \perp P_2$ 条件下，若要出现干涉条纹，必须在前面插入一偏振片 P_0 于 Q 处，在后面再插入一偏振片 P' 于屏幕前. 前者为了保证有稳定的相位差，因为线偏振光的两个正交分量之间相位差是固定的. 当然，四者的透振方向 P_0，$P_1 \perp P_2$，P' 要调配得当，以免出现零分量，比如图 2.79 所示的取向就是一个好选择. 这一情况下，出现的干涉条纹的衬比度以及亮纹亮度的比较，留给读者自己考量.

如果选择部分偏振光作上述干涉实验，将出现比自然光更为丰富多样的现象.

习 题

2.1 钠黄光系双线结构，其包含的两种谱线的波长分别为 $\lambda_1 = 5890$ Å，$\lambda_2 = 5896$ Å. 设 $t=0$ 时刻，沿传播方向 z 轴的原点 O 处两波列的波峰重合.

(1) 沿 z 轴考察，两波列的波峰再次重合的距离 z_0 为多远？

(2) 若某光源发射双谱线 $\lambda_1' = 570.0$ nm 和 $\lambda_2' = 600.0$ nm，那么上述要求下的纵向距离 z_0' 为多少？

(3) 从 z_0，z_0' 的数值比较中可以引出怎样的定性结论？

· 答 ·(1) $z_0 \approx 17.36 \times 10^2\ \mu$m，(2) $z_0' \approx 11.40\ \mu$m.

2.2 一束平行光其波长为 λ，其传播方向相对我们设定的坐标架（xyz）的方向余弦角为（α,β,γ），且 $\alpha = 30°$，$\beta = 75°$.

(1) 试写出其波函数 $\widetilde{U}(x,y,z)$，设振幅为 A、原点相位 $\varphi_0 = 0$.

(2) 试写出其波前函数 $\widetilde{U}(x,y)$.

(3) 若方向角 β 改变为 $\beta' = 90°$，$150°$，试分别写出其波前函数 $\widetilde{U}_1(x,y)$ 和 $\widetilde{U}_2(x,y)$.

2.3 如图所示，在一薄透镜的物方焦面上开有两个小孔 O 和 Q 而成为两个次波点源，且 Q 点满足傍轴条件即 $a \ll F$（焦距）.

(1) 试写出点源 O 和 Q 在透镜前表面（xy）上产生的波前函数 $\widetilde{U}_1(x,y)$ 和 $\widetilde{U}_2(x,y)$. 设振幅 $A_1 = A_2 = A$.

(2) 经透镜以后，上述两个球面波成为两列平面波，而射向像方焦面（$x'y'$），试写出各自的波前函数 $\widetilde{U}_1'(x',y')$ 和 $\widetilde{U}_2'(x',y')$. 设振幅 $A_1' = A_2' = A$.

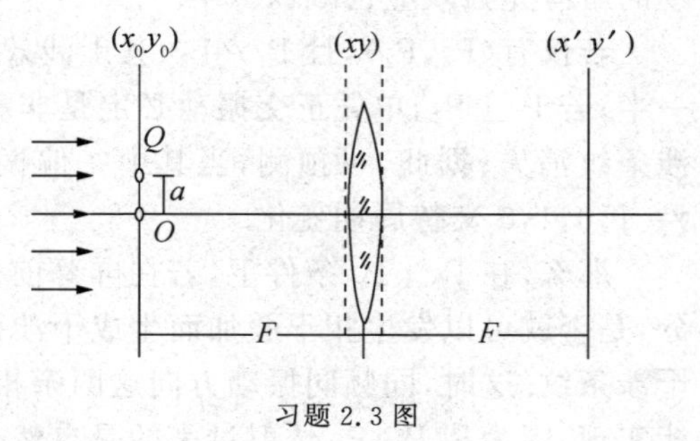

习题 2.3 图

2.4 约定光路自左向右. 发射平面（x_0y_0）在接收平面（xy）左侧，两者纵向距离 $z = 10^3$ mm. 在发射平面上有三个点源，其横向位置坐标（x_0,y_0）分别为（0,0），（3 mm,4 mm）和（-3 mm,-4 mm），且同相位.

(1) 试分别写出这三个点源所产生的波前函数 $\widetilde{U}_1(x,y)$，$\widetilde{U}_2(x,y)$ 和 $\widetilde{U}_3(x,y)$. 设其波数均为 k，振幅

均为 A. 要求作图示意.

(2) 试写出三者各自的共轭波前 $\widetilde{U}_1^*(x,y)$,$\widetilde{U}_2^*(x,y)$ 和 $\widetilde{U}_3^*(x,y)$,并从中判断其所代表的光波的聚散性及中心坐标(x_0,y_0,z_0).

2.5　在波前(xy)平面上分别出现以下几种相位分布函数,

$$\widetilde{U}_1 \propto e^{i5k\frac{x^2+y^2}{D}};\ \widetilde{U}_2 \propto e^{ik\frac{x^2+y^2}{2D}}\cdot e^{-ik\frac{5x+8y}{2D}};\ \widetilde{U}_3 \propto e^{-i4k\frac{x^2+y^2}{2D}}\cdot e^{-ik\frac{5x+8y}{2D}}.$$ k 为波数,$D>0$.

试分别判断这些波前所联系的波场的类型和特征.

·答·(1) 傍轴发散球面波,其中心位置为$(0,0,-D_0/10)$,
(2) 傍轴发散球面波,其中心位置为$(2.5,4,-D_0)$,
(3) 傍轴会聚球面波,其中心位置为$(-5/8,-1,D_0/4)$.

2.6　太阳看起来像个圆盘,这说明对地球上的观察者而言,太阳显然不是一个点源. 那么,

(1) 太阳上一点源发射的球面波,到达地球上在多大范围内可被看作一平面波. 已知日地距离约为 1.5×10^8 km,波长取 0.5 μm.

(2) 对于月亮,其上一点源发射的球面波,在地球多大范围内可被看作一平面波. 已知月地距离约为 3.8×10^5 km.　　·答·(1) 方圆半径 40 m,(2) 方圆半径 2 m.

2.7　一射电源离地面高度 h 约 300 km、向地面发射波长 λ 约 20 cm 的微波,接收器的孔径 ρ 为 2 m. 试问针对孔径 ρ,这射电源的高度 h 是否满足远场条件.

※　　※　　※

2.8　在杨氏双孔实验中,孔距为 0.4 mm,孔与接收屏的距离为 3 m,试分别对下列三条典型谱线求出干涉条纹的间距:

F 蓝线 $\lambda_1 = 4861$ Å,　D 黄线 $\lambda_2 = 5893$ Å,　A 红线 $\lambda_3 = 6563$ Å.

·答·$\Delta x_1 \approx 3.65$ mm,$\Delta x_2 \approx 4.43$ mm,$\Delta x_3 \approx 4.93$ mm.

2.9　在杨氏双孔实验中,孔距为 0.45 mm,孔与接收屏的距离为 1.2 m,在某一准单色光照明下,测得 10 条亮纹之间的距离为 15 mm. 求光波长.　　·答·625 nm

2.10　如图所示. 两束相干平行光束其传播方向均平行于(xz)面,对称地斜入射于记录介质(xy)面上,光波长为氦氖激光的 6328 Å.

(1) 当两束光之夹角为 10°时,求干涉条纹的间距 Δx 及相应的空间频率 f.

(2) 当两束光之夹角为 60°时,求干涉条纹的间距及相应的空间频率.

(3) 若记录介质的空间分辨率为 1500 线/mm,试问这介质能否精确地记录下上述两种条纹.

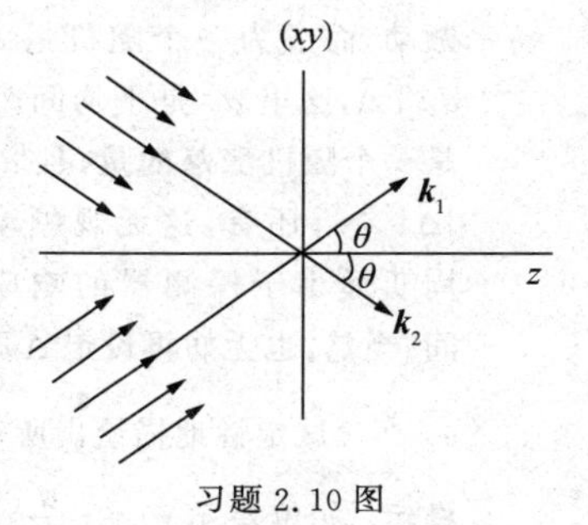

习题 2.10 图

·答·(1) $\Delta x_1 \approx 3.6$ μm,$f_1 \approx 276$/mm,(2) $\Delta x_2 \approx 0.63$ μm,$f_2 \approx 1580$/mm.

2.11　(接上题)若那两束平行光系来自同一光源所发射的自然光,且光强相等.

(1) 当两束光之夹角 $\alpha=20°$,求干涉场的衬比度 γ.

(2) 当两束光之夹角 $\alpha=90°$,求干涉场的衬比度 γ.

(3) 若两束光强不相等,设 $I_2=mI_1$,试导出 $\gamma(\alpha,m)$函数形式.　·答·(1) $\gamma=0.95$,(2) $\gamma\approx0.50$.

2.12　如图所示,三束完全相干的平行光投射于屏幕(xy),设其振幅为 A_1,$A_0=2A_1$,$A_2=A_1$;其初相位在

原点均为 0. 试分别采用复数法和矢量图解法，求出干涉场的复振幅分布 $\widetilde{U}(x,y)$，并据此讨论干涉场的主要特征，本题要求作图显示 $I(x)$ 曲线.

·答· $\widetilde{U}(x,y)=2A_1(1+\cos(k\sin\theta\cdot x))$，$I(x)=4I_0(1+2\cos(k\sin\theta\cdot x)+\cos^2(k\sin\theta\cdot x))$.

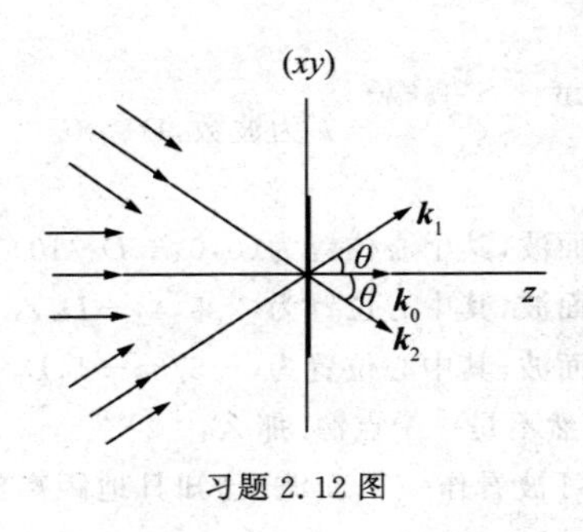

习题 2.12 图

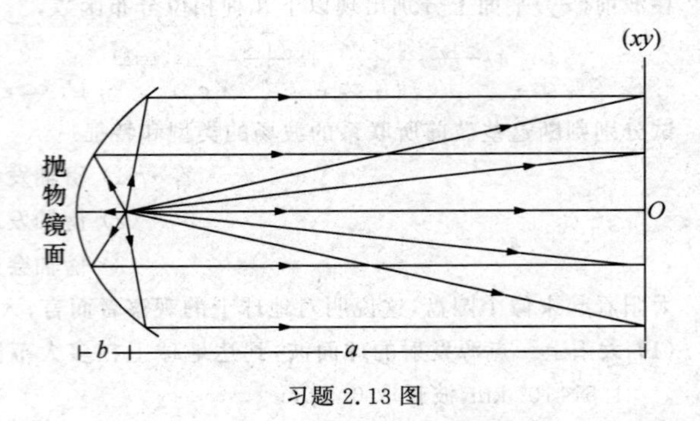

习题 2.13 图

2.13　让我们来研究一平面波和一球面波的干涉场，这可通过一点源被置于一旋转抛物面镜的焦点处来实现，参见题图. 设平面波的振幅为 A_1，傍轴球面波到达记录介质平面(xy)的振幅为 A_2，其发散中心到记录介质平面之距离为 a.

(1) 试导出干涉场的波前函数 $\widetilde{U}(x,y)$ 和光强分布 $I(x,y)$.

(2) 明示干涉花样的特征.

·答· (1) $\widetilde{U}(x,y)=A_1+A_2\mathrm{e}^{\mathrm{i}k\frac{x^2+y^2}{2a}}\cdot\mathrm{e}^{\mathrm{i}\varphi_0}$；$I(x,y)=A_1^2+A_2^2+2A_1A_2\cos\left(k\dfrac{x^2+y^2}{2a}+\varphi_0\right)$.

(2) 同心干涉圆环，其中心光强取决于 $\varphi_0=k\cdot 2b$；环距内疏外稀.

2.14　讨论一个随机干涉场问题. 设想杨氏实验中的双孔即两个相干点源的间距 d 在作无规的颤动，而成为一个随机量 $\widetilde{d}=d_0+\widetilde{\Delta}$，这里 d_0 是平均间距，$\widetilde{\Delta}$ 是一个随机涨落的量，且 $d_0\gg|\widetilde{\Delta}|\gg\lambda$；还有，这无规颤动的周期远小于探测器的响应时间；当然，也无妨再设定 Δ 取值的几率分布函数 $f(\Delta)$ 服从某一统计分布律，比如高斯分布 $f(\Delta)\propto\mathrm{e}^{-\alpha\Delta^2}$. 试定性地描绘出所观测到的平均干涉强度曲线 $I(x)$.

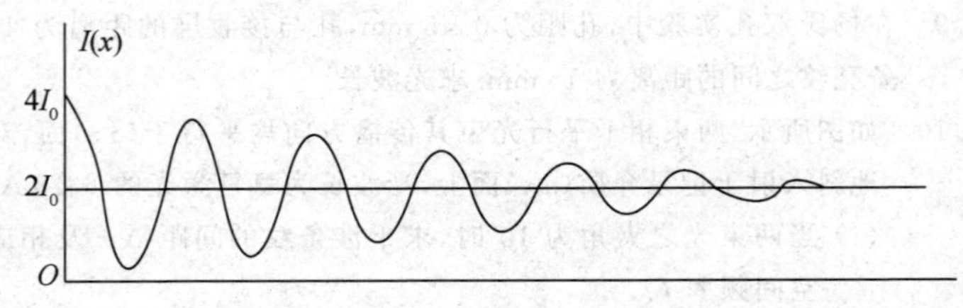

习题 2.14 图

提示：相位差 $\delta(x)=k\dfrac{d}{D}x=k\dfrac{d_0}{D}x+k\dfrac{\widetilde{\Delta}}{D}x$；$\delta(x)$ 的无规性是受抑的即为场点位置 x 所控制.

·答· $I(x)$ 以 $2I_0$ 为平均值呈现衰减振荡样式，在 $x=0$ 附近光强大起大落 $\gamma\approx1$，经历大约 10 次起伏以后光强趋于平稳值 $\gamma\approx0$.

※　　※　　※

2.15　在菲涅耳圆孔衍射实验中，点光源距离圆孔 1.5 m，接收屏距离圆孔 6.0 m，圆孔半径 ρ 从 0.50 mm 开始逐渐扩大，设光波长为 0.63 μm. 求

(1) 最先两次出现中心亮斑时圆孔的半径 ρ_1，ρ_2.

(2) 最先两次出现中心暗斑时圆孔的半径 ρ_1'，ρ_2'.

· 答 · (1) $\rho_1 \approx 0.87\,\text{mm}$，$\rho_2 \approx 1.5\,\text{mm}$. (2) $\rho_1' \approx 1.2\,\text{mm}$，$\rho_2' \approx 1.7\,\text{mm}$.

2.16　在菲涅耳圆孔衍射实验中，点光源距离圆孔 2.0 m，圆孔半径固定为 2.0 mm，波长为 0.5 μm. 当接收屏由很远处向圆孔靠近时，

(1) 前三次出现中心亮斑的屏幕位置(与圆孔的距离).

(2) 前三次出现中心暗斑的屏幕位置.

· 答 · (1) $b \approx 8.0\,\text{m}$，2.7 m，1.6 m，(2) $b' \approx 4.0\,\text{m}$，2.0 m，1.3 m.

2.17　用一直边刀片将点光源产生的波前遮住一半，问在一定距离的屏幕上几何阴影边缘点的衍射光强为多少(与自由传播光强 I_0 比较).

· 答 · $I_0/4$.

2.18　如图所示系 6 个不同样式的衍射屏用以面对一平面光波，图旁的符号表示该处到轴上观察点 P 的距离，而 b 正是这衍射屏中心到 P 之距离. 试分别给出衍射光强 $I(P)$，与自由传播光强 I_0 相比较.

· 答 · (a) $2I_0$，(b) $2I_0$，(c) $I_0/4$，(d) I_0，(e) $5I_0$，(f) $I_0/16$.

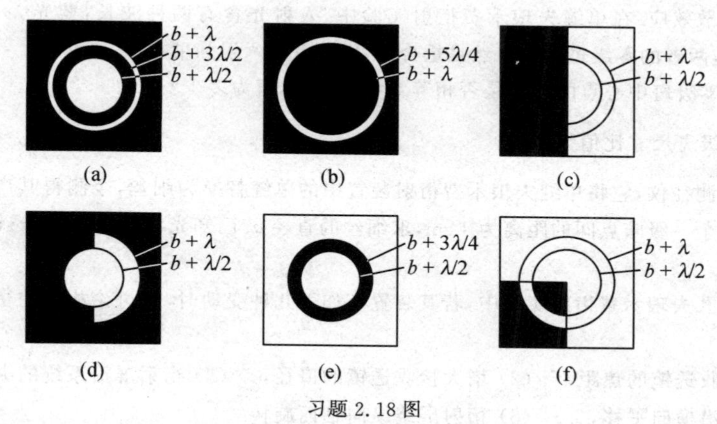

习题 2.18 图

2.19　一菲涅耳波带片其第一个半波带的半径 ρ_1 为 5.0 mm，

(1) 若用波长为 1.06 μm 的单色平行光照明，求其主焦距 f.

(2) 若要求对此波长其主焦距缩短为 25 cm，需将此波带片精缩多少？

· 答 · (1) $f \approx 22.3\,\text{m}$，(2) 缩 10 倍.

2.20　一菲涅耳波带片对 900 nm 的红外光其主焦距为 30 cm，若改用 633 nm 的氦氖激光照明，其主焦距变为多少？

· 答 · 43 cm.

2.21　现手边有一张浮雕型全透明的菲涅耳波带片，粗测其对白炽灯光的主焦距为 10 cm，其有效半径为 4 cm. 试估算该波带片聚光倍率的数量级(与自由光强相比较)，可设波长为 550 nm，并忽略倾斜因子的影响.

· 答 · 约 10^9 倍.

※　　　　※　　　　※

2.22　试导出：

(1) 平行光斜入射时单缝夫琅禾费衍射强度公式为

$$I(\theta) = I_0\left(\frac{\sin\alpha'}{\alpha'}\right)^2, \quad \alpha' = \frac{\pi a}{\lambda}(\sin\theta - \sin\theta_0),$$

这里，a 为单缝宽度，θ_0 为入射光束的倾角，θ 为衍射角，两者均相对于单缝屏的法线方向.

(2) 在此斜入射条件下，零级衍射斑的半角宽度公式为

$$\Delta\theta_0=\frac{\lambda}{a\cos\theta_0}.$$

2.23　考虑到介质界面宽度为有限值，反射光束和折射光束必然有一定的衍射发散角$(\Delta\theta,\Delta\theta')$. 试估算在以下不同入射角 i 时的$(\Delta\theta,\Delta\theta')$值. 设界面宽度 a 为 1 cm，光波长 λ_0 为 600 nm，介质折射率 n 为 1.5.

(1) $i\approx0°$即正入射；　(2) $i\approx75°$；　(3) $i\approx88°$即掠入射.

· 答 · (1) $(12.4'',8.2'')$；(2) $(47.4'',10.7'')$；(3) $(11',11'')$.

2.24　氦氖激光器的发光区集中于一毛细管，其管径约 2 mm.

(1) 试估算从管口端面出射的 He-Ne 激光束，其衍射发散角为多大，设波长为 633 nm.

(2) 若此光束射至 10 m 远的屏幕上，其光斑尺寸为多大？

(3) 若此光束射至月球表面，其光斑尺寸为多大？

· 答 · (1) $\Delta\theta\approx3.2\times10^{-4}$ rad$\approx1'$，(2) 直径$\approx$3 mm，(3) 方圆 120 km.

2.25　考量衍射色散效应. 在单缝夫琅禾费衍射实验中，入射光含有两种波长，蓝光 $\lambda_1\approx400$ nm 和红光 $\lambda_2\approx700$ nm，两者的零级斑中心自然是重合的，设两者的入射强度相等. 试问：

(1) 两者在零级斑中心点的光强是否相等？如否，其比值为多少？

(2) 两者零级斑尺寸比值为多少？　· 答 · (1) $\frac{I_{10}}{I_{20}}\approx3$，(2) $\frac{\Delta\theta_2}{\Delta\theta_1}\approx1.7$.

2.26　一衍射细丝测径仪，它将单缝夫琅禾费衍射装置中的单缝替换为细丝，今测得其产生的零级衍射斑的宽度即两个一级暗点间的距离为 1 cm，求细丝的直径 a. 已知光波长 633 nm，透镜焦距为 50 cm.

· 答 · $a\approx63\ \mu$m.

2.27　在单缝或单孔夫琅禾费衍射实验中，若其装置有如下几种变动时，试讨论相应的衍射图样将有怎样的变化：

(1) 增大接收透镜的焦距，　(2) 增大接收透镜的口径，　(3) 衍射屏沿系统的纵向作前后平移，

(4) 衍射屏沿横向平移，　(5) 衍射屏绕纵向轴而旋转.

※　※　※

2.28　一对双星的角间隔为 $0.05''$，试问：

(1) 需要至少多大口径的望远镜才能分辨它俩？

(2) 与此口径相匹配的望远镜的角放大率应当设计为多少？

2.29　一台显微镜其数值孔径 N. A. ≈1.32，物镜焦距 f_0 为 1.91 mm，而目镜焦距 f_e 为 50 mm. 试求：

(1) 其最小分辨间隔 δy_m. (2) 其有效放大率 M_{eff}. (3) 该显微镜的光学筒长约为多少？

· 答 · (1) $\delta y_m\approx0.25\ \mu$m，(2) $M_{eff}\approx290$ 倍，(3) $l\approx10$ cm.

2.30　一照相机在离地面 200 km 的高空拍摄地面上的物体，若要求它能分辨地面上相距 1 m 的两点，问：

(1) 此照相机的镜头至少需要多大？设镜头的几何像差已很好地消除，感光波长为 400 nm.

(2) 与之匹配的感光胶片其分辨率至少应当为多少？设该镜头的焦距为 8 cm.

· 答 · (1) $D\approx10$ cm，(2) 2500 线/mm.

2.31　用口径为 1 m 的光学望远镜，能分辨月球表面上两点的最小距离为多少？已知地月距离约为 3.8×10^5 km.

· 答 · 255 m.

2.32　在水下有一超声探测器，其圆形孔径为 60 cm，发射 40 kHz 的超声波，设声速为 1.5 km/s. 问：

(1) 此超声束的发散角 $\Delta\theta$ 为多少？

(2) 在距离 1 km 远该超声波照射的范围有多大？　· 答 · (1) $\Delta\theta\approx6.3\times10^{-2}$ rad，(2) 直径约 63 m.

※　※　※

2.33　一束自然光正入射于重叠的两张偏振片上，如果透射光强为

(1) 入射光强的 1/3；　　(2) 透射光束最大光强的 1/3，

试分别确定那两个偏振片的透振方向之夹角 θ.　　　　· 答 · (1) $35°15'$，(2) $54°45'$.

2.34　在一对正交偏振片之间插入另一张偏振片，其透振方向沿 45°角(相对那一对正交的透振方向)，当自然光入射时，求透射光强的百分比.(相对于入射光强)　　　　· 答 · 12.5%.

2.35　一束自然光正入射于一组含有 4 张的偏振片，其每片的透振方向相对于前面一片均沿顺时针方向转过 30°角，求最终透射光强的百分比(相对于入射光强).　　　　· 答 · 21%.

2.36　要使一束线偏振光的振动方向转过 90°，且要求最终透射光强为原来入射光强的 95%. 试问大约至少需要多少块理想偏振片?(提示：透振方向依次转过相同角度 α)　　　　· 答 · $N\approx 50$；$\alpha\approx 1.8°$.

2.37　一张偏振片正对着一束部分偏振光，当它相对光强极大值 I_{M} 的方位转过 45°时，透射光强减为 I_{M} 的 2/3. 求入射光的偏振度 p.　　　　· 答 · $p=0.50$.

2.38　一偏振片正对着一光束其包含两个非相干的线偏振光，两者光强相等均为 I_0，偏振方向之夹角 α_0 为 60°，参见题图 2.38. 当偏振片旋转一周时，

(1) 出现几次光强极大和光强极小.

(2) 求出光强极大值及其方位角(I_{M}，α_{M})，光强极小值及其方位角(I_{m}，α_{m}). 以 x 轴为参考来标定 α 角.

(3) 若两者光强不相等，比如 $I_2=2I_1$，其他条件不变，试求出(I_{M}，α_{M})和(I_{m}，α_{m}).

· 答 · (2) $\left(\dfrac{3}{2}I_0, 30°\right)$；$\left(\dfrac{1}{2}I_0, -60°\right)$.

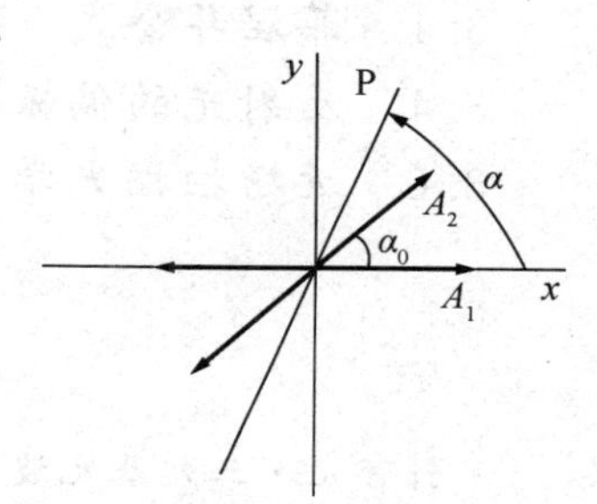

习题 2.38 图

2.39　光场中某一点的光矢量 $\boldsymbol{E}(t)$ 在其横平面上的两个正交分量为(这里不计较单位)，

$$E_x(t)=5\cos\omega t,\quad E_y(t)=5\cos(\omega t+60°),$$

现用一偏振片正对着这束光且旋转之，以考察其透射光强的变化. 你认为其合成光矢量是一圆偏振光吗? 如非，试给出其光强极大值、极小值及相应的方位角，即给出(I_{M}，α_{M})，(I_{m}，α_{m}).

· 答 · (37.5，45°)；(12.5，−45°).

2.40　光场中某一点的光矢量 $\boldsymbol{E}(t)$ 在其横平面上的两个正交分量为(这里不计较单位)，

$$E_x(t)=3\cos\omega t,\quad E_y(t)=4\cos(\omega t+\delta).$$

现用一偏振片面对这束光且旋转之，以考察其透射光强的变化. 试就下面三种情况分别回答光强极大值及其方位角(I_{M}，α_{M})，光强极小值及其方位角(I_{m}，α_{m})，以 x 轴为参考来标定 α 角.

(1) $\delta=0$，　(2) $\delta=\pm\pi/2$，　(3) $\delta=\pi/6$ 即 30°.

· 答 · (1) (25，53°)；(0，−37°). (2) (16，90°)；(9，0°). (3) (23.5，54.3°)；(1.5，−35.7°).

2.41　一张偏振片正对着一光束其包含两个非相干的椭圆偏振光，两者光强相等均为 I_0，且长短轴之比也相同，只是长短轴取向互换，参见题图. 试证明，在这种情形下偏振片转动过程中，透射光强保持为一常量 I_0. 注：这一结论将在第 8 章 8.4 节为了区分自然光与圆偏振光时用到.

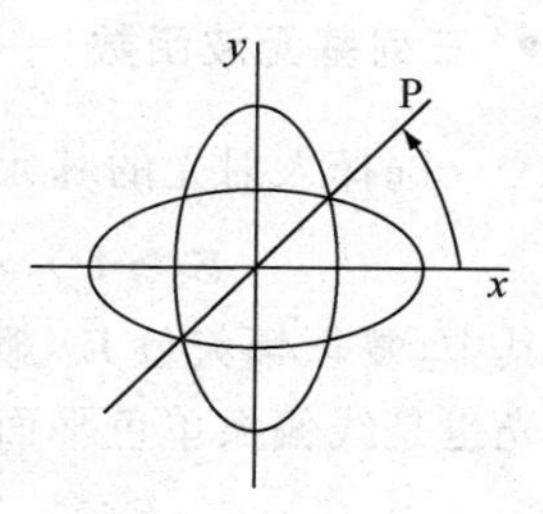

习题 2.41 图

2.42　光强为 I_0 的自然光相继通过三个偏振片 P_1，P_2 和 P_3，其中 P_1 与 P_3 静止且透振方向彼此正交，而 P_2 以角速度 ω_0 绕光线为轴旋转. 试求最终透射光强 $I_3(t)$. 可设 $t=0$ 时刻，P_2 透振方向平行 P_1；光扰动频率为 ω.

· 答 · 透射光扰动 $E_3(t)=\dfrac{A_1}{2}\sin 2\omega_0 t\cdot\cos\omega t$；

透射光强 $I_3(t)=\dfrac{I_0}{8}\sin^2 2\omega_0 t$，即获得一调制频率为 $4\omega_0$ 的光强讯号.

3

介质界面光学与近场光学显微镜

3.1 菲涅耳公式

● 引言

光波遇到两种介质分界面时，将发生反射和折射. 作为一种横波，光波带有振幅、相位、频率、传播方向和偏振结构等诸多特性. 因此，全面考察光在界面反射和折射时的传播规律，应包括传播方向、能流分配、相位变更和偏振态变化等几个方面的内容，这正是本章的主题. 根据光的电磁理论，由麦克斯韦电磁场方程组提供的边值关系，可以给出这些问题的全面解答. 在麦克斯韦建立光的电磁理论之前，菲涅耳已由光的弹性以太论回答了这些问题. 两者在形式上稍有不同，但结论是一致的. 本章的重点在于正确理解菲涅耳公式，进而应用菲涅耳公式，以获悉光在介质界面反射和折射的主要性质.

● 三列基元波函数

选择入射光的基元成分为线偏振单色平面波，其波函数为

$$\boldsymbol{E}_1(\boldsymbol{r},t)=\boldsymbol{E}_{10}\mathrm{e}^{\mathrm{i}(\boldsymbol{k}_1\cdot\boldsymbol{r}-\omega t+\varphi_{10})}=\widetilde{\boldsymbol{E}}_{10}\mathrm{e}^{\mathrm{i}\boldsymbol{k}_1\cdot\boldsymbol{r}}\cdot\mathrm{e}^{-\mathrm{i}\omega t},\quad \widetilde{\boldsymbol{E}}_{10}=\boldsymbol{E}_{10}\mathrm{e}^{\mathrm{i}\varphi_{10}},\tag{3.1}$$

其中，复振幅矢量 $\widetilde{\boldsymbol{E}}_{10}$ 概括了光矢量的振幅矢量和可能存在的初相位. 相应的反射光和折射光也是线偏振单色平面波，其波函数和复振幅矢量分别为

$$\boldsymbol{E}_1'=\widetilde{\boldsymbol{E}}_{10}'\mathrm{e}^{\mathrm{i}\boldsymbol{k}_1'\cdot\boldsymbol{r}}\cdot\mathrm{e}^{-\mathrm{i}\omega t},\quad \widetilde{\boldsymbol{E}}_{10}'=\boldsymbol{E}_{10}'\mathrm{e}^{\mathrm{i}\varphi_{10}'};\tag{3.2}$$

$$\boldsymbol{E}_2=\widetilde{\boldsymbol{E}}_{20}\mathrm{e}^{\mathrm{i}\boldsymbol{k}_2\cdot\boldsymbol{r}}\cdot\mathrm{e}^{-\mathrm{i}\omega t},\quad \widetilde{\boldsymbol{E}}_{20}=\boldsymbol{E}_{20}\mathrm{e}^{\mathrm{i}\varphi_{20}}.\tag{3.3}$$

对于其他任意复杂的入射光波比如非线偏振、非单色或非平面波情形，均可以将它们视作线

偏振单色平面波的某种集合. 如果揭示了上述三列基元波之间的关系，那也就解决了其他类型的光波遇到介质界面而发生反射和折射的问题. 其实，这三列基元波的关系集中地体现于三个复振幅矢量的关系，即 $\tilde{\boldsymbol{E}}_{10}$，$\tilde{\boldsymbol{E}}'_{10}$ 和 $\tilde{\boldsymbol{E}}_{20}$ 之间的关系，它包含着振幅数值关系、偏振方向关系和相位关系. 至于时间圆频率 ω，则为三者相等，这是线性介质所应有的性质；三个波矢 $\boldsymbol{k}_1$，$\boldsymbol{k}'_1$ 与 $\boldsymbol{k}_2$，其方向关系也可由反射定律与折射定律给出，其数值关系也可由介质中的光速关系式给出.

- **满足电磁场边值关系**

电磁场的运动变化规律由麦克斯韦方程组所反映. 麦克斯韦积分方程组是普遍的，将其应用于均匀介质体内得到麦克斯韦微分方程组，将其应用于两种介质分界面处得到电磁场边值关系——分界面两侧无限靠近的那两点的电磁场，相互之间有一个必然的确定的联系. 在宏观电磁理论看来，经过界面，介质的电磁性能参数有了突变，从而使得电磁场一般地也发生突变. 电磁场边值关系反映了这种场突变的规律. 电磁场边值关系有四条：

$$\begin{cases}\varepsilon_1 E_{1\mathrm{n}} = \varepsilon_2 E_{2\mathrm{n}} & \text{—— 电位移矢量法线分量连续，} \\ E_{1\mathrm{t}} = E_{2\mathrm{t}} & \text{—— 电场强度矢量切线分量连续，} \\ \mu_1 H_{1\mathrm{n}} = \mu_2 H_{2\mathrm{n}} & \text{—— 磁感应强度矢量法线分量连续，} \\ H_{1\mathrm{t}} = H_{2\mathrm{t}} & \text{—— 磁场强度矢量切线分量连续.}\end{cases} \tag{3.4}$$

它们在绝缘介质分界面情形下成立，即界面上无自由电荷，因而也无传导电流. 上述边值关系的数学形式，突出了场分量的连续性，其实这正反映了场的突变性. 电位移矢量法线分量的连续，正反映了电场强度矢量法线分量的不连续，虽然其切线分量是连续的，两方面合起来导致电场强度矢量 $\boldsymbol{E}$ 的突变；同理，其他三个场量，$\boldsymbol{D}$，$\boldsymbol{B}$ 和 $\boldsymbol{H}$ 也有类似的突变. 光是电磁波，它在界面两侧的三列基元波即三个复振幅矢量 $\tilde{\boldsymbol{E}}_{10}$，$\tilde{\boldsymbol{E}}'_{10}$ 与 $\tilde{\boldsymbol{E}}_{20}$，应当满足上述边值关系. 推导具体过程在此从略，对其感兴趣的读者可参阅一般电动力学教程.

- **特征振动方向与局部坐标架**

图 3.1 显示了界面反射折射时涉及的所有电矢量和光传播方向的空间取向，它是正确理解菲涅耳公式的一个基本图像. 其中，$\boldsymbol{k}_1$，$\boldsymbol{k}'_1$ 和 $\boldsymbol{k}_2$ 分别表示三列基元波的波矢即传播方向；$\boldsymbol{E}_1$ 为入射光的线偏振电矢量，它被分解为两个正交分量($E_{1\mathrm{p}}$，$E_{1\mathrm{s}}$)，$E_{1\mathrm{p}}$平行入射面(xz)，称其为 p 振动，$E_{1\mathrm{s}}$垂直入射面，称其为 s 振动；同样地，反射光电矢量 $\boldsymbol{E}'_1$ 可表示为($E'_{1\mathrm{p}}$，$E'_{1\mathrm{s}}$)，折射光电矢量 $\boldsymbol{E}_2$ 可表示为($E_{2\mathrm{p}}$，$E_{2\mathrm{s}}$). 与 $E_{1\mathrm{p}}$，$E'_{1\mathrm{p}}$，$E_{2\mathrm{p}}$相联系的光波称为 p 光，与 $E_{1\mathrm{s}}$，$E'_{1\mathrm{s}}$，$E_{2\mathrm{s}}$相联系的光波称为 s 光. 在表达或比较两个振动的相位关系时，必须首先明确描述振动的空间坐标取向，尤其在眼下，三个 p 振动有三个不同的空间取向. 我们约定：

$(\boldsymbol{p}_1, \boldsymbol{s}_1, \boldsymbol{k}_1)$ 构成一个局部正交坐标系，且$(\boldsymbol{p}_1 \times \boldsymbol{s}_1) \parallel \boldsymbol{k}_1$；

$(\boldsymbol{p}'_1, \boldsymbol{s}'_1, \boldsymbol{k}'_1)$ 构成一个局部正交坐标系，且$(\boldsymbol{p}'_1 \times \boldsymbol{s}'_1) \parallel \boldsymbol{k}'_1$；

$(\boldsymbol{p}_2, \boldsymbol{s}_2, \boldsymbol{k}_2)$ 构成一个局部正交坐标系，且$(\boldsymbol{p}_2 \times \boldsymbol{s}_2) \parallel \boldsymbol{k}_2$；

其中,各自的正方向如箭头所示,或如黑点所示垂直纸面向上. 图 3.1 中出现的三个圆圈内的矢量图,表示 p 振动再被分解为两个分量,一个平行分界面即 p 振动的切向分量,另一个垂直分界面即 p 振动的法向分量,前者用(t)示意,后者用(n)示意. 在利用边值关系推导菲涅耳公式时,要用到这三个矢量图.

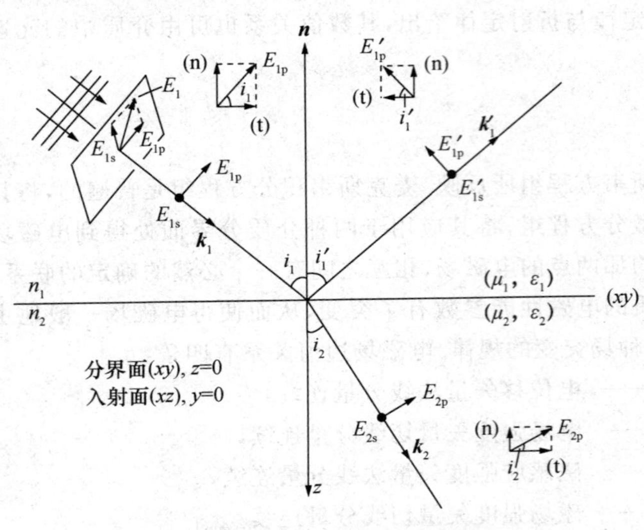

图 3.1 光在介质界面反射折射的基本物理图像

将任意线偏振电矢量分解为 p 振动与 s 振动,这有深刻的寓意——在光波遇到界面发生反射和折射的物理过程中,p 振动与 s 振动是两个特征振动. 如果入射光的电矢量只有 p 振动,则反射光和折射光中也只有 p 振动;如果入射光的电矢量只有 s 振动,则反射光和折射光中也只有 s 振动. 换句话说,p 振动与 s 振动之间互不交混,彼此独立,各有自己不同的传播特性,这是电磁场边值关系所要求的. 不妨设想一种情况,当入射光只是 p 光,而反射光和折射光中不仅有 p 光,还有 s 光成分,那会怎样? 与反射光 E'_{1s}振动相联系的磁场成分是 H'_{1p},两者矢积($\boldsymbol{E}'_{1s}\times\boldsymbol{H}'_{1p}$)$/\!/\boldsymbol{k}'$,故 $\boldsymbol{H}'_{1p}$指向右下方;与折射光 E_{2s}相联系的磁场成分是 H_{2p},两者矢积($\boldsymbol{E}_{2s}\times\boldsymbol{H}_{2p}$)$/\!/\boldsymbol{k}_2$,故 $\boldsymbol{H}_{2p}$指向左下方. 作图显示,$\boldsymbol{H}'_{1p}$,$\boldsymbol{H}_{2p}$这两个磁场在界面的切向分量是反向的,这显然违背了边值关系中的第四条. 结论是,若入射光为 p 光,则反射光或折射光只可能有 p 光;若入射光为 s 光,则反射光或折射光只可能有 s 光. 这就是 p 振动与 s 振动,作为光在介质界面发生反射折射这一物理过程中的特征振动的基本含义. 特征振动的确定,不是人为任意选择的一个数学技巧问题,而是由光与物质相互作用的规律所支配下的一个物理问题.

- **菲涅耳公式**

$$\left\{\begin{aligned}
\widetilde{E}'_{1p} &= \frac{n_2\cos i_1 - n_1\cos i_2}{n_2\cos i_1 + n_1\cos i_2}\widetilde{E}_{1p} = \frac{\tan(i_1-i_2)}{\tan(i_1+i_2)}\widetilde{E}_{1p}, &(3.5)\\
\widetilde{E}_{2p} &= \frac{2n_1\cos i_1}{n_2\cos i_1 + n_1\cos i_2}\widetilde{E}_{1p}. &(3.6)\\
\widetilde{E}'_{1s} &= \frac{n_1\cos i_1 - n_2\cos i_2}{n_1\cos i_1 + n_2\cos i_2}\widetilde{E}_{1s} = \frac{\sin(i_2-i_1)}{\sin(i_2+i_1)}\widetilde{E}_{1s}, &(3.7)\\
\widetilde{E}_{2s} &= \frac{2n_1\cos i_1}{n_1\cos i_1 + n_2\cos i_2}\widetilde{E}_{1s} = \frac{2\cos i_1\sin i_2}{\sin(i_2+i_1)}\widetilde{E}_{1s}. &(3.8)
\end{aligned}\right.$$

以上菲涅耳公式表明,三个 p 振动($\widetilde{E}_{1p}$,$\widetilde{E}'_{1p}$,$\widetilde{E}_{2p}$)联系一起,三个 s 振动($\widetilde{E}_{1s}$,$\widetilde{E}'_{1s}$,$\widetilde{E}_{2s}$)联

系一起，即 p 振动与 s 振动互不交混.

- **菲涅耳公式成立条件**

从电磁场边值关系出发的理论推演，直到最后得到上述形式的菲涅耳公式，其间先后引用了若干条件，现归结如下.

(1) 适用于绝缘介质，这是相对于导电介质而言的. 若是光波入射于金属表面，则情况就大为不同. 由于金属存在大量的自由电子，致使金属表面有很高的反射率和强吸收，这归属于金属光学所研究的内容。

(2) 适用于各向同性介质，这是相对于各向异性介质而言的. 若是光波入射于晶体表面，其情况不同于目前，理论上要以介电张量代替目前的介电常数 ε，得到形式上更为复杂的类菲涅耳公式.

(3) 适用于弱场或线性介质，这是相对于强场或非线性介质而言的. 若是在强电场作用下，介质极化出现了非线性项，则 $\boldsymbol{D}=\varepsilon\varepsilon_0\boldsymbol{E}$ 线性关系就不成立了.

(4) 适用于光频段，在如此高的频率条件下，介质的磁化机制几乎冻结，故磁导率 $\mu\approx 1$，于是介质光学折射率 $n=\sqrt{\varepsilon\mu}\approx\sqrt{\varepsilon}$. 若是计及磁导率，则可得到包含 (ε_1,μ_1)，(ε_2,μ_2) 形式的菲涅耳公式.

3.2 反射率和透射率

· 复振幅反射率和透射率 · 光强反射率和透射率 · 光强反射率曲线与布儒斯特角
· 玻片组透射光的偏振度 · 光功率反射率和透射率 · 斯托克斯倒逆关系 · 小结

- **复振幅反射率和透射率**

由菲涅耳公式导出复振幅反射率 $\tilde{r}_p$，$\tilde{r}_s$，和复振幅透射率 $\tilde{t}_p$，$\tilde{t}_s$，它们均含实振幅比值和相位差值：

$$\begin{cases}\tilde{r}_p\equiv\dfrac{\widetilde{E}'_{1p}}{\widetilde{E}_{1p}}=\dfrac{n_2\cos i_1-n_1\cos i_2}{n_2\cos i_1+n_1\cos i_2}, & (3.9)\\[2ex] \tilde{r}_s\equiv\dfrac{\widetilde{E}'_{1s}}{\widetilde{E}_{1s}}=\dfrac{n_1\cos i_1-n_2\cos i_2}{n_1\cos i_1+n_2\cos i_2}; & (3.10)\end{cases}$$

$$\begin{cases}\tilde{t}_p\equiv\dfrac{\widetilde{E}_{2p}}{\widetilde{E}_{1p}}=\dfrac{2n_1\cos i_1}{n_2\cos i_1+n_1\cos i_2}, & (3.11)\\[2ex] \tilde{t}_s\equiv\dfrac{\widetilde{E}_{2s}}{\widetilde{E}_{1s}}=\dfrac{2n_1\cos i_1}{n_1\cos i_1+n_2\cos i_2}. & (3.12)\end{cases}$$

例题 1 导出正入射时的复振幅反射率和透射率.

令 $i_1=i_2=0$，代入(3.9)—(3.12)各式，得正入射时，

$$\tilde{r}_p = \frac{n_2 - n_1}{n_2 + n_1}, \quad \tilde{r}_s = \frac{n_1 - n_2}{n_2 + n_1}, \tag{3.13}$$

$$\tilde{t}_p = \tilde{t}_s = \frac{2n_1}{n_2 + n_1}, \tag{3.14}$$

据此,讨论两个典型情况.(1) 空气/玻璃,即 $n_1 = 1.0$, $n_2 = 1.5$,得 $\tilde{r}_p = 0.20$, $\tilde{r}_s = -0.20$, $\tilde{t}_p = \tilde{t}_s = 0.80$.(2) 玻璃/空气,即 $n_1 = 1.5$, $n_2 = 1.0$,得 $\tilde{r}_p = -0.20$,$\tilde{r}_s = 0.20$, $\tilde{t}_p = \tilde{t}_s = 1.2$.

由这些数值结果,不免引出两点疑问.其一,复振幅反射率出现负值,应当怎样理解,尤其是在正入射条件下,入射面已失去确定意义,系统具有轴对称性,p 振动与 s 振动的区别不复存在,却出现了 $\tilde{r}_p$,$\tilde{r}_s$ 一正一负的结果,这是怎么回事.其二,出现复振幅透射率 $\tilde{t}_p > 1$, $\tilde{t}_s > 1$,这不违背光能流守恒律吗?

对于第一个问题的说明如下.当复振幅反射率 $\tilde{r}$ 为正实数,意味着反射振动状态与反射局部坐标架正方向一致;当 $\tilde{r}$ 为负实数,意味着反射振动状态与反射局部坐标架正方向相反;当然,我们这样认定,是以入射振动状态与入射局部坐标架正方向一致为参考的.如图 3.2 所示,那里 B 点是入射点,也是反射点,左侧的两条图线表示入射线和反射线以及设定的 p 振动、s 振动的坐标架正方向,右侧的一条图线在(a)反映了 $\tilde{r}_p > 0$,$\tilde{r}_s < 0$;在(b)反映了 $\tilde{r}_p < 0$,$\tilde{r}_s > 0$.按照以上原则确定了反射光 p 振动状态与 s 振动状态以后,再回到现实空间去与入射光的振动状态作比较,引出实际结论——当 $n_1 < n_2$,即光从光疏介质射向光密介质且正入射时,反射振动态与入射振动态恰好相反,实际相位差为 π;当 $n_1 > n_2$,即光从光密介质射向光疏介质且正入射时,反射振动态与入射振动态恰好一致,实际相位差为零.关于第二点疑问,随后便可消释.

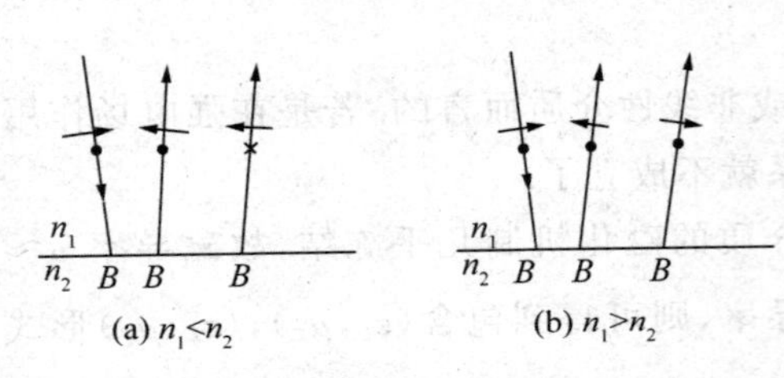

图 3.2　说明复振幅反射率正负号的含义

● 光强反射率和透射率

光在界面的反射和折射,涉及两种介质两个折射率,因此在考量折射光强与入射光强的比值时,应当依据(2.10″)式 $I = nE_0^2$.光强反射率 R_p,R_s,光强透射率 T_p,T_s 的定义式,及其与振幅反射率和透射率 r_p,r_s,t_p,t_s 的关系式表示如下,

$$R_p \equiv \frac{I'_{1p}}{I_{1p}} = r_p^2, \quad R_s \equiv \frac{I'_{1s}}{I_{1s}} = r_s^2; \tag{3.15}$$

$$T_p \equiv \frac{I_{2p}}{I_{1p}} = \frac{n_2}{n_1} t_p^2, \quad T_s \equiv \frac{I_{2s}}{I_{1s}} = \frac{n_2}{n_1} t_s^2. \tag{3.16}$$

其中,$r_p = |\tilde{r}_p|$,其他依次类推.

例题 2　试由例题 1 的数据计算出光强反射率和透射率.

(1) 正入射,$n_1 = 1.0$,$n_2 = 1.5$,据(3.15)和(3.16)式得

$$R_p = R_s = (0.20)^2 = 0.04, \quad T_p = T_s = \frac{1.5}{1.0} \times (0.80)^2 = 0.96.$$

(2) 正入射,$n_1 = 1.5$,$n_2 = 1.0$,据(3.15)和(3.16)式得

$$R_p = R_s = (0.20)^2 = 0.04, \quad T_p = T_s = \frac{1.0}{1.5} \times (1.20)^2 = 0.96.$$

可见，虽然振幅透射率可以大于1，而光强透射率却小于1，且它与光强反射率之和等于100%，这后一个结论只在正入射时成立.

● 光强反射率曲线与布儒斯特角

在给定折射率 n_1, n_2 条件下，可根据菲涅耳公式，描绘出光强反射率随入射角变化曲线，图3.3(a)(b)分别是这样的一条典型曲线. 可见，反射光束中s光强反射率随入射角增大而单调上升，而p光强反射率先下降直至为零，尔后很快地上升. 这个使 $R_p = 0$ 的特殊入射角 i_B 称作布儒斯特角(Brewster angle).

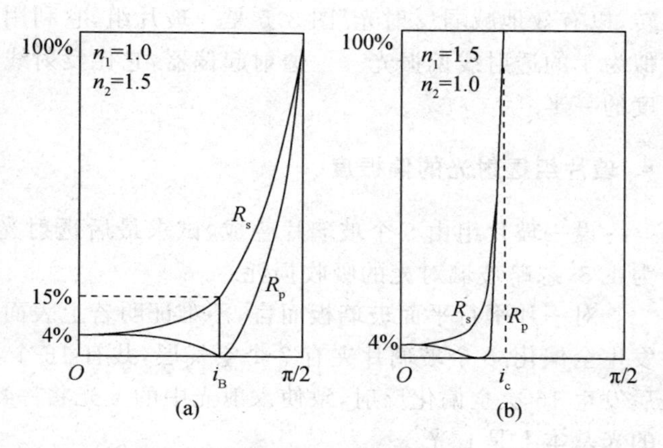

图 3.3 光强反射率曲线 $R_p(i_1)$ 和 $R_s(i_1)$

根据菲涅耳公式(3.5)，当 $(i_1 + i_2) = \pi/2$ 时，分母趋于无穷大，以致 $r_p = 0$ 或 $R_p = 0$. 据此可以从理论上导出 i_B 公式，

$$n_1 \sin i_B = n_2 \sin i_2, \quad \sin i_2 = \cos i_B,$$

最后得

$$\tan i_B = \frac{n_2}{n_1}. \tag{3.17}$$

例如，空气/玻璃界面，$n_1 = 1.0$，$n_2 = 1.5$，则 $i_B \approx 56°18'$. 反过来，玻璃/空气界面，$n_1 = 1.5$，$n_2 = 1.0$，则 $i_B' \approx 33°42'$，如图3.3(a)，(b)所示. 由(3.17)式可推知，在布儒斯特角入射的情况下，反射光线与折射光线之间将成一直角，见图3.4.

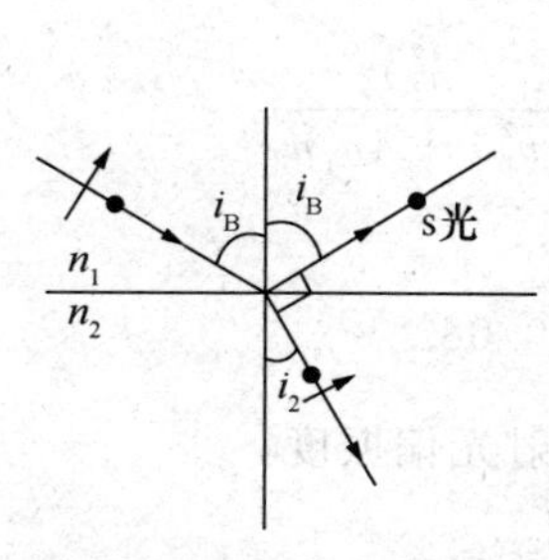

图 3.4 布儒斯特角入射时的反射线与折射线恰好正交

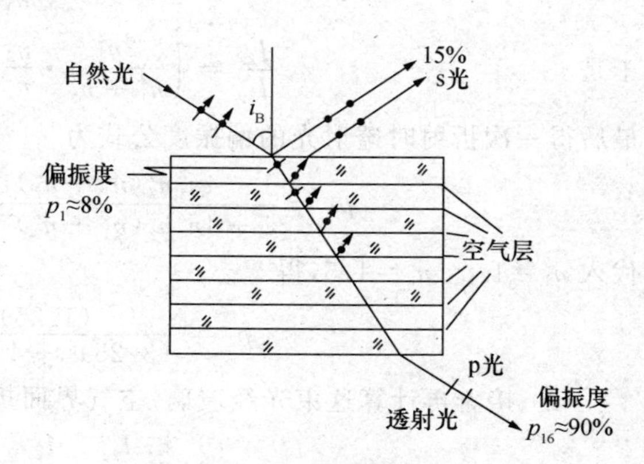

图 3.5 一玻片组成为透射起偏器

由界面反射存在一个布儒斯特角 i_B 的事实，我们得到一个重要结论——任何偏振态的光，若以 i_B 角入射则反射光皆为线偏振光，其偏振方向为垂直入射面的 s 振动. 据此可以开发出若干实际应用，比如，用于起偏器，借助反射而产生线偏振光；用以标定偏振片透振方向；也为消反射提供一种简易的方法，因为平滑的路面、冰面、水面或玻璃面，其反射光的主要成分是 s 光，为了减弱强反射光的刺眼和干扰，可以在接收器上加一偏振片并作适当旋转，以有效地减弱反射光. 图 3.5 是一玻片组，它利用了反射全偏振性质，获得一束偏振度近似为 1 的透射线偏振光——透射起偏器，它比反射线偏光有更大的光强，等于入射自然光强度的一半.

- **玻片组透射光的偏振度**

设一玻片组由 8 个玻璃片叠成，试求最后透射光的偏振度，参见图 3.5. 设玻璃折射率为 1.5，忽略玻璃对光的吸收损耗.

对一片平行平面玻璃板而言，不难证明若上表面反射发生全偏化，则下表面反射也必将发生全偏化. 8 个玻璃片夹有 7 个空气层，共有 16 个界面. 当自然光以全偏角 i_B 入射时，先后发生 16 次全偏化反射，致使入射光中的 s 光将一次次部分地被反射，而使最后透射出来的光基本上是 p 光.

(1) 先算经空气-玻璃一次折射时的透射光偏振度. 根据偏振度的定义，

$$p_1=\frac{I_M-I_m}{I_M+I_m}=\frac{I_{2p}-I_{2s}}{I_{2p}+I_{2s}}=\frac{1-I_{2s}/I_{2p}}{1+I_{2s}/I_{2p}},$$

这里，透射光中 p 光强度 I_{2p} 与 s 光强度 I_{2s} 正是极大光强 I_M 与极小光强 I_m. 由公式(3.16)得

$$\frac{I_{2s}}{I_{2p}}=\frac{t_s^2}{t_p^2}\cdot\frac{I_{1s}}{I_{1p}},$$

对于自然光入射且入射角为布儒斯特角 i_B 时，有

$$I_{1s}=I_{1p},\quad t_s=\frac{2n_1^2}{n_1^2+n_2^2},\quad t_p=\frac{n_1}{n_2},$$

于是

$$\frac{I_{2s}}{I_{2p}}=\left(\frac{2n_1^2}{n_1^2+n_2^2}\cdot\frac{n_2}{n_1}\right)^2=\frac{4n_1^2n_2^2}{(n_1^2+n_2^2)^2},$$

最后得一次折射时透射光的偏振度公式为

$$p_1=\frac{1-4n_1^2n_2^2(n_1^2+n_2^2)^{-2}}{1+4n_1^2n_2^2(n_1^2+n_2^2)^{-2}}=\frac{(n_1^2-n_2^2)^2}{(n_1^2+n_2^2)+4n_1^2n_2^2}.\tag{3.18}$$

代入 $n_1=1.0$, $n_2=1.5$，得

$$p_1=\frac{(1.25)^2}{(3.25)^2+4\times2.25}\approx0.08.$$

(2) 接着再计算这束光经玻璃-空气界面折射时的透射光偏振度，

$$p_2=\frac{I'_{2p}-I'_{2s}}{I'_{2p}+I'_{2s}}=\frac{1-I'_{2s}/I'_{2p}}{1+I_{2s}/I_{2p}},$$

这里，I'_{2p}，I'_{2s}表示这透射光中 p 光强度与 s 光强度，它们与最初从玻片组上方入射的自然光强度 I_{1p}，I_{1s}的关系为，

$$I'_{2p} = I_{1p}, \quad I'_{2s} = \frac{n_1}{n_2}(t'_s)^2 I_{2s} = \frac{n_1}{n_2}(t'_s)^2 \cdot \frac{n_2}{n_1}(t_s)^2 I_{1s} = (t'_s t_s)^2 I_{1s},$$

并注意到

$$I_{1p} = I_{1s}, \quad t_s = \frac{2n_1^2}{n_1^2 + n_2^2}, \quad t'_s = \frac{2n_2^2}{n_1^2 + n_2^2}, \tag{3.19}$$

于是

$$p_2 = \frac{1-(t_s t'_s)^2}{1+(t_s t'_s)^2} = \frac{1-(4n_1^2 n_2^2 (n_1^2+n_2^2)^{-2})^2}{1+(4n_1^2 n_2^2 (n_1^2+n_2^2)^{-2})^2}. \tag{3.20}$$

代入 $n_1 = 1.0$，$n_2 = 1.5$，得

$$t_s = \frac{2}{1+2.25} \approx 0.615, \quad t'_s = \frac{2\times 2.25}{1+2.25} \approx 1.38,$$

$$p_2 = \frac{1-(0.615\times 1.38)^2}{1+(0.615\times 1.38)^2} \approx 0.16.$$

（3）从一次折射偏振度公式(3.18)，到第二次折射偏振度公式(3.20)，可归纳出一个递推公式——玻片组中第 N 次折射时透射光偏振度公式为

$$p_N = \frac{1-(t_s t'_s)^N}{1+(t_s t'_s)^N} = \frac{1-(4n_1^2 n_2^2 (n_1^2+n_2^2)^{-2})^N}{1+(4n_1^2 n_2^2 (n_1^2+n_2^2)^{-2})^N}. \tag{3.21}$$

对于由 8 个玻璃片叠成的玻片组，应令 $N=16$，得最终出射光的偏振度为

$$p_{16} = \frac{1-(0.615\times 1.38)^{16}}{1+(0.615\times 1.38)^{16}} \approx \frac{1-0.07}{1+0.07} \approx 0.87.$$

可见，该玻片组最后透射光的偏振度还是蛮高的，虽然它还不是一理想的线偏振光.

例题 3 一束光以入射角 $i_1 = 60°$从空气射向玻璃界面，折射率 $n_1 = 1.0$，$n_2 = 1.5$，求 s 光和 p 光的光强反射率 R_s，R_p 和光强透射率 T_s，T_p.

由 $\sin i_1 = \sin 60° = \sqrt{3}/2$，算出

$$\cos i_2 = \sqrt{1-\sin^2 i_2} = \sqrt{1-\left(\frac{n_1}{n_2}\sin i_1\right)^2} = \sqrt{6}/3 \approx 0.82,$$

代入(3.9)—(3.12)和(3.15)，(3.16)各式，算得

$$R_s = r_s^2 \approx 0.178, \quad R_p = r_p^2 \approx 0.002,$$

$$T_s = \frac{n_2}{n_1} t_s^2 \approx 0.501, \quad T_p = \frac{n_2}{n_1} t_p^2 \approx 0.609.$$

由此可见，

对于 s 光，$(R_s + T_s) < 1$，即 $(I'_{1s} + I_{2s}) < I_{1s}$；

对于 p 光，$(R_p + T_p) < 1$，即 $(I'_{1p} + I_{2p}) < I_{1p}$.

这就是说，反射光强与透射光强之和不等于入射光强，在斜入射条件下总是如此. 这并不违背“能量守恒律”，且看下面分析.

● 光功率反射率和透射率

须知，光强 I 乃是光功率面密度，其单位为瓦/米²（W/m²）. 若考量光功率应该计及光强和正截面这两个因素. 参见图 3.6，设入射光束、反射光束、折射光束的光功率分别为 $\mathscr{W}_1$，$\mathscr{W}_1'$，$\mathscr{W}_2$，普遍的能量守恒在目前体现为光功率守恒，即

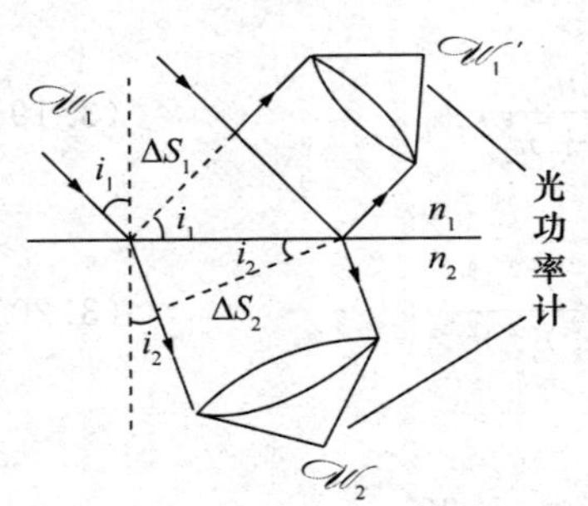

图 3.6　考察光功率的分配

$$\mathscr{W}_1' + \mathscr{W}_2 = \mathscr{W}_1,$$

分别对 p 光与 s 光而言为

$$\mathscr{W}_{1p}' + \mathscr{W}_{2p} = \mathscr{W}_{1p}, \quad \mathscr{W}_{1s}' + \mathscr{W}_{2s} = \mathscr{W}_{1s}, \tag{3.22}$$

定义光功率反射率 $\mathscr{R}_p$，$\mathscr{R}_s$ 和光功率透射率 $\mathscr{T}_p$，$\mathscr{T}_s$ 分别为

$$\mathscr{R}_p = \frac{\mathscr{W}_{1p}'}{\mathscr{W}_{1p}}, \quad \mathscr{R}_s = \frac{\mathscr{W}_{1s}'}{\mathscr{W}_{1s}}, \tag{3.23}$$

$$\mathscr{T}_p = \frac{\mathscr{W}_{2p}}{\mathscr{W}_{1p}}, \quad \mathscr{T}_s = \frac{\mathscr{W}_{2s}}{\mathscr{W}_{1s}}. \tag{3.24}$$

我们注意到，斜入射时折射光束正截面 ΔS_2，不等于入射光束正截面 ΔS_1，

$$\frac{\Delta S_2}{\Delta S_1} = \frac{\cos i_2}{\cos i_1}, \quad \mathscr{W}_2 = I_2 \Delta S_2, \quad \mathscr{W}_1 = I_1 \Delta S_1,$$

故光功率透射率与光强透射率的关系为

$$\mathscr{T}_p = \frac{\cos i_2}{\cos i_1} T_p, \quad \mathscr{T}_s = \frac{\cos i_2}{\cos i_1} T_s. \tag{3.25}$$

而对于反射光束而言，其正截面与入射光束的相等，故无以上面积因子，即

$$\mathscr{R}_p = R_p, \quad \mathscr{R}_s = R_s. \tag{3.26}$$

于是，用 $\mathscr{R}$，$\mathscr{T}$ 表达的光功率守恒方程(3.22)式成为

$$\mathscr{R}_p + \mathscr{T}_p = 1, \quad \mathscr{R}_s + \mathscr{T}_s = 1. \tag{3.27}$$

用 R，T 表达的光功率守恒方程为

$$R_p + \frac{\cos i_2}{\cos i_1} T_p = 1, \quad R_s + \frac{\cos i_2}{\cos i_1} T_s = 1. \tag{3.28}$$

例题 4　以实例(例题 3)验证菲涅耳公式满足光功率守恒.

基于例题 3 已有数据：

$$i_1 = 60°, \quad \cos i_1 = 0.5, \quad \cos i_2 \approx 0.82,$$

$$R_s \approx 0.178, \quad R_p \approx 0.002, \quad T_s \approx 0.501, \quad T_p \approx 0.609,$$

再根据(3.25)，(3.26)式，分别算出，

$$\mathscr{T}_p = \frac{\cos i_2}{\cos i_1} T_p = 1.64 \times 0.609 \approx 99.9\%, \quad \mathscr{R}_p = R_p = 0.2\%;$$

$$\mathscr{T}_s = \frac{\cos i_2}{\cos i_1} T_s = 1.64 \times 0.501 \approx 82.2\%, \quad \mathscr{R}_s = R_s \approx 17.8\%.$$

可见，$\mathscr{T}_p + \mathscr{R}_p \approx 100\%$，$\mathscr{T}_s + \mathscr{R}_s \approx 100\%$，可能出现与 1 的微小偏离来自数值计算的误差. 以上，我们用一个任意特例说明了菲涅耳公式与光功率守恒律一致.

● 斯托克斯倒逆关系

参见图 3.7(a),一束光入射于一块平行平面介质板,在上表面的复振幅反射率和透射率为 $\tilde{r}$ 和 $\tilde{t}$,相应的折射光束在下表面的复振幅反射率和透射率为 $\tilde{r}'$ 和 $\tilde{t}'$,即 n_1/n_2 界面反射折射时有$(\tilde{r},\tilde{t})$,n_2/n_1 界面反射折射时有$(\tilde{r}',\tilde{t}')$,两者之关系可采取斯托克斯可逆光路方法巧妙地导出. 如图 3.7(b)所示,设入射光束振幅为 1,相应的反射光束振幅为 r,折射光束振幅为 t;再设一振幅 r 的光束逆向传播射向界面,相应的反射光束振幅为 rr,折射光束振幅为 rt;又设一振幅为 t 的光束逆向传播射向界面,相应的反射光束振幅为 $r't$,折射光束振幅为 $t't$. 既然最初的两列光行波——反射光行波和折射光行波均被抵消,那么图上显示的另外两列光行波$(1,rr,t't)$和$(rt,r't)$不复存在,即

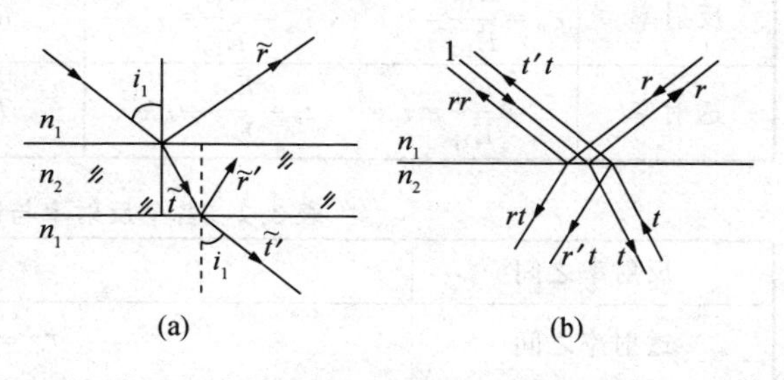

图 3.7 导出斯托克斯倒逆关系

$$rt + r't = 0,$$
$$1 - (tt' + r^2) = 0,$$

解出

$$\begin{cases} r' = -r, \\ tt' + r^2 = 1. \end{cases} \tag{3.29}$$

上式称作斯托克斯倒逆关系(Stokes' reversible relation),它们将在讨论多光束干涉或多层介质膜中用到. 虽然,上述导出过程中避开了菲涅耳公式,其结果是与菲涅耳公式一致的. 注意(3.29)式中省略了复数符号表示,也省略了下脚标 p,s 表示,即它对 p 光或 s 光均成立.

● 小结

本节从菲涅耳公式出发,研究了介质界面反射折射时的光能量的分配规律,先后引进了三个反射率和三个透射率,给出了它们之间的各种关系,现将其集中列于一览表 3.1 和 3.2,以备查考. 顺便说明一点,在以往绝大多数中外文书刊中,对以上几种反射率或透射率的名称,使用得相当混乱. 就以反射为例,外文有 reflectance, reflectivity, reflection coefficient, reflecting power 等,中文有反射率、反射比、反射系数、反射本领等,各自含义既不明确又不统一. 大概时间一长,谁都不免混淆. 本书采用直接命名方式,将复振幅或光强或光功率作为定语,点明于反射率或透射率之前,这对明确含义、方便记忆是有好处的.

表 3.1　定义反射率和透射率

定义＼分别	复振幅	光强	光功率
反射率	$\tilde{r}_p=\dfrac{\tilde{E}'_{1p}}{\tilde{E}_{1p}}=r_p e^{i\delta'_p}$，$\tilde{r}_s=\dfrac{\tilde{E}'_{1s}}{\tilde{E}_{1s}}=r_s e^{i\delta'_s}$	$R_p=\dfrac{I'_{1p}}{I_{1p}}$，$R_s=\dfrac{I'_{1s}}{I_{1s}}$	$\mathscr{R}_p=\dfrac{\mathscr{W}'_{1p}}{\mathscr{W}_{1p}}$，$\mathscr{R}_s=\dfrac{\mathscr{W}'_{1s}}{\mathscr{W}_{1s}}$
透射率	$\tilde{t}_p=\dfrac{\tilde{E}_{2p}}{\tilde{E}_{1p}}=t_p e^{i\delta_p}$，$\tilde{t}_s=\dfrac{\tilde{E}_{2s}}{\tilde{E}_{1s}}=t_s e^{i\delta_s}$	$T_p=\dfrac{I_{2p}}{I_{1p}}$，$T_s=\dfrac{I_{2s}}{I_{1s}}$	$\mathscr{T}_p=\dfrac{\mathscr{W}_{2p}}{\mathscr{W}_{1p}}$，$\mathscr{T}_s=\dfrac{\mathscr{W}_{2s}}{\mathscr{W}_{1s}}$

表 3.2　各个反射率与透射率之间的关系

反射率之间	$\mathscr{R}_p=R_p=r_p^2$，　$\mathscr{R}_s=R_s=r_s^2$
透射率之间	$\mathscr{T}_{p,s}=\dfrac{\cos i_2}{\cos i_1}T_{p,s}$，　$T_{p,s}=\dfrac{n_2}{n_1}t_{p,s}^2$
反射率与透射率之间	光功率守恒 $\begin{cases}\mathscr{W}'_{1p}+\mathscr{W}_{2p}=\mathscr{W}_{1p}\\ \mathscr{W}'_{1s}+\mathscr{W}_{2s}=\mathscr{W}_{1s}\end{cases}$ 有 $\mathscr{R}_{p,s}+\mathscr{T}_{p,s}=1$ 或 $R_{p,s}+\dfrac{\cos i_2}{\cos i_1}T_{p,s}=1$，　$r_{p,s}^2+\dfrac{n_2\cos i_2}{n_1\cos i_1}t_{p,s}^2=1$

例题 5　一束 s 光自空气射向一透明液体界面，入射角为 60°时，测得光强反射率为 14%，试求出(1)液体折射率；(2) 光功率透射率；(3) 光强透射率.

由光强反射率 R_s，得到实振幅反射率 r_s，并注意到目前条件下复振幅反射率 $\tilde{r}_s$ 为负值，即

$$r_s=\sqrt{R_s}=\sqrt{0.14}\approx 0.374,\quad \tilde{r}_s=-r_s\approx -0.374,$$

根据(3.10)式，求出 $n_2\cos i_2$，

$$(n_1\cos i_1+n_2\cos i_2)\tilde{r}_s=(n_1\cos i_1-n_2\cos i_2),$$

$$n_2\cos i_2=\frac{1-\tilde{r}_s}{1+\tilde{r}_s}n_1\cos i_1=\left(\frac{1+0.374}{1-0.374}\right)1.00\times\cos 60°\approx 1.10,$$

再联系折射定律，

$$n_2\sin i_2=n_1\sin i_1=1.00\times\sin 60°\approx 0.866,$$

得

$$\tan i_2=\frac{n_2\sin i_2}{n_2\cos i_2}=\frac{0.866}{1.10}\approx 0.787,\quad i_2\approx 38.2°.$$

于是该液体介质折射率为

$$n_2=\frac{n_1\sin i_1}{\sin i_2}=\frac{\sin 60°}{\sin 38.2°}\approx 1.40.$$

根据光功率守恒公式(3.27)，求得光功率透射率

$$\mathscr{T}_s=1-\mathscr{R}_s=1-R_s=1-0.14=86\%.$$

再考量斜入射引起的面积因子(3.28)式，求得光强透射率为

$$T_s=\frac{\cos i_1}{\cos i_2}\mathscr{T}_s=\frac{\cos 60°}{\cos 38.2°}86\%\approx 55\%.$$

3.3　反射光的相位变化

· 概述　· 相移变化曲线　· 例题 1——菲涅耳棱镜产生圆偏振光

· 反射相位突变问题　· 维纳实验

● 概述

介质界面光学性能参数的突变,将导致光波场的突变,这一点在反射光的相位变化上表现得尤为突出.其理论出发点还是由菲涅耳公式导出的复振幅反射率公式,我们的目标是从中揭示关于反射光相位变化的若干典型特性.现重抄复振幅反射率公式如下,

$$\tilde{r}_{\mathrm{p}} = r_{\mathrm{p}} \mathrm{e}^{\mathrm{i}\delta'_{\mathrm{p}}} = \frac{n_2 \cos i_1 - n_1 \cos i_2}{n_2 \cos i_1 + n_1 \cos i_2}, \qquad \tilde{r}_{\mathrm{s}} = r_{\mathrm{s}} \mathrm{e}^{\mathrm{i}\delta'_{\mathrm{s}}} = \frac{n_1 \cos i_1 - n_2 \cos i_2}{n_1 \cos i_1 + n_2 \cos i_2},$$

其中,相移因子 δ'_{p},δ'_{s} 的原始含义是

$$\delta'_{\mathrm{p}} = \varphi'_{1\mathrm{p}} - \varphi_{1\mathrm{p}}, \quad \delta'_{\mathrm{s}} = \varphi'_{1\mathrm{s}} - \varphi_{1\mathrm{s}}.$$

在这里,我们先将判断相位变化的一般性概念或结论明确如下.设 $\varphi_{1\mathrm{p}} = \varphi_{1\mathrm{s}} = 0$,则

(1) 当 $\delta'_{\mathrm{p,s}} = 0$,即 $\tilde{r}_{\mathrm{p,s}}$ 为正实数,这表明反射光振动态与局部坐标架($\boldsymbol{p}'_1$,$\boldsymbol{s}'_1$)方向一致,但这并不意味着反射振动态与入射振动态必定同相位.

(2) 当 $\delta'_{\mathrm{p,s}} = \pi$,即 $\tilde{r}_{\mathrm{p,s}}$ 为负实数,这表明反射振动态与局部坐标架($\boldsymbol{p}'_1$,$\boldsymbol{s}'_1$)方向相反,当然这也并不意味着反射振动态与入射振动态必定反相位.

(3) 当 $\delta'_{\mathrm{p,s}} \neq 0$ 或 π,即 $\tilde{r}_{\mathrm{p,s}}$ 为复数,则反射振动态在局部坐标架($\boldsymbol{p}'_1$,$\boldsymbol{s}'_1$)看来介于上述两者之间.若入射光为线偏振光,则此时的反射光为椭圆偏振光.

● 相移变化曲线

反射相移因子随入射角变化曲线显示于图 3.8.对于 $n_1 < n_2$,即光由光疏介质到光密介质,情况比较简单,δ'_{p},δ'_{s} 取值为 0 或 π.对于 $n_1 > n_2$,即光从光密介质到光疏介质,情况较为复杂.当入射角 i_1 大于全反射临界角 i_{c} 时,相移因子 δ'_{p},δ'_{s} 取值由 0 连续变化直至 π,其数值由下式给出

$$\tan \frac{\delta'_{\mathrm{p}}}{2} = \frac{n_1}{n_2} \cdot \frac{\sqrt{\left(\dfrac{n_1}{n_2} \sin i_1\right)^2 - 1}}{\cos i_1}, \tag{3.30}$$

$$\tan \frac{\delta'_{\mathrm{s}}}{2} = \frac{n_2}{n_1} \frac{\sqrt{\left(\dfrac{n_1}{n_2} \sin i_1\right)^2 - 1}}{\cos i_1}, \tag{3.31}$$

$$\tan \frac{\delta'_{\mathrm{p}}}{2} = \left(\frac{n_1}{n_2}\right)^2 \tan \frac{\delta'_{\mathrm{s}}}{2}.$$

对以上两式证明如下.当 $n_1 > n_2$,存在全反射临界角 i_{c},满足

$$n_1 \sin i_{\mathrm{c}} = n_2 \sin \frac{\pi}{2}, \quad 即 \quad \sin i_{\mathrm{c}} = \frac{n_2}{n_1}. \tag{3.32}$$

(a) $n_1 < n_2$

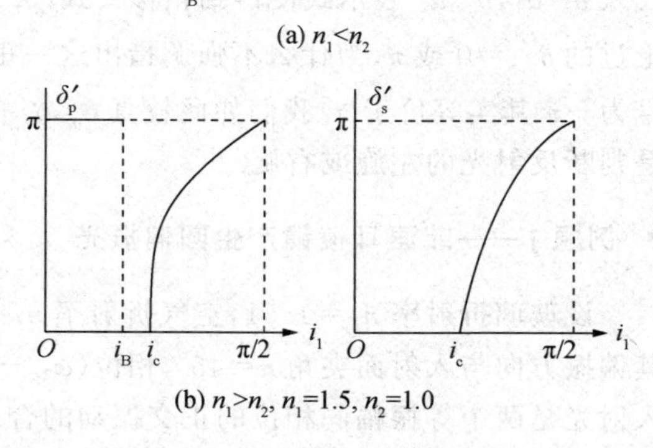

(b) $n_1 > n_2$, $n_1 = 1.5$, $n_2 = 1.0$

图 3.8 相移变化曲线 $\delta'_{\mathrm{p}}(i_1)$,$\delta'_{\mathrm{s}}(i_1)$

当入射角 $i_1 > i_c$ 时,按折射定律在形式上出现

$$\sin i_2 = \frac{n_1}{n_2}\sin i_1 > 1, \tag{3.33}$$

这对确定折射角 i_2 而言颇为费解.但是,在 $\tilde{r}_p$,$\tilde{r}_s$ 表达式中,直接涉及的是 $\cos i_2$,

$$\cos i_2 = \sqrt{1-\sin^2 i_2} = \sqrt{-1}\cdot\sqrt{\left(\frac{n_1}{n_2}\sin i_1\right)^2 - 1},$$

将虚数单位 $\sqrt{-1}$ 写成 i,并用实数 a_1, b_1, a_2, b_2 分别表示

$$n_2\cos i_1 = a_1,\quad n_1\cos i_2 = \mathrm{i}b_1,\quad \frac{b_1}{a_1} = \frac{n_1}{n_2}\cdot\frac{\sqrt{\left(\frac{n_1}{n_2}\sin i_1\right)^2-1}}{\cos i_1};$$

$$n_1\cos i_1 = a_2,\quad n_2\cos i_2 = \mathrm{i}b_2,\quad \frac{b_2}{a_2} = \frac{n_2}{n_1}\cdot\frac{\sqrt{\left(\frac{n_1}{n_2}\sin i_1\right)^2-1}}{\cos i_1}.$$

于是,

$$\tilde{r}_p = \frac{a_1-\mathrm{i}b_1}{a_1+\mathrm{i}b_1} = 1\cdot e^{\mathrm{i}\delta'_p},\quad \tilde{r}_s = \frac{a_2-\mathrm{i}b_2}{a_2+\mathrm{i}b_2} = 1\cdot e^{\mathrm{i}\delta'_s}. \tag{3.34}$$

其辐角即反射相移因子为

$$\delta'_p = \arctan\left(-\frac{b_1}{a_1}\right) - \arctan\left(\frac{b_1}{a_1}\right) = -2\arctan\left(\frac{b_1}{a_1}\right),$$

$$\delta'_s = \arctan\left(-\frac{b_2}{a_2}\right) - \arctan\left(\frac{b_2}{a_2}\right) = -2\arctan\left(\frac{b_2}{a_2}\right).$$

这里我们要注意到,从基元波函数复数形式表示开始,我们对相位正负号的约定原则——实际相位超前取负号,落后取正号,这均源于我们选用了 $e^{-\mathrm{i}\omega t}$,故实际相位差($\varphi'_{1p}-\varphi_{1p}$)应是上述 δ'_p 值的负值,同理,实际相位差($\varphi'_{1s}-\varphi_{1s}$)应是上述 δ'_s 值的负值.简言之,实际相位差公式应当是

$$\delta'_p = 2\arctan\left(\frac{b_1}{a_1}\right),\quad \delta'_s = 2\arctan\left(\frac{b_2}{a_2}\right),$$

代入 b_1/a_1,b_2/a_2 表示式便得到相移公式(3.30)式和(3.31)式.回过头来看,对于原先曾讨论过的 $\delta'_{p,s}=0$ 或 π,为什么不强调指出这一正负号问题,这是因为 0 的反号依然为 0,π 的反号为 $-\pi$ 其实等价于 π.我们如此较真 δ'_p,δ'_s 的正负号,旨在正确判定反射光的偏振态,尤其是判断反射光的左旋或右旋.

● 例题 1——菲涅耳棱镜产生圆偏振光

设玻璃折射率 $n_1=1.51$,空气折射率 $n_2=1.0$,以入射角 $i_1=51°20'$ 射入一线偏振光,且其偏振方向与入射面夹角 $\alpha=45°$,相位($\varphi_{1p}-\varphi_{1s}$)$=0$,即在入射光局部坐标架($\boldsymbol{p}_1$,$\boldsymbol{s}_1$)看来,入射光是两个等振幅同相位的正交振动的合成.试分析反射光的偏振态.

先看该入射角是否过全反射临界角 i_c,

$$i_c = \arcsin\frac{n_2}{n_1} = \arcsin\frac{1.0}{1.51} \approx 41°47',$$

显然,目前 $i_1 = 51°20'$ 是过临界角,应按(3.30),(3.31)计算相移量,

$$\delta_p' = 2\arctan\left(1.51 \times \frac{\sqrt{(1.51 \times \sin 51°20')^2 - 1}}{\cos 51°20'}\right) \approx 111°18',$$

$$\delta_s' = 2\arctan\left(\frac{1}{1.51} \times \frac{\sqrt{(1.5 \times \sin 51°20')^2 - 1}}{\cos 51°20'}\right) \approx 66°5'.$$

$$\Delta = (\delta_p' - \delta_s') \approx 45°13',$$

该值已经接近目前折射率条件下两者的最大差值. 于是,反射光 p 振动与 s 振动之间的相位差,应根据下式

$$(\varphi_{1p}' - \varphi_{1s}') = (\varphi_{1p} - \varphi_{1s}) + (\delta_p' - \delta_s'), \tag{3.35}$$

令 $(\varphi_{1p} - \varphi_{1s}) = 0$,而 $(\delta_p' - \delta_s') = \Delta \approx 45°13'$,算出目前条件下,

$$(\varphi_{1p}' - \varphi_{1s}') \approx 45°13'.$$

又按(3.34)式,知悉在过临界角时,实振幅反射率 r_p, r_s 均等于 1. 故此时反射光是一个内切于正方形边框的斜椭圆左旋偏振光. 若适当调整入射角,可以实现 $\Delta = 45°$,这样接连两次内反射,就可以获得 $\Delta = 90°$,出射光就是一个左旋圆偏振光. 当年菲涅耳基于以上考量,制成了一个棱镜,如图 3.9 所示,在线偏振光入射且偏振取向为 45°的条件下,获得一束左旋圆偏振光.

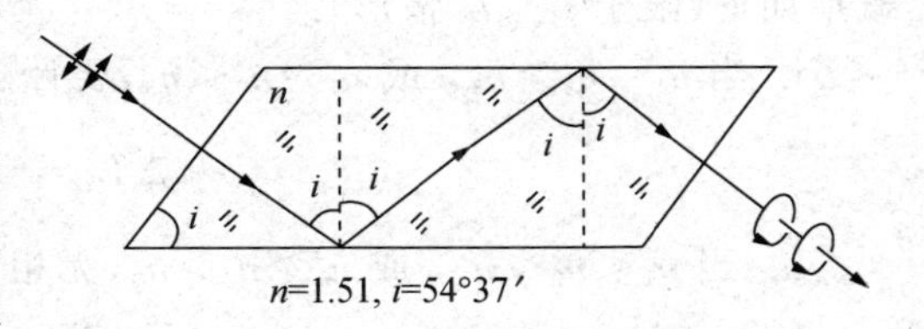

图 3.9 菲涅耳棱镜内全反射两次以获得圆偏振光

- **反射相位突变问题**

其实,有了复振幅反射率公式和反射相移曲线,关于反射光的一切性质均已了然. 不过,有时要将反射光线偏振态与入射光线偏振态直接地作比较,以便确定反射光和入射光叠加的干涉场,由此提出反射相位是否突变的问题. 光在界面的入射点也是反射点. 当反射光在入射点的线偏振态与入射光的线偏振态恰巧相反,这表明界面反射有了相位突变 π,也称之为有半波损(half-wave loss);若两者的线偏振态恰巧一致,这表明界面反射无相位突变,即没有半波损. 这一表述本身已隐含着这样一个事实——反射光 p(s)振动与入射光 p(s)振动方向是在一条直线上,这只有两种情况,正入射和掠入射,否则像斜入射那样,虽然两者的 s 振动是在一条直线上,但两者的 p 振动不在一条直线上,所谓"相反"或"一致"已经失去意义,这时应按实际需要作具体的针对性分析. 现将反射相位是否突变的分析所得结论明确如下.

(1) 正入射时. $n_1 < n_2$,界面反射相位突变 π,有半波损;$n_1 > n_2$,界面反射无相位突变,没有半波损.

(2) 掠入射时.　$n_1<n_2$ 或 $n_1>n_2$，界面反射均有半波损.

(3) 斜入射时.　参见图 3.10，人们关心的是，经薄膜上下界面反射的两束光 1，2 之间的相位差，是否要添加 π 的问题. 以 $n_1<n_2>n_3$ 为例，设 $i_1<i_B$，查相移曲线，对于上界面反射而言，$\delta_p'=0$，这意味着反射 p 振动方向与设定的一致；$\delta_s'=\pi$，这意味着反射 s 振动方向与设定的相反，见图；对于光束 2，经历两次透射和一次下界面反射，凡透射，$\delta_p=\delta_s=0$，p，s 振动均与设定的透射局部坐标架方向一致，而在下界面反射时，查相移曲线知悉 $\delta_p'=\pi$，$\delta_s'=0$，故标出实际振动方向如图所示；最后比较射向同一方向的两束光的线偏振态，发现两个 p 振动之间或两个 s 振动之间，方向恰巧相反，结论是，在 $n_1<n_2>n_3$ 且 $i_1<i_B$ 条件下，经上下界面反射的两束光之间的实际相位差，应等于表观光程差 ΔL_0 带来的相位差，再加上因相位突变带来的 π，后者在膜厚 $h\to 0$ 时依然存在. 仿照类似分析而获得的结论概括如下(限于 $i_1<i_B$ 情形).

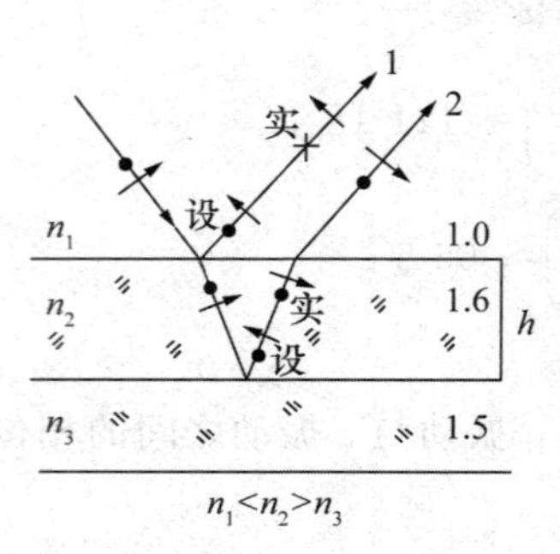

图 3.10　分析薄膜上下界面反射的相位变化

i. 当 $n_1<n_2>n_3$，或 $n_1>n_2<n_3$，要计及相位突变 π，即实际光程差

$$\Delta L_{12}=\Delta L_0\pm\frac{\lambda_0}{2}. \tag{3.36}$$

ii. 当 $n_1<n_2<n_3$，或 $n_1>n_2>n_3$，无相位突变，即实际光程差

$$\Delta L_{12}=\Delta L_0. \tag{3.37}$$

例题 2　如图 3.11 所示，一微波检测器，安装在湖滨高出水面 0.5 m 处. 一颗射电星体发射微波其波长为 21 cm，自地平线徐徐升起，于是检测器先后指示出一系列讯号强度极大和极小. 当第一个讯号极大出现时，射电星体相对地平线的仰角 θ 为多少？

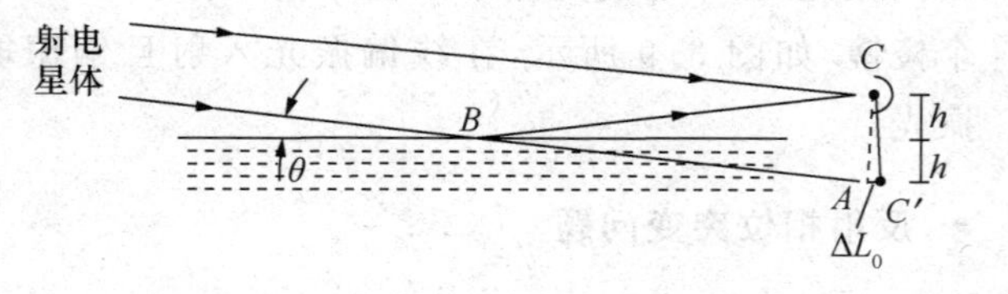

图 3.11　微波检测器测量射电星体仰角

检测器接收的讯号是直射微波与水面反射微波的叠加和干涉，随着星体上升，仰角 θ 增大，表观波程差 ΔL_0 逐渐增加，使干涉强度显示周期性变化，$\Delta L_0=\overline{AC'}=2h\sin\theta$；由于仰角很小，接近掠入射，应当考虑水面反射引来的相位突变 π，故实际波程差，

$$\Delta L=\Delta L_0+\frac{\lambda}{2}=2h\sin\theta+\frac{\lambda}{2},$$

检测器讯号出现第一次极大时，$\Delta L=\lambda$，于是

$$2h\sin\theta=\frac{\lambda}{2},\quad 即\quad \theta=\arcsin\left(\frac{\lambda}{4h}\right)=\arcsin\left(\frac{21\times10^{-2}}{4\times0.5}\right)\approx 6^\circ.$$

● 维纳实验

光与物质的相互作用，本质上是光与电子的相互作用. 光是电磁波，而运动电子既有电荷又有磁矩. 在两者相互作用过程中，是光波中的电场起主要作用，还是磁场起主要作用，抑

或电场磁场均起同等程度作用. 能否从实验上对此作出令人信服的判决. 著名的维纳实验对此作出了历史性的贡献.

如图 3.12(a)所示,让一束光正入射于一介质表面,产生一反射光波. 这两列对头碰的行波,相干叠加而产生一驻波场,在表面上方空间产生一系列等间距的暗场(波节)与一系列等间距的亮场(波腹). 究竟表面是暗或亮,取决于反射光是否有半波损. 实验上用一块乳胶干板置于界面上方,两者交棱为 a_0 处,于是,乳胶面上呈现一组明暗相间的干涉条纹.

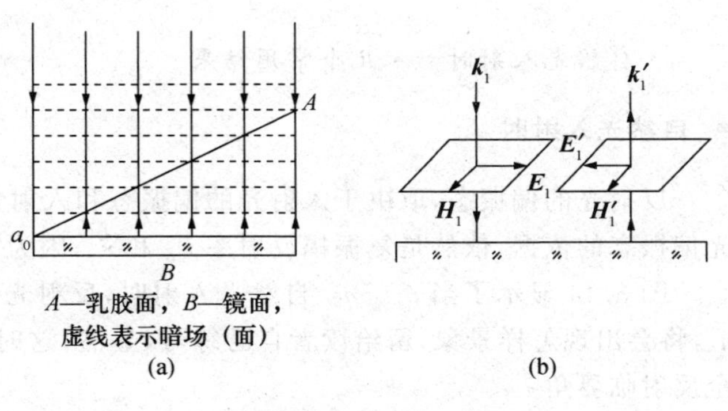

A—乳胶面, B—镜面,
虚线表示暗场(面)
(a) (b)

图 3.12 维纳实验

实验上发现 a_0 处是一暗纹,从而确证了在乳胶照相这类光化学过程中,起作用的是光波中的电矢量,而不是磁矢量. 因为按照菲涅耳公式,我们已经说明了 $n_1<n_2$、正入射时的反射光电矢量有半波损,即 $\boldsymbol{E}_1'$ 与 $\boldsymbol{E}_1$ 反向;而此时,按照电磁波的基本性质,有$(\boldsymbol{E}_1\times\boldsymbol{H}_1)\,/\!/\,\boldsymbol{k}_1$,$(\boldsymbol{E}_1'\times\boldsymbol{H}_1')\,/\!/\,\boldsymbol{k}_1'$,于是确定 $\boldsymbol{H}_1'$ 与 $\boldsymbol{H}_1$ 同方向,即磁矢量无半波损,参见图 3.12(b). 实验上实际采用的介质板是一块经良好抛光的镜面,以增加反射率,从而提高了干涉条纹的衬比度,或者说,这增强了暗纹的黑度,使交棱处是否为暗纹的判断更为准确.

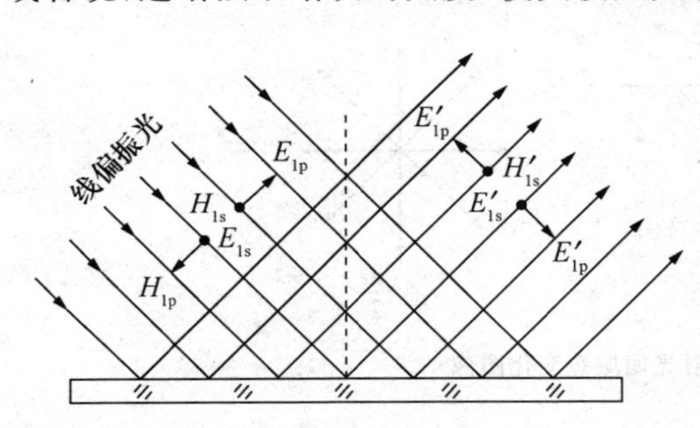

图 3.13 进一步的维纳实验

维纳(O. Wiener)进一步作了一个更加令人信服的实验,如图 3.13 所示,一束线偏振光以 45°角入射于镜面,故入射光束与反射光束在空间正交. 这样便出现电矢量之间及磁矢量之间,一者恰巧正交而另者恰巧平行的情况,即$(\boldsymbol{E}_{1p}\perp\boldsymbol{E}_{1p}',\boldsymbol{H}_{1s}\,/\!/\,\boldsymbol{H}_{1s}')$,或$(\boldsymbol{E}_{1s}\,/\!/\,\boldsymbol{E}_{1s}',\boldsymbol{H}_{1p}\perp\boldsymbol{H}_{1p}')$. 正交者产生非相干叠加,平行者产生相干叠加. 实验时,让入射光为 s 光,则电矢量 $\boldsymbol{E}_{1s}$与 $\boldsymbol{E}_{1s}'$平行,产生相干叠加,这时置于交叠区中的乳胶面板(图中以虚线表示),果然记录下明暗相间的条纹. 这说明乳胶感光是电场所致. 接着让入射光变为 p 光,则磁矢量 $\boldsymbol{H}_{1s}$与 $\boldsymbol{H}_{1s}'$同向产生相干叠加,这时乳胶面板上却没有显示明暗相间的条纹,而是一片均匀黑度,这说明乳胶感光对磁场无反应. 这个实验中的入射线偏振光,可以来自左上方的一块镜面(图中未画出),让自然光以布儒斯特角入射于那块镜面,获得反射线偏振光,供本实验使用.

原子物理学可以估算出,光波中作用于电子电荷上的电场力,远大于作用于电子磁矩上的磁场力,这就从理论上解释了光与物质的相互作用,诸如乳胶感光、植物光合作用、动物视觉效应、光照皮肤发热和变色,等等,起主要作用的是光波场中的电场矢量.

3.4　反射光的偏振态

· 自然光入射时　· 几个常用结果

● 自然光入射时

反射光的偏振态，取决于入射光的偏振态和入射角，当然它也与折射率有关. 分析反射光偏振态的依据，依然是复振幅反射率 $\tilde{r}_p$ 和 $\tilde{r}_s$，因为它们既含实振幅比、又含相位关系.

图 3.14 显示了当 $n_1<n_2$、自然光入射时，反射光偏振态随入射角变化的景象. 若 $n_1>n_2$，将会出现怎样景象，留给读者自己练习，显然，这时必须注意到又一个特殊的入射角，即全反射临界角 i_c.

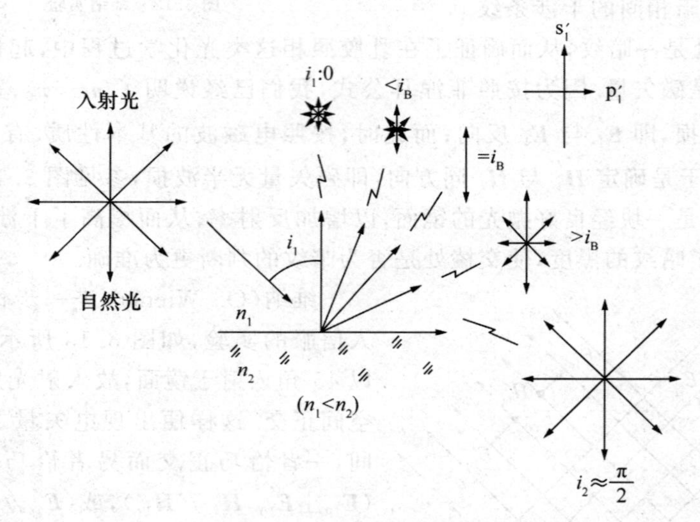

图 3.14　自然光入射时反射光偏振态变化图像

● 几个常用结果

(1) 正入射时，若入射光为右旋偏振光，则反射光为左旋偏振光，$n_1>n_2$ 或 $n_1<n_2$ 均如此，这可从轴对称性分析而得以确认.

(2) 当入射角为布儒斯特角 i_B 时，则反射光为线偏振 s 光，且线偏振方向垂直入射面，这与入射光的偏振态无关.

(3) 当入射角大于全反射临界角 i_c，若入射光为线偏振光，则反射光为椭圆偏振光，当然，这要求入射线偏振方向与入射面之夹角 α 既非 0 又非 $\pi/2$，以使电矢量 p 分量和 s 分量同时存在.

3.5 全反射时的透射场——隐失波

·问题提出 ·导出隐失波函数 ·隐失波的穿透深度 ·隐失波的特点
·隐失波场的能流分析 ·隐失波实验现象与应用 ·古斯-哈恩森位移

● 问题提出

参见图 3.15，当入射角大于临界角，即 $\sin i_1 > n_2/n_1$ 时，将出现全反射现象，实验观测和理论计算均证认，此时反射光强 I_1' 等于入射光强 I_1，即光强全反射确实成立. 这是否意味着，此时透射光场为零？如是，显然不能满足光波场（电磁场）的边值关系. 究竟在全反射时的透射区间中出现了什么场景，这正是本节主题.

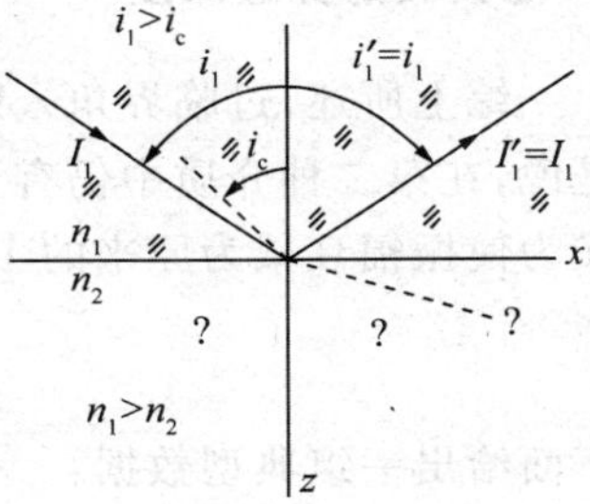

图 3.15 全反射时的透射场问题

● 导出隐失波函数

本章一开始就设定了三列基元波函数，其中折射波函数为

$$\boldsymbol{E}(\boldsymbol{r},t)=\widetilde{\boldsymbol{E}}_{20}\,\mathrm{e}^{\mathrm{i}(\boldsymbol{k}_2\cdot\boldsymbol{r}-\omega t)},$$

$$\boldsymbol{k}_2\cdot\boldsymbol{r}=k_{2x}x+k_{2y}y+k_{2z}z,$$

在这之前，我们一直专注于讨论界面两侧且无限靠近界面，即 $z=0$ 时的两边光波场关系（菲涅耳公式），因而未曾涉及波矢分量 k_{2z}，现在我们关注透射区三维空间中的光场，这就必须考量 k_{2z}.

为了满足波动方程给定的波速要求，有

$$\frac{\omega}{k_2}=\frac{c}{n_2},\quad 即\quad k_2=n_2k_0,\ k_0=\frac{\omega}{c};$$

为了满足电磁场边值关系，有

$$\begin{cases} k_{2x}=k_{1x}, & 而\quad k_{1x}=k_1\sin i_1=n_1k_0\sin i_1,\\ k_{2y}=k_{1y}=0. \end{cases}$$

于是，波矢 $\boldsymbol{k}_2$ 的第三个分量 k_{2z} 由下式决定，

$$k_{2z}=\sqrt{k_2^2-(k_{2x}^2+k_{2y}^2)}=\sqrt{n_2^2-(n_1\sin i_1)^2}\,k_0.\text{①}\tag{3.38}$$

当 $n_1\sin i_1<n_2$，即入射角小于全反射临界角时，k_{2z} 为实数，此为正常情形，意味着透射区间中有一列折射行波；当 $n_1\sin i_1>n_2$，即过临界角入射时，k_{2z} 为虚数，这是异常情况. 引入虚数单位 i 改写 k_{2z}，

$$k_{2z}=\mathrm{i}k_{2z}',\quad k_{2z}'=\sqrt{(n_1\sin i_1)^2-n_2^2}\,k_0,\tag{3.39}$$

① 单从数学上算计，根号前可取±号两种结果，我们舍弃一号取值，是因为它将导致振幅发散，这不符合物理实情.

这里，k_{2z}'为实数. 最终导致过临界角时透射场波函数为

$$\boldsymbol{E}_2(\boldsymbol{r},t)=\widetilde{\boldsymbol{E}}_{20}\cdot \mathrm{e}^{-k_{2z}'z}\cdot \mathrm{e}^{\mathrm{i}(k_{2x}x-\omega t)}. \tag{3.40}$$

其中，第一个因子是复振幅矢量，可由菲涅耳公式给出；第二个因子表示振幅沿 z 方向急剧衰减，且失去空间周期性，也就失去了波动性；第三个因子具有通常行波的时空周期性，它表示一列沿 x 方向传播的行波. 这一特质的波被称作 evanescent wave，它的中文译名先后出现过：倏逝波、衰逝波、急衰波和隐失波等，目前倾向于译作隐失波，以示该波振幅随空间急剧衰减而消失的性质.

- **隐失波的穿透深度**

综上所述，过临界角入射时，一方面是全反射，一方面是隐失波存在于第二种介质. 这就是说，在第二种介质中仍有光波场存在，依然满足电磁场边值关系. 隐失波的穿透深度 d 定义为使振幅衰减为原来的 1/e 的空间距离，据此，

$$d=\frac{1}{k_{2z}'}=\frac{\lambda_0}{2\pi\sqrt{(n_1\sin i_1)^2-n_2^2}}. \tag{3.41}$$

下面给出一组典型数据：

$$n_1=1.5,\quad n_2=1.0,\quad i_c\approx 42^\circ;$$

$$i_1=45^\circ\text{ 时},\quad d\approx\frac{\lambda_0}{2};\quad i_1=60^\circ\text{ 时},\quad d\approx\frac{\lambda_0}{5};\quad i_1=90^\circ\text{ 时},\quad d\approx\frac{\lambda_0}{7}.$$

粗略地看，隐失波的穿透深度为一波长量级.

- **隐失波的特点**

与通常行波作比较，隐失波具有以下特点.

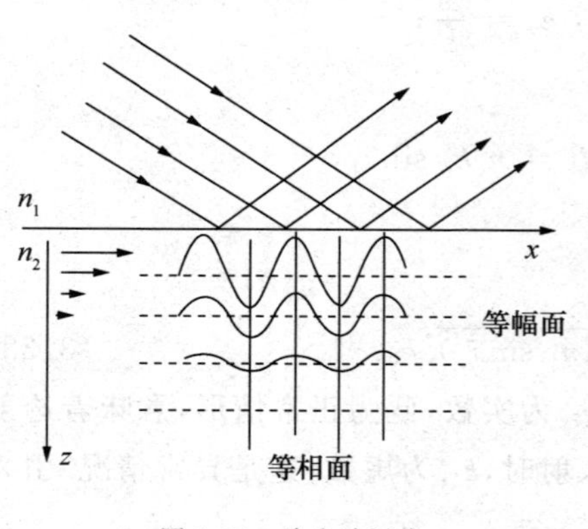

图 3.16　隐失波图像

(1) 其波矢一个分量为实数，另一个分量为虚数. 与此相对应，波矢分量 k_{2x} 数值大于波矢总量 k_2，即

$$k_{2x}=\sqrt{k_2^2-k_{2z}^2}>k_2.$$

(2) 其波动性，仅体现在沿界面 x 方向为行波，而沿纵深 z 方向无波动性. 隐失波的等幅面与等相面并不一致，两者恰巧正交，如图 3.16 所示. 凡是等相面与等幅面不重合一致的波，通称为非均匀波(inhomogeneous wave).

(3) 沿界面 x 方向行波的传播速度，由传播因子 $(k_{2x}x-\omega t)$ 给出，

$$v_x=\frac{\omega}{k_{2x}}<v_2=\frac{\omega}{k_2},$$

注意到 $k_{2x}=k_{1x}=k_1\sin i_1$，$\omega/k_1=v_1$，得到沿界面行波的波速和波长为

$$v_x=\frac{v_1}{\sin i_1},\quad \lambda_x=\frac{2\pi}{k_{2x}}=\frac{\lambda_1}{\sin i_1},\tag{3.42}$$

这是一个蛮有意思的结果，介质 2 中存在的隐失波，其速度和波长竟决定于介质 1 中的行波速度和波长，而且还与入射角有关. 当然，$\sin i_1$ 必须满足过临界条件，即 $\sin i_1 > n_2/n_1$.

(4) 隐失波的能流特征. 过临界角全反射时的实振幅反射率已由(3.34)式证认为 1，因而光强反射率或光功率反射率也等于 1. 这表明入射光能流，此时并未穿过界面进入第二介质. 另一方面，在第二介质中又确实存在光波场即隐失波，但这并不违背能量守恒. 的确，伴随着 x 方向的行波，确有能量传输，其能流来自左侧无穷远，传至右侧无穷远，沿界面流动，自我循环，这是定态波建立之初所提供的. 进一步理论分析表明，由 $\boldsymbol{E}_x(t)\times\boldsymbol{H}_y(t)$ 给出的能流 $S_z(t)$ 与 $\boldsymbol{E}_y(t)\times\boldsymbol{H}_x(t)$ 给出的能流 $S_z(t)$，各自时间平均值皆为零，即 $\langle S_z(t)\rangle=0$，沿纵深方向无电磁能流. 总之，隐失波场中存在电磁场，却无能流从第一种介质通过界面输入第二种介质.

(5) 由电磁场边值关系还可以断定，在第二种介质中 E_x 不为零，这意味着沿界面行波方向存在电场分量，隐失波不是单纯的横波. 对此数学描写如下. 隐失波函数(略写下脚标 2)为

$$\boldsymbol{E}(\boldsymbol{r},t)=\widetilde{\boldsymbol{E}}_0\mathrm{e}^{-k_z' z}\cdot\mathrm{e}^{\mathrm{i}(k_x x-\omega t)},$$

其中复振幅矢量含三个分量，即 $\widetilde{\boldsymbol{E}}_0(\widetilde{E}_{0x},\widetilde{E}_{0y},\widetilde{E}_{0z})$. 根据电磁场麦克斯韦方程组之一——均匀介质空间中电场散度为零，即

$$\nabla\cdot\boldsymbol{E}=0,\quad 或\quad \frac{\partial E_x}{\partial x}+\frac{\partial E_y}{\partial y}+\frac{\partial E_z}{\partial z}=0,$$

于是
$$(\mathrm{i}k_x\widetilde{E}_{0x}-k_z'\widetilde{E}_{0z})\mathrm{e}^{-k_z' z}\cdot\mathrm{e}^{\mathrm{i}(k_x x-\omega t)}=0,$$

这是对任何时空变量$(\boldsymbol{r},t)$都必须满足的方程，其解应是系数恒为零，

$$(\mathrm{i}k_x\widetilde{E}_{0x}-k_z'\widetilde{E}_{0z})=0,$$

$$\frac{\widetilde{E}_{0x}}{\widetilde{E}_{0z}}=-\mathrm{i}\frac{k_z'}{k_x}=-\mathrm{i}\frac{\sqrt{(n_1\sin i_1)^2-n_2^2}}{n_1\sin i_1}.\tag{3.43}$$

这表明，由(3.40)式描述的沿 x 方向传播的隐失波，既有纵波成分 $E_{0x}\mathrm{e}^{-k_z z}\mathrm{e}^{\mathrm{i}(k_x x-\omega t)}$，又含横波成分 $E_{0z}\mathrm{e}^{-k_z z}\mathrm{e}^{\mathrm{i}(k_x x-\omega t)}$，两者之间相位差 $\pi/2$.

● 隐失波场的能流分析

为了弄清楚隐失波场中能流图像，就必须考量电场 $\boldsymbol{E}$ 与磁场 $\boldsymbol{H}$ 的数值关系，尤其是两者的相位关系. 为此，我们回忆起第 2 章 2.1 节，根据旋度方程 $\nabla\times\boldsymbol{E}=-\mu\mu_0\partial\boldsymbol{H}/\partial t$ 导出的(2.7)式，

$$\mu\mu_0\boldsymbol{H}=\frac{1}{\omega}\boldsymbol{k}\times\boldsymbol{E},\quad 即\quad \boldsymbol{H}=b\boldsymbol{k}\times\boldsymbol{E},\ b=\frac{1}{\mu\mu_0\omega}\ (常数),$$

按叉乘运算规则将其展开为分量形式，

$$\begin{cases} H_x = b(k_y E_z - k_z E_y) = -bk_z E_y = -bik_z' E_y, & (k_y = 0); \\ H_y = b(k_z E_x - k_x E_z) = -b\dfrac{k^2}{k_x}E_z = -bi\dfrac{k^2}{k_z'}E_x, & (\text{用了(3.43)式}); \\ H_z = b(k_x E_y - k_y E_x) = bk_x E_y, & (k_y = 0). \end{cases}$$

在上式中,我们注意到 H_x 与 E_y 之间相位差 $\pi/2$,H_y 与 E_x 之间相位差也是 $\pi/2$;而 H_y 与 E_z 之间相位差 π,H_z 与 E_y 之间相位一致.从而导致能流 S 有如下景象:

$$\left.\begin{array}{l} \begin{cases} H_z = bk_x E_y \xrightarrow{(E_y \times H_z)} S_x \ /\!/ \ x \text{ 轴向}, \\ H_y = -b\dfrac{k^2}{k_x}E_z \xrightarrow{(E_z \times H_y)} S_x \ /\!/ \ x \text{ 轴向}; \end{cases} \\ \begin{cases} H_x = -bik_z' E_y \xrightarrow{(E_y \times H_x)} S_z(t), \quad \langle S_z(t) \rangle = 0, \\ H_y = -bi\dfrac{k^2}{k_z'}E_x \xrightarrow{(E_x \times H_y)} S_z(t), \quad \langle S_z(t) \rangle = 0. \end{cases} \end{array}\right\} \tag{3.44}$$

我们以往曾有过这样的计算经验,凡是两个同频简谐量,相位差为 $\pm\pi/2$ 时,则其乘积的时间平均值为零.比如,交流电路中的纯电感元件或电容元件,其电压与电流之间有 $\pi/2$ 相位差,以致其平均消耗功率为零,或者说,它们不是耗能元件而是储能元件.目前,由于 E_x 与 H_y 之间,或 E_y 与 H_x 之间均有相位差 $\pi/2$,致使沿纵深 z 方向的平均电磁能流密度为零,虽然其瞬时能流密度并非时时为零.这 $\pi/2$ 的相位差根源于波矢分量 $k_z = ik_z'$ 为一虚数.沿 z 方向平均能流为零与沿 z 方向失去波动性是一致的,均表明隐失波不具有辐射场性质,是一种局域性的特殊波场.

● 隐失波实验现象与应用

图 3.17 所示的实验可用来说明隐失波的存在和作用.让一束光射入一棱镜发生内全反射;再取另一个棱镜逐渐接近但不接触第一个棱镜界面,于是出现原全反射方向光强下降,而在入射直进方向生成一束光,从第二个棱镜射出;这时,再小心地让第二个棱镜更靠近一点第一个棱镜,发现原全反射方向光强进一步减弱,而直射光强随之增强.这一现象称作受抑全反射,它是一种光学隧道效应.这一现象根源于内全反射时在界面外侧空气中存在一隐失波场.当第二个棱镜界面接近第一个棱镜界面而进入这隐失波场时,便在第二棱镜中生发出一行波.简言之,通过隐失波场的耦合而改变了行波的能流分配.图 3.18 显示,当一金属

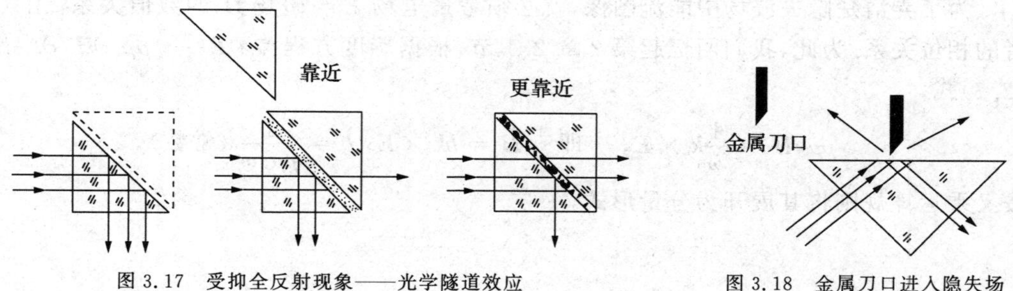

图 3.17　受抑全反射现象——光学隧道效应　　　　图 3.18　金属刀口进入隐失场

刀口逐渐接近棱镜全反射界面，到十分接近时，刀口倏地发出亮光，这一现象同样是隐失场耦合所致.

通过全反射时透射区中隐失场的耦合，而实现能流的转移和传输，目前已应用于导波光学. 参见图 3.19，一衬底上敷有一层薄薄的介质膜，旨在传输光讯号. 可以设想，如果在介质膜端面直接输入光讯号，由于端面很薄以致有明显的衍射效应，而使这种输入的效率很低，或者说其衍射损耗很大. 若采用如图 3.19 所示的方式，通过棱镜全反射生成的隐失场的耦合，诱发出一列行波沿膜层方向传输，耦合效率便大大提高，可达 80%.

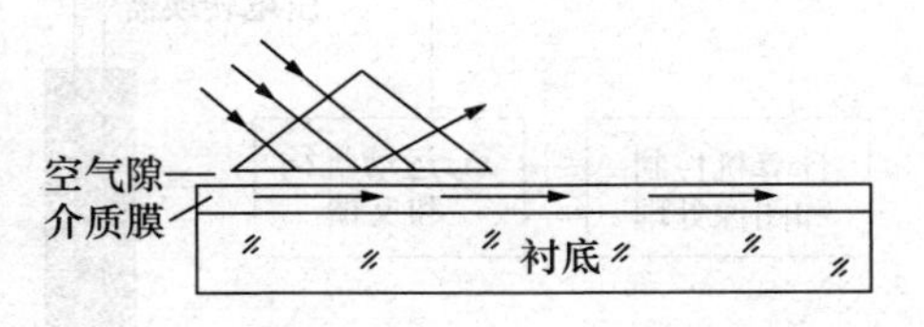

图 3.19 利用隐失波耦合而实现光波导

● **古斯-哈恩森位移**

以上关于隐失波性质的研究，是以平面波的基元函数而展开的. 实际上入射光束的波前总是有限的. 理论上是将有限截面的均匀波前，看为一系列不同方向的平面波的叠加，因而以平面波为基元函数所得结论，依旧具有普遍适用性，只不过在具体性质上却可能表现出更加丰富的内容，其中一典型现象就是古斯-哈恩森位移(Goos-Haenchen displacement). 如图 3.20 所示，当一窄光束过临界角入射时，反射点与入射点不在同一处，全反射光束有了一个位移量 Δ；进一步的实验还表明，p 光位移量 Δ_p 与 s 光位移量 Δ_s 并不相等. 这一光束位移现象表明，入射光束似乎穿过界面，透入第二种介质一薄层，尔后再全反射回到第一种介质.

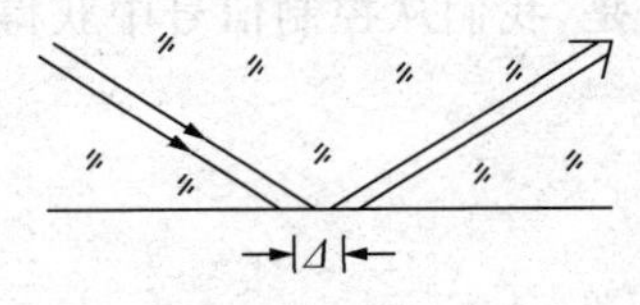

图 3.20 窄光束过临界角入射时的位移现象

对古斯-哈恩森位移可作如下定性解释. 窄光束含一系列不同方向的平面波，其中有一些平面波成分，其入射方向小于临界角，按通常折射定律和反射定律产生折射光波和反射光波；另有一些平面波成分，其入射角大于临界角，产生隐失波于第二种介质，还产生一系列全反射波于第一种介质，尤其后者有着复杂的相位关系；当然，其中最强的平面波成分还是沿原光束入射方向的，它相当于零级衍射波. 将这些成分的反射波再合成，就得到实验上观测到的反射光束. 由于这些反射光成分之间的振幅关系和相位关系发生了变化，导致合成结果虽然仍是窄光束却有了位移. 对此仔细的理论推演本书从略.

3.6 近场扫描光学显微镜

· 工作原理 · 独特功能 · 申奇的构想 · 性能比较

● **工作原理**

近场扫描光学显微镜，near scanning optical microscope，缩写符号为 NSOM，它兴起于 20 世纪的 80 年代初，这几乎与电子扫描隧道显微镜诞生于同时期，由于它具有若干独特

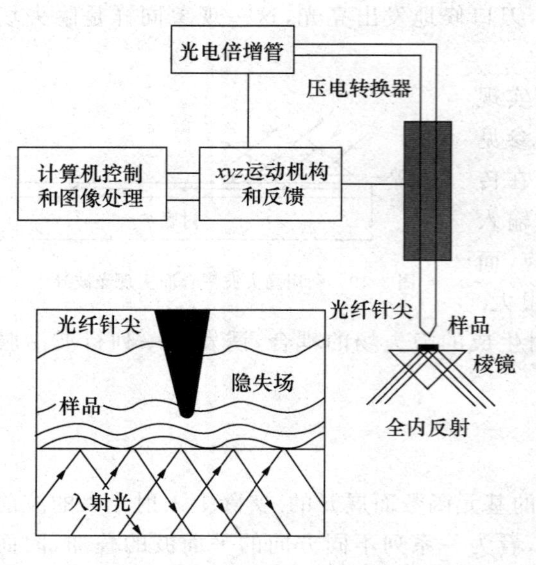

图 3.21　NSOM 工作原理示意图

功能，立即引起科技界的极大兴趣，在 20 世纪 90 年代取得了长足的进展，并由此出现了一个新的研究领域——近场科学与近场技术.

NSOM 工作原理如图 3.21 所示. 一个表面微结构的样品，紧贴于棱镜上界面，光束从棱镜一侧入射，在上界面发生内全反射，因而在样品及其邻近区域存在一隐失场；一光纤探针接近样品表面，通过隐失场耦合，针尖响应了一光强信号输出；接着，由光电倍增管、(xyz)三维运动机构、反馈和压电晶体管，构成了一个横向(xy)扫描和纵距 z 测控系统，以保证在二维扫描过程中针尖与样品表面的距离精确地维持不变. 由于隐失场振幅随纵向距离 z 按指数衰减，反应相当敏感，当样品表面有精微起伏，测控系统便产生一控制信号，使针尖适时升降. 于是，我们从控制信号中获得了全反射界面上样品的图像.

- **独特功能**

NSOM 的优点可以概括为四条.

(1) 高分辨.　传统光学显微镜的分辨本领极限为 $\frac{\lambda}{2}\sim 200—300\,\text{nm}$，而目前 NSOM 的分辨本领已达 12—50 nm. 从上述工作原理的介绍中，可以看到决定 NSOM 分辨本领的要素是针尖尺寸、扫描位移精度和纵距测控精度.

(2) 样品宽容.　用于 NSOM 的样品可以是固体或液体，可以是绝缘介质、磁性材料、金属或半导体，且无需对样品作特殊加工或处理. NSOM 具有的这种无损和多样化的样品宽容性，明显地优于电子显微镜.

(3) 环境宽松.　NSOM 可在大气环境下直接运作，也可以在设定的特殊环境下工作，它自身对测量环境无特别要求，更不苛求真空条件，像电子显微镜那样.

(4) 衬度多样.　NSOM 针尖提取光信号的方式也是多样的，除图 3.20 所示的全内反射造成的隐失场耦合方式外，还有其他几种方式，比如光的吸收、反射和荧光，参见图 3.22. 多样化的衬度机制，大大扩展了 NSOM 的应用范围. 在这几种衬度机制中，似乎看不出有隐失场，其实它是存在的，因为超精细结构的衍射将产生隐失场，从而限制了衍射用于结构分析的精度，其分辨本领极限为波长 λ 量级，这就更能体现出 NSOM 高分辨(达 $\lambda/10$)的优越性.

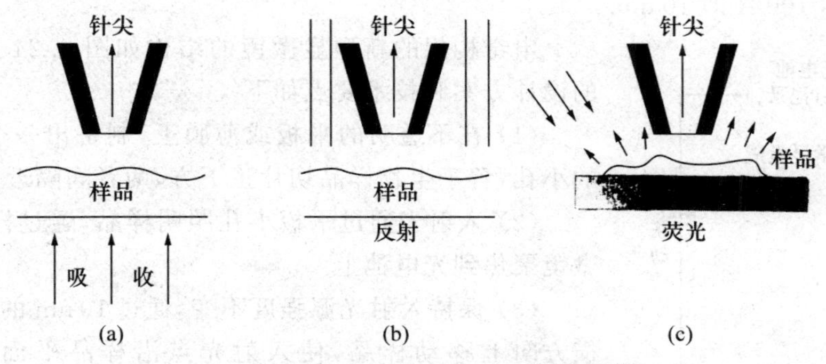

图 3.22 适用于 NSOM 的其他几种衬度机制

目前在 NSOM 上开展的研究有，检测材料纳米尺度光学性质的非均匀性，比如观察半导体微腔激光器发光的均匀性，观察 Si 分形结构和 Si 单晶的结构与荧光；观测生物样品荧光性质以及单分子检测，期望用于对生物大分子光合过程的动态观察；观测纳米材料的近场光谱，因为现行的所有光谱仪测量的皆是远场光谱，而理论和实验均已证认，传播过程中光场的光谱将发生变化，即使光波传播于自由空间，NSOM 提供了一种近场光谱的测量手段，这无疑对分析纳米材料结构和性能大有帮助(见图 3.23). 研制性能更为优越的或不同工作机制的 NSOM，自然也是这一领域的研究课题.

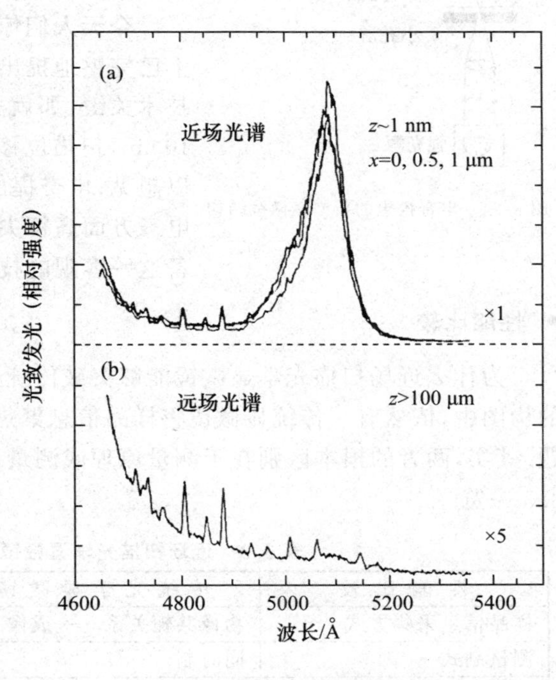

图 3.23 近场光谱不同于远场光谱

总之，近场扫描光学显微镜将光学探测手段深入到纳米尺度亦即分子尺度，开辟了纳米尺度微结构研究和纳米尺度材料光学性质研究的新领域，它的无损和多样化的样品种类与衬度机制，也为生物、化学和医学提供了新的研究手段.

- **申奇的构想**

英国人申奇(E. H. Synge)致力于研究如何提高显微镜的分辨本领，并就此与爱因斯坦多次书信往来，论述自己的设想. 在爱因斯坦的大力鼓励下，他终于在 1928 年正式发表论文，题为

Suggested Method for Extending Microscope Resolution into the Ultra-Microscopic Region——《将显微镜的分辨本领扩展到超显微区的建议》. 文中认为，该新型显微镜的分

辨率极限可达 100 Å 即 10 nm.

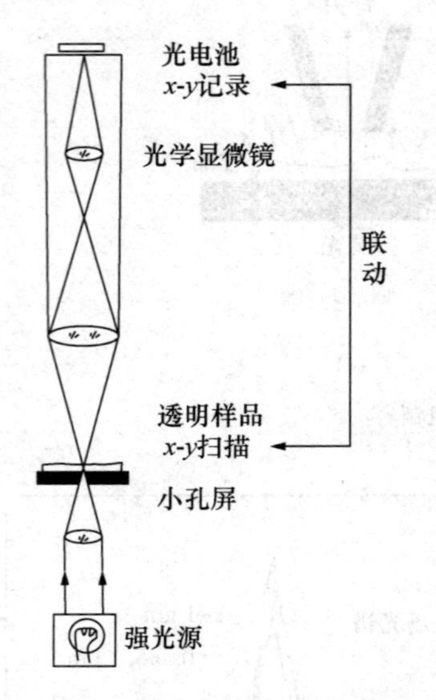

图 3.24　申奇构想的新型显微镜结构

申奇构想的新型显微镜的结构如图 3.24 所示，他归纳的设计方案和技术要点如下.

(1) 在不透明的平板或薄膜上，制备出一个近乎 10 nm 的小孔，置于生物样品切片正下方，两者间隔近 10 nm.

(2) 入射光通过平板小孔照明样品，透过样品的光被显微镜聚焦到光电池上.

(3) 保持入射光源强度不变，通过 10 nm 的步距，在两个横方向上移动样品，使入射光点沿样品平面网格状扫描样品.

今天人们惊奇地发现，70 多年前申奇先生的论文实际上已完整地提出了当今近场扫描光学显微镜的设计要求和技术关键，那就是 3 个 10 nm 技艺——小孔或探针尺寸约 10 nm，扫描位移精度约 10 nm，针尖与样品距离约 10 nm. 可以想见，申奇提出的这种新型显微镜的实现，有赖于光、机、电三方面高精尖技术的成熟，只有到了 20 世纪下半叶才具备这一客观的技术条件.

- **性能比较**

为什么近场扫描光学显微镜能够突破传统显微镜的分辨率极限，尤其是看到了在申奇的构图中，依然有一传统显微镜将样品信息聚焦于记录介质上，便更令人深思去探究这一问题. 其实，两者的根本区别在于测量原理或测量制式上，现将由此引起的一系列特点列于表 3.3 一览.

表 3.3　近场扫描光学显微镜与传统光学显微镜的比较

性能比较	传统光学显微镜	近场扫描光学显微镜
样品信息采集方式	物像共轭关系——成像	探针近场逐点扫描
测量制式	同时制	循序制
总响应与像元之关系	叠加·卷积	无叠加·不卷积
分辨率受限因素	镜头衍射(艾里斑)	针尖尺寸、扫描位移精度
分辨率极限量级	$\frac{\lambda}{2}$～300 nm	目前水平 10—50 nm
技术要点	镜头设计(消像差)、 高像质、高数值孔径	精细的针尖、精密的位移、 对近场距离的高灵敏测控
涉及的光波场	夫琅禾费衍射场	过临界角的透射隐失场、 超精细结构的衍射隐失场

人类发明放大镜、望远镜和显微镜,旨在增长视觉识别客体结构细节的能力.二百多年以来,人类一直为不断提高显微镜分辨本领而努力创新,图 3.25 粗略地显示这一领域的历史进程和目前水平.虽然近场扫描光学显微镜的分辨本领目前还弱于场离子显微镜和电子扫描隧道显微镜,它仍以具有多方面的优点而成为显微技术领域中一个颇为人们青睐的新工具.图 3.26 是生命科学中近场扫描光学显微镜实测的几幅图像.

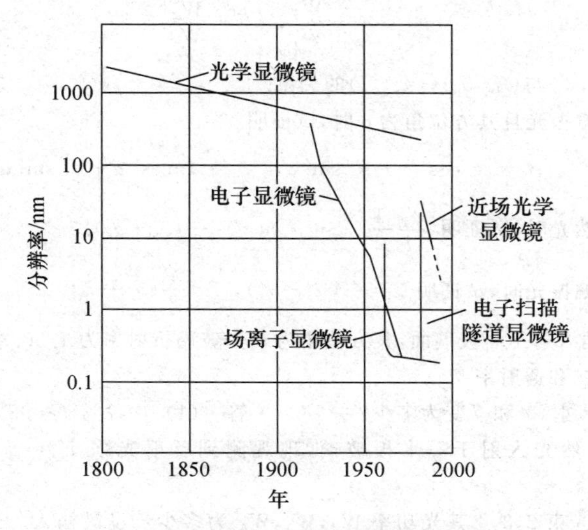

图 3.25　为提高显微镜分辨率的历史概况

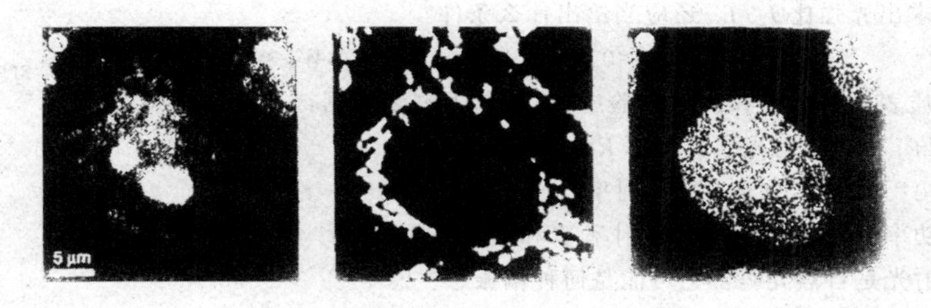

图 3.26　(a)为剪切力形貌图,(b),(c)分别为双光子和三光子荧光图

图取自:Attila Jenei, Achim K. Kirsch, Vinod Subramaniam, etc. *Biophysical Society*. Vol. 76, 1092 (1999).

习　题

3.1　光矢量与入射面之夹角被简称为振动的方位角或偏振角.设入射的线偏振光的方位角为 α_1,而入射角为 i.试证明,反射线偏振光的方位角 α_1' 和折射线偏振光的方位角 α_2 分别由以下两式给出,

$$\tan\alpha_1' = -\frac{\cos(i_2-i_1)}{\cos(i_2+i_1)}\tan\alpha_1, \quad \tan\alpha_2 = \frac{n_2\cos i_1 + n_1\cos i_2}{n_1\cos i_1 + n_2\cos i_2}\tan\alpha_1'.$$

3.2　一束线偏振光从空气入射到玻璃表面上,其入射角恰巧为布儒斯特角,而方位角为 20°,试求反射线偏振和折射线偏振的方位角 α_1' 和 α_2.设玻璃折射率为 1.56.　　· 答 · $\alpha_1'=90°$,$\alpha_2\approx18°18'$.

3.3　试计算:

(1) 光从空气入射于水面的布儒斯特角 i_B，水的折射率为 4/3.

(2) 一束自然光从水入射于某种玻璃表面上，当入射角为 50.82°时反射光成为线偏振光，该玻璃的折射率为多少？　　· 答 · (1) $i_B\approx 53°8'$，(2) $n\approx 1.636$.

3.4　设入射光、反射光和折射光的总光功率分别为 W_1，W_1' 和 W_2，则总光功率的反射率 $\mathscr{R}$ 和透射率 $\mathscr{T}$ 定义为

$$\mathscr{R}=\frac{W_1'}{W_1},\quad \mathscr{T}=\frac{W_2}{W_1}.$$

下面的问题均系($\mathscr{R}$，$\mathscr{T}$)与($\mathscr{R}_p$，$\mathscr{T}_p$)，($\mathscr{R}_s$，$\mathscr{T}_s$)的关系.

(1) 当入射光为线偏振光且其方位角为 α 时，试证明

$$\mathscr{R}=\mathscr{R}_p\cos^2\alpha+\mathscr{R}_s\sin^2\alpha,\quad \mathscr{T}=\mathscr{T}_p\cos^2\alpha+\mathscr{T}_s\sin^2\alpha.$$

(2) 当入射光为自然光时，试证明 $\mathscr{R}=\frac{1}{2}(\mathscr{R}_p+\mathscr{R}_s)$，$\mathscr{T}=\frac{1}{2}(\mathscr{T}_p+\mathscr{T}_s)$.

(3) 当入射光为圆偏振光时，试证明 $\mathscr{R}=\frac{1}{2}(\mathscr{R}_p+\mathscr{R}_s)$，$\mathscr{T}=\frac{1}{2}(\mathscr{T}_p+\mathscr{T}_s)$.

3.5　一线偏振光以 45°角入射于一玻璃面，其方位角为 60°，玻璃折射率为 1.50. 求

(1) 光功率反射率 $\mathscr{R}$ 和透射率 $\mathscr{T}$.

(2) 若改为自然光入射，$\mathscr{R}$ 和 $\mathscr{T}$ 变为多少？　　· 答 · (1) $\mathscr{R}\approx 7\%$，$\mathscr{T}\approx 93\%$，(2) $\mathscr{R}\approx 5\%$，$\mathscr{T}\approx 95\%$.

3.6　如图所示，一束自然光入射于一平板玻璃，现观测到反射光强 $I_1=0.1I_0$. 求

(1) 图中标出的各光束 2,3,4 其光功率 W_2，W_3，W_4 为多少？设最初入射光功率为 W_0，并忽略吸收.

(2) 若要求出光强比 I_2/I_0，还应当给出什么条件？

· 答 · (1) $W_2=0.90W_0$，$W_3\approx 0.09W_0$，$W_4\approx 0.81W_0$.

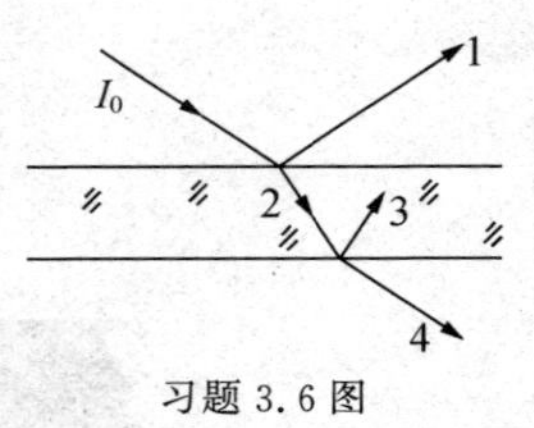

习题 3.6 图

3.7　在光于介质表面的反射和折射实验中，获得以下测量数据：入射角 $i_1\approx 75°$，折射角 $i_2\approx 40°$，总光强反射率 $R\approx 30\%$，试求出，

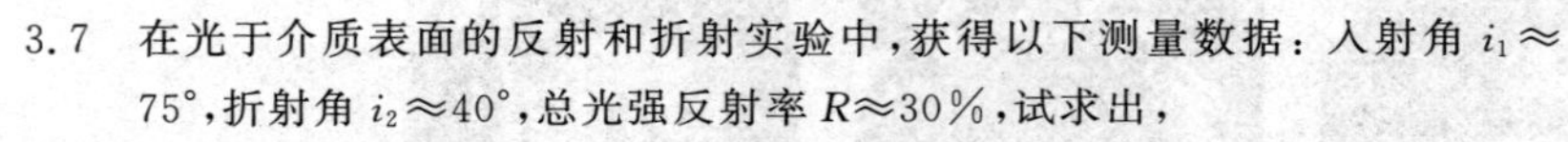

(1) 总振幅反射率 r，总光功率反射率 $\mathscr{R}$；

(2) 总光功率透射率 $\mathscr{T}$，总光强透射率 T 和总振幅透射率 t.

(3) 这入射光是自然光吗？它可能是何种偏振态？

· 答 · (1) $r\approx 55\%$，$\mathscr{R}\approx 30\%$；(2) $\mathscr{T}\approx 70\%$，$T\approx 24\%$，$t\approx 40\%$.

3.8　如图所示，它是一个由半导体材料砷化镓(GaAs)制成的发光管，其管芯(AB)为发光区，直径 d 约 3 mm. 为了避免全反射，发光管上部被研磨成半球形，以使管芯发出的光有最大的透射率向外发射. 若要求发光区周边 A，B 发的光不发生全反射，那半球的半径 r 应当为多少？已知 GaAs 的折射率为 3.4，对其发光的光波波长为 0.9 μm.　　· 答 · $r>n\dfrac{d}{2}\approx 5.1$ mm.

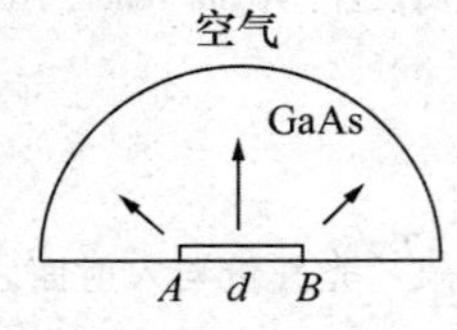

习题 3.8 图

3.9　计算玻片组的偏振度. 取用三块平板玻璃叠放一起，其折射率为 1.64. 当一束自然光以布儒斯特角 i_B 入射时，

(1) 最终从这玻片组透射出来的光其偏振度 p 为多少？

(2) 其中所含 s 光的强度 I_s 与强度 I_p 之比值为多少？　　· 答 · (1) $p\approx 60\%$，(2) $I_s/I_p\approx 25\%$.

3.10　考察过临界角时全反射光的相位变化情况. 设一光束由玻璃入射于空气，且入射角已超过临界角

i_c，玻璃折射率为 1.68.

(1) 取用一张坐标纸来绘制反射 s 光和 p 光的相移 $\delta_s'(i)$ 曲线和 $\delta_p'(i)$ 曲线，要求横坐标即入射角 i 在 i_c — $\pi/2$ 范围中至少选取 6 个数据点.

(2) 利用这两条曲线找出相移差值 $\delta(i)=\delta_p'(i)-\delta_s'(i)$ 的最大值 δ_M 和相应的入射角 i_M.

(3) 设入射光为一线偏振光，其方位角在一、三象限即 $\varphi_{1s}=\varphi_{1p}=0$，当入射角为 60°时，问反射光的两个正交振动之间的相位差 $\delta=\varphi_{1s}'-\varphi_{1p}'$ 为多少？其合成的椭圆偏振光是左旋的还是右旋的？

(4) 当入射角为 45°或 75°时，在透射区即空气中存在的隐失波的穿透深度 d_1 或 d_2 为多少？设光波长为 633 nm.

· 答 · (4) $d_1\approx\lambda/4$，$d_2\approx\lambda/8$.

4

干涉装置与光场时空相干性　激光

4.1　分波前干涉装置

· 概述

本章将在第 2 章光波干涉引论的基础上，介绍一些典型的干涉装置和干涉仪及其实际应用，并结合实际干涉装置，阐述两个重要概念，即光场的空间相干性和光场的时间相干性，相应地导出两个反比律公式，以定量地反映光场的时空相干性.

为了消除普通光源发光随机性所引起的场点相位无规跃变的影响，以保证场点相位差的稳定性，通常的办法是借助光学系统，将点源发出的一列光波分解为二，使其经过不同途径后，再重新交叠. 由于这样得到的两列波来自同一点源，故它们频率相同，相位差稳定，且存在振动方向一致的平行分量，从而满足相干条件，在交叠区中出现稳定的可观测的干涉场.

使一波列先分解后交叠的方法有两种：

(1) 分波前法(division of wavefront).　点光源产生的波前在横向分为两部分，使其分别通过两个光学系统，经衍射、反射、折射或散射而实现交叠，如图 4.1 所示. 杨氏双孔实验是这类分波前干涉装置的典型代表.

(2) 分振幅法(division of amplitude).　让一束光投射到由透明板制成的分束器，光能流一部分反射，一部分透射，再通过反射镜等一类光学元件，让这两束光发生交叠. 在第 2 章中实现平行光干涉的两种典型光路图 2.23 和图 2.24，就是这类分振幅干涉装置. 本章将要研究的薄膜干涉、迈克耳孙干涉仪和多光束干涉仪，也均系分振幅干涉.

- **几种分波前干涉装置**

我们注意到，在图 4.1 中出现的两个像点 S_1，S_2，它们分别是两部分波前对光学系统Ⅰ，Ⅱ所成的像. 于是，交叠区中的干涉场，可以等效地看作一对相干点源 S_1，S_2 所产生的，如同杨氏双孔干涉场那样. 当然，成像不是必要条件，只要实现了分波前再交叠，就有干涉条纹出现于交叠区中. 不过，一旦分波前干涉装置可以归结为双像系统或准双像系统，其干涉条纹的具体状态便可直接借用杨氏双孔干涉结果而获得. 比如，条纹间距公式 $\Delta x = \dfrac{D\lambda}{d}$，就可以应用于以下各种分波前干涉装置，这里 d 应该是双像的间隔，D 应该是双像至接收屏幕的距离.

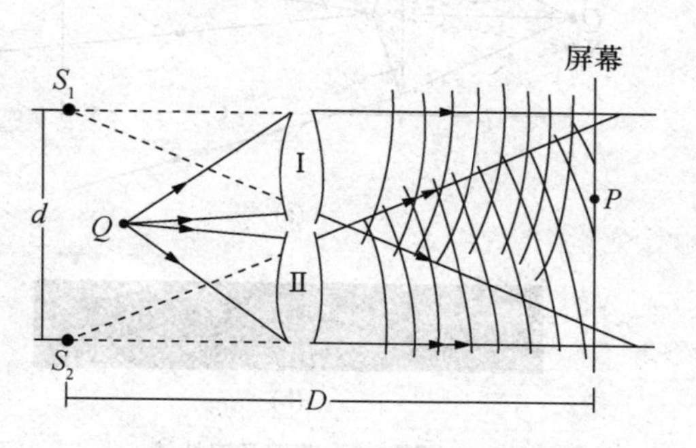

图 4.1 分波前干涉的一般性构图

(1) 菲涅耳双面镜. 如图 4.2(a)所示，(b)为相应条纹. 双面镜之间夹角为 α，点源与交棱距离为 B，交棱与屏幕距离为 C，则其条纹间距公式为

$$\Delta x = \frac{(B+C)\lambda}{2\alpha B}. \tag{4.1}$$

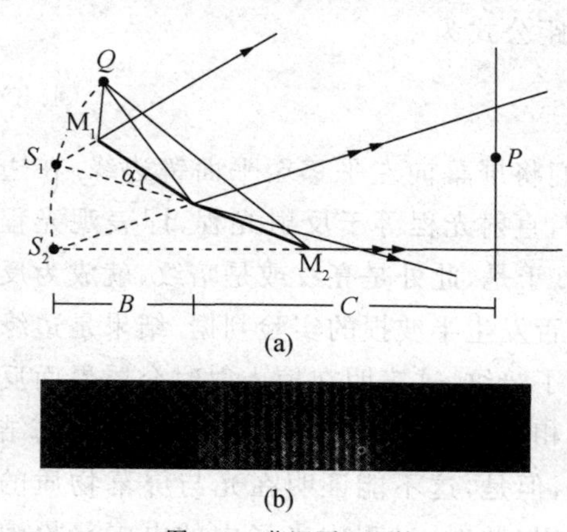

图 4.2 菲涅耳双面镜

例题 1 估算双面镜夹角 α 值，如果要使条纹间距达 1 mm. 联系实际情况，设 $B \sim 30$ cm，$C \sim 4$ m，$\lambda \sim 600$ nm. 按(4.1)式，得

$$\alpha = \frac{(B+C)\lambda}{2B\Delta x} = \frac{4.3\times10^3\ \text{mm}\times600\ \text{nm}}{2\times300\times1\ \text{mm}^2}$$

$$= 4.3\times10^{-3}\ \text{rad} \approx 14'.$$

如此小的角度，这在实验调节时确要花一番功夫.

(2) 菲涅耳双棱镜. 如图 4.3(a)所示，(b)为相应条纹. 棱镜顶角 α 较小，材料折射率为 n，点源与棱镜距离为 B，棱镜与屏幕距离为 C，则其条纹间距公式为

$$\Delta x = \frac{(B+C)\lambda}{2(n-1)\alpha B}. \tag{4.2}$$

它表明，点源 S 经双棱镜所形成的一对相干像点源 S_1，S_2 的间隔 $d = 2(n-1)\alpha B$. 这可由几何光学方法得以证明，但较为麻烦；如果应用第 6 章介绍的相因子判断法，便可简捷地导出这个结果. 从图中可以看出，棱镜顶角 α 越小，交叠区则越窄.

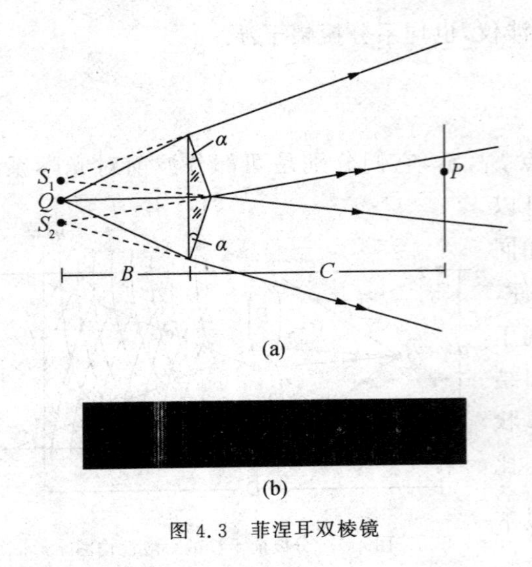

图 4.3　菲涅耳双棱镜

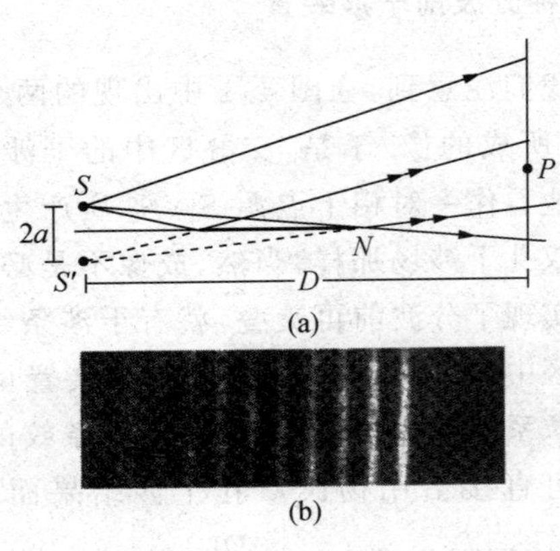

图 4.4　劳埃德镜

(3) 劳埃德镜(Lloyd mirror).　如图 4.4(a)所示,(b)为相应条纹.一块平面镜将部分波前反射到屏幕上,以与直接投射来的波前交叠相干.点源与镜面的垂直距离为 a,则点源 S 与其镜像点 S' 的间隔 $d=2a$,故劳埃德镜的条纹间距公式为

$$\Delta x=\frac{D\lambda}{2a}. \tag{4.3}$$

在劳埃德镜干涉实验中,有一现象值得一提.如果我们将屏幕向左平移至平面镜边缘.在边缘处 N,直射光程等于反射光程,即表观光程差为零.于是,此处是亮纹或是暗纹,就成为反射时是否发生半波损的实验判据.结果是边缘处出现了暗纹.这表明在掠入射时介质界面反射产生相位突变 π,这与菲涅耳公式导出的结果一致,但是,这不能证明在光与屏幕物质的相互作用(散射)过程中光场中的电矢量扮演着主要角色.

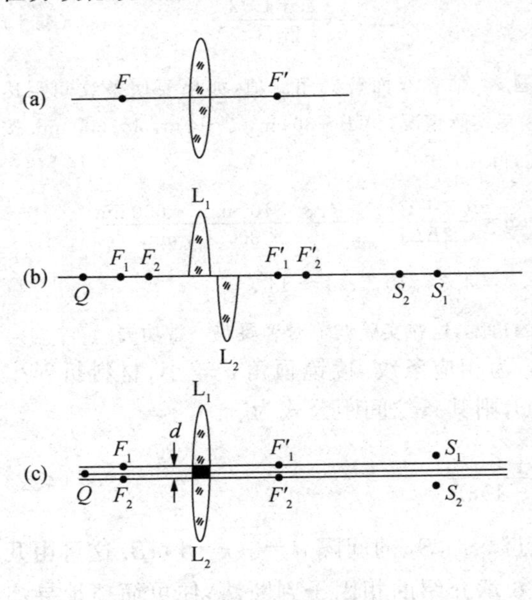

图 4.5　对切透镜

(4) 对切透镜(split lens).　如图 4.5(a),(b),(c)依次所示,将一个完整透镜对切成两块,尔后将它们分开,或沿纵向移开少许或沿横向隔开少许,这样便可产生一对相干像光源 S_1 与 S_2.我们可以根据透镜成像的作图方法,以确定双光束交叠区域,进而分析干涉条纹的主要特征.

- **散斑干涉(speckle interference)**

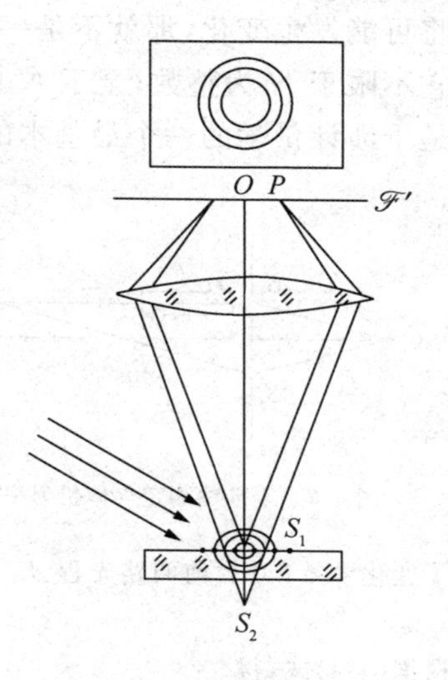

图 4.6 散斑干涉

如图 4.6 所示,镜面上撒有一些粉末作为散射微粒,在光束照射下,每一散射点源发出球面波,其一半波前直接向上方传播,另一半波前先是向下传播进入玻璃板,再经背面镜面反射返回上方空间.这相当于产生了一对相干点源 S_1 与 S_2.若是在上方用一个透镜或用眼睛接收,便可得到一组同心干涉环.值得指出的是,这大量的散射颗粒之间,不仅间距很小,而且横向位置分布无规,致使这大量的一组组干涉环之间的相干叠加,退化为非相干叠加,结果使干涉环变得格外明亮.

- **两点说明**

对于分波前干涉,在实验观测上还有两点值得说明.

(1) 狭缝光源. 当我们选用普通准单色光源比如钠光灯或水银灯时,实验上常安排一个单狭缝作为线光源,以增加干涉条纹的亮度.线光源的取向是要讲究的,应使它平行点源产生的一组干涉直条纹的方向,以使线光源上不同点源产生的一组组条纹之间在横向无位移,否则就将降低干涉场的衬比度,显得模糊不清晰.在图 4.2、图 4.3、图 4.4 装置中狭缝光源应当沿垂直纸面置放.实际上,实验时一方面调节狭缝取向而同时监视条纹的清晰度,以达到最佳状态.当然,现如今有了高亮度的激光束,就不必配置单狭缝作为线光源了.

(2) 衍射效应. 从分波前干涉条纹的照片上,可以看到那些亮条纹不是等亮度的,似乎受到了某个函数的调制.这是因为在分波前干涉装置中,其两部分波前面积是受限的,光波衍射不可忽略,尤其是来自镜面边缘或交棱的投影区域,衍射效应更是明显.可以说,分波前干涉场实质上是两个波前衍射场的干涉,其中每个波前的衍射场类似于矩孔菲涅耳衍射.亮纹的不等亮度正是这衍射因子的调制所致.

- **干涉条纹的变动**

在干涉装置中,人们不仅关注干涉条纹的静态分布,而且关注它们的动态变化,因为干涉的许多应用比如干涉精密测量,均是利用了条纹变动的规律.概括地说,造成条纹变动的因素来自三个方面,一是光路中媒质或元件的变化,二是装置结构的变化,三是光源的移动.这三个因素均能使干涉场中某一观察点 P 的光程差 $\Delta L(P)$ 发生变化 $\delta(\Delta L)$.当

$$\delta(\Delta L) = N\lambda_0, \tag{4.4}$$

则该处干涉强度 $I(P)$ 变化 N 次,在视场印象中有 N 个条纹移过该处.探讨干涉条纹的变动特点时,通常可以有两种方式提出问题.一是固定干涉场中一个观察点 P,考量有多少个条纹移过此点.另一种方式是,跟踪干涉场中某级条纹,如果允许的话通常跟踪零级条纹,考量它在新情况下出现在何方何处.当然,在任意普遍的情况下,干涉条纹的间距、取向和形貌都

将可能发生变化，那就不是一个简单的条纹移动问题了. 不过，公式(4.4)却是普遍的，而且它不限于 N 为整数，至于 N 中含非整数零头小数如何确定，那是一个技术问题. 公式(4.4)是干涉计量学的一个最基本的公式.

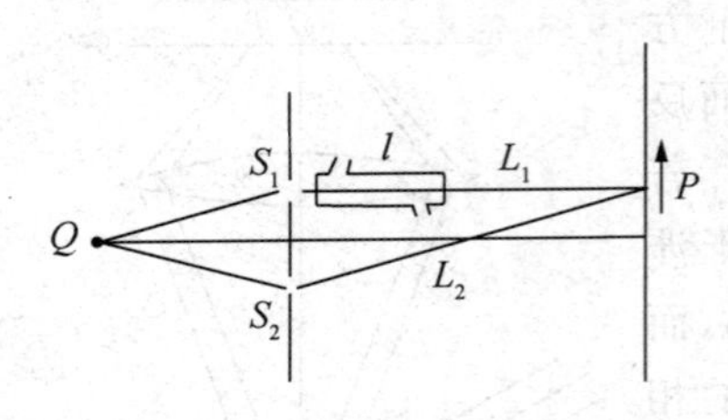

图 4.7　干涉法测定气体折射率

例题 2　如图 4.7 所示的是一种利用干涉现象测定气体折射率的原理性结构. 在 S_1 孔后面置放一长度为 l 的透明试管，它有两个开口，待测气体从一端口注入，逐渐将空气从另一端排出. 在此充气过程中，可观测到场点 P 处的条纹移动，由条纹移动的最终数目和移动方向，便可推知待测气体的折射率. 设 $l=2.0\,\mathrm{cm}$，条纹移动数目 $N=20$，且条纹朝上移动，试求待测氯气的折射率，空气折射率为 $n_0=1.000\,276$，光源波长 $\lambda_0=589.3\,\mathrm{nm}$.

观察点 P 处条纹的移动即强度 $I(P)$ 的变化，是由于光程差有了变化 $\delta(\Delta L)$. 目前两路光程，L_1 有变化，而 L_2 无变化，故

$$\delta(\Delta L)=\delta L_1=(n-n_0)l=\Delta nl,$$

根据(4.4)式，得

$$\Delta n=\frac{N\lambda_0}{l}=\frac{20\times 589.3\,\mathrm{nm}}{2.0\times 10^7\,\mathrm{nm}}\approx 5.893\times 10^{-4}.$$

一般而言，仅从强度变化的周期数 N，只能确定折射率差值 Δn. 此时待测折射率的取值尚有两种可能，$n=n_0\pm\Delta n$. 目前实验显示条纹向上移动，即近轴低级别条纹移向观察点 P，这表明 P 点的条纹级别降低了，光程差减少了，这意味着 L_1 路的光程增加了，从而断定待测折射率 $n>n_0$，即

$$n=n_0+\Delta n=1.000\,276+0.000\,589\,3=1.000\,865\,3.$$

上述干涉法测定气体折射率之原理，还被应用于制成矿井瓦斯报警器. 矿井中瓦斯浓度的增加，被该仪器干涉强度的变化数 N 自动地记录下来，当计数 N 达到警戒值，仪器便发出警报.

例题 3　试分析一对相干点源纵向干涉场. 对于以杨氏干涉装置为代表的双像干涉系统，我们一直关注其横向干涉场，即与双像连线正交的那个横平面上的干涉条纹的性状. 而图 4.6 显示的散斑干涉装置，为我们提供了一个研究一对相干点源 S_1 和 S_2，在纵向(xy)平面上的干涉场的实际背景. 如图 4.8 所示，S_1，S_2 距离为 d，屏幕(xy)与 S_1 距离为 D，且 $D\gg d$. 在傍轴条件 $r^2=(x^2+y^2)\ll D^2$ 下，点源 S_1，S_2 产生的波前函数分别为

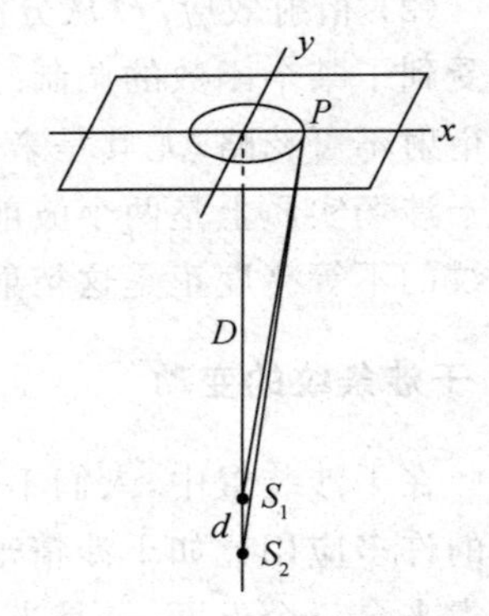

图 4.8　一对相干点源的纵向干涉场

$$\widetilde{U}_1(x,y)=A_1\mathrm{e}^{\mathrm{i}k\frac{x^2+y^2}{2D}}\cdot\mathrm{e}^{\mathrm{i}kD},$$

$$\widetilde{U}_2(x,y)=A_2\mathrm{e}^{\mathrm{i}k\frac{x^2+y^2}{2(D+d)}}\cdot\mathrm{e}^{\mathrm{i}k(D+d)},$$

干涉强度分布函数 $I(x,y)$ 及相位差分布函数 $\delta(x,y)$ 可表达为

$$I(x,y)=I_0(1+\gamma\cos\delta(x,y)),\quad \delta(x,y)=k\frac{d}{2D^2}(x^2+y^2)-kd.$$

从相位差分布函数 $\delta(x,y)$ 看出，等相位差的轨迹满足 $(x^2+y^2)=$ 常数，它正是圆周方程，这表明(xy)平面上将出现一组同心干涉环，这也符合系统光学性质的轴对称性，它是预料中的事. 至于中心 O 点是亮点或是暗点，不仅取决于 kd 值，而且与 S_1，S_2 两点源的相位差 δ_0 值有关. 在散斑干涉场合，那一对相干点源就不是同相位的. 不过，我们更关心相邻亮环比如第 m 级与 $m+1$ 级的半径之差 $\Delta r=r_m-r_{m+1}$ 有何特点. 为

此,令

$$k\frac{d}{2D^2}r_m^2 - kd = -m2\pi,$$

$$k\frac{d}{2D^2}r_{m+1}^2 - kd = -(m+1)2\pi,$$

得

$$k\frac{d}{2D^2}(r_m^2 - r_{m+1}^2) = 2\pi, \quad k = \frac{2\pi}{\lambda},$$

即

$$(r_m^2 - r_{m+1}^2) = \frac{2\lambda D^2}{d}, \quad 或 \quad \Delta r = (r_m - r_{m+1}) \approx \frac{\lambda D^2}{d\bar{r}_m}. \tag{4.5}$$

这表明,近轴干涉环较疏,远轴干涉环变密. 设 $\lambda\approx600$ nm, $d\approx4$ mm, $r\approx1$ cm, $D\approx25$ cm,代入(4.5)式得 $\Delta r\approx0.94$ mm.

- **点源位移导致条纹移动**

参见图 4.9,我们知道在杨氏双孔干涉实验中,轴上点源 Q 造成的干涉条纹,其零级位于轴上 O 处. 现将点源沿 x_0 轴位移 x_0,记作点源 A,它造成的干涉条纹,其形状和间距均不改变,但条纹有了移动,零级条纹移动了 δx 至 O' 点. 两个位移量 $\delta x, x_0$ 之关系可由零光程差即等光程方程导出:

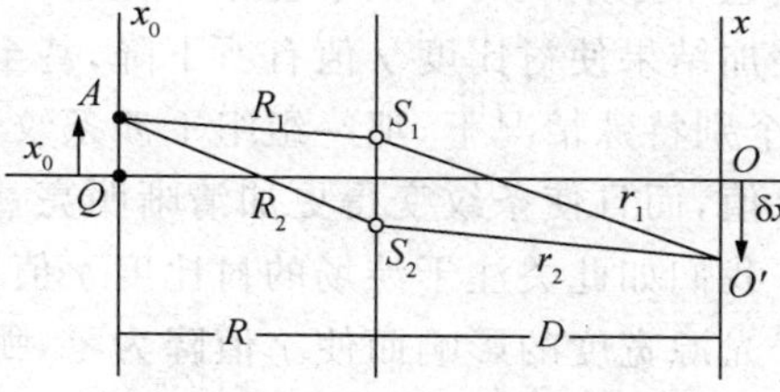

图 4.9

$$(R_1 + r_1) = (R_2 + r_2),$$

即

$$(R_2 - R_1) = (r_1 - r_2),$$

注意到双孔左右两侧几何结构的相似性,且满足傍轴近似,有

$$(R_2 - R_1) \approx \frac{d}{R}x_0, \quad (r_1 - r_2) \approx \frac{d}{D}\delta x,$$

遂得

$$\delta x = \frac{D}{R}x_0. \tag{4.6}$$

如果要问究竟移过几根条纹,那应以条纹间距 Δx 去除 δx,即

$$N = \frac{\delta x}{\Delta x} = \frac{\frac{D}{R}x_0}{\frac{D}{d}\lambda} = \frac{d}{R\lambda}x_0. \tag{4.7}$$

它与接收屏距离 D 值无关. 比如,设 $d\approx2$ mm, $R\approx15$ cm, $\lambda\approx600$ nm, $x_0\approx1$ mm,代入(4.7)式,得 $N\approx22.2$.

这一节段内容为下一节研究扩展光源对干涉场衬比度的影响,作了概念上的铺垫和定量上的准备.

4.2　光源宽度对干涉场衬比度的影响

· 概述　· 两个分离点源照明时的部分相干场　· 线光源照明时的部分相干场
· 光源极限宽度或双孔极限间隔　· 面光源照明时的干涉场　· 方孔光源
· 环状光源　· 圆盘光源　· 结论

● 概述

干涉装置中所使用的实际光源，不可能是一个理想的点源，它总有一定的几何线度或面积，人们称其为扩展光源(extended source of light). 我们可以用这样的一种眼光来看待扩展光源照明时的干涉场：将扩展光源看成是大量点源的集合，其中每一点源造成一组干涉条纹；由于各点源之间发光的随机性和独立性，彼此为非相干点源，故观测到的干涉场是那一组组干涉条纹的非相干叠加；一般情况下，这一组组干涉条纹并不一致，彼此有错位，非相干叠加结果使衬比度 γ 值有所下降，甚至使 γ 值降为零，即干涉场变为均匀照明，无强度起伏；个别特殊情况下，那一组组干涉条纹分布竟完全重合一致，非相干叠加结果不仅不会降低 γ 值，而且使条纹变得更加清晰明亮，有利于观测计量.

我们如此关注干涉场的衬比度 γ 值，是因为一方面 γ 值具有实际观测上的意义，试想若由于光源宽度的影响而使 γ 值降为零，哪里还谈得上什么干涉精密计量之功能. 另一方面从理论高度上看，γ 值反映了干涉场的相干程度，粗略地划分，$\gamma=1$，系完全相干；$\gamma=0$，系完全非相干；$0<\gamma<1$，系部分相干，这是更为一般的情况. 下面我们将针对几种典型形状的扩展光源，仔细考量它们对干涉场衬比度的影响.

● 两个分离点源照明时的部分相干场

参见图 4.9，Q 和 A 是一对非相干点源，沿纵向即沿平行双孔连线方向的距离为 x_0，通过双孔在(xy)面上的干涉强度分布分别为

$$I_Q(x,y)=I_0\left(1+\cos\left(\frac{2\pi}{\Delta x}x\right)\right),\quad \gamma_Q=1;$$

$$I_A(x,y)=I_0\left(1+\cos\left(\frac{2\pi}{\Delta x}x+\varphi_0\right)\right),\quad \gamma_A=1.$$

这里，Δx 为条纹间距，$\Delta x=D\lambda/d$，用空间频率 $f=1/\Delta x$ 可简化书写；φ_0 体现了点源 A 位移 x_0 导致的条纹移动 δx，其具体关系可由(4.7)式导出，

$$\varphi_0=\frac{2\pi}{\Delta x}\delta x=2\pi\frac{d}{R\lambda}x_0=2\pi f_0x_0,\quad f_0=\frac{d}{R\lambda},\tag{4.8}$$

显然，f_0 量具有空间频率的量纲，这里它仅是一个缩写符号.

这两套条纹非相干叠加的结果为

$$I(x,y)=I_Q+I_A=I_0(1+\cos 2\pi fx)+I_0(1+\cos(2\pi fx+\varphi_0)),$$

简化为

$$I(x,y)=2I_0\left(1+\cos\frac{\varphi_0}{2}\cdot\cos\left(2\pi fx+\frac{\varphi_0}{2}\right)\right),\tag{4.9}$$

可见，合成结果干涉强度变化的空间频率依然为 f，但交流项系数即衬比度有了变化，

$$\gamma=\left|\cos\frac{\varphi_0}{2}\right|\leqslant 1.\tag{4.10}$$

比如，

$$\text{移动}\frac{1}{4}\text{个条纹，}\quad \delta x=\frac{\Delta x}{4},\ \varphi_0=\frac{\pi}{2},\qquad \gamma\approx 0.71;$$

$$\text{移动}\frac{1}{2}\text{个条纹，}\quad \delta x=\frac{\Delta x}{2},\ \varphi_0=\pi,\qquad \gamma=0;$$

$$\text{移动 1 个条纹，}\quad \delta x=\Delta x,\ \varphi_0=2\pi,\qquad \gamma=1.$$

这表明，原本衬比度为 1 的两套条纹，叠加结果衬比度不再维持为 1. 对于两个分离点源照明情况而言，干涉场中的衬比度随点源距离 x_0 的逐渐增加，而出现周期性的变化，即

$$\gamma:1\ —\ 0.71\ —\ 0\ —\ 0.71\ —\ 1\ —\cdots$$

- **线光源照明时的部分相干场**

如图 4.10，一宽度为 b 的非相干线光源，照明双孔，在 (xy) 面上生成干涉场 $I(x,y)$. 线光源被看作点源的密集，取线元 x_0—$x_0+\mathrm{d}x_0$，其产生的干涉强度分布为

$$\mathrm{d}I(x,y)\propto(1+\cos(2\pi fx+2\pi f_0x_0))\mathrm{d}x_0,$$

设光源发光亮度均匀，引入比例常数 B，将上式写成一个等式，

$$\mathrm{d}I(x,y)=B(1+\cos(2\pi fx+2\pi f_0x_0))\mathrm{d}x_0,$$

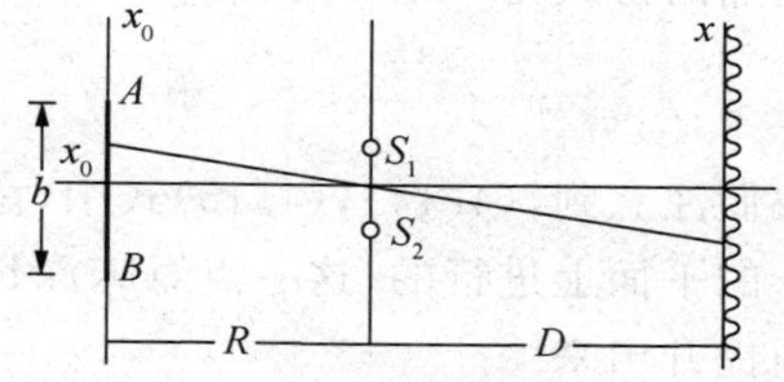

图 4.10 非相干线光源照明双孔

于是，线光源照明时的干涉场强度分布为

$$I(x,y)=\int_{-b/2}^{b/2}\mathrm{d}I=\int_{-b/2}^{b/2}B(1+\cos(2\pi fx+2\pi f_0x_0))\mathrm{d}x_0,$$

第一项积分结果为

$$Bb=I_0\quad\text{——直流成分，均匀背景光，}$$

第二项积分结果为

$$B\,\frac{\sin\pi f_0b}{\pi f_0}\cos 2\pi fx\quad\text{——空间频率为 } f \text{ 的交变成分，}$$

最后得

$$I(x,y)=I_0\left(1+\frac{\sin\pi f_0b}{\pi f_0b}\cos 2\pi fx\right).\tag{4.11}$$

这表明干涉场中衬比度 γ 是一个 sinc 函数形式，

$$\gamma=\left|\frac{\sin\pi f_0b}{\pi f_0b}\right|=\left|\frac{\sin u}{u}\right|,\tag{4.12}$$

其宗量

$$u = \pi f_0 b = \pi \frac{d}{R\lambda} b. \tag{4.13}$$

- **光源极限宽度或双孔极限间隔**

图 4.11 显示了线光源照明时，干涉场中衬比度函数曲线 $\gamma(u)$，$\gamma(b)$，$\gamma(d)$. 图中标明的光源特殊宽度 b_0 的物理意义是，在双孔间隔 d 给定条件下，当光源实际宽度 b 自小变大，则 γ 值逐渐下降；当光源宽度 $b=b_0$ 时，γ 值降至为零；当光源宽度 $b>b_0$ 时，γ 值有所回升，但并不显著，不在计较之列. 人们将衬比度 γ 值第一次降为零时的光源宽度 b_0 称为光源的极限宽度. 从观测意义上看，选取光源实际宽度 $b=b_0/2$，倒较为合适，因为这时屏幕上光强起伏还较为显著，其衬比度达 $\gamma=0.64$. 令(4.13)式 u 值为 π，得光源极限宽度公式为

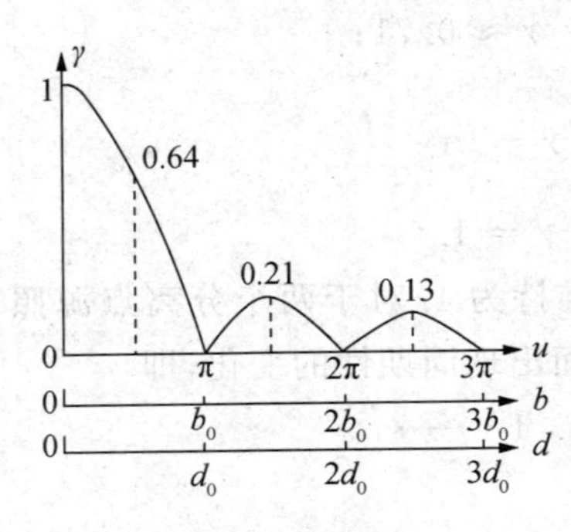

图 4.11　线光源照明时的衬比度曲线

$$b_0 = \frac{R\lambda}{d}. \tag{4.14}$$

同理，在光源实际宽度 b 给定条件下，对于双孔 S_1，S_2 间隔也有个极限值 d_0，确定双孔极限间隔的公式为

$$d_0 = \frac{R\lambda}{b}. \tag{4.15}$$

我们注意到，(4.14)，(4.15)式中，竟不出现 D，虽然对衬比度 γ 值的观测是在与双孔距离为 D 的平面上进行的. 这一点意味深长，下一节关于光场的空间相干性概念，正是基于这一点而提升出来.

最后还有一点值得指出. 当光源为极限宽度 b_0 时，其上下边缘两个点源 A 和 B 造成的两套条纹，按(4.7)式恰巧错移 1 个条纹，即 $N=db_0/R\lambda=1$，由于其间有大量连续密排点源的贡献，致使衬比度 $\gamma=0$，而不像分离点源那样 γ 为 1；当 $b=b_0/2$ 时，A，B 点源造成的两套条纹，正好错移 1/2 个条纹，此时 $\gamma=0.64$，而不像分离点源那样 γ 为 0. 这一差别示意如下：

$$b_0 \,\Big\|_{B}^{A} \longrightarrow \gamma = 0, \quad \frac{b_0}{2} \,\Big\|_{B}^{A} \longrightarrow \gamma = 0.64;$$

$$b_0 \; \vdots \longrightarrow \gamma = 1, \quad \frac{b_0}{2} \; \vdots \longrightarrow \gamma = 0.$$

由此，引出一个判据——非相干扩展光源照明时，当其边缘点源引向场点的光程差之差等于一个波长 λ_0 时，则考察区域中衬比度 $\gamma=0$，以此估算极限值，即

$$\Delta L_A(P) - \Delta L_B(P) = \pm\lambda_0, \quad \text{有 } \gamma(P\text{ 附近}) = 0. \tag{4.16}$$

例题　在图 4.10 装置中，设 $R=40\text{ cm}$，$d=1\text{ mm}$，$\lambda=600\text{ nm}$，则线光源的极限宽度为

$$b_0 = \frac{400 \times 0.6 \times 10^{-3}}{1}\text{ mm} = 0.24\text{ mm},$$

从日常眼光看，这 b_0 值还是相当小的，反过来，如果给定光源宽度 $b=1.2\,\text{mm}$，则由(4.15)式算得双孔极限间隔为

$$d_0=\frac{400\times0.6\times10^{-3}}{1.2}\,\text{mm}=0.20\,\text{mm}.$$

- **面光源照明时的干涉场**

为了考证上述基于线光源而得到的光源极限宽度或双孔极限间隔公式的普遍性，现在让我们分析非相干面光源照明双孔时的干涉场. 如图 4.12 所示，(x_0,y_0)是光源所在平面，(XY)是双孔所在平面，(xy)是观测平面亦即干涉场. 任一发光面元 $\mathrm{d}\Sigma$ 位置坐标(x_0,y_0)，双孔位置坐标 $S_1\left(\frac{d}{2},0\right)$，$S_2\left(-\frac{d}{2},0\right)$，场点 P 位置坐标(x,y). 以下为了表述简明起见，将平行 S_1S_2 方向的，即平行 x_0 轴或 x 轴的方向称作纵向，将与 S_1S_2 方向正交的，即平行 y_0 轴或 y 轴的方向称作横向. 由于观测平面(xy)面对的依旧是双孔 S_1，S_2，故该发光面元贡献的干涉强度分布依旧可以表达为

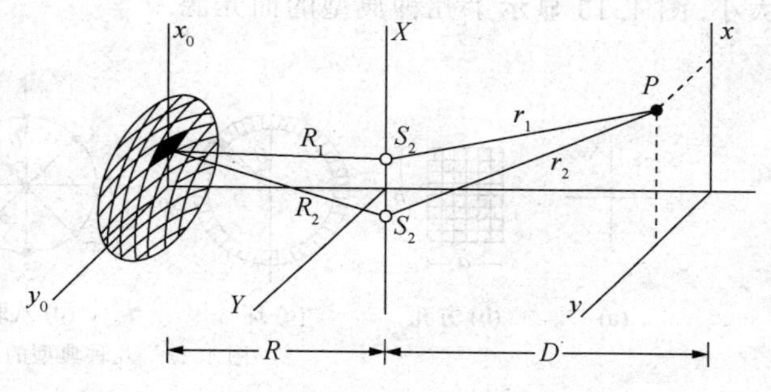

图 4.12 非相干面光源照明双孔

$$\mathrm{d}I(P)=B(1+\cos(2\pi fx+\varphi_0(x_0,y_0))\mathrm{d}\Sigma,$$

这里，空间频率 $f=1/\Delta x=d/D\lambda$，它与面元 $\mathrm{d}\Sigma$ 位置(x_0,y_0)无关，而 φ_0 值反映了条纹位置的相对移动，显然 φ_0 与(x_0,y_0)有关，应由等光程方程

$$(R_1+r_1)=(R_2+r_2)$$

给予确定. 在傍轴条件下，

$$R_1=R+\frac{\left(x_0-\frac{d}{2}\right)^2+y_0^2}{2R},\quad R_2=R+\frac{\left(x_0+\frac{d}{2}\right)^2+y_0^2}{2R},$$

$$r_1=D+\frac{\left(x-\frac{d}{2}\right)^2+y^2}{2D},\quad r_2=D+\frac{\left(x+\frac{d}{2}\right)^2+y^2}{2D},$$

代入等光程方程，简化为

$$\frac{-x_0d}{R}-\frac{xd}{D}=\frac{x_0d}{R}+\frac{xd}{D},$$

解出此时零级条纹的纵向坐标

$$x_c=-\frac{D}{R}x_0. \tag{4.17}$$

这表明，位于(x_0,y_0)的发光面元造成的干涉条纹，仅有纵向位移而无横向位移，更重要的是条纹纵向位移量 x_c 仅决定于面元的纵向坐标 x_0，而与横向坐标 y_0 无关. 据(4.17)写出相移量，

$$\varphi_0(x_0,y_0)=-2\pi f x_c=2\pi f\frac{D}{R}x_0=2\pi\frac{d}{R\lambda}x_0=2\pi f_0 x_0,\quad f_0\equiv\frac{d}{R\lambda}. \tag{4.18}$$

最后,写出面光源照明时双孔造成的干涉强度的一般积分式

$$I(x,y)=\iint_{(\Sigma)}B(1+\cos(2\pi fx+2\pi f_0x_0))\mathrm{d}x_0\mathrm{d}y_0. \tag{4.19}$$

这里,参量 B 是与光源发光能力或亮度相对应的一个物理量,可称其为亮度系数,若面光源均匀发光,则 B 与(x_0,y_0)无关,是一个常数.这时,积分结果就仅决定于发光面源的形状和大小.图 4.13 显示了几种典型的面光源.

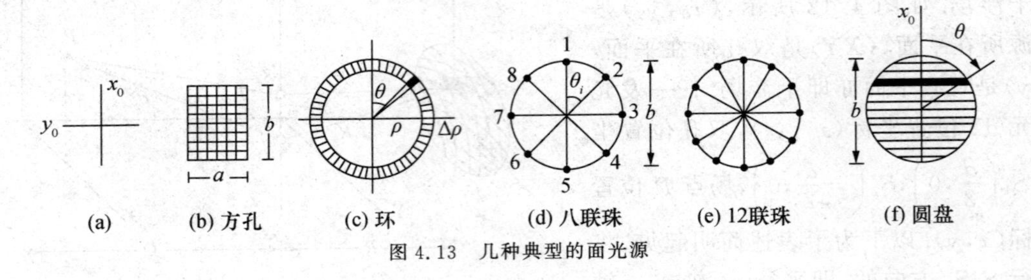

图 4.13　几种典型的面光源

- **方孔光源**

如图 4.13(b)所示,一非相干、均匀发光、长方形面光源,纵向宽度为 b,横向宽度为 a,代入(4.19)式,得干涉场强度分布为

$$\begin{aligned}I(x,y)&=\int_{-a/2}^{a/2}\mathrm{d}y_0\cdot\int_{-b/2}^{b/2}B(1+\cos(2\pi fx+2\pi f_0x_0))\mathrm{d}x_0\\&=B(ab)\left(1+\frac{\sin\pi f_0b}{\pi f_0b}\cdot\cos2\pi fx\right).\end{aligned} \tag{4.20}$$

可见,干涉场衬比度为

$$\gamma=\left|\frac{\sin\pi f_0b}{\pi f_0b}\right|.$$

显然,这结果与先前纵向宽度为 b 的线光源照时情形是一致的,区别仅在常系数 $I_0=B(ab)$,先前这系数是 $I_0=Bb$.

- **环状光源**

如图 4.13(c),一非相干、均匀发光的环状光源,内径为 ρ,外径为$(\rho+\Delta\rho)$,且 $\Delta\rho\ll\rho$.发光面元 $\Delta\Sigma=\rho\,\mathrm{d}\theta\Delta\rho$,对应的纵向坐标 $x_0=\rho\cos\theta$,于是干涉强度积分式被表达为

$$\begin{aligned}I(x,y)&=B\rho\Delta\rho\int_0^{2\pi}(1+\cos(2\pi f_0\rho\cos\theta+2\pi fx))\mathrm{d}\theta\\&=I_0\left(1+\frac{1}{2\pi}\int_0^{2\pi}\cos(2\pi f_0\rho\cos\theta+2\pi fx)\mathrm{d}\theta\right),\end{aligned} \tag{4.21}$$

其中 $I_0=B(2\pi\rho\Delta\rho)$.这个积分式并不简单,难以用通常方式求出解析结果.为了获知环状光源所造成的干涉场的主要特征,我们将其离散化以作近似处理.

如图 4.13(d)所示,8 个等亮度的点源,等间隔地分布于半径为 ρ 的圆周上——八联珠模型.其中,每个点源的纵向坐标为 $x_{0i}=\rho\cos\theta_i$,它对干涉场的贡献可以表达为以下形式,

$$I_i(x,y)=i_0(1+\cos(2\pi fx+2\pi f_0 x_{0i})),$$

故八联珠共同造成的干涉场为

$$I(x,y)=\sum_{i=1}^{8}I_i=I_0\left(1+\frac{1}{8}\sum_{i=1}^{8}\cos(2\pi fx+\varphi_i)\right),$$

$$\varphi_i=2\pi f_0\rho\cos\theta_i,\quad I_0=8i_0(\text{仅是一个参考常数}).$$

这里 $\theta_1=0$, $\theta_2=\frac{\pi}{4}$, $\theta_3=\frac{\pi}{2}$, $\theta_4=\frac{3\pi}{4}$, $\theta_5=\pi$, $\theta_6=\frac{5\pi}{4}$, $\theta_7=\frac{3\pi}{2}$, $\theta_8=\frac{7\pi}{4}$,相应的相移量(用直径 b 替代 2ρ),

$$\varphi_1=\pi f_0 b,\quad \varphi_2=0.71\varphi_1,\quad \varphi_3=0,\quad \varphi_4=-0.71\varphi_1,$$

$$\varphi_5=-\varphi_1,\quad \varphi_6=-0.71\varphi_1,\quad \varphi_7=0,\quad \varphi_8=0.71\varphi_1.$$

我们注意到,求和正是 8 个等振幅的同频简谐量的叠加,其合成振幅 Γ 可由矢量图解法方便地得到,参见图 4.14,于是,

$$I(x,y)=I_0\left(1+\frac{1}{8}\Gamma\cos 2\pi fx\right),\tag{4.22}$$

$$\Gamma=2\cos\varphi_1+2\cos\varphi_2+2\cos\varphi_3+2\cos\varphi_4.\tag{4.23}$$

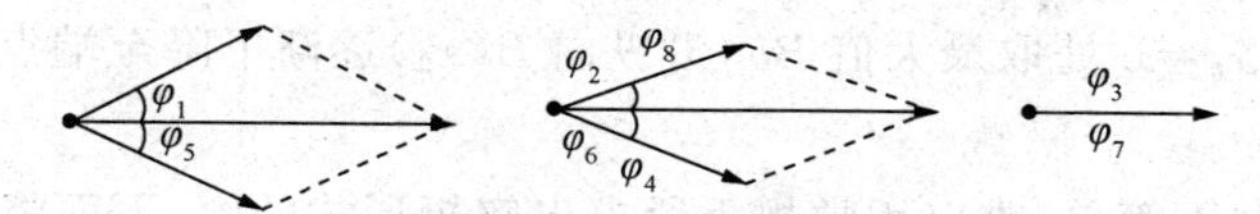

图 4.14　矢量图解法求出 8 个同频简谐量的合成振幅

故干涉场的衬比度为

$$\gamma(bf_0)=\frac{1}{8}\mid\Gamma\mid=\frac{1}{4}\left|\sum_{i=1}^{4}\cos\varphi_i\right|.\tag{4.24}$$

数值计算结果列举如下,

bf_0	0	0.25	0.5	0.75	0.8	0.85	0.9	1.0	1.25	1.5	2.0
γ	1.0	0.85	0.47	0.02	$\lvert -0.06\rvert$	$\lvert -0.13\rvert$	$\lvert -0.2\rvert$	$\lvert -0.31\rvert$	$\lvert -0.40\rvert$	$\lvert -0.24\rvert$	0.38

描绘出 $\gamma(bf_0)$ 函数曲线示于图 4.15,它准确地显示了第一次使衬比度 γ 值降为零的变量值 $bf_0\approx 0.78$.注意到参量 $f_0=\frac{d}{R\lambda}$,于是,得到八联珠照明时光源的极限直径为

$$b_0=0.78\frac{R\lambda}{d}.\tag{4.25}$$

它与纵向线光源照明时(4.14)式的差别,仅在于系数从 1.0 降为 0.78.不妨以 12 联珠模型如图 4.13(e)

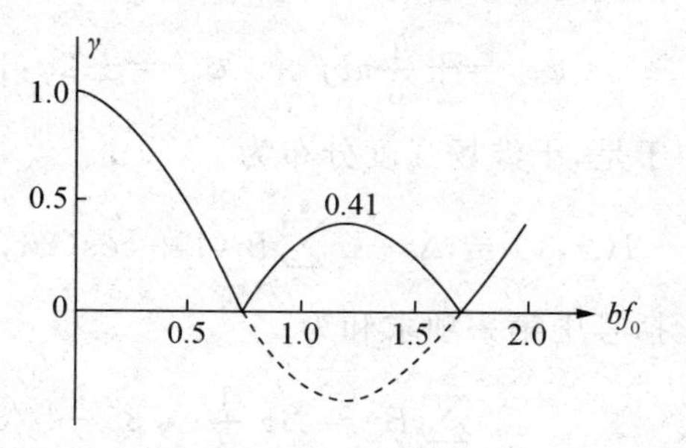

图 4.15　环状光源照明时的衬比度曲线

所示，再作一次数值计算，其结果与 8 联珠比较，几乎无多大变化，我们所关注的衬比度第一次出现零点的变量值 bf_0 依然在 0.78 左右. 因此有理由确认，(4.25)式适用于环状光源.

- **圆盘光源**

红太阳，像圆盘. 如图 4.13(f)所示，一非相干、均匀发光的圆盘光源，直径为 b. 我们可以将圆盘沿纵向 x_0 轴分割为一系列细长条，其中任一长条的纵向坐标是同一 x_0，它可以作为积分面元

$$\mathrm{d}\Sigma = 2\sqrt{\rho^2 - x_0^2}\,\mathrm{d}x_0,$$

于是，干涉场强度分布积分式(4.19)被简化为一元线积分，

$$I(x,y) = \int_{-\rho}^{\rho} B2\sqrt{\rho^2 - x_0^2}(1+\cos(2\pi fx + 2\pi f_0 x_0))\mathrm{d}x_0,$$

写成含有新意的形式，

$$I(x,y) = \int_{-\rho}^{\rho} B(x_0)(1+\cos(2\pi fx + \varphi_0(x_0)))\mathrm{d}x_0, \tag{4.26}$$

$$B(x_0) = B2\sqrt{\rho^2 - x_0^2} = Bb\sqrt{1-\left(\frac{x_0}{\rho}\right)^2},\quad \varphi_0(x_0) = 2\pi f_0 x_0. \tag{4.27}$$

这意味着，均匀发光圆盘等效于一条纵向宽度为 b、非均匀发光的线光源，其亮度系数为 $B(x_0)$ 函数，在中心 $x_0=0$ 处取最大值 Bb，沿纵向 $B(x_0)$ 逐渐下降至端点 $x_0=\rho$ 处亮度系数 B 取最小值零.

积分式(4.26)并不简单，难以用常规手段求出解析形式的解. 下面将积分运算作离散化处理，以图给出衬比度函数值计算的近似结果.

将等效线光源半宽度 ρ，均分为 6 段，坐标分别为

$$x_{\pm1} = \pm\frac{1}{6}\rho,\ x_{\pm2} = \pm\frac{2}{6}\rho,\ \cdots,\ x_{\pm5} = \frac{5}{6}\rho,\ x_{\pm6} = \rho;\quad \Delta x_0 = \frac{1}{6}\rho.$$

相应的亮度系数为

$$B_{\pm1} = Bb\frac{\sqrt{35}}{6},\ B_{\pm2} = Bb\frac{\sqrt{32}}{6},\ \cdots,\ B_{\pm5} = Bb\frac{\sqrt{11}}{6},\ B_{\pm6} = 0.$$

相应的相移量为

$$\varphi_{\pm1} = \pm\frac{1}{6}\pi bf_0,\quad \varphi_{\pm2} = \pm2\varphi_1,\quad \varphi_{\pm3} = \pm3\varphi_1,\quad \varphi_{\pm4} = \pm4\varphi_1,\quad \varphi_{\pm5} = \pm5\varphi_1.$$

于是，干涉场强度分布为

$$I(x,y) = \Delta x_0 \cdot \sum_{-5}^{5} B_i(1+\cos(2\pi fx + \varphi_i)) = \Delta x_0\left(\sum B_i + \sum B_i\cos(2\pi fx + \varphi_i)\right),$$

括号中第一项求和为

$$\sum_{-5}^{5} B_i = Bb\frac{1}{3}(\sqrt{35}+\sqrt{32}+\sqrt{27}+\sqrt{20}+\sqrt{11}) = \frac{1}{3}Bb(24.6);$$

括号中第二项求和为 10 个同频简谐量的叠加，结果表达为

$$\Gamma\cos 2\pi fx,$$

其幅值 Γ 可由矢量图解法求出，

$$\begin{aligned}\Gamma &= 2B_1\cos\varphi_1 + 2B_2\cos\varphi_2 + 2B_3\cos\varphi_3 + 2B_4\cos\varphi_4 + 2B_5\cos\varphi_5\\ &= \frac{1}{3}Bb(\sqrt{35}\cos\varphi_1 + \sqrt{32}\cos 2\varphi_1 + \sqrt{27}\cos 3\varphi_1 + \sqrt{20}\cos 4\varphi_1 + \sqrt{11}\cos 5\varphi_1)\\ &= \frac{1}{3}Bb\cdot\Gamma_0.\end{aligned} \tag{4.28}$$

最后得
$$I(x,y) = \frac{1}{3}Bb(24.6)\left(1+\frac{1}{24.6}\Gamma_0\cos 2\pi fx\right)\Delta x_0. \tag{4.29}$$

可见，干涉场上出现的依然是空间频率为 f 且平行于 y 轴的直条纹，其衬比度函数为

$$\gamma(bf_0) = \frac{1}{24.6}\,|\,\Gamma_0\,|. \tag{4.30}$$

数值计算结果列举如下，

bf_0	0	0.2	0.4	0.6	0.8	1.0	1.1	1.2	1.3	1.5	1.8	2.0	2.2
γ	1	0.95	0.80	0.60	0.35	0.12	0.01	$\|-0.08\|$	$\|-0.14\|$	$\|-0.26\|$	$\|-0.28\|$	$\|-0.23\|$	$\|-0.17\|$

描绘出 $\gamma(bf_0)$ 函数曲线示于图 4.16，它准确地显示了第一次使衬比度降为零的变量值 $bf_0\approx 1.1$，注意到参量 $f_0=d/R\lambda$，于是，得均匀发光非相干圆盘光源的极限直径为

$$b_0 = 1.1\,\frac{R\lambda}{d}.\text{①} \tag{4.31}$$

它与纵向均匀发光的线光源照明时(4.14)式的差别，仅在于系数从 1.0 提高为 1.1.

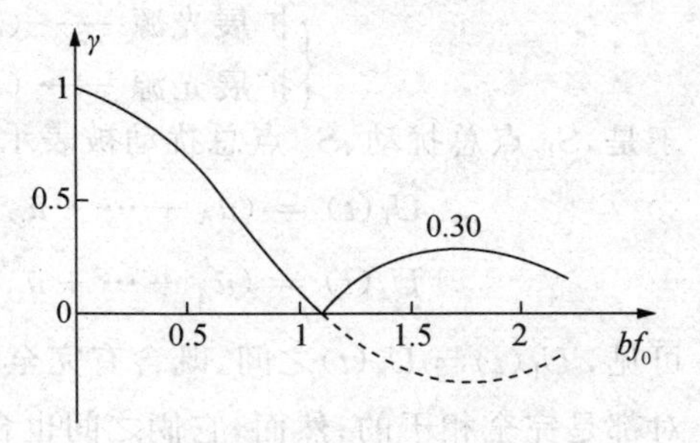

图 4.16 圆盘光源照明时的衬比度曲线

- **结论**

以上，我们详细地研究了扩展光源照明双孔时的衬比度函数 $\gamma(bf_0)$，给出了三种典型情况下光源极限宽度公式，它们可统一地表达为

$$b_0 = K\,\frac{R\lambda}{d}, \tag{4.32}$$

$K=0.78$，环状光源；$K=1.0$，线光源；$K=1.2$，圆盘光源. 由此可见，K 值决定于光源形状，可称其为形状因子.

从物理图像上分析，任何形状的面光源均可以被压缩或投影为沿 x_0 轴的一个等效线光源，相应地这等效线光源有一个非均匀的亮度分布 $B(x_0)$，虽然真实光源是均匀发光的. 这里，环状光源和圆盘光源是两个代表. 环状光源对应的等效线光源，其亮度分布是内弱外强，即随 x_0 增加，$B(x_0)$ 也随之提高，以致 $K<1$；圆盘光源对应的等效线光源，其亮度分布是内

---

① 这里系数 $K\approx 1.1$，与精算结果 $K\approx 1.22$ 的偏差来自光源被离散化的近似处理. 如果计及那居中 $x_0=0$ 一段的贡献，也能得 $K\approx 1.2$ 的结果.

强外弱，即 $B(x_0)$ 随 x_0 增加而下降，以致 $K>1$. 从这个意义上说，均匀发光的线光源居中，$K=1$. 下一节我们就以均匀发光线光源为代表，展开光场空间相干性问题的讨论，而不去计较形状因子 K 值那 10%—20%的差别.

4.3　光场的空间相干性

· 空间相干性概念　· 空间相干性反比公式——相干孔径角和相干面积

· 例题——太阳光在地球上的相干面积和相干间隔 d_0　· 迈克耳孙星体干涉仪

● 空间相干性概念

让我们考察扩展光源照明空间中，横向两个点源 S_1 和 S_2 之间的相干性，参见图 4.17. 观测平面(xy)面对的是双孔即两个次波源，可观测量衬比度 γ 反映了 S_1 与 S_2 之间的相干程度，$\gamma<1$ 的事实表明 S_1 与 S_2 之间是部分相干(partial coherence). 这当然根源于非相干扩展光源. 扩展光源面对的也是这两个双孔，从微观上看，它俩各自均接受扩展光源身上各点源发送来的光扰动，如图 4.18 所示，即

$$\begin{cases}\text{扩展光源} \longrightarrow (S_1): \tilde{u}_A(t), \cdots, \tilde{u}_O(t), \cdots, \tilde{u}_B(t); \\ \text{扩展光源} \longrightarrow (S_2): \tilde{u}'_A(t), \cdots, \tilde{u}'_O(t), \cdots, \tilde{u}'_B(t).\end{cases}$$

于是，S_1 点总扰动、S_2 点总扰动被表示为

$$\widetilde{U}_1(t) = (\tilde{u}_A + \cdots + \tilde{u}_O + \cdots + \tilde{u}_B) = \sum \tilde{u}_i(t) = A\mathrm{e}^{\mathrm{i}(\omega t+\tilde{\varphi}_1)},$$

$$\widetilde{U}_2(t) = (\tilde{u}'_A + \cdots + \tilde{u}'_O + \cdots + \tilde{u}'_B) = \sum \tilde{u}_i(t) = A\mathrm{e}^{\mathrm{i}(\omega t+\tilde{\varphi}_2)}.$$

可见，$\widetilde{U}_1(t)$与 $\widetilde{U}_2(t)$之间，既含有完全相干成分，比如 $\tilde{u}_A$ 与 $\tilde{u}'_A$，$\tilde{u}_O$ 与 $\tilde{u}'_O$，$\tilde{u}_B$ 与 $\tilde{u}'_B$，这一对对都是完全相干的；然而，它俩之间也含有完全非相干成分，比如 $\tilde{u}_A$ 与 $\tilde{u}'_O$，$\tilde{u}_O$ 与 $\tilde{u}'_B$，$\tilde{u}_B$ 与 $\tilde{u}'_A$，这一对对是完全非相干的. 混杂一起，$\widetilde{U}_1$ 与 $\widetilde{U}_2$ 之间既非只有完全相干成分，又非只有完全不相干成分，其总后果是 $\widetilde{U}_1$ 与 $\widetilde{U}_2$ 之间系部分相干，虽然扩展光源是完全非相干的. 这部分相干性由两个相位随机量 $\tilde{\varphi}_1$ 和 $\tilde{\varphi}_2$ 来描述，更明确地说，是由两个随机相位差($\tilde{\varphi}_1-\tilde{\varphi}_2$)来描述——它俩既非完全相关，也非完全不相关，而是部分相关. 我们将 $\widetilde{U}_1$ 和 $\widetilde{U}_2$ 的振幅写成同一个 A，是因为对称布局和傍轴条件，致使两个扰动的振幅差别是极其次要的因素，导致 $\gamma<1$ 的主要原因是相位差($\tilde{\varphi}_1-\tilde{\varphi}_2$)的部分相关.

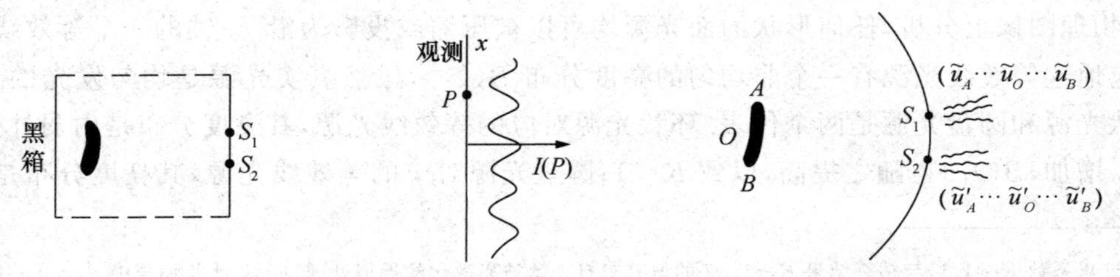

图 4.17　干涉场衬比度反映两点源的相干程度　　　图 4.18　扩展光源照明下两点源光扰动的内部构成

综上所述，在非相干扩展光源照明空间中，横向两点光扰动之间一般是部分相干的，或者说，这两个光扰动相位随机量之间是部分相关的，部分相干程度由观测平面上干涉场的衬比度 γ 值予以反映. 这就是光场空间相干性(spatial coherence)，这一概念所蕴含的基本内容.

● 空间相干性反比公式——相干孔径角和相干面积

直接引用 4.2 节(4.15)式，当光源宽度 b 给定时双孔的极限间隔 $d_0=R\lambda/b$，即

$$b \cdot \frac{d_0}{R}=\lambda,$$

其中 $d_0/R=\Delta\theta_0$，有着明确的几何意义，它就是双孔对光源中心所张开的孔径角，于是上式被表达为更为普遍的形式，

$$b \cdot \Delta\theta_0 \approx \lambda. \tag{4.33}$$

称此式为空间相干性反比公式，称 $\Delta\theta_0$ 为相干孔径角. 该反比公式表明，光源宽度与相干孔径角之乘积为一常数——光波长. 若 b 越小，则 $\Delta\theta_0$ 越大，如图 4.19 所示. 相干孔径角 $\Delta\theta_0$ 的物理意义是，若两点源 S_1，S_2 实际张角 $\Delta\theta\approx\Delta\theta_0$，则衬比度 $\gamma\approx0$，说明这两点源几乎非相干；若 $\Delta\theta<\Delta\theta_0$，则 $\gamma>0$，说明这两点源为部分相干；若比值 $\Delta\theta/\Delta\theta_0$ 越小，则 γ 值越加接近 1，说明这两点源的相干程度越高.

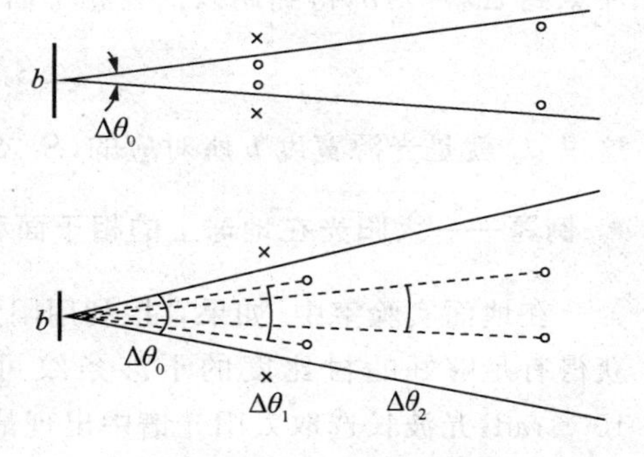

图 4.19 空间相干性反比公式的几何图像

反比公式在光波场中规划出一个角范围 $\Delta\theta_0$，参见图 4.19. 若(S_1,S_2)处于 $\Delta\theta_0$ 之外，则 $\gamma\approx0$，它俩几乎非相干；若(S_1,S_2)处于 $\Delta\theta_0$ 之内，则 $\gamma>0$，它俩部分相干；(S_1,S_2)处于 $\Delta\theta_0$ 内部越深，则 γ 值越高，说明(S_1,S_2)相干性越好. 值得注意的是，若保持(S_1,S_2)间距 d 不变，而将它俩由近移远，它俩的相干性则逐渐变好，正如图中所示，$\Delta\theta_2<\Delta\theta_1<\Delta\theta_0$，相应有 $\gamma_2>\gamma_1>\gamma_0$. 这表明，光在传播过程中，其相干程度将随之变化. 其实上一节关于衬比度 $\gamma(bf_0)$ 函数表达式(4.12)，可以改写为当前更能直截了当地反映空间相干性的形式，只要注意到 $d/R=\Delta\theta$，且

$$bf_0=b\frac{d}{R\lambda}=\frac{\lambda}{\Delta\theta_0}\cdot\frac{\Delta\theta}{\lambda}=\frac{\Delta\theta}{\Delta\theta_0},$$

于是，得衬比度函数的另一形式

$$\gamma\left(\frac{\Delta\theta}{\Delta\theta_0}\right)=\left|\frac{\sin\pi\dfrac{\Delta\theta}{\Delta\theta_0}}{\pi\dfrac{\Delta\theta}{\Delta\theta_0}}\right|. \tag{4.34}$$

显然，在刻画光场相干性方面，该式具有更为鲜明的物理图像. 例如，当双孔实际张角是干涉孔径角的三分之一时，即 $\Delta\theta/\Delta\theta_0=1/3$，则观测平面上显示的干涉条纹的衬比度 $\gamma\approx0.83$. 至于观测平面设定在何处，即 D 值取为多少，那是不限定的，只要有足够宽的条纹间距以便于

观测就可行.我们注意到以上所有与光场相干性有关的公式、包括光源极限宽度和双孔极限间隔公式中,均不出现参量 D,这正说明空间相干性是与光源相联系的光场的性质;设置双孔干涉实验,旨在将理论上的光场部分相干性概念,体现为一个可观测量——观测平面上干涉场的衬比度.当然,这本身就是物理理论完备性的一个必要条件,双孔干涉物理实验的价值也正在于此.

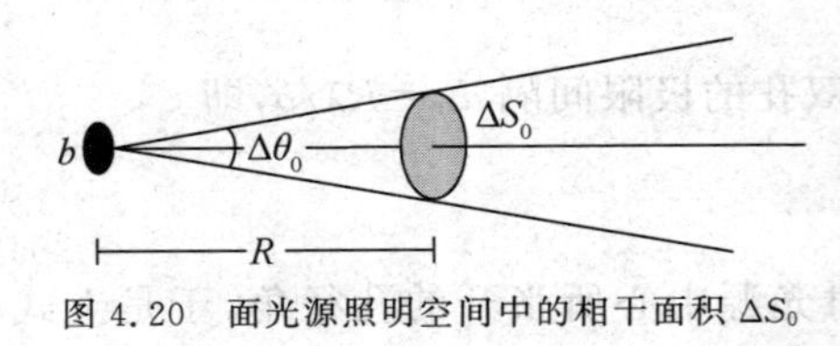

图 4.20　面光源照明空间中的相干面积 ΔS_0

如果面光源在相互垂直的两个方向上均有宽度 b,像圆盘光源或环状光源那样,则空间相干范围应该是一个由 $\Delta\theta_0$ 旋转而成的立体角 $\Delta\Omega_0$,与光源距离 R 处的相应面积 ΔS_0 被称为相干面积,在相干面积内的两个点源之间是部分相干的,参见图 4.20.由几何知识可得,

$$\Delta\Omega_0 = 4\pi\sin^2\frac{\Delta\theta_0}{4} \approx \frac{\pi}{4}(\Delta\theta_0)^2,\quad \Delta S_0 = R^2\Delta\Omega_0 \approx \frac{\pi}{4}(R\Delta\theta_0)^2,$$

注意到 $\Delta\theta_0 \approx \lambda/b$,得到用以估算相干面积的近似公式,

$$\Delta S_0 \approx \left(\frac{R\lambda}{b}\right)^2 \approx d_0^2. \tag{4.35}$$

这里 d_0 就是光源宽度 b 所对应的(S_1, S_2)极限间隔.

● **例题——太阳光在地球上的相干面积和相干间隔 d_0**

在地面实验室中,如果直接利用阳光作双孔干涉实验,那双孔间隔 d 应小于何值,才能获得有足够好的衬比度的干涉条纹可供观测.已知,地球上看太阳的视角 $\Delta\theta_0' \approx 30' \approx 10^{-2}$ rad,光波长选取太阳光谱中出现最大值的光波长,约在 $\lambda \approx 550$ nm.在利用(4.35)式计算相干间隔或相干面积时,可以不必查找太阳光盘直径 b 和日地距离 R 的数据,因为式中(b/R)的几何意义便是面光源对(S_1, S_2)中心所张开的角径,即 $\Delta\theta_0' = b/R$.故,太阳光在地球上的相干间隔

$$d_0 \approx \frac{\lambda}{\Delta\theta_0'} = \frac{550\ \text{nm}}{10^{-2}\ \text{rad}} = 55\ \mu\text{m}. \tag{4.36}$$

相应的相干面积为

$$\Delta S_0 \approx \left(\frac{\lambda}{\Delta\theta_0'}\right)^2 \approx (55\ \mu\text{m})^2 \approx 3\times10^{-3}\ \text{mm}^2. \tag{4.37}$$

可见,无论 d_0 或 ΔS_0 都是一个很小的数,虽然阳光的照明面积很大.为了增大相干面积,就必须像杨氏实验或其他分波前干涉装置那样,在光源与双孔(S_1, S_2)之间置放一狭缝,以限制光源有效宽度,即减少光源的孔径角 $\Delta\theta_0'$.比如,狭缝宽度 $b \approx 2$ mm 与双孔距离 $R \approx 1$ m,则按(4.36)式得相干间隔 $d_0 \approx 275\ \mu\text{m} \approx 0.28$ mm.若开两个小孔,间隔为 $d_0/2 \approx 0.14$ mm,这在当今技术上是完全可行的.此时可获得衬比度 $\gamma \approx 0.64$ 的干涉场.

● **迈克耳孙星体干涉仪**

在光源宽度 b 或光源孔径角 $\Delta\theta'$ 给定的条件下，干涉场衬比度将随双孔间隔 d 的增加而下降，即 $d\nearrow d_0$，而 $\gamma\searrow 0$，干涉条纹消失. 利用这一变化，可以精测遥远星体的角径

$$\Delta\theta' = \frac{\lambda}{d_0}. \tag{4.38}$$

设 $d_0\approx 1\,\text{m}$，取 $\lambda\approx 550\,\text{nm}$，则 $\Delta\theta'\approx 5.5\times 10^{-7}$ rad. 这角径数值，相当于一台天文望远镜其物镜口径 $D\approx 1\,\text{m}$ 时的最小分辨角. 以上只是一种原理性设想. 要使双孔间隔在 m 的数量级范围内可调，这在实验技术上有很多不便；d 的间隔如此大，以致条纹间距太小、条纹过密，已远远超过人眼或鉴测仪器的空间分辨率，因而，对 γ 值及其变化的鉴测早已失效，这是这一原理性设想在技术上实现的症结所在.

迈克耳孙星体干涉仪(Michelson's stellar interferometer)，如图 4.21(a)所示，它巧妙地解决了测角高精度与条纹宽间距之间的矛盾. 其结构右半部，是一常规的双孔干涉装置，双孔间隔很小，并借助一透镜来接收干涉场，鉴测衬比度及其变化. 干涉仪左半部包含四个平面反射镜，其中 M_2、M_3 固定不动，M_1、M_4 分别面对 M_2、M_3，可作横向移动. 遥远星体的光场包含有一系列不同方向的平行光束. 比如，星体中心 O 点产生一束正入射于干涉仪的平行光束(O_1O_2)，星体下边缘 B 点产生一束自下而上的平行光束(B_1B_2)，等等. 一平行光束中只有特定光线经 M_1，M_2 二次反射而恰好到达 S_1 孔，经 M_4，M_3 二次反射而恰好到达 S_2 孔. 寻找特定光线的省便方法，是利用光的可逆性原理——先确定 S_1 点对(M_2，M_1)的像点 S_1'，S_2 点对(M_3，M_4)的像点 S_2'. 于是，凡通过 S_1' 或 S_2' 的入射光线，必将射入 S_1 孔或 S_2 孔. 根据物像等光程性，从(S_1'，S_2')至(S_1，S_2)不会有附加的光程差. 这就是说，(S_1'，S_2')相干程度等于(S_1，S_2)相干程度，这便归结为一个面光源直接面对一基线为 h 的双孔(S_1'，S_2')，如图 4.21(b)所示.

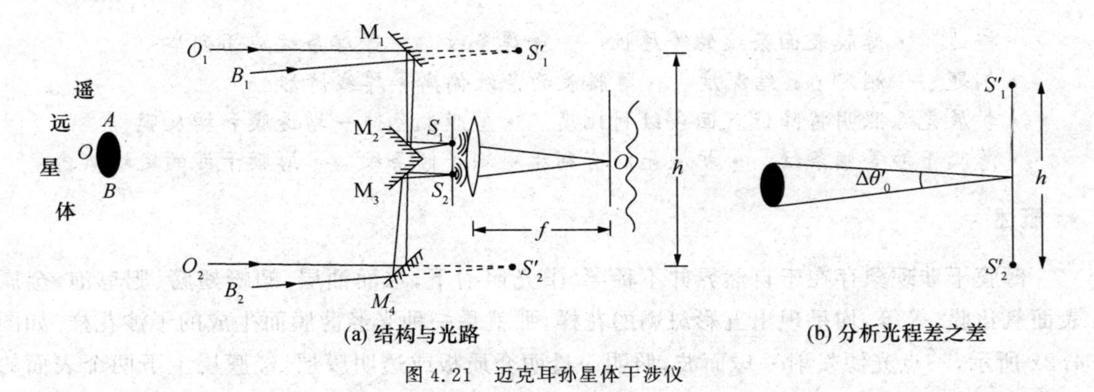

图 4.21 迈克耳孙星体干涉仪

据以上光路分析，可以求得光源上下边缘 A、B 发出的光线，对(S_1'，S_2')的光程差之差 $\delta(\Delta L)=h\cdot\Delta\theta'$. 当镜面 M_1，M_4 移动，h 增加，直至 $h\nearrow h_0$，使 $\delta(\Delta L)=\lambda$ 时，干涉场衬比度

减为零，条纹消失，即

$$h_0 \Delta\theta' = \lambda \quad 或 \quad \Delta\theta' = \frac{\lambda}{h_0}. \tag{4.39}$$

这里 h_0 为观察屏上条纹消失时，动镜 M_1 与 M_4 的距离.

1920 年 12 月的一个寒夜，迈克耳孙用这台仪器，测量了猎户座左上方那颗橙色星即"参宿四"的角径. 当基线 h 拉长到 121 英寸=3.07 m 时，杨氏双孔干涉条纹消失，故，"参宿四"的角径为

$$\Delta\theta' = \frac{\lambda}{h_0} = \frac{570\,\mathrm{nm}}{3.07\,\mathrm{m}} \approx 2\times10^{-7}\ \mathrm{rad}.$$

如果用天文望远镜来测定如此小的星体角径，那其物镜口径 D 取值至少要为 h_0，以有效地克服衍射艾里斑的影响. 可以想见，研磨、安装口径达 3 m 多的抛物镜面，该是多么大的功夫和造价.

综上所述，迈克耳孙星体干涉仪设计思想之精妙在于分化难点，将测角高精度与条纹宽间距分而施之，即

$$双孔(S_1, S_2)\ 短间隔\ d \sim \mathrm{mm} \longrightarrow 条纹间距\ \Delta x = \frac{f\lambda}{d} \sim \mathrm{mm};$$

$$双像(S_1', S_2')\ 长基线\ h_0 \sim 10^3\ \mathrm{mm} \longrightarrow 光源角径\ \Delta\theta' = \frac{\lambda}{h_0} \sim 10^{-7}\ \mathrm{rad}.$$

迈克耳孙星体干涉仪的问世，在光学技术史上有其特别意义. 在光源与双孔(S_1,S_2)位置不变的条件下，它通过镜面移动，而改变场点(S_1,S_2)的相关程度并予以探测. 这使它成为现代光学相关实验的先导，虽然这里涉及的是相位型干涉仪中的空间相干性. 在 4.11 节将介绍光学强度相关实验.

4.4　薄膜干涉

· 概述　· 薄膜表面条纹的等厚性——等厚条纹　· 等厚条纹应用列举
· 例题——测定 p-n 结深度　· 薄膜表面条纹偏离等厚线情形
· 扩展光源照明将降低表面条纹衬比度　· 薄膜颜色——增透膜和增反膜
· 薄膜干涉等倾条纹　· 扩展光源有利于观测等倾条纹　· 薄膜干涉的定域概念

● 概述

薄膜干涉现象存在于自然界并不稀罕. 阳光照射下，水面油层、蜻蜓翅膀、肥皂泡、金属表面氧化膜，等等，均呈现出五彩斑斓的花样，那就是一种光经薄膜而生成的干涉花样. 如图 4.22 所示，一点光源发射一球面波，照明一透明介质板或透明膜层，经膜层上下两个表面的反射，入射光束被分解为两束光，且在空间交叠而形成干涉场. 一般说来，这干涉区的空间范围是相当广阔的，从膜层表面到膜层上方，直至无限远，甚至可以延伸到膜层下方，如图

4.23 所示. 观测薄膜干涉场,通常要借助透镜或目视,除非观测远方的干涉场可用屏幕接收,参见图 4.24. 比如,透镜聚焦于 A 点而成像于 A' 点,或聚焦于 B 点,D 点,而成像于 B' 点,D' 点. 考虑到物像等光程性,从点 A,B 或 D,到点 A',B' 或 D',不会引来新的光程差,即 $\Delta L(A)=\Delta L(A')$,等等. 这表明透镜像面上的光强分布,如实地反映了薄膜干涉场的强度分布.

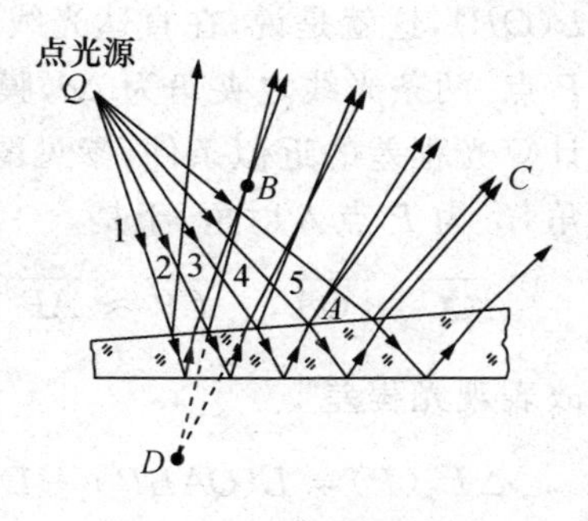

图 4.22 薄膜干涉场

人们通常关注两处干涉场,一是薄膜表面或表面附近的干涉场,二是膜层厚度均匀时远处的干涉场. 这两处干涉场的理论分析较为简单,且有广泛的实际应用.

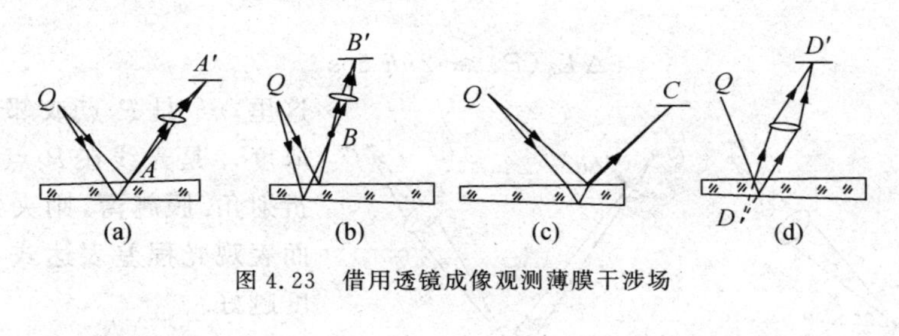

图 4.23 借用透镜成像观测薄膜干涉场

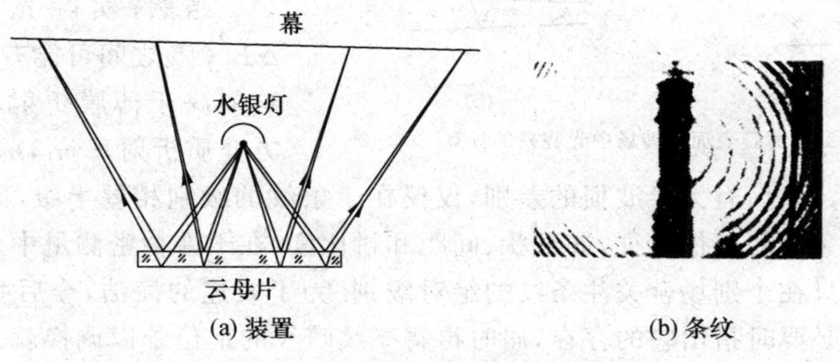

图 4.24 用屏幕接收远处的薄膜干涉场

在观察薄膜干涉场时,还有两个现象蛮有意思. 河面油层的彩色条纹,其色调随观察方位而变,比如你始终注视油层上的某一处,由远而近走过去,该处的颜色便随之发生变化,可能出现以下色序: 紫—青—黄—红. 当你用相机拍摄看来清晰的薄膜干涉条纹,尔后冲印出来的照片却可能十分模糊. 既然凡透明介质板均可以产生交叠区而形成干涉场,那为什么总在此场合强调膜层要薄,即薄膜的意义何在? 让我们带着这些现象和问题,进入关于薄膜干涉的理论分析、定量考察和实际应用的学习.

● 薄膜表面条纹的等厚性——等厚条纹

考察薄膜表面 P 点,如图 4.25(a)所示,相交于 P 点的两路光程为 $L(QABP)$ 与

$L(QP)$，这就是说，在直达光线 QP 邻近，总存在另一条恰当光线 QA，经透射、反射而到达 P 点. 两条光线之夹角为 $\Delta\theta$，膜越薄，$\Delta\theta$ 角则越小，如图 4.25(b)所示. 夹角 $\Delta\theta$ 甚小，提供了计算光程差的近似条件，参见图 4.25(a)，作辅助线 AC 垂直 QP，设膜厚为 h，i 为 A 点折射角，i_1 为 P 点入射角，于是，

$$\overline{QC} \approx \overline{QA},\quad \overline{CP} \approx \overline{AP}\sin i_1,\quad \overline{AP} \approx 2h\tan i,\quad \overline{AB} + \overline{BP} \approx 2\,\overline{AB} \approx \frac{2h}{\cos i},$$

故表观光程差

$$\Delta L_0(P) = L(QABP) - L(QP) \approx L(ABP) - L(CP) \approx \frac{2nh}{\cos i} - 2h\tan i \cdot n_1 \sin i_1$$

$$= \frac{2nh}{\cos i} - 2h\tan i \cdot n\sin i = \frac{2nh}{\cos i}(1 - \sin^2 i).$$

最终得

$$\Delta L_0(P) \approx 2nh\cos i. \tag{4.40}$$

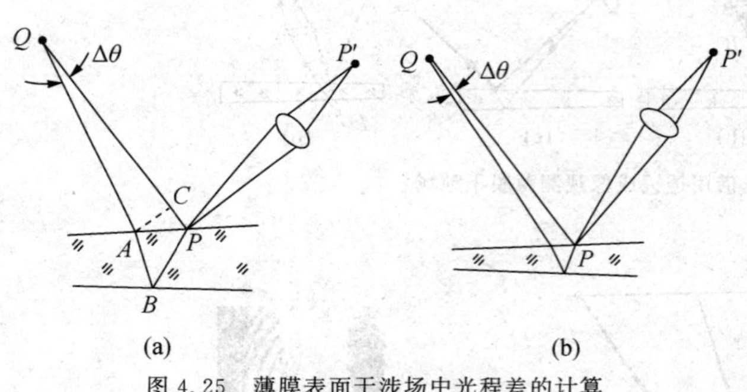

图 4.25　薄膜表面干涉场中光程差的计算

这里，nh 是 P 点或邻近的膜层光学厚度，i 是光线在 P 点或其邻近的内折射角. 膜越薄，则夹角 $\Delta\theta$ 越小，从而表观光程差表达式(4.40)近似程度越好.

当然，实际光程 $\Delta L(P)$ 与 $\Delta L_0(P)$ 之间可能有 $\pm\lambda_0/2$ 的差别，这取决于薄膜折射率 n 与上方、下方介质折射率 n_1，n_2 数值大小之比较，参见 3.3 节，不过，有无半波损的差别，仅仅在于条纹的级别相差半级，即亮纹与暗纹相对调，这不影响条纹的其他特征，如形状、间距和衬比度. 在干涉精密测量中人们关注的是条纹的相对变动，只在个别场合关注条纹的绝对级别. 为了表述的简洁，今后我们不去理会半波损因素，只在必要时指出它的存在，届时再将亮纹暗纹的地位予以调换就是了.

式(4.40)表明，影响薄膜表面干涉场的光程差有两个因素，厚度 h 和倾角 i. 为了突出厚度因素，在实验上可采取以下措施：(1) 平行光近乎垂直照明薄膜；(2) 球面波傍轴小倾角照明薄膜. 总之，设法实现倾角 i 很小，$i \leqslant 0.3$ rad，以得 $\cos i \approx 1$，于是，

$$\Delta L_0(P) = 2nh. \tag{4.41}$$

这表明此时薄膜表面条纹具有等厚性——等厚条纹(equal thickness fringes). 等厚条纹的主要性能概括如下.

(1) 表面条纹形貌与薄膜几何等厚线一致.

(2) 在 $2nh = k\lambda_0$ 处，出现亮纹(或暗纹)；在 $2nh = \left(k + \dfrac{1}{2}\right)\lambda_0$ 处，出现暗纹(或亮纹). 括号中的是指有半波损时的情形.

(3) 两相邻条纹之间对应的膜层厚度差 $\lambda/2$，这对任何形貌的表面条纹均适用. 对此，证

明如下. 相邻亮纹或相邻暗纹之间，光程差之差为一个波长，即

$$\delta(\Delta L_0) = \delta(2nh) = \lambda_0, \quad 2n\delta h = \lambda_0, \quad \delta h = \frac{\lambda_0}{2n},$$

$$\delta h = \frac{\lambda}{2}. \tag{4.42}$$

这一关系式广泛地应用于干涉精密测量学中，该式也被用于考量表面条纹的移动，即每当表面条纹移动一条或变化一次，则该处厚度改变 $\lambda/2$.

- **等厚条纹应用列举**

(1) 楔形薄膜.

一对不平行的透明平板之间形成一楔形空气层，俗称尖劈. 显然，楔形膜的等厚线是一组平行于交棱的直线，如图 4.26(a)所示，其表面等厚干涉条纹是一组平行直条纹，当用平行光近乎垂直照射楔形膜；若用球面波照明，则条纹的直线性稍差，如图 4.26(b)所示. 设楔形膜的劈角为 α，则对应厚度差 Δh 那两处的表面横向距离为 $\Delta x = \Delta h/\alpha$，根据(4.42)式，得楔形膜表面条纹的间距公式为

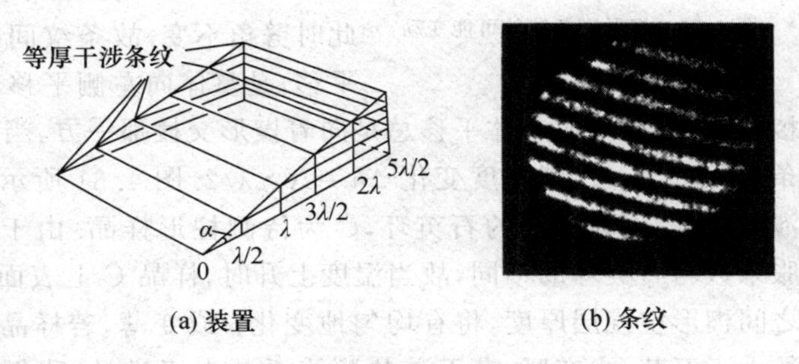

图 4.26 楔形薄膜的等厚条纹

$$\Delta x = \frac{\lambda}{2\alpha}. \tag{4.43}$$

这表明，劈角越小，则条纹间距越大；测量条纹间距 Δx，可精确算出小角 α.

由楔形薄膜可以演化出多种测量装置. 图 4.27 显示的是一测量细丝直径的装置. 将细丝夹在两块平面玻璃板的一端，而压紧两玻璃板的另一端，于是，在两玻璃板间就形成一楔形空气层，在平行光照射下，其表面生成一组平行直条纹. 对交棱处暗纹到细丝之间的条纹数目 N，进行计数遂可算出细丝直径 $d = N \cdot \lambda/2$. 为了精确测量较大的尺度，则需将待测物

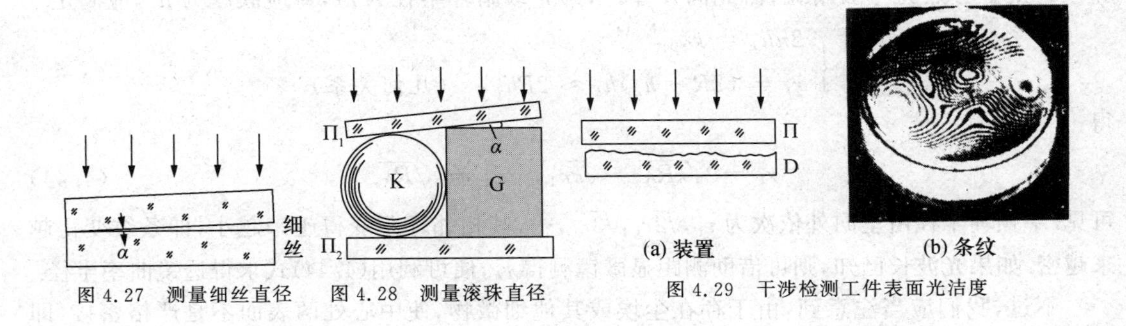

图 4.27 测量细丝直径　图 4.28 测量滚珠直径　图 4.29 干涉检测工件表面光洁度

体的长度与标准块规的长度作比较测量. 图 4.28 所示为一测量滚珠直径的装置，从上方平板与块规 G 之间楔形空气层生成的表面条纹的间距，求得角 α，从而算出滚珠 K 的直径与块规长度之差值. 图 4.29 显示薄膜表面条纹可用于测量机械零件表面的平整度即光洁度，表面条纹花样形貌一目了然，它如实地反映了下面那块待测表面 D 的等厚线轨迹，当然，上面那块覆盖着的平板 Ⅱ 应当是一标准平面玻璃板.

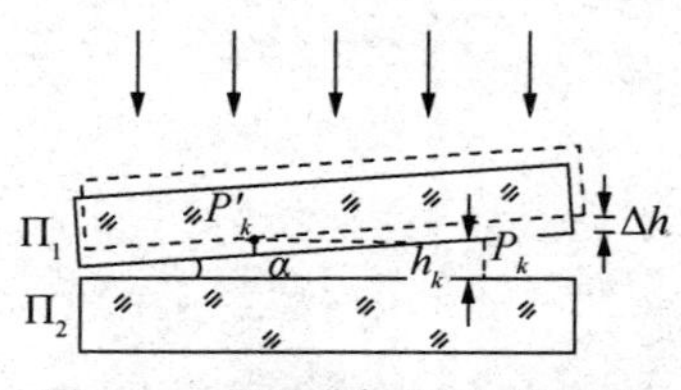

图 4.30　楔形膜条纹的可能变动

楔形薄膜厚度的微小变化或劈角的微小变化，均将引起表面条纹发生显著的变化，借此可用于精密测量和鉴别. 比如，在图 4.30 所示的装置中，若轻轻地按压右侧，发现条纹间距变宽，则判定楔形膜的交棱在左侧；反之，若按压右侧而条纹变密，则判定交棱在右侧. 设想，其上面平板向上平移，此时劈角不变，故条纹间距不变，但干涉场条纹整体发生了平移，是整体向左侧平移还是向右侧平移，这取决于楔形交棱在哪一侧. 条纹整体平移总是向着楔形交棱那一方，当膜层厚度增加时. 其定量关系是，若条纹移过 N 条，则厚度变化 $\Delta h = N \cdot \lambda/2$. 图 4.31 所示为一种干涉膨胀计，G 为标准的石英环，C 为待测柱形样品. 由于样品的膨胀系数与石英环的不同，故当温度上升时，样品 C 上表面与平板 Ⅱ 之间楔形空气层厚度，将有均匀地变化：或变薄，若样品热膨胀系数大于石英，或变厚，若石英热膨胀系数大于样品. 我们可以从表面条纹移动的数目，算出样品与石英环长度的相对改变量，进而推算出两者膨胀系数之差值；从条纹移动的方向，判定两者膨胀系数大小之比较. 于是，由石英膨胀系数和本实验数据，最终确定样品的膨胀系数.

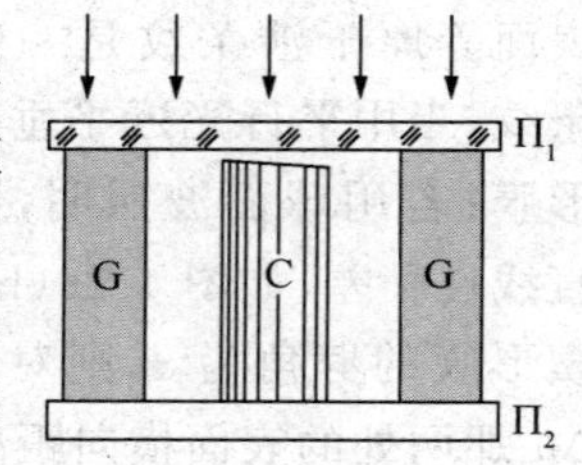

图 4.31　干涉膨胀计

(2) 牛顿环.

一曲率半径较大的透镜，置放于一玻璃平板上，便形成一空气薄膜，如图 4.32(a)，其等厚线是一系列以触点 O 为中心的同心圆，干涉实验显示的等厚条纹与此一致，称为牛顿环，见图 4.32(b). 牛顿环半径与透镜曲率半径的关系推导如下. 设中心点膜厚为 h_0，若密接，即 $h_0=0$，则中心点为零级暗斑，由此向外算计，第 k 级暗环半径为 r_k，对应膜厚为 h_k，应满足

$$\begin{cases} 2nh_k = k\lambda_0, \\ r_k^2 = (2R - h_k)h_k \approx 2Rh_k, \quad \text{(几何关系)} \end{cases}$$

得

$$r_k = \sqrt{kR\lambda} = \sqrt{k}r_1, \quad r_1 = \sqrt{R\lambda}. \tag{4.44}$$

可见，牛顿环半径由里向外依次为 $r_1, \sqrt{2}r_1, \sqrt{3}r_1, \cdots$，其相邻环距变得越来越小，即条纹变得越来越密. 如果光波长已知，则可借助测距显微镜测得 r_k，便可利用(4.44)式求得透镜曲率半径.

不过，我们应当注意到，由于存在尘埃或其他细微物，使中心处两表面不是严格密接，即 $h_0 \neq 0$，这时中心处可能是亮斑或暗斑或居中. 考虑到这一因素，可靠的精测方法是，测出某

一环半径 r_k，和由它向外数第 m 环的半径 r_{k+m}，参见图 4.33，据此，可算出透镜曲率半径

$$R=\frac{r_{k+m}^2-r_k^2}{m\lambda}=\frac{d_{k+m}^2-d_k^2}{4m\lambda}. \tag{4.45}$$

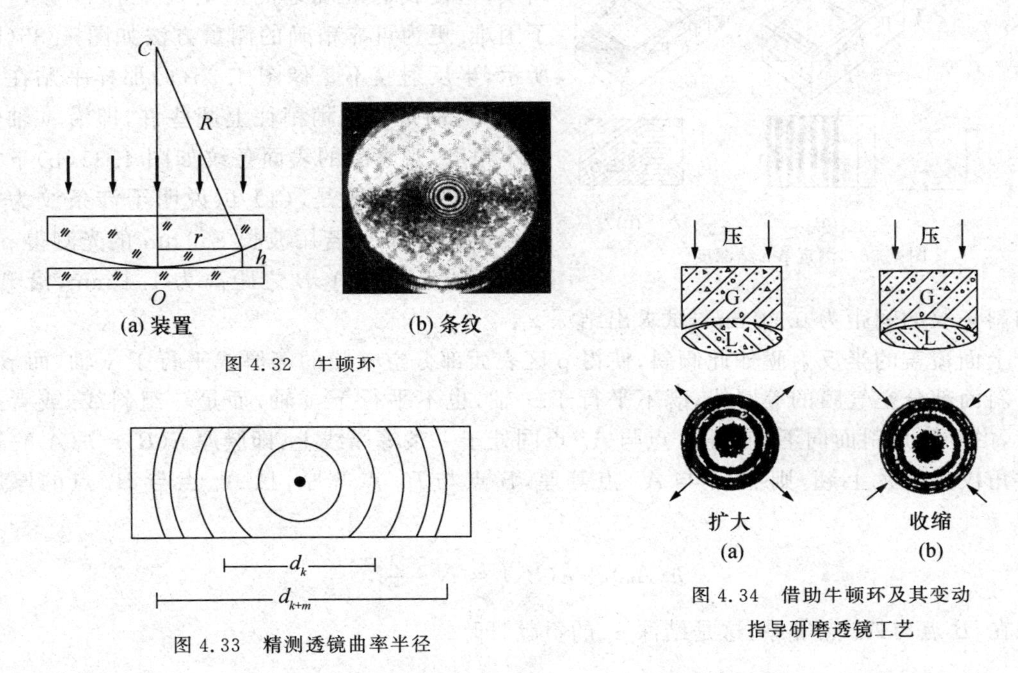

图 4.32 牛顿环

图 4.33 精测透镜曲率半径

图 4.34 借助牛顿环及其变动指导研磨透镜工艺

在光学冷加工车间，经常利用牛顿环及其变动来快速检测透镜表面曲率是否合格，并做出判断下一步应当如何研磨. 如图 4.34 所示，标准件 G 覆盖于待测工件 L 之上，两者之间形成空气膜，因而出现牛顿环. 圈数越多，说明偏差越大. 例如，当人们说某工件表面公差为一个光圈时，就表示该工件与标准验规之间的最大差距为 $\lambda/2$；如果某区域光圈形状偏离圆形，则说明待测表面在该处有不规则起伏；如果光圈太多，则工件不合格，尚需进一步研磨. 究竟应当研磨边缘还是中央，有经验的工人师傅只要将验规轻轻下压，遂可作出正确判断——若光圈外冒，则下一步应当研磨工件中央；反之，若光圈向里收缩，则下一步应当研磨工件边缘.

- **例题——测定 p-n 结深度**

如图 4.35 所示，以 n 型半导体硅为基质，其表面由于杂质扩散而生成 p 型半导体区，p 区与 n 区的交界面称作 p-n 结，p 区厚度亦即 p-n 结距表面的深度 z_j 称作结深. 在半导体工艺上需要测定结深. 测量方法是，首先通过磨角和染色，使 p-n 结区呈现为斜面，且 p 区和 n 区的分界线清楚地显示出来；然后盖上半反射膜，如图 4.35(a)所示. 于是，反射膜与 p-n 结区斜面之间形成了一楔形空气膜，在单色光垂直照射下，表面出现一组平行于交棱即平行于 x 轴的直条纹；最后数出 p 区空气薄膜范围内的条纹数目 N，便可求出结深

$$z_j=N\cdot\frac{\lambda}{2}.$$

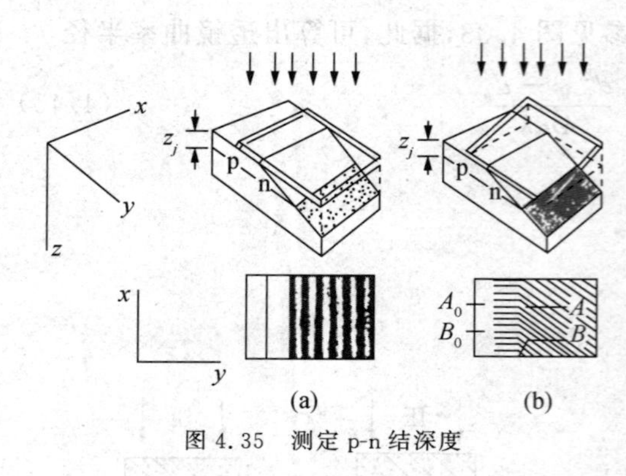

图 4.35　测定 p-n 结深度

然而,光在半导体或金属表面反射时相位变化比较复杂,以致覆盖膜与斜面的交棱处并非必定是暗纹,这使我们准确地测定上式中的 N 数产生了困难.更为可靠精确的测量方法如图 4.35(b)所示,半反射膜不是像图 4.35(a)那样平贴在表面(xy),而是一侧稍稍往上翘些许,即沿 y 轴转一小角度.观察到的表面条纹如图 4.35(b)下方所示.现在的问题是,(1) 试说明干涉条纹为什么会是这样.(2) 若用波长 550 nm 的光测得 p-n 结交界线上两点 A,B 之距离为 1.1 mm,沿 AB 方向斜条纹的间距为 0.20 mm,试求出结深 z_j.

上面覆盖的半反射膜如此倾斜,使得 p 区表面部分空气膜的等厚线平行于 y 轴,而 p-n 结区斜面部分空气膜的等厚线,既不平行于 x 轴,也不平行于 y 轴,而是一组斜线.或者这样看,由于磨角斜面向下,使得 B 点与 A_0 点同处于一条等厚线上,即膜厚 $h(B)=h(A_0)$.若不磨角仅是盖片上翘,则 A 点与 A_0 点等厚,B 点与 B_0 点等厚,且 A_0 点与 B_0 点的厚度差为

$$h(A_0)-h(B_0)=N\cdot\frac{\lambda}{2},$$

而现在,B 点与 A_0 点等厚,这是结深 z_j 的贡献,即

$$z_j=h(B)-h(B_0)=h(A_0)-h(B_0)=N\cdot\frac{\lambda}{2},$$

按题意,

$$N=\frac{1.1\,\text{mm}}{0.20\,\text{mm}}=5.5,\quad \lambda=550\,\text{nm},$$

最终求得该 p-n 结深度为

$$z_j=\frac{5.5}{2}\times 550\,\text{nm}\approx 1.51\,\mu\text{m}.$$

这一改进了的测量方法,避开了原先方法中准确判定交棱位置的困难,从而使结深测量更为精确可靠.其实,在图 4.35(b)中,那些条纹拐点的连线正是斜面与表面交棱之精确位置,虽然它的精确定位对本测量并无用处.

- **薄膜表面条纹偏离等厚线情形**

为使薄膜表面条纹与膜层等厚线一致,以保证干涉测量的高精度,应采用平行光垂直照射薄膜,像上一节段各种装置的构图中那样.不过,为了避免照明系统与观测方位在空间上的交叠和冲突,通常要将照明系统置于一侧,如图 4.36 所示.实际光源被聚焦于小孔光阑 D,经透镜 L_1 成为一束平行光,投射于半反射膜 M,经 M 反射成为一束垂直照射薄膜的平行光.在薄膜表面每一场点,如 P_1,P_2,P_3,等等,均有两光线相交于它们,尔后向上传播而

透过 M,再经透镜 L_2 将表面条纹成像于屏幕. 当然,用眼睛直接观察表面条纹也是可行的,即使无透镜 L_2,但其视场就变得很小了.

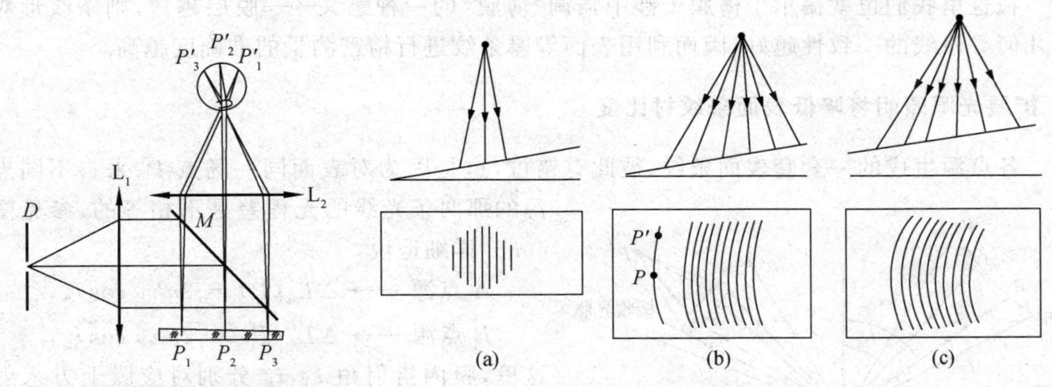

图 4.36 精密观测等厚条纹的装置

图 4.37 楔形膜表面条纹的弯曲

若用球面波即同心光束照射薄膜,其表面条纹就可能偏离等厚线,偏离程度视光束孔径角大小和膜层厚薄而定. 图 4.37 显示了楔形膜表面条纹的偏离情节. 图(a),照射光束为傍轴小倾角,则表面条纹与等厚线很好地一致;图(b),照射光束为大孔径,则表面条纹显现弯曲,且凸向楔形棱边方向;图(c),照射光束为同样的大孔径,而膜层变厚,则表面条纹越加偏离等厚线,条纹变得更加弯曲. 总之,照射光束孔径角越大,或膜层越厚,则表面条纹偏离等厚线的程度越严重. 这个结论是普遍适用的,不限于楔形膜情形. 对此,让我们作粗略的数学分析如下.

考察同一条纹上的两点 P,P',它俩应满足等光程要求,即

$$2nh_P\cos i_P = 2nh_{P'}\cos i_{P'},$$

从图上看出,倾角 $i_{P'}>i_P$,即 $\cos i_{P'}<\cos i_P$,由上式得

$$h_{P'}>h_P.$$

这说明,条纹轨迹偏离等厚线,对于楔形膜,条纹凸向棱边而弯曲. 或者说,与 P 点相比较,P' 点以膜厚的增加来补偿因光线大倾角带来光程差的减少,从而维持等光程,与 P 点处在同一条纹上. 这也表明,膜厚 h 变化与倾角 i 变化是相关的,两者同时决定光程差,而条纹轨迹决定于光程差等于一常数这一方程,即

$$2nh\cos i = \text{const}.$$

对其作一全微分运算,

$$\mathrm{d}(2nh\cos i) = 0,\quad -2nh\sin i\mathrm{d}i + 2n\cos i\mathrm{d}h = 0,$$

$$\frac{\mathrm{d}h}{\mathrm{d}i} = h\tan i. \tag{4.46}$$

这里,$\mathrm{d}h/\mathrm{d}i$ 的几何意义是,同一条纹上膜厚随光线倾角的变化率. 显然,$\mathrm{d}h/\mathrm{d}i$ 值越大,表明在球面波照明下表面条纹偏离等厚线的程度越严重,姑且让我们称 $\mathrm{d}h/\mathrm{d}i$ 为偏离度. (4.46) 式已经表明: $\mathrm{d}h/\mathrm{d}i\propto h$,即在光线倾角 i 相同情形下,膜越厚,偏离度越大; $\mathrm{d}h/\mathrm{d}i\propto\tan i$,即

在膜厚 h 相同情形下，光线倾角越大，偏离度越大；当 $i\to 0$，即垂直照射，则 $\mathrm{d}h/\mathrm{d}i\to 0$，说明在窄光束照射时，表面条纹轨迹与膜层等厚线很好地一致.

在这里我们也就揭示了薄膜干涉中强调"薄膜"的一种意义——膜层越薄，则条纹形貌与几何等厚线的一致性越好，因而利用表面等厚条纹进行精密测量的准确度越高.

- **扩展光源照明将降低表面条纹衬比度**

各点源生成的一套套表面条纹，彼此有错位，这是因为对表面同一场点 P，来自不同点源的那两条光线的光程差是不相等的，参见图4.38. 详细地说，

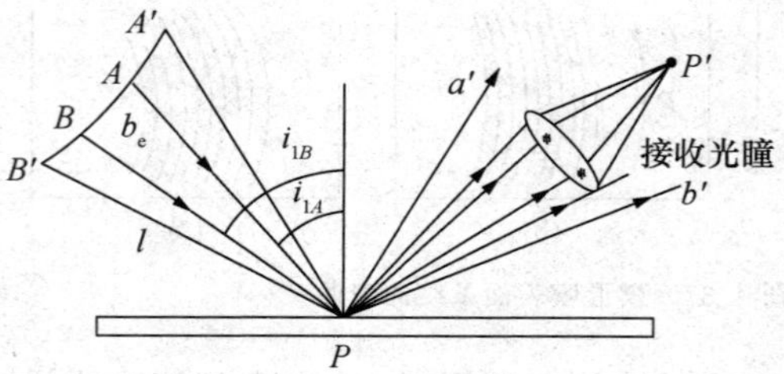

$$A\text{ 点源}\longrightarrow \Delta L_0(P)=2nh_P\cos i_A,$$

$$B\text{ 点源}\longrightarrow \Delta L_0'(P)=2nh_P\cos i_B,$$

这里，膜内折射角 i_A，i_B 分别对应膜上方入射角 i_{1A}，i_{1B}，显然，$i_{1A}\neq i_{1B}$，故 $i_A\neq i_B$，于是

$$2nh_P\cos i_A\neq 2nh_P\cos i_B.$$

图 4.38　分析扩展光源和接收光瞳对表面条纹衬比度的影响

强度分布不相同的这系列表面条纹的非相干叠加，必将降低表面干涉场的衬比度，甚至衬比度降为零，条纹消失. 那么，对于薄膜表面干涉场而言，所允许的光源极限宽度为多少呢？借助以前的结果和分析方法（参见 4.2 节），需要考量因光源宽度带来的在同一场点的光程差之差，

$$\delta(\Delta L)=\delta(2nh\cos i)=-2nh\sin i\delta i,$$

若 $\delta(\Delta L)\approx\lambda_0$，则该处及其邻近区域，衬比度 $\gamma\approx 0$，条纹消失；若 $\delta(\Delta L)\approx\lambda_0/2$，则该区域可获得 $\gamma\approx 0.6$ 的干涉场. 由 $\delta(\Delta L)\approx\lambda_0$，确定光源的极限角宽度 Δi_0，即令

$$-2nh\sin i\cdot\Delta i_0\approx\lambda_0,$$

得

$$\Delta i_0\approx\frac{\lambda}{2h\sin i}\propto\frac{1}{h}.\tag{4.47}$$

现作以下几点讨论.

（1）上式表明，膜越薄即 h 值越小，所允许的光源极限角宽度或光源线度则越大——这是薄膜干涉中强调"薄膜"的又一种意义.

（2）试作一数值估算.　设入射角或内折射角 $i_1\approx i\approx 30°$，光源与表面观察处的线距离 $l\approx 30$ cm，薄膜厚度 $h\approx 60\ \mu$m，光波长 $\lambda\approx 600$ nm，代入(4.47)式，算出光源极限角宽度，

$$\Delta i_0\approx 10^{-2}\ \text{rad}\approx 34',$$

相应的光源最大线度为

$$b_0\approx l\Delta i_0\approx 3\ \text{mm}.$$

如果，膜层厚度减为 $h\approx 30\ \mu$m，则光源最大线度增为 $b_0\approx 6$ mm. 太阳对地球的视角为 $30'$，因此，若水面上油层厚度在 $50\ \mu$m 以下，在阳光照射下其表面可呈现一定衬比度的干涉花样.

（3）释疑.　在实验室，用一日光灯管照明牛顿环装置，灯管距离和方位接近上述数据，

此时用肉眼仍能看到一圈圈清晰的牛顿环图样，而灯管长度至少在 10 cm 以上，膜层的厚度也不小于 100 μm. 这一现象如何解释. 这是接收光瞳做出的贡献，图 4.38 有助于理解这一点. 接收表面条纹的透镜或眼睛，其入射光瞳总是有限孔径，映射到左侧实际光源身上，只有局部光源 $\overline{AB}$ 产生的干涉场，进入光瞳，叠加于像面上. 这局部光源的线度 b_e 可称之为光源的有效线度. 光源有效线度以外的其他点源，比如 A'，B' 等等，它们在膜表面的干涉场（如 a'，b'）并未进入接收光瞳，因而，也不影响像面上的衬比度. 只要由接收光瞳映射而确定的光源有效线度 $b_e<b_0$，就能观测到有一定衬比度的干涉场，即使光源表观线度远大于 b_e. 照相机镜头的孔径大于眼睛瞳孔，故眼睛看得清晰的表面条纹，被相机拍摄为照片就不那么清晰了，甚至变得非常模糊. 明白了这其中的奥妙，就可进一步做出推断，用相机在较远距离拍摄表面条纹的清晰度，要好于近距离拍摄的，当然这是在扩展光源照明条件下.

- **薄膜颜色——增透膜和增反膜**

干涉分光，这是个普遍概念. 具体到薄膜干涉，那就是在白光照射下，薄膜表面将呈现彩色条纹. 对此细述如下.

(1) 点光源照明，如图 4.39(a)，将观察到表面不同处呈现不同的色调，比如，

$$\text{对 } P_1 \text{ 点，}\quad 2nh_1\cos i_1=k_1\lambda_1=\left(k_1'+\frac{1}{2}\right)\lambda_2,$$

$$\text{对 } P_2 \text{ 点，}\quad 2nh_2\cos i_2=k_2\lambda_2=\left(k_2'+\frac{1}{2}\right)\lambda_1,$$

这里，k_1,k_1',k_2,k_2' 为整数，注意到目前存在反射半波损，于是，P_1 处呈现以波长 λ_2 为主的色调，在 P_2 处呈现以波长 λ_1 为主的色调.

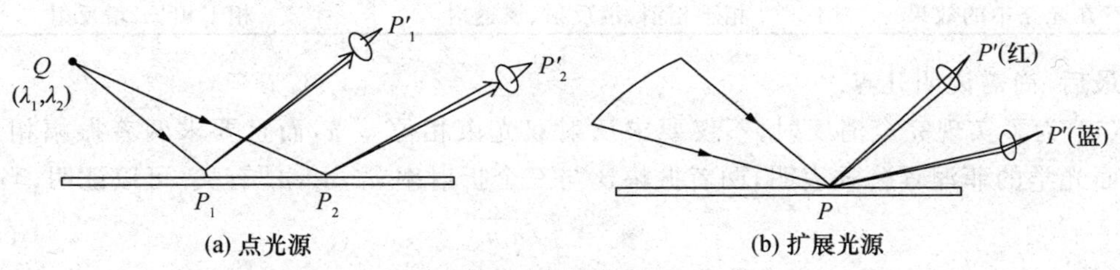

图 4.39 薄膜颜色

(2) 扩展光源照明，如图 4.39(b)，从不同方位注视表面同一处，将感受到不同的色调.

(3) 若用白光的平行光束垂直照射厚度均匀的膜层，则膜表面的颜色均匀，其色调决定于膜层厚度. 这一性质可应用于膜厚的精密测量. 为此，应当首先预制一系列敷有不同厚度的透明膜作为样板，这一系列透明膜的厚度是已知的，它们是由其他方法比如"称量重量法"确定的. 尔后，只需将待测膜在相同照明条件下所呈现的颜色与样板比对，就能立刻判定其厚度，准确度可达 10 nm. 其实，上述干涉比色法测厚，有如此高的精度，这一半功劳当归于人眼的色视觉，它有极高的色谱或色阶的分辨率. 经测试，在波长从 380 — 760 nm 可见光范围，人眼可分辨的色阶达 10^2 级以上，而人眼分辨黑度的灰阶仅约 10 等级.

薄膜干涉分光的一个重要应用分支，是制成增透膜即消反射膜(antireflecting film)，或

制成高反射膜(high-reflecting film). 在光学成像仪器中,为了矫正各种像差,往往采用复合透镜,比如,高级照相机镜头由 6 个透镜组成,用于潜水艇中的潜望镜约有 20 个透镜. 每个透镜有两个表面,每个表面的反射使光能损失约 5%. 计算表明,上述照相机镜头损失光能约 45%,而潜望镜的反射光能损失率竟达 90%. 此外,这些反射光在仪器中成为有害的杂散光,也将降低成像质量. 为了消除反射损失,近代成像仪器中使用的透镜,其表面均镀上一层合适厚度的透明膜以消反射. 平常我们看到照相机镜头呈蓝紫色就是表面消反膜所造成的.

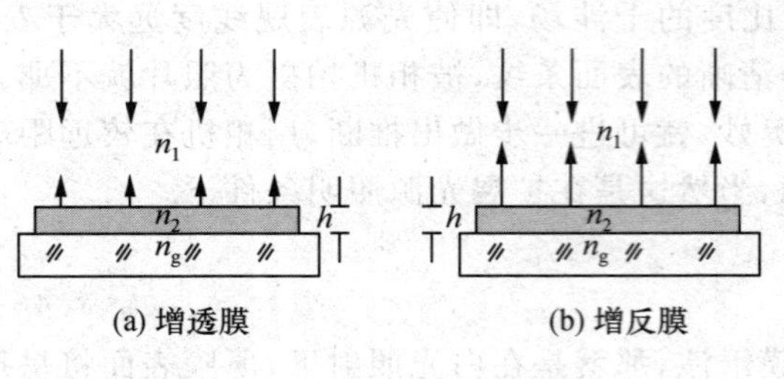

图　4.40

镀膜工艺是由真空镀膜机完成的,也可以由离心机“甩胶”的方式完成. 在另外某些场合,要求光学元件有很高的反射率,比如,用于激光器谐振腔中的两端反射镜,就被要求这样. 这也可以通过镀膜工艺制成一高反射膜. 消反膜与高反射膜,在结构和工艺上是类似的,现将两者比较列于表 4.1,其中 n_1, n_2, n_g 分别为空气、膜层和基底材料的折射率.

表 4.1　比较增透膜与增反膜

	增透膜	增反膜
原理	如图 4.40(a)	如图 4.40(b)
膜的选择	低膜(L), $n_1<n_2<n_g$	高膜(H), $n_1<n_2>n_g$
膜层光学厚度	$n_2h=\lambda_0/4$	$n_2h=\lambda_0/4$
半波损	无	有
反射双光束光程差	$\Delta L=\Delta L_0=\lambda_0/2$	$\Delta L=\Delta L_0+\lambda_0/2=\lambda_0$
在光路中的效果	相干相消,消反射、增透射	相干相长,增反射

最后,尚需说明几点.

(1) 为了实现完全消反射,不仅要求反射双光束相位差 π,而且要求两者振幅相等. 介质界面光学的菲涅耳公式表明,两者振幅比与三个折射率 n_1, n_2, n_g 有关. 可以证明,当

$$n_2 = \sqrt{n_1 n_g} \tag{4.48}$$

时,两者振幅恰巧相等[①]. 例如,膜层上方空气 $n_1=1.00$,膜层下方基材 $n_g=1.52$,由上式得低膜折射率为 $n_2\approx1.23$,才能完全消反射. 但实际上并未找到折射率如此低而其他性能又适用的材料. 目前一般采用氟化镁(MgF_2), $n=1.38$,作为低膜材料,其光强反射率为 1.2%.

(2) 无论增透膜或增反膜,其光学厚度均选定为 $\lambda_0/4$,或再加厚 $\lambda_0/2$ 的整数倍. 换言之,镀膜总是针对某一波长 λ_0 而为之,故这膜层不可能对所有波长成分均增透或均增反. 究竟针对哪一波长而设计,这要按不同场合、不同需求而设定. 比如,用于助视光学仪器或照相机镜头中的增透膜,一般选定 λ_0 为可见光波段的居中波长 550 nm(黄绿光),因此,这些增透膜反射光中呈现其互补色(蓝紫光). 用于氦氖激光器中端面反射镜的增反膜,自然地选择波

① 这要用多光束干涉方法予以证明.

长 λ_0 为氦氖激光波长 633 nm.

(3) 多层膜. 以上我们的研究对象均为单层膜. 其实，单层膜的效果还满足不了光学技术发展对光学元件提出的更高要求. 比如，激光器中要求一端镜面的反射率尽可能地接近100%，而单层介质增反膜就远不能达到这一指标. 于是，发展出多层介质膜(膜系)理论和工艺，其反射率可高达 99%，它与金属高反膜相比较有更多的优点. 对于增透膜也是这样. 如果选用双层膜，$n_L = 1.38$，$n_H = 1.70$，则可实现 λ_0 波长光的反射率接近零；如果选用三层膜，则可实现在 450 — 750 nm 宽波段内有极低的反射率. 这类内容均系兴起于 20 世纪 60 年代的薄膜光学的专门问题，本课程不予深究.

- **薄膜干涉等倾条纹**

现在我们研究，在膜层厚度均匀、点光源照明条件下无穷远处的干涉场. 正如图 4.41 所示，由点源发出的一光线，经此薄层上下表面反射，恰好分为彼此平行的两条光线，而相干于无穷远. 为了便于观测，也为了能获得完整的干涉条纹，实验上是将点光源设置于傍侧，经由一块倾斜的半反射镜，在正上方产生一同心光束，向下照射薄膜，并用一透镜接收，将无穷远处干涉场聚焦于其后焦面，显现出一组同心干涉环，如图 4.42(a)，(b)，(c)所示，其中(a)为剖面光路，(b)为立体结构图，(c)为干涉条纹. 其干涉强度的具体分布，取决于光程差(参见图 4.43)，

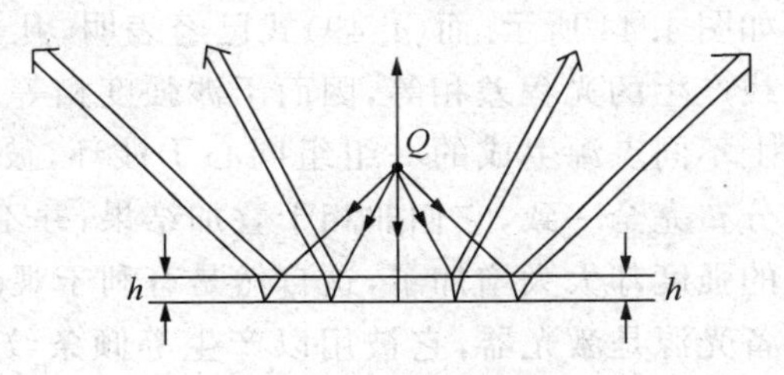

图 4.41 等倾干涉的形成

$$\Delta L_0(P) = L(QABCP) - L(QADP),$$

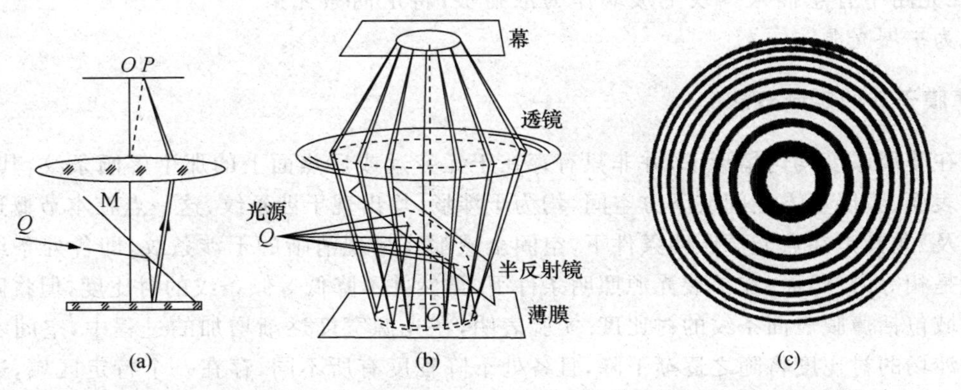

图 4.42 接收等倾条纹的实验装置. (a) 剖面光路，(b) 立体结构图，(c) 干涉条纹

注意到，前一段 $\overline{QA}$ 是一致的，后一段 $\overline{DP}$ 与 $\overline{CP}$ 是等光程的，这里 $CD \perp AP$，于是，

$$\Delta L_0(P) = L(ABC) - L(AD),$$

其中

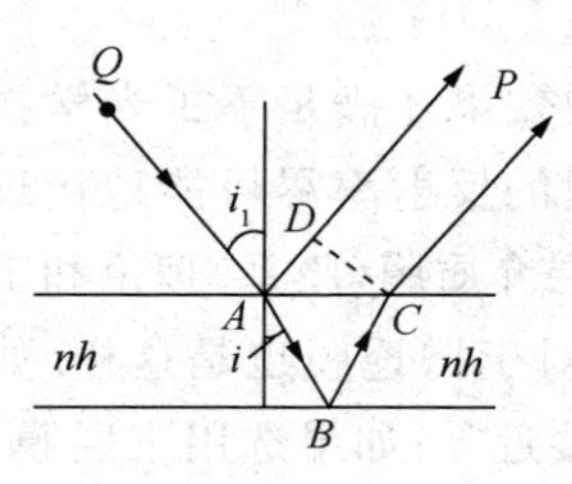

图 4.43　计算等倾干涉光程差

$$L(AD) = n_1\,\overline{AC}\,\sin i_1 = 2nh\,\frac{\sin i}{\cos i}\sin i,\quad L(ABC) = \frac{2nh}{\cos i},$$

代入，最终得表观光程差公式

$$\Delta L_0(P) = 2nh\cos i. \tag{4.49}$$

这里，i 是与入射角 i_1 对应的膜内折射角. 由于目前膜层光学厚度是均匀的，故光程差唯一地决定于倾角 i 或 i_1. 这就是说，等倾角的场点轨迹便是条纹形状，显然，它在后焦面上表现为一圆环. 所以，人们称这组条纹为等倾条纹(equal inclination fringes).

- **扩展光源有利于观测等倾条纹**

在观测等倾条纹时，人们更喜欢用扩展光源照明，这不会降低干涉场的衬比度，而且又增加了条纹的亮度. 这是因为透镜后焦面上的一个点，对应物空间的一个方向，即物空间同方向或同倾角的那些平行光线总汇聚于后焦面上同一点，即便它们来自扩展光源的不同部位，如图 4.44 所示. 而(4.49)式已经表明，凡是倾角相同的入射光线产生的光程差相等，因而干涉强度相等，这就是说，扩展光源上不同点源生成的一组组同心干涉环，彼此并不错位，其空间分布完全一致，它们非相干叠加结果，并不降低衬比度，而亮环的强度却大大增加了，这自然是有利于观测. 目前，实验室中常备光源是激光器，它被用以产生等倾条纹时，人们反而嫌它发出的激光束有太好的方向性，不能呈现完满的等倾干涉环. 为此，在光路中有意插入一块毛玻璃作为散射板，将定向激光束转化为扩展光源.

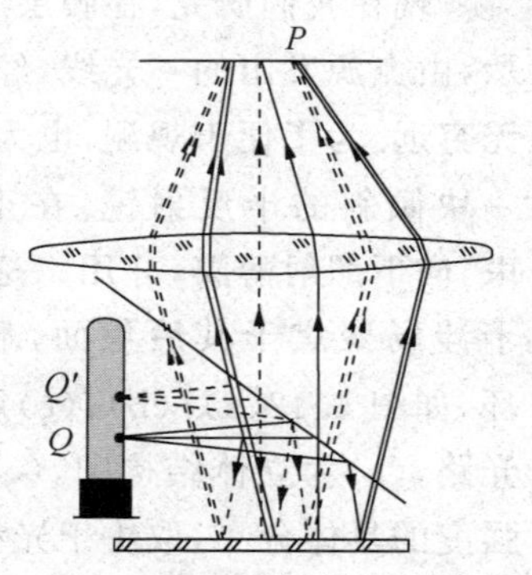

图 4.44　宜用扩展光源观测等倾条纹

- **薄膜干涉的定域概念**

在膜层厚度均匀情形下，并非只有存在于无穷远或后焦面上的那个等倾条纹，其实，在薄膜表面、膜层上方空间或下方空间，均为干涉场，均出现干涉条纹，这一点在本节概述中已经论及. 尤其是在点光源照明条件下，空间全域都将呈现清晰的干涉条纹，即各处条纹的衬比度是相等的. 然而，在扩展光源照明条件下，虽然并不降低等倾条纹的衬比度，但将降低其他区域包括薄膜表面条纹的衬比度. 实验表明，在光源宽度逐渐增加的过程中，空间不同区域干涉场的衬比度将随之逐渐下降，且各处下降程度有所不同，存在一个特定区域，这里的衬比度下降得最慢或始终不下降. 人们将产生具有这种性质的干涉场的干涉称为定域干涉(localized interference)；将那个其衬比度不因光源扩展而降低的特定区域(曲面)，称之为定域中心. 比如，膜层厚度均匀时的定域中心，就在无穷远或透镜后焦面. 一般而言，定域中心曲面在空间的位置与膜层几何特征有关. 对此稍作详细论述如下.

薄膜干涉定域问题，实质上是一个光场空间相干性问题. 参见 4.3 节及图 4.19 和式

(4.34)，那里干涉孔径角 $\Delta\theta_0$ 与光源 b 的关系为 $b\cdot\Delta\theta_0\approx\lambda$，当点源出发的两光线实际夹角 $\Delta\theta<\Delta\theta_0$，即 $b\cdot\Delta\theta<\lambda$ 时，可以获得相应场点(附近)的衬比度 $\gamma>0$. 这些结论具有普遍性. 结合目前讨论的薄膜干涉情形，最终相交于场点 P 的那两条初始分离的光线是确定的，正如图 4.45 所示，有意思的是，在薄膜干涉中存在 $\Delta\theta=0$ 情况，即由点源发出的一条光线，经膜层上下表面反射被分解为两光线而相交于空间某一处 P_0. 这意味着，对于 P_0 点及其邻近，即使光源宽度很大，仍有 $b\cdot\Delta\theta(P_0)\approx0$，此处依然存在清晰可见的干涉条纹. 换句话说，如此确定的 P_0 点正是定域中心曲面上的一点. 图 4.46 显示了膜层厚度均匀和非均匀情形下，按这种方式所确定的定域中心. 从中可以进一步看到，在楔形劈角由大变小过程中，定域中心由近变远，直至无穷远，它对应的正是劈角为零即膜厚均匀情形；对于图中的(a)，(c)，若膜层变薄而维持劈角不变，则定域中心更靠近表面，这时薄膜表面或表面上下邻近区域的条纹清晰可见，当然最清晰的并不严格就在薄膜表面，因为膜厚不可能严格地为零.

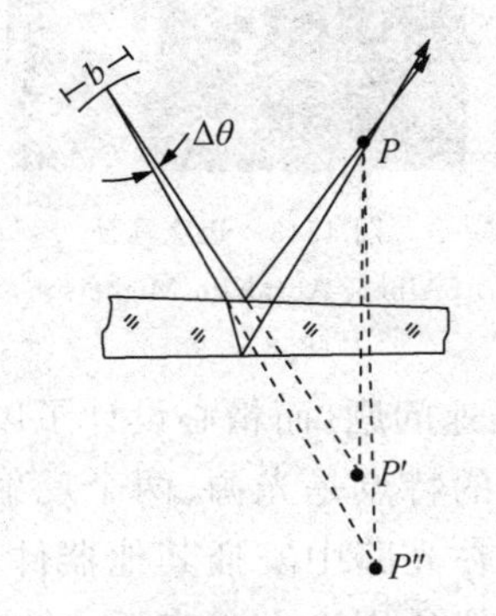

图 4.45 与场点 P 对应的两初始光线的夹角 $\Delta\theta$

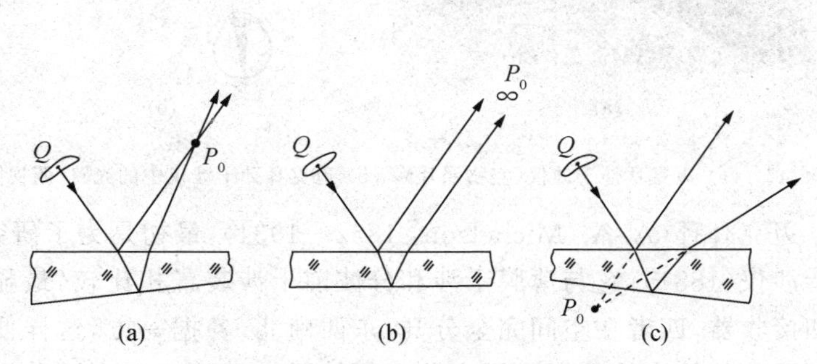

图 4.46 确定薄膜干涉定域中心

4.5 迈克耳孙干涉仪

· 结构和性能 · 用以观察薄膜干涉条纹及其变动 · 应用于精密测长
· 长度的单位和基准 · 用于研究光速——迈克耳孙-莫雷实验

● 结构和性能

迈克耳孙干涉仪构造和光路如图 4.47(a)，(b)所示，其中 M_1，M_2 是一对精密抛光的平面镜，其背面均配有可调螺丝，用以调整镜面倾角，平面镜 M_1 还被安装在一支座上，它由一精密丝杠控制，可在一轨道上前后移动；G_1，G_2 是厚度和折射率都甚均匀且相同的一对玻璃平晶，G_1 背面镀有一层银膜，使从光源射入的光线在这里被分为强度几乎相等的两部分，其中反射光束射向 M_1，被反射回来再次透过 G_1 达到观测者，透射光束射向 M_2，被反射回来到达 G_1 镀银面再反射而达到观测者；这两束光的相干产生了干涉花样；为了使入射光线具有各种倾角以获得丰满的干涉花样，光源应是扩展的，如果光源的面积不够大比如激光束的情况，可插入一毛玻璃或凸透镜，以扩大视场；玻璃平晶 G_2 亦称为补偿板——注意到经

分束器 G_1 而反射的光束先后三次通过 G_1，而透射光束仅有一次通过 G_1，若有了 G_2，透射光束将往返通过它两次，合起来也是三次通过玻璃介质，以与反射光束"平衡"，如果光源是单色的，则补偿板不是必要的，如果光源是非单色或白光，在用迈克耳孙干涉仪进行精密测量时，就非有补偿板 G_2 不可了，这其中的道理随后给出说明.

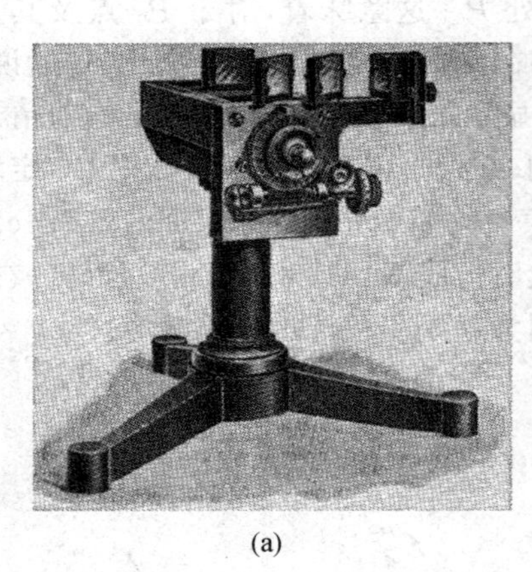

(a)

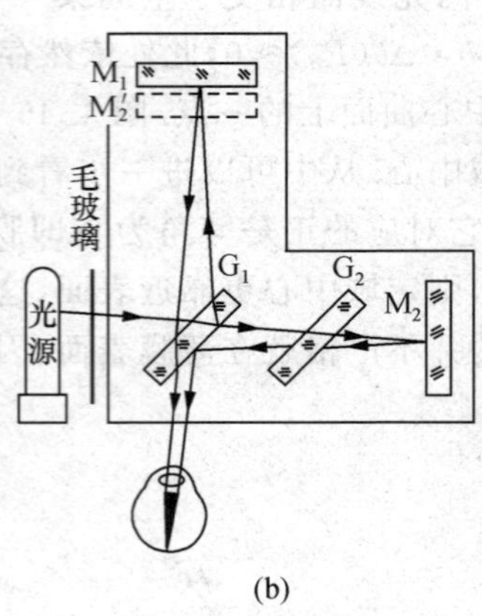

(b)

图 4.47　(a) 迈克耳孙干涉仪(实物照片)，(b) 迈克耳孙干涉仪中的光路(俯视图)

图 4.48　迈克耳孙
(Albert Abraham Michelson，1852—1931)

迈克耳孙(A. A. Michelson，1852—1931)，最初是为了研究光速问题，而精心设计了以上干涉仪(1881)，它与薄膜干涉和分波前干涉装置相比较，最显著的特点是光源、两个反射面和接收器，四者在空间完全分开，东西南北，各据一方，这样便于在光路中安插其他器件，为干涉仪的精密检测提供了十分方便的平台. 因之，迈克耳孙干涉仪的用途十分广泛，并由它派生出其他干涉仪，可以说，迈克耳孙干涉仪是许多近代干涉仪的原型. 迈克耳孙因发明这种干涉仪和研究光速方面的贡献，而获得 1907 年诺贝尔物理学奖.

- **用以观察薄膜干涉条纹及其变动**

我们知道，干涉条纹的形貌取决于干涉场中光程差的分布. 迈克耳孙干涉仪中接收的干涉场，等效于前方 M_1 镜面与 M_2' 镜面形成的空气层反射所产生的干涉场. 这里，M_2' 是右方 M_2 镜面对 G_1 镀银面反射而生成的像，即 M_2' 与 M_2 互为镜像对称，故左右往返于 M_2 面的光程等于上下往返于 M_2' 的光程. 借助等效空气层概念，将使我们对迈克耳孙干涉仪中出现的各种条纹及其变动的分析和理解，变得十分简明.

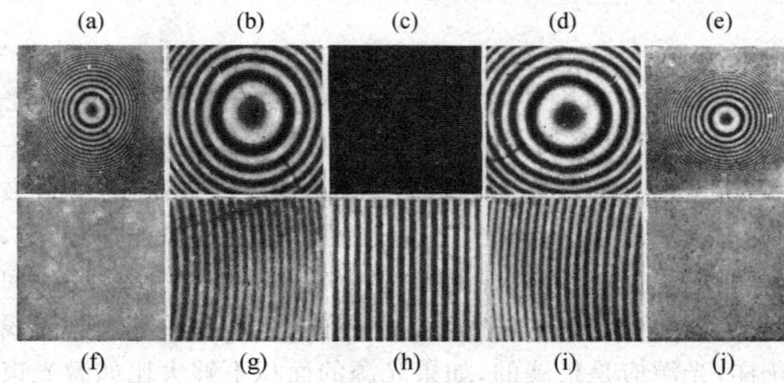

图 4.49　迈克耳孙干涉仪产生的各种条纹

参见图 4.49(a)—(e). 通

过镜面背后螺丝的调节，可以使 $M_1 /\!/ M_2'$，形成厚度均匀空气层（M_1M_2'），从而产生等倾条纹，当眼睛聚焦于无穷远或在透镜后焦面上接收时，便得到一组同心干涉圆环. 通过丝杠推动，可以连续地改变空气层厚度，便可观察到干涉环的吞吐现象. 如图 4.49 由(a)至(b)所示，先是干涉环显得很密，接着一个个圆环向中心收缩，看似被吞没，随之干涉环同时变得又粗又稀疏，这一过程对应着等效空气层由厚变薄，如图 4.50(a)，(b). 当 M_1，M_2' 重合时，空气层厚度为零，这时条纹消失，视场均匀，但它不是亮场而是暗场. 这是因为到达 M_1 和 M_2 的两路光线，前者在平晶 G_1 背面内侧反射一次，后者在 G_1 背面外侧反射一次，故两者相位突变情况正好相反，即存在半波损；若平晶 G_1 背面镀银，相位变更情况较为复杂，附加相位差并非恰好为 π，但此时视场均匀且为一片暗场的事实依然成立. 尔后，随着丝杠的继续推动，膜层厚度由薄变厚，便可观察到一个个干涉环从中心冒出，似泉眼喷吐，随之视场中的干涉环同时变得越来越多，也越来越密集.

参见图 4.50(f)—(j). 调节 M_1 或 M_2 背面螺丝，可使（M_1M_2'）成为一楔形空气层，再操作丝杠推动 M_1 平移，使空气层厚度先由厚变薄而后再变厚，这过程中所观察到的图像如图 4.49(f)—(j)所示，先是视场几乎均匀，尔后渐渐显现弯曲条纹，再往后条纹变得越来越平直也越清晰，接着条纹又变得越来越弯曲，但弯向另一侧，且视场也变得越来越模糊，以致进入一片均匀、条纹再次消失. 这头尾两种景象，对应的均是膜层厚度过大的情形，使光源实际宽度已经超出所允许的极限值，以致膜层表面干涉场的衬比度降为零.

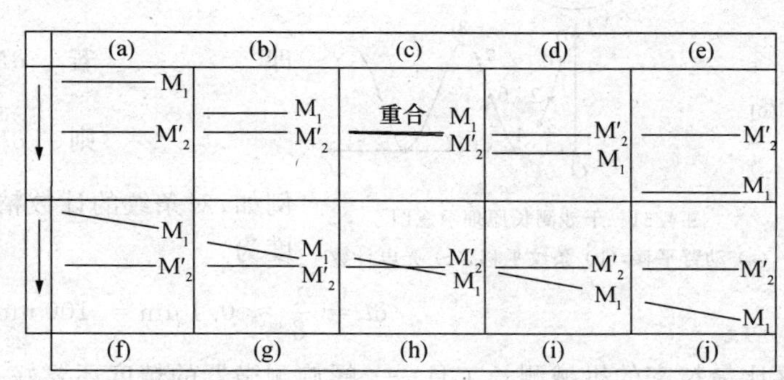

图 4.50 产生图 4.49 各种条纹时等效空气层的状态

最后，需要强调指出的是，人们正是根据观察到的条纹形貌及其变动，做出对（M_1M_2'）空气层状态的正确判断. 比如，两者是彼此平行还是不平行，调节螺丝是使劈角变大了还是变小了，操作丝杠是使膜层变薄了还是变厚了，这一切都是无法用肉眼或手感而直觉的，都必须依赖条纹的形貌和变化而做出正确判断，从而对实验操作给出正确指导. 在理念上明白（M_1M_2'）状态与条纹形貌及其变化的对应关系，其意义就在于此.

- **应用于精密测长**

迈克耳孙干涉仪中有一动臂，它可由丝杠操纵而作长程平移，这特别适用于对长度作精密测量，其原理如图 4.51 所示，这里将动镜设为 M_2，纯粹是为了绘图方便和视觉习惯，如图 4.51(a)，设动镜 M_2 平移由 $A \rightarrow B$，经历空间长度为 l，于是，动臂光程改变量为 $\delta L_2 = 2nl$，相应地干涉场中固定点的光程差改变量为

$$\delta(\Delta L) = \delta(L_2 - L_1) = \delta L_2 = 2nl,$$

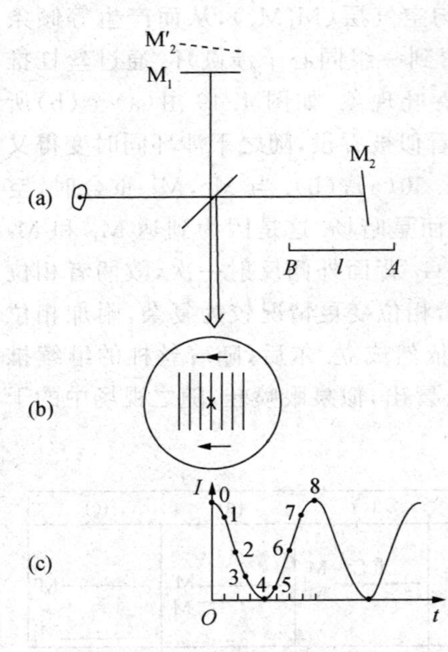

图 4.51　干涉测长原理示意图

(a) 动臂平移，(b) 条纹平移，(c) 光电计数

这导致该处干涉强度变化了 N 次，即 $\delta(\Delta L)=N\lambda_0$，求得待测长度

$$l=N\cdot\frac{\lambda}{2}. \tag{4.50}$$

由此可见，干涉测长原理的实质是，以光波长为尺度去计量空间长度. 这就要求光波长要稳、计数 N 要准. 同看待任何测量仪表和测量技术一样，人们首先关注上述干涉法测长的精度和量程.

迈克耳孙干涉仪的测长精度 δl，取决于对干涉强度变化的计数精度，两者的关系为

$$\delta l=\frac{\lambda}{2}\cdot\delta N, \tag{4.51}$$

即　　　若　$\delta N=\frac{1}{2},\frac{1}{4},\frac{1}{8},\cdots$

　　　　则　$\delta l=\frac{\lambda}{4},\frac{\lambda}{8},\frac{\lambda}{16},\cdots$

例如，对条纹的计数精度达 1/4(条)，则相应的测长精度为

$$\delta l=\frac{\lambda}{8}\approx 0.1\,\mu\mathrm{m}=100\,\mathrm{nm}.$$

这比最精密的机械测长工具——螺旋测微器的精度还要好一个数量级. 依赖逻辑电路、脉冲时钟等组成的光电计数技术，还可以将条纹测量精度提高到 1/8，1/12，参见图 4.51(c).

迈克耳孙干涉仪的测长量程 l_{M} 受限于准单色光的谱线宽度 $\Delta\lambda$，两者的关系为

$$l_{\mathrm{M}}\approx\frac{\lambda^2}{2\Delta\lambda}. \tag{4.52}$$

迈克耳孙最初选用镉(Cd)灯作为准单色光源进行干涉测长实验. 镉灯红色谱线的波长为 $\lambda_{\mathrm{Cd}}=6438.47\,\text{Å}$，设其谱线宽度 $\Delta\lambda\approx10^{-2}\,\text{Å}$，则该实验连续地一次能够测量的最大长度为

$$l_{\mathrm{M}}\approx\frac{(644\,\mathrm{nm})^2}{2\times10^{-3}\,\mathrm{nm}}\approx 20\,\mathrm{cm}.$$

这里，需要说明的是，干涉测长的有限量程，并非由于机械原因——精密丝杠平移量有限，而是由于光源非单色性即谱线宽度引起的干涉场衬比度的下降，以致条纹消失、计数失效. 这个问题本节后面将给予论述，届时便可导出(4.52)式.

如果一个测量仪表既有高精度又是大量程，那它就是一个十分优越的仪表. 对于迈克耳孙干涉测长仪，其精度与量程之比值(姑且称作相对精度)为

$$\Delta=\frac{\delta l}{l_{\mathrm{M}}}\approx\delta N\cdot\frac{\Delta\lambda}{\lambda}\approx10^{-6}\text{—}10^{-7}. \tag{4.53}$$

- **长度的单位和基准**

(1) 实物基准——国际米原器. 在现行国际单位制中,长度的单位为“米”,记作 m,其实物基准是一根铂铱米尺,亦称国际米原器.它是一根横截面近似为 H 形的尺子,水平地置放于相距 571 mm 的两个圆柱座上,圆柱直径约 1 cm. 这是 1889 年第 1 届国际计量大会上批准建立的.在 1927 年,第 7 届国际计量大会上对“米定义”作了进一步严格的规定,其措词是“国际计量局保存的铂铱米尺上所刻两条中间刻线的轴线在 0 ℃时的距离”.按此定义的米,其不确定度为 1×10^{-7}. 国际米原器现今保存在法国巴黎市国际计量局.长度的实物基准在稳定性和安全性方面,有着诸多潜在的弊端.虽然,它被保存在恒温、恒压和惰性气体氛围中,但在漫长岁月后难免伸缩和变形.人们也不能担保,它永远不会受到地震、战火等意外事件的伤害.一旦这米原器有个三长两短,必将引起长度世界的一片混乱,其后果十分严重.因之,人们一直在酝酿着,将实物基准转换为自然基准的改革方案.随着科学技术的不断发展及其对长度计量精度的日益提高,国际计量界对米的定义与基准已作出两次重大更改.

(2) 长度的自然基准. 第一次是在 1960 年,第 11 届国际计量大会上,对米的定义作了更改,其措词是“米的长度等于氪 86 原子的 $2p^{10}$ 和 $5d^{5}$ 能级之间跃迁的辐射在真空中波长的 1 650 763.73 倍”.即

$$1\,\mathrm{m} = 1\,650\,763.73\lambda_{\mathrm{Kr}}, \quad 或 \quad \lambda_{\mathrm{Kr}} = 605.780\,210\,\mathrm{nm}. \tag{4.54}$$

这一更改意味着,以 λ_{Kr} 这一特定光波长作为尺度而标定长度单位“米”,这标志了人类将米定义的实物基准转化为自然基准.采用来自微观世界的特定辐射波长作为长度基准,无论在稳定性、安全性或准确性方面均优于实物基准.按上述定义的米,其不确定度为 $\pm4\times10^{-9}$,这是因为氪 86 发射的这一特定谱线,虽然单色性极好,毕竟还是有个谱线宽度 $\Delta\lambda$. 自那以后,又出现了多种激光,它们具有很高的频率稳定度和复现性,与氪 86 那个波长相比,它们的波长更易复现,精度有望进一步提高.于是,在 1973 年和 1979 年两次国际米定义咨询委员会的会议上,先后推荐了 4 种稳定激光的波长值,同氪 86 的波长值并列使用,具有同等的准确度.米定义被更改后,国际米原器仍按原规定的条件,依旧保存在巴黎市的国际计量局.

(3) 光速 c 的定义值. 第二次是在 1983 年,第 17 次国际计量大会上通过了米的新定义.考虑到在这之前的 10 年间,光学测量技术领域一个突出的进展是,精确地测量了从红外波段至可见光波段的各种谱线的频率值.根据甲烷谱线的频率值及其波长值,便可获得真空中的光速值,

$$c = 299\,792\,458\,\mathrm{m/s}. \tag{4.55}$$

这个值是非常精确的.因此,人们又决定将此光速值作为真空中光速的定义值,而将长度定义为时间 t 与 c 值的乘积.这是一个十分明智的举措.于是,当年的那个大会上,正式通过了长度单位米的新定义,其措词是,

“米是光在真空中(1/299 792 458)s 时间间隔内所经路径的长度”.

文件原文是用法文撰写的:

Le mètre est la longueur du trajet parcouru dans le vide par la lumière pendant une durée de 1/299 792 458 de seconde.

上述氪 86、甲烷等 5 种稳定辐射波长，便成为“米”新定义的最好复现者.

从那以后，真空光速值 c 就是一个规定值了，再也不会随着测速方法和技术的改进而不断被修正，这为天文学家和大地测绘专家们解除了长期以来的一个烦恼. 我们知道，长期以来光速 c 值一直作为一个可测量值，是依据公式 $c=l_0/t_0$ 推算出来的. 自从有了原子钟作为时间的计量手段以后，计时精度已达 $\Delta_t\approx10^{-13}$，而测距精度即使按干涉精密测长估算，也只有 $\Delta_l\approx10^{-7}$. 两者精度相差悬殊. 计量学界为追求提高测距精度，一直在不懈地努力着，每有一进展，必宣布新 c 值，随之必须修订有关天文、大地的测距数据. 这自然是件麻烦的事. 现在，光速 c 值作为一个规定值，永远不再变动. 对于天文或大地测距而言，只要我们准确地测出光行进的时间，再乘以 c 值，就可以准确地得到距离.

(4) 补偿板的作用.　迈克耳孙干涉仪用于测长或比较长度时，均必须精确定位，而定位是借助 M_1 与 M_2' 恰好相交的状态来实现的. 在交线处，两路光程相等，表观光程差为零即零程差，但此时交线处并不显示亮纹而是暗纹. 这是因为向着 M_1 的光路在 G_1 平晶背面内侧反射，来自 M_2 的光路在 G_1 背面外侧反射，两者相位突变恰好相反，存在半波损. 然而，在单色光照明下，等效楔形空气层表面将出现一系列等间距的暗纹，这使人们无法判断 M_1 与 M_2' 是否相交或交线在何处. 试用白光照明，看看将出现何种景象. 一般而言，零级无色散，即不同波长的光在表观零程差处均应出现亮纹或暗纹，且由此向左右两侧展开彩色条纹. 但是，在迈克耳孙干涉仪中，对应零程差的两光路并不对称，向着 M_1 一路比向着 M_2 一路在 G_1 平晶玻璃中多行程了二次. 考虑到玻璃的色散 $n(\lambda)$，不同波长 λ,λ'，有不同的光程 $L_1(\lambda)$，$L_1(\lambda')$. 于是，出现如图 4.52(a)所示的情况，不同波长对应有不同方位的交线，此时视场中并不出现一条全黑的暗纹. 若有了补偿板 G_2，让 M_2 这条光路也经历两次在平晶玻璃中的行程，补偿了色散，使得 $M_1(\lambda)$，$M_2'(\lambda)$的交线与 $M_1(\lambda')$，$M_2'(\lambda')$的交线，在观察方向上重合一致，如图 4.52(b)所示. 当然，对应其他波长的交线也在这同一方向上. 从而，在视场中就可以观察到这条唯一的暗纹，在这条暗纹两侧对称地展现出彩色条纹. 总之，在白光照明和补偿板作用下，位移 M_1 镜面而出现的那条唯一的暗条纹，如同一个“标杆”，被用以精确定位等光程状态，进而实现精密测长或比长. 顺便说明一点，由于分束器 G_1 背面镀银，光在其内侧或外侧反射时，相位突变情况较为复杂，附加相位差并非恰好为 π，使共同的交线位置上并非全黑，往往呈暗紫色.

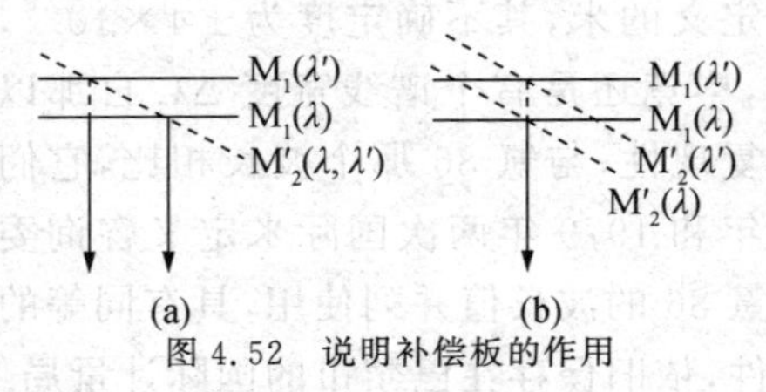

图 4.52　说明补偿板的作用

● 用于研究光速——迈克耳孙-莫雷实验

1881 年迈克耳孙用它发明的干涉仪做实验，以试图探测地球相对于绝对惯性系(以太系)的速度 v，如果真的存在这样一个绝对惯性系的话. 参见图 4.53(a)，左下角虚线坐标架示意以太系(ether system)，方框表示地球上的一个实验室，设它相对于以太系的速度为 v，在以太海中向东运动，或者说，它感受到一股速度为 v 向西的以太风. 在以太系看来，光在真空中沿各方向的速度恒为 c，那么，按经典力学中的伽利略变换导出的速度合成公式，在实验室系看来，真空光速不等于 c，且非各向同性. 光从 $G_1\to M_2$ 的速度为 $c-v$，从 $M_2\to G_1$ 的速度为 $c+v$，因此，光在 G_1M_2 一臂往返时间为

$$t_2=\frac{l}{c-v}+\frac{l}{c+v}=\frac{2cl}{c^2-v^2}=\frac{2l}{c}\cdot\frac{1}{1-\left(\frac{v}{c}\right)^2}.$$

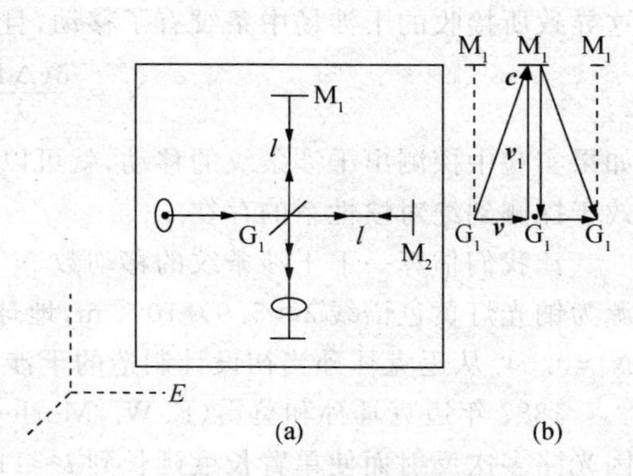

图 4.53 迈克耳孙-莫雷实验原理

再考察光在 G_1M_1 一臂的往返时间. 光从 G_1 出发射向 M_1 的速度，从实验室系看来为 $\boldsymbol{v}_1$，在以太系看来为 $\boldsymbol{c}$，而实验室系相对于以太系的速度为 $\boldsymbol{v}$，按经典速度合成公式，三者之关系是

$$\boldsymbol{c}=\boldsymbol{v}+\boldsymbol{v}_1,\quad 或\quad \boldsymbol{v}_1=\boldsymbol{c}-\boldsymbol{v},$$

注意到 $\boldsymbol{v}_1$ 与 $\boldsymbol{v}$ 正交，如图 4.53(b)所示，得速率

$$v_1=\sqrt{c^2-v^2},$$

同理，光从 M_1 返回 G_1 的速率也是 v_1. 于是，光往返于 G_1M_1 一臂所需时间为

$$t_1=\frac{2l}{\sqrt{c^2-v^2}}=\frac{2l}{c}\frac{1}{\sqrt{1-\left(\frac{v}{c}\right)^2}}.$$

这里，我们假定两臂长度几乎相等，均以 l 表示，这纯粹是为了书写简洁起见，丝毫不影响研究结论的正确性. 由于 $t_1\neq t_2$，从 G_1 同时分解出来的两束光，再回到 G_1 相干叠加时却有了时间差 $\Delta t=(t_2-t_1)$，它等效于两臂光路有了光程差，

$$\Delta L_0=c\Delta t=2l\left(\frac{1}{1-\left(\frac{v}{c}\right)^2}-\frac{1}{\sqrt{1-\left(\frac{v}{c}\right)^2}}\right),$$

考虑到实验室随地球自转加公转的速度远远地小于真空光速 c 值，对上式括号中的函数作合理的近似处理如下，

$$\frac{1}{1-\left(\frac{v}{c}\right)^2}\approx 1+\left(\frac{v}{c}\right)^2,\quad \frac{1}{\sqrt{1-\left(\frac{v}{c}\right)^2}}\approx\frac{1}{1-\frac{1}{2}\left(\frac{v}{c}\right)^2}\approx 1+\frac{1}{2}\left(\frac{v}{c}\right)^2,$$

于是，光程差简化为

$$\Delta L_0\approx l\left(\frac{v}{c}\right)^2.$$

如果，仅仅是个静态实验，这光程差不会带来任何观测后果. 迈克耳孙实验的精妙之处在于，实验中将干涉仪绕铅直轴旋转 90°，干涉仪两臂的地位互换，时间差或光程差改变了正负号，结果引致观察点的光程差有个改变量，

$$\delta(\Delta L)=2\Delta L_0\approx 2l\left(\frac{v}{c}\right)^2,$$

这导致所接收的干涉场中条纹有了移动，且移动条纹数目为

$$N=\frac{\delta(\Delta L)}{\lambda}\approx\frac{2l}{\lambda}\left(\frac{v}{c}\right)^2. \tag{4.56}$$

如果实验中探测出干涉条纹的移动，就可以由上式确认地球相对于以太系的运动速度，这等效于探测到绝对惯性系的存在.

让我们估算一下干涉条纹的移动数 N 值. 该实验中采用的数据大致如下：$l\approx1.2\,\text{m}$，光源为钠光灯黄色谱线 $\lambda\approx5.9\times10^{-7}\,\text{m}$，地球公转和自转引起的速度 $v\approx30\,\text{km/s}$. 据此算出 $N\approx0.04$. 从迈克耳孙当初设计制造的干涉仪的测量精度上看，这个 N 值是难以观测到的.

1887 年迈克耳孙和莫雷(E. W. Morley)，合作改进了干涉仪，用反光镜组替代单面镜，因光路多次反射而使单臂长度延长到 $l\approx11\,\text{m}$，整个干涉仪安置在一块大石板上，石板浮在水银槽上可自由地旋转. 这与 1881 年的装置相比较，其稳定性大为改善，测量精度也有很大提高. 估算出干涉条纹移动数目为 $N\approx0.4$，这从干涉仪当时的精度看，是完全可以被观测到的. 然而，实验结果中没有显示出条纹的明显移动. 以后，进一步改善仪器，并在不同季节、不同地区、不分昼夜地进行实验，均得到同样的否定结果——干涉条纹无移动.

迈克耳孙-莫雷实验令人意外的否定结果或称其为零结果，引起了当时物理学界的极大关注，促使人们重新审视导致条纹移动结果所涉及的物理学基本原理——麦克斯韦电磁场理论、伽利略变换和相对性原理，这最终导致爱因斯坦抛弃伽利略变换、提出新的时空观，而创立了狭义相对论.①

4.6　非单色性对干涉场衬比度的影响

- 非单色性的两种典型　· 光谱双线结构导致 $\gamma(\Delta L)$ 周期性变化
- 谱密度函数概念　· 准单色线宽导致衬比度 $\gamma(\Delta L)$ 下降
- 最大光程差和干涉测长量程

本节述及的是一个普遍性现象，并非只存在于迈克耳孙干涉仪中. 定性地看，不同波长的光各有自己一套干涉条纹，彼此间有错位，非相干叠加结果，将导致干涉场衬比度的下降，尤其在“长程干涉”比如迈克耳孙干涉仪中，这个后果显得更为突出.

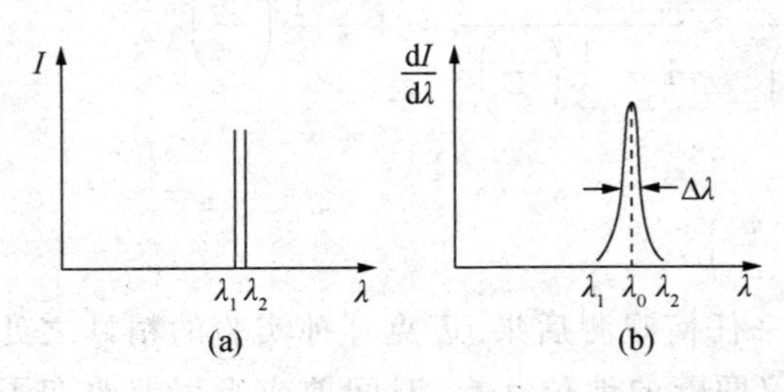

图 4.54　非单色性的两种典型

• 非单色性的两种典型

一是双线结构，如图 4.54(a)，比如，钠光灯光谱中有两条黄色谱线，589.0 nm 和 589.6 nm，俗称黄双线；汞灯光谱中也有两条黄色谱线，577.0 nm 和 579.1 nm. 光谱双线结

① 可参阅陈熙谋编著，《近代物理(第二版)》(大学物理通用教程)，北京大学出版社，2011 年，8—10 页.

构的特点是,波长差 $\Delta\lambda=(\lambda_2-\lambda_1)\ll\lambda_1,\lambda_2$. 非单色性的另一种典型表现是单色线宽,如图 4.54(b)所示,中心波长为 λ_0,谱线宽度为 $\Delta\lambda$. $\Delta\lambda$ 或 $\Delta\lambda/\lambda_0$ 用以标志单色性的好坏. 粗略地看,

$$\begin{cases}\Delta\lambda\sim 1\ \text{nm}, & \text{单色性差,一般固体、半导体光源;}\\ \Delta\lambda\sim 10^{-3}\ \text{nm}, & \text{单色性好,一般气体光源;}\\ \Delta\lambda\sim 10^{-6}\ \text{nm}, & \text{单色性很好,这要借助单模稳频、压缩线宽等技术.}\end{cases}$$

比如,中心波长 $\lambda_0\approx 550\ \text{nm}$,谱线宽度 $\Delta\lambda\approx 10^{-3}\ \text{nm}$,于是

$$\frac{\Delta\lambda}{\lambda_0}\approx\frac{10^{-3}}{550}\approx 2\times 10^{-6}.$$

人们常说的准单色光(quasi-mono chromatic light),指的就是这种情况,即它的谱线宽度 $\Delta\lambda\ll\lambda_0$.

光源非单色性有两种典型,各自对干涉场衬比度的影响是不同的,现分述如下.

- **光谱双线结构导致 $\gamma(\Delta L)$ 周期性变化**

设初始等光程,

$$\Delta L=0\ \longrightarrow\ (\lambda_1\ \text{亮纹},\lambda_2\ \text{亮纹})\ \longrightarrow\ \text{干涉条纹清晰;}$$

当光程差增加,且满足

$$\Delta L_0=N_0\lambda_1=\left(N_0-\frac{1}{2}\right)\lambda_2\ \longrightarrow\ (\lambda_1\ \text{亮纹},\lambda_2\ \text{暗纹})\ \longrightarrow\ \text{条纹模糊;}$$

当光程差继续增加,且满足

$$\Delta L=2\Delta L_0=2N_0\lambda_1=(2N_0-1)\lambda_2\ \longrightarrow\ (\lambda_1\ \text{亮纹},\lambda_2\ \text{亮纹})\ \longrightarrow\ \text{条纹清晰.}$$

由此可见,在光程差不断增加过程中,衬比度 $\gamma(\Delta L)$ 函数呈现周期性变化,如图 4.55 所示,其半周期是

$$\Delta L_0=N_0\lambda_1\approx\frac{\bar{\lambda}^2}{2\Delta\lambda},\quad N_0=\frac{\lambda_2}{2\Delta\lambda}\approx\frac{\bar{\lambda}}{2\Delta\lambda}.\tag{4.57}$$

这里,N_0 应取最接近的整数值.

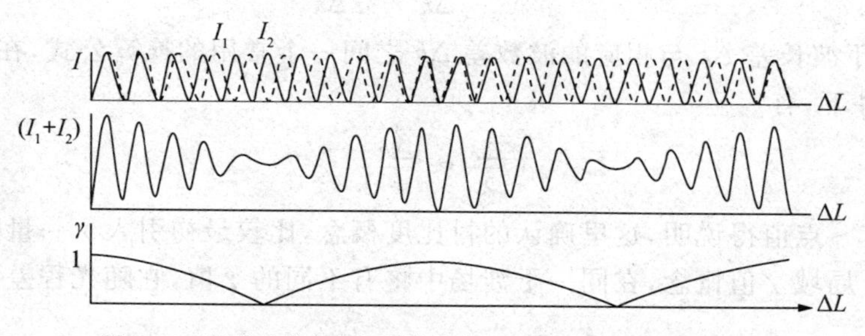

图 4.55 光谱双线产生的干涉强度 $I(\Delta L)$ 及其相应的 $\gamma(\Delta L)$

以上现象和定量分析,提供了一个分解双谱线的测量方法. 先由低分辨率的分光仪,粗测出双线结构的平均波长 $\bar{\lambda}$;再由迈克耳孙干涉仪、平移动臂以改变光程差,对条纹变动次

数进行计数，直至视场中模糊不清，此时，记下 N_0 数. 根据(4.57)式，得波长差以及双谱线波长为

$$\Delta\lambda \approx \frac{\bar{\lambda}}{2N_0}, \quad \lambda_1 = \left(\bar{\lambda} - \frac{\Delta\lambda}{2}\right), \quad \lambda_2 = \left(\bar{\lambda} + \frac{\Delta\lambda}{2}\right). \tag{4.58}$$

以上对光谱双线条件下，$\gamma(\Delta L)$ 函数的变化特点作了定性和半定量分析，下面对 $\gamma(\Delta L)$ 函数作进一步细致的数学描写. 以光程差为变量，表达双光束干涉强度公式，

$$I_1(\Delta L) = I_0\left(1 + \cos\frac{2\pi}{\lambda_1}\Delta L\right) = I_0(1 + \cos k_1\Delta L), \quad k_1 = \frac{2\pi}{\lambda_1};$$

$$I_2(\Delta L) = I_0\left(1 + \cos\frac{2\pi}{\lambda_2}\Delta L\right) = I_0(1 + \cos k_2\Delta L), \quad k_2 = \frac{2\pi}{\lambda_2},$$

这里，I_1, I_2 分别是波长 λ_1, λ_2 产生的干涉场强度分布，并且设参与相干的两束光的强度相近，故 λ_1, λ_2 各自干涉场的强度衬比度为 1，即 $\gamma_1 = \gamma_2 = 1$. 双谱线(λ_1, λ_2)时的干涉强度分布是两者的非相干叠加，即

$$\begin{aligned} I(\Delta L) &= I_1(\Delta L) + I_2(\Delta L) = I_0(1 + \cos k_1\Delta L) + I_0(1 + \cos k_2\Delta L) \\ &= 2I_0\left(1 + \cos\left(\frac{\Delta k}{2}\Delta L\right)\cdot \cos\bar{k}\Delta L\right), \end{aligned} \tag{4.59}$$

其中，

$$\bar{k} = \frac{(k_1 + k_2)}{2} \gg \Delta k = (k_1 - k_2),$$

(4.59)式表明，干涉场中强度变化的特点为，其交流项是低频因子 $\cos(\Delta k\Delta L/2)$ 与高频因子 $\cos\bar{k}\Delta L$ 的乘积，呈现振幅被低频因子调制的拍现象，如图 4.55 所示. 这慢变的调制因子便是强度衬比度，

$$\gamma(\Delta L) = \left|\cos\left(\frac{\Delta k}{2}\cdot\Delta L\right)\right|. \tag{4.60}$$

当 $\Delta L = 0, \gamma = 1$；当 $\Delta L = \dfrac{\pi}{\Delta k}, \gamma = 0$；当 $\Delta L = \dfrac{2\pi}{\Delta k}, \gamma = 1$. 由此可见，干涉场中强度衬比度随光程差作周期性变化，其半周期为

$$\Delta L_0 = \frac{\pi}{\Delta k} \approx \frac{\bar{\lambda}^2}{2\Delta\lambda}. \tag{4.61}$$

这里已运用关于波长差 $\Delta\lambda$ 与相应的波数差 Δk 之间一个常用的换算公式，在 $\Delta\lambda \ll \lambda_1, \lambda_2$，即 $\Delta k \ll k_1, k_2$ 条件下，有

$$\frac{\Delta\lambda}{\lambda} \approx \frac{\Delta k}{k}. \tag{4.62}$$

此外，还有一点值得说明，这里确认的衬比度概念，比较最初引入 γ 一量的定义，已经有所发展，它是个局域 γ 值概念，在同一干涉场中将有不同的 γ 值，它随光程差变化而变化.

- **谱密度函数概念**

对于准单色光情形，先引入光源发光的光强谱密度概念. 设光源发出的到达干涉仪的光强，在谱域 k — $k + \Delta k$ 中含有 $\Delta I_0 \propto \Delta k$，写成等式

$$\Delta I_0 = i(k) \cdot \Delta k,$$

取极限,表达为微分形式,

$$\mathrm{d}I_0 = i(k)\mathrm{d}k, \quad 即 \quad i(k) = \frac{\mathrm{d}I_0}{\mathrm{d}k}. \tag{4.63}$$

这里,$i(k)$被称作入射光的光强谱密度函数,简称为谱函数,其物理意义是,在波数 k 邻近,单位波数间隔中入射光所含的光强. 当然,光强谱密度函数也可以选取波长 λ 为变量,

$$\mathrm{d}I_0 = i'(\lambda)\mathrm{d}\lambda, \quad 即 \quad i'(\lambda) = \frac{\mathrm{d}I_0}{\mathrm{d}\lambda}.$$

注意,$i(k)$与 $i'(\lambda)$的关系为

$$i'(\lambda) = \frac{2\pi}{\lambda^2} i(k). \tag{4.64}$$

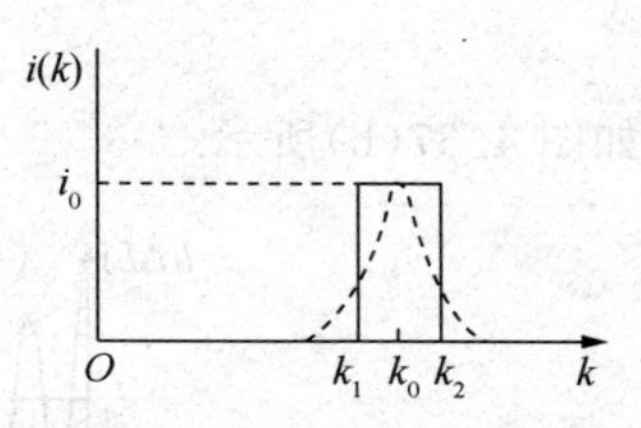

图 4.56 方垒型谱密度函数

准单色线宽的光谱函数 $i(k)$有各种线型,取决于发光物质和发光机制. 粗略地看,它们呈现钟型,有一个中心波数 k_0,还有个线宽 $\Delta k = (k_2 - k_1)$. 为了计算简明起见,我们采取一个简化模型——方垒型谱函数,如图 4.56 所示,即

$$i(k) = \begin{cases} i_0, & |k - k_0| < \dfrac{\Delta k}{2}; \\ 0, & |k - k_0| > \dfrac{\Delta k}{2}. \end{cases}$$

- **准单色线宽导致衬比度 $\gamma(\Delta L)$下降**

让我们来导出谱函数为方垒型条件下,干涉场中的强度分布. 谱元(k — $k + \mathrm{d}k$)所贡献的相干强度为

$$\mathrm{d}I = \mathrm{d}I_0(1 + \cos k\Delta L) = i(k)(1 + \cos k\Delta L)\mathrm{d}k,$$

总强度等于各谱元贡献的非相干叠加,

$$I(\Delta L) = \int_0^{\infty} i(k)(1 + \cos k\Delta L)\mathrm{d}k, \tag{4.65}$$

注意到 $$\int_0^{\infty} i(k)\mathrm{d}k = I_0 \quad (入射光总强度)$$

于是

$$I(\Delta L) = I_0 + \int_0^{\infty} i(k)\cos(k\Delta L) \cdot \mathrm{d}k. \tag{4.66}$$

以上(4.65)式或(4.66)式,适用于任意线型的谱密度函数 $i(k)$,它是由 $i(k)$求解 $I(\Delta L)$的一个普遍的积分表达式. 我们采取方垒型谱函数,只是为了简化积分运算,而结果的主要特征仍不失其普遍性. 以方垒型谱函数代入(4.65)式,有

$$I(\Delta L) = \int_{k_0 - \Delta k/2}^{k_0 + \Delta k/2} i_0(1 + \cos k\Delta L)\mathrm{d}k = i_0\Delta k + i_0\int_{k_1}^{k_2} \cos(k\Delta L) \cdot \mathrm{d}k$$

$$= I_0\left(1+\frac{\sin v}{v}\cos k_0\Delta L\right). \tag{4.67}$$

其中，常系数 $I_0 = i_0\Delta k$，正是入射于干涉仪的总光强，宗量

$$v = \frac{\Delta k}{2}\Delta L.$$

(4.67)式表明，光强函数的交变项被 $\sin v/v$ 因子所调制，出现了如图 4.57(a)的景象，干涉场衬比度遂为

$$\gamma(\Delta L) = \left|\frac{\sin v}{v}\right| = \left|\frac{\sin\left(\frac{\Delta k}{2}\Delta L\right)}{\left(\frac{\Delta k}{2}\Delta L\right)}\right|. \tag{4.68}$$

如图 4.57(b)所示.

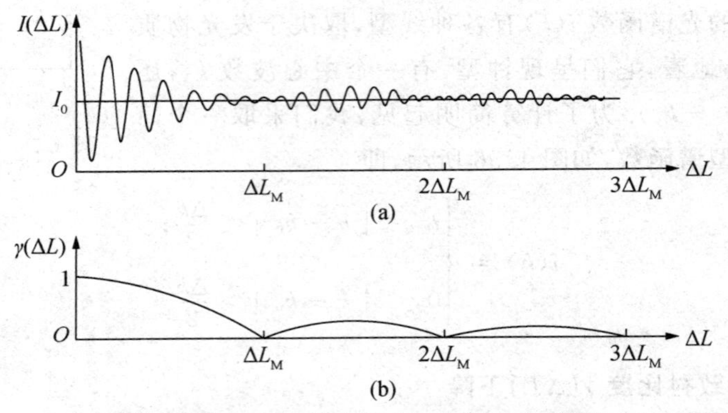

4.57 准单色线宽产生的干涉强度 $I(\Delta L)$(a)及其相应的 $\gamma(\Delta L)$(b)

- **最大光程差和干涉测长量程**

第一次出现 $\gamma=0$ 时的光程差称作最大光程差 ΔL_M，即令 $\Delta k\cdot\Delta L/2=\pi$，求出最大光程差公式，

$$\Delta L_M = \frac{2\pi}{\Delta k}, \quad 或 \quad \Delta L_M = \frac{\lambda^2}{\Delta\lambda}, \tag{4.69}$$

我们更喜欢将上式写成反比形式如下，

$$\Delta L_M\cdot\Delta k = 2\pi, \quad 或 \quad \Delta L_M\cdot\frac{\Delta\lambda}{\lambda} = \lambda. \tag{4.70}$$

这表明，入射光的单色性越好，即 Δk 值越小或 $\Delta\lambda/\lambda$ 越小，则最大光程差 ΔL_M 值越大. 最大光程差的物理意义是

当实际光程差 $\Delta L < \Delta L_M$， 则 衬比度 $\gamma > 0$；

当实际光程差 $\Delta L \geqslant \Delta L_M$， 则 衬比度 $\gamma \approx 0$.

由于存在最大光程差，干涉测长的量程便受到了限制. 当迈克耳孙干涉仪中动镜平移量过大，以致两臂光程差接近 ΔL_M，这时干涉场变得十分模糊，条纹消失，因之，对条纹移动或吞吐次数的计量均告失灵，测长到此为止. 考虑到光束在动臂一路要往返两次，迈克耳孙测长仪的量程应当等于

$$l_M \approx \frac{1}{2}\Delta L_M \approx \frac{\lambda^2}{2\Delta\lambda}. \tag{4.71}$$

如果用最大光程差 ΔL_M 替换(4.68)式中的谱线宽度 Δk,便可给出衬比度函数的又一个更为简洁的形式.

$$\gamma(\Delta L) = \left| \frac{\sin\left(\pi \dfrac{\Delta L}{\Delta L_M}\right)}{\left(\pi \dfrac{\Delta L}{\Delta L_M}\right)} \right|. \tag{4.72}$$

4.7 傅里叶变换光谱仪

·FTS 工作原理 ·例题——双谱线时的输出讯号 ·FTS 分辨率 ·新型光谱仪

● FTS 工作原理

获悉物质的发射光谱或吸收光谱,是人类揭示物质深层结构的一种基本方式.傅里叶变换光谱仪,Fourier Transform Spectroscope,缩写为FTS,是由迈克耳孙干涉仪演变而发展起来的一种新型光谱仪,参见图 4.58.与传统的色散型光谱仪——棱镜光谱仪、光栅光谱仪、法布里-珀罗分光仪相比较,FTS 有着完全不同的工作原理,具有高分辨率、高信噪比和宽工作波段等优越性质,特别适用于长波段红外区的光谱分析.

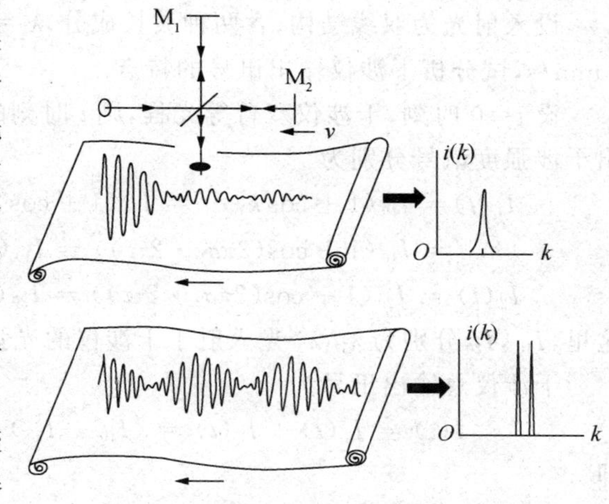

图 4.58 迈克耳孙干涉仪演变为一种光谱仪

FTS 核心部分是一台迈克耳孙干涉仪,参见图 4.59,它输出的干涉强度讯号,被光电接收器 D 转化为电讯号,经模数变换器 A/D 转化为数据,输入计算机处理器作傅里叶余弦变换,再经数模变换器 D/A,最后输出光谱图.

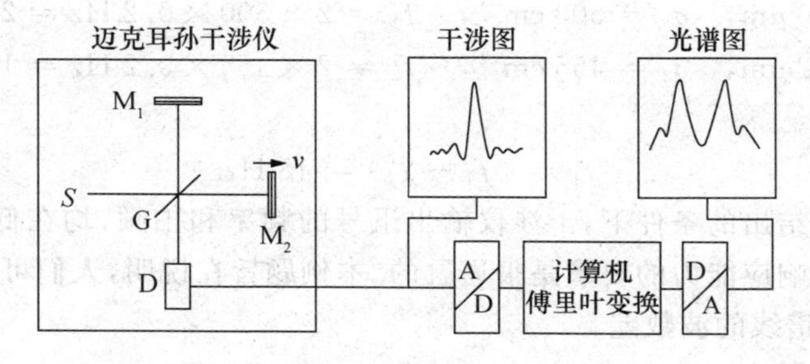

图 4.59 FTS 工作原理、工作程序

FTS工作原理的数理基础已经蕴含在(4.66)式中,该式的意义,已超越当初引入它时所讨论的非单色性与衬比度之关系的范围,实质上它表达了干涉强度函数 $\widetilde{I}(x)$ 与入射光谱函数 $i(k)$ 之间的一种对应关系、即一种变换关系:

$$\boxed{\widetilde{I}(x)} \Longleftrightarrow \boxed{i(k)}$$

$$\begin{cases} \widetilde{I}(x) = \displaystyle\int_0^\infty i(k)\cos kx\,\mathrm{d}k, & (4.73) \\ i(k) = \displaystyle\int_0^\infty \widetilde{I}(x)\cos kx\,\mathrm{d}x. & (4.74) \end{cases}$$

这里,我们已将(4.66)式中的光程差符号 ΔL 简写为 x, x 值对应干涉仪中动镜位置的坐标值;这里 $\widetilde{I}(x)=I(\Delta L)-I_0$,已扣除了常数项 I_0,它原指入射光的总光强,于是 $\widetilde{I}(x)$ 就代表干涉仪输出光强中的纯交变讯号.

- **例题——双谱线时的输出讯号**

设入射光为双线结构,含两种波长成分,$\lambda_1=20\ \mu\mathrm{m}$,$\lambda_2=22\ \mu\mathrm{m}$,干涉仪动镜平移速度为 2 mm/s,试分析干涉仪输出讯号的特点.

设 $t=0$ 时刻,干涉仪双臂等光程,则 t 时刻的光程差为 $x=2vt$,对应单色光 λ_1,λ_2 的输出干涉强度讯号分别为

$$I_1(t) = I_{10}(1+\cos k_1 x) = I_{10}(1+\cos 2\pi\sigma_1 x)$$

$$= I_{10}(1+\cos(2\pi\sigma_1\cdot 2vt)) = I_{10}(1+\cos 2\pi f_1 t),\quad \text{频率 } f_1 = 2\sigma_1 v; \tag{4.75}$$

$$I_2(t) = I_{20}(1+\cos(2\pi\sigma_2\cdot 2vt)) = I_{20}(1+\cos 2\pi f_2 t),\quad \text{频率 } f_2 = 2\sigma_2 v. \tag{4.76}$$

这里,I_{10},I_{20} 分别为 λ_1,λ_2 光入射于干涉仪的光强;波数 $\sigma_1=1/\lambda_1$,$\sigma_2=1/\lambda_2$.[①]

干涉仪总输出讯号为

$$I(t) = I_1(t)+I_2(t) = (I_{10}+I_{20}) + I_{10}\cos 2\pi f_1 t + I_{20}\cos 2\pi f_2 t,$$

即

$$\widetilde{I}(t) = (I(t)-(I_{10}+I_{20})) = I_{10}\cos 2\pi f_1 t + I_{20}\cos 2\pi f_2 t, \tag{4.77}$$

由此可见,这输出讯号包含两个频差很小的频率成分,而表现为"拍".代入本题给出的数据,

$$\lambda_1 = 20\ \mu\mathrm{m},\quad \sigma_1 = 500\ \mathrm{cm}^{-1},\quad f_1 = 2\times 500\times 0.2\ \mathrm{Hz} = 200\ \mathrm{Hz};$$

$$\lambda_2 = 22\ \mu\mathrm{m},\quad \sigma_2 = 455\ \mathrm{cm}^{-1},\quad f_2 = 2\times 455\times 0.2\ \mathrm{Hz} = 182\ \mathrm{Hz}.$$

得拍频

$$f_\mathrm{b} = (f_1 - f_2) = 18\ \mathrm{Hz}.$$

在这一组典型数据给出的条件下,干涉仪输出讯号的频率和拍频,均在低频(音频)范围,这对光电接收器频率响应能力的要求是很通融的.本例题旨在说明,人们可以测量输出讯号的拍频 f_b,而求得双谱线的波数差,

① 在光谱学专业习惯于采用 σ 表示光谱成分,也称之为波数.

$$\Delta\sigma = \frac{f_b}{2v}. \tag{4.78}$$

● **FTS 分辨率**

任何一种光谱仪，其能分辨的最小波长间隔 $\delta\lambda_m$ 总是有限的；对于 FTS，其 $\delta\lambda_m$ 值取决于干涉仪动镜可能移动的最大距离 l_0.(4.75)式或(4.76)式表明，对于严格的单色光入射，干涉仪输出讯号 $\tilde{I}(t)$ 是严格的单频讯号，存在于时域$(0,\infty)$. 然而，由于动镜移动长度有限，使 FTS 采集数据的时间序列也是有限的，只存在于$(0,\tau_0)$时段内，这里 $\tau_0 = l_0/v$. 因此，FTS 数据处理系统实际上是对一准单频讯号 $\tilde{I}'(t)$ 作傅里叶余弦变换运算，其结果输出一准单色谱函数 $i(k)$，它有一个很窄的谱线宽度 Δk_0 或 $\Delta\lambda_0$ 或 $\Delta\sigma_0$. 换句话说，理论上一严格单色光入射，经 FTS 输出的却是一个准单色光谱讯号. 这意味着，若入射光是两条很接近的谱线，且$(\lambda_2 - \lambda_1) < \Delta\lambda_0$，则光谱仪不可分辨它俩；若$(\lambda_2 - \lambda_1) > \Delta\lambda_0$，则光谱仪可以分辨它俩；于是，上述给出的谱线宽度 $\Delta\lambda_0$ 正是 FTS 能分辨的最小波长间隔 $\delta\lambda_m$，即 $\delta\lambda_m = \Delta\lambda_0$.

傅里叶变换的性质表明，讯号在时域中的区间 τ_0 与其谱函数在频域中的宽度 Δf 之间，存在一反比关系式，

$$\tau_0 \cdot \Delta f \approx 1. \tag{4.79}$$

借助 $f = 2\sigma v$，将频宽 Δf 换算为波数宽度 $\Delta\sigma_0$ 或波长宽度 $\Delta\lambda_0$，

$$\Delta\sigma_0 = \frac{\Delta f}{2v}, \quad \Delta\lambda_0 = \frac{\lambda^2}{2v}\Delta f, \tag{4.80}$$

代入(4.79)式，最后得 FTS 分辨率①

$$\delta\sigma_m = \frac{1}{2l_0} \quad 或 \quad \delta\lambda_m = \frac{\lambda^2}{2l_0}. \tag{4.81}$$

下面给出一组数据，以说明 FTS 的高分辨率. 一般 FTS 动镜可移动距离 l_0 在 10—10^2 cm，也有长达 l_0 为 200 cm 的. 取

$l_0 = 30\,\text{cm}$，　波长 $\lambda \approx 20\,\mu\text{m}$，　即 波数 $\sigma \approx 5 \times 10^2\ \text{cm}^{-1}$，

　　则 $\delta\sigma_m = 0.017\,\text{cm}^{-1}$，　$\delta\lambda_m = 7\,\text{Å} = 7 \times 10^{-4}\ \mu\text{m}$；

$l_0 = 30\,\text{cm}$，　波长 $\lambda \approx 0.6\,\mu\text{m}$，　即 波数 $\sigma \approx 1.7 \times 10^4\ \text{cm}^{-1}$，

　　则 $\delta\sigma_m = 0.017\,\text{cm}^{-1}$，　$\delta\lambda_m = 6 \times 10^{-3}\ \text{Å} = 6 \times 10^{-7}\ \mu\text{m}$.

对于光栅光谱仪，若要达到与 FTS 有同等的分辨率，则光栅尺寸 D 需约 4 倍于 l_0，$D \approx 4l_0 \approx 1.2\,\text{m}$，这个尺寸对具有严格周期结构的光栅来说，是难以想象的.

还有一点不妨一提，这里(4.81)式与上一节(4.71)式，两者在形式上是完全相同的，虽然这里$(\delta\lambda_m, l_0)$具体含义与那里$(\Delta\lambda, l_M)$的有所区别，两者在实质上却是相通的. 两者均根源于——波列有限长度 l 与谱线宽度 $\Delta\lambda$ 之间的对应关系，下一节对此将给出论证.

---

① 光谱仪分辨率或分辨本领，在理论上的定义为 $R = \frac{\lambda}{\delta\lambda_m} = \frac{\sigma}{\delta\sigma_m}$，不过，在实际工作场合人们更习惯于用 $\delta\lambda_m$ 或 $\delta\sigma_m$ 代称分辨率，这样显得更直觉.

● 新型光谱仪

傅里叶变换光谱仪即 FTS 出现于 20 世纪 70 年代初，它是在双光束干涉仪基础上发展起来的，它从干涉强度讯号中提取光源辐射的发射光谱或物质的吸收光谱. 与传统色散型光谱仪相比较，FTS 不仅有高分辨率和高信噪比，还具有光通量大、工作波段宽、快速扫描、动态测量等优点. FTS 的出现标志着精密光谱仪器，朝着简单、朴实和与更复杂的电子数据处理系统相配合的方向而发展的新趋势.

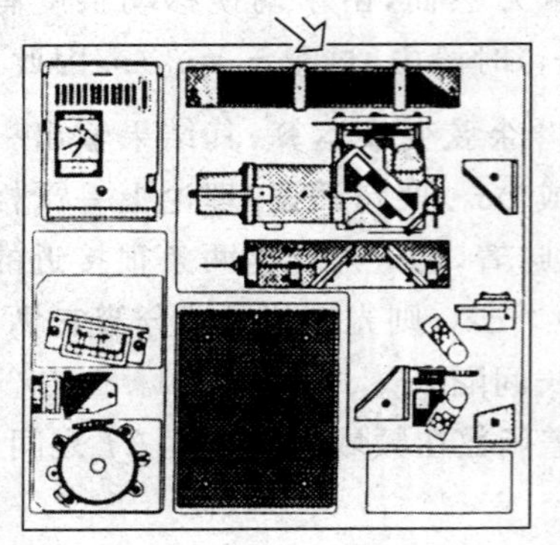

图 4.60　一台实用 FTS 的内部结构①

图 4.60 是一台实用 FTS 面板揭开后所显示的内部结构. 图 4.61 是由这台 FTS 对聚苯乙烯样品进行测量而输出的吸收光谱图，完成这一测量仅需 2 分钟. 其中，图(a)横坐标表示波长 $\lambda(\mu\mathrm{m})$，范围为$(2.5-25\ \mu\mathrm{m})$，这是近红外至中红外波段；图(b)横坐标表示波数 $\sigma(\mathrm{cm}^{-1})$，范围为$(4000-400\ \mathrm{cm}^{-1})$. 前面已经提及，光谱学家们更喜欢用波数 $\sigma=1/\lambda$ 作为工作语言. 从以上讨论中，可以看到这种选择至少有两个优点——分辨率公式 $\delta\sigma_{\mathrm{m}}$ 显得更简洁；光谱图(b)比(a)显得更匀称. 波数 $\sigma(\mathrm{cm}^{-1})$与波长 $\lambda(\mu\mathrm{m})$的乘积等于 10^4，即

$$\sigma(\mathrm{cm}^{-1})\cdot\lambda(\mu\mathrm{m})=10\,000. \tag{4.82}$$

谱线宽度 $\Delta\lambda$，Δk，$\Delta\sigma$ 和频宽 Δf 等四者之间的换算，可利用以下关系式(仅指数值)，

$$\frac{\Delta\lambda}{\lambda}\approx\frac{\Delta k}{k}\approx\frac{\Delta\sigma}{\sigma}\approx\frac{\Delta f}{f}. \tag{4.83}$$

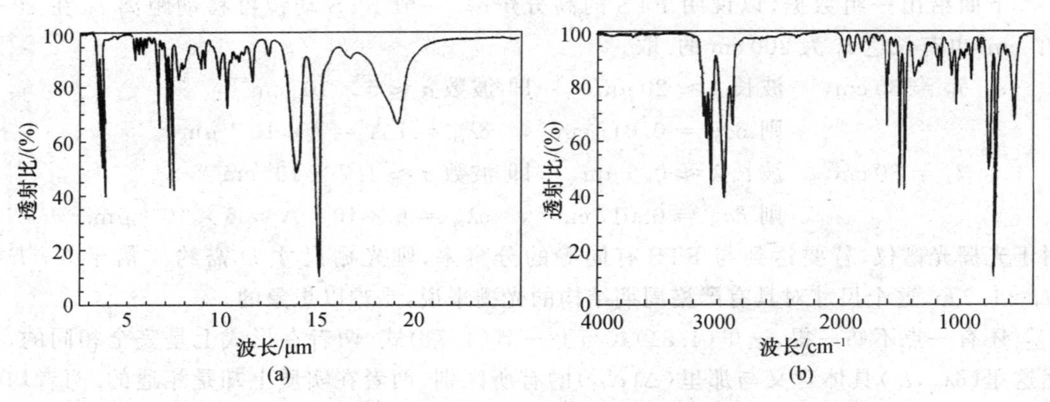

图 4.61　FTS 输出的聚苯乙烯的吸收光谱图②

---

①② 由北京大学分析测试中心翁诗甫教授提供.

4.8 光场的时间相干性

· 时间相干性概念的引入——相干时间和相干长度
· 时间相干性的突出表现——长程差干涉 · 波列长度与谱线宽度互为表里
· 时间相干性反比公式 · 光场时空相干性(小结)

● 时间相干性概念的引入——相干时间和相干长度

如同考察光场空间相干性那样，我们依然是着眼于光场中两点光扰动之间的相干性，参见图 4.62. 虽然，如图 4.62，在点光源照明空间中，横向波前上的两点 S_1 与 S_1' 是完全相干的，但纵向两点 S_1 与 S_2 之间就非完全相干了，这是因为准单色光源发射的波列长度是有限的，相邻波列之间的相位关系是随机变化的. 设微观上看持续发光时间为 τ_0 量级，相应地在空间展开的波列长度以光程表示为

$$L_0 = c\tau_0. \tag{4.84}$$

于是，扰动 S_1 与扰动 S_2 并不总能处于一个波列之内. 它俩相关程度取决于实际光程差 ΔL_{12} 与波列长度 L_0 的比较，或取决于实际时差 $\tau=\Delta L_{12}/c$ 与 τ_0 的比较，如图 4.63 所示：

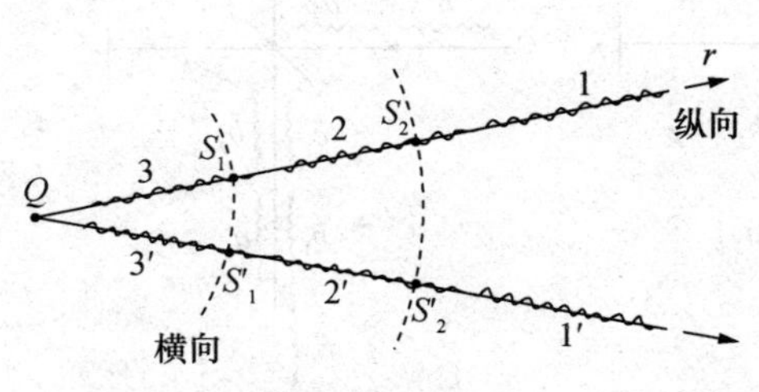

图 4.62 考察光场纵向两点的相干性

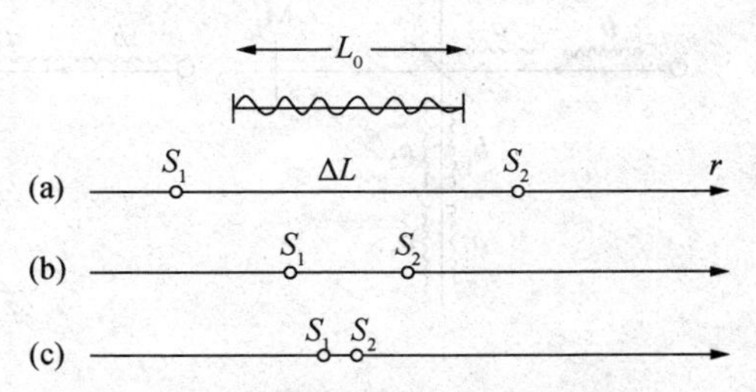

图 4.63 实际光程差与相干长度的比较

(a) $\Delta L > L_0$， 即 $\tau > \tau_0$， 则 (S_1, S_2) 非相干；
(b) $\Delta L < L_0$， 即 $\tau < \tau_0$， 则 (S_1, S_2) 部分相干；
(c) $\Delta L \approx 0$， 即 $\tau \approx 0$， 则 (S_1, S_2) 近乎完全相干.

这里，光程差 ΔL 是从光源处起算的光程之差，见图 4.62，

$$\Delta L = L_2 - L_1 = L(\overline{QS_2}) - L(\overline{QS_1}). \tag{4.85}$$

于是，我们考察的对象并不限于纯纵向的两点，比如，图 4.62 中，

$$(S_1, S_2')\ \text{相干程度} \approx (S_1, S_2)\ \text{相干程度}.$$

鉴于 τ_0 或 L_0 是决定光场纵向相干性的一个特征量，人们便称 τ_0 为相干时间(coherent time)，L_0 为相干长度(coherent length)，光场中这类相干性称为时间相干性(temporal coherence). 至于相干程度的定量表达式，即(τ/τ_0)或$(\Delta L/L_0)$怎样定量地决定了相干程度，留待后面给出.

普通气体光源，相干时间 $\tau_0 \approx 10^{-9}$ s，10^{-8} s，相应的相干长度 $L_0 \approx 30$ cm，300 cm；对于

激光，τ_0 值更大，L_0 值亦更长.

- **时间相干性的突出表现——长程差干涉**

如同考察光场空间性那样，光场时间性也最终地表现为干涉场中的衬比度.凡是干涉场，必有光程差分布或变化；凡有光程差，必定存在一个时间相干性.不过，对于光场光程差 $\Delta L \ll L_0$ 的那些场合，时间相干性问题并不突出，以杨氏双孔实验为代表的双像干涉系统，就是这样，那里 $\Delta L < d \ll L_0$，d 仅有 mm 量级.然而，在迈克耳孙干涉测长仪中，双臂光程差可以很大，系长程差干涉，在这种场合时间相干性问题便显得十分突出，相干长度限制了测长量程，如图 4.64 所示.其中，图(c)说明，若双臂光程差 $\Delta L \geqslant L_0$ 时，进入接收器的两束光之间，就完全没有恒定的相位差，以致视场中一片均匀，干涉条纹消失，或干涉强度无起伏，即干涉测长到此失灵.这表明干涉测长仪中双臂的最大光程差 $\Delta L'_M$ 受限于相干长度 L_0，两者相等，其值一半便是测长量程 l'_M，即

$$\Delta L'_M = L_0 = c\tau_0, \quad l'_M \approx \frac{1}{2}L_0 = \frac{1}{2}c\tau_0. \tag{4.86}$$

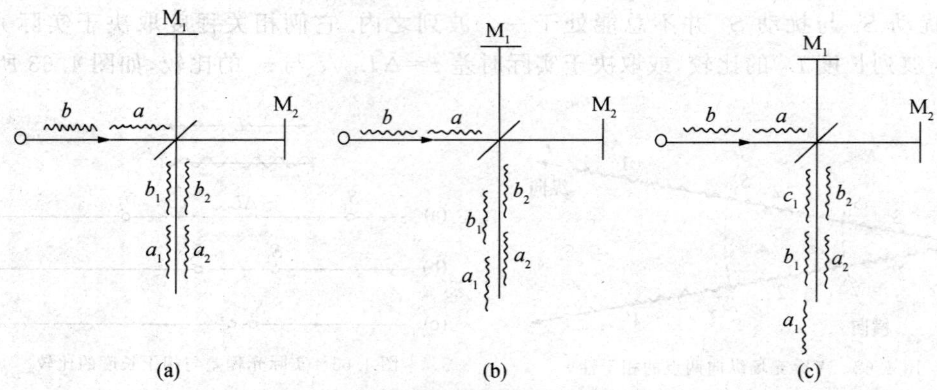

图 4.64　光场的相干长度决定干涉测长的量程

- **波列长度与谱线宽度互为表里**

在 4.6 节，我们已经证认了，最大光程差受限于准单色的谱线宽度；现在我们又确认了，最大光程差受限于波列长度；即

$$\begin{aligned} &\text{谱线宽度 } \Delta\lambda \longrightarrow \Delta L_M \approx \frac{\lambda^2}{\Delta\lambda}, \\ &\text{波列长度 } L_0 \longrightarrow \Delta L'_M \approx L_0. \end{aligned} \tag{4.87}$$

须知，最大光程差或相应的测长量程，是一个可观测量，理应是唯一的.这意味着，波列有限长度 L_0 与光波非单色性 $\Delta\lambda$ 是互相联系的，且两者的定量关系为 $L_0 \approx \lambda^2/\Delta\lambda$.下面对此给出理论上的独立证明.

借鉴理想单色平面波函数的复振幅表示，$\tilde{U}(x) = A\mathrm{e}^{\mathrm{i}kx}$，考虑非单色波，其中($k$—$k+$

dk)谱元,贡献的复振幅为

$$\mathrm{d}\widetilde{U}(x)=\mathrm{d}A\cdot \mathrm{e}^{ikx},$$

这里,振幅系数 dA 理应表达为

$$\mathrm{d}A\propto \mathrm{d}k,$$

写成
$$\mathrm{d}A=a(k)\mathrm{d}k,\quad 即\quad a(k)=\frac{\mathrm{d}A}{\mathrm{d}k},$$

这里 $a(k)$称作振幅谱密度函数,这类似于在 4.6 节引入的光强谱密度函数 $i(k)$. 于是,空间波函数被表达为

$$\widetilde{U}(x)=\int \mathrm{d}\widetilde{U}=\int_0^{\infty}a(k)\mathrm{e}^{ikx}\mathrm{d}k. \tag{4.88}$$

这表明,空间波列形态取决于谱密度 $a(k)$函数的线型. 这里,我们采取简化模型——方垒型谱函数,即

$$a(k)=\begin{cases}a_0, & |k-k_0|<\Delta k/2;\\ 0, & |k-k_0|>\Delta k/2.\end{cases}$$

这里,中心波数为 k_0,谱线宽度为 Δk,且 $\Delta k\ll k_0$,这反映的正是准单色光的情形. 将 $a(k)$代入(4.88)式,得空间波函数

$$\widetilde{U}(x)=\int_{k_0-\Delta k/2}^{k_0+\Delta k/2}a_0\mathrm{e}^{ikx}\mathrm{d}k=A_0\,\frac{\sin v'}{v'}\mathrm{e}^{ik_0x}, \tag{4.89}$$

其中,

$$常系数\quad A_0=a_0\cdot\Delta k,\quad 宗量\quad v'=\frac{\Delta k}{2}\cdot x.$$

注意到 $\Delta k\ll k_0$,故$(\sin v'/v')$是一个慢变函数,作为一低频调制因子,使空间波列的振幅有一分布,呈现如图 4.65 所示的形态,有个明显的中心波包,它可用以标志波列长度,

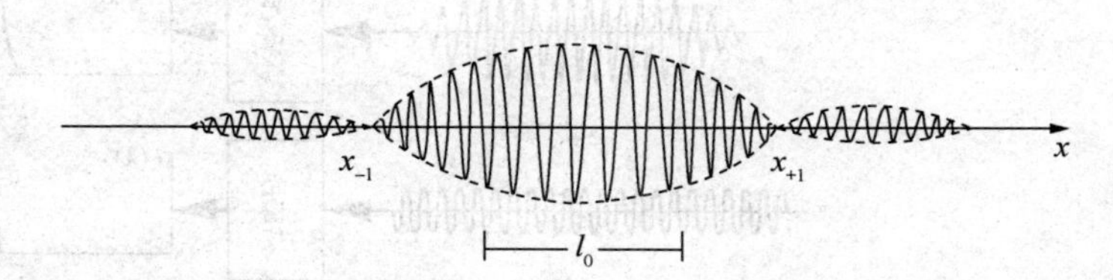

图 4.65 准单色光的空间波列形态及其波列长度

$$l_0\approx\frac{1}{2}(x_{+1}-x_{-1}),$$

而零点位置 x_{+1},x_{-1}满足

$$v'=\pm\pi,\quad 即\quad \frac{\Delta k}{2}\cdot x_{\pm1}=\pm\pi,$$

得
$$x_{\pm1}\approx\pm\frac{2\pi}{\Delta k}\approx\pm\frac{\lambda^2}{\Delta\lambda},$$

最后求得波列长度,

$$l_0\approx\frac{\lambda^2}{\Delta\lambda},\quad 或\quad L_0\approx\frac{\lambda^2}{\Delta\lambda}. \tag{4.90}$$

这就证明了,由谱线宽度 $\Delta\lambda$ 决定的最大光程差 ΔL_M 与由波列长度 L_0 决定的最大光程差 $\Delta L_M'$,两者是一致的.(4.90)式表明,波列长度有限与谱线有个宽度,两者原本同源,是光源发光性质的不同表述、不同表现而已,谱线宽度可由光谱仪显示出来,波列长度可由干涉测长实验探测出来.

- **时间相干性反比公式**

我们更喜欢将相干长度 L_0 与非单色性 $\Delta\lambda/\lambda$ 之关系表达为一反比例形式,

$$L_0 \cdot \frac{\Delta\lambda}{\lambda} \approx \lambda. \tag{4.91}$$

这表明两者乘积为一常数——光波长,若波列长度即相干长度越长,则 $\Delta\lambda/\lambda$ 值越小,亦即单色性越好,如图 4.66 及表 4.2 所示.如果选取光频宽度 $\Delta\nu$ 表示非单色性,借助换算公式 $\Delta\nu/\nu \approx \Delta\lambda/\lambda$,可将上述反比公式改写为更为简洁的形式,

$$\tau_0 \cdot \Delta\nu \approx 1. \tag{4.92}$$

这里,τ_0 就是相干时间,即光源微观上持续发光的时间量级.

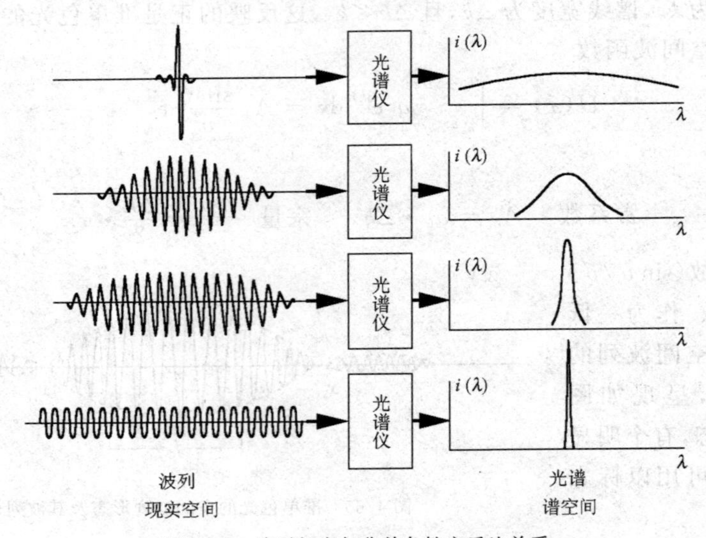

图 4.66　波列长度与非单色性之反比关系

表 4.2　有关准单色光的典型数据,取 $\lambda\approx 600$ nm

单　色　性	$\Delta\lambda$/nm	L_0/m	τ_0/s	$\Delta\nu$/MHz
差	1	3.6×10^{-5}	10^{-12}	10^{6}
好	10^{-3}	0.36	10^{-9}	10^{3}
很好	10^{-6}	360	10^{-6}	1

若选取相干长度 L_0 或相干时间 τ_0 作为参量改写(4.72)式,更能鲜明地体现了光场时间相干性对干涉场衬比度的影响,

$$\gamma(\Delta L)=\left|\frac{\sin \pi \dfrac{\Delta L}{L_0}}{\pi \dfrac{\Delta L}{L_0}}\right|, \quad 或 \quad \gamma(\tau)=\left|\frac{\sin \pi \dfrac{\tau}{\tau_0}}{\pi \dfrac{\tau}{\tau_0}}\right|. \tag{4.93}$$

这里，到达场点的光程差 ΔL 或时间差 $\tau=\Delta L/c$ 应从光源出发起算. 上式表明，凡有光程差或时间差的场合，必存在时间相干性问题. 我们先前在分波前干涉装置中没有对此展开讨论，是因为那里 $\Delta L \ll L_0$，$\tau \ll \tau_0$，因此 $\gamma \approx 1$；而影响那里干涉场衬比度下降的主要因素，是由光源扩展性引起的，那系光场空间相干性问题.

- **光场时空相干性(小结)**

(1) 在 4.3 节和本节，我们分别侧重地论述了光场的空间相干性和时间相干性，现将其主要内容归集如下.

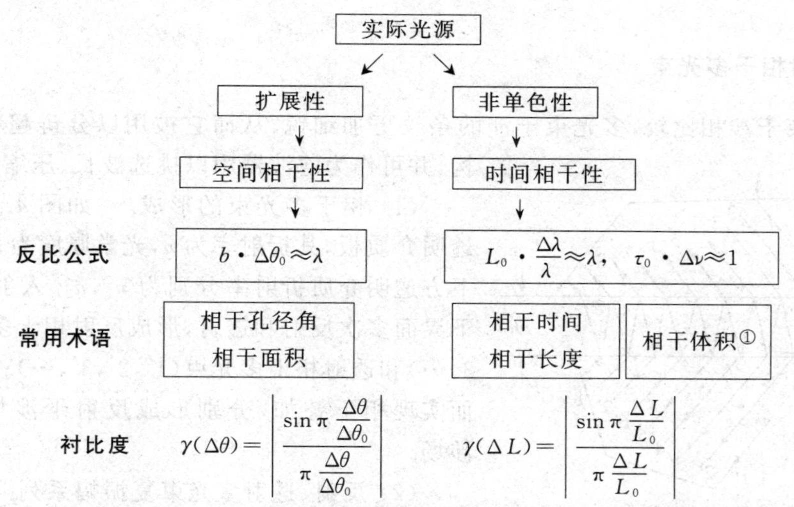

(2) 光场的时空相干性，根源于光源发光的断续性及其相联系的相位随机性，是针对光场中的相位随机波而言的，一般说来，在实际干涉装置中，两者是并存的，因为实际光源总是非单色的扩展光源；只不过，在不同装置或不同条件下，突出表现的方面有所不同. 比如，高亮度激光束照明空间中，空间相干性问题就不突出；短光程差条件下，时间相干性问题就不突出. 理论上，对光场时空相干性的统一描述，是着眼于研究光场中两点 S_1，S_2 光扰动 $\tilde{U}_1(t)$，$\tilde{U}_2(t)$ 的相关性，参见图 4.67. 考虑到干涉场点 P 两列波叠加的同时性，这意味着两列波从 S_1，S_2 出发的非同时性，有一时差 τ，$\tau=\Delta L/c$. 因此，准确地说，是光扰动 $\tilde{U}_1(t)$ 与 $\tilde{U}_2(t-\tau)$ 的相关程度，决定了干涉场的衬比度. 由此，推演展开，而形成理论光学中的一分支——部分相干光的传播理论.

① 相干体积≈(横向相干面积)×(纵向相干长度)，其意义是，处于相干体积内的两点光扰动彼此是部分相干的.

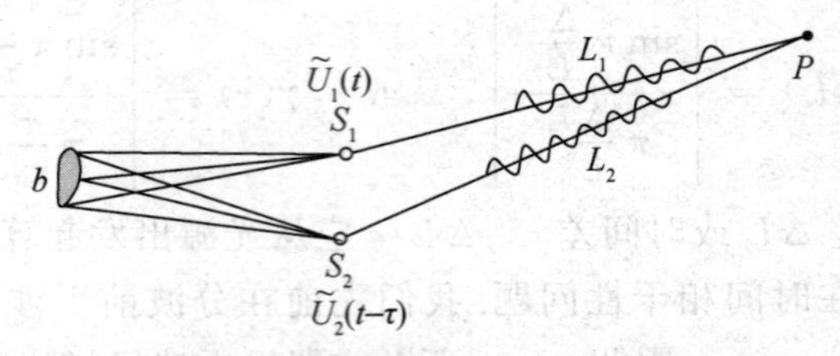

图 4.67　光场中时空相干性并存的图像

4.9　多光束干涉　法布里-珀罗干涉仪

· 反射、透射相干多光束　· 多光束干涉的光强分布和特点
· 法布里-珀罗干涉仪用于分辨超精细光谱　· 法布里-珀罗谐振腔的选频功能
· 讨论

● 反射、透射相干多光束

与双光束干涉相比较，多光束干涉的条纹更加细锐，从而它被用以分辨超精细光谱结构，并可作为滤波器用以挑选波长、压缩线宽.

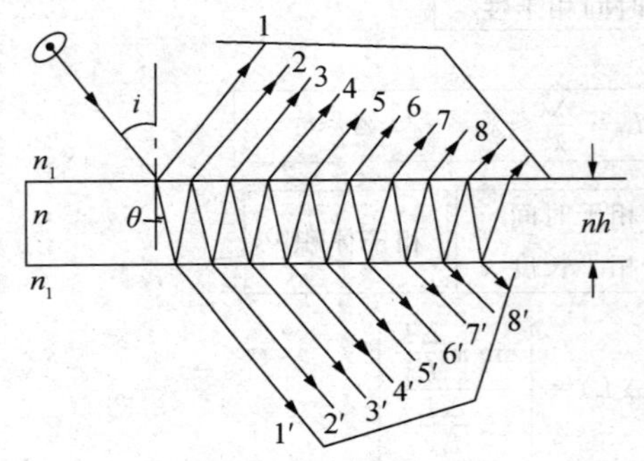

图 4.68　相干多光束的形成

(1) 相干多光束的形成.　如图 4.68 所示，一透明介质板，其折射率为 n，光学厚度为 nh，其上方、下方透明介质折射率分别为 n_1，n_2. 入射光束经上、下界面多次反射和透射，形成反射相干多光束(1，2，3，…)和透射相干多光束(1′，2′，3′，…)；由透镜聚焦而实现相干叠加，分别形成反射干涉场和透射干涉场.

(2) 反射、透射多光束复振幅系列.　常见的实际情况是 $n_1=n_2$，据(3.29)式，有

$$r=-r',\quad tt'+r^2=1,$$

这里，(r,t)是入射角为 i 时光在界面 n_1/n 的复振幅反射率和透射率，(r',t')是入射角为 θ 时光在界面 n/n_1 的复振幅反射率和透射率，角 θ 与角 i 满足 $n_1\sin i=n\sin\theta$. 于是，我们可以依次写出反射多光束复振幅系列和透射多光束复振幅系列，设入射光束振幅为 A_0，

反射多光束　　　　**透射多光束**

$$\begin{cases}\widetilde{U}_1=rA_0=-r'A_0,\\ \widetilde{U}_2=r'(tt')\mathrm{e}^{\mathrm{i}\delta}A_0,\\ \widetilde{U}_3=r'^3(tt')\mathrm{e}^{\mathrm{i}(2\delta)}A_0,\\ \widetilde{U}_4=r'^5(tt')\mathrm{e}^{\mathrm{i}(3\delta)}A_0,\\ \vdots\end{cases}\qquad \begin{cases}\widetilde{U}'_1=(tt')A_0,\\ \widetilde{U}'_2=r'^2(tt')\mathrm{e}^{\mathrm{i}\delta}A_0,\\ \widetilde{U}'_3=r'^4(tt')\mathrm{e}^{\mathrm{i}(2\delta)}A_0,\\ \widetilde{U}'_4=r'^6(tt')\mathrm{e}^{\mathrm{i}(3\delta)}A_0,\\ \vdots\end{cases}$$

其中相位差递增因子,[1]

$$\delta = \frac{2\pi}{\lambda} 2nh\cos\theta. \tag{4.94}$$

从以上复振幅系列中,我们看到,透射系列恰好为一等比级数,公比为 r'^2;而反射系列,必须将 $\tilde{U}_1$ 除外,从 $\tilde{U}_2$ 开始才构成一等比级数,其公比也是 r'^2. 我们还注意到,对于低反射率情形,即 $r \ll 1, tt' \approx 1$ 情形,反射系列中头两项振幅十分接近,且远大于后续的振幅,$A_1 \approx A_2 \gg A_3 \gg \cdots$,这时反射多光束干涉近似为 $\tilde{U}_1$ 与 $\tilde{U}_2$ 的双光束干涉,从 $\tilde{U}_3$ 开始的其他光束对反射干涉场的影响可被忽略. 先前在 4.4 节讨论薄膜干涉问题时,我们就是这样处理的. 而对于透射系列,在低反射率情形下,惟有第一项 $\tilde{U}'_1$ 振幅值遥遥领先,即 $A'_1 \gg A'_2 \gg A'_3 \gg \cdots$,可以预料,此时透射干涉场的衬比度是相当低的,条纹比较模糊,参见图 4.69;先前讨论薄膜干涉时并不重视透射一方的干涉现象,原因正在此. 如果界面是高反射率的,情况正好相反,透射多光束的振幅依次递减却相差无几,即 $A'_1 \approx A'_2 \approx A'_3 \approx \cdots$,且 $A'_1 > A'_2 > A'_3 > \cdots$,可以预料,透射干涉条纹将十分细锐清晰,此时,人们往往乐意观察透射干涉场. 以上是定性分析,下面给出定量推导和结果.

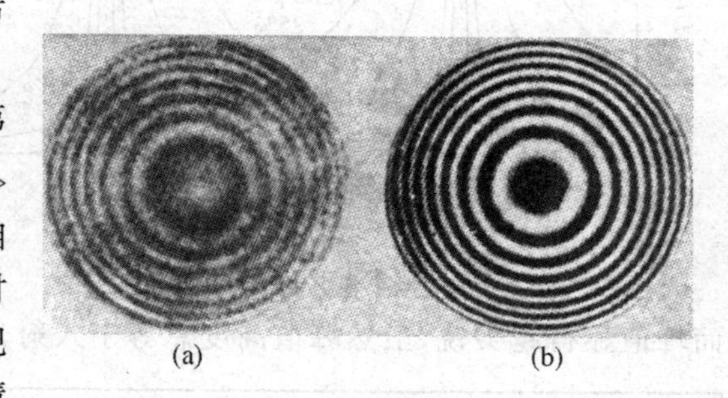

图 4.69 低反射率时的透射条纹(a)和反射条纹(b)

- **多光束干涉的光强分布和特点**

透射多光束的干涉场为

$$\tilde{U}_T(\delta) = \sum_{j=1}^{\infty} \tilde{U}'_j,$$

其首项为$(tt')A_0 = (1-R)A_0$,公比为 $r'^2 e^{i\delta} = Re^{i\delta}$,这里 $R = r'^2 = r^2$,系单界面光强反射率. 借助无穷等比级数求和公式,$S = \dfrac{\text{首项}}{1-\text{公比}}$,得透射干涉场及其共轭场为

$$\tilde{U}_T(\delta) = \frac{(1-R)}{1-Re^{i\delta}} A_0, \quad \tilde{U}_T^*(\delta) = \frac{(1-R)}{1-Re^{-i\delta}} A_0, \tag{4.95}$$

于是,透射多光束干涉强度为

$$I_T(\delta) = \tilde{U}_T \cdot \tilde{U}_T^* = \frac{I_0}{1 + \dfrac{4R}{(1-R)^2} \sin^2 \dfrac{\delta}{2}}. \tag{4.96}$$

再根据光功率守恒,由透射干涉强度公式,可直接导出反射多光束干涉强度公式,

---

[1] 这里,相邻两条光线之光程差,就是 4.4 节讨论等倾条纹时的光程差(4.49)式 $\Delta L_0 = 2nh\cos i$,这里只是将内折射角符号 i 改为 θ 而已.

$$I_{\mathrm{R}}(\delta)=I_0-I_{\mathrm{T}}=\frac{I_0}{1+\dfrac{(1-R)^2}{4R\sin^2(\delta/2)}}. \tag{4.97}$$

图 4.70 显示了以相位差 δ 为变量的 I_{T} 函数曲线. 显然,

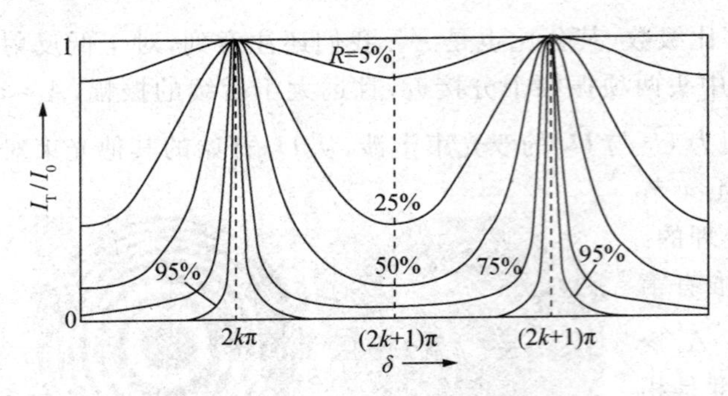

图 4.70　透射多光束干涉的光强分布曲线

当 $\delta=2k\pi$ 时,出现透射光强极大值 $I_{\mathrm{TM}}=I_0$;

当 $\delta=(2k+1)\pi$ 时,出现透射光强极小值 $I_{\mathrm{Tm}}=\left(\dfrac{1-R}{1+R}\right)^2 I_0$.

对于透射多光束干涉强度的变化,有两个特点值得强调:

(1) 单界面光强反射率 R,作为一个重要参数,影响着光强曲线的峰值锐度,R 值越高,则极小值 I_{Tm} 越小,因而峰值显得越尖锐,虽然峰值高度总等于入射光强 I_0. 下面给出一组数据以说明之.

R	4%	25%	50%	75%	95%
I_{Tm}/I_0	0.85	0.36	0.11	0.02	$\sim 10^{-3}$

(2) 相位差 δ 是个宗变量,内含三个光学因素,即光学厚度 nh、光波长 λ 和倾角 θ,由此引申出多光束干涉的两个应用方向. i. 当光源为准单色扩展光源时,突出了 $\delta(\theta)$,因而 $I_{\mathrm{T}}(\delta)$ 显示为 $I_{\mathrm{T}}(\theta)$ 函数,于是视场中出现了十分细锐的等倾干涉环,如图 4.71 所示,这可用于分辨超精细谱线结构. ii. 当非单色平行光照明时,突出了 $\delta(\lambda)$,因而 $I_{\mathrm{T}}(\delta)$ 显示为 $I_{\mathrm{T}}(\lambda)$ 函数,于是改变了光谱成分,产生了选频效应,这可用作滤波器以挑选波长.

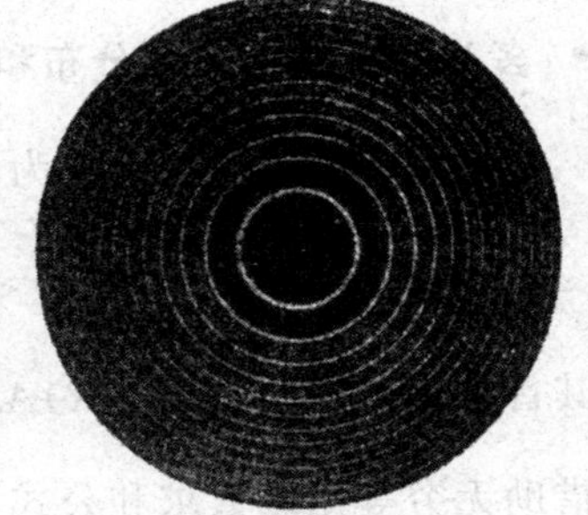

图 4.71　高反射率时 FP 仪产生的透射条纹

- **法布里-珀罗干涉仪用于分辨超精细光谱**

(1) 法布里-珀罗干涉仪(Fabry-Pèrot interferometer),简写为 FP,又简称法-珀干涉仪,是一种能实现多光束干涉的重要仪器,一直是长度计量和研究光谱超精细结构的有效工具,它还是激光谐振腔的基本构型,它也为研究干涉滤光片提供一种理论基础. 因此,FP 仪一直在光学中乃至现代激光技术中有着重要的作用. FP 仪的结构如图 4.72 所示,其中 G_1,G_2 是两块优质的玻璃平晶或石英平板,彼此相对的两个平面高度平行,其间形成一个均匀厚度的空气腔(FP 腔),厚度即腔长 h 通常在 0.1—10 cm;这两个相对平面被镀上银膜,以产生高反射率,膜层表面的平整度要求在 1/100—1/20 波长范围内;扩展准单色光源置于透镜 L 前焦面附近,使其上任一点源发出的光束经透镜 L 以后,变成一特定方向的平行光,入射于 FP 腔而产生相干多光束从右侧透射出来，再经透镜 L′聚焦于其后焦面上一点而实现相干叠加. 由于光源是扩展的，使入射于 FP 腔的平行光束有各种可能的倾角，这使得 L′后焦面上呈现一幅圆满的等倾干涉环且亮环十分细锐，如图 4.71 所示.

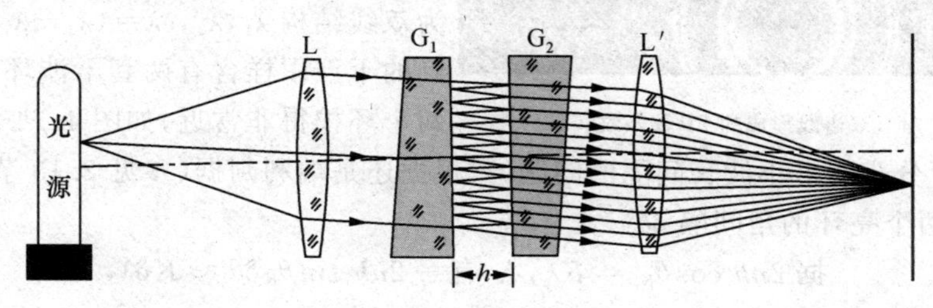

图 4.72 FP 仪装置

(2) 强度峰的半值宽度. 根据(4.95)式，当

$$\delta_k = 2k\pi, \quad 即 \quad 2nh\cos\theta_k = k\lambda \tag{4.98}$$

时，透射干涉强度出现峰值 I_0，现在我们关注的是峰值宽度 ε. 通常以半值宽度来定义峰值宽度——以左右两侧的光强降为峰值 I_0 一半时所对应的横坐标的间隔，作为峰值宽度的标准，称其为半值宽度，即

$$I_{\mathrm{T}}\left(\delta_k \pm \frac{\varepsilon}{2}\right) = \frac{1}{2}I_0. \tag{4.99}$$

据此可求出 ε 值. 考虑到干涉强度有三种显函数形式，即 $I_{\mathrm{T}}(\delta)$，$I_{\mathrm{T}}(\theta)$和 $I_{\mathrm{T}}(\lambda)$，相应地这强度峰值的半值宽度也有三种表示，参见图 4.73，其结果分别为

(i) 半值相位宽度

$$\varepsilon \approx \frac{2(1-R)}{\sqrt{R}}\mathrm{rad}; \tag{4.100}$$

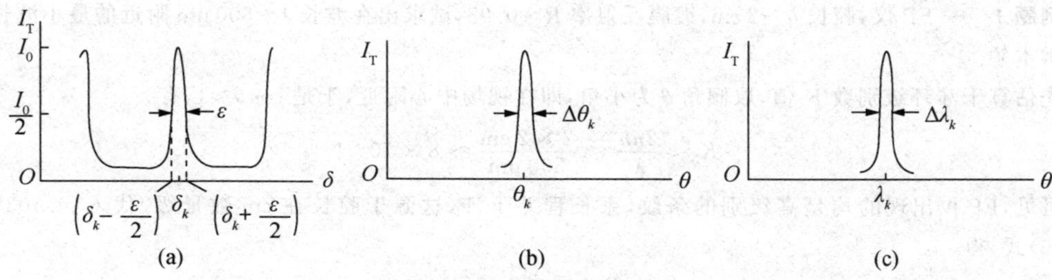

图 4.73 峰值半值宽度的三种表现

(ii) 半值角宽度

$$\Delta\theta_k \approx \frac{\lambda}{2\pi nh\sin\theta_k}\cdot\frac{1-R}{\sqrt{R}}\mathrm{rad}; \tag{4.101}$$

(iii) 半值谱线宽度

$$\Delta\lambda_k \approx \frac{\lambda_k^2}{2\pi nh}\cdot\frac{1-R}{\sqrt{R}}\mathrm{nm}. \tag{4.102}$$

这三个式子均表明，单界面反射率越高，R 越接近于 1，则半值宽度越小；腔长 h 越大，则条纹越细锐，或谱线宽度越窄.

图 4.74　双谱线形成的 FP 仪条纹

(3) FP 仪的分辨本领.　如果入射光谱为双线结构 $\lambda_1,\lambda_2,\delta\lambda=(\lambda_2-\lambda_1)$，则 FP 仪得到的干涉图样含有两套干涉环，同一 K 级的两个环挨得非常近，如图 4.74 所示. 自然，这里存在一个可分辨的最小波长间隔的问题，其根据还是瑞利判据(参见 2.13 节). 为此，考量双谱线 K 级两个亮环的角间隔 $\delta\theta$：

$$\text{据}\ 2nh\cos\theta_K = K\lambda,\quad \text{有}\ -2nh\sin\theta_K\delta\theta \approx K\delta\lambda,$$

得这角间隔值为

$$\delta\theta \approx \frac{K\delta\lambda}{2nh\sin\theta_K};$$

而其中每个亮环自身有个半值角宽度 $\Delta\theta_K$，已由(4.101)式给出. 按照瑞利判据，

当 $\delta\theta > \Delta\theta_K$，双谱线可分辨；　当 $\delta\theta < \Delta\theta_K$，双谱线不可分辨.

即，令 $\delta\theta=\Delta\theta_K$ 作为可分辨的最小角间隔，相应的可分辨的最小波长间隔 $\delta\lambda_{\mathrm{m}}$ 为

$$\delta\lambda_{\mathrm{m}} \approx \frac{\lambda}{\pi K}\cdot\frac{1-R}{\sqrt{R}}. \tag{4.103}$$

光谱仪或分光仪的色分辨本领或分辨率被定义为

$$R_{\mathrm{c}} \equiv \frac{\lambda}{\delta\lambda_{\mathrm{m}}}, \tag{4.104}$$

故得 FP 仪的色分辨率公式

$$R_{\mathrm{c}} = \pi K\frac{\sqrt{R}}{1-R}. \tag{4.105}$$

例题 1　一 FP 仪，腔长 $h\sim 2\,\mathrm{cm}$，镀膜反射率 $R\sim 0.98$，试求出在波长 $\lambda\sim 500\,\mathrm{nm}$ 附近的最小波长间隔和分辨本领.

先估算干涉环级别数 K 值，取倾角 θ 为小角，即在视场中心附近，于是 $\cos\theta\approx 1$，有

$$K \approx \frac{2nh}{\lambda} \approx \frac{2\times 2\,\mathrm{cm}}{500\,\mathrm{nm}} \approx 8\times 10^4\ !$$

由此可见，FP 仪出现的均是高级别的条纹，系长程差干涉，这源于腔长在 cm 数量级. 代入(4.103)式和(4.105)式，得

$$\delta\lambda_{\mathrm{m}} \approx \frac{500\,\mathrm{nm}}{\pi\times 8\times 10^4}\cdot\frac{1-0.98}{1} \approx 4\times 10^{-5}\ \mathrm{nm},\quad R_{\mathrm{c}} \approx 10^7.$$

这个分辨率是极高的，足可以分辨由塞曼效应导致的谱线分裂. 钠光黄双线 589.0 nm 和 589.6 nm，在外磁场 10^3 高斯(即 0.1 T)时所分裂的谱线差约 10^{-4} nm.

(4) FP 仪的自由光谱范围.　同任何测量仪器一样，FP 仪作为一个光谱分析仪器也有一个量程，即它能测量的光谱范围 λ_{m} — λ_{M} 是受限的，在光谱学专业术语中这被称为 FP 仪的自由光谱范围(free spectral range)，其原因是 FP 仪显示的是多序光谱，相邻光谱序之间有可能重叠. 以致测量失效. 具体地看，λ_{m} — λ_{M} 的 K 序光谱与 λ_{m} — λ_{M} 的$(K+1)$序光谱

相邻,据此,令波长上限λ_M的K级亮环与波长下限λ_m的$(K+1)$级亮环刚好接近,即

$$K\lambda_M = (K+1)\lambda_m,$$

得

$$\lambda_M - \lambda_m \approx \frac{\bar{\lambda}}{K},$$

$\bar{\lambda}$取$\lambda_m-\lambda_M$的平均波长,而$K\approx\frac{2nh}{\bar{\lambda}}$,最后得FP仪自由光谱范围

$$\lambda_M - \lambda_m \approx \frac{\bar{\lambda}^2}{2nh} \quad (\text{与 } K \text{ 无关}). \tag{4.106}$$

这表明,腔长h限制了自由光谱范围,先前是腔长h提高了FP仪的分辨率.在可见光波段,对于腔长$h\sim2$ cm的FP仪,其自由光谱范围约为

$$\lambda_M - \lambda_m \approx 10^{-2}\ \text{nm}.$$

- **法布里-珀罗谐振腔的选频功能**

如图4.75所示,一束平行光正入射于一FP腔,则透射场也是一束平行光,显然,这种场合并不会出现干涉图样.然而,光在FP腔内的多次反射和透射而相干叠加,其结果使透射光的光谱结构明显地区别于入射光谱,FP腔将入射光的连续宽光谱改变为透射光的准分立谱.那些能出现谱峰的特定波长λ_K,必定满足往返光程差为其波长的整数倍,即

$$2nh = K\lambda_K, \quad \text{或} \quad \lambda_K = \frac{2nh}{K}. \tag{4.107}$$

这里K为整数.若以光频ν(Hz)为横坐标表示谱峰位置,则

$$\nu_K = \frac{c}{\lambda_K} = K\frac{c}{2nh}. \tag{4.108}$$

它可被称作FP谐振腔透射相干极强的频率条件.于是,两个相邻谱峰所对应的频率间隔为

$$\Delta\nu = \nu_{K+1} - \nu_K = \frac{c}{2nh}. \tag{4.109}$$

这表明其频差为一常数,与K无关,表现在光谱图$i(\nu)$上便是一组等间距而林立的谱峰,这是人们在这种场合喜欢以光频为横坐标显示光谱结构的一个原因.

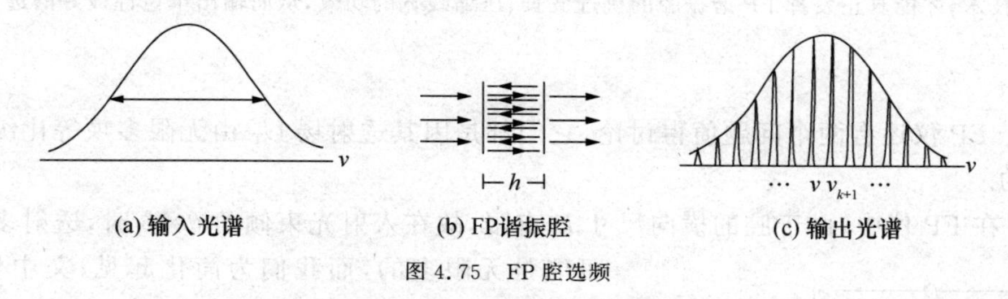

图4.75 FP腔选频

诚如(4.102)式表明的,这些被FP谐振腔选中的透射波长λ_K或ν_K,还有自己的谱线宽度$\Delta\lambda_K$或$\Delta\nu_K$,[①]

---

① 注意,这里的$\Delta\nu_K$与$\Delta\nu$两者含义上的区别,实在想不出有其他合适的符号可用之.

$$\Delta\lambda_K \approx \frac{\lambda_K^2}{2\pi nh}\cdot\frac{1-R}{\sqrt{R}},\ (\text{nm});\quad \Delta\nu_K \approx \frac{c}{2\pi nh}\cdot\frac{1-R}{\sqrt{R}},\ (\text{MHz}). \tag{4.110}$$

这里还需说明一点，FP 谐振腔的反射光谱与透射光谱是互补的，即在透射光谱中被 FP 谐振腔挑选上的谱成分 ν_K 或 λ_K，在反射光谱中消失了，而那些在频差 $\Delta\nu$ 之内微弱的谱成分几乎全反射到反射一方的光谱中. 在激光原理中，称透射谱成分 ν_K 为纵模，$\Delta\nu$ 为纵模间隔，$\Delta\nu_K$ 为单模线宽（频宽）. 不过，我们这里讨论的是无源 FP 谐振腔的纵模性质，而激光器中有使光强放大的增益介质充满谐振腔，是个有源 FP 谐振腔，其输出的纵模间隔与这里给出的相同，单模线宽则远小于这里给出的，即激光器输出的纵模其单色性更好.

例题 2 一 FP 谐振腔，腔长 10 cm，腔面反射率 0.95；入射光谱中心波长 λ_0 为 600 nm，谱宽 $\Delta\lambda_0$ 为 1 nm. 试估算该 FP 腔输出的透射光谱中含有多少个纵模频率及其单模线宽.

据(4.109)式，得纵模间隔为

$$\Delta\nu = \frac{c}{2nh} \approx \frac{3\times10^{10}}{2\times10}\text{Hz} \approx 1.5\times10^3\ \text{MHz}.$$

为了求得输出的纵模个数，先将波长 λ_0，谱宽 $\Delta\lambda_0$ 换算到频率坐标上的 ν_0 和 $\Delta\nu_0$，

$$\nu_0 = \frac{c}{\lambda_0} = \frac{3\times10^{10}}{600\times10^{-7}}\text{Hz} \approx 5\times10^8\ \text{MHz},$$

$$\Delta\nu_0 \approx \frac{\Delta\lambda_0}{\lambda_0}\nu_0 \approx \frac{1}{600}\times(5\times10^8)\text{MHz} \approx 8.3\times10^5\ \text{MHz}.$$

于是，得输出的纵模个数，

$$N = \frac{\Delta\nu_0}{\Delta\nu} \approx \frac{8.3\times10^5}{1.5\times10^3} \approx 5\times10^2.$$

据(4.110)式，估算出单模线宽，

$$\Delta\nu_K = \frac{c}{2\pi nh}\cdot\frac{1-R}{\sqrt{R}} \approx \frac{3\times10^{10}}{2\pi\times10}\cdot\frac{1-0.95}{1}\text{Hz} \approx 24\ \text{MHz},$$

$$\Delta\lambda_K = \frac{\Delta\nu_K}{\nu_K}\cdot\lambda_K \approx \frac{24}{5\times10^8}\times600\ \text{nm} \approx 3\times10^{-5}\ \text{nm}.$$

这个单色性是相当高的. 以上估算仅具有理论上的参考价值. 实际上，由于存在如此众多（几百个）纵模频率，这输出光的单色性并不好，虽然其中每个单模线宽很窄. 减少腔长可增大纵模频率间隔，从而减少了输出纵模个数；采取光电控制技术可以稳定住纵模频率，克服可能引起频率漂移的各种因素. 惟有采取这种单模稳频技术，才能真正发挥 FP 谐振腔的挑选波长、压缩线宽的功效，从而输出单色性极好的透射光束.

● 讨论

对于 FP 仪还有两个问题值得讨论，它们都是因其透射场 $\widetilde{U}_T$ 由无限多项等比级数求和而引起的.

(1) 在 FP 仪中，由于腔的横向尺寸 D 有限，故在入射光束倾角 $\theta\neq0$ 时，透射多光束不可能是无限多的，而我们为简化起见，文中作了“无限”处理，试分析这种近似处理的误差.

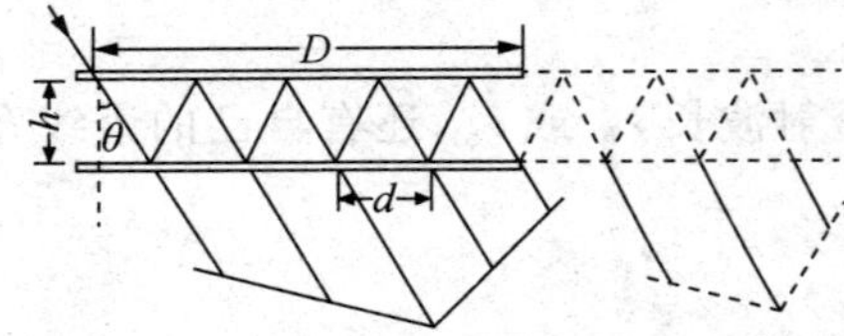

图 4.76 分析有限多光束干涉的透射场

设透射多光束数目为 N，那么，透射干涉场 N 项等比级数可以看为两组无限多项等比级数之差. 如图 4.76 所示，

$$\widetilde{U}_{\mathrm{T}}(\delta)=\sum_{j=1}^{N}\widetilde{U}'_j=\sum_{j=1}^{\infty}\widetilde{U}'_j-\sum_{j=N+1}^{\infty}\widetilde{U}'_j,$$

其中,长的无限项级数之首项、短的无限项级数之首项,分别为

$$\widetilde{U}'_1=tt'A_0=(1-R)A_0,\quad \widetilde{U}'_{N+1}=tt'r^{2N}\mathrm{e}^{\mathrm{i}N\delta}A_0=(1-R)R^N\mathrm{e}^{\mathrm{i}N\delta}A_0,$$

于是,

$$\sum_{j=1}^{\infty}\widetilde{U}'_j=\frac{1-R}{1-R\mathrm{e}^{\mathrm{i}\delta}}A_0,\quad \sum_{j=N+1}^{\infty}\widetilde{U}'_j=\frac{1-R}{1-R\mathrm{e}^{\mathrm{i}\delta}}\cdot R^N\mathrm{e}^{\mathrm{i}N\delta}A_0,$$

$$\widetilde{U}_{\mathrm{T}}(\delta)=\frac{(1-R)A_0}{1-R\mathrm{e}^{\mathrm{i}\delta}}(1-R^N\mathrm{e}^{\mathrm{i}N\delta}),$$

这里括号前的因子正是前面理论中给出的透射场 $\widetilde{U}_{\mathrm{T}}^0$,由此可见,实际透射干涉场 $\widetilde{U}_{\mathrm{T}}$ 与理论透射干涉场 $\widetilde{U}_{\mathrm{T}}^0$ 的误差为

$$\widetilde{\Delta}=R^N\cdot\mathrm{e}^{\mathrm{i}N\delta},$$

反映到强度公式中,实际透射相干强度与理论给出的误差为 $\Delta=R^N(2\cos N\delta-R^N)$,即

$$I_{\mathrm{T}}(\delta)=I_{\mathrm{T}}^0(\delta)(1-\Delta),$$

相应地,峰值的半值宽度 ε 比理论上 ε_0 值有所增加,

$$\varepsilon=\varepsilon_0(1+\Delta_\varepsilon).$$

下面给出一组典型数据,而略去中间计算过程.

设 腔长 $h\sim 1\,\mathrm{cm}$, 腔面宽度 $D\sim 2\,\mathrm{cm}$, 腔面反射率 $R\sim 0.95$,

波长 $\sim 550\,\mathrm{nm}$, 光束内倾角 $\theta\sim 1°$, 约含 10 个干涉环.

则 有限项数 $N\sim 40$, 强度峰值偏差 $\Delta\sim 0.24$, 半角宽度偏差 $\Delta_\varepsilon\sim 0.53$,

即 此时实际峰值强度是理论上的约 76%,半角宽度比理论上的扩大了约 53%.

综上所述,考虑到 FP 仪中横向宽度的限制,透射干涉场应当是有限项多光束的相干叠加,其结果与理论值比较,出现峰值的倾角不变,但峰值强度略有下降,条纹的半角宽度也有所增宽.但这些影响均是很次要的,前面给出的说明 FP 仪干涉条纹的细锐及其色分辨率的理论,无论定性上看或定量上审核,都是基本正确的.况且,对于 FP 谐振腔,光束正入射,$\theta=0$,即使横向尺寸有限,透射场依然是无限多光束的相干场.

(2) 在分析 FP 腔的选频功能时,为什么不去考虑入射光的相干长度问题.的确,此时入射光往往是连续的宽光谱,其相干长度确实很短.而 FP 腔的长度在 1—10 cm 范围,足够说得上是个长程差干涉了.但是,这里的情况与迈克耳孙测长仪根本不同.这里,多光束相干本身具有挑选波长的作用,只有若干离散的准单色谱线被选中,而参与透射场的非相干叠加;入射光中的其他谱成分被排斥在反射场,而不参与透射场的非相干叠加.在迈克耳孙测长仪中,不存在选频效应,即使在数学上将入射光作谱频分解,但是全体谱成分均参与接收场的非相干叠加,其结果导致最大光程差受限于相干长度.

总之,存在选频效应的场合,相干长度对光程差的限制已经失去意义;只有在无选频效应的场合,相干长度或谱线宽度对光程差的限制作用才真正地体现出来.

4.10 激　　光

· 概述　· 激光器基本结构　· 激活介质的光放大　· 谐振腔的选择性
· 增益和阈值条件　· 激光束的特性　· 激光应用提要
· 激光冷却并约束原子

● 概述

这之前本书已多次提及应用激光束于干涉、衍射系统中，以获得大强度、高相干性的光波前，现在紧接法-珀腔工作原理的学习之后，准备较全面地介绍激光，这是因为谐振腔是激光器的一个基本部分. 本节的重点是以波动光学的眼光阐述激光束的外部特征；而对产生激光的内部机理所涉及量子物理的内容，只作尽可能简单的描述.

激光一词，意译于一个新单词 LASER，源于短语，Light Amplification by Stimulated Emission of Radiation——通过辐射的受激发射而产生光放大. 激光器是一种新型光源，第一台激光器为红宝石激光器，它诞生于 1960 年夏天，是由美国休斯航空公司实验室的梅曼(T. H. Maiman)所研制，早两年前，1958 年肖洛和汤斯提出了激光器的原理. 我们知道，普通光源有照明用的，比如蜡烛、白炽灯、日光灯、炭弧、高压水银灯、高压氙灯、太阳乃至各种火焰；有光谱术和计量术上采用的，比如钠灯、水银灯、镉灯和氪灯，等等. 与上述普通光源相比较，激光器发射出来的激光束具有高亮度、高定向、高单色性和高相干性的特点，它一出现就引起科技界的高度重视和人们的普遍兴趣，并且很快在生产和科学技术中得到广泛的应用. 在随后的二十多年里，各种激光器的研制和各种激光技术的开发，如雨后春笋般突飞猛进，其形势可以同 20 世纪 50 年代半导体材料的生长和晶体管的诞生以及与之相联系的电子学技术的发展相媲美.

至今，作为激光器的工作物质已经相当广泛，有固体、气体、液体、半导体和染料等. 各种激光器发射的谱线也分布在一个很宽的波段内，短至 0.24 μm 以下的紫外，甚至超短波长 10^2 nm，长至 774 μm 的远红外，中间包括有可见光、近红外和红外各个波段的激光束. 激光器的输出功率，有低至微瓦 10^{-6} W 量级，有高达 10^6 兆瓦即 10^{12} W(太瓦)量级. 高功率的激光器中有 CO_2 气体激光器，其连续输出功率可达 10^4 W；钕玻璃激光器的脉冲功率可达 10^{13} W；钇铝石榴石(YAG)激光器，其连续输出功率达 10^3 W，其脉冲输出功率达 10^6 W；在计量技术和实验室中经常使用的氦氖激光器，其放电管长度约 10 — 200 cm，相应的连续输出功率约 1—100 mW，发射波长为 632.8 nm，1.15 μm 和 3.39 μm.

表 4.3 列出几种常见激光器的工作物质、发射波长和辐射方式.

表 4.3 常用激光器

光谱类型	型 式	媒 质	波 长	辐 射
紫外	He-Cd	气体	325.0(nm)	连续
	N_2	气体	337.1	脉冲
	Kr	气体	350.7,356.4	连续
	Ar	气体	351.1,363.8	连续,脉冲
可见	He-Cd	气体	441.6,537.8(nm)	连续
	Ar	气体	457.9,514.5	连续,脉冲
	Kr	气体	461.9,676.4	连续,脉冲
	Xe	气体	460.3,627.1	连续
	Ar-Kr	气体	467.5,676.4	连续
	He-Ne	气体	632.8	连续
	红宝石(Cr^{3+} AlO_3)	固体	694.3	脉冲
红外	Kr	气体	0.753,0.799(μm)	连续
	GaAlAs	固体(二极管)	0.850	连续
	GaAs	固体(玻 璃)	0.904	连续
	Nd	固体(YAG)	1.060	脉冲
	Nd	气体	1.060	连续,脉冲
	He-Ne	气体	1.15,3.39	连续
	CO_2	气体	10.6	连续,脉冲
	H_2O	气体	118.0	连续,脉冲
	HCN	气体	337.0	连续,脉冲

- **激光器基本结构**

以红宝石激光器为典型,让我们首先了解一台激光器的基本结构,参见图 4.77.红宝石的主要成分是透明的钢玉晶体(Al_2O_3),以 Cr_2O_3 的形式掺入约 0.05%的铬离子,从而成为淡红色.钢玉中的铝原子和氧原子是惰性成分,而铬离子才是激活成分.这些铬离子作为激活粒子均匀地分布在基质 Al_2O_3 晶体中,浓度大约为 $1.62\times10^{19}/cm^3$,它们替代了晶格中一部分铝离子 Al^{3+} 的位置.与红宝石激光器有关的能级和光谱特性均来源于 Cr^{3+}.实验室中生长的红宝石晶体呈圆柱形,切取长约 10 cm,直径 1 cm 的一段,两个端面精磨抛光,平行度在 1′以下,其中一个端面镀银而成为一个全反射面,另一个端面半镀银而成为一透射率为10%的部分反射面,从此面输出激光束.红宝石激光器的激励能源是一螺旋形脉冲氙灯,后

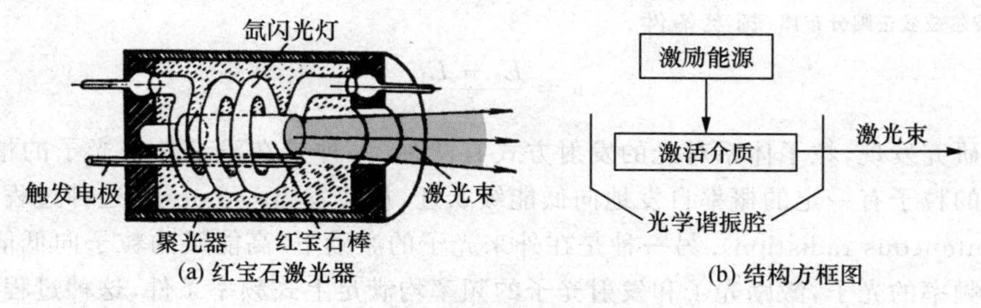

图 4.77 激光器的基本结构

来被简化为一直管氙灯，灯内氙气压约 125 mmHg. 氙灯在绿色和蓝色光谱段有较强的光输出，这正好与红宝石的吸收光谱位置匹配. 由氙灯发出的光照射到红宝石棒的侧面，外辅有一聚光器用以加强照射效果. 氙灯通常一次工作几毫秒，输入能量约 1000 — 2000 J，这相当于一个高压脉冲电容器，其电容为 100 μF，电压为几 kV 所储存的能量. 脉冲氙灯将大部分的输入能量耗散为热，只有小部分变成光能量而被红宝石所吸收，并转移到 Cr^{3+} 的相应能级上. 当由氙灯输入的能量超过激光器工作阈值时，则氙灯每激励一次，就有一束相干光从红宝石棒的那半镀银面射出，其波长为 6943 Å，谱线宽度小于 0.1 Å.

同红宝石激光器类似，几乎所有激光器其基本结构均包括三个组成部分如下：

(1) 工作物质，或称为激活介质，比如这里的红宝石晶体中的 Cr^{3+}；

(2) 光学谐振腔，比如这里的由两个平行反射面形成的空间；

(3) 激励能源，比如这里的脉冲氙灯.

概括地说，产生激光必须具备两个条件，一是光放大，二是选择性. 我们将分别阐述前者“光放大”源于激活介质，后者“选择性”凭借于谐振腔.

● 激活介质的光放大

(1) 粒子数按能级的统计分布.　介质不论固体、液体或气体，均包含有大量粒子如原子、分子、电子或离子. 按照量子物理学的理论，对这大量粒子体系的物理状态的描述方式之一是采用“能级”语言——存在一系列离散的特定能级 E_n，处于各能级上的粒子数服从一定的统计规律性，它是通过粒子的无规热运动、粒子之间的频繁碰撞以及粒子体系与电磁辐射的相互作用而得以维持的. 这统计规律性在热平衡条件下，表现为玻尔兹曼正则分布律

$$N_n \propto e^{-\frac{E_n}{kT}}, \quad N_n = N_1 e^{-\frac{E_n - E_1}{kT}}. \tag{4.111}$$

这里 N_1，N_n 分别为处于基态 E_1 和激发态 E_n 能级上的粒子数，参见图 4.78，它表明粒子数随能级上升而急剧减少.

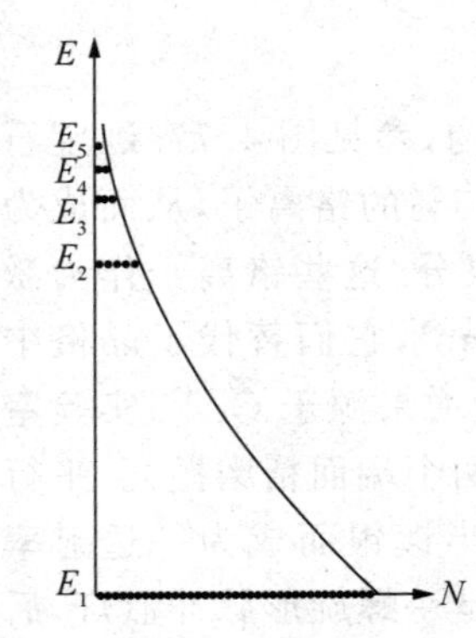

图 4.78　玻尔兹曼正则分布律

(2) 自发辐射、受激辐射和受激吸收.　在量子物理学中采用光子语言描述粒子体系的辐射和吸收. 粒子从高能级 E_2 向低能级 E_1 跃迁，相当于光的发射，相反的跃迁相当于光的吸收，两者分别发射或吸收一个光子，其能量为 $h\nu$，即这两种跃迁过程均满足同一频率条件，

$$\nu = \frac{E_2 - E_1}{h}. \tag{4.112}$$

进一步的研究发现，粒子体系对光的发射方式有两种. 一种是在没有外来光子的情况下，处于高能级的粒子有一定的概率自发地向低能级跃迁，从而发出一个光子，这种过程称作自发辐射(spontaneous radiation). 另一种是在外来光子的激励下，高能级的粒子向低能级跃迁，而发射同频率的光子，激励光子和发射光子的频率均满足上式频率条件，这种过程称作受激

辐射(stimulated radiation).自发辐射具有随机性,其发射的大量光子或光波,在相位、振幅、偏振状态和传播方向等方面,均表现出不确定的随机性,简言之,自发辐射的光波是非相干波.而粒子体系受激辐射的光波,其频率、相位、振幅和传播方向等特征均受制于外来光波.

与受激辐射相伴随的过程是受激吸收,即粒子吸收外来光子从低能级跃迁到高能级.因此,在外来光束照射下,在粒子体系内同时存在受激辐射和受激吸收这两个相反过程,其宏观效果是两者之差.当受激吸收强于受激辐射,则宏观后果为光的吸收,此时传播于介质中的光束其强度逐渐减弱;反之,若受激辐射强于受激吸收,则宏观后果为光的放大,此时传播于介质中的光束其强度逐渐增加.当然,自发辐射在任何时刻总是存在的.图 4.79 示意上述三种跃迁图像.

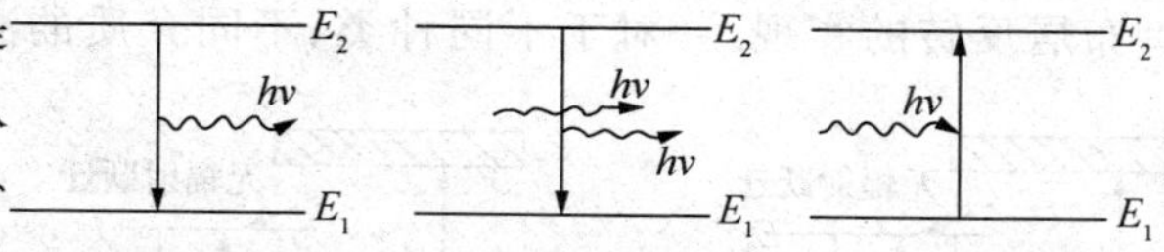

图 4.79 示意自发辐射、受激辐射和受激吸收三种微观过程

(3) 爱因斯坦系数. 为了定量描述这三种跃迁的粒子数率,爱因斯坦引入三个系数——受激辐射系数 B_{21}、受激吸收系数 B_{12} 和自发辐射系数 A_{21}.其意义是,在时间间隔 t—$t+\mathrm{d}t$ 内,从 E_2 向 E_1 跃迁的受激辐射的粒子数为

$$\mathrm{d}N_{21} = B_{21}u(\nu)N_2\,\mathrm{d}t;$$

从 E_1 向 E_2 跃迁的受激吸收的粒子数为

$$\mathrm{d}N_{12} = B_{12}u(\nu)N_1\,\mathrm{d}t;$$

从 E_2 向 E_1 跃迁的自发辐射的粒子数为

$$\mathrm{d}N'_{21} = A_{21}N_2\,\mathrm{d}t,$$

其中,$u(\nu)$是在热平衡温度为 T 的粒子体系中,电磁辐射能量体密度的谱函数,它的出现反映了受激跃迁包括受激辐射和受激吸收,系辐射场与粒子体系相互作用所致.这三个爱因斯坦系数是粒子本身的属性,与体系中粒子按能级分布的具体状况无关.基于此,爱因斯坦将上述三个式子应用于"细致平衡":

$$\mathrm{d}N_{21} + \mathrm{d}N'_{21} = \mathrm{d}N_{12},$$

即

$$B_{21}u(\nu)N_2 + A_{21}N_2 = B_{12}u(\nu)N_1,$$

再应用正则分布律、玻尔频率条件和普朗克能谱公式,最终导出三个系数之关系为

$$B_{21} = B_{12}, \quad A_{21} = \frac{8\pi h\nu^3}{c^3}B_{21}. \tag{4.113}$$

这表明受激跃迁两个相反过程的概率是相等的.据此可以确定在 $\mathrm{d}t$ 时间内,受激辐射光子数 $\mathrm{d}N_{21}$与受激吸收光子数 $\mathrm{d}N_{12}$之差值为

$$(\mathrm{d}N_{21} - \mathrm{d}N_{12}) = B_{21}u(\nu)\cdot(N_2 - N_1)\,\mathrm{d}t \propto (N_2 - N_1), \tag{4.114}$$

这表明,当高能级上的粒子数 N_2 多于低能级上的粒子数 N_1 时,受激辐射占优势,表现为宏观上的光放大.然而,热平衡时的正则分布律表明,N_2 总是小于 N_1,尤其对于气态原子体系,绝大部分粒子集聚于基态,在激发态上的粒子数微乎其微.这说明在通常介质中,受激吸

收占优势,总表现为宏观上的光吸收.这也意味着,$N_2>N_1$ 是一种异常情况,它被称作布居反转(population inversion).总之,造成粒子数布居反转以实现光放大,是凭借介质产生激光必须具备的首要条件.以上理论是爱因斯坦于 1917 年提出来的,在今天看来它已为"受激辐射的光放大"指出了一条理论途径.

(4) 布居反转的实现.　对于不同种类、不同介质的激光器,实现粒子数布居反转的具体机制是不同的,但均可以用图 4.80 所概括的三能级或四能级的跃迁图给以基本说明.在该图(a)中,E_1 为基态,E_2 和 E_3 为激发态,其中粒子在 E_2 能级上的寿命 τ_2 远大于粒子在 E_3 能级上的寿命 τ_3.人们特称长寿命的激发态为亚稳态(metastable state).比如,一般激发态上的寿命 $\tau\approx10^{-11}$—10^{-8} s,而亚稳态上的寿命可长达 10^{-3} s,甚至 1 s.这里所说的能级上的寿命(life-time),定义为自发辐射系数 A_{21} 的倒数,即 $\tau=1/A_{21}$,其意义是,经历时间 τ 该激发态上的粒子数由于自发辐射将减少为原来的 $1/e\approx1/3$.在外界能源比如电源或光源的激励下,基态 E_1 上的粒子数被抽运到激发态 E_3 上.粒子在 E_3 态的寿命很短,通过碰撞很快地以无辐射跃迁的方式而转移到亚稳态 E_2 上;E_2 态上寿命很长,其上就累积了大量粒子,从而使其上粒子数 N_2 不断增加;在这一过程中基态 E_1 上的粒子数 N_1 却在不断减少.于是,招致 $N_2>N_1$,实现了亚稳态 E_2 与基态 E_1 之间布居反转.处于这一状态下的介质称为激活介质(active medium),利用激活介质可以制成一光放大器.红宝石激光器所发射的 6943 Å 谱线,就是红宝石晶体中 Cr^{3+} 的亚稳态与其基态之间的受激辐射.

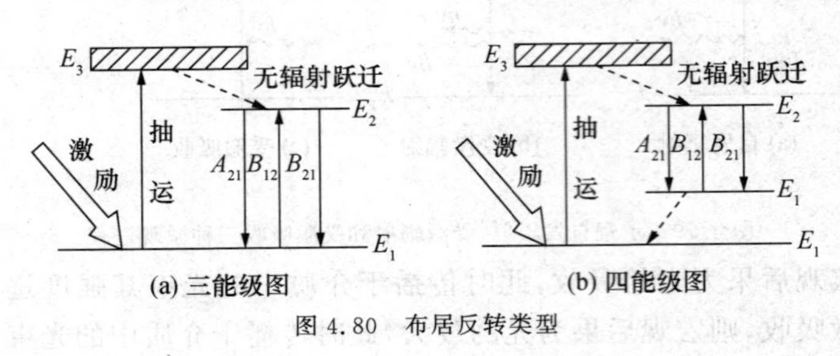

图 4.80　布居反转类型

然而,要造成亚稳态与基态之间布居反转是相当费劲的,这是因为热平衡态中基态上几乎集中了全部粒子,此时只有当外界激励能源功率很强、且共振吸收效率很高,从而进行快速抽运,才可能实现反转分布.是否可以使反转分布的下能级不在基态,而是在某一低激发态呢?这个设想已经实现.许多激光器比如 He-Ne 激光器,CO_2 激光器等,其中出现反转分布的一对特定能级 E_2 与 E_1 如图 4.80(b)四能级图所示,低激发态 E_2 稍高于基态 E_0,其上粒子数 N_1 原本就很少,从而比较容易地实现了亚稳态 E_2 上的粒子数 $N_2>N_1$.

总之,不论三能级图或四能级图,共同说明一个问题,为了实现介质中粒子数布居反转,必须内有亚稳态,外有激励能源或称其为光抽运(泵浦)(optical pumping).激活介质的作用就是提供一亚稳态.一种激活介质内部,可能同时存在几对特定能级间的反转分布,相应地便发射几种波长的激光.例如,He-Ne 激光器可以发射 6328 Å, 1.15 μm 和 3.39 μm 的波长,又例如,氩离子 Ar^+ 激光器,能输出很多波长,其中最强的是 4800 Å 的蓝光和 5145 Å 的绿光,这两种色光可以被选择为彩色显示技术中的基色.

- **谐振腔的选择性**

(1) 光学谐振腔.　实现了粒子数布居反转的激活介质可以制成一台光放大器,但仅有它还不能成为一台激光器，它还不能产生高度定向、高度相干性的光束. 这是因为在激活介质内部原本就存在大量的自发辐射中心，它们发射的光扰动是随机的，无论在相位关联上还是在传播方向上均是杂乱无章的；因此，由这些自发辐射光信号所诱发的受激辐射，虽然它们被放大了，却仍然是无定向的非相干光，如图 4.81 所示. 如果在激活介质中设置一对高反射率的镜面，那么，它对光束传播方向和光频率就表现出明显的选择性，使特定方向和特定频率的光信号获得持续的放大和稳定的输出. 这一对高反射率的端面连同其间的空间，被称作光学谐振腔(optical resonator).

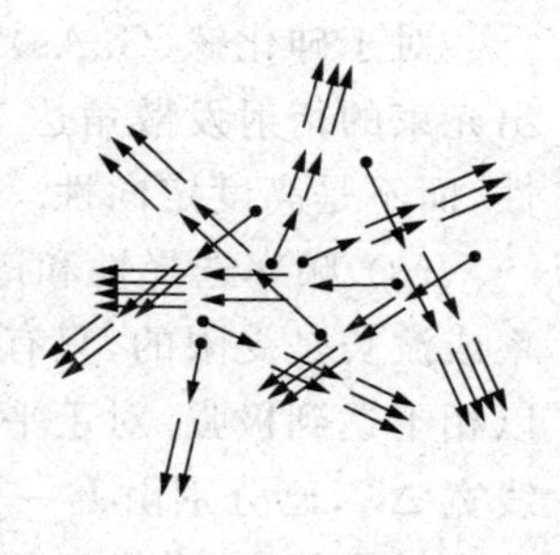

图 4.81 无谐振腔时激活介质中光放大的随机性

图 4.82 显示了常见的谐振腔基本构型，其中(a)由两个平面镜所形成，它就是我们熟悉的法-珀腔；(b)由一平面镜和一凹面镜所形成；(c)是由两个凹面镜所形成，系共心腔即两个凹面镜的球心是重合的；(d)也是由两个凹面镜所形成，系共焦腔即两个凹面镜的焦点是重合的. 从几何光学的眼光看，这几种谐振腔的共同特点是，它们只能让特定方向的光线得以循环往复. 如果仅要求从谐振腔的一个端面输出激光束，那么理论上要求谐振腔一端面的反射率应达 100%，而输出光的那个端面自然是一个部分反射面，比如其反射率达 70%—80%. 下面以平面谐振腔即法-珀腔为一典型，对其具有的选择性功能作进一步说明.

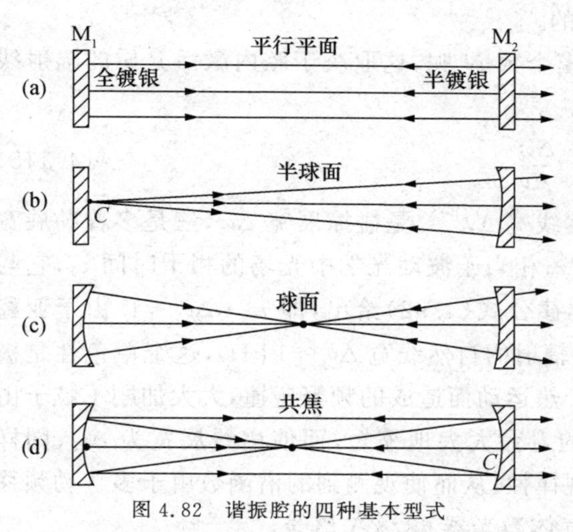

图 4.82 谐振腔的四种基本型式

(2) 方向选择性. 如图 4.83 所示，由一对互相平行的反射镜 M_1 和 M_2 组成的平面谐振腔，它对传播于其中的光束方向明显地具有选择性，只让轴向光束能在激活介质中来回往返，得以重复地持续放大，最后形成稳定的强光束，从部分反射端面 M_2 输出；而那些偏轴光束，或者直接地逸出腔外，或者经几次来回，最终也将逸出腔外. 激光束具有高度定向性或很好的方向性，这源于谐振腔所具有的方向选择性.

当然，即使对于平面谐振腔，其输出光束也不是绝对的平行光束，它总有一定的衍射发散角，其数值可由衍射反比律公式估算之. 例如，某 He-Ne 激光管其发光端面的直径 $d\approx 2\ \mathrm{mm}$，则其输出光束的发散角为

$$\Delta\theta \approx \frac{\lambda}{d} \approx \frac{633\ \mathrm{nm}}{2\ \mathrm{mm}} \approx 3\times 10^{-4}\ \mathrm{rad} \approx 1'.$$

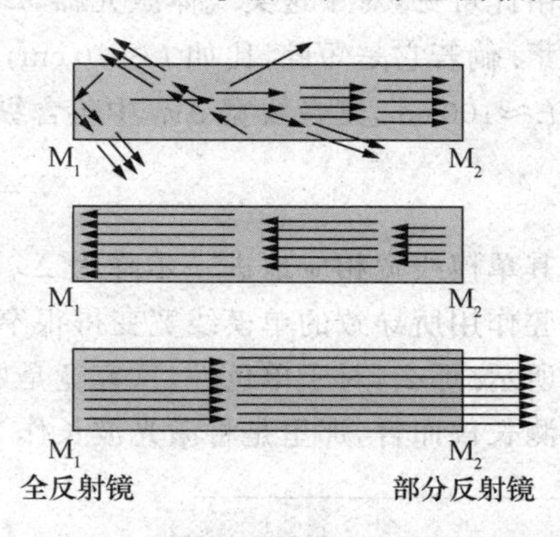

图 4.83 平面谐振腔对光束方向的选择性

对于砷化镓(GaAs)激光管,其受激辐射局限于只有几微米的 p-n 结深范围内,故其输出光束的衍射发散角达 $10°$左右.对于这类微腔激光器,人们期望于它的是高亮度和高相干性,而不是高度定向性.

(3) 频率选择性和谱线宽度. 由谐振腔输出的光束是多光束干涉的结果,因此,其频率或波长是受限的,只有那些满足循环往复一周的光程为其波长值整数倍的频率成分,才得以相干达到极强.对于平面法-珀腔,它所选中的一系列离散的频率成分 ν_k,频率间隔 $\Delta\nu$ 和线宽 $\Delta\nu_k$,已分别由上一节(4.108),(4.109)和(4.110)式给出,在激光物理学中它们常分别称为纵模频率、纵模间隔和单模线宽.例如,对于腔长 $L\approx10$ cm,腔面反射率 $R\approx0.95$ 的 He-Ne 气体激光器,

$$\text{纵模间隔 } \Delta\nu\approx1500\,\text{MHz};\quad \text{单模线宽 } \Delta\nu_k\approx24\,\text{MHz},\quad \text{或}\quad \Delta\lambda_k\approx3\times10^{-5}\,\text{nm}.$$

应该说,就单模线宽而言,其单色性是相当好的.

那么,激光器输出光束中包含有多少纵模个数 N 呢,这取决于腔内激活介质的辐射线宽 $\Delta\nu_0$ 与纵模间隔 $\Delta\nu$ 之比值,

$$N=\frac{\Delta\nu_0}{\Delta\nu},\tag{4.115}$$

而决定介质辐射线宽的有几个因素.一是自然线宽 $\Delta\nu_s$,二是碰撞展宽 $\Delta\nu_c$,三是多普勒展宽 $\Delta\nu_D$.量子光学中粒子在激发态上的自然寿命 τ,相当于波动光学中光场的相干时间 τ_0,它与自然线宽 $\Delta\nu_s$ 的对应关系,由光场时间性反比律公式(4.92)给出,即 $\tau_0\cdot\Delta\nu_s\approx1$.由于亚稳态上原子自然寿命很长比如 $\tau_0\approx10^{-3}$ s,故其辐射的自然线宽 $\Delta\nu_s\approx1$ kHz,这个单色性是极好的.然而,对于大量粒子的体系(介质),由于热运动而造成的频繁碰撞,大大加剧了粒子由高能级向低能级的跃迁,这相当于激发态上的寿命大大地缩短,而使谱线展宽为 $\Delta\nu_c$;同样地由于热运动,其速度分布服从一定的统计规律性,从而使观测到的谱函数由于多普勒频移效应而变宽了,记为 $\Delta\nu_D$.例如,对于 He-Ne 气体激光器 6328 Å 谱线,

$$1-2\,\text{mmHg 气压下,碰撞展宽 } \Delta\nu_c\approx100-200\,\text{MHz},$$

$$300\,\text{K 室温,多普勒展宽 } \Delta\nu_D\approx1300\,\text{MHz}.$$

由此可见,对于这类气体激光器,$\Delta\nu_D>\Delta\nu_c\gg\Delta\nu_s$,即多普勒展宽是介质辐射线宽的主要因素.倘若它是短腔,比如 $L\approx10$ cm,则在线宽 $\Delta\nu_D$ 中只可能出现一个纵模;若它是长腔,比如 $L\approx100$ cm,则在线宽 $\Delta\nu_D$ 中包含纵模的数目为

$$N=\frac{\Delta\nu_D}{\Delta\nu}\approx\frac{1300\,\text{MHz}}{150\,\text{MHz}}\approx10,$$

其单模线宽相应地进一步降为 $\Delta\nu_k\approx2.4$ MHz 或 $\Delta\lambda_k\approx3\times10^{-6}$ nm.[①]这样一来,尽管谐振腔作用所导致的单模线宽变得很窄,但输出光束中却含有多个频率或波长成分,如图 4.75 所示.那么,对于单色性,这究竟是好还是不好,还要看激光束用于何种场合.对于激光干涉测长仪而言,那里是将激光波长作为一把尺子,故要求匹配有单模稳频技术——仅提取一个

① 在可见光范围以波长 $\lambda\approx600$ nm 为参照,谱线宽度 $\Delta\nu\approx1$ MHz 对应 $\Delta\lambda\approx10^{-6}$ nm$=10^{-5}$ Å.

单纵模且稳住其频率(波长).

综上所述,光学谐振腔和激活介质均影响着激光束的单色性,其单模线宽 $\Delta\nu_k$ 之所以很窄,首先是由于谐振腔的选择性.从此意义上说,激光束的高单色性来源于谐振腔的作用.与此相关的一点值得说明,内有激活介质的谐振腔被称为有源谐振腔,以区别于无源的法-珀腔.单模线宽在有源谐振腔中将变得更窄,这是因为激活介质具有光放大功能,它使干涉效应中占优的频率成分得以更优越地放大,从而使得输出光强的谱函数曲线变得更为尖锐.

- **增益和阈值条件**

有了激活介质的光放大,又有了谐振腔对光束方向和频率的选择性,还不能保证有激光输出.这是因为光束在谐振腔内部来回往返的过程中,其光强变化受到两个对立因素的制约:一是激活介质中光的增益(gain),它使传播于介质中的光强逐渐变大;另一个是腔面上光的耗散(dissipation),这包括光在腔面上的衍射、吸收以及透射等,它们集中地体现于腔面光强反射率 R_1 和 R_2 均小于 1,它使光强经腔面反射而下降.所以,要使光强在谐振腔往返一周过程中得以加强,就必须使增益大于耗散.对此定量考察如下,参考图 4.84.

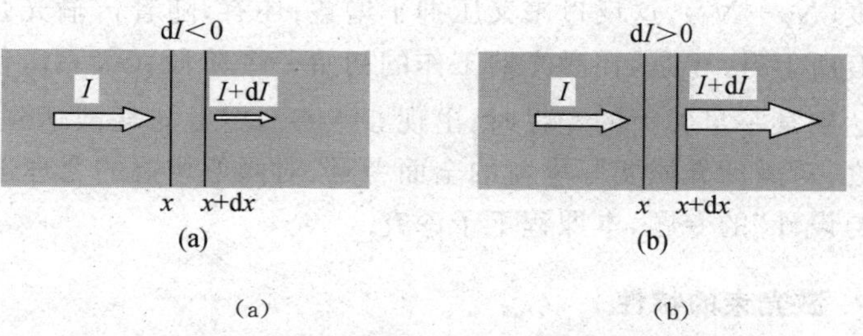

(a) (b)

图 4.84 通常介质中的光吸收(a)与激活介质中的光放大(b)

首先,交代一下激活介质增益(系数)G 的定义.一光束经历 $x - x+\mathrm{d}x$ 距离,其光强增量 $\mathrm{d}I$ 表达为 $\mathrm{d}I \propto I\mathrm{d}x$,写成

$$\mathrm{d}I = GI\,\mathrm{d}x. \tag{4.116}$$

让我们的眼光跟随光束往返一周.设从镜面 M_1 出发的光强为 I_1,经历腔长 L 距离而到达镜面 M_2 时的光强则是

$$I_2 = I_1\mathrm{e}^{GL};$$

经反射其光强耗散为

$$I_2' = R_2 I_2 = R_2 I_1 \mathrm{e}^{GL};$$

再经历一段距离 L 到达 M_1 其光强增加为

$$I_1' = I_2'\mathrm{e}^{GL} = R_2 I_1 \mathrm{e}^{2GL};$$

还要经 M_1 反射一次而返回出发点,其光强耗散为

$$I_1'' = R_1 I_1' = R_1 R_2 I_1 \mathrm{e}^{2GL}, \tag{4.117}$$

至此完成循环一周.为了使增益不小于耗散,应要求

$$I_1'' \geqslant I_1, \quad 即 \quad R_1 R_2 \mathrm{e}^{2GL} \geqslant 1. \tag{4.118}$$

其中"="给出了不使光强减少的最低增益系数值,

$$G_{\mathrm{m}} = -\frac{1}{2L}\ln(R_1 R_2) \tag{4.119}$$

称其为阈值增益或阈值条件(threshold condition),言下之意——只有当激活介质的实际增益 $G>G_m$ 时,光束在谐振腔之间往返其光强才得以不断增加,最终生成稳定的激光束而输出. 例如,设 $R_1\approx0.98$, $R_2\approx0.80$, $L=50$ cm,则阈值增益为

$$G_m=-\frac{1}{2\times50\,\text{cm}}\ln(0.98\times0.80)\approx2.4\times10^{-3}/\text{cm},$$

这表明光束通过 1 cm 其光强至少要增长 0.24%,才能输出激光.

激活介质实际增益值取决于多种因素,比如外部激励能源的功率、抽运速率和能级结构,等等;实际增益 G 也与光强 I 有关,其趋势是 G 随 I 增加而下降,这是因为受激辐射的光强越大,单位时间内由亚稳态向低能级受激跃迁的粒子数就越多,从而降低了布居反转程度(N_2-N_1),这反过来又压抑了增益;还有,随着传输光强的增加,器件的耗散一般说来将有所上升. 于是,在激光器工作的初始一个阶段,$G>G_m$,使其传输光强不断地得以加强;当达到某一足够大的光强时,出现 $G'=G'_m$,增益与耗散达到了平衡,而维持了稳定的光场. 总之,对激活介质实际增益的全面考量、对阈值增益的合理选择等这类问题,乃系"激光器原理与设计"的专题,本课程不予深究.

- **激光束的特性**

综上所述,由于激光器的工作原理根本上区别于普通光源,使其输出的激光束(laser beam),具有若干优异的特性,兹概括如下.

(1) 高定向和高亮度.　由于谐振腔对光束方向具有极强的选择性,致使从腔面输出的光束仅限于一很窄的角范围,尤其对于平面谐振腔所输出的激光束,其方向性特别好. 激光束的这一高定向的特性,带来两个令人十分喜爱的效果,一是其腔面作为一面光源,它的亮度很高,二是被高定向激光束照射处光照度很大,亦即光功率密度(W/cm^2)很高. 例如,经计算得知,一个仅 10 mW 的 He-Ne 激光器,其腔面面积 $\Delta S\sim\text{mm}^2$ 量级,其光束发散角 $\Delta\theta\approx1'\approx3\times10^{-4}$ rad,这导致其发光亮度为太阳亮度的 10^3 倍以上.

(2) 高度单色性.　激光束的能量在频谱分布上也是高度集中的,即它的谱线宽度很窄,或者说它的单色性很好,时间相干性很好,这同样系谐振腔的功劳. 在普通光源中,单色性最好的要算是作为长度自然基准的氪灯谱线 6058 Å,其谱线宽度为 4.7×10^{-2} Å. 在激光中单色性最好的当推气体类型激光器所产生的激光,例如,He-Ne 激光器发射的 6328 Å 谱线,其线宽只有 10^{-8} Å. 不过,诚如前述,激光束如此高的单色性是体现在单模上。若不施加单模稳频技术,那么多个离散频率的并存也就埋没了其中单模的高度单色性.

(3) 高度空间相干性.　表观上看,激光器的腔面是一个面光源,由此发出激光,其实,它与普通光源的发光表面有着本质上的区别. 对于后者比如日光灯、钠光灯、太阳光盘等,其表面上每一点均是独立的实在的发光中心,且彼此间无确定的相位关联. 因此,在它们共同照明的空间中其光场是非相干的,其中双孔或双缝(S_1, S_2)是不能产生干涉条纹的;若要求出现干涉条纹,就必须在其间安插一小孔或一单缝 S,以限制光源的线度,使(S_1, S_2)处于一个部分相干场中. 然而,对于激光器发射的激光束,其照明的光场是相干的,它可以直接照射

(S_1, S_2)而生成干涉条纹.这就是激光束具有高度空间相干性的基本图像,参见图4.85.简言之,激光束横向波前上的两点是相干的,如同一点源发射的球面波或一准直系统产生的平面波——它们波前上的两点是完全相干的,即使激光器腔面的尺寸看起来可能比一支钠光灯发光区表面积还要大,那也是如此.这样看来,与其说腔面是一个发光表面,毋宁说腔面是激光束的一个波前,其上每一点均有确定的射线方向,彼此间有确定的相位关联;腔面外部和内部构成了一个统一和谐的光场,故称激光器发射的是——激光"束",这一说法是十分贴切的.当然,激光束是一相干光束的这一外部特性,来自激光产生的内部机理——激活介质的光放大和谐振腔的选择性,使某一特定方向、特定频率的光讯号在内部往返传输过程中得以不断激励和强化,而使粒子体系个别发光的自发性和独立性得以抑制.

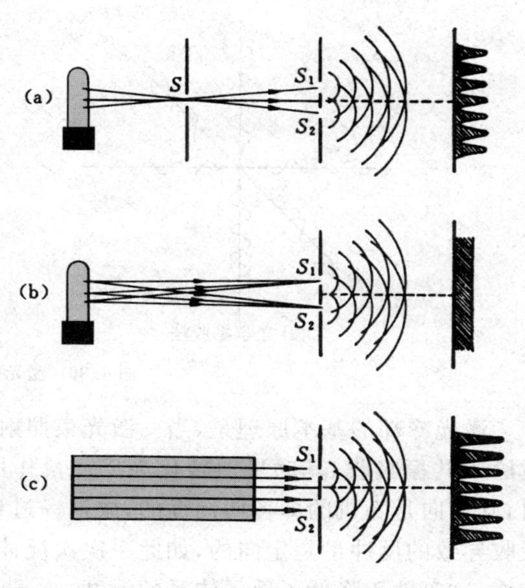

图 4.85 激光束有很好的空间相干性(与普通光源相比较)

- **激光应用提要**

激光束的基本特性可以概括为高定向性、高单色性和高相干性,其应用的价值均源于这些特性,其应用的广泛性至今几乎遍及所有技术领域.在激光通信、激光测距、激光准直、激光雷达、激光切削、激光手术、激光武器、激光显微光谱术,以及激光受控热核反应等方面的应用,主要是利用了激光束的高定向性及相联系的大强度;在激光全息、激光干涉、激光测长和激光流速计等方面的应用,主要是利用了激光束的高单色性和高相干性;而在非线性光学领域,既利用了激光作为一种强光束又利用了激光作为一种相干光束的优点.

- **激光冷却并约束原子**

1997年诺贝尔物理学奖颁发给三位科学家——美国斯坦福大学的朱棣文、法国巴黎高等师范学院的克罗德·科恩-塔努吉,和美国国家标准和技术研究所的威廉·菲利普斯,以表彰他们在发展激光冷却并约束原子方面的杰出贡献.1985年朱氏用三对彼此正交的激光束交汇于一局域,让预冷却了的原子进入这小区域,以使这些原子进一步被冷却,其温度从100 mK降至240 μK.这一方法被形象地称为"光学黏胶法",其意为一旦原子进入这6束激光形成的三对驻波场的交汇处,如同进入一高黏性的胶体而显著地受阻减速,且被约束在这局域,参见图4.86.对原子的进一步冷却即所谓深度冷却,还需凭借激光和其他技术的综合.在90年代初原子冷却温度达100 nK,到1995年左右已达几nK,时间达几十分钟.

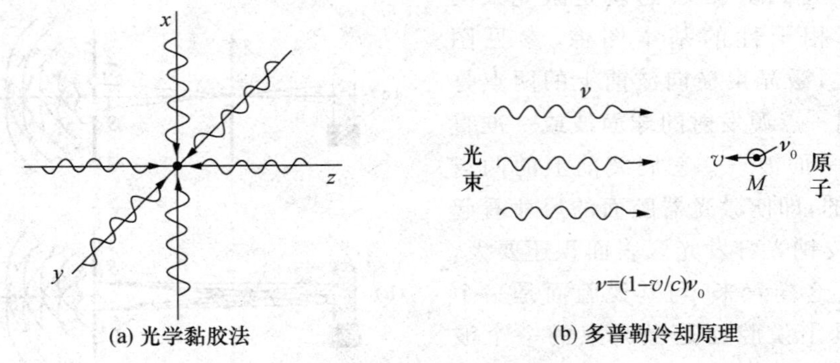

图 4.86　激光冷却并约束原子

激光冷却的基本原理是，当一激光束照射迎面而来的原子时，只要光频合适，这光子就被原子共振吸收，其动量便转化为反冲量作用于原子而使其减速；同时存在的原子自发辐射，其方向是随机的即各向同性的，故这一过程招致的反冲量其宏观平均效果为零，而共振吸收导致的反冲量是定向的，如此一次次反冲所累积的效果，便可极大地减少原子的热运动速率，这等效于降低了原子体系的温度.

激光冷却并约束原子的研究具有多方面重大的科学意义. 可以想见，若能最大限度地降低了原子热运动速率(接近零)，便在最佳水平上消除了气体原子间的相互碰撞和观察原子光谱时的多普勒频移效应，从而获得真正意义上的单原子内部的物理信息. 比如，原子光谱的线宽就直接反映了原子能级上的自然线宽或自然寿命，这是因为深度冷却了的原子，其谱线的碰撞增宽和多普勒增宽，以及其他由于热运动招致的谱线增宽均被消除. 这方面的研究必将推动原子、分子物理学的新发展；这也为人们更加单纯地研究光与原子的相互作用提供了一种可能，一个研究新分支“原子光学”正在兴起. 还有，有理由期望“超冷原子”将具有某些特异性质. 比如，如果原子在极低温度下冷却，它会突然降到更低温度，这时原子聚在一起，能量达到最低，凝结成一种既非液体又非固体的新物态，被称为玻色-爱因斯坦凝聚态(Bose-Einstein Condensation，简写为 BEC)，这是 1924 年印度物理学家玻色和爱因斯坦合作研究作出的一个理论预言. 长期以来物理学家渴望能找到这一新物态. 直至 1995 年，利用激光冷却并约束原子技术，有 3 个研究小组相继报道了在铷(Rb)、锂(Li)和钠(Na)原子系统中发现了 BEC. 这是一项重大发现或实现，因之他们获得了 2001 年度诺贝尔物理学奖——他们令原子齐声歌唱，因之发现了一种新的物质状态. 处于 BEC 中的大量原子具有了同一禀性，有了统一的波长、频率和相位，一起同步振荡，颇像激光那样，故人们也称 BEC 是一种原子激光.

4.11　强度相关实验　中子束干涉实验

· 强度相关实验　· 中子束干涉实验

● 强度相关实验

先前在分析光波叠加的相干条件时，我们曾强调过从微观上看，光源的发光是断断续续的，其在空间展开的波列是一段段，有限长的，它们之间的相位关系、振幅关系和偏振关系是无规的、随机的，因之它们曾被称为相位随机波、振幅随机波和偏振随机波. 不过，在这之前我们介绍过的所有传统干涉仪，均是针对其中的相位随机性而设计的，对干涉场性质的分析均基于光程差、相位差的考量，因之这类传统干涉仪可称之为相位型干涉仪.

1956 年，R. Hanbury-Brown 和 R. Q. Twiss 在实验上设计了一种新型干涉仪，用以检测两束光的强度随机性及其相关程度，而撇开对这两束光的相位随机性及其相关程度的关注，这被称之为 HBT 相关实验. HBT 相关实验装置如图 4.87 所示，放置两个反射镜使之面向一宽光束，它也许来自远方一星体；它接收到该波前上的两个窄光束，经镜面被会聚到光电接收器 P_1 和 P_2；这两路光电讯号分别通过两个放大器，而共同输入一相关器作积分运算，最后输出一相关讯号；值得注意的是，在光电讯号传输的一支路上设有一个可调时间延迟器(τ)，旨在让一路随机强度与另一路不同时刻的随机强度汇合一起作积分运算，这是相关函数定义所要求的，从而输出两路随机光强间的相关程度. 对此作一简单的数学描写如下.

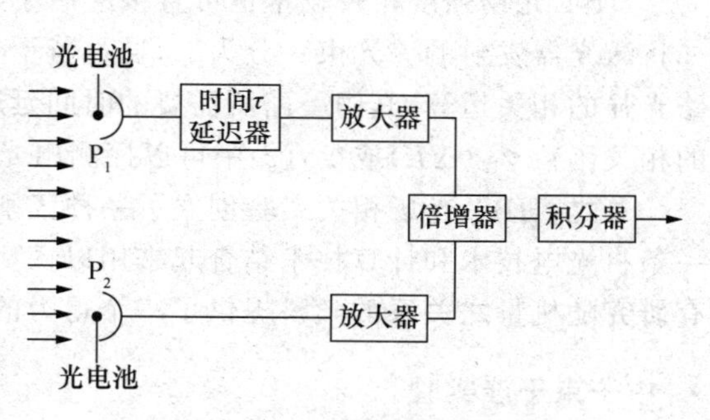

图 4.87 HBT 光场相关实验原理图

设一路时间延迟为 τ，该路的随机强度表示为 $\tilde{I}_1(t+\tau)$，另一路的随机强度表示为 $\tilde{I}_2(t)$，现引入适当长时间观测到的平均值 $\bar{I}_1$ 和 $\bar{I}_2$，于是可将上述两个随机量表达为

$$\tilde{I}_1(t+\tau)=\bar{I}_1+\tilde{i}_1(t+\tau),\quad \tilde{I}_2(t)=\bar{I}_2+\tilde{i}_2(t).$$

可通过电子线路中的“隔直流”元件而将 $\bar{I}_1$、$\bar{I}_2$ 滤掉，以便突现两个随机光电讯号 $\tilde{i}_1(t+\tau)$ 和 $\tilde{i}_2(t)$，输入积分器作相关运算，

$$\int_0^{t_0}\tilde{i}_1(t+\tau)\cdot\tilde{i}_2(t)\mathrm{d}t=\gamma_{12}(\tau).$$

可以想见，当远方一点源发出一束平行光，正入射于 HBT 装置即同时到达 P_1 和 P_2，则 $\gamma_{12}(0)$ 值为一极大值，这表明此时这两个光电讯号 $\tilde{i}_1(t)$，$\tilde{i}_2(t)$ 是两个完全同步的随机量；若调节 $\tau\neq0$，则 $\gamma_{12}(\tau)$ 值随 τ 增加而下降，这等效于这平行光斜入射于 P_1 和 P_2，彼此间有了光程差，$\gamma_{12}(\tau)$ 下降但不为零表明 $\tilde{i}_1(t+\tau)$ 与 $\tilde{i}_2(t)$ 是两个部分同步的随机量；当延迟时间增加至 τ_0，以致 $\gamma_{12}(\tau_0)=0$，表明 $\tilde{i}_1(t+\tau_0)$ 与 $\tilde{i}_2(t)$ 是两个完全非同步的随机量，这里的 τ_0 正是我们先前认识的相干时间 τ_0. 换句话说，凭借相关函数 $\gamma_{12}(\tau)$ 曲线，HBT 实验直接测定了光场的相干时间 τ_0 或相干长度 $L_0=c\tau$，虽然表观上看图 4.87 中的光电池 P_1 和 P_2 处于光场的横向上. 总之，HBT 电子线路中的延迟时间 τ 与光场中的光程差 ΔL 相对应，即 $\Delta L=c\tau$.

若光场是由一个面光源比如远方星体所产生的，则其横向两点 P_1 和 P_2 是部分相干的，这同样体现为进入 P_1，P_2 的是两个随机振幅波，由电子线路转换为两个随机强度讯号

$\tilde{i}_1(t)$，$\tilde{i}_2(t)$，再通过时间延迟器而输出相关函数 $\gamma_{12}(\tau)$. 若光场单色性很好，则 $\gamma_{12}(0)$反映了 P_1 点与 P_2 点的横向空间相干程度. HBT 实验可使基线 $h=\overline{P_1P_2}$ 扩展到 10^2 m 量级，通过对 $\gamma_{12}(0)$的测定而推算出星体角径，其精度远高于迈克耳孙星体干涉仪，比如他们使用基线约为 119 m 的该实验装置，确定了 β-Crusis 星的角径为 0.0007″，约合 3×10^{-9} rad. 尤其值得重视的是，光在长程传输中因大气扰动而招致的相位畸变，几乎不影响 HBT 强度干涉仪的测量精度，而相位型干涉仪对相位变化的反应却是相当敏感的，这是强度干涉仪之一大优越性.

HBT 光场强度相关技术也可直接应用于实验室，用以测量光源发射光场的相干性，比如将激光器发射的一光束一分为二，通过若干个适当安排的反射镜，汇合于一积分器实现两路光强的相关运算，其中一路所需要的时间延迟器也可以用一个移动反射镜来代替，从输出的相关函数 $\gamma_{12}(\Delta L)$或 $\gamma_{12}(\tau)$中可以探测出光束的相关性.

总之，HBT 光场相关实验创立了一种区别于传统干涉仪的新型强度干涉术，它开辟了一条将光电技术和计算技术结合起来用以探测光场相干性的新途径，它为统计光学乃至所有研究随机量之关系的学科提供了一个得力的实验支持.

• 中子束干涉实验

图 4.88 是中子束干涉实验的一个原理图. 一束热中子其波长约为 Å 量级，经由晶体制成的分束器 A，B 和 D，被分为两束再汇合于 C 点而发生相干叠加；一探测器置于 C 点接收并显示中子束相干强度. 晶体分束器由大面积、无位错的单晶硅制成，其面积约为 8 cm×5 cm，厚度约为 2.5 mm. 实验上发现，在这回路 $ABCD$ 绕 AB 轴转动过程中，探测到中子束强度竟出现极大、极小，有若干个周期性讯号.

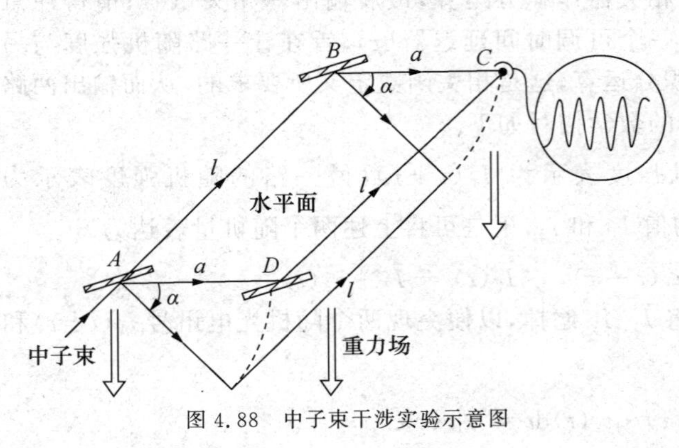

图 4.88 中子束干涉实验示意图

基于微观粒子的量子物理学理论，考量到中子的波粒二象性及其在重力场中的势能和动能的转化，便可以成功地解释上述使人耳目一新的中子干涉实验现象，并能估算出该回路平面自水平转至铅直过程中所出现的讯号周期的个数.[①]

当回路平面 $ABCD$ 转过 α 角度时，$\overline{DC}$ 段高度降低了 $\Delta H=a\cdot\sin\alpha$，这一段里的中子其重力势能便降低了 $mg\Delta H$，它转化为中子的动能增量 ΔE_k. 根据粒子动能 E_k 与其动量 p 的关系式，

$$E_k=\frac{p^2}{2m},\quad \Delta E_k=\frac{p\cdot\Delta p}{m},$$

① 1975 年，Colella，Overhauser 和 Werner 首先完成了中子束干涉实验，可详见 *Phys. Lett.* **34**(1975)，p. 1472.

令

$$\Delta E_{k} = mg\,\Delta H,$$

得 $\overline{DC}$ 段中子动量增量为

$$\Delta p = \frac{m^2 g \Delta H}{p} = \frac{m^2 ga\ \sin\alpha}{p}.$$

另一方面,根据量子物理学理论,中子动量 p 与其波长 λ 或波数 k 的关系式为

$$p = \frac{h}{\lambda} = \hbar k, \quad (\hbar \equiv h/2\pi)$$

由此可知,中子动量的改变 Δp 将导致中子波数的改变,

$$\Delta k = \frac{\Delta p}{\hbar} = \frac{m^2 ga\ \sin\alpha}{\hbar^2 k},$$

这意味着,在 $\overline{DC}$ 段转动过程中,这一路的"光程"有了变化,虽然其几何长度 l 保持不变;同样的考量也适用于 $\overline{BC}$ 段和 $\overline{AD}$ 段,不过这两段的效果 $\Delta k'$ 是相同的,并不影响 ABC 路与 ADC 路之间的"光程差". 于是,在转动过程中汇合于 C 处的两路中子束之间的相位差发生了变化,其改变量为

$$\delta = \Delta k \cdot l = \frac{m^2 gal\ \sin\alpha}{\hbar^2 k} = 2\pi\,\frac{m^2 g\lambda_0 S}{h^2}\sin\alpha.$$

每当相移量 δ 改变一个 2π,便出现中子强度讯号的一个周期,即,在中子束回路平面从水平开始转过 α 角的过程中,中子干涉强度讯号出现的周期数目为

$$N = \frac{m^2 g\lambda_0 S}{h^2}\sin\alpha. \tag{4.120}$$

典型数据如下:

中子质量 $m = 1.67 \times 10^{-27}$ kg;

热中子波长 $\lambda_0 \approx 1.8\ \text{Å} = 1.8 \times 10^{-10}$ m, 这相当于

中子动能 $E_k \approx 0.025$ eV,速度 $v \approx 22$ m/s,频率 $f \approx 10^{11}$ Hz;

回路面积 $S \approx al \approx 8\ \text{cm}^2 = 8 \times 10^{-4}\ \text{m}^2$;

普朗克常数 $h \approx 6.6 \times 10^{-34}$ J · s; 重力加速度 $g \approx 9.8\ \text{m/s}^2$.

得

$$N = \frac{(1.67)^2 \times 9.8 \times 1.8 \times 8 \times 10^{-54} \times 10^{-10} \times 10^{-4}}{(6.6)^2 \times 10^{-68}}\sin\alpha$$

$$\approx 9.04 \times \sin\alpha \approx \begin{cases} 4.5, & 当\ \alpha = 30°; \\ 9.0, & 当\ \alpha = 90°. \end{cases}$$

中子干涉实验现象是一种宏观尺度上引力的量子干涉效应,使原本存在于微观世界纳米尺度上的量子效应,在日常宏观厘米尺度上显示出来;其理论意义还在于,它证实了经典的重力势即牛顿势 mgh,必须而且可以包含在像中子这类微观粒子的运动方程即薛定谔方程之中,此牛顿势对中子波函数的相位影响与其他势的效果完全一样.

习　题

4.1　一菲涅耳双面镜之夹角为 20′，一缝光源平行交棱且与交棱距离为 10 cm，接收屏幕在两个相干像光源的正前方，且与交棱相距 210 cm，设光波长为 600 nm.

(1) 干涉条纹的间距 Δx 为多少？

(2) 在屏幕上最多能看到几个条纹？

(3) 如果光源与交棱之距离维持不变，而在横向作一小位移 δs，幕上干涉条纹有何变化？

(4) 如果计及缝光源的宽度，要求干涉场的衬比度不至于为零，则允许缝光源的最大宽度 b_M 为多少？

· 答 ·（1）$\Delta x \approx 1.13$ mm，（2）$N_M \approx 22$，（3）整体平移，（4）$b_M \approx 50\ \mu$m.

4.2　一束平行光正入射于一双棱镜，其顶角为 3.5′，折射率为 1.5，相距 5.0 m 处置放一屏幕. 光波长为 500 nm.

(1) 求幕上干涉条纹的间距 Δx.

(2) 求幕上出现的条纹数目 N.　　· 答 ·（1）$\Delta x \approx 0.5$ mm，（2）$N \approx 10$.

4.3　一菲涅耳双棱镜，其顶角为 1.5°，折射率为 1.5，相距点光源 6.0 cm，相距屏幕 310 cm. 光波长为 500 nm. 求幕上干涉条纹的间距 Δx.　　· 答 · $\Delta x \approx 1.0$ mm.

4.4　一劳埃德镜其镜面宽度为 5.0 cm，一缝光源在镜面左侧，离边缘 2.0 cm，比镜面高出 $a=0.5$ mm；接收屏幕在镜面右侧，离边缘 300 cm. 设光波长为 589 nm.

(1) 求幕上条纹的间距 Δx，幕上出现条纹的数目 N.

(2) 若缝光源平移从而改变了它离镜面的高度，则条纹将发生怎样的变化？这种变化与习题 4.1(3) 双面镜情形有何不同？

(3) 若计及缝光源宽度 b 的影响，试定性画出幕上干涉强度 $I(x)$ 的变化曲线.

提示：回顾第 2 章 2.14 题，两者有可类比性.

(4) 设光源宽度为 b，其下边距离镜面高度为 a，屏幕与两个相干光源的距离为 D，试证明，干涉强度函数由下式给出，

$$I(x) = I_0\left(1+\gamma(x)\cdot\cos\left(2\pi\,\frac{2a+b}{\lambda D}x\right)\right),\quad \gamma(x) = \gamma_0\cdot\frac{\sin\left(2\pi\,\frac{b}{\lambda D}x\right)}{\left(2\pi\,\frac{b}{\lambda D}x\right)},$$

这里，γ_0 是该劳埃德镜对单一点源所造成的干涉场的衬比度，它取决于镜面的光强反射率；若考虑到镜面的半波损，那只需在余弦函数中添加 $\pi/2$ 相移量，这不影响 $I(x)$ 曲线的变化特点.

· 答 ·（1）$\Delta x \approx 1.8$ mm，$N \approx 30$.

4.5　如图所示，这是一种利用干涉条纹的移动来测量气体折射率的原理性结构. 在双缝之一 S_1 后面置放一长度为 l 的透明容器，当待测气体徐徐注入容器而将空气逐渐排出，在此过程中，观察者视场中的条纹就将移动. 人们可由条纹移动的方向和数目，测定气体的折射率.

(1) 若待测气体的折射率大于空气折射率，试预测干涉条纹怎样移动？

(2) 设 l 为 2.0 cm，光波长为 589.3 nm，空气折射率 n_0 为 1.000 276；现测到条纹向上移动了 20 个，求待测氯气的折射率 n.

· 答 ·（1）条纹向上移动，（2）$n = n_0 + \Delta n \approx 1.000\,865$.

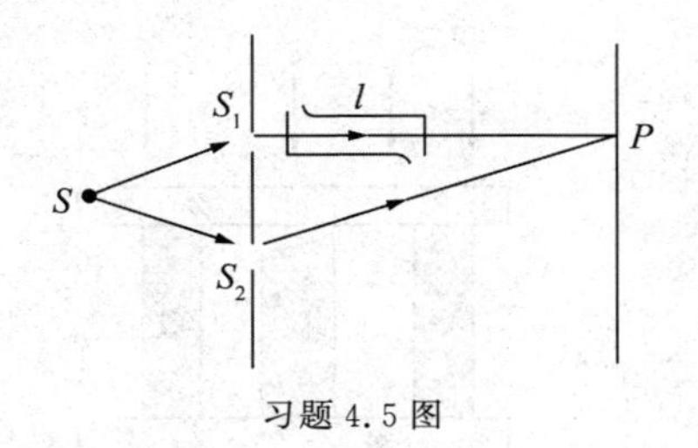

习题 4.5 图

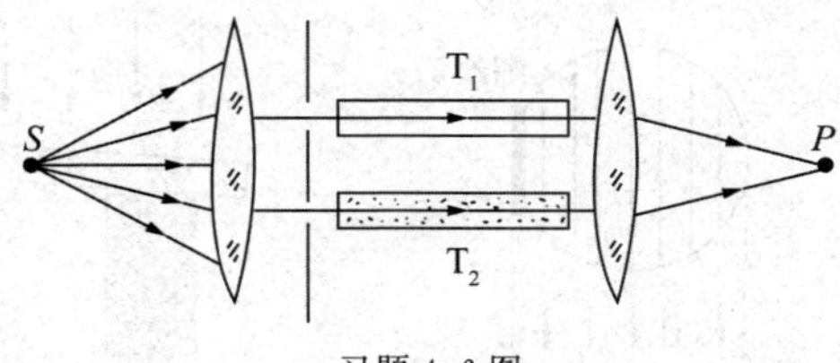

习题 4.6 图

4.6　类似上题的干涉装置如图所示，称作瑞利干涉仪用以测定空气折射率．在双缝后面置放两个透明长管 T_1 和 T_2，其中 T_2 管已充满待测的空气，而 T_1 管在初始时刻为真空，然后徐徐注入空气，直至充满气压相同于 T_2 管的空气．测定这一过程中观察点 P 强度变化的次数 N 为 98.5，T_1 管中空气柱长度为 20 cm，光波长为 589.3 nm．试求出空气的折射率 n_0．　　　　　· 答 · $n_0 \approx 1.000\,290$．

4.7　现用钠光灯作为杨氏双缝干涉实验的光源，其宽度 b 已被一光阑限制为 2 mm，它与双缝平面相距 2.5 m．为了在幕上能出现可见的干涉条纹，问：

(1) 双缝间隔不能大于多少？设其为 d_0．

(2) 若双缝实际间距 d 取 $d_0/2$，此时前方幕上干涉场的衬比度 γ 为多少？

· 答 · (1) $d_0 \approx 0.74$ mm，(2) $\gamma \approx 0.64$．

4.8　一个直径为 1 cm 的热光源，如果用干涉孔径角 $\Delta\theta_0$ 来描述，其空间相干范围为多少弧度？如果用相干面积 ΔS_0 来描述，问 1 m 远的相干面积 ΔS_{10} 为多少？10 m 远的相干面积 ΔS_{20} 为多少？取光波长为 550 nm．　　　　· 答 · $\Delta\theta_0 \approx 5.5\times10^{-5}$ rad $\approx 11''$，$\Delta S_{10} \approx 2.4\times10^{-3}$ mm^2，$\Delta S_{20} \approx 0.24$ mm^2．

4.9　若直接以月亮作为光源，在地面上作杨氏双孔实验，为了获得可见的干涉条纹，问双孔间隔 d 不能大于多少？已知月地距离约为 3.8×10^5 km，月球直径为 3477 km，光波长取 550 nm．

· 答 · $d < d_0 \approx 60\ \mu$m．

※　　　　※　　　　※

4.10　一直径为 d 的细丝垫在两块平板玻璃之一边，以形成楔形空气层，在钠黄光垂直照射下出现干涉条纹如图所示．试求细丝直径 d．　　　　· 答 · $d \approx 2.36\ \mu$m．

4.11　块规是机械加工技术中所用的一种长度标准，它是一块钢质的长方体，其两个端面经过研磨抛光，达到相互平行，如图所示，是两个相同规号的块规，其中 G_1 的长度是标准的，G_2 是待校准的．校准的方法如下：把 G_1 和 G_2 放在钢质平台上并使之严密接触；再用一块透明平板 T 压在 G_1，G_2 上面，以形成一楔形空气层，如果 G_1 和 G_2 的高度略有差别；在单色光照射下便出现等厚干涉条纹，用以精测待校准块规长度的偏差．

(1) 设光波长为 5893 Å，G_1，G_2 相距 l 为 5 cm，出现于 G_1 区和 G_2 区的条纹间距均为 0.50 mm，试求高度差 Δh．

(2) 怎样判断 G_1，G_2 高度谁高谁低？

(3) 若出现两区中条纹间距不相等，比如 G_1 区的 Δx_1 为 0.5 mm，而 G_2 区的 $\Delta x_2 = 0.3$ mm，这反映了什么问题？

· 答 · (1) $\Delta h \approx 29.5\ \mu$m，(2) 在盖板 T 之中部轻轻一按，(3) G_2 上下两个表面的不平行度 $\approx 1.35'$．

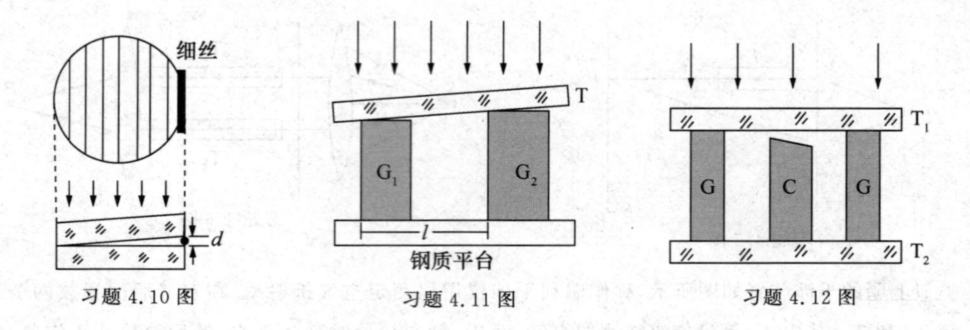

习题 4.10 图　　习题 4.11 图　　习题 4.12 图

4.12　如图所示它是一种干涉膨胀计，其中 G 为两个标准的石英环，C 为待测的柱形样品，其略有倾斜的上表面与石英盖板 T_1 之间形成一楔形空气层，从而产生等厚条纹. 当温度改变时，由于样品与石英有不同的膨胀系数，以致空气层厚度发生了变化而出现条纹移动.

(1) 设样品和石英环的高度 $l\approx 1$ cm，在温度升高 $\Delta t\approx 100$ ℃过程中，视场中的干涉条纹移过了 20 条，光波长为 5893 Å. 求出该样品的线膨胀系数与石英的差值 $\Delta\beta$.

(2) 怎样判断差值 $\Delta\beta$ 的正负号？设石英膨胀系数为 3.5×10^{-7}/℃，条纹移动方向背向交棱，试给出样品的线膨胀系数 β 值.

· 答 · (1) $\Delta\beta\approx 5.89\times10^{-6}$/℃，(2) $\beta\approx 6.24\times10^{-6}$/℃.

4.13　一待测透镜与玻璃平晶生成的牛顿环，从其中心往外数第 5 环和第 10 环的直径分别为 1.4 mm 和 3.4 mm. 求出透镜的曲率半径. 设光波长为 0.63 μm.

4.14　现观察到一肥皂膜的反射光呈现绿色，这时视线与膜法线之夹角约为 35°.

(1) 试估算此膜的最小厚度 h_m 约为多少？设肥皂水的折射率为 1.33，绿光波长为 515 nm.

(2) 若观察者的注视点不变动，而改变了视线角度，从 35°开始逐渐变小，试问该处先后呈现何种色调？可能先后出现绿、黄绿、黄、橙、红这种色调变化吗？　· 答 · (1) $h_m\approx 107$ nm.

4.15　以玻璃片为衬底，涂上一层透明薄膜，其折射率为 1.30，设玻璃折射率为 1.5.

(1) 对于波长为 550 nm 的光而言，这膜厚应当取多少才能使其反射光因干涉而相消？这时光强反射率 R 为多少？

(2) 此膜厚对于波长为 400 nm 的紫光或 700 nm 的红光，其反射双光束之间分别有多大的相位差 δ_1 或 δ_2.　· 答 · (1) $h_m\approx 106$ nm，$R\approx 0.37\%$. (2) $\delta_1\approx 1.38\pi$，$\delta_2\approx 0.786\pi$.

4.16　GaAs 发光管被制成半球形，以增加位于球心的发光区的对外输出光功率. 为了进一步提高输出光功率，常在表面镀上一层增透膜如图所示. GaAs 发射光波长为 930 nm，折射率为 3.4.

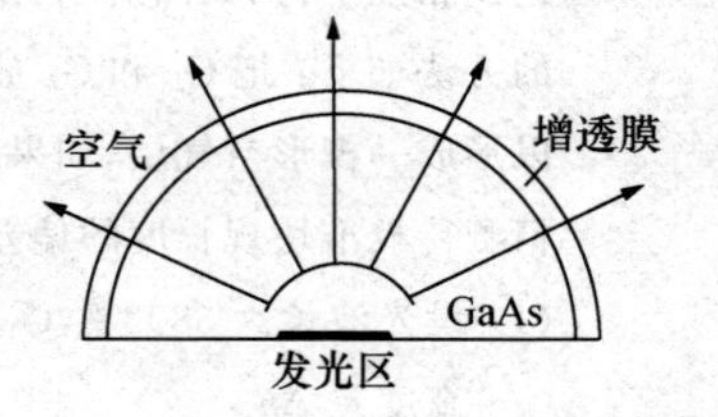

习题 4.16 图

(1) 无增透膜时，球面光强反射率 R_0 为多少？

(2) 为了实现完全消反射，增透膜的折射率 n_f 和厚度 h_f 应当为多少？

(3) 如果选用折射率为 1.38 的氟化镁 MgF_2 能否增透？此时其光强反射率 R' 为多少？膜层厚度 h' 应取多少？

(4) 若选用折射率为 2.58 的硫化锌 ZnS 能否增透？此时其光强反射率 R'' 为多少？膜层厚度 h'' 应取多少？

· 答 · (1) $R_0 \approx 30\%$. (2) $n_f = 1.84$, $h_f \approx 126$ nm.
(3) $R' \approx 8.5\%$, $h' \approx 168$ nm. (4) $R'' \approx 8.7\%$, $h'' \approx 90$ nm.

4.17　用眼睛或透镜观察等倾干涉环，里疏外密. 试证明，在傍轴条件下，干涉环的半径 ρ_m 与条纹级数差 m 之关系为

$$\rho_m \approx \sqrt{m} \cdot \rho_0, \quad \rho_0 = f\sqrt{\frac{n\lambda}{h}}.$$

这里，整数 m 为该干涉环与最靠近中心那干涉环之间的级数差，亦即两者之间的环数；ρ_0 为一常数，f 为焦距.

※　　※　　※

4.18　用钠光观察迈克耳孙干涉条纹，先看到干涉场中有 12 个亮环，且中心是亮的；尔后移动一臂镜面 M_1，看到中心吞(吐)了 10 环，而此时干涉场中还存在 5 个亮环. 试求：

(1) 镜面 M_1 移动的距离 Δh.

(2) 开始时中心亮斑的干涉级 k_0，相应的等效空气膜厚 h_0.

· 答 · (1) $\Delta h \approx -2.95\ \mu$m. (2) $k_0 \approx 17$, $h_0 \approx 5.01\ \mu$m.

4.19　钠灯发射的黄光包含两条相近的谱线，俗称黄双线 λ_1 和 λ_2. 以钠黄光入射于迈克耳孙干涉仪，通过镜面移动来观察干涉场衬比度的变化，从而可分辨出黄双线的波长差 $\Delta\lambda$.

(1) 实测结果为，在条纹由最清晰到最模糊过程中，视场里吞(吐)了 490 个条纹，求钠双线的波长差 $\Delta\lambda$，以及 λ_1 和 λ_2. 已知事先粗测了钠黄光波长 $\bar{\lambda}$ 为 5893 Å.

(2) 水银灯发射的光谱中也含有较强的黄双线，其波长为 $\lambda_1' \approx 5770$ Å, $\lambda_2' \approx 5791$ Å. 在上述实验中若改用这水银黄光，则视场里由最清晰到最模糊过程中吞吐的条纹数 N' 为多少？

· 答 · (1) $\Delta\lambda \approx 6$ Å, $\lambda_1 \approx 5890$ Å, $\lambda_2 = 5896$ Å. (2) $N' \approx 138$.

4.20　用迈克耳孙干涉仪进行精密测长，入射光为 6328 Å 的 He-Ne 激光，其谱线宽度为 10^{-3} Å，对干涉强度讯号的测量灵敏度可达 1/8 个条纹.

(1) 这台干涉测长仪的测长精度 δl 为多少？

(2) 这台测长仪一次测长量程 l_M 为多少？　　· 答 · (1) $\delta l \approx 40$ nm. (2) $l_M \approx 2$ m.

4.21　迈克耳孙干涉仪中的一臂镜面以速度 v 匀速推移，而用透镜接收干涉条纹，并将它会聚到光电元件上，把光强变化转化为电讯号.

(1) 若测得电讯号的时间频率为 f(Hz)，求入射光的波长 λ.

(2) 若入射光波长在可见光谱区中间 0.55 μm 左右，要使电讯号的频率控制在低频范围，比如 50 Hz，问反射镜平移速度应当为多少？

(3) 若入射光波长在红外光谱区，比如 20 μm，要使电讯号的频率控制在低频范围，比如 100 Hz，问反射镜平移速度应当为多少？

(4) 若反射镜平移速度为 30 μm/s，则钠黄光入射时所产生的电讯号其拍频 f_b 为多少？已知钠黄光双线 $\lambda_1 = 5890$ Å, $\lambda_2 = 5896$ Å.

· 答 · (1) $\lambda = 2v/f$. (2) $v \approx 14\ \mu$m/s. (3) $v \approx 1.0$ mm/s. (4) $f_b \approx 0.1$ Hz.

4.22　镉灯为一准单色光源，其发射的中心波长 λ_0 为 6428 Å，谱线宽度 $\Delta\lambda$ 为 10^{-2} Å.

(1) 求其光场的相干长度 L_0 和相干时间 τ_0.

(2) 求镉红光的频宽 $\Delta\nu$.

(3) 若将此镉灯作为迈克耳孙干涉仪的光源，用镜面移动来观测干涉场输出光电讯号曲线，设镜面

移动速度为 0.5 mm/s，试估算约需多长时间 Δt，可以获得显示有两个波包形状的讯号曲线.

• 答 • (1) $L_0 \approx 41$ cm，$\tau_0 \approx 1.4 \times 10^{-9}$ s $= 1.4$ ns. (2) $\Delta\nu \approx 7.1 \times 10^2$ MHz.
(3) $\Delta t \approx 800$ 秒 $= 13$ 分 20 秒.

※　　※　　※

4.23　设有两条光谱线其波长约为 600 nm 而波长差约在 10^{-4} nm 量级，现要求用法布里-珀罗干涉仪将它俩分辨开来，试问法-珀仪的镜面间距 h 至少要多长？设单镜面反射率 R 为 0.95.　• 答 • $h \approx 3$ cm.

4.24　设法-珀仪两镜面之距离 h 为 1 cm，用波长为 500 nm 的绿光作实验，干涉图样的中心恰好是一亮斑，试求出第 10 个亮环的角直径 $\Delta\theta$；若用一长焦距为 300 mm 的镜头拍摄，所得该环的直径 d 为多少？

• 答 • $\Delta\theta \approx 2°18'$，$d \approx 12$ mm.

4.25　设一法-珀腔其长度为 5 cm，若用准单色扩展光源做实验，其中心光波长为 600 nm.

(1) 求中心干涉级数 k_0.

(2) 在倾角为 1°附近，干涉环的半角宽度 $\Delta\theta_k$ 为多少？设反射率 R 为 0.98.

(3) 若用这个法-珀腔来分辨谱线，其色分辨本领 R_c 为多少？可分辨的最小波长间隔 $\delta\lambda_m$ 为多少？设 $\lambda \approx 600$ nm.

(4) 若用一束白光正入射于这法-珀腔，以使法-珀腔对白光进行选频. 试问输出纵模的频率间隔 $\Delta\nu$ 为多少？其单模线宽 $\Delta\nu_k$ 为多少？这相当于谱线宽度 $\Delta\lambda_k$ 为多少？

(5) 由于测量过程中的热胀冷缩，引起该法-珀腔长的改变量 $\delta h/h$ 约为 10^{-5}，则输出谱线的漂移量 $\delta\lambda_k$ 为多少？

• 答 • (1) $k_0 \approx 1.7 \times 10^5$. (2) $\Delta\theta_k \approx 2.2 \times 10^{-6}$ rad $\approx 0.45''$. (3) $R_c \approx 2.6 \times 10^7$，$\delta\lambda_m \approx 2.3 \times 10^{-5}$ nm.
(4) $\Delta\nu \approx 3 \times 10^9$ Hz，$\Delta\nu_k \approx 1.9 \times 10^7$ Hz，$\Delta\lambda_k \approx 2.3 \times 10^{-5}$ nm. (5) $\delta\lambda_k \approx 3.6 \times 10^{-8}$ mm.

4.26　利用多光束干涉可以制成一种干涉滤光片，如图所示，在玻璃平晶上镀一层银，在银面上蒸镀一层透明膜，在膜上再镀一层银，于是，两个高反射率银面之间形成一个膜层而产生多光束干涉. 那透明膜层材料可选用水晶石 ($3NaF \cdot AlF_3$)，其折射率为 1.55. 设银面反射率 R 为 0.96，膜层厚度 h 为 0.40 μm.

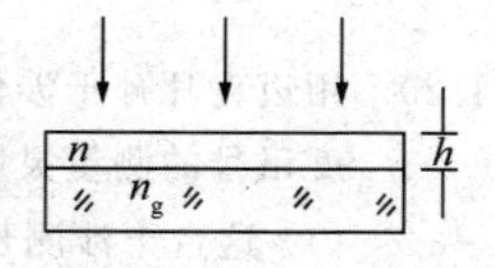

习题 4.26 图

(1) 在可见光范围内，透射光最强的谱线有几条，其光波长各为多少？

(2) 每条透射谱线的宽度 $\Delta\lambda_k$ 为多少？

• 答 • (1) $\lambda_1 = 2nh/2 \approx 620$ nm，$\lambda_2 = 2nh/3 \approx 413$ nm. (2) $\Delta\lambda_1 \approx 4.0$ nm，$\Delta\lambda_2 \approx 1.8$ nm.

4.27　参见题图，对于完全消反射的单层膜，其光学厚度 nh 和材质折射率 n，需要同时满足以下两个条件：

(1) $nh = (2k+1)\dfrac{\lambda_0}{4}$，$k = 0, 1, 2, 3, \cdots$；

(2) $n = \sqrt{n_1 \cdot n_g}$.

试对此给出证明.

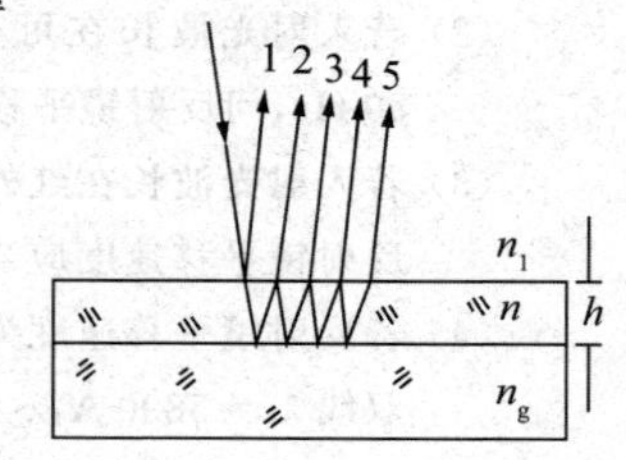

习题 4.27 图

5

多元多维结构衍射与分形光学

5.1 位移-相移定理

· 概述 · 位移-相移定理 · 例题——五方孔的夫琅禾费衍射场

● 概述

我们已经在第2章光波衍射引论部分2.8—2.13节，学习了有关光波衍射的基本规律和数理方法，及其典型现象和重要应用，这包括：次波相干叠加原理，衍射巴比涅原理，菲涅耳-基尔霍夫衍射积分，圆孔菲涅耳衍射和半波带法，波带片的聚焦成像功能，单缝夫琅禾费衍射和矢量图解法，矩孔、圆孔夫琅禾费衍射和像分辨本领，等等.其中还论及衍射结构分析学——衍射反比律蕴含了一种放大原理，从而可以凭借大的衍射图样而揭示衍射物的微结构.不过，那里的衍射屏除波带片外，均是单一的光孔，而在自然界，尤其在凝聚态物质中，存在着由众多全同单元组成的结构，这类结构的衍射表现出许多新的特点.这 N 个全同单元的分布状况，按排列是否规则、取向是否有序，而被划分为四种类型，如图5.1所示，其中(a)为规则有序结构(regular array, ordered orientation)，(b)为规则无序结构(regular array, disordered orientation)，(c)为无规有序结构(random array, ordered orientation)，(d)为无规无序结构(random array, disordered orientation).这些不同类型的多元微结构，使材料表现出不同的物性，而其衍射图样也将表现出显著的差异，如图5.2.此外，人工制作的光栅就是一种规则有序的一维周期结构，而晶体则是一个天然的三维光栅.

本章将深入广泛地讨论多元结构或多维结构的夫琅禾费衍射，以及自相似分形结构的衍射，参见图5.3.这一研究可以丰富我们对衍射性质的认识，并可望导致更多的衍射应用方向.处理多元结构夫琅禾费衍射的数理基础,乃是下面介绍的位移-相移定理.

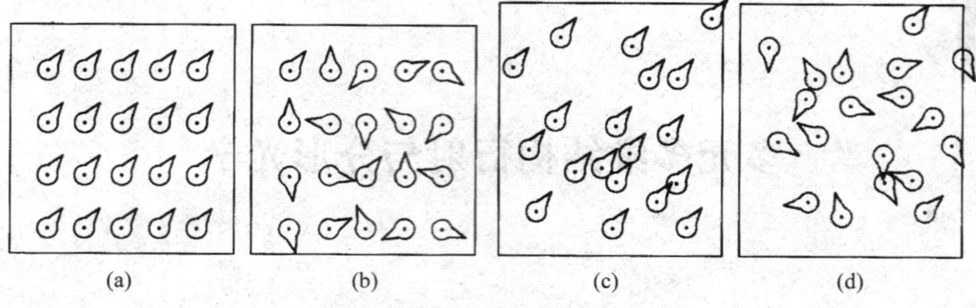

图 5.1　含 N 个全同单元的结构的类型

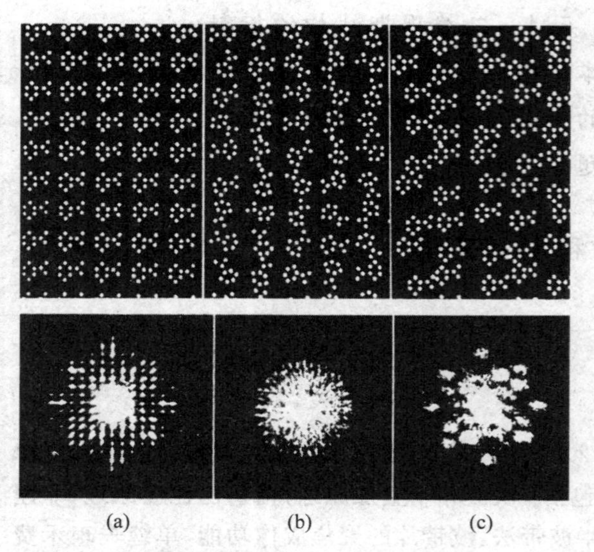

图 5.2　单细胞组织及其夫琅禾费衍射图样[①].(a) 规则有序组织,(b) 规则无序组织,(c) 无规有序组织

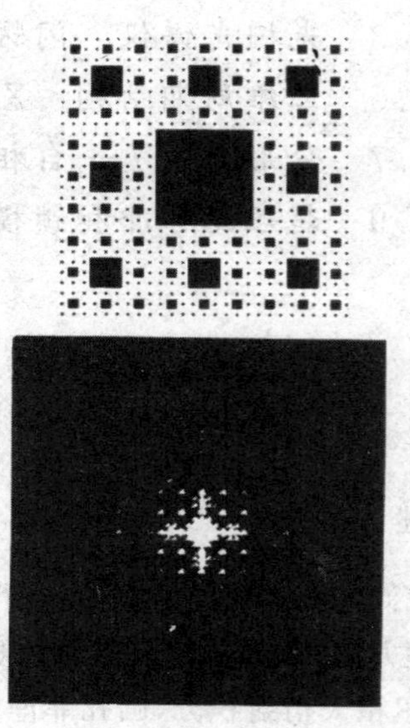

图 5.3　一种自相似结构及其夫琅禾费衍射图样[②]

- **位移-相移定理**

(1) 定理表述.　在一个夫琅禾费衍射系统中,当一图像位移时,其夫琅禾费衍射场将响应一个相移,两者的定量关系为

$$\text{位移}(x_0, y_0) \Longleftrightarrow \text{相移}(\delta_1, \delta_2),$$

这里

$$\begin{cases} \delta_1 = -kx_0 \sin\theta_1, \\ \delta_2 = -ky_0 \sin\theta_2. \end{cases} \tag{5.1}$$

其中,衍射角(θ_1, θ_2)标定了夫琅禾费衍射场点的位置.下面对该定理给予说明和证明.

① 取自 J. R. Meyer-Arendt and J. K. Wood, Am. J. Physics 29(1961), 342.

② 取自 Zhong Xihua and Zhu Yafen, J. Modern Optics, 1990, Vol. 37, No. 10, 1617.

（2）点源位移. 衍射屏上的任何图像，都是大量次波点源的集合. 让我们先看一个点源位移的情形，参见图 5.4(a)，一点源处于原点 O 处，它在透镜后焦面 $\mathscr{F}'$ 上产生一光场 $\tilde{u}(\theta)$；若将该点源移位到 x_0 处，相应地产生另一光场 $\tilde{u}'(\theta)$于后焦面上；$\tilde{u}'(\theta)$与 $\tilde{u}(\theta)$的区别仅在于到达同一场点 $P(\theta)$的光程不等，光程差为 $\Delta L = x_0 \sin\theta$，参见图 5.4(b). 于是，

$$点源(O) \longrightarrow \tilde{u}(\theta),$$

$$点源(x_0) \longrightarrow \tilde{u}'(\theta) = \mathrm{e}^{-\mathrm{i}kx_0\sin\theta} \cdot \tilde{u}(\theta).$$

当前我们关注的是两个光场之关系，并不在乎 $\tilde{u}(\theta)$或 $\tilde{u}'(\theta)$的具体函数形式.

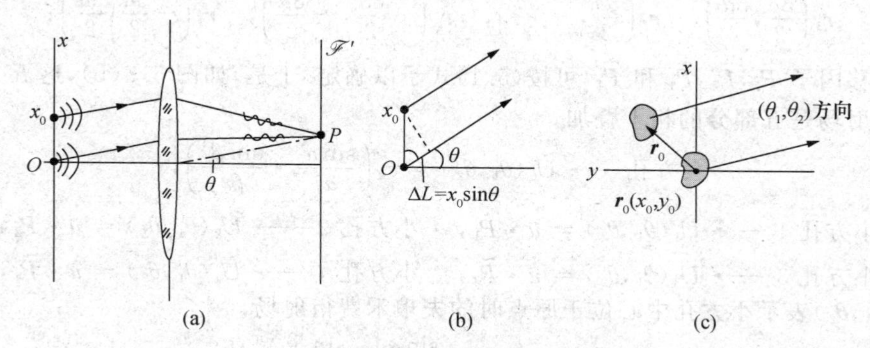

图 5.4 对位移-相移定理的说明和证明

（3）图像位移. 衍射屏(xy)平面上的任何一个图像，均可以用一个透过率函数 $\tilde{t}(x,y)$给以描述. 比如，孔型衍射屏，则 $\tilde{t}$ 函数取值为 0 或 1，非 0 即 1；其他各种复杂的图像，则有相应的比较复杂的透过率 $\tilde{t}(x,y)$函数形式. 当前我们关注的是，图像位移后产生的夫琅禾费衍射场 $\widetilde{U}'(\theta_1,\theta_2)$与原图像产生的场 $\widetilde{U}(\theta_1,\theta_2)$之关系，参见图 5.4(c). 我们知道，图像平移时，其上各点源的平移矢量彼此都是相同的. 因此，可以选择图像上任一点作为代表，考察它经平移矢量 $\boldsymbol{r}_0(x_0,y_0)$后引起的光程变化，对同一场点 $P(\theta_1,\theta_2)$而言. 通常选参考点源位于坐标原点，借助 2.12 节矩孔夫琅禾费衍射中的光程差公式(2.91′)，

$$\Delta r = x_0 \sin\theta_1 + y_0 \sin\theta_2,$$

我们得到以下结论，

$$原图像\quad \tilde{t}(x,y) \longrightarrow \widetilde{U}(\theta_1,\theta_2),\qquad 位移后图像\quad \tilde{t}(x-x_0,y-y_0) \longrightarrow \widetilde{U}'(\theta_1,\theta_2),$$

$$\widetilde{U}'(\theta_1,\theta_2) = \widetilde{U}(\theta_1,\theta_2) \cdot \mathrm{e}^{-\mathrm{i}k(x_0\sin\theta_1 + y_0\sin\theta_2)},$$

或

$$\widetilde{U}'(\theta_1,\theta_2) = \widetilde{U}(\theta_1,\theta_2) \cdot \mathrm{e}^{\mathrm{i}(\delta_1+\delta_2)}, \tag{5.2}$$

这里

$$\delta_1 = -kx_0 \sin\theta_1,\quad \delta_2 = -ky_0 \sin\theta_2.$$

（4）说明两点. 该定理只适用于夫琅禾费衍射场，或者说，对夫琅禾费衍射场而言，相移量与位移量之间才是简单的线性关系——线性相移因子，对于菲涅耳衍射，这两者之间就是比较复杂的非线性关系；在上述对该定理的证明过程中，隐含了“系统具有空间不变性”——图像位移后，次波源沿(θ_1,θ_2)方向的次波线与原点发出的沿该方向的次波线一样，也能进入透镜而

在后焦面贡献次波，这在透镜孔径有限的实际条件下，并不是总能实现的，尤其对于大角衍射，然而，在傍轴小角衍射时，只要透镜孔径足够大，系统空间不变性是基本成立的.

● 例题——五方孔的夫琅禾费衍射场

一衍射屏含五个正方孔，其尺寸和位置如图 5.5(a)所示. 对于单一正方孔的夫琅禾费衍射场，我们是熟悉的，已由(2.93)式给出. 但是，对于中央大方孔四周的那四个小方孔的衍射场，必须计及因位移带来的相移因子，为此，先明确各小方孔的位移矢量，参见图 5.5(c)：

$$\boldsymbol{r}_1\left(\frac{3a}{2},\frac{3a}{2}\right),\quad \boldsymbol{r}_2\left(\frac{3a}{2},-\frac{3a}{2}\right),\quad \boldsymbol{r}_3\left(-\frac{3a}{2},-\frac{3a}{2}\right),\quad \boldsymbol{r}_4\left(-\frac{3a}{2},\frac{3a}{2}\right);$$

相应的相移因子 $\widetilde{P}_1$，$\widetilde{P}_2$，$\widetilde{P}_3$ 和 $\widetilde{P}_4$，可按(5.1)式予以确定. 于是，如图 5.5(b)，这五方孔的夫琅禾费衍射场是五部分的相干叠加，

$$\text{大方孔} \longrightarrow \widetilde{U}_0(\theta_1,\theta_2)=\tilde{c}_0\left(\frac{\sin\alpha_0}{\alpha_0}\cdot\frac{\sin\beta_0}{\beta_0}\right),$$

$$\text{小方孔 1} \longrightarrow \widetilde{U}_1(\theta_1,\theta_2)=\tilde{u}\cdot\widetilde{P}_1,\quad \text{小方孔 2} \longrightarrow \widetilde{U}_2(\theta_1,\theta_2)=\tilde{u}\cdot\widetilde{P}_2,$$

$$\text{小方孔 3} \longrightarrow \widetilde{U}_3(\theta_1,\theta_2)=\tilde{u}\cdot\widetilde{P}_3,\quad \text{小方孔 4} \longrightarrow \widetilde{U}_4(\theta_1,\theta_2)=\tilde{u}\cdot\widetilde{P}_4,$$

其中，$\tilde{u}(\theta_1,\theta_2)$表示小方孔中心位于原点时的夫琅禾费衍射场，

$$\tilde{u}(\theta_1,\theta_2)=\tilde{c}_1\left(\frac{\sin\alpha_1}{\alpha_1}\cdot\frac{\sin\beta_1}{\beta_1}\right),$$

$$\alpha_0=\frac{\pi 2a\sin\theta_1}{\lambda},\quad \beta_0=\frac{\pi 2a\sin\theta_2}{\lambda};\quad \alpha_1=\frac{\pi a\sin\theta_1}{\lambda},\quad \beta_1=\frac{\pi a\sin\theta_2}{\lambda}.$$

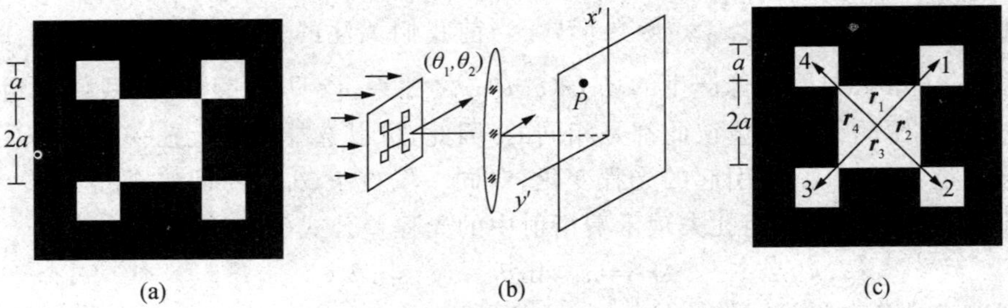

(a)　(b)　(c)

图 5.5　试求五方孔的夫琅禾费衍射场

总的衍射场为

$$\widetilde{U}(\theta_1,\theta_2)=\widetilde{U}_0+\widetilde{U}_1+\widetilde{U}_2+\widetilde{U}_3+\widetilde{U}_4=\widetilde{U}_0+\tilde{u}(\widetilde{P}_1+\widetilde{P}_2+\widetilde{P}_3+\widetilde{P}_4),$$

注意到，相移因子 $\widetilde{P}_1$ 与 $\widetilde{P}_3$ 互为共轭，$\widetilde{P}_2$ 与 $\widetilde{P}_4$ 互为共轭，故可将上式作如下简并，

$$(\widetilde{U}_1+\widetilde{U}_3)=\tilde{u}\cdot 2\mathrm{Re}\,\widetilde{P}_1=\tilde{u}\cdot 2\cos\left(k\,\frac{3a}{2}(\sin\theta_1+\sin\theta_2)\right),$$

$$(\widetilde{U}_2+\widetilde{U}_4)=\tilde{u}\cdot 2\mathrm{Re}\,\widetilde{P}_2=\tilde{u}\cdot 2\cos\left(k\,\frac{3a}{2}(\sin\theta_1-\sin\theta_2)\right).$$

最后，这个含五个正方孔的衍射屏所产生的夫琅禾费衍射场显示为

$$\widetilde{U}(\theta_1,\theta_2)=\tilde{c}_0\left(\frac{\sin\alpha_0}{\alpha_0}\,\frac{\sin\beta_0}{\beta_0}\right)+\tilde{c}_1\left(\frac{\sin\alpha_1}{\alpha_1}\,\frac{\sin\beta_1}{\beta_1}\right)\cdot 2\left(\cos(\delta_1+\delta_2)+\cos(\delta_1-\delta_2)\right),$$

$$\delta_1 = k\,\frac{3a}{2}\sin\theta_1,\quad \delta_2 = k\,\frac{3a}{2}\sin\theta_2.$$

当然,还可以利用 $\tilde{c}_0$ 与 $\tilde{c}_1$ 之关系,(α_0,β_0)与(α_1,β_1)之关系,对上式作进一步简化,

$$\frac{\tilde{c}_0}{\tilde{c}_1} = \frac{(2a\times 2a)}{(a\times a)} = 4,\quad \alpha_0 = 2\alpha_1,\quad \beta_0 = 2\beta_1,$$

于是

$$\widetilde{U}(\theta_1,\theta_2) = 2\tilde{c}_1\left(\frac{\sin\alpha_1}{\alpha_1}\cdot\frac{\sin\beta_1}{\beta_1}\right)\cdot(2\cos\alpha_1\cos\beta_1 + 2\cos\delta_1\cos\delta_2),\tag{5.3}$$

或

$$\widetilde{U}(\theta_1,\theta_2) = 4\tilde{c}_1\left(\frac{\sin\alpha_1}{\alpha_1}\cdot\frac{\sin\beta_1}{\beta_1}\right)\cdot\left(\cos\frac{\pi a\sin\theta_1}{\lambda}\cos\frac{\pi a\sin\theta_2}{\lambda} + \cos\frac{\pi 3a\sin\theta_1}{\lambda}\cos\frac{\pi 3a\sin\theta_2}{\lambda}\right).\tag{5.4}$$

5.2 有序结构 一维光栅的衍射

· 有序结构的夫琅禾费衍射场 · 单元因子和结构因子 · 一维光栅
· 一维光栅强度结构因子的主要特征 · 一维周期结构的其他样式

● 有序结构的夫琅禾费衍射场

一衍射屏含 N 个全同单元,它们取向有序但不一定规则排列,如图 5.6 所示.设其中心单元产生的 $\mathscr{F}$ 场[①]为 $\tilde{u}_0(\theta_1,\theta_2)$,其他单元相对中心单元的位移矢量分别为 $\boldsymbol{r}_j(x_j,y_j)$,相应的 $\mathscr{F}$ 场相移量分别为

$$(\delta_{1j},\delta_{2j}) = -k(x_j\sin\theta_1 + y_j\sin\theta_2),$$

即,这有序结构所产生的 $\mathscr{F}$ 场的组成为

$$\begin{cases}\tilde{u}_0(\theta_1,\theta_2),\\ \tilde{u}_1(\theta_1,\theta_2) = \tilde{u}_0\cdot e^{i(\delta_{11}+\delta_{21})},\\ \tilde{u}_2(\theta_1,\theta_2) = \tilde{u}_0\cdot e^{i(\delta_{12}+\delta_{22})},\\ \tilde{u}_3(\theta_1,\theta_2) = \tilde{u}_0\cdot e^{i(\delta_{13}+\delta_{23})},\\ \cdots\end{cases}\tag{5.5}$$

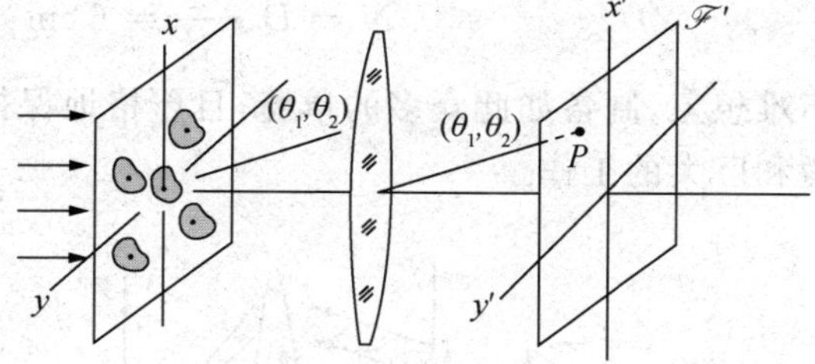

图 5.6 有序结构

于是,我们得到含 N 个全同单元的有序结构产生的夫琅禾费衍射场的一般表达式为

$$\widetilde{U}(\theta_1,\theta_2) = \sum_{j=0}^{(N-1)}\tilde{u}_j = \tilde{u}_0\cdot\left(\sum_{0}^{N-1}e^{i(\delta_{1j}+\delta_{2j})}\right).\tag{5.6}$$

① 为简单起见,行文中常以 $\mathscr{F}$ 场代表夫琅禾费衍射场.

- **单元因子和结构因子**

改写(5.6)式为以下形式,

$$\widetilde{U}(\theta_1,\theta_2)=\tilde{u}_0(\theta_1,\theta_2)\cdot\widetilde{S}(\theta_1,\theta_2),\tag{5.7}$$

$$\widetilde{S}(\theta_1,\theta_2)=\sum_{j=0}^{N-1}\mathrm{e}^{\mathrm{i}(\delta_{1j}+\delta_{2j})},\tag{5.8}$$

其中,$\tilde{u}_0$ 为单元衍射因子,其具体函数形式取决于单元的形貌,简称其为单元因子或形状因子.而 $\widetilde{S}(\theta_1,\theta_2)$ 为单元之间干涉因子,其具体函数形式取决于各单元位置的空间分布,它是个量纲一的函数,简称其为结构因子或分布因子.有序结构所产生的夫琅禾费衍射场,其主要特征分别决定于这两个因子;尤其对于光栅的 $\mathscr{F}$ 场,其特征的主要方面决定于结构因子,而单元因子也许可能复杂甚至尚未明了.

- **一维光栅**

(1) 光栅.　凡含众多全同单元,且排列规则、取向有序的周期结构,统称为光栅(grating).一维多缝光栅是一个最简单也是最早被制成的光栅,如图 5.7(a)所示,其透光的缝宽为 a,挡光的宽度为 b,即这光栅的空间周期为 $d=(a+b)$,亦称其为光栅常数.单元(单缝)密度为 $1/d$,比如,100/mm,600/mm 或 1200/mm;光栅的有效宽度为 D,比如,$D\sim$ 5 cm,10 cm,甚而高达 30 cm.例如,一块光栅,$D\sim6$ cm,$1/d\sim500$/mm,则这块光栅含单元(单缝)总数达

$$N=D\cdot\frac{1}{d}=6\ \mathrm{cm}\times500/\mathrm{mm}=3\times10^4.$$

不难想象,制备如此众多的单缝,且严格地保持平行和等距,这在技术工艺上是一项何等精微和巨大的工作.

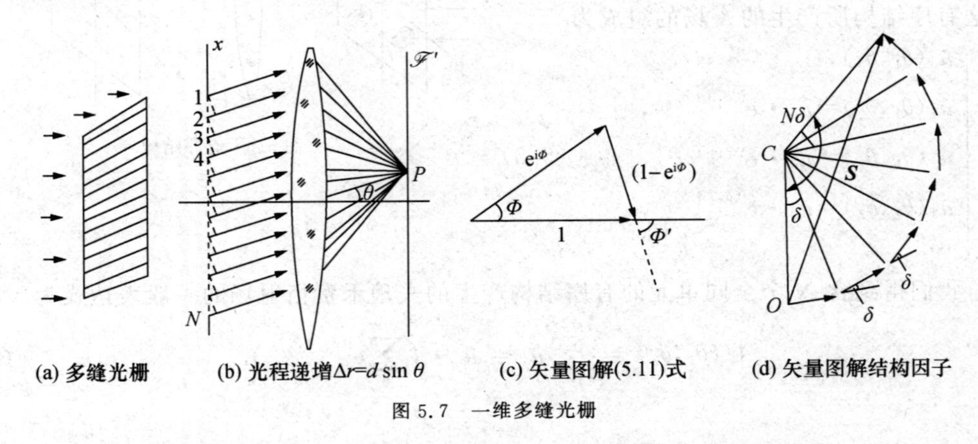

图 5.7　一维多缝光栅

(2) 一维光栅的结构因子.　参见图 5.7(b),为简单起见我们不设处于中心的单元为 1 号,而是自上而下将 N 个单元的编号依次设为 $1,2,3,\cdots,N$;对于一维光栅,单元的位移仅

沿 x 方向,故相邻单元之间的位移量恒为 d,相应地 $\mathscr{F}$ 场的相移量依次为 $\delta=kd\sin\theta$. 于是,一维光栅夫琅禾费衍射场的结构因子为

$$\widetilde{S}(\theta)=\sum_{j=1}^{N}\mathrm{e}^{\mathrm{i}\delta_j}=(1+\mathrm{e}^{\mathrm{i}\delta}+\mathrm{e}^{\mathrm{i}(2\delta)}+\cdots+\mathrm{e}^{\mathrm{i}(N-1)\delta}),$$

它恰巧为一等比级数之和,结果为

$$\widetilde{S}(\theta)=\frac{1-\mathrm{e}^{\mathrm{i}N\delta}}{1-\mathrm{e}^{\mathrm{i}\delta}},\tag{5.9}$$

该式还可以进一步显示为

$$\widetilde{S}(\theta)=\mathrm{e}^{\mathrm{i}(N-1)\beta}\cdot\left(\frac{\sin N\beta}{\sin\beta}\right),\quad \beta=\frac{\delta}{2}=\frac{\pi d\sin\theta}{\lambda}.\tag{5.10}$$

这里顺便推荐一个有用的公式,正是凭借它而将(5.9)式转化为(5.10)式,

$$(1-\mathrm{e}^{\mathrm{i}\Phi})=-2\sin(\Phi/2)\cdot\mathrm{e}^{\mathrm{i}\Phi/2}\cdot\mathrm{i}.\tag{5.11}$$

借助矢量图解 5.7(c)就可以导出上式.

复数形式的等比级数求和,也可以通过矢量图解法来完成,如图 5.7(d)所示,这 N 个小矢量的长度均为 1,方向依次转动 δ 角度. 因此,这 N 个小矢量恰巧构成了一个正多边形,其合成矢量 $\boldsymbol{S}(\theta)$ 正是欲求的结构因子 $\widetilde{S}(\theta)$. 按矢量图所显示的几何关系求得 $\boldsymbol{S}(\theta)$,包括它的长度和方向角,均与(5.10)式给出的结果一致. 其实,这里介绍的矢量图解法除了有着形象化优点外,并不比复数解法显得简明.

无论复数法展现的等比级数,还是矢量法展示的正多边形,均表明衍射场的结构因子反映了 N 个单缝衍射场之间的相干叠加,这也属于一种多光束干涉,是众多衍射光束之间的干涉,故类似于法布里-珀罗干涉条纹那样细锐的特征,也将由结构因子体现出来.

(3) 一维多缝光栅的夫琅禾费衍射场. 通式(5.7)中的单元衍射因子 $\tilde{u}_0$,在目前它便是单缝衍射因子,已由(2.87)式给出,故一维多缝 $\mathscr{F}$ 场就应当是

$$\widetilde{U}(\theta)=\tilde{u}_0(\theta)\cdot\widetilde{S}(\theta)=\tilde{c}\left(\frac{\sin\alpha}{\alpha}\right)\cdot\left(\frac{\sin N\beta}{\sin\beta}\right)\mathrm{e}^{\mathrm{i}(N-1)\beta},\tag{5.12}$$

$$\alpha=\frac{\pi a\sin\theta}{\lambda},\quad \beta=\frac{\pi d\sin\theta}{\lambda},^{①}$$

相应的衍射强度分布为

$$I(\theta)=|\tilde{u}_0|^2\cdot|\widetilde{S}|^2=i_0\left(\frac{\sin\alpha}{\alpha}\right)^2\cdot\left(\frac{\sin N\beta}{\sin\beta}\right)^2.\tag{5.13}$$

这里,$(\sin\alpha/\alpha)^2$ 可称作强度单元因子,$(\sin N\beta/\sin\beta)^2$ 可称作强度结构因子,而 i_0 是单缝衍射零级中心即几何像点处的衍射光强.

- **一维光栅强度结构因子的主要特征**

从图 5.8 一组强度分布曲线中,可以看到,随多缝数目 N 的增加,出现若干强度主峰的

① 对于斜入射,该式中 θ 角的表示要作相应的调整.

衍射方向角却不发生变化，但主峰高度却显著增加，与此同时，主峰宽度反而显著减少，两主峰之间出现的若干次峰的个数也随之增加．这一切特征均源于结构因子$(\sin N\beta/\sin\beta)^2$．兹分述如下．

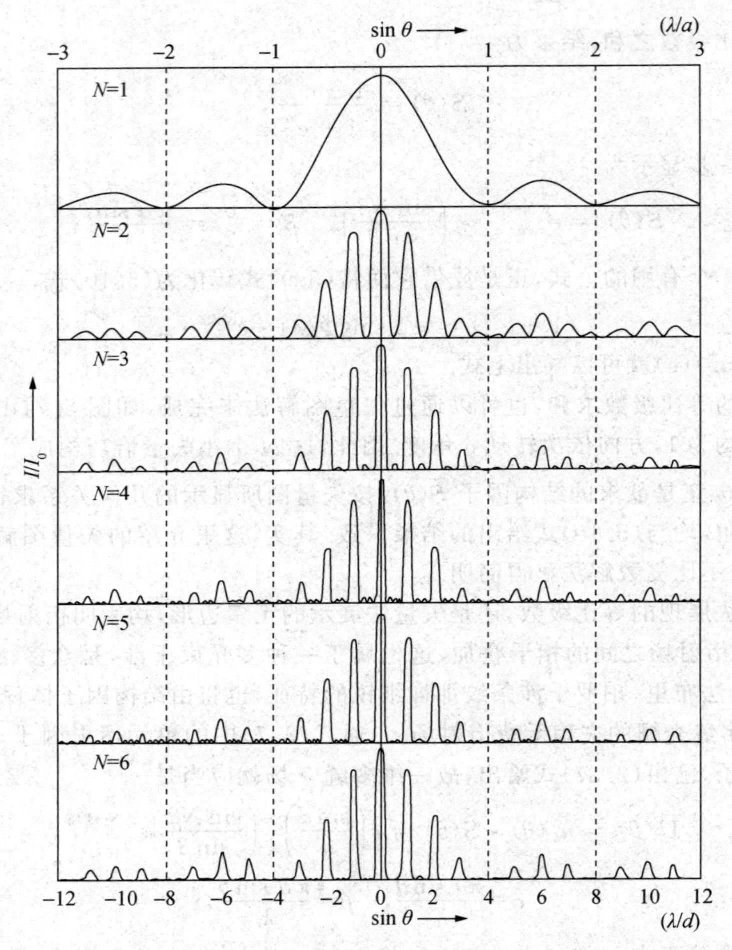

图 5.8　多缝夫琅禾费衍射强度分布曲线，$N=1$ 至 $N=6$，$d/a=4$

（1）主峰（主极强）位置．　当 $\beta=k\pi$，即

$$d\sin\theta_k = k\lambda,\quad k=0,\pm 1,\pm 2,\cdots \tag{5.14}$$

有极限值，

$$\left(\frac{\sin N\beta}{\sin\beta}\right)^2 = N^2,$$

此时

$$I(\theta_k) = N^2\cdot i(\theta_k). \tag{5.15}$$

这表明,多缝衍射主峰强度为 N^2 倍于单缝衍射在该处的强度 $i(\theta_k)$. 这是一个多么巨大的倍数,如果 N 是个大数的话. 比如,设 $N=10^3$,那么,入射光通量(光功率)便是一单缝光通量的 10^3 倍,此时多缝光栅衍射主峰强度,竟是单缝的 10^6 倍而非 10^3 倍. 图 5.9 显示了点光源与缝光源的多缝夫琅禾费衍射图样.

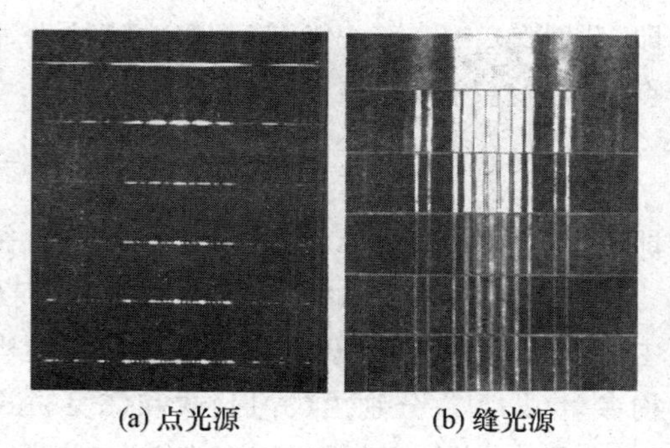

(a) 点光源 (b) 缝光源

图 5.9 多缝夫琅禾费衍射图样, $N=1$ 至 $N=6$

(2) 主峰的半角宽度. 第 k 级主峰,其左右第一个零点即暗点的位置$(\theta_k \pm \Delta\theta)$,应当满足

$$d\sin(\theta_k \pm \Delta\theta) = \left(k \pm \frac{1}{N}\right)\lambda,$$

此时,结构因子的分子值为零,而分母值为非零. 由此式不难导出

$$d\cos\theta_k \cdot \Delta\theta = \frac{\lambda}{N},$$

从而,求得 k 级主峰的半角宽度公式

$$\Delta\theta_k = \frac{\lambda}{Nd\cos\theta_k}, \quad 或 \quad \Delta\theta_k = \frac{\lambda}{D\cos\theta_k}. \tag{5.16}$$

这表明,光栅尺寸越大,主峰半角宽度越小,两者呈反比关系.

(3) 两个主峰之间. 不难从结构因子推算出,两个相邻主峰之间有$(N-1)$个零点值,即出现$(N-1)$个暗点或暗纹;有$(N-2)$个次极大值,即出现$(N-2)$个次亮点或次亮纹. 不过,随 N 数增加,次极强的高度反而下降;对于光栅,N 数如此巨大,以致理论上出现的次峰强度非常之弱,实际上几乎为零,于是,光栅衍射图样照片上仅仅显示有若干非常细锐的条纹,离散地突现于甚黑暗场中,如图 5.10 所示.

图 5.10 光栅的衍射条纹(缝光源照明)

(4) 单元因子的作用. (5.15)式表明,光栅衍射主峰强度被单元因子所调制. 换句话说,单元因子$(\sin\alpha/\alpha)^2$ 决定了入射光功率在各主峰之间的分配;在某些特殊情况下,还可能使个别主峰消失——缺级(missing order). 这是因为

多缝 k 级主峰位置, $d\sin\theta_k = k\lambda$, $k = 0, \pm 1, \pm 2, \cdots$

单缝 k' 级零点位置, $a\sin\theta'_k = k'\lambda$, $k' = \pm 1, \pm 2, \cdots$

当 $\theta_k = \theta'_k$ 得以满足,则意味着 k 级主峰位置,恰巧落在单缝第 k' 个零点值位置,即 $i(\theta_k) = i(\theta'_k) = 0$,于是,$I(\theta_k) = 0$,第 k 级主峰消失. 由此,得

$$\frac{d}{a} = \frac{k}{k'}. \tag{5.17}$$

比如,设 $d/a = 3$,则有

$$\frac{k}{k'} = \frac{3}{1} = \frac{6}{2} = \frac{9}{3},$$

即,此时第 3 级、第 6 级、第 9 级主峰缺失,因为它们恰巧分别落到单缝第 1、第 2、第 3 个零点值位置. 又比如,若 $d/a=2.5$,则有

$$\frac{k}{k'}=\frac{5}{2}=\frac{10}{4},$$

即,此时第 5 级、第 10 级主峰缺失. 不过,在光栅场合,缺级现象无多大实际价值.

(5) 综上所述,对于光栅衍射场,人们最关注的是两点,一是主峰(主极强)的位置,二是主峰的半角宽度. 这两个特征均决定于结构因子,说得更明确,是决定于一维光栅的两个结构参量(d,N),分别由(5.14)式和(5.16)式体现出现,其中(5.14)式特称为光栅公式.

例题 一块一维光栅,其刻缝密度为 600/mm,有效尺寸为 5 cm;入射光为氦氖激光,波长为 633 nm. 试求其衍射第 1 级主峰和第 2 级主峰的角方位以及半角宽度.

根据光栅公式(5.14),

$$d\sin\theta_1=\lambda,\quad d\sin\theta_2=2\lambda,$$

得

$$\sin\theta_1=\frac{\lambda}{d}=633\,\text{nm}\times 600/\text{mm}\approx 0.38,\quad \theta_1\approx 22°20';$$

$$\sin\theta_2=2\,\frac{\lambda}{d}\approx 0.76,\quad \theta_2\approx 49°28'.$$

根据半角宽度公式(5.16),

$$\Delta\theta_1=\frac{\lambda}{D\cos\theta_1},\quad \Delta\theta_2=\frac{\lambda}{D\cos\theta_2},$$

得

$$\Delta\theta_1=\frac{633\,\text{nm}}{5\,\text{cm}\times\cos(22°20')}\approx 1.37\times 10^{-5}\ \text{rad};$$

$$\Delta\theta_2=\frac{633\,\text{nm}}{5\,\text{cm}\times\cos(49°28')}\approx 1.95\times 10^{-5}\ \text{rad}.$$

可以说,这个半角宽度值是非常小的,它相当于宽度为 $D\cos\theta$ 的一单缝的夫琅禾费衍射的半角宽度,即

$$D_1^*=D\cos\theta_1=5\,\text{cm}\times\cos(22°20')\approx 4.6\,\text{cm},$$

$$D_2^*=D\cos\theta_2=5\,\text{cm}\times\cos(49°28')\approx 3.2\,\text{cm}.$$

其实,将半角宽度公式(5.16)改写为以下反比形式,更能体现物理图像也便于记忆,

$$D^*\cdot\Delta\theta_k\approx\lambda. \tag{5.18}$$

这里,$D^*=D\cos\theta_k$,它正是迎着 k 级主峰方位所见到的光栅有效宽度.

• 一维周期结构的其他样式

图 5.11 显示的五种结构,均系一维周期结构. 与一维多缝光栅相比较,它们各自有着不同的单元形貌,而却有相同的结构特征——均在一维 x 方向呈现周期性. 因此,它们所产生的 $\mathscr{F}$ 场,具有相同的结构因子

$$\widetilde{S}(\theta_1)=\mathrm{e}^{\mathrm{i}(N-1)\beta_1}\cdot\frac{\sin N\beta_1}{\sin\beta_1},\quad \beta_1=\frac{\pi d\sin\theta_1}{\lambda}; \tag{5.19}$$

同时,有各自不同的单元因子,

$$\tilde{u}_\mathrm{a}(\theta_1,\theta_2),\quad \tilde{u}_\mathrm{b}(\theta_1,\theta_2),\quad \tilde{u}_\mathrm{c}(\theta_1,\theta_2),\quad \tilde{u}_\mathrm{d}(\theta_1,\theta_2),\quad \tilde{u}_\mathrm{e}(\theta_1,\theta_2).$$

显然，孔型单元所产生的 $\mathscr{F}$ 场是二维的，其衍射图样铺展于后焦面的二维平面上，而结构因子 $\tilde{S}(\theta_1)$ 是一元函数，与变量 θ_2 无关. 我们称图 5.11 中的几种结构为一维周期结构，其根据就在于此. 换言之，周期结构的维数等于结构因子的维数. 最后，我们可以将上述一维周期结构的夫琅禾费衍射场表达为

$$\tilde{U}_m(\theta_1, \theta_2) = \tilde{u}_m(\theta_1, \theta_2) \cdot \tilde{S}(\theta_1), \quad (\text{用 } m \text{ 表示下脚标 a,b,c,d,e}) \tag{5.20}$$

$$I_m(\theta_1, \theta_2) = |\tilde{u}_m(\theta_1, \theta_2)|^2 \cdot \left(\frac{\sin N\beta_1}{\sin \beta_1}\right)^2. \tag{5.21}$$

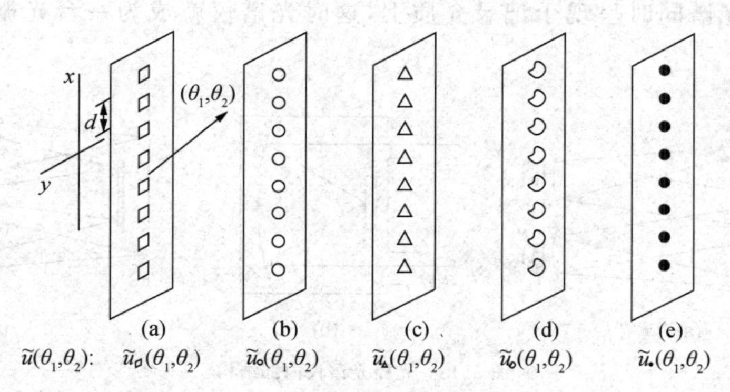

图 5.11 一维周期结构几种样式

5.3 光栅光谱仪 闪耀光栅

· 光栅分光原理 · 光栅光谱仪性能指标 · 闪耀光栅

● 光栅分光原理

一维光栅的一个重要应用是制成光谱仪，用以分析光谱和测定光谱曲线. 根据光栅公式 $d\sin\theta_k = k\lambda$，不同波长的同级主极强出现于不同的方位角 θ，从而形成光谱，如图 5.12 所示.

我们注意到，透射式多缝光栅将出现多序光谱，凡不同波长的 1 级主极强形成 Ⅰ 序光谱，不同波长的 2 级主极强形成 Ⅱ 序光谱，等等，而光谱分析只需要其中一序光谱；不同波长的零级主极强是重合的，并不分离，即所谓"零级无色散". 显然，以上两点都是对光能量的一种浪费，不利于光谱测量. 为消除透射式多缝光栅的这两个缺陷，光栅光谱仪中实际使用的是反射式

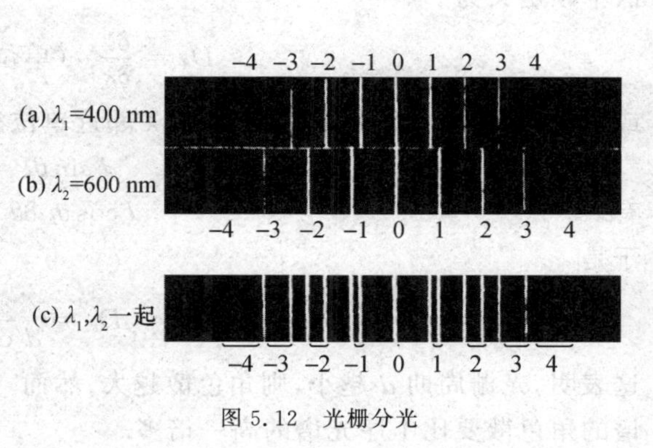

图 5.12 光栅分光

闪耀光栅，这将在接下去的第 3 节段详述.

一台光栅光谱仪(grating spectroscope)，如图 5.13 所示，其核心元件是一块光栅，此外，整机的主要部件还包括：入射狭缝，出射狭缝，光路转换镜面，转动鼓轮，读数系统和输出记录系统. 将待测光聚焦于入射狭缝 S_1，而成为一缝光源；采用凹面镜以产生平行光束照射光栅，又用凹面镜接收衍射光束并聚焦于出射狭缝 S_2 而输出；通常是保持其他部件不动，而让光栅转动，使不同波长的主极强依次通过出射狭缝，为此光谱仪装配有转动鼓轮及相应的读数系统；光谱仪的输出响应或采取光电记录或采用胶片摄谱，若是后者则应当移走出射狭缝，好让全部光谱同时呈现于记录介质上，这时光谱仪就成为一台光栅摄谱仪(grating spectrograph).

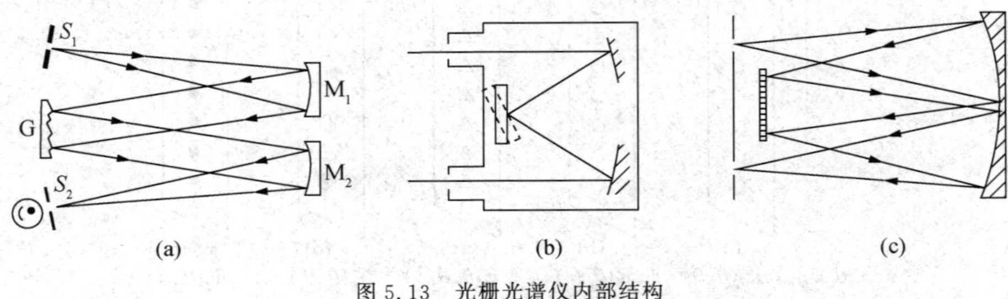

图 5.13　光栅光谱仪内部结构

值得指出的是，用于光谱仪中的光路转换元件常常是反射镜而不是透镜，这是因为反射无色散，且可以缩短整机长度，还可以扩大可测量的光谱范围，从紫外到红外(ultraviolet & infrared).

- **光栅光谱仪性能指标**

光栅光谱仪系色散型光谱仪. 凡色散型光谱仪均有三个基本的性能指标——角色散本领、线色散本领和色分辨本领. 兹分述如下.

(1) 角色散本领(angular dispersion power).　设波长为 λ, λ' 的光经光栅衍射后，k 级主极强的角方位分别为 θ_k, θ_k'，即波长差 $\delta\lambda = \lambda' - \lambda$，引起的衍射角之差为 $\delta\theta = \theta_k' - \theta_k$. 角色散本领定义为

$$D_\theta = \frac{\delta\theta}{\delta\lambda} \quad (\text{单位：}(^\circ)/\text{nm}), \tag{5.22}$$

或者说，角色散本领是在 k 级、波长 λ 邻近单位波长差所产生的衍射角间隔. 对于光栅，根据

$$d \sin\theta_k = k\lambda,$$

有

$$d \cos\theta_k \, \delta\theta = k\delta\lambda,$$

于是

$$D_\theta = \frac{k}{d \cos\theta_k}. \tag{5.23}$$

这表明，光栅周期 d 越小，则角色散越大；然而，光栅角色散与光栅单元总数 N 无关；Ⅱ序光谱的角色散要比Ⅰ序光谱的高一倍多.

例题1 光栅刻槽密度 $1/d \sim 800$ 线/mm，分析波段在 $\lambda \sim 600\,\text{nm}$ 附近，估算其1级光谱的角色散本领. 取 $\cos\theta_1 \approx 1$，根据(5.23)式，

$$D_\theta \approx 1 \times \frac{800}{10^6\ \text{nm}} = 0.8 \times 10^{-3}\ \text{rad/nm} \approx 3'/\text{nm} \approx 0.3'/\text{Å}.$$

注意，波长 λ 值的影响，隐含于 $\cos\theta_1$ 之中，由于近似处理了 $\cos\theta_1 \approx 1$，故不显 λ 的作用.

(2) 线色散本领(linear dispersion power). 在光谱测量中，人们还关注被光栅分离的两条谱线 $\lambda, \lambda' = \lambda + \delta\lambda$，在出射狭缝处究竟分开的线度 δl 为多少，这也关系到摄谱时记录介质的空间分辨率问题. 光谱仪线色散本领定义为

$$D_l = \frac{\delta l}{\delta\lambda}. \quad (\text{单位：mm/nm}) \tag{5.24}$$

若聚焦衍射光束的凹面镜的焦距为 f，则线间隔 δl 与角间隔 $\delta\theta$ 之关系近似为

$$\delta l \approx f\,\delta\theta,$$

于是，光栅的线分辨本领公式表达为

$$D_l = fD_\theta = f\,\frac{k}{d\cos\theta_k}. \tag{5.25}$$

显然，在同样的角色散条件下，反射镜的焦距越长，则线色散越大.

例题 2 设光栅 $1/d \sim 800$ 线/mm，$\lambda \sim 600\,\text{nm}$，$f \sim 10^3\ \text{mm}$，则该光栅的线分辨本领为

$$D_l = fD_\theta \approx 10^3\ \text{mm} \times (0.8 \times 10^{-3}\ \text{rad/nm}) \approx 0.8\,\text{mm/nm} \approx 0.1\,\text{mm/Å}.$$

在光谱学中，习惯上喜欢倒过来表达以上结果为 10 Å/mm，这就是说，如果这台光谱仪的出射狭缝的宽度被调节在 1 mm 左右，则其输出连续光谱的谱宽度为 10 Å；如果出射狭缝宽度在 0.1 mm 左右，则输出光谱的谱宽度为 1 Å. 带有出射狭缝的光谱仪也可以用作为一台单色仪，如上所述，其输出的单色线宽 $\Delta\lambda$ 取决于光谱仪的线色散 D_l 和出射狭缝宽度 δs，

$$\Delta\lambda \approx \frac{\delta s}{D_l}. \tag{5.26}$$

(3) 色分辨本领(colour resolving power). 考虑到每个主极强自身有个半角宽度 $\Delta\theta_k$，它已由(5.16)式给出，故角间隔为 $\delta\theta$ 的两个主极强之间便发生强度分布的重叠现象，如图5.14所示. 按瑞利判据(详见2.13节)，当 $\delta\theta > \Delta\theta_k$ 时，可分辨出两条谱线；$\delta\theta < \Delta\theta_k$ 时，不能分辨出两条谱线；以 $\delta\theta = \Delta\theta_k$，作为可分辨出两条谱线的界限. 由此求得可分辨的最小波长间隔 $\delta\lambda_m$：根据

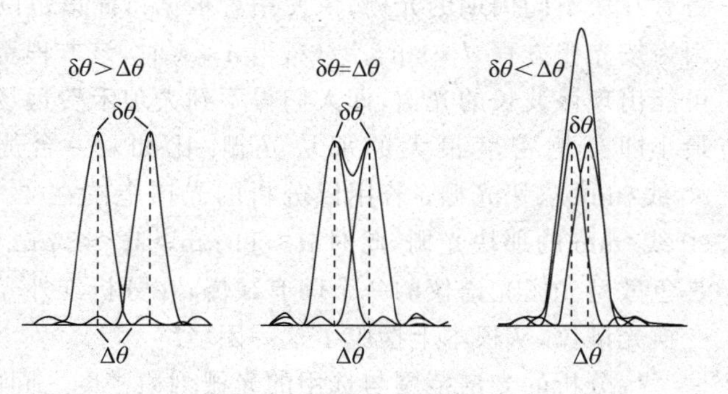

图 5.14 考察色分辨本领

$$\delta\theta = D_\theta\,\delta\lambda = \frac{k}{d\cos\theta_k}\delta\lambda, \quad \Delta\theta_k = \frac{\lambda}{Nd\cos\theta_k},$$

令 $\delta\theta = \Delta\theta_k$，得

$$\delta\lambda_m = \frac{\lambda}{kN}. \tag{5.27}$$

色分辨本领定义为

$$R = \frac{\lambda}{\delta\lambda_m}, \tag{5.28}$$

代入(5.27)式,得光栅的色分辨本领公式

$$R = kN. \tag{5.29}$$

这表明,光栅的分辨本领正比于光栅所包含的单元总数 N,而与光栅的空间周期 d 无关.

例题 3　光栅的刻槽密度为 $1/d \sim 600$ 线/mm,有效宽度 $D \sim 10$ cm,试求其Ⅰ序光谱的分辨本领,并估算在波长 $\lambda \sim 550$ nm 附近可分辨的最小波长间隔 $\delta\lambda_m$.

该光栅的单元总数

$$N = \frac{D}{d} = 10\,\text{cm} \times 600/\text{mm} = 6 \times 10^4,$$

代入(5.29)式,得该光栅Ⅰ序光谱的分辨本领为

$$R = 1 \times (6 \times 10^4) = 6 \times 10^4,$$

相应于波长 $\lambda \sim 550$ nm 附近可分辨的最小波长间隔为

$$\delta\lambda_m = \frac{\lambda}{R} = \frac{550\,\text{nm}}{6 \times 10^4} \approx 9 \times 10^{-3}\ \text{nm}.$$

这数值远不如 FP 分光仪精细,比后者大了二个数量级. 但是,光栅光谱仪的量程大,适宜于测定宽波段的光谱曲线. 比如,待测谱范围的最小波长 $\lambda_m \sim 500$ nm,则光栅可测量的谱范围在 500 — 1000 nm,即 λ_m — $2\lambda_m$,也不至于造成Ⅱ序光谱与Ⅰ序光谱的交叉重叠.

(4) 说明两点.　i. 光栅光谱仪的三个性能指标 D_θ,D_l 和 R,各有独立功能,彼此不能替代. 在设计和使用光栅光谱仪时,要考量三者的协调一致. 比如,大光栅应当配置长焦距的反射镜,使后者有足够大的线色散,以与大光栅的高分辨相匹配.　ii. 一台光栅光谱仪常配备有几块不同周期的光栅,供使用者根据待测谱范围作出恰当选择,这时绝不能选择 $d \leqslant \lambda$. 因为按光栅方程 $d \cdot \sin\theta_k = k\lambda$,当 $d < \lambda$ 时,该方程费解,在角范围 $\theta(\pi/2, -\pi/2)$ 中无解,不可能出现该波长的光谱,即人们得不到夫琅禾费远场光谱. 因此,我们不能盲目地选用 d 值最小即刻槽密度最大的那块光栅. 比如,一台光栅备有 1200 线/mm,600 线/mm 和 90 线/mm 三块光栅,若用以分析的光谱范围在 4—8 μm 的红外波段,则只能选用 $1/d$ 为 90 线/mm 的那块光栅,此时 $d \approx 11\ \mu\text{m} > \lambda_m \approx 8\ \mu\text{m}$. 当然,$d$ 大了,角色散本领也就小了,这是色散型光栅光谱仪的一个固有缺憾,在分析红外光谱时尤显其短. 而 4.7 节介绍的傅里叶变换光谱仪,从根本上摆脱了这一困境.

待分析的光谱范围与选用的光栅刻槽密度之间的匹配,可大致参照如下:

真空紫外区 1200 — 1300 线/mm,　可见区 600 — 1200 线/mm;

近红外 200 — 300 线/mm,　中红外 50 — 100 线/mm,　远红外 1 — 50 线/mm.

例题 4　一光栅的有效宽度 D 为 15 cm,刻槽密度 $1/d \sim 1200$ 线/mm,待分析的光谱范围在可见光波段的中部 550 nm. 如果用照相底片摄谱,由于底片感光单元即乳胶颗粒有一定大小,致使其空间分辨率是受限的,设它为 200 线/mm. 为了充分利用该光栅的分辨本领,试问这台光谱仪中配置的反射凹面镜的焦

距至少要有多长.

首先计算该光栅的色分辨本领 R 和可分辨的最小波长间隔 $\delta\lambda_m$,

$$R = kN = 1 \times (15\ \text{cm} \times 1200/\text{mm}) = 1.8 \times 10^5, \quad (\text{Ⅰ 序光谱})$$

$$\delta\lambda_m = \frac{\lambda}{R} = \frac{550\ \text{nm}}{1.8 \times 10^5} \approx 3 \times 10^{-3}\ \text{nm}.$$

相应在焦面上的线间隔为

$$\delta l_m = D_l\, \delta\lambda_m = f\, \frac{1}{d \cos\theta_1} \delta\lambda_m,$$

为了充分利用分辨率,应使 $\delta l_m \geqslant d_0$,这里 d_0 是乳胶底片可分辨的最小距离,于是

$$f\, \frac{\delta\lambda_m}{d \cdot \cos\theta_1} \geqslant d_0,$$

则焦距

$$f \geqslant \frac{d \cdot \cos\theta_1 \cdot d_0}{\delta\lambda_m} = \frac{\text{mm}}{1200} \cdot \cos(41°18') \cdot \frac{\text{mm}}{200} \cdot \frac{1}{3 \times 10^{-3}\ \text{nm}} \approx 10^3\ \ \text{mm},$$

即光谱仪配置的聚焦镜的焦距要在 1 m 以上.

- **闪耀光栅(blazed grating)**

(1) 结构. 反射式闪耀光栅的刻制大致是这样的,先在玻璃坯板上镀上一金属膜层,通常为铝膜,金属表面在很宽的光波段里均有极高的反射率;尔后,用刀口呈楔形的金刚石刀刻压膜层,形成一条有特定倾角的槽面;通过精密机械位移和控制系统,操纵刀口运行,一次次刻压出槽条,最终制成一系列彼此平行且等距的槽条,而成为一块昂贵的闪耀光栅的原光栅(母光栅);基于母光栅而复制出大量的供一般使用的实用光栅,如图 5.15 所示.

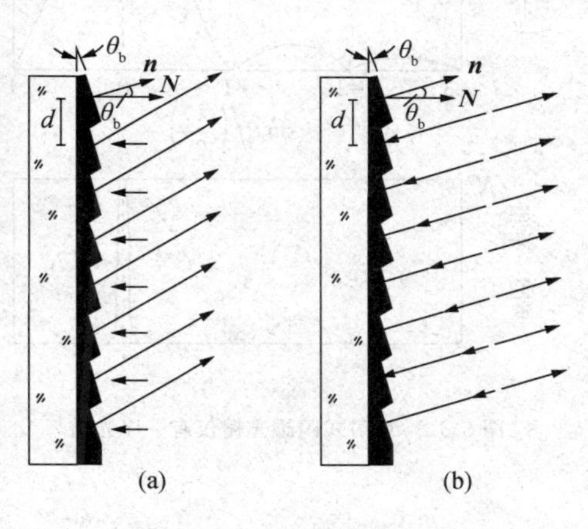

图 5.15 反射式闪耀光栅

反射式闪耀光栅,在结构上有两个特征方向值得注意.一是光栅宏观平面的法线方向 $\boldsymbol{N}$,二是单元槽面的法线方向 $\boldsymbol{n}$,两者之夹角为 θ_b,被称为闪耀角(blazing angle),其大小取决于金刚石刀口的劈角,下面即将看到闪耀角的意义.

(2) 两种照明方式和闪耀波长. i. 入射光束垂直光栅宏观平面,即入射光沿 $\boldsymbol{N}$ 射向光栅,如图 5.15(a)所示.这时,对单元槽面而言,按反射定律给出的反射方向,正是单槽衍射零级方向,该方向与入射方向之夹角为 $2\theta_b$;而对槽间干涉而言,沿单槽零级方向那相邻槽面衍射线之间的光程差均为

$$\Delta L = d \sin 2\theta_b,$$

于是,满足

$$d \sin 2\theta_b = \lambda_{1b}, \quad d \sin 2\theta_b = 2\lambda_{2b} \tag{5.30}$$

的波长 λ_{1b} 或 λ_{2b} 的光便在 $2\theta_b$ 方向出现主极强，称 λ_{1b} 为 1 级闪耀波长，称 λ_{2b} 为 2 级闪耀波长. 在使用闪耀光栅时，应从说明书中查认 λ_{1b} 值，看它是否处于待测波段的中部. 如是，则该光栅便在 $2\theta_b$ 方向的两侧，展现出以 λ_{1b} 居中的一段光谱. ii. 入射光束垂直单元槽面，即入射光沿 $\boldsymbol{n}$ 方向射向光栅，如图 5.15(b)所示. 这时，单槽衍射零级方向便在入射方向的逆方向，而沿此方向，相邻槽面衍射线之间的光程差不等于零. 考虑到入射光线之间已有光程差 $d\sin\theta_b$，衍射线之间又有光程差 $d\sin\theta_b$，故沿单槽衍射零级方向，相邻槽间干涉的光程差为

$$\Delta L = 2d\sin\theta_b,$$

据此确认，这种照明方式的 1 级闪耀波长 λ'_{1b}、2 级闪耀波长 λ'_{2b} 分别由下式给出

$$2d\sin\theta_b = \lambda'_{1b}, \quad 2d\sin\theta_b = 2\lambda'_{2b}. \tag{5.31}$$

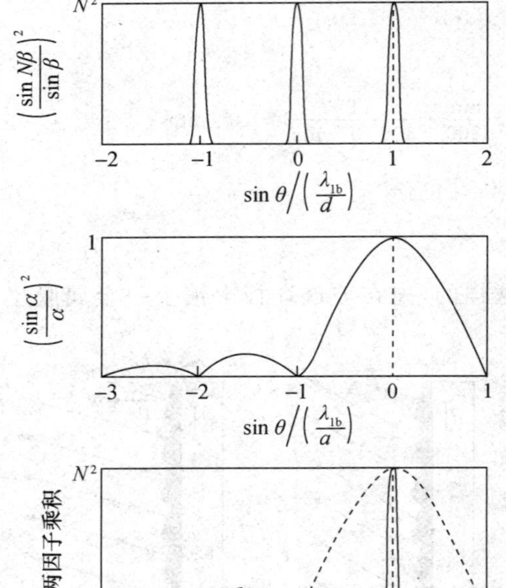

图 5.16 反射式闪耀光栅仅有一序光谱

总之，这两种照明方式下的闪耀光栅，均使单槽衍射零级方向成为槽间干涉的非零级，从而产生高衍射效率的色散，克服了多缝光栅的一个缺点，那里，单缝衍射零级方向与缝间干涉零级方向一致，即携带了可观功率的单元衍射零级波，被聚焦于无色散的缝间干涉零级方位，显然，这是一种能量浪费.

(3) 仅有一序光谱. 由于闪耀光栅的单槽宽度 a 值与槽间距离即光栅周期 d 值相近，$a\approx d$，使得 1 级闪耀波长的其他级别的主极强方向，正好分别落到单元衍射的零点位置，从而全部消失(缺级)，如图 5.16 所示，仅保留了 1 级主极强. 闪耀光栅仅有一序光谱，不像多缝光栅那样出现多序光谱的铺张.

(4) 衍射场. 闪耀光栅的衍射强度分布函数 $I(\theta)$，不难从一维光栅的普遍表达式(5.13)出发而导出，参见图 5.17，

$$I(\theta) = (\text{单槽衍射因子}) \times (\text{槽间干涉因子}) = i_0\left(\frac{\sin\alpha}{\alpha}\right)^2 \cdot \left(\frac{\sin N\beta}{\sin\beta}\right)^2,$$

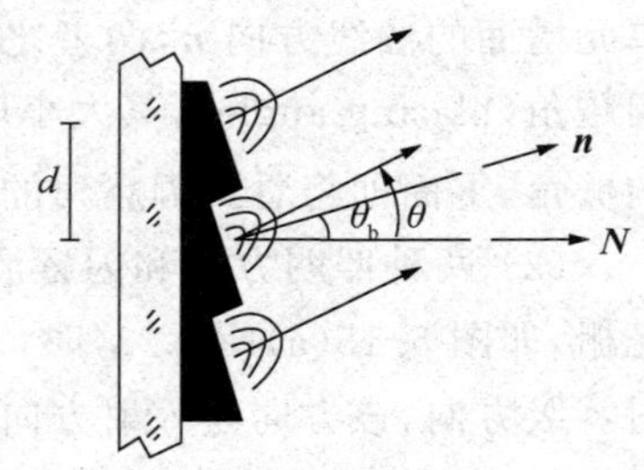

图 5.17 导出闪耀光栅的衍射场

现针对第一种照明方式，取光栅平面法线方向 $\boldsymbol{N}$ 为参考轴，用以标定衍射角 θ. 目前单槽衍射等效于斜入射的单缝衍射，其宗量 α 应当被表示为

$$\alpha = \frac{\pi}{\lambda}a(\sin(\theta-\theta_b) - \sin\theta_b), \tag{5.32}$$

而强度结构因子中的宗量 β 依然是

$$\beta = \frac{\pi}{\lambda} d \cdot \sin\theta.$$

据此，当 $\theta = 2\theta_b$ 时，$\alpha = 0$，$\sin\alpha/\alpha = 1$，单元因子取极大值；此时，如果光波长 $\lambda = \lambda_{1b} = d\sin 2\theta_b$，则 $\beta = \pi$，$\sin N\beta/\sin\beta = N$，结构因子亦取极大值，便得到1级闪耀波长的1级主极强. 现在，对 λ_{1b} 波长的其他非1级主极强将被缺失这一点，稍作详细说明如下.

通常，闪耀角 θ_b 为小角，约 $\theta_b \leqslant 20°$，而衍射角 θ 也不大，于是

$$\sin(\theta - \theta_b) - \sin\theta_b \approx \theta - 2\theta_b,$$

根据

$$d\sin\theta = k\lambda_{1b}, \quad \lambda_{1b} = d\sin 2\theta_b,$$

得

$$\sin\theta = k\sin 2\theta_b, \quad 即 \quad \theta \approx k2\theta_b,$$

故

$$(\theta - 2\theta_b) \approx (k-1)2\theta_b, \quad 2\theta_b \approx \frac{\lambda_{1b}}{d},$$

则

$$\alpha = \frac{\pi}{\lambda_{1b}} a(k-1) \cdot \frac{\lambda_{1b}}{d} \approx (k-1)\pi. \quad (a \approx d)$$

这表明，当 $k=0$ 时，$\alpha \approx -\pi$；当 $k=-1$ 时，$\alpha = -2\pi$；当 $k=\pm 2$ 时，$\alpha = \pi, -3\pi$；总之，当 $k \neq 1$ 时，衍射场单元因子 $\sin\alpha/\alpha \approx 0$，即相应的槽间干涉的主极强均缺失. 这一结论对于第二种照相方式也同样适用，只是解析的方式有些不同而已.

例题 5　一反射式闪耀光栅的闪耀角为 $\theta_b \sim 15°$，刻槽密度为 $1/d \sim 1000$ 线/mm，试求其1级闪耀波长.

根据(5.30)式，该光栅的1级闪耀波长为

$$\lambda_{1b} = d\sin 2\theta_b = \frac{1\,\text{mm}}{1000}\sin(2\times 15°) = 500\,\text{nm},$$

其1级主极强的衍射角为 $\theta = 2\theta_b = 30°$.

例题 6　采用现代光蚀刻和模压技术可制成一微棱镜列阵，如图5.18所示，它可以看作是一块透射式闪耀光栅，试求其1级闪耀波长.

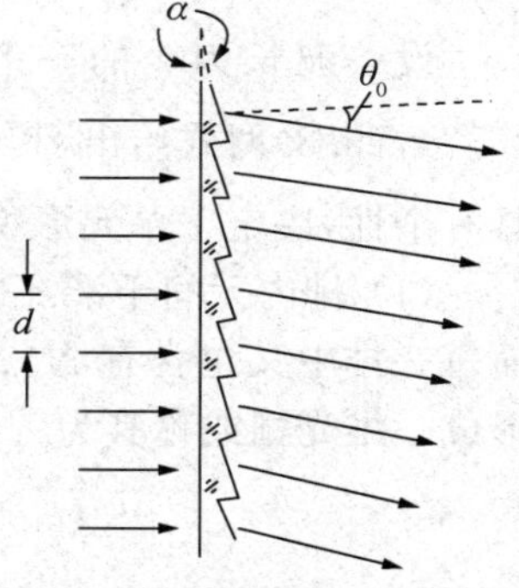

图 5.18　微棱镜列阵——透射式闪耀光栅

列阵中每个小棱镜衍射零级方向，就在几何光学给出的折射方向. 当棱镜劈角 α 较小时，折射光线的偏向角 $\theta_0 \approx (n-1)\alpha$，其中 n 为棱镜材料的折射率. 在该方向，相邻棱镜衍射线之间的光程差为

$$\Delta L = d\sin\theta_0 = d\sin((n-1)\alpha),$$

它给出了1级闪耀波长

$$\lambda_{1b} = d\sin((n-1)\alpha).$$

比如，$n \sim 1.5$，$\alpha \sim 20°$，$1/d \sim 400$/mm，则 $\lambda_{1b} \approx 425$ nm.

5.4　二维周期结构的衍射

· 二维周期结构　· 二维晶片的夫琅禾费衍射场　· 例题——二维晶片的共面衍射

● 二维周期结构

图 5.19 显示了三种式样的二维周期结构，其沿 x 方向的空间周期为 d_1，共有 N_1 列；沿 y 方向的空间周期为 d_2，共有 N_2 排. 这块二维周期屏包含了 $(N_1 \times N_2)$ 个全同单元，排列规则且取向有序，在凝聚态物理中可称其为二维晶片. 图 5.19(a)为正交网格，其单元为矩孔，精细的纱窗或手帕可大体看作二维正交网格；图(b)的单元为菱形孔；图(c)的单元干脆就是一个点，其实，它是所有二维周期屏的集中代表，因为在讨论二维周期屏的衍射场时，我们正是任选单元内某一点为代表，以分析元间干涉的光程差. 这些周期分布的点(格点)，既可以是真实的分子、原子等散射源，也可以是概念上的次波源，抑或是纯粹几何上的点.

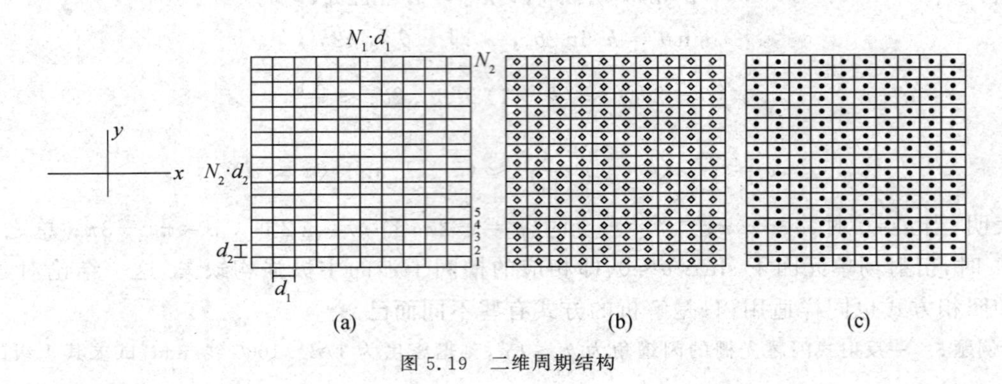

图 5.19　二维周期结构

● 二维晶片的夫琅禾费衍射场

设一波长为 λ 的一束平行光正入射于这二维晶片，其产生的 $\mathscr{F}$ 场的一般形式已由(5.7)，(5.8)两式给出，其中结构因子 $\widetilde{S}(\theta_1,\theta_2)$ 具有共性，适用于所有二维晶片，而单元因子具有个性，决定于单元形貌. 下面我们以"编组思想"解析 $\widetilde{S}(\theta_1,\theta_2)$ 公式中的求和运算.

(1) 排内元间干涉.　将二维晶片所包含的 $N_1 \cdot N_2$ 单元，编组为一排排，共有 N_2 排，而每一排中又包含有 N_1 个单元. 首先，针对第一排，一个个单元沿 x 方向作周期性排列而形成一维光栅或称其为一维晶丝，其 $\mathscr{F}$ 场结构因子可由(5.10)式给出，

$$\widetilde{S}_x(\theta_1) = \mathrm{e}^{\mathrm{i}(N_1-1)\beta_1} \cdot \left(\frac{\sin N_1\beta_1}{\sin\beta_1}\right), \quad \beta_1 = \frac{\pi d_1 \sin\theta_1}{\lambda}. \tag{5.33}$$

(2) 面内排间干涉.　再以排为大单元，从第一排开始，一排排沿 y 方向作周期性排列而最终形成二维晶片，由此带来的 $\mathscr{F}$ 场结构因子为

$$\widetilde{S}_y(\theta_2) = \mathrm{e}^{\mathrm{i}(N_2-1)\beta_2} \cdot \left(\frac{\sin N_2\beta_2}{\sin\beta_2}\right), \quad \beta_2 = \frac{\pi d_2 \sin\theta_2}{\lambda}. \tag{5.34}$$

(3) 因此，二维晶片产生的 $\mathscr{F}$ 场结构因子为

$$\widetilde{S}(\theta_1,\theta_2) = \widetilde{S}_x(\theta_1) \cdot \widetilde{S}_y(\theta_2). \tag{5.35}$$

相应的 $\mathscr{F}$ 场强度分布为

$$I(\theta_1,\theta_2) = |\,\tilde{u}_0(\theta_1,\theta_2)\,|^2 \cdot \left(\frac{\sin N_1\beta_1}{\sin\beta_1}\right)^2 \cdot \left(\frac{\sin N_2\beta_2}{\sin\beta_2}\right)^2. \tag{5.36}$$

如果，二维周期屏的单元为矩孔($a\times b$)，则其衍射强度单元因子为

$$|\tilde{u}_0(\theta_1,\theta_2)|^2 = i_0\left(\frac{\sin\alpha_1}{\alpha_1}\right)^2\cdot\left(\frac{\sin\alpha_2}{\alpha_2}\right)^2,\quad \alpha_1=\frac{\pi a\sin\theta_1}{\lambda},\quad \alpha_2=\frac{\pi b\sin\theta_2}{\lambda}. \tag{5.37}$$

如果，二维周期屏的单元为点(小孔)，则其衍射强度单元因子近似为一常数.

二维周期屏产生的$\mathscr{F}$衍射强度结构因子$(\sin N_1\beta_1/\sin\beta_1)^2\cdot(\sin N_2\beta_2/\sin\beta_2)^2$，决定了主极强的方位角($\theta_1,\theta_2$)，

$$\begin{cases} d_1\sin\theta_1 = k_1\lambda, & k_1=0,\pm1,\pm2,\cdots \\ d_2\sin\theta_2 = k_2\lambda; & k_2=0,\pm1,\pm2,\cdots \end{cases} \tag{5.38}$$

相应的主极强半角宽度为

$$\begin{cases} \Delta\theta_1 \approx \dfrac{\lambda}{N_1 d_1\cos\theta_1}, \\ \Delta\theta_2 \approx \dfrac{\lambda}{N_2\ d_2\cos\theta_2}; \end{cases} \tag{5.39}$$

至于各主极强的相对强度则被强度单元因子所调制. 反过来，人们可以由主极强的相对强度分布获得单元衍射因子，也可称其为单元散射因子，从而进一步揭示微观单元的散射机制.

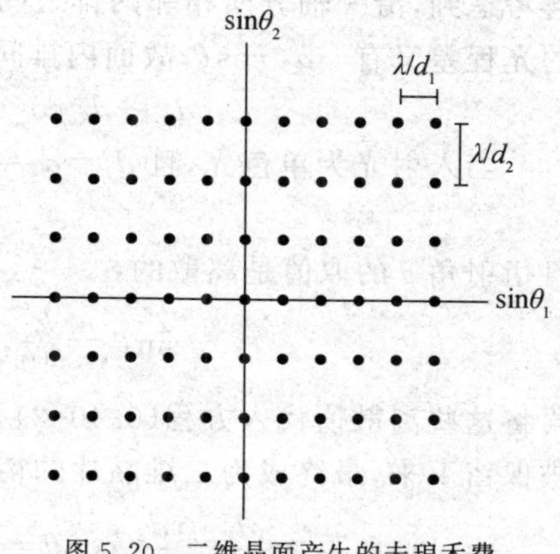

图 5.20 二维晶面产生的夫琅禾费衍射强度的结构因子

图 5.20 描绘了未经单元因子调制，即纯粹由结构因子给出的主极强的点分布，它近乎一个二维点阵. 前图 5.2(a)显示了模拟单细胞规则有序组织所产生的真实的夫琅禾费衍射图样，从中我们看到了周期点阵的骨架，并能诊断出单元因子的形貌，尤其当你眯起眼睛或远距离观察这幅图样时，突现的若干亮斑其分布图样与图 5.2(c)相同.

- **例题——二维晶片的共面衍射**

如图 5.21(a)所示，二维晶片所在平面为(xz)，其沿 x 轴的空间周期为 d_1，沿 z 轴的空间周期为 d_2，一准单色平行光束的入射方向与二维晶片共面. 试确定光在(xz)平面内可能存在的夫琅禾费衍射主极强及其方位. 设 $d_1=d_2=d=10\lambda$.

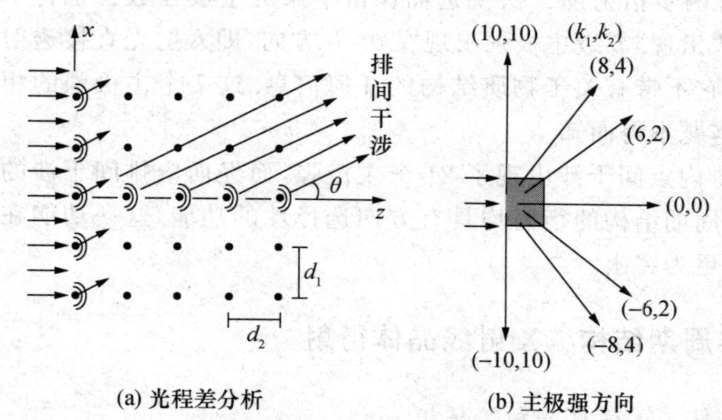

图 5.21 二维晶片的共面衍射

图中用黑点表示的点源相当于处在原胞中心的实物粒子，比如原子、分子、离子等散射源. 应当说，原胞中的这些散射源连同周围的次波源，共同激发了单元衍射波，其具体形态当然是比较复杂

的.入射光经第一排原胞作用后的衍射波,先波及第二排原胞,再波及第三排原胞,……,使整个二维晶片成为一个二维列阵的相干点源.虽然,沿入射方向自左向右,经一排排原胞的作用,波前变换是复杂的,但是,整个衍射场所可能存在的主极强方向,是既要满足排内点间干涉的主极强条件,又要满足排间干涉的主极强条件的那些方向,这与每排波前的具体形态是无关的.

考虑到,沿平行 x 轴方向的每排内部各点是同相位的,故排内点间干涉的主极强方向满足方程,

$$d_1 \sin\theta = k_1\lambda, \quad k_1 = 0, \pm 1, \pm 2, \cdots \tag{5.40-1}$$

再考虑到,沿 z 轴方向相邻两排之间的光程差为 d_2;而沿 θ 衍射方向,相邻两排衍射线之间的光程差又有 $-d_2\cos\theta$,故面内排间干涉的主极强方向满足方程,

$$d_2 - d_2\cos\theta = k_2\lambda, \quad k_2 = 0, +1, +2, \cdots \tag{5.40-2}$$

当入射光为单色光,且 $d_1 = d_2 = 10\lambda$ 时,满足方程(5.40-1)的 k_1 值是受限制的,只可取

$$|k_1| \leqslant 10,$$

且衍射角 θ 的取值是离散的,

$$\sin\theta = \frac{k_1}{10}, \quad k_1 = 0, \pm 1, \pm 2, \cdots, \pm 10,$$

再将这些离散值代入方程(5.40-2),经第二次挑选,只有那些能保证 k_2 取值为整数的解才被保留下来,最终成为二维晶片的衍射主极强方向.为此,解出

$$k_2 = \frac{d_2}{\lambda} - \frac{d_2}{\lambda}\cos\theta = \frac{d}{\lambda} - \frac{d}{\lambda}\sqrt{1-\sin^2\theta} = 10 - \sqrt{100 - k_1^2},$$

它为整数的条件是,

$$\begin{array}{lllll} k_1: & 0, & \pm 6, & \pm 8, & \pm 10; \\ k_2: & 0, & 2, & 4, & 10; \\ \theta: & 0^\circ, & \pm 36^\circ 52', & \pm 53^\circ 8', & \pm 90^\circ. \end{array}$$

由此可见,在 $d_1 = d_2 = 10\lambda$ 条件下,这二维晶片的共面衍射仅有 7 个方向出现主极强.如果 d_1/λ 或 d_2/λ 是其他数值,则经两步衍射即二次挑选而保留下来的主极强数目也将不同,甚至于一个非零级主极强也无法出现.零级主极强出现在 $\theta = 0$ 方向,即入射光直接透射方向,它在任何条件下都是存在的,它不带有关于物质结构的任何信息.这 7 个主极强的相对强度决定于单元散射因子,对此本题不得而知.

如上所述,在 $d = 10\lambda$ 条件下,排内点间干涉出现了 21 个主极强,而经面内排间干涉的进一步挑选,保留下 7 个主极强.凡周期结构的衍射均具有方向选择性的功能.这一功能在下一节三维晶体的衍射中将表现得更为突出.

5.5 三维周期结构 X 射线晶体衍射

· 晶体和 X 射线 · 布拉格条件 · 劳厄相和德拜相

· 释疑——不选取面内线间干涉非零级的理由 · 晶体衍射的劳厄方程

· 例题——微波布拉格衍射实验 · 布拉格衍射的光学模拟

● 晶体和 X 射线

晶体是物质的一种凝聚态，其特点是外形具有规则性，内部原子的排列具有周期性. 两者互为表里，外形规则性正是内部结构周期性的一种体现. 例如，大家熟悉的食盐（NaCl），其宏观晶粒的外形总具有直角棱边，其微观结构则是由钠离子 Na^+ 与氯离子 Cl^- 彼此相间、规则排列而构成的立方点阵，如图 5.22(a)所示. 在三维空间里，无论沿哪个方向考察，晶体的结构均具有严格的周期性. 这种三维周期结构，在晶体学上被称为晶格，或晶体的空间点阵. 相邻格点的最小间隔称作晶格常数，它一般在 10^{-8} cm 数量级，即 Å 或 10^{-1}nm 数量级，这也正是一般原子大小的线度. 经测定，NaCl 晶体中相邻 Na^+，Cl^- 的间隔即晶格常数为

$$d_0 = 5.627\ \text{Å}.$$

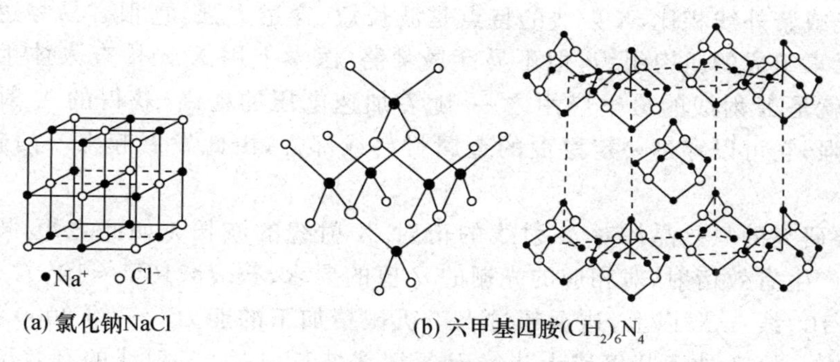

(a) 氯化钠NaCl (b) 六甲基四胺$(CH_2)_6N_4$

图 5.22 晶体结构①

图 5.22(b)显示的是一种有机晶体六甲基四胺$(CH_2)_6N_4$ 的周期结构，它是人们于 1923 年利用 X 射线的衍射，而最早完整地测定的一种有机物晶体结构. 图中“●”表示 C 原子，“○”表示 N 原子，图中并未显示出 H 原子，实际上忽略了氢原子对 X 射线的散射能力. 当时测得 C—N 键长为

$$l_0 = 144\ \text{pm} = 1.44\ \text{Å}.$$

X 射线又称伦琴射线，它是一种电磁波，其波长范围目前一般认定为 10^2 —10^{-2} Å，以居中波长 Å 量级看，这与原子大小的线度相近. X 射线具有极强的穿透物质的能力，波长越短则其穿透能力越强，俗称为硬 X 射线. 产生 X 射线的机器——X 光机，其核心部件是 X 射线管，如图 5.23 所示.

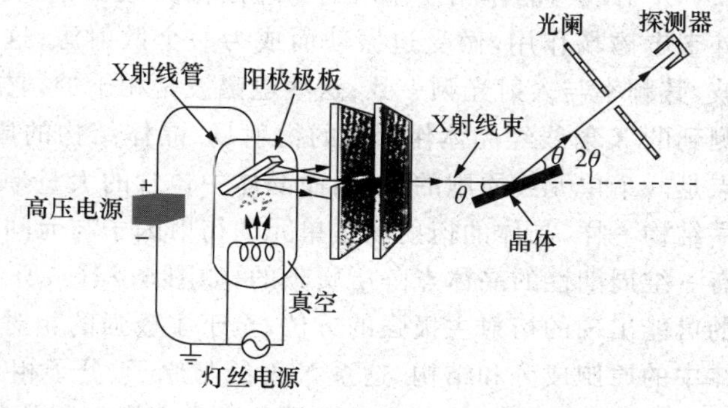

图 5.23 X 射线管和晶体 X 射线衍射实验示意图

① 图 5.22(b)引自周公度、郭可信，《晶体与准晶体的衍射》，第 7 页，北京大学出版社，1999 年.

在抽空的玻璃管中装有阴极和阳极，阴极由钨丝制成螺旋状，并由低压电源加热，阳极靶由钼、钨或铜片制成. 在阳极和阴极之间施加几万伏或几十万伏的直流高压. 阴极热电子发射的电子，被直流高压加速，以很大的速度冲击阳极靶而骤然停止，电子流的动能即刻转变为X射线波段的电磁辐射，从管壁或设定的窗口穿出.

我们不妨来估算一下X射线波长λ与其相应的光子能量$E=h\nu$的定量关系，从而估算出X光机中的直流高压值(设波长为1 Å)：

$$E=h\nu=\frac{hc}{\lambda}\approx\frac{(6.6\times10^{-34})\times(3\times10^{8})}{10^{-10}}\,\text{J}\approx2\times10^{-15}\,\text{J}\approx10^{4}\,\text{eV}.$$

这就是说，光波长为1 Å的光子具有10^4电子伏(eV)的能量，这相当于一电子在1万伏高压下获得的能量. 如果加速电压为10万伏，电子冲击阳极靶时无其他能量散失，而将其动能完全转变为电磁辐射的话，则所得X射线的波长为10^{-1} Å，不过，实际波长比它大.

与可见光或紫外线相比，X射线的特点是波长短、穿透力强，它很容易穿透由氢、氧、碳和氮等较轻元素组成的肌肉组织，但不易穿透骨骼. 医学上用X光检查人体生理结构或形貌上的病变，就是X射线的最早应用之一. 随着加速电压的提高，获得的X射线的波长更短，穿透力更强，它可以穿过一定厚度的金属材料或部件，由此发展起来一门新技术——X射线探伤学.

本书将要研究的只是晶体对X射线的衍射. X射线的波长λ如此之短，即$\lambda\sim$Å数量级，要使它能产生有效衍射，对相应的光栅的d值的要求，按$d<10^2\lambda\approx10^2$ Å估算，其刻槽密度达$1/d\sim10^5$线/mm以上，这远超过人工机械精加工的能力——约2000线/mm. 而晶体的晶格常数a_0恰巧处于几倍或十几倍于X射线波长，这为X射线的有效衍射提供了一个天然的十分理想的三维光栅. 人们有理由期望，从晶体的X射线衍射图样中可以获取有关晶体结构方面的知识.

● 布拉格条件

X射线与晶体相互作用的物理图像大致如下. 在X射线的照射下，晶体中每个原子受外来电磁场作用，做受迫振动而成为一个散射源；这些散射源向四周发射相同频率的电磁波，其频率与入射光频一致；这些电磁波是相干的，它们的相干结果，就是晶体外部空间所观测到的X射线经晶体作用后的衍射场. 晶体结构的周期性表现为空间点阵，其中每一个格点是一个单元或原胞的代表，而晶体中包含的大量原胞彼此是相同的. 这就是说，同任何有序结构一样，晶体的衍射场是单元的衍射因子与元间干涉的结构因子的乘积，而后者正是具有三维周期性的晶体点阵所贡献的，如图5.24(a)所示. 我们的目标是寻求晶体点阵所决定的可能出现的衍射主极强的方位，至于主极强的相对强度分布即单元衍射因子，则决定于晶体中的原胞成分和结构，这系X射线与原子、分子相互作用的动力学问题，本书不予深究.

我们已经有了处理一维光栅和二维光栅衍射的数理基础和经验，其中“编组思想”顺理成章地应用于此，借以分析三维晶体点阵的衍射. 我们将三维晶体看为二维晶面的集合，又将二维晶面看为一维晶线的集合，而一维晶线又被看为零维格点的集合；分析衍射场的程序则反过来，从低维到高维，逐维确定衍射(主极强)方向. 兹分述如下.

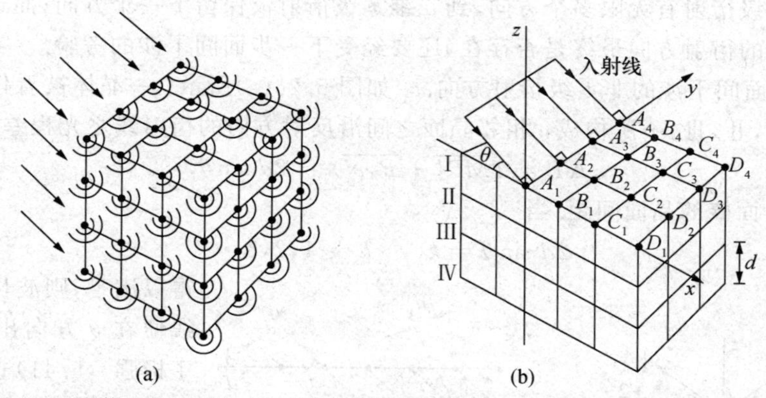

图 5.24 晶体的空间点阵. (a) 每个格点代表一散射源, (b) 晶体点阵具有三维周期性

(1) 线内点间干涉的零级衍射方向. 如图 5.24(b)所示,为了叙述方便,我们取一正交坐标架(xyz),将入射光束的等相面与晶面(xy)的交线选为 y 轴,于是,一晶面可看为一系列平行于 y 轴的晶线的集合. 显然,对入射线而言,晶线上的各格点,比如(A_1, A_2, A_3, A_4)是同相位的. 因此,从(A_1, A_2, A_3, A_4)各点发出的限于某一平面以 θ' 方向表示的衍射线,只要它们是与 y 轴正交的,便是等光程的,如图 5.25(a)中的衍射线($1', 2', 3', 4'$). 这给出了线内点间干涉的零级衍射方向. 显然,这方向不是唯一的.

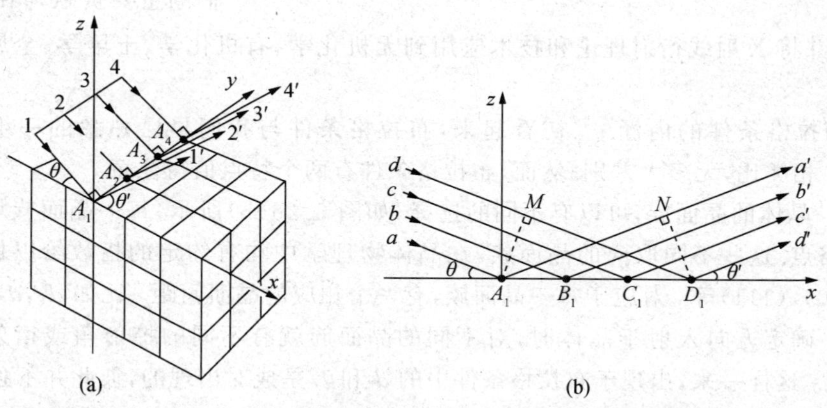

图 5.25 确定零级衍射方向. (a) 线内点间干涉的零级方向, (b) 面内线间干涉的零级方向——反射定理

(2) 面内线间干涉的零级衍射方向——反射定理. 如图 5.25(b)所示,对晶面(xy)而言,入射线的掠射角 θ 是确定的,而衍射方向角 θ' 是不唯一的,不同 θ' 角,给出的线间干涉的衍射强度将是不同的. 我们寻求的是线间干涉的零级衍射方向的 θ' 值,即要求在该方向上衍射线之间的光程差,恰巧补偿了前场入射线之间的光程差,从而保证了等光程而出现零级衍射主极强. 从图中可以看出,让 $\Delta L = L(\overline{MD_1})$ 等于 $\Delta L' = L(\overline{A_1 N})$,便可满足上述要求. 据此,不难导出 $\theta' = \theta$. 这就是说,晶面如同镜面那样,按反射定理给出的那个方向,正是面内线间干涉的零级衍射方向.

从一维零级衍射有无限多个方向，到二维零级衍射仅保留下一个方向；而这一个由晶面反射定理给出的衍射方向最终是否存在，还要经受下一步面间干涉的考验.

(3) 体内面间干涉的非零级衍射方向.　如图 5.26(a)所示，一晶体被看作由一系列等间距的晶面Ⅰ,Ⅱ,Ⅲ,…所构成，相邻晶面之间沿反射方向的衍射线之光程差为

$$\Delta L = (\overline{MP_2} + \overline{P_2N}) = 2d\sin\theta,$$

其中 d 为该晶面族的晶面间距. 当

$$2d\sin\theta = k\lambda,\quad k = 1,2,3,\cdots \tag{5.41}$$

得以满足，则波长为 λ 的 X 射线便在 θ 方向出现 k 级衍射主极强. (5.41)式就是著名的关于晶体衍射的布拉格条件(Bragg condition)，也被称为布拉格方程或布拉格定律，它是英国物理学家 W. L. Bragg 于 1913 年提出的，他同其父亲 W. H. Bragg 共获 1915 年诺贝尔物理学奖. 他们的主要贡献均在 X 射线晶体学方面，并将 X 射线衍射理论和技术应用到无机化学、有机化学、土壤学、金属学和生物学等领域.

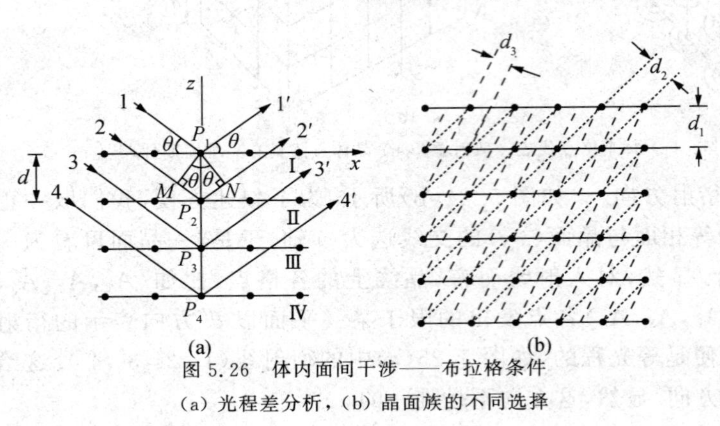

图 5.26　体内面间干涉——布拉格条件

(a) 光程差分析，(b) 晶面族的不同选择

(4) 布拉格条件的内涵.　初看起来，布拉格条件与我们早已熟悉的一维光栅公式 $d\sin\theta = k\lambda$ 相类比，无多大差别. 然而，布拉格条件有两个特点值得注意.

i. 对一晶体的晶面族，可以有不同的选择，如图 5.26(b)所示，每一晶面族均能包括晶体的所有格点. 这些不同取向的晶面族，在晶体物理学中均有约定的指数给以标称，比如，(100),(110),(111)等. 对应于每一晶面族，有一个相应的晶面间距，比如 d_1, d_2, d_3 等. 当 X 射线以一确定方向入射于晶体时，对不同的晶面族就有不同的掠射角或衍射角，比如，$\theta_1, \theta_2, \theta_3$ 等. 这样一来，出现于布拉格条件中的 d 和 θ，是成对出现的，彼此并不独立，比如，(d_1, θ_1), (d_2, θ_2), (d_3, θ_3)等，见图 5.27. 在一维光栅公式中，d 与 θ 是独立的，给定 d 时，衍射角 θ 仍可在$(-\pi/2, \pi/2)$区间中挑选.

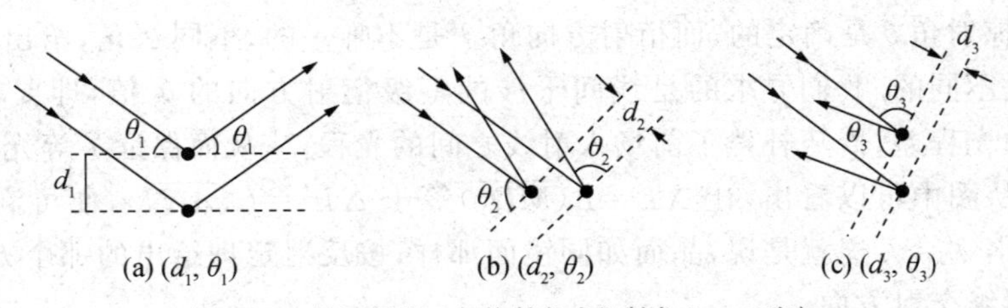

图 5.27　晶面间距 d 与掠射角或衍射角 θ 一一对应

ii. 因此，当入射于晶体的X射线，既单色——波长确定，又定向——方向确定时，就难以得到(5.41)方程中k的整数解. 换言之，在这个实验条件下，布拉格条件难以被满足，恐怕连一个衍射主极强都无法出现. 为了确保布拉格条件得到满足，以获取丰富的晶体衍射图样，就必须寻求高明的实验方法.

- **劳厄相和德拜相**

综上所述，要想获取X射线晶体衍射图样，必须放宽对X射线波长的限制，或放宽对X射线入射方向(相对晶体)的限制. 迄今这有两种成功的实验方法.

(1) 劳厄相.　实验装置如图5.28(a)所示，简述如下，

多色连续谱X射线 ⇨ 单晶体 ⇨ 衍射图样——劳厄斑(Laue disk)

劳厄斑如图5.28(b)照片所示. 这就是说，入射的X射线提供了较宽的波段($\lambda—\lambda+\Delta\lambda$)，让各晶面去挑选自己中意的波长，以满足布拉格条件. 比如，

$2d_1\sin\theta_1=k_1\lambda_1$，$k_1$为整数；　$2d_2\sin\theta_2=k_2\lambda_2$，$k_2$为整数；　$2d_3\sin\theta_3=k_3\lambda_3$，$k_3$为整数.

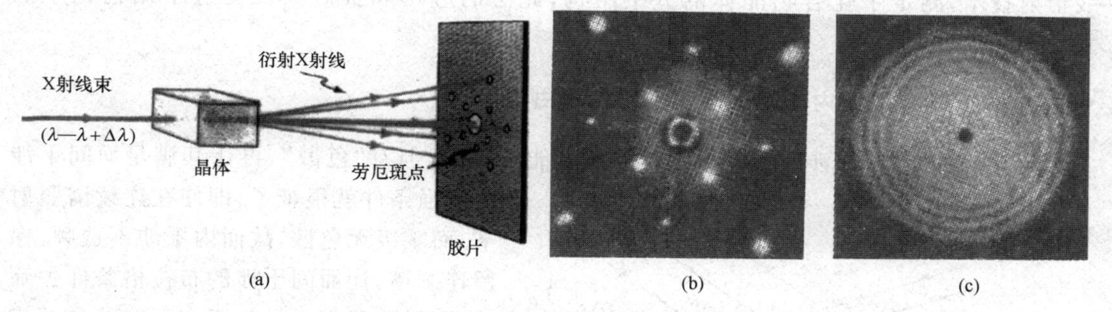

图5.28　晶体衍射图样——劳厄相和德拜相

(a) 劳厄实验示意图，(b) 劳厄斑(NaCl晶体)，(c) 德拜环(ZnO_2粉末)

(2) 德拜相.　简述如下，

单色X射线 ⇨ 多晶粉末 ⇨ 衍射图样——德拜环(Debye ring)

如图5.28(c)照片所示. 每个粉末是个小晶粒即一小晶体，大量、无序取向的小晶粒的团聚，对任一晶面族均提供了一个很宽的角范围($\theta—\theta+\Delta\theta$)，让入射波长$\lambda$去挑选自己中意的角度，以满足布拉格条件. 比如，对晶面间距为d_1的晶面族，有

$2d_1\sin\theta_1=k_1\lambda$，$k_1$为整数；　$2d_1\sin\theta_1'=k_1'\lambda$，$k_1'$为整数；　$2d_1\sin\theta_1''=k_1''\lambda$，$k_1''$为整数.

鉴于大量小晶粒无序取向的随机性，及其相联系的各向同性，致使德拜相是一系列以O点为中心的衍射环. 这O点就是X射线直接透射的方向与胶片的相交处. 这直接透射方向便是晶体点阵衍射的零级方向，它总是存在的，它不带有晶体结构的信息，但它可作为实验上定向的一个参考轴，O点可作为分析衍射图的一个参考点.

由德拜方法演变出一种旋转单晶法. 实验时依然取单晶体作为样品，但让它旋转起来. 这等效于多晶粉末情形，或等效于X射线相对晶体的入射方向在不断改变，以挑选符合布

拉格条件的掠射角. 在单色 X 射线照射下的旋转单晶法所获得的衍射图也是德拜相.

(3) 三维光栅衍射的选择性. 上述关于晶体衍射劳厄相和德拜相的成功出现,说明三维光栅相比二维光栅,其衍射具有更强的波长选择性和方向选择性. 本书第 7 章 7.2 节论述的体全息图及其白光再现的原理,正是基于这里述及的三维光栅衍射的这两种选择性.

(4) 两位诺贝尔奖得主. 劳厄(M. von Laue, 1879—1960),德国物理学家,X 射线晶体分析的先驱. 由于发现和解释 X 射线在晶体中的衍射现象,劳厄获得了 1914 年的诺贝尔物理学奖. 爱因斯坦曾称劳厄的晶体衍射实验为“物理学最美的实验”. 劳厄于 1943 年写成了一部具有特色的《物理学史》,其中,对 30 年前开始的国际物理学界的热门课题——X 射线结构分析学,他这样评说: X 射线晶体衍射图的出现,同时说明了两件事——X 射线是一种波,是一种短波长的电磁波;晶体是一种周期结构,是具有三维周期性的空间点阵. 确实,自然科学发展到当年那个时期,人类对这两件事原本并不了然.

德拜(P. J. W. Debye, 1884—1966),美籍荷兰物理学家、化学家. 由于在 X 射线衍射和分子偶极矩方面的杰出贡献,德拜获得了 1934 年的诺贝尔化学奖. 他于 1914 年用 X 射线衍射技术,测定了化合物晶体的分子结构,此法的应用和推广大大促进了结构化学的发展.

● 释疑——不选取面内线间干涉非零级的理由

的确,面内线间干涉的非零级主极强是可能出现的,但有“色散”,再让其满足面间干涉主极强条件就很难了,即使在连续谱照射下. 而零级无色散,故面内干涉不选频,保留连续谱,让面间干涉的布拉格条件去筛选. 则只要我们考量到所有可能的晶面族的布拉格条件下的选频,这分析就完全了.

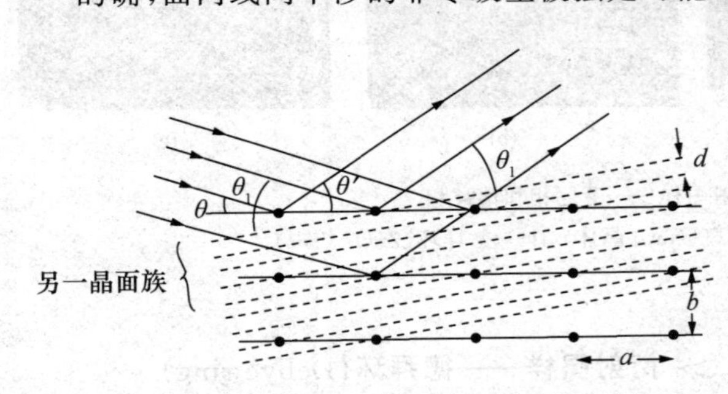

图 5.29 一晶面族的非零级是另一晶面族的零级

其实,某一晶面族面内干涉非零级衍射方向,必定是另一晶面族的零级衍射方向且满足布拉格条件,参见图 5.29. 对以实线表示的晶面族,

面内干涉主极强, $a(\cos\theta-\cos\theta')=m\lambda$, m 为整数且 $m\neq 0$;

面间干涉主极强, $b(\sin\theta+\sin\theta')=n\lambda$, n 为整数且 $n\neq 0$.

改写为

$$\frac{1}{\lambda}(\cos\theta-\cos\theta')=\frac{m}{a},\quad \frac{1}{\lambda}(\sin\theta+\sin\theta')=\frac{n}{b},$$

平方再相加,

$$\frac{1}{\lambda^2}(2-2(\cos\theta\cdot\cos\theta'-\sin\theta\cdot\sin\theta'))=\left(\frac{m}{a}\right)^2+\left(\frac{n}{b}\right)^2,$$

$$\frac{1}{\lambda^2}\cdot 2(1-\cos(\theta+\theta'))=\left(\frac{m}{a}\right)^2+\left(\frac{n}{b}\right)^2,$$

$$\frac{1}{\lambda^2}\cdot 4\sin^2\left(\frac{\theta+\theta'}{2}\right)=\left(\frac{m}{a}\right)^2+\left(\frac{n}{b}\right)^2,$$

开平方,

$$2\sin\theta_1=\lambda\sqrt{\left(\frac{m}{a}\right)+\left(\frac{n}{b}\right)^2},\quad \theta_1\equiv\frac{\theta+\theta'}{2},$$

$$2d\sin\theta_1=\lambda,\quad d\equiv\frac{1}{\sqrt{\left(\frac{m}{a}\right)^2+\left(\frac{n}{b}\right)^2}}.\tag{5.42}$$

这表明,如果对某一晶面族,确实出现(m,n)级衍射方向,则必定存在晶面间距为d的另一晶面族(图5.29中用虚线表示),使该衍射方向成为自己的晶面反射方向,且满足布拉格条件.

- **晶体衍射的劳厄方程**

劳厄以另一种方式导出晶体衍射主极强方向所要满足的条件.先让我们考察两个相干散射源所产生的任意方向的光程差,参见图5.30(a).选取格点O为参考点,P为另一格点,其位矢为$\boldsymbol{r}$;入射光的波矢为$\boldsymbol{k}_0=k\boldsymbol{n}_0$,衍射光的波矢为$\boldsymbol{k}=k\boldsymbol{n}$,$\boldsymbol{n}_0$,$\boldsymbol{n}$表示空间方向的单位矢量,波数$k=2\pi/\lambda$.从图中可见,前场两条入射线的光程差为$\overline{AO}$,而两条衍射线的光程差为$\overline{OB}$,且

$$\overline{AO}=-\boldsymbol{r}\cdot\boldsymbol{n}_0,\quad \overline{OB}=\boldsymbol{r}\cdot\boldsymbol{n},$$

于是,该衍射方向的光程差ΔL及相位差δ分别为

$$\Delta L=\overline{AO}+\overline{OB}=\boldsymbol{r}\cdot(\boldsymbol{n}-\boldsymbol{n}_0)=\boldsymbol{r}\cdot\boldsymbol{N},\quad \boldsymbol{N}\equiv(\boldsymbol{n}-\boldsymbol{n}_0);\tag{5.43}$$

$$\delta=k\Delta L=\boldsymbol{r}\cdot(\boldsymbol{k}-\boldsymbol{k}_0)=\boldsymbol{r}\cdot\boldsymbol{K},\quad \boldsymbol{K}\equiv(\boldsymbol{k}-\boldsymbol{k}_0).\tag{5.44}$$

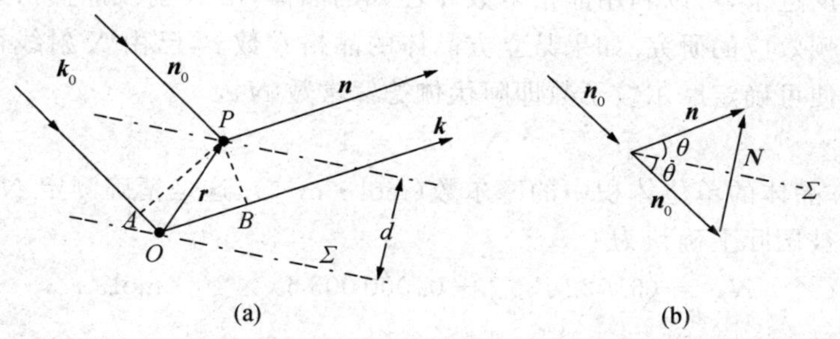

图5.30 导出劳厄方程.Σ表示以$\boldsymbol{N}$为法线的平面.(a)计算光程差,(b)相对方向矢量$\boldsymbol{N}=\boldsymbol{n}-\boldsymbol{n}_0$

矢量$\boldsymbol{N}$的几何意义显示于图5.30(b),它直接地反映了衍射线与入射线之间的方向变更,姑且称$\boldsymbol{N}$为相对方向矢量.因此$\boldsymbol{N}$具有绝对意义,与标定波矢$\boldsymbol{k}_0$,$\boldsymbol{k}$的参考系的选择无关,其数值为

$$N=2\sin\theta,$$

这里,2θ角正是$\boldsymbol{n}_0$与$\boldsymbol{n}$之夹角.对于以$\boldsymbol{N}$为法线的平面Σ而言,$\boldsymbol{n}_0$,$\boldsymbol{n}$方向是对称的,即入

射方向与衍射方向符合镜面反射定理. 于是,通过格点 O 和 P 的这一对平行平面之间的距离 d,就等于位矢 $\boldsymbol{r}$ 在 $\boldsymbol{N}$ 方向的投影值,即 $r_N=d$. 相应地光程差表达式可改写为

$$\Delta L = r_N N = 2d\sin\theta. \tag{5.45}$$

现将(5.43)式应用于晶体衍射. 晶体点阵的三维周期性,可由三个基矢 $\boldsymbol{a},\boldsymbol{b},\boldsymbol{c}$ 给以描述. 沿基矢 $\boldsymbol{a}$ 方向的相邻格点的光程差为

$$\Delta L_1 = \boldsymbol{a}\cdot\boldsymbol{N},$$

同理,沿基矢 $\boldsymbol{b}$ 方向、$\boldsymbol{c}$ 方向,相邻格点的光程差分别为

$$\Delta L_2 = \boldsymbol{b}\cdot\boldsymbol{N},\quad \Delta L_3 = \boldsymbol{c}\cdot\boldsymbol{N},$$

因此,晶体点阵衍射出现主极强的方向条件是

$$\begin{cases} \boldsymbol{a}\cdot\boldsymbol{N} = h\lambda, \\ \boldsymbol{b}\cdot\boldsymbol{N} = k\lambda, \quad (h,k,l)\text{ 为整数} \\ \boldsymbol{c}\cdot\boldsymbol{N} = l\lambda, \end{cases} \tag{5.46}$$

它被称作晶体衍射的劳厄(Laue)方程. 一组整数 (h,k,l) 限定了相对方向矢量 $\boldsymbol{N}$,亦即给出了特定的衍射主极强方向 $\boldsymbol{n}_{hkl}$. 衍射指标 (h,k,l) 的整数性,表明了晶体衍射主极强方向的离散性. 然而,要同时满足劳厄方程所包含的三条方程是很难的,它仅仅对于特定取向晶面和特定波长才有解. 实验时若限定 X 射线波长,且入射于一单晶体,则劳厄方程往往无解. 这与我们曾经讨论过的,关于布拉格条件是否能被满足的情形是相同的.

其实,晶体衍射的布拉格条件与劳厄方程是等价的,两者彼此是可以互推的. 我们着重地论述了编组思想指导下的逐维分析方法,并由此导出布拉格条件. 在 X 射线结构分析学专业领域,由劳厄方程还将派生出用以确定晶体衍射主极强方向的某种几何方法.

由劳厄斑或德拜环,可以测定晶格常数、晶轴方向等晶体点阵的结构参数,当入射的 X 射线波长已知;反过来,可以利用晶格常数 d 已知的晶体,由 X 射线晶体衍射图样测定 X 光波长,用于康普顿效应的研究. 如果某立方晶体的晶格常数 d,已由 X 射线衍射实验精确地定出,根据下式便可确定摩尔粒子数即阿伏伽德罗常数 N_A,

$$N_A\rho d^3 = 1, \tag{5.47}$$

其中 ρ 为该立方晶体的单位体积中的摩尔数($\mathrm{mol\cdot m^{-3}}$). 这是精确测定 N_A 的一种近代实验方法,其结果被国际上确认为

$$N_A = (6.022\,136\,7 \pm 0.000\,003\,6)\times 10^{23}\ \mathrm{mol^{-1}}. \tag{5.48}$$

- **例题——微波布拉格衍射实验**

用微波来替代 X 射线,用人工摆设的铝球阵列替代晶体,用接收器探测微波衍射束的方向角和强度,这便构成了一个微波布拉格衍射实验,用以模拟 X 射线晶体衍射实验. 具体做法是,使一系列尼龙丝绷紧于一木框架上,其布线呈三维周期性;$(5\times5\times5)$ 个铝球等间距地系挂在尼龙丝网中,形成一立方阵列. 铝球直径约 1 cm. 设微波束的波长 $\lambda\sim3$ cm,试问铝球间隔即列阵常数 d 应选取在什么范围合适.

根据布拉格条件 $2d\sin\theta=k\lambda$，有

$$d=k\frac{\lambda}{2\cdot\sin\theta}>k\frac{\lambda}{2},$$

整数 k 取值于 $2<k<10$ 比较合适，k 值过大则角色散变小，亦即衍射主极强方向过于集中，这不便于观测. 我们可以取 $k=3$，则列阵常数约为

$$d\approx 3\frac{\lambda}{2}=3\times\frac{3\ \mathrm{cm}}{2}\approx 4.5\ \mathrm{cm}.$$

那么，对于间距为 $d=4.5\ \mathrm{cm}$ 的晶面族，为了满足布拉格条件，我们应当调节微波束的掠射角为多少？

根据布拉格条件，有

$$\sin\theta=k\frac{\lambda}{2d}=k\frac{3\ \mathrm{cm}}{2\times 4.5\ \mathrm{cm}}=k\cdot\frac{1}{3}.$$

于是，

$$\text{取 } k=1,\quad \sin\theta=\frac{1}{3},\quad \theta=19.5^\circ;$$

$$\text{取 } k=2,\quad \sin\theta=\frac{2}{3},\quad \theta=41.8^\circ.$$

这表明有以上两个掠射角可供选择，能产生布拉格衍射（主极强）方向.

对于间距为 $d'=d/\sqrt{2}\approx 3.18\ \mathrm{cm}$ 的晶面族，满足布拉格条件的掠射角由下式决定，

$$\sin\theta'=k'\frac{\lambda}{2d'}=k'\frac{3\ \mathrm{cm}}{2\times 3.18\ \mathrm{cm}}\approx k'\frac{3}{6.36}.$$

于是，

$$\text{取 } k'=1,\quad \sin\theta'\approx 0.47,\quad \theta'\approx 28.1^\circ;$$
$$\text{取 } k'=2,\quad \sin\theta'\approx 0.94,\quad \theta\approx 70.6^\circ.$$

● 布拉格衍射的光学模拟

能使可见光波段出现有效衍射的三维光栅，其空间周期应在 1 μm 左右. 制造这种三维光栅的一个可供选择的技术路线，如图 5.31 所示. 一方面，选择一种光折变材料，其光学折射率随光强而变化. 另一方面，将一束光分为三束平行光，分别以不同方向汇集而交叠，造成一个干涉场. 我们知道，两束平行光的干涉场中出现一系列等间距的亮纹，那么，三束平行光的干涉场中将出现一系列亮斑，且这些亮斑分布呈现三维周期性. 光折变样品处于这种干涉场中，它的实时折射率分布 $n(x,y,z)$ 响应有这样的三维周期性；再让这种折射率分布冻结下来，在三束相干光撤离以后，样品体内依然保持有这种周期性. 这一样品就成为一个与可见光波段匹配的三维光栅. 换言之，当可见光照明这一样品时，便会产生有效的布

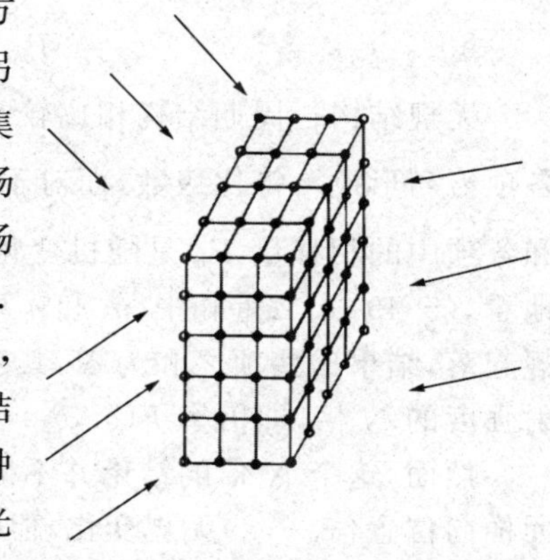
图 5.31 三光束干涉生成一个三维周期场

拉格衍射，而获得一幅光学劳厄相.

更为重要的是，这一光学光栅的获得，为研究光在样品体内周期场中的运动行为提供了实验基础. 这一研究方向被当今物理学指称为光子学(photonics)，人们期望21世纪的光子学也能取得像20世纪电子学那样的伟大成就.

5.6　无规分布的衍射

·受抑无规行走　·统计数据实验——有序孔径角　·讨论　·实验照片

● 受抑无规行走

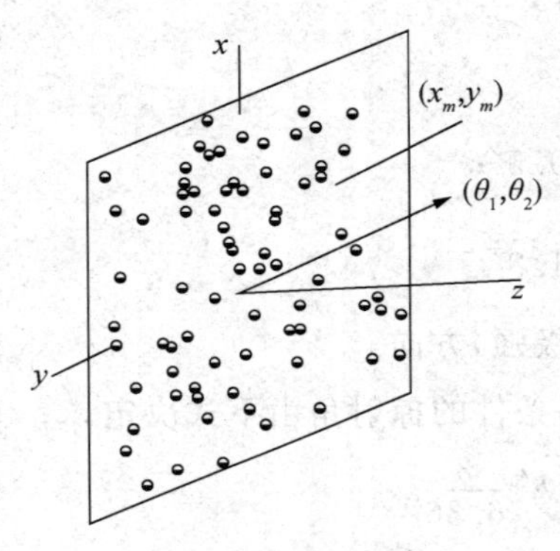

图5.32　大数目全同单元无规分布的衍射屏

与周期结构相对立的是无规结构，如图5.32所示，一大数目全同单元、取向有序但分布无规，其夫琅禾费衍射场的一般表达式已由5.2节中的(5.7)、(5.8)两式给出，现重录于此，

$$\widetilde{U}(\theta_1,\theta_2)=\tilde{u}_0(\theta_1,\theta_2)\cdot\widetilde{S}(\theta_1,\theta_2), \tag{5.7}$$

$$\widetilde{S}(\theta_1,\theta_2)=\sum_{j=0}^{N-1}\mathrm{e}^{\mathrm{i}(\delta_{1j}+\delta_{2j})}, \tag{5.8}$$

$$\delta_{1j}=-kx_j\sin\theta_1,\quad \delta_{2j}=-ky_j\sin\theta_2. \tag{5.8$'$}$$

我们关注 $\mathscr{F}$ 衍射总强度 $I(\theta_1,\theta_2)$ 与单元衍射强度 $i_0(\theta_1,\theta_2)$ 的比值——强度结构因子，

$$F(\theta_1,\theta_2)=\frac{I(\theta_1,\theta_2)}{i_0(\theta_1,\theta_2)}=\widetilde{S}(\theta_1,\theta_2)\cdot\widetilde{S}^*(\theta_1,\theta_2),$$

它可以被改写为

$$F(\theta_1,\theta_2)=\sum_{m=1}^{N}\sum_{n=1}^{N}\widetilde{P}_m\cdot\widetilde{P}_n^*=\sum_{m=1}^{N}\sum_{n=1}^{N}\cos(k(x_m-x_n)\sin\theta_1+k(y_m-y_n)\sin\theta_2),$$

其中，

$$\widetilde{P}_{m(n)}=\mathrm{e}^{-\mathrm{i}k(x_{m(n)}\sin\theta_1+y_{m(n)}\sin\theta_2)}. \tag{5.49}$$

无规结构与周期结构相比较，两者差别在结构因子 $\widetilde{S}$ 上，对于周期结构，其 $\widetilde{S}$ 式中求和各项恰巧形成一等比级数，而对于无规结构，由于各单元横向位置 (x_m,y_m) 的随机性，$\widetilde{S}$ 求和各项中的相移量 $\widetilde{P}_m$ 是随机变化的. 这表现在矢量图解上就是一幅无规行走的图像. 粗略地看，(5.49)式二重和中，m 和 n 取不同值时，m,n 不相同的那些项将在(+1，−1)之间无规起落，结果这些项之和为零，其余 $m=n$ 各项均为1，于是，除局部涨落外，总强度是单元衍射强度的 N 倍，即倍率 $F(\theta_1,\theta_2)=N$.

然而，这个 N 倍的结论并不准确，它并不适用于衍射场点 (θ_1,θ_2) 的所有位置. 尽管各单元横向位置 (x_m,y_m) 无规变化，但它们的次波到达零级衍射斑中心即几何像点处却是等光程的，故相干叠加结果是振幅 N 倍、强度 N^2 倍于单元衍射在此处的强度，即倍率 $F(0,0)=$

N^2，而不是 N. 由此，人们有理由推断，在 $\mathscr{F}$ 场的一个近轴区域，此倍率 $F(\theta_1,\theta_2)$ 介于 N^2—N；只在较远区域，倍率 $F(\theta_1,\theta_2)\approx N$.

其实，(5.49)式业已表明，无规取值 (x_m-x_n) 或 (y_m-y_n) 是受限于其系数 $\sin\theta_1$ 或 $\sin\theta_2$，即受到衍射方向 (θ_1,θ_2) 的抑制. 正如前述，当 $(\theta_1,\theta_2)=(0,0)$ 时，二重求和式在矢量图上表现为一种完全同方向的有序行走，此时矢量取向的无规性受到完全的抑制，$F(0,0)=N^2$；当 (θ_1,θ_2) 较小，以致 $N^2>F(\theta_1,\theta_2)>N$ 时，二重求和表现为部分有序或称其为部分无规行走，矢量图上表现出的这种行走态势，宛如高山大回环滑雪那样，参见图 5.33；只有当 (θ_1,θ_2) 取值较大时，$F(\theta_1,\theta_2)\approx N$，才表现为完全自由的无规行走. 正是在这个意义上，我们形成了一个概念——受抑无规行走(limited random walk).

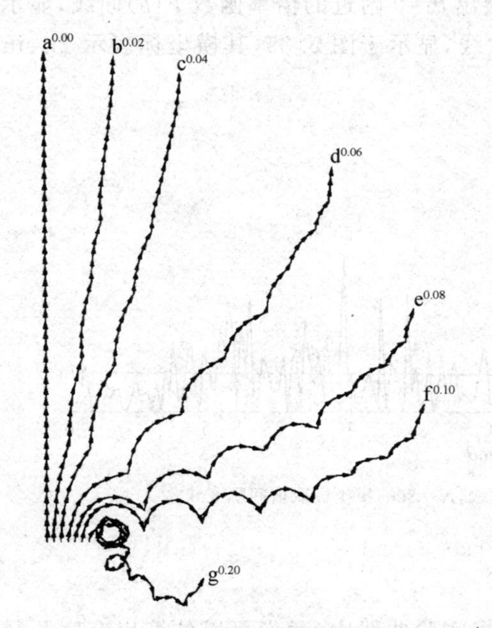

图 5.33 受抑无规行走图像，矢量图解表示求和和式 $\widetilde{S}(\theta)=\sum_{m=1}^{N}\widetilde{P}_m=\sum_{m=1}^{N}\mathrm{e}^{-\mathrm{i}kx_m\sin\theta}$，曲线上端数字表示相角中无规变量 x_m 的系数参量 $2\pi\sin\theta$

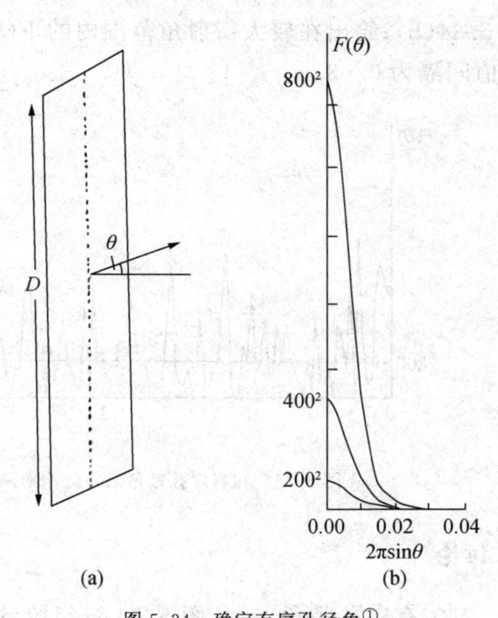

图 5.34 确定有序孔径角①
(a) 一维无规分布的相干点源
(b) 近轴小衍射角区域的倍率函数曲线

• 统计数据实验——有序孔径角

为了定量考察倍率函数亦即强度结构因子 $F(\theta_1,\theta_2)$ 与单元分布无规性的关系，让一组相干点源无规分布于 x 轴上，如图 5.34(a). 此时(4.59)式简化为一元函数，

$$F(\theta)=\sum_{m=1}^{N}\sum_{n=1}^{N}\cos(k(x_m-x_n)\sin\theta)$$

① 引自钟锡华、朱亚芬，无规排列功率谱的有序孔径角，《物理学报》(*Acta Physica Sinica*)，Vol. 41，No. 12(1992)，p. 1955 .

$$= N + \sum_{m=1}^{N} \sum_{n \neq m}^{N} \cos(k(x_m - x_n)\sin\theta)$$

$$= \begin{cases} N^2, & \text{当 } \theta = 0; \\ N^2 - N, & \text{当 } \theta < \theta_0; \\ \sim N, & \text{当 } \theta > \theta_0. \end{cases} \qquad (5.50)$$

从中可以看出衍射角 θ_0 的物理意义,姑且称 θ_0 为有序孔径角.

统计数据实验是这样设计的,在区间 $D=10^3\lambda$ 内,分别从随机数据库中,调出 $N=200$, 400 和 800 个随机数,作为点源的位置坐标 x_m,因之这三组相干点源内部的平均间隔分别为 $\overline{\Delta x}=5\lambda$, 2.5λ 和 1.25λ. 按(5.50)式计算并绘出 $\theta=0$ 附近的倍率函数 $F(\theta)$ 曲线,显示于图 5.34(b);绘出在较大衍射角范围内的 $F(\theta)$ 曲线,显示于图 5.35,其横坐标表示 $2\pi\sin\theta$,取值间隔为 0.03.

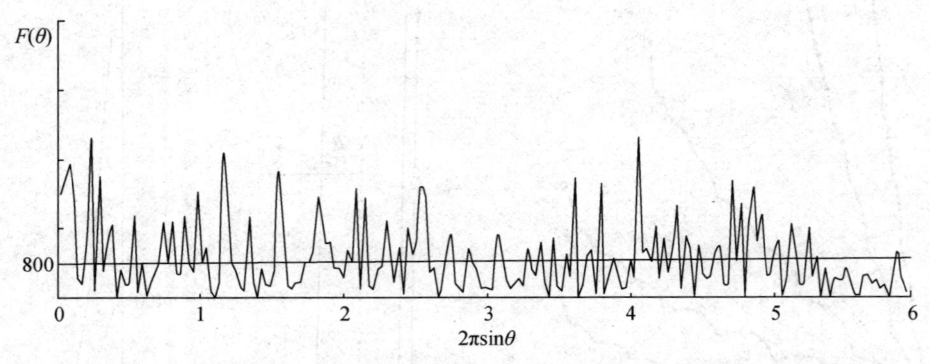

图 5.35　在有序孔径角以外的倍率函数曲线,$N=800$,横坐标取值间隔 0.03①

- **讨论**

(1) 有序孔径角.　从图 5.34 三组统计数据实验曲线中,我们可以估算出有序孔径角 θ_0, $2\pi\sin\theta_0 \approx 0.02$ rad, $\theta_0 \approx 0.003$ rad, θ_0 与点源分布区间 D 近乎成反比关系,它可由下式近似地给以描述,

$$\theta_0 \cdot D \approx 3\lambda. \qquad (5.51)$$

如果 N 个点源规则地分布于区间 D,则其零级斑的半角宽度 $\Delta\theta_0 \approx \lambda/D$. 可见,无规结构的有序孔径角几倍于周期结构的角宽度.

(2) 涨落.　图 5.35 显示,倍率函数 $F(\theta)$ 在广阔衍射角范围中快涨快落. 图中画出 $F(\theta)=N=800$ 一条等值线,作为考察涨落行为的参考线. 从统计数据实验曲线 $N=200$, 400 和 800 的比较中,可以看出一种趋势,——随着单元总数 N 值增加,涨落程度则相对减弱.

---

① 引自钟锡华、朱亚芬,无规排列功率谱的有序孔径角,《物理学报》(*Acta Physica Sinica*), Vol. 41, No. 12(1992), p. 1955.

- **实验照片**

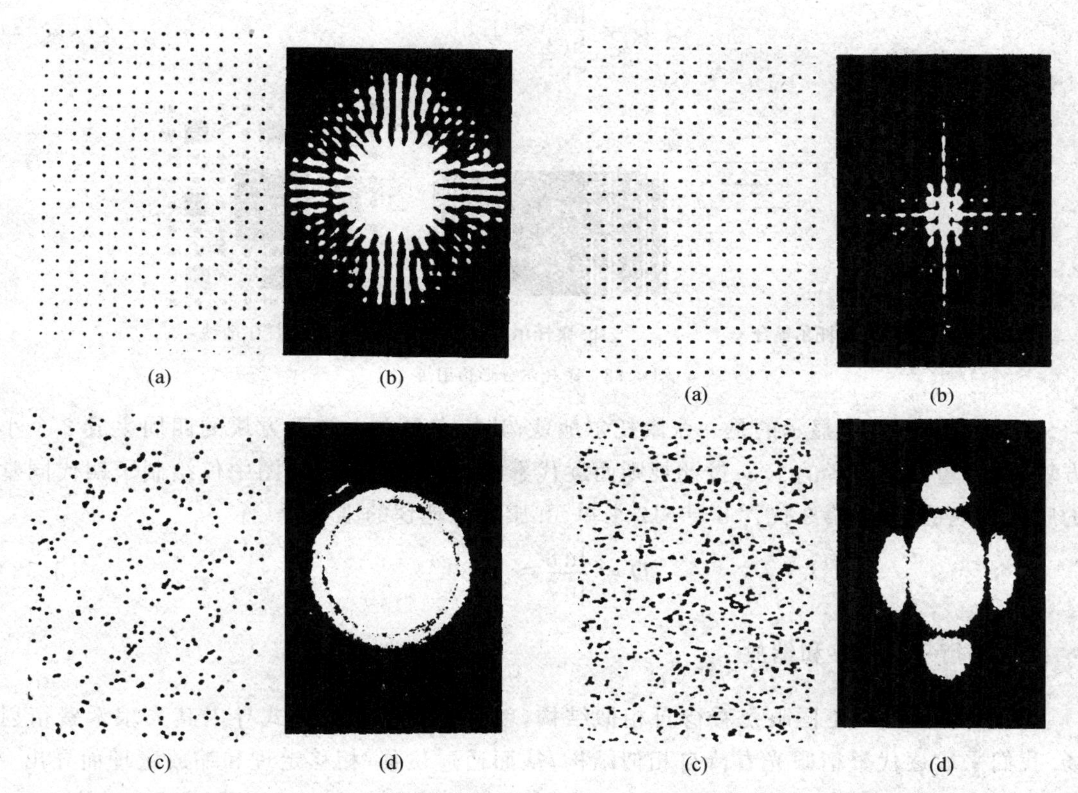

图 5.36 圆孔规则列阵(a)及其夫琅禾费衍射图样(b)，圆孔无规分布(c)及其夫琅禾费衍射图样(d)①

图 5.37 矩孔规则列阵(a)及其夫琅禾费衍射图样(b)，矩孔无规分布(c)及其夫琅禾费衍射图样(d)②

5.7 分形光学——自相似结构的衍射

· 自相似分形结构 · 逐代繁衍——位移和缩放 · 康托尔条幅的衍射场
· 康托尔地毯的衍射场 · 谢尔宾斯基垫片的衍射场

- **自相似分形结构**

自相似分形结构(self-similar fractal structure)，是一种介于周期结构与无规排列之间的新型结构.图 5.38(b)是基于康托尔(Cantor)集合图(a)而制成的一张自相似二维衍射屏——康托尔条幅，其特点是每一较宽条幅两侧，在位移值等于宽度的位置生成两条较窄的

①② 取自 Eugene Hecht & Alfred Zajac, *Optics*, pp. 362、363, Addison-Wesley Publishing Company, 1974.

条幅,宽度是前者的 1/3;按此规则而逐代繁衍;图中仅绘制了五代同堂的康托尔条幅,其中第 4 代含 $2^4=16$ 条. 按分数维(fractal dimension)的定义,康托尔条幅的维数为

$$D=\frac{\ln 6}{\ln 3}\approx 1.63. \tag{5.52}$$

(a) 康托尔集合　(b) 康托尔条幅　(c) 康托尔地毯

图 5.38　康托尔分形衍射屏

本章首节图 5.3 显示的是一张康托尔地毯,其特点是在一较大方块的四周生成 8 个小方块,后者边长是前者的 1/3;按此规则而逐代繁衍,如图 5.38(c);图中仅绘制了四代同堂的康托尔地毯,其中第 3 代含 $8^3=512$ 个单元. 康托尔地毯的维数为

$$D=\frac{\ln 8}{\ln 3}\approx 1.89. \tag{5.53}$$

- **逐代繁衍——位移和缩放**

泛论之,人们以不同眼光看待自相似结构,就有相应不同的方式导出其夫琅禾费衍射场. 我们采取逐代繁衍眼光看待自相似结构,从而通过位移-相移定理和缩放定理而导出 $\mathscr{F}$ 场. 按逐代繁衍的观点,自相似分形结构产生的 $\mathscr{F}$ 场的普遍表达式,可以构成为

$$\tilde{U}(\theta_1,\theta_2)=\tilde{U}_0+\sum_j\Big\{\tilde{U}_j+\sum_k\Big[\tilde{U}_{jk}+\sum_l\Big(\tilde{U}_{jkl}+\sum_m(\tilde{U}_{jklm}+\cdots)\Big)\Big]\Big\}. \tag{5.54}$$

这里,$\tilde{U}_0$ 表示位于中心那个母代产生的 $\mathscr{F}$ 场,$\sum\tilde{U}_j$,$\sum\sum\tilde{U}_{jk}$,$\sum\sum\sum\tilde{U}_{jkl}$ 分别表示第 1 代、第 2 代和第 3 代的 $\mathscr{F}$ 场. 为了简化下角标,(5.54)式也可以改写为

$$\tilde{U}(\theta_1,\theta_2)=\tilde{U}_0+\sum_J\tilde{U}_J^{(1)}+\sum_K\tilde{U}_K^{(2)}+\sum_L\tilde{U}_L^{(3)}+\sum_M\tilde{U}_M^{(4)}+\cdots \tag{5.55}$$

其中,J,K,L,M 取值从 1 分别至第 1 代、第 2 代、第 3 代和第 4 代的单元总数.

- **康托尔条幅的衍射场**

1.63 维康托尔条幅产生的 $\mathscr{F}$ 场构成如下,[①]

① 为简便起见,这里一概不在复函数 U 上冠以波纹～符号.

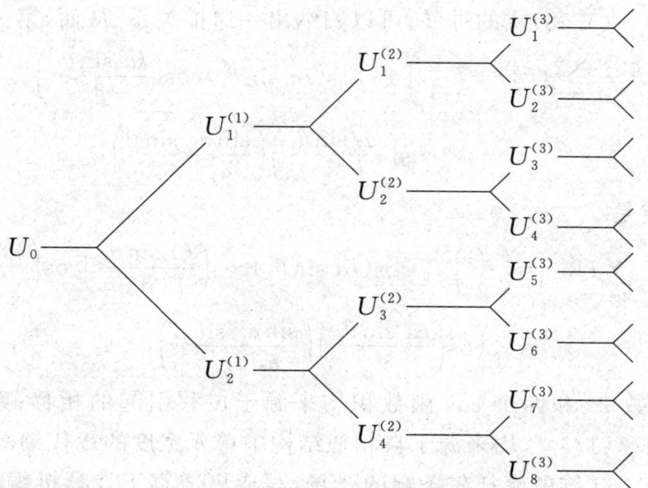

其中心母代是一个宽度为 a、长度为 b 的矩孔，故它的 $\mathscr{F}$ 场为

$$U_0 = c_0\left(\frac{\sin\alpha_0}{\alpha_0}\ \frac{\sin\beta_0}{\beta_0}\right),\quad \alpha_0 = \frac{\pi a\sin\theta_1}{\lambda},\quad \beta_0 = \frac{\pi b\sin\theta_2}{\lambda},\quad c_2 = \frac{A(ab)}{\lambda F},\tag{5.56}$$

这里，A 是入射光的振幅，F 是傅里叶透镜的焦距. 第 1 代包括 2 个较窄的矩孔，宽度均为 $a/3$，而位移量分别为 a 和 $-a$，故它的 $\mathscr{F}$ 场为

$$U_1^{(1)} = c_1^{(1)}\left(\frac{\sin\alpha_1}{\alpha_1}\ \frac{\sin\beta}{\beta}\right),\quad c_1^{(1)} = \frac{c_0}{3}\exp(-\mathrm{i}ka\sin\theta_1),\quad \alpha_1 = \frac{\alpha_0}{3},$$

$$U_2^{(1)} = c_2^{(1)}\left(\frac{\sin\alpha_1}{\alpha_1}\ \frac{\sin\beta}{\beta}\right),\quad c_2^{(1)} = \frac{c_0}{3}\exp(ika\sin\theta_1),\qquad \beta = \beta_0,$$

注意到系数 $c_1^{(1)}$ 与 $c_2^{(1)}$ 互为共轭，于是

$$U^{(1)} = \sum_{J=1}^{2}U_J^{(1)} = \frac{2}{3}c_0\cos(ka\sin\theta_1)\left(\frac{\sin\alpha_1}{\alpha_1}\ \frac{\sin\beta}{\beta}\right),\tag{5.57}$$

再考量第 2 代，它包含 4 个矩孔，其宽度均为 $a/3^2$，而位移量相对于第 1 代分别为 $a/3$ 和 $-a/3$，故其 $\mathscr{F}$ 场分别为

$$U_1^{(2)} = c_1^{(2)}\left(\frac{\sin\alpha_2}{\alpha_2}\ \frac{\sin\beta}{\beta}\right),\quad c_1^{(2)} = \frac{c_1^{(1)}}{3}\exp\left(\frac{-\mathrm{i}ka\sin\theta_1}{3}\right),$$

$$U_2^{(2)} = c_2^{(2)}\left(\frac{\sin\alpha_2}{\alpha_2}\ \frac{\sin\beta}{\beta}\right),\quad c_2^{(2)} = \frac{c_1^{(1)}}{3}\exp\left(\frac{ika\sin\theta_1}{3}\right),$$

$$U_3^{(2)} = c_3^{(2)}\left(\frac{\sin\alpha_2}{\alpha_2}\ \frac{\sin\beta}{\beta}\right),\quad c_3^{(2)} = \frac{c_2^{(1)}}{3}\exp\left(\frac{-ika\sin\theta_1}{3}\right),$$

$$U_4^{(2)} = c_4^{(2)}\left(\frac{\sin\alpha_2}{\alpha_2}\ \frac{\sin\beta}{\beta}\right),\quad c_4^{(2)} = \frac{c_2^{(1)}}{3}\exp\left(\frac{ika\sin\theta_1}{3}\right),$$

$$\alpha_2 = \frac{\alpha_1}{3}.$$

注意到系数 $c_1^{(2)}$ 与 $c_2^{(2)}$ 共轭，$c_3^{(2)}$ 与 $c_4^{(2)}$ 共轭，故以上 4 项可简并为

$$U^{(2)} = \sum_{K=1}^{4}U_K^{(2)} = \left(\frac{2}{3}\right)^2 c_0\cos(ka\sin\theta_1)\cos\left(\frac{ka\sin\theta_1}{3}\right)\left(\frac{\sin\alpha_2}{\alpha_2}\ \frac{\sin\beta}{\beta}\right).\tag{5.58}$$

从上述(5.56)—(5.58)式的进展,可以归纳出一递推关系.从而,第3代的$\mathscr{F}$场必定是

$$U^{(3)}=\sum_{L=1}^{8}U_L^{(3)}=\left(\frac{2}{3}\right)^3 c_0\cos(ka\sin\theta_1)\cos\left(\frac{ka\sin\theta_1}{3}\right)\times\cos\left(\frac{ka\sin\theta_1}{3^2}\right)\left(\frac{\sin\alpha_3}{\alpha_3}\frac{\sin\beta}{\beta}\right),\quad \alpha_3=\frac{\alpha_2}{3}. \tag{5.59}$$

第4代的$\mathscr{F}$场必定是

$$U^{(4)}=\sum_{M=1}^{16}U_M^{(4)}=\left(\frac{2}{3}\right)^4 c_0\cos(ka\sin\theta_1)\cos\left(\frac{ka\sin\theta_1}{3}\right)\cos\left(\frac{ka\sin\theta_1}{3^2}\right)\times\cos\left(\frac{ka\sin\theta_1}{3^3}\right)\left(\frac{\sin\alpha_4}{\alpha_4}\frac{\sin\beta}{\beta}\right),\quad \alpha_4=\frac{\alpha_3}{3}, \tag{5.60}$$

从中不难看出,系数2^4和四个cos函数积均来源于位移引起的相移;系数$(1/3)^4$和参量$\alpha_4=(1/3)^4\alpha_0$的倍率$(1/3)^4$,均来源于自相似结构中单元宽度的逐代缩减.

最终,我们将1.63维的康托尔条幅的$\mathscr{F}$场,写成更适宜于计算机编程的递推形式如下(这里借用$\operatorname{sinc}x=\sin x/x$缩写符号),

$$\begin{cases} U_0=V_0\operatorname{sinc}\alpha_0, & V_0=c_0\operatorname{sinc}\beta_0, \quad \alpha_0=\dfrac{\pi a\sin\theta_1}{\lambda}, \quad \beta_0=\dfrac{\pi b\sin\theta_2}{\lambda}, \\ U^{(1)}=V_1\operatorname{sinc}\alpha_1, & V_1=\dfrac{2}{3}\cos(ka\sin\theta_1)V_0, \quad \alpha_1=\alpha_0/3, \\ U^{(2)}=V_2\operatorname{sinc}\alpha_2, & V_2=\dfrac{2}{3}\cos\left(\dfrac{ka\sin\theta_1}{3}\right)V_1, \quad \alpha_2=\alpha_1/3, \\ \cdots & \cdots \qquad \cdots \\ U^{(N)}=V_N\operatorname{sinc}\alpha_N, & V_N=\dfrac{2}{3}\cos\left(\dfrac{ka\sin\theta_1}{3^{N-1}}\right)V_{N-1}, \quad \alpha_N=\alpha_{N-1}/3 \end{cases} \tag{5.61}$$

于是,N代共存时的$\mathscr{F}$场为

$$U(\theta_1,\theta_2)=U_0+U^{(1)}+U^{(2)}+\cdots+U^{(N-1)}. \tag{5.62}$$

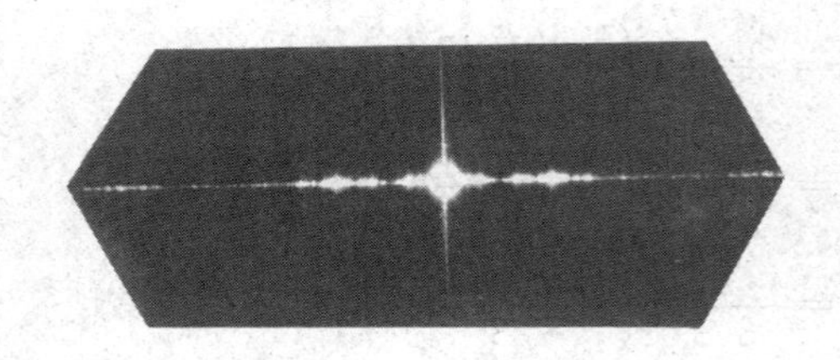

图5.39　1.63维康托尔条幅产生的夫琅禾费衍射图样

照片图5.39是以康托尔条幅的负片为衍射屏而拍摄得到的一幅夫琅禾费衍射图样.

图5.40显示的一组曲线,是根据$\mathscr{F}$场递推公式(5.61)和(5.62)式,由计算机描绘出的关于康托尔条幅的$\mathscr{F}$场分布曲线,其横坐标表示$\sin\theta_1$,单位为λ/a,区间$\in(0,50)$.其中,曲线(a)为母代的$\mathscr{F}$场,曲线(b)为母代和第1代共存即2代同堂时的$\mathscr{F}$场,依此类推,至曲线(k),它是11代共存时的$\mathscr{F}$场.

从这一组曲线随自相似结构代数的增加而演变的情景中,可以分析出若干演变特点,这为人们在另一表象中认识自相似分形结构,提供了一种依据,进而,可望在凝聚态物理学、材料科学和生命科学等领域,为研究材料生长或研究混沌、分形等非线性特征,提供了一种光

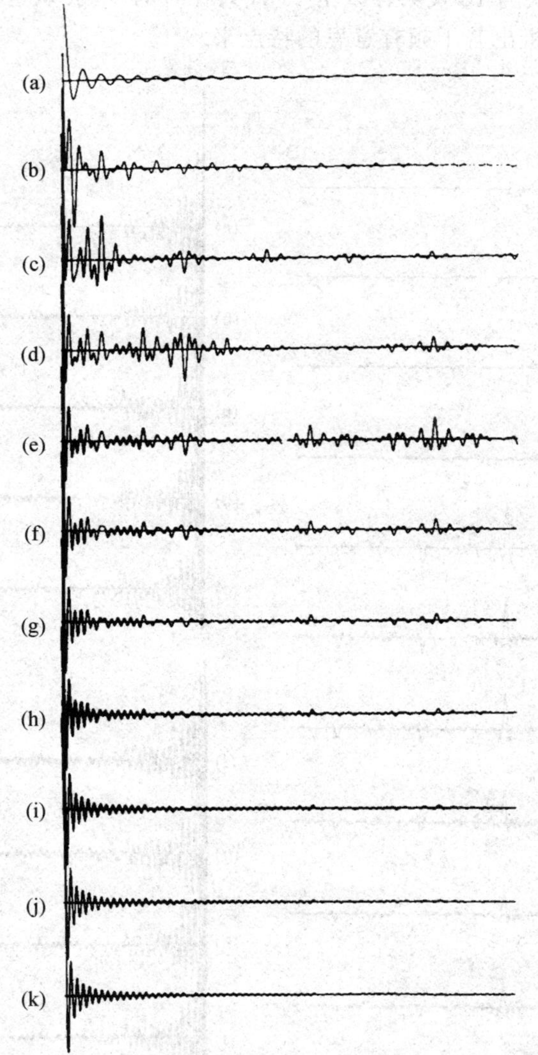

图 5.40 1.63 维康托尔条幅的衍射函数曲线,(a)—(k)依次为从母代以至含母代的 11 代共存时的衍射场

学手段. 作为这一认识被光学界所肯定的一个标志,在 1995 年于日本东京举行的一次国际光学会议上,第一次正式提出了一个新的主题词——Fractal Optics,分形光学.

- **康托尔地毯的衍射场**

仿照上述方法,采用逐代繁衍眼光,通过位移和缩减两步操作,我们可以求得 1.89 维康托尔地毯的 $\mathscr{F}$ 场递推公式[①]. 据此,由计算机描绘出两组 $\mathscr{F}$ 场分布曲线,其横坐标表示 $\sin\theta_1$,区间 $\in(0,50)$. 其中,图 5.41(A)从(a)—(k)依次为母代 $\mathscr{F}$ 场—11 代共存时的 $\mathscr{F}$ 场;图

① 可参考钟锡华,自相似结构的谱函数,《物理学报》,Vol. 39, No. 6 (1990), p. 901.

5.41(B)从(a)—(j)依次为12代共存以至21代共存时的$\mathscr{F}$场.从这些衍射场函数曲线一代代演变情景中,可以分析出若干颇有意思的特点来.

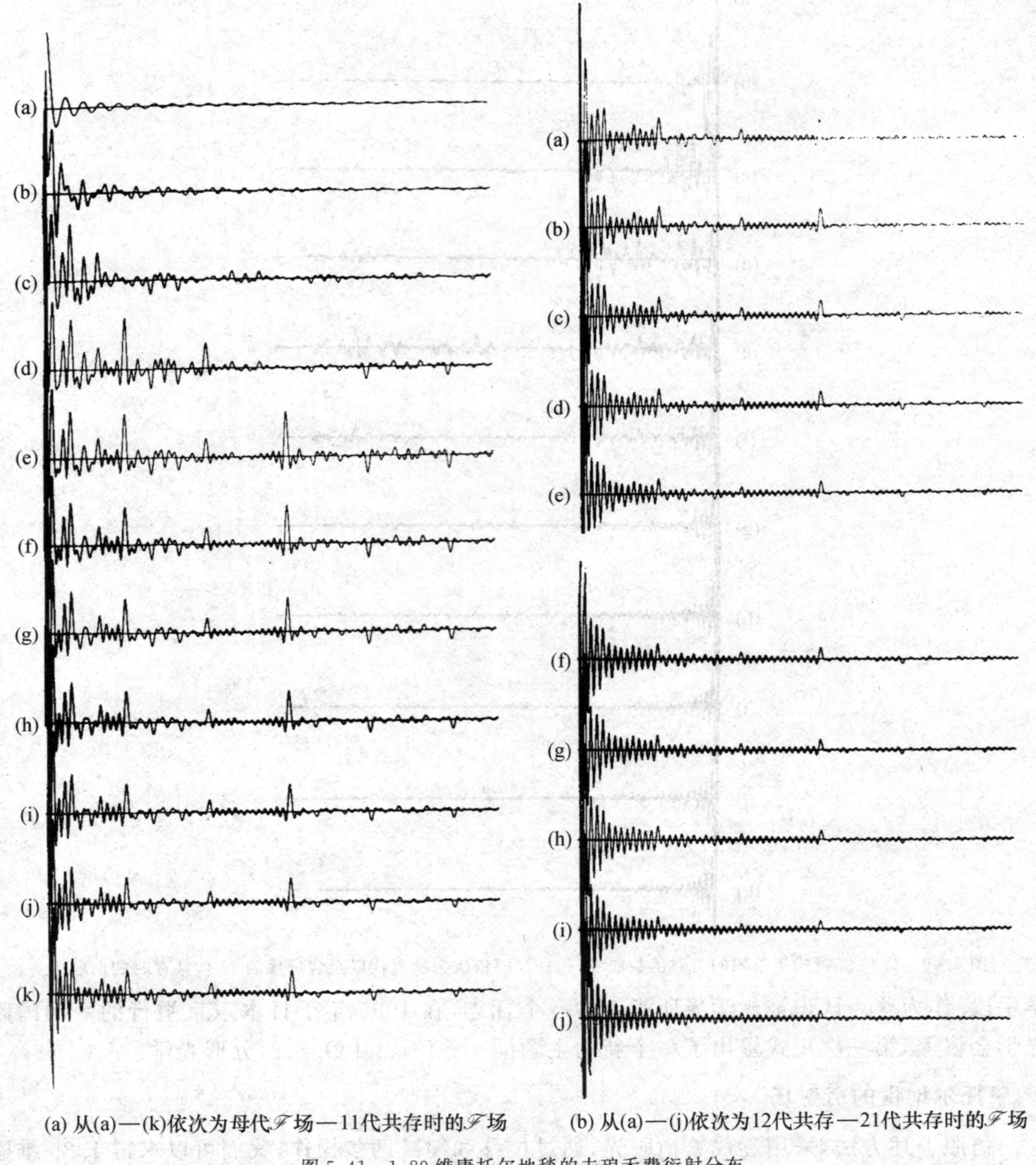

(a) 从(a)—(k)依次为母代$\mathscr{F}$场—11代共存时的$\mathscr{F}$场　　(b) 从(a)—(j)依次为12代共存—21代共存时的$\mathscr{F}$场

图 5.41　1.89 维康托尔地毯的夫琅禾费衍射分布

● **谢尔宾斯基垫片的衍射场**

谢尔宾斯基垫片(Sierpinski gasket),可简称为角型分形(angular fractals),其原型如图5.42(a)所示,一个大的正三角形面积被切分为4个全同的小三角形,且将中间的那个倒三角形镂空或涂黑;再对保留下来的那3个小三角形,作同样的切分和镂空或涂黑;按如此规则一次次操作而逐代繁衍.图5.42(a)仅绘制了5代同堂的自相似角型分形.按分数维的定义,这角型分形的维数为

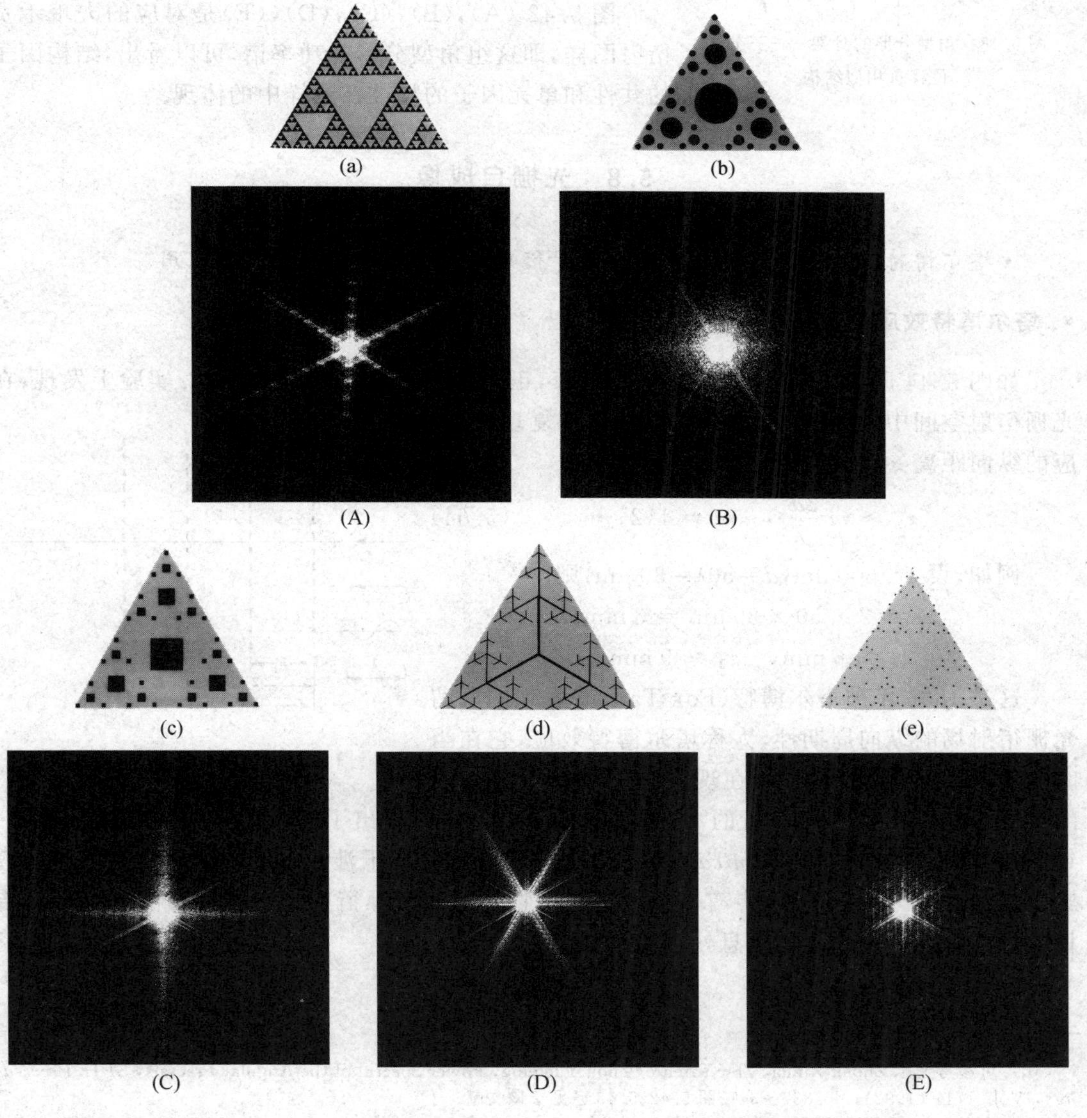

图5.42　基于谢尔宾斯基垫片(a)而创造的角型分形(b)—(e),以及它们的夫琅禾费衍射图样(A)—(E)

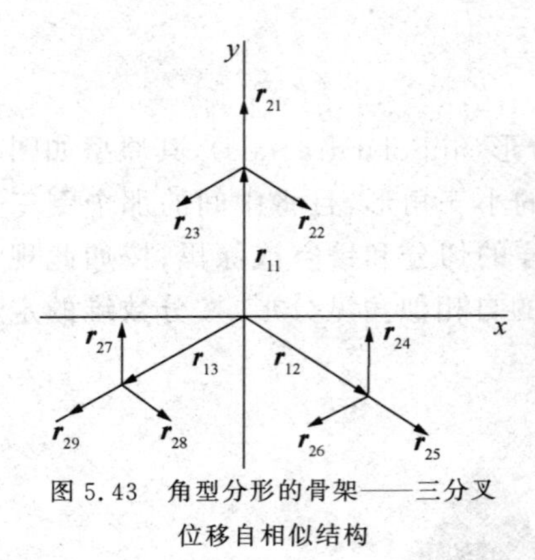

图 5.43　角型分形的骨架——三分叉位移自相似结构

$$D=\frac{\ln 3}{\ln 2}\approx 1.58. \tag{5.63}$$

图 5.42(b),(c),(d),(e),是基于图(a)原型而创造的几个角型分形,它们彼此间的区别在于单元形状,而它们赖以生长的骨架是相同的,均系三分叉自相似结构,如图 5.43 所示.据此可导出其 $\mathscr{F}$ 场结构因子的递推公式,再结合各自的 $\mathscr{F}$ 场单元因子,便获得这些角型分形 $\mathscr{F}$ 场的递推公式.[①]

图 5.42 (A),(B),(C),(D),(E)是对应的夫琅禾费衍射图样,即这组角型分形的功率谱,可以看出,结构因子的共性和单元因子的特性在图样中的体现.

5.8　光栅自成像

· 塔尔博特效应　· 理论说明——基于衍射平面波理论　· 意义和应用

● 塔尔博特效应

如图 5.44 所示,一波长为 λ 的平行光束,正入射于一光栅,其周期为 d. 实验上发现,在光栅衍射空间中,出现了光栅自成像和自重复现象,对应的纵向距离 z 符合以下规律,

$$z_m\approx m\,\frac{2d^2}{\lambda},\quad m=1,2,\cdots \tag{5.64}$$

例如,设 $\lambda\sim 600$ nm, $d=50\lambda=30\ \mu$m,则

$$z_1\approx 2\times 50\times 30\ \mu\text{m}=3\ \text{mm},$$
$$z_2\approx 6\ \text{mm},\quad z_3\approx 9\ \text{mm}.$$

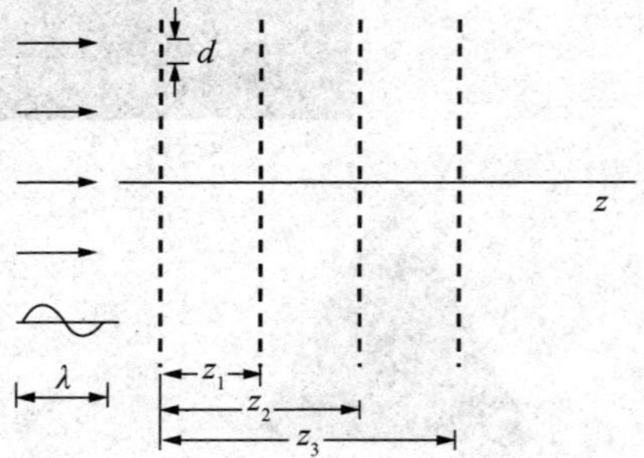

图 5.44　塔尔博特效应——光栅自成像

这是 1836 年被塔尔博特(Fox Talbot)发现的所谓光栅衍射场的纵向周期性,人称塔尔博特效应,它在当时便引起人们很大兴趣,而在现代它又重新引起人们的重视. 1961 年,在伦敦举行的"光学仪器国际会议"上,提出了塔尔博特效应频谱仪;1971 年,著名刊物 *Optics Communications* 上,发表了塔尔博特干涉仪的论文;1979 年出版的权威著作《光学全息手册》中,专有一节论述周期物体的菲涅耳衍射——塔尔博特效应[②];还有将塔尔博特效应用于光学信息处理的研究.

① 可参考文献 Zhong Xihua, Zhu Yafen & Zhou Yueming, Power Spectra of the Angular Fractals, *SPIE Proceedings*, Vol. 1711 (1992), pp. 337～347. 图 5.42、5.43 已见于该文献.

② 中译本《光学全息手册》,科学出版社,1988 年.

- **理论说明——基于衍射平面波理论**

自从塔尔博特效应被发现以来的一百多年期间，先后提出了几种理论以解释它. 而在这里，我们用物理图像更为清晰的衍射平面波理论，说明塔尔博特效应，参见图 5.45，分述如下.

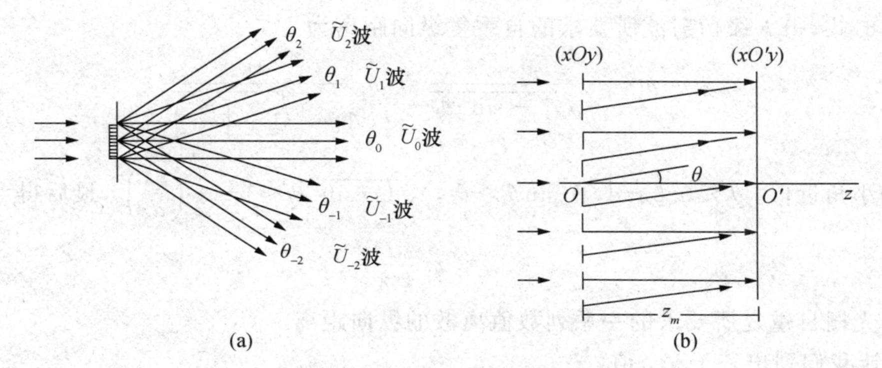

图 5.45 用衍射平面波理论说明塔尔博特效应

(1) 光栅衍射将出现若干主极强方向，而一个主极强方向对应了一列平面衍射波，如图 5.45(a)所示. 这意味着，光栅衍射场是这一系列平面衍射波的叠加，或者说，光栅后场有限远处横平面(xy)上的衍射场，是这一系列平面衍射波的干涉场.

(2) 我们知道，多列波相干叠加的结果，取决于它们的振幅关系和相位关系. 而任一平面波在传播过程中，其振幅维持不变. 换言之，$z\neq 0$ 横平面上这些平面波的振幅关系，与 $z=0$ 光栅面上的无异. 那么，我们只须考量它们之间的相位关系——看看在 $z\neq 0$ 横平面上，是否可能实现与 $z=0$ 光栅面上，有同样的相位关系. 如果是，则出现光栅自重复现象.

(3) 为此，我们考察相位关系，参见图 5.45(b). 在(xOy)面上任选一点 O，设正出射的零级衍射波 $\tilde{U}_0$ 波在 O 点相位为 φ_0，以 θ 角斜出射的非零级 $\tilde{U}$ 波在 O 点的相位为 φ；在纵向距离为 z 的横平面($xO'y$)上，O' 点与 O 点等高，$\tilde{U}_0$ 波、$\tilde{U}$ 波在 O' 点的相位值分别为 φ_0' 和 φ'. 根据平面波函数标准形式，

$$\tilde{U}(x,y,z) = A\mathrm{e}^{ik(\sin\theta\cdot x+\cos\theta\cdot z)},$$

当 $ky=0$，得到以下相位关系为，

$$\varphi_0' = \varphi_0 + kz, \quad \varphi' = \varphi + kz\cos\theta,$$

于是

$$(\varphi_0' - \varphi') = (\varphi_0 - \varphi) + kz(1-\cos\theta),$$

该式表明，($xO'y$)面上相位关系($\varphi_0'-\varphi'$)与(xOy)面上相位关系($\varphi_0-\varphi$)，两者之间相差 $kz(1-\cos\theta)$. 为满足“自重复”，则要求

$$kz(1-\cos\theta) = m2\pi, \quad m=1,2,\cdots \tag{5.65}$$

得纵向距离，

$$z_m = m\frac{\lambda}{1-\cos\theta},\quad m=1,2,\cdots \tag{5.66}$$

(4) 将上式应用于一维光栅，其一系列平面衍射波的衍射角 θ_k 可由光栅公式确定为

$$\sin\theta_k = k\frac{\lambda}{d},\quad k=0,\pm1,\pm2,\cdots$$

代入(5.66)式，得 k 级衍射波所要求的自重复纵向距离为

$$z_{m,k} = m\frac{\lambda}{1-\sqrt{1-\sin^2\theta_k}} = m\frac{\lambda}{1-\sqrt{1-\left(\frac{k\lambda}{d}\right)^2}},$$

考虑傍轴小角近似，$\theta_k \leqslant 0.3\,\mathrm{rad}$，有 $\sin\theta_k \approx \theta_k$，$\sqrt{1-\sin^2\theta_k} \approx 1-\frac{1}{2}\left(\frac{k\lambda}{d}\right)^2$，最后得

$$z_{m,k} \approx m\frac{2d^2}{k^2\lambda}, \tag{5.67}$$

它给出了光栅自重复所要求的一系列数值离散的纵向距离.

(5) 让我们列出若干 $z_{m,k}$ 值：

当 $k=\pm1$，$z_{m,1} \approx m\dfrac{2d^2}{\lambda}$，即 $z_{1,1} \approx \dfrac{2d^2}{\lambda}$，　$z_{2,1} \approx \dfrac{4d^2}{\lambda}$，　$z_{3,1} \approx \dfrac{6d^2}{\lambda}$；

当 $k=\pm2$，$z_{m,2} \approx m\dfrac{d^2}{2\lambda}$，即 $z_{1,2} \approx \dfrac{d^2}{2\lambda}$，　$z_{2,2} \approx \dfrac{d^2}{\lambda}$，　$z_{3,2} \approx \dfrac{3d^2}{2\lambda}$，　$z_{4,2} \approx \dfrac{2d^2}{\lambda}$；

当 $k=\pm3$，$z_{m,3} \approx m\dfrac{2d^2}{9\lambda}$，即 $z_{1,3} \approx \dfrac{2d^2}{9\lambda},\cdots,z_{3,3} \approx \dfrac{2d^2}{3\lambda},\cdots,z_{6,3} \approx \dfrac{4d^2}{3\lambda},\cdots,z_{9,3} \approx \dfrac{2d^2}{\lambda}$.

由此，我们看到

$$z_{1,1} = z_{4,2} = z_{9,3} \approx \frac{2d^2}{\lambda},$$

这表明，在纵向距离为 $z_1 \approx 2d^2/\lambda$ 横平面上，有 $k=0,\pm1,\pm2,\pm3$ 等 7 列平面衍射波叠加而实现了自重复，即它们在该平面上的相位关系相同于(xOy)面上的相位关系，既然后者叠加出一个光栅，那前者也必定叠加出一个同样的光栅.

(6) 其实，从(5.67)式我们已经看到，$k=\pm1$ 时的纵向距离

$$z_m \approx m\frac{2d^2}{\lambda},$$

其周期为 $2d^2/\lambda$，与 $k=\pm2,\pm3,\cdots$相比较，它是最大的周期. 这就是说，凡是使 0 级和±1 级衍射波自重复的横平面，也必定使其他高级衍射波自重复，而完整地实现了光栅自成像. 因此，上式即(5.64)式便成为光栅自成像位置的一般表达式.

● **意义和应用**

塔尔博特效应生动地显示了，一个在横向具有周期性的波前，联系着一个纵向具有周期性的波场. 三维波动空间中，其二维横向场与一维纵向场之间这等微妙关系，可谓使人们耳

目一新,这无疑丰富了我们对波动性的认识.这是塔尔博特效应的理论意义.

(5.64)表明光栅自重复的纵向周期为

$$\tilde{z} = z_m - z_{m-1} \approx \frac{2d^2}{\lambda}, \tag{5.68}$$

我们可从两方面看出上式的应用价值.当光栅周期 d 给定,则纵向周期 $\tilde{z}$ 与波长 λ 一一对应,短波长对应长周期,据此可测量波长.进而,若入射光为非单色,比如含两种波长成分 λ_1,λ_2,则纵向场含两个周期成分,

$$\tilde{z}_1 = \frac{2d^2}{\lambda_1}, \quad \tilde{z}_2 = \frac{2d^2}{\lambda_2}. \tag{5.68$'$}$$

推而广之,人们可以用传感器沿纵向直接探测场分布,将其数据输入计算机作傅里叶变换运算,最终获得一张入射光的光谱曲线.这是塔尔博特光谱仪的工作原理.反过来,若入射光为准单色,而横向结构含两种周期成分 d_1 和 d_2,则纵向光场含两种周期成分,

$$\tilde{z}_1 = \frac{2d_1^2}{\lambda}, \quad \tilde{z}_2 = \frac{2d_2^2}{\lambda}. \tag{5.68$''$}$$

推而广之,纵向场分布数据经傅里叶变换运算,其输出曲线反映了横向结构的空间频谱.这是塔尔博特空间频谱仪的工作原理.

5.9 超短光脉冲和锁模

- 多光束干涉导致空域尖脉冲　· 从空域尖脉冲到时域超短脉冲　· 激光锁模技术
- 例题——估算激光超短脉冲宽度

● 多光束干涉导致空域尖脉冲

由反射或透射多光束之干涉而形成的法布里-珀罗干涉条纹,和由衍射多光束之干涉而形成的光栅条纹,均在空间出现十分尖锐的主极强——空域尖脉冲,如图 5.46 所示.现以光栅为例,采用矢量图解法以直观地显示这空域尖脉冲的角宽度 $\Delta\theta_k \propto 1/Nd$,参见图 5.47.当方向角 $\theta=\theta_k$,以致多光束中相邻光束的光程差为 $k\lambda$、相应的相位差为 $k(2\pi)$时,则表示光场振幅的 N 个小矢量沿同一方向排列,故此时合成振幅为一极大值;若偏离 θ_k 方向一角度 $\Delta\theta_k$,以致这 N 个不同方向的小矢量恰巧闭合为一正多边形,则合成振幅为零;从图 5.47 中清楚地看出,闭合一周所对应的相邻两小矢量的夹角即相位差改变量 $\Delta\delta$,取决于 N 数:

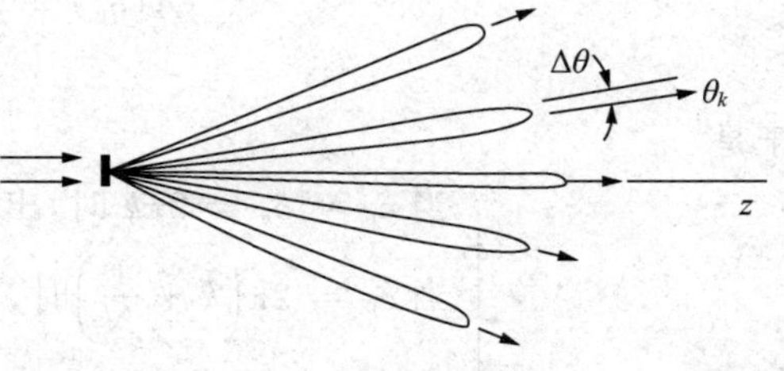

图 5.46　空域尖脉冲

$$N = 3,\ \Delta\delta = \frac{2\pi}{3};\quad N = 6,\ \Delta\delta = \frac{2\pi}{6};\quad N = 12,\ \Delta\delta = \frac{2\pi}{12},$$

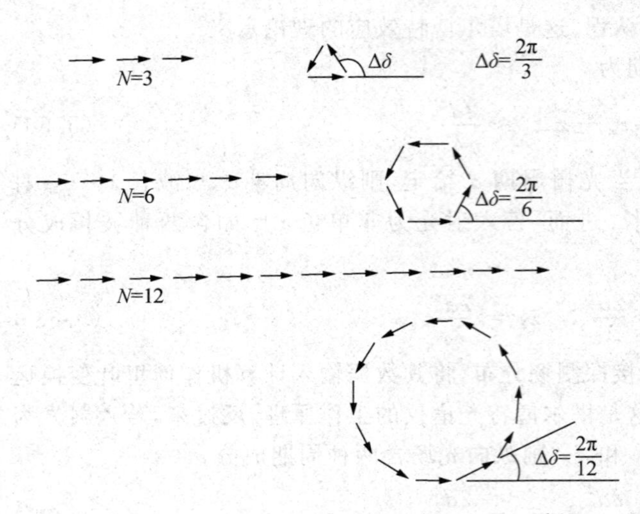

图 5.47 矢量图解法形象地显示脉冲角宽度 $\propto \frac{1}{N}$

普遍地有

$$\Delta\delta = \frac{2\pi}{N}. \tag{5.69}$$

再根据相邻光束之相位差公式，$\delta = \frac{2\pi}{\lambda}d\sin\theta$，得其改变量（小量）

$$\Delta\delta = \frac{2\pi}{\lambda}d\cos\theta_k \cdot \Delta\theta_k, \tag{5.70}$$

令以上两式(5.69)，(5.70)相等，得 k 级主极强的半角宽度为

$$\Delta\theta_k = \frac{\lambda}{Nd\cos\theta_k} = \frac{\lambda}{D\cos\theta_k},$$

这结果与(5.16)式一致. 图 5.47 有助于我们领会 N 束光干涉导致空域尖脉冲的道理.

- **从空域尖脉冲到时域超短脉冲**

说到底，多光束干涉就是 N 个同频光振动的叠加，

$$u(t) = \sum_{i=1}^{N} a_i\cos(\omega t + \delta_i) = A\cos(\omega t + \varphi),$$

若 $a_i = a_0$，即等振幅，光栅衍射就是如此；且 $\delta_i = (i-1)\delta_0$，即相位逐个依次延迟 δ_0，$i = 1, 2, 3, \cdots, N$，

$$\delta_i = 0,\ \delta_0,\ 2\delta_0,\ \cdots,\ (N-1)\delta_0.$$

在这条件下，采用矢量图解法或复数解法，最终得合成振幅，

$$A(\delta_0) = a_0 \cdot \left(\frac{\sin N\dfrac{\delta_0}{2}}{\sin\dfrac{\delta_0}{2}}\right), \tag{5.71}$$

于是

$$\begin{cases} \text{当 } \delta_0 = \delta_k = 2\pi k \text{ 时，出现极大峰值，} A_{\mathrm{M}} = Na_0; \\ \text{当 } \delta_0 = 2\pi\left(k + \dfrac{1}{N}\right) \text{时，在极大值邻近出现零值，} A_{\mathrm{m}} = 0; \\ \text{故峰值半相位宽度 } \Delta\delta = \dfrac{2\pi}{N}. \end{cases} \tag{5.72}$$

这些均是以抽象的相位差 δ_0 为变量所得到的一般性结论，表现在相域中出现了一系列尖脉冲，如图 5.48(a)所示. 如果相位差 δ_0 是空域中的变量，比如光栅情形，$\delta_0(\theta) = kd\sin\theta$，则出现空域尖脉冲，如图 5.48(b)所示；如果相位差是时域中的变量 $\delta_0(t)$，则出现时域短脉冲，如图 5.48(c) 所示.

受到 $\delta_0(\theta) \propto \sin\theta$ 的启发，我们不妨设想相位差 $\delta_0(t) \propto t$，引入比例常数 $P(\mathrm{s}^{-1})$，写成

$$\delta_0(t) = Pt, \tag{5.73}$$

代入(5.72)式,得到出现脉冲峰值的时刻 t_k、脉冲宽度 Δt 和脉冲间隔 τ,

$$t_k = 2\pi\frac{k}{P}, \quad \Delta t = \frac{2\pi}{NP}, \quad \tau = \frac{2\pi}{P}. \tag{5.74}$$

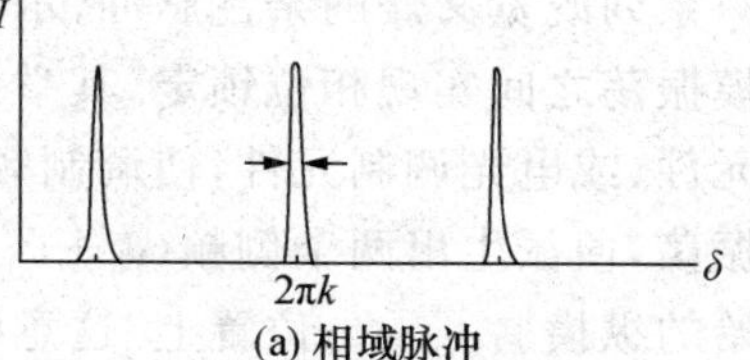

(a) 相域脉冲

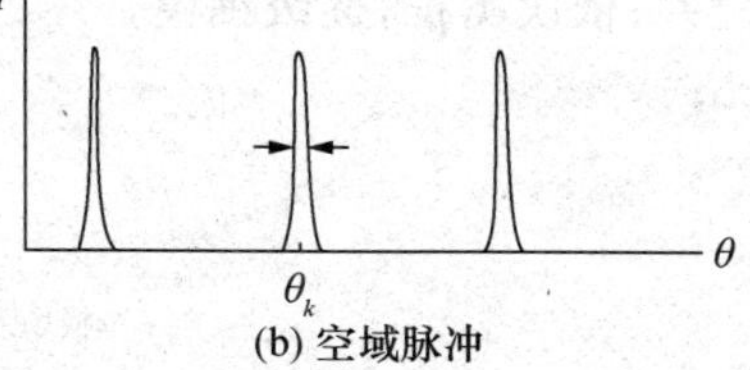

(b) 空域脉冲

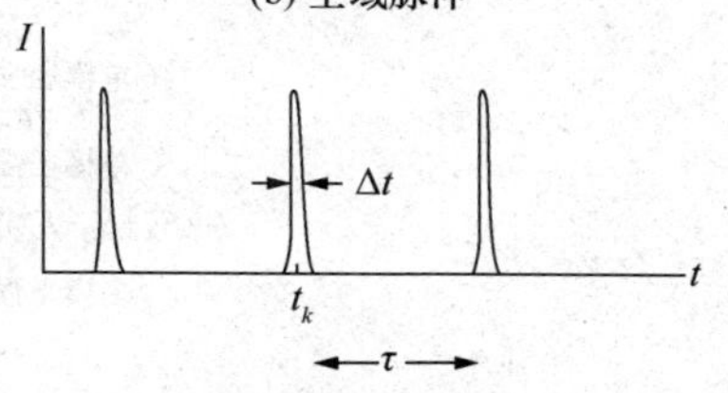

(c) 时域脉冲

图 5.48 不同域中的脉冲信号

在(5.73)式得以满足的条件下,那 N 个光振动分别为

$$a_0\cos\omega t,\ a_0\cos(\omega+P)t,\ a_0\cos(\omega+2P)t,\cdots,\ a_0\cos(\omega+(N-1)P)t.$$

可见,它们依次频差为一常数 P,其合成振动为

$$u(t) = \sum_{i=1}^{N} a_0\cos(\omega+(i-1)P)t = a_0\left(\frac{\sin N\dfrac{P}{2}t}{\sin\dfrac{P}{2}t}\right)\cdot\cos\left(\omega+\frac{(N-1)}{2}P\right)t. \tag{5.75}$$

由此可见,一系列频差依次为一常数的不同频率的振动之合成,将出现周期性的脉冲信号;人们最关心的是其脉冲宽度 Δt 和脉冲间隔 τ. 脉冲间隔的倒数 $1/\tau$ 被称作脉冲重复频率,已由(5.74)式给出,也可以将(5.74)式写成反比形式,如下,

$$\Delta t\cdot(NP) = 2\pi, \quad \tau\cdot P = 2\pi. \tag{5.76}$$

若以电子信息科学语言表达(5.75)式中各量,则为:ω——本机频率;P——差频;$\left(\sin N\dfrac{P}{2}t\Big/\sin\dfrac{P}{2}t\right)$——调幅因子,这是一个脉冲型调制函数,它决定了信号的相对强度;至于$\left(\omega+\dfrac{N-1}{2}P\right)$——频率序列的平均频率,一般而言它对信号接收并不重要.

- **激光锁模技术**(laser mode-locking technic)

实际上如何生成具有上述频率序列的 N 个振荡呢?首先我们想到了 FP 腔,它可以输出一系列纵模,其纵模频率间隔为一常数,如图 5.49 所示,

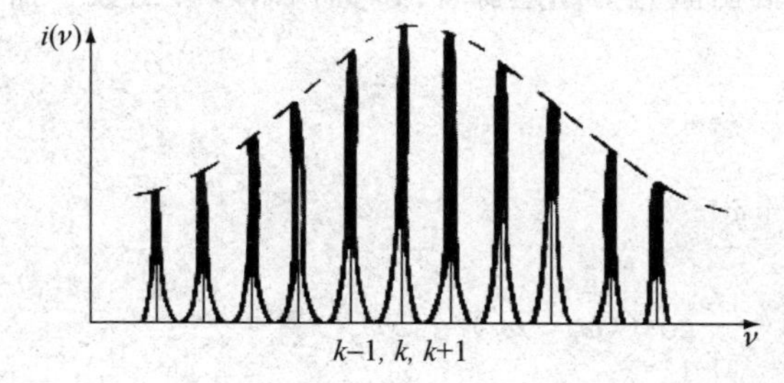

图 5.49 FP 腔输出一系列纵模

$$\Delta\nu = \nu_{k+1} - \nu_k = \frac{c}{2L},$$

即

$$P = \Delta\omega = 2\pi\frac{c}{2L}.$$

然而,令人遗憾的是,这一系列纵模振荡选自光谱的自发展宽,其彼此相位关系是随机的,不能产生持续的相干作用,即它们叠加的结果不能输出上述那种规则的尖锐脉冲,而是

一系列既宽又矮的杂乱脉冲，示意如图 5.50(a). 人们创造了一种锁模技术，旨在令不同纵模振荡之间实现相位锁定. 其举措之一是，在腔内置入适当的损耗调制元件，比如声光调制元件，或电光调制元件，使调制频率 ν' 恰巧等于纵模间隔，$\nu'=\Delta\nu$，于是，经调制后的纵模 ν_k 振荡，便派生出两个侧频 $(\nu_k+\nu')$ 和 $(\nu_k-\nu')$，亦即 $(\nu_k+\Delta\nu)$ 和 $(\nu_k-\Delta\nu)$，这正好落在两侧原始的纵模 ν_{k+1}，ν_{k-1} 位置上. 这意味着，这三个纵模振荡，$\nu_{k-1}\leftarrow\nu_k\rightarrow\nu_{k+1}$，彼此有确定的相位差；依次类推，逐级锁模，

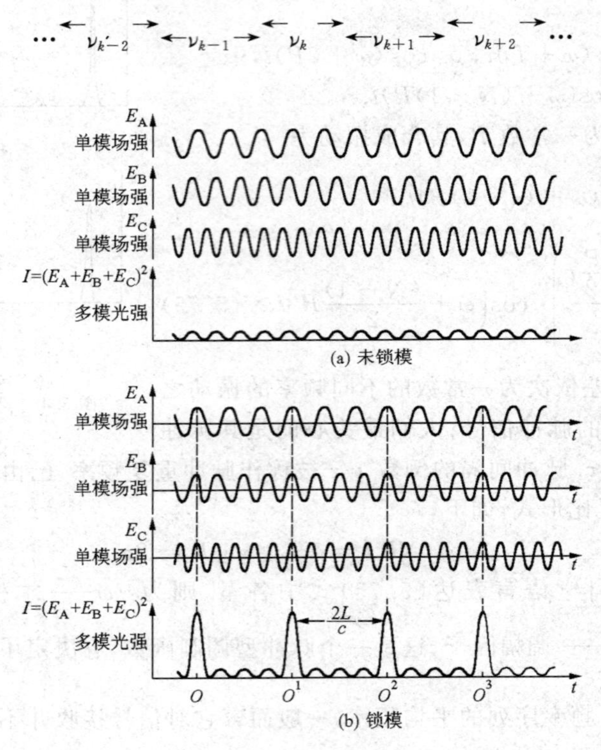

图 5.50　激光锁模振荡工作原理示意图. (a) 设有三个不同纵模随机振荡的效果，(b) 设有三个不同纵模锁模振荡的效果

宛如一串连环锁，其中任一原始纵模的能量被耦合到所有纵模频率上，故这一系列纵模彼此间就有了确定的相位关联，叠加结果最终导致输出激光为超短脉冲. 以上调制过程的数学描写是：

设单一纵模振荡　　$a\cos(\omega_k t+\tilde{\varphi})$

$$\downarrow$$

被调制的振荡　$(\bar{a}+b\cos\omega' t)\cdot\cos(\omega_k t+\tilde{\varphi})$

$$\|$$

$$\bar{a}\cos(\omega_k t+\tilde{\varphi})+\frac{b}{2}\cos((\omega_k+\omega')t+\tilde{\varphi})+\frac{b}{2}\cos((\omega_k-\omega')t+\tilde{\varphi})$$

由此可见，虽然其中每一振荡成分仍含有相位随机量 $\tilde{\varphi}$，但这三种成分的相位变化却是完全

相关的.

● 例题——估算激光超短脉冲宽度

激光器两端的高反射镜面构成了一个有源 FP 腔,其输出纵模频率间隔与无源 FP 腔的相同. 不过,只有那些其强度超过某一阈值的纵模,才获得增益而成为激光输出. 大于阈值所对应的横坐标的频率范围或波长范围被称作增益带宽 $\Delta\lambda_G$.

设激光器腔长 $L\approx 1\,\mathrm{m}$,其输出激光的中心波长 $\lambda_0\sim 600\,\mathrm{nm}$,增益带宽 $\Delta\lambda_G\sim 1.5\,\text{Å}$. 试估算经锁模技术而输出激光的脉冲特性.

先算差频,

$$P=\Delta\omega=2\pi\frac{c}{2L}=\pi\frac{3\times 10^8}{1}\,\mathrm{Hz}\approx 10^9\ \mathrm{Hz}\approx 10^3\ \mathrm{MHz},$$

相应的纵模波长间隔为

$$\Delta\lambda\approx\frac{\lambda_0^2}{2\pi c}\Delta\omega=\frac{(6\times 10^{-7})^2}{2\pi\times 3\times 10^8}\times 10^9\ \mathrm{m}\approx 2\times 10^{-13}\ \mathrm{m}=2\times 10^{-3}\ \text{Å},$$

于是,在增益带宽 $\Delta\lambda_G$ 内所包含的纵模个数为

$$N=\frac{\Delta\lambda_G}{\Delta\lambda}\approx\frac{1.5}{2\times 10^{-3}}\approx 750.$$

这 750 个振荡经锁模而输出的脉冲宽度 Δt 和脉冲间隔 τ 由(5.75)式给出,

$$\Delta t=\frac{2\pi}{NP}\approx\frac{2\times 3}{750\times 10^9}\ \mathrm{s}\approx 8\times 10^{-12}\ \mathrm{s}=8\ \mathrm{ps},\quad 即\ 8\ 皮秒;$$

$$\tau=\frac{2\pi}{P}\approx\frac{2\times 3}{10^9}\ \mathrm{s}=6\times 10^{-9}\ \mathrm{s}=6\ \mathrm{ns},\quad 即\ 6\ 纳秒.$$

获得激光超短脉冲的技术手段并非仅有锁模一种. 目前国际水平已达飞秒(fs)量级. 超短脉冲激光是研究原子、分子光学和非线性光学的一种强有力的工具.

习　题

5.1　如图所示,有三个不同字符的孔型衍射屏,试分别导出其夫琅禾费衍射场 $\widetilde{U}_a(\theta_1,\theta_2)$,$\widetilde{U}_b(\theta_1,\theta_2)$和$\widetilde{U}_c(\theta_1,\theta_2)$. 设入射光为正入射,其振幅为 A,波长为 λ;字符尺寸已标在图上. 提示:字符(a)和(c)可以看为一个大方孔减去若干个小方孔,这也许能简化推导.

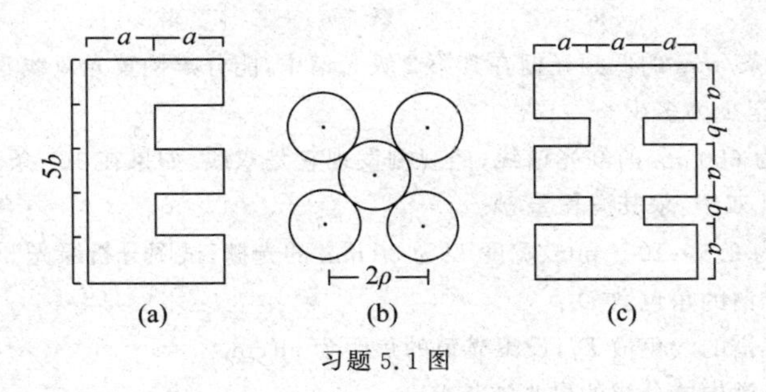

习题 5.1 图

5.2　有 5 个正方孔斜向排列如图所示，试求其夫琅禾费衍射场 $\tilde{U}(\theta_1,\theta_2)$ 及其强度分布 $I(\theta_1,\theta_2)$，并要求在坐标纸上粗略地描绘出衍射花样，注意到它与正方孔衍射图样的主要区别.

5.3　如图所示，有三条平行狭缝，宽度均为 a，缝距分别为 d 和 $2d$，试证明，平行光正入射时其夫琅禾费衍射强度公式为

$$I(\theta)=I_0\left(\frac{\sin\alpha}{\alpha}\right)^2\cdot(3+2(\cos 2\beta+\cos 4\beta+\cos 6\beta)),\quad \alpha=\frac{\pi a\sin\theta}{\lambda},\quad \beta=\frac{\pi d\sin\theta}{\lambda}.$$

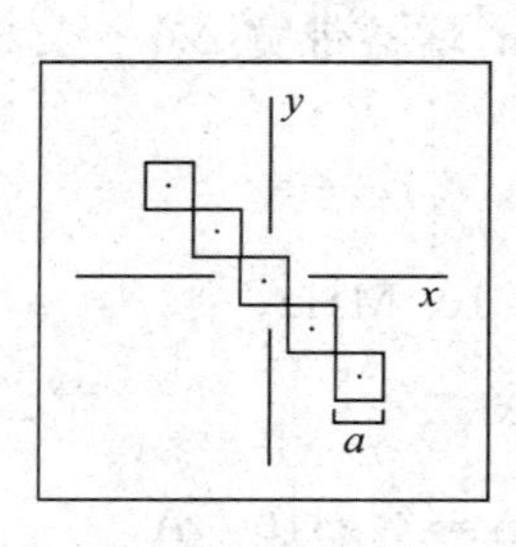

习题 5.2 图

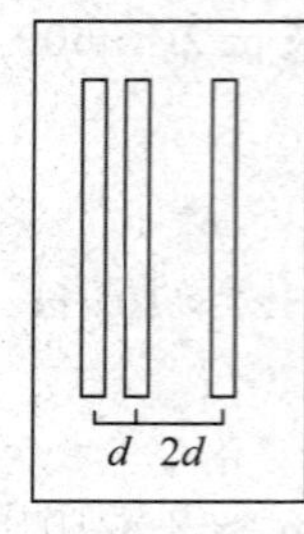

习题 5.3 图

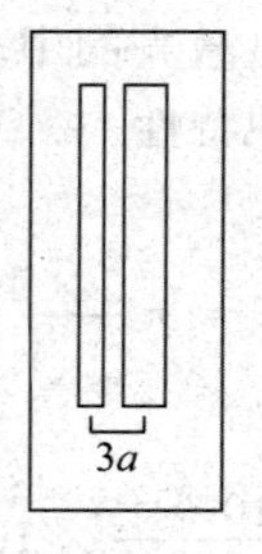

习题 5.4 图

习题 5.5 图

5.4　如图所示，有两个宽度分别为 a 和 $2a$ 的狭缝，其缝距为 $d=3a$，试导出，平行光正入射时其夫琅禾费衍射强度公式为

$$I(\theta)=I_0\left(\frac{\sin\alpha}{\alpha}\right)^2\cdot(3+2(\cos 2\alpha+\cos 5\alpha+\cos 7\alpha)),\quad \alpha=\frac{\pi a\sin\theta}{\lambda},$$

I_0 为宽度 a 的单缝衍射零级斑中心强度.

5.5　如图所示，有 $2N$ 条狭缝且缝宽均为 a，而缝间不透明部位的宽度作周期性变化，$a,3a,a,3a,\cdots$. 试导出，平行光正入射时其夫琅禾费衍射强度公式为

$$I(\theta)=4I_0(\cos 2\alpha)^2\cdot\left(\frac{\sin\alpha}{\alpha}\cdot\frac{\sin 6N\alpha}{\sin 6\alpha}\right)^2,\quad \alpha=\frac{\pi a\sin\theta}{\lambda},$$

I_0 为单缝衍射零级斑中心强度.

5.6　试导出，平行光斜入射时多缝夫琅禾费衍射强度公式为

$$I(\theta)=i_0\left(\frac{\sin\alpha}{\alpha}\right)^2\cdot\left(\frac{\sin N\beta}{\sin\beta}\right)^2,\quad \alpha=\frac{\pi a}{\lambda}(\sin\theta-\sin\theta_0),\quad \beta=\frac{\pi d}{\lambda}(\sin\theta-\sin\theta_0),$$

这里，θ_0 为入射光束与多缝平面法线之夹角. 并据此给出：

(1) 斜入射时多缝衍射主极强位置公式.

(2) 第 k 级主极强半角宽度公式，且与正入射时相比较.

※　　　※　　　※

5.7　如果要求一个 50 条/mm 的低频光栅在其第 2 级光谱中，能分辨钠黄光双线 5890Å 和 5896Å，问此光栅的有效宽度 D 至少为多少？　　· 答 · $D>10$ mm.

5.8　某光源发射波长为 650 nm 的红光谱线，经观测发现它是双线. 如果在 10^5 条刻线光栅的第 3 级光谱中刚好能分辨开此双线，求其波长差 $\delta\lambda$.　　· 答 · $\delta\lambda\approx 2.2\times10^{-3}$ nm.

5.9　用一光栅常数 d 为 2.5×10^{-3} mm、宽度 D 为 30 mm 的光栅，试图分析绿光 500 nm 附近的光谱.

(1) 求其第 1 级光谱的角色散 D_θ.

(2) 求其第 1 级光谱的线色散 D_l，设聚光镜的焦距为 50 cm.

(3) 求其第 1 级光谱中能分辨的最小波长差 $\delta\lambda$.

(4) 若将此光栅当作一单色仪使用,问:在绿光谱区该单色仪输出的准单色光其线宽 $\Delta\lambda$ 为多少.设出射狭缝宽度 δs 被调节为 0.1 mm 为最佳.

· 答 · (1) $D_\theta\approx4\times10^{-4}$ rad/Å,(2) $D_l\approx0.2$ mm/Å,(3) $\delta\lambda\approx0.42$Å,(4) $\Delta\lambda\approx5$Å.

5.10　一束白光(380 — 760 nm)正入射于一块 600 线/mm 的多缝透射光栅上.试求其第 1 序光谱末端与其第 2 序光谱始端之角间隔 $\Delta\theta$.　· 答 · $\Delta\theta=0$.

5.11　一光栅摄谱仪的说明书中所列数据如下:

物镜焦距 1050 mm,刻划面积 60 mm×40 mm,闪耀波长 3650Å(1 级),刻线密度 1200 线/mm,色散 8Å/mm,理论分辨率 7.2×10^4(1 级).试从以上所给数据,求出:

(1) 该摄谱仪能分辨的最小波长间隔 $\delta\lambda_m$ 为多少?

(2) 该摄谱仪的角色散本领 D_θ 为多少?

(3) 该光栅的闪耀角 θ_b 为多少?闪耀方向与光栅平面法线之夹角 $\Delta\theta$ 为多少?

(4) 与该摄谱仪匹配的记录介质的空间分辨率 N 至少为多少(线/mm)?

· 答 · (1) $\delta\lambda_m\approx0.05$Å,(2) $D_\theta\approx0.4'$/Å,(3) $\theta_b=\Delta\theta=12°39'$,(4) $N>160$ 线/mm.

5.12　一光栅摄谱仪用以分析波段在 600 nm、相隔约 5×10^{-2} nm 的若干谱线.设此光栅刻痕密度为 300 线/mm,而摄谱仪的焦距为 30 cm.

(1) 要求其 1 序光谱可被分辨,该光栅的有效宽度 D 至少为多少?

(2) 与之匹配的记录介质的空间分辨率 N 应至少取多大(线/mm)?

· 答 · (1) $D>4$ cm,(2) $N>222$ 线/mm.

5.13　关于光栅的最小偏向角.如图所示,当光束以倾角 θ_0 斜入射于光栅时,在倾斜向下的衍射方向上出现的第一个主极强角方位 θ 应满足条件 $d\cdot(\sin\theta+\sin\theta_0)=k\lambda$,于是出现了一个偏向角 $\delta=\theta+\theta_0$;上式可转化为 $d\cdot(\sin(\delta-\theta_0)+\sin\theta_0)=k\lambda$.试证明,当入射角 θ_0 为一特定值 θ_m 时,出现的偏向角 δ_m 为最小,两者由下式给出:

$$2d\sin\theta_m=k\lambda,\quad \delta_m=2\theta_m.$$

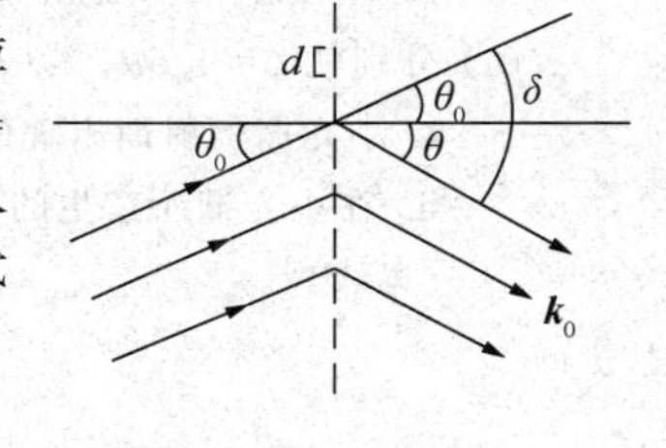

习题 5.13 图

5.14　二维晶片的共面衍射,参见正文图 5.21.单色光沿 z 轴方向入射于二维晶片,试确定与晶片共面的(xz)平面内,可能出现的夫琅禾费衍射主峰的数目 N 及其方位角,设

(1) $d_1=5\lambda, d_2=10\lambda$;(2) $d_1=8\lambda, d_2=6\lambda$.

· 答 · (1) $N=7, \theta=0°, \pm37°, \pm53°, \pm90°$.(2) $N=3, \theta=0°, \pm90°$.

5.15　利用二元光学蚀刻技术,获得一长条沟槽形薄膜样品如图所示,现将其作为衍射屏置于一透镜前方,在后焦面上接收其夫琅禾费衍射场.设样品沟槽深度 $h=5\lambda/2$,沟槽宽度分别为 $a, 3a, a$,样品长度 $b\gg a$,以至于它可以近似地看作一维衍射;膜层明胶的折射率 n 为 1.5.

(1) 从图中虚线所示的衍射物平面看,作为次波源的中间宽条与上下两个窄条的相位差 δ_0 为多少?

(2) 导出该样品的夫琅禾费衍射场 $\tilde{U}(\theta)$.

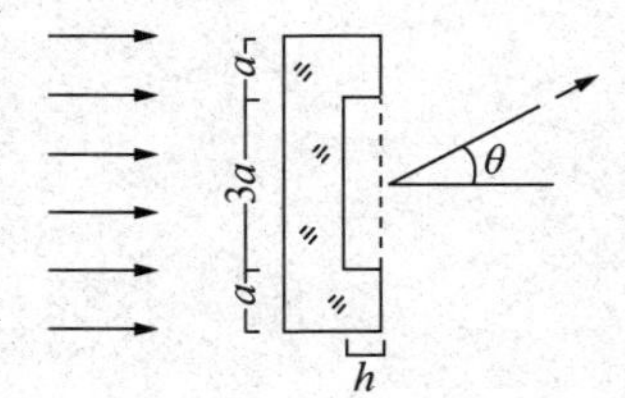

习题 5.15 图

※　　※　　※

5.16　讨论题——光栅光谱中的鬼线(Rowland ghosts).它源于刻划光栅过程中机械位移装置出现的不可

避免的周期性误差.现以多缝透射光栅为对象,考量这周期性误差对光栅光谱的影响.如图所示,一块大光栅被分断为 M 个小光栅,每个小光栅内部保持了严格的周期性,其单元数目为 N、周期为 d;两个相邻小光栅的间隔均为 Δ,它是由机械位移的误差所带来的,倒也具有周期性,一般说 Δ 值与 d 同量级,比如 $\Delta\approx1.6d$ 或 $2.3d$;如果以小光栅为一个衍射单元,则这一块大光栅所包含的单元总数为 M,周期为 $d'=(Nd+\Delta)$.兹展开讨论如下.

(1) 试导出这块光栅的夫琅禾费衍射场为

$$\widetilde{U}(\theta)=\tilde{u}_0(\theta)\cdot\widetilde{S}_N(\theta)\cdot\widetilde{S}_M(\theta)=\tilde{u}_0\cdot\frac{\sin N\beta}{\sin\beta}\cdot\frac{\sin M\beta'}{\sin\beta'},$$

$$\beta=\frac{\pi d\sin\theta}{\lambda},\quad \beta'=\frac{\pi d'\sin\theta}{\lambda}=\frac{\pi(Nd+\Delta)\sin\theta}{\lambda}.$$

这里,$\tilde{u}_0(\theta)$为单元即单缝 $\mathscr{F}$ 衍射场.

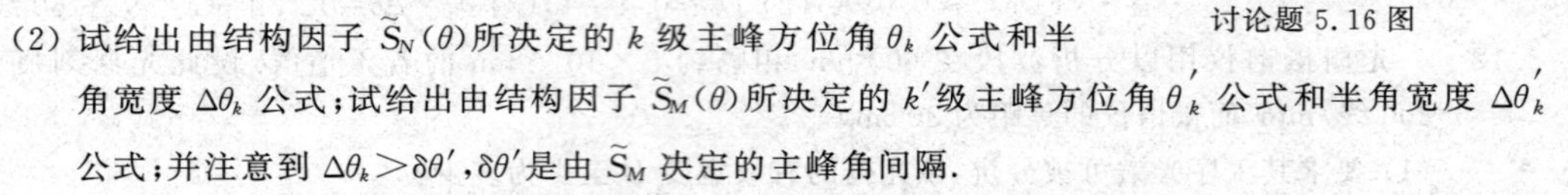

讨论题 5.16 图

(2) 试给出由结构因子 $\widetilde{S}_N(\theta)$所决定的 k 级主峰方位角 θ_k 公式和半角宽度 $\Delta\theta_k$ 公式;试给出由结构因子 $\widetilde{S}_M(\theta)$所决定的 k'级主峰方位角 θ'_k 公式和半角宽度 $\Delta\theta'_k$ 公式;并注意到 $\Delta\theta_k>\delta\theta'$,$\delta\theta'$是由 $\widetilde{S}_M$ 决定的主峰角间隔.

(3) 用一张坐标纸分别绘制 $\widetilde{S}_N(\theta)$曲线、$\widetilde{S}_M(\theta)$曲线以及 $\widetilde{S}_N\cdot\widetilde{S}_M$ 乘积曲线,横坐标表示 $\sin\theta$.可取用典型数据如下:$1/d\approx600$ 线/mm,

$N\approx2\,\mathrm{mm}\times600/\mathrm{mm}=1200$,$M=5\,\mathrm{cm}/2\,\mathrm{mm}=25$.

(4) 分别就 $\Delta=1.5d$, $2.0d$, $3.3d$ 三种情况,回答:

i. 小光栅衍射而出现的主峰是否最终被保留下来?

ii. 在小光栅所产生的主(峰)谱线两侧是否可能出现较弱的伴线(鬼线)?

6

傅里叶变换光学与相因子分析方法

6.1　衍射系统　波前变换

● 引言

现代光学的重大进展之一，是引入“光学变换”概念，由此发展而形成了光学领域的一个新分支——傅里叶变换光学，泛称为变换光学(transform optics)，也简称为傅里叶光学(Fourier optics)，它导致了光学信息处理技术的兴起. 现代变换光学与经典波动光学的关系，可由关于衍射概貌的图 6.1 中看出. 它表明，现代变换光学是以经典波动光学的基本原理为基础，是干涉、衍射理论的综合和提高，它与衍射、尤其与夫琅禾费衍射息息相关. 对于熟悉经典波动光学的人们来说，由于他们有着较充分的概念储备和较充实的物理图像，因而具备更为有利的条件，去深刻而灵活地掌握现代变换光学. 基于此，本书在第 5 章“衍射”之后，就顺理成章地安排了这一章关于傅里叶光学的基本内容.

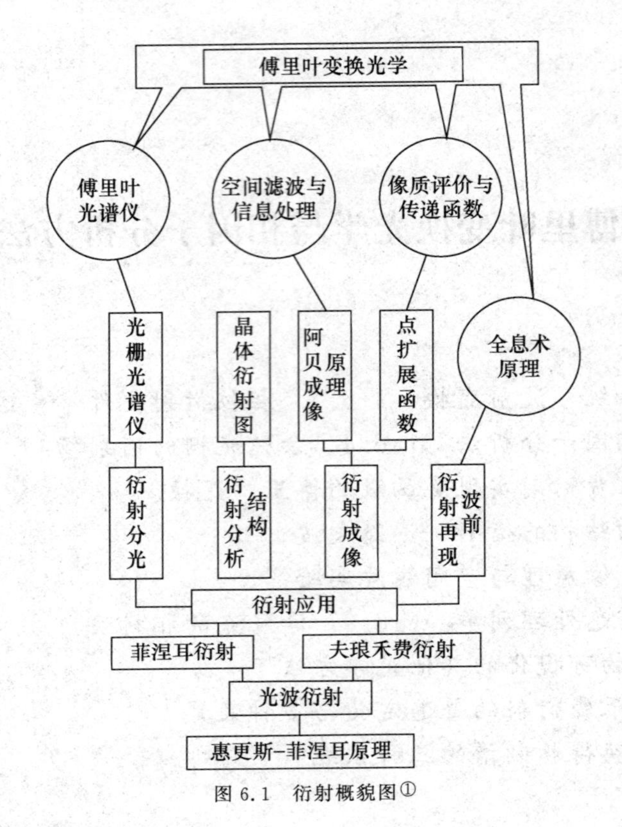

图 6.1　衍射概貌图①

- **衍射系统及其三个波前**

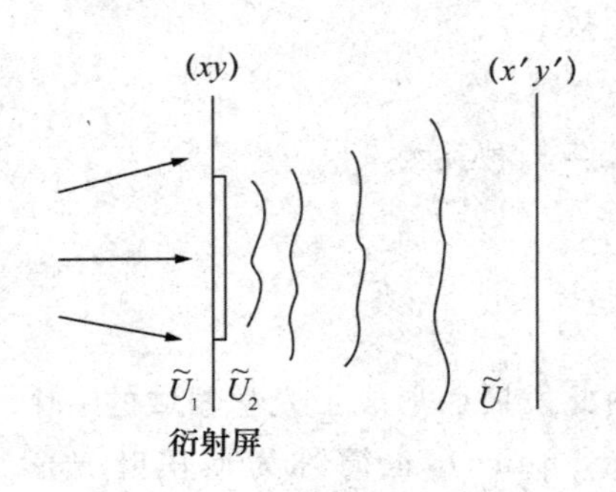

图 6.2　衍射系统及其三个波前

如图 6.2 所示，一个衍射系统以衍射屏为界被分为前后两个空间. 前场为照明空间，充满照明光波；后场为衍射空间，充满衍射光波. 照明光波比较简单，常为球面波或平面波，这两种典型波的等幅面与等相面是重合的，属于均匀波，其波场中没有因光强起伏而出现的图样. 衍射波较为复杂，它不是单纯的一列球面波或一列平面波，其等幅面与等相面一般地不重合，属于非均匀波，其波场中常有光强起伏而形成的衍射图样.

在衍射系统的分析中，人们关注三个场分布：

$$\text{入射场 } \tilde{U}_1(x,y),\quad \text{出射场 } \tilde{U}_2(x,y),\quad \text{衍射场 } \tilde{U}(x',y').$$

其中，入射场 $\tilde{U}_1$ 是照明光波到达衍射屏的波前函数；出射场 $\tilde{U}_2$ 是衍射屏的透射场或反射场，它是衍射空间初端的波前函数，它决定了整个衍射空间的光场分布；而衍射场 $\tilde{U}$ 是纵向

① 引自钟锡华，《光波衍射与变换光学》，高等教育出版社，1985 年.

特定位置的波前函数. 由此可见,整个衍射系统贯穿着波前变换:

波前 $\widetilde{U}_1(x,y)$ → 波前 $\widetilde{U}_2(x,y)$, 这是衍射屏的作用;

波前 $\widetilde{U}_2(x,y)$ → 波前 $\widetilde{U}(x',y')$, 这是波的传播行为.

由一个波前导出前方任意处的另一个波前,这是波衍射问题的基本提法,亦即波传播问题的基本提法. 标量波的传播规律已由惠更斯-菲涅耳-基尔霍夫理论(HFK 理论)给出. 在常见的傍轴情形下,其表达式为

$$\widetilde{U}(x',y') = \frac{-\mathrm{i}}{\lambda r_0}\iint_{(\Sigma_0)} \widetilde{U}_2(x,y)\mathrm{e}^{\mathrm{i}kr}\,\mathrm{d}x\,\mathrm{d}y. \tag{6.1}$$

其积分核为 $\mathrm{e}^{\mathrm{i}kr}$,这是一个球面波的相因子形式. 换言之,HFK 理论是一个关于衍射的球面波理论——衍射场是衍射屏上大量次波点源所发射的球面波的相干叠加.

- **衍射屏函数及其三种类型**

在第 2 章和第 5 章,我们已经同多种衍射屏有过交道,现在给出衍射屏函数 $\tilde{t}$ 的一般性定义,以定量地描述衍射屏的自身特征:

$$\tilde{t}(x,y) \equiv \frac{\widetilde{U}_2(x,y)}{\widetilde{U}_1(x,y)} = t(x,y)\cdot \mathrm{e}^{\mathrm{i}\varphi(x,y)}. \tag{6.2}$$

即,屏函数(screen function)等于出射波前函数与入射波前函数之比. 对于透射屏,$\tilde{t}$ 可称作复振幅透过率函数;对于反射屏,$\tilde{t}$ 可称作复振幅反射率函数. 无疑,屏函数通常也是复函数,含模函数 $t(x,y)$ 和辐角函数 $\varphi(x,y)$. 唯象地看,实际上的衍射屏可分为三种类型,振幅型、相位型和相幅型. 若 $\varphi\approx$ 常数,仅有函数 $t(x,y)$,则该衍射屏为振幅型,凡孔型衍射屏均系振幅型. 若 $t\approx$ 常数,仅有函数 $\varphi(x,y)$,则该衍射屏为相位型,这在此之前似乎少见,其实,闪耀光栅不论其为透射的或反射的,均是一个相位型衍射屏,下一节即将研究的透镜和棱镜,就是两个典型的相位衍射元件. 当然,更为一般的情况是相幅型衍射屏,$t(x,y)$、$\varphi(x,y)$ 皆为函数形式,即不仅出射场的振幅分布 $A_2(x,y)$ 有别于入射场的 $A_1(x,y)$,而且出射场的相位分布 $\varphi_2(x,y)$ 也有别于入射场的 $\varphi_1(x,y)$.

- **例题——两个衍射屏相叠**

如图 6.3 所示,有两个衍射屏其屏函数分别为 $\tilde{t}_1(x,y)$,$\tilde{t}_2(x,y)$,现被叠放一起,可视为一个衍射屏,试求其屏函数.

设 $\tilde{t}_1$ 屏、$\tilde{t}_2$ 屏的入射场与出射场分别为 $\widetilde{U}_1$ 与 $\widetilde{U}_2$,$\widetilde{U}_1'$ 与 $\widetilde{U}_2'$. 由于两者密叠,故 $\widetilde{U}_1'=\widetilde{U}_2$,即 $\tilde{t}_1$ 屏的出射场成为 $\tilde{t}_2$ 屏的入射场. 根据屏函数的定义,这一个等效衍射屏的屏函数为

$$\tilde{t}(x,y) = \frac{\widetilde{U}_2'}{\widetilde{U}_1} = \frac{\widetilde{U}_2}{\widetilde{U}_1}\cdot\frac{\widetilde{U}_2'}{\widetilde{U}_1'} = \tilde{t}_1\cdot\tilde{t}_2. \tag{6.3}$$

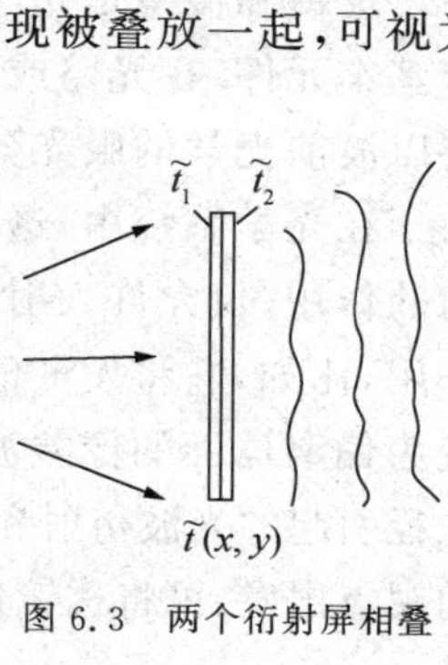

$\tilde{t}_1$ $\tilde{t}_2$

$\tilde{t}(x,y)$

图 6.3　两个衍射屏相叠

这表明,表观上相叠加的两个衍射屏,其等效屏函数等于各屏函数的

乘积,这不难理解.

● 什么是衍射

引入屏函数以后,可以将衍射场积分表达式(6.1)改写为

$$\tilde{U}(x',y')=\frac{-\mathrm{i}}{\lambda r_0}\iint\tilde{t}(x,y)\cdot\tilde{U}_1(x,y)\cdot\mathrm{e}^{\mathrm{i}kr}\,\mathrm{d}x\,\mathrm{d}y\neq\frac{-\mathrm{i}}{\lambda r_0}\iint\tilde{U}_1(x,y)\cdot\mathrm{e}^{\mathrm{i}kr}\,\mathrm{d}x\,\mathrm{d}y. \tag{6.4}$$

我们注意到,这不等式右边的积分式表达的正是无衍射屏存在时自由传播的光场;由于有了屏函数 $\tilde{t}$ 的作用,改变了波前,从而改变了后场分布,遂即发生了衍射.

对于波衍射,我们曾有过几种不同深度的认识和表述.最初人们认为,当光在传播过程中遇到障碍物时,将发生偏离直线传播或偏离几何光学的传播行为,这种现象被称为衍射.在把惠更斯-菲涅耳原理应用于圆孔、圆屏、单缝、多缝、矩孔等衍射问题时,人们又意识到,衍射的发生是由于光波在传播过程中其波面受到某种限制,即自由、完整的波面发生了破缺.现在我们可以这样表述,当光在传播过程中,由于某种原因而改变了波前的复振幅分布包括振幅分布或相位分布,则后场不再是自由传播时的光波场,这便是衍射.以上三种认识和表述都是可取的,反映了人们对衍射现象的认识在逐步深入.其中,第三种表述是对衍射现象因果关系的一种普遍和本质的概括.逐步深入而形成的对光波衍射的普遍认识,无疑将对实际衍射问题的分析起到有效的指导作用.比如,一张含有字符形象或景物图像的灰度胶片置于光场中,则将发生衍射;一张浮雕型透明胶片置于光场中,也将发生衍射.这些事情现在看来都不足为怪了.

6.2 相位衍射元件——透镜和棱镜

· 透镜的相位变换函数 · 例题 1——导出薄透镜焦距公式
· 例题 2——导出薄透镜傍轴成像公式 · 棱镜的相位变换函数
· 例题 3——导出棱镜傍轴成像公式 · 窗函数

● 透镜的相位变换函数

透镜和棱镜是光学系统中两个常用的典型的光学元件,如同电容和电阻是电路中的两个基本元件.在光路或光场中,透镜或棱镜可被看作一个改变波前函数的衍射屏.这里,我们将以波前光学的眼光分别导出它们的屏函数.

在光学系统中,透镜有两方面的作用,参见图 6.4(a).一方面它是一个光瞳,起限制波前的作用,仅允许入射光波中央那一部分波前 Σ_1,进入光学系统.另一方面它起变换波前的作用,比如,它将发散的球面波前 Σ_1,改变为会聚的球面波前 Σ_2,当然,更为实际的情形是改变为偏离球面的像差波面 Σ';总之,透镜改变了波前的聚散性.以往的经典光学,分别用有限孔径引起的光波衍射和透镜本身的几何成像及像差,来描述上述两种作用.其实,从波前光学的观点出发,可将透镜这两方面的性质,用一个复振幅透过率函数(屏函数)统一地给以反映.

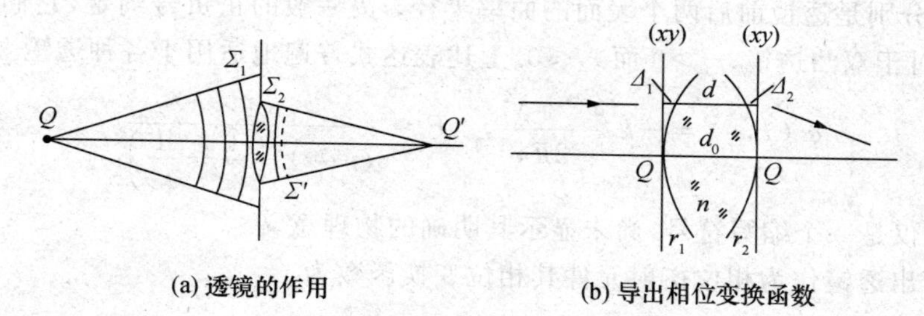

(a) 透镜的作用　　(b) 导出相位变换函数

图 6.4　透镜

如图 6.4(b)所示，在透镜前后各取一平面(xy)，设光场的入射波前函数和透射波前函数分别为

$$\tilde{U}_1(x,y)=A_1(x,y)\mathrm{e}^{\mathrm{i}\varphi_1(x,y)},\quad \tilde{U}_2(x,y)=A_2(x,y)\mathrm{e}^{\mathrm{i}\varphi_2(x,y)},$$

于是，透镜的屏函数表现为

$$\tilde{t}(x,y)=\frac{\tilde{U}_2}{\tilde{U}_1}=\frac{A_2}{A_1}\mathrm{e}^{\mathrm{i}(\varphi_2-\varphi_1)}=\begin{cases}a\mathrm{e}^{\mathrm{i}(\varphi_2-\varphi_1)}, & r<\dfrac{D}{2}\ (\text{瞳内});\\ 0, & r>\dfrac{D}{2}\ (\text{瞳外}).\end{cases}\tag{6.5}$$

这里，$r=\sqrt{x^2+y^2}$，D是透镜孔径. 设透镜材料对入射光是透明的，并忽略透镜对光的吸收、反射等因素造成的光强的损失，则$A_2(x,y)\approx A_1(x,y)$，即$a(x,y)\approx 1$.①这样，透镜就成为纯相位衍射元件，其孔径内的屏函数就成为

$$\tilde{t}_L(x,y)\approx \mathrm{e}^{\mathrm{i}\varphi(x,y)},\quad \varphi(x,y)=\varphi_2(x,y)-\varphi_1(x,y).\tag{6.6}$$

我们可以直称$\tilde{t}_L$为透镜的相位变换函数. 然而，严格求出$\tilde{t}_L$一般是困难的. 下面，我们在傍轴且薄透镜条件下导出$\tilde{t}_L$.

如图 6.4(b)所示，由于透镜很薄，光线入射点与出射点的坐标相近，即光程可近似地沿透镜光轴方向来计算. 于是，相位差函数

$$\varphi(x,y)=k(\Delta_1+nd(x,y)+\Delta_2),$$

以光轴处透镜厚度d_0为参考值，改写

$$nd(x,y)=n(d_0-\Delta_1-\Delta_2),$$

于是

$$\varphi(x,y)=\varphi_0-k(n-1)(\Delta_1+\Delta_2),\quad \varphi_0=knd_0,$$

这里，φ_0是一个与(x,y)无关的常数，它不影响波前相位分布，常可略去不写. 在傍轴条件下，透镜前后两小段气隙的几何厚度Δ_1和Δ_2，分别为

$$\Delta_1(x,y)=r_1-\sqrt{r_1^2-(x^2+y^2)}\approx\frac{x^2+y^2}{2r_1},$$

$$\Delta_2(x,y)=(-r_2)-\sqrt{(-r_2)^2-(x^2+y^2)}\approx-\frac{x^2+y^2}{2r_2},$$

① 这种近似过于严格了，其实，即使透镜有点吸收和反射，只要振幅比a与(x,y)无关，比如$a\approx 0.90, 0.75$，保持为一常数，那透镜就是一个纯相位衍射元件.

其中，r_1，r_2 分别是透镜前后两个表面的曲率半径，按一般的正负号约定，它们可取正值或负值. 例如，对于双凸透镜，$r_1>0$ 而 $r_2<0$. 上述表达式普遍地适用于各种透镜. 于是，

$$\varphi(x,y)=-k\,\frac{x^2+y^2}{2F},\quad F=\frac{1}{(n-1)\left(\dfrac{1}{r_1}-\dfrac{1}{r_2}\right)},\tag{6.7}$$

这里，F 目前仅是一个缩写符号，尚未显示其明确的物理意义.

最后，给出透镜作为相位衍射元件其相位变换函数为

$$\tilde{t}_{\mathrm{L}}(x,y)=\mathrm{e}^{-\mathrm{i}k\frac{x^2+y^2}{2F}}.\tag{6.8}$$

由此可见，傍轴条件下薄透镜的相位变换函数其特点是一个二次型的相因子. 如果是非傍轴或厚透镜情形，相因子就没有那么简单了.

● 例题 1——导出薄透镜焦距公式

让一束平行光正入射于透镜，即 $\tilde{U}_1(x,y)=A_1$，则出射光的波前函数为

$$\tilde{U}_2(x,y)=\tilde{t}_{\mathrm{L}}\cdot\tilde{U}_1=A_1\mathrm{e}^{-\mathrm{i}k\frac{x^2+y^2}{2F}},\tag{6.9}$$

凭借在第 2 章 2.2 节和 2.3 节所学习到的关于描述和识别波前的知识和能力，我们可以明确地作出判断——这里 $\tilde{U}_2$ 正是一列傍轴球面波的波前函数，其聚散中心坐标为$(0,0,F)$，即该球面波中心在轴上，且距离透镜 F 远. 换言之，(6.7)式给出的正是透镜焦距 F 公式. 若 $F>0$，则波前 $\tilde{U}_2$ 代表一列会聚球面波，该透镜是会聚透镜；若 $F<0$，则波前 $\tilde{U}_2$ 代表一列发散球面波，该透镜为发散透镜. 值得指出的是，以上分析和焦距公式的导出，并不借助几何光学的折射定律，而是由波前光学理论完成的.

● 例题 2——导出薄透镜傍轴成像公式

如图 6.5 所示，一物点 Q 其与透射距离为 s，它发出的发散球面波到达透镜的波前函数为

$$\tilde{U}_1(x,y)\approx A_1\mathrm{e}^{\mathrm{i}k\frac{x^2+y^2}{2s}},\quad（傍轴条件）$$

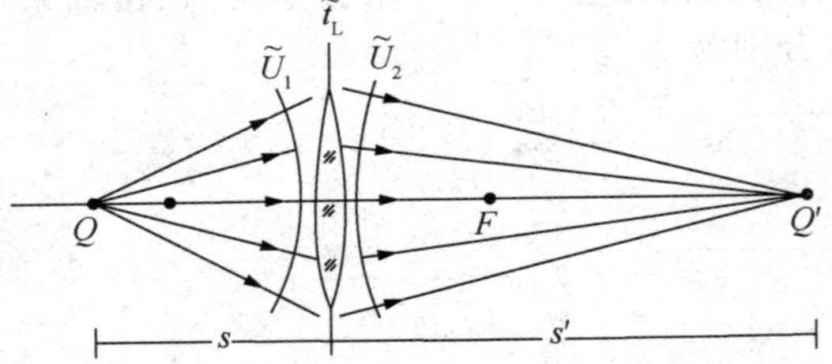

图 6.5　凭借 $\tilde{t}_{\mathrm{L}}$ 导出成像公式

经透镜 $\tilde{t}_{\mathrm{L}}$ 变换为出射波前

$$\tilde{U}_2(x,y)=\tilde{t}_{\mathrm{L}}\cdot\tilde{U}_1=A_1\mathrm{e}^{-\mathrm{i}k\frac{x^2+y^2}{2F}}\cdot\mathrm{e}^{\mathrm{i}k\frac{x^2+y^2}{2s}}$$

$$=A_1\mathrm{e}^{-\mathrm{i}k\frac{x^2+y^2}{2s'}},$$

这里，缩写量 s' 满足

$$\frac{1}{s'}=\frac{1}{F}-\frac{1}{s}.\tag{6.10}$$

同样地，凭借我们在第 2 章 2.2 节和 2.3 节

所学到的关于波前识别方面的知识和能力，可以对波前 $\tilde{U}_2$ 所决定的波场类型和特征作出明确的判断——它是一个仅有二次相因子的波前，故它代表一列傍轴球面波，其聚散中心位置坐标为$(0,0,s')$. 若由(6.10)式决定的 $s'>0$，则 $\tilde{U}_2$ 代表一列会聚球面波；若 $s'<0$，则 $\tilde{U}_2$ 代表一列发散球面波. 总之，上述分析已经证认，薄透镜可以实现傍轴成像，且像距 s' 由(6.10)式给出. 物距与像距的关系式一般写成以下对称形式，

$$\frac{1}{s}+\frac{1}{s'}=\frac{1}{F}. \tag{6.11}$$

这也正是几何光学中考量二次折射而用光线追迹法得到的高斯公式. 相比之下，这里运用波前光学中的相因子分析法解决问题，要显得更为简洁明快.

若物点被设定于轴外，读者可仿照上述波前相因子分析法，导出薄透镜横向像放大率公式.

- **棱镜的相位变换函数**

在光学系统中，棱镜的基本功能是改变光束的传播方向，即棱镜是一个光偏转元件，比如，它将一束平行光变换为另一方向的一束平行光. 我们知道，平面波其波前函数系线性相因子，而两个不同的线性相因子之比值，依然为一个线性相因子. 因此，我们可以预测出，棱镜的相位变换函数 $\tilde{t}_{\mathrm{P}}$ 是一个线性相因子函数. 具体推导过程可以仿照薄透镜情形，参考图6.6来完成，在此从略. 其结果为

$$\tilde{t}_{\mathrm{P}}(x,y)=\mathrm{e}^{-\mathrm{i}k(n-1)\alpha x},\quad 特殊方位; \tag{6.12}$$

$$\tilde{t}_{\mathrm{P}}(x,y)=\mathrm{e}^{-\mathrm{i}k(n-1)(\alpha_1 x+\alpha_2 y)},\quad 一般方位. \tag{6.13}$$

这里，特殊方位指称棱镜交棱平行 y 轴(垂直纸面)，亦即棱镜第二表面法线 $\boldsymbol{N}$ 与 y 轴正交；一般方位指称棱镜第二表面法线 $\boldsymbol{N}$ 取向任意，角度(α_1,α_2)是 $\boldsymbol{N}$ 两个方向余弦角的余角. 在特殊方位时，(6.12)式中的 α 角便是棱角，α 角可正可负，图 6.6(a)显示的情形 $\alpha>0$，正入射的平行光经此棱镜变换为向下倾斜的平行光；反之，$\alpha<0$. 以上情形均设定(xy)平面与棱镜第一表面重合.

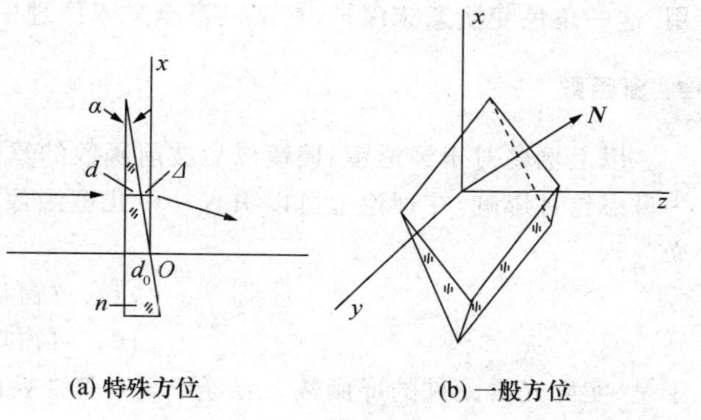

图 6.6 导出棱镜相位变换函数

- **例题 3——导出棱镜傍轴成像公式**

如图 6.7(a)所示，一物点 Q 与棱镜距离为 s，它发出的球面波到达棱镜的波前函数为

$$\tilde{U}_1(x,y)\approx A_1\mathrm{e}^{\mathrm{i}k\frac{x^2+y^2}{2s}},\quad (傍轴条件)$$

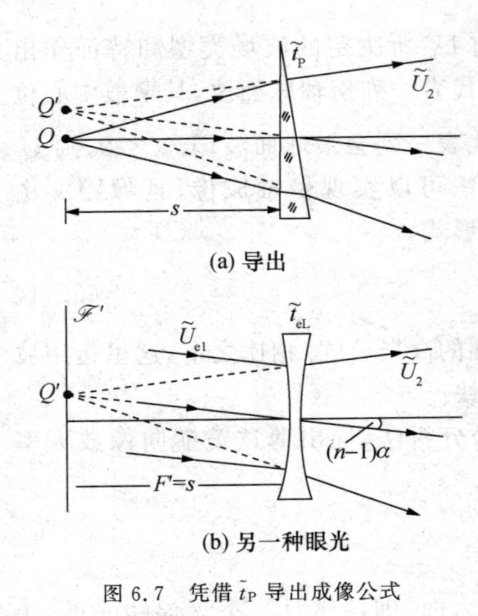

图 6.7　凭借 $\tilde{t}_P$ 导出成像公式

经棱镜 $\tilde{t}_P$ 变换为出射波前

$$\tilde{U}_2(x,y)=\tilde{t}_P\cdot\tilde{U}_1=A_1\mathrm{e}^{-\mathrm{i}k(n-1)\alpha x}\cdot\mathrm{e}^{\mathrm{i}k\frac{x^2+y^2}{2s}}$$

$$=A_1\mathrm{e}^{\mathrm{i}k\left(\frac{x^2+y^2}{2s}-\frac{(n-1)\alpha s x}{s}\right)},\tag{6.14}$$

注意到这里将 $\tilde{U}_2$ 相因子第二项中的分母写成 s，那是为了波前函数的标准化，从而便于人们对 $\tilde{U}_2$ 所决定的波场类型和特征作出明确的判断——它代表一列轴外发散球面波，其发散中心即像点位置 (x',y',z') 分别由线性系数和分母 s 给出

$$x'=(n-1)\alpha s,\quad y'=0,\quad z'=s.\tag{6.15}$$

这表明像点 Q' 与物点 Q 等远，两者横向间隔 $d=\overline{QQ'}=(n-1)\alpha s$. 这个定量结果在双棱镜干涉中决定其条纹间距时已经用到. 显然，上述波前光学相因子分析法，比起几何光学方法求 d 来要简捷得多.

更为有趣的是，若将(6.14)式波前函数 $\tilde{U}_2$ 中两个相因子位置 $\tilde{t}_P\cdot\tilde{U}_1$ 对调一下，

$$\tilde{U}_2(x,y)=\mathrm{e}^{\mathrm{i}k\frac{x^2+y^2}{2s}}\cdot A_1\mathrm{e}^{-\mathrm{i}k(n-1)\alpha x}=(\text{变换元件})\cdot(\text{波前函数})=\tilde{t}_{eL}\cdot\tilde{U}_{e1},\tag{6.16}$$

便将形成一个新眼光——一个焦距为 $(-s)$ 的发散透镜 $\tilde{t}_{eL}$，作用于一列偏向角为 $(n-1)\alpha$ 的平面波 $\tilde{U}_{e1}$，最终自然地成为一束发散于 Q' 点的球面波 $\tilde{U}_2$，如图(b). 照明时的球面波它所携带的二次相因子，在成像过程中竟可以扮演为一个等效的光学元件，起一个透镜的聚散作用. 这一角色变换意味深长，在下一章全息术原理中将进一步体现出其理论意义.

● 窗函数

以上例题对于经透镜、棱镜以后波前函数的具体分析，并未计及元件孔径有限的影响. 为考虑这种影响，在理论上可以引入一个孔型函数，它被称作窗函数(window function)，定义为

$$t_w=\begin{cases}1, & (\text{窗口内});\\ 0, & (\text{窗口外}).\end{cases}\tag{6.17}$$

于是，实际光学元件的屏函数 $\tilde{t}'$ 应等于其完整变换函数与窗函数的乘积，即

$$\tilde{t}'_L=t_w\cdot\tilde{t}_L,\ \text{透镜};\quad \tilde{t}'_P=t_w\cdot\tilde{t}_P,\ \text{棱镜}.\tag{6.18}$$

相应的出射波前函数表示为

$$\tilde{U}_2=t_w\,\tilde{t}_L\cdot\tilde{U}_1\quad\text{或}\quad\tilde{U}_2=t_w\,\tilde{t}_P\cdot\tilde{U}_1.\tag{6.19}$$

换言之，理论上将波前变换分为先后两步操作. 比如，对于例题 1，入射平面波前先经 $\tilde{t}_L$ 变换成为一个有完整波前的球面波，会聚于一理想的点(焦点)，它再经窗函数的作用，使波前受限而产生衍射，在像面(这里是后焦面)上出现圆孔的夫琅禾费衍射场，围绕像点有个艾里

斑. 对于例题 2 和例题 3，也可作同样的理解. 对于实际光学元件，一般说其窗口很大，窗函数的作用所导致的衍射效应是微弱的，即便它不可以被忽略. 然而，首先考量理想的 $\tilde{t}_L$，$\tilde{t}_P$ 相位变换，而把握出射波前的类型和主要特征，这是首要的事情. 总之，引入窗函数以反映光学元件孔径的作用或光阑的作用，而将实际相位元件的屏函数看作理想相位变换函数与窗函数的乘积，这具有理论分明、图像清晰的优越性.

6.3　波前相因子分析法

· 相因子分析法概述　· 波前相因子和变换相因子　· 余弦型环状波带片的衍射场
· 高斯光束经透镜的变换

● 相因子分析法概述

原则上说，根据菲涅耳-基尔霍夫衍射积分公式，可以由衍射屏的出射波前 $\tilde{U}_2(x,y)$，导出前方接收平面上的衍射场 $\tilde{U}(x',y')$. 然而，这种积分运算通常是很复杂的，总是需要在一定条件下作近似处理；即便如此，能定量地给出解析结果的情况也为数不多. 不过，波衍射理论或波动理论为人们提供了一个更有价值的观念——二维波前决定三维波场，而波场的主要特征体现在波前函数的相位因子上. 如果将复杂波前函数中的相位分布与平面波或球面波的相因子作一对比，而发现有所联系的话，那么这复杂波场就可以看成是一系列平面波成分或一系列球面波成分的叠加，因而这复杂波场也就成为人们在概念上容易想象和掌握的一种波场了. 另一方面，复杂波场所包含的各种基元成分——不同方向的平面波和不同聚散中心的球面波，还可以被作为相位元件的透镜所分离，这就为人们对波前作进一步处理提供了途径. 这两方面的结合和匹配，使波前的分解、合成和分离有了切实的物理寄托.

所谓波前相因子分析法，就是根据波前函数的相因子，来判断其波场的类型、分析其衍射场的主要特征. 不少场合，人们只需要掌握衍射场的主要特征就够用了，在全息术中尤其如此. 在这种场合，波前相因子分析法要比衍射积分运算显得更简捷. 上一节那三个例题已经说明了这一点.

其实，波前相因子分析法对于我们并不陌生. 在本书所建立的现代波动光学的理论体系中，早在第 2 章 2.3 节和 2.4 节已经论及波前的描述和识别，并有若干实例演练了“波前相因子 $\Longleftrightarrow$ 波场特征”这一方法. 这一节再作以上论述，旨在对波前相因子法给出一总结和提高，以便进一步展开而跨入傅里叶光学领域.

● 波前相因子和变换相因子

为了熟练运用相因子分析法，我们应当熟悉两类典型相因子函数——反映波场的波前相因子和反映元件作用的变换相因子. 现将它们辑录于此以备查考.

(1) 波前相因子

i. 平面波.　平面波之波前函数具有线性相因子，

$$\widetilde{U}(x,y) = A e^{ik(\sin\theta_1 \cdot x + \sin\theta_2 \cdot y)}, \tag{6.20}$$

其线性系数$(\sin\theta_1, \sin\theta_2)$与平面波传播方向一一对应,$(\theta_1, \theta_2)$是波矢 $\boldsymbol{k}$ 的两个方向余弦角的余角.

ii. 球面波.　傍轴球面波之波前函数具有二次相因子和交叉线性相因子,

$$\widetilde{U}(x,y) \approx \frac{a}{z} e^{\pm ik\left(\frac{x_0^2+y_0^2}{2z} + \frac{x^2+y^2}{2z} - \frac{x_0 x + y_0 y}{z}\right)}, \tag{6.21}$$

指数上"±"与球面波聚散性一一对应——"+"对应发散球面波,"−"对应会聚球面波;交叉线性相因子系数(x_0, y_0)决定聚散中心的横坐标,相因子中分母 z 决定了聚散中心 Q 与观测平面(xy)的纵向距离,即聚散中心 Q 的位置坐标为

$$Q(x_0,\ y_0,\ \pm z). \tag{6.22}$$

(2) 变换相因子

i. 透镜.　薄透镜之变换函数具有二次相因子

$$\tilde{t}_L(x,y) \approx e^{-ik\frac{x^2+y^2}{2F}}, \tag{6.23}$$

其中 F 值等于透镜焦距,$F>0$ 对应会聚透镜,$F<0$ 对应发散透镜. 值得指出的是,在某种波前变换的场合,如果出现了形同 $\tilde{t}_L$ 有二次相因子的变换函数,作用在波前 $\widetilde{U}$ 上,则其实际效果相当于 $\widetilde{U}$ 波经历一个透镜的聚散,不管那场合是否真有实物透镜存在. 简言之,变换函数中的二次相因子是一等效透镜.

ii. 棱镜.　小角棱镜之变换函数具有线性相因子.

$$\tilde{t}_P(x,y) \approx e^{-ik(n-1)(\alpha_1 x + \alpha_2 y)}, \tag{6.24}$$

其中线性系数(α_1, α_2)与棱镜的棱角一一对应,它们是棱镜第二折射面法线 $\boldsymbol{N}$ 的两个方向余弦角的余角. 凡在某种波前变换场合,出现了具有线性相因子的变换函数,则它相当于一个等效棱镜,对其作用的波产生一偏转的效果.

下面,运用相因子分析法,再解决波前光学中两个重要实例.

- **余弦型环状波带片的衍射场**

余弦型环状波带片的屏函数其标准形式为

$$t_H(r) = t_0 + t_1 \cos\left(k\ \frac{r^2}{2z_0}\right), \quad r^2 = (x^2 + y^2). \tag{6.25}$$

它具有轴对称性. 可以设计让一傍轴球面波与一平面波作相干叠加、再对曝光底片 H 作线性冲洗、而获得这样一张余弦型环状波带片,如图 6.8(a)所示. 当用一束平面波照射这张波带片时,其透射波前函数为

$$\begin{aligned}\widetilde{U}_H(x,y) &= t_H \cdot \widetilde{U}_1 = t_H A_1 = A_1\left(t_0 + t_1 \cos\left(k\ \frac{r^2}{2z_0}\right)\right) \\ &= t_0 A_1 + \frac{1}{2} t_1 A_1 e^{ik\frac{x^2+y^2}{2z_0}} + \frac{1}{2} t_1 A_1 e^{-ik\frac{x^2+y^2}{2z_0}} = \widetilde{U}_0 + \widetilde{U}_{+1} + \widetilde{U}_{-1},\end{aligned} \tag{6.26}$$

其中，

$$\widetilde{U}_0 = t_0 A_1, \quad \widetilde{U}_{+1} = \frac{1}{2} t_1 A_1 \mathrm{e}^{\mathrm{i}k\frac{x^2+y^2}{2z_0}}, \quad \widetilde{U}_{-1} = \frac{1}{2} t_1 A_1 \mathrm{e}^{-\mathrm{i}k\frac{x^2+y^2}{2z_0}}. \tag{6.27}$$

运用波前相因子分析法，可以对以上三种波成分的类型和特征作出明确的判断：波前 $\widetilde{U}_0$ 代表一列正出射的平面衍射波，称其为 0 级衍射波；波前 $\widetilde{U}_{+1}$ 代表一列正出射的发散球面波，发散中心在轴上 Q_{+1} 点，与波带片距离为 z_0，称其为 +1 级衍射波；波前 $\widetilde{U}_{-1}$ 代表一列正出射的会聚球面波，会聚中心在轴上 Q_{-1} 点，与波带片距离为 z_0，称其为 −1 级衍射波，如图 6.8(b)所示.

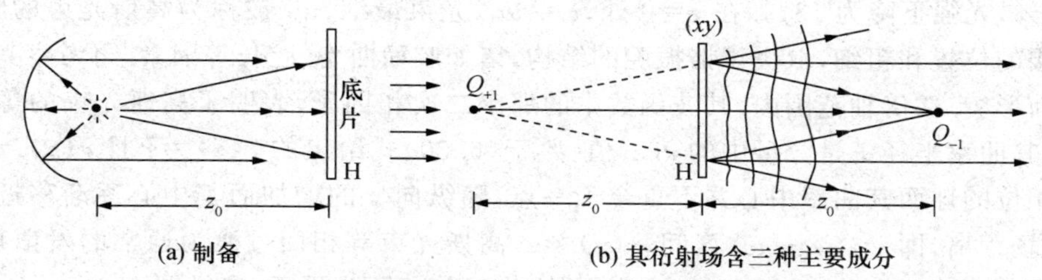

(a) 制备　　(b) 其衍射场含三种主要成分

图 6.8 余弦型环状波带片

这表明余弦型环状波带片的衍射场其主要成分有三个，其中，0 级平面衍射波是照明波的直接透射波，而±级发散或会聚球面衍射波的出现，说明这波带片同时起一个发散透镜和一个会聚透镜的作用，虽然这场合并无实物透镜，仅有一张薄薄的波带片. 追溯其源，在于制备时那傍轴球面波提供的二次相因子 $\exp\left(\mathrm{i}k\dfrac{x^2+y^2}{2z_0}\right)$. 这使我们又一次见识到，先一步的波前相因子，可以转化为后一步衍射场合中的光学元件. 这一点正是现代波前光学中，全息光学元件(Holographic Optical Elements, HOE)的基本设计思想.

当然，考虑到波带片孔径有限，上述这三种波前受到窗函数的限制，以致聚散中心并不是一个理想的点. 但是，运用相因子分析法，毕竟使人们掌握了余弦型环状波带片其衍射场的主要特征.

鉴于余弦型环状波带片的衍射具有上述简单而鲜明的特征，以致以 r^2 为宗量的屏函数简谐成分(6.25)式，可以作为一切轴对称屏函数 $\tilde{t}(r)$ 的基元成分.

- **高斯光束经透镜的变换**

(1) 高斯光束. 自从 20 世纪 60 年代激光器诞生以来，"高斯光束"是一个使用频率很高的词语. 这是因为激光器谐振腔内存在的光场，以及相应向外发射的光束，既区别于单纯的平面波，也有别于单纯的球面波，称其为高斯光束(Gaussian beam). 高斯光束其三维波场表示为

$$\widetilde{U}(x,y,z) = \frac{a}{w(z)} \mathrm{e}^{-\frac{x^2+y^2}{w^2(z)}} \cdot \mathrm{e}^{-\mathrm{i}k\left(z+\frac{x^2+y^2}{2r(z)}\right)} \cdot \mathrm{e}^{\mathrm{i}\varphi(z)}. \tag{6.28}$$

这表明，高斯光束在横平面(xy)上的振幅分布和相位分布均系高斯型函数即负二次型指数函数. 可以证明，这种高斯型光场分布，可以在谐振腔两个反射镜面之间来回传播而保持光场线型不变，仍为高斯型. 换言之，高斯光场是激光器内部能够稳定存在的一种光场或一种模式. 上式那两个纵向距离函数 $w(z)$，$r(z)$具有如下形式，

$$\begin{cases} w(z) = w_0\left(1+\dfrac{\lambda^2 z^2}{\pi^2 w_0^4}\right)^{1/2}, & (6.29) \\ r(z) = z\left(1+\dfrac{\pi^2 w_0^4}{\lambda^2 z^2}\right). & (6.30) \end{cases}$$

$w(z)$值代表在纵向 z 处光束截面的有效半径. 当横向距离 $\rho=w$ 时，振幅值下降为轴上的 $1/\mathrm{e}\approx 36\%$，光强下降为 13%. 在 $z=0$ 处，$w=w_0$，光束最细，w_0 被称为高斯光束的腰粗. 高斯光束腰的位置和粗细，取决于谐振腔的结构，诸如腔面曲率、腔长等因素. 再考察其相位分布和波面形貌. 在傍轴范围内，其波函数中的那个二次相因子，表明了高斯光束的等相面是个球面，其曲率半径正是分母中的 $r(z)$值；鉴于(6.30)式给出的 $r(z)\neq z$ 且 $r(z)>z$，说明这些等相位的球面其曲率中心并不重合于一点，随纵向 z 的增加而其中心逐渐移近光束腰处；在远场距离，即 $z^2\lambda^2\gg\pi^2 w_0^4$ 区间，$r(z)\approx z$，高斯光束等相面过渡为通常的发散球面波，其发散中心恰巧落在 $z=0$ 腰处；在光束腰处，光场等相面为平面，参见图 6.9(a).

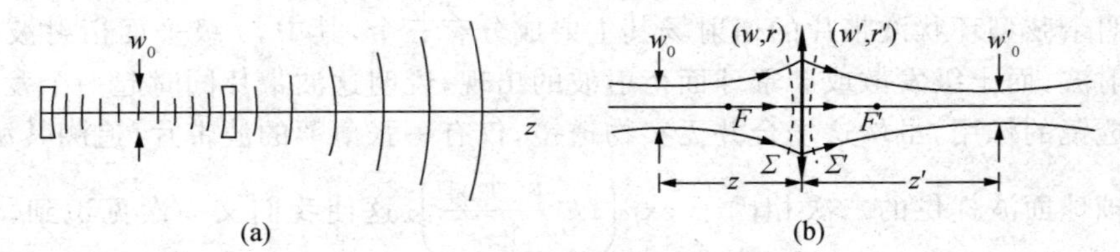

图 6.9　高斯光束(a)经透镜的变换(b)

综上所述，一旦确定了高斯光束腰的位置和腰粗 w_0，就可以根据(6.28)、(6.29)、(6.30)三式掌握其所有传播特性. 反过来，一旦知道了某一处的光束有效半径 w 和该处波面曲率半径 r，便可由联立方程(6.29)、(6.30)解出 w_0 和 z——该高斯光束的腰粗和腰位置.

(2) 透镜对高斯光束的变换.　将激光束应用于准直、定向或聚焦等场合，需要明白透镜对高斯光束的变换，参见图 6.9(b). 问题的提法是：已知入射高斯光束的腰粗 w_0 和腰距 z，经透镜变换后，求出射高斯光束的腰粗 w_0' 和腰距 z'. 求解的思路如下：

$$\text{物方}(w_0, z) \rightarrow \begin{Bmatrix} w & & w' \\ & (\tilde{t}_{\mathrm{L}}) & \\ r & & r' \end{Bmatrix} \rightarrow (w_0', z')\text{像方}.$$

尽管从总体上看，高斯光束不是一个同心光束或一列球面波，但入射于透镜的却是一个球面型波面，透镜只对它发生作用，对相位元件透镜而言，这与球面波入射并无二致. 薄透镜将这半径为 r 的入射球面波前，变换为半径为 r'的出射球面波前. 显然，这里 r，r'分别与物距 s、像距 s'具有同等意义，应当满足透镜变换的高斯公式(6.11)，故

$$\frac{1}{r'}=\frac{1}{F}-\frac{1}{r}.\tag{6.31}$$

另一方面,出射光束截面等于入射光束截面,即

$$w'=w.\tag{6.32}$$

于是,根据(6.29)、(6.30)两式,由$(w_0,z)\rightarrow(w,r)$,再根据(6.31)、(6.32)两式,由$(w,r)\rightarrow(w',r')$,再根据(6.29)、(6.30)两式进行逆运算,由$(w',r')\rightarrow(w_0',z')$.结果表达如下(读者可给予验算),

$$\begin{cases} w_0'=w'\left(1+\dfrac{\pi^2w'^4}{\lambda^2r'^2}\right)^{-1/2}, & (6.33)\\ z'=r'\left(1+\dfrac{\lambda^2r'^2}{\pi^2w'^4}\right)^{-1}. & (6.34)\end{cases}$$

对于短焦距透镜,$r\gg F$,则$r'\approx F$,但出射光束的腰并不在后焦点,而是在$z'\approx F(1+\lambda^2F^2/\pi^2w'^4)^{-1}$处,若同时有$\lambda^2F^2\ll\pi^2w'^4$,才有$z'\approx F$,即出射高斯光束的腰正好在透镜后焦面处.

虽然透镜可以变换高斯光束的波面形貌,但无法改变其横向的振幅分布,它依然按负指数二次型递减,这使得出射光束依然为高斯光束.目前人们在积极研究如何变换高斯型激光束为一平行光束——在其有限截面上保持等振幅且等相位,以致在长程传播过程中光束有效半径几乎不变.这是长程光通信,比如激光卫星通信中所要求的.在现代波前工程学领域中,这也是光束整形术的一个令人感兴趣的课题.

6.4　余弦光栅的衍射场

· 余弦光栅的屏函数和制备　· 余弦光栅的衍射特征　· 余弦光栅的组合
· 释疑——余弦光栅衍射的实数处理

● 余弦光栅的屏函数和制备

余弦光栅的透过率函数即其屏函数的典型表示式为

$$\tilde{t}(x,y)=t_0+t_1\cos(2\pi fx+\varphi_0),\tag{6.35}$$

这是一个特殊走向的余弦光栅,仅沿x轴方向呈现周期性,空间周期为d,$d=1/f$,f为空间频率(mm^{-1}),如图6.10(a)所示.任意取向的余弦光栅,如图6.10(b)所示,其屏函数的一般表达式为

$$\tilde{t}(x,y)=t_0+t_1\cos(2\pi f_xx+2\pi f_yy+\varphi_0).\tag{6.36}$$

它表明,该光栅沿两个正交方向(x,y)的空间频率为(f_x,f_y),相应的空间周期为$(d_x,d_y)=(1/f_x,1/f_y)$.不难由(f_x,f_y)导出直观上余弦光栅的若干几何特征:

$$\text{光栅间距}\quad d=\frac{1}{\sqrt{f_x^2+f_y^2}}=\frac{1}{f},\quad(\text{最小间距});\tag{6.37}$$

$$\text{空间频率}\quad f=\sqrt{f_x^2+f_y^2},\quad(\text{最高频率});\tag{6.38}$$

$$\text{栅条正交方向角}\,\theta\,\text{满足}\quad \tan\theta=\frac{f_y}{f_x}.\quad\left(\theta=\alpha+\frac{\pi}{2}\right)\tag{6.39}$$

值得注意的是，二维平面上的空间频率(f_x,f_y)含有正负号. 比如图 6.10(b)显示的这张光栅，f_x,f_y 异号，$\tan\theta<0$，表明与栅条正交的方向 $\boldsymbol{N}$ 沿二、四象限；若 f_x,f_y 同号，则 $\tan\theta>0$，这对应的是与栅条正交的方向 $\boldsymbol{N}$ 沿一、三象限. 以上关于 $\tan\theta$ 公式可以由等值点方程$(2\pi f_x x+2\pi f_y y)=C$(常数)导出.

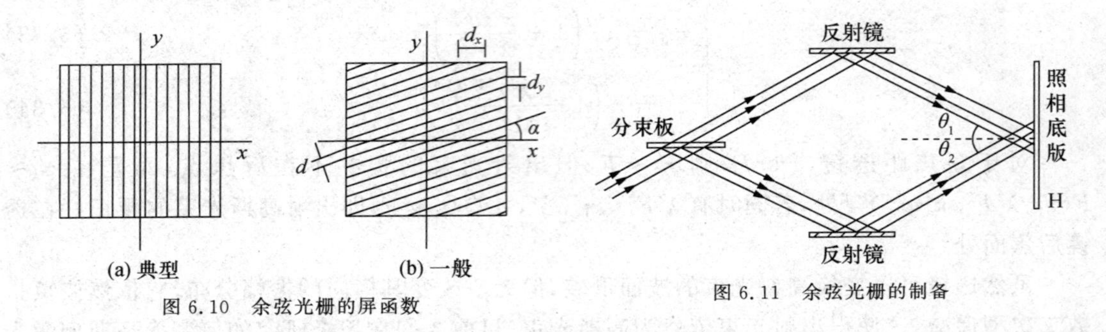

图 6.10　余弦光栅的屏函数

图 6.11　余弦光栅的制备

可以看到，余弦光栅屏函数形式与双光束干涉场的光强分布函数相似. 实际上，制备一块余弦光栅首先用一张乳胶干版 H 记录两束平行光的干涉场，如图 6.11 所示，其干涉强度分布函数为

$$I(x,y)=I_0(1+\gamma\cos(2\pi fx+\varphi_0)),$$

$$f=\frac{1}{d}=\frac{\sin\theta_1+\sin\theta_2}{\lambda};\text{①}$$

然后，将这张曝光的干版在暗室中作化学处理即显影定影，要求满足线性条件，以获得冲洗后干版底片的透过率函数，

$$t(x,y)\propto I(x,y),\tag{6.40}$$

写成

$$t(x,y)=\alpha+\beta I(x,y)=t_0+t_1\cos(2\pi fx+\varphi_0),$$

其中，$\beta<0$，表示负片；$\beta>0$，表示正片；参数 α 俗称“雾底”，它表示即使曝光强度 $I=0$ 处，冲洗出来的底片在该处仍有一定程度的透过率. 制成的这张光栅是否具有以上余弦型函数标准形式，这可通过“光密度计”予以鉴测. 光栅制作过程中的关键环节是“线性冲洗”这一步. 它与拍摄时的曝光强度、冲洗时的药液配方、时间、温度，以及记录介质的乳胶特性等诸多因素有关，深究起来乃系感光材料与光化学专业的问题.

- **余弦光栅的衍射特征**

如图 6.12 所示，让一束波长为 λ 的平行光照射这余弦光栅，而在透镜后焦面 $\mathscr{F}'$ 上接收

① 查考第 2 章 2.7 节(2.61)式.

其$\mathscr{F}$场. 实验上显示出三个鲜明的衍射斑. 我们知道,透镜后焦面上的一点,对应物空间的一个方向. 目前,$\mathscr{F}'$面上三个衍射斑的出现,表明通过余弦光栅其后场存在三列平面衍射波. 兹运用波前相因子分析法,对此作出理论说明如下.

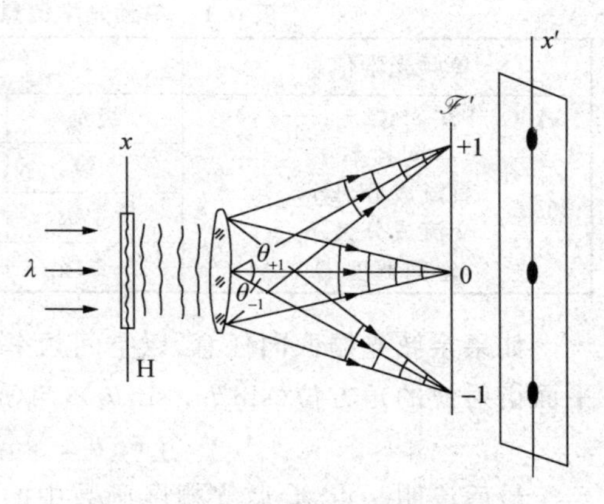

图 6.12 余弦光栅的夫琅禾费衍射

平面波正入射,其入射波前为 $\tilde{U}_1 = A_1$,经余弦光栅后的透射波前为

$\tilde{U}_2(x,y) = \tilde{t}\,\tilde{U}_1 = A_1(t_0 + t_1\cos(2\pi fx + \varphi_0))$,

为了有效地运用相因子分析法,我们借用欧拉公式将波前 $\tilde{U}_2$ 分解为

$$\tilde{U}_2(x,y) = A_1 t_0 + \frac{1}{2}A_1 t_1 \mathrm{e}^{\mathrm{i}(2\pi fx+\varphi_0)} + \frac{1}{2}A_1 t_1 \mathrm{e}^{-\mathrm{i}(2\pi fx+\varphi_0)} = \tilde{U}_0 + \tilde{U}_{+1} + \tilde{U}_{-1},$$

其中

$$\tilde{U}_0(x,y) = A_1 t_0;\quad \tilde{U}_{+1}(x,y) = \frac{1}{2}A_1 t_1 \mathrm{e}^{\mathrm{i}2\pi fx} = \frac{1}{2}A_1 t_1 \mathrm{e}^{\mathrm{i}k(f\lambda)x},\quad 设\ \varphi_0 = 0;$$

$$\tilde{U}_{-1}(x,y) = \frac{1}{2}A_1 t_1 \mathrm{e}^{-\mathrm{i}2\pi fx} = \frac{1}{2}A_1 t_1 \mathrm{e}^{\mathrm{i}k(-f\lambda)x},\quad 设\ \varphi_0 = 0.$$

鉴于它们均具有线性因子,故可以判定它们各自均代表一列平面波. 波前 $\tilde{U}_0$ 代表一列正出射的平面衍射波,称其为 0 级波;波前 $\tilde{U}_{+1}$ 代表一列向上斜出射的平面衍射波,称其为$+1$级波,其倾角 θ_{+1} 满足

$$\sin\theta_{+1} = f\lambda;$$

波前 $\tilde{U}_{-1}$ 代表一列向下斜出射的平面衍射波,称其为-1级波,其倾角 θ_{-1} 满足

$$\sin\theta_{-1} = -f\lambda.$$

这三列平面衍射波交叠于后场而形成一个较为复杂的波场,可是经透镜分离它即凝聚于三个鲜明的衍射斑. 这三个衍射斑集中了余弦光栅这一物结构的所有特征. 其中,最重要的一个联系是,±1 级衍射波(斑)的角方位与余弦光栅的空间频率一一对应,

$$\sin\theta_{\pm1} = \pm f\lambda. \tag{6.41}$$

考虑到实际光栅的宽度 D 有限,这透射的三列平面衍射波的波前是受限的,故它们均有一定的发散角,反映在$\mathscr{F}'$面上那三个衍射斑均有一个半角宽度,分别为

$$\Delta\theta_0 \approx \frac{\lambda}{D},\quad \Delta\theta_{+1} \approx \frac{\lambda}{D\cos\theta_{+1}},\quad \Delta\theta_{-1} \approx \frac{\lambda}{D\cos\theta_{-1}}. \tag{6.42}$$

考虑到余弦光栅或余弦信息,是二维空间信息或图像的基元成分,特将其夫琅禾费衍射场的特征列于表 6.1,以备查考.

表 6.1　单频光学信息与其夫琅禾费衍射斑的对应关系

单频光学信息	夫琅禾费衍射斑			
$A_1(t_0+t_1\cos(2\pi fx+\varphi_0))$	级别	方向角	中心相对光强	半角宽度
空间频率 f	0 级	$\theta_0=0$	$\propto t_0^2$	λ/D
直流成分 A_1t_0 交流成分 A_1t_1	+1 级	$\sin\theta_{+1}=f\lambda$	$\propto(t_1/2)^2$	$\lambda/D\cos\theta_{+1}$
空间宽度 D	−1 级	$\sin\theta_{-1}=-f\lambda$	$\propto(t_1/2)^2$	$\lambda/D\cos\theta_{-1}$

如果余弦光栅取向任意,以空间频率$(f_x,\ f_y)$标定之,其产生的那一对斜出射的±1 级平面衍射波的角方位$(\sin\theta_1,\ \sin\theta_2)$,与$(f_x,\ f_y)$的对应关系为

$$(\sin\theta_1,\ \sin\theta_2)=\pm(f_x\lambda,\ f_y\lambda).\tag{6.43}$$

最后说明一点,余弦光栅屏函数中的那个原(点)相位 φ_0,其数值是要反映到±1 级衍射斑中的.余弦光栅的平移,将导致衍射斑的相移,即 φ_0 有不同的取值.不过,这一点目前并不重要,以后在研究空间滤波和光信息处理时,将要注意到 φ_0 值的影响.

● 余弦光栅的组合

利用上面的对应关系表,可以十分简捷地分析出,由几个不同频率或不同取向的余弦信息的组合所产生的 $\mathscr{F}$ 场.

(1) 平行密接.　如图 6.13(a),两张余弦光栅 G_1 和 G_2,其栅纹平行地叠在一起. G_1,G_2 的屏函数分别为

$$G_1:\ t(x)=t_{01}+t_1\cos 2\pi f_1x,\quad 高频;$$
$$G_2:\ t'(x)=t_{02}+t_2\cos 2\pi f_2x,\quad 低频.$$

则其组合光栅 $G_1\cdot G_2$ 的屏函数为

$$t_{12}(x)=t\cdot t'=t_{01}\cdot t_{02}+t_{01}t_2\cos 2\pi f_2x+t_{02}t_1\cos 2\pi f_1x+\frac{1}{2}t_1t_2\cos 2\pi(f_1+f_2)x+\frac{1}{2}t_1t_2\cos 2\pi(f_1-f_2)x,$$

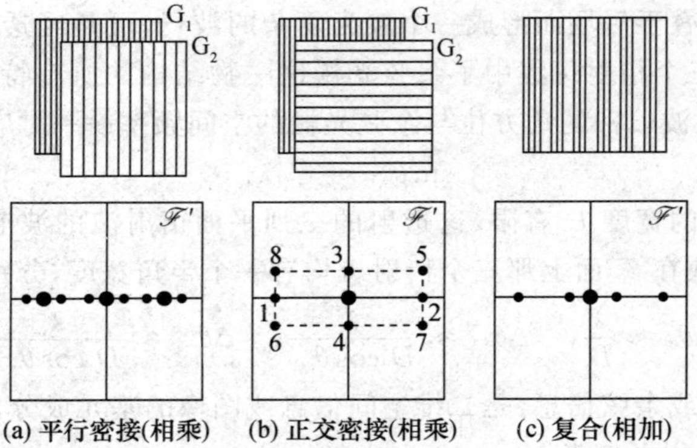

(a) 平行密接(相乘)　$f_1/f_2=4$　　(b) 正交密接(相乘)　$f_1/f_2=3$　　(c) 复合(相加)　$f_2=3f_1$

图 6.13　余弦光栅的组合

由此可见,它含 4 个余弦光栅,再加 1 个直流成分,故其 $\mathscr{F}$ 场共含 9 列平面衍射波,在 $\mathscr{F}'$ 面上将出现 9 个衍射斑,分布于 x' 轴上,其方向角分别为

$$\sin\theta = 0,\ \pm f_1\lambda,\ \pm f_2\lambda,\ \pm(f_1-f_2)\lambda,\ \pm(f_1+f_2)\lambda.$$

定性上看,入射的平面波经光栅 G_1 衍射,生成 3 列平面衍射波,其中每列波再经 G_2 衍射又生成 3 列平面衍射波.这样一来,在 $G_1 \cdot G_2$ 后场就交叠着 9 列平面波.

(2) 正交密接. 如图 6.13(b)所示两张余弦光栅 G_1 和 G_2 叠在一起,其栅纹正交. G_1,G_2 的屏函数分别为

$$G_1: t(x) = t_{01} + t_1\cos 2\pi f_1 x,$$
$$G_2: t'(y) = t_{02} + t_2\cos 2\pi f_2 y,$$

则其组合光栅 $G_1 \cdot G_2$ 的屏函数及屏函数中各项对应的衍射斑为

$$\begin{aligned} t_{12}(x,y) &= t(x)\cdot t'(y) & &\text{衍射斑号码}\\ &= t_{01}t_{02} &\longrightarrow\ &(0)\\ &\quad + t_{02}t_1\cos 2\pi f_1 x &\longrightarrow\ &(1),(2)\\ &\quad + t_{01}t_2\cos 2\pi f_2 y &\longrightarrow\ &(3),(4)\\ &\quad + \frac{1}{2}t_1t_2\cos 2\pi(f_1x+f_2y) &\longrightarrow\ &(5),(6)\\ &\quad + \frac{1}{2}t_1t_2\cos 2\pi(f_1x-f_2y) &\longrightarrow\ &(7),(8) \end{aligned}$$

这时也产生 9 个衍射斑,其中 4 个斑在轴上,4 个斑在轴外,还有 1 个斑在原点,它们方向角($\sin\theta_1$,$\sin\theta_2$)的数值由(6.43)式确定.

(3) 复合光栅. 一光栅其屏函数含两种频率成分,

$$\tilde{t}(x) = t_0 + t_1\cos 2\pi f_1 x + t_2\cos 2\pi f_2 x,$$

比如,$f_2=3f_1$,画出 $\tilde{t}(x)$ 函数曲线如图 6.14.这复合光栅的衍射场含 5 列平面衍射波,显示于 $\mathscr{F}'$ 面上是 5 个离散的衍射斑.基频 f_1 成分产生的那一对斑的方向角为 $\theta_{\pm1}$,三倍频 f_2 成分产生的那一对斑的方向角为 $\theta_{\pm2}$,它们由下式决定,

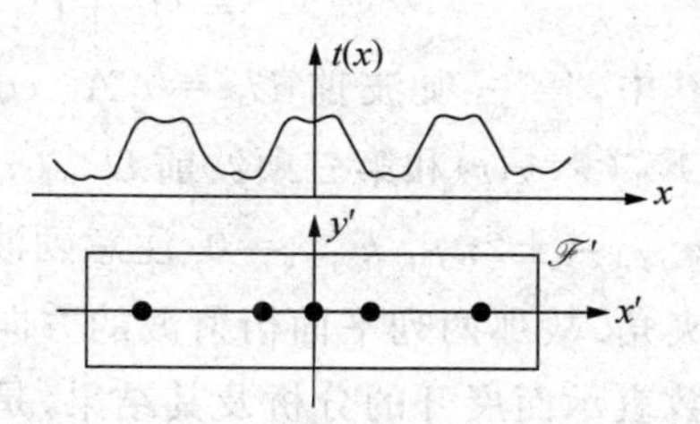

图 6.14 复合光栅屏函数曲线及衍射斑,$f_2/f_1=3$

$$\sin\theta_{\pm1} = \pm f_1\lambda,\quad \sin\theta_{\pm2} = \pm f_2\lambda;$$

还有零频成分 t_0 产生的 0 级斑,$\theta_0=0$.

这类复合光栅,理论上来自周期屏函数的傅里叶级数展开,其中每个傅里叶成分便是一个余弦光栅;实验上可采取"二次曝光"程序以获得一张复合光栅,比如,在图 6.11 示意的装置中,先曝光一次,记录下某一频率的干涉条纹,然后变动反射镜倾角,再曝光一次,又在底片上记录下另一频率的干涉条纹.这种情形下,总曝光强度是两者之和,经线性冲洗后的透过率函数就包含了两种频率成分.运用这种实验方法可以获得两个相近的频率成分,即差频 $\Delta f=(f_2-f_1)\ll f_1, f_2$. 比如,$f_1$ 为 50/mm,f_2 为 52/mm.这种显示出空间拍频的复合光栅,可用作空间滤波器,以实现图像微分运算.

- **释疑——余弦光栅衍射的实数处理**

上述分析余弦光栅衍射特征时，我们凭借了数学中的欧拉公式，将波前函数 $A_1t_1\cos 2\pi fx$ 分解为两项，并运用相因子分析法便捷地断定那两项分别代表两个方向的平面衍射波. 这一数理过程不免引起一个疑问，似乎它是一种纯数学的结果，倘若最初我们不采取波函数的复数表示，就没有了使用欧拉公式的场合，那两列平面衍射波又从何而来？

鉴于以上疑问关系到波函数的复数对应、相因子分析法和波动时空周期性等，这若干基本概念上的理解，故在此对它稍作详细讨论.

倘若波动理论一开始就用实数表示波函数，那么，平面波函数就表示为

$$U(\boldsymbol{r},t)=A\cos(\omega t-\boldsymbol{k}\cdot\boldsymbol{r})=A\cos(\omega t-(k_xx+k_yy+k_zz)),$$

正入射于光栅平面(xy)的波前函数为

$$U_1(x,y,t)=A_1\cos\omega t,$$

经余弦光栅透过率函数 $t(x,y)$的调制以后，出射波前函数为

$$\begin{aligned}U_2(x,y,t)&=U_1\cdot t=A_1\cos\omega t\cdot(t_0+t_1\cos 2\pi fx)\\&=t_0A_1\cos\omega t+t_1A_1\cos 2\pi fx\cdot\cos\omega t\\&=U_0+\frac{1}{2}t_1A_1\cos(\omega t+2\pi fx)+\frac{1}{2}t_1A_1\cos(\omega t-2\pi fx)\\&=U_0+U_{+1}+U_{-1},\end{aligned}$$

其中，第一项波前 $U_0=t_0A_1\cos\omega t$，代表了一列正出射的平面衍射波；第二项波前 $U_{+1}(x,y,t)$和第三项波前 $U_{-1}(x,y,t)$分别代表了两列斜出射的平面衍射波，其波矢分量 $k_{x,\pm1}=\pm 2\pi f$，$k_{y,\pm1}=0$. 注意到波矢分量 $k_x=k\sin\theta=2\pi\sin\theta/\lambda$，$\theta$ 为波矢 $\boldsymbol{k}$ 与纵向 z 轴之夹角. 故那两列平面衍射波的方向角 $\theta_{\pm1}$，满足 $\sin\theta_{\pm1}=\pm f\lambda$. 这些结论与基于波函数的复数表示而展开的分析及其结果，是完全一致的.

波函数的复振幅描述其优越性在于，将波动的时间相因子与空间相因子分离，使进一步的数学处理较为省事. 与此相联系，作为基元波的平面波复振幅，它是一个具有线性相因子的指数函数，而不是简谐函数. 换言之，在波函数的复数描述的体系中，简谐函数形式不是基元项，它包含了互为共轭的两个线性指数项，分别对应了两列不同方向的平面波. 这在物理图像上也容易理解——光场中光扰动的振幅经余弦光栅的调制，而呈现空间周期性 $t_1A_1\cos 2\pi fx$，这正是驻波场的一个特点，是两列波相干叠加的结果. 当然，这两列波的传播方向目前彼此不是相反的，而是倾斜的.

6.5 夫琅禾费衍射实现屏函数的傅里叶变换

· 任意栅函数的傅里叶级数展开　· 例题——矩形光栅衍射场的傅里叶分析

· 傅里叶光学的基本思想　· 约瑟夫·傅里叶

● 任意栅函数的傅里叶级数展开

如果明白任意周期结构的屏函数,可以展开为一傅里叶级数,就不难领会上一节对余弦光栅衍射的研究所具有的普遍性价值. 设一维空间周期函数(栅函数)为 $\tilde{t}(x)$,空间周期为 d,即

$$\tilde{t}(x)=\tilde{t}(x+md),\quad m=0,\pm 1,\pm 2,\cdots \tag{6.44}$$

图 6.15 列出了几种典型的栅函数. 考虑到物理上使用的方便,现将其傅里叶级数展开式的三种写法,罗列如下.

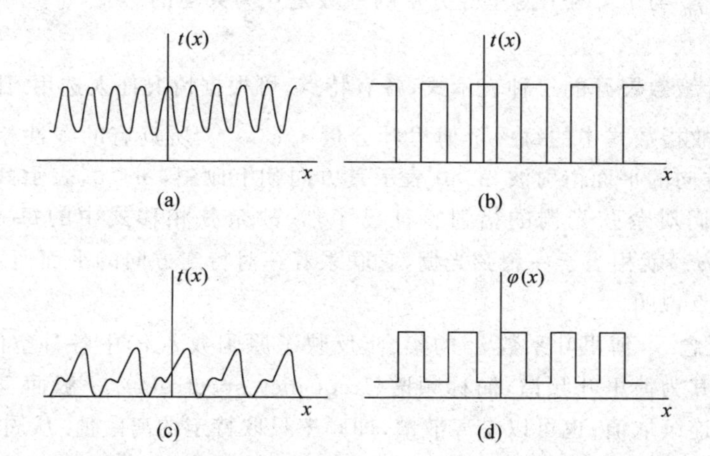

图 6.15 几种栅函数.(a) 余弦型,(b) 矩形,(c) 齿型,(d) 相位型(透明)

(1) 余弦正弦式.

$$\tilde{t}(x)=t_0+\sum_{n>0}a_n\cos 2\pi f_n x+\sum_{n>0}b_n\sin 2\pi f_n x, \tag{6.45}$$

其中,n 是正整数,频率 $f_1=1/d$ 是基频,$f_n=nf_1$ 是基频的整数倍,称其为高次谐波的频率或倍频. 傅里叶系数 t_0,a_n 和 b_n,由以下积分式给出,

$$t_0=\frac{1}{d}\int_{-d/2}^{d/2}\tilde{t}(x)\,\mathrm{d}x, \tag{6.45$'$}$$

$$a_n=\frac{2}{d}\int_{-d/2}^{d/2}\tilde{t}(x)\cdot\cos 2\pi f_n x\ \mathrm{d}x, \tag{6.45$''$}$$

$$b_n=\frac{2}{d}\int_{-d/2}^{d/2}\tilde{t}(x)\cdot\sin 2\pi f_n x\ \mathrm{d}x, \tag{6.45$'''$}$$

(2) 余弦相移式.

$$\tilde{t}(x)=t_0+\sum_{n>0}c_n\cos(2\pi f_n x-\varphi_n), \tag{6.46}$$

$$c_n=\sqrt{a_n^2+b_n^2},\quad \varphi_n=\arctan\left(\frac{b_n}{a_n}\right). \tag{6.46$'$}$$

(3) 指数式.

$$\tilde{t}(x)=t_0+\sum_{n\neq 0}\tilde{t}_n \mathrm{e}^{\mathrm{i}2\pi f_n x}, \tag{6.47}$$

注意上式已换为对所有正负整数求和,其傅里叶系数由以下积分式直接给出,

$$\tilde{t}_n=\frac{1}{d}\int_{-d/2}^{d/2}\tilde{t}(x)\mathrm{e}^{-\mathrm{i}2\pi f_n x}\mathrm{d}x \quad 或 \quad \tilde{t}_n=\frac{1}{2}(a_n-\mathrm{i}b_n). \tag{6.47′}$$

如果栅函数 $\tilde{t}(x)$ 为实函数,即纯振幅型,则

$$\tilde{t}_n=\tilde{t}_{-n}^{*} \quad 或 \quad \tilde{t}_{-n}=\tilde{t}_n^{*}. \tag{6.47″}$$

就是说,频率为 f_n 与 f_{-n} 两个傅里叶分量的系数是互为共轭的.

以上傅里叶级数展开的三种表示式,各有特点,可根据情况任人选用. 比如,本书采取复振幅描述波前,故指数式中的每一个傅里叶分量 $\tilde{t}_n \mathrm{e}^{\mathrm{i}2\pi f_n x}$ 所具有的线性相因子,便各自联系着一列特定方向的平面衍射波,$n>0$ 表示其方向朝上倾斜; $n<0$,表示其方向朝下倾斜. 又比如,由于我们对余弦光栅的衍射特征已了然,故余弦相移式中的每一个傅里叶分量 $c_n\cos(2\pi f_n x-\varphi_n)$ 就相当于一余弦光栅,它联系着一对特定方向的平面衍射波.

最后,作两点说明.

(1) 频谱概念.　傅里叶系数 $\tilde{t}_n$ 的集合,反映了原函数 $\tilde{t}(x)$ 中各种空间频率成分所占的分量,通常称其为傅里叶频谱,简称频谱(frequency spectrum). 一般而言,频谱可以是连续谱,即频率可连续取值;也可以是离散谱,即频率只取特定的离散值. 从周期函数的傅里叶级数展开中看出,周期函数的频谱是离散谱;以后将证明,非周期函数的频谱是连续谱. 而对于实际光栅,总宽度 D 是有限的,故严格意义下它是个非周期函数;不过,它包含的单元总数很大,即宽度 D 远远地大于光栅空间周期 d. 因之,可称实际栅函数为准周期函数,其频谱介于连续谱与离散谱之间,而更具离散谱的特征,我们称其为准离散谱. 多缝光栅其夫琅禾费衍射强度分布曲线所显示出的若干离散的主峰(主极强),就是一种准离散谱.

(2) 二维周期函数的傅里叶级数.　电子学研究时域中的一维讯号,比如电流和电压. 光学研究空域中的结构信息,它们是一维、二维或三维的,而经常打交道的是二维屏函数. 二维周期屏函数 $\tilde{t}(x,y)$ 的傅里叶级数展开式为

$$\tilde{t}(x,y)=t_0+\sum_{n,m\neq 0}\tilde{t}_{nm}\mathrm{e}^{\mathrm{i}2\pi(nf_x x+mf_y y)}, \tag{6.48}$$

其中, n,m 可取正负整数,$(f_x,f_y)=(1/d_x,1/d_y)$ 是二维周期函数沿 x,y 方向的基频. 傅里叶系数 $\tilde{t}_{nm}$ 由以下积分式给出,

$$\tilde{t}_{nm}=\frac{1}{d_x d_y}\int_{-d_x/2}^{d_x/2}\int_{-d_y/2}^{d_y/2}\tilde{t}(x,y)\cdot \mathrm{e}^{-\mathrm{i}2\pi(nf_x x+mf_y y)}\mathrm{d}x\,\mathrm{d}y. \tag{6.49}$$

而常数 t_0 等于原函数的平均值,即

$$t_0=\tilde{t}_{00}=\frac{1}{d_x d_y}\int_{-d_x/2}^{d_x/2}\int_{-d_y/2}^{d_y/2}\tilde{t}(x,y)\mathrm{d}x\,\mathrm{d}y. \tag{6.50}$$

● 例题——矩形光栅衍射场的傅里叶分析

设矩形光栅周期为 d，其中透光宽度为 a，则其单元屏函数为

$$\tilde{t}(x)=\begin{cases}1, & |x|<\dfrac{a}{2};\\ 0, & \dfrac{a}{2}<|x|<\dfrac{d}{2}.\end{cases} \tag{6.51}$$

这是一个偶函数，相当于透光狭缝居中，这不影响由此得到的以下主要结论的普遍性.

当平行光正入射，则入射波前为 $\widetilde{U}_1=A_1$，经光栅后的透射波前为

$$\widetilde{U}_2(x)=\tilde{t}\cdot\widetilde{U}_1=A_1t_0+A_1\sum_{n\neq 0}\tilde{t}_n\mathrm{e}^{\mathrm{i}2\pi nf_1x}\quad\left(f_1=\frac{1}{d}\right), \tag{6.52}$$

可见，矩形光栅的透射波前包含一系列平面波前，换言之，矩形周期性波前经傅里叶级数展开，而被分解为一系列不同方向的平面衍射波. 它们的方向角由线性相因子的系数确定为

$$\sin\theta_n=nf_1\lambda,\quad 或\quad d\sin\theta_n=n\lambda,\quad n=0,\pm1,\pm2,\cdots \tag{6.53}$$

这就是我们早已熟悉的那个决定主极强角位置的光栅公式，它只与周期 d 有关，与单元函数 $\tilde{t}(x)$ 的线型无关. 这函数线型决定了傅里叶系数 $\tilde{t}_n$，亦即决定了第 n 级平面衍射波成分的振幅，

$$\begin{aligned}A_1\tilde{t}_n&=\frac{A_1}{d}\int_{-d/2}^{d/2}\tilde{t}(x)\mathrm{e}^{-\mathrm{i}2\pi nf_1x}\,\mathrm{d}x=\frac{A_1}{d}\int_{-a/2}^{a/2}1\cdot\mathrm{e}^{-\mathrm{i}2\pi nf_1x}\,\mathrm{d}x\\&=A_1\frac{\sin(n\pi f_1a)}{n\pi}=A_1\frac{a}{d}\cdot\frac{\sin\alpha_n}{\alpha_n},\quad \alpha_n=n\pi\frac{a}{d}.\end{aligned} \tag{6.54}$$

当然，这列平面衍射波的实际宽度受限为 $D=Nd$，故它经透镜而会聚于一个亮斑，这亮斑有个半角宽度 $\propto\lambda/D$，这亮斑中心的振幅 $\propto D\cdot A_1\tilde{t}_n=NdA_1\tilde{t}_n=NaA_1\sin\alpha_n/\alpha_n$. 不过，这些量 N,a,d 和 A_1 与级别 n 无关，故决定各级振幅相对分布的是 sinc 函数 $\sin\alpha_n/\alpha_n$. 图 6.16 显示了矩形光栅的离散谱 $\tilde{t}_n$，可以看出，$\tilde{t}_n$ 值总为实数，或正或负，这表明原点相位 φ_n 取值或 0 或 π，这源于原函数为偶函数.

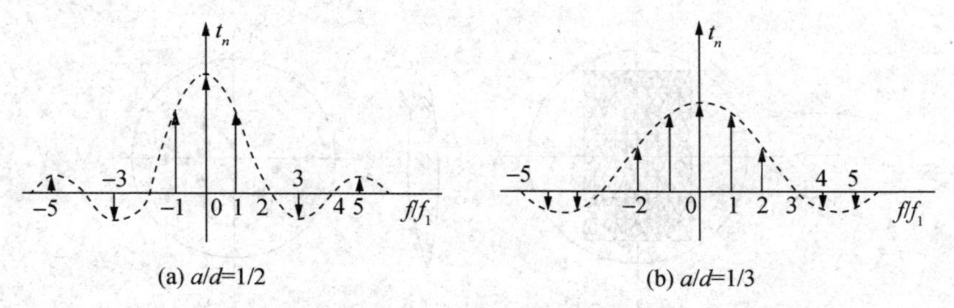

图 6.16 矩形光栅的离散谱

表 6.2 给出单元函数取(6.51)式时，矩形光栅的傅里叶系数 $\tilde{t}_n$ 头 6 个的值.

表　6.2

a/d \ n , $\tilde{t}_n$	0	±1	±2	±3	±4	±5	±6
$\frac{1}{2}$	$\frac{1}{2}$	$\frac{1}{\pi}$	0	$-\frac{1}{3\pi}$	0	$\frac{1}{5\pi}$	0
$\frac{1}{3}$	$\frac{1}{3}$	$\frac{\sqrt{3}}{2\pi}$	$\frac{\sqrt{3}}{4\pi}$	0	$-\frac{\sqrt{3}}{8\pi}$	$-\frac{\sqrt{3}}{10\pi}$	0
$\frac{2}{3}$	$\frac{2}{3}$	$\frac{\sqrt{3}}{2\pi}$	$-\frac{\sqrt{3}}{4\pi}$	0	$\frac{\sqrt{3}}{8\pi}$	$-\frac{\sqrt{3}}{10\pi}$	0

● 傅里叶光学的基本思想

数学上可以将一个复杂的周期函数作傅里叶级数展开，这一点在光学中体现为，一个复杂的图像可以被分解为一系列单频信息的合成，简言之，一个复杂的图像可以被看作一系列不同频率、不同取向的余弦光栅之和. 如果事情仅限于此，那图像的傅里叶分解只停留在纯数学的纸面上. 为了将这种傅里叶分解在物理上付诸实现，必须找到相应的物理途径——物理效应、物理元件或物理装置. 在上一节余弦光栅的衍射特征中已经表明，当单色光入射于二维图像上，通过夫琅禾费衍射，使一定空间频率的光学信息由一对待定方向的平面衍射波传输出来；这些衍射波在近场区域彼此交织，到了远场区域彼此分离，从而达到分频的目的. 常见的远场分频装置是利用透镜，将不同方向的平面衍射波会聚于后焦面 $\mathscr{F}'$ 的不同位置上，形成一个个衍射斑；衍射斑位置与图像空间频率一一对应，且集中了这一频率成分所有光学信息. 总之，在一夫琅禾费衍射系统中，输入图像的傅里叶频谱直观地显示在透镜的后焦面上. 换言之，这后焦面就是输入图像的傅里叶频谱面，简称傅氏面(Fourier plane)，因而那些夫琅禾费衍射斑，也常被称作谱斑(spectral spot)，如图 6.17 所示. 从这个意义上看，夫琅禾费衍射装置就是一个图像的空间频谱分析器. 这就是现代光学对经典光学中夫琅禾费衍射的一个重新评价——夫琅禾费衍射实现了屏函数的傅里叶变换. 这种新认识或新联系，

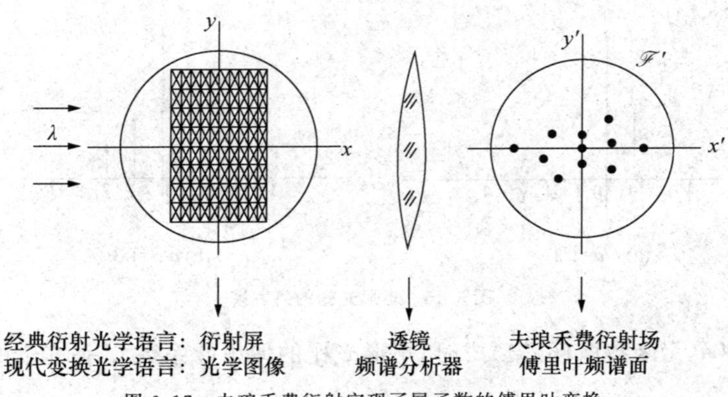

图 6.17　夫琅禾费衍射实现了屏函数的傅里叶变换

给光学和数学这两方面都带来了新进展;它为夫琅禾费衍射场的分析,提供了一种强有力的傅里叶数学手段,同时开创了光学空间滤波与光学信息处理这一新技术.

综上所述,振兴于 20 世纪 60 年代的傅里叶光学,其基本思想和基本内容,可以概括为两条:对图像产生的复杂波前的傅里叶分析,这意味着将其复杂的衍射场分解为一系列不同方向、不同振幅的平面衍射波,故傅里叶光学就是一种平面波衍射理论;再者,特定方向的平面衍射波,作为一种载波,携带着特定空间频率的光学信息,并将其集中于夫琅禾费衍射场的相应位置,实现了分频,从而为选频即空间滤波开辟了可行的技术途径,故傅里叶光学也是一种关于空间滤波和光学信息处理技术的理论基础.

● 约瑟夫·傅里叶

约瑟夫·傅里叶在他家 19 个孩子中排行最小.早在童年他已明显地表现出了数学方面的天赋.后来他成为当地一所教会学校的历史、修辞学和数学老师.法国革命期间他对时政腐败的公开批评使他两次入狱,并被判处死刑.但他最终幸免并结识了拿破仑.

图 6.18 约瑟夫·傅里叶 (Joseph Fourier, 1768—1830)

拿破仑将他派至埃及参加一次科学考察.傅里叶将其在那儿的工作扩展为一部 21 卷的巨著,这奠定了现代埃及学的基础.尔后,拿破仑拒绝了傅里叶退出社会事务的请求,他只得尽可能地继续他的数学研究.在某种意义上他甚至认为自愿流放将获得更多自由.

在做其他工作时,他一直在发展着他的级数理论.他曾将其研究成果写成一篇论文呈送给科学院.但由于拉格朗日认为傅里叶级数不收敛而使论文遭拒.今天,这篇论文已经成为数学物理上的一个里程碑.

6.6 超精细结构的衍射——隐失波

· 结构按空间频率分级 · 衍射隐失波的出现 · 衍射隐失波的特点

● 结构按空间频率分级

一定空间频率 f 的结构信息,由一对特定方向 $\theta_{\pm1}$ 的平面衍射波 $\widetilde{U}_{\pm1}$ 波携带出来,到达远场而集中于后焦面 $\mathscr{F}'$ 特定位置 x',如图 6.19 所示,$f,\theta_{\pm1},x'$ 三者定量关系为

$$\sin\theta_{\pm1}=\pm f\lambda,\quad x'=\pm Ff\lambda,\quad (F\text{ 为焦距}).$$

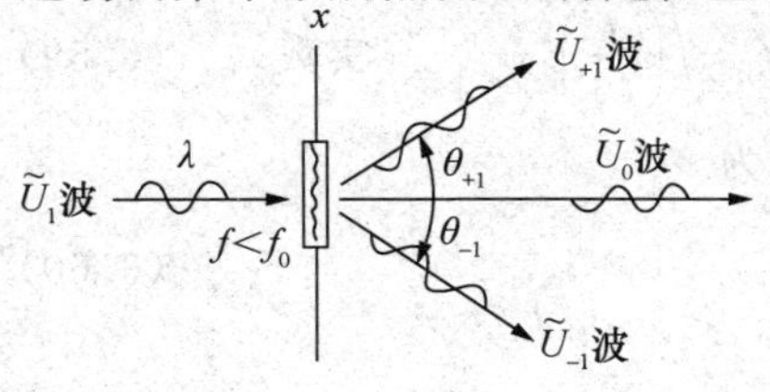

图 6.19 低频、高频结构的衍射

注意到这等式右边两个量 f 和 λ 均系描述空间周期性的物理量,λ 是入射光波长,也就是作为载波的衍射光波长,可以引入其倒数 $f_0=1/\lambda$,视作这载波的空间频率,其实这 f_0 与波数 $k=2\pi/\lambda$ 仅相异一倍率 2π;f 是物结构信息即衍射屏的空间频率.自然,这

两个空间频率 f_0 和 f 是彼此独立的. 现以 f_0 为参照,将物结构大致分为三级:

$f \ll f_0$,低频结构;　$f \leqslant f_0$,高频结构;　$f > f_0$,超高频即超精细结构.

比如,以光波长 $\lambda \sim 550$ nm 估算,则载波频率为

$$f_0 = \frac{1}{\lambda} = \frac{1}{550\,\text{nm}} \approx 1800\,\text{mm}^{-1},$$

那么,结构频率在 $100\,\text{mm}^{-1}$ 以下,就算是低频结构了;在 $1500\,\text{mm}^{-1}$,就算是高频结构了;而频率达 $2000\,\text{mm}^{-1}$,就该是超精细结构了.

- **衍射隐失波的出现**

当 $f > f_0$ 时,表观上看竟出现了

$$\sin\theta_{+1} = f\lambda = \frac{f}{f_0} > 1$$

一个令人疑惑和费解的数学结果. 让我们回到三维波场中,考察这种超精细的衍射屏,究竟产生了一种怎样的衍射场. 平面衍射波的一般表达式为

$$\widetilde{U}_{+1} = A\mathrm{e}^{\mathrm{i}(k_x x + k_y y + k_z z)}, \tag{6.55}$$

其中,波矢的三个分量 (k_x, k_y, k_z) 与波传播方向一一对应,如果它是一列正常的行波的话. 然而,这三者并不完全独立,应满足方程,

$$(k_x^2 + k_y^2 + k_z^2) = k^2 = \left(\frac{2\pi}{\lambda}\right)^2 = (2\pi f_0)^2, \tag{6.56}$$

换句话说,当入射光波长 λ 给定时,在衍射区只可能存在同一波长 λ 的波动成分,这就限定了 (k_x, k_y, k_z) 必须满足上式. 这一点也是光场线性波动方程所要求的. 另一方面,在 $z=0$ 的衍射屏 (xy) 面上,由于超高频余弦光栅 $\cos 2\pi f x$ 的调制,$\widetilde{U}_{+1}$ 波的波前函数成为

$$\widetilde{U}_{+1}(x, y, 0) = A\mathrm{e}^{\mathrm{i}2\pi f x}, \tag{6.57}$$

这也正是三维波函数 $\widetilde{U}_{+1}(x, y, z)$ 所必须满足的一个边界条件.

联立(6.55)、(6.56)和(6.57)三式,便确定了波矢 $\boldsymbol{k}$ 的三个分量,

$$k_x = 2\pi f, \quad k_y = 0,$$

$$k_z = \sqrt{k^2 - (k_x^2 + k_y^2)} = 2\pi\sqrt{f_0^2 - f^2}. \tag{6.58}$$

注意到纵向波矢分量 k_z,当 $f > f_0$ 时,k_z 成为一个虚数,不妨将其改写为

$$k_z = 2\pi f_0 \sqrt{1 - \left(\frac{f}{f_0}\right)^2} = \mathrm{i}\,k_z' \quad (\text{虚数});\quad k_z' = 2\pi f_0 \sqrt{\left(\frac{f}{f_0}\right)^2 - 1} \quad (\text{实数}), \tag{6.59}$$

最终导致超高频精细结构,在衍射区所产生的三维波函数为

$$\widetilde{U}_{+1}(x, y, z) = A\mathrm{e}^{-k_z' z} \cdot \mathrm{e}^{\mathrm{i}2\pi f x}, \tag{6.60}$$

对于另一支 -1 级衍射波 $\widetilde{U}_{-1}$ 也有类似的结果,

$$\widetilde{U}_{-1}(x, y, z) = A\mathrm{e}^{-k_z' z} \cdot \mathrm{e}^{-\mathrm{i}2\pi f x}, \tag{6.61}$$

这是一种非常波，其最显著的特点是，其振幅随纵向距离 z 而急剧衰减，故人们称其为急衰波或隐失波(evanescent wave). 这意味着，超精细结构信息无法被衍射波携带到远场的频谱面上，从而给出了衍射用于结构分析的极限只在波长 λ 量级的精度，即

$$f_M \approx f_0, \quad 或 \quad d_m \approx \lambda. \tag{6.62}$$

不妨估算一下衍射隐失波存在的有效深度 z_e. 设载波频率 $f_0 \approx 1800\ \mathrm{mm}^{-1}$，这相当于光波长 $\lambda \approx 550\ \mathrm{nm}$，而精细结构的频率 $f \approx 2000\ \mathrm{mm}^{-1}$，于是

$$k_z' = 2\pi f_0 \sqrt{\left(\frac{f}{f_0}\right)^2 - 1} = \frac{2\pi}{\lambda}\sqrt{\frac{2000}{1800} - 1} \approx \frac{3}{\lambda},$$

$$z_e = \frac{1}{k_z'} \approx \frac{\lambda}{3}, \tag{6.63}$$

它表明，离衍射屏 $\lambda/3$ 处隐失波的振幅值已减为出射处的约 1/3. 一般说，衍射隐失波的有效深度在波长量级，这与第 3 章 3.5 节透射隐失波的穿透深度系同一量级.

- **衍射隐失波的特点**

与通常行波相比较，衍射隐失波的其他若干特点与透射隐失波的相同，这里恕不重复.

与透射隐失波相比较，衍射隐失波倒有两个特点值得一提. 它在近场区同时存在两列隐失波，一列 $\tilde{U}_{+1}$ 隐失波沿 $+x$ 方向传播，另一列 $\tilde{U}_{-1}$ 隐失波沿 $-x$ 方向传播，因而，在近场区形成了一个隐失驻波场；在衍射区从近场到远场，还存在一列沿纵向 z 传播的行波 $\tilde{U}_0$ 波，它是实际余弦光栅屏函数中常数项 t_0 所提供的. 参见图 6.20.

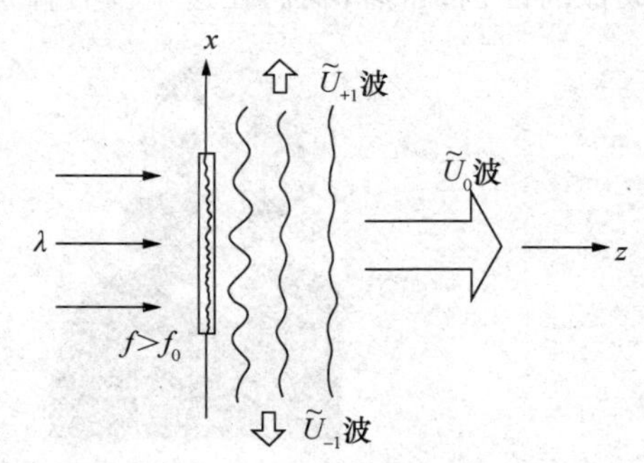

图 6.20 超高频结构的衍射产生隐失波

近场光学显微镜[①]对物结构信息的探测方式，从根本上突破了远场频谱理论，因而其精度不受光波长所限制；然而，近场光学显微镜的探针，已接近样品距离 $z \approx \lambda/10$，即已进入隐失驻波场，故对本节衍射隐失波的了解，有助于对近场探测数据的分析.

6.7 阿贝成像原理与空间滤波实验

- 阿贝成像原理——相干系统两步成像 · 证明阿贝成像原理——三孔干涉场
- 阿贝成像原理的意义和价值 · 空间滤波概念和空间滤波器 · 空间滤波实验

- **阿贝成像原理——相干系统两步成像**

现代变换光学中的空间滤波和光学信息处理技术，就其概念起源来说，可追溯到一百多

① 参阅第 3 章 3.6 节，近场扫描光学显微镜.

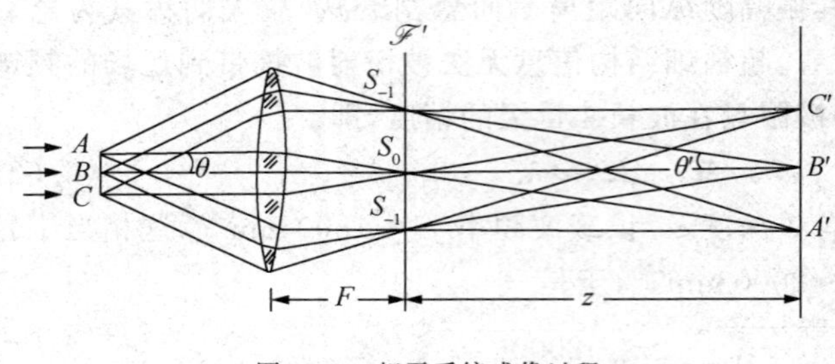

图 6.21　相干系统成像过程

年前的阿贝成像原理. 阿贝（Ernst Abbe，1840 — 1905），德国科学家，他在蔡司光学公司任职期间，在研究如何提高显微镜的分辨本领时，提出了一个关于相干成像的新原理，兹介绍如下.

如图 6.21 所示，用一束准单色平行光照明傍轴小物（ABC），物平面上各点成为次波源，发射大量球面波，充满这光学系统. 因它们彼此是相干的，故该系统是一个相干成像系统. 如何看待这系统的成像过程呢？这可有两种观点或两种眼光.

一种观点着眼于点的对应——物是大量物点之集合，其上任一点发出球面波，经透镜会聚于一像点，像也是大量像点之集合：

$$\text{物}\left\{\begin{array}{l} A \longrightarrow A' \\ B \longrightarrow B' \\ C \longrightarrow C' \end{array}\right\}\text{像}$$

这种点点对应的一次成像观点，是传统的几何光学眼光，自然也就抹杀了相干成像与非相干成像的区别，当然，我们在这里没有怀疑它的正确性.

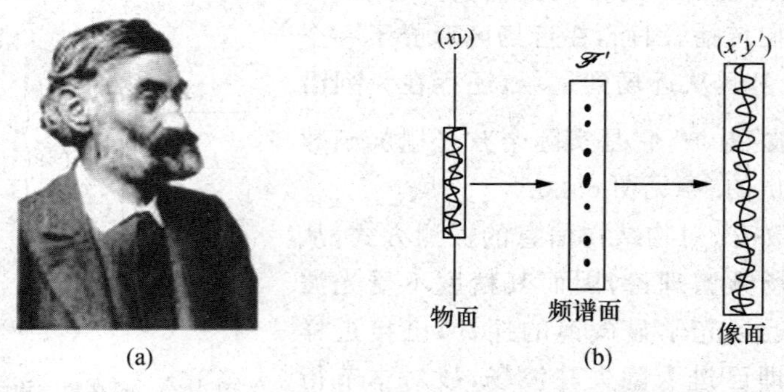

图 6.22　(a) 阿贝（Ernst Abbe，1840 — 1905），(b) 阿贝成像原理示意

另一种观点是阿贝的观点，他着眼于频谱的变换——物是一系列不同空间频率信息的集合，而相干成像过程分两步完成. 第一步是入射光经物平面（xy）发生夫琅禾费衍射，在透镜后焦面 $\mathscr{F}'$ 亦即频谱面上，出现一系列谱斑；第二步是干涉，这些谱斑作为新的次波源，发出球面波，相干叠加于像平面（$x'y'$），亦即像就是一干涉场. 如此相干系统两步成像的观点是波动光学的观点，后人称其为阿贝成像原理（Abbe's principle of image formation）. 显然，在阿贝成像原理中，频谱面 $\mathscr{F}'$ 有着重要的地位，参见图 6.22(b).

● 证明阿贝成像原理——三孔干涉场

基于任何图像可视为一系列余弦光栅之和的理念，我们选择单频余弦信息为对象，论证阿贝成像原理. 参见图 6.21，设物光波前为

$$\widetilde{U}_{ob}(x,y)=A_1(t_0+t_1\cos 2\pi fx),\tag{6.64}$$

它在频谱面上产生三个衍射谱斑 S_0，S_{+1} 和 S_{-1}，它们被看作三个点源，发出三列球面波交叠于后场，这类似于杨氏双孔干涉实验，只不过目前是三孔干涉场而已. 我们关注的是像面 $(x'y')$ 上的干涉场，

$$\widetilde{U}_I(x',y')=\widetilde{U}_0(x',y')+\widetilde{U}_{+1}(x',y')+\widetilde{U}_{-1}(x',y'),\tag{6.65}$$

其中，$\widetilde{U}_0$ 是轴上点源 S_0 贡献的场，$\widetilde{U}_{+1}$，$\widetilde{U}_{-1}$ 分别是轴外点源 S_{+1}，S_{-1} 贡献的场. 写出傍轴条件下这三个波前函数，这对于我们不是一件陌生的事，

$$\begin{cases}\widetilde{U}_0(x',y')=\widetilde{A}_0\mathrm{e}^{\mathrm{i}k\frac{x'^2+y'^2}{2z}}\cdot\mathrm{e}^{\mathrm{i}kL(\overline{S_0B'})},\\ \widetilde{U}_{+1}(x',y')=\widetilde{A}_{+1}\mathrm{e}^{\mathrm{i}k\left(\frac{x'^2+y'^2}{2z}-\sin\theta'_{+1}\cdot x'\right)}\cdot\mathrm{e}^{\mathrm{i}kL(\overline{S_{+1}B'})},\\ \widetilde{U}_{-1}(x',y')=\widetilde{A}_{-1}\mathrm{e}^{\mathrm{i}k\left(\frac{x'^2+y'^2}{2z}-\sin\theta'_{-1}\cdot x'\right)}\cdot\mathrm{e}^{\mathrm{i}kL(\overline{S_{-1}B'})}.\end{cases}\tag{6.66}$$

其中，$\widetilde{A}_0$，$\widetilde{A}_{+1}$ 和 $\widetilde{A}_{-1}$，分别表示那三个衍射斑的复振幅，即含振幅关系和相位关系，这比一束平行光直接照射三个小孔的情况要复杂些. 不过，从余弦光栅夫琅禾费衍射的特征表，可以确定它们为

$$\widetilde{A}_0\propto A_1t_0\mathrm{e}^{\mathrm{i}kL(\overline{BS_0})},\quad \widetilde{A}_{+1}\propto\frac{1}{2}A_1t_1\mathrm{e}^{\mathrm{i}kL(\overline{BS}_{+1})},\quad \widetilde{A}_{-1}\propto\frac{1}{2}A_1t_1\mathrm{e}^{\mathrm{i}kL(\overline{BS}_{-1})}.\tag{6.67}$$

代入(6.66)式，并注意到物像等光程性，即

$$L(BS_0B')=L(BS_{+1}B')=L(BS_{-1}B'),$$

这样，在(6.65)式三项求和中，有了一个相位常数的公因子，连同(6.67)式中的正比符号，一并由一个传播系数 K 予以表示. 于是，像场函数成为

$$\widetilde{U}_I(x',y')=K\mathrm{e}^{\mathrm{i}k\frac{x'^2+y'^2}{2z}}\cdot A_1\left(t_0+\frac{t_1}{2}\mathrm{e}^{-\mathrm{i}k\sin\theta'_{+1}x'}+\frac{t_1}{2}\mathrm{e}^{-\mathrm{i}k\sin\theta'_{-1}x'}\right),$$

其中，角 $\theta'_{\pm1}$ 是一对光线经透镜后的会聚角，与 ±1 级衍射波的方向角 $\theta_{\pm1}$ 相对应，两者定量关系由阿贝正弦条件[①]给出，

$$y'\sin\theta'_{+1}=y\sin\theta_{+1},\quad y'\sin\theta'_{-1}=y\sin\theta_{-1},$$

再利用以下关系式，

$$\theta'_{-1}=-\theta'_{+1},\quad \sin\theta_{+1}=f\lambda,\quad V\equiv\frac{y'}{y},\quad (V\text{ 为横向放大率})$$

化简像场函数表达式，其最终结果为

$$\widetilde{U}_I(x',y')=K\mathrm{e}^{\mathrm{i}k\frac{x'^2+y'^2}{2z}}\cdot A_1(t_0+t_1\cos 2\pi f'x'),\quad f'=\frac{f}{V}.\tag{6.68}$$

据此得到的主要结论是：

---

① 参见第1章1.5节(1.23)式.

(1) 单频 f 的物信息,经阿贝两步成像,在像面上得到的依然是单频 f' 像信息,这与几何光学点点对应而一次成像的结果是一致的.这也就证明了阿贝成像原理的正确性,它适用于任意物信息.空间频率 $f' \neq f$,那只是几何上的缩放,这不影响成像质量(像质).

(2) 影响像质的是复振幅衬比度 γ——交流项系数与直流项之比值.目前,由(6.64)式和(6.68)式决定的物场衬比度 γ_{ob},像场衬比度 γ_I 相等,即

$$\gamma_{ob} = \frac{t_1}{t_0}, \quad \gamma_I = \frac{t_1}{t_0}, \quad \gamma_I = \gamma_{ob}. \tag{6.69}$$

这表明,阿贝成像原理确实保证了,对任意图像而言像场频谱与物场频谱的一致性,亦即像完全再现了物.

(3) 关于那个二次相因子系数 $\exp\left(ik\dfrac{x'^2+y'^2}{2z}\right)$,可以暂且不管,它不影响输出图像的光强分布,况且人们可选择适当的光路将它消除.不过,有一点倒值得一提,不要将那二次相因子的存在,作为阿贝成像与几何光学成像的一个区别,因为对于后者,像场函数 $\widetilde{U}_I(x',y')$ 与物场函数 $\widetilde{U}_{ob}(x,y)$ 之关系,也同样地将出现这二次相因子系数,即

$$\widetilde{U}_I(x',y') = K e^{ik\frac{x'^2+y'^2}{2z}} \cdot \widetilde{U}_{ob}(x,y), \quad (x,y) = \left(\frac{x'}{V},\frac{y'}{V}\right). \tag{6.70}$$

虽然如此,对于物与像之间点点对应,且物像之间满足等光程性,上式依然是正确的.借助图6.21可以证明(6.70)式,这留给读者完成.

- **阿贝成像原理的意义和价值**

用频谱语言表达阿贝成像原理,那就是,第一步发生夫琅禾费衍射,起"分频"作用,第二步发生干涉,起"合成"作用.许多有意义的事情就发生在这频谱的一分一合的变换之中.

阿贝成像原理的本意,旨在相干照明条件下提高显微镜的分辨本领.上述研究表明.由于物镜口径有限,以致高频信息引起的大角度衍射,无法进入镜头,故频谱面上缺少了这高频谱,自然,在像面上也就丢失了这高频信息,参见图6.23(a).从这个意义上说,相干成像系统中的物镜或光瞳,就是一个低通滤波器,高频成分的丢失,使像无法再现物的相应细节,

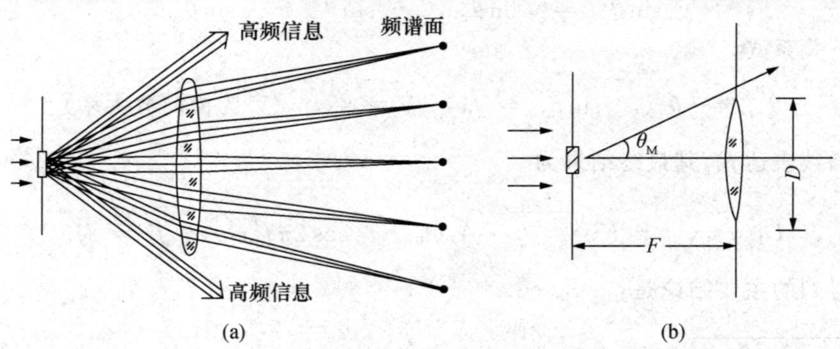

图 6.23　物镜作为一个低通滤波器.(a) 有限口径丢失高频信息,(b) 估算透镜截止频率

像变得模糊了一些，或者使像的棱角变得不那么分明. 因此，为了使像场更加准确地再现物场，应当尽量扩大物镜的口径，以吸纳更高的频率信息进入成像系统. 由阿贝成像原理导致的这个结论，对于我们似乎并不新鲜，在以往分析非相干成像系统的分辨本领时，已经明了显微镜可分辨的最小距离 $\delta y_m \propto \lambda/D$.

让我们估算一下相干成像系统的截止频率 f_M——镜头所能接收的信息最高频率. 参见图 6.23(b)，物镜口径为 D，小物距离在焦点邻近，焦距为 F. 从几何上看，由小物中心发出的光线能进入物镜的最大倾角为 θ_M，

$$\sin\theta_M \approx 0.5\,\frac{D}{F},$$

与截止频率 f_M 对应的衍射波方向角为 θ_{+1}，$\sin\theta_{+1} = f_M\lambda$，令 $\theta_{+1}=\theta_M$，得截止频率约为，

$$f_M \approx \frac{\sin\theta_M}{\lambda} \approx 0.5\,\frac{D}{F\lambda}. \tag{6.71}$$

设光波长 $\lambda \approx 600\,\text{nm}$，物镜相对孔径 $(D/F) \approx 1/3$，于是，

$$f_M \approx 0.5\,\frac{1}{3\lambda} = \frac{1}{6\lambda} \approx 270\,\text{mm}^{-1}.$$

这里，我们未曾算计物平面的自身有个宽度 Δx，如果计及它，则实际截止频率要稍低于以上估算值. 这里我们有兴趣将相干成像的 f_M 公式与非相干成像的 $1/\delta y_m$ 公式作一对比. 显微镜的最小可分辨距离 δy_m，用镜头数值孔径 N. A. 表示为

$$\delta y_m \approx 0.61\,\frac{\lambda}{\text{N. A.}} = 0.61\,\frac{\lambda}{n\sin\theta_M} \approx 0.61\,\frac{\lambda}{D/2F} \approx 1.22\,\frac{F\lambda}{D},$$

即

$$\frac{1}{\delta y_m} \approx 0.8\,\frac{D}{F\lambda}. \tag{6.72}$$

与(6.71)式相比较，可见非相干成像的分辨率还稍好于相干成像的分辨率.

阿贝成像原理的真正价值在于，它运用了一种新的频谱语言来描述光信息，启发人们从改变频谱入手以改变输出信息，它为空间滤波与光学信息处理技术开辟了途径.

• 空间滤波概念和空间滤波器

空间滤波的作法大致如下：因为物信息的空间频谱展现在透镜的后焦面 $\mathscr{F}'$ 即傅氏面上，故人们可在频谱面上，安置不同结构的光阑，以提取或摒弃某些频谱，从而改变了原物频谱，再合成于物的共轭像面上即为输出图像，这就完成了改造图像的信息处理. 可见，频谱面上的这类光阑起着选频作用. 广义上说，凡是能够改变光信息的空间频谱的器件，被通称为光学滤波器，常称为空间滤波器(spatial filter). 空间滤波器是多种多样的，可以是纯振幅型的，也有纯相位型的，或者是相幅型的.

最简单的几种空间滤波器，如图 6.24 所示，制作它们的工艺比较简单，或者将一张黑纸剪镂成那样的光孔，或者在一张白纸上涂画成那样的黑白图案，再用相机拍摄、洗印在胶片上. 使用时应将光阑置于后焦面而圆孔中心对准后焦点，它们才分别成为低通、高通和带通的光学滤波器. 图(a)，(b)，(c)下方描画的是电子学中类似相应的滤波电路. 不论光学的还

是电子学的，滤波概念是相通的. 滤波即选频；要能选频，必先分频. 滤波电路的设计，凭借的是电阻、电容和电感元件其阻抗的频率特性，

$$Z_R = R,\quad Z_C = \frac{1}{\omega C},\quad Z_L = \omega L,$$

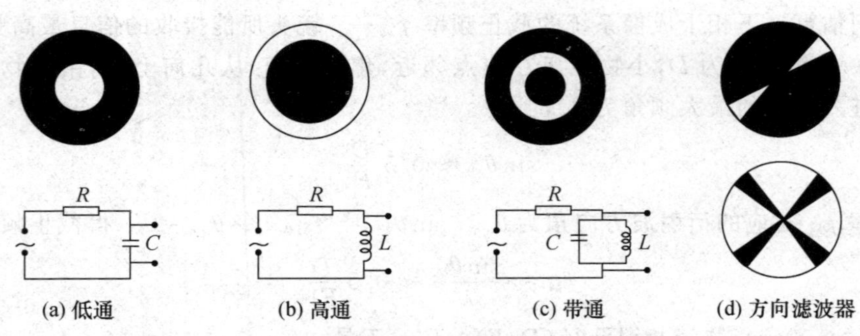

图 6.24　简单的空间滤波器及其与滤波电路的类比，其中(d)没有电子学上的对应

不难设想，倘若没有这三种元件及其阻抗的不同频率特性，就不可能对电流、电压讯号实施分频，也就不可能存在滤波电路. 再回过头看光学滤波系统，它凭借的是光波衍射和透镜作用——使不同空间频率的光学信息所产生的不同方向的平面衍射波，会聚于透镜后焦面上的不同位置，而实现分频，进而在频谱面上实施选频即空间滤波. 总之，如果没有实现分频的物理元件或物理效应，那对时域讯号的傅里叶分析，或对空域信息的傅里叶分析，纯系纸上谈兵，毫无意义.

- **空间滤波实验**

空间滤波实验是对阿贝成像原理的最好验证和演示. 完整的空间滤波实验系统，如图 6.25 所示，它包括输入的物平面、频谱面和输出的像平面；经空间滤波器选频以后的新频谱，作为一个波前，决定了后场像平面上的输出图像，它有别于原物图像. 下面介绍两个简朴的空间滤波实验，作为我们认识光学信息处理的入门.

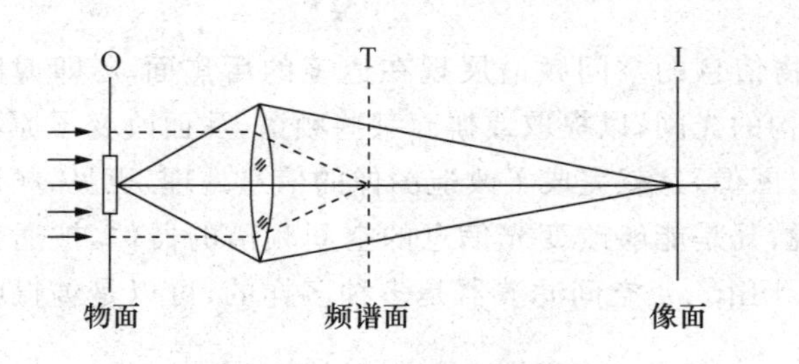

图 6.25　一种空间滤波实验的光学系统

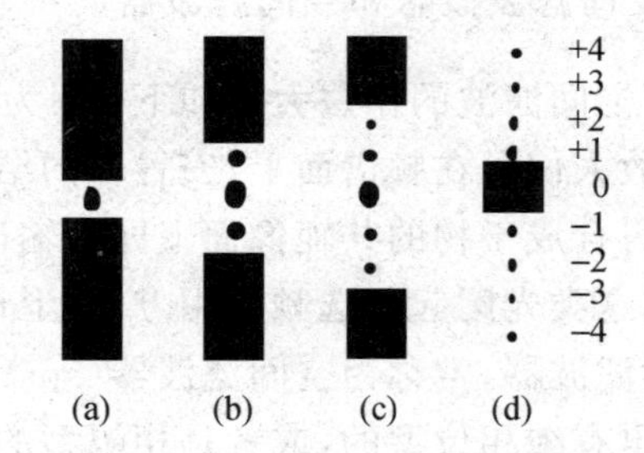

图 6.26　频谱面上的可调单缝作为滤波器

(1) 物为一维矩形光栅、可调单缝作为滤波器.　用一束准单色平行光照明此光栅，于是，后焦面上出现一系列准离散的衍射谱斑；在后焦面上安置一可调单缝作为滤波器，以选取不同谱斑，从而可观测到相应不同的输出图像，参见图 6.26 和图 6.27.

a. 调节单缝宽度，只让 0 级谱斑通过，此时像面上呈现一片均匀强度，丢失了全部周期性变化的交流信息.

b. 展宽单缝，让 0 级和 ±1 级谱斑通过，而挡掉其余谱斑，这时像面上的振幅分布如图 6.27(c)所示，类似于一余弦光栅的波前，它是零频和基频成分的叠加. 两种成分的比例与光栅 a/d 比值有关. 当基频成分的振幅大于直流成分时，合成结果将存在一段负振幅. 光强是复振幅模数平方，因之，这情形下在相邻两条粗亮纹之间，还有一条细亮纹. 整个输出图像的亮暗界线没有原物矩形光栅那样分明，因为目前丢失了包括二倍频以上的所有高频信息.

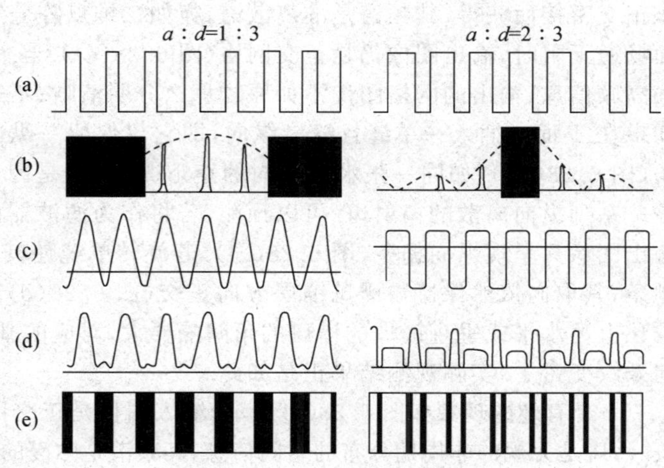

图 6.27　对图 6.26 滤波实验的说明

c. 再展宽单缝，让 0 级、±1 级和 ±2 级谱斑通过，而挡掉其他高级衍射谱斑. 这时，像面上振幅分布更接近矩形栅函数，出现一系列等间隔的亮纹. 虽然，理论上看这时亮暗界限较之 6.27(b)更分明，仅用肉眼难于识别两者的区别.

	输入图像O	变换平面T	输出图像I	说明
(a)	y x			全通
(b)				保留 f_y 频谱
(c)				保留 f_x 频谱
(d)				保留 f_θ 频谱
(e)				小孔滤波器

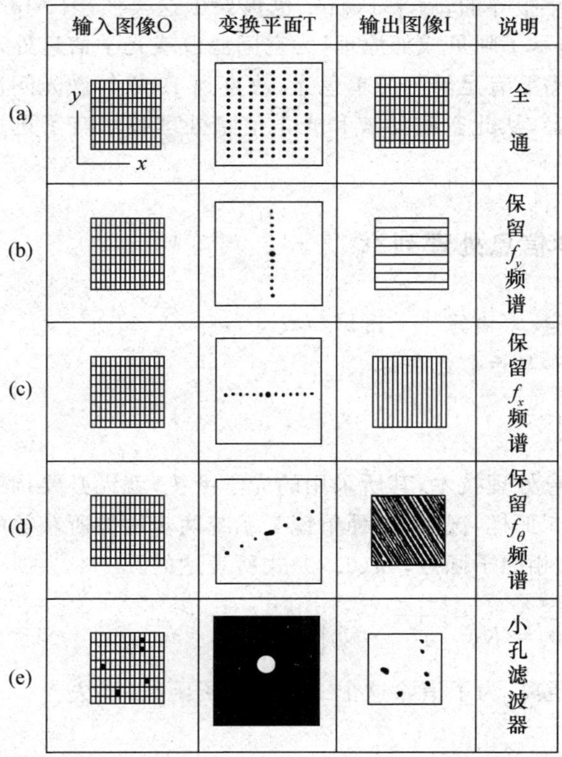

图 6.28　Abbe-Porter 实验

d. 设法仅仅挡掉 0 级，而让其他所有谱斑通过，参见图 6.27 右侧 5 个图线. 这时像面上的复振幅分布差不多仍是方波，只是没有了直流成分；由于透镜的低通滤波性能，截止频率以上的高次谐波没有参与最后成像，以致振幅分布其线型的棱角变得圆滑了一些. 像面上光强分布如图 6.27(d)所示，除原物透光位置仍是亮的外，原来不透光部位也变亮了，甚至可能出现后者比前者更亮，这种现象被称作衬比度反转(inverse contrast). 当矩形光栅处于 $a/d=2/3$ 情形，就可以出现衬比度部分反转现象.

(2) 物为二维正交网格、可旋转单缝作为滤波器.　参见图 6.28，输入图像是一正交网格，它可以用两张一维矩形光栅作正交密接而获得，其频谱是准离散谱，宛如二维点阵分布于频谱面即变换平面 T 上. 当 T 面畅通无阻时，输出图像仍是正交网格(图 6.28(a)). 当然，由于受透镜截止频率的限制，丢失高频信息，输出的网格图像不如原物那么分明清晰；不过，这点差别不易被肉眼鉴别出来. 如果在 T 面上插入一单缝且缝沿纵向，即它仅保留一纵向谱斑，则输出图像只呈现横向栅条(图 6.28(b))，如同一张水平取向的矩形光栅，这是因为水平取向的一维光栅，其频谱正是一系列纵向离散的衍射斑. 可以预测，若将作为滤波器的单缝旋转 $\pi/2$ 而成水平走向，则输出图像只呈现纵向栅条(图 6.28(c)). 若旋转单缝使其走向倾斜，则输出图像为一组斜向栅条，其取向依然保持与谱斑铺展方向正交(图 6.28(d)). 值得注意的是，斜向谱斑的角间隔比上述水平或垂直铺展的谱斑的角间隔要大，对应的基频要高，故此时呈现于像面上的斜向条纹变密了. 实际观测结果正是如此.

一个有趣的现象如图 6.28(e)所示，输入图像是正交网格及其上还附有的若干散乱的污斑. 污斑是无规的非周期分布的空间信息，其频谱是弥漫的，且以低频成分为主；而周期网格的频谱是二维点阵状的准离散谱. 利用两者频谱上的显著差别，我们可以采取空间滤波的手段以清除掉这些污斑，或仅显示这些污斑. 比如，在一张黑纸上镂出一小圆孔，将其作为空间滤波器置于变换平面 T，以挡掉包括网格基频在内的所有离散谱斑，只让零频及其邻近区域的低频成分(它含污斑信息)通过，于是在输出像面上无网格栅条，而突现了污斑分布的部位和形貌.

上述一类实验，首先是由阿贝于 1874 年报导的，后来 Porter 也报导了这类实验. Abbe-Porter 实验以其简朴的装置，十分鲜明地演示了阿贝成像原理，为空间滤波或光学信息处理提供了生动的范例. 由于它属于相干光学，需要有足够强的单色光，故直到 1960 年激光问世以后，它才得以普及，并获得重新振兴的机会，从此空间滤波和光学信息处理技术有了迅速发展，而成为现代光学中一个重要分支.

6.8　光学信息处理列举

· 4*F* 图像处理系统　· 对波前变换的数学描写　· 图像加减

· 图像微分　· 显色滤波　· 黑白胶卷显示彩色图像

● 4*F* 图像处理系统

由阿贝成像原理而发展起来的光学信息处理技术，其所采用的光学系统，就无必要拘束于最初的显微放大的单镜头系统，如图 6.25 那样；况且，这种单镜头系统两步成像所获得的像场函数，与物场函数之间还相差一个二次相因子函数，如(6.70)式所表达的：[①]

$$\widetilde{U}_{\mathrm{O}}(x,y)\longrightarrow\widetilde{U}_{\mathrm{I}}(x',y')=K\mathrm{e}^{\mathrm{i}k\frac{x'^2+y'^2}{2z}}\cdot\widetilde{U}_{\mathrm{O}}\left(\frac{x'}{V},\frac{y'}{V}\right),$$

其中，z 为镜头后焦面 $\mathscr{F}'$ 与像面(x',y')之距离. 为了消除这个二次相因子函数，设法

① 从本节开始将物场函数符号 $\widetilde{U}_{\mathrm{ob}}$ 简写为 $\widetilde{U}_{\mathrm{O}}$.

令 $z\to\infty$，有 $e^{ik\frac{x'^2+y'^2}{2z}}\to 1$，则

$$\widetilde{U}_I(x',y') = K\,\widetilde{U}_O\left(\frac{x'}{V},\frac{y'}{V}\right). \tag{6.73}$$

这实际上意味着，物平面(x,y)要设定于透镜 L_1 的前焦面 $\mathscr{F}_1$，而其生成于无限远处的像，通过另一个透镜 L_2 的聚焦而呈现在其后焦面 $\mathscr{F}_2'$ 上，这就形成了一个实用的图像处理系统，如图 6.29 所示，人称其为 $4F$ 系统. 这系统前后两个透镜 L_1 和 L_2，焦距 F 相等，且共焦组合，即 $\mathscr{F}_1'$ 面与 $\mathscr{F}_2$ 面重合；在平行光入射条件下，L_1 前焦面 $\mathscr{F}_1$ 为输入(物)平面，L_2 后焦面 $\mathscr{F}_2'$ 为输出(像)平面；中间的共焦面(u,v)为变换平面即滤波平面，空间滤波器安插于此平面.

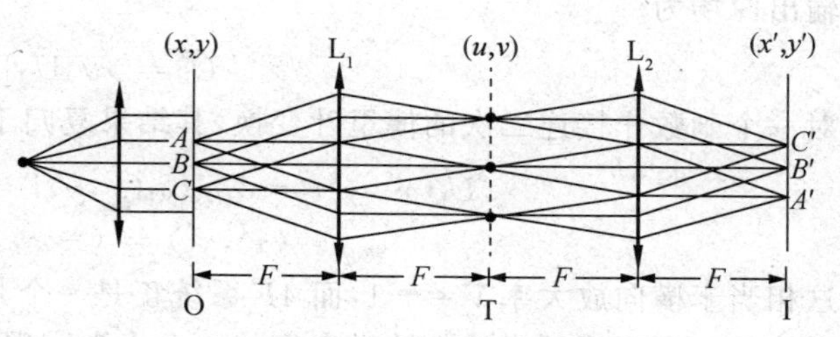

图 6.29 用于图像处理的 $4F$ 系统

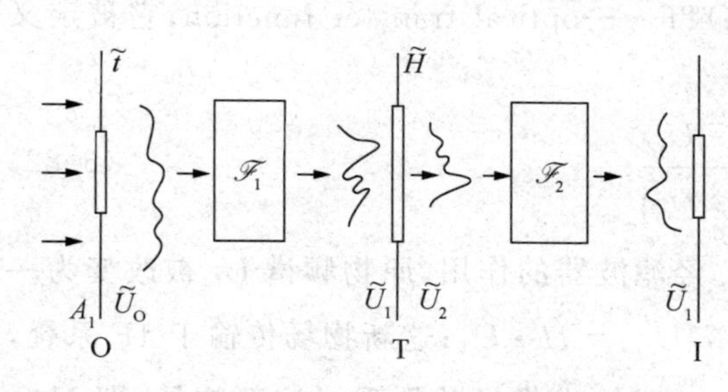

图 6.30 $4F$ 系统中波前的二次傅里叶变换

这变换平面 T 具有双重身份. 对 L_1 而言，T 面是物场的频谱面；对 L_2 而言，T 面是个物平面，其频谱面就在系统的像平面(x',y'). 由此可见，在 $4F$ 系统中从物场 $\widetilde{U}_O$ 到像场 $\widetilde{U}_I$，经历了二次傅里叶变换 $\mathscr{F}$，参见示意图 6.30.

- **对波前变换的数学描写**

(1) 物场 $\widetilde{U}_O$ 经透镜 L_1 实现了第一次 $\mathscr{F}$ 变换，得其频谱为

$$\widetilde{U}_1(u,v) = \mathscr{F}\{\widetilde{U}_O(x,y)\}, \tag{6.74}$$

变换平面 T 上的线坐标(u,v)与物平面上空间频率(f_x,f_y)的关系为

$$(u,v) = (F\lambda f_x, F\lambda f_y). \tag{6.75}$$

(2) 滤波器也有个透过率函数，用 $H(u,v)$表示之，在这种场合可称其为滤波函数，它改变了物频谱，或者说，它造成了一个新的频谱.

$$\widetilde{U}_2(u,v) = \widetilde{H}(u,v)\cdot\widetilde{U}_1(u,v). \tag{6.76}$$

(3) 对透镜 L_2 而言，$\widetilde{U}_2$ 作为一个新的波前函数，经 L_2 实现了第二次 $\mathscr{F}$ 变换，所得频谱正是系统输出的像场函数，

$$\widetilde{U}_I(x',y') = \mathscr{F}\{\widetilde{U}_2(u,v)\}, \tag{6.77}$$

像平面上的线坐标(x',y')与变换平面上的空间频率(f_u,f_v)的关系为

$$(x',y') = (F\lambda f_u, F\lambda f_v). \tag{6.78}$$

(4) 连贯起来考察,输出像场表示为

$$\widetilde{U}_\mathrm{I} = \mathscr{F}\{\widetilde{U}_2\} = \mathscr{F}\{\widetilde{H}\cdot\widetilde{U}_1\} = \mathscr{F}\{\widetilde{H}\cdot\mathscr{F}\{\widetilde{U}_\mathrm{O}\}\}. \tag{6.79}$$

(5) 当滤波函数 $\widetilde{H}(u,v)=1$,即在变换平面上没有安插滤波器,原物频谱畅通无阻,则输出像场为

$$\widetilde{U}_\mathrm{I} = \mathscr{F}\mathscr{F}\{\widetilde{U}_\mathrm{O}\},$$

对一个函数作接连二次的傅里叶变换,其结果复归于原函数,只是变量反号即坐标反转,

$$\widetilde{U}_\mathrm{I}(x',y') = \mathscr{F}\mathscr{F}\{\widetilde{U}_\mathrm{O}(x,y)\} = \widetilde{U}_\mathrm{O}(-x,-y), \tag{6.80}$$

$$(x',y') = (-x,-y). \tag{6.81}$$

这相当于横向放大率 $V=-1$,而 $4F$ 系统正是一个其像重现物且倒置的系统. 反过来说,$4F$ 系统是(6.80)式所表达的数学内容的一个光学实现或一个光学模拟.

(6) 相干光学传递函数.　由于滤波函数 $\widetilde{H}$ 的作用,输出图像 $\widetilde{U}_\mathrm{I}$ 有别于输入图像 $\widetilde{U}_\mathrm{O}$. 如何定量地衡量两者的区别? 在现代变换光学中,着眼于频谱的改变,来评价或衡量图像处理系统的传输性能. 为此,引入光学传递函数 OTF——optical transfer function,它被定义为像场频谱与物场频谱之比,

$$\mathrm{OTF} = \frac{\mathscr{F}\{\widetilde{U}_\mathrm{I}\}}{\mathscr{F}\{\widetilde{U}_\mathrm{O}\}}. \tag{6.82}$$

它与滤波函数 $\widetilde{H}$ 的关系,可从以下分析中导出. 经滤波器的作用,原物频谱 $\widetilde{U}_1$ 被改变为一个新频谱 $\widetilde{H}\cdot\widetilde{U}_1$,它对应了一个新物场$\widetilde{U}'_\mathrm{O}$,即 $\mathscr{F}\{\widetilde{U}'_\mathrm{O}\}=\widetilde{H}\cdot\widetilde{U}_1$;这新物场传输于 $4F$ 系统,就不必再考虑有什么滤波器的作用了,换言之,这时输出像场就再现了这新物场,即 $\widetilde{U}_\mathrm{I}=\widetilde{U}'_\mathrm{O}$,在这里计较坐标反转并无多大实际意义. 于是,$4F$ 系统的相干光学传递函数为

$$\mathrm{OTF} = \frac{\mathscr{F}\{\widetilde{U}_\mathrm{I}\}}{\mathscr{F}\{\widetilde{U}_\mathrm{O}\}} = \frac{\mathscr{F}\{\widetilde{U}'_\mathrm{O}\}}{\mathscr{F}\{\widetilde{U}_\mathrm{O}\}} = \frac{\widetilde{H}\cdot\widetilde{U}_1}{\mathscr{F}\{\widetilde{U}_\mathrm{O}\}} = \frac{\widetilde{H}\cdot\mathscr{F}\{\widetilde{U}_\mathrm{O}\}}{\mathscr{F}\{\widetilde{U}_\mathrm{O}\}} = \widetilde{H}. \tag{6.83}$$

滤波函数 $\widetilde{H}(u,v)$原来就是相干光学信息处理系统的 OTF,这是始料不到的. 这一重要结论对人们设计滤波器,以主动地实现图像处理,提供了一种理论指导.

最后,尚须说明一点,$4F$ 系统作为相干光学信息处理系统之一种,其前后两个透镜的焦距相等,这不是必要条件. 若焦距不相等,$F_1\neq F_2$,这仅带来图像的缩小或放大,相应地引起图像空间频率的增大或减小,这并不影响输出图像的基本特征. 在作定量关系推演时,只要将(6.75)式和(6.78)式中的 F 一量分别改为 F_1 和 F_2 就是了. 然而,前后两个透镜的共焦组合是个必要条件,这才保证了先后两次波前变换,均系纯净的傅里叶变换. 总之,一透镜的前后两个焦面是一对傅里叶变换面,当然,它俩并不是一对物像共轭面. 正因为共焦组合,变换平面 T 上的任一处作为一次波源其发射的球面波,经透镜 L_2 成为一平面波即一束平行光,换言之,在 $4F$ 系统中,像场是一系列不同方向平面波的干涉场,而前半部分的物场,被分解为一系列不同方向的平面衍射波,这也就是阿贝成像原理中的“一分一合”在 $4F$ 系统

中的特别体现. 上一节论及的若干空间滤波实验,均可以在 $4F$ 系统中得以大方地实现.

- **图像加减**

两幅图像 A 和 B,各有自己的透过率函数 $\tilde{t}_A$ 和 $\tilde{t}_B$. 若将它俩相叠——这很容易,则实现了图像相乘($A \cdot B$). 如何实现图像的加减($A \pm B$)呢? 这可在 $4F$ 系统中选择余弦光栅作为滤波器而实现之. 如图 6.31 所示,两张图片置于物平面,一余弦光栅作为滤波器,安插于变

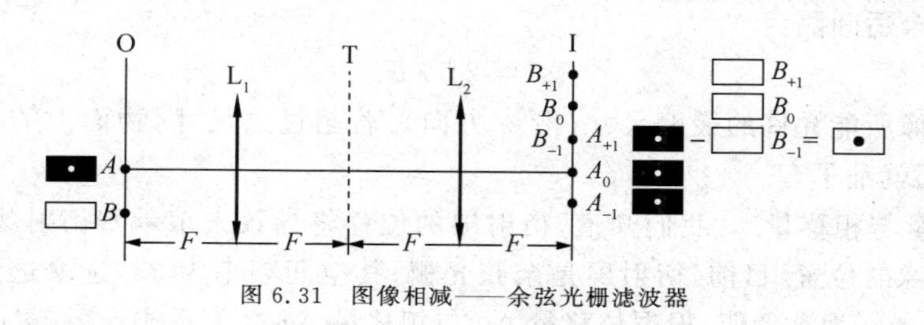

图 6.31 图像相减——余弦光栅滤波器

换平面 T,即滤波函数为

$$\tilde{H}(u,v) = t_0 + t_1 \cos(2\pi f_0 u + \varphi_0). \tag{6.84}$$

实验上发现,这时像面上显示出 A 和 B 的各三幅图像,可分别以(A_{+1}, A_0, A_{-1}),(B_{+1}, B_0, B_{-1})表示之;调节物面上图片 A 与 B 之距离 a,以使图像 A_{+1} 与图像 B_{-1} 在空间位置上恰巧重合;再精细地位移余弦光栅滤波器,以致连续地改变了图像 A_{+1} 与图像 B_{-1} 之相位差 δ, 其间当 $\delta=0,2\pi$ 时实现了图像相加($A_{+1}+B_{-1}$), 当 $\delta=\pi,3\pi$ 时实现了图像相减($A_{+1}-B_{-1}$). 值得指出的是,在对实际图片作加减运算前,要先作"滤波器定位"实验——制作两个简单图片作为试片,如图 6.31 所示,A 为黑色矩形中开一小孔,B 为一个完全通光的矩孔;然后,一边缓慢地位移滤波器,同时一边监视输出图像;当像面上出现一个最黑的圆斑且周围一片亮场时,即刻停止位移,表明这时滤波器位置使图像 A_{+1} 与 B_{-1} 之相位差满足了 π 条件,才使得图片 A 的衬比度完全地反转. 定位实验完毕之后,再作实际两张图像的相减处理,当然,测试过程中要始终严格保持滤波器的位置不变动.

光学减法运算,可以凸现两张图像之间那少许或细微的差别,比较其他方法它有独特之优点,在遥感、医疗和产品检验等方面可有应用. 下面说明以上图像加减的工作原理,并给出实验上必须参考的若干定量关系.

(1) 一对三. 前焦面 $\mathscr{F}_1$ 上一物点 A,经透镜 L_1 产生一束平行光,入射于余弦光栅,发生夫琅禾费衍射,变换出三列平面衍射波,再通过透镜 L_2 聚焦于其后焦面 $\mathscr{F}_2'$,显现三个像点 A_0 和 $A_{\pm1}$. 换言之,在余弦光栅滤波器作用下,$4F$ 系统的输入与输出之间,不是点点对应,而是一点响应三点. 以此类推,由点及面,一幅输入图像响应了三幅输出图像——零级像 A_0 或 B_0,±1 级像 $A_{\pm1}$ 和 $B_{\pm1}$.

(2) 图像间隔. 以图像中心点为代表来标定图像位置. 那么,物平面上两幅图像的位置分别为

$$x(A) = 0, \quad x(B) = -a.$$

根据本章 6.4 节表 6.1 余弦光栅衍射特征,再稍加仔细考量,便可确定像面上两组图像的位置分别为

$$\begin{cases} x'(A_0)=0, \\ x'(A_{+1})=f_0\lambda F, \\ x'(A_{-1})=-f_0\lambda F; \end{cases} \qquad \begin{cases} x'(B_0)=a, \\ x'(B_{+1})=f_0\lambda F+a, \\ x'(B_{-1})=-f_0\lambda F+a. \end{cases}$$

为了让 A_{+1} 图像与 B_{-1} 图像重合,应令 $x'(A_{+1})=x'(B_{-1})$,即 $f_0\lambda F=-f_0F\lambda+a$,得两幅图像的合适间隔为

$$a_0=2f_0\lambda F. \tag{6.85}$$

这也是每幅图像所能允许的最大尺寸(沿 x 方向). 若超过这尺寸,物面上的这两幅图像将有部分重叠,那就乱了套.

(3) 位移量与相移量. 我们知道,衍射屏的位移将导致夫琅禾费衍射场的相移,而不会改变衍射图像的位置. 目前,衍射屏是余弦光栅,其空间频率为 f_0,选取透过率函数表达式(6.84)中 $\varphi_0=0$ 为参考值,根据位移量 Δu 与相移量 $\Delta\varphi$ 之关系式

$$\Delta\varphi=-k\sin\theta\cdot\Delta u,$$

获悉,对不同衍射角 θ 值,将有不同的相移值,虽然位移量是相同的. 换言之,对同样的位移,+1 级图像与 −1 级图像的相移量是不同的,分别为

$$\Delta\varphi_{+1}=-k\sin\theta_{+1}\cdot\Delta u=-kf_0\lambda\cdot\Delta u=-2\pi f_0\cdot\Delta u, \tag{6.86}$$

$$\Delta\varphi_{-1}=-k\sin\theta_{-1}\cdot\Delta u=kf_0\lambda\cdot\Delta u=2\pi f_0\cdot\Delta u, \tag{6.87}$$

令两者之差为 π,即 $\delta=\Delta\varphi_{-1}-\Delta\varphi_{+1}=\pi$,

便实现了图像 A_{+1} 与图像 B_{-1} 的相减运算. 据此,可以推算出

$$2\pi f_0\cdot\Delta u-(-2\pi f_0\cdot\Delta u)=\pi,$$

得

$$\Delta u_0=\frac{1}{4f_0}=\frac{d_0}{4}. \tag{6.88}$$

这表明,余弦光栅滤波器每位移四分之一周期 $d_0/4$,两幅图像之相位差则改变 π;故在余弦光栅作缓慢精细位移过程中,交替出现图像相加运算和图像相减运算.

(4) **例题 1** 设余弦光栅频率 $f_0=50\ \text{mm}^{-1}$,4F 系统中选用的透镜焦距 $F\approx200$ mm,光波长 $\lambda\approx600$ nm. 根据这些典型数据,可以估算出待处理的两幅图像的间隔应当为

$$a_0=2\times50\times200\times600\ \text{nm}=12\ \text{mm},$$

图像所允许的最大宽度也是这个值 12 mm. 还可以由(6.88)式估算出滤波器的特征位移量,

$$\Delta u_0=\frac{1}{4\times50\ \text{mm}^{-1}}=5\ \mu\text{m}.$$

这一结果的实际意义在于,它指定了位移传动系统的精度要求 $\delta u\ll\Delta u_0$,比如,目前要求位移精度至少应在 $\delta u\approx1\ \mu$m. 这个要求是相当高的. 欲使 Δu_0 值增加,则应减少空频 f_0;不过,f_0 值减少了,则 a_0 值也随之减少,待处理图片的宽度要变窄. 人们要根据实际条件和需求,对 f_0 及其他量作出合理的选择.

● 图像微分

轮廓鲜明的图像，使人一目了然. 图像微分运算可以使轮廓本来模糊的图像变得棱角分明，也可使图像内部高反差的部位凸现出来，当然，这时也牺牲了一些导致视觉柔和的低反差层次，如图 6.32 所示. 宛如美术家用浓墨重彩的手法，粗线条地勾画景物，光学微分有助于人们确认或鉴别特征图像.

图 6.32 图像微分产生边缘增锐效果

设图像的透过率函数为 $\tilde{t}(x,y)$，其微分运算为

$$\Delta\tilde{t} = \tilde{t}(x+\Delta x, y+\Delta y) - \tilde{t}(x,y). \tag{6.89}$$

从光学眼光看，第一项 $\tilde{t}(x+\Delta x, y+\Delta y)$ 是原图像 $\tilde{t}(x,y)$ 作一微小位移 $(-\Delta x, -\Delta y)$ 后的图像函数；两项中间的"−"号，表明这两幅图像之间相位差 π. 总之，实现光学图像微分，要完成两步操作——图像微移、相位差 π.

选择复合光栅作为滤波器，可以实现图像微分运算. 复合光栅包含两种频率 f_1 和 f_2，且差频 $\Delta f = (f_2 - f_1) \ll f_1, f_2$，为了书写简便，设其初始位置的滤波函数为

$$\tilde{H}(u,v) = t_0 + t_1\cos 2\pi f_1 u + t_2 \cos 2\pi f_2 u, \quad t_2 \approx t_1. \tag{6.90}$$

在 4F 系统中，置于物平面上的输入图像 $\tilde{t}(x,y)$，经复合光栅滤波器的作用，将输出 5 幅图像：与 t_0 项相联系的 0 级像 A_0，与 (t_1, f_1) 项相联系的 ±1 级像 $A_{\pm1}$，与 (t_2, f_2) 项相联系的 ±1级像 $A'_{\pm1}$. 其中，图像 A_{+1} 与图像 A'_{+1} 的位置，根据上一节段图像相减的相应公式，分别为

$$x'(A_1) = f_1\lambda F, \quad x'(A'_1) = f_2\lambda F, \tag{6.91}$$

故这两幅图像的空间位置略有位错 $\Delta x'$，它等于

$$\Delta x' = \lambda F(f_2 - f_1) = \lambda F\Delta f. \tag{6.92}$$

而一幅图像可允许的最大尺寸 a_0，是避免 A_{+1} 像与 A_0 像的重叠，不难由(6.91)式，得到

$$a_0 = f_1\lambda F. \tag{6.93}$$

由于 $\Delta f \ll f_1$，故 $\Delta x' \ll a_0$，它称得上是微小位错，从而实现了图像微分运算的第一步. 下一步，需要精细地平移复合光栅 Δu，这将引起图像 A_{+1} 和图像 A'_{+1} 有不同的相移量，根据(6.86)式，它们分别是

$$\Delta\varphi(A_1) = -2\pi f_1\Delta u, \quad \Delta\varphi(A'_1) = -2\pi f_2\Delta u, \tag{6.94}$$

从而导致这两幅图像之间，增添了一个相位差，

$$\delta = \Delta\varphi(A_1) - \Delta\varphi(A'_1) = 2\pi\Delta f \cdot \Delta u. \tag{6.95}$$

为了实现两幅图像相减 $(A_1 - A'_1)$，应当令 $\delta = \pi$，于是，得到滤波器的特征位移量，

$$\Delta u_0 = \frac{1}{2\Delta f}. \tag{6.96}$$

这就是说，在复合光栅作缓慢连续的位移过程中，每当位移 Δu_0，则两幅图像之间相位差改变 π. 该式的实际价值在于给出位移传动系统的精度要求.

与图像相减操作一样，在对实际图片作微分操作前，要先作滤波器定位实验，以确保那相位差 π 的状态. 为此，先用一个简单的方孔光阑作为物，然后一边缓慢地位移滤波器，同时一边监视输出图像；当像面上出现十分明锐的边框，如图 6.33 所示，便即刻停止位移，表明了这时滤波器位置已经满足了那相位差 π 的要求. 定位实验完毕之后，再作实际图像的微分处理，处理过程中要始终确保复合光栅滤波器的位置不变动.

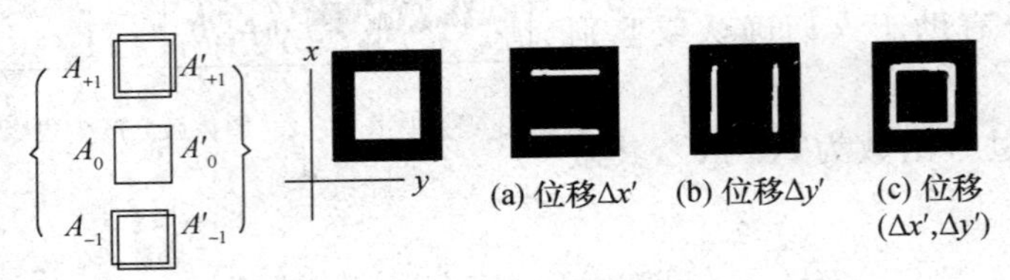

图 6.33　滤波器定位实验

例题 2　设复合光栅的两个频率为 $f_1=50\ \mathrm{mm}^{-1}$，$f_2=52\ \mathrm{mm}^{-1}$，$4F$ 系统焦距 $F=200\ \mathrm{mm}$，入射光波长 $\lambda=600\ \mathrm{nm}$，则像面上两幅 +1 级像的位错量为

$$\Delta x = 600\ \mathrm{nm}\times 200\times(52-50) = 0.24\ \mathrm{mm},$$

可允许图像的最大尺寸(沿 x 方向)为

$$a_0 = 50\times 200\times 600\ \mathrm{nm} = 6\ \mathrm{mm},$$

可见，$\Delta x \ll a_0$ 得以满足，这表明微分运算精度是可取的. 再估算滤波器的特征位移量，

$$\Delta u_0 = \frac{1}{2\times(52-50)}\mathrm{mm} = 0.25\ \mathrm{mm} = 250\ \mu\mathrm{m},$$

故认为机械系统位移精度 $\delta u \sim 10-25\ \mu\mathrm{m}$，均可满足实验要求.

最后提及一点，复合光栅滤波法实现图像微分的缺点是：空间铺张和能量浪费. 在像面上出现的 5 幅图像中，它只需要其中的 2 幅图像 A_{+1} 与 A'_{+1}，其实，A_{-1} 与 A'_{-1} 图像也有同样的微分效果，而无用的零级像 A_0 却占有面积，这将限制待处理图片的尺寸.

● 显色滤波

这是一个有趣的实验，在 $4F$ 系统中用白光照射一透明图片，而使输出像面上出现一幅彩色图像，如图 6.34 所示. 由几块不同形状的光栅片拼成一小鸭，这些透明光栅片是在一张频率约为 $100\ \mathrm{mm}^{-1}$ 的实用透射光栅上剪裁下来的，剪裁时要设法让各部分的光栅条的取向有所不同，以此将准备呈现不同颜色的各部分区别开来，比如图上显示，鸭身处栅条取向垂直，水波处栅条取向二、四象限，鸭嘴处栅条取向一、三象限；将此看起来透明的预制片，置于 $4F$ 系统的物平面，当用一束白光照射这张透明物时，在变换平面上将呈现若干组沿不同方向的彩色谱斑；尔后，用一张黑纸或熏上烟炱的玻璃片安插于变换平面，并在适当处开出透明小孔，以提取 0 级斑和准备上色的 ±1 级彩色谱斑；再通过透镜 L_2 合成在输出像面上，便得到一幅期望的彩色图像——一只红嘴黑眼珠的黄毛小鸭漂浮在蓝色水波上.

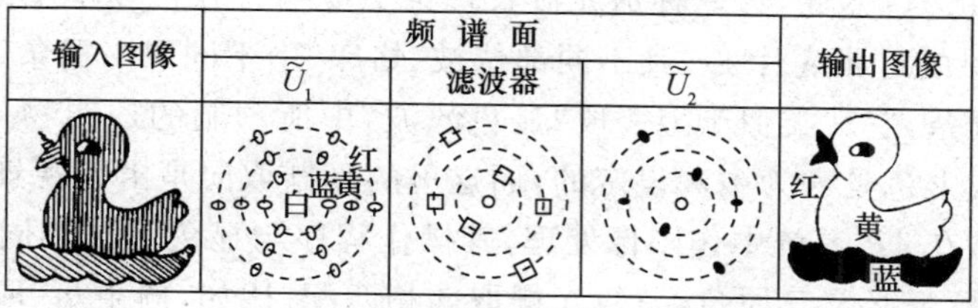

输入图像	频谱面			输出图像
	$\widetilde{U}_1$	滤波器	$\widetilde{U}_2$	
	红 蓝黄 白			红 黄 蓝

图 6.34 显色滤波——给透明鸭子上色

上述显色滤波实验,也被人们称为 θ 调制实验,它给我们一种启发,若用白光照明相干成像系统,则出现的谱斑位置不仅与图像本身的空间频率有关,还与光谱成分有关,其实这两点均已包含在以下公式之中,

$$(u,v)=\lambda F(f_x,f_y)=\lambda' F(f_x',f_y').$$

与波长有关这一点,我们原本是熟悉的,光栅分光原理就是这样.只不过,在进入相干图像处理系统的研究时,一直是在单色光入射条件下论述问题,故看待上述变换关系式时,一直强调谱面场点位置 (u,v) 与空间频率 (f_x,f_y) 的一一对应关系.显色滤波实验生动地表明,若采用白光照明,则频谱面上同时展现图像的空间频谱与时间频谱;[①]频谱面上特定位置的小孔滤波器,提取了特定波长的空间频率成分.这是现代光学有关白光信息处理技术中的一个基本概念.

- **黑白胶卷显示彩色图像**

乍一听这题目,似乎令人难以想象.其实,它是经过后期实验室中的图像处理,而最终得以实现的.参见图 6.35,装有黑白胶卷 F 的照相机,对准一彩色景物——红花绿叶蓝瓷瓶,通常情况下,自然得到的是一张黑白图像.目前这个特殊照相机里,装有一个光栅片 G,它安插在感光底片 F 之前,并与之贴近;这张栅片内含三个不同取向的栅条 G_r,G_g 和 G_b,且每组栅条有各自不同的滤光性能,比如,红栅条 G_r 只许透过红光,绿栅条 G_g 只许透过绿

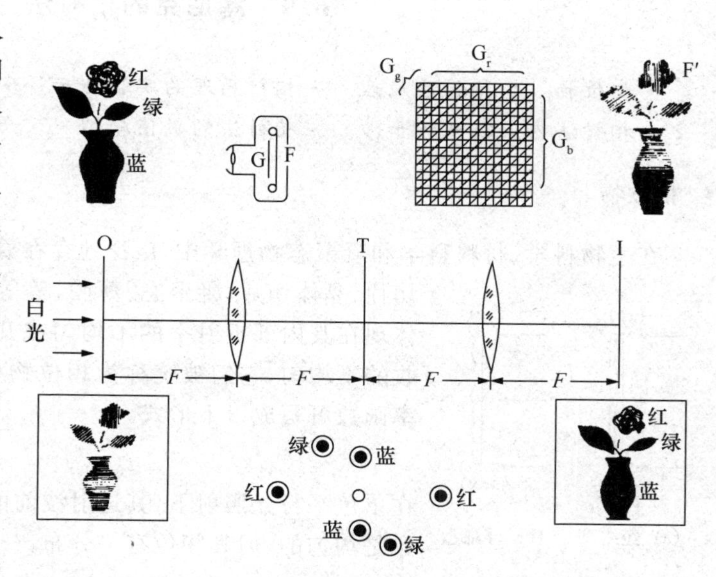

图 6.35 黑白胶卷显示彩色——三三制光栅编码

① 光场中的光波长 λ 与光扰动的时间频率 ω 对应,两者乘积 $\lambda\cdot\omega=2\pi c$(常数),因之,人们也称光谱为光源的时间频谱.

光，蓝栅条 G_b 只许透过蓝光，这三种透光波长理论上应当符合色度学中的三原色. 于是，在栅片 G 作用下拍摄的这张底片 F′，其不同部位被"烙印"上不同取向栅条，当然，底片上的这些栅条还是黑白栅条，它就类似于上一段"显色滤波"中所预制的透明物. 两者的区别在于，那里光栅的剪裁或上色是人为主观设定的，而这里的光栅取向是由客观景物色彩决定的. 下一步，进入实验室，在 $4F$ 系统中作图像处理，其操作程序与显色滤波相同. 事先制成的空间滤波器，其开孔位置务必与三原色、三组光栅取向相匹配. 比如，栅条 G_r 取向垂直，那就应该在水平方向开两个适当间隔的窗口，以提取红光谱；栅条 G_b 取向水平，便在垂直方向开两个适当间隔的窗口，让蓝光谱通行；栅条 G_g 取向一、三象限，就在相应方向、相应位置开两个窗口，让绿光谱通行. 这张滤波器是事先精确制作的，安装于变换平面上，不得随意变动. 于是，由那个特殊照相机拍摄并冲洗而得的一卷黑白负片，拿到这个 $4F$ 系统中输入，便在像面上输出一幅幅与客观景物色彩一致的真实彩图.

由此看来，黑白胶卷显示彩图的学理是容易理解的，其技艺的关键或难点是，制作那个三原色、三组不同取向的光栅片 G，人们戏称它为魔片，从图像处理的眼光看，它是一个编码元件或调制元件，故可称其为编码光栅或调制光栅. 相应地，该学理被我们称之为"三三制光栅编码"原理. 作为一种技艺，它还有很多细节值得考究，比如，从色度学角度全面考察其输出彩图的质量，其中比较突出的一个问题就是色饱和度. 关于这些问题，本书不予深究.

6.9　泽尼克的相衬法

· 相位物　· 相衬法原理　· 相衬原理的实验演示　· 弱相位条件下的线性调制
· 相衬法内涵双光场干涉　· 相衬法的数值模拟　· 历史注记

● 相位物

在生物科学、材料科学和凝聚态物理学中，广泛地存在着一类高度透明的样品——生物切片、晶体切片、凝聚态、薄膜，等等. 这类样品的结构信息主要地体现在其内部折射率的不均匀或几何厚度的不均匀，而不是光吸收的不均匀，它们被统称为相位物(phase objects). 相位物的透过率函数可写成以下形式，

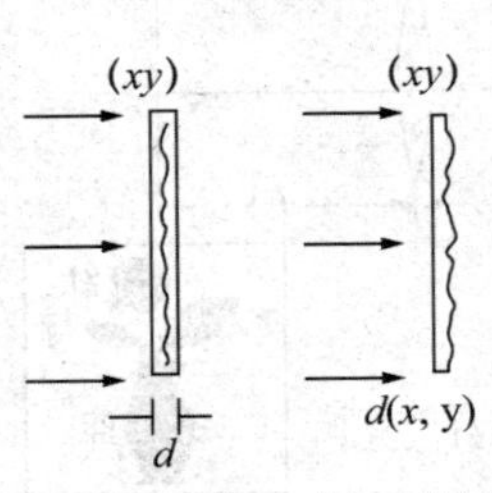

(a) 经络型　(b) 浮雕型

图 6.36　相位物两种类型

$$\tilde{t}(x,y)=\mathrm{e}^{\mathrm{i}\varphi(x,y)}. \tag{6.97}$$

在单色平行光照射下，其透射波前的振幅是均匀的，因之其光强分布是均匀的，但其相位有一分布，

$$\varphi(x,y)=\frac{2\pi}{\lambda}nd. \tag{6.98}$$

按产生光程 nd 不均匀性的原因来分类，相位物可分为两种基本类型，经络型和浮雕型(network type & relief type)，如图 6.36 所示，前者几何厚度均匀，而折射率不均匀 $n(x,y)$；后者折射率均匀，而几何厚度有凹凸起伏 $d(x,y)$.

● 相衬法原理

由于肉眼只能感受光强,故这类高度透明的相位物在光照射下,呈现一片均匀亮场,或者说,无法显现出有价值的相位信息,即使用显微镜加以放大也无济于事;即便考虑到实际样品的透明度,各处多少有些差别,图像的光强衬比度也是很低的,以致图像相当模糊.总之,传统的显微镜在观察相位样品时失灵了,失去了助视的功能.

荷兰科学家泽尼克(Frizs Zernike)发明了相衬法(phase contrast method),它将样品的相位信息,通过一种特殊的滤波器,转化为输出像面上的光强分布,由此制成新型的相衬显微镜,为分析相位型样品提供了一种有效的新手段.可以说,泽尼克发明的相衬法和相衬显微镜,是光学空间滤波和信息处理技术应用于实际方面的一项首创性的工作,因之他获得1953年诺贝尔物理学奖.下面阐述相衬法原理及其数学描写.

相衬法采用的空间滤波器是一块玻璃基片,其上局部镀上一膜层或蚀刻一槽条,置放于后焦面 $\mathscr{F}'$ 且让膜层对准零频处,旨在改变样品零频成分的相位.这张滤波器称作相位板(phase plate),其上那局部的膜条或膜斑称作相移条或相移斑,此处比较四周的频谱,要附加一相移量为

$$\delta=\frac{2\pi}{\lambda}(n_0-1)h, \tag{6.99}$$

这里,n_0,h 分别是相移膜或斑的介质折射率和几何厚度.我们知道,根据阿贝两步成像原理,频谱面上的每一点是一个新的波源,发出球面波参与整个像面的叠加,因之,像面上零频谱斑的相移,也将波及整个像面,从而改变了像场作为干涉场其内部的相位关系,参见图6.37(b).让我们定量地分析这种变化及其后果.

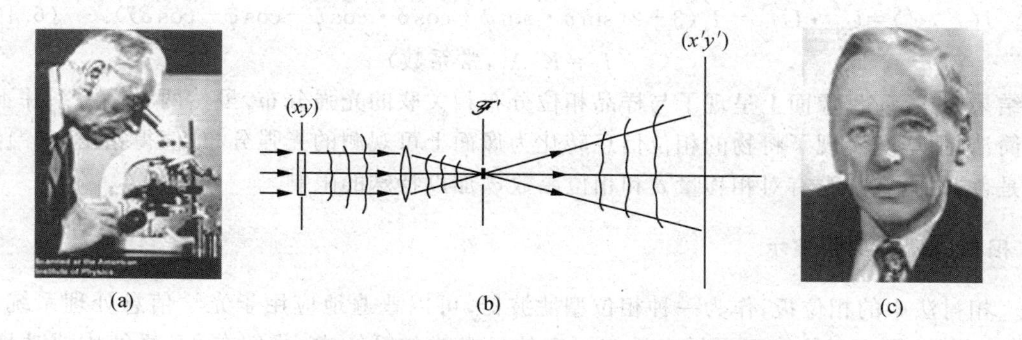

图 6.37 (a)、(c) 泽尼克(Frizs Zernike, 1888—1966),(b) 相衬法原理性光路

(1) 若不附加滤波器,则

物场 $\widetilde{U}_O(x,y)=A_1\tilde{t}(x,y)=A_1\mathrm{e}^{\mathrm{i}\varphi(x,y)}$,

像场 $\widetilde{U}_I(x',y')\propto\widetilde{U}_O(x',y')=A_1\mathrm{e}^{\mathrm{i}\varphi(x',y')}$,

设 $V=1$,像面光强分布为

$$I(x',y')=\widetilde{U}_I\cdot\widetilde{U}_I^*\propto A_1^2,$$

这表明像面上一片均匀亮场,无强度起伏,丢失了样品的相位信息.

(2) 若安插相位板作为滤波器. 先将纯相位型物场函数作泰勒级数展开,

$$\begin{aligned}\tilde{U}_O(x,y) &= A_1 e^{i\varphi(x,y)} = A_1\left(1+i\varphi(x,y)-\frac{1}{2}\varphi^2(x,y)-\frac{1}{6}i\varphi^3(x,y)+\cdots\right)\\ &= A_1+A_1\left(i\varphi(x,y)-\frac{1}{2}\varphi^2(x,y)-\cdots\right).\end{aligned} \tag{6.100}$$

其中,第一项 A_1 是零频成分,其反映在频谱面上是一个较强的零级衍射谱斑;剩下的第二大项内含复杂的相位函数 $\tilde{\varphi}$,其频谱弥漫于谱面,是个弱谱分布,却含相位信息. 由于相位板上相移斑的作用,使零级谱斑相移了 $e^{i\delta}$,逆反到物平面上,等效于

$$A_1 \text{ 项} \rightarrow A_1 e^{i\delta} \text{ 项}, \tag{6.101}$$

这意味着现在生成了一新物场,

$$\tilde{U}'_O(x,y) = A_1 e^{i\delta} + A_1\left(i\tilde{\varphi}-\frac{1}{2}\tilde{\varphi}^2+\cdots\right),\text{①} \tag{6.102}$$

相应地输出一新像场(不必再考虑有什么滤波器的作用),

$$\tilde{U}'_I(x',y') \propto \tilde{U}'_O(x',y'),$$

引入光学系统传播系数(通光系数)K,将上式写成

$$\begin{aligned}\tilde{U}'_I(x',y') &= K\tilde{U}'_O(x',y') = KA_1\left(e^{i\delta}+i\tilde{\varphi}-\frac{1}{2}\tilde{\varphi}^2+\cdots\right)\\ &= KA_1\left((e^{i\delta}-1)+\left(1+i\tilde{\varphi}-\frac{1}{2}\tilde{\varphi}^2+\cdots\right)\right)\\ &= A'_1((e^{i\delta}-1)+e^{i\varphi(x',y')}),\quad (A'_1 = KA_1)\end{aligned} \tag{6.103}$$

可见,由于有 $(e^{i\delta}-1)$ 项参与相干叠加,使像场模数平方不再均匀一片,其光强分布为

$$I(x',y') = \tilde{U}'_I \cdot \tilde{U}'^*_I = I_1(3+2(\sin\delta\cdot\sin\tilde{\varphi}+\cos\delta\cdot\cos\tilde{\varphi}-\cos\tilde{\varphi}-\cos\delta)). \tag{6.104}$$

$$(I_1 = K^2A_1^2,\text{常系数})$$

这结果令人兴奋,像面上呈现了与样品相位分布相关联的光强分布,虽然两者之关系并不那么简洁,但毕竟实现了将物的相位信息转化为像面上可观测的光强分布. 值得指出,(6.104)式是普遍的,它并没有对相移量 δ 和相位函数 $\tilde{\varphi}$ 加以特殊的限制.

- **相衬原理的实验演示**

相衬法中的相位板,作为一种相位型滤波器,可以普遍地应用于光学信息处理系统,比如 4F 系统,而不必拘束于泽尼克最初研究的显微成像系统中. 我们在 4F 系统中成功地演示了相衬法,其具体做法相当简朴. 取两张显微镜用的盖片作为基片,配置一小瓶味精水溶液;用一毛笔蘸上溶液,在一基片上写下一"光"字,作为一浮雕型相位物;又在另一基片上用毛笔点上几个离散的液滴,作为相位板滤波器;在 4F 系统中,安置好相位物和相位板,用一平行激光束入射,观察输出图像,看到了显现"光"字形貌及其内部的笔迹,如图 6.38. 最初令人惊奇的是,相移板上的相移滴,不论哪一滴对准轴上零频处,均能在像面上观察到"光"

① 这里用简写符号 $\tilde{\varphi}$ 表示相位分布函数 $\varphi(x,y)$.

字,当然,其内部细节上的差异,仅凭肉眼是无法判别的.

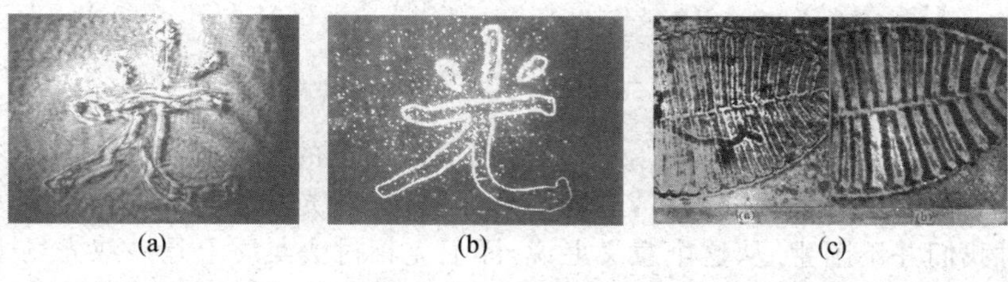

图 6.38 人造相位物“光”字,在 $4F$ 系统中相衬法处理(a)、暗场法处理(b)(暗场法的介绍见 6.10 节);自然硅藻样品在普通显微镜下观察到的图像((c)左)与相衬显微镜下的图像((c)右)

● 弱相位条件下的线性调制

设相位函数值限制于一较小范围,$|\tilde{\varphi}|\leqslant 0.4\ \mathrm{rad}$,则像面光强表达式(6.104)中 $\tilde{\varphi}$ 的各简谐因子可作以下近似,

$$\cos\tilde{\varphi}\approx 1,\quad \sin\tilde{\varphi}\approx\tilde{\varphi},$$

于是

$$I(x',y')\approx I_1(1+2\sin\delta\cdot\varphi(x',y')).\tag{6.105}$$

这表明,样品上的相位信息,线性地调制了像面上的光强分布,无疑,这大大有便于实验分析,即由像面光强的观测值可直接推断物面的相位分布.

上式中那相位函数的系数 $2\sin\delta$,可称之为调制度,它反映了相位调制的灵敏程度,在这里光学场合,可特称其为相衬度——由相移值 δ 引起的像面光强衬比度,

$$\gamma=2\sin\delta,\quad I(x',y')\approx I_1(1+\gamma\cdot\varphi(x',y')).\tag{6.106}$$

试看几个特殊取值:

$$\begin{cases}\delta=\dfrac{\pi}{2},\ \dfrac{\pi}{3},\ \dfrac{\pi}{6},\ \dfrac{3\pi}{2},\ \pi;\\ \gamma=2,\ \sqrt{3},\ 1,\ -2,\ 0.\end{cases}\tag{6.107}$$

其中,$\gamma>0$ 称作正相衬,即相位值大处,光强值亦大;$\gamma<0$,称作负相衬,即相位值大处,光强值反而变小. 注意到其中 $\delta=3\pi/2$,它等效于 $\delta=-\pi/2$.(6.107)数据表明,当 $\delta=\pm\pi/2$ 时,衬比度 γ 绝对值最大,这一点正是泽尼克最初关于相衬法论文中所强调的.

综上所述,以下两点值得明确.

(1) 一般情况下,即使弱相位条件 $|\tilde{\varphi}|\leqslant 0.4\ \mathrm{rad}$ 不被满足,相衬法也能使像面上出现光强起伏,只不过这时相位信息对像面光强的调制是非线性的,这显然不便于作定量分析.

(2) 不必苛求相位板上那相移条或相移斑的相移值 δ 为 $+\pi/2$ 或 $-\pi/2$,取 δ 为其他值也行,比如 $\delta=\pi/3$,这只不过使相衬度 γ 值稍有下降,从 2 降至 $\sqrt{3}\approx 1.73$ 而已.

● 相衬法内涵双光场干涉

现在回过头来,对相衬法作一重新认识. 相衬法巧妙地通过对零级谱斑的相移,而实现了相位信息对整个像面光强分布的调制,这源于频谱面与像面之间是“点面对应”关系,频谱面上一点的变化将波及整个像面,宛如牵一发而动全身. 这一点从(6.103)式中看得更清楚,

它可以看作两部分光场之相干叠加，

$$\widetilde{U}_{\mathrm{I}}(x',y') = A_1'(\mathrm{e}^{\mathrm{i}\delta}-1) + A_1'\mathrm{e}^{\mathrm{i}\varphi(x',y')} = \widetilde{U}_{\mathrm{r}} + \widetilde{U}_{\mathrm{O}}(x',y'), \tag{6.108}$$

其中

$$\widetilde{U}_{\mathrm{r}} = A_1'(\mathrm{e}^{\mathrm{i}\delta}-1) = A_1' \cdot 2\sin\frac{\delta}{2} \cdot \mathrm{e}^{\mathrm{i}\left(\frac{\delta}{2}+\frac{\pi}{2}\right)}. \tag{6.109}$$

它可称作自生的参考光波，而 $\widetilde{U}_{\mathrm{O}}(x',y')$ 是再现于像面上的原物光波. 正是 $\widetilde{U}_{\mathrm{r}}$ 波参与了相干叠加，改变了像面上的实振幅分布，造成了光强起伏. 双光场干涉造成光强起伏而出现干涉花样，这对我们并不陌生. 从这个意义上说，泽尼克相衬法实质上是一双光场干涉技术，只不过那参考光波场 $\widetilde{U}_{\mathrm{r}}$ 是自生的，不是实验上特意外加的.

- **相衬法的数值模拟**①

(1) 设计一锯齿型相位光栅作为相位物，如图 6.39(a)所示，它由一系列透明条周期性地模压而形成，周期为 d；每一周期内含两个窄条，宽度分别为 a 和 b，即 $(a+b)=d$；条 a 厚度线性增加呈楔形，条 b 厚度线性减少，也呈楔形；两者交棱处厚度最大，对应相位高度为 φ_0. 这锯齿型相位光栅与矩形相位光栅相比较，它有两个优点——它的相位分布是连续的，没有突变点；其每一单元内部，相位有一连续变化范围 $(0,\varphi_0)$. 这两点均有利于用以对相衬法滤波性能的检测.

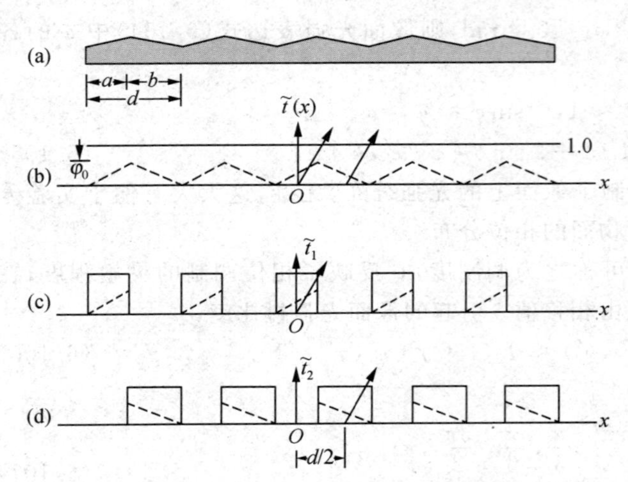

图 6.39　锯齿型相位光栅(a)、(b)可分解为两个相幅光栅(c)和(d)

(2) 为了数值模拟，必须先求得这相位光栅的频谱即其夫琅禾费衍射场 $\widetilde{U}(\theta)$. 一个简便的可借用已知结果的方法是，将其分解为两个相幅光栅之和，其一如图 6.39(c)，透光宽度为 a，挡光宽度为 b，在宽度 a 内相位是线性增加的；另一光栅见图 6.39(d)，透光宽度为 b，挡光宽度为 a，在透光宽度 b 内相位是线性减少的；还要注意到这两个光栅之间有一相对位移 $d/2$，这将导致两个夫琅禾费衍射场之间还要添加一个相移值. 这样看待，我们就可以借用斜入射时黑白光栅的夫琅禾费衍射场公式，比较容易地获得锯齿型相位光栅的频谱函数如下，

$$\widetilde{U}(\theta) = c\mathrm{e}^{\mathrm{i}\varphi_0/2}\left(u_1\frac{\sin\alpha_1}{\alpha_2} + u_2\frac{\sin\alpha_2}{\alpha_2}\mathrm{e}^{-\mathrm{i}\beta}\right)\frac{\sin N\beta}{\sin\beta}. \tag{6.110}$$

其中

$$\beta = \frac{\pi d\sin\theta}{\lambda},\quad \alpha_1 = \frac{\pi a(\sin\theta - \sin\theta_1)}{\lambda},\quad \alpha_2 = \frac{\pi b(\sin\theta + \sin\theta_2)}{\lambda},$$

$$\sin\theta_1 = \frac{\lambda}{\pi a}\frac{\varphi_0}{2},\quad \sin\theta_2 = \frac{\lambda}{\pi b}\cdot\frac{\varphi_0}{2},\quad u_1 = \frac{a}{d},\quad u_2 = \frac{b}{d},$$

---

①　详见钟锡华等，定量相衬法研究，《光电子·激光》，Vol. 6，No. 3 (1995)，pp. 157—165.

$$c = \frac{-\mathrm{i}ld}{\lambda F}A_1 \quad (l\ 为窄条长度).$$

可以预料，这锯齿型相位光栅的衍射，将出现若干离散谱斑，这源于谱结构因子 $\sin N\beta/\sin\beta$. 令 $d\sin\theta = m\lambda$，$m=0,\pm1,\pm2,\cdots$，得第 m 级谱斑中心的复振幅为

$$\tilde{U}_m = cN\mathrm{e}^{\mathrm{i}\varphi_0/2}\left(u_1\frac{\sin(u_1 m\pi - \varphi_0/2)}{u_1 m\pi - \varphi_0/2} \pm u_2\frac{\sin(u_2 m\pi + \varphi_0/2)}{u_2 m\pi + \varphi_0/2}\right). \tag{6.111}$$

根据(6.110)式计算描绘的功率谱曲线 $|\tilde{U}(\theta)|^2$，显示于图 6.40，它们分别对应不同的几何参量(u_1，u_2)或不同的相位高度 φ_0.

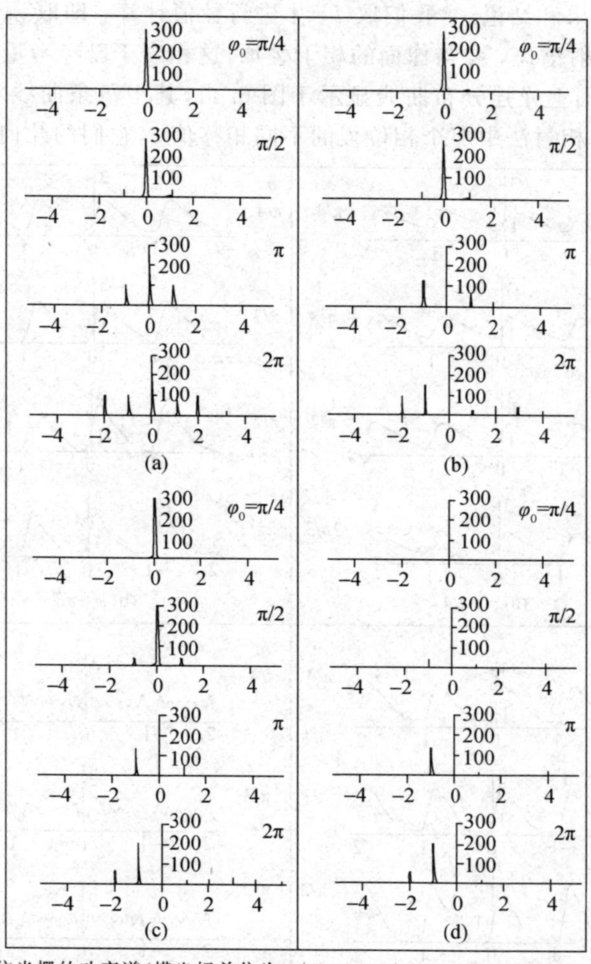

图 6.40 锯齿型相位光栅的功率谱(横坐标单位为 $1/d$). (a) $b/a=1$，(b) $b/a=2$，(c) $b/a=3$，(d) $b/a=4$

(3) 进一步考量频谱对像场的贡献. 一系列离散的谱斑可看作一系列离散的点源，以谱斑中心复振幅 $\tilde{U}$ 代表之，它们位于 4F 系统中第二透镜的前焦面 $\mathscr{F}_2$，故其中每个点源对像面贡献一平面波场. 于是，形成以下计算像场 $\tilde{U}_{\mathrm{I}}(x')$ 的程序：

$$\tilde{U}_m \rightarrow \quad \tilde{U}_m(x') = K\tilde{U}_m \cdot \mathrm{e}^{-\mathrm{i}2\pi f_m x'}, \qquad f_m = m\frac{1}{d},\ K\text{ 为传播系数；}$$
$$\rightarrow \quad \tilde{U}_\mathrm{I}(x') = \sum_{-J}^{J} \tilde{U}_m(x'), \qquad \text{未加滤波器；}$$
$$\Rightarrow \quad \tilde{U}_\mathrm{I}'(x') = \tilde{U}_\mathrm{r} + \tilde{U}_\mathrm{I}(x'), \qquad \text{实现相衬法；} \tag{6.112}$$
$$\rightarrow \quad I(x') = |\tilde{U}_\mathrm{I}'|^2 = |\tilde{U}_\mathrm{r} + \tilde{U}_\mathrm{I}|^2,$$
$$\tilde{U}_\mathrm{r} = 2\tilde{U}_\mathrm{O}\sin\frac{\delta}{2} \cdot \mathrm{e}^{\mathrm{i}\left(\frac{\delta}{2}+\frac{\pi}{2}\right)}. \tag{6.113}$$

（4）数值模拟结果和结论.　我们取 $J=4$ 进行数值计算，即取 $m=-4,-3,-2,-1,0,1,2,3,4$ 等 9 个衍射谱斑，参与像面的相干叠加，这相当于已经考量了透镜的有限口径所导致的自然滤波. 像面上光强分布曲线显示于图 6.41，其中每条曲线对应相位光栅不同的相位高度 φ_0，或对应相衬法中那个相位板的不同相移值 δ，它们的几何参量均系 $a/b=3$.

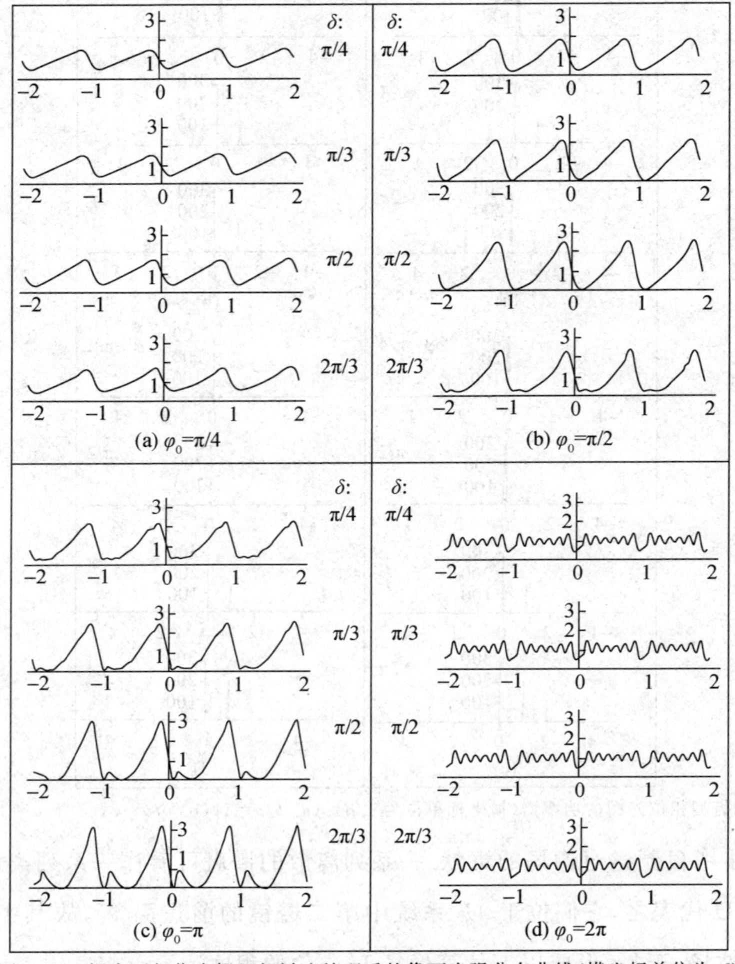

图 6.41　锯齿型相位光栅经相衬法处理后的像面光强分布曲线（横坐标单位为 d）

对这组曲线的审视和仔细比较中，我们可以得到如下结论：当相位变动范围在 $\pi/2$ 以下时，像面光强曲线的形貌近似于原物相位的锯齿型分布，虽然其斜坡并不严格平直；当相位范围扩大后，光强分布与相位分布的相似性逐渐下降，亦即调制的非线性更显著了；特别是当相位高度 φ_0 为 2π 时，相衬法完全失灵，这是因为此时相位光栅的每个单元，恰巧包含 4 个半波带，其零频谱值正好彼此抵消为零，故在此相移便无任何效果，之所以还有光强的细小起伏，那是自然滤波所致；对应不同的相移值 $\delta=\pi/4, \pi/3, \pi/2$ 和 $2\pi/3$，粗略地看，还看不出光强曲线有多大的差别，仔细比较后发现，从调制线性和调制深度两方面综合考量，$\delta=\pi/2$ 时稍好一些，其实，$\delta=\pi/4$，$\pi/3$ 时的结果也颇令人满意.

- **历史注记**

(1) 泽尼克于 1935 年提出相衬法，他发明的第一台相衬显微镜于 1941 年问世，1942 年他又发表了关于相衬法的一总结性论文，题目是——

Phase Contrast, A New Method for the Microscopic Observation of Transparent Objects.

(相衬，一种新的观察透明物的显微镜方法.)

——Frits Zernike, *Physica*, 1942.

(2) 泽尼克获 1953 年诺贝尔物理学奖，给予他诺贝尔奖的授辞是这样表述的：

Professor Zernike. The Royal Academy of Science has awarded you the Nobel Prize in Physics for your eminent *method of phase contrast* and especially for your invention of the *phase-contrast microscope*. (泽尼克教授，皇家科学学会为你杰出的“相衬法”，特别是为你发明了“相衬显微镜”，而已授予你诺贝尔物理学奖.)

I now ask you to receive the prize from the hand of His Majesty. (我现在请你从陛下手中接受这个奖赏.)

(3) 获奖后，按惯例泽尼克向公众作了一个长长的演讲，其题目为

How I discovered phase contrast? (我怎样发现相衬?)

——*Nobel Lecture*, December 11, 1953

演讲全文中以下几点，给人们留下颇为深刻的印象.

a. 开宗明义，“相衬法不是在与显微镜打交道时被发现的，而是在光学领域的另一个不同的方面. 它萌动于我对衍射光栅的兴趣，这大约始于 1920 年.”其兴趣源于他注视一个凹面反射光栅时，竟看到一系列明暗相间的条纹呈现于光栅表面. 他不满意前人对此现象的解释，倒确信这条状表面，可能给出了有关光栅制作时位移系统周期性误差方面的更多信息. “我在脑子中保留下这个问题，计划一旦有机会来临，便对它作进一步考证.”

b. 后来，他通过继续的实验和计算，终于以光栅主谱线与伴线之间存在相位差这一新观点，成功地解释了上述现象，进而提出了相衬法. 回顾这十余年的历史，泽尼克深有感慨——“我深感于人类头脑的很大局限性. 我们学习也即是模仿先人已经做过或想过的事情

是多么的快，而理解也即是看到深层的联系又是多么的慢. 然而，其中最慢的莫过于发现新联系，或甚至只是去运用旧观念于一个新领域.”其原文是这样写的——

On looking back to this event, I am impressed by the great limitations of the human mind. How quick are we to learn, that is, to imitate what others have done or thought before. And how slow to understand, that is, to see the deeper connections. Slowest of all, however, are we in inventing new connections or even in applying old ideas in a new field.

c. 带着仍处于初始阶段的相衬法，1932 年泽尼克去了设在耶拿的蔡司工厂(Jena, Zeiss Works)进行演示.“这并未如我期望的那样被热情地接受. 最糟糕的是一位资深的科学同行，他说道——如果这有任何科学价值，那我们自己早就会发明它了. 好一个‘早就’! 的确，该公司在实际和理论显微学上的伟大成就，皆由于其卓绝领导人 Ernst Abbe 在 1890 年之前那时期的工作，正是在这一年，阿贝成为蔡司工厂的唯一产权人. 从那时起，他致力于行政事务和社会问题. 他在显微学上的最后成果也就来自那一年. 他的科学同事中的后生们，明显地被他的个人魅力所影响，而形成了这样一个传统，那就是认为在显微学上已知的或试图的每项有价值的事情，均已被取得. 在阿贝于 1906 年死后的 25 年多的时期中，他的伟大权威因此而阻碍了进展之路.”

(4) 泽尼克的伟大发现，并未立即受到应有的关注，世界闻名的蔡司工厂完全低估了他的相衬显微镜的价值. 直到德国的 Wehrmacht 公司，发行了可能服务于战争的一切发明的股票，终于在 1941 年制成了第一台相衬显微镜. 于是，一个怪诞的事件出现了，德国这部战争机器，从工业的眼光帮助发展了泽尼克教授的长期被忽视的发明，而同时其发明者，像他的邻国伙伴那样，正遭受德国统治者的压迫. 战后，其他公司也生产了千万台相衬显微镜，为科学尤其为医学提供服务. ((4) 这一段译自泽尼克演讲文后所附 *Biography* 文献.)

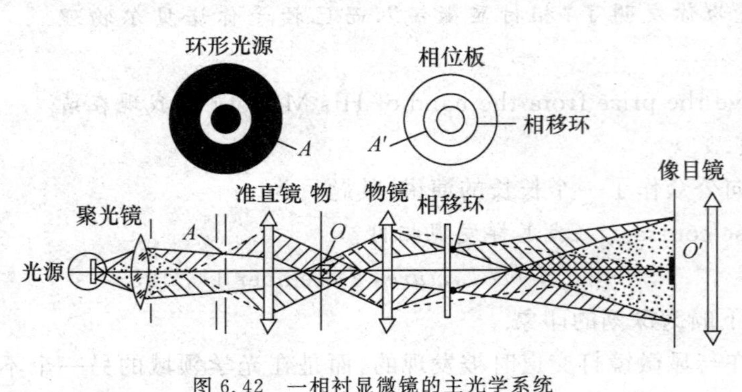

图 6.42 一相衬显微镜的主光学系统

图 6.42 显示了一实际相衬显微镜的光路布局，注意其左侧为聚光系统.

6.10 相位物可视化的其他光学方法

· 暗场法 · 纹影法 · 微分法 · 离焦法

如果不追求相位信息对光强分布的线性调制，而只希望将不能被直接观察的相位物转化为相关的光强分布，以实现相位物的可视化(visualization for phase objects)，这还有以下几种光学方法值得推荐.

- **暗场法**(dark ground method)

如图 6.43(d)所示,暗场法用滤波器将中心处零频谱完全阻挡或强吸收,从而使像面相干场中缺少了正入射平面波成分,其结果使像面上呈现出一光强分布. 仿照导出(6.105)式的数学处理程序,可获得此时像面光强函数表达式为

$$I(x',y')=2I_1(1-\cos\varphi(x',y')), \tag{6.114}$$

在弱相位 $\tilde{\varphi}\leqslant 0.4$ rad 条件下,$\cos\tilde{\varphi}\approx\left(1-\dfrac{1}{2}\tilde{\varphi}^2\right)$,于是,

$$I(x',y')\approx I_1\varphi^2(x',y'). \tag{6.115}$$

无论(6.114)式或(6.115)式,均表明像面上出现了与相位函数相关的光强分布,且相位值大的部位其光强值亦大,系正相关,虽然两者之间不呈现线性关系. 特别值得注意的,是那些相位慢变或不变的平坦部位,$\tilde{\varphi}\approx 0$,于是,$I\approx 0$,凸现一片暗场. 正如图 6.38(b)所显示的那样,仅清楚地显现了"光"字细亮的轮廓,这是因为"光"字周边外部及其内部,均系相位平坦部分,其频谱主要是零频,它被暗场法滤除了;而"光"字边缘,由于溶液的流塌呈楔形,类似于棱镜,其频谱主要地偏折于轴外,故暗场法对它不起滤波作用,在像面上就显现亮线. 由此可见,暗场法对相位物的处理,具有边缘增强效果,特别能显示出相位变化陡峭(大梯度)那些部位的形貌.

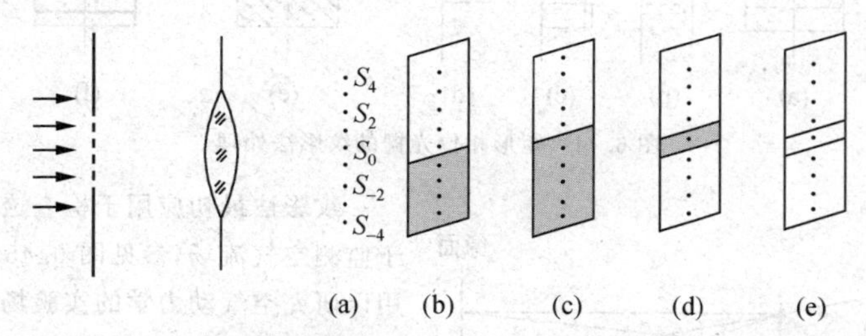

图 6.43 相位物可视化的几种方法所采用的滤波器. (a) 频谱面,(b) 纹影法,(c) 纹影法,(d) 暗场法,(e) 相衬法

- **纹影法**(schlieren method)

如图 6.43(b),(c)所示,纹影法所用滤波器是一金属刀片或一张黑纸片,它将一半频谱滤除,也可以将零频谱一并阻挡,其结果是像面上呈现出与相位分布相关的一光强分布.

现以矩形相位光栅为特例,说明纹影法处理的定量结果.①参见图 6.44,这相位光栅周期为 d,相邻两个透明条的宽度均为 $d/2$,而相位差为 φ_0,也称其为相位深度. 这矩形相位光栅可以分解为两个振幅光栅之和,故可预料出现于频谱面上的是若干离散谱斑,0 级、±1 级、±3 级,…,偶数级谱斑因 $a/d=1/2$ 而缺失,且谱斑中心的复振幅为

$$\tilde{U}_0\propto(1+\mathrm{e}^{\mathrm{i}\varphi_0})N,\quad \tilde{U}_{\pm1}\propto\frac{2}{\pi}(1-\mathrm{e}^{\mathrm{i}\varphi_0})N,\quad \tilde{U}_{\pm3}\propto-\frac{2}{3\pi}(1-\mathrm{e}^{\mathrm{i}\varphi_0})N, \tag{6.116}$$

考虑到纹影法所用滤波器,滤除 −3 级,−1 级和 0 级谱斑,只保留下 +1 级和 +3 级谱斑,它俩作为两个相干点源,对像面贡献了两列相干平面波,

$$\tilde{U}_{+1}\to\tilde{U}_{+1}(x',y')\propto\tilde{U}_{+1}\cdot\mathrm{e}^{\mathrm{i}2\pi f_1x'},\quad f_1=\frac{1}{d};$$

---

① 详见钟锡华,《光波衍射与变换光学》,高等教育出版社,1985 年,80—84 页.

$$\tilde{U}_{+3} \to \tilde{U}_{+3}(x', y') \propto \tilde{U}_{+3} \cdot e^{i 2\pi f_3 x'}, \quad f_3 = 3\,\frac{1}{d}.$$

则此时像场函数为

$$\tilde{U}_{\mathrm{I}}(x', y') = \tilde{U}_{+1}(x', y') + \tilde{U}_{+3}(x', y') \propto \frac{2}{\pi}(1 - e^{i\varphi_0})\left(e^{i 2\pi f_1 x'} - \frac{1}{3} e^{i 2\pi f_3 x'}\right). \tag{6.117}$$

相应的像面光强分布为

$$I(x', y') = \tilde{U}_{\mathrm{I}} \cdot \tilde{U}_{\mathrm{I}}^* \propto \frac{2}{9}(1 - \cos\varphi_0)(10 - 6\cos 2\pi f_2 x'), \tag{6.118}$$

这里，$f_2 = f_3 - f_1 = 2/d$. 上式表明，这时像面上出现了周期性余弦型光强分布，这与物面上的周期性相位分布相对应，虽然光强的空间频率 2 倍于相位的空间频率，如图 6.44 所示.

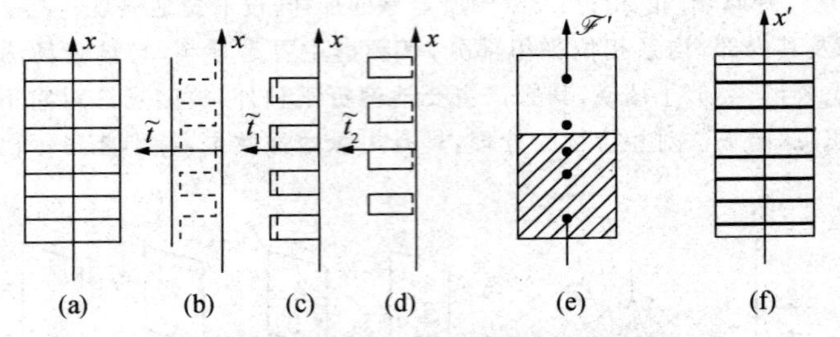

图 6.44　矩形相位光栅的纹影法处理

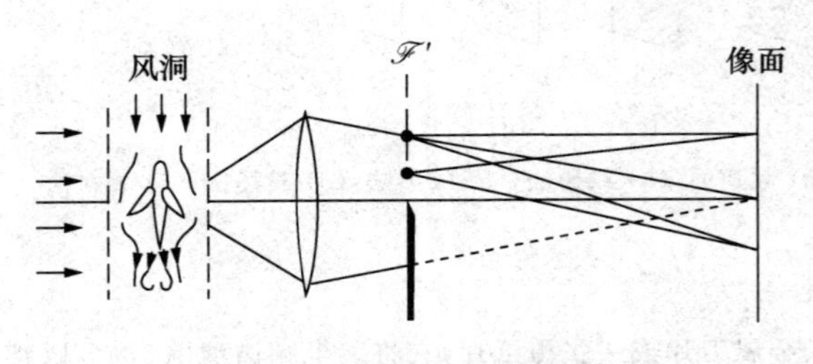

图 6.45　纹影法用以观测风洞流场

纹影法最初应用于检查透镜的缺陷，后来应用于监测空气流场，参见图 6.45. 风洞是工程力学中用以研究空气动力学的实验场所，高速气流冲向飞行器模型，在其四周产生复杂的流速场或湍流场，相应地有一复杂的空气密度场 $\rho(\boldsymbol{r}, t)$ 和折射率分布场 $n(\boldsymbol{r}, t)$，考虑到空气的透明性，故从光学的眼光看，风洞是一个三维的相位物. 借助相干光学成像系统和纹影法，就可以分析风洞相位分布的不均匀性，从而诊断出风洞中的流场.

● 微分法(differential method)

在 6.8 节介绍了复合光栅滤波法，它可以实现图像的微分运算. 如果原物函数为纯相位型的，则其微分结果将产生实振幅分布函数，从而实现了相位物的可视化. 对此，数学描写如下. 设相位物函数为

$$\tilde{U}_{\mathrm{ob}}(x, y) = A_1 e^{i\varphi(x, y)},$$

其微分为

$$\Delta\tilde{U}_{\mathrm{ob}} \propto e^{i\varphi(x, y)} \cdot \Delta\varphi(x, y),$$

这里，$\Delta\varphi(x, y)$ 表示相位函数的微分. 于是，实现了光学微分的那个部位，比如像面上的 +1 级部位，就出现了一光强分布

$$I_{+1}(x', y') \propto |\Delta\tilde{U}_{\mathrm{ob}}|^2 \propto |\dot{\varphi}(x', y')|^2. \tag{6.119}$$

这是一个与相位函数的梯度平方成正比的光强分布. 因而, 光学微分法, 也成为实现相位物可视化的一种方法.

● **离焦法**(defocused method)

这是一个无需任何滤波器的方法, 只要将观察平面离开准确像面位置少许 Δ, 就能看到一幅图像, 其形貌与原物相位分布相关. 离焦法可实现相位物可视化, 这在定性上看, 也不难理解. 参见图 6.46, 像面上各点作为一次波源, 对离焦面 $(x'y')$ 贡献一球面波. 虽然, 那些次波源是等振幅的, 但大量球面波相干叠加于离焦面(卷积), 其合成振幅一般说就不会维持为一常数了, 从而导致光强分布 $I(x', y')$, 而生成一可视的图像.

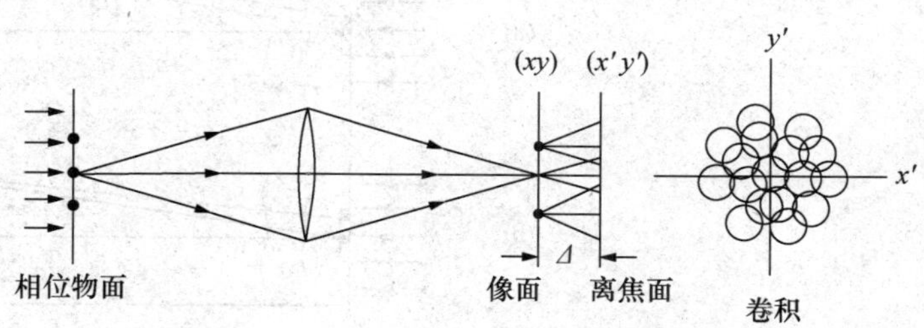

图 6.46 考察离焦面 $(x'y')$ 上的光场

6.11 夫琅禾费衍射的普遍定义与多种装置

· 引言 · 五种装置 · $\mathscr{F}$ 衍射场的标准形式 · 无透镜远场接收
· 透镜后焦面接收 · 会聚球面波照明而像面接收 · 发散球面波照明而像面接收
· 小结

● **引言**

应该说, 本章以上九节的内容, 已经确立了傅里叶光学的若干重要概念, 比如, 简谐信息或余弦光栅是夫琅禾费衍射的本征信息, 物信息的傅里叶级数展开, 夫琅禾费衍射场是物波前的频谱面, 相干系统成像是两步成像, 空间滤波和相干光学信息处理, 以及波前相因子分析法, 等等. 它们已经展现了相干光学信息处理的基本思想、理论基础、概念要点和分析方法. 就一般要求而言, 学习到这些内容就足够了. 然而, 由于我们主要地基于周期信息而展开以上有关论述, 这在理论上是不够完善的, 因而, 使一些深入的问题难以展开. 本节和随后一节, 均系傅里叶光学在理论上的完善和提高, 为非周期光学信息的处理给出严格的理论形式.

● **五种装置**

通常按光源、衍射屏和接收平面, 三者之距离是有限远或无限远, 将衍射分为两大类——菲涅耳衍射和夫琅禾费衍射(简写为 $\mathscr{F}$ 衍射). 其实, 平面波照明衍射屏, 且在无限远接收衍射场的装置如图 6.47(a), 只能算作 $\mathscr{F}$ 衍射的定义装置, 它给出了 $\mathscr{F}$ 衍射场的普遍定义和标准的积分形式. 按此定义和标准, 图 6.47 所示的(b), (c), (d)和(e)四种装置理应划归为 $\mathscr{F}$ 衍射, 因为它们接收到的衍射场具有与定义装置(a)给出的同样的积分形式. 下面逐个加以证明和说明.

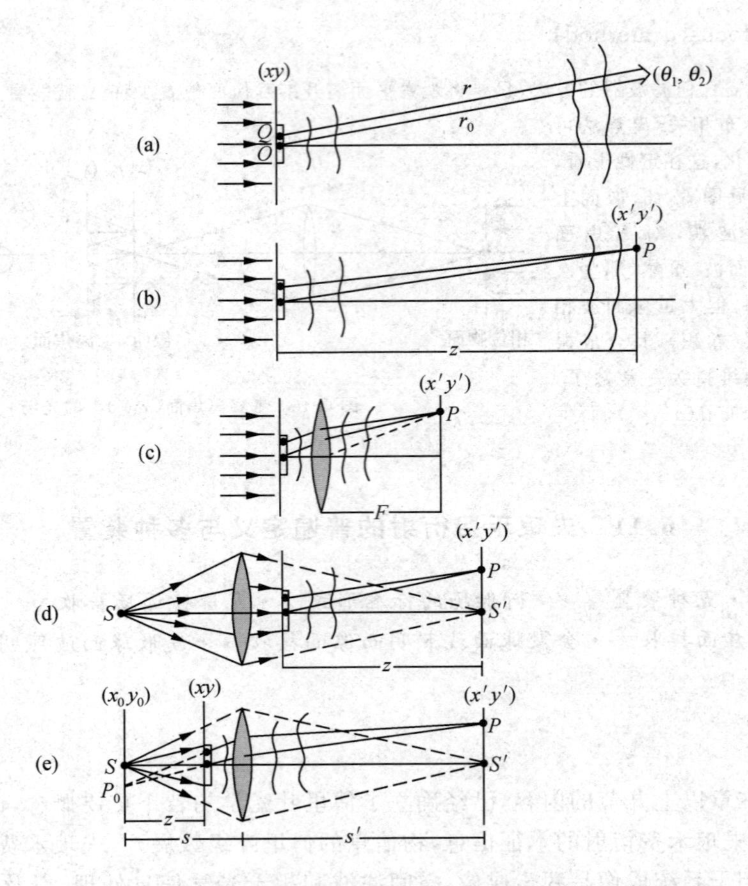

图 6.47　夫琅禾费衍射场的接收装置.(a) 定义装置,(b) 远场接收,(c) 后焦面接收,(d) 像面接收,(e) 像面接收

- **$\mathscr{F}$ 衍射场的标准形式**

定量考察衍射场的理论出发点还是傍轴衍射积分式(2.69),

$$\tilde{U}(P)=\frac{-\mathrm{i}}{\lambda r_0}\iint_{(\Sigma_0)}\tilde{U}_0(Q)\mathrm{e}^{\mathrm{i}kr}\,\mathrm{d}S,$$

其中,瞳函数 $\tilde{U}_0(Q)$,就是面对接收场的从衍射屏发出的波前函数 $\tilde{U}_2(Q)$,它由入射场 $\tilde{U}_1(Q)$ 和屏函数 $\tilde{t}(Q)$ 来决定,

$$\tilde{U}_0(Q)=\tilde{U}_2(Q)=\tilde{t}(Q)\cdot\tilde{U}_1(Q).\tag{6.120}$$

对于定义装置,我们关注沿衍射角为 (θ_1,θ_2) 方向的场分布,此时,

$$\widetilde{U}_1(Q) = A_1, \quad \mathrm{e}^{\mathrm{i}kr} = \mathrm{e}^{\mathrm{i}kr_0} \cdot \mathrm{e}^{\mathrm{i}k(r-r_0)} = \mathrm{e}^{\mathrm{i}kr_0} \cdot \mathrm{e}^{-\mathrm{i}k(\sin\theta_1 \cdot x + \sin\theta_2 \cdot y)},$$

于是，$\mathscr{F}$衍射的定义装置图 6.47(a)给出了 $\mathscr{F}$ 场的积分形式为

$$\widetilde{U}(\theta_1,\theta_2) = \widetilde{P} \cdot \iint \tilde{t}(x,y) \cdot \mathrm{e}^{-\mathrm{i}k(\sin\theta_1 \cdot x + \sin\theta_2 \cdot y)}\,\mathrm{d}x\,\mathrm{d}y, \tag{6.121}$$

其中，缩写符号

$$\widetilde{P} = \frac{-\mathrm{i}A_1}{\lambda r_0}\mathrm{e}^{\mathrm{i}r_0(\theta_1,\theta_2)}. \tag{6.122}$$

式(6.121)被认为是 $\mathscr{F}$ 衍射场的标准积分式，其主要特点是被积函数等于屏函数与线性相因子的乘积. 这里所谓“线性”是以次波源坐标(x,y)为变量而言的. 凡是，衍射场符合这标准形式的，不论其是由什么装置、怎样照明和何处接收所致，均理应划归为夫琅禾费衍射.

- **无透镜远场接收**

如图 6.47(b)所示，平面波照明衍射屏而在远场 z 处接收衍射场，且设源点坐标为(x,y)，场点坐标为(x',y'). 当远场条件

$$\rho^2 = (x^2 + y^2) \ll \lambda z \tag{6.123}$$

得以满足，则衍射积分核中的相因子函数

$$\mathrm{i}kr = \mathrm{i}k\left(z + \frac{x'^2 + y'^2}{2z} + \frac{x^2 + y^2}{2z} - \frac{x'x + y'y}{z}\right)$$

$$\approx \mathrm{i}k\left(z + \frac{x'^2 + y'^2}{2z} - \frac{x'x + y'y}{z}\right), \tag{6.124}$$

于是，远场接收的衍射场其积分形式为

$$\widetilde{U}(x',y') = \widetilde{P}\iint \tilde{t}(x,y) \cdot \mathrm{e}^{-\mathrm{i}k\frac{x'x+y'y}{z}}\,\mathrm{d}x\,\mathrm{d}y, \tag{6.125}$$

$$\widetilde{P} = \frac{-\mathrm{i}A_1}{\lambda z}\mathrm{e}^{\mathrm{i}kr_0(x',y')}, \quad r_0 = z + \frac{x'^2 + y'^2}{2z}. \tag{6.126}$$

显然，(6.125)式符合 $\mathscr{F}$ 衍射场的标准积分形式.

- **透镜后焦面接收**

如图 6.47(c)所示，平面波照明衍射屏而在透镜后焦面 $\mathscr{F}'$ 接收衍射场，这装置是我们十分熟悉的，其衍射场积分表达式为

$$\widetilde{U}(x',y') = \widetilde{P} \cdot \iint \tilde{t}(x,y) \cdot \mathrm{e}^{-\mathrm{i}k\frac{x'x+y'y}{F}}\,\mathrm{d}x\,\mathrm{d}y, \tag{6.127}$$

$$\widetilde{P} = \frac{-\mathrm{i}A_1}{\lambda F}\mathrm{e}^{\mathrm{i}kL_0(x',y')}. \tag{6.128}$$

这里，L_0 作为一参考光程，表示从衍射屏中心发出的次波，经透镜而到达场点 $P(x',y')$ 的光程. 通常 L_0 与(x',y')有关，只有当衍射屏位于透镜前焦面位置时，L_0 为一常数，这一点我们也是熟悉的.

- **会聚球面波照明而像面接收**

先看图 6.47(d),点光源 S 发射球面波,经透镜会聚于像点 S'. 衍射屏置于透镜与像面之间,从“近距作用”观点看,衍射屏直接感受的是被一会聚球面波照明,会聚中心为 S',两者距离为 z. 于是,傍轴条件下入射波前函数和出射波前函数分别为

$$\tilde{U}_1(x,y)=A_1\mathrm{e}^{-\mathrm{i}k\frac{x^2+y^2}{2z}},\quad \tilde{U}_2(x,y)=A_1\tilde{t}\,\mathrm{e}^{-\mathrm{i}k\frac{x^2+y^2}{2z}},$$

故像面积分式中的被积函数成为

$$\tilde{U}_2\cdot\mathrm{e}^{\mathrm{i}kr}=A_1\tilde{t}\mathrm{e}^{-\mathrm{i}k\frac{x^2+y^2}{2z}}\cdot\mathrm{e}^{\mathrm{i}k\left(r_0+\frac{x^2+y^2}{2z}-\frac{x'x+y'y}{z}\right)}=A_1\tilde{t}\cdot\mathrm{e}^{\mathrm{i}kr_0}\cdot\mathrm{e}^{-\mathrm{i}k\frac{x'x+y'y}{z}},$$

最后,给出这一像面接收的衍射场积分表达式为

$$\tilde{U}(x',y')=\tilde{P}\cdot\iint\tilde{t}(x,y)\cdot\mathrm{e}^{-\mathrm{i}k\frac{x'x+y'y}{z}}\,\mathrm{d}x\,\mathrm{d}y,\tag{6.129}$$

$$\tilde{P}=\frac{-\mathrm{i}A_1}{\lambda z}\mathrm{e}^{\mathrm{i}kr_0},\quad r_0=z+\frac{x'^2+y'^2}{2z}.\tag{6.130}$$

显然,(6.129)式符合 $\mathscr{F}$ 衍射场的标准积分形式,换言之,像面衍射场是一夫琅禾费衍射场,这一结论对于我们是新鲜的. 上述推演过程清楚地表明,是照明的会聚球面波所提供的一个负二次相因子,恰巧抵消了积分核 $\mathrm{e}^{\mathrm{i}kr}$ 展开式中的关于(x,y)的正二次相因子,以致被积函数只保留了线性相因子,回忆远场接收装置,那里是凭借远场条件而忽略了那个关于(x,y)的二次相因子. 像面接收仅要求傍轴条件,(x^2+y^2)或$(x'^2+y'^2)\ll z^2$,这要比远场距离小得很多,因为光波长很短. 与透镜后焦面接收相比较,像面接收的优点是距离 z 可调,从而可以控制衍射图样的尺寸,以便于观测或拍摄;而透镜后焦面上显示的 $\mathscr{F}$ 衍射图样,其尺寸是被焦距 F 限定的. 本书中 $\mathscr{F}$ 衍射图样多数是由像面图样拍摄的. 最后,再顺便提及一点,倘若离开像面即离焦接收衍射场 $\tilde{U}(x'',y'')$,则上述那两个二次相因子就不能恰好抵消,依然保留下一个新的关于(x,y)的二次相因子,这一方面表明离焦面接收的衍射场,是一菲涅耳衍射场;另一方面,也可以将这新的二次相因子,看作一等效透镜紧贴于屏函数,其乘积可看作一新的屏函数 $\tilde{t}'(x,y)$,这样看待也许有助于某种理论分析.

- **发散球面波照明而像面接收**

再看图 6.47(e)像面接收装置,照射于衍射屏的傍轴发散球面波,提供了一个正二次相因子,

$$\tilde{U}_1(x,y)=A_1\mathrm{e}^{\mathrm{i}k\frac{x^2+y^2}{2z}},$$

它怎么能被后场衍射空间中所含的负二次相因子抵消呢?

在次波源到达场点的空间中,凡存在非均匀介质,比如一透镜,则衍射积分核 $\mathrm{e}^{\mathrm{i}kr}$ 中的相因子 $\mathrm{i}kr$ 应改写为光程表示,

$$\mathrm{i}kr=\mathrm{i}k_0L=\mathrm{i}k_0L_0+\mathrm{i}k_0(L-L_0),\quad k_0=\frac{2\pi}{\lambda_0},$$

这里,光程 L_0 或 L 分别表示从衍射屏中心 O 点或轴外 Q 点到达同一场点 P 的光程,即

$$L=L(QP),\quad L_0=L(OP).$$

为了将这光程差的计算转化为单纯物空间中的光程差计算,我们注意到了物平面(x_0,y_0)上的 P_0 点,其像点就是像平面$(x'y')$上的场点 P,于是,

$$L(QP)=L(P_0QP)-L(P_0Q),\quad L(OP)=L(P_0OP)-L(P_0O),$$

根据费马原理导出的物像等光程性,

$$L(P_0QP)=L(P_0OP),$$

故光程差$(L-L_0)$决定的相因子被简化为

$$\mathrm{i}k_0(L-L_0)=-\mathrm{i}k_0(L(P_0Q)-L(P_0O))=-\mathrm{i}k(r(P_0Q)-r(P_0O)),$$

这三个点的横向位置坐标分别为 $P_0(x_0,y_0)$,$O(0,0)$,$Q(x,y)$,于是,在傍轴条件下,

$$r(P_0Q)=\frac{x_0^2+y_0^2}{2z}+\frac{x^2+y^2}{2z}-\frac{x_0x+y_0y}{z},\quad r(P_0O)=\frac{x_0^2+y_0^2}{2z},$$

得衍射相因子

$$\mathrm{e}^{\mathrm{i}k_0(L-L_0)}=\mathrm{e}^{-\mathrm{i}k\left(\frac{x^2+y^2}{2z}-\frac{x_0x+y_0y}{z}\right)},$$

从而看到,这里出现的负二次相因子,恰巧抵消了照明光波提供的正二次相因子,最终被保留下来的是一线性相因子,而使像面衍射场积分式成为

$$\tilde{U}(x',y')=\tilde{P}\iint\tilde{t}(x,y)\cdot\mathrm{e}^{\mathrm{i}k\frac{x_0x+y_0y}{z}}\,\mathrm{d}x\,\mathrm{d}y,\tag{6.131}$$

注意到衍射场点 P 的位置坐标(x',y')与 P_0 点坐标的对应关系为(设横向放大率为 V),

$$(x',y')=V\cdot(x_0,y_0)=\left(-\frac{s'}{s}\right)\cdot(x_0,y_0),\tag{6.132}$$

最终得

$$\tilde{U}(x',y')=\tilde{P}\cdot\iint\tilde{t}(x,y)\cdot\mathrm{e}^{-\mathrm{i}k\frac{x'x+y'y}{|V|z}}\,\mathrm{d}x\,\mathrm{d}y,\tag{6.133}$$

$$\tilde{P}=\frac{-\mathrm{i}A_1}{|V|\lambda z}\mathrm{e}^{\mathrm{i}kL_0(x',y')}.\tag{6.134}$$

显然,(6.133)式符合 $\mathscr{F}$ 衍射场的标准积分形式.

我们注意到,(6.131)式正是像面接收装置图 6.47(d)给出的衍射场积分形式,如果将照明点源易位到 S' 处,相应的像面易位到 S 面(x_0,y_0). 换言之,上面推演过程导出了一个定理,所谓衍射场互易定理——点源 S 照明下的像面衍射场 $\tilde{U}(x',y')$,相等于将像点 S' 看作一点源而照明时的物面衍射场 $\tilde{U}(x_0,y_0)$,伴随一相应的变量替换$(x_0,y_0)\to(x'/V,y'/V)$,其中 V 为 $S\to S'$ 时透镜的横向放大率.

● **小结**

(1) 我们确认了 $\mathscr{F}$ 衍射场的标准积分形式

$$\tilde{U}(x',y') = \tilde{P}(x',y') \cdot \iint \tilde{t}(x,y) \cdot \mathrm{e}^{-\mathrm{i}k\frac{x'x+y'y}{z}} \mathrm{d}x\,\mathrm{d}y, \tag{6.135}$$

它的主要特点是,以屏函数与一线性相因子的乘积作为自己的被积函数. 有四种实验装置可以获得 $\mathscr{F}$ 衍射场,只是衍射积分式中的 z 和积分号外的 $\tilde{P}$ 的表示,彼此略有不同. $\mathscr{F}$ 衍射场的标准积分形式的确立,为实际衍射装置的归类提供了一个明确的判断标准,从而将夫琅禾费衍射与菲涅耳衍射从本质上区别之.

(2) 多种装置可以获得 $\mathscr{F}$ 衍射场,这使人们在实验研究中,可以根据不同的条件和需求,而灵活地安排光路.

(3) 熟悉傅里叶积分变换的人们,一眼便可看出,(6.135)式中的积分正是屏函数的傅里叶变换式. 由此深入而展开,导致现代光学在像的形成和处理的研究中,引进一整套傅里叶分析手段.

6.12　准确获得物频谱的三种系统

· 类比——$\mathscr{F}$ 衍射与 $\mathscr{F}$ 变换　· 三种等光程系统　· 三种相干光学信息处理系统

· 意义

● **类比——$\mathscr{F}$ 衍射与 $\mathscr{F}$ 变换**

一张图像的光学信息,由其透过率函数或反射率函数予以反映,它们统称为屏函数 $\tilde{t}(x,y)$. 面对一张图像 $\tilde{t}(x,y)$,人们既可以从数学眼光对其施行傅里叶变换(简写为 $\mathscr{F}$ 变换),求得其频谱 $T(f_x,f_y)$,也可以将其作为衍射屏置于光学系统中,在像面上获得其夫琅禾费衍射场(简写为 $\mathscr{F}$ 衍射场),(6.135)式已统一地给出三种近场装置所获得的 $\mathscr{F}$ 衍射场的积分式 $\tilde{U}(x',y')$,将它与频谱函数的积分表达式类比于下:

$$\begin{cases} \tilde{t}(x,y) \rightarrow \boxed{\mathscr{F}\text{衍射}} \rightarrow \tilde{U}(x',y') = \tilde{P} \cdot \iint \tilde{t} \cdot \mathrm{e}^{-\mathrm{i}\frac{k}{z}(x'x+y'y)} \mathrm{d}x\,\mathrm{d}y; \\ \tilde{t}(x,y) \rightarrow \boxed{\mathscr{F}\text{变换}} \rightarrow T(f_x,f_y) = \iint \tilde{t} \cdot \mathrm{e}^{-\mathrm{i}2\pi(f_x x+f_y y)} \mathrm{d}x\,\mathrm{d}y. \end{cases} \tag{6.136}$$

可见,这两个积分式是相似的,均以屏函数与线性相因子的乘积作为自己的被积函数. 区别之处在于,前者的线性系数对应场点位置 $k(x',y')/z$,后者的线性系数对应空间频率 $2\pi(f_x,f_y)$. 这表明原本毫无关系的两对系数,由于上述两种积分规律的相似性,而使它们具有一种等价意义. 换句话说,如果令两对系数相等,即

$$2\pi(f_x,f_y) = \frac{k}{z}(x',y'), \quad \text{或} \quad (f_x,f_y) = \left(\frac{x'}{\lambda z},\frac{y'}{\lambda z}\right), \tag{6.137}$$

则有

$$\widetilde{U}(x',y') = \widetilde{P}(x',y') \cdot \mathscr{F}\{\widetilde{t}(x,y)\}. \tag{6.138}$$

注意到上式中系数 $\widetilde{P}$,除含有$(-\mathrm{i}A/\lambda z)$常数因子外,还含有一个与场点位置(x',y')有关的相位因子,即

$$\widetilde{P}(x',y') = \frac{-\mathrm{i}A}{\lambda z} \cdot \mathrm{e}^{\mathrm{i}k_0 L_0(x',y')}, \tag{6.139}$$

其中,参考光程 L_0 是衍射屏原点 O 到场点 $P(x',y')$的光程,通常它与(x',y')有关,且在傍轴条件下呈现二次型函数.(6.138)式表明,$\mathscr{F}$ 衍射场其主体部分等于屏函数的傅里叶频谱,但还伴随一个系数函数 $\widetilde{P}(x',y')$,它并非在任何场合下都是无关紧要的.这里应区分两种场合——是直接关注 $\mathscr{F}$ 衍射场的光强分布,还是直接关注 $\mathscr{F}$ 衍射场的复振幅分布.

● 三种等光程系统

在相干成像系统或相干光学信息处理系统中,直接关注的是衍射场的复振幅分布.为了使像面接收的 $\mathscr{F}$ 衍射场是纯粹的屏函数傅里叶频谱,就应设法让(6.138)式中的系数 $\widetilde{P}$ 成为与(x',y')无关的常数.为此,设计了三种等光程的光路[①],如图 6.48 所示.

图 6.48(a)表示一平面波照明衍射屏,衍射屏置于透镜前焦面 $\mathscr{F}$ 面,而在后焦面 $\mathscr{F}'$ 接收 $\mathscr{F}$ 衍射场.等光程条件 $L_0(P)=L_0(P')$,是由衍射屏置于前焦面位置而得以满足.这是最先为人们所熟悉、应用最为广泛的一种系统.通常简言之为,透镜的前、后焦面是一对傅里叶变换面.

图 6.48(b)表示一发散球面波照明衍射屏,衍射屏依然置于透镜前焦面,以保持等光程 $L_0(P)=L_0(P')$,于是,像面接收的 $\mathscr{F}$ 衍射场便是纯粹的物频谱.

图 6.48(c)表示一会聚球面波照明衍射屏,而在像面上接收 $\mathscr{F}$ 衍射场.如果仅仅如此,那 $\widetilde{P}$ 中的二次相因子 $\exp\left(\mathrm{i}k\dfrac{x'^2+y'^2}{2z}\right)$总是存在的.为了消除它,必须添加一个透镜 L′贴近像面,它提供了一个二次相因子的变换函数 $\exp\left(-\mathrm{i}k\dfrac{x'^2+y'^2}{2F'}\right)$,这样当 $z=F'$,就能实现 $\mathscr{F}$ 衍射场是纯粹的物频谱,即衍射屏应置于 L′的前焦面,这也是为了等光程.

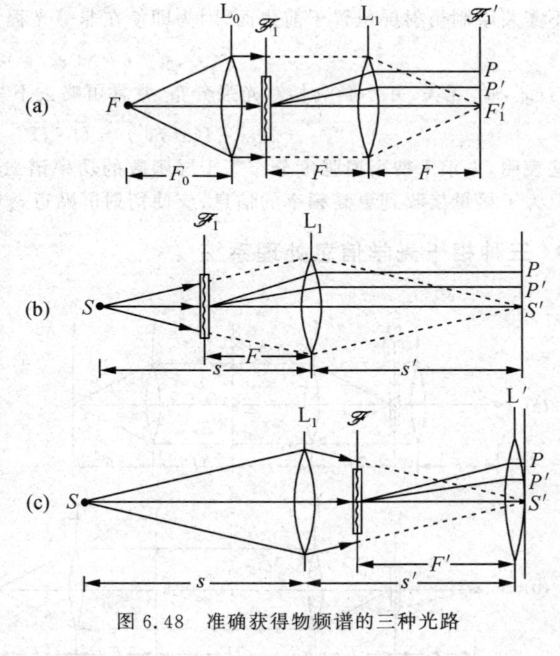

图 6.48 准确获得物频谱的三种光路

对这三种光路或系统,试作如下评价.考虑到在实验研究中,人们最先是用激光器发射的激光束,通过针孔滤波器而获得一高质量的球面光波,故图 6.48(a)实际上是一个双透镜系统,需要在变换透镜 L_1 前面添加一准直透镜 L_0.须知,在光学系统中多了一个透镜就添加了许多麻烦的事.从这点看,图 6.48(b)系统最简洁,而且谱图的尺寸不受透镜焦距所限制,可以通过改变像距而得以调整.不过这样一来,这单透镜身

① 可参阅钟锡华,获得物频谱的三种系统,《物理》,Vol. 19, No. 7, 1990 年.

兼两职，既要求它对选定的一对共轭面 S 和 S' 面，有很好的成像质量，以保证高质量地完成分频任务；又要求它具有良好性能的焦面，以保证高质量地满足等光程条件. 从这个意义上说，图 6.48(c)系统将这两项任务分别由前后两个透镜 L_1 和 L' 来分担，故便于实现. 回过头再看图 6.48(a)，分频和等光程这两项任务，虽然由一个透镜 L_1 来承担，但它们对透镜的要求是一致的，只要求该透镜有良好性能的一对焦面，故便于光学设计. 所谓傅里叶透镜，指的就是有这种良好性能的透镜.

综上所述，为了准确地获得物函数的傅里叶频谱，必须同时具备两个条件. 一是像面接收，以获得 $\mathscr{F}$ 变换的积分核，它是一个线性相因子. 这里顺便说明，透镜后焦面接收也是一种像面接收，因为入射于物平面的平面波其像点位于透镜后焦点. 二是等光程光路，以消除系数 $\widetilde{P}$ 所含的二次相因子，使 $\widetilde{P}$ 成为一常数 $\tilde{c}$. 这时，像面接收的 $\mathscr{F}$ 衍射场就准确地反映了物函数的频谱，即

$$\widetilde{U}(x',y') = \tilde{c}\cdot\mathscr{F}\{\tilde{t}(x,y)\},\quad \tilde{c} = \frac{-\mathrm{i}A}{\lambda z},\tag{6.140}$$

其中

$$(f_x,f_y) = \left(\frac{x'}{\lambda z},\frac{y'}{\lambda z}\right),\quad 或\quad (f_x,f_y) = \left(\frac{\sin\theta_1}{\lambda},\frac{\sin\theta_2}{\lambda}\right).\tag{6.141}$$

如果，直接关注的是衍射场的光强分布，比如，非相干成像系统的情况，或者对衍射花样作观测时，就不需要限制衍射屏位置于前焦面，因为即使在非等光程情形下，系数 $\widetilde{P}(x',y')$ 的模平方

$$\widetilde{P}(x',y')\cdot\widetilde{P}^*(x',y') = \tilde{c}\cdot\tilde{c}^* = |c|^2,$$

与 (x',y') 无关，并不影响相对光强分布，常常可略去不写. 于是，衍射场光强分布被表达为

$$I(x',y') = \widetilde{U}\cdot\widetilde{U}^* = \mathscr{F}\{\tilde{t}\}\cdot\mathscr{F}^*\{\tilde{t}\}.\tag{6.142}$$

这表明，夫琅禾费衍射强度分布等于屏函数的功率谱. 这时，虽然衍射屏位置并不限定于像图 6.48 那样，但为了尽量接收到更高频率的信息，应使衍射屏贴近透镜 L_1 为好.

● 三种相干光学信息处理系统

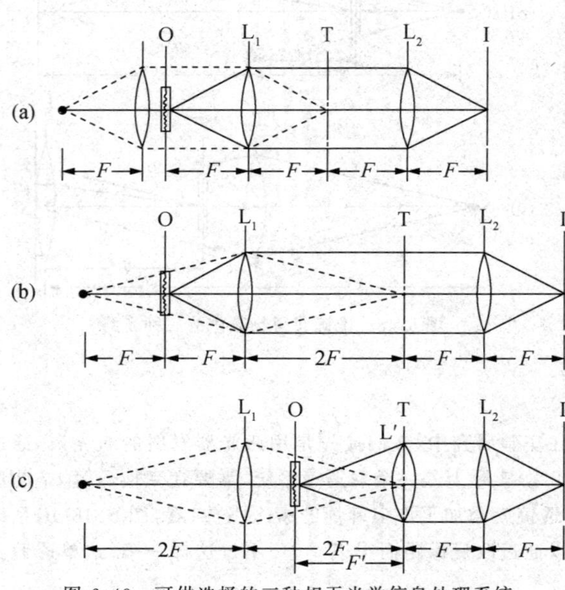

图 6.49　可供选择的三种相干光学信息处理系统

一个用于信息处理的相干光学系统，是以空间滤波器为界面分为前后两部分，以实现两次光学傅里叶变换. 人们可以选择图 6.48 中之一种作为系统的前一部分；由于第二次变换没有特设的照明光波，自然地选中图 6.48(a)作为系统的后一部分. 于是，构成了三种可供选择的相干光学信息处理系统，如图 6.49 所示. 姑且称图(a)为 $5F$ 三透镜系统，图(b)为 $6F$ 双透镜系统，图(c)为 $6F$ 三透镜系统. 以前我们曾称图(a)为 $4F$ 系统，那是从物平面 O 起算，没有包括其左面的准直透镜. 图中标出的焦距均写为 F，这仅是一种示意，实际上不必苛求几个透镜的焦距均相等. 若两个变换透镜的焦距不相等，则仅引起物像几何尺寸上的缩放而已.

● 意义

(6.138)、(6.140)、(6.142)三式虽然稍有差别，表达的主体内容却是共同的，用一句话概括为，夫琅禾费衍射实现了屏函数的傅里叶变换，即，夫琅禾费衍射场是屏函数的频谱面．这一结论，无论从数学上看，还是从光学上看，均有重要意义．从数学上看，它为计算二维复函数的$\mathscr{F}$变换提供了一种光学手段，它将抽象的频域(f_x, f_y)落实到空域(x', y')，从而将抽象的数学演算转化为实实在在的物理过程，由此开拓出一新的技术——相干光学计算技术．从光学上看，它为分析$\mathscr{F}$衍射场提供了一种有力的数学手段，有关$\mathscr{F}$变换的全部数学定理就可以被直接移植过来，作为分析$\mathscr{F}$衍射场的理论指导．尤其重要的是，它为评价像的形成和处理提供了一种新语言——频谱语言，即用改变频谱的手段即空间滤波去实行图像处理，用频谱被改变的眼光去评价成像系统的像质，这前者导致相干光学信息处理技术的兴起，这后者导致光学传递函数理论的建立．

最后尚需说明一点．这一节论述所得的主要结论，其实在6.5节均已给出，那里是基于波前相因子分析法、余弦光栅的衍射特征和周期函数的傅里叶级数，而得到了这些结论．相比较而言，这一节的进步在两点．其一，这一节是以普遍的非周期物函数为对象而确认了$\mathscr{F}$衍射场实现了屏函数的$\mathscr{F}$变换，以及$\mathscr{F}$衍射场点位置与物函数空间频率的对应关系，这在理论上更为完善了．其二，这一节认真地看待了那$\mathscr{F}$衍射积分变换式前面的系数$\tilde{P}(x', y')$，进而提出了为消除其影响所设计的三种等光程系统，旨在准确获得物频谱，相应地给出了三种可供选择的相干光学信息处理系统．至于空间滤波和光学信息处理方面的课题，已在6.7，6.8，6.9和6.10节中叙述，这里对它就不作更多更专业的介绍．

习　题

6.1　用变折射率材料制成一微透镜如图所示，其折射率变化呈抛物线型，

$$n(r) = n_0\left(1 - \frac{1}{2}\alpha r^2\right), \quad r^2 = x^2 + y^2.$$

(1) 试给出其屏函数$\tilde{t}(x, y)$，设其厚度为d，孔径为a，且$a \gg d \gg \lambda$.

(2) 试由相因子分析法导出该微透镜的焦距公式为

$$F = \frac{1}{\alpha n_0 d}, \quad 或 \quad F = \frac{a^2}{2(n_0 - n_a)d}.$$

(3) 若要求$F \approx 1\,\text{mm}$，问变折射率系数α值应为多少？设$d \approx 10\,\mu\text{m}$，$a \approx 100\,\mu\text{m}$，$n_0 \approx 1.68$.

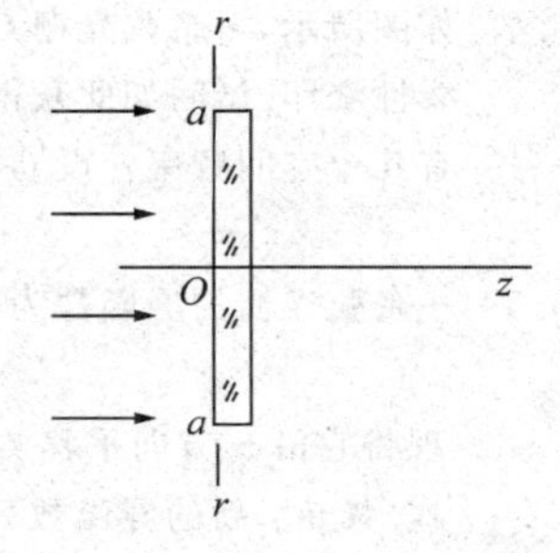

习题 6.1 图

·答·(3) $\alpha \approx 60/\text{mm}^2$.

6.2　一块条状余弦光栅，其栅条密度$1/d_0$为300线/mm，现将其作为衍射屏被一平行光照射，而在后焦面$(x'y')$上接收其夫琅禾费衍射场．设焦距F为200 mm，光波长λ为0.6 μm.

(1) 当栅条沿平行于x轴方向时，试写出其屏函数$\tilde{t}(x, y)$，空间频率(f_x, f_y)值，及其在后焦面上三个衍射斑中心坐标(x', y')值．要求图示.

(2) 当栅条逆时针转过45°而处于(xy)平面的一、三象限时，试给出相应的$\tilde{t}(x, y)$、(f_x, f_y)值和(x', y')值，要求图示.

(3) 当栅条顺时针转过30°而处于(xy)平面的二、四象限时，试给出相应的$\tilde{t}(x, y)$、(f_x, f_y)值和(x', y')值，要求图示.

·答·(1) $(300\,\text{mm}^{-1}, 0)$；(0,0)，(36 mm,0)，(−36 mm,0).

(2) $(212\,\text{mm}^{-1}, -212\,\text{mm}^{-1})$；(0,0)，(25.5 mm，−25.5 mm)，(−25.5 mm，25.5 mm).

6.3　如图所示为两个颇为相似的相位型衍射屏．其中图(a)是在一块较大的玻璃板上有一透明小液滴，其

半径为 r_0，厚度近似均匀为 h，液体折射率为 n_0；图(b)是在一块玻璃板内部存在一个小气泡，其半径为 r_0，厚度近似均匀为 h.

(1) 试给出(a)的屏函数 $\tilde{t}_a(r)$，设入射光波长为 λ.

(2) 试给出(b)的屏函数 $\tilde{t}_b(r)$.

(3) 思考 $\tilde{t}_a(r)$，$\tilde{t}_b(r)$ 与先前熟悉的圆孔或圆屏的屏函数有何联系和区别？

(4) 若如实地考虑到液滴厚度的非均匀而使它更像一个小透镜，同样地那气泡也更像一个小透镜，则其屏函数 $\tilde{t}'_a(r)$，$\tilde{t}'_b(r)$ 应该改写成什么样子？

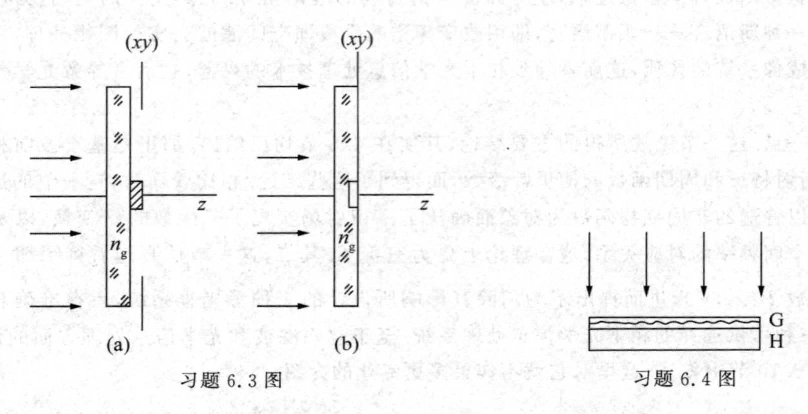

习题 6.3 图　　　　习题 6.4 图

6.4　如图所示，一余弦光栅 G 覆盖在一记录胶片 H 之上，用一束平行光照射，然后对曝光了的胶片进行线性洗印. 试问如此获得的这块新光栅 H 是否为一张单频余弦光栅？其复振幅透过率即屏函数包含有几个空间频率？设 G 的复振幅透过率函数为 $\tilde{t}_G(x,y)=t_0+t_1\cos(2\pi f_1 x+\varphi_0)$.

· 答 · 否；除零频外，还有频率为 f_1，$2f_1$ 成分.

6.5　一余弦光栅的屏函数为

$$\tilde{t}(x,y)=t_0+t_1\cos 2\pi fx,$$

现将它沿 x 方向平移 $\Delta x=d/6$，$d/4$，$d/2$，$3d/4$，这里 $d=1/f$. 试写出平移后这光栅的屏函数表达式. 提示：新的屏函数只是添加一个相移量 δ，而写成 $\tilde{t}'(x,y)=t_0+t_1\cos(2\pi fx+\delta)$.

· 答 · $\delta=-\dfrac{2\pi}{d}\Delta x=-2\pi f\Delta x$.

6.6　一余弦光栅的屏函数为 $\tilde{t}(x,y)=t_0+t_1\cos(2\pi f_x x+2\pi f_y y)$，现将它沿斜方向平移 $\Delta\boldsymbol{r}(\Delta x,\Delta y)$，试写出平移后这光栅的屏函数表达式.

※　　※　　※

6.7　凭借一平面波和一球面波的干涉，并经线性冲洗，便可获得一全息透镜(参见习题 2.13). 全息透镜的屏函数具有轴对称性，

$$\tilde{t}(r)=t_0+t_1\cos\left(k_0\frac{r^2}{2a}\right),\quad r^2=x^2+y^2,$$

其中，t_0，t_1；k_0，a 均为特定的常数. 现有一轴外点源 Q 发射一傍轴球面波而照射这张全息透镜，如图所示，设其波数为 k_0.

(1) 试用波前函数的相因子分析法，给出透射场的主要特征——聚散性，像点 Q' 的纵距 s' 和横距 x'. 设物点 Q 的纵距为 s，横距为 x_0.

(2) 导出横向线放大率 $V\equiv x'/x_0$ 公式.

(3) 若用一平面波正入射于这张全息透镜，结果如何？

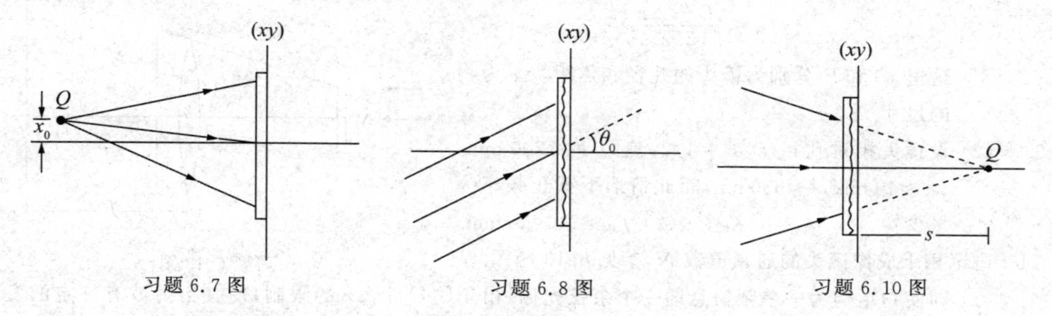

习题 6.7 图　　　　习题 6.8 图　　　　习题 6.10 图

6.8　如图，一波长为 λ 的平行光束斜入射于一余弦光栅，

$$\tilde{t}(x,y) = t_0 + t_1 \cos 2\pi f x,$$

试用波前相因子分析法讨论其透射场的主要特征. 证明其 ± 1 级平面衍射波的方位角 $\theta_{\pm 1}$ 由下式给出，

$$\sin\theta_{+1} = \sin\theta_0 + f\lambda, \quad \sin\theta_{-1} = \sin\theta_0 - f\lambda.$$

6.9　一光栅的屏函数为

$$\tilde{t}(x,y) = t_0 + t_1 \cos 2\pi f x + t_1 \cos\left(2\pi f x + \frac{\pi}{4}\right),$$

当波长为 λ 的平行光正入射于这光栅时，其夫琅禾费衍射场中将出现几个衍射斑？各衍射斑中心强度与 0 级斑中心之比值为多少？　　· 答 · 3 个衍射斑；$I_{\pm 1}/I_0 \approx 0.85\left(\frac{t_1}{t_0}\right)^2$.

6.10　如图所示，一会聚球面波照射一余弦光栅，其屏函数为 $\tilde{t}(x,y) = t_0 + t_1 \cos(2\pi f x)$，试用波前相因子分析法给出傍轴条件下其衍射场的主要特征——有几个衍射斑及其位置坐标 (x,y,z).

· 答 · 3 个衍射斑；$Q_0(0,0,s)$，$Q_{+1}(f\lambda s,0,s)$，$Q_{-1}(-f\lambda s,0,s)$.

6.11　有两张余弦光栅 G_1 和 G_2 叠合一起，其屏函数分别为

$$\tilde{t}_1(x,y) = 0.5 + 0.4\cos 2\pi f_1 x, \quad f_1 = 100/\text{mm};$$

$$\tilde{t}_2(x,y) = 0.5 + 0.4\cos 2\pi f_2 x, \quad f_2 = 300/\text{mm}.$$

(1) 试给出这组合光栅的屏函数 $\tilde{t}(x,y)$.

(2) 现用波长为 630 nm 的平行光束正入射于这组合光栅，试问在接收透镜后焦面 $\mathscr{F}'$ 上出现几个衍射斑，以及它们的位置坐标 (x',y')，要求将结果描在坐标纸上. 设透镜焦距为 150 mm.

6.12　有两张余弦光栅 G_1 和 G_2 叠合在一起，其屏函数分别为

$$\tilde{t}_1(x,y) = 0.5 + 0.4\cos 2\pi f_1 x, \ f_1 = 100/\text{mm};$$

$$\tilde{t}_2(x,y) = 0.5 + 0.4\cos 2\pi f_2 y, \ f_2 = 200/\text{mm}.$$

(1) 试给出这组合光栅的屏函数 $\tilde{t}(x,y)$.

(2) 现用波长为 630 nm 的平行光束正入射于这组合光栅，试问在接收透镜后焦面 $\mathscr{F}'$ 上出现几个衍射斑，以及它们的位置坐标 (x',y')，要求将结果描在坐标纸上. 设透镜焦距为 150 mm.

※　　※　　※

6.13　讨论相干成像镜头的截止频率 f_M. 如图所示，由于物镜孔径 D 有限，使得物结构中一定高频成分所产生的衍射波无法进入镜头而丢失. 截止频率 f_M 定义为物结构中可以使其衍射波进入镜头的最高空间频率.

(1) 试证明截止频率由下式给出

$$f_M \approx \frac{D-\Delta x}{2F\lambda}.$$

这里，D 和 F 分别为镜头的孔径和焦距，Δx 为物的尺寸.

(2) 设镜头相对孔径 $D/F=1/2$，焦距 $F\approx 200$ mm，$\Delta x\approx 40$ mm，$\lambda\approx 630$ nm，问此情形下截止频率为多少？　　· 答 · (2) $f_M\approx 240$ 线/mm.

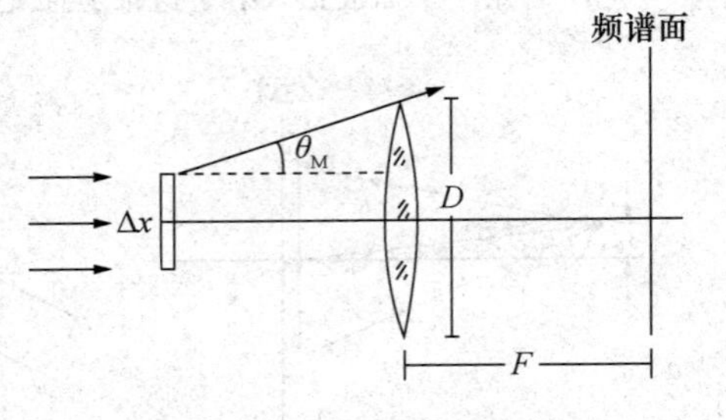

习题 6.13 图

6.14　讨论相干成像镜头的通频道数 N，参见 6.13 题图.

(1) 即使物结构为一单频信息即一个余弦光栅，由于物尺寸 Δx 的限制，使其衍射波有一定的发散角 $\delta\theta$，这反映到频谱面上就占有一定的频宽 δf，它被称为单频线宽. 试证明，

$$\delta f=\frac{1}{\Delta x}.$$

(2) 镜头的截止频率 f_M 实际上给出了镜头的通频带宽度 Δf 从零频到截止频率，即 $\Delta f=f_M$. 从信息科学的眼光看，相干成像镜头的信息容量或通频道数 N 是受限的，

$$N\equiv\frac{\Delta f}{\delta f}=\Delta x\cdot\Delta f,$$

故亦称 N 为空间带宽积. 在镜头 D,F 给定条件下，为使 N 取最大值，则待分析的物尺寸 Δx 要适中. 试证明，当 $\Delta x=D/2$ 时，通频道数 N 达到最大 N_M，且

$$N_M=\frac{F}{8\lambda}\left(\frac{D}{F}\right)^2,\quad 当\ \Delta x=\frac{D}{2}\ 时.$$

(3) 设一傅里叶透镜的相对孔径 $D/F=1/2$，焦距 $F=200$ mm，波长 λ 为 633 nm，试给出其通频道数的最大值.　　· 答 · (3) $N_M\approx 10^4$.

6.15　以单缝为衍射屏，采取无透镜远场装置而直接观测其夫琅禾费衍射场，参见正文图 6.47(b). 设缝宽约为 10^2 μm 量级，光波长为 633 nm. 问：

(1) 接收屏幕距离单缝 z_f 至少需要多远？　(2) 可允许的横向傍轴观测范围 ρ' 为多少？

(3) 其零级衍射斑的半角宽度 $\Delta\theta_0$ 为多少？　(4) 接收屏上其零级斑的线宽度 Δl_0 为多少？

· 答 · (1) $z_f\approx 80$ cm，(2) $\rho\approx 10$ cm，(3) $\Delta\theta_0\approx 6.3\times 10^{-3}$ rad，(4) $\Delta l_0\approx 5$ mm.

6.16　以单缝为衍射屏，采取像面接收装置观测其夫琅禾费衍射场，设缝宽约为 250 μm，光波长为 633 nm；点光源距离镜头为 40 cm，其像平面距离为 80 cm.

(1) 若单缝置于镜头后方即右侧，要求在像面横向 6 cm 范围内可以接收到夫琅禾费衍射场，问单缝离像面的距离 z 至少多远？

(2) 若单缝紧贴透镜右侧，其零级衍射斑的线宽度 Δl_0 为多少？

(3) 若单缝置于镜头前方即左侧，距离点光源为 20 cm，则其零级衍射斑的线宽度 $\Delta l_0'$ 为多少？

· 答 · (1) $z\approx 42$ cm，(2) $\Delta l_0\approx 2.0$ mm，(3) $\Delta l_0'\approx 1.0$ mm.

6.17　在相干光学信息处理 4F 系统中，试作以下空间滤波实验. 设输入图片的透过率函数为

$$\tilde{t}_{ob}(x)=t_0+t_1\cos 2\pi fx,$$

且 $t_0=0.6$，$t_1=0.3$，$f=400$/mm；傅里叶透镜的焦距 $F=200$ mm，照明光波长为 633 nm.

(1) 若变换平面上不设置任何滤波器，试给出输出像面 $(x'y')$ 上的像场函数 $\tilde{U}_I(x',y')$ 及其光强分布 $I(x',y')$.

(2) 若用一张黑纸作为空间滤波器而遮挡住 0 级谱斑，试给出像场函数 $\widetilde{U}_I(x',y')$ 及其光强分布 $I(x',y')$，并给出相应的空间频率数值.

(3) 若用一张黑纸遮挡住上半部非零级射谱斑，试给出像场函数 $\widetilde{U}_I(x',y')$ 及其光强分布 $I(x',y')$ 和相应的空间频率数值.

6.18　在相干光学信息处理 4F 系统中，试作以下空间滤波实验，设输入图像的透过率函数为

$$t_{ob}(x,y) = t_0 + t_1\cos 2\pi f_1 x + t_2\cos 2\pi f_2 x, \quad 且 \quad f_2 = 3f_1,$$

其中 $t_0=0.6$，$t_1=t_2=0.5$，$f_1=200/\mathrm{mm}$；傅里叶透镜焦距 F 为 150 mm，入射光波长为 633 nm.

(1) 如何获得这一复合光栅，试简述其摄制光路和步骤.

(2) 在变换平面即频谱面上将出现几个谱斑？并给出它们的中心位置坐标(u,v).

(3) 若要求输出的像场函数为

$$\widetilde{U}_I(x',y') \propto (t_1 e^{i2\pi f_1 x'} + t_2 e^{i2\pi f_2 x'}),$$

则应当选择怎样的空间滤波器？要求作图示意.

6.19　用一复合光栅作为滤波器，在 4F 系统中实现图像微分操作. 复合光栅的滤波函数具有以下形式，

$$\widetilde{H}(u,v) = t_0 + t_1\cos 2\pi f_1 u + t_2\cos 2\pi f_2 u, \quad 且 \quad \Delta f = (f_2 - f_1) \ll f_1, f_2.$$

设 4F 系统中傅里叶透镜的焦距 F 为 150 mm，光波长 λ 为 633 nm.

(1) 若待处理的图像其尺寸 a_0 在 20 mm 左右，问，复合光栅滤波器其低频 f_1 至少应当为多少？

(2) 若要求微分位移量 $\delta x' \ll a_0$，比如取 $\delta x' \approx 1$ mm，则复合光栅滤波器的差频 Δf 应当选择为多少？

(3) 根据以上所得数据，试给出控制滤波器位移的机械精度 δu.

· 答 · (1) $f_1 > 210/\mathrm{mm}$，(2) $\Delta f \approx 10/\mathrm{mm}$，(3) $\delta u \approx 10\ \mu\mathrm{m}$.

6.20　如图(a)所示，它是一张振幅型滤波器，且其透过率函数 $t_a(u,v)$ 的取值为 0 或 1；若在其黑区开一圆孔而成为图(b)所示的图片，设其透过率函数为 $t_b(u,v)$；若在其白区涂上一墨点而成为图(c)所示的图片，设其透过率函数为 $t_c(u,v)$. 现设圆孔、圆屏的透过率函数分别为 $t_h(u,v)$ 和 $t_d(u,v)$.

(1) 试问 t_b 和 t_a，t_h 的关系.　(2) 试问 t_c 和 t_a，t_d 的关系.

· 答 · (1) $t_b = t_a + t_h$，(2) $t_c = t_a \cdot t_d$..

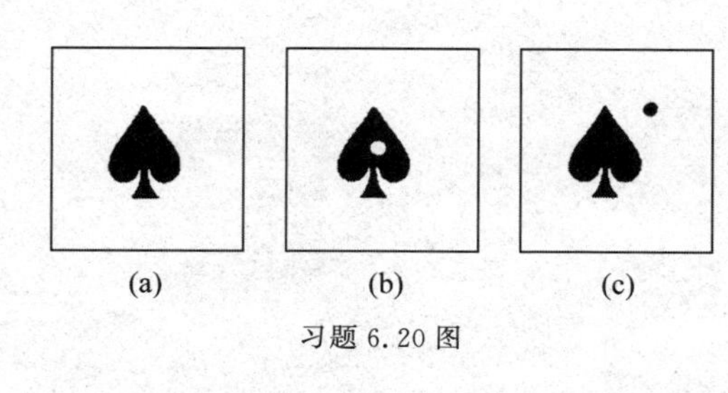

习题 6.20 图

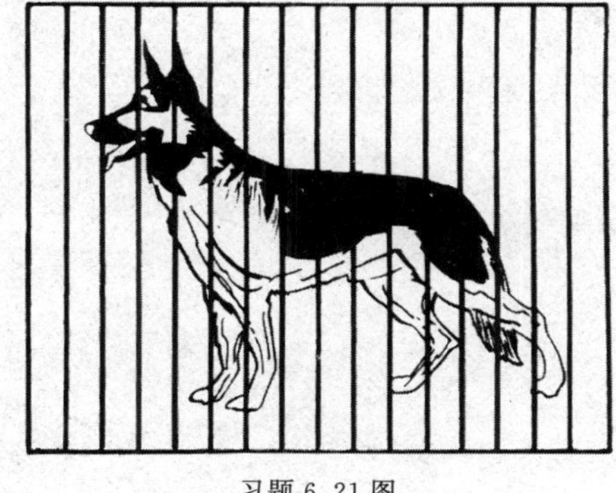

习题 6.21 图

6.21　设法释放一笼中犬. 一张透明图片系笼中一只犬如图所示，这犬之形貌被一排栅条所分隔.

(1) 试问这图像函数是犬函数与栅函数两者之和，还是两者之积？

(2) 在 $4F$ 系统中采用怎样的一个空间滤波器，可以滤掉那一排栅条而让犬之形貌纯净地呈现于输出像面？

(3) 有人认为，可用一排黑点来滤掉栅条频谱，只要那些黑点对准纯栅条所产生的那些离散谱斑位置．这方法可行吗？若如此操作，将在输出像面上出现怎样的情景？

提示：乘积之频谱等于频谱之卷积；栅条之频谱近似为若干离散的 δ 函数；一函数与 δ 函数之卷积将再现这函数自身．

光全息术

7.1 全息术原理

· 概述　· 物光波前的全息记录——双光场干涉
· 全息图的衍射场——相因子分析法的运用　· 例题——说明全息再现的放大率
· 全息图的观察　· 再现两个虚像或两个实像的可能性

● 概述

全息术(holography),是英籍匈牙利人伽伯(D. Gabor)于1948年发明的,他是在研究如何提高电子显微镜的分辨本领时提出了全息学原理;1960年以后,随着新型光源激光的出现,全息技术及其应用获得了迅速的发展,这是因为激光的高亮度和高相干性为全息术提供了更为优异的光源;因发明全息术的杰出贡献,伽伯获得1971年诺贝尔物理学奖.①

全息术或全息照相,能够再现实际景物的真三维形貌,它是对传统照相技术或录像技术的一次革命,其方方面面的应用均源于它能呈现真三维形貌.全息照相是一个无透镜两步成像技术.第一步,采用光波干涉而实现对物光波前的全息记录(wavefront holograph);第二步,通过光波衍射而实现物光波前的再现(wavefront reconstruction).因此,可以说全息术植根于经典波动光学,它是干涉术和衍射术的综合和提高.综合可以导致重大创新,乃至一场科技革命;全息术的发明为此论提供了又一个杰出的范例.

这一节先是介绍对物光波前的全息记录,接着重点论述如何运用波前相因子分析法,解析全息图衍射场的主要特征,从中发现物光波前.

● 物光波前的全息记录——双光场干涉

再现物光波前的意义在于,再现物光波前也必再现物体,如图7.1.物光波前的全息记

① 国际著名综述性刊物 *Progress of Optics*,其创刊号的首篇论文为伽伯所撰写,题目是 *Light and Information*.

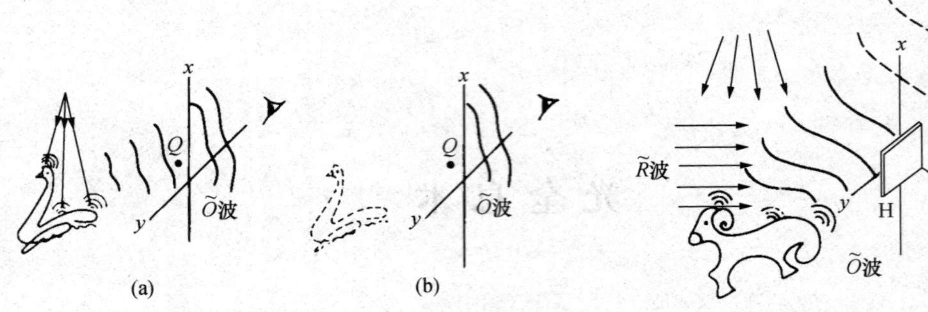

图 7.1 再现物光波前的意义.(a) 物光波前，(b) 若再现物光波前必将再现物体

图 7.2 物光波前的全息记录

录如图 7.2 所示，一激光束经显微镜头、分束器、反射镜等元件，被扩束、分解和变向，而生成两束宽孔径的相干光束.其中，一束直接投射到记录介质(乳胶干版)H 面上，称其为参考光波 $\tilde{R}$，另一束投射到物体身上，经物体上各点漫反射而形成一物光波 $\tilde{O}$，传播到记录介质 H 面上.于是，记录介质平面 H 上存在 $\tilde{O}$光与 $\tilde{R}$ 光的干涉场，

$$\tilde{U}_{\mathrm{H}}(x,y)=\tilde{O}(x,y)+\tilde{R}(x,y), \tag{7.1}$$

其中，参考光 $\tilde{R}$ 通常被调节为平面波或球面波，其传播方向或倾角，也可以人为地控制；而物光波 $\tilde{O}$，从微观上看，是物体上各点源发射的大量次波的相干叠加，

$$\tilde{O}(x,y)=\sum_{n}\tilde{u}_{n}(x,y)=A_{\mathrm{O}}(x,y)\cdot \mathrm{e}^{\mathrm{i}\varphi_{\mathrm{O}}(x,y)}, \tag{7.2}$$

其中，每一次波 $\tilde{u}_n(x,y)$，决定于相应物点的亮度和位置，H 面上存在的这 $\tilde{O}$ 光波前，正是这些次波的自相干场，其振幅分布 $A_{\mathrm{O}}(x,y)$，尤其是相位分布 $\varphi_{\mathrm{O}}(x,y)$反映了物体的三维形貌或形象，虽然记录的是二维光场信息.

当然，记录介质感受的依然是光强分布，这与普通照相的胶片并无区别.那么，$\tilde{O}$ 波与 $\tilde{R}$ 波叠加的干涉强度分布为

$$\begin{aligned}I_{\mathrm{H}}(x,y)&=\tilde{U}_{\mathrm{H}}\cdot\tilde{U}_{\mathrm{H}}^{*}=(\tilde{O}+\tilde{R})\cdot(\tilde{O}^{*}+\tilde{R}^{*})\\&=|\tilde{O}|^{2}+|\tilde{R}|^{2}+\tilde{R}^{*}\cdot\tilde{O}+\tilde{R}\cdot\tilde{O}^{*}\\&=A_{\mathrm{O}}^{2}(x,y)+A_{\mathrm{R}}^{2}(x,y)+A_{\mathrm{R}}\mathrm{e}^{-\mathrm{i}\varphi_{\mathrm{R}}}\cdot\tilde{O}+A_{\mathrm{R}}\mathrm{e}^{\mathrm{i}\varphi_{\mathrm{R}}}\cdot\tilde{O}^{*},\end{aligned} \tag{7.3}$$

这里，我们将人为安排的参考光波 $\tilde{R}$ 的波前函数表示为

$$\tilde{R}(x,y)=A_{\mathrm{R}}(x,y)\cdot\mathrm{e}^{\mathrm{i}\varphi_{\mathrm{R}}(x,y)}. \tag{7.4}$$

这光强分布 I_{H} 要被记录或存储下来，还必须经化学溶液的处理，即所谓的显影和定影，简言之“冲洗”，且要求这冲洗满足线性条件——冲洗后的这张底片，其透过率函数 $\tilde{t}_{\mathrm{H}}$ 与干涉强度函数 I_{H} 之间是线性关系，

$$\begin{aligned}\tilde{t}_{\mathrm{H}}(x,y)&=t_{0}+\beta I_{\mathrm{H}}(x,y)\\&=t_{0}+\beta(A_{\mathrm{O}}^{2}+A_{\mathrm{R}}^{2})+\beta\tilde{R}^{*}\cdot\tilde{O}+\beta\tilde{R}\cdot\tilde{O}^{*},\end{aligned} \tag{7.5}$$

这里，t_0，β 是常数，其数值由乳胶特性、溶液配方、曝光强度等诸多因素决定[①]. 于是，便制成了一张全息图(hologram). 其实，一张全息图片就是一张干涉图，粗略看它灰蒙蒙一片；借助目镜观之，其上布满密密麻麻、弯弯曲曲的条纹，看不出它显示有那拍摄时山羊的形象. 然而，我们说这张全息图已经蕴含了物光波前 $\tilde{O}$ 和物光共轭波前 $\tilde{O}^*$，至少(7.5)式已经形式上表明了这一点. 实际上，它俩是否真的再现或显现，这要取决于其系数因子究竟起了什么作用. 试看下一步的分析——这全息图被照明后的光场特性.

- **全息图的衍射场——相因子分析法的运用**

用一准单色光波 $\tilde{R}'$ 照射一张全息图，如图 7.3 所示. 那么，这全息图作为一衍射屏，在 $\tilde{R}'$ 波照射下，将产生一复杂的衍射场，其波前函数为

$$
\begin{aligned}
\tilde{U}'_{\mathrm{H}}(x,y) &= \tilde{t}_{\mathrm{H}} \cdot \tilde{R}' \\
&= (t_0 + \beta A_{\mathrm{R}}^2 + \beta A_{\mathrm{O}}^2) \cdot \tilde{R}' + \beta \tilde{R}' \tilde{R}^* \cdot \tilde{O} + \beta \tilde{R}' \tilde{R} \cdot \tilde{O}^* \\
&= \tilde{T}_1 \cdot \tilde{R}' + \tilde{T}_2 \cdot \tilde{O} + \tilde{T}_3 \cdot \tilde{O}^*.
\end{aligned} \tag{7.6}
$$

其中，照射光波 $\tilde{R}'$ 的波前函数可表示为

$$
\tilde{R}'(x,y) = A'_{\mathrm{R}}(x,y) \mathrm{e}^{\mathrm{i}\varphi'_{\mathrm{R}}(x,y)}. \tag{7.7}
$$

以上(7.6)式的写法，旨在突出三种成分的波，即照射光波 $\tilde{R}'$，物光波 $\tilde{O}$ 及其共轭波 $\tilde{O}^*$，而将各自前面的系数看作一种变换或一种操作 $\tilde{T}_1$，$\tilde{T}_2$ 和 $\tilde{T}_3$. 当然，这是理念上的一种追求，理论上的一种形式表示. 倘若，经 $\tilde{T}_i$ 操作后，波前形态变得面目全非，那上述的分解真的只有形式或符号上的意义，并无实际价值.

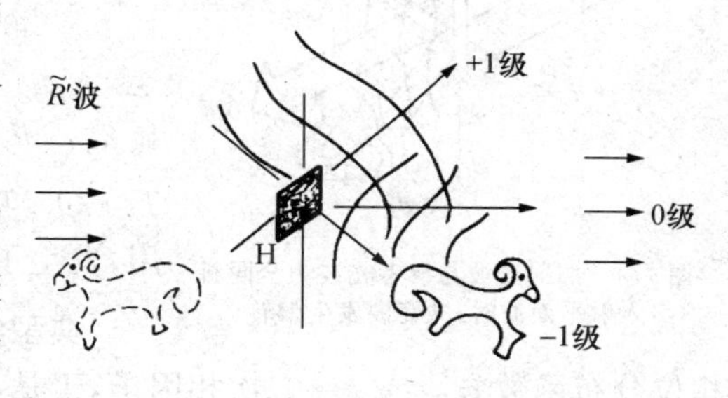

图 7.3 用一准单色光 $\tilde{R}'$ 照射全息图片

凭借相因子分析法，在不同记录或照射条件下，可以逐项解析那三个操作系数的变换作用. 具体说明如下.

(1) 变换因子 $\tilde{T}_1$. 按(7.6)式，

$$
\tilde{T}_1 = (t_0 + \beta A_{\mathrm{R}}^2 + \beta A_{\mathrm{O}}^2), \tag{7.8}
$$

一般情况下，参考波 $\tilde{R}$ 是一列平面波或傍轴球面波，故其振幅分布 $A_{\mathrm{R}} \approx$ 常数，而原物光波的振幅分布 $A_{\mathrm{O}}(x,y)$，细致看来它是复杂的，不均匀的，系非涅耳衍射场，但其主要成分是慢变的低频成分，而且很弱，可以将它作为一个弱的杂散光来看待，这就是说，先作近似考虑，$A_{\mathrm{O}} \approx$ 常数，是合理的. 这样，变换因子 $\tilde{T}_1 \approx$ 常数，$\tilde{T}_1 \cdot \tilde{R}'$ 就表示了照射光波 $\tilde{R}'$ 的直接透

① 可参阅于美文、张静方，《光全息术》，1.8，全息干版的处理，附录 1—4 关于显影液、定影液、坚膜液、漂白液的配方，北京教育出版社等，1995 年.

射波，其常系数 $\tilde{T}_1$ 并不会改变 $\tilde{R}'$波的主要特征，只相当于其振幅有个衰减率．我们称这第一项 $\tilde{T}_1 \cdot \tilde{R}'$为全息图的 0 级衍射波．

(2) 变换因子 $\tilde{T}_2$ 和 $\tilde{T}_3$． 按(7.6)式，

$$\tilde{T}_2 = \beta\tilde{R}'\tilde{R}^* = \beta A'_R A_R \mathrm{e}^{\mathrm{i}(\tilde{\varphi}'_R - \tilde{\varphi}_R)}, ① \tag{7.9}$$

$$\tilde{T}_3 = \beta\tilde{R}'\tilde{R} = \beta A'_R A_R \mathrm{e}^{\mathrm{i}(\tilde{\varphi}'_R + \tilde{\varphi}_R)}. \tag{7.10}$$

典型情况之一：$\tilde{R}'$波与 $\tilde{R}$ 波系全同平面波，且正入射． 这时，可设 $\tilde{\varphi}'_R = \tilde{\varphi}_R = 0$，于是，$\tilde{T}_2 = \tilde{T}_3 = \beta A'_R A_R =$ 常数，这就表明，

$$\tilde{T}_2 \cdot \tilde{O} = \beta A'_R A_R \tilde{O} \quad \text{—— 物光波前的再现；}$$

$$\tilde{T}_3 \cdot \tilde{O}^* = \beta A'_R A_R \tilde{O}^* \quad \text{—— 物光共轭波前的伴生．}$$

称前者为＋1 级衍射波，是发散的，生成一虚像；称后者为－1 级衍射波，是会聚的，生成一实像．而且，在目前条件下，两者镜像对称，与原物尺寸亦相等，如图 7.3 所示．为了今后分析比较时表述上的简洁，我们称这情况下再现的这一对孪生像为“原生像”．

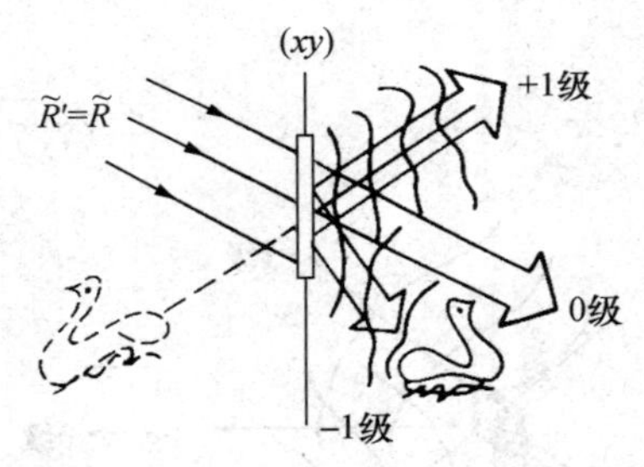

图 7.4　照射光波与参考光波为全同斜入射平面波时，共轭波发生偏转

典型情况之二：$\tilde{R}'$波与 $\tilde{R}$ 波系全同平面波，且斜入射． 这时，相位分布函数 $\tilde{\varphi}'_R = \tilde{\varphi}_R =$ 线性相因子，于是，

$$\tilde{T}_2 = \beta A'_R A_R \approx \text{常数},$$

$$\tilde{T}_3 = \beta A'_R A_R \mathrm{e}^{\mathrm{i}2\tilde{\varphi}_R} \quad \text{—— 等效棱镜，}$$

显然，$\tilde{T}_2 \cdot \tilde{O}$ 项表示了原物光波前的真实再现，而 $\tilde{T}_3 \cdot \tilde{O}^*$ 项表明孪生的共轭波 $\tilde{O}^*$ 受到一等效棱镜的作用，发生了偏转，如图 7.4 所示．

典型情况之三：$\tilde{R}'$波与 $\tilde{R}$ 波系全同球面波． 这时，相位分布函数 $\tilde{\varphi}'_R = \tilde{\varphi}_R =$ 二次相因子，于是，

$$\tilde{T}_2 = \beta A'_R A_R \approx \text{常数},$$

$$\tilde{T}_3 = \beta A'_R A_R \mathrm{e}^{\mathrm{i}2\tilde{\varphi}_R} \quad \text{—— 等效透镜，}$$

故 $\tilde{T}_2 \cdot \tilde{O}$ 项表示了原物光波前的真实再现，即＋1 级衍射波生成的虚像其方位和大小，均与原物相同；而 $\tilde{T}_3 \cdot \tilde{O}^*$ 项表明孪生共轭波 $\tilde{O}^*$ 受到一等效透镜的作用，发生了移位、缩放和偏转，亦即此时－1 级衍射波生成的实像，不再与原物虚像处于镜像对称位置，且方位和大小都相应地有了改变，如图 7.5 所示．

典型情况之四：$\tilde{R}'$波与 $\tilde{R}$ 波互为一对共轭波． 这时，波前函数 $\tilde{R}' = \tilde{R}^*$，比如，记录时参考波 $\tilde{R}$ 是一自上而下斜射的发散球面波束，则照射光 $\tilde{R}'$是一自下而上斜射的会聚球面波

① 这里 $\tilde{\varphi}_R$ 表示 $\varphi_R(x,y)$，$\tilde{\varphi}'_R$ 表示 $\tilde{\varphi}'_R(x,y)$．

束，且两者聚散中心满足镜像对称.①于是，相位函数 $\tilde{\varphi}'_R = -\tilde{\varphi}_R$，故 $\tilde{\varphi}'_R - \tilde{\varphi}_R = -2\tilde{\varphi}_R$，$\tilde{\varphi}'_R + \tilde{\varphi}_R = 0$，则

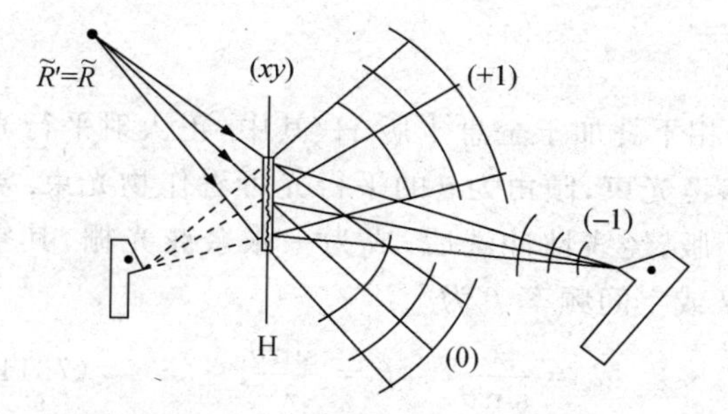

图 7.5 照射光波与参考光波为全同球面波时，共轭波发生移位、偏转和缩放

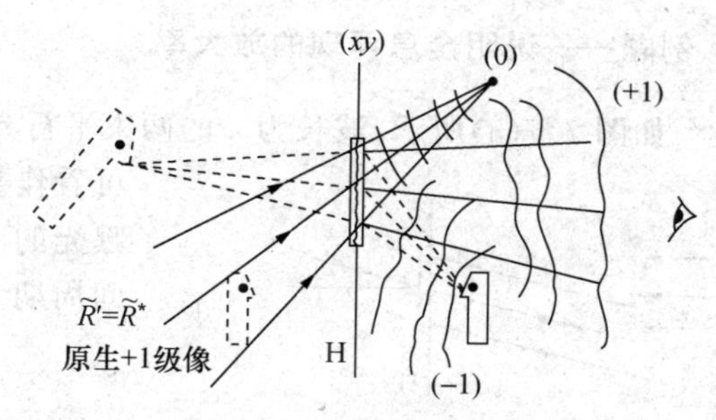

图 7.6 照射光波与参考光波互为共轭时，物光波发生移位、偏转和缩放

$$\tilde{T}_2 = \beta A'_R A_R e^{-i2\tilde{\varphi}_R}, \quad \tilde{T}_3 = \beta A'_R A_R \approx 常数.$$

这表明，$\tilde{T}_3 \cdot \tilde{O}^*$ 项倒是一个真实的原物孪生像，就是上面典型情况一中的那个 −1 级会聚衍射波生成的实像（原生像），处于与原物镜像对称位置；而 $\tilde{T}_2 \cdot \tilde{O}$ 项，由于变换因子 $\tilde{T}_2$ 中含有二次相因子或线性相因子，起一个等效的透镜作用或棱镜作用，这使得情况一中的原生虚像发生偏转、移位和缩放，如图 7.6 所示.

（3）一般性结论. 在以上几种典型情况下，我们运用了相因子分析法，明确地解析了全息图的衍射场，它总是包含三种主要成分，除照射光波的直接透射波外，还再现了原物光波及其共轭波，虽然因照明或记录条件的不同，原物光波及其共轭波两者将有各种可能的变化，比如移位、偏转或缩放，但两者呈现的均系真三维形象，这是肯定的. 据此可以引申出更为宽泛的结论，不论照射光波 $\tilde{R}'$ 与参考光波 $\tilde{R}$ 之关系如何，是 $\tilde{R}'=\tilde{R}$，或 $\tilde{R}'=\tilde{R}^*$，甚而 $\tilde{R}'\neq\tilde{R}$，比如平面波记录而球面波照射，或球面波记录而平面波照射，等等，全息图的衍射场总包含三种主要成分，即 $\tilde{O}$ 波及其共轭波 $\tilde{O}^*$，还有 $\tilde{R}'$ 波；变换系数 $\tilde{T}_2$ 和 $\tilde{T}_3$ 中的相因子，不外乎是单纯的二次相因子，或单纯的线性相因子，或既有二次相因子又有线性相因子，这相当于一等效透镜作用于 $\tilde{O}$ 波和 $\tilde{O}^*$ 波，或一等效棱镜作用于 $\tilde{O}$ 波和 $\tilde{O}^*$ 波，或一等效透镜和一棱镜联合密接而作用于 $\tilde{O}$ 波和 $\tilde{O}^*$ 波. 这结果仍然保持 $\tilde{O}$ 波、$\tilde{O}^*$ 波的主要特征和基本形貌，绝不会将两者变换得面目全非.

（4）更有意思的是，照射光波 $\tilde{R}'$ 与参考波 $\tilde{R}$ 的波长可以不同，$\lambda'\neq\lambda$，比如，紫外光或红外光记录的全息图，可以用可见光照明而再现物光波前；超声全息图，可以用可见光照射而再现物光波前；X 光全息图，可以用可见光照射而再现物光波前. 其结果是再现物与原物相比，在几何上可能有一缩小或放大，其放大率将与波长之比值 λ'/λ 有关.

这为缩放图像提供了一新的技术途径. 如果采用 X 射线波段的激光记录全息图，而用

① 参见第 2 章 2.3 节“平面或球面波前函数及其共轭波前”一段.

可见光波段的激光照射和再现物，其放大率可达 5×10^3 倍. 这有助于更为直观地研究物质的介观结构，和生物生命的精微过程.

● **例题——说明全息再现的放大率**

如图 7.7(a)所示，波长为 λ 的两束平行光相干叠加于全息干版 H，其中，正入射平行光可看作参考光束，倾角为 θ 的平行光可看作物光束. 被曝光的干版，经线性冲洗后，成为一张余弦光栅，其空间周期 d 或空间频率 f 为

$$d=\frac{\lambda}{\sin\theta},\quad f=\frac{\sin\theta}{\lambda}. \tag{7.11}$$

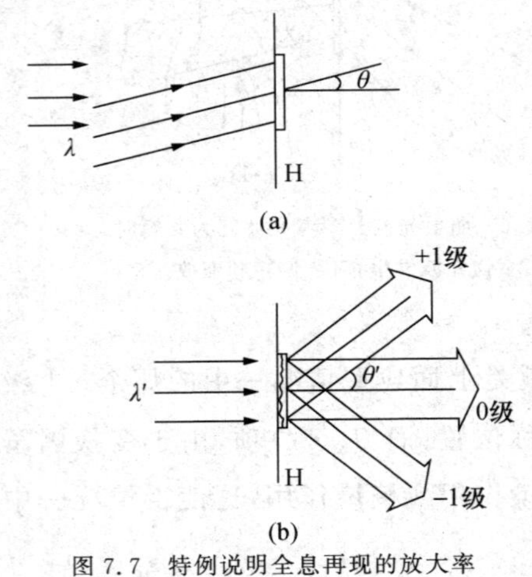

图 7.7　特例说明全息再现的放大率

尔后，用一束波长为 λ' 的平行光束照射这张余弦光栅，则其衍射场含三列平面衍射波，如图 7.7(b)，其中，0 级衍射波为照射光的直接透射波，而 ±1 级衍射波的倾角 $\theta'_{\pm1}$ 由下式决定，

$$\sin\theta'_{\pm1}=\pm f\lambda'=\pm\frac{\lambda'}{\lambda}\cdot\sin\theta. \tag{7.12}$$

其中，+1 级平面衍射波是记录时物光波的再现，可是，其倾角 $\theta'\neq\theta$，在傍轴小角条件下，$\theta'/\theta=\lambda'/\lambda$，是波长比值决定了角放大率；−1 级平面衍射波，可看作孪生的共轭波.

● **全息图的观察**

不能像观察普通相片那样将眼睛注视于全息图片面上，因为全息图再现的真三维物体存在于其后方某一区域，且物体上各点被记录的波前有一定的孔径和方向，故通过全息图来接收物光波前，应当使眼睛放松，有意调焦于后方，且要适当调整方位. 可以说，全息图片是个窗口，人们是通过这窗口以观察其后面的景物；观察到的场景其空间范围，可以是很大的，虽然那张全息图片尺寸很小.

窗口即使缩小了，人们仍然可以观察到全景；全息图即使碎成几片，其中每一片仍然能再现原物全貌. 这源于全息照相术的记录方式根本上区别于传统照相术. 全息记录图 7.2 表明，物体上一个点，发出一球面波，贡献于整个记录介质 H 面. 可以说，在全息术中物体与图片的关系是“点面对应”关系，而不是普通照相术中的“点点对应”关系. 换言之，全息图上每一局域都存储有物的整体信息. 不过，全息图碎片若太小了，那再现的物体形貌就变得模糊了，或者说，此时再现物的分辨率降低了.

对于全息图孪生像的观察略嫌麻烦，因为孪生像是会聚衍射波生成的实像，而人眼是无法看清会聚光的. 参见图 7.3，为要看清这孪生实像，可以将眼睛向右侧稍远离图片，以超过实像距离，于是，便接收到这实像发出的发散型光场. 当然，这时也不应该使眼睛注视于图片，而应该调焦于图片前方特定区域. 不妨用一张白纸拦截孪生像，可以观察到其断层形貌，

虽然这不能呈现物体的三维全貌.

- **再现两个虚像或两个实像的可能性**

通常认为，在单色光波照射下，全息图将再现一对孪生像，即一个反映真实物体的虚像和一个物体的共轭实像. 这个结论，对于平面波记录且平面波照射时，总是正确的，因为记录或照明时的平面波，提供的总是一个线性相因子，它总是起一个等效棱镜的作用，只可能使一虚一实两个原生像发生偏转，而依然保持一虚一实. 然而，当用球面波记录，或球面波照射时，其波前提供的二次相因子，在再现时将起一个等效透镜的作用. 这时就有可能将原生实像变换为一虚像，而使全息图再现两个虚像；也有可能将原生虚像变换为一实像，而使全息图再现两个实像. 发生这种景象的条件，要取决于记录和照射时球面波聚散中心的位置与H面的距离，同物点距离的比较.

我们可以借助透镜成像性能以定性理解这一点. 一个负透镜，总是使入射的发散光束变得更发散，也可以使入射的会聚光束变换为一发散光束，当其会聚中心在负透镜前焦点之外；一个正透镜，总是使入射的会聚光束变得更会聚，也可以使入射的发散光束变换为一会聚光束，当其发散中心位于正透镜前焦点之外.

再现时出现两个虚像或两个实像的各种具体条件，可通过波前函数的数学描写和相因子分析法而获得[①]. 比如，物点纵向距离为 z_0，记录时用平面波作为参考波 $\tilde{R}$，再现时用发散球面波作为照射波 $\tilde{R}'$，其中心纵向距离为 z'；设再现的 $+1$ 级球面波中心距离为 z_{+1}，-1 级球面波中心距离为 z_{-1}. 这里，正负号约定是，$z_{+1}>0$，表明中心在H面左侧，系发散球面波；$z_{-1}>0$，表明中心在H面右侧，系会聚球面波. 对此情形，分析结果是

$$\frac{1}{z_{+1}}=\frac{1}{z_0}+\frac{1}{z'},\quad \frac{1}{z_{-1}}=\frac{1}{z_0}-\frac{1}{z'}. \tag{7.13}$$

可见，当 $z_0>0$，$z'>0$ 时，必定 $z_{+1}>0$，即 $+1$ 级为发散球面波，大量物点生成一发散衍射波，它就是物体的再现；而当 $z'<z_0$ 时，有 $z_{-1}<0$，这表明孪生的共轭波也是一发散球面波，中心在H面左侧，说明物体的共轭像也是发散的虚像. 总之，在以上条件下，这张全息图再现了两个虚像.

7.2 各种全息图

· 概述 · 从共轴全息到离轴全息 · 共面全息记录 · 傅里叶全息图与特征字符识别
· 体全息图与白光再现 · 像面记录全息图 · 一步彩虹全息图

- **概述**

全息图的种类繁多. 或因记录装置的光路和布局的不同，或由于对全息干版的处理工艺

① 可详考钟锡华，《光波衍射与变换光学》，高等教育出版社，1985 年，第 189—191 页.

的不同而相区分. 根据不同的分类方式,可有:同轴全息图与离轴全息图;薄全息图与体全息图;同侧记录全息图与反侧记录全息图;振幅型全息图与相位型全息图及其彩虹全息图;菲涅耳全息图与夫琅禾费全息图及其傅里叶全息图;连续激光全息图与脉冲激光全息图;等等.

● 从共轴全息到离轴全息

伽伯最初设计的一种共轴全息装置如图 7.8(b)所示,其样品是一高度透明的振幅型的薄片,其透过率函数表示为

$$t(x,y)=t_0+\Delta t(x,y),$$

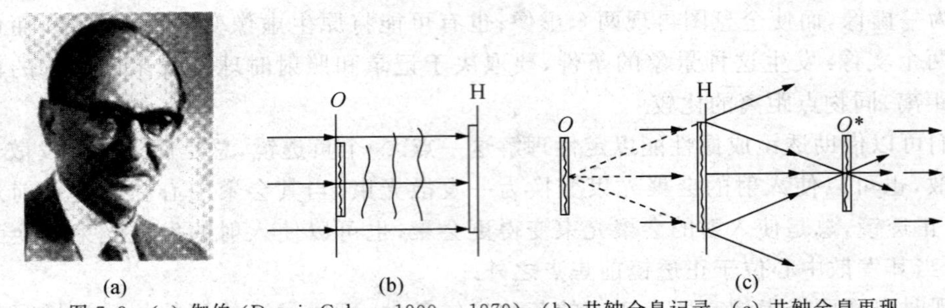

图 7.8 (a) 伽伯 (Dennis Gabor, 1900—1979), (b) 共轴全息记录, (c) 共轴全息再现

而记录介质 H 面与样品保持一定距离. 初一看它似乎没有参考光波参与相干记录,其实,与 t_0 项相联系的是一列直接透射的平面波,在 H 面上提供了一相干背景,与蕴含样品信息的 $\Delta t(x,y)$项生成的衍射波相干叠加,而获得一张共轴全息图. 由此可见,共轴装置是一种单光束全息记录装置,其内含一自生参考波. 共轴全息图的再现如图 7.8(c)所示,出现的三列波,0 级和±1 级,其主体方向也是共轴的,大体上沿一个方向传播,这给观测带来极大的麻烦,这是共轴全息的主要缺点.

伽伯用水银灯首次获得了一张共轴全息图及其再现的图像. 在当时旨在提高显微镜分辨本领的研究中,他受到了两方面的启发——W. L. 布拉格在 X 射线晶体衍射学的工作;F. 泽尼克引入相干背景光以显示相位物的相衬法的成功. 但是,由于孪生像的共轴干扰和光源相干性的限制,1955 年以后的几年,全息术处于低潮阶段. 1961—1962 年,E. N. Leith 等人提出了"斜参考光束法",即离轴全息记录和再现,并用氦氖激光器成功地拍摄了第一张实用的激光全息图. 这时期,新型光源激光器的问世和发展,也正好为离轴全息术提供了高亮度、高单色性的优异光源. 于是,全息术有了迅速的发展,在 1963 年以后成为光学领域中最活跃的分支之一.

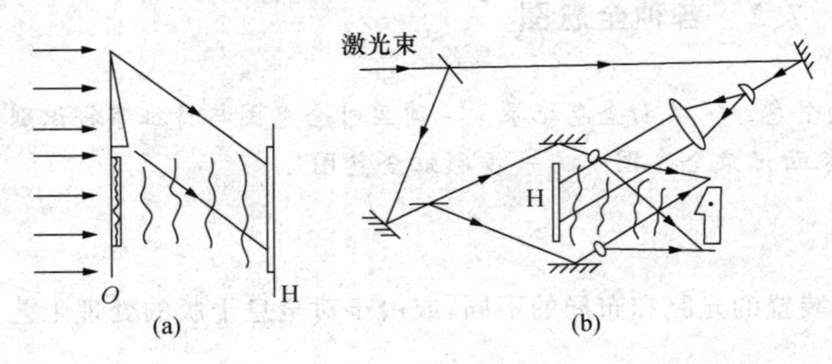

图 7.9 离轴全息记录

如图 7.9,离轴全息术的出现,是全息术发展历程中的一个

里程碑.现今各种全息装置,几乎均采用离轴全息记录,记录、再现光路如图 7.9(a),(b)所示.也有更简单的全息记录装置,比如,单光束记录,其记录光路参见图 7.10(a),(b).

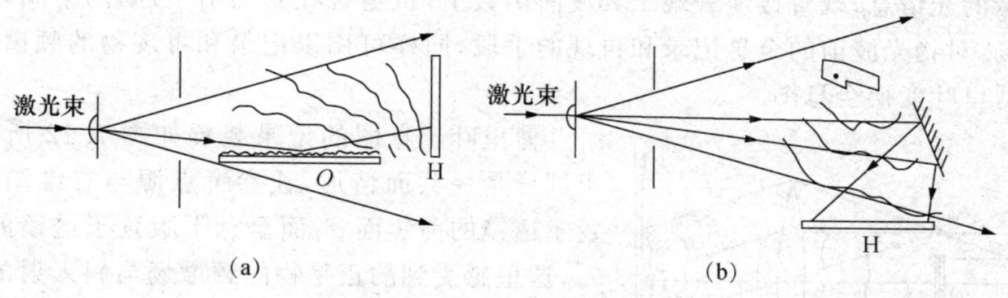

图 7.10 单光束全息记录

• 共面全息记录

如图 7.11(a),参考波 $\tilde{R}$ 是一球面波,其光束中心位置与二维图像 $\tilde{O}$ 共处于一个平面.由此共面记录获得的全息图,在平面波照射条件下,其再现的+1级物图像和−1级共轭像 $\tilde{O}^*$,均在无穷远,可用透镜将它们转移到后焦面 $\mathscr{F}'$ 上,如图 7.11(b)所示.图像位置的转移,有时便于观测.

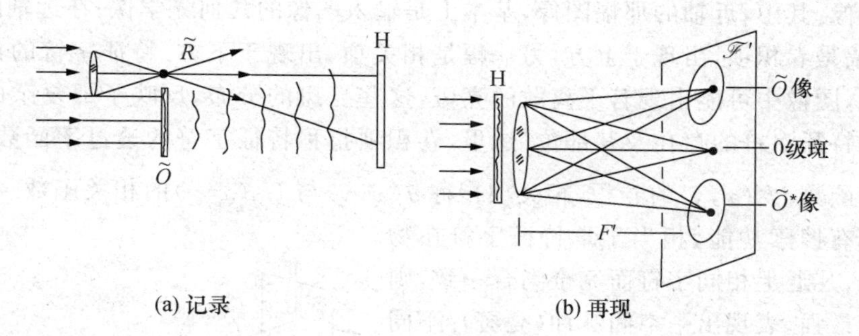

图 7.11 共面全息记录

在共面记录装置中,参考点源纵向距离 z_1 与物点纵向距离 z_0 相等,即 $z_1=z_0$,此时,

$$z_{+1}=z'\to\infty,\quad z_{-1}=z'\to\infty.$$

这里,$z'\to\infty$ 是因为再现时采用的照射光为平面波.其实,我们还可以更直观地理解上述结果.参考球面波 $\tilde{R}$ 提供的二次相因子,在再现时它起一个等效透镜的作用,其焦距为 z'. $\tilde{R}$ 相因子相当于一个发散透镜,作用于原生共轭像 $\tilde{O}^*$; $\tilde{R}^*$ 相因子相当于一个会聚透镜,作用于原生物像 $\tilde{O}$.由于共面记录,这一对原生像的位置,恰巧处于相应透镜的前焦面,于是这一对原生像均被转移到无穷远.

● 傅里叶全息图与特征字符识别

图像的光信息，既直接地表现于其波前函数上，也蕴含在其频谱中，物的空间频谱也是一种光场. 对物光波前的全息记录和再现的手段，同样可用以记录和再现物的频谱，从而获得一张傅里叶变换全息图.

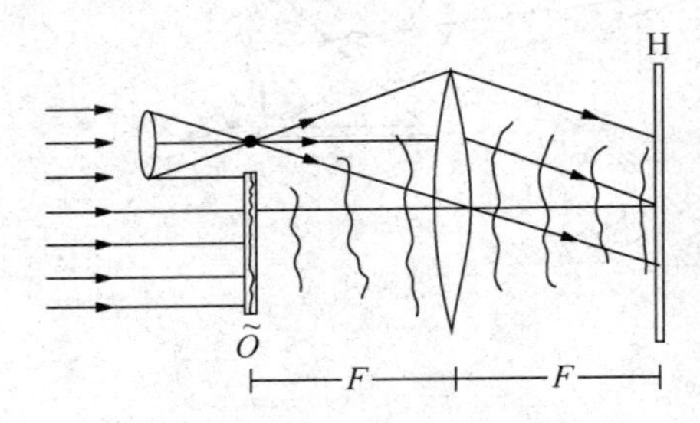

图 7.12　拍摄一张傅里叶全息图

傅里叶全息图的记录装置如图 7.12 所示，其前半部分是一共面情形，让参考点源与二维图像共面，置于透镜的前焦面 $\mathscr{F}$；而全息干版置于透镜的后焦面 $\mathscr{F}'$，这里感受到的正是物的频谱场与斜入射的参考平面波的相干叠加场，从而实现了对物频谱的全息记录；再经线性冲洗，它就成为一张傅里叶全息图. 下面介绍傅里叶全息图应用于特征字符识别.

一张复杂的图像中，可能存在人们关注的某种特征信息，比如，一张图片上有许多字母，而其中字母 A 是一特征信息，参见图 7.13. 特征识别的任务就是在图片上识别字母 A 的存在和部位. 为此，先按照图 7.12 装置，预先制备一张该特征字符的傅里叶全息图；尔后，将这全息图作为滤波器，安插于相干光学信息处理系统，比如 $4F$ 系统；将待识别的图像置于 $4F$ 系统的输入平面，经该滤波器的作用，输出平面上将出现三幅图像. 其中，近轴的那幅图像，基本上是输入图像的几何光学像；在远轴的上下两幅图像中，一幅是卷积项，出现于上方，另一幅是相关项，出现于下方. 特征字符的识别由相关项图像给出，图像中可能出现若干离散的亮斑，这些亮斑的分布，反映了那复杂的输入图像中所包含的特征字符的存在及其部位. 这里，卷积项指称特征字符的透过率函数 $\tilde{a}(x,y)$ 与输入图像物函数 $\widetilde{U}_O(x,y)$ 的卷积，相关项指称 $\tilde{a}(x,y)$ 与 $\widetilde{U}_O(x,y)$ 的相关函数. 相关函数或相关运算具有搜索功能，相当于拿特征字符在物平面上移动，凡遇上相同字符而完全吻合一致，则此处相关值最强，表现出一空间脉冲(亮斑). 不同字符之间的相关值要弱得多，对于黑白分明的字符，尤其如此，其相关值就是重叠面积①. 在光学信息处理技术中，用于特征识别的傅里叶全息图滤波器，特称为匹配滤波器(match filter)，它适宜于用来识别字符这类黑白分明或高反差的特征信息，不宜于用来识别低反差或弥漫的特征信息，因为这类信息的自相关不能给出很强的尖脉冲.

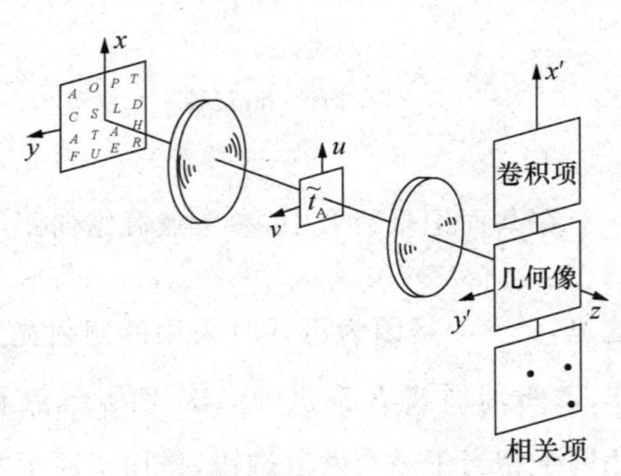

图 7.13　傅里叶全息图作为滤波器应用于特征字符的识别

① 可详考钟锡华，《光波衍射与变换光学》，高等教育出版社，1985 年，第 197 页.

● 体全息图与白光再现

薄全息图指称其记录介质的感光层非常薄，以致全息记录的干涉条纹只分布在表面层，宛如二维光栅. 这之前我们介绍的所有全息图均系这类薄全息图，它只能在单色光照射下清晰地再现物光波. 如果采用白光即连续非单色光，照射薄全息图，则由于再现物的纵向位置、横向位置和放大率因波长而异，以致各色光的 $+1$ 级衍射波混杂一起，而模糊一片，不能再现物体形貌. 薄全息图单色光记录且单色光再现，这就大大地限制了全息图的应用和普及.

如果，记录介质的感光层足够厚，以致全息记录时的干涉强度沿纵向 z 也被记录下来，便形成了一个三维周期分布的光驻波场，经线性冲洗后，就获得一张体全息图(volume hologram)，它宛如一个三维晶体. 对此，解说如下.

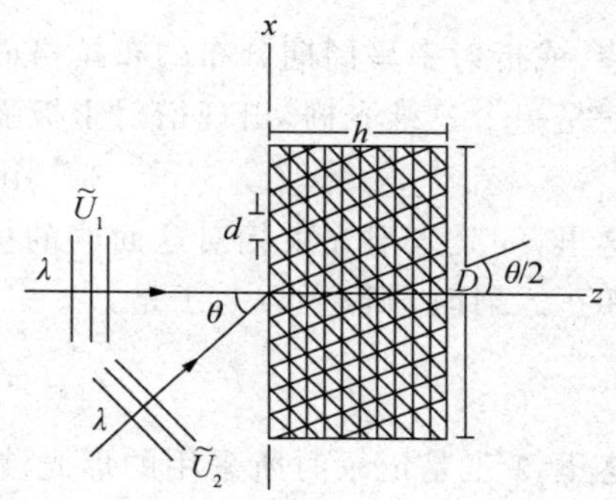

图 7.14 说明体全息图中存在布拉格面族

参见图 7.14，有两列相干平面波射向全息干版，其中一列 $\tilde{U}_1$ 波正入射可看作参考波，另一列 $\tilde{U}_2$ 波斜入射可看作物光波或物光波的一种基元成分. 图中画出的那一组平行 x 轴的细线条，示意 $\tilde{U}_1$ 波的等相面；那一组过二、四象限的斜细线，示意 $\tilde{U}_2$ 波的等相面①. 这两列波的波矢分量分别为

$$\tilde{U}_1 \text{ 波：} k_x = 0, k_y = 0, k_z = k = \frac{2\pi}{\lambda};$$

$$\tilde{U}_2 \text{ 波：} k_x = k\sin\theta, k_y = 0, k_z = k\cos\theta.$$

相应的三维波函数为

$$\tilde{U}_1(x,y,z) = A_1 e^{ikz}, \quad \text{设} \quad \varphi_{10}(0,0,0) = 0,$$

$$\tilde{U}_2(x,y,z) = A_2 e^{i(k\sin\theta\cdot x + k\cos\theta\cdot z)}, \quad \text{设} \quad \varphi_{20}(0,0,0) = 0.$$

决定相干强度分布的是两者的相位差函数，

$$\delta(x,y,z) = \varphi_2(x,y,z) - \varphi_1(x,y,z) = k\sin\theta\cdot x + k(\cos\theta - 1)\cdot z;$$

决定相干强度极大值轨迹的是方程

$$\delta = m(2\pi), \quad \text{即} \quad k\sin\theta\cdot x + k(\cos\theta - 1)z = m(2\pi),$$

据此解出

$$x = \frac{1-\cos\theta}{\sin\theta}z + m\frac{\lambda}{\sin\theta} = \tan\frac{\theta}{2}\cdot z + md, \tag{7.14}$$

$$d = \frac{\lambda}{\sin\theta}, \quad m = 0, \pm 1, \pm 2, \cdots.$$

---

① 为了画图和书写的简便，这里没有考虑入射光束在乳胶介质中的折射，这不影响以下的主要结论. 如有必要考虑折射，则将这里的 θ 角改变为折射角 θ' 便是.

这是一个直线方程，与 z 轴倾角为 $\theta/2$；对应一组离散的 m 值，有一组等间隔的直线族，图中用粗黑线示意，其在 x 轴方向的空间周期为 d；在三维空间中，这一组平行线表示的是一组平行平面. 换言之，在目前情形下，等强度点的空间形貌是一组特定取向的平面族，其间距为

$$d' = d\cos\frac{\theta}{2}. \tag{7.15}$$

这一平面族，宛如三维晶体中的一组布拉格晶面族. 事实上也确如此. 这张曝光了的全息干版经线性冲洗后，就将这光强分布的布拉格面族，定格为光吸收系数呈周期分布的布拉格面族，或折射率呈周期分布的布拉格面族. 总之，对于照射光波 $\tilde{R}'$ 的衍射来说，这张体全息图就是一个三维光栅，出现衍射主极强的条件是满足布拉格方程

$$2d'\sin\alpha = n\lambda, \quad n = 1,2,3,\cdots,$$

这里，α 是入射光束相对这面族的掠射角. 当照射光为一束白光，其波长范围在 (λ_1,λ_2)，比如正入射时，则 $\alpha=\theta/2$，于是，

$$2\left(d\cos\frac{\theta}{2}\right)\sin\frac{\theta}{2} = d\sin\theta = \lambda.$$

这里，λ 正是记录时所采用的那光波长. 上式表明，在白光波段中，只有波长为 λ 的那色光被挑选出来，成为这张体全息图的 1 级闪耀波长，出现于 θ 角方向.

实际物光波是复杂的，并非一列平面波. 那复杂波前可以看作一系列不同方向的平面波前的叠加，如是，就不难看出上述以平面波为特例阐述体全息图的普遍意义. 这就是说，在物光波的调制下，一体全息图中含有一系列不同取向的布拉格面族，互相交织，相干叠加，形成了三维周期性的点分布，这才是实际体全息图内部的光学物性结构. 如同晶体对 X 射线的衍射具有波长选择性和方向选择性，体全息图对照射光波 $\tilde{R}'$ 的衍射也具有波长选择性和方向选择性，从而实现了白光再现——在特定方向可以观察到特定波长或特定色调的再现的物光波.

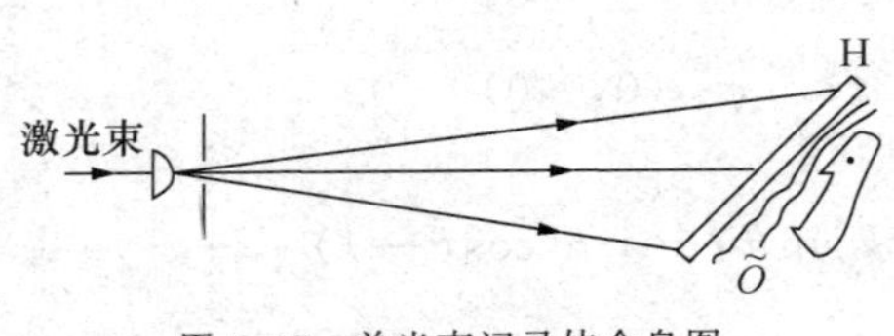

图 7.15　单光束记录体全息图

图 7.15 显示的是一种单光束异侧记录光路用以生成体全息图. 一激光束经显微短焦距镜头聚焦，而扩束为一发散球面波，投射于干版 H 作为参考波 $\tilde{R}$；透射出干版的光，照射在物体上，再经物体表面的散射形成物光波 $\tilde{O}$，返回来而进入干版，于是，实现了体全息记录. 这里，一个值得注意的问题是，应该消除干版非乳胶面的反射光返回来进入乳胶层，以免对物光波的干扰；一种比较简单的方法是，附加一偏振片于入射光路中，使光振动方向平行入射面即成为 p 光，且调整入射角接近布儒斯特角. 这种记录光路适宜于拍摄金银首饰、纪念章、奖杯等一类高散射率的物体；如果是雕塑像和石膏像等低散射率的物体，应在其表面上涂以银粉或玻璃微珠一类的高反射率材料. 还有，这种记录方式适宜于拍摄表面形貌比较平坦的物体，对于那些表面形状复杂且精细的物体，要采用双光束或多光束照明物体的记录方式.

试粗略估算一下若要获得一张体全息图其乳胶厚度的数量级. 以图 7.14 为参考,要使得这一面族对照射光波的衍射表现出良好的波长选择性,应当要求这面族包含的平面数目足够多,这取决于 D/d 之比值要大. 一般说这不成问题;还要求这平面宽度要足够大,这取决于乳胶层厚度 h,要求 $h \gg \lambda \approx 1\ \mu\text{m}$,即取 $h > 10\ \mu\text{m}$ 以上.

从单色光记录、单色光再现的薄全息图,到单色光记录、白光再现的体全息图,是全息术发展历程中的又一个里程碑,其代表人物是前苏联科学家 Denisyuk,他在体全息图方面的开创性工作起始于 1962 年.

● 像面记录全息图

如图 7.16 所示,被照明的物体发射物光波 $\tilde{O}(x,y,z)$,经透镜变换为像光波 $\tilde{O}'(x,y,z)$;在像面区域附近置一全息干版 H,它可在像区右侧或左侧,或插入其中;参考光波 $\tilde{R}$ 从另一侧射来,与像光波 $\tilde{O}'$ 相干叠加于 H,从而获得一张像面记录全息图.

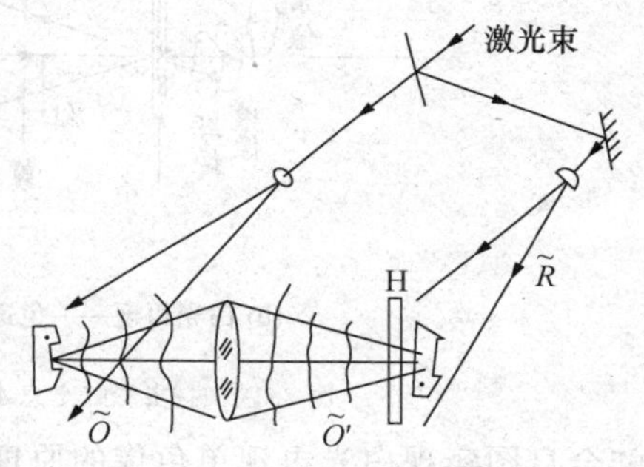

图 7.16 像面记录全息图

与单光束记录全息图相比较,这种像面记录光路的优点是,参考光波与物光波的光束比即光强比,可以主动地被调节,像面 $\tilde{O}'$ 的位置也易于控制,这有利于实验操作. 另外,还应注意到,虽然像场与物场之间"点点对应",因而像场全息图确能再现物光波;然而,与物点相比,会聚于像点的光束因受透镜孔径所限制,其孔径角变小了,或者说,像场中各点发射的光束其方向性更强了,这对全息图的观测是有影响的. 像面记录全息图也可以实现白光再现,这是因为它的再现像的位置,就在全息图版处或图版邻近区域,故对应各种色光的再现像之间的重叠一致性较好,亦即再现像的色模糊和像模糊较小,合成结果基本上呈现出与原物相似的三维白光图像.

● 一步彩虹全息图

彩虹全息是用单色光记录,而能以白光再现单色像的一种全息术,其基本特点是在记录光路中引入一个狭缝于一特定位置,旨在限制光束方向,从而降低了再现像的色模糊,而实现了白光再现. 二步彩虹全息术于 1969 年由 S. A. Benton 首创,尔后进一步发展出一步彩虹全息、像散彩虹全息,以及综合狭缝法、条形散斑屏法和零光程法等改进型彩虹全息术.

一步彩虹全息图的记录光路如图 7.17(a)所示,系像面全息记录方式;位于透镜 $2F$ 处附近的物体 $\tilde{O}$,经透镜变换为像场 $\tilde{O}'$位于像方 $2F$ 处附近;一狭缝 S 位于物与透镜之间,它

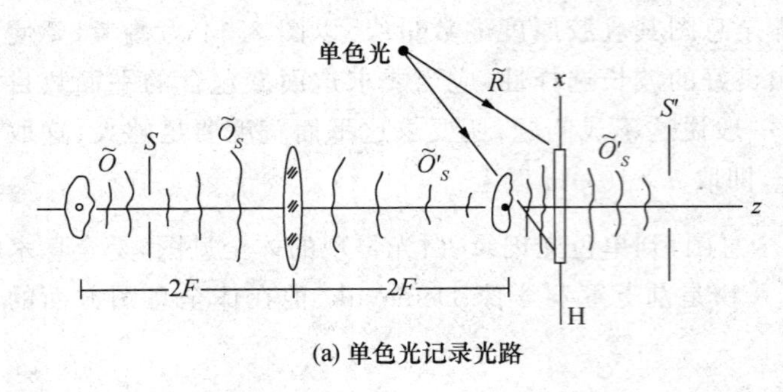

(a) 单色光记录光路

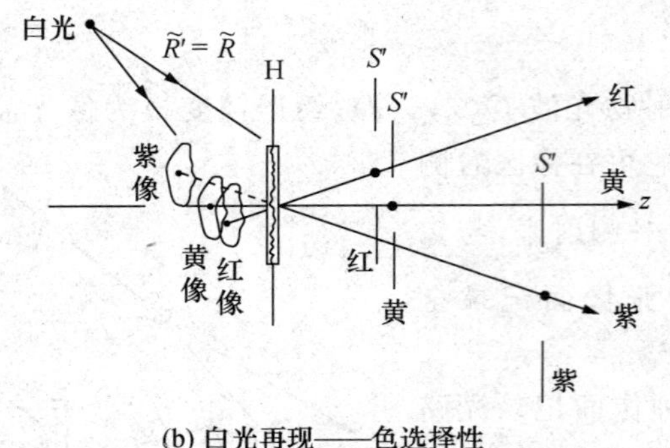

(b) 白光再现——色选择性

图 7.17　一步彩虹全息术

成一实像 S'；一发散光束 $\tilde{R}$ 作为参考波入射于像场区域，与像光波 $\tilde{O}_S'$ 相干叠加于全息干版 H. 应该说，这像光波 $\tilde{O}_S'$ 对应的是实物 $\tilde{O}$ 与狭缝 S 作为一个整体的物光波 $\tilde{O}_S$. 具体地说，被照明的实物漫射的光波，先经过一狭缝的衍射，而成为一复杂的波前 $\tilde{O}_S$，再经透镜变换为像光波 $\tilde{O}_S'$，被干版全息记录的就是这个 $\tilde{O}_S'$. 经线性冲洗后，一张彩虹全息图就制成了.

当用白光照射这张全息图时，就能在不同观测方向，看到不同主色调的再现物像；当观测方向变动时，就先后看到五彩变幻的景象，宛如彩虹. 图 7.17(b)清晰地解释了彩虹全息图实现白光再现单色像的原理，从中看出那单狭缝所起的关键作用. 白光中某一单色成分的光，经这全息图所生成的物像与缝像是成对出现的，而且两者的位移相反，比如紫光物像位移向上，而紫光缝像却位移向下. 于是，观察者只能在下方一特定视线方向看到主调为紫色的再现像. 同理，观察者在水平视线方向或上方某一特定方向，看到主调为黄色或红色的再现像. 这里，我们设定黄色波长 λ 为全息记录时所采用的单色光波长.

图 7.17(b)是由图 7.17(a)的坐标位置而精确绘制的，且设定 $\tilde{R}'=\tilde{R}$，即照射光波的发散中心与参考光波的相同，但 $\tilde{R}$ 波是单色光，其波长为 $\lambda=600$ nm，而 $\tilde{R}'$ 波是白光，其波长范围在 400 — 800 nm. 下面列出计算结果供参考(这里给出的位置坐标不带其单位，意即其单位是任意的，重要的是这些位置坐标的相对比值)：

记录时物点坐标　$x_0=0, y_0=0, z_0=10$，　在 H 左侧；

记录时单缝中心坐标　$x_0=0, y_0=0, z_0=-20$，　在 H 右侧；

记录时参考波中心坐标　$x_1=30, y_1=0, z_1=30$，　在 H 左上方；

记录时单色光波长　$\lambda=600$ nm；

照射全息图时照射波中心坐标　$x'=30, y'=0, z'=z_1$，　与参考波位置相同.

结果列于表 7.1.

表 7.1

光波长	再现物坐标 (x_{+1}, y_{+1}, z_{+1})	再现缝坐标 (x_{+1}, y_{+1}, z_{+1})	横向放大率	
			物	缝
紫色 400 nm	(4.3, 0, 13)	(−15, 0, −45)	~0.9	~1.5
黄色 600 nm	(0, 0, 10)	(0, 0, −20)	1	1
红色 800 nm	(−2.7, 0, 8)	(6, 0, −18)	~1.1	~1.2

全息术作为一种高科技,有许多技术上、工艺上和理论上的事情需要讲究,诸如,全息台的防震,记录光路的安排,记录介质的感光特性,曝光干版的化学处理,全息图照射光束的选择,全息图再现像的质量分析——像差和衍射效率,全息图的批量复制,以及新型全息图的研制和全息术应用研究,等等.①总之,全息术和全息学在当今既是一门技术,又是一种产业,也是光学学科的一个分支.本书偏重于从原理上给予全息术以阐释.

7.3 全息应用简介②

- 全息显示 · 模压彩色全息 · 全息干涉计量术 · 全息存储
- 超声、红外或微波全息 · 全息元件 · 全息学展望

● 全息显示

全息图可以再现真三维景物,因之自然地启发人们将其应用于显示领域.早在1976年10月,前苏联首次放映了全息电影,其景象是一个姑娘手举一束鲜花迎面而来,历时2分钟,屏幕尺寸为60 cm×80 cm,可供4人同时观看.1983年10月,欧洲一研究机构首先用脉冲激光制作了全息电影,其软片有两种规格,35 mm、速度为24帧/秒和126 mm、25帧/秒,景象是一位女士不停地抛掷五彩缤纷的肥皂泡.

全息图的真三维显示,可以应用于科学实验,将超常条件下测试对象的瞬间状态,通过全息记录而被保存下来,供人们从容地观测、分析和研究.我们知道,在超高气压,超低真空,超高电压,超高温或超低温等超常条件下,材料、器件或模型的物性有所异常,其表现之一是它们表面形貌或光学性能有了变化.利用全息术将测试对象的异常形貌记录下来,然后,对其再现形象进行仔细的分区、分层的观测.这样,就可以大大缩短维持超常物理条件的时间,不仅节约了费用,而且大大降低了维持超常条件的技术难度.或者,将再现的物光波与平常条件下的物光波作相干叠加,记录于全息图,生成干涉条纹,从而获取物体变化的信息.在物理学中,某些场合要与大量的运动着的粒子打交道,比如布朗粒子.这些粒子不停地运动,观测时人们根本来不及将显微镜随时调焦到粒子上,更无法确定这大量粒子在瞬时的三维空间分布.利用全息术,可将这大量粒子的空间分布同时记录下来,然后对再现的粒子三维分布图景,从容地进行分区分层的仔细研究.这一应用方向的发展便形成了全息动态显微技

① 为进一步了解可参阅于美文、张静方,《光全息术》,北京教育出版社等,1995年.

② 对全息应用的进一步了解,可参阅朱伟利、盛嘉茂,《信息光学基础》,中央民族大学出版社,1997年.

术——不仅显示三维动态，而且加以放大.

● 模压彩色全息

全息制品的应用和普及，莫过于当今时尚且十分流行的模压彩色全息图片，它们广泛地出现于贺卡、书刊封面、签证、纸币和商标上，乃至用作装饰品和艺术品. 模压全息将全息术和电镀、压印技术结合起来，使全息图的制作产业化，并可在白日阳光下再现彩色图像. 模压全息的工艺流程有五步，概括如下，

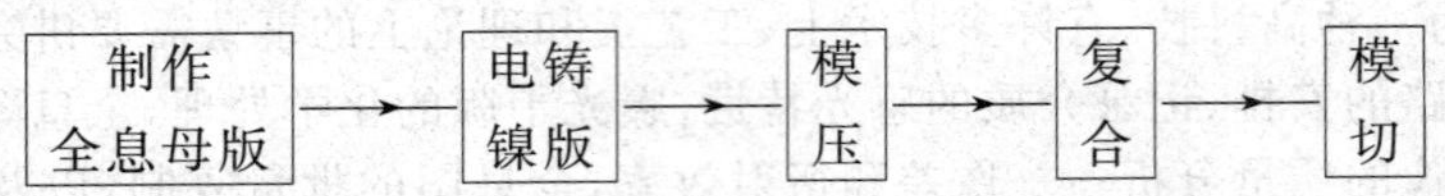

首先拍摄好一张彩虹全息图，记录于光刻胶版上，经化学处理成为一张浮雕型全息图，称其为全息母版；由于光刻胶的硬度很低，且其表面十分娇嫩，故它不能直接用于压印，必须将它翻铸成金属镍版，使浮雕型母版复印在镍版上，这一工序由电铸工艺完成；在母版进入电解槽之前，需要通过一特定化学溶液的银镜反应，在其上沉积一层银膜，这是为了在电解时提供一导电层作为一电极，也有利于保护光刻胶表面的浮雕；将电铸好的浮雕型镍层约 50 μm 厚，从母版上小心地剥离下来，这种镍版有较强的硬度和好的柔性，可卷在压印机上施行模压操作，通常称其为工作版；模压工序是在专用模压机上进行，将工作版上镍层表面的浮雕热压在聚酯薄膜上，形成一张薄如纸的彩虹全息图，通常在热压前，用真空镀膜法在聚酯基材上先蒸镀上一铝膜，这张浮雕型铝膜，有很高的反射率，在阳光照射下能有很高的色亮度再现景物图像；最后，将压印好的塑料铝膜涂上不干胶，复合到衬纸上，使用专用的模切机和特制刀具，将连在一起的一张张全息图在衬纸上切开，而保持大张衬纸完好，这样便于计数和运输，也便于用户使用.

● 全息干涉计量术

图 7.18　提琴表面振型的时间平均法干涉全息图

利用全息图再现物光波前的干涉效应，可进行精密测量. 这里有所谓一次曝光全息干涉法、二次曝光全息干涉法和连续曝光全息干涉法，其中连续曝光全息干涉法也称为时间平均法. 它们的共同点是，将变化的或变形的或位移的物光波前与标准物或比较物的物光波前，先后曝光、记录在同一张全息图上，于是，这张全息图便同时再现两个或多个物光波前，它们相干叠加而生成一套干涉花样. 从对干涉花样的观测分析，可以精密地诊断出微小形变或微小位移或振动模式. 与传统的干涉精密计量术相比较，全息干涉计量术的优点是，测量对象广泛，无需规则的测量样品、高质量的光学元件和考究的光路布局，它可以对任意形状、任意表面、相当宽的尺寸范围的对象，进行干涉计量，比如凝聚物、岩石样品、金属构件、电子元件、风洞中的冲击波等高速运动物体和如图 7.18 所示的高频振荡的驻波场. 全息干涉计量

术是全息应用中最成熟的领域之一,它已广泛地应用于汽车、航空、机械、电机和精密仪表等工业中,比如,对轮胎在充气过程中形变的检测,对汽车发动机噪声源的探测,对飞机螺旋桨振型的显示,等等.

- **全息存储**

体全息图具有很高的信息存储量.一张体全息图,可以并存许多全息图,利用其再现时的角度选择性,可以依次显示一幅幅图像或一页页字符.1993年,有报道在一个2 cm×1.5 cm×1 cm的掺铁铌酸锂晶体中,存储了5000个全息图.当然,我们知道其中每个全息图再现的图景其尺寸可以很大,并不受限于这记录介质的尺寸.

图像字符信息也可以存储于平面全息图上,其方法是,将图片置于透镜的前焦面,用一细光束作为参考光斜射于透镜后焦面,从而全息记录了图像的傅里叶频谱场,如图7.19所示.若那细光束照射区域的面积ΔS约$10\,\mathrm{mm}^2$,那么,在一张10 cm×10 cm全息干版上就可以存储10^3幅图像.参考光束的宽窄,决定了能被全息记录下来的空频范围.比如,按上述$\Delta S\approx 10\,\mathrm{mm}^2$,且设光波长$\lambda\approx 600\,\mathrm{nm}$,透镜焦距$F\approx 15\,\mathrm{cm}$,则可被记录的频率上限为

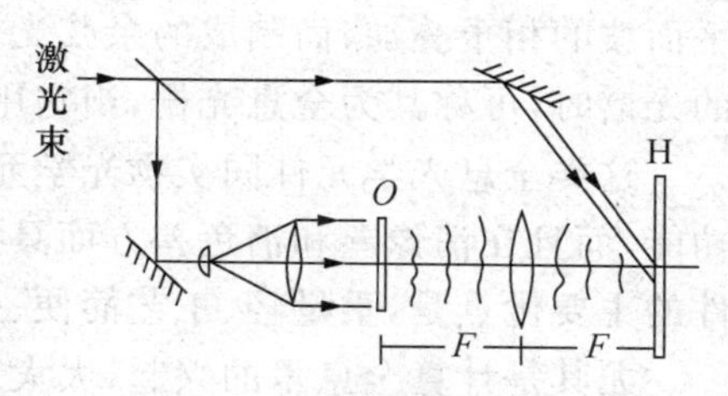

图7.19 用细光束记录傅里叶全息图用于存储

$$f_{\mathrm{M}}\approx\frac{\sqrt{\Delta S}}{F\lambda}\approx\frac{\sqrt{10}}{150\times 6\times 10^{-4}}\,\mathrm{mm}^{-1}\approx 35\,\mathrm{mm}^{-1}.$$

这种傅里叶变换全息存储器,阅读时要借助一透镜实现又一次傅里叶变换,而再现了原图像;若选用长焦距透镜,则可得到一放大的再现图像.

全息存储与计算机现行存储器相比较,它具有大容量、高密度,保密性高、保真度好等一系列优点,而且它对二维信息的存储或再现,几乎是即时完成的,这种并行运作方式优越于电子学方法的串行数字处理方式.

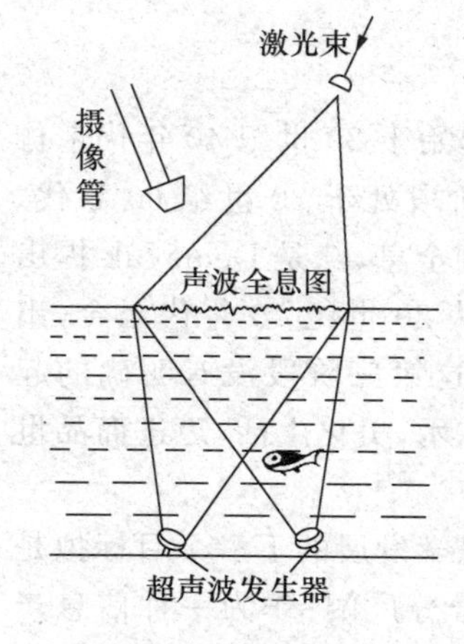

图7.20 激光超声全息

- **超声、红外或微波全息**

全息术可用于军事上的侦察和监视.我们知道,通常的雷达系统只能探测到目标的距离、方位和速度,而全息图能再现目标的立体形象,这对于识别飞机、导弹和舰艇具有很大的价值.但是,可见光在大气或水中传播时衰减得很快,在不良的气象条件下甚至无法工作.为了克服这一问题,现今发展出红外、微波和超声全息术——先用相干的红外光或微波或超声波,拍摄一张全息图,尔后用激光照射那全息图,而再现可供人们直接观测的物体或图景.图7.20显示了激光超声全息用以观测水下物体.对可见光不透明的介质,往往对超声波"透明",因而激光超声全息,格外引起人们的兴趣,它可应用于医疗上的透射诊断,和工业上的无

损探伤. 当然,在这种全息术中,应当注意到由于记录与再现时的波长不同,所带来的对图像放大率的影响. 也可以利用这一点达到放大图像的目的,比如,用短波记录而用长波再现,其典型一例是可见光显示 X 射线全息图. 这也是全息显微术中所采取的方法之一.

● 全息元件

全息术的发展为光学元件的设计、制作和应用,开辟出一片新天地. 在我们运用相因子方法分析全息图的衍射场时,曾多次提到的等效透镜、等效棱镜,就是一种全息光学元件;我们曾学习到的,用一平面波和一球面波的相干叠加,而制成的余弦型环状波带片,就是一个全息透镜,它能使入射的一平行光束同时产生一个实焦点和一个虚焦点;用两列不同方向的平面波的相干叠加,而制成的余弦光栅,也可看成一个全息光学元件,当它用于分析入射光的光谱时,可称其为全息光栅,当它用于改变入射光的传播方向时,可称其为全息棱镜.

这类全息光学元件同实物光学元件相比较,同样地具有准直、聚焦、成像、缩放、偏转等功能,而且在消像差和消色差方面具有更优良的性能. 与实物光学元件相比较,全息光学元件的主要优点是,重量轻、工艺简便、生产速度快和低成本.

尤其是计算全息术的兴起,大大地促进了全息元件的发展. 基于变换光学理论的设计,借助于现代计算机大容量、高速度的运算功能,可生成一种新型光学元件,旨在产生特殊形态的衍射场,比如,多波长、多焦点、焦线、焦环或光束整形,等等,以满足各种特殊的实际需求. 这类新型光学元件一般为相位型的;相位衍射元件的设计、制造和应用,兴起于 20 世纪 90 年代,已经成为现代光学工程领域的一个活跃的分支. 虽然相位衍射元件从概念上并不限于全息,但它毕竟是基于波动光学的衍射理论而人为设计的一种光学元件,故在这里将它与全息元件一并提及. 其实,计算全息术也确实可用以生成一张全息图,可再现人们想象中的一种虚拟景物.

拍摄特定字符的傅里叶变换全息图,而制成匹配滤波器,用于特征识别,这可算作一种广义上的全息元件.

● 全息学展望

全息学(holographic),其发展已经历了三个阶段. 第一阶段起始于 20 世纪 40 年代末伽伯首创共轴全息,这是单色光记录和单色光再现的全息术. 第二阶段处于 20 世纪 60 年代,出现了两方面创造性的工作,一是 Leith 和 Upatnicks 提出的离轴全息,二是 Denisyuk 提出的体全息而实现了白光再现,虽然仍需要单色光记录. 第三阶段从 20 世纪 70 年代至今,出现了彩虹全息和复合全息,也实现了白光再现. 按 Leith 的说法,这第三阶段没有明确的起始年月,因为没有创造性的代表作;全息制品缓慢而稳步地走向艺术,美化生活,迈进商品世界——这是一个热情很高,而又适当带有现实主义态度的阶段.

因此,从学科发展的内在逻辑和实际应用的客观需求看,全息学发展的下一个目标拟是白光记录全息图. 当然,作为一种高新技术,全息术应用的前景十分广阔;作为一种信息产业,全息制品的市场前景亦十分看好.

习　题

7.1　以全息术的眼光重新看待两束平行光的干涉. 如图(a)所示, 两束相干的平行光束可分别看作物光波 $\widetilde{O}$ 和参考光波 $\widetilde{R}$, 两者波长相同即其波矢均为 k 值, 且方向∥(xz)平面, 与纵轴 z 之夹角分别为 θ_O 和 θ_R.

(1) 试写出 $\widetilde{O}$ 波与 $\widetilde{R}$ 波的干涉场在全息干版 H 面上的波前函数 $\widetilde{U}(x,y)$.

(2) 求全息干版上所呈现的干涉条纹的间距 Δx, 当 $\theta_O=\theta_R=1°$ 时, 或当 $\theta_O=\theta_R=60°$ 时. 设光波长为 633 nm.

(3) 某感光胶片厂生产了一种记录干版, 其性能为: 感光层厚度 l 约 8 μm, 分辨率 2000 线/mm. 问, 若选择 $\theta_O=\theta_R=60°$ 来拍摄这干涉场, 该记录介质的分辨率是否适用?

(4) 经线性冲洗后获得一张全息图. 若照明的平行光束 $\widetilde{R}'$ 沿原记录时的参考光 $\widetilde{R}$ 方向, 斜入射于这张全息图, 如图(b)所示, 试写出再现光的波前函数 $\widetilde{U}_H(x,y)$, 并从中分析出该衍射波场的主要成分及其特点.

(5) 若照明光波 $\widetilde{R}'$ 正入射于这张全息图, 如图(c)所示, 试写出再现光的波前函数 $\widetilde{U}_H(x,y)$, 并从中分析出该衍射波场的主要成分及其特点.

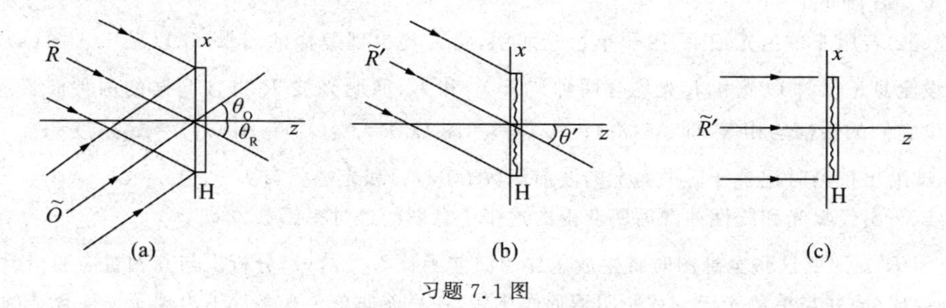

习题 7.1 图

7.2　以全息术的眼光重新看待球面波与平面波的干涉. 如图(a)所示, 正入射的一束平行光作为一个参考光波 $\widetilde{R}$, 与轴外点源发射的傍轴球面波 $\widetilde{O}$ 相干叠加于记录介质 H 平面.

(1) 试写出 $\widetilde{O}$ 波与 $\widetilde{R}$ 波的干涉场在 H 面上的波前函数 $\widetilde{U}(x,y)$, 设物点位置坐标为 $(x_0,0,z_0)$; 波长为 λ.

(2) 分析全息干版 H 上所呈现的干涉条纹的特征.

(3) 记录介质经曝光和线性冲洗后成为一张全息图. 若用一束平行光 $\widetilde{R}'$ 正入射于这张全息图, 如图(b)所示, 试写出再现光的波前函数 $\widetilde{U}_H(x,y)$, 并从中分析出该衍射波场的主要成分及其特点. 要求作图示意.

(4) 若用一束傍轴球面波 $\widetilde{R}'$ 照明这张全息图, 如图(c)所示, 试写出再现光的波前函数 $\widetilde{U}_H(x,y)$, 并从中分析出该衍射波场的主要成分及其特点. 设照明点源的纵向距离为 z'.

(5) 试问, 在(4)情况下, 再现两列发散球面波是可能的吗? 再现两列会聚球面波是可能的吗? 提示: 比较 z_0, z' 之大小.

(6) 当用球面波照明全息图时, 这球面波前相当于一个透镜, 它作用于平面波照明时再现的物光波 +1 级虚像上和共轭波 −1 级实像上, 从而导致最终成像的放大或缩小. 现以本题(4)和图(c)为例, 试给出横向放大率 V_{+1} 和 V_{-1}. 这里, 定义 $V_{+1}=x_{+1}/x_0$, $V_{-1}=x_{-1}/x_0$.

·答·(5) 当 $z'<z_0$，则再现两个发散球面波(两个虚像)；当 $z'>z_0$，则再现一虚像和一实像.

(6) $V_{+1}=\dfrac{z'}{z'+z_0}$，$V_{-1}=\dfrac{z'}{z'-z_0}$.

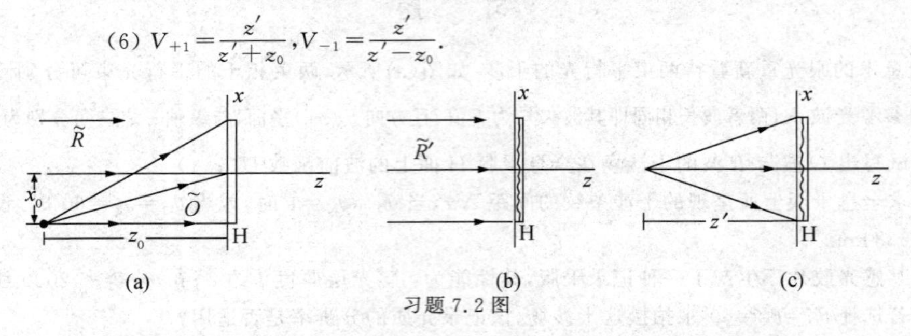

习题 7.2 图

7.3　改变照明光 $\tilde{R}'$ 的波长也可能造成全息成像的缩放. 现以题 7.2 图(a)，(b)为实例. 设全息记录时的光波长为 λ，全息再现时的照明光波长为 λ'.

(1) 试求+1级虚像和−1级实像的位置坐标 $(x_{+1},0,z_{+1})$ 和 $(x_{-1},0,z_{-1})$，并进而讨论纵向放大率 $M_{\pm1}\equiv z_{\pm1}/z_0$ 和横向放大率 $V_{\pm1}\equiv x_{\pm1}/x_0$.

(2) 若照明光波 $\tilde{R}'$ 为一束斜入射的平面波，其与 z 轴倾角为 θ'，光波长为 λ'，试讨论放大率 $M_{\pm1}$ 和 $V_{\pm1}$ 有何变化.

7.4　讨论题：若用非单色光记录、用非单色光照明，将究竟出现怎样的图景. 现以题 7.1 图(a)，(b)为实例，设全息记录时 $\tilde{O}$ 光和 $\tilde{R}$ 光均含两种波长 λ_1 和 λ_2，照明光波 $\tilde{R}'$ 也含同样的两种波长. 为简单起见，设它们的振幅均相等，即 $A_O(\lambda_1)=A_O(\lambda_2)=A_R(\lambda_1)=A_R(\lambda_2)=A'_R(\lambda_1)=A'_R(\lambda_2)=A$.

(1) 试给出拍摄时记录介质平面上的波前函数 $\tilde{U}(x,y)$ 和光强分布 $I(x,y)$.

(2) 试写出经曝光和线性冲洗后所获得的这张全息图的透过率函数 $\tilde{t}_H(x,y)$.

(3) 当 $\tilde{R}'$ 光照明这张全息图时将生成怎样的波前函数 $\tilde{U}_H(x,y)$，分析出与其相对应的衍射波场的主要成分；并与单色光记录和照明情形作比较，在目前非单色光条件下出现了怎样复杂的图景？

8

光在晶体中的传播

8.1 晶体双折射

· 晶体简介　· 双折射现象　· 单轴晶体中 o 光、e 光波面
· 晶体中的惠更斯作图法　· 两个重要情形　· 小结

• 晶体简介

晶体是物质一种特殊的凝聚态，一般呈现固相，其特点是外形具有一定的规则性，而内部原子排列有序且具有周期性，两者互为表里. 晶体微观结构上的周期性或对称性，导致其宏观物性上的各向异性，比如，晶体热传导的各向异性，晶体电导、电极化和磁化的各向异性，以及传播于晶体中的光速各向异性. 故，研究光在晶体中的传播规律，就是研究光在各向异性介质中的传播规律.

固体物理学中的晶格几何理论表明，所有晶体被分为 7 种晶系——14 种晶格，32 种点群. 若按光学性质分类，这 7 种晶系又被分为 3 类：

(1) 单轴晶体. 三角晶系、四角晶系和六角晶系，均属单轴晶体，比如方解石、红宝石、石英、冰，等等. 今后我们常常述及的冰洲石，乃是方解石之一种，分子式为 $CaCO_3$，其自然解理面呈现平行六面体形，如图 8.1 所示. 在其 8 个棱角中有一对钝棱角，它的三个平面角均为 102°.

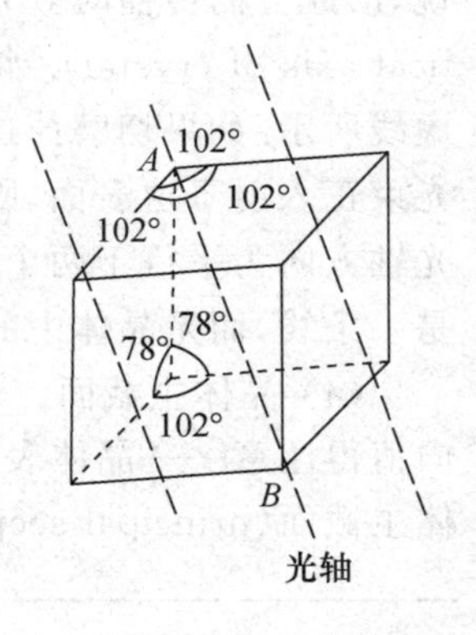

图 8.1　方解石晶体外形

(2) 双轴晶体. 单斜晶系、三斜晶系和正交晶系，均属双轴晶体，比如，蓝宝石、云母、正方铅矿、硬石膏，等等.

(3) 立方晶系. 比如，食盐 NaCl 晶粒，它系各向同性介质.

- **双折射现象**

(1) o光与e光.　如图8.2(a)所示,一细光束正入射于一冰洲石表面,将有两束光透射出来,其中一束光沿入射光方向直接透射,遵从通常的折射定律;另一束光却从另一高度透射出来,这意味着这束光在冰洲石体内发生了偏折,显然,它并不遵从通常的折射定律.许多实验表明,入射于晶体的一束光,通常被分解为两束光传播于晶体内,这一现象称为双折射(birefringence).那束满足通常各向同性介质中折射定律的光称之为寻常光(ordinary light),简称为o光;那束不服从通常折射定律的光,称之为非常光(extra-ordinary light),简称为e光.

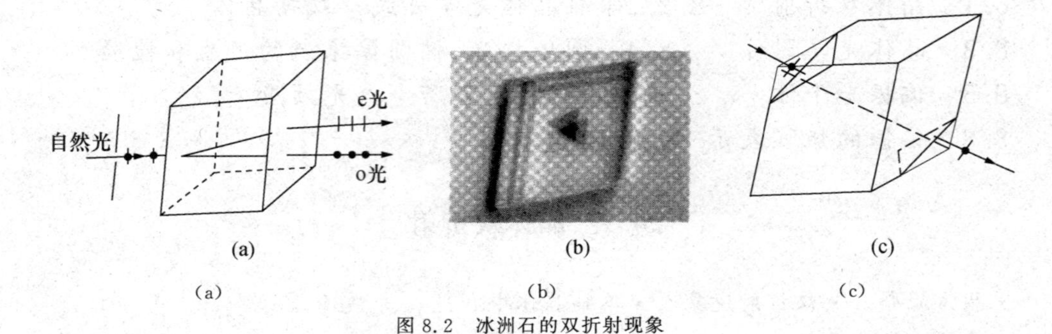

(a)　　(b)　　(c)

图8.2　冰洲石的双折射现象

(2) 伴随有偏振化.　若入射光为自然光,发现上述实验中的那两束透射光却是线偏振光,且偏振方向不相同,这可以通过一偏振片观测之.许多实验表明,晶体双折射现象常常伴随有偏振化效应.图8.2(b)左照片显示了,当一冰洲石置于一个"▲"图样上面时,人们看到的像有两个,一高一低,彼此错开稍许位置;当在纸面上旋转晶体时,那两个像中一个保持不动,而另一个随之转动;当用一偏振片观察这两个像时,一个清晰而另一个消失,再转动偏振片 $\pi/2$ 角度时,则一个像消失而另一个像清晰.

(3) 晶体的光轴.　晶体中存在一特殊方向,光沿这个方向传播时不发生双折射,或者说,沿此方向传播时o光与e光的区别已经失去意义.这个特殊方向称之为晶体的光轴(optical axis of crystal).冰洲石晶体的光轴方向沿其两个钝棱角顶点的连线方向,如图8.2(c)虚线所示.如果切磨掉这两个钝棱角,令其表面法线方向与原来对角线方向一致,再让一细光束正入射于这表面,则实验上发现,只有一束光从另一表面正透射而出,以此确认冰洲石光轴方向为平行于两个钝棱角的对角线方向.我们总是强调"方向"一词,是因为光轴指的不是一条线,而是晶体中的一个特定方向.

(4) 晶体主截面.　设一光线以方向 $\boldsymbol{r}_1$ 入射于晶体表面,对应于一个入射点,有两个方向值得注意——晶体表面的法线 $\boldsymbol{N}_s$ 和晶体内部的光轴 $\boldsymbol{z}$①.由 $(\boldsymbol{N}_s,\boldsymbol{z})$ 组成的平面被称为晶体主截面(principal section),此时还有一个入射面,它是由 $(\boldsymbol{N}_s,\boldsymbol{r}_1)$ 组成的平面.实验上发

① 为方便起见,通常使选定的光轴正方向与 z 轴正方向一致,在这里用 $\boldsymbol{z}$ 来表示这个方向.

现,当入射面与主截面重合一致时,则 e 光偏折依然在入射面内;当入射面与主截面不一致时,则 e 光射线就可能不在入射面内.

- **单轴晶体中 o 光、e 光波面**

以上介绍的晶体双折射现象,根源于光在晶体内部的传播规律.惠更斯在《论光》著述中,对此提出了一个理论模型,兹阐述如下.

设想单轴晶体内有一点光源,如图 8.3(a)所示,其中 $\boldsymbol{z}$ 轴方向为晶体光轴方向,由一系列平行虚线表示之.沿任意传播方向 $\boldsymbol{r}$ 考察光波传播行为,对 o 振动与 e 振动应当分别而论.它们分别定义为

$$\text{o 振动其光矢量 } \boldsymbol{E}_o(t) \perp \text{主平面}(\boldsymbol{r},\boldsymbol{z}); \quad \text{e 振动其光矢量 } \boldsymbol{E}_e(t) \,/\!/\, \text{主平面}(\boldsymbol{r},\boldsymbol{z}). \tag{8.1}$$

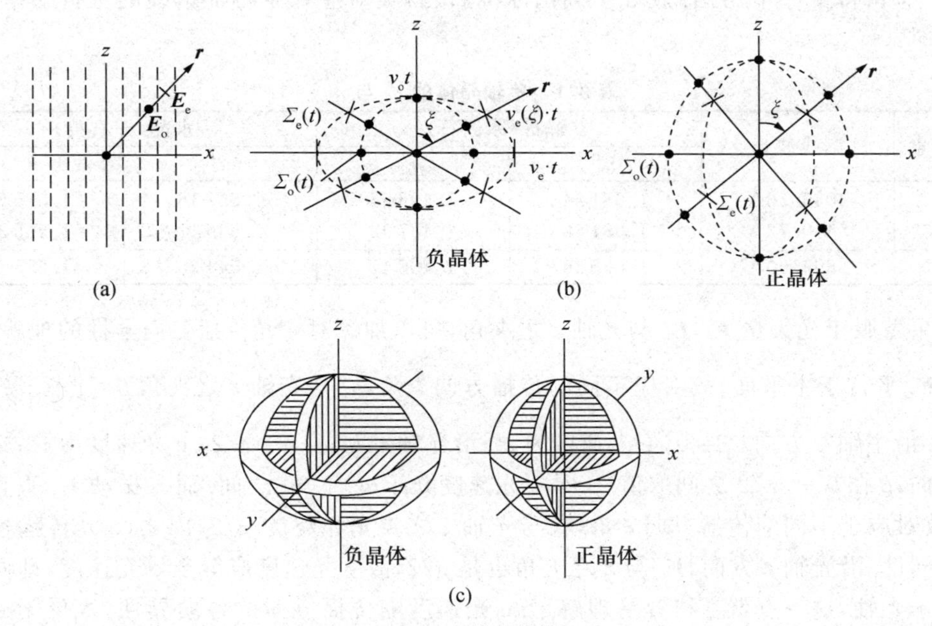

图 8.3 单轴晶体

这里也定义了主平面(principal plane),它是射线与光轴组成的平面,以此区分 o 振动与 e 振动,因为两者有不同的传播行为.o 振动的传播具有各向同性,o 光波面为球面 $\Sigma_o(t)$,传播速度为 v_o,与传播方向角 ξ 无关;e 振动的传播具有各向异性,e 光波面为旋转椭球面,其转轴为光轴 z;两套波面相切于光轴,如图 8.3(b)所示;e 光传播速度 $v_e(\xi)$ 与方向角 ξ 有关:

$$v_e(\xi) = \begin{cases} v_o, & \text{当 } \xi = 0; \\ v_e, & \text{当 } \xi = \dfrac{\pi}{2}. \end{cases} \tag{8.2}$$

引入折射率 n 以表示光速.与上述光速 v_o, v_e 对应的折射率被称为单轴晶体的两个主折射率 n_o, n_e,即

$$n_o = \frac{c}{v_o}, \quad n_e = \frac{c}{v_e}. \tag{8.3}$$

对于其他传播方向，e 光速度介于 $v_o - v_e$ 之间，即 e 光折射率介于 $n_o - n_e$ 之间. 按 $v_e > v_o$ 或 $v_e < v_o$，可将单轴晶体划分为两类——负晶体，比如冰洲石；正晶体，比如石英，如图 8.3(c)所示. 对于负晶体，

$$v_e \geqslant v_e(\xi) \geqslant v_o, \quad 即 \quad n_e \leqslant n_e(\xi) \leqslant n_o; \tag{8.4}$$

对于正晶体，

$$v_e \leqslant v_e(\xi) \leqslant v_o, \quad 即 \quad n_e \geqslant n_e(\xi) \geqslant n_o. \tag{8.5}$$

简言之，负晶体，$n_e < n_o$，e 光为快光，o 光为慢光；反之，正晶体，$n_o < n_e$，o 光为快光，e 光为慢光. 注意到其中 n_o 既是 e 光的主折射率之一，也是 o 光的折射率. 至于 $v_e(\xi)$ 或 $n_e(\xi)$ 的具体函数形式，留待下一节给出. 表 8.1 列出冰洲石、石英对应几条特征谱线的主折射率 n_o，n_e 数据.

表 8.1　单轴晶体的 n_o 与 n_e

元　素	谱线波长	方解石(冰洲石)		水晶(即石英)	
		n_o	n_e	n_o	n_e
Hg	4046.56Å 5460.72Å	1.681 34 1.661 68	1.496 94 1.487 92	1.557 16 1.546 17	1.566 71 1.555 35
Na	5892.90Å	1.658 36	1.486 41	1.544 25	1.553 36

如果着眼于光矢量 $\boldsymbol{E}_e$，$\boldsymbol{E}_o$ 与光轴 z 之夹角，可以加深对 e 光传播各向异性的理解. 由于 e 振动 $\boldsymbol{E}_e$ 平行于主平面，故对应不同的传播方向 ξ 角，它与光轴 z 之夹角 $\beta = \left(\frac{\pi}{2} - \xi\right)$ 也随之改变. 沿主轴 x 方向，$\beta = 0$，e 光速度为 v_e；沿光轴 z 方向，$\beta = \pi/2$，e 光速度为 v_o；在其他传播方向，β 在 $0 - \pi/2$ 之间取值，于是 e 光速度介于 $v_e - v_o$ 之间. 而 o 振动 $\boldsymbol{E}_o$ 垂直于主平面，故对应于不同的传播方向 ξ 角，它与光轴 z 之夹角始终为 $\pi/2$，因之，o 光传播速度具有各向同性. 沿光轴 z 方向，$\boldsymbol{E}_e$ 与 z 之夹角也是 $\pi/2$，故 e 光速度应等于 o 光速度，即两套波面相切于光轴，这一点就变得容易理解了. e 光速度随传播方向的各向异性，等价于 e 光速度随横振动 $\boldsymbol{E}_e$ 与光轴 z 之夹角的变化而异. 这后一种眼光更贴近电磁场与晶体相互作用这一物理机制，也将 o 光传播的各向同性包括于其中.

- **晶体中的惠更斯作图法**

若获知光在介质或晶体中的传播速度，原则上就可以通过惠更斯作图法，而求得折射光线的方向. 晶体中的惠更斯作图法，其基本思想和操作程序与各向同性介质情形相同. 后者在第 1 章 1.1 节中已经给出；对于晶体情形其区别仅在于，界面上的一个点次波源将产生两个次波面而进入晶体，一个是 o 光次波面呈球面状，另一个是 e 光次波面呈旋转椭球面状；相应地有两个包络面 Σ_o 和 Σ_e，分别为 o 光和 e 光的宏观波面. 图 8.4 显示了通过惠更斯作图法所确定的 e 光射线 $\boldsymbol{r}_e$ 方向和 e 振动 $\boldsymbol{E}_e$ 方向，以及 o 光的 $\boldsymbol{r}_o$ 方向和 $\boldsymbol{E}_o$ 方向. 这里两个

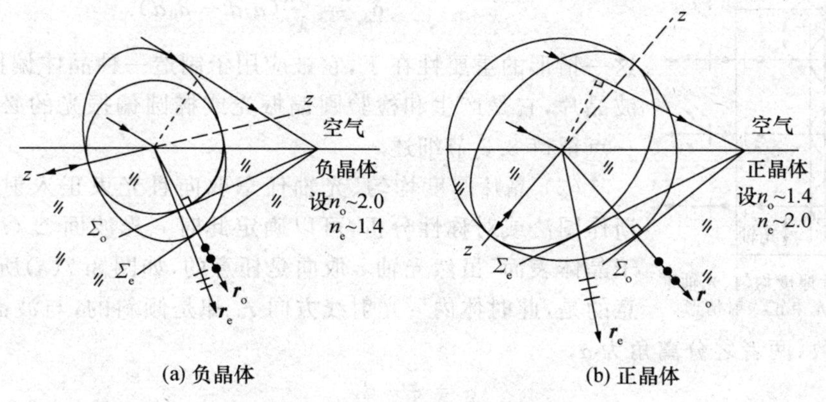

(a) 负晶体 (b) 正晶体

图 8.4 晶体中的惠更斯作图法

图均设定入射面与晶体主截面重合(纸面),以致 $\boldsymbol{r}_e$ 和 $\boldsymbol{r}_o$ 均在入射面内,相应地 e 光主平面 ($\boldsymbol{r}_e,\boldsymbol{z}$)和 o 光主平面($\boldsymbol{r}_o,\boldsymbol{z}$)亦重合于入射面(纸面);否则,$\boldsymbol{r}_e$ 一般将不限于入射面内,这将出现复杂的空间几何图像,此时手工准确绘图颇为困难,也许借助计算机绘图能够成功.还有,为了使画面清楚,我们故意放大了 n_o 与 n_e 的差别,这两个图分别按($n_o\sim2.0$, $n_e\sim1.4$),($n_o\sim1.4$, $n_e\sim2.0$)由手工比较准确地绘制.从中得到以下若干重要结论.

(1) o 光射线满足通常的斯涅耳折射定律形式,而 e 光射线不满足斯涅耳定律形式,甚至可能出现如图 8.5(a)所示的怪异偏折.唯有一种情况,如图 8.5(b)所示,当光轴垂直入射面时,则 e 光射线与 o 光射线均满足斯涅耳定律形式,即

$$n_1\sin i_1=n_o\sin i_o,\quad n_1\sin i_1=n_e\sin i_e.$$

这里,n_o,n_e 是单轴晶体的两个主折射率.

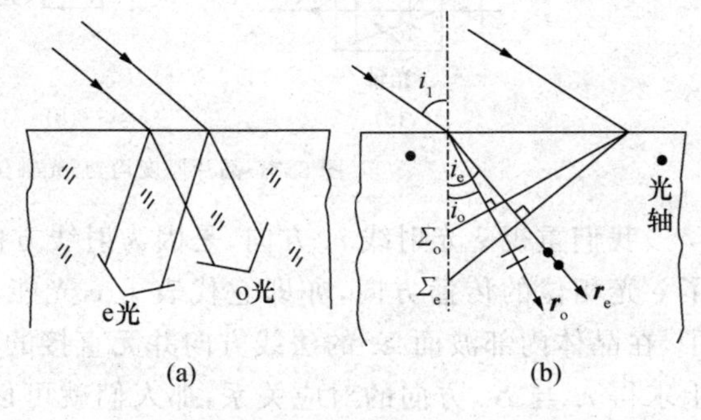

图 8.5 两个特例

(2) o 光射线 $\boldsymbol{r}_o$ 总是正交于其波面 Σ_o,而 e 光射线 $\boldsymbol{r}_e$ 与其波面 Σ_e 并不一定正交.或者说,一般情形下,e 光射线方向与其波面法线方向并不一致.这一点常作为光波传播于各向异性介质的一个显要特点,而被人们所强调.

- **两个重要情形**

(1) 晶片厚度均匀、光轴平行表面且光束正入射. 由惠更斯作图或对称性分析,可以确定此时波面 Σ_o 和波面 Σ_e 均平行于晶体表面,且光射线方向 $\boldsymbol{r}_o$ 和 $\boldsymbol{r}_e$ 均与波面正交,而从晶体另一表面正出射,如图 8.6 所示.虽然,$\boldsymbol{r}_o$ 与 $\boldsymbol{r}_e$ 在空间方向一致,表观上看并无双折射,但两者在晶体内的传播速度不同,或折射率不同,$n_o\neq n_e$,因此在经历晶片厚度 d 以后,两者光程不同,从而使出射的两个正交光振动 $\boldsymbol{E}_o(t)$,$\boldsymbol{E}_e(t)$之间添加了一相位差,

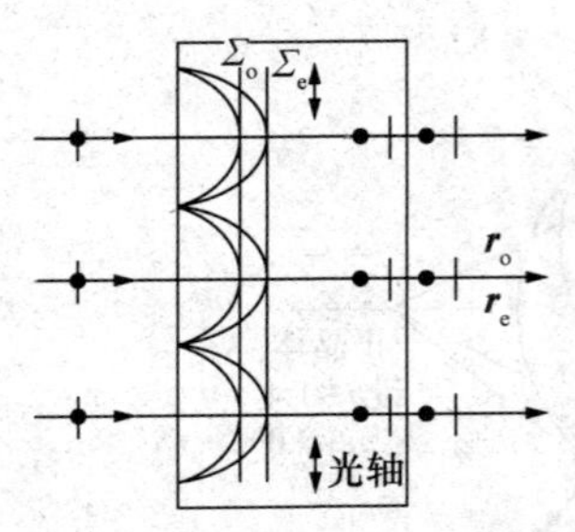

图 8.6　晶片厚度均匀、光轴平行表面且光束正入射情形

$$\delta'_{oe}=\frac{2\pi}{\lambda_o}(n_e d-n_o d).\tag{8.6}$$

这一情形的重要性在于,它被应用于制造一种晶体偏振器件——波晶片,它是产生和检验圆偏振光或椭圆偏振光的必要元件,这一点留待 8.3 节细述.

(2) 晶片厚度均匀、光轴任意取向且光束正入射.　由惠更斯作图法或对称性分析,可以确定此时 e 光波面 $\Sigma_e(t)$ 依然平行于晶体表面,虽然光轴 z 取向是任意的,如图 8.7(a)所示.值得注意的是,此时体内 e 光射线方向 $\boldsymbol{r}_e$ 却是倾斜的,与波面法线方向 $\boldsymbol{N}_e$ 并不一致,两者之分离角为 α,

$$\alpha=\xi-\theta,\tag{8.7}$$

这里,ξ 角指称 $\boldsymbol{r}_e$ 与 z 之夹角,θ 角指称 $\boldsymbol{N}_e$ 与 z 之夹角,如图 8.7(b),(c)所示.

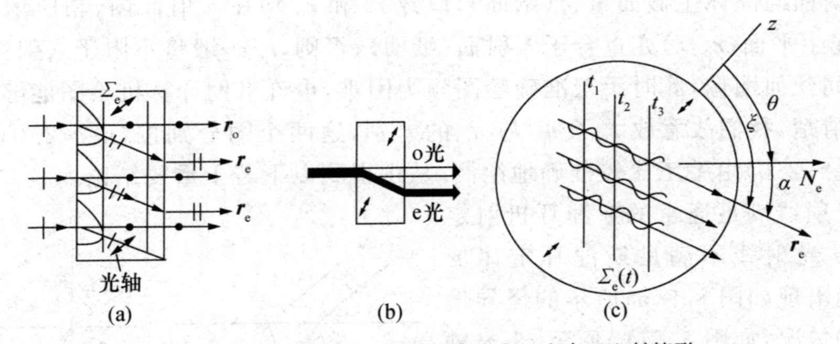

图 8.7　晶片厚度均匀、光轴任意取向且光束正入射情形

我们重视 e 光射线 $\boldsymbol{r}_e$ 方向,是因为射线方向 $\boldsymbol{r}_e$ 代表了 e 光扰动的传播方向,即它代表了 e 光相位的传播方向,亦即它代表了 e 光能流方向.因此,$\boldsymbol{r}_e$ 与 $\boldsymbol{N}_e$ 方向的分离事实说明了,在晶体内部波面 Σ_e 的法线方向并无直接的物理意义,却有鲜明的几何意义.倘若在理论上求得 $\boldsymbol{r}_e$ 与 $\boldsymbol{N}_e$ 方向的对应关系,那人们就可以由 $\boldsymbol{N}_e$ 方向导出 $\boldsymbol{r}_e$ 方向,如果 $\boldsymbol{N}_e$ 方向是容易被首先确定的话.目前的情形就是如此——$\boldsymbol{N}_e$ 方向沿晶体表面法线方向,不论光轴 z 如何取向.用于光电技术中的晶体元件,应不同需求而有不同的切割方式,使其光轴相对于表面有不同的取向,这便归于上述讨论的情形.至于 $\boldsymbol{N}_e$ 与 $\boldsymbol{r}_e$ 方向的对应定量关系留待下一节 8.2 给出.

- **小结**

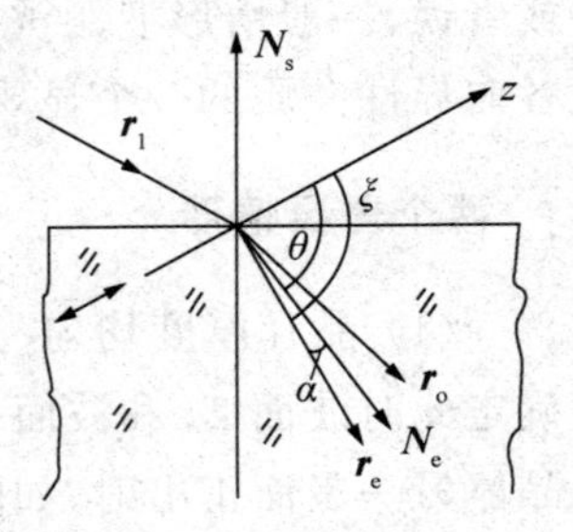

图 8.8　单轴晶体光学中的点、线、面和角

综上所述,对应于单轴晶体表面的一个入射点,计有 6 个方向、4 个面和 3 个角,值得人们注意,参见图 8.8:

6 个方向:入射光线方向 $\boldsymbol{r}_1$,表面法线方向 $\boldsymbol{N}_s$,晶体光轴方向 z,体内 o 光射线方向 $\boldsymbol{r}_o$,体内 e 光射线方向 $\boldsymbol{r}_e$,体内 e 光波面 Σ_e 法线方向 $\boldsymbol{N}_e$;

4 个面：入射面($\boldsymbol{r}_1,\boldsymbol{N}_s$)，晶体主截面($\boldsymbol{N}_s,z$)，o 光主平面($\boldsymbol{r}_o,z$)，e 光主平面($\boldsymbol{r}_e,z$)；
3 个角：$\boldsymbol{r}_e$ 与光轴 z 之夹角 ξ，$\boldsymbol{N}_e$ 与光轴 z 之夹角 θ，$\boldsymbol{r}_e$ 与 $\boldsymbol{N}_e$ 之夹角 α.

8.2 单轴晶体光学公式 双轴晶体

- 射线速度 $\boldsymbol{v}_r$ 和波法向速度 $\boldsymbol{v}_N$ · 速度各向异性公式
- 速度倒数面——折射率椭球面 · 来自电磁理论的补充内容 · 双轴晶体简介
- 例题 4——求斜入射斜光轴时 e 光折射角

● 射线速度 $\boldsymbol{v}_r$ 和波法向速度 $\boldsymbol{v}_N$

这一节将导出单轴晶体中 e 光传播速度各向异性公式，以及相联系的若干其他公式.

参见图 8.9，e 光波面 $\Sigma_e(t)$ 为旋转椭球面，其沿三个主轴的推进速度为

$$(v_x,v_y,v_z)=(v_e,v_e,v_o),\qquad(8.8)$$

考虑到它的轴对称性，我们将三维问题简化为二维问题，即在(xz)平面内，e 光扰动等相点的图线满足椭圆方程，

$$\frac{x^2}{a^2}+\frac{z^2}{b^2}=1,\quad a=v_e t,\quad b=v_o t.\ (8.9)$$

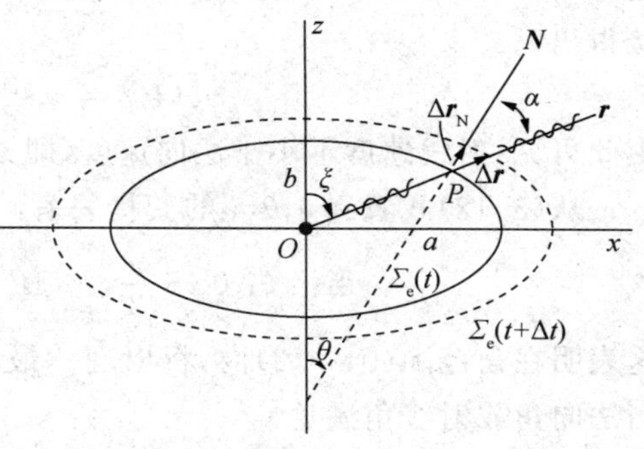

图 8.9 e 光波面的运动图像

凡是随时间在空间推移的现象，总蕴含着一速度的概念，或者说，人们总要在其中提取速度一量，作为对此现象的一种描述方式. 然而，波面的推移 $\Sigma_e(t)\to\Sigma_e(t+\Delta t)$，不像质点运动那样使速度矢量或位移矢量 $\Delta\boldsymbol{r}$ 具有唯一的确定性. 正如图 8.9 所示，从波面 $\Sigma_e(t)$ 上一场点 P 出发，有各种可能的位移 $\Delta\boldsymbol{r}$ 到达波面 $\Sigma_e(t+\Delta t)$. 这其中，有两个特殊的方向值得明确——射线方向 $\boldsymbol{r}$ 和法线方向 $\boldsymbol{N}$；相应地有两个速度——射线速度 $\boldsymbol{v}_r$ 和法向速度 $\boldsymbol{v}_N$，兹分述如下.

(1) $\boldsymbol{v}_r$，$\boldsymbol{v}_N$ 的定义和意义. 射线速度定义为

$$\boldsymbol{v}_r=\frac{\mathrm{d}\boldsymbol{r}}{\mathrm{d}t},\qquad(8.10)$$

这里，$\mathrm{d}\boldsymbol{r}$ 是场点 P 出发沿矢径 $\boldsymbol{r}$ 方向的位移量. 波法向速度定义为

$$\boldsymbol{v}_N=\frac{\mathrm{d}\boldsymbol{r}_N}{\mathrm{d}t}.\qquad(8.11)$$

这里，$\mathrm{d}\boldsymbol{r}_N$ 是场点 P 出发沿波面法线 $\boldsymbol{N}$ 方向的位移量.

射线速度具有明确的物理意义. 它代表光扰动的传播速度，自然地也代表了波相位传播速度和波能量传播速度，这三者的一致性在单色光情形下总是正确的；应当注意到，晶体虽然系各向异性介质，却是均匀介质，均匀介质中光沿直线传播这一定律在晶体中依然成立，

故从点源 O 出发、直线连接场点 P 的矢径方向，正是光射线方向. 法向速度具有明确的几何意义，其物理意义在于它与射线速度之间存在着一种确定的关系.

(2) $\boldsymbol{v}_r$ 与 $\boldsymbol{v}_N$ 之关系.　对场点 P 而言，设矢径与光轴 z 之夹角为 ξ，法向与光轴 z 之夹角为 θ，两者偏离角 $\alpha=\xi-\theta$. 角 θ 与角 ξ 之对应关系导出如下：

$$\frac{x^2}{a^2}+\frac{z^2}{b^2}=1,\qquad \frac{1}{a^2}2x\,\mathrm{d}x+\frac{1}{b^2}2z\,\mathrm{d}z=0,$$

$$\frac{\mathrm{d}z}{\mathrm{d}x}=-\frac{b^2}{a^2}\cdot\frac{x}{z}=-\frac{v_o^2}{v_e^2}\cdot\tan\xi=-\frac{n_e^2}{n_o^2}\cdot\tan\xi,$$

它是椭圆曲线在 P 点的切线斜率，相应的法线斜率若以 θ 角表示，则应当为

$$\tan\theta=-\frac{\mathrm{d}z}{\mathrm{d}x}=\frac{n_e^2}{n_o^2}\tan\xi. \tag{8.12}$$

它给出了射线方向与波法线方向之关系，而射线速度与波法向速度之数值关系，可由图中直接得出，

$$v_N(P)=v_r(P)\cdot\cos\alpha,\quad \alpha=\xi-\theta, \tag{8.13}$$

由此可见，射线速度不小于法向速度，即 $v_r\geqslant v_N$.

从(8.12)式看到 ξ,θ,α 的变化关系，

$$\text{当}\quad \xi:0\to\frac{\pi}{2},\quad \text{有}\quad \theta:0\to\frac{\pi}{2},\quad \text{故}\quad \alpha:0\to 0.$$

这表明在角范围 $(0,\pi/2)$ 内，将出现一最大分离角 α_M. 经适当的三角函数运算，可以导出，当法向角或射线角满足

$$\tan\theta_0=\frac{n_e}{n_o},\quad \text{或}\quad \tan\xi_0=\frac{n_o}{n_e}, \tag{8.14}$$

将出现最大分离角 α_M，且

$$\tan\alpha_M=\frac{n_o^2-n_e^2}{2n_on_e}. \tag{8.15}$$

(8.12)、(8.13)两式给出了 $\boldsymbol{v}_r$ 与 $\boldsymbol{v}_N$ 的对应关系，包括方向关系和数值关系，故一旦获悉其一，便可导出另一速度.

例题 1　对于冰洲石、钠黄光谱线，出现最大分离角时的法向角为

$$\theta_0=\arctan\frac{1.486}{1.658}\approx 41.87\approx 42^\circ,$$

相应的射线角为

$$\xi_0=\arctan\frac{1.658}{1.486}\approx 48.13\approx 48^\circ,$$

最大分离角

$$\alpha_M=\arctan\frac{(1.658)^2-(1.486)^2}{2\times1.658\times1.486}\approx 6.26^\circ\approx 6^\circ16'.$$

例题 2　一厚度均匀的冰洲石晶片，其光轴与表面夹角为 30°，一束钠黄光正入射于该晶片，试求晶片内 e 光传播方向，和出射双光束的位移量 Δ，设 $d=10\,\mathrm{mm}$. 参见图 8.10.

这正是 8.1 节重点讨论过的两种情况之(2),参见图 8.7,此时体内 e 光波面法线方向 $\boldsymbol{N}_e$ 与表面法线方向一致,故

$$\theta = 90° - 30° = 60°,$$

代入(8.12)式,得

$$\tan\xi = \frac{n_o^2}{n_e^2}\tan\theta = \left(\frac{1.658}{1.486}\right)^2 \cdot \tan 60° \approx 2.156,$$

$$\xi = \arctan(2.156) \approx 65°, \qquad \alpha = 65° - 60° = 5°,$$

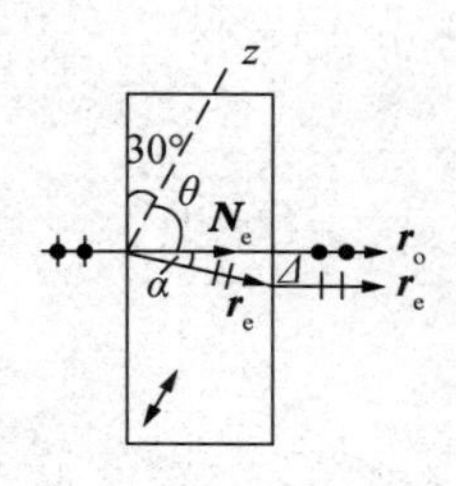

图 8.10 例题 2

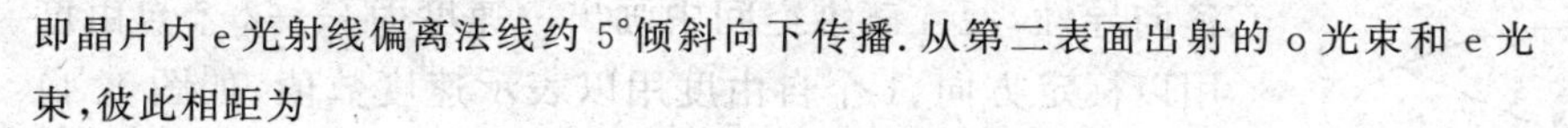

即晶片内 e 光射线偏离法线约 5°倾斜向下传播. 从第二表面出射的 o 光束和 e 光束,彼此相距为

$$\Delta = d \cdot \tan\alpha = 10\,\text{mm} \times \tan 5° \approx 0.875\,\text{mm}.$$

- **速度各向异性公式**

(1) $v_r(\xi)$. 由原点出发的光扰动,沿 ξ 方向经历时间 t 到达 P 点,历程为 r,则

$$x = r\sin\xi, \quad z = r\cos\xi,$$

代入波面椭圆方程(8.9)式,遂得该椭圆方程的极坐标形式,

$$r^2(\xi) = \frac{a^2 b^2}{a^2\cos^2\xi + b^2\sin^2\xi} = \frac{v_e^2 v_o^2}{v_e^2\cos^2\xi + v_o^2\sin^2\xi} \cdot t^2,$$

据此,得到射线速度各向异性公式,

$$v_r^2(\xi) = \left(\frac{r}{t}\right)^2 = \frac{v_e^2 v_o^2}{v_e^2\cos^2\xi + v_o^2\sin^2\xi}. \tag{8.16}$$

(2) $v_N(\theta)$. 根据 $v_N(\theta)$ 与 $v_r(\xi)$ 的关系式(8.12)和(8.13),导出

$$v_N^2(\theta) = v_o^2\cos^2\theta + v_e^2\sin^2\theta. \tag{8.17}$$

以 $\xi=\theta=0$ 和 $\xi=\theta=\pi/2$ 两个特殊方向,代入以上两式,分别给出,

$$v_r(0) = v_o, \quad v_r\left(\frac{\pi}{2}\right) = v_e; \quad v_N(0) = v_o, \quad v_N\left(\frac{\pi}{2}\right) = v_e.$$

这些结果正是我们所期望的.

对(8.17)式的具体推演如下. 由(8.13)式得

$$v_N^2(\theta) = v_r^2(\xi) \cdot \cos^2\alpha = \frac{c^2}{n_e^2\sin^2\xi + n_o\cos^2\xi} \cdot \cos^2(\xi - \theta),$$

展开

$$\cos^2(\xi - \theta) = (\cos\xi \cdot \cos\theta + \sin\xi \cdot \sin\theta)^2,$$

并应用(8.12)式 $\cot\xi = (n_e/n_o)^2\cot\theta$,将上式转化为

$$v_N^2(\theta) = c^2\,\frac{\left(\dfrac{n_e^2}{n_o^2}\cot\theta \cdot \cos\theta + \sin\theta\right)^2}{n_e^2 + \dfrac{n_e^4}{n_o^2}\cot^2\theta} = c^2\,\frac{\left(\dfrac{n_e^2}{n_o^2}\cos^2\theta + \sin^2\theta\right)^2}{n_e^2\sin^2\theta + \dfrac{n_e^4}{n_o^2}\cos^2\theta}$$

$$
= c^2 \frac{n_e^4\left(\dfrac{\cos^2\theta}{n_o^2}+\dfrac{\sin^2\theta}{n_e^2}\right)^2}{n_e^4\left(\dfrac{\cos^2\theta}{n_o^2}+\dfrac{\sin^2\theta}{n_e^2}\right)} = c^2\left(\frac{\cos^2\theta}{n_o^2}+\frac{\sin^2\theta}{n_e^2}\right)
$$

$$
= (v_o^2\cos^2\theta + v_e^2\sin^2\theta) \quad \left(n_o = \frac{c}{v_o},\ n_e = \frac{c}{v_e}\right).
$$

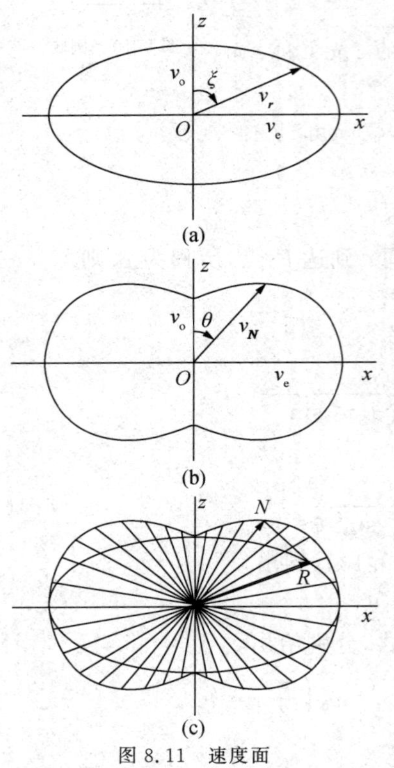

图 8.11　速度面

(3) 速度面.　人们为了形象地刻画 $v_r(\xi)$，$v_N(\theta)$ 的各向异性，便在三维空间中画出一速度面——2 个自由度用以标定方向、1 个自由度用以表示速度数值，如图 8.11 所示.

射线速度面是一旋转椭球面，在 (xz) 平面中显示为一椭圆，其形状与 e 光波面相同；法向速度面是一旋转卵形面，在 (xz) 平面中显示为一卵形线. 两个波面画在一起，表观上看 $v_N(\theta)$ 面包围了 $v_r(\xi)$ 面，然而，不要因此而认为 $v_N \geqslant v_r$，依旧是 $v_r \geqslant v_N$，这是因为与法向角 θ 对应的射线角 ξ 是应当这样确定的——v_N 面上一点 N，相应矢量 $\overrightarrow{ON}$ 与 z 轴夹角为 θ，作与 $\overrightarrow{ON}$ 正交的一直线，其相交于 v_r 面上 R 点，则矢量 $\overrightarrow{OR}$ 代表了与 θ 角对应的射线速度的方向和数值，显然，$\overline{OR} \geqslant \overline{ON}$，即 $v_r(\xi) \geqslant v_N(\theta)$.

最后尚须说明一点. 图 8.11 中描画的法向速度面在 z 轴出现一凹陷，呈现为一双叶面形，这是有条件的，它取决于两个主折射率 n_o 与 n_e 之比值，其结论是，

对负晶体，当 $\dfrac{n_o}{n_e} > \sqrt{2}$，则 v_N 面在 z 轴出现一凹陷；

对正晶体，当 $\dfrac{n_e}{n_o} > \sqrt{2}$，则 v_N 面在 x 轴出现一凹陷.

对此证明如下，参见图 8.12. 虚设一速度函数

$$
V(\theta) = \frac{v_o}{\cos\theta},
$$

作为参考，因为它是平直的. 考察两函数之差别，

$$
v_N^2(\theta) - V^2(\theta) = v_o^2\cos^2\theta + v_e^2\sin^2\theta - \frac{v_o^2}{\cos^2\theta}
$$

$$
= \frac{v_o^2(\cos^4\theta - 1) + v_e^2\sin^2\theta\cdot\cos^2\theta}{\cos^2\theta}
$$

$$
= \frac{v_o^2(-2\sin^2\theta + \sin^4\theta) + v_e^2\sin^2\theta\cdot\cos^2\theta}{\cos^2\theta}.
$$

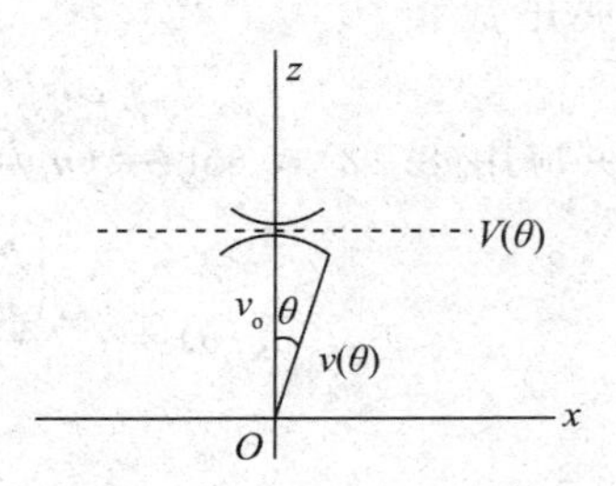

8.12　法向速度面出现凹陷的条件

我们关注 $\theta = 0$ 邻近的状态，故在 $\theta \ll 1$ 条件下，取近似

$$\cos\theta\approx 1,\quad \sin\theta\approx\theta,\quad \text{且保留 }\theta^2\text{,忽略 }\theta^4\text{ 项,}$$

于是

$$v_N^2(\theta)-V^2(\theta)\approx(v_e^2-2v_o^2)\theta^2,$$

故

$$\begin{aligned}&\text{当}(v_e^2-2v_o^2)>0,\quad \text{即}\frac{n_o}{n_e}>\sqrt{2}\text{ 时,出现凹陷;}\\&\text{当}(v_e^2-2v_o^2)=0,\quad \text{即}\frac{n_o}{n_e}=\sqrt{2}\text{ 时,维持平直;}\\&\text{当}(v_e^2-2v_o^2)<0,\quad \text{即}\frac{n_o}{n_e}<\sqrt{2}\text{ 时,出现凸头.}\end{aligned}\tag{8.18}$$

天然晶体的折射率之比,没有那么大的倍率$\sqrt{2}$,因之,实际上晶体法向速度面不出现凹陷,它不是双叶面形,而是卵形.

- **速度倒数面——折射率椭球面**

速度的倒数面即为折射率面.因为 e 光在晶体中有两个速度 v_r 和 v_N,故有两个折射率 n_r 和 n(略去下角标 $\boldsymbol{N}$).

(1) 射线折射率. 它定义为

$$n_r=\frac{c}{v_r},\tag{8.19}$$

由射线速度各向异性公式(8.16),遂得射线折射率各向异性公式,

$$n_r^2(\xi)=n_o^2\cos^2\xi+n_e^2\sin^2\xi,\tag{8.20}$$

可见,$n_r(\xi)$面是个卵形面.当 $\xi=0$ 或 $\pi/2$,有 $n_r=n_o$ 或 n_e.

(2) 法向折射率. 它定义为

$$n=\frac{c}{v_N},\tag{8.21}$$

由法向速度各向异性公式(8.17),遂得法向折射率各向异性公式

$$n^2(\theta)=\frac{n_o^2n_e^2}{n_e^2\cos^2\theta+n_o^2\sin^2\theta},\tag{8.22}$$

它倒成为极坐标形式的椭圆方程了.这就是说,在三维空间中法向折射率面是一个旋转椭球面,简称为折射率椭球面,省略"法向"一词.当 $\theta=0$ 或 $\pi/2$,有 $n=n_o$ 或 $n=n_e$,这正是所期望的.

例题 3 根据例题 2 给出的情形和得到的数据,进一步求出晶片内 e 光射线折射率和法向折射率以及相应的光程.

由例题 2 算出的数据,$\theta\approx 60°$,$\xi\approx 65°$,$\alpha\approx 5°$,得射线折射率,

$$n_r^2(65°)=(1.658\times\cos 65°)^2+(1.486\times\sin 65°)^2\approx 2.305,$$

$$n_r(65°)\approx 1.518;$$

法向折射率

$$n(60°)=\frac{1.658\times 1.486}{((1.486\times\cos 60°)^2+(1.658\times\sin 60°)^2)^{1/2}}\approx 1.524;$$

相应的在晶片内射线光程为

$$L_r = n_r l_r = 1.518\frac{d}{\cos\alpha} = 1.518\times\frac{10\ \mathrm{mm}}{\cos 5^\circ}\approx 15.24\ \mathrm{mm},$$

在晶片内法向光程为

$$L_N = n l_N = 1.524d = 1.524\times 10\ \mathrm{mm} = 15.24\ \mathrm{mm}.$$

由此可见,两者光程相等,

$$L_r = L_N,$$

即

$$n_r l_r = n l_N. \tag{8.23}$$

这是可以理解的,因为射线经历 L_r 到达的点与沿法向经历 L_N 到达的点,处于同一波面(等相面).

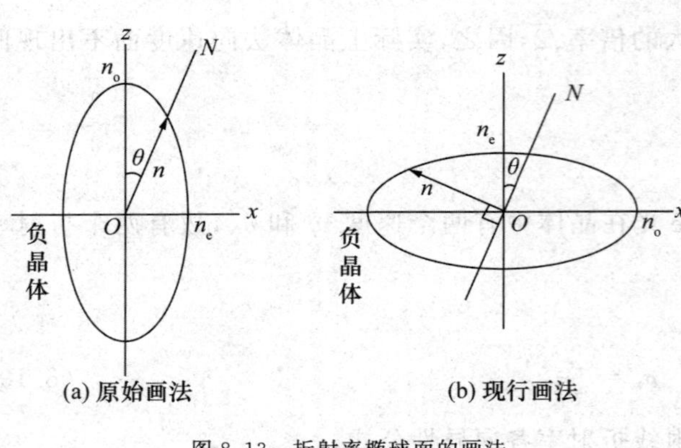

图 8.13　折射率椭球面的画法

(3) 折射率椭球面的画法.　按(8.22)式,若直观地刻画 $n(\theta)$ 曲线——取法向 $\boldsymbol{N}$ 上一线段长度等于 $n(\theta)$ 值,则结果为图 8.13(a)那样的一个椭圆;而实际上,人们更愿意选择另一种画法——取 $\boldsymbol{N}$ 正交方向上一线段长度等于 $n(\theta)$ 值,结果如图 8.13(b)所示,它相当于将(a)图转了 $\pi/2$ 角度,显然它还是一椭圆.这后一种画法,可以赋予折射率椭球更加丰富的物理内容;这些内容来自晶体光学的电磁理论,随后即将给出.

因此,对于单轴晶体,其折射率椭球面的直角坐标(x,y,z)表示式为

$$\frac{x^2}{n_o^2}+\frac{y^2}{n_o^2}+\frac{z^2}{n_e^2}=1. \tag{8.24}$$

● 来自电磁理论的补充内容

基于惠更斯模型而导出的单轴晶体光学公式,计有 $v_r(\xi)$,$v_N(\theta)$,$n_r(\xi)$,$n(\theta)$,以及 ξ 角与 θ 角之关系式和 v_r 值与 v_N 值之关系式,它们同晶体光学电磁理论导出的结果是一致的.晶体光学电磁理论指的是,将麦克斯韦电磁场方程应用于各向异性介质,而导出晶体中光波的传播特性,与惠更斯模型相比较它给出了更多的物理内容,兹罗列如下.

(1) 晶体介电张量.　在各向同性的线性介质中,电位移 $\boldsymbol{D}$ 与电场强 $\boldsymbol{E}$ 之间是一简单的比例关系,

$$\boldsymbol{D} = \varepsilon_0\varepsilon\boldsymbol{E}, \tag{8.25}$$

其中 ε 为介质的相对介电常数,而介质的光学折射率

$$n = \sqrt{\varepsilon\mu}\approx\sqrt{\varepsilon}, \tag{8.26}$$

这里,我们取介质的相对导磁率 $\mu\approx 1$,是考虑到了在光频段磁化机制的作用可以忽略.

(8.25)式表明在各向同性介质中,$\boldsymbol{D}$ 与 $\boldsymbol{E}$ 的方向总是一致的.而在各向异性介质中,$\boldsymbol{D}$ 与 $\boldsymbol{E}$ 的方向通常是不一致的.$\boldsymbol{D}$ 与 $\boldsymbol{E}$ 的关系被一线性方程组所反映,

$$\begin{cases} D_x = \varepsilon_0(\varepsilon_{xx}E_x + \varepsilon_{xy}E_y + \varepsilon_{xz}E_z), \\ D_y = \varepsilon_0(\varepsilon_{yx}E_x + \varepsilon_{yy}E_y + \varepsilon_{yz}E_z), \\ D_z = \varepsilon_0(\varepsilon_{zx}E_x + \varepsilon_{zy}E_y + \varepsilon_{zz}E_z), \end{cases}$$

这可用一矩阵表示为

$$\begin{bmatrix} D_x \\ D_y \\ D_z \end{bmatrix} = \varepsilon_0 \begin{bmatrix} \varepsilon_{xx} & \varepsilon_{xy} & \varepsilon_{xz} \\ \varepsilon_{yx} & \varepsilon_{yy} & \varepsilon_{yz} \\ \varepsilon_{zx} & \varepsilon_{zy} & \varepsilon_{zz} \end{bmatrix} \begin{bmatrix} E_x \\ E_y \\ E_z \end{bmatrix}, \tag{8.27}$$

其中那 9 个矩阵元构成了介质的介电张量,它反映了各向异性介质的电学性能.晶体中总存在 3 个互相正交的特殊方向(xyz),使得介电张量“对角化”,即

$$\begin{bmatrix} D_x \\ D_y \\ D_z \end{bmatrix} = \varepsilon_0 \begin{bmatrix} \varepsilon_x & 0 & 0 \\ 0 & \varepsilon_y & 0 \\ 0 & 0 & \varepsilon_z \end{bmatrix} \begin{bmatrix} E_x \\ E_y \\ E_z \end{bmatrix}, \tag{8.28}$$

这 3 个方向称为晶体的主轴方向.比如,对于单轴晶体,其光轴 z 就是一个主轴方向,由于其轴对称性,在(xy)平面上任选两个正交方向均为主轴方向.根据(8.28)式,对于 3 个主轴方向,有

$$D_x = \varepsilon_0\varepsilon_x E_x, \quad D_y = \varepsilon_0\varepsilon_y E_y, \quad D_z = \varepsilon_0\varepsilon_z E_z. \tag{8.29}$$

相应于三个主轴的光学折射率即主折射率为

$$n_x = \sqrt{\varepsilon_x}, \quad n_y = \sqrt{\varepsilon_y}, \quad n_z = \sqrt{\varepsilon_z},$$

在 3 个主轴方向,波法向与光射线是一致的,故以上 3 个主折射率既是法向折射率也是射线折射率.反映晶体光学各向异性的法向折射率椭球面的方程为

$$\frac{x^2}{n_x^2} + \frac{y^2}{n_y^2} + \frac{z^2}{n_z^2} = 1. \tag{8.30}$$

对于单轴晶体,$n_x = n_y = n_o$,$n_z = n_e$;对于双轴晶体,$n_x \neq n_y \neq n_z \neq n_x$;对于各向同性的立方晶系或非晶介质,$n_x = n_y = n_z = n$.

(2) ($\boldsymbol{D},\boldsymbol{E},\boldsymbol{H}$)与($\boldsymbol{r},\boldsymbol{N}$)之关系. 单轴晶体光学电磁理论表明,传播于晶体中的光波,其横波性表现为

$$\boldsymbol{D} \perp \boldsymbol{H}, \quad \boldsymbol{E} \perp \boldsymbol{H}, \tag{8.31}$$

而电位移 $\boldsymbol{D}$ 与电场强 $\boldsymbol{E}$ 方向的分离,导致($\boldsymbol{E}\times\boldsymbol{H}$)方向与($\boldsymbol{D}\times\boldsymbol{H}$)方向的分离;($\boldsymbol{E}\times\boldsymbol{H}$)方向沿射线 $\boldsymbol{r}$ 方向,它代表电磁能流密度矢量 $\boldsymbol{S}$,而($\boldsymbol{D}\times\boldsymbol{H}$)方向沿波法向 $\boldsymbol{N}$,即

$$\boldsymbol{S} = (\boldsymbol{E}\times\boldsymbol{H}) \mathbin{/\!/} \boldsymbol{r}, \quad (\boldsymbol{D}\times\boldsymbol{H}) \mathbin{/\!/} \boldsymbol{N}. \tag{8.32}$$

因之,$\boldsymbol{D},\boldsymbol{E},\boldsymbol{r},\boldsymbol{N}$ 四者共面,如图 8.14 所示.

(3) 折射率椭球面的应用. 根据(8.30)式画出单轴(正)晶体的折射率椭球面,其形貌

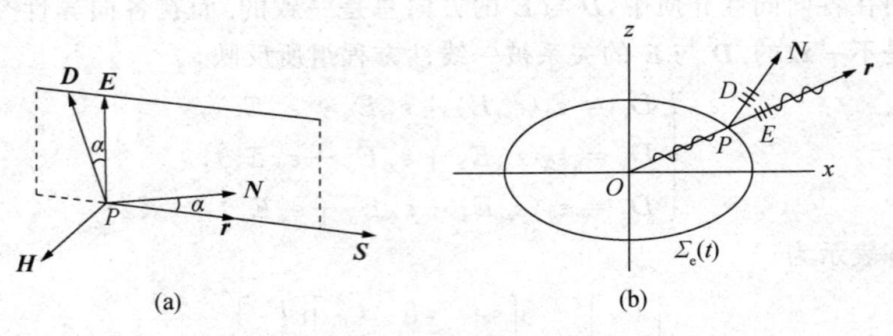

图 8.14 $(\boldsymbol{D},\boldsymbol{E},\boldsymbol{H})$方向与$(\boldsymbol{r},\boldsymbol{N})$方向之关系

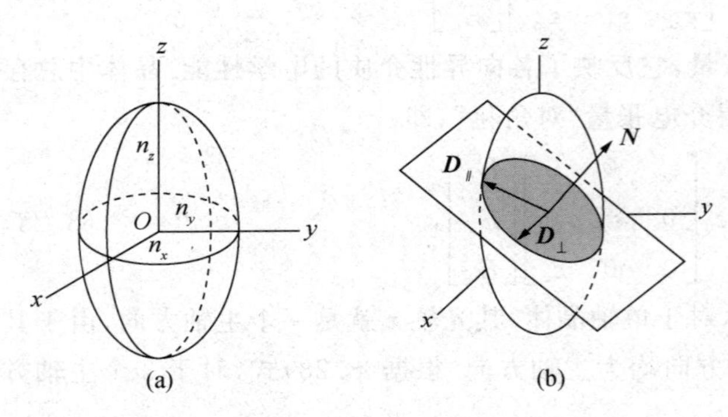

图 8.15 折射率椭球面及其应用

如图 8.15(a)所示,它可用于求得与任意波法线$\boldsymbol{N}(\theta,\varphi)$对应的折射率 $n(\theta)$,其具体操作如下:通过原点 O 作一平面,它以 $\boldsymbol{N}$ 为法线,如图 8.15(b);该平面与折射率椭球面相交而截出一椭圆,这椭圆的长短轴矢量记为 $\boldsymbol{D}_{/\!/}$ 和 $\boldsymbol{D}_{\perp}$;其中,$\boldsymbol{D}_{/\!/}$ $/\!/$$(\boldsymbol{N},\boldsymbol{z})$平面,代表 e 光电位移,其长度恰等于 e 光法向折射率;而 $\boldsymbol{D}_{\perp}\perp(\boldsymbol{N},\boldsymbol{z})$平面,代表 o 光电位移,其长度恰等于 o 光折射率. 当法向 $\boldsymbol{N}$ 沿光轴 $\boldsymbol{z}$,这是个特例,其对应的平面(xy)与椭球面的截线为一圆,这意味着此时不存在上述两个特征振动 $\boldsymbol{D}_{/\!/}$,$\boldsymbol{D}_{\perp}$,横平面上沿各方向的 $\boldsymbol{D}$ 所联系的折射率均相等于 n_o,相应地光波具有同一传播速度 v_o,即光沿光轴 $\boldsymbol{z}$ 方向传播不发生双折射.

• 双轴晶体简介

自然界中的晶体多数系双轴晶体. 对于双轴晶体,也有类似的折射率椭球面,满足(8.30)方程. 如表 8.2 所见,由于其 3 个主折射率(n_x,n_y,n_z)互不相等,以致在 3 个正交平面(xy)、(yz)和(zx)上椭球面的交截线均为椭圆. 倒在倾斜方位存在两个特殊方向 $\boldsymbol{N}_o$ 和 $\boldsymbol{N}_o'$,其对应平面在椭球面上交截出一个圆. 这意味着沿这一特殊的波法线方向,波法向速度是单一的,与横平面上电位移 $\boldsymbol{D}$ 的取向无关,即不存在关于 $\boldsymbol{D}$ 的两个特征振动. 这特殊方向称作晶体的光轴. 根据折射率椭球面的对称性,双轴晶体有两个光轴. 光轴的具体方位取决于 3 个主折射率(n_x,n_y,n_z)的取值. 当 $n_x<n_y<n_z$,则光轴在(zx)平面内,它与 z 轴的夹角 θ_0 称为轴间角,由下式决定,

$$\cos\theta_0=\frac{n_x}{n_y}\cdot\sqrt{\frac{n_z^2-n_y^2}{n_z^2-n_x^2}}. \tag{8.33}$$

表 8.2　双轴晶体的主折射率(钠黄光)

晶体及其分子式		n_x	n_y	n_z	轴间角 θ_0/(°)
负晶体	云母 $KH_2Al_3(SO_4)_3$	1.5601	1.5936	1.5977	71.0
	霰石 $CaO(CO)_2$	1.5310	1.6820	1.6860	81.4
	正方铅矿 PbO	2.5120	2.6100	2.7100	46.3
	辉锑矿 Sb_2S_3(对 762 mm)	3.1940	4.0460	4.3030	66.4
正晶体	硬石膏 $CaSO_4$	1.5690	1.5750	1.6130	22.1
	硫 S	1.9500	2.0430	2.2400	37.3
	黄玉 $(2AlO)FSiO_2$	1.6190	1.6200	1.6270	20.8
	绿松石 $CuO_3 \cdot Al_2O_3 \cdot 2P_2O_5 \cdot 9H_2O$	1.5200	1.5230	1.5300	33.3

双轴晶体中一点源 O 激发的三维波面的形貌较为复杂,它在三个正交平面上的轨线为一个圆和一卵形线,如图 8.16 所示,这是 $n_x<n_y<n_z$ 情形.图中的小黑点和短横线表示电场强 $\boldsymbol{E}$ 的两个特征振动.其中最值得注意的是图(c)呈现的(zx)平面上的形貌,在这里,波面的卵线和圆相交,设交点为 R_0,见图 8.17.矢量 $\overrightarrow{OR_0}$ 称为射线轴,沿射线轴方向光射线速度是单一的,与横平面上的电场强 $\boldsymbol{E}$ 取向无关,即特征振动失去意义;由于这相交,出现了外波面,有一条公切线,设切点为 N_0 和 M,在三维空间中这切点的轨线恰好是以 $\overline{N_0M}$ 为直径的一圆周,于是,双轴晶体中的三维波面在 R_0 点周围形成一"酒窝",这实在难以直观地描绘出;矢量 $\overrightarrow{ON_0}$ 正是双轴晶体中的一条光轴,其方向也正是外波面在 N_0 点的法线方向,这表明沿光轴方向,射线速度与波法向速度相等.单轴晶体可视为双轴晶体的特例,当 $n_x=n_y=n_o$,$n_z=n_e$ 时,上述那射线轴和光轴合二为一于 z 轴,称其为单轴晶体的光轴,沿这光轴方向,既具有 o 振动与 e 振动传播速度相等的特点,又具有 e 光射线速度与波法向速度相等的特点.

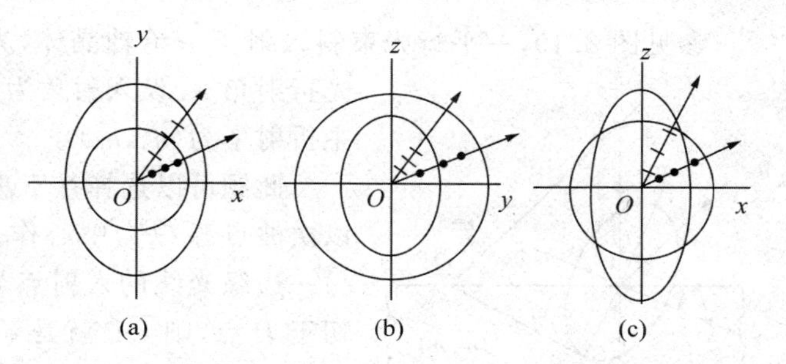

图 8.16　双轴晶体的波面在三个正交平面上的轨线

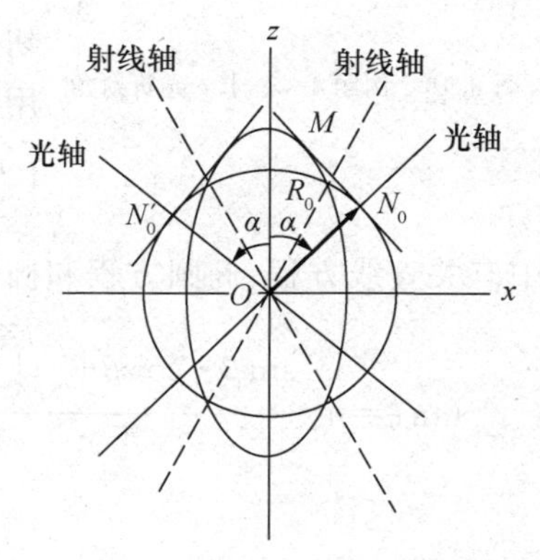

图 8.17　双轴晶体的射线轴和光轴

入射光束在双轴晶体中的传播,将出现通常的双折射现象,此外,还出现奇特的锥形折射现象,如图 8.18 所示.其中图(a)为内锥形折射,图(b)为外锥形折射.凡图中所画的一条光线都应当视作一窄光束.图(b)中所示的可移动狭缝 S_1,是用以调节入射光束的倾角,以保证在晶体内光束沿射线轴传播,而到达下表面时便出现外锥形折射.

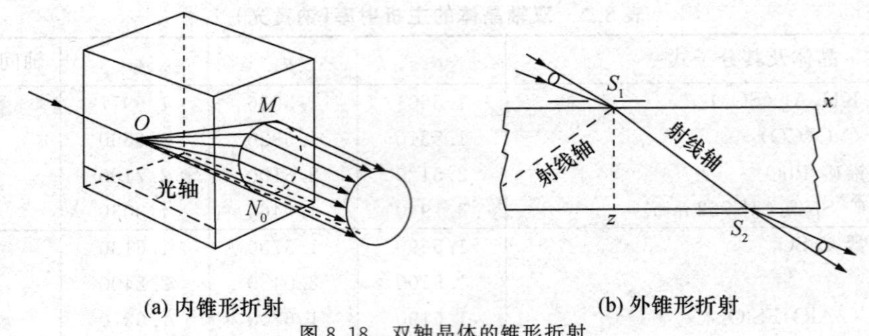

(a) 内锥形折射　　(b) 外锥形折射

图 8.18　双轴晶体的锥形折射

● 例题 4——求斜入射斜光轴时 e 光折射角

参见图 8.19，一平行光束斜入射于一单轴晶体，光轴也是斜的，但在入射面内，试求 e 光折射角 i_e. 设入射角为 i，光轴与晶体表面之夹角为 β①，晶体主折射率为(n_o, n_e).

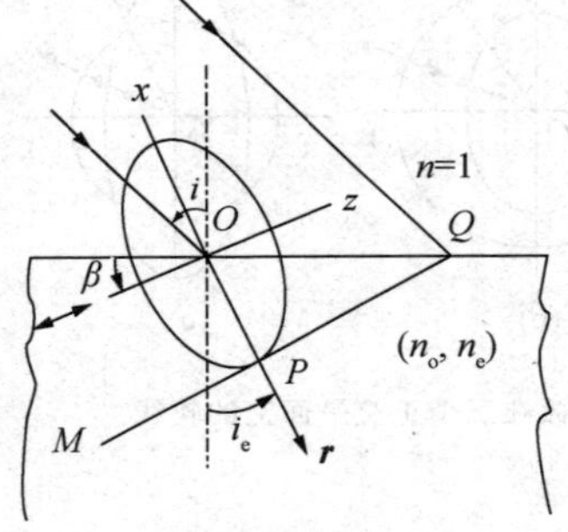

图 8.19　例题 4——求 e 光折射角

此题可以选择基于惠更斯作图法求解，其推演程序如下：以次波点源 O 为中心作一个有恰当长短轴的椭圆；入射光束另一边缘光线的入射点为 Q，从 Q 点对椭圆作一切线 QM，相切于 P 点，则 $\overrightarrow{OP}$ 就是 e 光射线方向 $\boldsymbol{r}$，相应的折射角为 i_e. 这里，可有两种途径算出 i_e：其一是确定切点 P 的坐标(x_0, z_0)，据此求出 $\boldsymbol{r}$ 与 x 轴之夹角，再加上 β 角，就是 i_e 角；其二是确定切线 $\overline{QM}$直线方程，据此求出其法线 $\boldsymbol{N}$ 与光轴之夹角 θ，再利用射线角 ξ 与法向角 θ 之关系式求得 ξ 角，折射角 $i_e=\left(\dfrac{\pi}{2}+\beta-\xi\right)$. 这两种途径的计算量相近，均要涉及解析几何学中有关直线方程、椭圆方程和椭圆切线方程的知识，详细推算在此从略. 其结果为

$$\tan\xi = n_o^2\,\frac{\sin\beta\cdot\cos\beta+\sqrt{\left(\dfrac{\sin i\cdot\cos\beta}{n_e}\right)^2+\left(\dfrac{\sin i\cdot\sin\beta}{n_o}\right)^2-\left(\dfrac{\sin^2 i}{n_o n_e}\right)^2}}{\sin^2 i-n_e^2\sin^2\beta},\tag{8.34}$$

$$i_e=\left(\frac{\pi}{2}+\beta\right)-\xi.$$

(1) 当 $i=0$，即平行光正入射.　代入(8.34)遂得，

$$\begin{cases}\tan\xi=-\dfrac{n_o^2}{n_e^2}\cot\beta=\dfrac{n_o^2}{n_e^2}\cdot\tan\left(\dfrac{\pi}{2}+\beta\right),\\[2ex] \tan\theta=\dfrac{n_e^2}{n_o^2}\tan\xi=\tan\left(\dfrac{\pi}{2}+\beta\right),\quad 即\quad \theta=\left(\dfrac{\pi}{2}+\beta\right).\end{cases}\tag{8.35}$$

① 这里，角 β 值是应当含正负号的，其约定是以晶体表面界线为准转向光轴 z，若转向为逆时针则 $\beta>0$，反之，若转向为顺时针则 $\beta<0$.

这 θ 角给定的法向 $\boldsymbol{N}$ 正是晶体表面的法线方向，这与图像分析所得结果是一致的.

(2) 当 $i=0$，$\beta=0$，即平行光正入射，且光轴平行表面. 代入(8.35)式遂得 $\xi=\theta=\dfrac{\pi}{2}$，这表明此时 e 光射线与其波法向是一致的，且沿晶体表面法线方向，这与图像分析所得结果是相符的.

(3) 当 $i=45°$，$\beta=30°$，对冰洲石 $n_o\approx1.658$，$n_e\approx1.486$. 代入(8.34)式，

$$n_o^2=(1.658)^2\approx2.749,\quad n_e^2=(1.486)^2\approx2.208,$$

$$\sin45°\approx0.707,\quad \sin30°=0.5,\quad \cos30°\approx0.866,$$

于是，

$$\tan\xi\approx2.749\times\frac{0.850}{-0.0522}\approx-44.76,\qquad \xi\approx-88°46',$$

$$i_e=\left(\frac{\pi}{2}+\beta\right)-\xi=(90°+30°)+88°46'=208°46'.$$

实际上的折射角应从以上数值中减去 180°，若按上式算出的 i_e 值超过 180°的话. 故目前的 e 光折射角为

$$i_e=208°46'-180°=28°46'.$$

若本题其他条件不变，仅是光轴取向改变为 $\beta=-30°$，则

$$\tan\xi\approx2.749\times\frac{-0.0160}{-0.0522}\approx0.843,\qquad \xi\approx40°7',$$

$$i_e=\left(\frac{\pi}{2}+\beta\right)-\xi=(90°-30°)-40°7'=19°53'.$$

8.3 晶体光学器件

· 晶体棱镜 · 波晶片 · 波晶片的选材 · 例题——剥离云母片的合适厚度
· 晶体补偿器

● 晶体棱镜

它通常由两块按一定方式切割下来的晶体三棱镜组合而成. 通过晶体棱镜，入射的自然光被分解为两束线偏振光，从空间不同方向出射. 因之，晶体棱镜是一种偏振器，可用于起偏或检偏，其性能优于玻片堆和人造偏振片，这是因为晶体双折射现象中的 o 光和 e 光均是 100%的线偏振光. 下面介绍几种典型的晶体棱镜.

(1) 尼科耳棱镜(Nicol prism). 改进型的尼科耳棱镜如图 8.20(a)所示，它由两块方解石直角棱镜黏合而成，其光轴平行于两个端面，常用黏合剂为加拿大树胶，其折射率约为 $n_B\approx1.55$，介于棱镜两个主折射 $n_e\approx1.4864$，$n_o\approx1.6584$ 之间. 正入射自然光在左侧那第一块棱镜传播时，虽然表观上不发生双折射，但 e 光为快光而 o 光为慢光. 当它们到达界面 AB 时，对 e 光或 e 振动而言，是从光疏介质到光密介质，不可能发生全反射；而对 o 光或 o 振动

而言,是从光密介质到光疏介质,就将发生全反射,只要入射角 i_o 大于临界角 i_c. 通常将全反射 o 光束到达的侧面涂黑以吸收 o 光而免除实验时的杂散光. 于是,人们从入射光透射的方向获得一束线偏振光,其振动方向平行于主平面或主截面. 现在让我们估算一下这全反射临界角的数值,

$$i_c = \arcsin\frac{n_B}{n_o} = \arcsin\frac{1.55}{1.6584} \approx 69°,$$

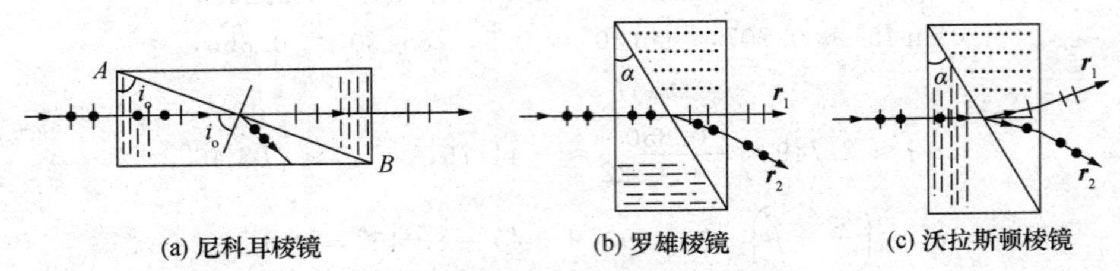

图 8.20　晶体棱镜(方解石 $n_o > n_e$)

这就规定了入射角应当

$$i_o > 69°.$$

从图中不难看出,i_o 角也正是直角棱镜的长边所对应的那个锐角. 故上述要求也就规定了长边与短边的比值应大于 tan 69°≈2.6 倍. 考虑到入射光束并不一定是一平行光束,它有一定的发散角或会聚角,一般设定 i_o 值要稍大于 i_c 值几度. 即使这样,能发生全反射的 o 光束会聚角是受限的,同理,不发生全反射的 e 光束会聚角也是受限的.

(2) 罗雄棱镜(Rochon prism).　它由两块冰洲石直角三棱镜黏合而成,如图 8.20(b)所示,第一块棱镜光轴垂直棱镜入射表面,第二块棱镜光轴平行表面. 当自然光正入射于第一块棱镜时不发生双折射,光束横平面上各方向的振动均以速度 v_o 传播,到达界面进入第二块棱镜便出现双折射. 其中,o 振动(图中以短线表示)其光束照直前进,而 e 振动(图中以黑点表示)其光束则向棱镜顶角方向偏折,这是因为对它而言是从折射率 n_o 介质进入 n_e 介质,即从光密介质进入光疏介质. 至于那束光向下偏折的角度数值,可由折射定律的斯涅耳形式 $n_o \sin i = n_e \sin i_e$ 算出,因为目前情况是光轴垂直入射面,亦即主截面与入射面正交,以上公式是成立的.

(3) 沃拉斯顿棱镜(Wollaston prism).　它与罗雄棱镜的差别仅在于,第一块棱镜的光轴平行于入射表面,因而与第二块棱镜的光轴方向正交. 这样一来,在第一块棱镜中作为慢光的 o 振动,进入第二块棱镜后成为快光的 e 振动,虽然其在空间的实际振动方位未曾改变,图中以黑点"·"示之. 同理,图中以短线"—"示之的振动,从第一棱镜进入第二棱镜后其身份也发生了变化,从 e 振动转变为 o 振动. 简言之,

	第一棱镜		第二棱镜	
· 振动	n_o	→	n_e	光密 → 光疏,
↕ 振动	n_e	→	n_o	光疏 → 光密.

于是，出现了如图 8.20(c)那样的双折射，生成的两束线偏振光其空间分离角 $\Delta\theta$ 显然地大于罗雄棱镜，若在同样的棱角 α 条件下.

例题 1 设沃拉斯顿棱镜由冰洲石制成，其顶角 $\alpha=25°$. 当一窄光束正入射时，最终出射的两束偏振光的空间分离角为多少？

参见图 8.20(c)，这光束到达黏合界面的入射角 $i=\alpha=25°$. 鉴于第二块棱镜的主截面正交于入射面，折射定律的斯涅耳公式依然成立，故那两个特征振动所联系的光束折射角 i_1，i_2 分别由下式决定，

$$n_e \sin i = n_o \sin i_1, \quad n_o \sin i = n_e \sin i_2,$$

据此算出，

$$i_1 = \arcsin\left(\frac{n_e}{n_o}\sin i\right) = \arcsin\left(\frac{1.4864}{1.6584}\sin 25°\right) \approx 22°16',$$

$$i_2 = \arcsin\left(\frac{n_o}{n_e}\sin i\right) = \arcsin\left(\frac{1.6584}{1.4864}\sin 25°\right) \approx 28°8'.$$

可见，那两束光在第二棱镜内的分离角为

$$\Delta\theta = (i_2 - i_1) = 28°8' - 22°16' \approx 5°52'.$$

接着，我们确定那两束光到达端面的入射角，分别为

$$\alpha_1 = (i_1 - \alpha) = 22°16' - 25° \approx -2°44', \quad \alpha_2 = (i_2 - \alpha) = 28°8' - 25° \approx 3°8'.$$

再一次利用斯涅耳公式，算出那两束光进入空气的折射角，

$$i_1' = \arcsin(n_o \sin\alpha_1) = \arcsin(1.6584 \times \sin(-2°44')) \approx -4°32',$$

$$i_2' = \arcsin(n_e \sin\alpha_2) = \arcsin(1.4864 \times \sin(3°8')) \approx 4°40',$$

最后得出射两光束的分离角为

$$\Delta\theta' = (i_2' - i_1') = 4°40' - (-4°32') \approx 9°12'.$$

● 波晶片

它是一种产生和检验圆偏振光或椭圆偏振光的晶体器件，通常是由水晶中切割下来的一厚度均匀且光轴平行入射表面的薄片，如图 8.21(a)所示. 设一平行光束正入射，在波晶片内这光束则照直前进而透射出来，表观上不出现双折射. 但横平面上两个特征振动 $\boldsymbol{E}_o(t)$ 和 $\boldsymbol{E}_e(t)$ 的传播速度分别为 v_o 和 v_e，或者说，相应的折射率分别为 n_o 和 n_e. 虽然经历同一厚度 d，其光程 L_o 和 L_e 却不相等. 换言之，通过波晶片，$\boldsymbol{E}_o(t)$ 与 $\boldsymbol{E}_e(t)$ 之间将产生一附加相位差 δ'.

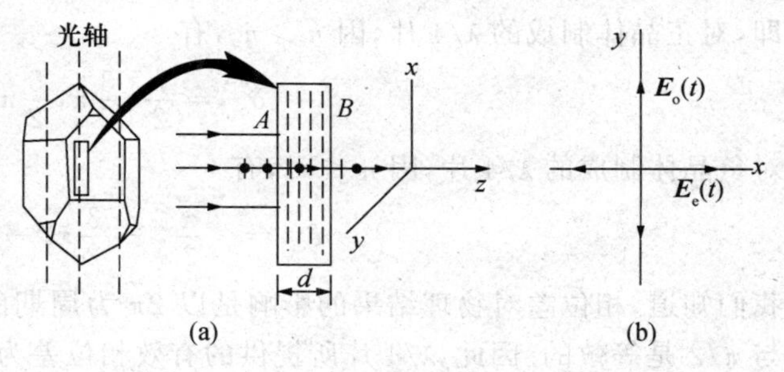

图 8.21 波晶片

如果入射的是一束偏振光，其波长为 λ_0. 设在入射点 A 处 $\boldsymbol{E}_o(t)$，$\boldsymbol{E}_e(t)$ 的相位分别为 $\varphi_o(A)$ 和 $\varphi_e(A)$，而到达出射点 B 处这两个正交振动的相位分别改变为

$$\varphi_o(B) = \varphi_o(A) - \frac{2\pi}{\lambda_0}n_o d, \quad \varphi_e(B) = \varphi_e(A) - \frac{2\pi}{\lambda_0}n_e d,$$

在考察出射光的偏振态时,我们关心的是这两个正交振动在出射点 B 处的相位差,

$$\varphi_{\text{o}}(B)-\varphi_{\text{e}}(B)=(\varphi_{\text{o}}(A)-\varphi_{\text{e}}(A))+\frac{2\pi}{\lambda_0}(n_{\text{e}}-n_{\text{o}})d, \tag{8.36}$$

简写为

$$\delta_{\text{oe}}(B)=\delta_{\text{oe}}(A)+\delta'_{\text{oe}}. \tag{8.37}$$

它表明,$\boldsymbol{E}_{\text{o}}(t)$ 与 $\boldsymbol{E}_{\text{e}}(t)$ 在出射点的相位差 $\delta_{\text{oe}}(B)$,等于入射点的相位差 $\delta_{\text{oe}}(A)$,加上波晶片内附加的相位差,

$$\delta'_{\text{oe}}=\frac{2\pi}{\lambda_0}(n_{\text{e}}-n_{\text{o}})d. \tag{8.38}$$

正是它的出现改变了入射光的偏振结构.

这里,关于正负号的选择或约定,有两点值得声明,以免今后理解上发生歧义. 其一,考虑到这部分内容即关于光的偏振问题中,我们一般不采用波函数及其复振幅表示,对相位的落后或超前的表示回归到自然真实中来,即落后取"减"号,超前取"加"号. 比如,沿波传播方向其相位逐点落后,就直观地表达为

$$\varphi_{\text{o}}(B)=\varphi_{\text{o}}(A)-\frac{2\pi}{\lambda_0}n_{\text{o}}d;$$

其二,在表述相位差 δ_{oe} 时约定为 $\boldsymbol{E}_{\text{o}}(t)$ 相位减去 $\boldsymbol{E}_{\text{e}}(t)$ 相位,

$$\delta_{\text{oe}}=\varphi_{\text{o}}-\varphi_{\text{e}},$$

且在横平面(xy)上选择 o 振动在 y 方向,e 振动在 x 方向,这后者也正是波晶片的光轴方向,如图 8.21(b)所示.

下面介绍两种常用的波晶片.

(1) 四分之一波晶片(quarter-wave plate). 通过它而产生的附加相位差服从以下规则,

$$\delta'_{\text{oe}}=\pm(2k+1)\frac{\pi}{2},\quad k=0,1,2,\cdots \tag{8.39}$$

即,对正晶体制成的 $\lambda/4$ 片,因 $n_{\text{e}}>n_{\text{o}}$,有

$$\delta'_{\text{oe}}=\frac{\pi}{2},\frac{3}{2}\pi,\frac{5}{2}\pi,\cdots$$

对负晶体制成的 $\lambda/4$ 片,因 $n_{\text{e}}<n_{\text{o}}$,有

$$\delta'_{\text{oe}}=-\frac{\pi}{2},-\frac{3}{2}\pi,-\frac{5}{2}\pi,\cdots$$

我们知道,相位差对物理结果的影响是以 2π 为周期的,故 $3\pi/2$ 与 $-\pi/2$ 是等效的,$-3\pi/2$ 与 $\pi/2$ 是等效的. 因此,$\lambda/4$ 片所提供的有效相位差为

$$\delta'_{\text{oe}}=\pm\frac{\pi}{2}, \tag{8.40}$$

这里的 ± 号并不对应正、负晶体. 不过,若无其他特别说明,人们将正晶体制成的 $\lambda/4$ 片所提供的 δ'_{oe} 理解为 $+\pi/2$,将负晶体制成的 $\lambda/4$ 所提供的 δ'_{oe} 理解为 $-\pi/2$,这总是不会错的.

结合(8.38)、(8.39)两式,$\lambda/4$ 片的厚度 d 应满足以下条件,

$$d=(2k+1)\frac{\lambda}{4\Delta n},\quad \Delta n=|n_{\text{e}}-n_{\text{o}}|. \tag{8.41}$$

其厚度最小值为

$$d_{\mathrm{m}} = \frac{\lambda}{4\Delta n}. \tag{8.42}$$

(2) 二分之一波晶片(half-wave plate). 通过它而产生的附加相位差应服从以下规则,

$$\delta_{\mathrm{oe}}' = \pm(2k+1)\pi, \quad k = 0,1,2,\cdots \tag{8.43}$$

从而$\lambda/2$片所附加的有效相位差总是

$$\delta_{\mathrm{oe}}' = \pi, \tag{8.44}$$

对正、负晶体均为此值.相应地,$\lambda/2$片的厚度d应满足以下条件,

$$d = (2k+1)\frac{\lambda}{2\Delta n}, \quad \Delta n = |n_{\mathrm{e}} - n_{\mathrm{o}}|. \tag{8.45}$$

其厚度最小值为

$$d_{\mathrm{m}} = \frac{\lambda}{2\Delta n}. \tag{8.46}$$

此外,对于厚度变化的楔形晶片,为理论分析方便人们喜欢引入"全波晶片"一词(one-wave plate),记作λ片,它指称其附加相位差恰巧满足,

$$\delta_{\mathrm{oe}}' = \pm 2k\pi, \quad k = 1,2,3,\cdots \tag{8.47}$$

厚度满足

$$d = k\frac{\lambda}{\Delta n}, \quad \Delta n = |n_{\mathrm{e}} - n_{\mathrm{o}}|. \tag{8.48}$$

其厚度最小值为

$$d_{\mathrm{m}} = \frac{\lambda}{\Delta n}. \tag{8.49}$$

其实,λ片提供的有效相位差为

$$\delta_{\mathrm{oe}}' = 0.$$

这就是说,凡是从厚度满足λ片的那些位置而出射的光,其偏振结构无变化,相同于入射光的偏振结构.

- **波晶片的选材**

制作波晶片的选材,除曾述及的石英(水晶)外,常用的还有云母片.虽然云母片是一种双轴晶体,但其双光轴恰好在自然解理面上,即从云母矿石中剥离下来的云母片其表面相当于图 8.17 中(xz)平面.那双光轴之夹角取决于云母矿的化学组成及其晶体结构.最普通的云母为一种呈淡棕色的白云母,其两光轴之夹角为 8.2 节数据表 8.2 中提供的 $2\times71°=142°$.于是,沿垂直于云母片表面方向传播的光束,其横平面上两个正交振动有两个传播速度,对应两个折射率(n_x, n_z),其中一个垂直(yz)平面的振动$\boldsymbol{E}_x(t)$对应折射率为n_x,另一个

平行(yz)平面的振动$\boldsymbol{E}_z(t)$对应折射率为n_z. 故通过厚度为d的云母片，光束的两个正交振动$\boldsymbol{E}_x(t)$,$\boldsymbol{E}_z(t)$之间将添加一相位差，

$$\delta'_{xz}=\frac{2\pi}{\lambda_0}(n_z-n_x)d. \tag{8.50}$$

据此,借助一把小刀或一根针,再配备一台螺旋测微器,就可以剥离出合适厚度的云母片,而获得合用的波晶片.

石英没有天然解理面,需要小心切割,且要将表面抛光成光学表面. 现在,波晶片也可由经特殊压制的一张塑料片而形成,如人造偏振片那样,这种透明塑料片有双折射效应. 细心地控制其厚度,就可以获得满足各种附加相位差要求的波晶片.

● 例题 2——剥离云母片的合适厚度

选择普通的云母片制作波晶片,其对钠黄光的三个主折射率已由 8.2 节数据表 8.2 给出,

$$n_x=1.5601,\quad n_y=1.5936,\quad n_z=1.5977.$$

首先计算用它制成波晶片的最小厚度d_{m}作为参考值:

$$\text{对}\ \lambda/4\ \text{片},\quad d_{\mathrm{m}}=\frac{\lambda}{4\Delta n}=\frac{589.3\ \mathrm{nm}}{4\times(1.5977-1.5601)}\approx 3.92\ \mu\mathrm{m},$$

$$\text{对}\ \lambda/2\ \text{片},\quad d_{\mathrm{m}}=\frac{\lambda}{2\Delta n}\approx 7.84\ \mu\mathrm{m},$$

$$\text{对}\ \lambda\ \text{片},\quad d_{\mathrm{m}}=\frac{\lambda}{\Delta n}\approx 15.7\ \mu\mathrm{m}.$$

若要求制成$\lambda/4$片,那d_{m}值$3.92\ \mu\mathrm{m}$实在太薄了,不便于剥离,也不坚实. 无疑,凡在此数值之上,再加$15.7\ \mu\mathrm{m}$的整数倍厚度,均仍为$\lambda/4$片,比如,

$$3.92+15.7\approx 19.6\ \mu\mathrm{m},\quad 3.92+2\times 15.7\approx 35.3\ \mu\mathrm{m},\quad 3.92+3\times 15.7\approx 51.0\ \mu\mathrm{m}.$$

等等. 若剥离出厚度为 0.035 mm 的云母片,就可以制成一个相当好的$\lambda/4$片. 对于$\lambda/2$片对应的云母片厚度,可如法炮制列表,给出一系列可供选择的离散的厚度值.

● 晶体补偿器

上述波晶片的厚度是均匀不变的,在光束出射表面上只能获得固定的附加相位差. 倘若需要获得连续可变的附加相位差,可采用厚度线性变化的楔形晶体薄棱镜或晶体补偿器.

如图 8.22(a)所示,它是一个棱角α很小的水晶薄棱镜,其光轴平行棱边,当然也就平行表面,由于其厚度d随高度x而变化,故出射光束在(xy)平面上,获得的那两个正交振动之附加相位差为

$$\delta'_{\mathrm{oe}}(x,y)=\frac{2\pi}{\lambda_0}(n_{\mathrm{e}}-n_{\mathrm{o}})\cdot d(x),\quad d(x)\approx d_0-\alpha x, \tag{8.51}$$

这里,d_0是楔形水晶棱镜在原点处的厚度,厚度函数$d(x)$表达式在α小角条件下成立. 于是,当一束线偏振光正入射于这楔形水晶片时,出射光在(xy)面上的偏振态则随位置x而

异，依次为斜椭圆、正椭圆、斜椭圆、线偏振、斜椭圆，……. 至于光束从右侧表面出射以后，由于双折射而形成的光场特性，留待 8.5 节偏振光干涉中作进一步讨论. 单个楔形水晶片的缺点是其中心部位还存在有 δ'_{oe}，不见得能确保它为零值. 为此，贴上另一块棱边在下的楔形水晶片在其左侧，这便制成一个补偿器.

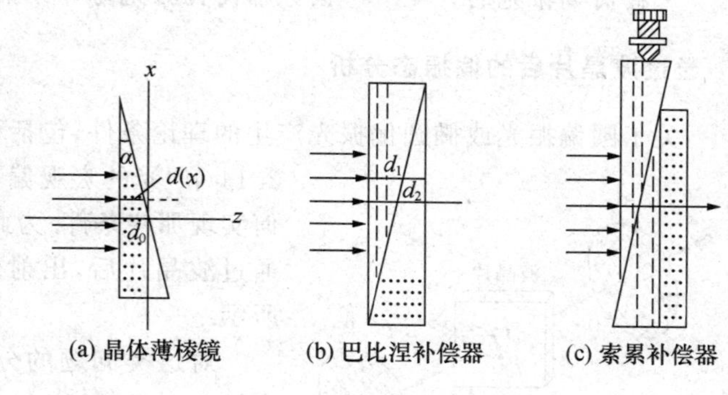

图 8.22　晶体补偿器

常用的一种是巴比涅补偿器(Babinet Compensator)，如图 8.22(b)所示，其左右两块楔形水晶棱镜的光轴方向彼此正交，这结构相同于沃拉斯顿棱镜. 当正入射光束通过这补偿器时，两个正交振动之一所对应的折射率从 $n_o \to n_e$，另一个所对应的折射率从 $n_e \to n_o$. 于是，这补偿器引起的附加相位差为

$$\delta' \approx \frac{2\pi}{\lambda_o}((n_o d_1 + n_e d_2) - (n_e d_1 + n_o d_2)) = \frac{2\pi}{\lambda_o}((n_o - n_e)d_1 + (n_e - n_o)d_2),$$

进一步简并为

$$\delta'(x) \approx \frac{2\pi}{\lambda_o}(n_e - n_o)\cdot(d_2 - d_1), \tag{8.52}$$

其中，d_1 和 d_2 分别为光束所历经的左右楔形棱镜的厚度. 在不同位置 x 处，对应不同的 d_1，d_2 值和厚度差$(d_2 - d_1)$，相应地获得连续变化的附加相位差值. 巴比涅补偿器存在一中心 C 处，这里对应着 $d_1 = d_2$，于是，这里就对应着附加相位差为零值. (8.52)式表示为近似式，这是因为一光束通过左侧棱镜而进入右侧棱镜后将发生双折射，自然地光束前进方向要偏离水平方向. 不过，当棱角 α 很小时，此偏离角也很小，上述近似还是合理的.

巴比涅补偿器的缺点是，能获得固定附加相位差的光束是很窄的，只能局限于某一特定部位，这不满足附加相位差可调的要求. 它的一种改进型为索累补偿器(Soleil compensator)，如图 8.22(c)所示，其右侧是一个厚度均匀的水晶平板，左侧是光轴彼此平行的两个楔形水晶棱镜，其中一个楔形棱镜安装在螺旋微动器上，通过螺旋运动而驱使其在另一个楔形棱镜上滑动，从而改变(8.52)式中的有效厚度 d_1，实现了对附加相位差的连续可调. 总之，索累补偿器可获得宽光束有固定且可调的附加相位差. 其实，索累补偿器左侧两个棱镜合起来就是一个厚度可调的波晶片，而右侧那厚度均匀的平板，不会引起光束方向上的分离，光束依然保持在水平方向传播直至出射. 因此，(8.52)式对索累补偿器是严格成立的.

8.4　圆偏振光、椭圆偏振光的产生和检验

· 通过波晶片后的偏振态分析　· 圆偏振光的产生　· 区分圆偏振光与自然光

· 椭圆偏振光的产生　· 区分椭圆偏振光与部分偏振光

● 通过波晶片后的偏振态分析

关于圆偏振光或椭圆偏振光产生的理论条件,包括相位差条件和振幅条件,已在第 2 章 2.14 节"光的宏观偏振态"一段中给出,现在的问题是如何实现那些条件. 为此,我们首先普遍地考察一束偏振光通过波晶片后,出射光的偏振态,其实验装置如图 8.23 所示.

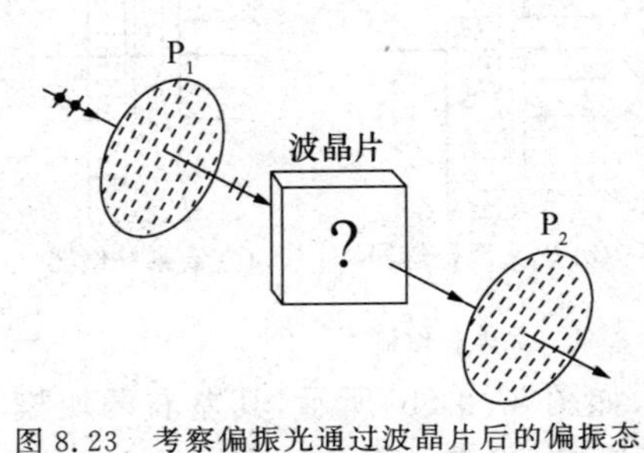

图 8.23　考察偏振光通过波晶片后的偏振态

对这类问题的分析程序总是这样的,首先以波晶片光轴方向为基准,在光束的横平面上取定坐标架(xy),x 轴表示 e 振动而 y 轴表示 o 振动;接着,以此正交坐标架为参考,确定光束在晶片入射点的相位差 $\delta_{oe}(A)$,并根据波晶片的种类确定附加相位差 δ'_{oe};最后,根据(8.37)式算出光在波晶片出射点的相位差 $\delta_{oe}(B)$,再借助解析几何知识而判定出射光的偏振态. 这一分析程序适用于入射光为任意偏振态、波晶片为任意种类或厚度的情形. 现将偏振光通过 $\lambda/4$ 片或 $\lambda/2$ 片的若干结果列出图表,见图 8.24,读者可通过具体推算予以审核. 这里为了书写简便,用 $+\lambda/4$ 片表示 δ'_{oe} 取值 $+\pi/2$,用 $-\lambda/4$ 片表示 δ'_{oe} 取值 $-\pi/2$.

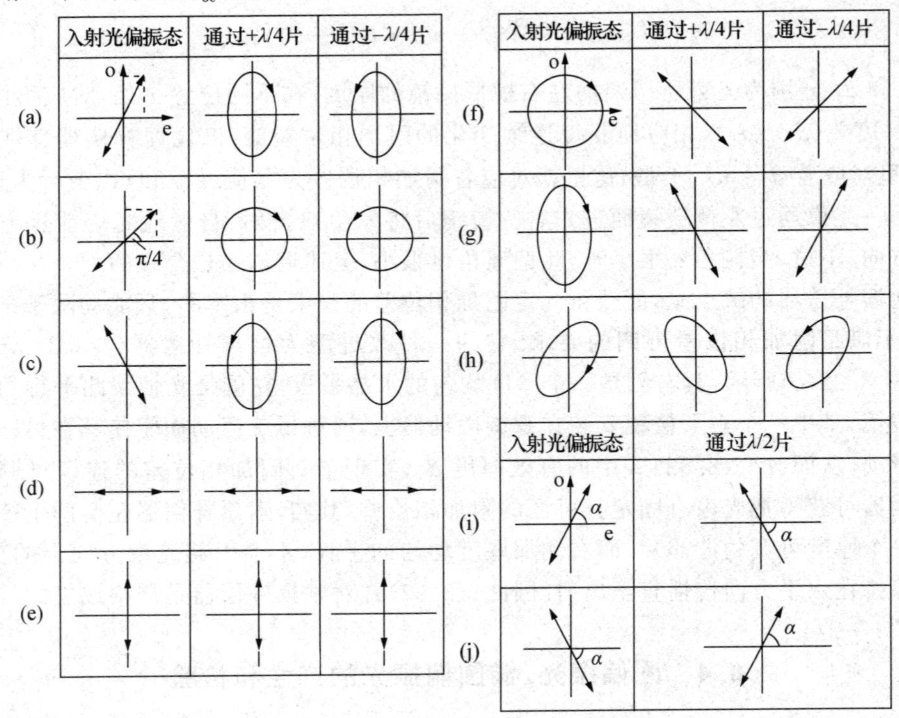

图 8.24　偏振光通过波晶片后的偏振态

由图 8.24 可见，线偏振光入射于 $\lambda/4$ 片时，其出射光一般为正椭圆偏振光，它是右旋还是左旋，这取决于选择的波晶片是 $+\lambda/4$ 片还是 $-\lambda/4$ 片，也取决于入射线偏振光的方位是在一、三象限还是在二、四象限. 这里有两个特例值得我们格外注意和记忆.

(1) 当入射光的线偏振方位与 $\lambda/4$ 片光轴夹角为 $\pi/4$ 时，出射光则为圆偏振光，因为此时那两个正交振动的振幅相等，即 $A_e=A_o$，且 $\lambda/4$ 片又提供 $\pm\pi/2$ 的附加相位差，其合成结果自然是一个圆偏振光.

(2) 当入射光的线偏振方位平行或垂直波晶片光轴时，出射光则依然为线偏振光且偏振方向不变，这时波晶片提供的附加相位差不起作用，因为那两个正交振动之一的振幅为零了. 这个结论适用于任何种类任何厚度的波晶片，它并不限于 $\lambda/4$ 片.

- **圆偏振光的产生**

图 8.24(b)告诉我们，在自然光条件下若要获得一圆偏振光，需要一个偏振器和一个 $\lambda/4$ 片联合作用，且要保证偏振器透振方向 $\boldsymbol{P}$ 与光轴方向 $\boldsymbol{e}$ 之夹角为 $\pi/4$①. 考虑到实际上的偏振片并不标明其透振方向，正如实际上的波晶片并不标明其光轴方向，拟采取以下实验以确保那 $\pi/4$ 夹角的实现，参见图 8.25.

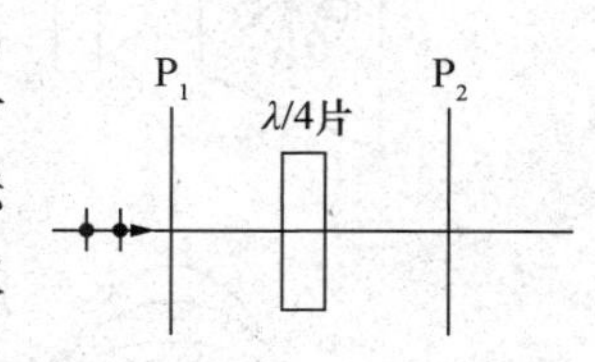

图 8.25　为了获得圆偏振光

第一步，取来两个偏振片 P_1 和 P_2，安排在光路中，转动其一达到消光为止，这表明此时两个透振方向正交，即 $\boldsymbol{P}_1\perp\boldsymbol{P}_2$.

第二步，取来一个 $\lambda/4$ 片插入于 P_1 和 P_2 之间，此时一般不再消光，即透射于 P_2 的光强不为零；转动 $\lambda/4$ 片达到消光为止，在 $\lambda/4$ 片转动一周过程中将出现 4 次消光状态，说明此时 $\lambda/4$ 片光轴方向处于图 8.24(d)或(e)状态，即 $\boldsymbol{e}/\!/\boldsymbol{P}_1$ 或 $\boldsymbol{e}\perp\boldsymbol{P}_1$ 状态.

第三步，转动 P_1 或顺时针 $\pi/4$ 角或逆时针 $\pi/4$ 角，便可保证透振方向 $\boldsymbol{P}_1$ 与光轴 $\boldsymbol{e}$ 之夹角为 $\pi/4$，此时从 $\lambda/4$ 片出射的光必定是一束圆偏振光. 我们可以顺手转动第二个偏振片 P_2 予以检验，理应在 P_2 转动过程中出射光强始终不变. 上述 $\pi/4$ 角度的测定，可通过与偏振片套装在一起的一个角度刻盘来指示.

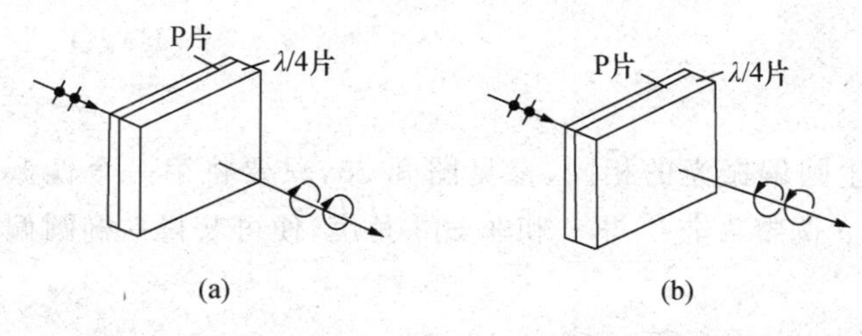

图 8.26　圆偏振器. (a) 右旋圆偏振器，(b) 左旋圆偏振器

有时人们将偏振片 P 与 $\lambda/4$ 片组装成一个器件，用以产生圆偏振光，当然其中透振方向与光轴之夹角为 $\pi/4$ 是已经被调整好的，这一器件称作圆偏振器(circular polarizer)，如图 8.26(a)，(b)所示. 在使用圆偏振器时要注意入射面与出射面是不许可交换的，必须让其中的偏振片面对入射的自然光.

---

① 为了方便和明晰，这里用 $\boldsymbol{P}$ 表示选定的透振正方向，同样，用 $\boldsymbol{o}$ 和 $\boldsymbol{e}$ 表示选定的 o 振动与 e 振动的正方向.

● **区分圆偏振光与自然光**

两者的共同特点是其偏振度为 0,在横平面上的偏振结构均具有轴对称性. 当取一张偏振片面对圆偏振光或自然光而转动时,出射光强则始终不变. 这表明仅用一个线偏振器是不能区分入射光是圆偏振光还是自然光. 若在一偏振片前面插入一个 $\lambda/4$ 片,那形势就不同了.

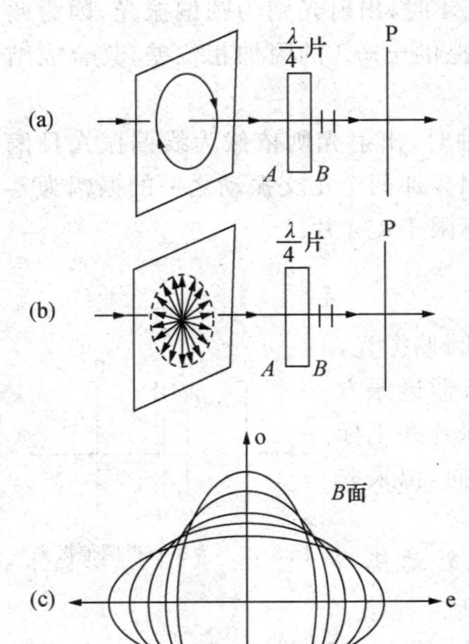

图 8.27　区分圆偏振光与自然光.
(a) 圆偏振光入射,(b) 自然光入射,
(c) 情形(b)时出射光偏振结构

如图 8.27(a)所示,入射的圆偏振光通过 $\lambda/4$ 片,必将成为一线偏振光,参见图 8.24(f),因为这时在入射点的相位差和附加相位差分别为

$$\delta_{oe}(A)=\pm\frac{\pi}{2},\quad \delta'_{oe}=\pm\frac{\pi}{2},\quad 故\quad \delta_{oe}(B)=0,\pi.$$

于是,在我们转动后面的偏振片过程中,其透射光强将出现消光状态.

如果入射光为自然光,它包含大量的、不同取向、彼此不相关的线偏振光如图 8.27(b),通过 $\lambda/4$ 片以后,则出射光的偏振结构如图 8.27(c)所示,它是大量的、具不同长短轴之比值、彼此不相关的椭圆光的集合,这种在微观上看来区别于入射自然光的偏振结构,在宏观上仍表现出轴对称性,当后面的偏振片转动时,出射光强依然如原来那样始终不变.

总之,一个 $\lambda/4$ 片与一个线偏振器 P 的联合作用,便可以实现对圆偏振光和自然光的检验. 若转动 P 而出现消光,则判定入射光为圆偏振光;若转动 P 而透射光强不变,则判定入射光为自然光. 当然,这里要注意那 $\lambda/4$ 片与 P 的先后次序不许可交换.

● **椭圆偏振光的产生**

产生椭圆偏振光的实验装置与产生圆偏振光的相同,参见图 8.25,只要将第一个偏振片 P_1 的透振方向与 $\lambda/4$ 片光轴之夹角 α 调整为非 0、非 π 和非 $\pi/4$ 角度,便可获得一椭圆偏振光,参见图 8.24(c).

● **区分椭圆偏振光与部分偏振光**

椭圆偏振光和部分偏振光的共同特点,是其偏振度介于(0,1)之间,当用一个偏振片面对这两者之一而转动时,表现出相同的光强变化特点——有光强极大和极小,但无消光位置. 因之,仅用一个线偏振器是无法区分入射光是椭圆偏振光还是部分偏振光,还需要借助

一个 $\lambda/4$ 片置于偏振片 P_1 前面，方能分辨两者. 当入射的椭圆光其长短轴方向与波晶片 $(\boldsymbol{o},\boldsymbol{e})$坐标轴一致时，即从$(\boldsymbol{o},\boldsymbol{e})$坐标架看来，入射的椭圆光是一个正椭圆，则它在通过这 $\lambda/4$ 片以后，便成为一线偏振光，如图 8.24(g)所示，这可用后面的 P_2 转动而出现消光状态给予确认. 倘若入射光为部分偏振光，通过这 $\lambda/4$ 片以后，还是部分偏振光. 虽然从微观上看两者有所不同，入射的部分偏振光是大量线偏振的集合，而从 $\lambda/4$ 片出射的是大量椭圆光的集合，但两者宏观特点是相同的，即当后面偏振片转动过程中，有光强变化，却无消光.

如何使波晶片的光轴对准入射椭圆光的长轴或短轴，这是该实验的关键. 若是从$(\boldsymbol{o},\boldsymbol{e})$坐标架来看，入射的是一束斜椭圆光，通过那 $\lambda/4$ 片以后，则依然是斜椭圆光，如图 8.24(h)所示，这就无法将其与部分偏振光的观测结果区别开来. 这一关键问题在实验上如何解决，可借鉴产生圆偏振光的实验步骤，此题留给读者去完成.

8.5 偏振光干涉

- 偏振光干涉装置和现象　• 偏振光干涉概念和方法
- 例题 1——计算偏振光干涉系统输出光强　• 显色偏振和偏振滤光器
- 例题 2——利奥滤光器晶片厚度的选择　• 偏振光干涉条纹——楔形晶片
- 光测弹性　• 会聚偏振光干涉

• 偏振光干涉装置和现象

一个波晶片或一个光学各向异性样品 C 置于两个线偏振器 P_1，P_2 之间，这就构成了一个典型的偏振光干涉装置，如图 8.28 所示. 在自然光入射的条件下，我们可以观察到丰富多彩的输出图像出现于横平面(xy)上.

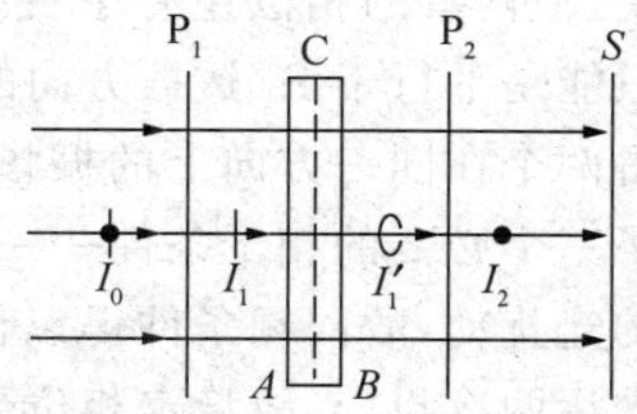

图 8.28　偏振光干涉装置. P_1，P_2 为线偏振器，通常两者正交；C 为波晶片或各向异性样品；S 为接收屏(x,y)面

(1) 若波晶片厚度均匀、准单色光入射，则输出光强 $I_2(x,y)$呈现均匀分布；此时，若转动 P_2 或其他元件，则输出光强随之发生变化.

(2) 若波晶片厚度非均匀，比如楔形晶片，且准单色光入射，则输出光强 $I_2(x,y)$呈现非均匀分布，在(xy)面上出现花样；此时，若转动 P_2 或其他元件，则强度花样随之发生变化，每当 P_2 转过 $\pi/2$ 角度，亮纹与暗纹便交替变化一次.

(3) 若白光入射，在以上两种情形下，输出场呈现彩色条纹或彩色花样；若转动 P_2 或其他元件，则输出场的色调分布随之发生变化，每当 P_2 转过 $\pi/2$ 角度，两种互补色便交替变化一次.

(4) 若用一张透明塑料片，比如一透明塑料三角板或一小鹿透明塑料玩具，置于那两个偏振片之间，通常情形下输出场也将呈现彩色花样；当 P_2 转动，这花样色调便随之变化，多彩多姿，煞是好看. 更有意思的是，若在塑料模型的周边或表面，人为地施加一局域的拉力或

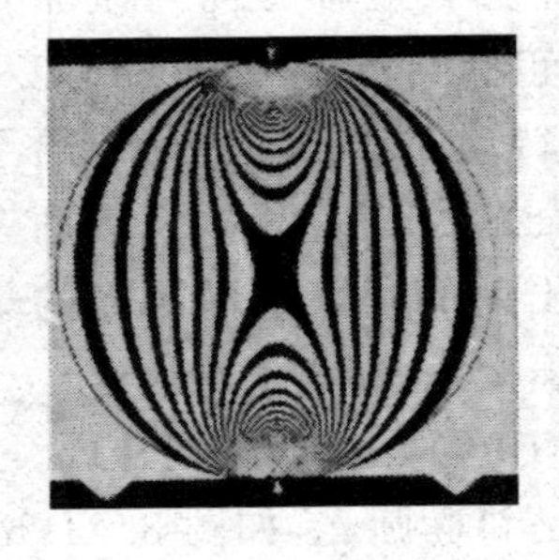
图 8.29　偏振光干涉条纹

压力，则输出花样随之变化，并可注意到在那局域邻近的花样显得格外细密．这类现象源于模型的内应力分布导致了材料在光学性能上的各向异性，如图 8.29 所示．

对于图 8.28 所示系统的光学性能的分析，可以着眼于两方面，一方面是考察通过各元件的偏振态的变化和非均匀性，另一方面是考察通过各元件的光强的变化．兹罗列如下：

分析偏振态　自然光 $\xrightarrow{P_1}$ 线偏光 $\xrightarrow{C}$ 椭圆光？$\xrightarrow{P_2}$ 线偏光；

分析光强　$I_0 \xrightarrow{P_1} I_1 = \dfrac{I_0}{2} \xrightarrow{C} I_1' \approx I_1 \xrightarrow{P_2} I_2$？

可见，这两组平行问题，难点分明．前者的难点在于确定通过波晶片或各向异性样品的偏振态，是怎样的椭圆偏振光，抑或圆偏振光或线偏振光，这取决于对相位差 $\delta_{oe}(B)$ 的分析和振幅的分析，其实，这个问题在上一节 8.4 中已经论处．后者的难点在于确定最终通过 P_2 的输出光强 $I_2(x,y)$．显然，对上述观察到的输出图像的理论说明，有赖于对这输出光强函数的解析表达，这正是本节内容的主题．

- **偏振光干涉概念和方法**

我们采用干涉方法求解上述偏振系统的输出光强，参见图 8.30．设入射于波晶片 C 的线偏振光，其振幅矢量为 $\boldsymbol{A}_1$；进入波晶片时它被分解为两个正交的特征振动，其振幅矢量分别为 $\boldsymbol{A}_e$ 和 $\boldsymbol{A}_o$，忽略波晶片对光的反射和吸收，故通过波晶片后这两个矢量的长度几乎不变，但两者的相位差有了变化，需添加 δ_{oe}'；通过 P_2 的光矢量只能是平行于 P_2 透振方向的分量，故需要作再一次分解而获得两个在同一方向上的振幅矢量 $\boldsymbol{A}_{2e}$ 和 $\boldsymbol{A}_{2o}$．这两个振动满足了三个必要的相干条件——两者来自同一光源同一谱线发射的光扰动，故同频条件得以保证；两者来自同一线偏振 $\boldsymbol{A}_1$ 的先后两次投影，故稳定相位差条件得以保证；凭借第二个线偏振器，两者满足同方向条件则不言自明．

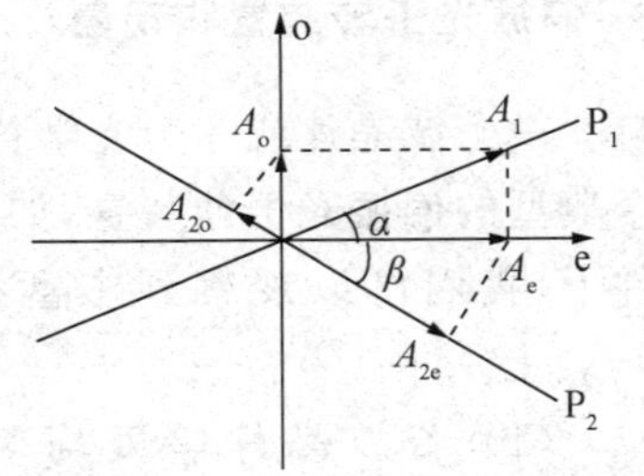

图 8.30　用干涉法求解输出光强

于是，输出光强 I_2 被表达为双光束相干强度的形式，

$$I_2(x,y) = A_2^2 = A_{2e}^2 + A_{2o}^2 + 2A_{2e}A_{2o} \cdot \cos\delta_2, \tag{8.53}$$

其中，振幅分量为

$$A_{2e} = A_1 \cos\alpha \cdot \cos\beta,\quad A_{2o} = A_1 \sin\alpha \cdot \sin\beta,\quad A_1^2 = I_1 = \frac{1}{2}I_0. \tag{8.54}$$

而在同一方向上这两个振动之相位差 δ_2 含有三项，

$$\delta_2 = \delta_{oe}(B) + \delta'' = \delta_{oe}(A) + \delta_{oe}' + \delta'', \tag{8.55}$$

这里，$\delta_{oe}(A)$表示入射偏振光在波晶片第一界面 A 处 o 振动与 e 振动之相位差；δ_{oe}'是波晶片体内所引致的相位差，已由(8.38)式给出；δ''是正交坐标轴$(\boldsymbol{o},\boldsymbol{e})$向 P_2 透振方向投影带来的

相位差，它只有两种可能的取值：

$$\delta''=\begin{cases}0, & \text{当 } \boldsymbol{o},\boldsymbol{e} \text{ 投影于 } \mathrm{P}_2 \text{ 的方向一致；}\\ \pi, & \text{当 } \boldsymbol{o},\boldsymbol{e} \text{ 投影于 } \mathrm{P}_2 \text{ 的方向相反.}\end{cases} \tag{8.56}$$

考虑δ''的必要性可通过下一节段的例子得以确认.

输出光强表达式可进一步显示为

$$I_2(x,y)=I_1(\cos^2\alpha\cdot\cos^2\beta+\sin^2\alpha\cdot\sin^2\beta+2\cos\alpha\cos\beta\cdot\sin\alpha\sin\beta\cdot\cos\delta_2). \tag{8.57}$$

由此可见，输出光强 I_2 是(α,β,δ_2)的函数. 这就不难理解，输出光强随 P_2 或其他元件的转动而变化，因为这时 β 角变了，或 α 角变了；这就不难理解，当波晶片厚度 d 非均匀时，系统终端将呈现干涉花样，因为这时 $d(x,y)$导致 $\delta_2(x,y)$，最终导致 $I(x,y)$；这就不难理解，当白光入射时，系统终端将呈现彩色花样，因为 δ_2 中含波长 λ 变量，即使对样品的同一厚度 d 和同一折射率差 Δn，其对应的相位差也将因波长而异.

最后，尚有一个概念值得着重说明一下. 在图 8.28 所示的偏振光干涉系统中，第一个偏振片 P_1 是必要的，当入射光为自然光时. 因为，若无 P_1，直接入射于波晶片的自然光偏振态，虽然也可以被分解为两个正交振动 $\boldsymbol{A}_\mathrm{e}$ 和 $\boldsymbol{A}_\mathrm{o}$，但两者之间的相位差是不稳定的，它是一个随机量①，即使有第二个偏振片 P_2 保证了 $\boldsymbol{A}_{2\mathrm{e}}$ 和 $\boldsymbol{A}_{2\mathrm{o}}$ 同方向，两者仍系非相干叠加. 于是，输出光强中不含有相位差 δ_2 因素，这也就丢失了样品光学各向异性的信息，那个光学系统就不成为一个偏振光干涉系统. 概括地说，在自然光入射条件下，两个振动 $\boldsymbol{A}_{2\mathrm{e}}$，$\boldsymbol{A}_{2\mathrm{e}}$ 同方向的条件由第二个偏振片给以保证，两者有稳定相位差的条件由第一个偏振片得以实现，最终导致该系统的输出光强是一相干光强. 顺理推论，若入射光本身就是一束圆偏振光或椭圆偏振光，那第一个偏振片就不必要了，可以被省略，这系统依然是一个偏振光干涉系统. 求解其输出光强的程序——两次分解、三项相位差分析，是完全一样的，只不过按入射光的偏振态对入射点的相位差 $\delta_{\mathrm{oe}}(A)$作出准确判断就是了.

• 例题 1——计算偏振光干涉系统输出光强

如图 8.31(a)，(b)所示的两种情形，系偏振光干涉系统中前后两个偏振片相对于波晶片$(\boldsymbol{o},\boldsymbol{e})$坐标架的取向情形，(a)是两个偏振片正交，(b)是两者平行，而 α,β 值均为 $\pi/4$. 以 $\alpha=\beta=\pi/4$ 代入(8.57)式，得输出光强为

$$I_2=\frac{1}{2}(1+\cos\delta_2)I_1, \tag{8.58}$$

进而考察相位差 δ_2，其中的两项首先可以被确定为

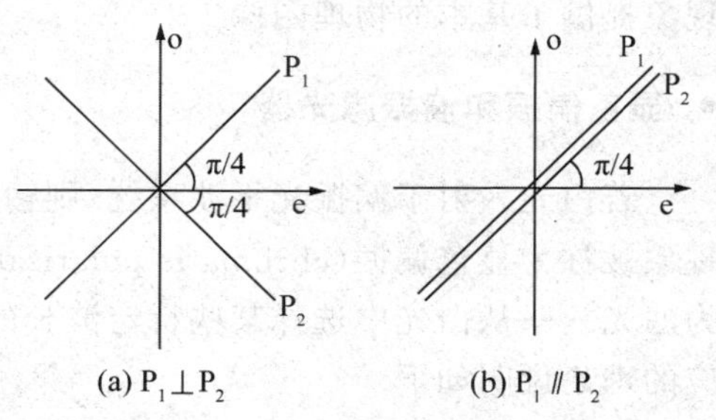

图 8.31 例题 1——求偏振光干涉系统输出光强

① 参见第 2 章 2.15 节，部分偏振光的部分相干性，“用于分析自然光”节段；这一节中也已经提出了偏振光干涉方法，并讨论了杨氏双孔装置中的偏振光干涉实验，只不过那里偏振片之间没有各向异性样品.

$$\delta_{oe}(A)=0,\quad \delta''=\begin{cases}\pi, & \text{当 } P_1\perp P_2;\\ 0, & \text{当 } P_1 /\!/ P_2.\end{cases}$$

于是，

$$I_2=\frac{1}{2}(1-\cos\delta'_{oe})I_1=I_1\cdot\sin^2\frac{\delta'_{oe}}{2},\quad \text{当 } P_1\perp P_2; \tag{8.59}$$

$$I_2=\frac{1}{2}(1+\cos\delta'_{oe})I_1=I_1\cdot\cos^2\frac{\delta'_{oe}}{2},\quad \text{当 } P_1 /\!/ P_2. \tag{8.60}$$

显然，体内附加相位差 δ'_{oe} 值取决于波晶片的种类. 兹选择几种典型波晶片，并将相应的计算结果列于表 8.3 以备今后引用.

表　8.3

波晶片	δ'_{oe}	输出光强	
		$P_1\perp P_2$	$P_1 /\!/ P_2$
$\lambda/4$ 片	$\pm\pi/2$	$I_1/2$	$I_1/2$
$\lambda/2$ 片	π	I_1	0
λ 片	0	0	I_1
$2\lambda/3$ 片	$\pm 4\pi/3$	$3I_1/4$	$I_1/4$

这里，I_1 是透过 P_1 的光强，它等于自然光入射光强 I_0 之一半. 上述计算结果也可从定性分析中得到直观的理解. 比如，通过 λ 片时，偏振态不发生变化，沿 P_1 方向的光矢量 $\mathbf{A}_1$ 则完全被 P_2 吸收，当 $P_1\perp P_2$ 时，即消光，$I_2=0$；而当 $P_1 /\!/ P_2$ 时，它则完全通过 P_2，即 $I_2=I_1$. 又比如，通过 $\lambda/2$ 片时，光矢量 $\mathbf{A}_1$ 其取向由过一、三象限转变为过二、四象限方向，在目前条件下恰巧转过 $2\alpha=\pi/2$ 角度，当 $P_1\perp P_2$，这反而平行 P_2 了，故输出光强 $I_2=I_1$；当 $P_1 /\!/ P_2$，通过 $\lambda/2$ 片的线偏振方向却与 P_2 正交而消光，即 $I_2=0$. 按公式计算的结果与定性分析结论的这种一致性，也表明了在相位差 δ_2 计量中，计及坐标轴投影带来的 δ'' 项是必要的.

本例题及其结果是分析随后出现的各种偏振光干涉现象的基础，为理解那多种多样的现象提供了基本的物理图像.

● 显色偏振和偏振滤光器

若白光入射于偏振光干涉系统，则输出场呈现彩色图像，其色调随 P_2 转动而变化，这一现象被称为显色偏振(chromatic polarization). 它提供了对色调的一种空间调制手段，进而，为滤光——从白光中选择某些特定波长的单色光输出，提供了一种技术途径. 对显色偏振效应的理论说明如下.

让我们将注意力集中于系统输出光强公式中相位差 δ_2，其中由波晶片所引致的那第二项为

$$\delta'_{oe}=\frac{2\pi}{\lambda}\Delta n\cdot d,$$

这里，几何厚度 d 显然与光波长 λ 无关；标志材料各向异性的折射率差 $\Delta n=n_e-n_o$，若考虑

色散效应，它多少是与λ有关系的，但在目前情况下，由色散效应带来的Δn因λ而异，是一高阶小量，忽略其影响是合理的. 于是，决定δ'_{oe}与λ关系的主要因素在于系数$2\pi/\lambda$，即

$$\delta'_{oe}(\lambda) \propto \frac{1}{\lambda}. \tag{8.61}$$

比如，设某一波晶片，对紫光$\lambda_1 \approx 380$ nm是一全波片即λ片，则它对黄光$\lambda_2 \approx 570$ nm而言就等效于一个$2\lambda/3$片，对红光$\lambda_3 \approx 760$ nm而言它便等效于一个$\lambda/2$片.①若将此波晶片置于上述例题1给出的装置中，那输出光强便可直接借用表8.3给出的结果，从而看出显色效应来，兹将其列于表8.4.

表 8.4

波长	色调	等效波晶片	输出光强	
			$P_1 \perp P_2$	$P_1 /\!/ P_2$
λ_1，380 nm	紫	设 λ片	紫光·消	紫光·强
λ_2，570 nm	黄	则 $2\lambda/3$片	黄光·中	黄光·中
λ_3，760 nm	红	则 $\lambda/2$片	红光·强	红光·消
三色光($\lambda_1,\lambda_2,\lambda_3$)，对应光强$i_1,i_2,i_3$			$i_3+3i_2/4$	$i_1+i_2/4$

如果入射光是一种多色光，包含有三种波长成分($\lambda_1,\lambda_2,\lambda_3$)，设其透过$P_1$的光强分别为($i_1,i_2,i_3$)，这给出了入射光的一种色调. 那么，从表8.4数据中看到，经偏振光干涉系统，输出光强的色调有了变化. 当$P_1 \perp P_2$时，输出光强为($i_3+3i_2/4$)，其色调偏向长波红端；当$P_1 /\!/ P_2$时，输出光强为($i_1+i_2/4$)，其色调偏向短波紫端. 总之，通过偏振光干涉系统，输出光场的色调有异于入射光，且随P_2转动而变化. 推而广之，如果入射光为白光，其光谱连续地分布于380—760 nm范围，通过偏振光干涉系统便改变了光谱成分，呈现彩色图像；当P_2从$P_2 \perp P_1$转到$P_2 /\!/ P_1$，则输出彩图中的一对互补色调，此消彼长，交替显现.

任何一种色效应皆蕴含着波长选择性，均可以被应用来制成滤波器，偏振显色效应也当如此. 偏振滤光器中最为著名的是一种利奥滤光器(Lyot filter)，其结构显示于图8.32. 它包括6块石英晶片，它们的光轴方向彼此平行，而晶片厚度按2倍率依次增加，即$d_1:d_2:$

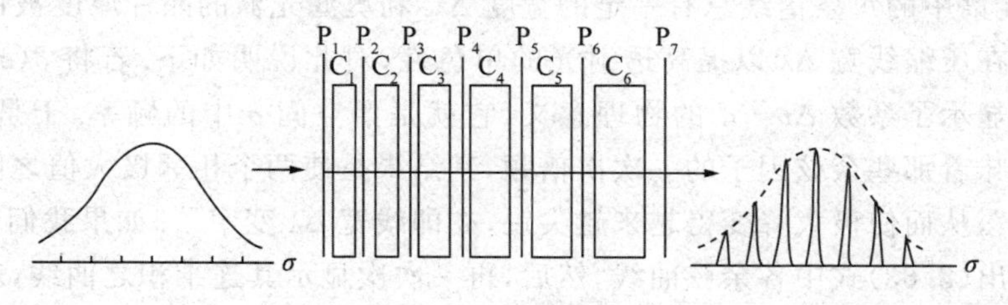

图8.32 利奥滤光器

① 严格说，这里假定了该晶片厚度对波长$\lambda_1=380$ nm而言是一个全波片的最小厚度，即$\delta'_{oe}(\lambda_1)=2\pi$，而不等于$4\pi,6\pi,8\pi,\cdots$. 若晶片厚度增加，以致$\delta'_{oe}(\lambda_1)=4\pi,6\pi,8\pi,10\pi$，则这晶片对$\lambda_3=760$ nm而言也可以成为一个全波片或半波片，因为此时$\delta'_{oe}(\lambda_2)=2\pi,3\pi,4\pi,5\pi$.

d_3∶…∶d_6=1∶2∶4∶…∶32,实际数据为 2.221 — 71.080 mm;每两个晶片之间安插一个偏振片,前后共有 7 片,它们的透振方向彼此平行,且与晶片光轴方向之夹角为 $\pi/4$,这正是例题 1 图 8.31(b)的情形.当白光入射,这利奥滤光器的透射光谱中就含有 20 多个离散的准单色成分,$\lambda_1,\lambda_2,\cdots$,其谱线宽度 $\Delta\lambda$ 仅为 2 Å.

利奥滤光器工作原理如下.该滤光器中每两个偏振片之间有一块波晶片,形成一个偏振光干涉单元(P·C·P),其状态与图 8.31(b)相同,故可以直接借用(8.60)式逐次给出透射光强 I 或透射振幅 A.这里,为了免除书写上的麻烦,引入符号 δ 替代 δ'_{oe},引入波数 σ 替换波长 λ,即

$$\delta(\sigma)=\delta'_{oe}=\frac{2\pi}{\lambda}\Delta n\cdot d=2\pi\Delta nd\cdot\sigma,\quad \sigma=\frac{1}{\lambda}. \tag{8.62}$$

于是,透射光振幅逐次变化的规律为

$$A_1\rightarrow(P_1\cdot C_1\cdot P_2)\rightarrow A_2=A_1\cos\frac{\delta_1}{2},$$

$$A_2\rightarrow(P_2\cdot C_2\cdot P_3)\rightarrow A_3=A_2\cos\frac{\delta_2}{2}=A_1\cos\frac{\delta_1}{2}\cdot\cos\frac{\delta_2}{2},$$

$$\cdots$$

$$A_6\rightarrow(P_6\cdot C_6\cdot P_7)\rightarrow A_7=A_1\cos\frac{\delta_1}{2}\cdot\cos\frac{\delta_2}{2}\cdot\cos\frac{\delta_3}{2}\cdot\cos\frac{\delta_4}{2}\cdot\cos\frac{\delta_5}{2}\cdot\cos\frac{\delta_6}{2}. \tag{8.63}$$

我们知道,厚度为 d_1 的石英晶片对不同波数 σ 来说,其相位差 δ 值是不同的,正如(8.62)式所示,只有若干特定波长 λ_i 使这晶片成为全波片.对这些特定波长,(8.63)式中的余弦因子均取极大值“1”,故最终透射振幅或光强亦取极大值

$$A_7(\lambda_i)=A_1,\quad I_7(\lambda_i)=I_1,$$

这表明利奥滤光器对这些离散的特定谱成分通行无阻.而偏离 λ_i 的其他光谱成分,余弦因子则小于“1”或等于“0”,可以想见,那 6 个因子连乘之积就非常小,甚至为零.这些波长成分的光强通过一个个单元而逐次衰减.当然,其中有的波长成分衰减得快,有的衰减得慢,这后者导致透射光谱中的每条谱线总有一定的宽度 $\Delta\lambda$.利奥滤光器的晶片厚度被设计为按几何级数递增,旨在压缩线宽 $\Delta\lambda$ 以提高透射光的单色性,对此说明如下.若将 $\delta(\sigma)$ 表达式代入(8.63)式,便显示了系数 $\Delta n\cdot d$ 的物理意义,它就是谱空间 σ 中的频率.于是,厚度 d 的 2 倍率递增,意味着那些余弦因子的一次次倍频,其结果是使两个相邻极大值之间出现了越来越多的“零点”,从而使极大峰变得越来越尖锐,亦即线宽 $\Delta\lambda$ 变窄了.如果我们以波数 σ 为横坐标,亲手画出(8.63)式中各余弦曲线,然后,再一次次显示其连乘积之曲线,就能清楚地看出那些离散谱线逐渐变窄的图像.

利奥滤光器的一个有价值的应用是在天文学上,利用它可以不必等待到日全食便可观测日冕及日珥的光谱.人们还可以通过改变滤光器的温度以改变晶片折射率,从而将透射光谱峰值位置移至所需要的波长值.

● 例题 2——利奥滤光器晶片厚度的选择

我们对利奥滤光器提出以下设计要求：让其透射光谱在可见光波段出现 13 条谱线，试问它的 6 个晶片系列中最薄晶片厚度 d_1 应当选定为多少？

对于利奥滤光器，其透射光强极大所对应的波长值应当满足全波片条件，

$$\Delta n \cdot d_1 = k\lambda, \quad k = 1,2,3,\cdots \tag{8.64}$$

对紫端 $\lambda_1 = 380\ \mathrm{nm}$ 和红端 $\lambda_2 = 760\ \mathrm{nm}$，分别有

$$\Delta n \cdot d_1 = k_1\lambda_1, \qquad \Delta n \cdot d_1 = k_2\lambda_2, \qquad k_2 = k_1 - (N-1). \tag{8.65}$$

这里，N 就是所期望的出现谱峰的数目. 据此解出，

$$k_1 = (N-1)\frac{\lambda_2}{(\lambda_2-\lambda_1)} = (13-1)\times 2 = 24.$$

再回过来代入(8.65)方程组中第一式，并查出石英的折射率(n_e，n_o)数据，得

$$d_1 = \frac{k_1\lambda_1}{\Delta n} = \frac{24\times 380\ \mathrm{nm}}{(1.553\,36 - 1.544\,25)} \approx 1.01\ \mathrm{mm},$$

其他几块晶片厚度依次按二倍率递增，至第 6 块其厚度应当为

$$d_6 = 2^5 d_1 \approx 32\times 1.01\ \mathrm{mm} \approx 32.32\ \mathrm{mm}.$$

可能出现谱峰的波长值，按以下公式算出，

$$\lambda_m = \frac{\Delta n d_1}{m} = \frac{k_1}{m}\lambda_1 = \frac{24}{m}380\ \mathrm{nm}, \quad m = 24,23,22,\cdots,13,12. \tag{8.66}$$

其结果如下(单位为 nm)：

380，396.5，414.5，434.3，456.0，480.0，

506.7，536.5，570.0，608.0，651.4，701.5，760.0.

从以上数据中看出，这一系列离散的波长值其间隔并不均匀，靠近长波方向这间隔越来越宽. 若采用波数 σ 为光谱曲线横坐标的变量，则

$$\sigma_m = \frac{1}{\lambda_m} = m\frac{\sigma_1}{k_1}. \tag{8.67}$$

可见这些谱线分布就匀称了. 图 8.32 左右两侧的曲线分别示意入射光谱和透射光谱，均以波数 σ 为横坐标.

● 偏振光干涉条纹——楔形晶片

偏振光干涉条纹或干涉花样，产生于介质板既是各向异性又是非均匀的情形. 如图 8.33(a)所示，一块棱角为 α 的楔形石英片置于两个正交偏振片之间，在准单色光入射时，位于 P_2 后面的观察者可以看到一组平行的直条纹，或通过一透镜将此条纹放大成像于屏上. 楔形晶片的厚度 d 连续变化，这导致晶片体内附加相位差连续变化，

$$\delta'_{oe}(x) = \frac{2\pi}{\lambda}\Delta n \cdot d(x), \quad d(x) \approx \alpha x,$$

由此可见，沿 x 方向考察该晶片厚度，在某些地点相当于 $\lambda/4$ 片，某些地点相当于 $\lambda/2$ 片或 λ

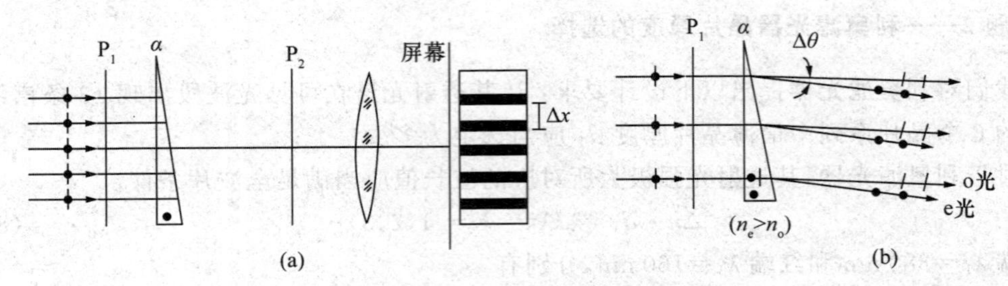

图 8.33　楔形晶片生成的干涉条纹

片. 于是,输出光强相应地出现周期性的变化而呈现亮暗交替的条纹;当 P_2 转动 $\pi/2$ 角度,则亮纹与暗纹的位置彼此对换,而条纹间距不变. 我们可以令相位差改变量等于 2π 而求得条纹间距 Δx:

$$\begin{cases}\Delta\delta_2 = \Delta\delta'_{oe} = 2\pi, \\ \Delta\delta'_{oe} = \dfrac{2\pi}{\lambda}\Delta n \cdot \Delta d \approx \dfrac{2\pi}{\lambda}\Delta n \cdot \alpha\Delta x.\end{cases}$$

得条纹间距公式

$$\Delta x = \frac{\lambda}{\alpha\Delta n}. \tag{8.68}$$

由此可见,楔形晶片棱角 α 越小则间距越宽;材料各向异性越强烈即 Δn 值越大,则条纹越密. 人们可以通过偏振光干涉装置并制作楔形晶片,测量干涉条纹间距而确定晶体材料的 Δn 值. (8.68)式表明,红光产生的条纹间距大于蓝光的,故在白光照射条件下,该输出场将呈现彩色条纹.

对上述干涉条纹的出现,我们可以从另一角度作出进一步分析. 正入射于石英晶片的光束,被分解为 o 光束和 e 光束,虽然两者的传播方向在体内并未分离,但到达第二界面进入空气时,就成为沿不同方向偏折的两束光,其偏向角分别为

$$\theta_e \approx (n_e - 1)\alpha, \quad \theta_o \approx (n_o - 1)\alpha, \tag{8.69}$$

如图 8.33(b)所示. 由此可见,在晶片至 P_2 的空间中,存在两束平行光,然而,两者系非相干,因为其振动方向彼此正交. 故在屏上是不会出现干涉条纹的. 只有插入偏振片 P_2,才实现了这两束平行光的干涉,其条纹间距公式可直接引用(2.60)式,给出如下,

$$\Delta x = \frac{\lambda}{\sin\theta_e - \sin\theta_o} \approx \frac{\lambda}{(\theta_e - \theta_o)} \approx \frac{\lambda}{(n_e - n_o)\alpha}. \tag{8.70}$$

这与(8.64)式一致.

- **光测弹性**(photoelasticity)

若置于偏振光干涉系统中的透明介质板,既是各向异性的又是非均匀的,这体现为 $\Delta n(x,y)$,则输出场将呈现出干涉花样,虽然这介质板的几何厚度是均匀的. 其关系示意如下:

$$\Delta n(x,y) \Longleftrightarrow \delta'_{oe}(x,y)=\frac{2\pi}{\lambda}d\cdot\Delta n(x,y) \Longleftrightarrow I_2(x,y). \tag{8.71}$$

比如，玻璃、塑料等透明介质或其器件，在制作过程中若退火良好，它们是各向同性的. 若退火不好，就将有局域应力冻结于体内. 介质的内应力将导致各向异性，这体现于存在 Δn；内应力的非均匀分布将导致介质各向异性的非均匀性，这体现于 $\Delta n(x,y)$；在那些内应力特别大的局域，相应地 Δn 值也特别大. 人们可以从这些透明器件生成的十分鲜明的偏振光干涉花样中，诊断出内应力的存在及其分布特征，如同一位医生面对一张 X 光片诊断器官病变. 光学元件如透镜、棱镜等，其内应力的存在将大大降低它的光学性能. 偏振光干涉方法为检测制作元件的光学材料是否残存内应力，提供了一种简便而有效的手段.

如果对各向同性的透明器件施加一局域外力，或拉伸或压迫，也将导致器件内应力的出现，这可以从其偏振光干涉花样及其变化中敏感地显示出来. 在力学学科领域由此发展出一个专业分支——光测弹性学，它有着广泛的应用场合. 比如，在飞机、桥梁和水坝等大型机械或工程中，有着许多大型的构件. 这些构件在整体机械中将承受着某些外力的作用，从而有相应的内应力分布. 如果某些局域应力过分集中，便将容易出现断裂等“病变”，这在设计构件的尺寸和形状结构时应当事先有所预测并予以避免. 对此，光测弹性学是这样进行预试验的：用透明介质材料制作一个相似缩小的模拟构件，置于含有偏振片的光测弹性仪中，并对这模拟构件施加一个同倍率缩小的模拟外力，从系统输出端显现的干涉花样中，可以诊断构件设计的合理性. 显然，光测弹性仪的应用大大地节约了对设计合理性作判断试验的时间和经费. 图 8.34 显示了一张光测弹性照片.

图 8.34　光测弹性照片

光测弹性学，也称光弹术，还有很多类似的应用. 比如，为了预报矿井可能发生的“冒顶”事故，在坑道壁上嵌入一面玻璃镜，镜前置放一偏振片，使入射光和镜面反射光均通过这一偏振片，因之它就扮演了偏振光干涉系统中那前后两个偏振片的作用. “冒顶”事故发生之前兆，玻璃镜面的内应力很大，这可从干涉条纹中显现出来，从而及时采取预防措施. 又比如，光弹术也可应用于地震预报. 地震发生之前兆，相关地区的岩层内将出现很大的应力且这应力相当集中. 如果我们已有监测地区岩层构造的模拟样板，并且在这一地区边缘上获得岩层应力的若干实测数据，那么就将这一透明塑料制成的模拟样板置于光弹仪中，便可从光弹仪显示的干涉条纹的分布图样中，找出应力最集中的区域.

总之，光弹仪或光弹术基于偏振光干涉原理，可应用于显示或测量样板的内应力分布，只要预制好与实际对象相符合的透明介质模拟样板.

● 会聚偏振光干涉

与平行光偏振干涉系统相比较，会聚光偏振干涉系统中添加了两个透镜 L_1 和 L_2，如图 8.35(a)所示. 其中 L_1 是将出射于偏振片 P_1 的平行线偏振光，变换为会聚线偏振光而射入晶片 C;L_2 将出射于 C 的两束发散线偏振光变换为平行光,再通过 P_2 以实现干涉,且获得较大范围的可观测图像;晶片的厚度是均匀的,其光轴与表面正交.会聚偏振光的干涉图样如图 8.35(c),(d),前者是单轴晶体生成的,后者是双轴晶体生成的.图样(c)看起来像是一组同心干涉环,却被一暗"十"字切分为四瓣.的确,它正是会聚光锥的轴对称性和线偏振光的非轴对称两者综合的结果.对此定量说明如下.

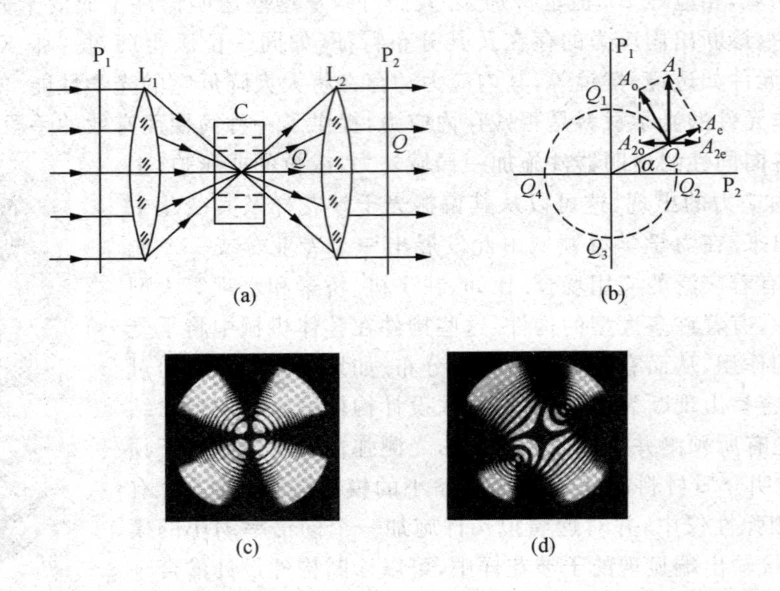

图 8.35 会聚偏振光干涉装置和图样.(a) 光路布局,(b) 定量说明,(c) 单轴晶体方解石干涉图样,晶体表面垂直光轴,(d) 双轴晶体霞石干涉图样,晶体表面垂直两条光轴的分角线

在横平面上分析参与相干叠加的各光矢量的振幅分量,参见图 8.35(b),其中 P_1,P_2 两个透振方向构成一正交坐标架,虚线描出的圆周表示一倾角为 θ 的空心光锥到达晶片第二界面的各点.任选其中一 Q 点,其光矢量 $\boldsymbol{A}_1 /\!/ \boldsymbol{P}_1$.仔细考察在会聚光入射条件下晶体中两个特征振动的方向,便可确认 o 振动沿圆周切线方向,而 e 振动在晶片体内其方向并非严格地平行界面,但经 L_2 变换为平行光束后,e 振动方向就转变为严格地沿那圆周的半径方向.接下来便施行惯用的两次投影的方法,设 OQ 与 P_2 之夹角为 α,则最终参与相干叠加的两个振幅分量为

$$\begin{cases} A_{2\text{e}} = A_\text{e} \cos\alpha = A_1 \sin\alpha \cdot \cos\alpha = \dfrac{A_1}{2} \sin 2\alpha, \\ A_{2\text{o}} = A_\text{o} \sin\alpha = A_1 \cos\alpha \cdot \sin\alpha = \dfrac{A_1}{2} \sin 2\alpha, \end{cases}$$

其相位差 δ_2 为

$$\delta_2 = 0 + \delta(\theta) + \pi,$$

这里,晶片体内的附加相位差 $\delta(\theta)$,决定于会聚光束中的光线相对于光轴的倾角 θ,它具有

轴对称性,即同一倾角的空心光锥中各光线的 δ 值是相同的. 于是,其干涉强度为

$$I_2(\alpha,\theta) = A_{2e}^2 + A_{2o}^2 + 2A_{2e}A_{2o}\cos\delta_2 = \frac{1}{2}A_1^2\sin^2 2\alpha(1-\cos\delta(\theta)),$$

进一步简化为

$$I_2(\alpha,\theta) = A_1^2\sin^2 2\alpha\cdot\sin^2\frac{\delta(\theta)}{2}. \tag{8.72}$$

可见,会聚于单轴晶体的偏振光干涉,其强度函数正是两个因子的乘积,称其中 $\sin^2\delta(\theta)/2$ 为光锥轴对称性因子,$\sin^2 2\alpha$ 为线偏振非轴对称因子. 在图 8.35(b)圆周上标明的"十"字的那四个端点 Q_1,Q_2,Q_3 和 Q_4,其 α 角分别为

$$\alpha = \frac{\pi}{2},\ 0,\ -\frac{\pi}{2}\ 和\ \pi,$$

代入(8.72)式,结果其光强均为零,那干涉图样中的暗"十"字就是这样生成的;其实,当 $\alpha=\pi/4,-\pi/4,3\pi/4$ 和 $-3\pi/4$,则非对称因子为极大值 1,也可以说,那干涉图样中的亮"╳"号,即暗"十"字外的亮瓣,就是这样生成的. 总之,干涉强度函数中的轴对称性因子给出了横平面上径向光强的周期性分布,非轴对称性因子给出了横向光强的周期性分布.

在白光照射下,这干涉图样呈现彩色同心圆弧,那是因为强度轴对称因子中的相位差 $\delta(\theta)$ 含有 $1/\lambda$ 系数,而非轴对称因子与波长无关. 当转动偏振片从 $P_2\perp P_1$ 态变为 $P_2 /\!/ P_1$ 态,则干涉图样中的暗瓣与亮瓣的部位彼此互换. 会聚于双轴晶体的偏振光干涉图样显得更为多姿,对它的定量说明也更为复杂,在此从略. 其理论解释表明,出现于中心区域的那一对十分醒目的"猫眼",正是双轴晶体的两条光轴所指向的地点.

会聚偏振光干涉的最重要应用是在矿物学中,人们在偏振光干涉显微镜下观测干涉图样,以鉴定矿物标本,或确定矿物晶体的光轴、双折射率和正负光性等特征.

最后尚需说明一点. 在以上论述中我们始终未给出相位差函数 $\delta(\theta)$ 的具体表达式,这涉及斜入射光线在晶体内的双折射,它可根据 8.2 节(8.34)式求解,虽然在解释干涉图样的主要特征时它并非必要. 这里指出这一点,旨在说明会聚于晶体的同心光束,在晶体内部成为两束光即 o 光和 e 光,这两束光各自均非严格的同心光束,因之,在晶片第二界面至透镜 L_2 之间的区域中,存在的两束发散光束并非同心,经 L_2 以后,也并非严格的平行光束. 因此,图 8.35(a)中对光路的描绘也是粗略的,未曾仔细画出双折射光束. 不过,这不影响结论——不同倾角入射的光线对应体内不同的光程差 $\Delta L_{oe}(\theta)$,从而导致相位差 $\delta(\theta)$ 函数及其轴对称性,虽然晶片厚度是均匀的.

8.6 旋 光 性

- 旋光现象和规律 · 旋光晶体中的波面 · 旋光性的说明
- 菲涅耳复合棱镜和科纽棱镜 · 法拉第效应——磁致旋光 · 磁致旋光的经典解释
- 旋光性与生物活性

- **旋光现象和规律**

某些晶体或液体具有旋光性，这可通过以下实验给出演示，参见图 8.36. 一对偏振片 P_1，P_2 正交，则透射光强为零即消光；若插入一方解石晶体，其表面垂直于光轴，则透射光强依然为零；若插入一石英晶体，其表面亦垂直于光轴，透射光强却不为零，出现了亮场. 为检验此时从石英晶体出射的光的偏振态，我们转动偏振片 P_2 试之，结果发现了一消光态，当 P_2 转过某一特定角度 ψ 至 P_2' 方位时. 这表明当一线偏振光沿石英晶体光轴方向传播时，其出射光依然为线偏振光而其偏振面却发生了旋转，如图 8.37(a)所示. 这一现象称作旋光性(optical activity, optical rotation opticity). 迎着光线，若为向右顺时针旋转的，称作右旋(right handed)；若为向左逆时针旋转的，称作左旋(left handed)，见图 8.37(b)，(c). 现在我们知道，除石英晶体外，还有许多物质具有旋光性，例如，辰砂、氯酸钠、松节油、结晶糖溶液和硫酸番木鳖碱.

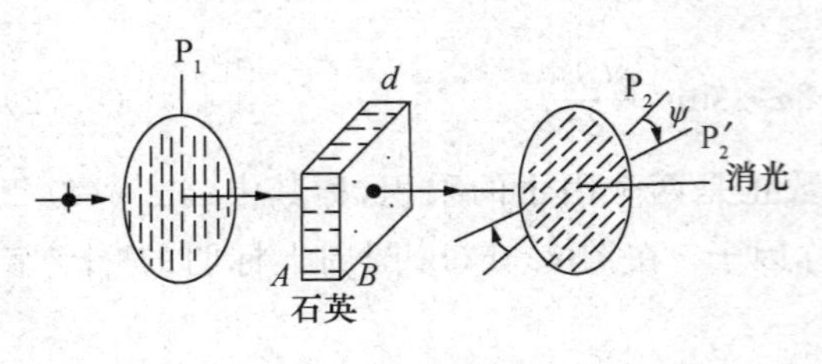

图 8.36　旋光性实验演示

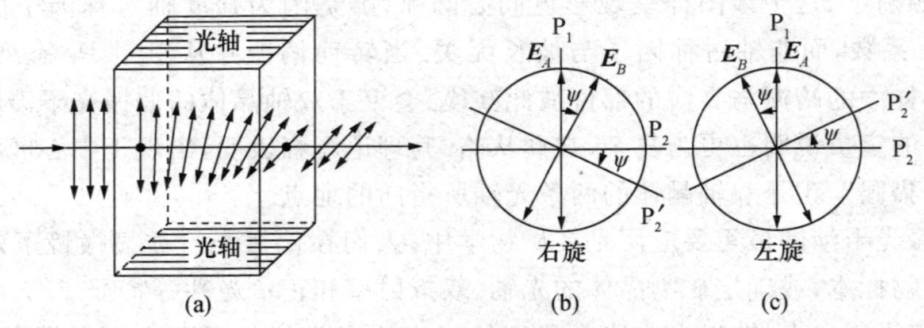

图 8.37　旋光物质中偏振面的旋转

对同一旋光物质，可能存在旋光性相反的两种结构，它们被称作旋光异构体. 比如，对于石英就存在有右旋石英晶体和左旋石英晶体，见图 8.38. 这两种左右旋晶体结构互为镜像

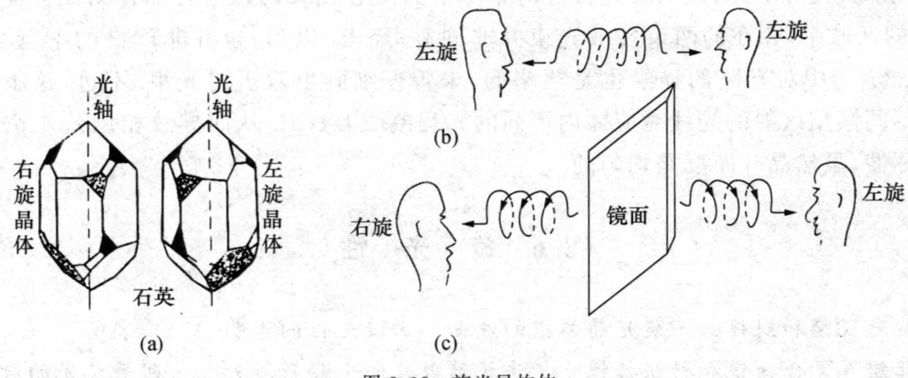

图 8.38　旋光异构体

对称，其内部原子排列分别呈现右螺旋结构和左螺旋结构．又比如，在氯霉素的旋光异构体中，左旋氯霉素是有疗效的，而右旋氯霉素无疗效，两者混和就成为合霉素．①这似乎表明人体吸收系统对左、右旋物质结构具有选择性，抑或，链球杆菌和葡萄杆菌对左、右旋物质结构具有选择性．

实验研究表明，旋光性有以下几个规律．

（1）旋转角 ψ 正比于旋光体的长度 d． 对于旋光晶体，其关系式写成以下形式，

$$\psi = \alpha d, \quad \alpha(^\circ/\mathrm{mm}); \tag{8.73}$$

对于由旋光物质与非旋光液体混和的旋光溶液，其关系式写成

$$\psi = [\alpha]Nd, \quad [\alpha](^\circ/(\mathrm{dm}\cdot\mathrm{g}\cdot\mathrm{cm}^{-3})). \tag{8.74}$$

这里，α 称为旋光率（specific rotation），$[\alpha]$为液体的旋光率．比如，对于 589.3 nm 的钠黄光，石英晶体的旋光率 $\alpha=21.7^\circ/\mathrm{mm}$，这数值是相当大的，它表明通过 3 mm 厚石英晶片，光的偏振面将旋转约 65°．液体的旋光性就弱得多，10 cm 长的松节油试管，将使偏振面旋转约 −37°，这里负号表示松节油是一左旋物质．对于旋光溶液，偏振面旋转角度不仅正比于溶液的长度，也正比于溶液中旋光物质的质量浓度 N，取其单位为 $\mathrm{g}\cdot\mathrm{cm}^{-3}$．(8.74)式表明，溶液的旋光率$[\alpha]$其数值，等于光通过 10 cm 长度且旋光物质浓度为 $1\,\mathrm{g}\cdot\mathrm{cm}^{-3}$ 的溶液时，偏振面旋转的角度．比如，在 20 ℃、对钠黄光，蔗糖水溶液的旋光率$[\alpha]\approx 66.46^\circ/(\mathrm{dm}\cdot\mathrm{g}\cdot\mathrm{cm}^{-3})$．人们可以从糖溶液中取出一试样（管），置于正交偏振片之间，然后测出旋转角 ψ，再根据(8.74)式和$[\alpha]$标准数据而确定待测溶液中的糖浓度，其成型装置称为量糖计（saccharimeter），如图 8.39 所示．这是一种快捷而准确地确定溶液中旋光物质浓度的检测方法．

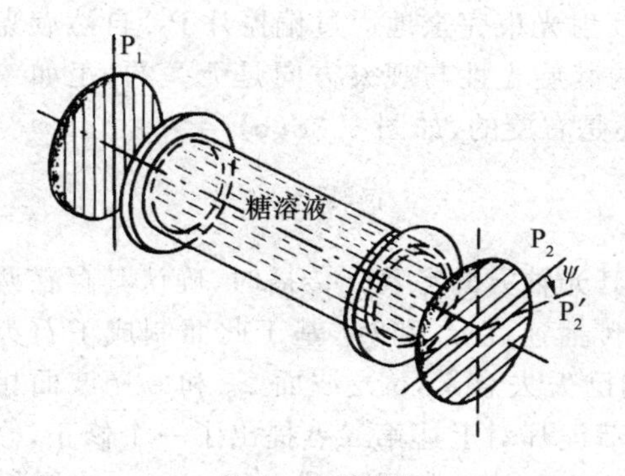

图 8.39 量糖计

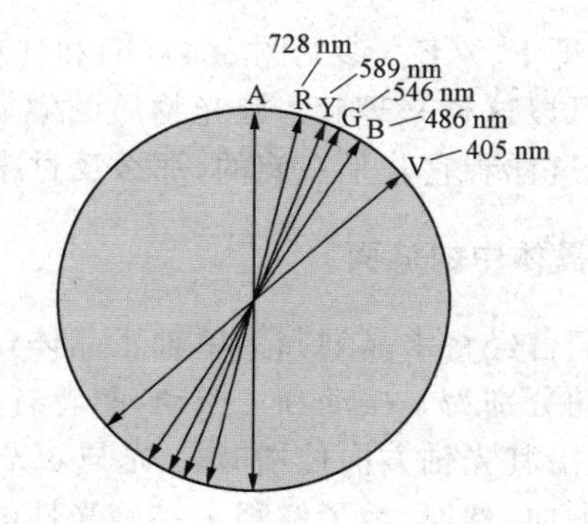

图 8.40 通过 1 mm 厚水晶片各色光偏振面之转角．A—红外，R—红，Y—黄，G—绿，B—青，V—紫

（2）旋光色散． 旋光性的一个显著特点是，对于不同颜色的光有很不相同的旋光率，其几乎与波长的平方成反比，即紫光所转过的角度大约是红光的四倍，参见图 8.40．由于存

① 氯霉素原本是从一种链丝菌液中提取的抗菌素，其天然品为左旋．工业上人工合成的氯霉素含左、右旋且各为一半．

在旋光色散,当白光入射于图 8.36 系统时,在偏振片 P_2 转动过程中,将呈现彩色不断变化的图像. 旋光率 α 与波长 λ 之定量关系大致上可表示为

$$\alpha = A + \frac{B}{\lambda^2}, \tag{8.75}$$

其中,A 和 B 是两个待定常数,表 8.5 列出石英旋光率随波长而变化的实测数据,包括从可见光到紫外区的 15 个波长.

表 8.5　石英旋光率随波长的变化

波长/Å	旋光率/(°)·mm^{-1}	波长/Å	旋光率/(°)·mm^{-1}	波长/Å	旋光率/(°)·mm^{-1}
2265.03	210.9	4358.34	41.548	5892.90	21.724
2503.29	153.9	4678.15	35.601	6438.47	18.023
3034.12	95.02	4861.33	32.761	6707.86	16.535
3403.65	72.45	5085.82	29.728	7281.35	13.924
4046.56	48.945	5460.72	25.535	7947.63	11.589

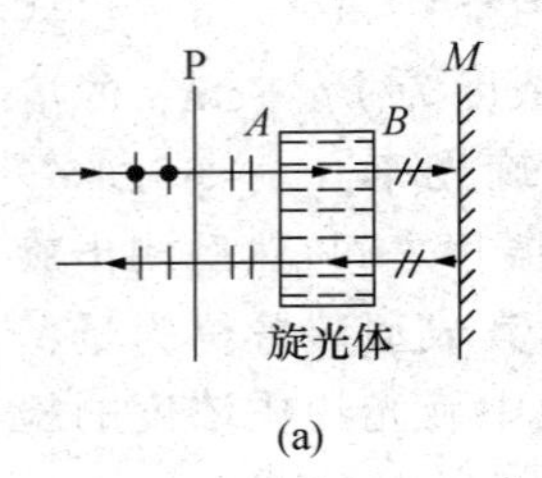

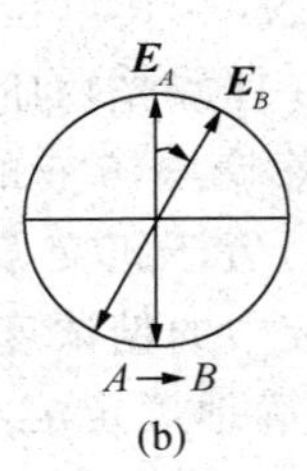

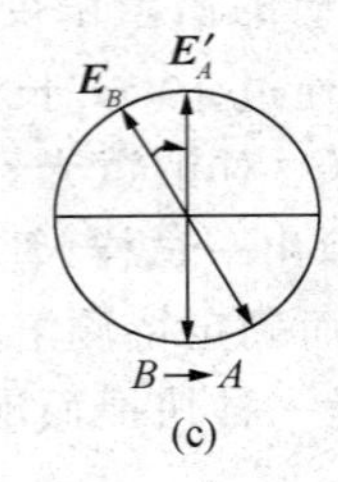

图 8.41　自然旋光的可逆性

(3) 自然旋光性与光的传播方向无关.　如图 8.41(a)所示,一束线偏振光自左向右通过旋光体时,若其偏振面发生右旋,再经反射镜后光束返回,自右向左通过旋光体,则旋光性不变,即其偏振面依然发生右旋. 这一性质可称之为自然旋光的可逆性,其结果为射出旋光体的光矢量平行射入旋光体的光矢量,即 $\boldsymbol{E}'_A /\!/ \boldsymbol{E}_A$,参见图 8.41(b)和(c),以致反射光束完全地通过偏振片 P_2. 自然旋光的可逆性可以这样来理解: 旋光物质的螺旋状结构其旋光性与观察方向是无关的,正如一个螺丝钉,这样看它若是右旋的,那么反过来看它还是右旋的,如图 8.38(b).

- **旋光晶体中的波面**

我们曾经将水晶划归为单轴正晶体,沿垂直其光轴方向考察光传播时,确认其存在两个特征振动分别为 o 振动和 e 振动,两者有不同的传播速度 v_o 和 v_e,基于此而制成了石英波晶片;光沿其光轴方向传播时,o 光与 e 光的区别已失去意义,o 光波面 Σ_o 和 e 光波面相切于光轴方向. 然而,为了解释水晶旋光性的事实,菲涅耳对上述第二点提出了一个修正,假设光沿水晶光轴方向传播时,依然存在两个特征振动——右旋圆振动 $\boldsymbol{E}_R(t)$ 和左旋圆振动 $\boldsymbol{E}_L(t)$,两者有稍许不同的传播速度 v_R 和 v_L. 换言之,一点源在水晶体中激发的两套波面在光轴方向是分离的,外(快)波面略向外凸,内(慢)波面略为变平,虽然这分离程度远小于垂直光轴方向的情形. 晶体旋光性理论表明,对于像水晶这类单轴旋光晶体,出现的两套波面及其相应的两个特征振动,如图 8.42(a)所示. 对于右旋晶体,其外波面 Σ_R 近似为球面,相应的特征振动为右旋椭圆偏振,其长轴垂直于主平面;其内波面 Σ_L 近似为旋转椭球面,相应的特征振动为左旋椭圆偏振,其长轴平行于主平面. 随着与光轴的夹角 ξ 的变化从 0°—

90°，这两种椭圆偏振其内部的长短轴之比值越来越大，以致当 $\xi=90°$ 即沿垂直于光轴方向，两者分别变成线偏振 o 振动和 e 振动，而当 $\xi=0$ 即沿光轴方向，两者分别为右旋圆偏振和左旋圆偏振，参见图 8.42(b). 这里，为了想象清楚有关的空间取向情况，特画出一个辅助的球坐标，见图 8.42(c)，其中矢径 $\boldsymbol{r}$ 为点源 O 至观察点的连线方向亦即光传播方向；以观察点为原点构成一局部正交坐标架($\boldsymbol{u},\boldsymbol{v},\boldsymbol{r}$)，这里 $\boldsymbol{u}$ 指称该点子午圈的切线方向，$\boldsymbol{v}$ 指称该点纬圈的切线方向；三个矢量($\boldsymbol{r},\boldsymbol{u},z$)共面，于是 $\boldsymbol{v}\perp$ 主平面($z,\boldsymbol{r}$)，$\boldsymbol{u}\parallel$ 主平面($z,\boldsymbol{r}$). 如图 8.42(b)所示，外波面上的右旋椭圆偏振其长轴方向 $\parallel\boldsymbol{v}$，内波面上的左旋圆偏振其长轴 $\parallel\boldsymbol{u}$.

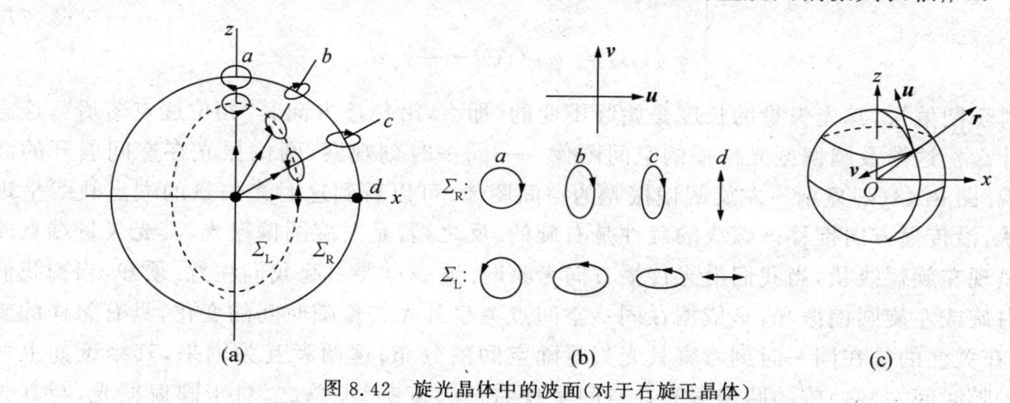

图 8.42 旋光晶体中的波面(对于右旋正晶体)

- **旋光性的说明**

基于旋光晶体中的波面图像，便可对旋光性现象和规律作出成功的说明. 兹分述如下.

(1) 线偏振被分解为左旋和右旋圆偏振. 进入旋光体沿光轴方向传播的线偏振光 $\boldsymbol{E}(t)$，应当被分解为左旋圆偏振 $\boldsymbol{E}_{\mathrm{L}}(t)$和右旋圆偏振 $\boldsymbol{E}_{\mathrm{R}}(t)$，如图 8.43 所示，其数学表示为

$$\boldsymbol{E}(t)=\boldsymbol{E}_0\cos\omega t=\boldsymbol{E}_{\mathrm{L}}(t)+\boldsymbol{E}_{\mathrm{R}}(t),$$

$$E_{\mathrm{L}}=E_{\mathrm{R}}=\frac{E_0}{2},\quad \omega_{\mathrm{L}}=\omega_{\mathrm{R}}=\omega. \tag{8.76}$$

即，这两个旋转光矢量的长度相等，旋转角速度方向相反、数值相等，且等于入射线偏振的圆频率 ω. 反过来看，在任何时刻 t，这两个旋转光矢量合成为一线偏振 $\boldsymbol{E}(t)$，其方向不变，始终在 $\boldsymbol{E}_{\mathrm{L}}(t)$与 $\boldsymbol{E}_{\mathrm{R}}(t)$之夹角的平分线方向. 这一结论将被用以求出合成的线偏振光矢量的方向，当瞬时左旋光矢量和右旋光矢量的方向已知.

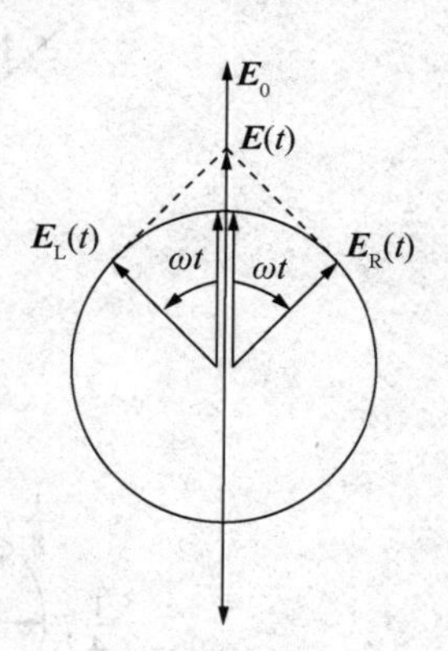

图 8.43 线偏振被分解为左旋和右旋圆偏振

(2) 圆偏振的相位落后意味着转角倒退. 被分解出来的两个特征振动 $\boldsymbol{E}_{\mathrm{L}}(t)$和 $\boldsymbol{E}_{\mathrm{R}}(t)$，沿晶体光轴方向有不同的传播速度，或有不同的折射率，

$$v_{\mathrm{L}}\neq v_{\mathrm{R}}\quad 或\quad n_{\mathrm{L}}=\frac{c}{v_{\mathrm{L}}}\neq n_{\mathrm{R}}=\frac{c}{v_{\mathrm{R}}}.$$

比如，对于右旋水晶其折射率数据如下：

λ	n_R	n_L	n_o	n_e
3968Å	1.558 10	1.558 21	1.558 15	1.567 71
7620Å	1.539 14	1.539 20	1.539 17	1.548 11

于是，从晶体 A 面入射、通过厚度 d、从 B 面出射，两者经历不同的光程，$n_L \cdot d \neq n_R \cdot d$，相应地产生不同的相位落后数值，

$$\begin{cases} \varphi_L(B) = \varphi_L(A) - \dfrac{2\pi}{\lambda} n_L d, \\ \varphi_R(B) = \varphi_R(A) - \dfrac{2\pi}{\lambda} n_R d. \end{cases} \tag{8.77}$$

对于圆偏振，其光矢量的长度是始终不变的，那么，沿传播方向其"相位逐点落后"，这意味着什么？这涉及圆偏振光传播的空间图像——同一时刻观察，圆偏振光在空间展开的波列形貌. 图 8.44(a)显示一左旋圆偏振光的空间图像，可以看到这时光矢量的端点轨线呈现螺旋状，沿传播方向推移该螺线的旋性是右旋的. 反之，若是右旋圆偏振光，其光矢量端点的轨线呈现左旋螺线状，当我们沿光传播方向考察时. 这一点要引起我们注意. 须知，当初我们定义右旋或左旋圆偏振光，是依据在同一空间点考察其光矢量随时间的变化，具有怎样的旋性；现在关注的是在同一时刻考察其光矢量随空间的分布；这两者互为因果，其结论如上所述——随时间左(右)旋的圆偏振光在空间呈现右(左)旋螺线. 总之，对于圆偏振光，与其光程相联系的相位落后意味着光矢量转角的倒退，即

$$\text{相位落后} \leftrightarrow \text{转角倒退}.$$

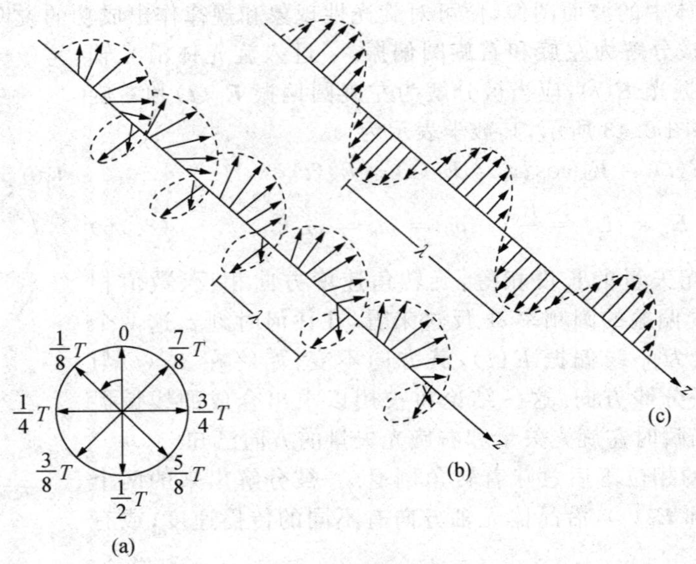

图 8.44　圆偏振光波列的空间图像. (a) 左旋圆偏振光矢量随时间变化 $\boldsymbol{E}(t)$ 在 $z=z_0$ 处，(b) 左旋圆偏振光矢量随空间分布 $\boldsymbol{E}(z)$ 在 $t=t_0$ 时刻，呈现右旋螺线状，(c) 线偏振光空间波列图像作为参考

(3) 定量说明旋光性． 如图 8.45 所示，在入射表面 A 处线偏振光矢量为 $\boldsymbol{E}_A$，同一时刻看光矢量在出射表面 B 处的状态——与右旋折射率 n_R 对应的光矢量 $\boldsymbol{E}_R(t)$ 向左倒退角度 α_R，与左旋折射率 n_L 对应的光矢量 $\boldsymbol{E}_L(t)$ 向右倒退角度 α_L，其数值分别为

$$\alpha_R = \frac{2\pi}{\lambda} n_R d, \quad \alpha_L = \frac{2\pi}{\lambda} n_L d,$$

两者夹角之平分线方向便是所合成的线偏振光矢量 $\boldsymbol{E}_B(t)$ 的取向，它相对于 $\boldsymbol{E}_A(t)$ 的旋转角度为 ψ，

$$\begin{aligned} &\text{当 } n_L < n_R, \quad \text{左旋角度 } \psi_L = \frac{1}{2}(\alpha_R - \alpha_L) = \frac{\pi}{\lambda}(n_R - n_L)d; \\ &\text{当 } n_R < n_L, \quad \text{右旋角度 } \psi_R = \frac{1}{2}(\alpha_L - \alpha_R) = \frac{\pi}{\lambda}(n_L - n_R)d. \end{aligned} \tag{8.78}$$

这表明，对于实验上确认的右旋晶体，在其中传播的右旋圆偏振光为快光，即 $v_R > v_L$；反之，对于左旋晶体，在其中传播的左旋圆偏振光为快光，即 $v_L > v_R$．

(8.78)式从理论上说明了偏振面转角正比于晶体厚度的实验规律，而且给出了旋光率 α 与折射率差值 $(n_L - n_R)$ 之关系，

$$\alpha = \frac{\pi}{\lambda}(n_L - n_R). \tag{8.79}$$

这里，$\alpha > 0$ 表示右旋，$\alpha < 0$ 表示左旋．

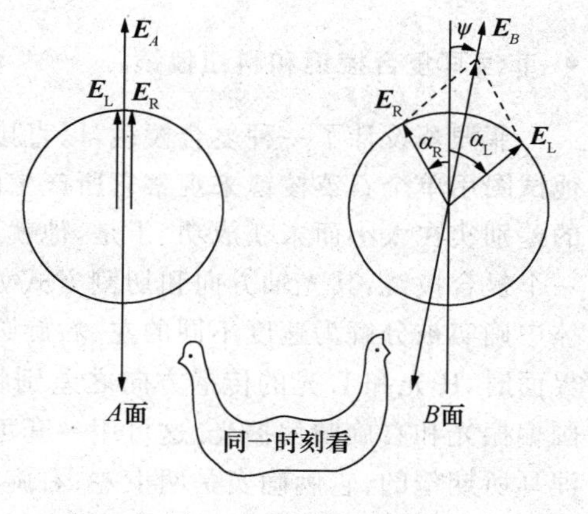

图 8.45 说明旋光性

例题 试根据右旋水晶的折射率数据，从理论上给出其旋光率之数值．

依据(8.79)式可以得到，对于紫光 3968Å 其旋光率为

$$\begin{aligned} \alpha &= \frac{\pi}{396.8\,\text{nm}} \times (1.558\,21 - 1.558\,10) = \frac{\pi}{396.8 \times 10^{-6}\,\text{mm}} \times (0.000\,11) \\ &= \frac{180 \times 110}{396.8}\,(^\circ)/\text{mm} \approx 49.90(^\circ)/\text{mm}; \end{aligned}$$

对于红光 7620Å 其旋光率为

$$\begin{aligned} \alpha &= \frac{\pi}{762.0\,\text{nm}} \times (1.539\,20 - 1.539\,14) = \frac{\pi}{762 \times 10^{-6}\,\text{mm}} \times (0.000\,06) \\ &= \frac{180 \times 60}{762}\,(^\circ)/\text{mm} \approx 14.17(^\circ)/\text{mm}. \end{aligned}$$

理论上给出的这两个结果与先前关于水晶旋光率的实验数据十分接近．从上述数值演算过程中，还可以看出旋光色散几乎反比于 λ^2 的理论根源，一是公式(8.79)本身就含一系数 $1/\lambda$，二是折射率差 $\Delta n = (n_L - n_R)$ 随波长 λ 增加而下降，从紫光的 11×10^{-5} 降为红光的 6×10^{-5}，几乎减半．

(4) 体内光场分布． 以上结论也适用于晶体内部，即线偏振光入射于旋光晶体，沿光轴 z 方向传播时，其偏振方向将连续地发生旋转．这表明在旋光晶体内部，各点光矢量 $\boldsymbol{E}(z,t)$ 仍为线偏振，振动方向逐点变更，振幅处处相等于入射光振幅 E_0，但各点光振动的相位却是不同

的，即沿 z 轴有一相位分布. 经过稍为详细的推导，可以获得体内光场分布的表达式为

$$\boldsymbol{E}(z,t)=\boldsymbol{E}_{\psi}\cdot\cos\left(\omega t-\frac{1}{2}(k_{\mathrm{L}}+k_{\mathrm{R}})z+\varphi_{0}\right),\tag{8.80}$$

这里，$\boldsymbol{E}_{\psi}$ 为振幅矢量，其幅值为 E_0，其取向角为 ψ，ψ 以及波数 k_{L} 和 k_{R} 分别为

$$\psi=\frac{\pi}{\lambda}(n_{\mathrm{L}}-n_{\mathrm{R}})z,\quad k_{\mathrm{L}}=\frac{2\pi}{\lambda}n_{\mathrm{L}},\quad k_{\mathrm{R}}=\frac{2\pi}{\lambda}n_{\mathrm{R}}.\tag{8.81}$$

故光场沿 z 轴的相位分布函数为

$$\varphi(z)=\varphi_{0}-kz=\varphi_{0}-\frac{2\pi}{\lambda}nz.\tag{8.82}$$

这里，k 和 n 相当于一个等效波数和等效折射率，或称其为平均波数和平均折射率

$$k=\frac{1}{2}(k_{\mathrm{L}}+k_{\mathrm{R}}),\quad n=\frac{1}{2}(n_{\mathrm{L}}+n_{\mathrm{R}}).\tag{8.83}$$

- **菲涅耳复合棱镜和科纽棱镜**

菲涅耳设计了一种复合棱镜，以直接验证自己提出的关于晶体旋光性机制的假设. 当初他试图用单个石英棱镜来观察它所产生的左、右旋圆偏振光的双折射现象. 但由于 n_{R} 与 n_{L} 的差别实在太小而未获成功. 于是，他就用左、右旋晶体制成若干个棱镜，交替排列，串接成一个复合棱镜，其光轴方向和切割方式如图 8.46(a)所示. 如果入射的线偏振光，在石英晶体中确实被分解为速度不同的左、右旋圆偏振光，则在这一器件中每当光线通过倾斜的棱镜界面时，R 光和 L 光的传播方向之差别将进一步扩大，最终出射的两束光应当分别是左旋圆偏振光和右旋圆偏振光. 这可用一套可靠的关于偏振态的检验程序予以确认. 结果正如菲涅耳所期望的，它俩确实是两束左、右旋圆偏振光. 这复合棱镜实验是对菲涅耳旋光假设的一个直接证实，也为人们通过双折射而产生圆偏振光提供了一个典型器件.

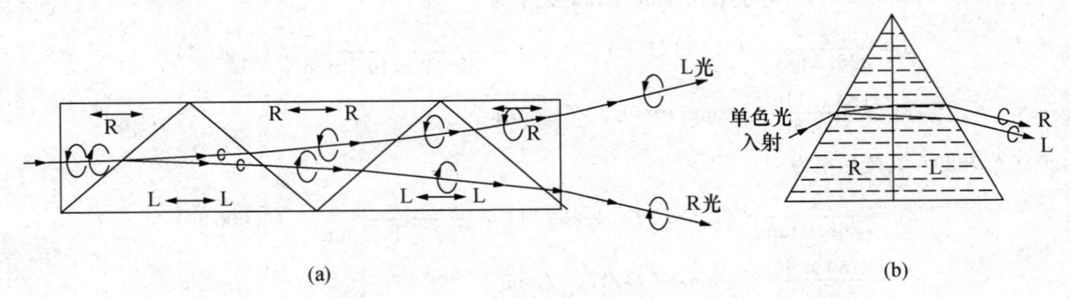

图 8.46 (a) 菲涅耳复合棱镜，(b) 科纽棱镜

在这复合棱镜中，左、右旋圆偏振光线的折射情况分析如下. 我们知道，对于 R 棱镜，R 光为快光，$n_{\mathrm{R}}<n_{\mathrm{L}}$；对于 L 棱镜，L 光为快光，$n_{\mathrm{L}}'<n_{\mathrm{R}}'$；而对于一对旋光异构体，折射率 $n_{\mathrm{L}}'=n_{\mathrm{R}}$，$n_{\mathrm{R}}'=n_{\mathrm{L}}$. 于是，经过图 8.46(a)中第一个倾斜界面(R/L)，对于 R 光其折射率

$$\text{从 } n_{\mathrm{R}}\xrightarrow{(\mathrm{R/L})}n_{\mathrm{R}}',\qquad \text{即}\qquad \text{从光疏}\xrightarrow{(\mathrm{R/L})}\text{光密},$$

故其折射方向靠近界面法线，即向下偏折. 继而 R 光通过第二个界面(L\R)，其折射率

$$\text{从}\ n'_R \xrightarrow{(L\backslash R)} n_R, \qquad \text{即} \quad \text{从光密} \xrightarrow{(L\backslash R)} \text{光疏},$$

故其折射方向远离界面法线，即进一步向下偏折. 以此类推，在这复合棱镜中 R 光线越来越偏向下方，而 L 光线越来越偏向上方.

图 8.46(b)所示的棱镜称为科纽棱镜，它由两个石英晶体棱镜密接而成，其一侧是右旋晶体，另一侧是左旋晶体，光轴方向均平行于棱镜底边. 科纽棱镜用于棱镜光谱仪中作为分光元件. 我们知道，利用由透明材料制成的棱镜的色散效应，可以将入射光谱成分展现为不同方向的折射光束. 与玻璃材料相比较，在短波和紫外波段石英具有更好的透明度和更强的色散，故石英棱镜更适宜于作为紫外光谱仪的分光元件. 然而，石英晶体具有旋光性，即使单色光入射也将产生双折射. 经计算，一个顶角为 60°的石英单棱镜，对于钠光，其双折射所产生的左、右旋圆偏振光束之夹角为 27″；看起来它是这样窄，但这在光谱仪中也是不能容许的. 科纽棱镜正是为了克服这一缺陷而设计的. 它将左、右旋圆偏振光的传播速度在 R 棱镜和 L 棱镜中作了交换，一个先慢后快，一个先快后慢，于是，左侧棱镜产生的双折射被右侧棱镜所纠正，使最终的透射光不发生双折射，从而使透射光束的角分布更能准确地反映入射光谱成分.

熔凝石英为非晶体，由它制成棱镜用于光谱仪，就没有天然石英晶体棱镜那上述的麻烦. 不过，要得到大块的、十分均匀的熔凝石英毛坯，也是一件不易的事情.

- **法拉第效应——磁致旋光**

在外加磁场 $\boldsymbol{B}$ 作用下，某些原本各向同性的介质却变成旋光性物质，这被叫做法拉第磁致旋光效应(Faraday magneto-optics effect)，它首先由法拉第于 1845 年发现，当时法拉第观察到在强磁场作用下玻璃具有旋光性. 观察法拉第效应的实验装置如图 8.47 所示. 在一对正交偏振片 P_1，P_2 之间置放一个准备通以电流的螺线管，其管区内有玻璃或水等物质，甚至可以是空气. 未通电流时，系统的透射光强为零即消光；当通以电流使螺线管区域内存在磁场时，则出现透射光强；此时转动 P_2 至合适角度，复而消光. 这表明在磁场作用下，各向同性介质变成各向异性的旋光物质，它使入射光的线偏振方向发生了旋转. 实验表明磁致旋光一般系左旋光性. 兹将法拉第效应的主要性质和应用分述如下.

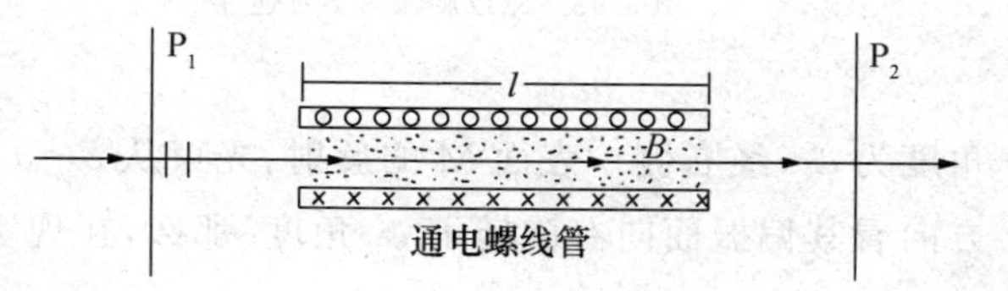

图 8.47 磁致旋光实验装置

(1) 偏振面转角 ψ 正比于磁场 B 和介质长度 l. 其定量表达式为

$$\psi = VBl. \tag{8.84}$$

这比例系数 V 称作韦尔代(Verdet)常数，它因介质而异，可由实验测定. 一般物质其 V 值均很小. 表 8.6 列出几种典型物质的 V 值，其单位为：角分/特斯拉 · 米，注意磁感应强度 B 的国际实用单位为特斯拉(T)，1 特斯拉$=10^4$ 高斯.

表 8.6　磁致旋光的韦尔代常数值　（对钠黄光 5893Å 而言）

物　质	温度 t/℃	$V/(') \cdot T^{-1} \cdot m^{-1}$
水	20	1.31×10^4
磷酸冕牌玻璃	18	1.61×10^4
轻火石玻璃	18	3.17×10^4
二硫化碳	20	4.23×10^4
磷	33	13.26×10^4
水晶(与轴垂直)	20	1.66×10^4
丙酮	15	1.109×10^4
食盐	16	3.585×10^4
乙醇	25	1.112×10^4
二氧化碳		9.39
空气(1 标准大气压)	0	6.27
$NH_4Fe(SO_4)_2\cdot12H_2O$		-5.8×10^2

（2）磁致旋光的不可逆性.　当光传播方向 $\boldsymbol{r}/\!/\boldsymbol{B}$ 时若法拉第效应表现为左旋，则当光线逆反即 $\boldsymbol{r}/\!/(-\boldsymbol{B})$ 时法拉第效应表现为右旋. 磁致旋光的这不可逆性显著地区别于自然旋光的可逆性. 于是，当一束线偏振光往返两次通过磁场区时，其偏振面的转角便加倍. 参见图 8.48(a)，设光束从 $a\rightarrow b$ 通过磁场区，其偏振面向左旋转角度为 ψ_1，经右侧一表面 M 的反射，光束从 $b\rightarrow a$ 返回，再一次通过那磁场区，则迎着光传播方向看其偏振面向右旋转了 ψ_1 角度. 那么，在现实空间中最初入射光矢量 $\boldsymbol{E}_a$ 与重返回来的光矢量 $\boldsymbol{E}_a'$ 之夹角为

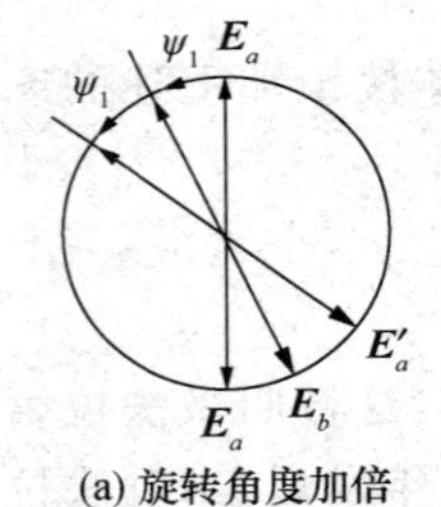

(a) 旋转角度加倍

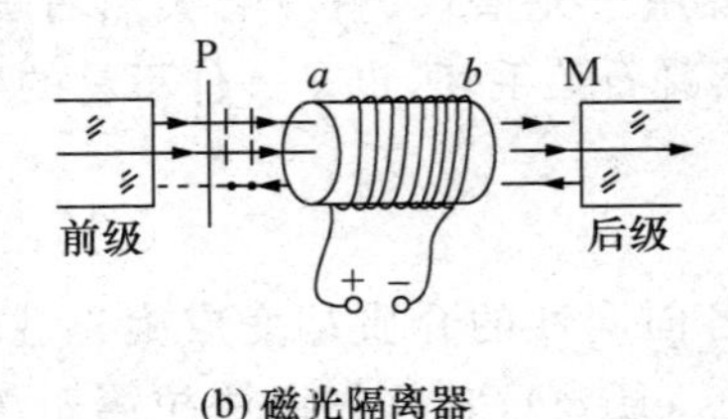

(b) 磁光隔离器

图 8.48　磁致旋光的不可逆性

$$\psi = 2\psi_1. \tag{8.85}$$

（3）法拉第隔离器和磁光调制器.　在激光打靶核聚变的实验装置中，有多级光放大单元，以获得高功率密度且定向的强光束，其每个单元均为一个能产生光放大的晶体棒，比如钇钕石榴石晶体(YAG). 当前级光放大输出而进入后级再放大时，必将遭遇后级晶体棒端面的反射，又部分地返回到前级. 这种前后级之间因端面反射引起的光束反馈串通是十分有害的. 为了克服这一点，可以在前后两级之间加置一偏振片和法拉第隔离器，使光束往返于隔离器所招致的偏振面转角恰好为 $\psi=2\times45°=90°$. 这就使反射光束被偏振片完全阻挡(消光)，而无法进入前级扰乱，从而保证了这多级光放大系统单向畅通，以保护用于光放大的那颇为昂贵的晶体棒. 这种利用磁致旋光效应以阻挡反射光束反馈的器件，简称为法拉第隔离器或法拉第圆筒. 它也常被应用于运行强激光束的光学系统中，以避免反射光束重返激光器

谐振腔而招致激光束的不稳定性.

上述关于光通过法拉第圆筒单程转角 45° 的要求,可由磁场 B 和长度 l 的调节而得以实现. 比如,对置于空气中的法拉第圆筒,设 $l \approx 20$ cm,则外加磁场需要达到 $B(45°) \approx 2.15 \times 10^3$ T.

利用磁致旋光效应可以制成一种调制器,以实现电讯号 i 对系统输出光强的控制. 在如图 8.47 的光学系统中,输出光强 I_2 取决于那旋转角 ψ. 当 P_1,P_2 正交时,$I_2 \propto \sin^2 \psi$. 于是,当产生磁场的电压或电流 i 有所变化时,则系统输出光强也随之变化,即

$$\tilde{i}(t) \to \tilde{B}(t) \to \tilde{\psi}(t) \to \tilde{I}_2(t).$$

- **磁致旋光的经典解释**

经典电子论认为,原子中的电子由一线性弹性力所维系. 那么,在线偏振光的电(磁)场作用下,电子按光频 ω 作受迫线性振动. 这线性振动可被分解为左旋圆周运动和右旋圆周运动之合成. 另一方面,在加入磁场 B 以后,电子又将受到一个洛伦兹力 $\boldsymbol{f} = -e\boldsymbol{v} \times \boldsymbol{B}$. 于是,左旋圆运动的电子受到一个指向中心的洛伦兹力,使其左旋角速度有所增加,$\omega_l = \omega + \Delta\omega$;而右旋圆运动的电子受到一个背向中心的洛伦兹力,使其右旋角速度有所减少,$\omega_r = \omega - \Delta\omega$. 稍加推算,便得 $\Delta\omega = eB/2m$. 这样,对于处于磁场作用下的原子体系,就有了两条色散曲线 $n_l(\omega)$ 和 $n_r(\omega)$,前者决定了左旋圆偏振光的传播速度 v_L,后者决定了右旋圆偏振光的传播速度 v_R. 由于 $n_l \neq n_r$,导致 $v_L \neq v_R$. 换言之,由入射线偏振光分解出来的左、右旋圆偏振光,在磁光介质中有了不同的传播速度,从而造成其偏振面的旋转.

- **旋光性与生物活性**

我们曾经论及在自然界或在实验室中均存在旋光异构体,它指称一对化学成分相同、结构互为镜像且分别具有左旋性和右旋性的物质,按国际上的习惯它俩分别表示为 L 型和 D 型.[①]有意思的是,对于糖,其分子式为 $C_{12}H_{22}O_{11}$,实验上发现天然的糖,无论是从甘蔗里榨出来的还是从甜菜里榨出来的,均是 D 型糖;而实验室里人工合成的糖总是产量相等的 D 型糖和 L 型糖的混和物,因此人工合成糖不具旋光性. 若在人工合成糖溶液中放入一些细菌,经过一段时间后,其中 D 型糖被细菌消化掉,剩下来的则是 L 型糖,具有左旋光性. 这表明细菌这类生物体具有某种选择性的特异功能,它们能吸收 D 型糖作为养料,它们也能制造 D 型糖;而 L 型糖对于细菌这样的生物体是毫无意义的,既不能被消化,也不能被制造.

蛋白质是生物体中不可或缺的物质. 蛋白质由不同的氨基酸组成,而氨基酸由碳、氢、氧和氮等元素组成,生物体的构成中共有二十多种氨基酸. 除了最简单的甘氨酸,生物体中其他氨基酸均是 L 型的即左旋性. 这意味着,若把一个蛋白质分子分裂开来,不管这个蛋白质分子取自鸡蛋、茄子、甲壳虫或是人体,其氨基酸(除甘氨酸外)均为 L 型. 人们在实验室中,可以用二氧化碳、乙烷和氨等无机分子合成丙氨酸,它是氨基酸的一种. 人工合成的丙氨酸

---

① L 取自拉丁语词根 levo(左),D 取自拉丁语词根 dextro(右).

含有等量的 D 型和 L 型，而生物体中只有 L 型丙氨酸. 此外，人们曾经在某些陨石中发现几种氨基酸，其中包含大约等量的 D 成分和 L 成分，这与生物体中的状况极为不同.

为什么生物体中的氨基酸或糖类具有单一特定的旋光性，而按物理或化学方法人工合成的物质却是 D 型和 L 型各占一半？或者说，为什么生物体中的化合物是左右不对称的？这是打开生命起源之谜的一个基本问题. 人们推测是生物体内催化剂"酶"在起作用. 在生物体内，酶负责食物消化、神经传导等多种功能. 其实，酶本身也是一种特殊的蛋白质，它也有 D 型和 L 型之分别. 生物体内的酶是 L 型的，它只消化和制造 L 型氨基酸，它对 D 型氨基酸不起作用. 因此，可以这样说，酶维持了生物体内的左右不平衡的状态. 生物体一旦死亡，酶便失去活性，从而使那些造成左右不平衡的生物化学反应停止下来. 此后随着时间的推移，L 型氨基酸逐渐转向 D 型氨基酸，直到 D 型和 L 型各占一半，反应达到平衡. 其实，生物体内这种趋向左右平衡的反应，并非从死亡时刻才开始的. 研究表明，在生物体老化过程中，D 型氨基酸已按一定速度在体内累积起来. 如果用生物熵语言表达，体内氨基酸 L 型和 D 型数量平衡时，体系的熵值最大；两者不平衡时，体系熵值变小；仅有单一的 L 型氨基酸，这是一种极端的不平衡，此时体系熵值最小，表现为生物体的活力或生命力最强.

然而，酶为什么仅具有 L 型的作用，这仍然是一个谜. 科学家们正在努力探索.

8.7　电光效应

· 克尔效应——平方电光效应　· 例题——克尔效应的半波电压

· 泡克耳斯效应——线性电光效应

● 克尔效应——平方电光效应

在外来电场作用下，某些原本各向同性的物质变成为各向异性，表现出光学双折射现象；或者某些原本为单轴晶体的物质变成为双轴晶体. 这类现象统称为电光效应(electro-optic effect).

先介绍克尔效应(Kerr effect)，参见图 8.49(a)，(b). 在一对正交偏振片 P_1，P_2 之间加置一透明玻璃盒，其内充有一种溶液比如硝基苯($C_6H_5NO_2$)，盒内还装有一对平行板电极，可分别连接上外加直流高压电源，以准备在溶液中造成电场，通常这电场方向 $\boldsymbol{E}_{外}$ 与 P_1，P_2 透振方向之夹角为 45°，见图 8.49(c). 这一器件特称为克尔盒(Kerr cell). 实验上发现，当不加电压即 $U=0$ 时，该系统的输出光强为零，即消光，这表明此溶液无双折射现象，仍系各向同性；当加上直流高压 U 时，就有了输出光强 I，此溶液表现出各向异性，如同单轴晶体那样，其等效的光轴方向平行于外电场，即 $\boldsymbol{z}/\!/\boldsymbol{E}_{外}$. 这意味着入射于克尔盒的线偏振光矢量被分解为 e 振动和 o 振动，在克尔溶液中分别具有不同的折射率 n_e 和 n_o，造成一折射率差 Δn，以致从克尔盒出射的光一般为椭圆偏振光. 定量实验研究进一步表明，克尔双折射效应有以下规律，

$$\Delta n \propto E^2,\quad 即\quad \Delta n = bE^2, \tag{8.86}$$

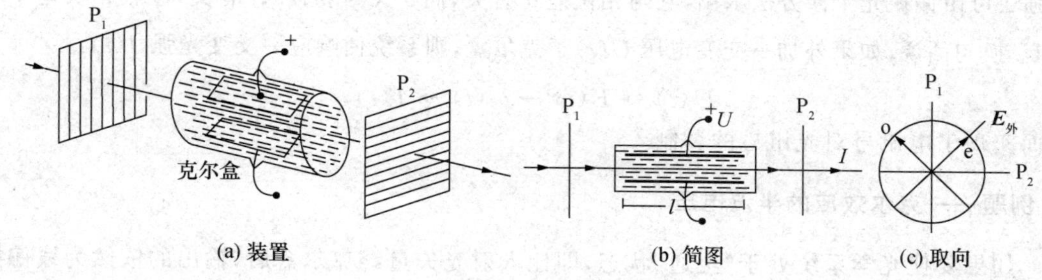

图 8.49 显示克尔效应

于是，通过一段长为 l 的电场区，克尔效应引致的附加相位差为

$$\delta' = \frac{2\pi}{\lambda} lbE^2,$$

在这场合通常引入克尔常数，

$$K = \frac{b}{\lambda}, \tag{8.87}$$

将上式 δ' 改写为

$$\delta' = 2\pi KlE^2. \tag{8.88}$$

克尔常数 K 的实用单位为米/伏特²，即 m/V^2. 硝基苯对于钠黄光 5893Å 的克尔常数值为

$$K \approx 2.4 \times 10^{-12}\ m/V^2.$$

从(8.88)式看出，克尔效应正比于电场强度之平方值，故亦称其为平方电光效应. 这表明克尔效应与电场方向无关，正负极对换不改变克尔效应的一切结果. 表 8.7 列出几种有较明显克尔效应的液体的 K 值.

表 8.7 电光效应的克尔常数值 （对 $\lambda = 589.3$ nm，20 ℃而言）

物　　质	$K/m\cdot V^{-2}$
苯(C_6H_6)	0.67×10^{-14}
二硫化碳(CS_2)	3.56×10^{-14}
水(H_2O)	5.22×10^{-14}
硝基甲苯($C_5H_7NO_2$)	1.37×10^{-12}
硝基苯($C_6H_5NO_2$)	2.44×10^{-12}
三氯甲烷($CHCl_3$)	-3.90×10^{-14}

克尔效应是首先由克尔(Kerr)于 1875 年发现的，在强电场作用下的玻璃板具有双折射效应. 后来人们发现了许多物质包括气体，均有此种电光效应，只不过通常情况下气体或固体的克尔效应没有液体那么明显. 从物理机制上看，克尔效应源于在定向电场力作用下物质分子的有序排列. 因此，其弛豫时间即对外场响应所滞后的时间 τ 非常短，约在 10^{-9} s 数量级，即纳秒数量级，$\tau \approx 1$ ns. 基于此人们用克尔盒制作成高速电光开关和电光调制器，它们在高速摄影、光束测距和激光通信等方面有广泛的应用.

所谓电光调制指称凭借电讯号来控制系统的输出光强. 对于如图 8.49 所示的系统，输出

光强 I 可由偏振光干涉方法求出,它与相位差 δ' 有关,而 δ' 又与场强 E^2 有关,显然 E 决定于电压 U. 换句话说,如果外加一交变电压 $\tilde{U}(t)$ 于克尔盒,则系统便响应一交变光强 $\tilde{I}(t)$:

$$\tilde{U}(t) \to \tilde{E}(t) \to \tilde{\delta}'(t) \to \tilde{I}(t),$$

从而实现了电讯号对光讯号的调制.

● 例题——克尔效应的半波电压

如果要使光学系统处于"全通"状态,即让入射光矢量经克尔盒后,输出的依然为线偏振光矢量,且其偏振方向恰巧平行于 P_2 透振方向,那就必须施加适当的电压,用它使附加相位差 $\delta'=\pi$. 通常称此电压为半波电压 $U_半$. 比如,设克尔盒充以硝基苯,两极板之间距为 $d=1\ \mathrm{cm}$,其极板沿轴向的长度 $l=6\ \mathrm{cm}$,试估算 $U_半$ 值. 我们知道,两个平行极板之间的场强 E 与电压 U 的关系为 $E=\dfrac{U}{d}$,代入(8.88)式,

$$\delta' = 2\pi K l \frac{U^2}{d^2},$$

令 $\delta'=\pi$,得半波电压为

$$U_半 = \frac{d}{\sqrt{2Kl}}, \tag{8.89}$$

代入设定的数据,得本题的 $U_半$ 值为

$$U_半 = \frac{1\times10^{-2}}{\sqrt{2\times(2.44\times10^{-12})\times(6\times10^{-2})}}\ \mathrm{V} \approx 18\ \mathrm{kV}.$$

如果外辅电路提供一电压方波,在 0 与 $U_半$ 两个状态下跃变,则该光学系统便在"全关"与"全通"两个状态下跃变,表现了高速电光开关的功能.

● 泡克耳斯效应——线性电光效应

装有硝基苯的克尔盒有若干缺点,比如它有毒、对纯度要求很高、携带也不方便. 随着激光技术的进一步发展,对电光开关和电光调制及其功能的需求越来越广泛且要求越来越高. 于是,克尔盒逐渐为某些电光效应的晶体所替代. 其中,应用最多的是两种晶体,KDP 晶体——磷酸二氢钾 KH_2PO_4,ADP 晶体——磷酸二氢铵 $NH_4H_2PO_4$. 它们原本是单轴晶体,但在外加电场作用下它转变为双轴晶体. 这类感生双折射现象,最早由泡克耳斯(Pockels)于 1893 年研究过,故称其为泡克耳斯效应.

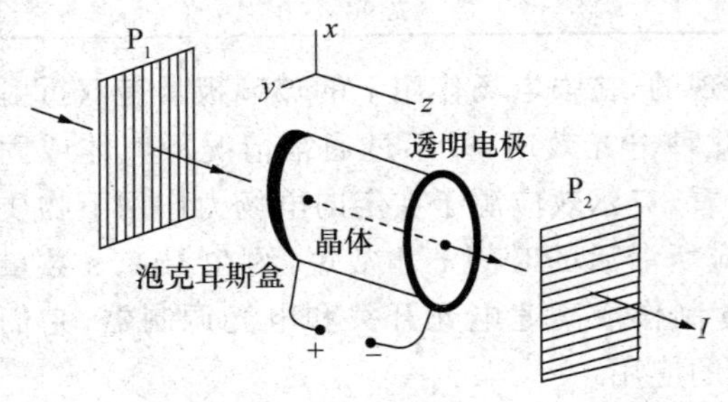

图 8.50　显示泡克耳斯效应

显示泡克耳斯效应的实验装置如图 8.50 所示,一块 KDP 晶体置于正交偏振片 P_1,P_2 之间,这晶体原光轴方向 $\boldsymbol{z}$、光束方向 $\boldsymbol{r}$ 和外加

电场方向 $\boldsymbol{E}$，三者一致. 这就是说，泡克耳斯盒(Pockels cell)其两个端面既要透光又要导电，故它们常用金属氧化物，如 CdO，SnO，InO，或者用细金属环、细金属栅条替代. 近年发明的新材料“导电有机塑料”，有望用以制成比较理想的泡克耳斯盒之端面.

实验表明，无外加电压时，该系统输出光强为零，这说明该晶体为单轴晶体；当加以电压 U 以后，系统便有输出光强，这说明该晶体变成了双轴晶体，此时其横向两个主折射率 n_x 和 n_y 是不相等的，造成双折射 $\Delta n=(n_x-n_y)$. 于是，沿 z 方向传播的线偏振光矢量被泡克耳斯盒分解为两个分量 $\boldsymbol{E}_x(t)$ 和 $\boldsymbol{E}_y(t)$，分别以不同速度而传播，经晶体后就有一附加相位差 δ'，使出射光成为一椭圆偏振光. 实验进一步表明，泡克耳斯效应 Δn 正比于外加电场 E，引入比例常数 C，可以写成

$$\Delta n = CE,$$

于是，经过长为 l 的泡克耳斯盒所产生的附加相位差为

$$\delta' = \frac{2\pi}{\lambda}\Delta n \cdot l = 2\pi\,\frac{C}{\lambda}lE. \tag{8.90}$$

这里，值得注意的是 δ' 与 E 的一次方成正比，故亦称泡克耳斯效应为线性电光效应，它表明若电极反向即电场 $\boldsymbol{E}$ 反向，则 Δn 或 δ' 的正负号也将反号. 应用泡克耳斯盒于电光开关和电光调制，其性能比克尔盒更佳，其效应几倍于克尔效应；外加几千伏电压便可达到半波电压.

8.8　偏振的矩阵表示

· 偏振态的矩阵表示——琼斯矢量　· 偏振器的矩阵表示——琼斯矩阵

· 例题——检验琼斯矩阵　· 结语

● 偏振态的矩阵表示——琼斯矢量

光是一种横波，其光矢量 $\boldsymbol{E}$ 在横平面上有两个自由度，相应地有两个正交分量 $E_x(t)$ 和 $E_y(t)$，它俩之间某种确定的振幅关系和相位关系对应着一种相干的偏振态 $\mathscr{P}$，它可用一个二元矩阵表示之，

$$\mathscr{P}=\begin{bmatrix}A\\B\end{bmatrix}=\begin{bmatrix}E_x(t)\\E_y(t)\end{bmatrix}=\begin{bmatrix}A_x\mathrm{e}^{\mathrm{i}\omega t}\\A_y\mathrm{e}^{\mathrm{i}(\omega t+\delta)}\end{bmatrix}, \tag{8.91}$$

略去公因子 $\mathrm{e}^{\mathrm{i}\omega t}$，偏振态被简明地表示为

$$\mathscr{P}=\begin{bmatrix}A_x\\A_y\mathrm{e}^{\mathrm{i}\delta}\end{bmatrix}, \tag{8.92}$$

它亦称作琼斯矢量(Jones vectors)，其中 δ 表示扰动 $E_y(t)$ 超前 $E_x(t)$ 的相位值. 表 8.8 列出若干典型偏振态的琼斯矢量.

表 8.8　琼斯矢量

偏振态	琼斯矢量	偏振态	琼斯矢量
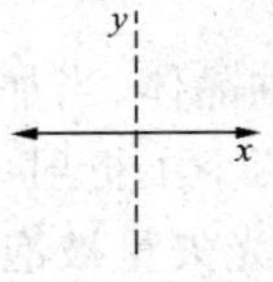 y, x	$\mathscr{P}_{/\!/}\begin{bmatrix}1\\0\end{bmatrix}$	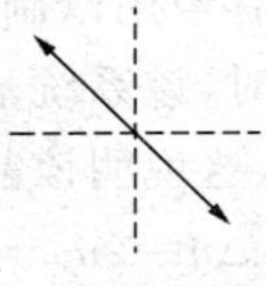	$\mathscr{P}_{-45°}\ \frac{1}{\sqrt{2}}\begin{bmatrix}1\\-1\end{bmatrix}$
	$\mathscr{P}_{\perp}\begin{bmatrix}0\\1\end{bmatrix}$	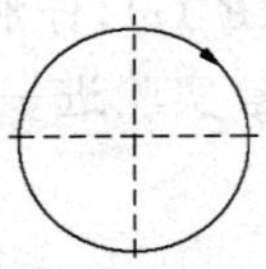	$\mathscr{P}_{\mathrm{R}}\ \frac{1}{\sqrt{2}}\begin{bmatrix}1\\\mathrm{i}\end{bmatrix}$
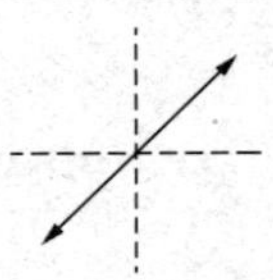	$\mathscr{P}_{45°}\ \frac{1}{\sqrt{2}}\begin{bmatrix}1\\1\end{bmatrix}$	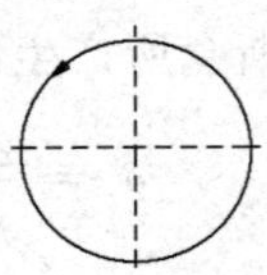	$\mathscr{P}_{\mathrm{L}}\ \frac{1}{\sqrt{2}}\begin{bmatrix}1\\-\mathrm{i}\end{bmatrix}$

这里有两点需要说明. 一是光矢量振幅值 A 被归一化,即 $A=(A_x^2+A_y^2)^{1/2}=1$,表中出现的 $1/\sqrt{2}$系数就源于此. 二是关于时间相因子中±号的选择问题,它既可以选 $\mathrm{e}^{\mathrm{i}\omega t}$,也可以选 $\mathrm{e}^{-\mathrm{i}\omega t}$;我们在这里选择前者,即如实地反映了光扰动的相位随时间增长而增加. 因此,这里琼斯矢量中的 δ 值就如实地反映了 $E_y(t)$ 超前 $E_x(t)$ 的相位值,比如,右旋圆偏振其 $\delta=+\pi/2$,左旋圆偏振其 $\delta=-\pi/2$. 若选择 $\mathrm{e}^{-\mathrm{i}\omega t}$ 表示,这在理论上也是可行的,它对左右旋圆偏振光的矩阵表示,就同上述的相反,即成为

$$\mathscr{P}_{\mathrm{R}}=\frac{1}{\sqrt{2}}\begin{bmatrix}1\\-\mathrm{i}\end{bmatrix},\quad \mathscr{P}_{\mathrm{L}}=\frac{1}{\sqrt{2}}\begin{bmatrix}1\\\mathrm{i}\end{bmatrix}.$$

可以看出,这两种不同选择在矩阵表示中的区别,仅在于含 i 的矩阵元,从 $\pm\mathrm{i}\rightarrow\mp\mathrm{i}$. 究竟采取何种选择应当交代明白且始终如一,以免招致歧义和混乱. 读者在查阅有关文献资料时也应当首先明了该文所采取的是何种复数对应(对于时间相因子).

● 偏振器的矩阵表示——琼斯矩阵

凡改变光偏振态的器件统称为偏振器,它将入射光的偏振态 $\mathscr{P}_1$ 改变为出射光的偏振态 $\mathscr{P}_2$,即

$$\mathscr{P}_1=\begin{bmatrix}A_1\\B_1\end{bmatrix}\longrightarrow\mathscr{P}_2=\begin{bmatrix}A_2\\B_2\end{bmatrix},$$

这一线性变换或操作可通过一个(2×2)矩阵 $\boldsymbol{J}$ 来完成,即

$$\mathscr{P}_2=\boldsymbol{J}\mathscr{P}_1,\tag{8.93}$$

$$\begin{bmatrix}A_2\\B_2\end{bmatrix}=\begin{bmatrix}a_{11}&a_{12}\\a_{21}&a_{22}\end{bmatrix}\begin{bmatrix}A_1\\B_1\end{bmatrix},\quad J=\begin{bmatrix}a_{11}&a_{12}\\a_{21}&a_{22}\end{bmatrix}.\tag{8.94}$$

矩阵 $\boldsymbol{J}$ 常称作琼斯矩阵(Jones matrix).此矩阵方程的展开式为一个二元线性联立方程

$$\begin{cases} A_2 = a_{11}A_1 + a_{12}B_1, \\ B_2 = a_{21}A_1 + a_{22}B_2. \end{cases} \tag{8.95}$$

该方程组的意义可从两方面来认识.若已知初态(A_1,B_1)和偏振器的 $\boldsymbol{J}$ 矩阵$\{a_i\}$,便可由该方程组求得出射偏振态(A_2,B_2).或者,若已知入射态(A_1,B_1)和出射态(A_2,B_2),便可由该方程组求出 $\boldsymbol{J}$ 矩阵$\{a_i\}$,不过,还要有另一组(A_1',B_1')和(A_2',B_2'),才可能唯一地确定 4 个矩阵元$\{a_i\}$.下面给出几种典型偏振器的 $\boldsymbol{J}$ 矩阵,其导出过程从略,我们可通过某些简朴的实例予以检验.

(1) 线偏振器其透振方向沿 x 轴水平,

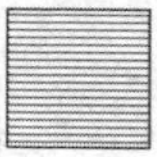

$$\Rightarrow \boldsymbol{J}_{/\!/} = \begin{bmatrix} 1 & 0 \\ 0 & 0 \end{bmatrix}. \tag{8.96}$$

(2) 线偏振器其透振方向沿 y 轴垂直,

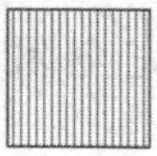

$$\Rightarrow \boldsymbol{J}_{\perp} = \begin{bmatrix} 0 & 0 \\ 0 & 1 \end{bmatrix}. \tag{8.97}$$

(3) 线偏振器其透振方向分别沿±45°方向,

$$\Rightarrow \boldsymbol{J}_{45^\circ} = \frac{1}{2}\begin{bmatrix} 1 & 1 \\ 1 & 1 \end{bmatrix}, \quad \Rightarrow \boldsymbol{J}_{-45^\circ} = \frac{1}{2}\begin{bmatrix} 1 & -1 \\ -1 & 1 \end{bmatrix}. \tag{8.98}$$

(4) $\lambda/4$ 波晶片其快轴沿 x 轴水平,

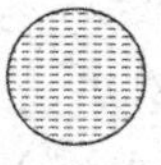

$$\Rightarrow \boldsymbol{J}_{qx} = \begin{bmatrix} 1 & 0 \\ 0 & -\mathrm{i} \end{bmatrix}. \tag{8.99}$$

(5) $\lambda/4$ 波晶片其快轴沿 y 轴垂直,

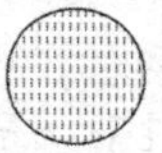

$$\Rightarrow \boldsymbol{J}_{qy} = \begin{bmatrix} 1 & 0 \\ 0 & \mathrm{i} \end{bmatrix}, \tag{8.100}$$

这里说,$\lambda/4$ 波晶片的快轴沿 x 轴,指称 $E_x(t)$振动超前 $E_y(t)$振动 $\pi/2$;若快轴沿 y 轴方向,指称 $E_y(t)$振动超前 $E_x(t)$振动 $\pi/2$.

(6) 圆偏振发生器.　在光学技术中,常将线偏振片与 $\lambda/4$ 晶片叠在一起而形成一个圆偏振光发生器,只要组装时保证透振方向与晶片光轴之夹角为 45°.当然,在使用这圆偏振器时应将其偏振片面对入射光,这时的出射光必定是圆偏振光,不论入射光是何种偏振态,现在让我们导出圆偏振器的琼斯矩阵 $\boldsymbol{J}_{\mathrm{R}}$ 和 $\boldsymbol{J}_{\mathrm{L}}$.设圆偏振器中的偏振片为 $\boldsymbol{J}_{45^\circ}$,而 $\lambda/4$ 晶片的快轴在 y 轴方向,即其琼斯矩阵为 $\boldsymbol{J}_{qy}$,则它为右旋圆偏振器,表示为

$$\boldsymbol{J}_{\mathrm{R}} = \boldsymbol{J}_{qy} \cdot \boldsymbol{J}_{45^\circ} = \begin{bmatrix} 1 & 0 \\ 0 & \mathrm{i} \end{bmatrix} \cdot \frac{1}{2}\begin{bmatrix} 1 & 1 \\ 1 & 1 \end{bmatrix} = \frac{1}{2}\begin{bmatrix} 1 & 1 \\ \mathrm{i} & \mathrm{i} \end{bmatrix}. \tag{8.101}$$

同理,得左旋圆偏振器的琼斯矩阵为

$$\boldsymbol{J}_{\mathrm{L}} = \boldsymbol{J}_{\mathrm{q}x} \cdot \boldsymbol{J}_{45^\circ} = \begin{bmatrix} 1 & 0 \\ 0 & -\mathrm{i} \end{bmatrix} \cdot \frac{1}{2} \begin{bmatrix} 1 & 1 \\ 1 & 1 \end{bmatrix} = \frac{1}{2} \begin{bmatrix} 1 & 1 \\ -\mathrm{i} & -\mathrm{i} \end{bmatrix}. \tag{8.102}$$

以上两式的结果是按矩阵乘法规则而得来的. 两个矩阵乘法规则是

$$\begin{bmatrix} a_{11} & a_{12} \\ a_{21} & a_{22} \end{bmatrix} \cdot \begin{bmatrix} b_{11} & b_{12} \\ b_{21} & b_{22} \end{bmatrix} = \begin{bmatrix} (a_{11}b_{11} + a_{12}b_{21}) & (a_{11}b_{12} + a_{12}b_{22}) \\ (a_{21}b_{11} + a_{22}b_{21}) & (a_{21}b_{12} + a_{22}b_{22}) \end{bmatrix}. \tag{8.103}$$

- **例题——检验琼斯矩阵**

(1) 检验圆偏振器 $\boldsymbol{J}_{\mathrm{R}}$ 或 $\boldsymbol{J}_{\mathrm{L}}$ 的正确性. 设一线偏振光入射于右旋圆偏振器,且线偏振方向为 45°. 显然,从定性图像上来分析,出射光该是一右旋圆偏振光. 而根据偏振的矩阵表示,出射光的琼斯矢量为

$$\mathscr{P} = \boldsymbol{J}_{\mathrm{R}} \mathscr{P}_{45^\circ} = \frac{1}{2} \begin{bmatrix} 1 & 1 \\ \mathrm{i} & \mathrm{i} \end{bmatrix} \cdot \frac{1}{\sqrt{2}} \begin{bmatrix} 1 \\ 1 \end{bmatrix} = \frac{1}{2\sqrt{2}} \begin{bmatrix} 2 \\ 2\mathrm{i} \end{bmatrix} = \frac{1}{\sqrt{2}} \begin{bmatrix} 1 \\ \mathrm{i} \end{bmatrix},$$

对照表 8.8,此结果乃是一右旋圆偏振光,这与定性分析的结论一致. 若设入射光线偏振方向为 −45°,则它首先被圆偏振器中的 45°偏振片所完全阻挡,故无出射光强即消光. 按矩阵运算表示为

$$\mathscr{P} = \boldsymbol{J}_{\mathrm{R}} \mathscr{P}_{-45^\circ} = \frac{1}{2} \begin{bmatrix} 1 & 1 \\ \mathrm{i} & \mathrm{i} \end{bmatrix} \cdot \frac{1}{\sqrt{2}} \begin{bmatrix} 1 \\ -1 \end{bmatrix} = \frac{1}{2\sqrt{2}} \begin{bmatrix} 0 \\ 0 \end{bmatrix} = \text{消光},$$

琼斯矢量的两个分量均为零,便意味着消光.

其实,$\boldsymbol{J}_{\mathrm{R}}$ 乘以任何一个相干的偏振态 $\mathscr{P}_1$,其结果均为一右旋圆偏振光(视消光为其一特例),这可从以下矩阵运算中得以确认,

$$\mathscr{P} = \boldsymbol{J}_{\mathrm{R}} \mathscr{P}_1 = \frac{1}{2} \begin{bmatrix} 1 & 1 \\ \mathrm{i} & \mathrm{i} \end{bmatrix} \begin{bmatrix} A_x \\ A_y \mathrm{e}^{\mathrm{i}\delta} \end{bmatrix} = \frac{1}{2} \begin{bmatrix} (A_x + A_y \mathrm{e}^{\mathrm{i}\delta}) \\ \mathrm{i}(A_x + A_y \mathrm{e}^{\mathrm{i}\delta}) \end{bmatrix} = \frac{1}{2}(A_x + A_y \mathrm{e}^{\mathrm{i}\delta}) \begin{bmatrix} 1 \\ \mathrm{i} \end{bmatrix}.$$

(2) 一右旋圆偏振光入射于一个 $\lambda/4$ 晶片,其快轴沿 x 轴,求出射光的偏振态. 用矩阵表示出射光的琼斯矢量为

$$\mathscr{P} = \boldsymbol{J}_{\mathrm{q}x} \mathscr{P}_{\mathrm{R}} = \begin{bmatrix} 1 & 0 \\ 0 & -\mathrm{i} \end{bmatrix} \frac{1}{\sqrt{2}} \begin{bmatrix} 1 \\ \mathrm{i} \end{bmatrix} = \frac{1}{\sqrt{2}} \begin{bmatrix} 1 \\ 1 \end{bmatrix},$$

对照表 8.8,该琼斯矢量表示一个取向为 +45°的线偏振光,这与直观分析所得结论是一致的.

- **结语**

以上例题旨在体现矩阵表示在分析偏振问题中的运用,它们并未充分表现出偏振矩阵表示的优越性. 如果一偏振光 $\mathscr{P}_1$ 先后通过 4 个偏振器,则出射光的偏振态表示为

$$\mathscr{P} = \boldsymbol{J}_4 \boldsymbol{J}_3 \boldsymbol{J}_2 \boldsymbol{J}_1 \cdot \mathscr{P}_1. \tag{8.104}$$

即通过一次次的矩阵乘积运算而最终求得出射光的琼斯矢量,这可以由一个合适的计算元件在电脑中快速完成. 这也许是偏振的琼斯矩阵表示法的一个主要优越性.

习　题

8.1　一束线偏振的钠黄光正入射于一方解石晶体，其振动方向与晶体主截面之夹角为 20°. 试求传播于晶体中的 o，e 两束光的相对振幅和相对强度. 此时取 $n_o=1.658$，$n_e=1.486$.

· 答 ·（1）$A_o/A_e\approx0.36$；（2）$I_o/I_e\approx0.16$，设光轴平行于表面.

8.2　参见题图(a)，有两个相同的冰洲石晶体 C_1 和 C_2 前后放置，而两者主截面之夹角为 α，图(a)中显示的为 $\alpha=0$ 的样子. 一强度为 I_0 的一束自然光正入射于 C_1，试分别求出 $\alpha=0°$，45°，90°和 180°四种情形下，从 C_2 出射之光束的强度和数目. 这里忽略反射和吸收等耗损. 提示：先在纸面上画好光轴 e_1，e_2 取向和光振幅矢量的投影如图(b).

· 答 · 一般说有四束光射出，其强度分别为

$$I_{1oo}=\frac{1}{2}I_0\cos^2\alpha,\quad I_{1oe}=\frac{1}{2}I_0\sin^2\alpha,\quad I_{1eo}=\frac{1}{2}I_0\sin^2\alpha,\quad I_{1ee}=\frac{1}{2}I_0\cos^2\alpha.$$

8.3　一水晶薄片厚 0.850 mm，其光轴平行于表面. 现用一绿光束 546.1 nm 正入射于这水晶片；已知水晶对波长为 546.1 nm 的绿光的主折射率为 $n_o=1.5462$，$n_e=1.5554$. 求，

(1) o，e 两光束在晶片中的光程. (2) 两者经晶片后的相位差.

· 答 ·（1）$L_o\approx1.314$ mm，$L_e\approx1.322$ mm；（2）$\varphi_o-\varphi_e\approx+5273.5°$.

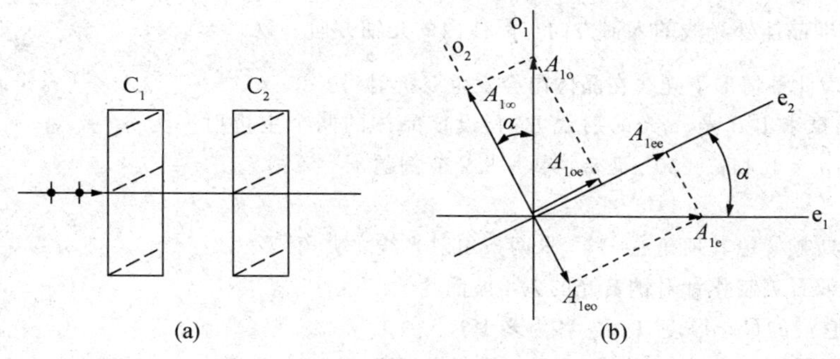

习题 8.2 图

8.4　一束钠黄光以 50°入射角射向一冰洲石平板，其光轴垂直于入射面，求晶体板中 o 光束与 e 光束之夹角. 已知此时的两个主折射率为 $n_o\approx1.658$，$n_e\approx1.486$.　　· 答 ·（i_e-i_o）≈3.51°.

8.5　一束钠黄光掠入射于一块冰的平板上，其光轴垂直于入射面. 设冰板厚度 d 为 4.2 mm，求 o 光束和 e 光束射到平板对面上两点之间隔 Δx. 已知此时的两个主折射率为 $n_o=1.3090$，$n_e=1.3104$.

· 答 · $\Delta x\approx12.7\ \mu$m.

8.6　用 ADP 晶体制成 50°顶角的棱镜，其光轴平行于折射棱即垂直于棱镜的主截面，主折射率为 $n_o=1.5246$，$n_e=1.4792$，试求 o 光和 e 光的最小偏向角及二者之差.

· 答 · $\delta_o\approx30.22°$，$\delta_e\approx27.40°$，$\Delta\delta\approx2.82°$.

8.7　一水晶棱镜的顶角为 60°，其光轴垂直于棱镜的主截面，一束钠黄光以近似满足最小偏向角的方向入射于这棱镜. $n_o=1.544\,25$，$n_e=1.553\,36$. 现用焦距为 1 m 的透镜聚焦，试求 o 光焦点与 e 光焦点之间隔 Δx.　　· 答 ·（$i_{1e}-i_{1o}$）≈0.41°，$\Delta x\approx f\Delta i\approx7.16$ mm.

8.8　试针对下列四种情形，定性地画出在晶体内、外 e 光的射线方向和偏振方向及其波法线方向，图中虚线表示单轴晶体的光轴方向.

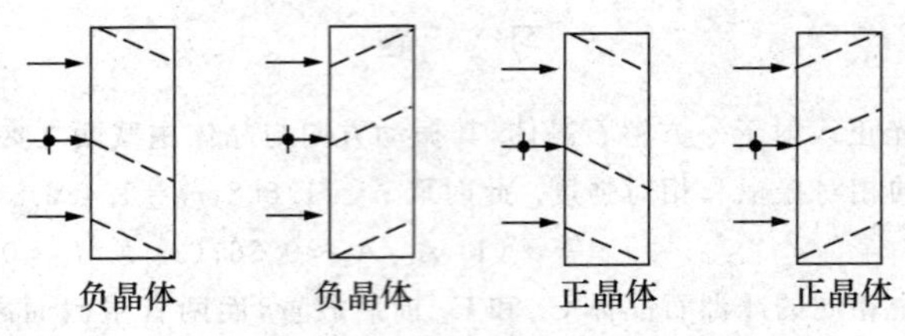

习题 8.8 图

8.9　方解石晶体对于汞绿光的主折射率为 $n_o=1.661\,68$，$n_e=1.487\,92$，试问在这晶体内部绿光的波法线与其射线之最大夹角 α_M 为多少？此时波法线与光轴之夹角 θ_0 为多少？此时射线与光轴之夹角 ξ_0 为多少？

· 答 · $\alpha_M\approx6.31°$；$\theta_0\approx41.84°$；$\xi_0\approx48.16°$.

8.10　一厚度 d 为 20 mm 的冰洲石晶体，其光轴与表面之夹角为 40°，一束钠黄光正入射于该晶体. 试求晶体内 e 光传播方向，和出射双光束的位移量 Δ. 要求画图示意. 提示：参考正文 8.2 节例题 2 和图 8.10.

8.11　根据 8.10 题所获悉的数据，进一步求出晶体内该 e 光的射线折射率 n_r 和法线折射率 n_N，以及相应的光程 L_r 和 L_N.

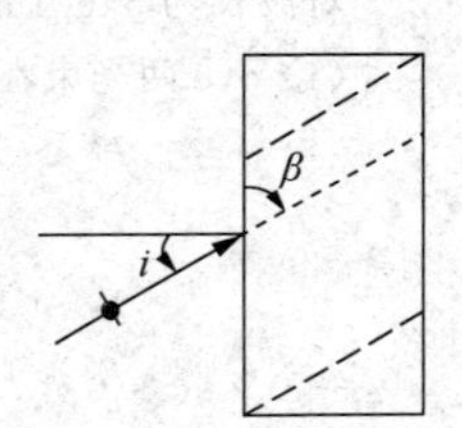

习题 8.12 图

8.12　如图所示，光线入射角为 i，光轴倾角为 β，主截面与入射面重合，且 $i=\frac{\pi}{2}-|\beta|$，即晶体外光线的入射方向与晶体内的光轴方向一致.

(1) 你认为此种情形下光线在晶体内会发生双折射吗？

(2) 如是，试求出 o 光、e 光的射线方向. 设该晶体的两个主折射率为 $n_o=1.88$，$n_e=1.44$；$i=30°$. 提示：参考 8.2 节例题 4.

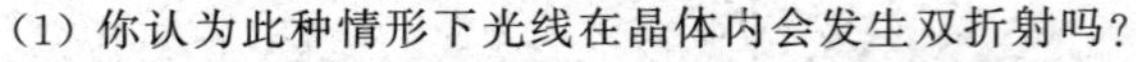
※　　※　　※

8.13　一个沃拉斯顿棱镜其顶角 $\alpha=15°$，求两条出射光线之夹角.　　· 答 · 5.28°

8.14　用方解石或石英制作针对钠黄光的 $\lambda/4$ 波晶片.

(1) 试求它们的最小厚度 d_1，d_2 各为多少？

(2) 若改用汞绿光入射 d_1 片或 d_2 片，其相位延迟 δ_1，δ_2 各为多少？

· 答 · (1) $d_1\approx856.8$ nm，$d_2\approx16.17\ \mu$m；(2) $\delta_1\approx-98°$，$\delta_2\approx146°$.

8.15　一方解石棱镜其顶角为 30°，光轴垂直棱镜主截面，一束钠黄光从左侧正入射，求从这棱镜右侧出射两束光的射线方向和偏振方向. 要求作出示意图. 注：棱镜的主截面定义为与棱镜的折射棱边正交的那个截面.　　· 答 · $i_e\approx48°$，$i_o\approx56°$.

8.16　一单色线偏振的窄光束正入射于一方解石晶体而出现双折射，其偏振方向与晶体主截面之夹角为 30°；一尼科耳棱镜或一偏振片置于晶体后面，其主截面与原入射线偏振成 50°角. 求最终出射的两束光之光强比值.

· 答 · 10.7.

8.17　一块水晶片厚度为 0.850 mm，光轴平行于表面，一波长为 5461Å 的绿光束正入射于这水晶片. 求 o，e 两光束通过这晶片的光程差和相位差.

8.18　现有三块自然云母片，经螺旋测厚仪确定其厚度分别为 0.710 mm，0.824 mm 和 0.938 mm. 针对钠黄光，试问：

(1) 选用其中哪一片作为 $\lambda/2$ 波晶片最为合适？

(2) 其中是否有一片较合适于作为 $\lambda/4$ 波晶片？

(3) 要求对上述被选中的波晶片的偏差作出估量，并以相位差的度数明示. 提示：参考 8.3 节例题 2——剥离云母片的合适厚度.

8.19 让一束椭圆偏振光，先后通过一 $\lambda/4$ 片和一张偏振片 P，旨在监测椭圆光的特征. 在转动 P 过程中出现了消光，此时 $\lambda/4$ 片的光轴与 P 片的透振方向之夹角为 22°.

(1) 求入射的椭圆光之长短轴之比值.

(2) 是否可以凭借这个实验对入射椭圆光的左右旋性作出判断. 设 $\lambda/4$ 片提供的附加相位差 $\delta'_{oe}=+\pi/2$.

· 答 · (1) $\frac{A_o}{A_e}\approx 2.5$；(2) 可以根据 $\pm 22°$ 作出左右旋判断.

8.20 一强度为 I_0 的右旋圆偏振光正入射于一 $\lambda/4$ 片，然后再通过一偏振片 P 其透振方向相对 $\lambda/4$ 片光轴方向顺时针旋 15°.

(1) 求最后出射光强. 设 $\lambda/4$ 片提供的附加相位差 $\delta'_{oe}=-\pi/2$.

(2) 若 P 之透振方向逆时针旋 15°，出射光强为多少？

· 答 · (1) $I_0/4$，(2) $3I_0/4$.

8.21 凭借一波晶片是否可能将一椭圆偏振光改变为一圆偏振光？下面的习题有助于解答这个问题. 设一右旋椭圆偏振光其长短轴之比值为 $A_y/A_x=3$，正入射于一波晶片其光轴方向相对于 y 轴或 x 轴为 45°，于是获得 o，e 两个正交振动，且两者等振幅，$A_o=A_e$. 进一步讨论相位差问题：

(1) 对波晶片的入射点而言，o，e 两个振动的相位差 $\delta_入$ 为多少？

(2) 波晶片提供的附加相位差 δ_{oe} 应满足何种条件可使出射光为圆偏振光？

· 答 · (1) 51°.

※　　※　　※

8.22 一对偏振片 P_1 和 P_2 其透振方向之夹角为 30°，其间插入一波晶片其光轴方向恰在那 30°角的平分线上. 设入射光为一单色自然光，振幅为 A，光强为 I_0，忽略反射、吸收等损耗.（要求作出示意图）

(1) 求从波晶片出射的 o 光，e 光的振幅和光强.

(2) 求投影于 P_2 透振方向的那两个振动成分的振幅和光强.

(3) 求最终通过 P_2 的输出光强 I_2，设波晶片为 $\lambda/4$ 片.

· 答 · (1) $A_o\approx 0.18A, I_o\approx 0.03I_0$；$A_e\approx 0.68A, I_e\approx 0.47I_0$.

(2) $A_1\approx 0.05A, I_1\approx 0.0022I_0$；$A_2\approx 0.66A, I_2=0.44I_0$.

(3) $I_2\approx 0.44I_0$.

8.23 在一对正交的偏振片 P_1 和 P_2 之间插入一块 $\lambda/4$ 片，其光轴与 P_1 透振方向成 60°角. 一强度为 I_0 的单色自然光正入射于该系统，求出射光的强度. 忽略反射、吸收损耗，要求作图示意.

· 答 · $\frac{3}{16}I_0$.

8.24 一块波晶片由方解石切割而成，其厚度 $d=25\ \mu m$，现将其置于一对正交偏振片之间，波晶片的光轴方向恰巧与透振方向成 45°角. 设在可见光波段，方解石的两个主折射率的平均值为 $\bar{n}_o\approx 1.6678$，$\bar{n}_e\approx 1.4904$. 要求作图示意.

(1) 在可见光谱区哪些波长的光几乎不能通过该系统？

(2) 若将第二个偏振片转过 90°，又是哪些波长的光几乎不能通过该系统？

8.25 一右旋椭圆偏振光相继通过一块波晶片和一块偏振片. 波晶片由负晶体制成，它对入射光的有效光程差为 $(n_o-n_e)d=\lambda/6$，且其光轴方向已对准椭圆光的短轴方向；偏振片透振方向沿光轴左旋 30°角；入射光总光强为 I_0，其极大、极小光强比为 4.

(1) 求出射光强 I.

(2) 若入射光改变为左旋，而其他条件均不变，出射光强为多少？

(3) 在偏振片转动过程中，出射光强的极大值和极小值分别为多少？

• 答 • (1) $\frac{13}{20}I_0$，(2) $\frac{1}{20}I_0$，(3) $I_M\approx0.96I_0$，$I_m\approx0.04I_0$.

8.26　一左旋圆偏振光相继通过一波晶片和一偏振片.波晶片由正晶体制成，其对入射光产生的有效光程差为$(n_e-n_o)d=\lambda/3$；偏振片透振方向沿光轴右旋30°角.设入射光强度为I_0.

(1) 参与偏振片透振方向相干叠加的两个振动的相位差δ_{oe}为多少(rad)?

(2) 求出射光强.要求作出示意图.

(3) 若入射光改为右旋，而其他条件均不变，求出射光强.

• 答 • (1) $\delta_{oe}=+7\pi/6$，(2) $I_0/8$，(3) $7I_0/8$.

8.27　汞灯的4047Å紫色平行光束正入射于一偏振光干涉系统，该系统即是在两个正交偏振片P_1和P_2之间放置一楔形水晶薄棱镜，棱镜顶角$\alpha=0.5°$，光轴平行棱边且与偏振片透振方向成45°角.

(1) 通过P_2看到的干涉图样是怎样的?(要求作图示意.)

(2) 相邻暗纹的间隔d为多少? 已知$n_o=1.5572$，$n_e=1.5667$.

(3) 若将P_2转过90°，干涉图样有何变化?

(4) 维持P_1，P_2正交，但将水晶棱镜的光轴方向转过45°，使之与P_1透振方向平行，干涉图样有何变化?

• 答 • $d=4.86$ mm

8.28　一束钠黄光正入射于一巴比涅补偿器(参见正文图8.22(b)).该补偿器由水晶制成，其楔角$\alpha=2.75°$，并置于两个正交偏振片之间.已知对钠黄光水晶的两个主折射率为$n_o=1.544\ 25$，$n_e=1.553\ 36$.

(1) 从补偿器出射的两束平行光之夹角$\Delta\theta$为多少?

(2) 通过P_2而出现的干涉条纹的间隔Δx为多少?

• 答 • (1) $\Delta\theta\approx4'$，(2) $\Delta x\approx0.52$ mm.

8.29　一巴比涅补偿器置于两个正交偏振片P_1和P_2之间，且其两个透振方向与补偿器的两个光轴方向互成45°.通过P_2观察到中央有一条暗线且暗纹间隔为a.今以同波长的椭圆偏振光直接照射这块补偿器以替代P_1，发现这条暗纹移动b距离.

(1) 求入射椭圆光相对补偿器两个正交光轴所构成的坐标架，其两个振动之相位差δ_0为多少?

(2) 若椭圆光的长短轴恰巧对准了补偿器的两个正交的光轴，此时a，b有何关系?

(3) 若此时P_2透振方向与补偿器中一光轴之夹角为θ，试给出θ角与入射椭圆光的长短轴比值之关系.

• 答 • (1) $\delta_0=\frac{2\pi}{a}b$，(2) $b=\pm\frac{a}{4}$，(3) $\tan\theta=\frac{A_\perp}{A_{/\!/}}$.

※　※　※

8.30　已知石英对钠黄光的旋光率$\alpha=21.72(°)/\mathrm{mm}$，试求左、右旋圆偏振光传播于石英晶体沿光轴方向的折射率之差Δn.

• 答 • $\Delta n\approx7.11\times10^{-5}$.

8.31　在两块正交偏振片之间插入一石英旋光晶片，以消除对人眼最敏感的黄绿光$\lambda=550$ nm，设石英对这一波长的旋光率$\alpha=24(°)/\mathrm{mm}$.

(1) 求这晶片的最小厚度d_m.

(2) 若转动其中一偏振片使两个透振方向平行，此时晶片最小厚度d'_m应当为多少?

• 答 • (1) 7.5 mm，(2) 3.75 mm.

8.32　一石英棒之长度为5.639 cm，其端面垂直于光轴，被置于两个正交偏振片之间.现有一束白光正入射于此棒的端面，并用光谱仪观察该系统的透射光.

(1) 试在一张坐标纸上绘制偏振面转角随波长而变化的曲线$\psi(\lambda)$，其波长范围限于可见光谱区(400—760 nm)，所需石英旋光率数据$\alpha(\lambda)$可查正文表8.5.

(2) 从 $\psi(\lambda)$曲线中可以找出一系列离散的波长，它们将在光谱仪中消失. 试分别依次给出紫端和红端前三个这种波长.

8.33　一块石英片其表面垂直于光轴，恰好抵消了 10 cm 长，浓度为 0.20 g/cm^3 的麦芽糖液管对钠黄光所产生的旋光效应. 试求这石英片的厚度. 已知石英对此波长的旋光率 $\alpha = 21.75(°)/\text{mm}$，麦芽糖的旋光率$[\alpha] = 144(°)/(\text{dm}\cdot\text{g}\cdot\text{cm}^{-3})$.

· 答 · 1.32 mm.

8.34　一长度为 15 cm 的左旋葡萄糖溶液，使钠光束的偏振面旋转了 25.6°，已知葡萄糖溶液的旋光率$[\alpha] = -51.4(°)/(\text{dm}\cdot\text{g}\cdot\text{cm}^{-3})$. 求该溶液的葡萄糖浓度.

· 答 · 0.332 g/cm^3.

8.35　将 14.5 g 的蔗糖块溶于水而获得一体积为 60 cm^3 的溶液，并灌入长度为 15 cm 的量糖计中，测出钠光束偏振面向右旋转了 16.8°，求这蔗糖样品中所含非旋光性杂质的百分比. 已知纯糖溶液的旋光率$[\alpha] = 66.5(°)/(\text{dm}\cdot\text{g}\cdot\text{cm}^{-3})$.

· 答 · 31%.

8.36　已知右旋石英对 $\lambda = 762$ nm 的左、右旋圆偏振光的折射率分别为 $n_L = 1.539\,20$，$n_R = 1.539\,14$，试求石英对该波长的旋光率.

· 答 · 14.15(°)/mm.

8.37　(接上题)用该石英制成一晶体棒其端面垂直于光轴，一束波长为 762 nm 的线偏振光正入射于这晶体棒. 试求棒内沿光轴方向相距 2.000 mm 的两点，其偏振面之夹角 $\Delta\psi$ 为多少？其振动之有效相位差 $\Delta\varphi$ 为多少？

· 答 · $\Delta\psi \approx 28.30°$，$\Delta\varphi \approx 66.2°$.

※　　※　　※

8.38　用磁感应强度 $B = 0.6$ 特斯拉的磁场加于一块长 10 cm 的轻火石玻璃上，求偏振面旋转角(度数)，已知该材料的韦尔代常数 $V = 9.22\ \text{rad}/(\text{T}\cdot\text{m})$.

· 答 · 32°.

8.39　用 20 cm 长的某种液体观察法拉第效应，若加上 0.8 T 的磁场，观测到线偏振光的振动面旋转了 65°，求该液体的韦尔代常数 V.

· 答 · $V \approx 7.1\ \text{rad}/(\text{T}\cdot\text{m})$.

8.40　用长度 5 cm 的重火石玻璃棒作为光学隔离器的元件，求所施加的磁场应当为多大. 已知其韦尔代常数为 30 rad/(T · m).

· 答 · $B \approx 0.524$ T.

8.41　用克尔常数 $K = 2.44\times10^{-12}\ \text{m/V}^2$ 的硝基苯液体制成克尔盒，其极板长 2.8 cm，两板间距 0.6 cm.

(1) 若要求克尔盒装置有最大光强输出，则应当施加至少多大电压？

(2) 这一最大输出光强是输入自然光强度的百分之几？

· 答 · (1) $V_m \approx 1.62\times10^4$ V，(2) 50%.

8.42　将硝基苯注入克尔盒，其板长 3.0 cm，两极板间距 0.75 cm，所加电压为 22 kV.

(1) 求从克尔盒出射的两个正交振动之间的相位差 δ'. 要求作图示意.

(2) 若光强为 I_0 的自然光束入射于这一系统，求最终输出光强为多少？

· 答 · (1) $\delta' \approx 226.7°$，(2) $0.42I_0$.

吸收·色散·散射

9.1 吸　收

·概述　·线性吸收规律　·普遍吸收和选择吸收　·吸收光谱
·夫琅禾费线　·复数折射率

● 概述

大体上说,介质对光的吸收、色散和散射,均系分子尺度上光与物质的相互作用,故三者曾并称为分子光学(molecular optics).除了真空,无一介质对光波或电磁波是绝对透明的,光的强度随传播距离而减少的现象,称为介质对光的吸收(absorption),被吸收的光能量转化为介质的热能或内能;介质的不均匀性将导致光的散射(scattering),它将定向入射的光强散射到各个方向,从而也造成定向光强随传播距离而减少,但这不应当算计在介质对光的真吸收中;光在介质中的传播速度一般要小于真空中的光速,这里更值得关注的是介质中光速与光频或光波长有关,这被称作光的色散(dispersion),对色散的研究在理论上、实用上和概念上均具有重大意义,几乎所有光传输器件,比如透镜、棱镜或光纤,都必须认真考虑其色散性能和影响.

● 线性吸收规律

参见图9.1,一单色平行光束沿 x 方向传播于某均匀介质,经薄层 $x—x+\mathrm{d}x$,因吸收其光强由 $I\rightarrow I+\mathrm{d}I$, $\mathrm{d}I<0$,这一般可以表达为

$$\mathrm{d}I\propto -I\mathrm{d}x,$$

引入一系数 α 而将上述关系写成以下形式,

$$\mathrm{d}I=-\alpha I\mathrm{d}x,\quad 即\quad \alpha=-\frac{\mathrm{d}I}{I\mathrm{d}x}. \tag{9.1}$$

这系数 α 称为该物质的吸收系数或吸收率(absorptivity),其含义为经历单位长度所导致的光强减少的百分比.实验表明,在相当宽的光强范围内,α 保持为一常数,即吸收系数与光强无关,这被称作线性吸收规律.当然,不同介质有不同的吸收系数.比如,在可见光波段纯净水 $\alpha \approx 0.02\,\mathrm{m}^{-1}$,这相当于光在水中传播 50 m 后其光强从 I_0 减为约 $I_0/3$;各种无色玻璃其 α 大体在 $0.05-0.15\,\mathrm{m}^{-1}$,于是,通过 5 mm 厚的玻璃层光因被吸收而导致的强度减弱约为 0.05%,这里没有考量玻璃表面的反射损耗.如果吸收是线性的,则经历宏观距离 l,光强函数表达式为

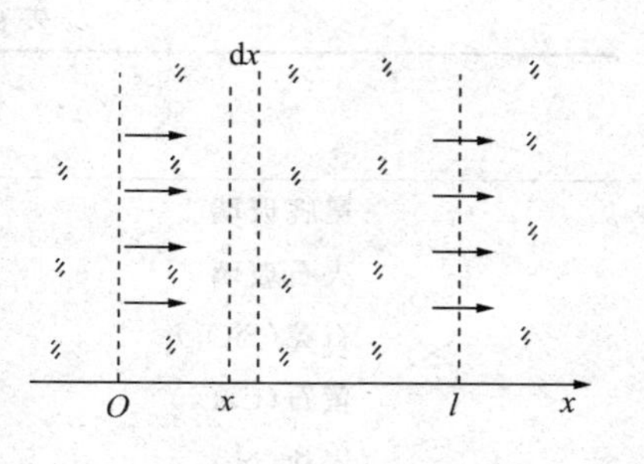

图 9.1 定义吸收系数

$$I(l) = I_0 \mathrm{e}^{-\alpha l}. \tag{9.2}$$

在激光出现之前,这线性吸收律是相当精确地与实验结果一致.自从人们可以获得大强度且高度定向的激光束以后,便激发并强化了光与物质相互作用的非线性效应,其中体现在吸收效应上便是 α 与光强有关,即 $\alpha = \alpha(I)$.

- **普遍吸收和选择吸收**

普遍而言,吸收系数不仅与光强有关,而且与波长有关,即同一介质对不同波长的光可能有不同的吸收系数.在概念上可以定义一种介质,它对不同波长的光具有同等程度的吸收,我们指称这种物质具有普遍吸收性(general absorption).一束白光透过普遍吸收介质,则其透射光并不显色,仅是总光强的减弱而呈现灰色.若介质对某些波长或某一波段的光吸收特别强烈,则被称为选择吸收(selective absorption).若在可见光波段,某介质具有选择吸收性,则当白光通过该介质后就变为有色光.在日光照射下物体所呈现的各种颜色,均是物体表面或体内对可见光波段的光具有选择吸收的结果.

若以广阔的电磁波谱为尺度来衡量,普遍吸收的介质是不存在的,选择吸收才是介质的普遍属性.比如,地球大气层,它对 300 — 760 nm 的可见光波段是透明的;对于 300 nm 以下的紫外线它是不透明的,这紫外线将被大气高空中的臭氧层所强烈吸收;对于红外辐射,大气只在某些狭窄波段内是透明的,它们被称为“大气窗口”,大气对红外辐射的广泛吸收是其中所含水蒸气所致,故大气的红外吸收或透明窗口与气象条件有密切关系.

棱镜光谱仪中所选用的棱镜材料,应当在待分析的波段内是透明的.包括玻璃在内的所有光学材料,均有无吸收的透光极限,分别居于短波紫外端和长波红外端.从表 9.1 所列透光极限的数值中可以看出,在可见光波段可选用玻璃棱镜,在紫外波段选用石英棱镜为宜,而红外波段常选用卤化物晶体,比如 NaCl 晶体、$\mathrm{CaF_2}$ 晶体等.当然,在选用棱镜材料时还要计较色散能力.选用透明度高且色散强的材料制作棱镜为最佳.

表 9.1　常用光学材料的透光极限

物　质	透光极限(波长 Å)	
	紫　外	红　外
冕牌玻璃	3500	20 000
火石玻璃	3800	25 000
石英(SiO_2)	1800	40 000
萤石(CaF_2)	1250	95 000
岩盐(NaCl)	1750	145 000
氯化钾(KCl)	1800	230 000
氟化锂(LiF)	1100	70 000

● **吸收光谱**

一种介质的选择吸收线或吸收带可通过一实验装置直观而准确地显示出来,参见图 9.2.令一束具有均匀连续谱的"白光"先通过一段吸收介质,再射入一棱镜光谱仪而获得该介质的吸收光谱(absorption spectrum),其中出现的若干暗线或暗带正是介质的吸收线或吸收带.令人惊奇的是,这些吸收线或吸收带的位置即波长值,竟与该介质的发射光谱线或光谱带的位置相一致.这表明,某种物质自身发射哪些波长的光,那么它就强烈地吸收那些波长的光.这一事实揭示了介质对光的吸收其本质为共振吸收(resonance absorption).

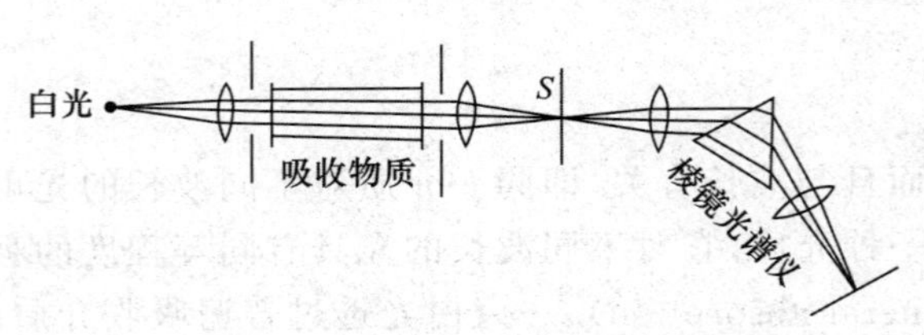

图 9.2　拍摄吸收光谱的装置

● **夫琅禾费线**

太阳光谱是一个典型的吸收光谱图,在其连续谱的背景上呈现许多条离散的暗线.这些暗线是夫琅禾费首先发现的,并用字母 A,B,C,α,…给以标志,故称其为夫琅禾费线(Fraunhofer line),表 9.2 列出其中一部分.这些暗线正是太阳大气层中原子对太阳内核所发射的连续光谱的选择吸收线.将这些吸收谱线的波长与地球上已知物质所发射的原子光谱线进行比对,就可以推断出太阳大气层中包含了哪些化学元素.现已查明,这些元素主要是氢,其体积占 80%,氦,其体积占 18%,此外还有钠、氧、铁、钙等 60 多种元素.

这其中颇为有趣的是关于氦元素的发现.1868 年法国人 J. P. Jensen 在太阳光谱中发现了若干不知来源的暗线;英国天文学家 J. N. Lockyer 把它们解释为存在一种未知元素,并将它取名为 helium,该词源于希腊文 helios(太阳);直到 1894 年,英国化学家 W. Ramsay 才从钇铀矿物蜕变物的气体中发现了该元素 He(氦).这说明了地球上也存在氦元素.

表 9.2　较强的夫琅禾费谱线

代　号	波长/Å	吸收物质	代　号	波长/Å	吸收物质
A	7594—7621*	O_2	b_4	5167.343	Mg
B	6867—6884*	O_2	c	4957.609	Fe
C	6562.816	H	F	4861.327	H
α	6276—6287*	O_2	d	4668.140	Fe
D_1	5895.923	Na	e	4383.547	Fe
D_2	5889.953	Na	G′	4340.465	H
D_3	5875.618	He	G	4307.906	Fe
E_2	5269.541	Fe	G	4307.741	Ca
b_1	5183.618	Me	g	4226.728	Ca
b_2	5172.699	Mg	h	4101.735	H
b_3	5168.901	Fe	H	3968.468	Ca^+
b_4	5167.491	Fe	K	3933.666	Ca^+

* 实为地球大气中氧分子的吸收带.

原子吸收光谱的灵敏度是相当高的,混合物或化合物中极少含量的原子及其变化,将导致光谱吸收线的出现及其光密度的很大变化.历史上就曾依据这吸收光谱分析方法发现了铯、铷、铊、铟、镓等多种新元素,这一方法已广泛应用于化学的定量分析.

● 复数折射率

考虑到介质对光的吸收,介质的光学性能就需要由两个参数给以反映,即折射率 n 和吸收系数 α,前者决定了介质中的光速 $v=c/n$,后者决定了介质中光强的衰减或光扰动振幅的衰减.在波函数的复数表象中,这两者可以合并为一个复数折射率 $\tilde{n}$.对此详加说明如下.

在无吸收的透明介质中,一列沿 x 方向传播的平面波函数被表示为

$$\tilde{E}(x,t)=A_0\mathrm{e}^{-\mathrm{i}(\omega t-kx)}=A_0\mathrm{e}^{\mathrm{i}kx}\cdot\mathrm{e}^{-\mathrm{i}\omega t},\tag{9.3}$$

这里实振幅 A_0 为一常数,它不随传播距离 x 而衰减.考虑到光在吸收介质中传播时,光强按(9.2)式衰减,

$$I(x)=I_0\mathrm{e}^{-\alpha x},$$

又注意到光强与复数波函数的关系为

$$I(x)=\tilde{E}(x,t)\cdot\tilde{E}^*(x,t)=A^2(x),\tag{9.4}$$

于是,在吸收介质中上述波函数应当表示为

$$\tilde{E}(x,t)=A(x)\mathrm{e}^{\mathrm{i}kx}\cdot\mathrm{e}^{-\mathrm{i}\omega t}=A_0\mathrm{e}^{-\frac{\alpha}{2}x}\mathrm{e}^{\mathrm{i}kx}\cdot\mathrm{e}^{-\mathrm{i}\omega t},$$

这里 A_0 为 $x=0$ 处的光振幅.将上述与空间变量 x 相关的两个因子合并一起,

$$\tilde{E}(x,t)=A_0\mathrm{e}^{\mathrm{i}\left(k+\mathrm{i}\frac{\alpha}{2}\right)x}\cdot\mathrm{e}^{-\mathrm{i}\omega t}=A_0\mathrm{e}^{\mathrm{i}\tilde{k}x}\cdot\mathrm{e}^{-\mathrm{i}\omega t},\tag{9.5}$$

这里 $\tilde{k}$ 为复波数,

$$\tilde{k}=k+\mathrm{i}\,\frac{\alpha}{2}. \tag{9.6}$$

注意到实波数 k 中隐含着折射率 n，

$$k=\frac{\omega}{v}=\frac{\omega}{c/n}=\frac{\omega}{c}n, \tag{9.7}$$

将(9.6)式改写为

$$\tilde{k}=\frac{\omega}{c}\left(n+\mathrm{i}\,\frac{c\alpha}{2\omega}\right)=\frac{\omega}{c}\tilde{n}, \tag{9.8}$$

这里 $\tilde{n}$ 为复折射率，

$$\tilde{n}=n+\mathrm{i}\,\frac{c\alpha}{2\omega}. \tag{9.9}$$

相应地，在吸收介质中一列沿 x 方向传播的平面波函数就可以表示为

$$\widetilde{E}(x,t)=A_0\mathrm{e}^{\mathrm{i}\frac{\omega}{c}\tilde{n}x}\cdot\mathrm{e}^{-\mathrm{i}\omega t}. \tag{9.10}$$

由此可见，在复数表象中，复折射率 $\tilde{n}$ 的虚部反映了介质对光的吸收. 在下一节关于色散的理论中，我们从介质电极化强度矢量 $\boldsymbol{P}(t)$ 与电场强度矢量 $\boldsymbol{E}(t)$ 之关系入手，导出折射率公式，当 $\boldsymbol{P}(t)$ 与 $\boldsymbol{E}(t)$ 存在相位差时便出现折射率的复数形式，这表明此时存在吸收. 换句话说，介质对光的色散和吸收可以在理论上被一并考量，只要赋予折射率以复数形式 $\tilde{n}$. 这种场合也常将 $\tilde{n}$ 改写成以下形式，

$$\tilde{n}=n(1+\mathrm{i}\kappa),\quad \kappa=\frac{c\alpha}{2n\omega}=\frac{\lambda_0\alpha}{4\pi n}. \tag{9.11}$$

其中 κ 称作衰减系数.

不过，在这里还有一点值得注意. 当我们对实数波函数作复数表示如下时，

$$A(x)\cos(\omega t-kx)\longleftrightarrow A(x)\mathrm{e}^{-\mathrm{i}kx}\cdot\mathrm{e}^{\mathrm{i}\omega t},$$

则复折射率 $\tilde{n}$ 应当写成

$$\tilde{n}=n(1-\mathrm{i}\kappa), \tag{9.11$'$}$$

惟有如此方能得到光振幅随传播距离而衰减的真实图像. 以上(9.11)和(9.11′)两式中的衰减系数 κ 总取正值.

9.2　色　　散

- 正常色散和柯西公式　· 反常色散　· 一种物质的全域色散曲线
- 棱镜的最小偏向角　· 棱镜的角色散和分辨本领

● 正常色散和柯西公式

一种介质的折射率将随波长而改变，这一现象称为色散或色散效应. 一束白光经过透明的玻璃棱镜而散开为一七色光带，它就是一种典型的色散. 通过棱镜的最小偏向角实验，可

以测定出棱镜材料的色散曲线 $n(\lambda)$，大体上均如图 9.3(a)所示，其特点是对于短波紫光的 n 值大，对于长波红光的 n 值小. 这种 $n(\lambda)$随波长增加而减少的现象称为正常色散(normal dispersion)，通常介质在其透明波段均是如此，参见图 9.3(b). 从正常色散 $n(\lambda)$曲线中还可以看出，其斜率 $\mathrm{d}n/\mathrm{d}\lambda$ 亦随波长 λ 而异，短波紫光的 $\mathrm{d}n/\mathrm{d}\lambda$ 值要比长波红光的大，这说明在短波端材料的色散效应更为显著.

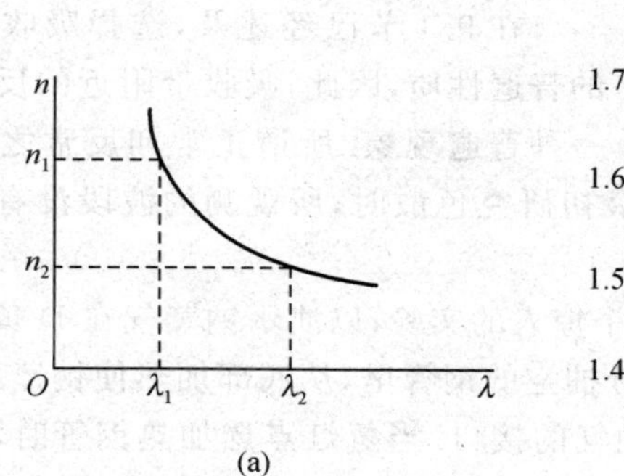

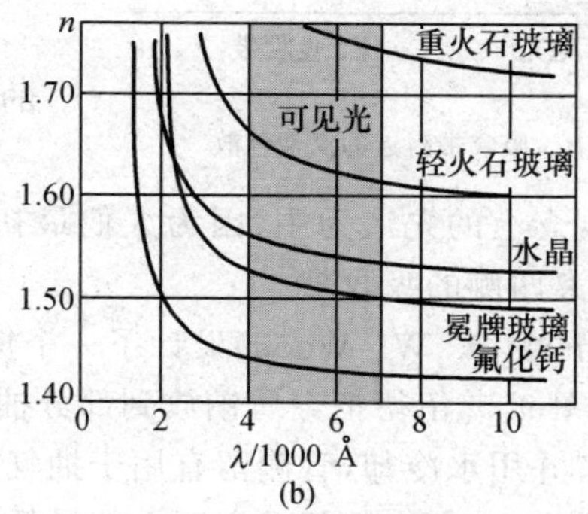

图 9.3　正常色散曲线

柯西(A. L. Cauchy)第一个成功地找到了表示正常色散曲线的公式，

$$n = A + \frac{B}{\lambda^2} + \frac{C}{\lambda^4}. \tag{9.12}$$

其中，三个系数(A,B,C)决定于介质，它们可由三条谱线($\lambda_1,\lambda_2,\lambda_3$)对应的三个折射率($n_1,n_2,n_3$)，所形成的联立方程而解出. 在可见光波段，柯西公式相当准确地反映了图 9.3(b)所显示的那几种材料的实际色散曲线. 当考察的波长范围不大时，只需取用柯西公式的头两项就足够了，即

$$n = A + \frac{B}{\lambda^2}. \tag{9.13}$$

于是

$$\frac{\mathrm{d}n}{\mathrm{d}\lambda} = -\frac{2B}{\lambda^3}. \tag{9.14}$$

这表明紫端 380 nm 邻近的色散效应是红端 760 nm 邻近的 8 倍.

- **反常色散**

在测量石英之类透明介质的折射率时，如果把测量的光谱范围延伸到红外区域，则其色散曲线就将开始明显地偏离柯西公式，如图 9.4 所示. 先是从 R 处开始折射率随波长增加而急剧地下降；当波长接近红外某一谱带时，介质变得完全不透光，这谱带正是该介质的选择吸收带；当波长大于这吸收带的长波端稍许时，折射率又立刻变得很大，且随波长增加而更陡地下降；随后折射率在 ST 段的变化又回复到如同 PQ 段那样，遵循柯西公式，只不过其渐近值 A'要大于前一段的 A 值. 在吸收带附近发生的色散曲线明显的不连续，且吸收带长波端的折射率明显地大于短波端的折射率，这显然有别于正常色散，故称这一现象为反常

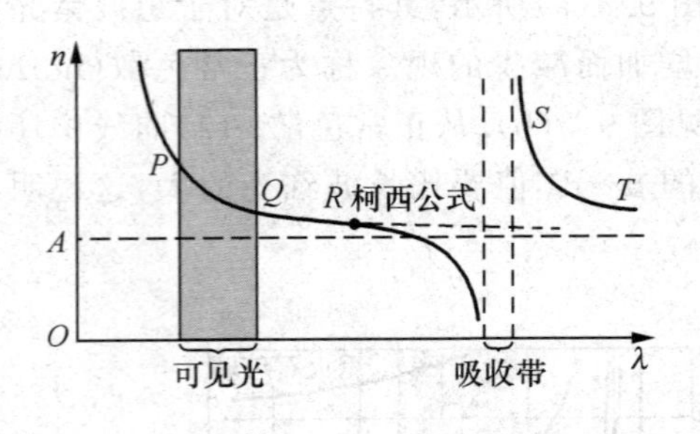

图 9.4　吸收带附近的反常色散

色散(anomalous dispersion). 这种现象是从品红染料和碘蒸气这类物质中发现的，它们的吸收带在可见光区域，以致红光折射率大于紫光折射率. 因此，用这类物质制成的棱镜，对红光的偏向角比对紫光的大，从而所得光谱和正常色散所得光谱有明显差别.

在 9.1 节已经述及，选择吸收是所有介质的普遍性质，因此，吸收带附近的反常色散也是一种普遍现象. 所谓正常和反常之定语只不过是源于人们观念上的先入为主，因为人们最初研究色散时，所观测的波段没有覆盖到吸收带，且比较远离两侧的吸收带.

1904 年伍德(R. W. Wood)设计了一个惊人的实验，以演示钠蒸气在 D 黄线附近的反常色散，参见图 9.5. 伍德把金属钠放到部分抽空的钢管里，从底部加热使钠蒸发；管的两端封上玻璃窗口并用水冷却，管侧留有用于抽气的接口. 当氢灯点燃加热钢管时，便形成了一个钠蒸气的梯度，其密度底部最高而上部最低，这等效于一个棱镜 V 其折射棱垂直纸面. 在右边再安装一个棱镜 P 其棱边与 V 的棱边正交. 于是，这整个装置成为一个交叉棱镜色散显示仪，其中透镜 L_1，L_2，L_3 和 L_4 分别用以准直和聚焦，其右半部($S_2L_3PL_4F$)其实就是一个通常的棱镜色散分光仪. 当钢管 V 未被加热时，其内部只有均匀气体，光束通过它时不发生偏转，故由 S_1 发出的白光通过 S_2 进入分光仪后，在焦面 F 上形成一水平 x 方向光谱带，它相当于给出一个波长标尺；当钢管加热而钠被蒸发时，由于蒸气棱镜 V 的色散效应，不同波长的光将不同程度地向下偏折，再经右半分光仪色散，便在焦面 F 垂直 y 方向形成色带. 实验显示，在钠黄光吸收线附近，这色带即色散曲线被明显地断折和扭曲，令人信服地看到了反常色散及其特征.

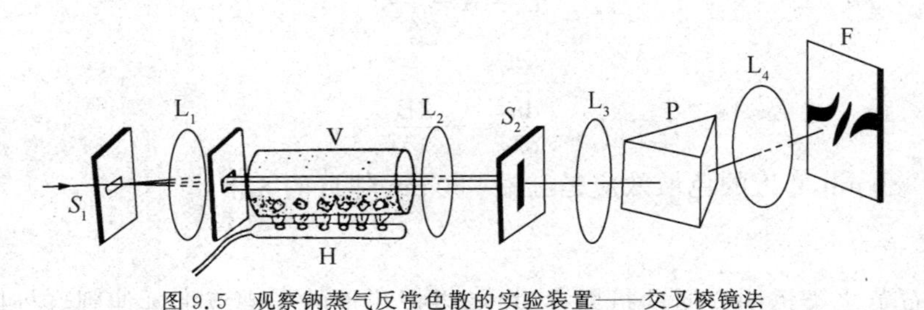

图 9.5　观察钠蒸气反常色散的实验装置——交叉棱镜法

● 一种物质的全域色散曲线

虽然各种介质的色散曲线不尽相同，但若从波长 $\lambda=0$ 到 $\lambda\approx10^3$ m 的广阔范围内考察各种介质的全域色散曲线，它们却表现出类似的形貌，大体上如图 9.6 所示. 一系列离散的吸收带隔离出一段段曲线，在两个相邻吸收带之间 n 单调下降，每通过一吸收带 n 急剧上升，那一段段曲线随 λ 增加而依次抬高，或者说，各段曲线中部满足柯西公式中的那个常数

A 值依次上升. 当波长 $\lambda\to\infty$ 时,折射率 $n\to\sqrt{\varepsilon}$,这里 ε 为该介质的静态相对介电常数;对于极短波,比如 X 射线和 γ 射线,介质折射率 n 略小于 1,这意味着对于这种极短波长的射线,即使从空气射向介质表面也将可能发生全反射.

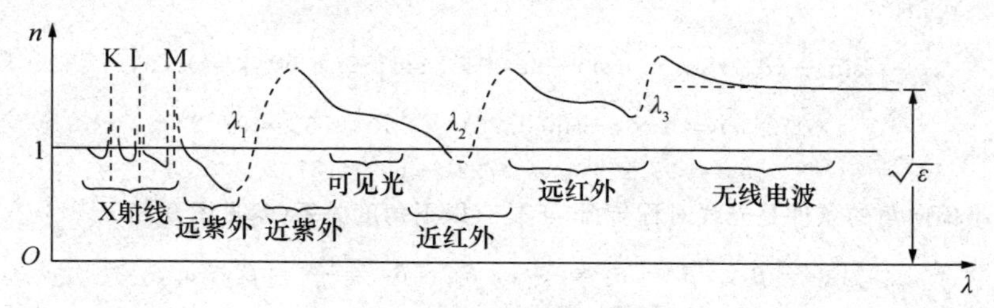

图 9.6　一种介质的全域色散曲线

• 棱镜的最小偏向角

参见图 9.7,一准单色平行光束射向一棱镜,先后经棱镜表面的两次折射,使得出射光线与入射光线之间有了一个夹角 δ,称其为偏向角. 实验和理论均表明,当保持入射光的方向不变而转动棱镜时,则偏向角随之变化,且存在一最小偏向角(angle of minimum deviation),这时入射光线的方向,恰巧使传播于棱镜中的光线与顶角构成一等腰三角形,这也使得出射光线和入射光线两者对称地跨于棱镜两侧,即第一表面的光线入射角 α_1 等于第二表面的光线折射角 β_2,如图 9.8 所示. 借助此图,并运用折射定律,可以获得关于最小偏向角 δ_m 的一个公式,

$$\frac{\sin\frac{1}{2}(\delta_m+\alpha)}{\sin\frac{1}{2}\alpha}=\frac{n}{n_0},\tag{9.15}$$

其中,n,n_0 分别为棱镜材料的折射率和介质折射率,α 为棱镜的顶角.

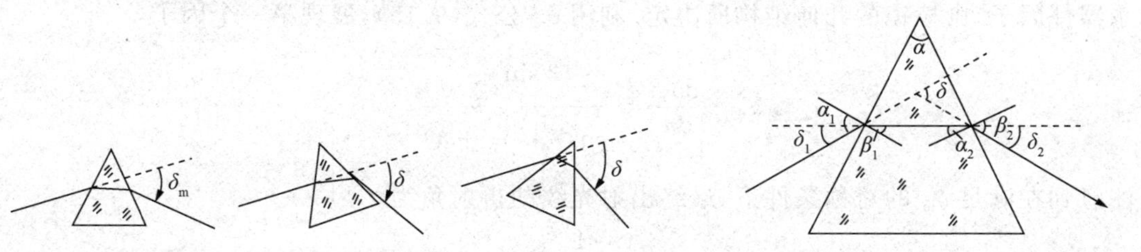

图 9.7　棱镜折射存在最小偏向角　　图 9.8　光线对称传播时出现最小偏向角

对于薄棱镜,其顶角 α 很小,因而偏向角 δ 也很小,上式可近似地表达为

$$\frac{(\delta+\alpha)}{\alpha}\approx\frac{n}{n_0},$$

于是

$$\delta\approx\frac{n-n_0}{n_0}\alpha;\quad 或\quad \delta\approx(n-1)\alpha,\quad 当\ n_0=1.\tag{9.16}$$

这个结果在此前我们已多次用到.

例题 1　设棱镜顶角为 60°,对某波长的光其折射率为 1.5,试求最小偏向角 δ_m 值,以及相应的入射角 α_1.

根据(9.15)式,有

$$\sin\frac{1}{2}(\delta_m+\alpha)=n\sin\frac{1}{2}\alpha=1.5\sin\left(\frac{1}{2}\times 60^\circ\right)=0.75,$$

$$(\delta_m+\alpha)=2\times\arcsin(0.75)=2\times 48.6^\circ=97.2^\circ,$$

$$\delta_m=97.2^\circ-\alpha=97.2^\circ-60^\circ=37.2^\circ.$$

注意到出现最小偏向角的条件是光线对称传播,于是有以下角度关系(参见图 9.8),

$$\alpha_1=\beta_2,\quad \beta_1=\alpha_2=\frac{\alpha}{2},\quad \delta_1=\delta_2=\frac{\delta_m}{2}=\beta_2-\alpha_2,$$

故最终出射光线的折射角 β_2 或最初入射光线的入射角 α_1 为

$$\alpha_1=\beta_2=\frac{\delta_m}{2}+\frac{\alpha}{2}=\frac{37.2^\circ}{2}+\frac{60^\circ}{2}\approx 48.6^\circ.$$

● 棱镜的角色散和分辨本领

经棱镜以后,出射光线的偏向角或最小偏向角与折射率 n 有关,而 n 又与波长 λ 有关,故基于色散效应 $n=n(\lambda)$,可以制成一台棱镜光谱仪以分析入射光谱.同人们看待任何光谱仪那样,我们首先关注棱镜的色散本领和分辨本领.这里需要事先声明的一点是,人们总是在最小偏向角 δ_m 条件下讨论这类问题,虽然在入射的多色光束中,只可能有一种波长的光严格地满足 δ_m 条件,其余波长的光则传播于邻近非 δ_m 状态,但这无关紧要,因为关于光谱仪角色散或分辨本领等这类性能指标,本来就只具有大体估算的数量级的意义.

棱镜的角色散定义为 $\mathrm{d}\delta_m/\mathrm{d}\lambda$,它可以表示为两个因子之积,

$$\text{角色散}=\frac{\mathrm{d}\delta_m}{\mathrm{d}\lambda}=\frac{\mathrm{d}\delta_m}{\mathrm{d}n}\cdot\frac{\mathrm{d}n}{\mathrm{d}\lambda},\tag{9.17}$$

其中,第二个因子 $\mathrm{d}n/\mathrm{d}\lambda$ 系材料因子,由材料的色散函数 $n(\lambda)$ 所决定;第一个因子 $\mathrm{d}\delta_m/\mathrm{d}n$ 系器件因子,由棱镜的几何结构所决定.利用 δ_m 公式(9.15),展现第一个因子,

$$\frac{\mathrm{d}\delta_m}{\mathrm{d}n}=\frac{2\sin\dfrac{\alpha}{2}}{\cos\dfrac{1}{2}(\delta_m+\alpha)},$$

注意到在满足 δ_m 的对称条件下,最终出射光线的折射角为

$$\beta_2=\frac{1}{2}(\delta_m+\alpha),$$

于是

$$\frac{\mathrm{d}\delta_m}{\mathrm{d}n}=\frac{2\sin\dfrac{\alpha}{2}}{\cos\beta_2},$$

故

$$\frac{\mathrm{d}\delta_m}{\mathrm{d}\lambda}=\frac{2\sin\dfrac{\alpha}{2}}{\cos\beta_2}\frac{\mathrm{d}n}{\mathrm{d}\lambda}.\tag{9.18}$$

上式中的角度也可以由更为直观的线段长度来取代. 设棱镜正截面那个三角形的底边长为 B,腰边长为 S,参见图 9.9,则 $\sin\frac{\alpha}{2}=\frac{B/2}{S}$, $\cos\beta_2=\frac{b}{S}$,因之,

$$\frac{\mathrm{d}\delta_{\mathrm{m}}}{\mathrm{d}n}=\frac{B}{b},$$

故

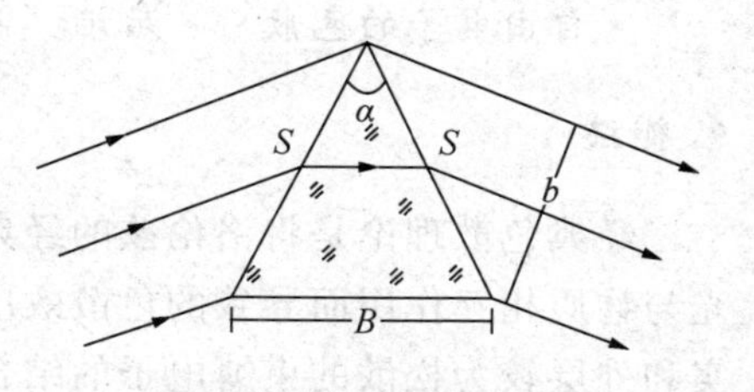

图 9.9 导出棱镜的角色散和分辨本领

$$\frac{\mathrm{d}\delta_{\mathrm{m}}}{\mathrm{d}\lambda}=\frac{B}{b}\cdot\frac{\mathrm{d}n}{\mathrm{d}\lambda}. \tag{9.19}$$

这里,b 为入射或出射平行光束的宽度.

我们知道,宽度受限于 b 的平行光束,其衍射发散角为

$$\Delta\theta\approx\frac{\lambda}{b},$$

这将导致不同波长的光束,经棱镜色散以后出现重叠现象,即这里存在一个色分辨问题. 设波长 λ 附近可分辨的最小波长间隔为 $\Delta\lambda_{\mathrm{m}}$. 按照瑞利判据,令由(9.19)式决定的对应 λ, $\lambda+\Delta\lambda_{\mathrm{m}}$ 的两光束的角间隔 $\Delta\delta$, 等于光束自身的发散角 $\Delta\theta$,即

$$\frac{B}{b}\frac{\mathrm{d}n}{\mathrm{d}\lambda}\Delta\lambda_{\mathrm{m}}=\frac{\lambda}{b},$$

于是求得棱镜分辨本领

$$R_{\mathrm{P}}\equiv\frac{\lambda}{\Delta\lambda_{\mathrm{m}}}=B\frac{\mathrm{d}n}{\mathrm{d}\lambda}. \tag{9.20}$$

这里,B 应当是由照明光束所决定的棱镜底边有效长度.

例题 2 继续例题 1,且设那个棱镜的底边长为 5 cm,并取该棱镜材料的色散率 $\mathrm{d}n/\mathrm{d}\lambda\approx4\times10^{-5}/\mathrm{nm}$,试求其角色散和分辨本领.

由于已有例题 1 的数据,我们不妨直接利用(9.18)式,求出该棱镜的角色散为

$$\frac{\mathrm{d}\delta_{\mathrm{m}}}{\mathrm{d}\lambda}=\frac{2\sin60^\circ/2}{\cos48.6^\circ}\times4\times10^{-5}/\mathrm{nm}$$
$$\approx6\times10^{-5}\ \mathrm{rad/nm}.$$

该棱镜的分辨本领为

$$\frac{\lambda}{\Delta\lambda_{\mathrm{m}}}=5\ \mathrm{cm}\times(4\times10^{-5}/\mathrm{nm})=2\times10^{3},$$

其在 550 nm 波段附近可分辨的最小波长间隔为

$$\Delta\lambda_{\mathrm{m}}\approx\frac{\lambda}{2\times10^{3}}\approx0.28\ \mathrm{nm}=2.8\,\text{Å}.$$

与光栅光谱仪和法-珀分光仪作比较,棱镜光谱仪的角色散和分辨本领均居老三,其最大的优点是仅有一序光谱,故光能量被充分利用,且自由光谱范围不受限制.

9.3 经典色散理论

· 概述 · 单一本征频率情形 · 多个本征频率情形 · 两种典型情形

·自由电子的色散　·后记　·注——介质极化热耗散密度

● 概述

经典色散理论是将洛伦兹的经典电子论和麦克斯韦的电磁场理论结合起来,用以说明光与物质相互作用而导致的色散效应.在经典电子论看来,组成物质的原子被看作一个原子实和外层较为松散的束缚电子的结合,两者由一线性弹性力所维系,使电子以原子实为中心作阻尼振荡,宛如一个偶极振子,有其本征频率 ω_0,因而发射或吸收频率为 ω_0 的电磁波.经典电磁场理论表明,传播于介质中的单色电磁波,其速度为

$$v=\frac{1}{\sqrt{\varepsilon_0\mu_0\varepsilon\mu}}=\frac{c}{\sqrt{\varepsilon\mu}}\approx\frac{c}{\sqrt{\varepsilon}}\quad(\mu\approx 1),$$

即介质的光学折射率

$$n=\sqrt{\varepsilon}. \tag{9.21}$$

这里,介质的相对介电常数 ε,联系着宏观上的介质极化强度矢量 $\boldsymbol{P}$ 与电场强度矢量 $\boldsymbol{E}$,

$$\boldsymbol{P}(t)=\varepsilon_0\chi\boldsymbol{E}(t),\quad \varepsilon=1+\chi. \tag{9.22}$$

其中,χ 称作介质的电极化率.

于是,在外来电磁场的作用下,束缚电子作受迫振动.从求解电子受迫振动方程入手,依次导出:束缚电子的偶极矩 p → 极化强度矢量 $\boldsymbol{P}$ → 电极化率 $\chi(\omega)$ → 折射率 $n(\omega)$,从而给出介质的色散关系.这就是经典色散理论的基本思路.鉴于经典色散理论成功地解释了柯西色散公式和反常色散特征,它一直为人们所尊重,尤其适用于在基础光学课程中予以介绍.

● 单一本征频率情形

设原子偶极振子中的电子位移量为 $r(t)$,则其受迫振动的运动方程为

$$m\frac{\mathrm{d}^2r}{\mathrm{d}t^2}+g\frac{\mathrm{d}r}{\mathrm{d}t}+kr=(-e)E_0\mathrm{e}^{\mathrm{i}\omega t},$$

其中,$m\dfrac{\mathrm{d}^2r}{\mathrm{d}t^2}$——惯性项,$m$ 为电子质量;$g\dfrac{\mathrm{d}r}{\mathrm{d}t}$——阻尼项,$g$ 为阻力系数;kr——准弹性项,k 为原子体系的等效倔强系数;$(-e)E_0\mathrm{e}^{\mathrm{i}\omega t}$——受迫项,即作用于电子上的周期性驱动力,$E_0$,$\omega$ 为外来光波的振幅和频率.引入原子偶极振子的本征频率 $\omega_0=\sqrt{k/m}$,将上式改写为

$$\frac{\mathrm{d}^2r}{\mathrm{d}t^2}+\gamma\frac{\mathrm{d}r}{\mathrm{d}t}+\omega_0^2r=\frac{(-e)}{m}E_0\mathrm{e}^{\mathrm{i}\omega t}\quad\left(\gamma=\frac{g}{m}\right).$$

这与交流电路中 LRC 谐振电路方程完全类同,

$$L\frac{\mathrm{d}^2q}{\mathrm{d}t^2}+R\frac{\mathrm{d}q}{\mathrm{d}t}+\frac{q}{c}=\mathscr{E}_0\mathrm{e}^{\mathrm{i}\omega t}.$$

这类二阶线性非齐次方程的稳定解,可由复数解法容易地获得①,

---

① 可参阅钟锡华、周岳明,《力学(第二版)》(大学物理通用教程),北京大学出版社,2010 年,第 182 页.

$$\tilde{r}(t)=\frac{(-e)}{m}\frac{E_0\mathrm{e}^{\mathrm{i}\omega t}}{(\omega_0^2-\omega^2)+\mathrm{i}\gamma\omega}. \tag{9.23}$$

这一复数解包含了电子位移振荡的振幅 $A(\omega)$ 以及它与外来光场之相位差 $\delta(\omega)$，这两者均与外来光频 ω 有关，而电子振荡的本征频率 ω_0 作为一个参数在其中起重要作用.

现将电子位移 $\tilde{r}(t)$ 与折射率 $\tilde{n}$ 联系起来. 设介质的原子数密度为 $N(1/\mathrm{m}^3)$，每个原子提供的外层弱束缚的电子数为 Z，而每个电子位移提供的原子偶极矩为

$$\tilde{p}=(-e)\tilde{r},$$

故，介质的宏观极化强度为

$$\tilde{P}=NZ\tilde{p}=NZ\cdot(-e)\tilde{r}=\frac{NZe^2}{m}\cdot\frac{E_0\mathrm{e}^{\mathrm{i}\omega t}}{(\omega_0^2-\omega^2)+\mathrm{i}\gamma\omega},$$

再由宏观电磁场理论中的介质方程，

$$\tilde{P}=\varepsilon_0\chi\tilde{E}=\varepsilon_0\chi E_0\mathrm{e}^{\mathrm{i}\omega t},\quad (1+\chi)=\varepsilon=n^2,$$

得到复介电常数，

$$\tilde{\varepsilon}(\omega)=1+\omega_{\mathrm{p}}^2\cdot\frac{1}{(\omega_0^2-\omega^2)+\mathrm{i}\gamma\omega},\quad \omega_{\mathrm{p}}^2\equiv\frac{NZe^2}{\varepsilon_0 m}. \tag{9.24}$$

其实部为 $1+\omega_{\mathrm{p}}^2\dfrac{\omega_0^2-\omega^2}{(\omega_0^2-\omega^2)^2+(\gamma\omega)^2}$， 虚部为 $\mathrm{i}\,\omega_{\mathrm{p}}^2\dfrac{-\gamma\omega}{(\omega_0^2-\omega^2)^2+(\gamma\omega)^2}$.

利用 9.1 节(9.11)式，将 $\tilde{\varepsilon}$ 展现为实数折射率 n 和衰减系数 κ：

$$\tilde{\varepsilon}=(\tilde{n})^2=(n(1-\mathrm{i}\kappa))^2=n^2(1-\kappa^2)-\mathrm{i}2n^2\kappa,$$

从而分别得到

$$\begin{cases} n^2(1-\kappa^2)=1+\omega_{\mathrm{p}}^2\dfrac{\omega_0^2-\omega^2}{(\omega_0^2-\omega^2)^2+(\gamma\omega)^2}, \\ 2n^2\kappa=\omega_{\mathrm{p}}^2\dfrac{\gamma\omega}{(\omega_0^2-\omega^2)^2+(\gamma\omega)^2}. \end{cases} \tag{9.25}$$

在 9.1 节曾述及，复介电常数 $\tilde{\varepsilon}$ 或复折射率 $\tilde{n}$ 的虚部反映了介质的吸收，导致光能流的衰减；以上推演表明，当束缚电子的偶极振荡遭遇阻尼 γ，必将导致极化强度 $P(t)$ 与电场强度 $E(t)$ 之间存在相位差，这便造成电场对束缚电子做功的平均功率为正，使光波能流衰减而转化为原子体系的热能.

由(9.25)式可以给出实数折射率 n 的一个普遍表达式. 下面只在弱阻尼、低损耗即 $\kappa\ll 1$ 条件下，取近似 $n^2(1-\kappa^2)\approx n^2$，并按光谱学上的习惯将光频 ω 改用真空波长 λ，

$$\omega_0=\frac{2\pi c}{\lambda_0},\quad \omega=\frac{2\pi c}{\lambda},$$

得到

$$\begin{cases} n^2=1+\omega_{\mathrm{p}}^2\dfrac{\lambda_0^2\lambda^2(\lambda^2-\lambda_0^2)}{(2\pi c)^2(\lambda^2-\lambda_0^2)^2+\gamma^2\lambda_0^4\lambda^2}, \\ 2n^2\kappa=\omega_{\mathrm{p}}^2\dfrac{1}{2\pi c}\cdot\dfrac{\gamma\lambda_0^4\lambda^3}{(2\pi c)^2(\lambda^2-\lambda_0^2)^2+\gamma^2\lambda_0^4\lambda^2}. \end{cases} \tag{9.26}$$

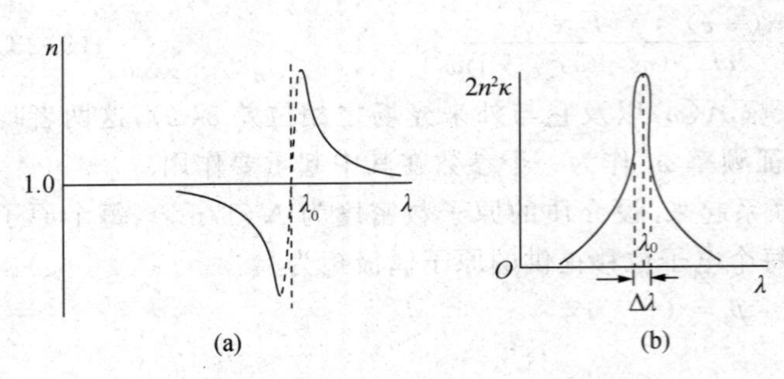

图 9.10 单一本征频率的振子的色散和吸收

在共振波长 λ_0 附近，n 和 $2n^2\kappa$ 随波长 λ 的变化如图 9.10 所示. 可以看出，它们具有实验中观察到的反常色散和共振吸收的一切特征. 当然，由于在共振波长附近介质有强烈的吸收，色散曲线 $n(\lambda)$ 中那段陡然上升的变化是很难观察到的. 在 $2n^2\kappa$ 吸收曲线中，吸收峰的高度反比于阻尼常数 γ，而其半值宽度 $\Delta\lambda$ 却正比 γ.

我们有兴趣讨论远离本征频率 ω_0 或共振线 λ_0 的两个极端情况：

$$\text{长波低频端，}\lambda\gg\lambda_0\text{，则}\quad n^2=1+\omega_p^2\,\frac{\lambda_0^2}{(2\pi c)^2+\gamma^2\lambda_0^4/\lambda^2};$$

$$\text{短波高频端，}\lambda\ll\lambda_0\text{，则}\quad n^2=1-\omega_p^2\,\frac{1}{\gamma^2+(2\pi c)^2/\lambda^2}.$$

可以看出，在 $\lambda\gg\lambda_0$ 波段，折射率 n 随波长增加而上升，这显然背离了柯西公式. 这表明单一振子模型不能完满地解释色散现象. 更为合理的模型是每个原子中有多种振子.

- **多个本征频率情形**

设介质的原子体系具有多个本征频率 ω_j，相应地有多个共振波长 λ_j，阻尼常数 γ_j 和振子个数 f_j，即

频率 $\omega_1,\omega_2,\cdots,\omega_j,\omega_{j+1},\cdots$； 波长 $\lambda_1,\lambda_2,\cdots,\lambda_j,\lambda_{j+1},\cdots$；

阻尼 $\gamma_1,\gamma_2,\cdots,\gamma_j,\gamma_{j+1},\cdots$； 振子数 $f_1,f_2,\cdots,f_j,f_{j+1},\cdots$，

显然，每个原子提供的 Z 个束缚电子，按一定的比例分居于各本征态，即

$$\sum_j f_j = Z,\quad N\cdot\sum_j f_j = NZ,$$

仿照单一本征频率时的类似推导，得到以下类似结果，

$$\tilde{\varepsilon}(\omega) = 1+\omega_p^2\,\frac{1}{Z}\sum_j \frac{f_j}{(\omega_j^2-\omega^2)+\mathrm{i}\gamma_j\omega}. \tag{9.27}$$

在弱阻尼、低耗散条件下，$\kappa\ll1$，并用波长 λ 表示其结果为

$$\begin{cases} n^2 = 1+\omega_p^2\,\dfrac{1}{Z}\displaystyle\sum_j \dfrac{f_j\lambda_j^2\lambda^2(\lambda^2-\lambda_j^2)}{(2\pi c)^2(\lambda^2-\lambda_j^2)^2+\gamma_j^2\lambda_j^4\lambda^2}, \\ 2n^2\kappa = \omega_p^2\,\dfrac{1}{Z2\pi c}\cdot\displaystyle\sum_j \dfrac{f_j\gamma_j\lambda_j^4\lambda^3}{(2\pi c)^2(\lambda^2-\lambda_j^2)^2+\gamma_j^2\lambda_j^4\lambda^2}. \end{cases} \tag{9.28}$$

在每个吸收线 λ_j 附近，上式求和号内的各项中只有一项起主要作用，其曲线形貌均与图 9.10 所示类似，这样一段一段色散曲线衔接起来，就形成如图 9.6 所示的全域色散曲线，在相邻两条吸收线的中间波段，其折射率的变化趋势颇像柯西公式给出的样子.

● **两种典型情形**

较为远离吸收线的波段均系透明区域，可忽略(9.28)式中的阻尼 γ_j，于是，

$$n^2 = 1 + \sum_j \frac{a_j\lambda^2}{(\lambda^2 - \lambda_j^2)}, \quad a_j \equiv \omega_p^2 \cdot \frac{f_j\lambda_j^2}{Z(2\pi c)^2}. \tag{9.29}$$

这里，a_j 是与变量 λ 无关的常数. 下面讨论两种典型情形.

(1) 入射波段处于两条吸收线之间，即 $\lambda_j \ll \lambda \ll \lambda_{j+1}$，则(9.29)式可近似地展显为

$$\begin{aligned} n^2 &\approx 1 + a_1 + a_2 + \cdots + a_{j-1} + \frac{a_j\lambda^2}{\lambda^2 - \lambda_j^2} \\ &\approx 1 + a_1 + a_2 + \cdots + a_{j-1} + a_j\left(1 + \left(\frac{\lambda_j}{\lambda}\right)^2 + \cdots\right), \end{aligned}$$

开方后，再作近似展开，便得以下函数形式，

$$n(\lambda) \approx A + \frac{B}{\lambda^2} + \cdots \tag{9.30}$$

$$A = \sqrt{1 + a_1 + a_2 + \cdots + a_j}, \quad B = \frac{a_j\lambda_j^2}{2A}. \tag{9.31}$$

这就导出了正常色散的柯西公式，并且说明了常数项 A 随 j 增大而上升的特点.

(2) 在超高频极短波段，即波长 λ 远小于所有吸收线，$\lambda \ll \lambda_1$，(9.29)式可近似地写成

$$n^2 \approx \left(1 - \frac{a_1}{\lambda_1^2}\lambda^2\right) < 1; \qquad n \to 1, \quad 当\ \lambda \to 0. \tag{9.32}$$

这也符合图 9.5 全域色散曲线在波长为零附近的那些特征.

如果用频率 ω 语言描述超高频光波的色散特征，即当 ω 远大于所有本征频率时，由(9.29)式可得到

$$n^2 \approx \left(1 - \frac{\omega_p^2}{\omega^2}\right) < 1, \quad 当\ \omega > \omega_p; \qquad n \to 1, \quad 当\ \omega \to \infty. \tag{9.33}$$

其中

$$\omega_p = \sqrt{\frac{NZe^2}{\varepsilon_0 m}}, \tag{9.34}$$

它原本作为一个缩写符号首先出现于(9.24)式，其实，它在经典电磁学中被称作等离子体振荡角频率；而(9.33)式给出了它在光学中的物理意义. 现在让我们来估算 ω_p 的数量级：取

原子数密度(固体) $N \approx 10^{29}/\mathrm{m}^3$，　外层弱束缚电子数 $Z \approx 3$，

真空介电常数 $\varepsilon_0 = 8.854 \times 10^{-12}\ \mathrm{C}^2/(\mathrm{N \cdot m}^2)$，　电子电量 $e = 1.602 \times 10^{-19}\ \mathrm{C}$，

电子质量 $m = 9.200 \times 10^{-31}\ \mathrm{kg}$，

得

$$\omega_p = \sqrt{\frac{3 \times (1.6)^2}{8.9 \times 9.2}} \times 10^{17}\ \mathrm{Hz} \approx 3 \times 10^{16}\ \mathrm{Hz},$$

$$\lambda_p = \frac{2\pi c}{\omega_p} = \frac{2\pi \times 3 \times 10^8}{3 \times 10^{-16}}\mathrm{m} \approx 60\ \mathrm{nm},$$

这比紫外光频还高约一个量级，即，比紫外光波长还短约一个量级. 对于 X 光波段，其波长在 $1-10^{-2}$ nm，其频率远高于 ω_p，故几乎所有固体介质，对于 X 光均系 $n<1$ 的光疏介质，即使从空气入射，X 光也将可能全反射，当掠射角小于 $\arccos n$ 时.

● 自由电子的色散

与束缚电子相比较，自由电子不受弹性约束力，这相当于在电子位移 r 的方程中 $\omega_0=0$，而成为

$$\frac{\mathrm{d}^2 r}{\mathrm{d}t^2}+\gamma\frac{\mathrm{d}r}{\mathrm{d}t}=\frac{(-e)}{m}E_0\mathrm{e}^{\mathrm{i}\omega t},$$

其解可直接借用(9.25)式，只要令其中 $\omega_0=0$. 在弱阻尼低耗散，即 $\gamma\ll\omega$，$\kappa\ll 1$ 条件下，

$$n^2=1-\frac{\omega_p^2}{\omega^2},\tag{9.35}$$

它与(9.33)式是一样的. 这表明在极高频条件下，束缚电子与自由电子的区别已不复存在，至少两者对电磁波传播的色散效应表现出相同的规律. (9.35)式适用于金属中的自由电子；更适用于空间自由电子气，因为它们不像金属中的自由电子那样有明显的焦耳热耗散，以及高频趋肤效应.

● 后记

以上关于色散和共振吸收的经典理论，是一个半唯象的定性理论，它可以很好地说明有关介质对电磁波色散的诸多特征. 但是，它无法明确告之某一介质中究竟有几个怎样的本征频率 ω_j 和相应的振子数目 f_j；另外，准弹性振子的图像也不符合原子的有核模型. 这些问题的正确回答有赖于量子力学. 不过，经典色散理论给出的复介电常数 $\tilde{\varepsilon}$ 的表达式(9.27)，在形式上是正确的，量子力学也将给出同一形式的表达式，只是对 ω_j, f_j, γ_i 等参量的理解与经典理论有所不同. 实际上，原子中的束缚电子并不作简谐振动，ω_j 是两个特定的量子能级间的跃迁频率；f_j 亦非整数，它反映跃迁概率，从而决定了谱线强度，故称 f_j 为"振子强度". 有关介质对电磁波色散的量子理论本书不予介绍.

● 注——介质极化热耗散密度

介质被反复极化而招致的热耗散密度同 $E(t)$ 与 $P(t)$ 间的相位差 δ 有密切关系，设

$$E(t)=E_0\cos\omega t,\quad P(t)=P_0\cos(\omega t-\delta),\quad P_0=\varepsilon_0\chi E_0,$$

这里 χ 为介质实数极化率 $\chi(\omega)$，则介质体内的平均极化热功率密度为

$$\overline{w}_p=\frac{1}{2}\omega P_0E_0\cdot\sin\delta=\frac{1}{2}\omega\varepsilon_0\chi E_0^2\cdot\sin\delta.\quad(\text{单位：W/m}^3)\tag{9.35'}$$

兹推导如下. 电磁学理论表明，介质热功率密度 $w_p(t)$ 等于极化电流面密度 j_p 与场强 E 的乘积，

$$w_p(t)=j_p\cdot E,\quad 而\quad j_p=\frac{\partial P}{\partial t},$$

于是

$$w_p(t)=\frac{\partial P}{\partial t}\cdot E=\omega P_0\cos\left(\omega t+\frac{\pi}{2}-\delta\right)\cdot E_0\cos\omega t,$$

积分运算表明,

$$\frac{1}{T}\int_0^T\cos\left(\omega t+\frac{\pi}{2}-\delta\right)\cdot\cos\omega t\,dt=\frac{1}{2}\cos\left(\frac{\pi}{2}-\delta\right)=\frac{1}{2}\sin\delta,$$

故最终得平均极化热功率密度

$$w_p=\frac{1}{T}\int_0^T w(t)\,dt=\frac{1}{2}\omega P_0E_0\sin\delta.$$

上式表明,若 $P(t)$ 与 $E(t)$ 之间存在相位差 δ,则介质体内必有极化热耗散;而(9.24)已经表明,当分子偶极振子在阻尼 γ 条件下运动,则极化率和介电常数必然为复数形式 $\tilde{\chi}$ 和 $\tilde{\varepsilon}$,这便意味着 δ 不为零.

9.4 波包的群速

- 一个疑问 · 波拍的群速 · 例题——对迈克耳孙实验的说明
- 波包的群速和宽度——一阶色散效应 · 群速与相速关系的几个表达式
- 介绍几个具体的色散关系

介质对波传播的色散效应将进一步导致若干新奇和重要的光学现象. 这一节论述色散介质中波包的群速,下一节论述色散介质中波包的展宽.

● 一个疑问

折射率 n,作为介质物性一个首要的光学参数,它联系着两件事,一是光束在介质界面的折射,二是光束在介质中的传播速度. 相应地,可有两种实验方法测定折射率:

$$折射法:\left(\frac{n_2}{n_1}\right)_\theta=\frac{\sin\theta_1}{\sin\theta_2};\quad 速度法:\left(\frac{n_2}{n_1}\right)_v=\frac{v_1}{v_2}.$$

在历史上,迈克耳孙于 1885 年用钠黄光测定了液体 CS_2 的折射率(相对空气),其实验数据显示为

$$\left(\frac{n_2}{n_1}\right)_\theta=1.64,\quad 而\quad \left(\frac{n_2}{n_1}\right)_v=1.758,$$

两者相差竟达 7%,这绝非实验误差所致. 这一疑问或矛盾,直到瑞利提出“群速”概念之后才得以解决.

● 波拍的群速

首先让我们以平面单色波为对象,回忆一下关于波速的认识,参见图 9.11. 一平面单色

波函数可以表达为$\widetilde{U}(x,t)=Ae^{i(kx-\omega t)}$，对于某一时空点$(x_0,t_0)$，其波场处于某一扰动状态，它由相位值$(kx_0-\omega t_0)$予以刻画；经历 d$t$ 时间，该状态传播至(x_0+dx)处，其相位值为$k(x_0+dx)-\omega(t_0+dt)$. 显然，两个相位值应该相等，

$$k(x_0+dx)-\omega(t_0+dt)=kx_0-\omega t_0,$$

基于此而定义出波速，

$$v_p=\frac{dx}{dt},$$

并导出

$$v_p=\frac{\omega}{k}. \tag{9.36}$$

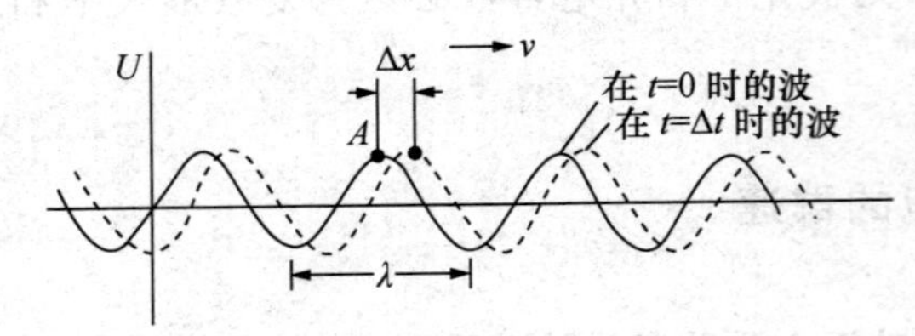

图 9.11 单色光的波速——相速

以上分析表明，对于理想单色波来说，波速既是相位传播速度，又是运动状态传播速度，也是能量传播速度，这三者是完全一致的，故实无必要称其为相速(phase velocity). 仅仅是因为在非单色波情形下出现了一个新的速度概念——群速(group velocity)，才将单色波的波速 v_p 称为相速，以示区别.

现在考察一个最简单的非单色波场，它含两个稍有差别的波长 λ_1 和 λ_2，相应地含有两个频率 ω_1 和 ω_2，如图 9.12(a)，即

$$U_1(x,t)=A\cos(\omega_1 t-k_1 x),\quad U_2(x,t)=A\cos(\omega_2 t-k_2 x),$$

则合成波场为

$$U(x,t)=U_1+U_2=2A\cos\left(\frac{\omega_1-\omega_2}{2}t-\frac{k_1-k_2}{2}x\right)\cdot\cos(\bar{\omega}t-\bar{k}x)$$

$$=2A\cos\left(\frac{\Delta\omega}{2}t-\frac{\Delta k}{2}x\right)\cdot\cos(\bar{\omega}t-\bar{k}x), \tag{9.37}$$

其中

平均频率 $\bar{\omega}=\frac{1}{2}(\omega_1+\omega_2)$， 平均波数 $\bar{k}=\frac{1}{2}(k_1+k_2)$，

差频 $\Delta\omega=(\omega_1-\omega_2)\ll\omega_1,\omega_2$， 波数差 $\Delta k=(k_1-k_2)=\frac{\Delta\lambda}{\lambda}\bar{k}\ll k_1,k_2$.

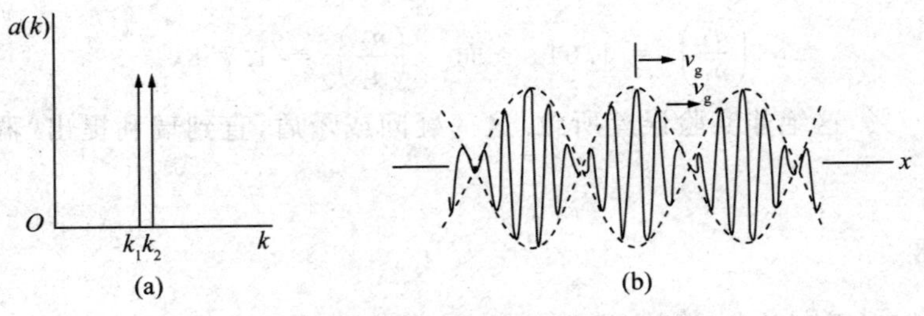

图 9.12 双谱线造成的空间波形——波拍

式(9.37)表明,这合成波场是两个因子的乘积,其中第一个为低频包络因子,第二个为高频振荡因子.此波场在任意时刻的空间波形如图 9.12(b)所示,呈现为一个随空间高频振荡的波形被一个低频包络所调制,而形成一串串连绵起伏的波包,姑且称其为波拍(wave beat).

让我们考察这波拍的传播速度问题.微观上看,这波拍包含两个相速,①

$$v_1=\frac{\omega_1}{k_1},\quad v_2=\frac{\omega_2}{k_2},$$

这两个数值在色散介质中是不相等的,彼此略有差别.宏观上看,这一串波拍在运动,观察者或接收器感受的正是这波拍运动所带来的能流.这波拍运动的速度,可由低频包络因子中那时空变量所组合的宗量中导出.令

$$(\Delta\omega\cdot t-\Delta k\cdot x_{\mathrm{g}})=\Delta\omega(t+\mathrm{d}t)-\Delta k(x+\mathrm{d}x_{\mathrm{g}}),$$

据此,得波拍的传播速度为

$$v_{\mathrm{g}}=\frac{\mathrm{d}x_{\mathrm{g}}}{\mathrm{d}t}=\frac{\Delta\omega}{\Delta k},\tag{9.38}$$

称其为群速.真空无色散,两个相速均为 c,

$$v_1=\frac{\omega_1}{k_{10}}=c,\quad v_2=\frac{\omega_2}{k_{20}}=c,$$

按(9.38)群速公式,这情形下波拍的群速为

$$v_{\mathrm{g}}=\frac{\Delta\omega}{\Delta k}=\frac{(ck_{10}-ck_{20})}{(k_{10}-k_{20})}=c,$$

这是预料中的事.凡无色散效应,则群速恒等于相速,或者说,此种场合谈论群速与相速的区别已失去意义.

若在色散介质中,两个相速不同,

$$v_1=\frac{\omega_1}{k_1}=\frac{c}{n_1}\neq\frac{c}{n_2}=\frac{\omega_2}{k_2}=v_2,$$

于是,频差被表示为

$$\Delta\omega=(\omega_1-\omega_2)=v_1k_1-v_2k_2,$$

则群速被进一步展显为

$$v_{\mathrm{g}}=\frac{\Delta\omega}{\Delta k}=\frac{v_1k_1-v_2k_2}{k_1-k_2}=v_1+\frac{k_2}{k_1-k_2}(v_1-v_2)=v_2+\frac{k_1}{k_2-k_1}(v_2-v_1),$$

因而,

$$v_{\mathrm{g}}=\bar{v}+\bar{k}\cdot\frac{\Delta v}{\Delta k},\tag{9.39}$$

这里,

平均相速 $\bar{v}=\frac{1}{2}(v_1+v_2)$, 平均波数 $\bar{k}=\frac{1}{2}(k_1+k_2)$, 色散项 $\frac{\Delta v}{\Delta k}=\frac{(v_1-v_2)}{(k_1-k_2)}$.

① 从这里开始,凡单色成分的相速符号均取消下角标 p,直接以 v 示之,而仅保留群速的下角标 g.

式(9.39)表明,群速不等于平均相速,究竟它比平均相速要大还是小,这取决于色散项的正负号:

$$\text{正常色散}\quad \frac{\Delta v}{\Delta k}<0,\quad \text{则}\quad v_g<\bar{v};\qquad \text{反常色散}\quad \frac{\Delta v}{\Delta k}>0,\quad \text{则}\quad v_g>\bar{v}.$$

- **例题——对迈克耳孙实验的说明**

在迈克耳孙测定 CS_2 折射率的实验中,采用的是钠光灯发射的黄光,而钠黄光为双线结构,其包含两条谱线的真空波长分别为

$$\lambda_{10}=5890\text{Å},\lambda_{20}=5896\text{Å},$$

故两者在色散介质 CS_2 液体中有稍许不同的相速或折射率 n_1 和 n_2. 不过,在折射法实验中只涉及光束的方向,它仅与折射率 n_1 或 n_2 有关,故折射法中测得的折射率几乎为平均折射率 $\bar{n}\approx1.64$. 然而,在速度法中观测的是光束的能流,是光讯号的速度,也就是波拍的群速 v_g. 对于正常色散来说,$v_g<\bar{v}$,故

$$\frac{c}{v_g}=\frac{c}{\bar{v}+\bar{k}\,\dfrac{\Delta v}{\Delta k}}>\frac{c}{\bar{v}}=\bar{n}=1.64,$$

于是,左端比值为 1.758 大于右端 1.64,就不难理解了.

进而,我们还可以借助这两个数据获悉更多有关 CS_2 色散的信息. 在小色散条件下,作近似展开,

$$\frac{c}{\bar{v}+\bar{k}\,\dfrac{\Delta v}{\Delta k}}\approx\frac{c}{\bar{v}}\left(1-\frac{\bar{k}}{\bar{v}}\cdot\frac{\Delta v}{\Delta k}\right)=1.64\left(1-\frac{\bar{k}}{\bar{v}}\cdot\frac{\Delta v}{\Delta k}\right)=1.758,$$

得

$$\frac{\bar{k}}{\Delta k}\cdot\frac{\Delta v}{\bar{v}}\approx-7.2\times10^{-2},$$

再借用对于双线结构一个常用的换算公式,

$$\frac{\Delta k}{\bar{k}}\approx\frac{\Delta\lambda}{\bar{\lambda}}=\frac{6\text{Å}}{5893\text{Å}}\approx10^{-3},$$

得

$$\frac{\Delta v}{\bar{v}}\approx-7.2\times10^{-2}\times10^{-3}=-7.2\times10^{-5},$$

$$\bar{v}\approx\frac{c}{\bar{n}}=\frac{3\times10^8}{1.64}\approx1.83\times10^8\ \text{m/s},$$

于是

$$\Delta v\approx-7.2\times10^{-5}\times1.83\times10^8\approx-1.3\times10^4\ \text{m/s},$$

即

$$\bar{k}\,\frac{\Delta v}{\Delta k}\approx10^3\times(-1.3\times10^4)\approx-1.3\times10^7\ \text{m/s},$$

$$\lambda_1=5890\text{Å},\quad \text{相速}\ v_1=\bar{v}+\frac{\Delta v}{2}\approx(1.83-6.5\times10^{-5})\times10^8\ \text{m/s},$$

$$\lambda_2=5896\text{Å},\quad \text{相速}\ v_2=\bar{v}-\frac{\Delta v}{2}\approx(1.83+6.5\times10^{-5})\times10^8\ \text{m/s},$$

而群速

$$v_g=\frac{c}{1.758}\approx 1.7\times 10^8\ \mathrm{m/s},\quad \frac{v_g-\bar{v}}{\bar{v}}\approx -7.1\times 10^{-2}.$$

以上结果显示，两条谱线的光在 CS_2 中的相速之差别甚小，约为平均相速的万分之一，但这对群速的影响却很显著，使群速低于相速约 7%，比其中相速小的 v_1 值还要小. 这一点是值得注意的.

在随后的论述中，我们将明白上述基于双谱线而导出的波拍群速公式(9.38)和(9.39)具有一定的普遍意义.

- **波包的群速和宽度——一阶色散效应**

现在讨论准单色光波的传播问题. 虽然实际上准单色光谱的线型有多种，比如高斯型、洛伦兹型，它们均呈现钟型，为了计算简便我们取其线型为方垒型，如图 9.13(a)，其谱密度函数为

$$a(k)=\begin{cases}a_0, & |k-k_0|<\Delta k;\\ 0, & |k-k_0|>\Delta k.\end{cases}\quad \Delta k\ll k_0. \tag{9.40}$$

其谱宽度 $2\Delta k$ 远小于中心波数 k_0，这符合准单色之要求.

谱密度函数的物理意义是，考量谱元 k—$k+\mathrm{d}k$，它所贡献的元振幅 $\mathrm{d}A\propto \mathrm{d}k$，写成

$$\mathrm{d}A=a(k)\mathrm{d}k,\quad 或\quad a(k)=\frac{\mathrm{d}A}{\mathrm{d}k}, \tag{9.41}$$

相应的元波函数被表达为

$$\mathrm{d}\tilde{U}(x,t)=\mathrm{d}A\cdot \mathrm{e}^{\mathrm{i}(kx-\omega t)}=a(k)\mathrm{e}^{\mathrm{i}(kx-\omega t)}\mathrm{d}k, \tag{9.42}$$

于是，谱密度函数 $a(k)$ 所造成的总波场为

$$\tilde{U}(x,t)=\int_0^{\infty}a(k)\mathrm{e}^{\mathrm{i}(kx-\omega t)}\mathrm{d}k. \tag{9.43}$$

这是一个由 $a(k)$ 求出 $\tilde{U}(x,t)$ 的普遍积分表达式，并不受限于 $a(k)$ 的具体线型. 对于(9.40)式给出的方垒型谱密度函数，其造成的波场为

$$\tilde{U}(x,t)=\int_{(k_0-\Delta k)}^{(k_0+\Delta k)}a_0\mathrm{e}^{\mathrm{i}(kx-\omega t)}\mathrm{d}k. \tag{9.44}$$

注意到色散关系 $\omega(k)$，即，ω 不是一个常数，它可能是一个与 k 有复杂关系的函数. 为了积分运算，对 $\omega(k)$ 在 k_0 点作级数展开，

$$\omega(k)=\omega(k_0)+\left(\frac{\mathrm{d}\omega}{\mathrm{d}k}\right)_{k_0}\cdot(k-k_0)+\frac{1}{2}\left(\frac{\mathrm{d}^2\omega}{\mathrm{d}k^2}\right)_{k_0}\cdot(k-k_0)^2+\cdots$$

我们仅考虑一阶色散效应，即在以上展开式中仅保留一阶求导项，

$$\omega(k)=\omega_0+\left(\frac{\mathrm{d}\omega}{\mathrm{d}k}\right)_{k_0}\cdot K,\quad K\equiv(k-k_0),$$

于是，(9.44)式转化为

$$\tilde{U}(x,t)=\int_{-\Delta k}^{\Delta k}a_0\ \mathrm{e}^{\mathrm{i}K\left(x-\left(\frac{\mathrm{d}\omega}{\mathrm{d}k}\right)_{k_0}\cdot t\right)}\cdot \mathrm{e}^{\mathrm{i}(k_0x-\omega_0 t)}\mathrm{d}K$$

$$= 2a_0 \frac{\sin\left(\left[x - \left(\frac{\mathrm{d}\omega}{\mathrm{d}k}\right)_{k_0} \cdot t\right]\Delta k\right)}{\left[x - \left(\frac{\mathrm{d}\omega}{\mathrm{d}k}\right)_{k_0} \cdot t\right]} \cdot \mathrm{e}^{\mathrm{i}(k_0 x - \omega_0 t)}. \tag{9.45}$$

由此可见，准单色波场的空间波形是一个波包（wave packet），一个幅度被 sinc 慢变函数所调制的高频振荡，如图 9.13(b)所示．从(9.45)式可以导出这波包的群速和这波包的宽度．

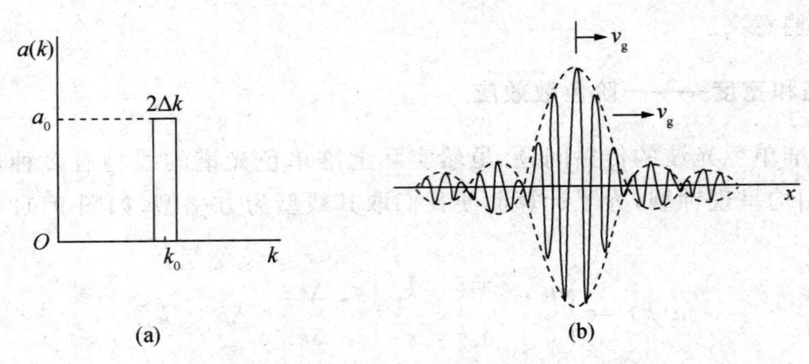

图 9.13　准单色光造成的波包

(1) 波包的群速．　这调幅因子 sinc 函数是以时空变量(x,t)为其宗量的，它显示了一个传播因子，即

$$x - \left(\frac{\mathrm{d}\omega}{\mathrm{d}k}\right)_{k_0} \cdot t = (x + \mathrm{d}x) - \left(\frac{\mathrm{d}\omega}{\mathrm{d}k}\right)_{k_0} \cdot (t + \mathrm{d}t),$$

据此，导出波包的传播速度即群速为

$$v_{\mathrm{g}} = \frac{\mathrm{d}x}{\mathrm{d}t} = \left(\frac{\mathrm{d}\omega}{\mathrm{d}k}\right)_{k_0}. \tag{9.46}$$

有时人们将 v_{g} 说成是波包中心的传播速度，其实整个波包均以此速度在空间传播，低频包络线上各点的速度是一样的．

(2) 波包的宽度．　与波拍图像有所不同，目前准单色造成的波包，虽然在空间上是无限延伸的，但其显要部分是波包中心所在的那个波包，其两侧的那些波包的幅度明显地减弱．据此，定义出波包的有效宽度——中心波包的宽度．波包中心位置坐标 x_0 满足，

$$\left(x_0 - \left(\frac{\mathrm{d}\omega}{\mathrm{d}k}\right)_{k_0} \cdot t\right)\Delta k = 0,$$

其两侧零点位置 $x_\pm$ 满足

$$\left(x_\pm - \left(\frac{\mathrm{d}\omega}{\mathrm{d}k}\right)_{k_0} \cdot t\right)\Delta k = \pm\pi,$$

故波包有效宽度为

$$\Delta x = \frac{1}{2}(x_+ - x_-) = \frac{\pi}{\Delta k}, \quad 或 \quad \Delta x \cdot \Delta k \approx \pi. \tag{9.47}$$

其实，这个结果对于我们并不陌生，在先前论述光场的时间相干性和波列长度问题时已经得

到. 这里值得强调的一点是,波包宽度 Δx 与 t 无关,即波包随时间在空间推移过程中并不展宽也不变形,当然这是在 $\omega(k)$ 展开式中仅保留线性项的结果,即,这是一阶色散效应的结果.

- **群速与相速关系的几个表达式**

关于群速与相速的关系,在不同场合将采用不同形式的表达式,现将它们一并介绍如下.

根据 $v_g=\dfrac{d\omega}{dk}$,而 $\omega=kv$,考虑到色散关系 $v(k)$,对 $d\omega/dk$ 作复合函数的求导运算,得

$$v_g=v+k\cdot\left(\frac{dv}{dk}\right). \tag{9.48}$$

它与(9.39)式相同. 显然,它尤其适用于当色散关系由 $v(k)$ 函数来体现的场合.

若将上式的色散项 dv/dk 改写为

$$\frac{dv}{dk}=\frac{dv}{d\lambda}\cdot\frac{d\lambda}{dk}=-\frac{2\pi}{k^2}\cdot\frac{dv}{d\lambda}=-\frac{\lambda}{k}\cdot\frac{dv}{d\lambda},$$

代入(9.48)式便得到

$$v_g=v-\lambda\cdot\left(\frac{dv}{d\lambda}\right). \tag{9.49}$$

显然,它尤其适用于当色散关系由 $v(\lambda)$ 函数来体现的场合.

联系到相速 v 与折射率 n 的关系,$v=c/n$,于是,上式的色散项 $dv/d\lambda$ 可被改写为

$$\frac{dv}{d\lambda}=-\frac{c}{n^2}\cdot\left(\frac{dn}{d\lambda}\right),$$

代入(9.49)式遂得

$$v_g=\frac{c}{n}\left(1+\frac{\lambda}{n}\cdot\frac{dn}{d\lambda}\right). \tag{9.50}$$

同理,该式尤其适用于当色散关系由 $n(\lambda)$ 函数来体现的场合.

对于正常色散,

$$\frac{dv}{dk}<0,\quad 或\quad \frac{dv}{d\lambda}>0,\quad 或\quad \frac{dn}{d\lambda}<0,$$

故无论采用以上三个式子中的哪一个,均得知 $v_g<v$.

那么,这三个表达式中,先后出现的光在介质中的相速 v、波长 λ 和折射率 n,究竟选取哪一个单色谱成分的相应值呢? 一般选取准单色谱函数的中心波数 k_0 及其所对应的相速 v_0,或波长 λ_0 或折射率 n_0. 其实,在准单色小色散条件下,取其他谱成分的相应值,或取相应的平均值 $\bar{v},\bar{k},\bar{\lambda},\bar{n}$,都是合理的;群速与相速的差别主要来自色散项 dv/dk 或 $dv/d\lambda$ 或 $dn/d\lambda$.

- **介绍几个具体的色散关系**

诚如上一段所述,介质对波的色散关系可由 $\omega(k)$、$v(k)$,或 $v(\lambda)$ 或 $n(\lambda)$ 等函数来体现.

不过,人们更喜欢用 $\omega(k)$ 函数形式来反映色散,这是因为借助 $\omega(k)$ 可以直截了当地导出

$$\text{相速}\quad v=\frac{\omega}{k},\qquad \text{群速}\quad v_{\mathrm{g}}=\frac{\mathrm{d}\omega}{\mathrm{d}k}.$$

这两式不仅适用于光波,也适用于水波、声波、物质波等一切形态的波,可以说,这两式连同(9.48),(9.49)和(9.50)三式,是关于波传播的运动学意义上的关系式,并不受限于波的种类.至于色散函数 $\omega(k)$ 是怎样的形式,这取决于波与介质相互作用的具体机制,需要从具体分析入手去建立波动方程而得到.下面介绍我们感兴趣的几种波传播的色散函数.

(1) 自由电子气对电磁波的色散函数.　9.3 节已经导出自由电子的折射率公式

$$n^2=1-\frac{\omega_{\mathrm{p}}^2}{\omega^2}\quad\left(\omega_{\mathrm{p}}^2=\frac{Ne^2}{\varepsilon_0 m}\right),$$

据此不难导出其色散函数

$$\omega^2=c^2k^2+\omega_{\mathrm{p}}^2, \tag{9.51}$$

进而导出其

$$\text{相速}\ v=\sqrt{c^2+\frac{\omega_{\mathrm{p}}^2}{k^2}},\qquad \text{群速}\ v_{\mathrm{g}}=\frac{c^2}{v},$$

以及

$$v\cdot v_{\mathrm{g}}=c^2. \tag{9.52}$$

波包群速代表能量传播速度,按照爱因斯坦的狭义相对论,群速应当恒小于真空光速 c,从(9.52)式可知此时相速 $v>c$.

(2) 单电子德布罗意波的色散函数.　根据量子物理中关于单电子物质波的几个基本公式,

$$\text{能量}\ E=\hbar\omega,\quad \text{动量}\ p=\hbar k,\quad \text{和}\ E=\frac{p^2}{2m},$$

其中 $\hbar=h/2\pi$, h 为普朗克常数.从而导出

$$\omega=\frac{\hbar k^2}{2m}, \tag{9.53}$$

因而

$$\text{相速}\ v=\frac{\omega}{k}=\frac{\hbar k}{2m}=\frac{p}{2m},\quad \text{群速}\ v_{\mathrm{g}}=\frac{\mathrm{d}\omega}{\mathrm{d}k}=\frac{\hbar k}{m}=\frac{p}{m},$$

可见

$$v=\frac{1}{2}v_{\mathrm{g}}, \tag{9.54}$$

这里,群速 v_{g} 正是电子运动的经典速度,亦即能量传播速度,而相速 v 是 v_{g} 的一半,不具有直观的物理意义.如果采用色散语言,则单电子的物质波包其传播行为系反常色散,这是因为其相速 v 随 k 增加而提高,$\mathrm{d}v/\mathrm{d}k>0$.

(3) 深水表面重力波的色散函数为

$$\omega=\sqrt{gk},\quad g\text{——重力加速度} \tag{9.55}$$

于是 $v=\sqrt{g/k}$，$v_g=\dfrac{1}{2}\sqrt{g/k}$，故

$$v_g = \frac{v}{2}. \tag{9.56}$$

可见其传播行为系正常色散.

(4) 传播于一维刚性棒的横波其色散函数为

$$\omega = \alpha k^2, \tag{9.57}$$

于是 $v=\alpha k$，$v_g=2\alpha k$，故

$$v_g = 2v. \tag{9.58}$$

可见其传播行为系反常色散.

9.5 波包的展宽

· 二阶色散效应 · 波包展宽和波包寿命 · 单粒子波包的经典描述

● 二阶色散效应

若在色散函数 $\omega(k)$ 的展开式中保留二阶求导项，

$$\omega(k) = \omega(k_0) + \left(\frac{d\omega}{dk}\right)_{k_0}\cdot(k-k_0) + \frac{1}{2}\left(\frac{d^2\omega}{dk^2}\right)_{k_0}\cdot(k-k_0)^2$$

$$= \omega_0 + \dot{\omega}K + \ddot{\omega}K^2,$$

这里我们引入缩写符号，$\dot{\omega}=\left(\dfrac{d\omega}{dk}\right)_{k_0}$，$\dot{\omega}=\dfrac{1}{2}\left(\dfrac{d^2\omega}{dk^2}\right)_{k_0}$，$K=(k-k_0)$. 于是，波函数被表达为

$$\widetilde{U}(x,t) = \int_0^{\infty} a(k)\cdot e^{i(kx-\omega t)}\,dk = \int_{-k_0}^{\infty} a(k)\cdot e^{i(K+k_0)x}\cdot e^{-i(\omega_0+\dot{\omega}K+\ddot{\omega}K^2)t}\,dK, \tag{9.59}$$

数学演算发现，此时若选取准单色谱函数 $a(k)$ 为高斯线型，对以上积分运算更为方便. 设 $a(k)$ 为高斯线型，

$$a(k) = a_0 e^{-\alpha(k-k_0)^2} = a_0 e^{-\alpha K^2}, \tag{9.60}$$

这里，k_0 为高斯线型的中心波数，参见图 9.14. 代入(9.59)式，得波函数为

$$\widetilde{U}(x,t) = \widetilde{U}_0(x,t)\cdot\int_{-k_0}^{\infty} e^{-\alpha K^2}\cdot e^{i(Kx-\dot{\omega}Kt-\ddot{\omega}K^2 t)}\,dK, \tag{9.61}$$

$$\widetilde{U}_0(x,t) = a_0 e^{i(k_0 x-\omega_0 t)},$$

这里可称 $\widetilde{U}_0$ 为主干平面波成分.

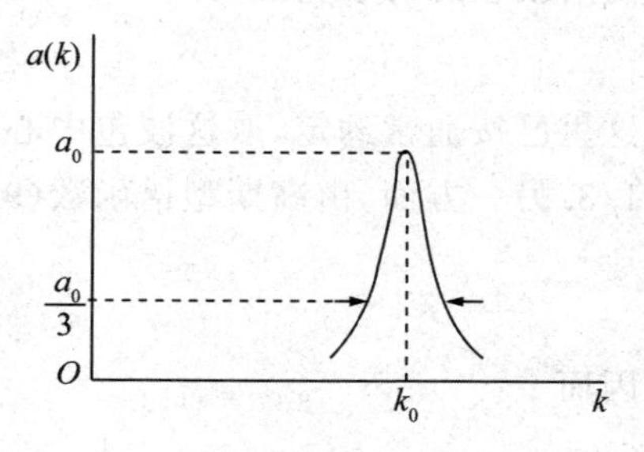

图 9.14 高斯型谱密度函数

借用高斯函数的傅里叶变换式，

$$e^{-bx^2} \rightleftharpoons \sqrt{\frac{\pi}{b}} \cdot e^{-\frac{\pi^2 f^2}{b}},$$

即
$$\int_{-\infty}^{\infty} e^{-bx^2} \cdot e^{-i2\pi fx} dx = \sqrt{\frac{\pi}{b}} \cdot e^{-\frac{\pi^2 f^2}{b}}, \tag{9.62}$$

对(9.61)与(9.62)两式作类比,便有以下替换关系,

$$b = (\alpha + i\ddot{\omega}t), \quad f = \frac{1}{2\pi}(\dot{\omega}t - x),$$

故式(9.61)积分结果为

$$\tilde{U}(x,t) = \sqrt{\frac{\pi}{\alpha + i\ddot{\omega}t}} \cdot e^{-\frac{(\dot{\omega}t-x)^2}{4(\alpha+i\ddot{\omega}t)}} \cdot \tilde{U}_0(x,t), \tag{9.63}$$

在这里我们已经注意到积分上下限的区别,在(9.61)式中,其上下限为$(-k_0,\infty)$,而在(9.62)式中为$(-\infty,\infty)$.不过,在准单色情形下,谱线宽度Δk很窄,它远小于中心波数k_0.换句话说,将K值积分范围从$(-k_0,\infty)$延伸为$(-\infty,\infty)$,实际上并不影响积分值.

这一列行波的波形及其在空间传播的一切特征,均蕴含在波函数(9.63)式中.先看一个特例——忽略二阶色散效应,即令

$$\ddot{\omega} = \frac{1}{2}\left(\frac{d^2\omega}{dk^2}\right)_{k_0} \approx 0,$$

于是,波函数被简化为

$$\tilde{U}(x,t) \approx \sqrt{\frac{\pi}{\alpha}} e^{-\frac{(\dot{\omega}t-x)^2}{4\alpha}} \cdot \tilde{U}_0(x,t), \tag{9.64}$$

它表明空间高频振荡$\tilde{U}_0$被一高斯型包络因子所调制,即,此时空间宏观波形呈现为高斯型的波包;这波包随时间在空间推移,其传播速度可由宗量$(\dot{\omega}t-x)$中导出,令

$$(\dot{\omega}t - x) = \dot{\omega}(t + dt) - (x + dx),$$

得波包群速

$$v_g = \frac{dx}{dt} = \dot{\omega}, \tag{9.65}$$

这结果与我们先前以方垒型谱函数为对象所得群速公式(9.46)是一致的.进而,可以导出这高斯波包的有效宽度为

$$\Delta x = (x_+ - x_-) \approx 4\sqrt{\alpha}, \tag{9.66}$$

这里已按通常约定,取这波包中心两侧的坐标位置$x_\pm$,使其对应的幅值为中心幅值$1/e \approx 1/3$.另一方面,由高斯型谱函数(9.60)式,可得到这准单色波的谱线宽度为

$$\Delta k = \frac{2}{\sqrt{\alpha}}, \tag{9.67}$$

因而

$$\Delta x \cdot \Delta k \approx 8. \tag{9.68}$$

由此可见,参量α值越大,则谱线宽度越窄,而波包宽度却越大,两者呈反比关系.自然,这个

观念对于我们已屡见不鲜了.式(9.65)还表明,这高斯波包在运动过程中不变形、不展宽,故在这波包络线上的各点其向前推移的速度是相同的,虽然人们直观上常说,群速 v_g 代表波包中心的传播速度,参见图 9.15(a).只有当波包在运动过程中不断变形,波包中心的速度才具有特殊地位,并派生出其他速度概念.

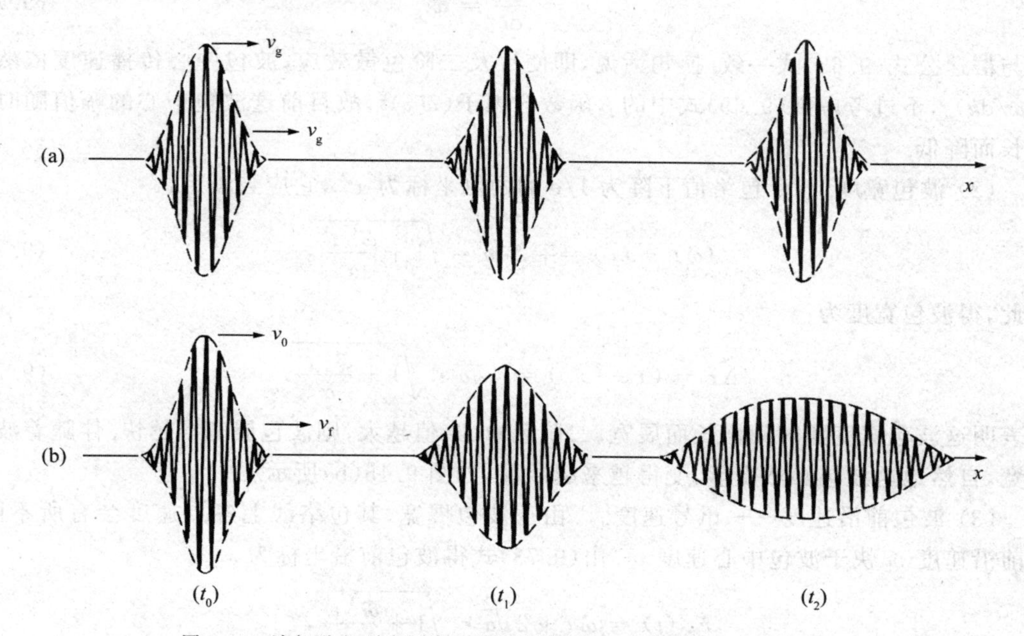

图 9.15 波包群速、波包展宽和波包前沿速度.(a) 忽略 $\ddot{\omega}$,(b) 计及 $\ddot{\omega}$

• 波包展宽和波包寿命

由波函数(9.63)式可确定这高斯型波包函数为

$$\widetilde{P}(x,t)=\sqrt{\frac{\pi}{\alpha+\mathrm{i}\ddot{\omega}t}}\cdot \mathrm{e}^{-\frac{(\dot{\omega}t-x)^2}{4(\alpha+\mathrm{i}\ddot{\omega}t)}}$$

$$=\sqrt{\frac{\pi}{\beta}}\mathrm{e}^{\mathrm{i}\varphi}\cdot \mathrm{e}^{\mathrm{i}\frac{\ddot{\omega}t(\dot{\omega}t-x)^2}{4(\alpha^2+\ddot{\omega}^2t^2)}}\cdot \mathrm{e}^{-\frac{\alpha(\dot{\omega}t-x)^2}{4(\alpha^2+\ddot{\omega}^2t^2)}}, \tag{9.69}$$

其中

$$\beta(\ddot{\omega},t)=\sqrt{\alpha^2+\ddot{\omega}^2t^2},\quad \varphi=-\frac{1}{2}\arctan\left(\frac{\ddot{\omega}t}{\alpha}\right). \tag{9.70}$$

我们重视这波包函数中的第三个因子,

$$\widetilde{P}_3(x,t)=\mathrm{e}^{-\frac{\alpha(\dot{\omega}t-x)^2}{4(\alpha^2+\ddot{\omega}^2t^2)}}, \tag{9.71}$$

它为实数指数函数且包含时空变量,它对波包的形貌及其随时间的变化有着显著的作用.兹分析如下:

(1) 波包中心及其传播速度 v_0. 波包中心位置 x_0 满足

$$(\dot{\omega}t - x_0) = 0, \quad 故\ x_0 = \dot{\omega}t,$$

这表明波包中心的传播速度为

$$v_0 = \frac{\mathrm{d}x_0}{\mathrm{d}t} = \dot{\omega}. \tag{9.72}$$

这与群速公式(9.65)式一致. 换句话说,即使计及二阶色散效应,波包中心传播速度依然为 $(\mathrm{d}\omega/\mathrm{d}k)_0$,不过考虑到(9.69)式中的 β 函数含因子 $(\ddot{\omega}t)^2$,故目前这波包中心的幅值随时间增长而降低.

(2) 波包宽度. 令包络值下降为 1/e 的两侧坐标为 $x_\pm$,它应当满足,

$$(\dot{\omega}t - x_\pm) = \mp 2\sqrt{\alpha} \cdot \sqrt{1 + \frac{\ddot{\omega}^2 t^2}{\alpha^2}}, \tag{9.73}$$

据此,得波包宽度为

$$\Delta x = (x_+ - x_-) = 4\sqrt{\alpha} \cdot \sqrt{1 + \frac{\ddot{\omega}^2 t^2}{\alpha^2}}. \tag{9.74}$$

这表明这波包宽度随时间增长而展宽;二阶色散 $\ddot{\omega}$ 值越大,则波包展宽得越快. 伴随着波包展宽,自然地这波包必然变形,变得越来越矮胖,如图 9.15(b)所示.

(3) 波包前沿速度——讯号速度. 由于波包展宽,其包络线上各点速度会有所不同,且前沿速度 v_f 快于波包中心速度 v_0. 由(9.73)式得波包前沿坐标为

$$x_+(t) = \dot{\omega}t + 2\sqrt{\alpha} \cdot \sqrt{1 + \frac{\ddot{\omega}^2 t^2}{\alpha^2}},$$

于是,这前沿速度为

$$v_\mathrm{f} = \frac{\mathrm{d}x_+}{\mathrm{d}t} = \dot{\omega} + \frac{2}{\sqrt{\alpha^3}} \cdot \frac{\ddot{\omega}^2 t}{\sqrt{1 + \frac{\ddot{\omega}^2 t^2}{\alpha^2}}}. \tag{9.75}$$

这不仅说明 $v_\mathrm{f} > v_0$,而且说明 v_f 不是一个常数,它随时间而加快. 试看两个时间段 v_f 的变化特点.

(i) 初始阶段,时刻 t 值足够小,以致 $\ddot{\omega}t \ll \alpha$,则

$$v_\mathrm{f}(t) \approx \dot{\omega} + 2\frac{\ddot{\omega}^2}{\sqrt{\alpha^3}}t, \tag{9.76}$$

其加速度为

$$\frac{\mathrm{d}v_\mathrm{f}}{\mathrm{d}t} \approx 2\frac{\ddot{\omega}^2}{\sqrt{\alpha^3}}. \tag{9.77}$$

(ii) 时间充分长,以致 $\ddot{\omega}t \gg \alpha$,则

$$v_\mathrm{f} \approx \dot{\omega} + \frac{2}{\sqrt{\alpha}}\ddot{\omega}, \tag{9.78}$$

此时前沿速度虽然为一常数,却依然大于波包中心速度,这意味着波包一直在扩展,直至它

根本不像一个“包”——波包消失了.

(4) 波包展宽的特征时间 τ. 从 $t=0$ 时刻开始，当波包宽度扩展为 3 倍于当初宽度 Δx_0 所需要的时间 τ，被我们定义为波包展宽的特征时间，即令

$$\frac{\Delta x_\tau}{\Delta x_0}\approx 3,$$

而

$$\Delta x_0 = 4\sqrt{\alpha},\quad \Delta x_\tau = 4\sqrt{\alpha}\cdot\sqrt{1+\frac{\ddot{\omega}^2\tau^2}{\alpha^2}},$$

从而得

$$\ddot{\omega}\cdot\tau\approx 3\alpha,\quad 或\quad \tau\approx\frac{3\alpha}{\ddot{\omega}}. \tag{9.79}$$

特征时间 τ 具有波包寿命的意义，τ 越长意味着波包稳定性越好，即波包的团聚性很好，或者说，τ 越长则波包的整体性越好，如同一个“粒子”那样，由此可以形成波包“粒子性”图像. 式(9.79)表明，二阶色散效应 $\ddot{\omega}$ 越强烈，则波包寿命越短；原谱线宽度越宽，即 α 越小，则波包寿命亦越短.

(5) 适用于任意准单色情形. 我们知道，准单色波有一个中心波数和谱线宽度 Δk，且 $\Delta k\ll k_0$ 或 $\Delta\lambda\ll\lambda_0$，而在以上论述所得到的(9.60)—(9.79)的几乎全部公式中，均含有变量 α，它是高斯型谱函数的特征参量，它对应的谱线宽度为 $\Delta k=2/\sqrt{\alpha}$. 若将那些公式中的 α 作如下替换，

$$\alpha\rightarrow\frac{4}{(\Delta k)^2}, \tag{9.80}$$

则那些公式一概适用于其他任意线型的谱函数，并不受限于高斯线型，只要那些谱函数是准单色的. 这项转换工作以及罗列出用 Δk 表达的有关公式，读者可自行完成.

● 单粒子波包的经典描述

根据量子物理学关于物质粒子具有波动性的概念，以及粒子能量、动量 (E,p) 与其德布罗意波频率、波数 (ω,k) 的关系，我们已经导出粒子波的色散关系(9.53)式，$\omega=\hbar k^2/2m$，现在我们关注其二阶色散效应，

$$\frac{\mathrm{d}^2\omega}{\mathrm{d}k^2}=\frac{\hbar}{m},\quad \ddot{\omega}=\frac{1}{2}\frac{\mathrm{d}^2\omega}{\mathrm{d}k^2}=\frac{\hbar}{2m}. \tag{9.81}$$

这表明，粒子质量 m 越小，则 $\ddot{\omega}$ 值越大，所有与 $\ddot{\omega}$ 相联系的色散效应——波包展宽、波包寿命和讯号速度等，均越加明显. 在作定量估算时，还需要知道粒子波包的谱线宽度 Δk. 根据量子物理学中的不确定关系——当一个粒子的运动被局限于空间范围 Δx，则其动量 p 有一个相应的分布范围 Δp，两者呈反比例关系，

$$\Delta p\cdot\Delta x\approx h=2\pi\hbar, \tag{9.82}$$

而

$$p=\hbar k,\quad 即\quad \Delta p=\hbar\Delta k,$$

故

$$\Delta k\cdot\Delta x\approx 2\pi,\quad 或\quad \Delta k\approx\frac{2\pi}{\Delta x}. \tag{9.83}$$

这类反比律公式,在本课程波动光学中已屡见不鲜,比如,波列长度或波列宽度与谱线宽度之间的反比关系式,光孔线度与光波衍射角之间的反比关系式.可以这样说,正是基于经典波动的这些行为特征,量子物理学才赋予运动粒子以波动性.

现采用谱线宽度 Δk 表达粒子波包寿命(9.79)式,并注意到将其中 α 转换为 $4/(\Delta k)^2$,得

$$\tau \approx \frac{3\alpha}{\ddot{\omega}} \approx \frac{12}{\ddot{\omega}(\Delta k)^2} \approx 4\,\frac{m\cdot(\Delta x)^2}{h}, \tag{9.84}$$

其中,普朗克常数 $h \approx 6.6\times10^{-34}$ J·s(焦耳·秒).

下面分别对电子和重子给出其波包寿命的数量级.

(1) 对于电子. 在物质的基本粒子大家族中,电子系轻子,其质量 $m_e \approx 9\times10^{-31}$ kg,若电子运动被约束为原子尺度的范围,即

$$\Delta x \approx 10^{-10}\ \text{m},$$

则这电子波包的寿命为

$$\tau_e \approx 4\times\frac{9\times10^{-31}\times(10^{-10})^2}{6.6\times10^{-34}} \approx 5\times10^{-17}\ \text{s}.$$

其波包寿命如此之短暂,以致在瞬间它就扩展为很长很长的波列.这意味着,在原子范围中电子的运动不具有经典粒子的行为特征,或者说,不能以经典粒子概念对原子中的电子运动作近似描写,而必须以量子波动力学处理之.

若电子运动于宏观尺度范围,比如电子管中的电子,显像管中的电子束,那么其运动范围的空间尺度可设为

$$\Delta x \approx 1\ \text{m},$$

则其波包寿命为

$$\tau_e' \approx \left(\frac{1\ \text{m}}{10^{-10}\ \text{m}}\right)^2\cdot\tau_e \approx 10^{20}\times5\times10^{-17}\ \text{s} \approx 5\times10^{3}\ \text{s}.$$

这个数值约1.4小时,即使以宏观时间尺度来衡量,它也是够长的.这表明,运动于宏观范围的电子,其波包稳定性甚好,类似为一个经典粒子.换句话说,在宏观范围内,电子运动的粒子性是主要的,可以用经典粒子理论即牛顿质点力学描述之.在经典电磁学中我们一直是这样看待电子的.

(2) 对于重子. 设其质量为 $m_h \approx 10^{-5}$ kg,即使它的运动范围局限于原子尺度,其波包寿命达

$$\tau_h \approx \left(\frac{10^{-5}\ \text{kg}}{9\times10^{-31}\ \text{kg}}\right)\cdot\tau_e$$

$$\approx 10^{25}\times5\times10^{-17}\ \text{s} \approx 5\times10^{8}\ \text{s} \approx 15\ \text{年},$$

这寿命如此之长,人们完全可以采用经典质点力学以描述其运动规律;若这重子运动于宏观范围,则这种经典粒子描述就更精确了.

9.6 脉冲星辐射的色散·光孤子

·脉冲星 ·估算宇宙中自由电子数密度 ·估算光子静质量的上限
·孤立波和光孤子

● 脉冲星

脉冲星(pulsar),它是一类具有短周期脉冲辐射的新型恒星.第一颗脉冲星被发现于1967年,标记为PSR1919-21,它处在狐狸星座,发射波长为3.7米的射电脉冲,其脉冲周期为1.337秒.随后又陆续在其他天区发现了多个这种短周期脉冲的射电源,至1978年已发现300多个脉冲星.其中最著名的一颗是蟹状星云中心的脉冲星(Crab pulsar),标记为PSR 0531+21,对于它的天文观测数据如下:

脉冲周期为0.0331秒,即脉冲频率 $f \approx 30\ \mathrm{Hz}$
距离地球约6300光年
目视星等为17等
发射波段在射电、红外、可见光、X射线和 γ 射线
射电脉冲与可见光脉冲到达地球竟有时差 $\Delta t = 1.27\ \mathrm{s}$

目前普遍认为,脉冲星是一个快速自转着的中子星且具有很强的磁场,其表面磁场达 10^{12}—10^{14} 高斯,其脉冲讯号的周期正反映了那中子星的自转周期.上面提及的那个蟹状星云中心脉冲星,据认它是中国宋代(1054年)记录的金牛座“客星”爆发后的残骸.脉冲星的发现且被证认为中子星是天体物理学的一项重大成就,被誉为20世纪60年代天文学四大发现之一,其发现者英国天文学家安东尼·赫威斯获得1974年度诺贝尔物理学奖.

这里让我们最感兴趣的是那个时差 Δt,为什么由同一脉冲星辐射的不同波段的讯号,经历漫长的宇宙空间而到达地球会有时差呢.这使我们联想到电磁波的色散,它可能导致不同波段的脉冲讯号有不同的群速.那么,又是什么机制导致电磁波在宇宙空间的色散呢.为此,曾提出过两种理论模型或理论解释.一是宇宙空间中存在自由电子,是这自由电子气导致了电磁波的色散;二是舍弃“真空无色散”概念,这等价于认为“光子静质量不为零”,如是,则解释了电磁波在宇宙空间的色散.兹分别论述如下.

● 估算宇宙中自由电子数密度

我们已先后导出有关自由电子气对电磁波色散的几个关系式

$n^2 = 1 - \dfrac{\omega_p^2}{\omega^2}$ (9.35); $\omega^2 = c^2k^2 + \omega_p^2$ (9.51); $v \cdot v_g = c^2$ (9.52); $\omega_p^2 = \dfrac{Ne^2}{\varepsilon_0 m}$.

其中 N 为自由电子数密度.(9.52)式表明,相速大者其群速小,相速小者其群速大;而(9.35)式表明,光频讯号的相速小于射频讯号的相速,故光脉冲的群速 v_{1g} 大于射频脉冲的群速 v_{2g},

$$v_{\mathrm{g}}^2=c^2n^2=c^2\left(1-\frac{\omega_{\mathrm{p}}^2}{\omega^2}\right),\qquad 即\qquad (v_{1\mathrm{g}}^2-v_{2\mathrm{g}}^2)=c^2\omega_{\mathrm{p}}^2\left(\frac{1}{\omega_2^2}-\frac{1}{\omega_1^2}\right),$$

对上式两端作合理的近似如下，

$$(v_{1\mathrm{g}}^2-v_{2\mathrm{g}}^2)=(v_{1\mathrm{g}}+v_{2\mathrm{g}})\cdot(v_{1\mathrm{g}}-v_{2\mathrm{g}})\approx 2c(v_{1\mathrm{g}}-v_{2\mathrm{g}});$$

$$\left(\frac{1}{\omega_2^2}-\frac{1}{\omega_1^2}\right)\approx\frac{1}{\omega_2^2},\quad (射频\ \omega_2\ll\omega_1\ 光频)$$

于是,群速之微小差别为

$$\Delta v_{\mathrm{g}}\approx\frac{c}{2}\cdot\frac{\omega_{\mathrm{p}}^2}{\omega_2^2}.$$

另一方面,从纯粹运动学上考虑,讯号传播距离为 D 所对应的时差 Δt 与速度差 Δv_{g} 之关系为

$$\Delta t=\frac{D}{v_{2\mathrm{g}}}-\frac{D}{v_{1\mathrm{g}}}=\frac{(v_{1\mathrm{g}}-v_{2\mathrm{g}})}{v_{1\mathrm{g}}v_{2\mathrm{g}}}D\approx\frac{\Delta v_{\mathrm{g}}}{c^2}D,$$

故时差被表示为

$$\Delta t=\frac{D}{2c}\cdot\frac{\omega_{\mathrm{p}}^2}{\omega_2^2},\qquad 或\qquad \omega_{\mathrm{p}}^2=\frac{2c\Delta t}{D}\omega_2^2. \tag{9.85}$$

人们可以由观测数据 $\Delta t, D, \omega_2$，而推算出特征参量 ω_{p},从而进一步推算出宇宙空间自由电子气的平均数密度 N.

代入以下数据，

$$\Delta t=1.27\ \mathrm{s},\quad c=3\times10^8\ \mathrm{m/s},\quad D\approx 6300\ 光年\approx 6.3\times10^{19}\ \mathrm{m},$$

$$射频\quad \omega_2\approx 6\times10^9\ \mathrm{Hz},\quad 对应波长\ \lambda_2\approx 30\ \mathrm{cm},$$

得

$$\omega_{\mathrm{p}}^2=\frac{2\times(3\times10^8)\times1.27}{6.3\times10^{19}}\times(6\times10^9)^2\ \mathrm{Hz}^2\approx 4.4\times10^8\ \mathrm{Hz}^2,$$

最后得 $N=\dfrac{\varepsilon_0 m\omega_{\mathrm{p}}^2}{e^2}\approx\dfrac{(8.9\times10^{-12})(9.1\times10^{-31})}{(1.6\times10^{-19})^2}\times(4.4\times10^8)/\mathrm{m}^3\approx 1.4\times10^5/\mathrm{m}^3.$

从分子物理学的眼光看,自由电子气的这一数密度是非常微小的,它比通常条件下气体分子数密度约 $10^{25}/\mathrm{m}^3$ 小了 20 个数量级.

- **估算光子静质量的上限**

光子,在物质基本粒子大家族中有着特殊的地位,它传播电磁相互作用,它的静质量为零,它在真空中的速度与频率无关而恒为 c,因之光子或光波在真空中无色散.这些均是现行理论物理学的一致结论.然而,从实验物理学的眼光对光子静质量为零的观念给予审视和判定,这无疑是一项有特殊意义的事.不同波段的脉冲讯号在宇宙空间中有不同的群速这一观测数据,为判定光子静质量是否为零提供了一个难得的实验依据.

依据相对论和量子论中关于运动粒子的质量公式和能量公式，

$$m=\frac{m_0}{\sqrt{1-\dfrac{u^2}{c^2}}},\quad \hbar\omega=E=mc^2, \tag{9.86}$$

可以得到光子速度亦即光波群速 u 与光频 ω 的一关系式,

$$u^2 = c^2\left(1-\left(\frac{m_0 c^2}{\hbar\omega}\right)^2\right), \tag{9.87}$$

这表明,若光子静质量 $m_0=0$,则光子速度恒为 c,与光频 ω 无关;若设想 $m_0\neq 0$,则高频者速度大,低频者速度小,且速度均小于 c,这意味着光波即使传播于真空中也将存在色散.据此导出色散时差 Δt 与静质量 m_0 的关系如下.

光频 ω_1 讯号 $u_1^2 = c^2\left(1-\left(\dfrac{m_0 c^2}{\hbar\omega_1}\right)^2\right)$, 射频 ω_2 讯号 $u_2^2 = c^2\left(1-\left(\dfrac{m_0 c^2}{\hbar\omega_2}\right)^2\right)$,

于是

$$(u_1^2-u_2^2) = c^2\left(\frac{m_0 c^2}{\hbar}\right)^2\cdot\left(\frac{1}{\omega_2^2}-\frac{1}{\omega_1^2}\right),$$

取近似,$(u_1+u_2)\approx 2c$,$\left(\dfrac{1}{\omega_2^2}-\dfrac{1}{\omega_1^2}\right)\approx\dfrac{1}{\omega_2^2}$,所以

$$2c\Delta u \approx c^2\left(\frac{m_0 c^2}{\hbar}\right)^2\cdot\frac{1}{\omega_2^2},$$

又根据运动学关系,$\Delta t = \left(\dfrac{D}{u_2}-\dfrac{D}{u_1}\right)$,故 $\Delta t\approx\dfrac{D}{c^2}\Delta u$,得到

$$m_0^2 = 2\,\frac{\hbar^2\omega_2^2}{Dc^3}\cdot\Delta t, \tag{9.88}$$

代入以下数据,

$$\Delta t = 1.27\ \text{s},\quad D\approx 6.3\times 10^{19}\ \text{m},\quad c\approx 3\times 10^8\ \text{m/s},$$

$$\omega_2\approx 6\times 10^9\ \text{Hz},\quad \hbar\approx\frac{1}{2\pi}\times 6.6\times 10^{-34}\ \text{J}\cdot\text{s},$$

得

$$m_0^2\approx\frac{2(10^{-34})^2(6\times 10^9)^2}{(6.3\times 10^{19})(3\times 10^8)^3}\times 1.27\ \text{kg}^2\approx 5\times 10^{-92}\ \text{kg}^2,$$

最终获悉光子静质量为

$$m_0\approx 10^{-46}\ \text{kg}.$$

这个结果并不能最终证认光子静质量确实不为零.它只是表明,如果完全忽略了宇宙空间中自由电子气的色散效应,那么,脉冲星辐射的色散时差 Δt 的存在则完全可以由光子非零静质量的假设而得以解释.换句话说,这里得到的 m_0 值是光子可能存在的非零静质量的上限——10^{-46} kg.

- **孤立波和光孤子**

1834 年,英国科学家、造船工程师 S. 罗素观察到运河上出现一光滑巨峰,竟以恒定速度、不变波形,稳稳地向前推进,他目送着这巨峰直至在视野中消失.这一奇特的波动现象,在当时曾引起了广泛的关注和争论.这巨峰究竟凭借什么力量抵御了色散展宽坍塌,使自己变得如此孤傲挺立勇往直前.60 年后,两位年轻的荷兰科学家 Korteweg 和 de Vreis 建立了

单向运动的浅水波的数学模型，即著名的 KdV 方程，它是一类非线性波动方程，由此他们得到了一个波形不变的孤立波解. 直到 1965 年，美国科学家 Zabusky 等人用数值模拟法，考察了等离子体中孤立波相互间的碰撞过程，才证认了一个重要结论：孤立波相互作用以后各自保持速度不变、波形不变而传播. 如果我们将单个脉冲波包视为一个波子，那么具有上述特性的孤立波就是一种特殊的波子，它们在相互碰撞后将保持速度不变、形貌不变，科学家们把这类孤立波称为孤子(soliton).

其实，在推导各种场合下的波动方程时，人们总是首先在小振幅条件下，因之忽略非线性项，而得到一个线性波动方程. 然而，在高功率大振幅条件下，非线性项必须被保留，从而导出一个非线性波动方程. 非线性波动方程其行波解的一个显著特点是，波速与振幅两者不再独立，波速随振幅而变，大振幅者速度快，小振幅者速度小. 在色散介质中，波包的前沿速度大于中心速度，从而使波包在传播过程中不断展宽；而波包中心为大振幅，波包前沿为小振幅，由于非线性效应导致波包中心速度大于前沿速度. 如此看来，高功率大振幅的脉冲波包传播于色散介质时，存在两种相反效应，色散效应使波包展宽，而非线性效应使波包压缩，两者并存得以稳定平衡，使尖锐波包孤傲挺进而不变形.

在色散介质中，孤子独特的传播行为对于光通信显得尤为优越. 1980 年，美国贝尔实验室在石英光纤材料中首次观察到光孤子的传播，从而极大地推动了光孤子通信的可行性研究，中国也已将光纤孤子通信列入重大攻关项目.

9.7　散　　射

· 散射现象　· 散射机制的多样性　· 瑞利散射定律　· 瑞利散射光的偏振态
· 米氏散射　· 拉曼散射

● 散射现象

当一光束通过均匀透明介质比如玻璃或清水时，人们从侧面是难以看到光束的；如果透明介质不均匀，比如其中悬浮有大量微粒的浑浊液体，我们便可以在侧面清晰地看到光束的径迹；在沙地操场上看电影，你将清晰地观察到从放映机镜头射出的若干窄光束，在头顶交替扫射，这是光束经大量沙尘微粒的散射所致. 散射更是大气光学中的一种常见的重要现象，蓝天、白云、红太阳，这是大气对阳光散射的结果. 水是无色透明的，浪花却是白色的，这是浪花中大量且紊乱的微小水珠对阳光散射的结果；在万米高空俯视太平洋面，你将观察到众多白色斑点，宛如星罗棋布，这是洋面上的惊涛巨浪对阳光散射的结果. 看来散射也是海洋光学中的一种常见的重要现象.

● 散射机制的多样性

一定向光束经介质传播而向四面八方散开的现象，统称为光的散射. 其实，引起光散射的机制是多种多样的，这是因为，散射的生成及其特点与介质不均匀性的尺度有着密切的关系.下面按照这尺度由小至大,对几种散射机制分别作出定性的论述.

(1) 分子散射. 介质中的原子或分子其内含的电子,在外来光波的电磁场作用下,作同频的受迫振动而形成一个偶极振子,这些偶极振子作为一个个新波源或亦可称其为次波源,向四周发射次波,这些次波的相干叠加,再同主光波的叠加而构成了一个散射光场.这些波叠加的结果究竟造成怎样的具体散射光场,是否能呈现有明显的侧向散射光强,这取决于有关尺度的大小比较和这些大量的散射单元分子的位置分布.我们知道,可见光波长约为 $\lambda\approx5\times10^3$ Å,分子自身线度约为 $a\approx5$Å,而通常条件下,气体分子间的平均距离约为 $\bar{d}\approx50$Å.由此可见,对于气体 $\lambda\gg\bar{d}>a$;而对于液体,则 $\bar{d}$ 更小.在这种散射单元为极小尺度的条件下,其单元散射几乎是全方位的;而如果这大量的散射单元的位置分布是规则的,则上述相干叠加的结果,使侧向散射光强为零,仅保留有沿入射方向照直前进的零级波,这便导致均匀介质中光的直线传播定律;不过,这大量次波与主光波的叠加,使零级波相位有所滞后,这导致介质中光波相速小于真空中光速.然而,事实上作为散射单元的这些大量分子处于不停的热运动,而分子的热运动将造成分子密度的局部涨落.换句话说,以微观尺度 $\bar{d}$ 衡量,分子密度是不均匀的,那些局域密度小者,相当于透明玻璃板中的一个气泡;那些局域密度大者,相当于透明玻璃板上的一小水珠.这些局域或微区就成为一些新的散射源,显然,这些散射源的位置是随机分布的且在不断变更,由此导致侧向光强不为零.这类散射称为分子散射.由于分子线度那么小,因之其偶极振子强度也是很小的,故分子散射光强一般说是十分微弱的.但是,当流体物质接近临界态时,其密度起伏的微区变得大于波长,并能维持较长时间,其中处于临界密度附近的液态微区很像一些大的粒子,可以产生显著的散射光强.流体在稍高温度时原本是很透明的,当接近临界温度则突然变得混浊,像乳液那样.这一现象被称为临界乳光.

(2) 微粒散射. 若流体中悬浮有大量的微粒,比如大气中的微水珠、沙尘或烟尘,透明液体中的粉末或各种杂质,不论它们是吸收型的或透射型的,抑或反射型的,它们的存在均改变了入射光波前的振幅分布或相位分布.换句话说,这些微粒均是一个个衍射单元.通常这些微粒线度可达 $a\approx\lambda$ 量级,而微粒间之间距 $\bar{d}>\lambda$ 或 $\bar{d}\gg\lambda$.根据衍射光学理论,这些微粒单元的衍射十分显著,几乎是全方位的;而由于微粒间距远大于光波长,且微粒位置是无规分布的,并作随机的布朗运动,这导致原本属于相干的单元衍射波之间的叠加,经统计平均而回归到非相干叠加,即单元衍射光强的直接相加,从而呈现显著的散射效应.

大颗粒的线度 $a\gg\lambda$,其衍射波几乎可以看作几何光学意义上的反射波和透射波.若均匀透明介质中悬浮有大量的这种大颗粒,则其生成的散射光场就是那些单元反射波和透射波的非相干叠加,当颗粒间距远大于光波长时.其实,粗糙表面的漫反射也可以归属于这类情况.粗糙表面由大量的微面元所形成,这些微面元的倾角和尺寸是无序和无规的,从而造成一个散射光场,故这种粗糙表面也被人们称作散射板或散射屏,它常应用于激光实验、计量技术和摄像术中.

(3) 综述. 光散射的理论基础是衍射光学和统计光学;散射光场的特性,既取决于散射单元的尺度——它决定了单元衍射因子或单元散射因子,又取决于这大量散射单元之间的平均距离——它决定了这大量单元散射波的叠加最终是相干叠加还是非相干叠加,抑或是部分相干叠加.由此可见,散射问题的综合性和复杂性.应当说这里还有一个更深层次的问题,即单元散射因子不仅与单元的尺度和形貌有关——这纯系衍射光学,而且与单元微粒或分子的微观结构和量子状态有关,它决定着单元的次级辐射或称其为感应辐射;将分子散射源看作一个偶极振子,这毕竟是一个最简单的模型.图 9.16 显示了几种不同尺度的单元散射的图像.

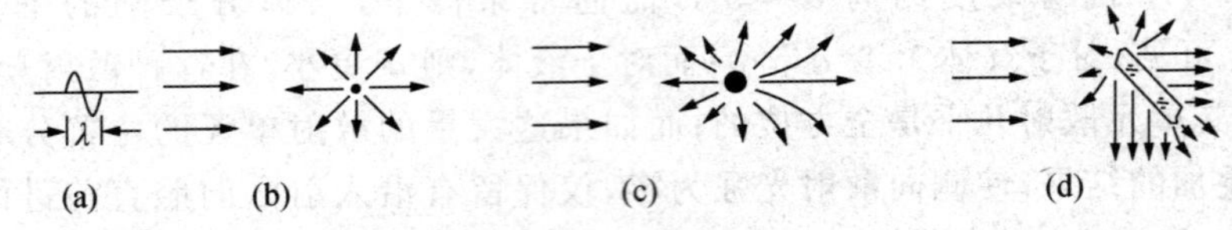

图 9.16　单元散射图像.(a) 波长尺度,(b) $a \ll \lambda$,(c) $a \lesssim \lambda$,(d) $a \gg \lambda$

- **瑞利散射定律**

对于光散射的科学观测大约开始于 19 世纪中叶,其中 J. 廷德耳 1869 年的工作有着重要的贡献,因之人们也称光散射现象为廷德耳效应.随后 L. 瑞利为了解释天空为何呈蔚蓝色,研究了线度远小于光波长的微质点的散射问题,得到了有关散射光强反比于 λ^4 的结论和散射光强的角分布公式,

$$I(\omega) \propto \omega^4 \propto \frac{1}{\lambda^4}, \tag{9.89}$$

$$I(\theta) = I_0(1 + \cos^2\theta), \tag{9.90}$$

这里,θ 为散射光方向 $\boldsymbol{r}_s$ 与入射光方向之夹角,I_0 为 $\theta = \pi/2$ 即与入射光束正交方向上的散射光强.式(9.89)表明,短波蓝光的散射效应强于长波红光的散射,简单言之,前者几乎是后者的 16 倍.人们将散射光强服从以上两条规律的散射,直称为瑞利散射,这两条规律亦被称作瑞利散射的色效应和角分布.除临界乳光现象之外,由分子密度涨落引起的分子散射属于瑞利散射.瑞利散射定律与电动力学中有关偶极振子激发的辐射场的结果是一致的,对此稍加说明如下.

参见图 9.17(a),设在外来光的激励下分子感生的电偶极矩为

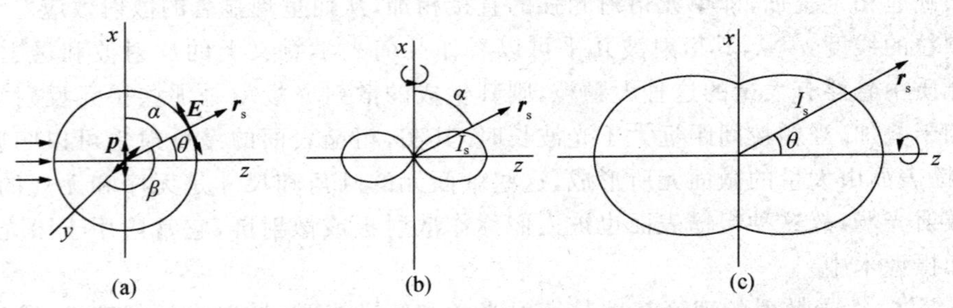

图 9.17　瑞利散射光强的角分布,图中带箭头的小圆表示旋转对称轴

$$p(t) = p_0 \cos \omega t,$$

它产生的辐射场 $\boldsymbol{E}(t)$,$\boldsymbol{H}(t)$为同频的电磁振荡,其电场幅值 E_0 可表达为

$$E_0(r,\alpha) \propto p_0 \frac{\omega^2}{r} \sin \alpha,$$

其中(r,α)分别为场点位置矢量 $\boldsymbol{r}_s$ 的距离和方向角(以偶极矩为参考轴). 据此可知,这辐射场平均能流密度即散射光强与光频 ω 的关系为

$$I_s(\omega) \propto E_0^2(\omega) \propto \omega^4 \propto \frac{1}{\lambda^4},$$

且散射光强的角分布为

$$I_s(\alpha) \propto E_0^2(\alpha) \propto \sin^2 \alpha,$$

写成

$$I_s(\alpha) = I_0 \sin^2 \alpha. \tag{9.91}$$

这里,常系数 I_0 为一参考值,它表示 $\alpha=\pi/2$ 方向的散射光强. 式(9.91)表明,在线偏振入射光激励下,瑞利散射的光强角分布具有轴对称性,其对称轴为偶极矩方向轴,即如图 9.17(b)中的 x 轴,而沿偶极矩方向即 $\alpha=0$ 的散射光强为零.

事实上,射入大气层的阳光为自然光,此时感生的分子偶极矩分布于横平面(xy)上,且有各种可能的取向,它们彼此间无确定的相位关联. 正如我们在分析偏振光干涉问题中曾经采用过的方法,不妨对这一族分子偶极矩作正交分解于 x 轴和 y 轴,分别得到复合偶极矩 P_x 和 P_y,且 $P_x=P_y$,再参见图 9.17(a). 让我们考察此时方向在(α,β)的散射光强,这里 α 和 β 分别为散射方向 $\hat{\boldsymbol{r}}_s$ 与 x 轴和 y 轴的夹角. 根据(9.91)式,此方向的散射光强应当等于两项之和(非相干叠加),

$$I_s(\alpha,\beta) = I_1(\alpha) + I_2(\beta) = I_0 \sin^2\alpha + I_0 \sin^2\beta,$$

再根据三角函数公式和方向余弦定理,

$$\sin^2 \alpha = 1 - \cos^2 \alpha, \quad \sin^2 \beta = 1 - \cos^2 \beta, \quad \cos^2 \alpha + \cos^2 \beta + \cos^2 \theta = 1,$$

其中 θ 为第三个方向余弦角,亦即散射方向 $\hat{\boldsymbol{r}}_s$ 与 z 轴之夹角. 于是可将 $I_s(\alpha,\beta)$转化为以 θ 为变量的角分布,

$$I_s(\theta) = I_0(1 + \cos^2 \theta).$$

这正是瑞利最先给出的(9.90)式. 它表明在自然光入射条件下,散射光强的角分布具有轴对称性,其对称轴为入射光传播方向即 z 轴,如图 9.17(c)所示.

那么,对于有着大量的瑞利微粒且它们在作无规热运动的介质来说,宏观上观测到的散射光强角分布 $I_s(\theta)$是否为图 9.17(b)或(c)的样子,这取决于这些单微粒的瑞利散射场之间的相干性,而这个问题又同微粒间的平均距离 $\bar{d}$ 有密切的关系. 大体上划分,当 $\bar{d}\gg\lambda$,由于微粒位置的随机分布,致使这些微粒散射场之叠加回归到非相干叠加的结果,这意味着宏观上的 $I_s(\theta)$很好地符合(9.90)式;当 $\bar{d}\ll\lambda$,虽然这些微粒散射场之间的相位差 $\tilde{\delta}$ 依然是混乱的、随机变化的,但其起伏量是很小的,几乎在 $\tilde{\delta}\approx 0$ 邻近涨落,这也将导致宏观上的 $I_s(\theta)$

基本符合(9.90)式；难以明断的是当 $\bar{d}\approx\lambda$，其叠加结果属于部分相干，或者说，这些微粒散射场之间的相干叠加可能出现明显的相长或相消的情况，这导致宏观上的 $I_s(\theta)$ 与(9.90)式相比较可能有明显的不一致，尤其在某些特定的散射角.

前已述及，在标准状态下，即气压 $p_0\approx 1\,\text{atm}\approx 10^5\,\text{Pa}$，气温 $T_0=0℃\approx 273\,\text{K}$，大气分子间的平均距离为

$$\bar{d}_0\approx 50\text{Å}\ll 5000\text{Å}\approx\lambda.$$

在高空，其气压 p 降低了，而气温 T 也下降，查考气象学对大气的观测数据(平均值)，

$$\text{高空}\ h_1\approx 10\,\text{km},\ \text{约}\ p_1\approx 3\times 10^4\,\text{Pa},\ \text{约}\ T_1\approx -50℃\approx 223\,\text{K},$$

$$\text{高空}\ h_1\approx 20\,\text{km},\ \text{约}\ p_2\approx 5\times 10^3\,\text{Pa},\ \text{约}\ T_2\approx -73℃\approx 200\,\text{K},$$

于是，我们可以根据理想气体状态方程 $p=nk_BT$，估算出高空大气分子数密度 n，并进而估算出高空大气分子间的平均距离 $\bar{d}$：

$$n_1\approx 0.4n_0,\quad \bar{d}_1=(n_1)^{-1/3}\approx 1.4\bar{d}_0,$$

$$n_2\approx 0.07n_0,\quad \bar{d}_2=(n_2)^{-1/3}\approx 2.5\bar{d}_0,$$

这些数据表明，在地球大气层的广阔范围内，均属于 $\bar{d}\ll\lambda$ 情形，故大气对阳光的分子散射能很好地服从瑞利散射定律.

最后，对于单微粒瑞利散射尚需说明一点，其色效应和角分布应该统一地反映在 $I_s(\omega,\theta)$ 函数中，这意味着(9.90)、(9.91)公式中的 I_0 应当以 $I_0(\omega)$ 形式显示出来. 进一步的理论分析表明，$I_0(\omega)$ 并不简单地正比于 ω^4，它还与单微粒的吸收线 ω_0 有关. 只有当 $\omega_0^2\gg\omega^2$ 时，才获得 $I_0(\omega)\propto\omega^4$ 结果. 在大气层中，对辐射的吸收起主要作用的气体比如氧 O_2、臭氧 O_3 在紫外谱区均有强吸收峰. 故言之，蓝天红太阳起因于大气层中的紫外吸收.

- **瑞利散射光的偏振态**

在线偏振光入射条件下，瑞利散射光仍为线偏振光，而在自然光入射条件下，瑞利散射光一般为部分偏振光，其偏振度随散射角 θ 而变，这里存在两个特殊方向——$\theta=0$ 方向，其偏振度为零，即沿入射方向的瑞利散射光仍为自然光；$\theta=\pi/2$ 方向，其偏振度为1，即与入射光束正交方向的瑞利散射光为线偏振光，比如，沿 x 轴方向的散射光其光矢量 $\boldsymbol{E}/\!/y$ 轴，而沿 y 轴方向的散射光其光矢量 $\boldsymbol{E}/\!/x$ 轴. 图 9.18 多方位地显示了瑞利散射光的偏振态，图中原点两个正交振动 $\boldsymbol{P}_x$ 和 $\boldsymbol{P}_y$ 表示在自然光激励下，散射微粒所感生的两个复合偶极矩.

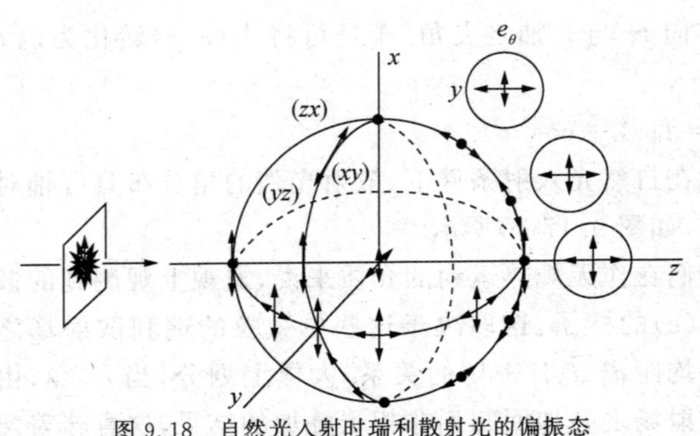

图 9.18　自然光入射时瑞利散射光的偏振态

瑞利散射光各种偏振态的生成，可由偶极振子模型得以完满地解释，这里最先需要明白

的一点内容是，偶极振子辐射场的 $\boldsymbol{E}$ 方向沿子午圈的切线方向. 由偶极矩 $\boldsymbol{p}$ 与场点位矢 $\boldsymbol{r}_s$ 构成的平面称为子午面(meridian plane)，通过场点并在子午面内的那个圆周称为子午圈. 以此为起点，便不难得到如图 9.18 所示的瑞利散射光的偏振全貌，其具体分析留待读者自己练习.

- **米氏散射**

瑞利散射定律适用于线度 a 约在 $\lambda/10$ 以下的极小微粒的场合，而不适用于线度 a 在 10λ 以上的较大微粒的散射. 米(G. Mie，1908 年)和德拜(P. Debye，1909 年)以小球为模型，分析了电磁波的散射. 米氏采用金质小球，设其折射率为 $\tilde{n}=0.57+i2.45$，被浸在 $n=1.33$ 的均匀介质中，并以波长 $\lambda=550\,\text{nm}$ 的线偏振光入射到这小球上，求解麦克斯韦电磁场方程组，作出一系列数值计算，对小球半径 $a\to 0$ 至 $a\approx 80\,\mu\text{m}$，$90\,\mu\text{m}$，考察其散射的色效应和角分布. 如果以 ka 即 $2\pi a/\lambda$ 为参量作描述，则米-德拜散射理论表明，在 $ka<0.3$ 即 $a<\lambda/20$ 条件下，小球散射的色效应和角分布与瑞利散射定律一致；当 ka 较大时两者有明显的差别. 尤其值得注意的是散射的色效应，当 ka 较大时，其散射强度不仅不服从 λ^4 反比律，而且几乎不依赖于光波长. 人们将较大微粒的散射直接称为米氏散射以区别于瑞利散射.

蔚蓝的天空和青色的炊烟，均系大量极小微粒引起的大角度瑞利散射所致；而大气中的云团和雾汽，其内含有大量的微小水珠乃至尘埃，它们对阳光的散射系米氏散射，其色效应并不明显，故呈现灰白色；浪花显白色，也是这个道理. 由此可见，通过散射光的色效应可估算微粒的大小，而散射光强的角分布也与微粒形状有关. 这两点已被应用于对微粒大小、形状和密度的评估和测算.

米氏散射无明显色效应，可以从定性上作如下理解. 介质中的球粒构成了一个边界，这等效于一个衍射屏. 我们知道，长波的衍射效应比短波的强；而介质分子的偶极子辐射模型表明，短波的散射效应比长波的强. 对于较大的米氏微粒，这两种相反的色效应共存，彼此互补，便导致米氏散射无明显的色效应.

- **拉曼散射**

印度物理学家拉曼(C. V. Raman，1888—1971)在光散射领域作出重大贡献，因之获得 1930 年度诺贝尔物理学奖. 对于瑞利散射和米氏散射，其散射光的频率与入射光频总是相同的. 1923 年，A. G. S. 斯梅卡尔指出，在光的散射过程中，若是分子的状态也发生了改变，则入射光与分子交换能量的结果，可导致散射光频发生变化. 这种现象首先由拉曼于 1928 年在四氯化碳、苯、甲苯、水和其他多种液体，以及气体、蒸气和洁净的冰中发现；同年前苏联学者曼杰斯塔姆也独立地在石英晶体中发现了同种现象. 这种拉曼效应或拉曼光谱的特点，可归纳为以下两点.

(1) 在每条原入射谱线 ω_0 两侧，均伴有频率差为 ω_j 的若干条谱线. 在长波一侧的频率为($\omega_0-\omega_j$)，称其为红伴线或斯托克斯线；在短波一侧的频率为($\omega_0+\omega_j$)，称其为紫伴线或反斯托克斯线. 其中 $j=1,2,\cdots$，这意味着拉曼光谱可以有一对伴线、二对伴线、……. 不过，紫伴谱线明显地弱于红伴谱线.

(2) 频差 ω_j 与入射光频 ω_0 无关,它们却与散射物质的红外吸收频率一致,这表明散射物质的分子本征振动参与了拉曼散射过程,而与入射光发生了相互作用.

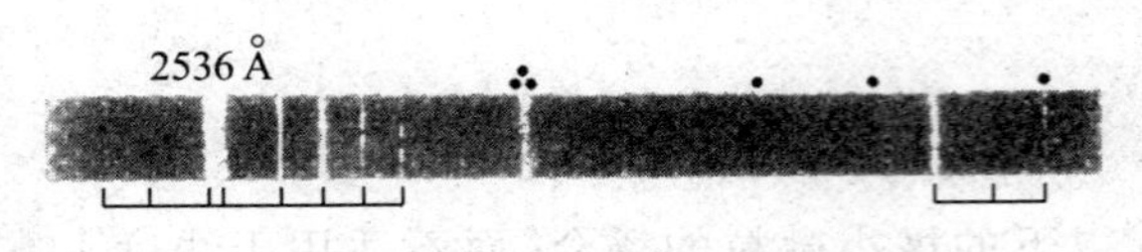

图 9.19　氢原子的拉曼光谱

图 9.19 显示了氢原子的拉曼光谱图.一般说来,拉曼谱线的强度是相当弱的.图 9.20 是测量拉曼光谱的一种实验装置,其中 A 是一汞弧灯发出高强度的弧光,它被装在一暗箱内,上部有一个与灯管平行的长方形开口;B 是一支盛满水的玻璃管而成为一个柱形透镜,它将弧光聚焦在 C 管的轴上(焦线);C 管充有散射物质液体或气体,C 管一端面为窗口,散射光通过此窗口射出而进入摄谱仪,C 管另一端被拉成尖角并涂黑,以防止反射光进入摄谱仪;在 C 管上方可以放置一反射镜 R,以增强 C 管内的照明.

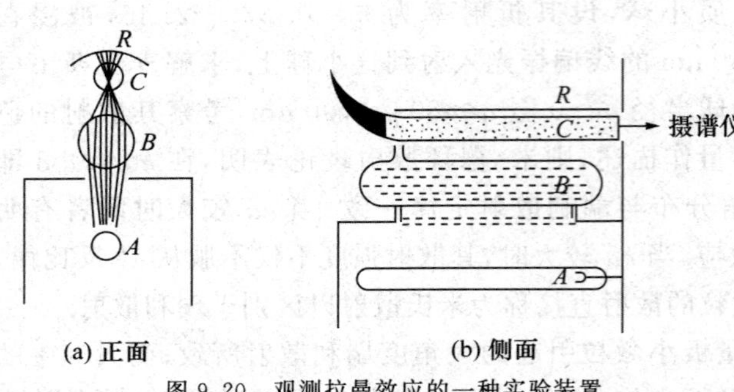

图 9.20　观测拉曼效应的一种实验装置

对拉曼效应的理论说明要靠量子力学,虽然凭借经典物理学的某些概念也可以作出不无勉强的解释.量子物理学表明,分子的运动状态表现在能量取值上,由一系列离散的能级给以描述,而分子数按能级遵从一定的分布规律.分子在一对特定能级比如 E_1 和 E_2 之间的跃迁,便发射或吸收光子其频率 ω_1 满足玻尔频率条件,

$$\hbar\omega_1 = E_2 - E_1.$$

在入射光子其能量为 $\hbar\omega_0$ 的激励下,分子可以受激吸收一光子能量 $\hbar\omega_1$,而由状态 $E_1 \to E_2$;同时也可以受激发射一光子能量 $\hbar\omega_1$,而由状态 $E_2 \to E_1$.相应的能量守恒方程为

$$\hbar\omega_0 - \hbar\omega_1 = \hbar\omega', \quad \hbar\omega_0 + \hbar\omega_1 = \hbar\omega'',$$

即

$$\omega' = \omega_0 - \omega_1, \quad \omega'' = \omega_0 + \omega_1. \qquad (9.92)$$

这相当于在分子原有的本征能级图上,又添加了两个能级 E' 和 E'',可称其为"虚能级",如图 9.21 所示.其中(a)图表示,处于低能级 E_1 上的分子吸收入射光能量 $\hbar\omega_0$,而向上跃迁到 E' 能级,再由 E' 能级向下跃迁到稍高能级 E_2,从而发出光,其频率为 $\omega' = \omega_0 - \omega_1$,低于入射光频 ω_0,这便产生了拉曼光谱中的红伴线;(b)图表示,处于稍高能级 E_2 的分子吸收入射光能量 $\hbar\omega_0$,而

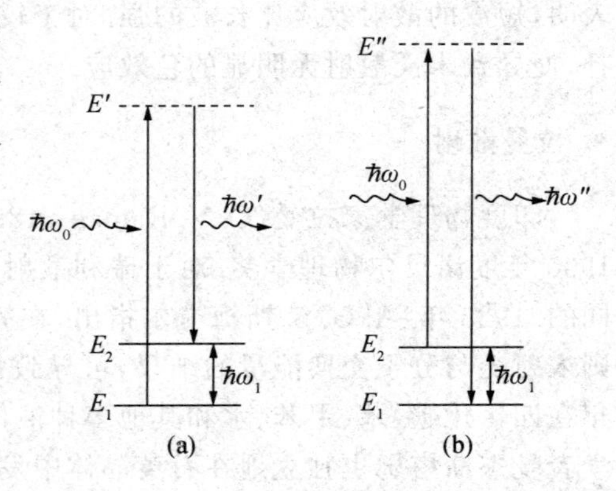

图 9.21　示意量子物理学对拉曼效应的说明

向上跃迁到 E'' 能级，再由 E'' 能级向下跃迁到低能级 E_1，从而发出光，其频率为 $\omega''=\omega_0+\omega_1$，高于入射光频 ω_0，这便产生了拉曼光谱中的紫伴线即反斯托克斯线. 由于低能级 E_1 上的分子布居数大于高能级 E_2 上的分子数，使上述第一过程出现的几率远大于第二过程，这便顺当地解释了反斯托克斯谱线强度显著地弱于斯托克斯线的实验事实.

仅从结果上看，电子学中的调幅波可与这里的拉曼效应比拟. 我们知道，一高频本机振荡（载波）$A\cos\omega_0 t$，若其振幅被一低频讯号 ω_1 所调制，$A=(a_0+a_1\cos\omega_1 t)$，则其频谱中必然出现 $(\omega_0+\omega_1)$ 的和频成分、$(\omega_0-\omega_1)$ 的差频成分、还有本机 ω_0 成分. 联系到介质对光的散射，以上调幅波情形就相当于，在外来光其频率为 ω_0 的策动下，分子作受迫振动所形成的偶极振子的幅度，受到了分子本征振动 (ω_1) 的调制. 不过，这种调幅模型，无论电子学的还是分子光学的，均无法解释和频成分显著地弱于差频成分的现象.

分子的振动能级差较小，这意味着分子振动光谱在红外波段，而通过拉曼效应将分子振动的红外光频 $\omega_1, \omega_2, \cdots$ 转移到可见光频 ω_0 的两侧，这从理论上和实验技术上看均具有重大的科学价值. 基于此而诞生了拉曼光谱仪，它为研究分子结构、分子力和分子动力学，提供了一种新的得力工具. 在激光出现之前，拉曼光谱学已成为传统光谱学中的一个分支. 激光问世以后，由于有了高亮度大强度的激光束的激励，还产生了受激拉曼散射，受激拉曼散射进一步揭示了光与分子相互作用更深层的非线性效应.

图 9.22 是人类发表的第一张拉曼光谱图，而图 9.23[①] 显示了在纳米样品中典型的拉曼光谱图，从中可以看出一些令人注目的新特点.

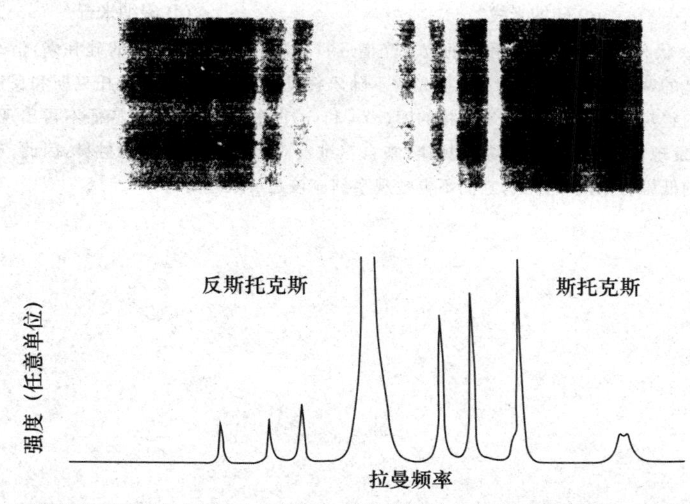

图 9.22 四氯化碳的拉曼光谱，图中上部是人类发表的第一张拉曼光谱[②]，它用照相干版记录，下部是日后用光电方法记录的同一样品的光谱.

---

① 图 9.22 和图 9.23 中的图线和文字由北京大学物理学院张树霖教授提供，其中包含了他们的最新研究成果.

② C. V. Raman and K. S. Krihnan, *Porc. Roy. Sco. Lond.*, **122**, 23 (1929).

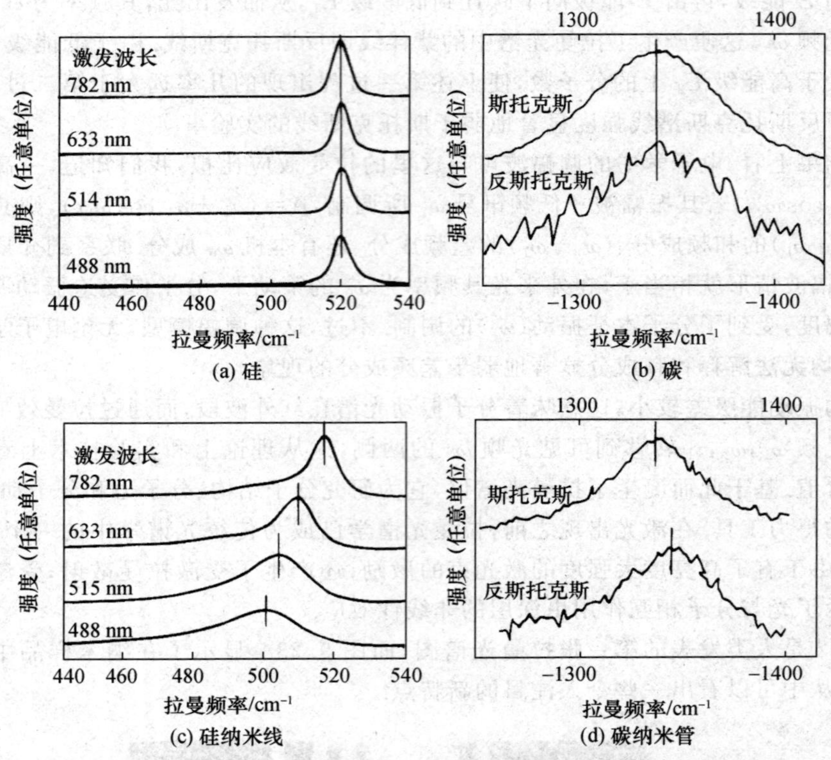

图 9.23　块状和纳米结构的硅和碳的拉曼光谱.图(a)和(b)为块状结构的硅和碳,清楚地展示了拉曼光谱的两个基本特征:(1) 拉曼光谱不随入射光波长改变;(2) 斯托克斯和反斯托克斯光谱频率的绝对值相等.但在纳米结构的图(c)①和(d)②中,这两个基本特征不再出现;这是因为,历史上发现和总结的这一现象和规律,来自三维宏观尺寸体系的块状材料,因此,对于纳米材料那样的低维有限尺寸体系,它们不再被观察到应该是可以理解的.

① Shu-Lin Zhang, Wei Ding, Yan Yan, Jiang Qu, Bibo Li, Le-yu Li, Kwok To Yue, and Dapeng Yu, *Appl. Phys. Lett.* **81**, 4446 (2002).

② Shu-Lin Zhang, Xinhua Hu, Hongdong Li, Zujin Shi, Kwok To Yue, Jian Zi, Zhennan Gu, Xiaohua Wu, Zilong Lian, Yong Zhan, Fumin Huang, Lixia Zhou, Yaogan Zhang, and Sumio Iijima, *Phys. Rev.*, B**66**, 035413 (2002).

习　题

9.1　有一介质其吸收系数 α 为 $0.32\,\mathrm{cm}^{-1}$，透射光强衰减为入射光强的10%，20%，50%和80%时，相应的介质厚度各为多少？

9.2　一玻璃管长 3.50 m，内存有标准大气压下的某种气体其吸收系数为 $0.1650\,\mathrm{m}^{-1}$.

(1) 若仅考量这气体的吸收，求出透射光强的百分比.

(2) 若再考量管口玻璃表面的反射，求出透射光强的百分比. 设此玻璃的光强反射率为 4%，并忽略多次反射和干涉.　·答·(1) 56%，(2) 52%.

9.3　某种无色透明玻璃的吸收系数为 $0.10\,\mathrm{m}^{-1}$，用以制成 5 mm 厚的玻璃窗.

(1) 若仅考量这玻璃的吸收，求出透射光强的百分比.

(2) 若再考量玻璃表面的反射，求出透射光强的百分比. 设此玻璃的光强反射率为 4%，并忽略多次反射和干涉.　·答·(1) ～100%，(2) ～92%.

9.4　人眼能觉察的光强是太阳到达地面光强的 $1/10^{18}$，试问人在海底多少深度还能看见亮光？设海水吸收系数为 $1.0\,\mathrm{m}^{-1}$.　·答·41 m.

9.5　某玻璃对氦氖激光 633 nm 的复折射率为 $\tilde{n}=1.5+5\times10^{-8}\mathrm{i}$，求出该玻璃的吸收系数，以及这激光束在玻璃中的光速.　·答·(1) $\alpha=1\,\mathrm{m}^{-1}$，(2) 2×10^{8} m/s.

9.6　1908 年米氏以导体小球为模型建立了微粒对电磁波的散射理论，他设这小球的复折射率为 $\tilde{n}=0.57+2.45\mathrm{i}$，针对真空中波长为 550 nm 的光波，这导体材料的吸收系数为多少？若以光强衰减为入射光强的 $1/\mathrm{e}^2$ 作为透射深度的定义，试求光在这导体小球中的透射深度 d 为多少？

·答·(1) $5.6\times10^{7}\,\mathrm{m}^{-1}$，(2) 36 nm$\approx\lambda/15$.

※　　※　　※

9.7　水银灯光含有两条显著的谱线，一条蓝色 $\lambda=435.8$ nm，另一条绿色 $\lambda=546.1$ nm. 某一种光学玻璃对这两波长的折射率分别为 1.6525 和 1.6245.

(1) 试根据以上数据定出柯西公式的两个常数 A 和 B.

(2) 推算出这种玻璃对钠黄光 $\lambda=589.3$ nm 的折射率.

(3) 进一步导出这种玻璃在钠黄光附近的色散率 $\mathrm{d}n/\mathrm{d}\lambda$.

(4) 钠黄光为双线结构，含 $\lambda_1=589.0$ nm 和 $\lambda_2=589.6$ nm. 试估算这两种波长的光在该玻璃中的相速之差 Δv 与平均相速 $\bar{v}$ 之比值(数量级)；同时算出双线所形成的波包的群速 v_g 及其与 $\bar{v}$ 之比值(数量级).

·答·(1) $A=1.575$，$B=1.464\times10^{4}\ \mathrm{nm}^2$；(2) $n_\mathrm{D}=1.617$；(3) $(\mathrm{d}n/\mathrm{d}\lambda)_\mathrm{D}=-1.43\times10^{-4}/\mathrm{nm}$；(4) $\Delta v/\bar{v}\approx5\times10^{-4}$，$v_g\approx0.95\bar{v}$，$(v_g-\bar{v})/\bar{v}\approx5\times10^{-2}$.

9.8　依据正文图 9.3(b)中显示的水晶的正常色散曲线 $n(\lambda)$，

(1) 较精确地定出水晶对紫光 $\lambda=400$ nm 的折射率和色散率 $\mathrm{d}n/\mathrm{d}\lambda$.

(2) 若一波包其中心波长为 400 nm，它传播于水晶中的群速 v_g 为多少？

9.9　用折射法测得二硫化碳的折射率为

对 $\lambda=527$ nm，$n=1.642$；对 589 nm，$n=1.629$；对 656 nm，$n=1.620$. 试求波长为 589 nm 附近的光在二硫化碳中的相速 v_p 和群速 v_g.　·答·(1) $v_p=1.84\times10^{8}$ m/s，(2) $v_g=1.74\times10^{8}$ m/s.

9.10　波长为 0.67 nm 的 X 射线由真空入射到某种玻璃时，不发生全反射的最小掠射角为 0.1°. 试确定该玻璃对这 X 射线的折射率.　·答·$n=0.999\,998\,4$.

9.11　一棱镜的顶角为 50°,其所用的玻璃材料的色散可由二常数的柯西公式给予描述,且 $A=1.54$,$B=4.653\times10^3\ \mathrm{nm}^2$,

(1) 求此棱镜对波长为 550 nm 光束的最小偏向角 δ_m.

(2) 求对此波长且调节到 δ_m 条件下该棱镜的角色散 $\mathrm{d}\delta_m/\mathrm{d}\lambda$.

(3) 设该棱镜主截面的底边长 B_0 为 6 cm,求出该棱镜对 550 nm 光的色分辨本领 $\lambda/\Delta\lambda_m$,以及相应的可分辨的最小波长间隔 $\delta\lambda_m$.

·答·(1) $\delta_m\approx32°$. (2) $\mathrm{d}\delta_m/\mathrm{d}\lambda\approx6.3\times10^{-5}$ rad/nm. (3) $R_p\approx3.4\times10^3$;$\delta\lambda_m\approx1.6$Å.

9.12　自由电子气对电磁波的色散关系为

$$n^2(\omega)=1-\frac{\omega_p^2}{\omega^2},$$

其中 ω_p 为一特征频率,可视为一常数.

(1) 试导出其色散关系的又一形式

$$\omega^2(k)=c^2k^2+\omega_p^2.$$

(2) 进而证明电磁波在自由电子气中的相速 v 与群速 v_g 之乘积为一常数,

$$v\cdot v_g=c^2.\quad (c\ 为真空中光速)$$

9.13　正文 9.5 节以谱密度函数为高斯线型的波包作对象,并计及二阶色散效应 $\ddot{\omega}$,而逐一导出波包中心速度 v_0、波包展宽 $\Delta x(t)$ 和波包前沿速度即讯号速度 v_f. 建议试以谱密度函数为方垒线型的波包作对象,依次导出 v_0,$\Delta x(t)$ 和 v_f 公式.

※　　※　　※

9.14　用氩离子激光其波长为 488.0 nm 照射金刚石,发现其散射光的波长中除 488.0 nm 谱线外,还有 $\lambda''=458.21$ nm 和 $\lambda'=521.92$ nm 两条拉曼谱线. 问,金刚石的拉曼特征频移为多少(用波数 cm^{-1} 表示)?

·答·1332 cm^{-1}.

9.15　苯(C_6H_6)的拉曼光谱中较强的谱线与入射光的波数差分别有 607 cm^{-1},992 cm^{-1},1178 cm^{-1},1586 cm^{-1},3047 cm^{-1} 和 3062 cm^{-1}. 现以氩离子激光其波长为 488 nm 入射,试计算靠近 488 nm 谱线两侧前三个斯托克斯谱线和反斯托克斯谱线的波长.

·答·(1) 502.9 nm,474.0 nm. (2) 512.8 nm,465.5 nm. (3) 517.8 nm,461.5 nm.

9.16　一个长 30 cm 的管中充有含烟的气体,它能通过 60% 的光强,而将烟尘完全去除后,则可透过 92% 的光强. 设烟尘对光只有散射而无吸收,试求出气体的吸收系数 α_a 和烟尘的散射系数 α_s.

·答·(1) $\alpha_a=2.78\times10^{-3}\ \mathrm{cm}^{-1}$. (2) $(\alpha_a+\alpha_s)=17\times10^{-3}\ \mathrm{cm}^{-1}$,$\alpha_s=14.2\times10^{-3}\ \mathrm{cm}^{-1}$.

9.17　试在坐标纸上绘制出一条反映瑞利散射强度与波长关系的曲线. 建议横坐标上波长值分别取 300 nm,350 nm,400 nm,450 nm,550 nm,650 nm,750 nm;纵坐标上选取 300 nm 时的瑞利散射强度(相对值)为 1.